황제내경 영추집주
黃帝內經靈樞集注

장지총집주張志聰集注

박태민이 옮기고 한의학을 강하다

황제내경영추집주
黃帝內經靈樞集注
-박태민이 옮기고 한의학을 강하다

초판 1쇄 인쇄일 2019년 11월 17일
초판 1쇄 발행일 2019년 11월 27일

펴낸이 권성자
펴낸곳 도서출판 아이북 / 임프린트 도서출판 책밥풀
책임교정 김춘길
편집기획사 신성
표지 디자인 홍동원 본문 디자인 이희진
마케팅 김리하

주소 04016 서울 마포구 희우정로 13길 10-10, 1F 도서출판 아이북
전화 02-338-7813~7814 팩스 02-6455-5994
출판등록번호 10-1953호 등록일자 2000년 4월 18일
이메일 ibookpub@naver.com

값 88,000원

ISBN 978-89-89968-38-2 93470
CIP CIP2015041576

이 도서의 국립중앙도서관 출판예정도서목록(CIP)은 서지정보유통지원시스템
홈페이지(http://seoji.nl.go.kr)와 국가자료종합목록 구축시스템(http://kolis-net.nl.go.kr)에서
이용하실 수 있습니다. (CIP제어번호 : CIP2019041576)

黃帝內經
황제내경 영추집주
靈樞
集注

장지총집주 張志聰集注

박태민이 옮기고 한의학을 강하다

밥풀

일러두기

1. 『영추집주』 용어의 쓰임은 다음과 같다.
   1) 주注: 원문에 달아놓은 주는 모두 장은암의 것이다.
   2) 집주集注: 딱히 용어가 있는 것은 아니나 여러 사람의 주석을 모아놓은 것이다.
   3) 안按: 장은암이 주된 의견을 나타낸 것이며, 우안愚按이나 재안再按은 미진함이 있을 때 덧붙인 견해다.
   4) 비批: 원래는 미비眉批다. 책·서류 등의 여백에 써넣은 평어評語나 주석인데 여기서는 집주들에 대해 보주補註로 쓰였다.
   5) 별표(*): 옮긴이가 주를 달거나 다른 출처를 나타낼 때 표시했다.

2. 『영추집주』의 경우 주된 참고문헌으로 『소문집주』도 나오는데 독자들의 편의를 위해 편명으로만 나오던 것을 출전까지 밝혀 적었다.

3. 편집부는 이 책을 교정하기 위해 국어연구원 표기법을 따랐으나 그 원칙에서 벗어나는 경우도 있음을 밝혀둔다.
   1) '좋고 싫다'는 뜻의 '호오好惡'는 한의서의 특성상 '좋고 나쁘다'는 뜻의 '호악好惡'으로 쓰임을 밝혀둔다.
   2) '표리表裏'로 쓸 때는 물론 한의서의 특성상 '리裏'나 '리증裏証'으로 표기한 경우도 있음을 밝혀둔다.
   3) 식지, 중지, 무명지를 집게손가락, 가운뎃손가락, 약손가락과 병용시키되 원문에 따라 운영의 묘를 살렸다.
   4) 사지와 팔다리는 전자로 번역할 부분이 있고 후자로 번역할 부분이 있어서 이를 병용한다.
   5) 한자 노출의 경우에만 작은따옴표(' ')로 강조했다.

4. 문장부호의 쓰임새
   1) 『 』: 『상한론』 『난경』 등 서책이나 단행본을 나타낼 때 쓰였다.
   2) 〈 〉: 〈태양편〉 〈하도〉 〈낙서〉와 같은 단편명, 그리고 문장부호의 복잡함을 피하기 위해 〈영추·골도〉 〈소문·이합진사론〉 〈예기·월령〉 〈서경·우공〉 등 두 권 이상의 서지를 나타낼 때 쓰였다.

5. 숫자의 쓰임새
   1) '한 가지', '열 살', '25회'처럼 읽히는 대로 쓰임을 원칙으로 하되 한의서라는 성격을 살려 '12경맥' '5장6부'를 '십이경맥' '오장육부'로 밝혀 적었다.
   2) 이 원칙을 벗어나는 경우도 종종 있는바, '출미 1되, 제반하 5홉'처럼 단위로 쓰이는 경우는 가독성을 위해 숫자로 정리했다.

꿈에 선우기 선생님을 뵙고 큰 절을 올렸다.
이 책을 선우기 선생님께 바친다.

차례

책을 펴내며

동창회에서 만난 종합병원 영상의학과 과장인 친구가 나를 보더니 대뜸 "한의사는 다 도둑놈이다"라고 한다. "왜 그러냐?" 그랬더니 "자기 어머니가 아파서 한의원에 갔는데, '담이 들었다'고 한다. MRI까지 찍어봐도 아무것도 안 나타나는데 '한의사가 담이다'라고 사기 친다"고 했다.

과학의 발달로 현미경이 발명되면서 미생물이나 세균을 볼 수 있게 되고, 육안으로 보이지 않던 몸의 구조물도 X-Ray·CT·MRI·초음파 등으로 볼 수 있으며 심지어는 DNA, 유전자까지도 확인하는 세상이 되었다. 과연 모든 병이 X-Ray·CT·MRI·초음파 등에 이상이 나타날까? 이상이 안 나타나는 경우가 훨씬 더 많을 것이다. 이런 경우 공통으로 나타나는 증상을 모아 '~증후군'이나 '~신드롬'으로 표현하지만 증상만 있을 뿐 실제 원인이나 치료법이 있는 경우는 드물다.

1976년 3월 어느 날 새벽에 노량진 수동한의원 뒤쪽 골방에서 선우기 선생님의 〈영추〉 첫 강의가 있었다. 〈영추〉 제1편 첫 장의 '침도필의鍼道畢矣' 구절까지 강의를 끝마치고, " '침도필의鍼道畢矣'라고 했으니 '침놓는 방법은 이것이 다다'라고 했는데 침놓으면 병이 낫는 이유를 알겠는가? 통기경맥通其經脈하고 조기혈기調其血氣하면 병이 낫는 이유는 무엇인가?"라고 질문하셨다. 이때부터 "침을 놓으면 병이 왜 낫는가" 하는 것이 나의 화두가 되었다.

한의학의 원리가 다 〈영추〉에서 나온다 해도 과언이 아니다. 허준의 『동의보감東醫寶鑑』이나 장경악張景岳의 『경악전서景岳全書』 등에도 각 조문의 가장 앞자리에는 〈영추〉의 문구를 인용하고 나서 질병을 설명한다. 〈영추〉는 단순히 고서가 아니라 현재도 활용할 수 있는 최고의 임상서다.

〈영추〉 전체에서 가장 핵심 되는 글귀를 고른다면 단연 "추수형麤守形 상수신上守神"이다. 한의학은 형체를 위주로 하는 것이 아니라 눈에 보이지 않는 에너지를 다룬다. 생체 에너지가 신기神氣다. 양의학이 기질적인 이상을 위주로 질병을 치료하는 반면, 한의학은 기능을 일으키는 에너지를 중심으로 질병을 다스린다. 인간은 피육근맥골의 형체를 가지고 있지만 이 형체가 있다고 생명활동이 이루어지지 않는다. 사람이 움직이고 듣고 보고 말하고 냄새 맡고 맛보고 생각하는 모든 생명활동은 에너지에 의하여 이루어진다. 죽은 사람에게도 피육근맥골의 형체가 있다. 피육근골맥에 에너지가 공급되어야 비로소 생명활동이 이루어질 수 있다. 이 에너지를 기氣라고 한다.

동양학의 연구방법론은 〈주역·계사전繫辭傳〉에 나오는 "근취저신近取諸身원취저물遠取諸物"이다. 인간은 자연의 한 부분으로 자연의 법칙에 따른다. 인간은 무엇이든 맘대로 할 수 있을 것 같지만 큰 틀에서 보면 자연의 이치를 벗어나지 못한다. 천지자연의 움직이는 이치를 연구하고 그것을 인간에 합치시키는 것이 삼재지도三才之道이다. 〈영추〉는 기氣의 생시출입과 기의 순환을 천지자연의 이치에 의거하여 설명하고, 또 침으로 질병을 치료하여 그것을 증명한다.

침구학은 이미 2500년 전에 〈영추〉에서 완성되었고, 현재도 사용되고 있다. 미래학자들은 침구학이 미래에도 계속 존재할 것이라고 말한다.

『황제내경』은 〈소문素問〉 9권, 〈영추靈樞〉 9권으로 구성되어 있다. 〈소문〉은 병이 생기는 이유를 말하고, 〈영추〉는 병을 치료하는 이치를 설명하고 있다. 중국에서는 오랜 병화兵火로 〈영추〉가 소실되어 완전한 판본이 전해지지 않았는데 송宋나라 철종哲宗 때 고려국高麗國에서 헌상한 『침경鍼經』을 사숭史崧이 개편해 〈영추〉로 제목을 붙여 현재까지 내려오고 있다.

〈영추〉는 아주 난해하여 주석이 그리 많지 않다. 왕빙王氷은 〈영추〉의 주석을 달지 않았고, 황보밀皇甫謐의 『갑을경甲乙經』은 〈영추〉의 글을 많이 인용했으나 심오함에는 미치지 못했으며, 마현대馬玄臺가 『황제내경소문영추주증발미黃帝內經素問靈樞註症發微』 18권을 편찬하여 주석을 달았으나 글귀의 해석에 치우쳤다. 현재까지도 〈영추〉의 주석서가 몇 나왔지만 글귀 해석에 치우쳐 〈영추〉의 심오함에 들지 못하고 있다.

장지총張志聰, 1644~1722은 자字가 은암隱庵으로 절강전당인浙江錢塘人이다. 여산당侶山堂에서 동학 고사종高士宗과 함께 제자들에게 강학하면서 10여 년에 걸쳐 『소문집주素問集注』『영추집주靈樞集注』『여산당유변侶山堂類辨』『본초숭원本草崇原』『상한론종인傷寒論宗印』『상한론집주傷寒論集注』 등을 저술했다.

장지총은 한의학의 핵심이론인 기혈 경맥의 운행이론을 오운육기론五運六氣論을 바탕으로 영위기혈營衛氣血·삼음삼양지기三陰三陽之氣·십이경맥十二經脈·십오대락十五大絡·오수혈五腧穴·근결根結·근류주입根溜注入·기가氣街 등을 통하여 명확하게 논술하고 일관되게 설명하고 있으며, 경맥을 통하게 하고 혈기를 조절하여 병을 치료하는 침구 치료의 근간을 제시했다.

진수원陳修園은 장은암이 지은 저서를 "한나라 이후 최고의 서적이다漢後第一書"라고 하면서 『상한론』을 저술한 의성醫聖 장중경張仲景과 같은 반열로 추대했다.

예전에는 책을 구하기 어려워 장은암의 저서를 읽지 못한 반면, 요즘은 책을 구할 수 있지만 한문을 해석하지 못하여 역시 읽지 못하고 있다.

선우기 선생님께 배운 것을 토대로 감히『영추집주』의 한글 번역에 도전했다. 또 나름대로〈영추〉에서 터득한 임상법을 함께 적어 보았다. 어려운 곳이 있어 부족한 면도, 잘못된 곳도 있을 줄 안다. 그래도 후학들이 열심히 보고 잘못된 곳을 질정해준다면 영광스럽게 여기겠다.

장은암의『영추집주』를 평생의 소원으로 번역하고 있었는데 어느 날 진료하러 오신 권성자 대표님께서 뜬금없이 "혹시 글을 써 놓은 것 없습니까?"라고 물었다. 이것이 바로 귀인의 출현인가 싶었다.『영추집주』번역본을 기꺼이 세상으로 나오게 해주신 권 대표님, 김정우 이사와 책밥풀 편집부에 감사드린다.

2019년 8월 23일 심학산 기슭에서
원청 박태민 쓰다

서序

선유先儒가 "경전經典이 전해졌으나 경經은 망가졌다"라고 했지만 경經이 망가진 것은 아니다. 경전을 전하는 자는 경전의 심오한 정수精髓를 전했지만 그것을 얕은 소견으로 조악하게 해석하여 경전의 요지를 잃어버려 망한 것이다.

〈한서漢書·예문지藝文志〉에서 "『황제내경』은 18권으로 〈영추〉가 9권이고, 〈소문〉이 9권이다"라고 했으니 〈영추〉〈소문〉이 천하에 퍼진 지 1100년이 지났다.

옛사람은 〈영추〉가 먼저 나왔고 〈소문〉이 나중에 나왔다고 하는데 왜 그런가?

〈소문〉은 병이 생기는 이유를 말했다. 병이 생기고 나서 조심하지 않으면 병이 퍼지는 것을 방지할 수 없기 때문에 음양한서陰陽寒暑를 따르는 법, 음식거처의 섭생攝生, 오운생제五運生制의 승부勝復, 육기시서六氣時序의 역순逆順 등을 수록했으니 근본을 따르고 조심하며 절제하여 건강을 유지하고 병이 생기지 않게 하는 방법을 제시했다.

〈영추〉는 병을 치료하는 방법을 말했다. 병이 생겼는데 치료하지 않으면 살 수 없다. 그래서 이 책에서 논하는 바는 영위혈기營衛血氣의 통로와 경맥장부經脈臟腑의 관통, 천지세시天地歲時의 법칙, 음률풍야音律風野의 구분 등을 침鍼의 원리로 개도開導하여 근본 이치를 밝혔으니 세상에 미친 영향이 장대하다.

이것이 〈영추〉와 〈소문〉이 만세에 신뢰를 얻고 계속 이어지는 이유다.

이 책은 "사람은 천지天地와 서로 관련되고 일월日月에 상응한다人與天地相參日月相應"고 했으니 삼재지도三才之道가 갖추어졌다.

따라서 인기人氣는 일日에 상응하여 28수宿의 천도天道를 돌고, 월月의 영휴

盈虧에 상응하여 해수海水의 소장消長과 상합한다. 또 십이경맥 장부는 백천회집百川匯集하는 경수經水와 상합한다.

그러므로 이 책 81편은 구구九九의 수에 상응하여 삼재지도와 합치한다. 삼三이 세 번이면 구九가 되고, 구九가 아홉 번이면 팔십일八十一로 황종黃鍾의 수에 들어맞으니 그 이치가 광대하고 심오하다. 죽백竹帛에 기록하여 전해서 만세의 백성이 병들지 않게 했으니 누가 이 경經을 믿지 않을 수 있는가?

황보사안皇甫士安이 『갑을침경甲乙鍼經』을 지었고, 마현대馬玄臺는 오로지 침만 말했으나 이치가 어두워 후세에서는 이 경經을 침전鍼傳이라고 소홀히 대하여 거의 가치 없게 되었다. 내가 성인의 경전이 잘못 전해진 것이 걱정스럽고 후학들이 그대로 따를까 두려워 우매함을 무릅쓰고 〈소문〉의 주소註疏를 완성했다. 다시 동학 여러 명과 모여서 〈영추〉를 전석詮釋했다.

경經의 뜻이 심오하고 은미하며 요지가 층을 이루고 굴절되나 모든 글자와 이치가 다 명확하게 지시하는 바가 있어 이치로 침을 이해하고 침의 이치로 병증을 깨달았다. 밤새도록 궁리하고 비바람이 불어도 잠시도 쉬지 않고 마음을 다해 연구했다. 이 정도면 죄가 없다고 말해도 되지 않을까?

후세 사람들이 〈소문〉을 읽어 병이 생기는 이유를 연구하고, 〈영추〉를 읽어 병이 낫는 이치를 안다면 장부가 상통하고 경맥이 출입되며 삼재지도에 합하고 구침법을 따를 수 있다. 형기形氣를 살펴서 생사生死와 수요壽夭를 알고, 안색을 관찰하여 사정邪正과 호악好惡을 판별할 수 있다. 또 구침九針으로 〈낙서洛書〉의 묘리를 깨닫고, 소침小針으로 〈하도河圖〉의 오묘함을 알 수 있다.

백성들이 사용하여 규범에서 벗어나지 않는 것은 대역大易이 전해져 여기에서 통합되고, 민생을 이롭게 하고 재성裁成하는 것은 삼황오제의 글이 전해져서 역시 여기에서 통합되기 때문이다. 감히 천하 후세의 동학자同學者에게 질정質正를 청하니 혹시라도 잘못이 있다면 용서하길 간절히 바란다.

강희康熙 임자년(1672) 여름에
전당錢塘 장은암張隱庵이 서령이당西泠怡堂에서 쓰다

2

의학은 생명을 다루는 것이다. 생명이란 무엇인가?

지구를 환경과 생물로 구성된 하나의 유기체로 보고 그것을 하나의 생명체인 '가이아'라는 가설을 세운 영국의 과학자 러브록J. E. Lovelock은 생명의 특징을 "엔트로피가 감소되는 것"이라고 했다. 엔트로피는 열역학적 계의 유용하지 않는(일로 변환할 수 없는) 에너지의 양을 나타내는 상태함수로 무질서의 크기를 나타내는 개념이다. 모든 물체는 한곳으로 모여 있기보다 전체 공간에 무질서하게 퍼지려는 성질을 나타낸다. 자연 상태에서 엔트로피가 증가하는 방향으로 흘러가는데 이것이 열역학 제2법칙이다. 하지만 생물은 엔트로피가 감소한다.

생물이란 스스로 외부로부터 에너지를 받아들이고 그 에너지를 소모함으로써 자신의 형태를 변형시키며 또 그렇게 함으로써 자신의 외부로 저에너지의 부산물을 배출시킨다.

또 하나의 특징은 이러한 변화가 언제나 일정하게 유지되어야 하는 것인데 이를 항상성이라고 한다. 항상성恒常性, homeostasis은 생명의 특성 중 하나로, 자신의 최적화 상태를 지속적으로 유지하려는 특성을 말한다. 대부분의 생명 현상들은 이를 유지하기 위해 일어난다고 볼 수 있다.

린 마굴리스Lynn Magulis는 생명을 "자기생산autopoiesis"이라고 정의했다. 자기생산이란 끊임없이 물질대사를 한다는 의미이다. 이 물질대사에는 에너지를 필요로 한다. 물질대사를 하지 않는 생물은 없다. 생명현상은 개체를 유지하기 위하여 동화작용과 이화작용을 통하여 물질대사와 에너지대사를 하고 종족을 유지하기 위하여 스스로를 복제하여 생식 발생하는 것이다. 동화작용에 의하여 외부에서 섭취한 물질은 생명체에 필요한 물질로 합성되고, 합성된 물질은 이화작용에 의해 산화 분해되면서 열과 에너지가 발생하고 노폐물은 외부로 배출된다. 이러한 물질대사와 에너지대사를 통틀어 대사라고 한다. 생명 즉 살아 있다는 것은 생명체에서 대사가 일어난다는 것이다. 이러한 대사가 살아 있는 동안에는 잠시라도 멈출 수 없다.

생명이란 외부에서 물질과 에너지를 섭취하여 자체 내에서 에너지를 생성하고 그것을 이용하여 움직이고 외부 자극에 반응하며 물질을 변환시킨다는 것이다. 이러한 변화는 언제나 일정하게 유지되어야 한다.

러브록은 지구를 생명체로 보았지만, 동양에서는 인간을 소우주로 보고 인간이 우주의 자연법칙을 따른다고 여겼다. 우주의 자연법칙을 음양승강출입 운동이라고 하는데 이것은 대기의 순환을 말하는 것이다. 대기의 순환이란 지구와 대기권에서 이루어지는 에너지의 움직임이다. 열대성저기압인 태풍은 우리에게 많은 비바람으로 고통을 준다. 지구의 뜨거운 적도에서 생성된 많은 수증기를 포함한 열대성저기압이 에너지가 적은 곳으로 이동하는 것이 태풍이다. 이것이 인간에게는 많은 재난을 일으키지만 지구 입장에서는 에너지를 순환시키기 위한 일련의 변화일 뿐이다.

에너지의 원천은 태양이다. 에너지는 그 자체만으로 존재할 수 없다. 매체에 저장되어야만 에너지를 유지할 수 있는데 그 매체가 수분이다. 태양 에너지는 수분이 있어야 저장된다. 우주탐사에서 생명의 존재 유무를 판단하기 위하여 물의 존재를 살핀다. 물이 있어야 태양에너지를 보존하고 그 에너지가 순환되어야 생명을 유지할 수 있기 때문이다.

지구는 2/3가 바다다. 물은 이 세상에 존재하는 물질 중에서 가장 훌륭한 용매다. 용매란 용질을 용해시키는 물질을 말하며 생명체는 물속에 용해되어 있는 각종 물질을 적절히 이용하여 생명을 유지시킨다. 태양에서 방출된 에너지는 바닷물에 저장되고 그것이 증발하여 하늘로 올라가 구름이 된다. 구름은 모여 비가 되어 땅으로 내려온다. 땅으로 내려온 비는 땅속으로 스며들어 샘을 만들고 시냇물·도랑·강으로 합쳐지면서 바다로 다시 흘러간다. 이것은 수분의 흐름이지만 실은 에너지가 수분에 저장되어 순환되는 것이다. 이 에너지로써 만물이 생성되고 소멸한다.

『주역』에서는 건곤乾坤, 즉 하늘과 땅은 우주의 체體이고 수화水火는 우주의 용用이라 했고, 『황제내경』에서는 수화水火를 음양의 징조라고 하여 우주 에너지를 음양이라고 표현했다. 음양이란 수화를 말한다. 수水는 음이고 화火는 양이다. 『주역』에서 화火는 이괘離卦(☲)이고 수水는 감괘坎卦(☵)다. 이괘는 화火이지만 상象에는 속에 음인 수水가 있고, 감괘는 수水이지만 상에는 속에 양인 화火가 있다. 음양은 수분에 함유된 에너지를 말한다. 수와 화는 함께 합쳐져 있다. 수 100퍼센트 화 100퍼센트는 없다. 수가 화보다 많으면, 즉 물속에 함유된 에너지가 조금 있으면 수로 나타나고, 물속에 함유된 에너지가 많으면 기화하여 화의 형태로 나타나며 에너지가 줄면 다시 수로 환원된다. 이 음양인 우주 에너지를 기氣라고 한다. 우주 만물의 변화는 모두 에너지陰陽＝水火＝氣의 움직임으로써 일어난다. 그래서 내경에서는 "음양은 천지天地의 법칙이고, 만물의 중심이며, 이것으로 변화가 일어나고, 생살生殺이 이루어지며, 신명이 들어 있다陰陽者 天地之道 萬物之綱紀 變化之父母 生殺之本始 神明之府"라고 했으니 온 세상의 만물에서 나타나는 모든 현상은 다 음양이라는 에너지에 의하여 이루어진다고 생각했다.

지구는 공전을 하면서 봄·여름·가을·겨울의 사계절이 나타난다. 계절의 변화로 온도의 변화가 일어난다. 봄은 따뜻하고 여름은 덥고 가을은 선선하고 겨울은 춥다. 봄에는 싹이 나고生 여름에는 자라나며 꽃이 피고長 우기에는 무성해지고化 가을에는 열매를 맺으며收 겨울에는 잎이 다 떨어지고 마치 죽은 듯하다藏. 싹이 나고 자라고 무성해지고 낙엽 지는 것은 물질의 변화이지만 그 근원에는 봄의 따뜻함, 여름의 더위, 가을의 서늘함, 겨울의 추위, 즉 열에너지로 인하여 물질의 변화가 일어나는 것이다. 이것이 우주의 음양승강출입이며 생명체에서 일어나는 대사다.

윤길영은 『東醫學의 方法論 研究』(1983)에서 "우주에서의 음양출입은 만물이 생성 소멸하는 것이니 출납대사出納代謝이고, 음양승강은 계절에 따라 한열이 교대하는 것으로 열대사熱代謝다"라고 했다. 우주에서 일어나는 자발적인 대사를 음양출입승강이라고 했다. 이러한 출납대사에 의하여 생장장노사生長壯老死의 형체 변화가 일어나고, 열대사로 생장화수장生長化收藏의 기능 발현이 생긴다.

대사가 행해질 때 기가 끊임없이 순환하는데 대사가 정지되면 기의 순환이 멈추니 이를 기립氣立이라고 한다. 생물과 무생물을 구별하자면 자발적인 대사를 하는 것이 전자前者이고 외기의 작용에 의하여 변화하는 것이 후자後者다. 즉 생명이라는 것은 자발적인 대사가 일어나 끊임없이 기가 순환하면서 형체 변화와 기능 발현이 나타나는 것이다.

생명현상은 자극대사 반응이 동시에 계속 일어나는 현상으로 대사에서 일어나는 생명에너지인 기에 의해서 이루어진다. 팔다리가 움직이는 것, 허리·무릎·목 등의 관절이 구부러지는 것, 눈으로 보고 귀로 듣고 코로 맡고 혀로 맛보는 오관의 작용, 피부로 느끼는 촉감, 생각 등 우리 몸에서 일어나는 모든 작용과 현상은 다 생명에너지인 기로써 이루어진다.

우주나 인간 모두 대사를 한다. 우주는 대사를 하는 생명체이고, 인간도 생명체로서 우주의 법칙을 따르는 소우주다. 대사라는 것은 에너지가 순환하면서 물질의 형태 변화가 이루어지는 것이다.

인간은 생명을 유지하기 위해서는 음양승강운동이 이루어지는데 이것이 물질대사와 에너지대사다. 이 대사를 주재하는 것이 기氣다.

기氣는 에너지다. 우주에서 만들어지는 에너지는 태양에너지로써 생성되는 것이지만 인체에서 만들어지는 에너지는 음식의 소화 흡수작용으로 만들어진다. 음식이 소화되어 분해되면 기氣, 혈血, 진액津液이 만들어지고 나머지는 찌꺼기로 배출된다. 에너지는 그 자체만으로 존재할 수 없고 반드시 수분에 저장되어야 존재할 수 있다. 혈과 진액은 영양분을 함유하고 있으나 스스로 움직일 수 없다. 기에 의해 영양물질인 혈과 진액이 각 장부와 기관 조직에 에너지와 영양분을 공급하여 각 장기와 기관 조직이 기능을 발휘할 수 있다. 기가 혈과 진액과 결합하여 에너지와 영양분을 각 장기와 기관 조직에 공급하여 생명활동이 이루어진다는 것이 한의학의 출발점이다. 따라서 기가 돌면 살아 있는 것이고, 기가 돌지 않으면 죽은 것이다有氣則生 無氣則死.

체내에서 만들어진 에너지는 기로 표현되며 이 기로써 인간의 생명활동이 이루어진다. 팔다리가 있다고 그냥 움직이는 것이 아니라 그곳에 기혈이 가야 움직일 수 있다. 기혈이 가지 않으면 움직이지 않는다. 죽은 사람이나 마비된 사람은 팔다리가 있어도 움직이지 못한다. 뼈·살·인대가 있어도 그것을 작동할 에너지가 공급되지 않으면 움직이지 않는다. 보는 것도 마찬가지다. 눈이 있어서 보이는 것이 아니다. 눈에 기가 가야 보이는 것이다. 그래서 〈소문·오장생성론五臟生成論〉에서는 "간은 혈을 받아야 볼 수 있고肝受血而能視, 발은 혈을 받아야 걸을 수 있으며足受血而能步, 손은 혈을 받아야 잡을 수 있다掌受血而能握"라고 했으니 기가 돌아야 혈이 돌 수 있고 그래야 비로소 볼 수 있고 걸을 수 있으며 잡을 수 있어 생명활동이 이루어진다.

〈영추〉에서는 모든 병의 치료 목표를 "통기경맥通其經脈 조기혈기調其血氣"라고 했다. 팔다리가 제대로 안 움직이고 아픈 것을 팔다리의 뼈나 근육 피부의 이상으로 보는 것이 아니라 기혈의 공급이 순조롭지 않아 생기는 것으로 여기고 그 기혈순환을 잘 소통되게 함을 치병의 목표로 본다.

또한 〈영추·구침십이원九鍼十二原〉에서는 "추수형麤守形 상수신上守神", 즉 "후공은 형체를 지키고 상공은 신기를 지킨다"라고 하여 돌팔이 의사는 눈에 보이는 형체만 다스리려 하고 명의는 형체 내면에 흐르는 기혈의 움직임을 파악하여 병을 다스린다고 했다.

또한 〈영추·구침십이원〉에서 "관절은 피부·근육·살·뼈가 아니고 신기가 유행출입하는 곳關者 非皮肉筋骨也 神氣之所遊行出入也"이라고 했다. 관절을 눈에 보이는 뼈·근육·살·피부 등의 구성 물질로 보는 것이 아니라 움직여야 제 기능을 하는 것으로 보고 움직이려면 기혈이 통해야 비로소 관절의 구실을 할 수 있는 것으로 파악했다.

무릎이 아프면 양의사든 한의사든 먼저 살을 빼라고 한다. 살을 빼야 무릎의 하중부담이 줄어 무릎이 안 아파진다고 한다. 이것은 사람을 생물이 아닌 무생물로 취급하는 것이다. 생물은 자체 대사 에너지를 생성하여 그 에너지로 관절을 움직인다. 무릎이 아픈 것은 무릎으로 에너지 공급이 원활하지 못하여 일어나는 현상으로 대개 기운이 부족한 노인에게 일어나는 질환이지 무조건 살쪘다고 나타나는 질환이 아니다.

인간의 모든 생명활동이 기로써 이루어지고, 기가 몸에 충만하면 건강하게 장수하며, 이 기가 제대로 안 돌면 질병이 생기고, 이 기의 상태를 파악하는 것이 진단이며, 기를 조절함으로써 병을 치료하는 것이 한의학이다.

2

음양陰陽은 고대인의 유추사고에 의한 자연철학적 사상으로 한 사물이나 현상을 서로 상반된 양면으로 관찰·사유하는 방법론이다. 음양은 한의학의 핵심 이론이다. 음양을 알지 못하면 한의학을 논할 수 없다.

음양이라고 하면 대개 천지天地·남녀男女·명암明暗·상하上下·내외內外·한열寒熱·수화水火·형기形氣·주야晝夜·동정動靜 등 서로 상대적인 것을 말한다. 하지만 음양이 단순히 상대적인 개념만은 아니다.

음양은 원천적으로 분리될 수 없지만 굳이 분리하여 말하면 음은 유형의 물질이고 양은 무형의 에너지다. 양은 에너지를 말하고 음은 에너지를 저장하는 수용체다. 에너지는 홀로 존재할 수 없다. 반드시 에너지를 수용하는 용매가 있어야 에너지가 저장되고 작동된다. 에너지가 없는 물질은 존재할 수 없다. 음인 형체에는 양인 에너지가 함유되어 있고, 음인 형체는 에너지가 작용해야 기능을 할 수 있다. 이러한 원천적인 음과 양을 원음元陰·원양元陽 또는 진음眞陰·진양眞陽이라고 한다.

한 사물이나 현상에서 음과 양은 반드시 동시에 존재한다. 서로 대립되는 양면으로 관찰하기 때문에 그 뿌리는 하나다. 음과 양은 동시에 일어나는 것이지 양 따로 음 따로 아니다.

음양의 원천은 양이 에너지이고 음이 에너지 수용체를 의미하지만 실제로 음양을 사용할 때는 음과 양을 합해서 말한다. 양이 많으면 음양이고, 양이 부족하면 음양이다.

음양을 그린 것이 태극(☯)이다. 검은 부분이 원양元陽이고 흰 부분이 원음元陰이다. 우리가 음양이라고 하는 것은 태극을 반으로 갈랐을 때 좌가 양이고 우가 음이다. 진음眞陰과 진양眞陽이 서로 합쳐져서 음양陰陽이 된다.

음양의 작용은 수화水火로써 이루어진다. 수水와 화火가 함께 있으면서 에너지인 화火가 많으면 기화하여 화火가 되고, 화火가 적으면 수水의 상태로 되는데 수水라고 에너지가 없는 것이 아니라 화火보다 적게 있어 수水의 상태로 나타나는 것이다. 『주역』에서 화火는 이괘(☲)이고, 수水는 감괘(☵)다. 이괘는 화火이지만 속에 음인 수(--)가 있고, 감괘는 수水이지만 속에 양인 화(―)가 내포되어 있는 상을 취한다.

한열寒熱도 마찬가지다. 추위와 더위가 각기 다른 것이 아니다. 온도가 높으면 열이고 온도가 낮으면 한이다. 온도가 높다는 것은 에너지가 많다는 것이다. 절대적인 추위나 절대적인 더위는 있을 수 없다.

음양은 에너지의 다소에 따라 상대적으로 나타나는 현상으로 그것은 신축이 될 수도 있고, 상하가 될 수도 있으며, 안팎이 될 수도 있고, 명암이 될 수도 있으며, 한열이 될 수도 있고, 동정動靜이 될 수도 있으며, 성질性質이 될 수도 있다.

한자의 '陰陽'이 표현하는 의미는 '陽'은 양지이고 '陰'은 음지다. 양陽은 단순히 햇빛이 비치는 곳이 아니라 햇빛이 비치면서 나타나는 현상들, 즉 밝고 따뜻하고 발산되고 상쾌하고 활발한 것을 모두 포함하고, 음은 어둡고 차가우며 수축되고 침울하고 정적인 것을 모두 포함한다. 즉 양은 에너지가 있어 밝고 따뜻하고 발산되고 상쾌하고 활발하며, 음은 에너지가 부족하여 어둡고 차가우며 수축되고 침울하고 소극적이다. 양은 에너지가 음보다 많은 것이고 음은 상대적으로 에너지가 적어서 나타나는 현상이다.

음양은 고정되어 있는 것이 아니라 움직이면서 조화를 추구한다. 에너지는 서로 평형을 이루기 위해 움직인다. 에너지는 고정되는 것이 아니라 많은 곳에서 적은 곳으로 흘러간다. 양이 많아지면 물질의 소모가 많아져 음이 줄고, 물질이 많아지면 그 물질을 운용할 에너지가 줄어들어 양이 부족해진다.

음양에서 언제나 양이 주체다. 음은 스스로 움직이거나 작용할 수 없다. 에너지인 양이 작용해야 음도 변화할 수 있다. 음은 스스로 많아지고 적어지는 것이 아니라 양이 많아지면 음은 수축되고, 양이 적어지면 음은 팽창된다.

의학은 생명체를 대상으로 한다. 사람을 음양으로 따지면 몸의 형체는 음이고, 몸 안을 도는 유동성(기·혈·진액)은 양이다. 몸에 영양과 에너지가 돌지 못하면 죽은 것이다. 생명활동은 몸이 있어서가 아니라 기혈이 돌아야 몸의 각 기관이 작용한다.

기혈을 음양으로 따지면 기는 양이고 혈은 음이다. 혈은 영양물질이고 기는 에너지다. 혈은 스스로 움직일 수 있는 추동력이 없고 기와 결합하여 기의 추동으로 돌 수 있다. 눈에 보이는 것은 혈이지만 기혈의 작용은 기에 의해서 이루어진다.

체질도 음양으로 나뉜다. 성질을 음양으로 나누니 양인陽人은 성性이 발달한 사람이고, 음인陰人은 질質이 발달한 사람이다. 양인陽人은 형形보다 상대적으로 기氣가 많아 잘 움직이고 말이 많으며 항시 가만 있지 못하고 매사 적극적이다. 음인陰人은 형形이 발달하여 움직이기 싫어하고 말이 없으며 조용하고 매사 소극적이다.

병도 양병陽病과 음병陰病이 있다. 양병은 기능 항진으로 일어나는 병이고, 음병은 기능 저하로 일어나는 병이다. 양병은 표피 상부에서 발현하며 열이 나고 동통이 있다. 맥은 빠르거나 크게 뛰는 양맥이 나타난다. 음병은 기능 저하되어 일어나는 병으로 내부 하부에서 발현하고 추워하며 기운이 없고 맥은 느리거나 약하게 된다.

하루를 보면 낮은 양이고 밤은 음이다. 양병은 에너지가 많이 공급되는 낮에 더 심하고 밤이면 수그러들며, 음병은 낮에는 편하고 밤에는 더 심해진다. 양병은 여름에는 더 심해지고 겨울에는 나아지며, 음병은 여름에는 나아지고 겨울에는 더 심해지기 쉽다.

치료는 음양의 균형을 맞추는 것이다. 양병에 음약陰藥을 쓰고 음병에 양약陽藥을 쓴다. 승산시키는 약은 양약이고, 수렴·강하시키는 약은 음약이다. 맵고 더운 약은 양약이고, 쓰고 찬 약은 음약이다. 기분氣分으로 가는 약은 양약이고, 혈분血分으로 가는 약은 음약이다.

양병은 양이 많으니 양을 사瀉하는 고한苦寒한 약을 쓴다. 음병은 양을 보補하는 온열溫熱한 약을 사용한다.

3강 병病

ᄅ

아프다는 것은 무엇을 말하는가?

우리는 몸이 불편해서 병원에 간다. 불편하다는 것은 팔다리·허리·어깨·무릎 등이 아플 수 있고, 잘 안 움직일 수도 있고, 저릴 수도 있고, 마비가 될 수도 있고, 시릴 수도 있고, 열이 날 수도 있다. 코가 막히거나 콧물이 나거나 눈이 침침하거나 아프거나 안 보이거나 귀가 울거나 안 들리거나 아프거나 음식이 소화가 안 되거나 배가 아프거나 설사를 하거나 대변을 못 보거나 가스가 차거나 트림을 하거나 소변을 못 보거나 소변 볼 때 아프거나 열이 나거나 땀이 많이 나거나 잠을 못 자거나 너무 잠만 자거나 힘이 없거나 피부가 가렵거나 발진이 나거나 다쳤거나 찢어지거나 피가 나거나 머리가 아프거나 어지럽거나 등등을 말한다.

질병疾病, Disease은 '심신의 전체 또는 일부가 일차적 또는 계속적으로 장애를 일으켜서 정상적인 기능을 할 수 없는 상태'를 말한다. 질병의 의미를 영어로 본다면 'Dis아니다'와 'Ease평안'의 합성어임을 알 수 있는데, 이를 종합해 보면 '평안하지 않은 상태'라는 것을 알 수 있다. 한마디로 정의를 내린다면 질병은 '균형과 조화를 잃고 고통받는 상태'라고 말할 수 있다.

또 질병은 기능적 이상과 기질적 이상으로 정의한다. 기질적 이상은 전자현미경이나 육안으로 보아서 조직에 이상이 있다는 것을 금방 알 수 있는 질환이다. 기능적 질환은 현미경으로 보아도 아무런 이상이 발견되지 않는다. 일

병病   27

반적으로 다양하고 일정하지 않은 증상을 고통스럽게 오랫동안 호소하는가 하면, 때로는 매우 심각한 증세를 호소해오는 경우가 있다. 그중에도 가장 보편적인 증상은 통증이다.

서양의학은 과학의 발전으로 인하여 X-Ray·CT·MRI·초음파 등 첨단기기를 이용하여 체내의 기질을 관찰함으로써 많은 의학의 발전을 이룬 결과로 모든 병을 기질적 이상을 위주로 보고 있다.

이러한 기질적 이상에 대하여 혈액검사, 소변검사, X-Ray·초음파·내시경 등 검사에 이상이 없으나 몸에 이상 증상이 나타나는 것을 기능성 질환이라고 한다. 하지만 이를 정신적 신경성 또는 스트레스로 인하여 발생한다고 여기고 있다. 또는 과민성대장증후군·대사장애증후군·만성피로증후군·섬유근통증후군·VDT증후군·근막통증증후군·복합부위통증증후군 등 구체적인 원인을 모르고 병증만 있을 때 함께 나타나는 증상을 모아 증후군이라는 병명을 붙이지만 구체적인 치료법이 있지 않을 때가 많다.

한의학에서는 병도 음양으로 표현한다. 기질器質이 음陰이고 기능機能이 양陽이다. 음병陰病은 기질적 이상으로 초래된 병이고, 양병陽病은 기능적 이상으로 초래된 병이다. 음병은 물질의 다소로 균형이 깨진 것이고, 양병은 기능 항진과 침체로 불균형이 초래된 것이다. 물질의 다소나 항진과 침체를 모두 허실虛實로 표현한다. 즉 병은 음양허실陰陽虛實의 발생이다. 음陰의 허실虛實은 물질의 다소로 균형이 깨진 것이고, 양陽의 허실虛實은 기능 항진과 침체로 균형이 깨진 것이다. 음양은 서로 영향을 미치기 때문에 양의 항진은 음의 부족을 초래하고 양의 침체는 음의 과다를 초래한다. 물질은 쉽게 변하지 않는 것이고 양은 유동성이 있으므로 모든 병은 양 위주로 본다.

모든 사물은 사물을 구성하는 물질structure과 그 사물이 작용하는 기능function으로 관찰하는데 동양에서는 체體와 용用으로 표현한다.

축구공은 고무와 가죽으로 구성되어 있고 그 안에 공기가 들어가 잘 튈 수 있다. 축구공을 구성하는 고무와 가죽은 체體에 해당하고 공이 튀는 것은 용用에 해당한다. 공이 찢어져 바람이 빠져나가면 공의 역할을 못한다. 또 고무나 가죽의 이상이 없어도 바람이 빠져버리면 공은 튀지 않으니 공으로서의 구실을 다할 수 없다. 전자는 기질적 이상이고 후자는 기능적 이상이다.

병은 몸이 불편한 것이다. 불편한 것, 이상이 왔다는 것은 몸을 구성하는 피육근골·장부 조직·기관 세포 등의 기질에 이상이 생긴 것이다. 기질적 이상은 기능적 이상을 초래한다. 골절이 되거나 장이 터지거나 찢어지거나 하면 움직이지 못하고 아프고 통증과 기능이상이 나타난다.

하지만 모든 병이 기질적 이상으로 초래되는 것은 아니다. 고무나 가죽이 찢어지지 않아도 바람이 빠진 공은 튀지 못하듯 몸도 기질적 이상으로 피부가 찢어지고 살이 터지고 인대가 끊어지고 뼈가 부러지지 않아도 팔다리·허리·어깨·무릎이 아플 수 있고 안 움직일 수도 있고 열이 날 수도 있고 시릴 수도 있고 저릴 수도 있고 마비될 수도 있다. 기질적 이상이 없어도 각 장기와 기관 조직 등에 에너지와 영양분인 기혈이 충분히 공급되지 못하면 당연히 각 장기와 기관 조직의 기능이 부실해져 팔다리·어깨·허리·무릎 등이 아프거나 저리거나 안 움직이거나 마비되는 등의 각종 병증으로 나타날 수 있다. 이런 기능적 이상이 오래되면 기질적 이상을 수반한다.

기질적 이상이 기능의 부실을 초래하고 또 기능적 이상이 오래되면 기질적 이상을 초래하니 서로 영향을 미쳐 불가분의 관계. 한의학에서는 기질적 이상보다는 기능적 이상을 위주로 병증을 보며 오래되면 기질적 이상을 초래하므로 기질적 이상이 있어도 기능적 이상을 함께 치료해야 병을 바로잡을 수 있다고 여긴다.

팔다리가 움직이고 눈으로 보고 귀로 듣고 혀로 맛보고 코로 맡고 피부로 느끼는 등 우리 몸의 모든 기능이 에너지와 양분의 공급이 있어야 가능하듯이 모든 장기와 기관 조직에 기혈이 제대로 공급되지 못하면 기능적 이상으로 나타난다고 여긴다.

태풍이 불거나 이상 고온이나 기상 한파가 생기는 등의 천재지변이 하늘이 무너지고 땅이 꺼져서 생기는 것이 아니라 하늘과 땅 사이의 기후 변화가 일어나 생기는 것처럼 몸의 병도 피육근골의 이상으로 생기는 것이 아니라 각 장기나 기관 조직 등에 기혈의 공급이 원활하지 못하여 기능적 이상이 생겨 팔다리·어깨·허리·무릎이 아프거나 저리거나 마비되기도 하고 오관의 이상이 오기도 하며 감각의 이상을 초래하기도 한다.

따라서 한의학에서는 병증이 나타나는 팔다리나 오관 기관의 이상을 병으로 보는 것이 아니라 기의 이상으로 인해 병증이 나타나는 것으로 여긴다. 팔다리가 아프거나 저리거나 안 움직이거나 눈이 침침하고 코가 막히고 귀가 울리고 안 들리고 냄새를 못 맡고 소변이 시원하지 않고 잠을 못 자는 것 등은 병에서 나타나는 증상일 뿐이고 실상은 각 장기나 기관 조직에 공급되어야 할 에너지와 영양, 즉 기혈의 공급 이상이다. 그중에서도 혈은 스스로 움직이는 추동력이 없기 때문에 모든 병은 기의 이상을 우선으로 한다. "기혈이 통하지 못하면 아프고 기혈이 잘 소통되면 아프지 않다不通則痛 通則不痛."

이러한 기氣의 이상을 사기邪氣라고 한다. 병은 사기의 발생이다. 유행성바이러스가 유행해도 병에 걸리는 사람이 있고 병에 걸리지 않는 사람이 있다. 우리 몸 안에도 수많은 박테리아가 있고 약 50여 종의 바이러스가 잠복되어 있다고 한다. 하지만 박테리아나 바이러스나 세균이 있다고 병에 걸리는 것은 아니다. 병이란 세균이나 기후, 스트레스 등 외부 자극이 내 몸에 기혈 변화를 일으켰을 때 병이 되는 것이다. 아무리 많은 세균이 몸 안에 들어와도 그걸 이겨내면 병에 안 걸린다. 변화된 기혈을 사기라고 한다. 이렇게 병이 되었을 때 "사기가 몸에 적중했다邪之中人"고 한다. 사邪는 나쁘다는 의미가 아니라 비스듬한 것이다. 기혈의 흐름이 정상적이지 못한 것이 사기다. 사기는 나쁜 기운이어서 무조건 빼내서 제거해야 하는 것이 아니라 제 궤도로 돌게 하면 다시 정기가 되어 정상적인 기능을 할 수 있다.

기가 몰려 기능이 항진되어 병증이 일어나거나 기가 울체되어 기능이 억제되어 병증이 일어나거나 기가 부족하여 기능이 저하되어 병증이 일어나는 것이다. 한의학에서의 치료 대상은 변화한 기혈을 정상으로 돌리는 것이니 기가 몰려 항진되어 나타난 병증은 몰린 기를 빼내고, 기가 울체되어 기능이 억제된 것은 기가 잘 소통되게 해주고, 기가 부족하여 기능이 저하된 것은 기를 보충하여 저하된 기능을 상승시킨다.

〈영추·구침십이원〉에서 "비었으면 채우고 가득 차면 덜어내며 뭉친 것은 제거하고 사기가 성하면 사한다虛則實之 滿則泄之 宛陳則除之 邪勝則虛之"라고 했다.

한의학에서 병은 기허氣虛·기실氣實·기체氣滯에 불과하다. 기의 허실이 발생하여 균형이 깨져 기능적 이상이 나타난 것이다. 치료는 보사補瀉일 뿐이다.

유행성감모流行性感冒 등의 외감 질환에서 서양의학은 인플루엔자 바이러스로 인한 질환으로 판단하고 균을 죽이는 치료를 한다. 한의학은 그 균 자체를 치료하는 것이 아니다. 바이러스가 몸에 침입했을 때 몸이 저항하여 나타나는 상태, 즉 바이러스에 의하여 변화된 몸 안의 기혈로써 병증이 나타나고 그 변화된 기혈을 조절함으로써 병증을 치료한다. 같은 바이러스라도 몸이 어떠한 상태인가에 따라 몸에 나타나는 반응이 달라진다. 똑같은 감기라도 항진되어 열이 날 수도 있고 어떤 때는 기운이 탈진되기도 한다. 한의학은 바이러스 등의 세균을 없애는 치료를 하는 것이 아니라 몸에서 변화된 기혈을 보사로써 조절함으로써 병증을 없애는 치료를 한다.

허리가 아픈 것은 단순히 요추의 근육이나 인대, 뼈의 문제가 아니라 허리로 순행하는 기혈이 원활하지 못하여 근육·인대·뼈 등의 이상을 초래하여 일어나는 것으로 기혈을 조절함으로써 허리를 치료한다.

모든 생명활동이 기의 움직임으로 일어난다. 기의 순환이 제대로 안 되거나 고르게 퍼지지 못하여 균형이 깨진 상태에서 정상적인 생명활동이 이루어지지 못하면 병증으로 나타난다. 이러한 병증에 기를 순환시키고 균형을 맞춤으로써 병증을 치료하는 것이 바로 한의학의 핵심사항이다.

그래서 〈영추·구침십이원〉에서는 "서투른 의사는 눈에 보이는 형체만 좇고, 명의는 기의 움직임을 파악한다麤守形 上守神"라고 했다. "기혈의 흐름을 파악하여 경맥을 통하게 하고 기혈을 조절하는 것通其經脈 調其血氣"이 병을 치료하는 목표다.

1

구침십이원九鍼十二原

黃帝問於岐伯曰: 余子萬民, 養百姓, 而收其租稅. 余哀其不給, 而
屬有疾病. 余欲勿使被毒藥[*], 無用砭石, 欲以微鍼通其經脈, 調氣
血氣, 營氣逆順出入之會. 令可傳於後世, 必明爲之法, 令終而不
滅, 久而不絶, 易用難忘, 爲之經紀. 異其章, 別其表裏, 爲之終始.
令各有形, 先立鍼經, 願聞其情.
岐伯答曰: 臣請推而次之, 令有綱紀, 始於一, 終於九焉.

황제黃帝가 기백岐伯에게 말했다. "내가 모든 백성을 사랑하여 백성이 잘 살아
갈 수 있게끔 돌보고 또 그들에게서 세금을 거두지만 받는 만큼 내가 해주지
못하는 것 같아서 항상 마음이 아프다. 백성에게 질병이라도 생기면 독약毒藥
을 사용하여 몸이 상하게 하거나 폄석砭石을 써서 기운이 빠져나가게 해서는
안 된다.

미침微鍼을 사용하여 경맥을 통하게 하고 혈기를 조절하여 기혈이 안팎으
로 순환이 잘 되게 하여 질병을 치료하고자 한다. 이것을 명확한 치료지침으
로 만들어 후세에 전하고 싶다. 영원히 이어져 없어지지 않고 쉽게 사용할 수
있게 하고 싶다.

이것을 표준으로 삼아 항목별로 나누어 순서를 정하고 모든 내용을 담아
『침경鍼經』을 만들고 싶으니 그 내용을 설명해달라."

기백이 답했다. "일편에서 구편으로 나누어 순서에 따라 조리 있게 설명하
겠다."

---

* 독약은 약성이 강한 약이다.

◉〈본기本紀〉에 의하면, 황제黃帝는 산을 개간하여 길을 만들고, 평원에 도읍을 정했으며, 토지를 구획하여 경계를 만들어 농사를 짓게 했고, 역력易曆을 제정하여 오곡을 재배하여 백성이 먹고 살 수 있게 하면서 세금을 거두어들였다. 만약 질병에 걸린다면 농사를 지을 수 없게 되어 식량을 공급할 수 없게 된다. 그래서 황제께서는 '구침九鍼으로 질병을 치료하는 방법'을 만들어 후세에 전해져 영원히 이어지길 원했다.

　독약毒藥은 질병을 치는 방법이고, 폄석砭石은 사기邪氣를 빼내는 방법이니 모두 사법瀉法이다.

　미침微鍼은 혈기를 통하게 하고 조절하는 방법이다. 역순출입逆順出入이라는 것은 피부 경맥을 통하는 혈기가 역행하기도 하고 순행하기도 하며 들어가기도 하고 나가기도 하면서 만난다.

　사람은 하늘과 땅의 기운에 영향을 받으면서 살아가는데 몸 안의 모든 혈기가 천지天地와 마찬가지로 쉬지 않고 도는 것이니 잠시라도 멈추면 바로 질병이 생긴다. 그래서 황제께서는 천지인天地人의 도道로써 구침九鍼을 제정하고 구침을 이용하여 사람의 음양혈기를 순조롭게 하여 천도天道에 일치하게 했다. 이치가 분명하면 사용하기가 쉬운 것이니 마음에 잘 간직하여 잊지 말아야 할 것이다. 경經은 세로고 기紀는 가로다.

안 | 편명〈구침九針〉을 황제는 미침微針이라고 하고, 기백은 소침小針이라고 했다. 이는 구침 외에도 별도로 소침이 있는 것이다. 구침은 일一에서 시작하여 구九에서 끝나니 천지天地의 수이고, 구九가 아홉 번 행해지면 구구九九 팔십일八十一이 되니 황종黃鍾의 수數다. 구침에다 소침을 더하면 열이니 "양수가 다섯, 음수가 다섯으로 음양의 다섯 수가 각기 동서남북중앙에서 합쳐지는陽數五 陰數五 五位相得而 各有合"〈하도河圖〉의 수에 상응한다. 황제는 복희伏羲·신농씨神農氏를 이어서 역易을 만들어 양의兩儀 사상四象과〈하도〉의 기수奇數·우수偶數의 이치를 침에 적용하여 수신치국평천하修身治國平天下를 했다. 나라는 백성을 근본으로 삼는다.

請言其道. 小鍼之要, 易陳而難入, 麤守形, 上守神, 神乎神, 客在門, 未覩其疾, 惡知其原. 刺之微在遲速, 麤守關, 上守機. 機之動, 不離其空, 空中之機, 清靜而微, 其來不可逢, 其往不可追. 知機之道者, 不可掛以髮, 不知機道, 叩之不發. 知其往來, 要與之期, 麤之闇乎, 妙哉, 工獨有之. 往者爲逆, 來者爲順, 明知逆順, 正行無問. 迎而奪之, 惡得無虛? 追而濟之, 惡得無實? 迎之隨之, 以意和之, 鍼道畢矣.

침술의 요점은 말로 하기는 쉬워도 그 원리와 기술을 체득하여 사용하기는 쉽지 않다. 하공下工은 눈에 나타나는 형체形體만 따지고, 상공上工은 눈에 보이지 않는 기氣의 움직임을 살핀다. 신비하구나, 신기神氣여! 객기客氣가 경혈까지 침범했는데도 병이 온 줄 모른다면 병의 근원을 어떻게 알 수 있겠는가?

침술의 묘미는 침을 찌르고 빼는 속도를 이용하여 기를 조절하는 것이다. 하공은 아픈 부위인 외형적인 관절만 고집하는 반면, 상공은 기전機轉을 중시한다. 기전은 눈에 보이는 것이 아니다. 눈에 보이지 않는 기전은 고요하고 은미하여 잘 드러나지 않는다.

사기邪氣가 왕성해질 때에는 대항하여 침놓아 자극하지 말아야 하며, 사기가 이미 쇠퇴했어도 정기가 미처 회복되지 않았을 때에는 사瀉하지 말아야 한다.

기전을 알면 조금도 걸리지 않는다. 기전을 모르면 아무리 얘기해도 이해할 수 없으니 기의 왕래往來를 잘 알아야 보사補瀉의 시점을 선택할 수 있다. 답답하구나, 하공이여! 신묘한 이치는 상공만 알 수 있는 것이다.

침놓아서 기가 가는 것은 역행逆行이고, 기가 오는 것은 순행順行이다. 기의 오고감을 잘 알아서 바르게 행하여 조그만 틈도 있어서는 안 된다. 기가 오는데 대항하여 기를 뺏으면 허해지고, 기가 가는데 따라가서 보태주면 실해진다. 보하고 사하는 것을 의도에 맞게 할 수 있으면 침도鍼道는 이것이 다다.

⦿ 말하기는 쉬워도 찌르기는 어렵다易陳而難入는 말하기는 쉽지만 실제로 사람에게 적용하여 시술하는 것이 어렵다는 말이다.

추공은 형체를 고집한다麤守形는 돌팔이는 단지 눈에 보이는 피부·혈맥·살·인대에 자침을 하는 것이다.

상공은 신을 지킨다上守神는 상공은 혈기의 허실虛實을 따져 보사補瀉를 행한다는 말이다.

신비하도다, 신이여神乎神는 기의 오묘한 움직임을 깨달은 것을 찬미하는 말이다.

문門은 정기가 출입하는 곳이다. 객이 문 앞에 있다客在門는 사기도 정기가 출입하는 곳을 따라 움직인다는 것이다.

병이 어디 있는지도 모르는데 병의 근원을 어떻게 알 수 있겠는가未覩其疾 惡知其原는 당연히 사기가 있는 곳을 찾아 치료해야 한다는 말이다.

지속遲速은 침을 찌르고 뺄 때의 속도를 천천히 할 것이냐 빠르게 할 것이냐이다.

추공은 관절을 지킨다麤守關는 추공은 통증이 나타나는 팔다리의 관절에 집착하여 치료하는 것이다.

상공은 기전機轉을 지킨다上守機는 상공은 보이지 않는 기전을 알아 기혈의 흐름을 잘 살펴서 침을 찔러야 할 때 신속하게 찌르는 것이다.

보이지 않는 기전을 벗어나지 않는다不離其空는 경맥을 흐르는 기혈을 알아 자침하는 것이다. 무릇 사기邪氣와 정기正氣는 각기 성할 때와 쇠할 때가 있으니 보해야 하고 사해야 할 때는 경맥을 흐르는 기혈의 미세한 움직임을 잘 살펴서 추호의 오차도 있어서는 안 된다.

기가 오는 것其來은 곧 사기가 한창 성한 때로 사기가 성하면 정기는 많이 허해진다. 사기가 성할 때는 침놓아 자극을 주어 보해서는 안 되니 사기가 몰려오는 것을 피해야 한다.

기가 이미 물러갔다는 것其往은 사기가 이미 쇠하고 정기가 회복하려고 할 때이다. 이때 침놓아 자극을 주어 사하면 오히려 정기가 손상 받을까 염려된다. 침놓는 것은 사기가 성하고 쇠하는 미세함을 알아야 한다.

〈소문·이합진사론離合眞邪論〉에서 "사기를 제대로 살피지 못하면 대기大氣가 이미 지나갔는데 그제서야 사하면 진기眞氣가 빠져나가고, 진기가 빠지면 회복하지 못하여 다시 사기가 와서 병은 더 심해진다候邪不審 大氣已過 瀉之則眞氣脫 脫則不復 邪氣復至 而病益蓄"라고 했다.

이미 갔으면 좇지 말라는 것其往不可追이 바로 이것이다. 그러므로 기가 한창 올 때는 대항하지 말고, 기가 물러갔으면 좇지 말라其來不可逢 其往不可追는 것은 사기가 성하고 쇠할 때를 잘 살펴 추호의 실수도 없이 보사를 행해야 한다는 말이다.

추공은 기전을 몰라 침놓아도 낫지 않는다麤工不知機道 叩之不發는 돌팔이 의사는 보해야 하고 사해야 할 때를 모르고 함부로 보사를 하여 혈기가 다 손상되고 사기가 빠지지 않는다는 말이다.

기가 가는 것과 오는 것을 안다知其往來는 사기와 정기의 성할 때와 쇠할 때를 알아 알맞게 침놓는 것이다.

추공의 답답함이여, 상공만 알 수 있다麤之闇乎 妙哉 工獨有之는 상공과 추공의 수준이 다름을 말하고 있다.

기가 갔다氣往는 정기나 사기가 허해진 것으로 보사를 잘못한 것이고, 기가 왔다氣來는 몸과 기가 균형이 잡힌 것으로 보사가 제대로 된 것이다. 그러므로 기가 오고 감을 잘 알아 기가 오고 가는 시기에 맞추어 침놓는다.

기가 오는데 마주하여 기를 뺏는 것迎而奪之은 사법瀉法이니 허하게 하는 방법이고, 기가 이미 갔는데 좇아가서 기를 보태는 것追而濟之은 보법補法이니 실하게 하는 방법이다. 보하고 사하는 것을 의도대로 잘할 수 있으면 침도鍼道는 끝난다.

凡用鍼者, 虛則實之, 滿則泄之, 宛陳則除之, 邪勝則虛之. 大要曰徐而疾則實, 疾而徐則虛, 言實與虛, 若有若無. 察後與先, 若存若亡. 爲虛與實, 若得若失.

무릇 침놓을 때 기구맥氣口脈이 허虛하면 실實하게 하고, 기구맥이 실實하면 사하며, 피가 맺혀서 어혈瘀血이 된 것은 제거하고, 사기가 성한 것은 허虛하게 해야 한다.

『대요大要』에서 "침놓을 때 천천히 찌르면 기氣가 몰리니 빨리 빼서 기가 나가지 못하게 하면 실해지고, 빨리 찔러서 기가 몰리지 않게 하고 서서히 빼서 침을 따라 기가 빠지도록 하면 허해진다"라고 했다.

허虛냐 실實이냐 하는 것은 침놓기 전에 기구맥을 보아 기가 있느냐 없느냐를 아는 것이다. 침놓기 전과 후에 맥을 보는 것은 보법을 써서 기를 보존할 것이냐 사법을 써서 기를 뺄 것이냐를 선택하는 것이다. 허가 되었다 실이 되었다 하는 것은 침놓은 후 기를 얻었느냐 기가 빠졌느냐를 아는 것이다.

⦿ 허하면 실하게 하는 것虛則實之은 기구맥氣口脈이 허하면 보補해야 한다.

가득 차면 빼라는 것滿則泄之은 기구맥이 성盛하면 사瀉한다.

두드러진 혈맥을 제거하는 것宛陳則除之은 혈맥에 있는 어혈을 제거한다.

사기가 성나 있으면 허하게 한다邪勝則虛之는 경맥에 사기가 성盛한 곳이 있으면 사기를 모두 제거한다.

천천히 찌르고 빨리 빼면 실해진다徐而疾則實는 보하는 방법으로 침을 천천히 찌르고 빨리 빼면 기가 모여 실해진다.

빨리 찌르고 서서히 빼면 허해진다疾而徐則虛는 사하는 방법으로 빨리 찌르고 천천히 빼면 기가 빠져나가 허해진다.

허하다 실하다는 것은 있는 듯 없는 듯하다言實與虛 若有若無는 기가 있으면 실이고, 기가 없으면 허다. 선후를 살피는 것은 기를 보존할 것이냐 뺄 것이냐를 판단한다察後與先 若存若亡는 기의 허실에 따라 보사의 선후를 판단하는 것이다.

허해졌다 실해졌다는 것은 기를 얻었느냐 없어졌느냐는 것이다爲虛與實 若得若失는 보하면 필시 기가 채워지는 느낌이 들고, 사하면 기가 쑥 빠져나가는 느낌이 든다.

이상 소침小鍼을 놓는 방법이다.

虛實之要, 九鍼最妙. 補瀉之時, 以鍼爲之. 瀉曰 必持內之, 放而出之, 排陽得鍼, 邪氣得泄. 按而引鍼, 是謂內溫, 血不得散, 氣不得出也. 補曰隨之, 隨之, 意若妄之, 若行若按, 如蚊虻止, 如留而還, 去如絃絶, 令左屬右, 其氣故止, 外門已閉, 中氣乃實, 必無留血, 急取誅之. 持鍼之道, 堅者爲寶, 正指直刺, 無鍼左右, 神在秋毫,屬意病者, 審視血脈者, 刺之無殆. 方刺之時, 必在懸陽, 及與兩衛, 神屬勿去, 知病存亡. 血脈者, 在腧橫居, 視之獨澄, 切之獨堅. 九鍼之名, 各不同形. 一曰鑱鍼, 長一寸六分. 二曰員鍼, 長一寸六分. 三曰鍉鍼. 長三寸半. 四曰鋒鍼, 長一寸六分. 五曰鈹鍼, 長四寸, 廣二分半, 六曰 員利鍼, 長一寸六分. 七曰毫鍼, 長三寸六分. 八曰長鍼, 長七寸. 九曰大鍼, 長四寸. 鑱鍼者, 頭大末銳, 去瀉陽氣. 員鍼者, 鍼如卵形, 揩摩分間, 不得傷肌肉, 以瀉分氣. 鍉鍼者, 鋒如黍粟之銳, 主按脈勿陷, 以致其氣. 鋒鍼者, 刃三隅以發痼疾. 鈹鍼者, 末如劍鋒, 以取大膿. 員利鍼者, 大如氂, 且員且銳, 中身微大, 以取暴氣. 毫鍼者, 尖如蚊虻喙, 靜以徐往, 微以久留之, 而養以取痛痺. 長鍼者, 鋒利身薄, 可以取遠痺. 大鍼者, 尖如梃, 其鋒微員, 以瀉機關之水也. 九鍼畢矣.

허하게 하고 실하게 하는 것은 구침九鍼의 이치가 아주 신묘하여 보사를 할 때 구침을 사용한다. 사법은 반드시 침을 꼭 쥐고서 빨리 찌르고 서서히 뺀다. 빼고 난 후에는 침구멍을 열어서 사기가 빠져나가게 한다. 이때 침구멍을 막아버리면 혈은 흩어지지 못하고 사기는 빠져나가지 못하게 되는데, 이를 납온內溫이라고 한다.

보법은 침을 찌를 때 맹인이 이리저리 왔다갔다 하는 것처럼, 모기가 앉을까 말까 머뭇거리는 것처럼 서서히 찌른다. 뺄 때는 팽팽한 줄이 끊기듯이 재빨리 뺀다. 침을 빼면서 동시에 다른 손으로 침구멍을 막으면 기가 속에 머물러 충실해진다. 울혈鬱血이 생기지 않게 해야 하는데 울혈이 생기면 문질러 빨리 없애주어야 한다.

침은 단단히 꼭 잡고 곧게 찔러 좌우로 기울어지지 않게 한다. 정신을 침 끝에 두고 환자에 집중하면서 혈맥을 살펴야 제대로 놓을 수 있다. 침놓을 때에는 환자의 두 눈과 양 미간을 살피고 정신이 흐트러지지 않아야 병이 나았는지 안 나았는지를 알 수 있다. 피가 잘 돌지 못해 울체된 낙혈絡血은 경혈 부근에 맺혀 있으니 확연하게 드러나고 누르면 좀 단단하다.

구침의 명칭은 각기 다르다.

첫째는 참침鑱鍼이다. 길이가 1촌 6분이며, 머리 부분은 크고 끝은 예리하다. 표피에 있는 양기를 사하는 데 쓰인다.

둘째는 원침員鍼이다. 길이가 2촌 6분이며, 침 끝이 계란 모양으로 둥글게 되어 있다. 분육分肉 사이를 문질러 기육肌肉을 상하지 않게 하면서 분육 사이의 기를 사하는 데 쓰인다.

셋째는 저침鍉鍼이다. 길이가 3촌 반이며, 끝이 서속黍粟처럼 뾰족하다. 경맥을 꾹 누르면서 깊이 찌르지 않고 기가 오게 한다.

넷째는 봉침鋒鍼이다. 길이가 1촌 6분이며, 삼면이 칼날로 되어 있다. 고질痼疾을 치료하는 데 쓰인다.

다섯째는 피침鈹鍼이다. 길이가 4촌이며, 폭이 2분 반이고, 끝이 칼날처럼 생겼다. 대농大膿을 째는 데 쓰인다.

여섯째는 원리침員利鍼이다. 길이가 1촌 6분이며, 크기가 털처럼 작으면서 둥글고 예리하며, 중간이 약간 크다. 폭기暴氣를 제거하는 데 쓰인다.

일곱째는 호침毫鍼이다. 길이가 3촌 6분이며, 끝이 모기나 등에의 주둥이처럼 뾰족하다. 천천히 살살 찔러 오랫동안 유침留鍼하여 기를 모아 통비痛痺를 치료하는 데 쓰인다.

여덟째는 장침長鍼이다. 길이가 7촌이며, 침 끝은 예리하다. 몸체는 얇아서 깊이 있는 비증痺症을 치료할 수 있다.

아홉째는 대침大鍼이다. 길이가 4촌이며, 몽둥이처럼 생겼고, 끝은 약간 둥글면서 무디다. 관절의 물을 빼는 데 쓰인다.

이것이 구침九鍼이다.

⊕ 이 절에서는 구침에 대해서 논하고 있다. 편의 머리 부분에서는 소침과 구침에 대하여 통틀어 설명했다. 그래서 앞뒤로 소침을 논했고 〈소침해小針解〉에서 상세히 설명하고 있다. 이 절에서는 구침을 논했으니 〈구침론九針論〉에서 자세히 설명하고 있고 〈소침해〉에서는 설명이 없다.

허실 시술을 구침으로 하는 이유虛實之要 九鍼最妙는 구침이 각각 합당한 용도가 있어 그 용도에 따라 써야 되기 때문이다.

보사를 침으로 하는 것補瀉之時 以鍼爲之은 침으로 침구멍을 열고 닫음으로써 기를 조절한다.

침을 빼고 나서 양기를 얻는 것排陽得鍼은 침을 빼고 양기를 얻는 것이다. 정기를 얻으면 사기는 제거된다.

납온內溫은 침을 찌르면 침 아래가 따뜻해진다. 사기는 빠져나가고 정기는 나가지 않는다.

쫓아가는 것隨之은 쫓아가서 도와주는 것이다. 지之는 간다는 뜻이다.

망령되게 가는 것若妄之은 가려고 하지만 이리 갔다 저리 갔다 하면서 가지 못하는 것을 말한다.

모기가 앉을 때 머뭇거리다가 살짝 앉는 것若行若按 如蚊虻止은 모기는 몸에 내려앉을 때 잠깐 머물면서 바로 도망간다.

가야금 줄이 끊어져 빨리 사라지는 것去如絃絶은 가야금 줄이 끊어질 때처럼 빨리 침을 뺀다.

왼손으로는 혈자리를 문질러 풀어주고 오른손으로는 침을 찔러 정기가 안에서 머무를 수 있게 한다. 혈자리를 막으면 안에서 기가 모여 실해진다. 이것이 정기를 보하고 사기를 내보내는 방법이다. 그러므로 혈이 정체되지 않게 해야 하니 울혈이 생기면 빨리 제거한다.

견堅은 침을 꼭 잡는 것이다.

손을 바르게 하고 직자한다正指直刺는 비스듬히 말고 똑바로 찌르는 것이다.

침 끝에 정신을 집중하고 병자를 잘 관찰하는 것神在秋毫 審視病者은 집중하여 병자를 관찰하면서 침놓아야지 산만하게 이리저리 보면서 하면 안 된다.

현양懸陽은 심心이고, 심은 신을 간직한다心藏神이다. 침을 찌를 때에 정성을 다하여 병자에 집중해야 병이 남아 있는지 사라졌는지存亡를 알 수 있다.

경에서 "영營에서 혈血을 취하고, 위衛에서 기氣를 취한다取血于營 取氣于衛"라고 했다. 위기衛氣는 양분陽分과 음분陰分을 돈다. 그래서 양분과 음분 사이에서 음양의 기를 취하는 것이다.

〈영추·위기행衛氣行〉에서 "기의 소재所在를 잘 살펴서 침을 찌르는 것이니 이것을 봉시逢時라고 한다. 병이 삼양三陽에 있으면 사기가 양분에 있는 것을 살펴서 침놓아야 하고, 병이 음분에 있으면 사기가 음분에 있는 것을 살펴서 침놓아야 한다是故謹候氣之所在而刺之 是謂逢時 在於三陽 必候其氣在陽分而刺之 病在於三陰 必候其氣在陰分而刺之"라고 했다.

수수經腧는 경수經腧다. 〈영추·자절진사刺節眞邪〉에서 "육경六經이 조절되면 병이 안 생긴다六經調者 謂之不病"라고 했다. 하나의 경맥에서 위가 실하고 아래가 허하여 서로 통하지 못하는 것은 필시 대경大經에 성한 낙혈絡血이 생겨서 통하지 못하는 것이니 잘 살펴서 사하면 된다. 이것을 해결解結이라고 한다. 그러므로 경혈자리에 혈락血絡이 있다면 육안으로도 확연히 보이고 눌러보면 단단하므로 제거해야 한다.

구침은 아홉 가지 침의 명칭이다. 아홉 가지 침이 각기 모양이 다르고 모양에 따라 쓰임이 달라진다. 이것이 구침에 관한 설명이다.

夫氣之在脈也, 邪氣在上, 濁氣在中, 淸氣在下. 故鍼陷脈則邪氣出, 鍼中脈則濁氣出, 鍼太深則邪氣反沈病益. 故曰 皮肉筋脈, 各有所處, 病各有所宜, 各不同形, 各以任其所宜, 無實無虛. 損不足而益有餘, 是謂甚病, 病益甚取五脈者死, 取三脈者恇, 奪陰者死, 奪陽者狂, 鍼害畢矣.

경맥에 사기邪氣가 생기는 경우를 말한다. 풍한風寒에 의한 양사陽邪는 상부에서 생기고, 음식이 제대로 소화되지 못하여 생기는 탁기濁氣는 위중胃中에서 생기며, 차고 습해서 오는 청기淸氣는 발에서 생긴다.

상부 표부에 있는 사기는 침을 얕게 찔러야 없어지고, 위중胃中에서 생긴 탁기濁氣는 족양명위경足陽明胃經의 족삼리足三里에 자침한다. 사기가 있는 곳보다 침을 깊이 찌르면 사기가 반대로 속으로 깊게 들어가 병이 더 심해진다.

그러므로 피육근맥皮肉筋脈에는 각기 해당되는 곳이 있고, 병에 따라서도 침놓는 깊이도 제각각이 침 모양도 같지 않다. 따라서 병에 따라 침 모양과 찌르는 깊이를 잘 맞추어야 하는 것이니 함부로 실하게 하거나 함부로 허하게 하지 말아야 한다.

부족한 데서 덜어내고 유여한 데다 보태주면 병이 더 심해진다. 병이 심해져 중기中氣가 부족한데 침놓아서 오장의 음기陰氣가 다 빠지면 죽고, 육부의 기가 다 빠지면 까부라지고 기운을 못 차린다. 오리혈五里穴을 찔러 오장의 기가 빠져버리면 조용히 죽고, 육부의 기가 빠져 버리면 발광한다.

이상이 침의 부작용鍼害에 대한 설명이다.

⦿ 여기서는 다시 소침으로 사기를 치료하는 방법과 더불어 침으로 나타날 수

있는 부작용을 설명하고 있다.

풍우한서風雨寒暑가 사람에게 적중的中되어 병이 되는 것은 그 사기가 상부上部로 침입하는 것이어서 사기재상邪氣在上이다.

수곡水穀이 위胃에 들어가면 정기精氣는 올라가 폐에 주입되고, 탁기濁氣는 장위腸胃로 흘러가는데 추위나 더위가 적절하지 못하거나 음식을 제때 먹지 않으면 병이 장위에서 생기므로 탁기재중濁氣在中이다.

차갑고 습한 기에 인체가 손상될 때는 반드시 발에서 시작하므로 청기재하淸氣在下다.

함맥陷脈은 액로額顱에 있는 맥으로 뼈가 약간 함몰되어 있다. 그래서 함맥에 침놓으면 표사表邪가 나간다. 중맥中脈은 족양명경의 합혈合穴인 족삼리足三里다. 침을 깊이 찌르면 사기가 반대로 더 들어가니 표피에 있는 부천지병浮淺之病은 깊이 찌르면 안 된다. 깊이 찌르면 사기가 침을 따라 깊이 들어가서 반심反沈이라고 한다.

피육근맥이 각각 해당되는 곳이 있다皮肉筋骨 各有所處는 것은 경락에 각기 주관하는 곳이 있다는 말이다. 병에는 천심淺深의 차이가 있고 피육근골은 부위가 각기 다르니 서로 잘 맞추어 자침해야 한다.

실한 것을 실하게 하지 말고 허한 것을 허하게 하지 말라無實實 無虛虛는 부족한 곳에서 덜어내어 유여한 곳에 보태주는 것이니 병이 더 심해진다.

오맥五脈은 오장에서 나오는 여러 맥이다. 중기中氣가 부족하면 기혈이 생성되는 근원이 이미 허해져 있는 상태인데 다시 음맥陰脈을 사한다면 내부는 허해지고 외부는 탈진된다. 삼맥三脈은 삼양지맥三陽之脈이다. 광恇은 겁나는 것이다. 삼양지기를 다 빼버리면 병인은 허겁虛怯하여 회복하지 못한다.

음기를 탈취하면 죽는다奪陰者死는 것은 오리혈五里穴을 다섯 번 취하면 죽는다는 말이다. 〈영추·옥판玉版〉에서 "오리혈을 자침하면 길 가다가 쓰러지는데 다섯 번 하면 죽으니 오장의 기가 다 빠져나간 것이다迎之五里 中道而止 五至而已 五往而藏之氣盡矣"라고 했다.

탈양자광奪陽者狂은 말 그대로다. 오리혈을 취하면 양기가 다 빠져나간다.

여기서는 자침 시에 나타나는 부작용을 모두 설명했다.

장개지張開之가 말했다. "척부尺膚의 오리五里를 취하는 것은 피부 양분의 기혈을 취하는 것이다. 음기를 빼앗기는 것奪陰者은 양분의 기혈이 음인 오장에서 생성되기 때문이다. 중기 부족으로 생긴 병이어서 음맥을 크게 사하면 죽는다. 음맥은 중초中焦의 양명陽明에서 생성되니 양은 음에서 생성되고 음은 양에서 생성되는 것을 말한다."

刺之而氣不至, 無問其數. 刺之而氣至, 乃去之, 勿復鍼. 鍼各有所宜, 各不同形, 各任其所, 爲刺之 要. 氣至而有效, 效之信, 若風之吹雲, 明乎若見蒼天, 刺之道畢矣.

침을 찔렀는데 기氣가 오지 않으면 몇 번이고 다시 찌르고, 침을 찔러 기가 오거든 바로 침을 빼고 다시 침놓지 않는다. 침에는 용도가 따로 있어 모양이 각기 다르니 그 용도에 따라 적소에 사용해야 한다. 침은 찔러서 기가 와야 비로소 효과가 있다. 그 효과는 바람이 불어 구름이 걷히면 푸른 하늘이 나타나는 것처럼 분명하다.

이상이 침놓는 방법이다.

◉ 여기서는 침의 효과를 보려면 득기得氣가 중요하다는 것을 말한다. 앞 문장에서는 병의 적절한 처리를 말했는데 여기서는 각 침에 따른 합당한 사용처가 있어 대소 장단의 크기나 모양에 따라 각기 쓰임이 달라진다는 것을 말한다.

바람이 불면 구름이 걷히고 푸른 하늘이 나타난다若風之吹雲 明乎若見蒼天는 사기가 흩어지고 정기가 분명히 드러남을 형상한 것이다.

黃帝曰: 願聞五臟六腑所出之處.
岐伯曰: 五臟五腧, 五五二十五腧, 六腑六腧, 六六三十六腧, 經脈十二, 絡脈十五, 凡二十七氣. 以上下所出爲井, 所溜爲滎, 所注爲腧, 所行爲經, 所入爲合, 二十七氣所行, 皆在五腧也.

황제가 말했다. "오장육부의 경기經氣가 나오는 곳을 듣고 싶다."

기백이 답했다. "오장에는 오수혈五腧穴이 있어 5*5=25개의 수혈腧穴이 있고, 육부에는 6*6=36개의 수혈이 있다. 경맥이 열둘이고 낙맥絡脈이 열다섯으로 이 이십칠기二十七氣가 오르락내리락하는 것이다. 경기經氣가 흐르는 것을 샘물이 바다로 흐르는 것에 비유했다. 처음 경기가 시작하는 곳이 정井이고, 경기가 조금씩 모여서 실개천처럼 흐르는 것이 형滎이며, 커다란 물줄기를 이루어 도랑처럼 흐르는 것이 수腧고, 줄기가 더 커져 작은 강물처럼 흐르는 것이 경經이며, 큰 강을 이루어 바다로 들어가는 것이 합合이다. 따라서 십이경맥十二經脈과 십오낙맥十五絡脈의 이십칠기二十七氣가 모두 오수혈을 중심으로 움직인다."

◉ 여기서는 침놓으려면 장부경맥臟腑經脈 혈기의 생시출입生始出入을 알아야 한다고 말한다.

영위기혈營衛氣血은 모두 위부수곡지정胃腑水穀之精에서 생성된다. 영기營氣는 맥중을 돌고, 위기衛氣는 맥외를 돈다營行脈中 衛行脈外. 혈은 맥중을 돌고 기는 맥외를 돈다. 그렇지만 맥내의 혈기는 낙맥絡脈에서 맥외로 삼출滲出하여 퍼지고, 맥외의 기혈은 낙맥에서 맥중으로 흘러들어가니 내외의 출입이 서로 통한다.

오장은 내부에서 오행과 합하므로 오수혈五腧穴이 다섯이고, 육부는 육기와 합하므로 수혈腧穴이 여섯이다. 육기는 오행에서 생겼고 화火가 둘이다. 경맥이 12인 것은 육장육부六臟六腑의 경맥이다. 낙맥絡脈이 15인 것은 오장육부의 경맥에서 갈라진 십이대락과 독맥督脈의 장강長强, 임맥任脈의 미예尾翳, 비경脾經의 대포大包를 합한 것이다.

무릇 27개 맥의 혈기는 상하 수족 사이를 출입하여 흐른다. 기혈이 흐르는 것을 빗물이 내려 물줄기가 샘물에서 시작하여 바다에 합쳐지는 것에 비유했다. 처음 출발하는 샘물이 정혈井穴이고, 졸졸 흐르는 실개천이 형혈滎穴이며, 물이 모여 흐르는 시냇물이 수혈腧穴이고, 큰 물줄기로 흘러가는 도랑이 경혈經穴이며, 강물이 되어 바다와 합쳐지는 것이 합혈合穴이다. 십이경맥과 십오대락을 흐르는 기혈은 모두 오수혈을 중심으로 움직인다.

십이경맥의 혈기는 오장오행에 바탕을 두고 있다. 맥외 피부의 기혈은 오장의 대락에서 출발하여 형혈滎穴·수혈腧穴 등 오수혈을 유주溜注하여 맥내 혈기와 주슬肘膝 사이에서 서로 합쳐진다. 이것은 오장과 경맥의 혈기출입을 말하는 것이다.

批 이십칠기가 오수혈을 중심으로 오르내린다는 것은 낙맥에서 맥중으로 들어와 이십칠기와 합쳐지는 것이다.

批 수곡에서 만들어진 혈기는 대락에서 피부로 나가고, 다시 오수혈을 경유하여 경맥으로 주입된다. 그래서 "이십칠기가 오수혈을 중심으로 움직인다二十七氣所行皆在五臟"라고 했다. 육부는 원혈原穴과 경혈이 서로 합쳐지니 이 또한 오수혈이다.

> 節之交, 三百六十五會, 知其要者, 一言而終, 不知其要, 流散無窮, 所言節者, 神氣之所遊行出入也, 非皮肉筋骨也.
> 관절關節은 기가 모이는 곳으로 365곳이 있다. 이치를 알면 한마디로 끝나지만 이치를 모르면 아무리 말을 해도 알지 못한다. 관절은 신기神氣가 유행출입遊行出入하여 움직이는 곳이지 단순히 눈에 보이는 피육근골만은 아니다.

◉ 여기서는 관절에 침놓으려면 신기가 출입하는 곳을 알아야 한다고 말한다.

신기神氣는 진기眞氣다. 하늘에서 받은 것과 곡기穀氣가 병합하여 몸에 채워진 것이다. 이치를 알면 한마디면 되는데 이치를 모르면 아무리 설명해도 알수 없다. 이것은 피육근골이 눈에 보이는 형체로 이해해서는 안 되고 낙맥에서 기혈이 모든 관절로 흘러가 피육근골이 작용한다는 것을 설명한다.

批 혈이 신기神氣다. 이십칠기 365회會는 모두 혈기가 유행流行하는 곳이다. 그래서 "이치를 알면 한마디로 끝난다"고 했다.

> 觀其色, 察其目, 知其散復. 一其形, 聽其動靜, 知其邪正. 右主推之, 左持而御之, 氣至而去之.
> 얼굴색을 보고 눈을 관찰하여 기가 흩어졌는지 모여 있는지를 알고 모든 것을 하나로 종합하며 동정을 잘 살펴야 정기正氣와 사기邪氣의 상태를 알 수 있다. 침놓을 때는 두 손을 함께 쓰는데, 오른손으로 밀어넣고 왼손으로는 침을 꼭 잡고 제어하며 기가 오면 뺀다.

⊕ 여기서 상공은 눈에서 오색의 변화를 살피고 오색의 흩어짐과 모이는 것을 알아 병이 나을 것인지 심해질 것인지를 알 수 있다고 말한다.

　사기와 정기를 아는 것知其邪正은 병의 원인이 허사虛邪로 인한 풍風인지 정사正邪로 인한 풍인지를 아는 것이다. 오른손으로 밀고 왼손으로는 잡고 제어하는 것右主推之 左持而御之은 침을 왼손으로 꼭 잡고 오른손으로 넣고 빼는 것이다. 기가 오면 침을 빼라는 것氣至而去之은 보사를 하여 기가 조절되었으면 침을 빼는 것이다.

批 풍風은 천天의 정기正氣로 사시 언제나 있다.

> 凡將用鍼, 必先診脈, 視氣之劇易, 乃可以治也. 五臟之氣, 已絶於內, 而用鍼者, 反實其外, 是謂重竭, 重竭必死, 其死也靜, 治之者, 輒反其氣, 取腋與膺. 五臟之氣, 已絶於外, 而用鍼者, 反實其內, 是謂逆厥, 逆厥則必死, 其死也躁, 治之者, 反取四末.
>
> 침놓을 때는 반드시 먼저 진맥을 하여 기의 상태를 알아야 병을 치료할 수 있다. 오장의 기가 이미 내부에서 끊겼는데, 침놓아 반대로 외부를 실하게 하면 내부의 기가 외부로 빠져나가서 내부 오장의 기가 더욱 허해지니 이것을 중갈重竭이라고 한다. 중갈이 되면 필시 조용히 죽는다. 이것은 시술자가 겨드랑이와 가슴을 취하여 기가 외부로 나가게 했기 때문이다.
>
> 　오장의 기가 외부에서 끊겼는데, 침을 반대로 놓아 내부를 실하게 하면 외부의 기가 내부로 들어가니 외부의 기는 더욱 약해지는데 이것을 역궐逆厥이라고 한다. 역궐이 되면 필시 발광하면서 죽는다. 이것은 시술자가 사말을 취하여 외부에 있는 기를 내부로 보냈기 때문이다.

⊕ 여기서는 침놓는 자는 반드시 먼저 진맥을 하여 오장지기의 상태를 알아야 치료할 수 있다고 말한다.

　기가 이미 내부에서 끊겼다는 것五臟之氣已絶於內은 맥구기脈口氣가 내부에서 끊겨 나타나지 않는 상태인데 반대로 병이 나타나 있는 외부나 양경陽經의 합혈合穴을 취하고 유침하여 양기를 외부로 끌어내는 것이다. 기가 외부로 빠져나가면 내부는 더 기가 빠져 중갈重竭이 된다. 중갈이 되면 죽는다. 움직일 기가 없어 조용히 쓰러진다. 이것은 오장의 음기도 중초中焦에서 만들어지는데 양기를 외부로 끌어가면 내부는 더 비어 중갈이 된다는 것을 말한다.

기가 이미 외부에서 끊겼다는 것五臟之氣已絶於外은 맥구기脈口氣가 외부에서 끊겨 나타나지 않는 상태인데 반대로 사말에 있는 혈을 취하고 유침시켜 내부로 기를 끌어오면 외부의 양기가 반대로 내부로 들어가니 역궐逆厥이 된다. 역궐이 되면 죽는다. 이때는 내부의 음기가 유여하므로 조증躁症이 나타난다. 여기서 음陰은 내內이고 양陽은 외外다. 외부의 기가 내부로 들어가면 역궐이 된다.

刺之害中而不去則精泄, 害中而去則致氣. 精泄則病益甚而恇, 致氣則生爲癰瘍.

침의 부작용은 침을 찔러 적중的中이 되었는데 침을 빼지 않으면 정기精氣가 자꾸 소모되어 기가 빠지고, 침이 적중이 되어도 일찍 빼면 자극으로 기가 몰려 울체鬱滯된다. 정기가 빠지면 병은 더욱 심해지고 까부라지며, 기가 몰리면 염증이 생긴다.

◉ 이것은 취기取氣가 너무 많거나 부족해도 모두 해가 된다는 것을 말한다.

기氣는 정精에서 생겨난다. 제대로 병에 적중했는데도 나타나는 침의 부작용은 침을 빼지 않고 그대로 두어 기가 너무 많이 빠져나가 생명의 근원인 정이 빠져 병이 더 심해지고 허겁해지는 것이다. 병에 제대로 자침했는데 즉시 침을 빼서 나타나는 침의 부작용은 기가 아직 빠지지 않았고 정기는 미처 회복되지 않아 기가 흐르지 못하고 뭉쳐서 종기가 되는 것이다.

〈영추·옹저癰疽〉에서 "경맥이 쉼 없이 도는 것은 천지가 끊임없이 운행되는 것과 마찬가지다. 천체의 궤도를 벗어나면 일식과 월식이 생기고, 지구가 규범에서 벗어나면 홍수가 진다經脈流行不止 與天同度 與地合紀 天宿失度 日月薄蝕 地經失紀 水道流溢"라고 했고, 또한 "혈맥영위는 쉬지 않고 돈다血脈營衛 周流不休"라고 했다.

그러므로 기혈이 불통하면 옹종癰腫이 생긴다. 영위기혈은 내외 상하를 끊임없이 운행한다. 그래서 첫 편과 마지막 편에서 시종 정기精氣의 생시출입生始出入을 말한다. 음양이 부조不調하여 혈기가 유체留滯되면 옹양癰瘍이 생긴다.

五臟有六腑, 六腑有十二原, 十二原出於四關, 四關主治五臟, 五臟有疾, 當取之十二原. 十二原者, 五臟之所以稟三百六十五節氣味也. 五臟有疾也, 應出十二原, 十二原各有所出, 明知其原, 覩其應, 而知五臟之害矣. 陽中之少陰, 肺也, 其原出於太淵, 太淵二. 陽中之太陽, 心也, 其原出於大陵, 大陵二. 陰中之少陽, 肝也, 其原出於太衝, 太衝二. 陰中之至陰, 脾也, 其原出於太白, 太白二. 陰中之太陰, 腎也, 其原出於太谿, 太谿二. 膏之原, 出於鳩尾, 鳩尾一. 肓之原, 出於脖胦, 脖胦一. 凡此十二原者, 主治六腑五臟之有疾者也. 脹取三養, 飱泄取三陰.

오장의 기는 육부로 통하고, 육부의 기는 십이원혈十二原穴과 통한다. 십이원혈은 사관四關에 있다. 따라서 사관에서 오장의 질병을 치료할 수 있는 것이다. 오장에 병이 나면 십이원혈을 취해야 한다. 십이원혈을 통하여 오장이 365절節에 기미氣味를 보낼 수 있다.

십이원혈에서 각각 오장의 기가 나오기 때문에 오장에 병이 나면 그 반응이 십이원혈에 나타난다. 오장의 원혈原穴을 잘 알아서 반응을 살피면 오장의 손상 여부를 알 수 있다. 횡격막을 중심으로 음양을 나누면 위는 양이고 아래는 음이다.

양중지소음陽中之少陰은 폐肺고, 폐의 원혈은 태연太淵이다. 태연은 좌우 둘이다.

양중지태양陽中之太陽은 심心이고, 심의 원혈은 대릉大陵이다. 대릉은 둘이다.
음중지소양陰中之少陽은 간肝이고 간의 원혈은 태충太衝이다. 태충은 둘이다.
음중지지음陰中之至陰은 비脾고, 비의 원혈은 태백太白이다. 태백은 둘이다.
음중지태음陰中之太陰은 신腎이고, 신의 원혈은 태계太谿다. 태계는 둘이다.
고膏의 원혈은 구미鳩尾다. 구미는 하나다.
황肓의 원혈은 발앙脖胦이다. 발앙은 하나다.
이 십이원혈로 오장육부의 질병을 주로 치료한다. 창병脹病에는 삼양三陽을 취하고, 손설飱泄에는 삼음三陰을 취한다.

◉ 여기서는 기미氣味에서 생성된 진액津液이 장부의 고황膏肓에서 외부의 피부와 낙맥으로 삼출되고 붉게 변하여 혈이 되어 경수經臟를 영위하고 장부臟腑에 주입되니 내외출입이 상응한다는 것을 말한다.

진액은 수곡 기미에서 만들어진다. 중초中焦의 기가 진액을 증류하고 정미精微를 변화시켜 주리腠理에 흘려보내며, 점액질은 골에 주입되고 뇌수를 보익하며 피부를 윤택하게 한다. 이는 진액이 365절節에 주입되고 피부와 기주肌腠에 스며드는 것이다. 외부로 넘치면 피육이 살찌고 내부에서 유여하면 고황膏肓이 풍만하다.

고膏는 장부臟腑의 고막膏膜이고, 황肓은 장위腸胃의 모원募原이다. 기미에서 만들어진 진액은 내부의 고황부터 외부까지 부드럽게 한다. 그래서 살찐 사람은 살이 기름지고 피부가 늘어져 배가 나오는 것이니 내외가 상응한다.

〈영추·옹저癰疽〉에서 "중초에서 이슬처럼 기를 내보내 계곡溪谷과 손맥을 적셔준다. 진액이 영기와 섞이면 붉게 혈로 변한다. 혈로 변하면 손맥이 채워지고 낙맥을 관주하며 낙맥이 채워지면 경맥으로 주입된다. 모든 경락에 혈이 충분히 채워지면 호흡에 따라 운행된다. 그 움직임은 일정한 규칙과 정해진 이치에 따라 전신을 순환하니 천체의 움직임과 같이 쉬지 않고 돈다中焦出氣如露 上注谿谷而滲孫脈 津液和調 變化而赤爲血 血和則孫脈先滿溢 乃注于絡脈 皆盈乃注于經脈 陰陽已張 因息乃行 行有經紀 周有道理 如天合同 不得休止"라고 했다.

계곡溪谷은 피부의 분육分肉이다. 이는 진액이 외부에서 피부에 주입되어 손락孫絡에서 붉게 혈로 변하여 장부의 원경原經으로 주입된다. 그러므로 "십이원혈을 통하여 오장의 기를 365절에 기미를 보낼 수 있다十二原者 五臟之所以稟三百六十五節氣味也"라고 말하는 것이다.

사관四關은 양 팔꿈치兩肘와 양 겨드랑이兩腋이고, 양 허벅지兩髀와 양 오금兩膕인데 모두 힘을 쓰는 큰 관절이며 진기가 통과하는 곳이고 혈락血絡이 흐르는 곳이다.

십이원十二原이 사관에 있고 사관에서 오장의 질환을 치료한다는 것十二原出於四關 四關主治五臟은 오장이 육부와 합쳐지고 육부에는 원혈原穴이 있으며 원혈이 사관에 있고 사관에는 오장의 반응이 나타나니 장부臟腑는 음양으로 상합하고 내외출입이 상통한다. 그래서 "원혈을 잘 알고 그 반응을 알면 오장의 손상 여부를 알 수 있다明知其原 覩其應 而知五臟之害矣"라고 한 것이다.

간·심·비·폐·신은 내부의 오장이다. 양중지소음陽中之少陰과 음중지소양陰中之少陽은 오장의 기다. 그러므로 오장에 병이 나면 경맥의 원혈原穴을 취한다.

창병脹病에는 삼양을 취하고, 손설殞泄에는 삼음을 취한다는 것脹取三陽 殞泄取三陰은 병이 삼음삼양지기三陰三陽之氣에 있어서 기를 취하는 것이다.

여기서는 혈기생시출입血氣生始出入의 근원을 설명하여 〈구침십이원九鍼十二原〉이라는 편명을 붙였으니 구침과 음양혈기가 서로 합쳐지는 것을 말한다.

批 본경에서 모든 경맥을 다스려야 하는 것取經脈은 태연·대릉 같은 혈을 취하라고 했고, 맥외의 기를 다스려야 하는 것取脈外之氣은 소양·태음·소음을 다스리라고 했다.

今夫五臟之有疾也, 譬猶刺也, 猶汚也, 猶結也, 猶閉也. 刺雖久, 猶可拔也. 汚雖久, 猶可雪也. 結雖久, 猶可解也. 閉雖久, 猶可決也. 或言久疾之不可取者, 非其說也, 夫善用鍼者, 取其疾也, 猶拔刺也, 猶雪汚也, 猶解結也, 猶決閉也, 疾雖久, 猶可畢也. 言不可治者, 未得其術也.

오장에 병이 있는 것은 가시가 박힌 것과 같고, 때 묻은 것과 같으며, 실이 엉킨 것과 같고, 막혀 통하지 않는 것과 같다. 가시는 박힌 지 오래되어도 뺄 수 있고, 때가 오래되어도 깨끗하게 할 수 있으며, 실이 엉킨 지 오래되어도 풀 수 있고, 막힌 지 오래되어도 뚫을 수 있다. 병이 오래되어서 치료할 수 없다는 것은 일리가 없는 것이다.

침을 잘 놓는 것은 질병을 치료하는 것이 마치 가시를 빼고, 때를 씻어 깨끗하게 하며, 매듭을 풀고, 막힌 것을 뚫는 것처럼 병이 오래되어도 낫게 할 수 있는 것이다. 나을 수 없다고 말하는 것은 미처 그 기술을 터득하지 못한 것이다.

⦿ 장개지가 말했다. "모든 병의 시작은 풍우한서의 기후 변화와 성생활陰陽, 희로애락의 감정 변화, 음식, 주거환경, 놀람과 공포에서 발생하여 혈기가 분

리되고 음양이 파산하며 경락이 끊기고 맥도가 불통하게 된다. 풍우한서의 기후 변화와 놀람과 공포는 가시나 때와 같은 것으로 병이 외부에서 들어온 것이다. 성생활·감정 변화·음식·주거환경 등은 막힌 것으로 병이 안에서 생긴 것이다. 모든 병은 외인과 내인 두 가지에서 벗어나지 않는다. 그러므로 가시를 뽑아버리고 때를 씻으면 그대로 외부에서 풀리고, 꼬인 것을 풀고 막힌 것을 뚫으면 안에서 해결된다. 이 두 가지를 알면 병이 오래되어도 낫게 할 수 있다. 치료할 수 없다고 말하는 것은 그 원인을 모르기 때문이다."

장옥사張玉師가 말했다. "때는 피부에, 가시는 부육膚肉에, 꼬인 것은 혈맥에, 막힌 것은 근골에 병든 것이다."

> 刺諸熱者, 如以手探湯. 刺寒淸者, 如人不欲行. 陰有陽疾者, 取之下陵三里, 正往無殆, 氣下乃止, 不下復始也. 疾高而內者, 取之陰之陵泉. 疾高而外者, 取之陽之陵泉也.
>
> 열이 나는 환부에 침놓을 때는 뜨거운 물에 손을 대듯이 살짝살짝 얕게 찌르고, 환부가 찬 경우에는 가기 싫어서 꾸물대는 것처럼 깊이 찌르고 유침시킨다. 내부에 양사陽邪가 침입하여 생긴 병은 족삼리足三里에 자침한다. 기가 오면 곧 빼고 기가 오지 않으면 다시 놓는다. 내부의 병증이 상부에 나타나면 음릉천陰陵泉을 취하고, 외사外邪로 인한 병증이 하부에 나타나면 양릉천陽陵泉을 취한다.

◉ 한열寒熱은 풍우한서風雨寒暑가 외부에서 습격한 것이다.

열이 나는 곳에 침놓을 때는 뜨거운 물에 손대듯이 하는 것刺諸熱者 如以手探湯은 열이 피부에 있으므로 침을 얕게 찌르는 것이다.

피부가 찬 것寒淸은 내인의 허한虛寒이니 깊게 찌른다. 고요히 기가 오길 기다리므로 가기 싫어하는 듯如人不欲行이라고 표현했다.

음유양질자陰有陽疾者는 양사陽邪가 내부로 들어온 것이다.

하릉삼리下陵三里는 슬하膝下 3촌에 있는 족양명경足陽明經의 경혈이다. 양명은 합闔을 주관한다.

바르게 행하면 걱정할 게 없고 기가 내려가면 낫는다正往無殆 氣下乃止는 아래서부터 풀리게 되는 것이다.

질고이내자疾高而內者는 내부의 병이 상부에 나타난 것이다. 음릉천陰陵泉은 태음의 경혈이고, 태음은 개開를 주관한다. 내부의 병이 개開의 작용으로 위로 나가게 하는 것이다. 양병陽病이 안으로 들어가면 즉시 아래에서 풀고, 내부의 병이 상부에 나타나면 위로 나가게 한다.

질고이외자疾高而外者는 외사外邪가 위로 들어왔는데 증상은 아래에 나타나는 것이다. 양릉천陽陵泉은 소양의 경혈이다. 소양은 추樞를 주관한다. 사기가 위로 들어오면 아래로 내려가 내부로 들어가려고 하므로 추를 따라서 밖으로 내보내고 내부로 들어가지 못하게 하는 것이다.

장옥사張玉師가 말했다. "사기邪氣가 위에 있으면 음릉천이나 양릉천을 취하는 것은 사천司天과 재천在泉이 상하로 상통하는 것이니 기를 위로 내보내는 것이다."

批 질고이외자疾高而外者는 『상한론傷寒論』에서 말하는 사고통하邪高痛下니 사기는 위에 있고 통증이 아래에 있는 것이다.

ຂ

TV를 보려면 전원을 켜야 한다. 휴대폰에 배터리가 나가면 통화가 되지 않는다. 자동차가 움직이는 것은 바퀴가 있어서가 아니라 엔진에서 에너지가 생겨 바퀴로 전달되기 때문이다. 모든 기기가 작동하기 위해서는 에너지가 필요하다.

생명체가 생명을 유지하기 위해서는 에너지가 필요하다. 인체의 활동, 몸과 팔다리가 움직이는 것은 팔다리가 있어서가 아니라 팔다리로 에너지가 공급되기 때문이다. 눈 깜빡거림, 손의 움직임, 발의 움직임, 무릎의 움직임, 목의 회전, 허리의 구부리고 펴짐, 눈으로 보는 것, 귀로 듣는 것, 코로 맡는 것, 혀로 맛보는 것, 말하는 것, 피부의 감촉, 기쁨과 슬픔 등의 감정까지도 저절로 일어나는 것이 아니라 영양과 에너지가 있어야 이루어질 수 있다.

손발이 있다고 다 움직이는 것이 아니다. 손발에 영양과 에너지가 가야 발로 걸을 수 있고 손으로 잡을 수 있다. 눈과 귀가 있다고 꼭 보고 들을 수 있는 것은 아니다. 본다는 것은 기혈이 눈으로 가서 눈의 기능이 작용해야 볼 수 있다. 단순히 눈이 있다고 보이는 것은 아니다. 귀도 마찬가지다. 귀가 있다고 듣는 것이 아니라 귀로 기혈이 잘 가서 영양과 에너지가 공급되어야 귀의 듣는 기능을 할 수 있다. 보고 듣는 것은 눈과 귀가 아니라 기혈의 공급으로 눈과 귀가 정상 작용해야 가능하다.

그래서 〈소문·오장생성론五臟生成論〉에서 "간이 혈을 받아야 볼 수 있고, 발이 혈을 받아야 걸을 수 있고, 손이 혈을 받아야 쥘 수 있다肝受血而能視 足受血而

能步 掌受血而能握"라고 했다.

〈영추·사기장부병형邪氣臟腑病形〉에서는 "십이경맥과 삼백육십오낙맥의 혈기가 모두 얼굴로 올라가 오관으로 가는데, 기가 눈으로 가면 볼 수 있고, 귀로 가면 들을 수 있으며, 코로 가면 맡을 수 있고, 위胃에서 나온 기가 입술과 혀로 가면 맛을 알 수 있다十二經脈 三百六十五絡 其血氣皆上注於面而走空竅 其精陽氣上注於目而爲睛 其別氣注於耳而爲聽 其宗氣上出於鼻而爲臭 其濁氣出於胃 走脣舌而爲味"라고 했다.

체내의 에너지가 기氣다. 사람이 피육근맥골의 형체와 이목구비가 갖추어져도 에너지인 기가 각 장기와 조직 기관, 세포에 공급되지 않으면 팔다리나 눈·코·귀·입의 작용이 일어나지 못한다. 그래서 "기가 있으면 살아 있는 것이고, 기가 없으면 죽은 것이다有氣則生 無氣則死"라고 했다. 즉 살아 있다는 것은 몸에 에너지인 기가 있어 각 장기와 기관 조직이 기능을 일으킬 수 있는 것이고, 기가 없으면 장기와 기관 조직이 작용하지 않으니 살지 못한다.

우주의 변화도 하늘과 땅이 있어 하늘이 변하고 땅이 변하는 것이 아니다. 하늘과 땅 사이에는 태양에서 받은 에너지를 물에 저장한 기가 돌면서 만물의 변화가 일어난다. 우주의 변화는 지구의 공전으로 인한 춘하추동 사시에 따른 에너지의 변화로 말미암는다. 봄에는 싹이 나고, 여름에는 무성해지며, 가을에는 낙엽 지고, 겨울에는 침잠하는 생장화수장生長化收藏의 변화가 일어난다. 우리 몸도 인체를 구성하는 물질인 피육근맥골이 변화하여 생명활동이 일어나는 것이 아니라 피육근골과 오장육부에 기가 돌면서 각 장기와 조직 기관의 기능이 일어나면서 생명활동이 일어나고 생명체가 유지된다.

기氣는 힘을 나타내는 '기气'와 곡식을 나타내는 '미米'가 합쳐진 글자로 곡식에서 나온 기운이다. 즉 밥 먹고 만들어진 에너지가 기다. 기는 에너지이지만 에너지는 홀로 독립하여 작용할 수 없다. 반드시 매체에 저장되어야 순환하여 각 장기와 조직 기관, 세포에 공급된다. 지구의 2/3가 바다이듯이 우리 몸의 2/3가 수분이다. 기는 몸에서도 수분에 저장되어 순환한다. 기는 홀로 도는 것이 아니라 영양물질인 혈과 진액에 함유되어 함께 순환한다. 눈에 보이는 것은 혈과 진액이지만 실은 기의 힘으로 혈액과 진액이 순환한다. 그래서 혈과 합쳐지면 혈기血氣, 영營과 합쳐지면 영기營氣, 진액과 합쳐지면 위기衛氣라고 일컫는다.

〈영추·결기決氣〉에서 "상초에서 생기는 것으로 오곡의 기운을 몸에 퍼뜨려 몸을 따뜻하게 하고 충실하게 하며 터럭을 윤택하게 하고 안개처럼 퍼져 있는 것이 기다上焦開發 宣五穀味 熏膚充身澤毛 若霧露之漑 是爲氣"라고 했다.

『중의입문지요中醫入門之要』에서는 기의 작용을 추동작용推動作用, 온후작용溫煦作用, 방어작용防禦作用, 고섭작용固攝作用, 기화작용氣化作用 다섯 가지로 구분했다.

우리 몸에서의 대사물질은 혈, 진액, 기다. 혈과 진액은 영양물질이고, 기는 에너지다. 혈액은 심장의 박동 힘으로 퍼져나간다고 하는데 실제적인 혈액의 순환은 나가는 것뿐만 아니라 심장에서 나갔다가 다시 돌아와야 하는데 실제 심장 박동의 압력으로는 불가능하다고 한다. 한의학에서는 혈액 순환 기능을 혈과 기가 합쳐져 에너지인 기의 힘으로 혈액이 순환한다고 여긴다. 또 진액인 수분도 그 자체가 몸 전체로 퍼지고 올라가고 내려가는 것이 아니라 기와 합쳐져서 인체의 수분대사가 이루어진다고 여긴다. 이 힘에 의하여 우리 몸은 움직인다. 이처럼 영양물질인 혈과 진액을 우리 몸 곳곳으로 전달하는 작용을 추동작용이라고 한다.

인간이 살기 위해서는 일정한 체온을 유지해야 한다. 몸의 온도가 내려가는 것은 기능이 저하되는 것이다. 사람이 죽으면 온 몸이 싸늘하게 식는다. 추우면 추위를 면하기 위하여 난방을 한다. 난방은 에너지를 이용하여 열을 일으키는 것이다. 추운 것은 에너지가 부족하여 온 몸에 골고루 기가 공급되지 못한 것이다. 기가 충분히 돌아야 일정한 체온을 유지하여 생명을 유지할 수 있다. 이것이 기의 온후작용이다.

연세가 많은 할머니를 보면 가끔 맨 뱃살을 끈으로 묶고 있다. "왜 배에 끈을 묶고 있는가"라고 물으니 살이 자꾸 흘러내려 묶어야 한다고 한다. 우리 몸의 살과 피부는 당연히 뼈에 딱 붙어 있는 것이 아니다. 접착제로 서로 붙어 있는 것도 아니다. 피육근골은 그 속에 기가 함유되어 있다. 피육근골에 함유되어 있는 기가 작용하여 몸의 형체를 유지시킨다. 이것이 기의 고섭작용이다.

더우면 땀이 나고 추우면 땀은 안 나고 소변을 자주 본다. 인체에서 수분은 수분 자체로 순환하는 것이 아니라 기와 합쳐져서 기화된 형태로 순환하여 더우면 땀구멍을 통해 땀으로 나오고 추우면 순환력이 약해져서 소변으로 나오게 된다. 이것이 기의 기화작용이다.

인간이 살기 위해서는 주위 환경에 적응해야 한다. 인체를 둘러싸고 있는 환경의 변화나 다른 생명체도 인간과 경쟁하면서 살고 있다. 다른 미생물이 침입하여 인체에 해가 될 수도 있다. 몸을 보호하기 위해서는 침입한 미생물과 싸워 이겨야 한다. 이러한 외부 물질의 침입에 대항하는 기능이 면역력인데 이것이 기의 방어작용이다.

혈과 진액을 순환시켜 각 장기와 기관 조직에 영양과 에너지를 공급하여 작용하게끔 하고 몸을 따뜻하게 하며 몸의 형체를 유지해주고 수분대사를 주재하여 땀과 소변이 나오게 하며 외부 물질에 대해 우리 몸을 지켜준다. 우리 몸의 생명활동을 가능케 하는 것이 모두 에너지인 기의 작용이다.

이러한 다섯 가지 작용은 따로따로 일어나는 것이 아니라 기가 에너지이기 때문에 여러 가지 형태로 나타날 뿐이다.

따라서 기는 우리 몸의 에너지로 대사의 주체가 되어 팔다리가 움직이고 눈으로 보고 코로 맡고 귀로 들으며 혀로 맛보며 피부로 감각을 느끼는 생명의 모든 작용을 일어나게 한다.

ℛ

바다에서 증발된 수증기가 천하로 퍼져서 구름이 되어 모이고 구름이 짙어지면 비가 되어 땅으로 내려오며 땅에 내린 비는 수맥을 따라 강으로 흘러간다. 대기에 퍼져 있는 수증기는 육기六氣로 맥외脈外로 포산되는 위기衛氣에 비유되고, 비가 내려 땅으로 스며들어 경수經水를 따라 흐르는 물은 경맥을 흐르는 영기營氣에 비유된다.

기氣는 맥중脈中을 도는 영기와 맥외를 도는 위기로 나눈다營行脈中 衛行脈外. 중초中焦에서 소화된 정미精微와 진액이 합쳐져 혈血로 변한다. 영혈營血은 경수經隧를 따라 흐른다. 영기는 십이경맥·십오대락·낙맥絡脈·손락孫絡 등 맥중을 통과하는 기로 영혈과 함께 움직이므로 눈에 보이는 것은 혈이지만 영혈을 움직이게 하는 것은 기氣다. 영혈과 기가 합쳐져서 영기라고 하니 혈지기血之氣가 영기다.

영기는 쉬는 숨에 기가 3촌을 가고 들이쉬는 숨에 기가 3촌을 가니 1호흡一呼吸에 6촌 움직인다. 10식息에 기는 6척을 가고, 270식에 16장 2척을 돌아 몸에서 1주一周한다. 하루에 50영營을 하며 1주하는 데 걸리는 시간이 약 29분이다.

수태음폐手太陰肺에서 시작하여 족궐음간足厥陰肝에서 끝나도 멈추지 않고 계속 돌아 종이부시終而復始한다.

위기는 맥외를 행한다. 양명수곡에서 만들어지고 아주 빠르게 퍼지는 성질을 지닌다. 위기는 상초에서 나온다上焦出衛. 음식을 먹고 소화되면 모든 음식물이 위에서 소화되고 장에서 흡수되는 것이 아니라 휘발성이 강한 물질은 입안에서 식도 위의 점막을 통해 흡수되기도 한다. 가장 대표적인 음식이 술이다. 그래서 내경에서는 위기를 술에 비유하여 위기의 순행로를 술을 통하여 설명하고 있다.

음식을 먹고 나서 술을 마시면 음식이 다 소화 흡수되고 나중에 술이 흡수되는 것이 아니라 먼저 먹은 음식보다 술이 먼저 흡수되어 소변으로 나온다. 이것은 위기가 음식보다 먼저 흡수되어 경맥을 따라 움직이는 것이 아니라 상초에서 나와 얼굴과 머리 쪽으로 올라가고 다시 손발의 표피로 퍼져 나간다.

위기는 에너지의 양과 부위에 따라 태양太陽·소양少陽·양명陽明·태음太陰·소음少陰·궐음厥陰의 육기로 표현된다.

위기도 하루에 50영을 하지만 영기와 다르다. 위기는 낮에 양분陽分을 25회 돌고, 밤에 음분陰分을 25회 돈다.

영기는 맥중만 돌고 위기는 맥외만 도는 것이 아니다. 영기는 맥중을 행하다가 손락에 이르면 맥외로 나가기도 하고, 위기는 사지 말단이나 두면에서 경經과 합쳐져 맥중으로 들어가기도 한다.

영행맥중營行脈中 위행맥외衛行脈外는 네트워크에 비유할 수 있다. 맥중을 도는 영혈은 유선을 따라 도는 것이고 맥외를 도는 위기는 무선으로 도는 것이다. 오장에서 나온 영기는 경수經隧를 따라 대락大絡으로 가서 낙맥絡脈·손맥孫脈으로 가는 것은 유선이고, 손락에서 빠져나가 피부로 가는 것은 유선에서 무선으로 가는 것이다. 또 피부의 위기가 손발에 모여 경經으로 들어가는 것은 무선에서 유선으로 합쳐지는 것이다. 기는 경맥으로만 도는 것이 아니라 맥외에서 맥내로, 맥내에서 맥외로 상통한다.

본수本輸[*]

黃帝問於岐伯曰: 凡刺之道, 必通十二經絡之所終始, 絡脈之所別處, 五輸之所留, 六腑之所與合, 四時之所出入, 五臟之所溜處, 闊數之度, 淺深之狀, 高下所至, 願聞其解.

황제가 기백에게 물었다. "침놓으려면 반드시 십이경맥十二經脈의 유주流注와 경맥에서 갈라지는 낙맥, 오수혈이 머무는 곳, 육부六腑가 합쳐지는 곳, 사시四時에 따른 기의 출입, 오장의 기가 흘러가는 곳, 경맥의 크기, 깊이, 위치 등에 통달해야 하니 그 답을 듣고 싶다."

❋ 경맥의 종시終始는 수삼양경이 손에서 머리로 가고從手走頭, 족삼양경이 머리에서 발로 간다從頭走足. 족삼음경이 발에서 배로 가고從足走腹, 수삼음경이 배에서 손으로 간다從腹走手. 폐에서 시작하여 간에서 끝나고 끝나면 다시 시작하여 끊임없이 돈다. 이것이 혈기순행의 종시다. 오장육부의 맥이 모두 정井에서 출발하여出於井 형榮으로 흐르고溜於榮 수腧로 주입되며注於腧 경經으로 행하고行於經 경맥으로 들어가 합하니入於合 팔다리에서 시작하여 장부까지 통하는 것이 경맥의 종시다.

경맥에서 갈라진 낙맥이 흐르는 곳絡脈之所別處은 장부의 경맥에서 갈라진 대락大絡으로, 경맥의 흐름과는 달라 혈맥이 손맥孫脈으로 통하고 피부로 삼출된다.

오장의 기가 머무는 곳五臟之所留과 육부의 기가 합하는 곳六府之所與合은 오

---

[*] '輸' '俞' '腧' 세 글자는 옛날에는 통용했다. 수輸는 맥기가 전수된다는 것이고, '俞'는 '腧'에서 육육변을 생략한 것이다—마현대.

장의 오수혈五腧穴과 육부의 육수혈六腧穴이다.

사시에 따른 기의 출입四時之所出入은 혈기가 사시의 기온에 따라 생장수장生長收藏의 변화가 일어난다.

오장의 기가 흐르는 곳五臟之所溜處은 오장의 혈기가 맥중으로 흘러 그 변화가 기구맥에 나타나고, 오장의 기혈이 맥외로 흘러나간 것은 오리혈五里穴에서 퍼져 척지피부尺之皮膚에 변화가 나타난다. 오장의 혈기는 피부와 경맥의 내외로 흐른다.

활삭闊數은 넓고 좁은 것이다. 경맥에 365혈穴이 있고, 낙맥에 365혈이 있으며 손락에도 365혈이 있다. 경맥은 넓고 손락은 좁다.

천심淺深은 낙맥이 얕은 곳에서 흐르고, 경맥이 깊은 곳에서 흐른다.

고하소지高下所至는 혈기가 위로 가기도 하고 아래로 가기도 한다.

批 장부의 혈기는 대락大絡에서 외부의 피부에 주입되고, 다시 지정指井에서 내부의 혈맥으로 들어가 흐른다. 그래서 낙맥이 따로 갈라지는 곳을 반드시 알아야 한다.

批 십이장부의 맥이 정혈井穴에서 출발하는 것은 경맥을 관통하는 것이 아니다. 그래서 십이경맥은 주슬肘膝까지만 말했다.

岐伯曰: 請言其次也. 肺出於少商, 少商者, 手大指端內側也, 爲井木. 溜於魚際, 魚際者, 手魚也, 爲滎. 注於太淵, 太淵, 魚後一寸陷者中也, 爲腧. 行於經渠, 經渠, 寸口中也, 動而不居, 爲經. 入於尺澤, 尺澤, 肘中之動脈也, 爲合, 手太陰經也.

기백이 답했다. "폐肺는 소상少商에서 출발한다. 소상은 엄지손가락 내측에 있으며 정목井木이 된다. 어제魚際로 흘러가니 어제는 손 어복魚腹이며 형滎이 된다. 태연太淵으로 흐르니 태연은 어제에서 1촌 반 떨어진 들어간 곳으로 수腧가 된다. 경거經渠로 가니 경거는 바로 맥이 뛰는 촌구寸口로 경經이 된다. 척택尺澤으로 들어가는데 척택은 팔꿈치에서 맥이 뛰는 곳으로 합合이 된다. 이것이 수태음경이다.

◉ 차次는 순서다. 정井은 우물 바닥에 나무로 정井자 모양을 만들어 그 위에 물이 고이게 하는 것이다. 피부에 삽입된 혈은 정수井水에서부터 맥중으로 흘러

가 수혈로 흐르고 경혈에 행하여 멈추지 않고 계속 가서 주슬肘膝에 이르러 경맥의 혈기와 합한다. 폐·심·간·비·신은 내부의 오장이고, 담·위·대장·소장·삼초·방광은 내부의 육부이며, 수족의 태음·소음·태양·소양은 외부의 경기經氣다.

폐의 경기가 소상에서 시작하는 것肺出於少商은 장부의 혈기가 대락에서 손락과 피부로 주입되는 것이다. 폐장에서 나온 혈기는 소상에서 수태음경과 합쳐진다. 소상은 엄지손가락 내측 손톱에서 부추잎만큼 떨어진 자리로 정목井木이 된다. 어제魚際는 엄지손가락 아래로 불쑥 솟아난 부분의 적백 경계선으로 형화滎火. 어복魚腹처럼 생겨 그 모양을 따서 이름 지었다. 태연太淵은 어제 뒤편의 조금 함몰된 부분으로 수토輸土다. 경거經渠는 촌구의 맥이 뛰는 곳으로 경금經金이다. 척택尺澤은 팔꿈치에 있으며 합수合水다.

批 태음太陰은 가을을 주관하고 금지불급金之不及이어서 소상少商이라고 했다. 다른 혈명도 각기 이름 붙여진 이유가 있다. 위에서 부추잎만큼이라고 했는데 지금은 쌀알만큼이라고 한다.

心出於中衝, 中衝, 手中指之端也, 爲井木. 溜於勞宮, 勞宮, 掌中中指本節之內間也, 爲滎. 注於大陵, 大陵, 掌後高骨之間方下者也, 爲腧. 行於間使, 間使之道, 兩筋之間, 三寸之中也, 有過則至, 無過則止, 爲經. 入於曲澤, 曲澤, 肘內廉下陷者之中也, 屈而得之, 爲合, 手少陰也.

심心은 중충中衝에서 출발하니 중충은 가운뎃손가락 끝이고 정목井木이다. 노궁勞宮으로 흘러가니 노궁은 손바닥 본절 안쪽으로 형滎이다. 대릉大陵으로 주입되니 대릉은 손바닥 뒤 양골 사이 바로 아래로 수腧가 된다. 간사間使로 가니 간사는 대릉에서 3촌 떨어진 양 인대 사이로, 병이 있으면 가고 병이 없으면 가지 않는다. 경經이 된다. 곡택曲澤으로 들어가니 곡택은 팔꿈치 내측에서 아래로 함몰된 곳으로 팔을 구부려서 취혈한다. 합合이 된다. 이상이 수소음手少陰이다.

◉ 수소음은 심맥心脈이다. 중충中衝은 심포락心包絡의 경혈이다. 심은 혈을 주관하고心主血 심포는 맥을 주관하니包絡主脈 군신君臣의 상합이다.

심의 경기가 중충에서 나오는 것心出於中衝은 심장에서 나오는 혈기가 피부에 삼입되어 중충의 정井에서 수궐음手厥陰의 경經으로 가는 것이다.

간사間使는 군신 사이에 행해지는 심부름꾼이다. 심장의 혈기가 심포락을 지나가면 경기經氣가 이르고 포락을 지나지 않으면 멈추어 경에서 멈춘다고 한 것이니 주중肘中으로 가지 않고 포락의 혈맥과 상합하여 바로 수소음경手少陰經으로 들어간다. 그래서 처음에 심心이라고 했고 끝에는 다시 수소음手少陰이라고 말했다. 하지만 그 사이는 모두 수궐음심주포락手厥陰心主包絡의 오수혈이다.

혈은 심신心神이 변화한 것으로 심과 심포의 혈맥이 상통한다. 심장에서 나온 혈기는 수소음경과 수궐음경 사이를 번갈아 행한다.

批 경혈인 간사間使를 통과하기도 하고 멈추기도 하는 것이다. 또 이 구절은 〈영추·사객邪客〉과 함께 봐야 한다.

肝出於大敦, 大敦者, 足大指之端及三毛之中也, 爲井木. 溜於行間, 行間, 足大指間也, 爲滎. 注於太衝, 太衝, 行間上二寸陷者之中也, 爲腧. 行於中封, 中封, 內踝之前一寸半, 陷者之中, 使逆則宛, 使和則通, 搖足而得之, 爲經. 入於曲泉, 曲泉, 輔骨之下, 大筋之上也, 屈膝而得之, 爲合, 足厥陰也.

간肝은 대돈大敦에서 출발하니 대돈은 엄지발가락 끝 삼모三毛가 있는 곳으로 정목井木이 된다. 행간行間으로 흘러가니 행간은 엄지발가락 사이로 형滎이 된다. 태충太衝으로 주입되니 태충은 행간 위 2촌으로 들어간 곳이다. 수腧가 된다. 중봉中封으로 가는데 중봉은 내과內踝의 앞 1촌 반으로 들어간 곳이다. 궐역되면 울혈이 되니 화평해야 경기가 통한다. 발을 움직여서 취혈한다. 경經이 된다. 곡천曲泉으로 들어가니 곡천은 보골輔骨 아래 큰 인대의 위다. 무릎을 구부려서 취혈한다. 합合이 된다. 이상이 족궐음足厥陰이다.

⊕ 완宛은 울체鬱滯되는 것이다. 소행위경所行爲經은 늘 지나가는 길이기 때문에 통과해서 가고 오는 것이다. 그러므로 지나가는 혈기가 궐역하면 그 사이가 울체되어 돌지 않게 된다. 왕래하는 혈기가 서로 화평하면 경맥 내로 통하게 된다.

장옥사가 말했다. "이 두 구절은 맥내의 기혈이 정혈井穴에서 합혈合穴로 간다는 것을 증명한다."

批 왕래往來라는 것은 경맥의 혈기가 합혈合穴에서 정혈井穴로 갈 수 있음을 말한다. 원래는 정혈에서 합혈로 기혈이 흐른다.

脾出於隱白, 隱白者, 足大指之端內側也, 爲井木. 溜於大都, 大都, 本節之後, 下陷者之中也, 爲滎. 注於太白, 太白, 腕骨之下也, 爲腧. 行於商丘, 商丘, 內踝之下, 陷者之中也, 爲經. 入於陰之陵泉, 陰之陵泉, 輔骨之下, 陷者之中也, 伸而得之, 爲合. 足太陰也.

비脾는 은백隱白에서 출발하니 은백은 엄지발가락 내측 끝으로 정목井木이 된다. 대도大都로 흘러가는데 대도는 본절本節 뒤쪽의 아래로 들어간 곳이니 형滎이 된다. 태백太白으로 주입되니 태백은 완골腕骨 아래로 수腧가 된다. 상구商丘로 가는데 상구는 내과 아래쪽 들어간 곳으로 경經이 된다. 음릉천陰陵泉으로 들어가니 음릉천은 보골輔骨 아래 들어간 곳으로 무릎을 펴고 취혈한다. 합合이 된다. 이상이 족태음足太陰이다.

⊕ 천기天氣는 상부에 있고, 수천水泉은 아래에 있으며, 지地는 중간에 위치한다. 비脾는 내장 깊숙한 곳에 위치하여 음중지지음陰中之至陰이며 땅坤土을 주관한다. 음릉천陰陵泉이라고 하지 않고 음지릉천陰之陵泉이라고 했으니 땅속에서 흐르는 물이다.

批 천천泉은 땅속에 있는 물이다.

腎出於湧泉, 湧泉者, 足心也, 爲井木, 溜於然谷, 然谷, 然骨之下者也, 爲滎, 注於太谿, 太谿, 內踝之後, 跟骨之上陷中者也, 爲腧. 行於復溜, 復溜, 上內踝二寸, 動而不休, 爲經. 入於陰谷, 陰谷, 輔骨之後, 大筋之下, 小筋之上也, 按之應手, 屈膝而得之, 爲合, 足少陰經也.

신腎은 용천湧泉에서 출발하니 용천은 발바닥足心이며 정목井木이 된다. 연곡然

谷으로 흐르니 연곡은 연골然骨 아래로 형滎이 된다. 태계太谿로 주입되니 태계는 내과 뒤쪽 발뒤꿈치跟骨 위의 들어간 곳으로 수腧가 된다. 부류復溜는 내과 위 2촌으로 맥이 뛰며 경經이 된다. 음곡陰谷은 보골輔骨 뒤쪽의 큰 인대 아래, 작은 인대 위에 있으며 누르면 맥이 뛰는 곳으로 무릎을 굽혀서 취혈한다. 합合이 된다. 이것이 족소음경足少陰經이다.

⦿ 땅속에서 흐르는 물은 천일지소생天一之所生으로 생명 에너지의 출발이다. 그래서 소음이 처음 출발하는 곳이어서 용천涌泉이라고 부른다. 부류復溜는 다시 지중地中에서 흐르는 것이다. 그래서 합혈을 음곡陰谷이라고 한다.

내가 여기저기 혈명을 해석하는 것은 사람이 천지음양오운육기天地陰陽五運六氣의 이치와 합치한다는 것을 밝히고자 함이다. 경혈의 부위와 치수는 반드시 동인도상銅人圖像을 자세히 참고해야 한다. 문장을 다듬고 주注를 첨가하는 것은 별로 보탬이 되지 않고 오히려 군더더기가 될 뿐이다. 침을 찌를 때 호흡수나 뜸의 장수壯數는 참고로 할 뿐이지 그것에 집착할 것이 아니다.

膀胱出於至陰, 至陰者, 足小指之端也, 爲井金, 溜於通谷, 通谷,
本節之前外側也, 爲滎. 注於束骨, 束骨, 本節之後陷者中也, 爲
俞. 過於京骨, 京骨, 足外側大骨之下, 爲原. 行於崑崙, 崑崙, 在
外踝之後, 跟骨之上, 爲經. 入於委中, 委中, 膕中央, 爲合, 委而
取之. 足太陽也.

방광膀胱은 지음至陰에서 출발하니 지음은 새끼발가락 끝으로 정금井金이 된다. 통곡通谷으로 흘러가니 통곡은 본절本節 앞의 바깥쪽으로 형滎이 된다. 속골束骨로 주입되니 속골은 본절 뒤쪽에 들어간 곳으로 수腧가 된다. 경골京骨을 지나니 경골은 발 바깥쪽 대골大骨 아래로 원原이 된다. 곤륜崑崙으로 가니 곤륜은 외과 뒤쪽 뒤꿈치 위에 있으며 경經이 된다. 위중委中으로 들어가니 위중은 오금의 중앙으로 합合이 된다. 이것이 족태양足太陽이다.

⦿ 태양太陽의 상부는 한수寒水가 주관한다太陽之上 寒水主之. 그러므로 출발하는 곳이 지음至陰으로 지음은 물이 많다. 폐는 천天이고 수水에서 생긴 양기陽氣는

올라가 천天에서 합한다. 수水는 기氣를 따라 피부 표면으로 운행한다. 그래서 처음에 폐와 방광을 말했으니 사천재천지기司天在泉之氣에 응하여 끊임없이 운행된다. 통곡通谷은 신의 연곡然谷과 통한다. 곤륜崑崙은 수水의 발원으로 성수호星水湖, 청해성 중부에 있는 호수다.

> 膽出於竅陰, 竅陰者, 足小指次指之端也, 爲井金. 溜於俠谿, 俠谿, 足小指次指之間也, 爲滎. 注於臨泣, 臨泣 上行一寸半, 陷者中也, 爲兪. 過於丘墟, 丘墟, 外踝之前下, 陷者中也, 爲原. 行於陽輔, 陽輔, 外踝之上, 輔骨之前, 及絶骨之端也, 爲經. 入於陽之陵泉, 陽之陵泉, 在膝外陷者中也, 爲合, 伸而得之. 足少陽也.
>
> 담膽은 규음竅陰에서 출발하니 규음은 넷째 발가락 끝으로 정금井金이 된다. 협계俠谿로 흐르니 협계는 새끼발가락과 넷째 발가락 사이로 형滎이 된다. 임읍臨泣으로 주입되니 임읍은 협계에서 1촌 반 올라가 들어간 곳으로 수兪가 된다. 구허丘墟를 지나가니 구허는 외과 앞쪽 아래에 들어간 곳으로 원原이 된다. 양보陽輔를 통과하니 양보는 외과 위쪽으로 보골輔骨 앞 절골絶骨의 끝으로 경經이 된다. 양릉천陽陵泉으로 들어가니 양릉천은 무릎 바깥쪽 들어간 곳으로 합合이 된다. 다리를 펴고 취혈한다. 이것이 족소양足少陽이다.

● 오장은 오행五行과 합하고, 육부는 육기六氣에 조응한다. 육기에는 화火가 둘이 있으므로 화가 많아 원原이 있으며 원은 경經에 붙는다. 오장의 수혈이 정목井木에서 출발하는 것은 오장이 오행에 합하여 생장화수장生長化收藏의 기에 조응하므로 목화토금수木火土金水를 따라서 순행한다. 육부의 수혈이 정금井金에서 출발하는 것은 육부가 육기에 조응하는데 육기는 음陰에서 생하고 지地에서 시작하여 추동에서 춘하로 가니 음양이 역순으로 움직인다.

안 | 본경 81편은 음양혈기陰陽血氣·상하표리上下表裏·좌우전후左右前後가 모두 역순으로 도는 것이지 순행하는 것이 도리어 역逆이라고 말한다.

진월인秦越人이 말했다. "음경의 정혈井穴은 을목乙木이고, 양경의 정혈井穴은 경금庚金이다. 양정경陽井庚은 경庚이 을乙보다 강강하고, 음정을陰井乙은 을乙이 경庚보다 유柔하다. 을乙은 목木이므로 음정목陰井木이고, 경庚은 금金이므로 양정금陽井金이다. 나머지도 다 이와 마찬가지다."

批 지지오행地之五行은 천지사시天之四時에 상응하고, 천지육기天之六氣는 지지삼음삼양地之三陰三陽에 상응한다. 또 〈소문·육미지론六微旨論〉에서 "초初는 지기地氣라고 했다. 또 세반이하歲半以下는 지기地氣가 주관한다"고 했다.

胃出於厲兌, 厲兌者, 足大指內次指之端也, 爲井金. 溜於內庭, 內庭, 次指外間也, 爲滎. 注於陷谷, 陷谷者, 上中指內間, 上行二寸陷者中也, 爲兪. 過於衝陽, 衝陽, 足跗上五寸陷者中也, 爲原, 搖足而得之. 行於解谿, 解谿, 上衝陽一寸半陷者中也, 爲經. 入於下陵, 下陵, 膝下三寸, 胻骨外三里也, 爲合. 復下三里三寸, 爲巨虛上廉, 復下上廉三寸, 爲巨虛下廉也, 大腸屬上, 小腸屬下, 足陽明胃脈也. 大腸小腸, 皆屬於胃, 是足陽明也.

위胃는 여태厲兌에서 출발하니 여태는 둘째 발가락 끝으로 정금井金이 된다. 내정內庭으로 흘러가니 내정은 둘째 발가락 바깥쪽으로 형滎이 된다. 함곡陷谷으로 주입되니 함곡은 가운뎃발가락 내측으로 2촌 올라가 들어간 곳으로 수兪가 된다. 충양衝陽을 지나는데 충양은 발등으로 내정에서 5촌 위 들어간 곳으로 원原이 된다. 발을 움직이면서 취혈한다. 해계解谿로 가니 해계는 충양에서 1촌 반 올라가 들어간 곳으로 경經이 된다. 하릉下陵으로 들어가는데 하릉은 무릎 아래 3촌 행골胻骨 외측 삼리三里다. 합合이 된다. 삼리에서 3촌 내려가면 거허상렴巨虛上廉이고 다시 3촌 내려가면 거허하렴巨虛下廉이다. 대장大腸은 거허상렴에 속하고, 소장小腸은 거허하렴에 속하니 족양명위맥足陽明胃脈이다. 대장과 소장이 모두 위胃에 속하는데 이것도 족양명足陽明이다.

◉ 〈소문·음양이합론陰陽離合論〉에서 "땅에서 미처 나오지 못한 것은 음중지음陰中之陰이고, 이미 땅에 나온 것은 음중지양陰中之陽이다未出地者 命曰陰中之陰 已出地者 命曰陰中之陽. 태양은 뿌리가 지음至陰에서 기원하니 음중지양陰中之陽이고太陽根起於至陰 名曰陰中之陽, 양명은 뿌리가 여태厲兌에서 기원하므로 음중지양陰中之陽이며太陽根起於至陰 名曰陰中之陽, 소양은 뿌리가 규음竅陰에서 기원하니 음중지소양陰中之少陽이다少陽根起於竅陰, 名曰陰中之少陽"라고 했다.

이 삼양지기三陽之氣는 모두 음陰에서 생겨나서 땅으로 나오는 것이고, 아래에서부터 위로 올라가는 것이며, 족에서 올라가는 것이니 수手와 족足의 구분이 없다. 이 때문에 수족의 육경은 삼양지기와 합하고 그 뒤에 수족手足의 구분이 있게 된다. 하지만 육경이 수족으로 구분되는 것이지 삼양지기는 아니다. 그러므로 육부는 모두 족지삼양足之三陽에서 출발하여 수手에서 합한다.

황재화黃載華가 말했다. "대장·소장은 위胃에서 넘어온 수곡지기水穀之氣를 받아서 별즙別汁을 분비하여 진액을 만드니 모두 위胃에 속한다. 그러므로 대장은 위부胃腑의 경기經氣를 받아서 거허상렴에 속하고, 소장은 거허하렴에 속한다."

> 三焦者, 上合手少陽, 出於關衝, 關衝者, 手小指次指之端也, 爲井金, 溜於液門, 液門, 小指次指之間也, 爲滎. 注於中渚, 中渚, 本節之後陷者中也, 爲兪. 過於陽池, 陽池, 在腕上陷者之中也, 爲原, 行於支溝, 支溝, 上腕三寸, 兩骨之間陷者中也, 爲經. 入於天井, 天井, 在肘外大骨之上陷者中也, 爲合, 屈肘乃得之. 三焦下腧, 在於足大指*之前, 少陽之後, 出於膕中外廉, 名曰委陽, 是太陽絡也, 手少陽經也. 三焦者, 足少陽太陰之所將, 太陽之別也, 上踝五寸, 別入貫腨腸, 出於委陽, 並太陽之正, 入絡膀胱, 約下焦, 實則閉癃, 虛則遺溺, 遺溺則補之, 閉癃則瀉之.
>
> 삼초三焦는 상부에서 수소양手少陽과 합한다. 관충關衝에서 출발하니 관충은 넷째 손가락 끝으로 정금井金이다. 액문液門으로 흘러가니 액문은 새끼손가락과 넷째 손가락 사이로 형滎이 된다. 중저中渚로 주입되니 중저는 본절 뒤쪽으로 들어간 곳으로 수腧가 된다. 양지陽池를 지나가니 양지는 손목 위 들어간 곳으로 원原이 된다. 지구支溝로 가는데 지구는 손목에서 3촌 올라가 뼈 사이에 들어간 곳으로 경經이 된다. 천정天井으로 들어가니 천정은 팔꿈치 바깥쪽 대골大骨 위에 들어간 곳으로 합슴이 된다. 팔꿈치를 구부려서 취혈한다. 삼초하수三焦下腧는 족태양경 앞 소양경 뒤쪽이자 오금 바깥쪽으로 위양委陽이다. 이

---

* '足大指'는 '足太陽'이어야 한다—옮긴이.

것은 태양의 낙맥이다. 수소양경手少陽經이다. 삼초는 족소양과 족태음이 함께 가는데 태양경에서 갈라진 것이다. 외과상 5촌에서 별도로 장딴지로 들어가 관통하여 위양으로 나가 태양경과 함께 가다가 들어가 방광에 연락되어 하초下焦를 조인다. 실하면 막혀서 폐륭閉癃이 되고, 허하면 조이지 못하여 유뇨遺溺가 된다. 유뇨가 되면 보하고, 폐륭이 되면 사한다.

🟤 황재화가 말했다. "삼초는 결독지부決瀆之府다. 그래서 태양의 낙맥에 수혈이 나와 방광으로 들어가서 하초를 조이니 기가 막히면 소변이 시원하게 나오지 못하고, 기가 허하면 유뇨가 된다. 삼초지기의 주된 작용이다."

삼초의 기는 신腎에서 출발하여 상초上焦·중초中焦·하초下焦로 다니면서 각 부위에 귀속되며 수소양경으로 나가므로 "삼초는 위로 수소양과 합한다三焦者上合手少陽"고 했다.

똑바로 가는 것은 경맥이고 횡으로 갈라져 나가는 것은 낙맥이다. 이 태양경의 별락別絡은 족소양경과 족태음경 사이에 있어서 "태양에서 갈라져 소양·태음과 함께 간다少陽太陰之所將 太陽之別也"라고 했다. 마현대馬玄臺는 천장腨腸을 장딴지라고 했다.

手太陽小腸者, 上合手太陽, 出於少澤, 少澤, 小指之端也, 爲井金. 溜於前谷, 前谷, 在手外廉本節前陷者中也, 爲滎. 注於後谿, 後谿者, 在手外側本節之後也, 爲兪. 過於腕骨, 腕骨, 在手外側腕骨之前, 爲原. 行於陽谷, 陽谷, 在銳骨之下陷者中也, 爲經. 入於小海, 小海, 在肘內大骨之外, 去端半寸陷者中也, 伸臂而得之, 爲合, 手太陽經也.

수태양소장手太陽小腸은 상부에서 수태양과 합한다. 소택少澤에서 출발하니 소택은 새끼손가락 끝으로 정금井金이 된다. 전곡前谷으로 흘러가니 전곡은 손 바깥 본절 앞쪽의 들어간 곳으로 형滎이 된다. 후계後谿로 주입되니 후계는 손 바깥 본절의 뒤쪽으로 수兪가 된다. 완골腕骨을 지나가니 완골은 손 바깥 완골의 앞으로 원原이 된다. 양곡陽谷으로 가니 양곡은 예골銳骨 아래 들어간 곳으로

경經이 된다. 소해小海로 들어가니 소해는 팔꿈치 내측 대골 외측의 끝에서 반
촌 떨어져 들어간 곳이다. 팔을 펴고 취혈한다. 합습이 된다. 수태양경手太陽經
이다.

◉ 황재화가 말했다. "대장과 소장은 모두 위胃에 속하여 양명의 거허상렴巨虛
上廉과 거허하렴巨虛下廉으로 나가므로 '수태양소장手太陽小腸은 상부에서 태양
과 합한다手太陽小腸者 上合於太陽'고 한 것이다."

大腸上合手陽明, 出於商陽, 商陽, 大指次指之端也, 爲井金. 溜於
本節之前二間, 爲滎. 注於本節之後三間, 爲兪. 過於合谷, 合谷,
在大指岐骨之間, 爲原. 行於陽谿, 陽谿, 在兩筋間陷者中也, 爲
經. 入於曲池, 在肘外輔骨陷者中也, 屈臂而得之, 爲合. 手陽明
也. 是謂五臟六腑之兪, 五五二十五兪, 六六三十六兪也. 六腑皆
出足之三陽, 上合於手者也.

대장大腸은 상부에서 수양명手陽明과 합한다. 상양商陽에서 출발하니 상양은
넷째 손가락 끝으로 정금井金이 된다. 본절의 앞쪽 이간二間으로 흘러가니 형
滎이 된다. 본절의 뒤쪽 삼간三間으로 주입되니 수兪가 된다. 합곡合谷을 지나
가니 합곡은 엄지손가락 기골岐骨 사이에 있으며 원原이 된다. 양계陽谿로 가
니 양계는 양 인대 사이에 들어간 곳으로 경經이 된다. 곡지曲池로 들어가니 곡
지는 팔꿈치 바깥쪽 보골輔骨의 들어간 곳으로 팔을 구부리고 취혈한다. 합습
이 된다. 수양명경手陽明經이다. 이것을 오장육부의 오수혈五腧穴이라 이르며
오장은 5＊5＝25수이며 육부는 6＊6＝36수다. 육부는 모두 족足의 삼양三陽
에서 출발하여 위에서 수手와 합쳐진다.

◉ 장개지가 말했다. "대장·소장은 모두 위胃에 속한다. 삼초는 족태양경에서
갈라진 낙맥에서 나와 위에서 수소양경과 합한다. 그래서 육부는 모두 아래에
족삼양경足三陽經이 있고 위에서 수手와 합쳐진다. 신반이상身半以上은 천天이
고 신반이하身半以下는 지地다. 육부가 족삼양에서 나온다는 것은 족足에 근본
을 두고 땅 밖으로 나오는 것이다."

삼음삼양三陰三陽은 외부에서는 천지육기天之六氣에 상응하고, 내부에서는 십이경맥十二經脈과 합쳐진다. 수지삼양手之三陽은 근원이 족足에 있다. 그래서 "대장은 상부에서 양명과 합한다"라고 말하는 것이다. 오장육부와 십이경맥은 외부에서 삼음삼양지기를 받아서 경맥과 합한다. 또 육부는 외부에서 육기와 합하고 육기는 단지 육경과 합할 뿐이다.

> 缺盆之中, 任脈也, 名曰天突. 一次任脈側之動脈, 足陽明也, 名曰人迎. 二次脈手陽明也, 名曰扶突. 三次脈手太陽也, 名曰天窓. 四次脈足少陽也, 名曰天容. 五次脈手少陽也, 名曰天牖, 六次脈足太陽也, 名曰天柱. 七次脈頸中央之脈, 督脈也, 名曰風府. 腋內動脈, 手太陰也, 名曰天府. 腋下三寸, 手心主也, 名曰天池.
>
> 결분缺盆의 중앙은 임맥任脈으로 천돌天突이다. 일차맥은 임맥 옆의 동맥으로 족양명이니 인영人迎이다. 이차맥은 수양명이니 부돌扶突이다. 삼차맥은 수태양이니 천창天窓이다. 사차맥은 족소양이니 천용天容이다. 오차맥은 수소양이니 천유天牖다. 육차맥은 족태양이니 천주天柱다. 칠차맥은 경頸 중앙의 맥으로 독맥督脈이니 풍부風府다. 겨드랑이 안쪽의 동맥은 수태음이니 천부天府다. 겨드랑이 아래 3촌은 수심주手心主니 천지天池다.

● 수족십이경맥은 삼음삼양과 합한다. 삼음삼양은 천지육기天之六氣로 땅 밖에서 운행된다. 장부자웅상합은 지지오행地之五行으로 내부에서 천天의 가운데에 위치한다. 이 편은 삼음삼양의 경기가 사방에서 들어와 내부에서 장부를 운영하는 것이 천기天氣가 지중地中을 관통하는 것에 상응함을 말했다. 여기서는 다시 삼음삼양의 맥이 순서에 따라 경항頸項으로 올라가는 것이 양기가 땅 밖으로 나오는 것에 상응함을 말한다.

임맥과 독맥은 함께 신腎에서 출발하여 주로 선천先天의 음양과 통한다. 수태음과 심주心主는 중초에서 함께 나와서 후천後天의 기혈을 행하게 한다. 음양의 혈기는 아래에서 위로 올라가고, 안에서 밖으로 나간다.

장옥사가 말했다. "경맥은 땅의 경수經水에 대응되니 위로 천天으로 통한다. 그래서 천돌天突·천창天窓·천용天容·천유天牖·천주天柱·천부天府·천지天池·풍부風府의 명칭이 있다."

천돌天突은 별이름이다.

刺上關者, 呿不能欠, 刺下關者, 欠不能呿, 刺犢鼻者, 屈不能伸,
刺兩關者, 伸不能屈.

상관上關은 입을 크게 벌린 채 자침하고, 하관下關은 입을 다물고 자침한다. 독
비犢鼻는 무릎을 구부리고 자침한다. 내관內關과 외관外關은 손을 편 상태에서
자침한다.

⊕ 거呿는 입을 크게 벌리는 것이고, 흠欠은 입을 다무는 것이다. 상관上關은 객
주인客主人으로 족소양에 속한다. 상관은 입을 벌리면 생기는 구멍에 자침하는
것이어서 입을 벌리라고 했다. 하관下關은 족양명의 경혈로 입을 다물어야 구
멍이 생겨 자침할 수 있어 하관을 자침할 때는 입을 다물라고 한 것이다. 독비
犢鼻는 족양명경의 경혈로 다리를 구부리고 취혈한다. 양관兩關은 수궐음경의
내관內關으로 손을 펴서 취혈한다.

입口은 원기元氣가 출입하는 문이다. 수족手足은 음양이 오르내리는 곳이다.
거흠呿欠은 입을 여닫을 때 나타나는 변화에 대응되는 것이다. 굴신屈伸은 기
가 계속 왕래하는 것에 대응되는 것이다.

공자孔子가 말했다. "굴신이 서로 감응하면 이익이 생긴다屈伸相感而利生焉."

수족 양명의 경기는 상하사방으로 승강출입升降出入하니 천지의 굴신개합屈伸開闔에
대응된다.

足陽明挾喉之動脈也, 其兪在膺中. 手陽明次在其兪外, 下至曲頰
一寸. 手太陽當曲頰. 足少陽在耳下曲頰之後. 手少陽出耳後, 上
加完骨之上. 足太陽挾項大筋之中髮際陰.

족양명의 인영人迎은 결후結喉 옆의 동맥이 뛰는 곳으로 맥기가 하행하여 수혈
이 흉부에 분포된다. 수양명의 부돌扶突은 인영 옆으로 곡협曲頰에서 1촌 떨어
진 곳이다. 수태양의 천창天窓은 곡협에 해당된다. 족소양의 천용天容은 귀 아
래에 있는 곡협의 뒤다. 수소양은 천유天牖는 귀 뒤로 위에 완골完骨이 있다.
족태양의 천주天柱는 목덜미 대근大筋 중간 발제髮際다.

2. 본수本輸   73

◉ 앞 구절에서는 삼양의 경기가 아래에서 위로 올라가는 것을 말했는데 여기서는 다시 위에서 아래로 내려가는 것을 말한다. 이른바 양기는 위로 끝까지 올라가면 내려간다.

〈영추·동수動輸〉에서 "족양명은 위기胃氣가 올라가 폐로 주입된다. 머리로 상충하여 올라간 한기悍氣는 인후咽喉를 순환하고 오관으로 올라가서 안계眼系를 순환하며 뇌로 들어가 연결된다. 다시 볼顬로 나가서 객주인客主人으로 내려가고 아거牙車를 순환하고 양명경과 합하여 함께 인영人迎으로 내려간다足之陽明 胃氣上注於肺 其悍氣上衝頭者 循咽上走空竅 循眼系 入絡腦 出顬 下客主人 循牙車 合陽明 幷下人迎"라고 했다.

이것이 양명의 기가 아래에서 올라가 뇌에 이르고 다시 위에서 내려와 양명경과 합쳐져서 인영에서 가슴 주위에 있는 수혈로 내려가는 것이다. 또 삼양의 기도 다시 순서대로 인영 옆으로 있다. 이것이 천기天氣의 승강升降에 상응하는 양기의 오르내림上下이다.

尺動脈在五里, 五兪之禁也.
척부尺膚의 동맥이 뛰는 곳에 오리五里가 있으니 금침혈이다.

◉ 여기서는 장부의 음양혈기가 수태음경과 수양명경을 순환하여 내부에서 외부로 나가고, 외부에서 내부로 들어가는 왕래역순이 끊임없이 행해진다는 것을 말한다.

척동맥尺動脈은 수태음경의 양맥구兩脈口다. 오리五里는 수양명경의 경혈로 팔꿈치 3촌 위에 위치한다. 오수五腧는 오장의 정井·형滎·수腧·경經·합合이다. 맥내를 흐르는 오장의 혈기는 수태음경의 양맥구兩脈口에 변화가 나타나고. 경별經別에서 맥외로 나간 오장의 기혈은 수양명경을 거쳐 척지피부尺之皮膚에 변화가 나타난다.

수태음경 맥중의 혈기는 손에서 팔꿈치로 가고, 수양명 맥외의 기혈은 팔꿈치에서 척지피부로 가니 피부와 경맥의 내외를 역순출입한다. 대체로 수태음경은 온몸의 기를 주관하므로 모든 맥이 모이며肺朝百脈 수양명경은 수태음경의 부腑다. 부腑는 양이므로 맥외로 기혈을 보내고, 장臟은 음으로 주로 맥중에서 혈기를 운행시킨다.

온몸의 피부와 경맥을 채운 기혈은 끊임없이 왕래역순하는데 이는 수태음과 수양명에서 시작한다. 그래서 "오리에 침놓으면 길 가다가 죽는다迎之五里 中道而止"고 한 것이다. 만약 25차례 침놓으면 오수五臟의 혈기가 모두 끊기므로 "척부尺膚의 동맥 뛰는 곳이 오리五里로 금침혈이다尺動脈在五里五臟之禁"라고 한 것이다. 이것은 척중에서 움직이는 기혈이 오리의 맥외에서 온 것임을 말한다.

앞 구절은 천기의 승강에 상응하여 양기가 오르내리는 것을 말했다. 여기서는 혈기의 출입出入이, 천지의 정수精水가 구름으로 천하에 퍼졌다가 다시 비가 되어 내려와 땅속으로 관통하는 것에 비유하고 있다.

안 | 피부의 기혈은 수족의 끝인 정혈井穴에서 맥중으로 흘러가 주슬肘膝에서 경맥과 합한다. 그러므로 "척부의 동맥이 뛰는 곳에 오리가 있으니 금침혈이다尺動脈在五里, 五兪之禁也"라고 말했다.

肺合大腸, 大腸者, 傳道之腑. 心合小腸, 小腸者, 受盛之腑. 肝合膽, 膽者, 中精之腑. 脾合胃, 胃者, 五穀之腑, 腎合膀胱, 膀胱者, 津液之腑也. 少陽屬腎, 腎上連肺, 故將兩臟. 三焦者, 中瀆之腑也, 水道出焉, 屬膀胱, 是孤之腑也. 是六腑之所與合者.

폐肺는 대장大腸과 합하니 대장은 전도지부傳道之腑다. 심心은 소장小腸과 합하니 소장은 수성지부受盛之腑다. 간肝은 담膽과 합하니 담은 중정지부中精之腑다. 비脾는 위胃와 합하니 위는 오곡지부五穀之腑다. 신腎은 방광膀胱과 합하니 방광은 진액지부津液之腑다. 소양少陽은 신腎에 속하고 위로 폐肺와 연계되므로 두 개의 장기臟器를 거느린다. 삼초三焦는 중독지부中瀆之腑이니 수도출언水道出焉하며 방광에 속하니 짝이 없는 부孤之腑다. 이것이 육부六腑가 오장五臟과 합하는 바다.

● 여기서는 오장육부의 음양상합陰陽相合을 말하고 있다. 물건을 저장하는 곳이 부府다. 육부는 수곡을 받아서 조박漕舶으로 전환하고 정즙精汁을 받아 간직

하므로 부腑라고 한다.

대장은 소장에서 거르고 남은 찌꺼기를 대변으로 변화시켜 배출하니 전도지부傳道之腑다. 소장은 위胃에서 내려온 음식의 양분을 흡수하고 찌꺼기는 대장으로 보내어 수성지부受盛之腑다. 담膽은 주로 간즙肝汁을 저장하므로 중정지부中精之腑다. 위胃는 창고처럼 음식을 받아들이므로 오곡지부五穀之腑다. 방광膀胱은 곳곳에 진액을 보내므로 진액지부津液之腑다. 소양은 삼초다.

〈소문·수열혈론水熱穴論〉에서 "신腎은 지음至陰이다. 지음은 수분水分이 많은 곳이다. 폐는 태음이다. 소음은 동맥冬脈이다. 그러므로 신에 근본을 두고 맥이 폐까지 미치고 있으니 모두 수분이 쌓여 있는 곳이다腎者 至陰也 至陰者 盛水也. 肺者 太陰也 少陰者 冬脈也. 故其本在腎 其脈在肺 皆積水也"라고 했다.

하나는 신腎을 소양에 배당하여 상화相火를 주관하고, 다른 하나는 신腎이 폐肺로 연결되어 수水를 주관한다. 그래서 신腎이 삼초와 폐 두 장기를 거느린다.

삼초의 맥은 중위中胃에서 출발하여 방광으로 들어가고 하초를 조여 노폐물을 내보내니 그래서 중독지부中瀆之腑 수도출언水道出焉이라고 하고 아래서 방광에 속한다. 삼초는 소양지기少陽之氣이고 수중水中에서 양陽이 생긴다.

수궐음포락의 상화相火는 우신右腎에서 출발하여 심하의 포락包絡에 귀속되어 하나의 장臟이 되고 삼초는 심포心包의 부腑가 된다. 이는 양신兩腎이 방광을 부腑로 삼고, 삼초는 중위中胃로 귀속되어 포락包絡의 부腑가 되므로 짝이 없는 부孤之腑가 된다.

양신兩腎은 천일지수天一之水와 지이지화地二之火를 주관하니 나누어 말하자면 양의兩儀와 같다. 그러므로 소양少陽은 신腎에 속하고, 신腎은 위로 폐와 연결되어 양장兩臟을 거느린다少陽屬腎 腎上連肺 故將兩臟. 합해서 말하면 음양이 서로 관통하고 수화水火가 상호 만나면서 함께 정액精液을 저장하고 생기生氣의 원천이 되므로 모두 방광을 부腑로 삼는다. 삼초는 심포락과 배합되니 짝이 없는 부腑가 된다.

재안 | 삼초는 소양의 기이고 신장에서 발생하여 상하를 돌아다니면서 주리로 통하고 모이는 무형의 기다. 상초上焦는 위상구胃上口에서 나오고, 중초中焦는 위중胃中과 함께하며, 하초下焦는 회장回腸에서 갈라지니 이것이 삼초가 소속

된 부위다.

〈상한론·평맥법平脈法〉에서 "삼초가 각 부서로 귀속해야 하는데, 상초로 귀속하지 못하면 트림을 하거나 신물이 올라오고噫而酢吞, 중초로 귀속하지 못하면 소화가 안 되어 잘 먹지 않으며不能消穀引食, 하초로 귀속하지 못하면 소변을 지린다遺溲"라고 했다.

이것은 삼초의 기가 신장腎臟에서 생겨서 중위中胃에 귀속되는 것이다. 본경에서 삼초의 기가 나오는 곳이 바로 〈상한론·평맥법〉에서 귀속되는 부서다. 본래 무형의 기이기 때문에 유행출입하는 것이고 유형의 부서로 귀속하기 때문에 하나의 부腑가 되고 경혈經穴이 있다.

수궐음포락의 기는 지이地二의 음화陰火이며 신장에서 발원하여 심포락에 귀속된다. 심포락은 바로 심하에 있고 혈을 주관하는 심을 싸고 있으며 심장을 도와주는 역할을 한다. 심장을 대신하여 맥중에 혈을 돌게 한다. 그 기는 신장에 근원을 두지만 심하에 있는 유형의 심포락이 귀속되는 부서다. 그러므로 선천의 기로써 말하자면 소양은 신腎에 속하고, 신腎은 두 개의 장기를 거느린다. 후천 유형의 장부로 말하자면 심포락은 심장 바로 아래에 있으며 삼초는 중위中胃에 있어서 일장일부一臟一腑가 된다."

批 이 단락에서는 오장이 합쳐지는 육부만 말하고 있다. 이 편에서는 십이경맥에서 나오는 기는 정혈井穴에서 나와 합혈合穴에서 경맥으로 들어가니 경맥 외부에서 경맥 내부로 들어가는 것을 말하고 있다.

批 장옥사가 말했다. "오수혈만 말했고 전체의 경맥은 말하지 않았으니 주슬肘膝을 지나면 경맥의 혈기가 되기 때문이다."

批 또 신腎은 폐肺로 연결되니 신과 폐가 모두 수분水分이 쌓여 있으니 수는 올라가 천으로 통한다.

> 春取絡脈諸滎大經分肉之間, 甚者深取之, 間者淺取之. 夏取諸腧孫絡肌肉皮膚之上. 秋取諸合, 餘如春法. 冬取諸井諸腧之分, 故深而留之. 此四時之序, 氣之所處, 病之所舍, 藏之所宜. 轉筋者, 立而取之, 可令遂已. 痿厥者, 張而刺之, 可令立快也.

봄에는 낙맥과 형혈榮穴, 대경大經의 분육分肉 사이를 취하여 침놓는다. 심하면 깊이 찌르고 덜하면 얕게 찌른다. 여름에는 수혈腧穴과 손락孫絡, 기육肌肉 피부 위를 취하여 침놓는다. 가을에는 합혈合穴을 취하여 침놓고 나머지는 봄의 치법과 같이 한다. 겨울에는 정혈井穴과 수혈腧穴을 취하여 침을 깊이 찌르고 유침시킨다. 이러한 치법은 사시四時에 따라 기가 있는 곳과 병이 생긴 곳, 오장에 맞추는 것이다.

전근轉筋은 선 상태에서 침놓으면 쉽게 나을 수 있고, 위궐痿厥은 몸을 잘 편 상태에서 침놓아야 바로 나을 수 있다.”

⊕ 여기서는 음양의 기혈이 사시四時의 생장수장生長收藏에 따라서 천심출입淺深出入하는 것을 말한다.

봄에는 천기天氣가 시작하므로 인기人氣는 맥에 있으니 낙맥을 취해야 한다. 여름에는 인기가 손락孫絡에 있고, 장하長夏에는 인기가 기육肌肉에 있으므로 손락과 기육 피부에 침놓아야 한다. 봄과 여름의 기는 내부에서 외부로 나온다. 가을의 기는 하강하고 수렴되므로 취하는 부위가 봄과 같지만 다시 손락에서 낙맥으로 들어간다. 겨울의 기는 침장沈藏하므로 깊이 찌르고 유침시켜야 한다. 이것이 사시에 따라 인기가 출입하는 순서이니 인기가 모이는 곳이 병이 생기는 곳이며 오장도 계절에 맞추어 다스려야 한다. 봄에는 형혈榮穴을 취하고, 여름에는 수혈腧穴을 취하며, 가을에는 합혈合穴을 취하고, 겨울에는 정혈井穴을 취하니 모두 자子로써 모기母氣를 행하게 하는 것이다.

전근轉筋은 근筋에 병이 있는 것이다. 위痿는 팔을 들지 못하는 것이고 궐厥은 발이 차가워지는 것이다. 장張은 팔다리를 쭉 뻗고 눕는 것이다. 세운 상태나 누운 상태에서 침놓는 것은 천지 상하 사방에 사시의 기가 잘 통하여 막힘이 없게 하는 것이다. 그러므로 팔다리를 쭉 펴면 근맥과 궐역된 혈기는 바로 나을 수 있다. 여기서는 사람의 혈기가 사시의 기에 따라 흐르는데 막히면 경련이나 위궐 등의 병이 생기니 이때 팔다리를 잘 펴서 사시의 기를 따라서 치료해야 한다는 것을 말한다.

봄은 따뜻한 것이 정상이지만 추울 때도 있고 비가 많이 올 때도 있으며 가물때도 있고 더울 때가 있으니 이렇게 한 계절에도 기후의 변화는 일정하지 않다. 계절과 기후의 상관으로 만물의 변화가 일어난다. 기후의 변화인 풍한風寒·서습서습暑濕·조화燥火를 음양으로 표현하면 태양한수太陽寒水·소양상화少陽相火·양명조금陽明燥金·태음습토太陰濕土·소음군화少陰君火·궐음풍목厥陰風木이다. 이것이 삼음삼양지기三陰三陽之氣다.

삼음삼양지기는 천지육기天之六氣다. 목木·화火·토土·금金·수水는 지지오행地之五行이다. 하늘에서 상을 드러내 보이고 땅에서 형을 이루었다. 무형의 천지육기는 유형의 지地와 상통한다. 오운육기는 지구의 공전으로 변하는 계절과 기후로 일어나는 만물의 변화를 예측하는 것이다.

사람도 천지의 오운육기에 상응하여 지지오행은 오장五臟으로 화생했고 천지육기는 맥외 피부를 도는 위기衛氣에 상응한다. 오장의 형기가 지지오행에서 생기지만 근본은 천지육기에 있다. 십이경맥은 외부에서 육기와 합하고 장부에 본을 두고 생기는 것이니 장부와 경기가 합쳐진다. 태양·소양·양명·태음·소음·궐음은 육기를 말하지만 육경을 지칭하기도 한다. 간·심·비·폐·신은 장부 경맥을 말하지만 육기와도 관련 있다. 이것이 음양이합지도陰陽離合之道다.

맥외 표피를 도는 위기는 천지육기에 상응하여 태양·양명·소양·태음·소음·궐음의 삼음삼양으로 표현한다. 태양은 배부背部, 양명은 얼굴과 전면부前面部, 소양은 측면부側面部, 태음은 상복부, 소음은 하복부, 궐음은 생식기 부위를 말한다.

삼음삼양지기는 부위뿐만 아니라 기의 천심淺深을 의미하기도 한다. 태양은 가장 밖이고 양명은 안쪽이며 소양은 태양과 양명 사이다.

삼음삼양지기의 특성을 표현한 것이 개開·합闔·추樞다. 장은암은 "개·합·추는 삼음삼양지기를 말한다開闔樞者 三陰三陽之氣也"라고 하였다. 개·합·추가 삼음삼양지기라고 한 것은 위기의 특성을 문을 여닫는 것에 비유한 것이다. 개開는 여는 것인데 문이 열리면 기가 밖으로 나간다. 태양太陽과 태음太陰에서 태太는 많은 것이다. 많으면 밖으로 퍼지려고 한다. 이것을 개開라고 한다. 합闔은 닫는 것인데 들어오면 문이 닫힌다. 양명과 궐음의 기는 안으로 모이려고 한다. 이것을 합闔이라고 한다. 추樞는 문을 여닫는 돌쩌귀다. 문을 반쯤 열어놓은 상태를 말한다. 기가 들어가기도 하고 나가기도 하는 것이 추樞의 성질이다.

표피를 행하는 삼음삼양지기는 사지 말단의 정혈井穴에서 경과 합쳐져 맥내로 들어간다. 태양은 멀리 퍼지니 손가락과 발가락의 가장 외곽으로 가서 합쳐진다. 따라서 새끼손가락은 수태양, 새끼발가락은 족태양이 된다. 양명은 안으로 모이니 집게손가락이 수양명이 되고 둘째 발가락이 족양명이 된다. 소양은 태양과 양명 사이이므로 약손가락이 수소양, 넷째 발가락이 족소양이 된다. 또 엄지손가락은 수태음이 되고 엄지발가락은 족태음이 된다. 가운뎃손가락의 내측이 수궐음이 되고 엄지발가락의 내측이 족궐음이 된다. 발바닥은 족소음이 된다.

이러한 맥외 표피의 삼음삼양지기가 경맥과 합쳐지고, 경맥은 장부와 합쳐진다. 수태음폐경이라는 것은 단순히 경맥만 말하는 것이 아니라 팔 내측 부위의 태음지기와 경맥과 장부인 폐를 통틀어 말하는 것이다.

『상한론傷寒論』에서 말하는 태양병·양명병·소양병 등은 경맥에 사기가 침입한 것이 아니라 표피의 삼음삼양지기가 변한 것이다.

ₐ

학창 시절 침구학이나 경혈학 시간에 오수혈五腧穴을 열심히 외웠고 시험에 가장 많이 출제되지만 왜 이 오수혈이 중요한지는 아무도 알려주지 않았다. 또 오수혈의 순서가 음경은 손끝·발끝에서 정井·형榮·수腧·경經·합合으로 경맥經脈의 순행순서와 일치하지만 양경의 오수혈은 경맥의 순행순서와 반대로 간다. 그 이유는 무엇일까?

기는 영기營氣와 위기衛氣로 구분한다. 영혈營血은 맥중脈中으로 흐르고 위기衛氣는 맥외脈外로 포산되어 흐른다. 음식을 먹으면 위胃에서 소화되면서 삼초三焦에서 분리되는데 기가 많이 함유된 위기는 상초上焦로 나가서 상부인 두면頭面으로 올라가고 몸 전체로 퍼진다. 중초中焦에서는 소화된 정미精微와 진액이 합쳐져 혈血로 변해 영혈이 되고 경수經隧를 거쳐 폐로 가서 십이경맥을 돈다.

몸 전체 피부로 퍼진 위기는 손발의 말단으로 가서 정혈井穴에서 경經과 만나 정·형·수·경·합의 오수혈을 거쳐 경맥으로 들어간다. 정혈에서 경맥으로 들어가는 과정을 〈영추·본수本輸〉에서 "처음 경기가 시작하는 곳이 정井이고, 경기가 조금씩 모여서 실개천처럼 흐르는 것이 형榮이며, 커다란 줄기를 이루어 도랑처럼 흐르는 것이 수腧고, 줄기가 더 커져 작은 강물처럼 흐르는 것이 경經이며, 큰 강을 이루어 바다로 들어가는 것이 합合이다所出爲井 所溜爲榮 所行爲腧 所注爲經 所入爲合"라고 했다.

이것은 비가 오면 비가 땅으로 스며들어 제각각 흩어져 버릴 것 같지만 수맥이 모여 바다로 흘러가는 과정을 형용한 것이다. 한강은 태백산 황지黃池에서 발원한다. 땅에 스며든 빗물이 수맥을 따라 모여 실개천이 되고, 많은 실개천이 합쳐져서 시냇물이 되며, 또 시냇물이 모여서 도랑이 되고, 도랑이 모여 강물이 된 다음 바다로 흘러간다. 오수혈은 이것을 형상화한 것이다.

표피에 퍼져 있는 위기는 사지 말단으로 모여 정혈로 들어가서 오수혈이 시작된다. 많은 손락이 모이면서 낙맥이 되고, 낙맥이 모여 더 큰 낙맥이 되며, 큰 낙맥이 모여 대락이 된 다음 경맥과 합쳐진다. 이것이 오수혈이다. 즉 오수혈은 맥외의 위기가 정·형·수·경·합을 거쳐 맥내의 경맥으로 들어가는 과정을 말한다. 맥외의 위기가 맥내의 경맥으로 합쳐지는 경로다.

후학은 미비眉批에서 "오수혈은 경맥이 관통하는 곳이 아니다. 그러므로 십이경맥은 주슬肘膝까지만 말한다十二臟腑之脉出于井者 非經脈之貫通也 是以十二經脈止論至肘膝而止"라고 했다. 오수혈은 맥외에서 맥내로 들어가는 과정을 말하는 것이기 때문에 양경이나 음경 경맥의 순행 경로와 상관없이 사지 말단에서 주슬로 간다.

〈영추·사기장부병형邪氣臟腑病形〉에서 "형혈滎穴과 수혈腧穴은 외부의 경맥을 다스리고 합혈合穴은 육부를 다스린다滎腧治外經 合治內府"라고 했다. 형혈과 수혈에 자침해서 맥외의 위기가 경맥으로 통하게 하여 맥외의 위기로 일어나는 질병과 경맥병을 다스릴 수 있다. 또 합혈은 육부병六腑病을 다스린다. 형수혈의 치료는 경맥 내외의 질병을 다스리는 데 많이 이용되고 효과도 탁월하다.

"통하지 않으면 아프고 통하면 안 아프다不通則痛 通則不痛"라고 했으니 통증이 나타나는 부위의 경맥을 찾아서 형혈과 수혈에 자침하면 기혈이 통하면서 통증이 소실된다. 목이 안 돌아가거나 어깨가 아플 때는 수태양경의 전곡前谷·후계後谿, 수소양경의 액문液門·중저中渚에 침을 놓으면 통증이 해소된다.

합혈은 육부병을 다스리니 소화불량인 위병胃病에 족삼리足三里를 자침하고, 장염이나 설사를 하면 거허상렴巨虛上廉에 자침한다. 소변이 시원하게 나오지 않으면 위양委陽에 자침한다. 놀랐을 때는 양릉천陽陵泉을 누르면 압통이 있다.

〈영추〉에서 "태양太陽·소양少陽·양명陽明을 취하라"는 것은 오수혈을 이용하여 치료하는 것이다. 오장 질환은 십이원혈十二原穴을 취한다. 오수혈은 맥외와 맥내를 연결하는 통로이고 맥내외의 질환을 치료하는 아주 중요한 경혈經穴이다.

경맥經脈은 깊은 곳에 있고 낙맥絡脈은 얕은 곳에 있다. 십이경맥十二經脈에서 갈라져 나온 맥이 십오대락十五大絡이다. 경맥은 오장육부五臟六腑와 연락하고 십오대락은 지절肢節로 연결된다. 십오대락은 십이경맥에 각각 하나씩 있으니 편력偏歷·외관外關·지정支正·열결列缺·내관內關·통리通里·풍륭豊隆·광명光明·비양飛揚·공손公孫·태종太鍾·여구蠡溝, 임맥任脈의 구미鳩尾, 독맥督脈의 장강長强과 위지대락胃之大絡으로 열다섯 개다.

십오대락은 경맥에서 갈라지고 대락은 여러 낙맥으로 나뉘며 낙맥은 더 작은 낙맥으로 갈라지고 작은 낙맥은 손락으로 퍼진다. 경맥에서 나온 기가 대락을 거쳐 낙맥을 지나 손락으로 가서 기가 맥외로 퍼져나간다. 맥외의 기가 피부를 덥히고 몸을 채우며 모발을 윤택하게 한다. 십오대락은 단순히 하나의 경혈經穴을 의미하는 것이 아니다. 대락에서 갈라지는 낙맥·손락을 모두 총괄한다. 따라서 낙맥에서 일어나는 병변은 십오대락을 취한다.

또 〈영추·수요강유〉에서 "오래된 비증痺症은 혈락血絡이 있는지 살펴서 다 제거해야 한다久痺不去身者 視其血絡 盡出其血"라고 했다. 어깨가 아픈 환자는 어깨 부위에 혈락이 많이 보이고, 요통 환자는 허리나 오금 부위에 혈락이 많이 보이며, 무릎이 아픈 환자는 오금 위쪽에 혈락이 많이 나타난다. 혈락이 있으면 반드시 먼저 제거해야 한다. 이것도 낙맥을 다스리는 치료법이다.

또 낙맥을 치료하는 방법은 〈소문·유자론繆刺論〉에 나오는 유자법繆刺法을 취한다. 유자법은 "좌측병은 우측을 취하고 우측병은 좌측을 취한다病在左而取之右 病在右而取之左"는 것이다. 병증이 나타나는 낙맥의 반대쪽 정혈井穴을 사혈한다. 피펫을 사용할 때 물을 빨아들인 상태로 윗부분을 막으면 물이 안 떨어지고 손을 떼면 물이 빠지는 것처럼 맥이 막혀 병변이 일어났을 때 가장 먼 곳에 있는 반대편 정혈을 사혈하면 혈맥이 통하게 된다.

소침해小鍼解

所謂易陳者, 易言也. 難入者, 難著於入也. 麤守形者, 守刺法也.
上守神者, 守人之血氣有餘不足, 可補瀉也. 神客者, 邪正共會也.
神者, 正氣也. 客者, 邪氣也. 在門者, 邪循正氣之所出入也. 未覩
其疾者, 先知邪正何經之疾也. 惡知其原者, 先知何經之病, 所取
之處也. 刺之微在數遲者, 徐疾之意也. 麤守關者, 守四肢而不知
血氣正邪之往來也. 上守機者, 知守氣也. 機之動, 不離其空中者,
知氣之虛實, 用鍼之徐疾也. 空中之機, 淸淨以微者, 鍼以得氣, 密
意守氣勿失也. 其來不可逢者, 氣盛不可補也. 其往不可追者, 氣
虛不可瀉也. 不可掛以髮者, 言氣易失也. 扣之不發者, 言不知補瀉
之意也, 血氣已盡而氣不下也. 知其往來者, 知氣之逆順盛虛也. 要
與之期者, 知氣之可取之時也. 麤之闇者, 冥冥不知氣之微密也. 妙
哉工獨有之者, 盡知鍼意也. 往者爲逆者, 言氣之虛而小, 小者, 逆
也. 來者爲順者, 言形氣之平, 平者, 順也. 明知逆順, 正行無間者,
言知所取之處也. 迎而奪之者, 瀉也. 追而濟之者, 補也.

이진易陳은 말하기가 쉽다는 것이다. 난입難入은 실제로 침놓기가 어렵다는 것이
다. 추수형麤守形은 추공은 자법만 고집한다는 것이다. 상수신上守神은 상공
은 혈기의 유여부족을 살펴서 보사를 할 수 있는 것이다. 신객神客은 정기正氣
와 사기邪氣가 만나는 곳으로 신神은 정기고, 객客은 사기다. 재문在門은 사기
도 정기가 출입하는 곳을 따라 침입한다는 것이다. 미도기질未覩其疾은 먼저
사기가 어느 경에 침입했는지 아는 것이다. 오지기원惡知其原은 먼저 어느 경
의 병인지 알아야 치료할 수 있는 것이다.

자지미재속지刺之微在數遲는 침을 찌르고 뺄 때의 속도다. 추수관麤守關은 눈

에 보이는 사지관절만 고집하고 혈기와 정기·사기의 왕래를 알지 못하는 것이다. 상수기上守機는 상공이 기가 움직이는 기전機轉을 중시한다는 말이다. 기지동불리기공중機之動不離其空中은 기의 허실을 알아 침의 서질徐疾로써 보사하는 것이다. 공중지기청정이미空中之機清淨以微는 침으로 득기하여 기를 잘지켜 빠져나가지 못하게 하는 것이다. 기래불가봉其來不可逢은 기가 성할 때 보하면 안 된다. 기왕불가추其往不可追는 기가 허할 때 사하면 안 된다. 불가괘이발不可掛以髮은 기는 잃기 쉽다는 의미다. 고지불발扣之不發은 보사의 의미를 몰라 혈기는 다 빠지고 병은 낫지 않는다. 지기왕래知其往來는 기의 역순 운행과 성허盛虛를 아는 것이다. 요여지기要與之期는 언제 보사를 취할지 아는 것이다.

추지암麤之闇은 추공이 기의 은밀한 움직임을 알지 못하는 것을 탄식한 것이다. 묘재공독유지妙哉工獨有之는 상공만이 침의 진의를 알 수 있다. 왕자위역往者爲逆은 기가 가서 허해지고 줄어드는 것이다. 내자위순來者爲順은 형形과 기氣가 평형을 이루는 것이니 평平은 순조로워지는 것이다. 명지역순정행무간明知逆順正行無間은 정확히 취할 곳을 아는 것이다. 영이탈지迎而奪之는 사법이다. 추이제지追而濟之는 보법이다.

所謂虛則實之者, 氣口虛而當補之也. 滿則泄之者, 氣口盛而當瀉之也. 宛陳則除之者, 去血脈也. 邪勝則虛之者, 言諸經有盛者, 皆瀉其邪也. 徐而疾則實者, 言徐內而疾出也. 疾而徐則虛者, 言疾內而徐出也. 言實與虛, 若有若無者, 言實者有氣, 虛者無氣也. 察後與先, 若存若亡者, 言氣之虛實, 補瀉之先後也. 察其氣之已下與常存也. 爲虛與實, 若得若失者, 言補者佖然若有得也, 瀉則恍然若有失也.

허즉실지虛則實之는 기구맥이 허하면 보해야 한다는 것이다. 만즉설지滿則泄之는 기구맥이 성하면 사해야 한다는 것이다. 완진즉제지宛陳則除之는 울혈된 혈맥을 제거하는 것이다. 사승즉허지邪勝則虛之는 경에 항진된 부위가 있으면 사기를 빼낸다는 것이다. 서이질즉실徐而疾則實은 침을 천천히 찌르고 빨리 빼면 보법이다. 질이서즉허疾而徐則虛는 침을 빨리 찌르고 서서히 빼면 사법이다.

언실여허 약유약무言實與虛 若有若無는 실하다는 것은 기가 있는 것이고, 허하다는 것은 기가 없는 것이다. 찰후여선 약존약망察後與先 若存若亡은 사기가 빠져나갔는지 아직 남아 있는지를 살펴서 보사의 선후를 결정한다는 것이다. 위허여실 약득약실爲虛與實 若得若失은 보해졌다는 것은 채워지는 느낌이 들고, 사해졌다는 것은 빠져나간 느낌이 든다.

夫氣之在脈也, 邪氣在上者, 言邪氣之中人也高, 故邪氣在上也. 濁氣在中者, 言水穀皆入於胃, 其精氣上注於肺, 濁溜於腸胃, 言寒溫不適, 飮食不節, 而病生於腸胃, 故名曰濁氣在中也. 淸氣在下者, 言淸濕地氣之中人也, 必從足始, 故曰淸氣在下也. 鍼陷脈則邪氣出者, 取之上. 鍼中脈則濁氣出者, 取之陽明合也. 鍼太深則邪氣反沈者, 言淺浮之病, 不欲深刺也, 深則邪氣從之入, 故曰反沈也. 皮肉筋脈各有所處者, 言經絡各有所主也. 取五脈者死, 言病在中氣不足, 但用鍼盡大瀉其諸陰之脈也. 取三陽之脈者唯惋言盡瀉三陽之氣, 令病人惋然不復也. 奪陰者死, 言取尺之五里, 五往者也. 奪陽者狂, 正言也.

사기가 경맥에 침입할 때 사기재상邪氣在上은 사기가 상부에서 침입하는 것이므로 사기재상邪氣在上이라고 했다. 탁기재중濁氣在中은 수곡이 위로 들어가면 정기는 올라가 폐에 주입되고 탁기는 장위腸胃로 흘러간다. 온도가 적절하지 못하거나 음식이 불규칙하면 장위에서 병이 생겨서 탁기재중濁氣在中이라고 하는 것이다. 청기재하淸氣在下는 차거나 습한 기가 침입할 때는 반드시 발에서 시작한다. 그래서 청기재하淸氣在下라고 하는 것이다.

　침함맥즉사기출鍼陷脈則邪氣出은 상부에 얕게 침놓는 것이다. 침중맥즉탁기출鍼中脈則濁氣出은 족양명경의 족삼리, 거허상렴, 거허하렴에 침놓는 것이다. 침태심즉사기반침鍼太深則邪氣反沈은 병이 얕은 곳에 있으면 침을 깊이 찌르면 안 된다. 깊이 찌르면 사기가 반대로 속으로 들어간다. 그래서 반침反沈이라고 하는 것이다. 피육근맥각유소처皮肉筋脈各有所處는 경락마다 주관하는 곳이 각각 따로 있다는 것이다. 취오맥자사取五脈者死는 병이 내부에 있어 기가 부족한데 침을 사용하여 오장의 맥기를 다 빼버리면 죽는다는 것이다. 취삼양지맥자取三陽之脈者는 삼양지기를 다 사해버리면 기가 빠지고 회복되지 않는다. 탈음자사奪陰者死는 오리혈을 다섯 번 찌르면 죽는다. 탈양자광奪陽者狂은 양기가 빠지면 발광하며 죽으니 말 그대로다.

觀其色, 察其目, 知其散復, 一其形, 聽其動靜者, 言上工知相五色
於目, 有知調尺寸小大緩急滑澁, 以言所病也. 知其邪正者, 知論
虛邪與邪正之風也. 右主推之, 左持而御之者, 言持鍼而出入也.
氣出而去之者, 言補瀉氣調而去之也. 調氣在於終始一者, 持心也.
節之交三百六十五會者, 絡脈之滲灌諸節者也. 所謂五臟之氣, 已
絶於內者, 脈口氣內絶不至, 反取其外之病處, 與陽經之合, 有留
鍼以致陽氣, 陽氣至則內重竭, 重竭則死矣, 其死也, 無氣以動, 故
靜. 所謂五臟之氣, 已絶於外者, 脈口氣外絶不至, 反取其四末之
輸, 有留鍼以致其陰氣, 陰氣至則陽氣反入, 入則逆, 逆則死矣, 其
死也, 陰氣有餘, 故躁. 所以察其目者, 五臟使五色循明. 循明則聲
章, 聲章者, 則言聲與平生異也.

도기색 찰기목 지기산부 일기형 청기동정觀其色 察其目 知其散復 一其形 聽其動靜
은 상공은 눈에서 오색을 살피고 척지피부와 촌구맥의 소대완급활삽을 살펴
서 병소를 알아내는 것이다. 지기사정知其邪正은 허사인지 정사인지를 아는 것
이다.

우주추지 좌지이어지右主推之 左持而御之는 침을 꼭 잡고서 넣고 빼는 것이
다. 기출이거지氣出而去之는 보사하여 기가 조절되었으면 침을 뺀다. 조기재어
종시일調氣在於終始一은 시종 집중하는 것이다. 절지교삼백육십오회節之交三百
六十五會는 낙맥이 제 관절에 삼입하여 관개灌漑하는 것이다.

소위오장지기 이절어내所謂五臟之氣 已絶於內는 맥구기가 내부에서 끊겨 오
지 않는데 반대로 외부의 병처와 양경의 합혈을 취하고 유침시켜서 기가 외부
로 나오게 하면 내부의 기는 중갈重竭이 되고 중갈이 되면 죽는다. 움직일 힘
이 없어 조용히 죽는다. 소위오장지기 이절어외所謂五臟之氣 已絶於外는 맥구기
가 외부에서 끊겨 오지 않는데 반대로 사말의 오수혈을 취하고 유침시켜서 내
부로 기가 가게 하여 외부의 양기가 들어가면 역궐逆厥이 되니 역궐이 되면 죽
는다. 내부의 기는 유여하므로 죽을 때 발광한다.

소이찰기목所以察其目은 오장이 건강하면 눈도 맑고 밝으며 눈이 맑고 밝으
면 목소리도 명랑明朗하다. 성장聲章은 목소리가 평소와 다르다는 말이다.

◉ 장개지가 말했다. "여기서는 소침의 뜻만 해석했고 구침에 관해서는 설명하지 않았다."

필佖은 채워지는 것이고, 황恍은 비는 것이다. 눈을 살피는 이유所以察其目는 위 문장을 이어서 말하는 것이다. 눈은 오장의 혈색血色이 나타나고, 목소리는 오장의 기가 작용하는 것이다. 눈이 맑고 뚜렷하면 목소리도 명랑해지니 혈과 기가 상응한다. 목소리가 평소와 다르다는 것言聲與平生異은 갈라지는 소리다.

오장지기가 안에서 끊겼으면 밖으로 기를 빼내면 안 되고, 오장의 기가 밖에서 끊겼으면 기를 안으로 끌어들이면 안 된다. 음양 내외의 기는 서로 자생하니 잘 간직하고 있어야지 외부로 다 드러내면 안 된다.

Ꮉ

모든 생명활동이 에너지인 기의 작용으로 이루어지지만 실제 에너지는 눈에 보이지 않는다. 기의 유무나 허실은 맥을 보아 알 수 있다. 진맥은 병명을 맞히는 것이 아니라 기의 허실 상태를 알아내는 것이다. 병은 기의 이상으로 발생하는 것이다. 기의 이상은 기구맥氣口脈에 허실로 나타난다. 기구맥에 나타난 허실을 침으로 보사를 하여 정상으로 돌리는 것이 치료다. 맥이 정상으로 조절되면 나타나는 증상도 소실된다.

맥이란 손목에 있는 요골동맥을 말하는데 이를 기구맥이라고 한다. 동맥은 몸 안 깊숙이 흘러 겉으로 잘 드러나지 않지만 요골동맥은 몸에서 외부로 드러난 동맥 중 하나다. 즉 몸 밖에서 내부의 기혈 움직임을 관찰할 수 있는 곳으로 생생하게 몸 안의 상태를 파악할 수 있다.

기구맥은 수태음폐경이 통과하는 곳이다. 위胃에서 생성된 기는 오장육부의 대락인 경수經隧를 따라 폐로 가서 폐에서 전신으로 전달된다.

맥은 기의 상태를 즉각적으로 반영한다. 기가 성하면 맥도 세게 뛰고, 기가 약하면 맥도 약하게 뛴다. 맥이 크거나 활발하거나 빠른洪大滑數 양맥陽脈이 뛰면 내부의 기능도 강하게 작용하는 것이고, 침하거나 느리거나 미세한沈遲細小 음맥陰脈이 뛰면 내부의 기능도 침체되고 저하된 것이다.

기혈이 잘 도는지, 기가 강한지 약한지 또는 항진되어 있는지, 그리고 침체되어 있는지 기구맥의 상태를 살펴 파악한다. 기구맥이 강하면 기가 충만된 것이고, 기구맥이 약하면 기가 부족한 것이다. 기구맥이 원활하지 못하면 기의 순환이 제대로 안 되는 것이다.

사기邪氣는 정기正氣와 별개가 아니라 기가 정상의 범위를 벗어나면 사기가 된다. 따라서 사기실邪氣實은 사기가 많아진 것이 아니라 기가 실해지면 사기실이 된다. 실하면 사하고 허하면 보한다는 것은 기구맥이 실하면 기가 성한 것이니 사법을 쓰고, 기구맥이 약하면 기가 허한 것이니 보법을 쓴다. 허실의 판단은 기구맥의 허실로써 판단한다.

기구맥은 촌관척寸關尺 삼부맥三部脉으로 나누어 본다. 촌맥寸脈은 상부를, 관맥關脈은 중앙 부위를, 척맥尺脈은 하부를 나타낸다. 촌관척 삼부맥이 고르게 뛰어야 상하나 내외에서 기혈이 정상적으로 움직이는 것이다.

촌맥이 강하게 뛰면 상부로 기혈이 몰린 것이고, 관맥이 강하게 뛰면 중앙 부위에 기혈이 몰린 것이며, 척맥이 강하게 뛰면 하부에 기혈이 몰린 것이다. 한쪽에 몰린 기를 침놓아 상하 내외로 기혈이 통하게 하면 촌관척 삼부맥이 고르게 뛴다.

〈영추·구침십이원九鍼十二原〉에서 "허虛냐 실實이냐 하는 것은 침놓기 전에 기구맥을 보아 기가 있는가 없는가를 아는 것이다. 침을 놓기 전후에 맥을 보는 것은 보법을 써서 기를 보존할 것인가 사법을 써서 기를 뺄 것인가를 선택하는 것이다. 허가 되었다 실이 되었다 하는 것은 침놓은 후 기를 얻었는가 아니면 기가 빠졌는가 하는 것이다言實與虛 若有若無 察後與先 若存若亡 爲虛與實 若得若失"라고 했다.

치료의 전 과정에 수시로 맥을 짚어서 기혈의 변화를 살펴야 한다. 침놓기 전에 맥을 보아 병의 허실을 알아낸다. 침놓은 후 맥을 보아 보법을 써서 실하게 할 것인가 사법을 써서 허하게 할 것인가를 판단한다. 침을 빼고 나서는 과연 의도대로 기가 실해졌는지 허해졌는지를 알아내는 것이다.

맥의 변화를 가장 확실하게 느낄 수 있는 것은 사관四關(합곡·태충)에 침놓을 때다. 소화불량의 치료는 사관에 침놓아 치료한다. 소화불량은 촌맥이나 척맥에 비해 관맥이 실하게 뛴다. 사관에 자침하고 수시로 진맥을 하여 촌관척 삼부맥이 고르게 될 때까지 유침시킨다. 처음에는 관맥이 실하게 뛰다가 차츰 촌관척 삼부맥이 고르게 뛸 때 침을 뺀다. 처음에는 속이 거북하고 명치 밑을 누르면 압통이 있는데 맥이 고르게 되면 심하의 압통이 소실되고 속이 편해진다. 침을 뺀 후 맥을 보면 병이 다 낫지는 않아도 침놓기 전의 관맥보다 훨씬 약해진 것을 느낄 수 있다.

〈영추·종시終始〉에서 "기가 와서 효과가 있다는 것은 사하여 허해지는 것이다. 허해지는 것은 맥이 크기가 그대로지만 단단한 것이 부드럽게 된다. 단단한 것이 그대로면 전처럼 좋아졌다고 말해도 병이 나가지 않은 것이다. 보하면 더 채워지는 것이다. 실해진다는 것은 맥이 크기가 그대로지만 더 단단해진다. 맥이 단단해지지 않았으면 좋아졌다고 말해도 병이 나가지 않은 것이다. 보해서 실해지고 사해서 허해지면 통증이 침 따라 바로 소실되지 않더라도 병은 반드시 줄어든다 所謂氣至而有效者 瀉則益虛 虛者 脈大如其故而不堅也 堅如其故者 適雖言故 病未去也 補則益實 實者 脈大如其故而益堅也 夫如其故而不堅者 適雖言快 病未去也 故補則實 瀉則虛 痛雖不隨鍼 病必衰去"라고 했다.

침은 찌르는 행위가 아니라 기의 흐름을 살펴서 기의 이상을 정상으로 돌리는 것이다. 기의 상태와 변화를 아는 것이 진맥이다. 그래서 추수형 상수기麤守關 上守氣라는 것이다.

ટ્

한의사들이 가장 많이 사용하는 경혈은 사관四關이다. 사관은 합곡合谷·태충太衝을 말한다. 소화가 안 되어 명치가 답답할 때 사용하지만 거의 모든 환자에게는 우선적으로 사관에 침놓는다.

합곡은 상체의 대표 경혈이고, 태충은 하체의 대표 경혈이다. 경맥은 수태음폐경手太陰肺經에서 시작하여 족궐음간경足厥陰肝經에서 끝난다. 음식을 먹고 위부胃腑에서 만들어진 기혈이 폐로 가서 비로소 돌기 시작한다. 따라서 경기經氣는 양명陽明에서 시작하여 수태음폐경으로 가고 십이경맥을 돌아 족궐음간경에서 끝난다. 그러므로 합곡은 경맥의 시점始點이고, 태충은 경맥의 종점終點이다.

수태음폐는 기氣를 주관하고 족궐음간은 혈血을 주관한다. 그러므로 사관에 침놓는 것은 상체와 하체를 통하게 하는 것이고, 경맥을 처음부터 끝까지 통하게 하는 것이며, 기와 혈을 조절하는 것이다.

경맥을 통하게 하고 혈기를 조절하는 것通其經脈 調其血氣은 치료의 요체다. 경맥이 통하지 못하고 기혈이 균형을 잃으면 병이 된다. 병은 드러나는 증상, 즉 배가 아프다, 머리가 아프다, 허리가 아프다 등 겉으로 나타나는 증상이 병이 아니라 기혈이 이상을 일으켜 정상으로 돌지 못할 때 병증으로 나타난다.

병이란 세균·감정·음식·음양 등으로 생기지만 기혈의 변화가 생기지 않으면 병으로 진전되지 않는다. 치료 목표는 세균을 없애거나 감정을 조절하는 것이 아니라 변화된 기혈을 정상으로 돌리는 것이다. 통기경맥 조기혈기 하는 대표적인 경혈이 사관이다.

영기營氣가 하루 50영營하니 한 번 십이경맥을 도는 시간이 대개 29분 걸리기 때문에 30분쯤 유침시킨다. 단순히 합곡·태충에 찌르고 30분 시간을 맞추어 놓고 시간이 되면 무조건 침을 빼는 것이 아니다. 침놓기 전에 맥을 보아 현재의 기혈 상태를 알고, 침놓아 기혈의 변화를 살펴 허실을 조절하며, 침을 빼고 나서 기혈이 의도대로 조절되었는지 확인해야 한다. 따라서 침놓을 때는 수시로 맥을 보아 기혈의 변화를 읽을 줄 알아야 병이 치료되는지를 알 수 있다.

침은 한꺼번에 깊이 찌르고 놓아두는 것이 아니다. 처음에는 얕게 찔러 표피의 기가 풀리면 다시 좀 더 깊이 찔러 내부의 기가 풀리고 더 깊이 찔러 곡기가 이르는 것을 확인해야 병이 풀린다.

촌관척寸關尺 맥이 고르게 뛰어 침을 빼면 맥이 다시 전처럼 돌아가지만 처음보다는 약해지고 부드러워진다. 계속 치료하여 이런 과정을 여러 번 거치면 병증도 없어진다.

하루는 진료하고 있는데 대기실에 있던 여덟 살짜리 아이가 머리가 아프다고 울고 있는 것이다. 진찰하니 열이 많이 나고 관맥이 실하게 뛰었다. 얼른 침대에 눕히고 사관에 침을 놓으니 처음에는 "머리가 아파요" 하며 울다가 잠시 후에 잠이 들었다. 실한 관맥이 풀려 촌관척 맥이 고르게 뛰고 나서 침을 뺐다. 여전히 열은 나지만 머리는 아프지 않다고 한다. 이틀 뒤에 다시 왔는데 집에 가서도 머리가 안 아프고 열도 떨어졌다고 한다. 여전히 체기가 있어 인삼양위탕人蔘養胃湯을 처방했다.

고열이 나고 두통을 호소하지만 열을 떨어뜨리는 해열제나 두통을 치료하는 진통제를 쓰는 것이 아니라 사관에 침놓아 통기경맥 조기혈기 하니 증상이 없어졌다. 치료는 증상인 열을 제거하는 것도 아니고 세균을 없애는 것도 아니다. 변화된 기혈을 정상으로 돌리는 것이 치료다. 경맥을 통하게 하고 혈기를 조절하여 병이 낫게 하는 것이다.

4

사기장부병형邪氣臟腑病形

> 黄帝問於岐伯曰: 邪氣之中人也, 奈何?
>
> 岐伯答曰: 邪氣之中人高也.
>
> 黄帝曰: 高下有度乎?
>
> 岐伯曰: 身半已上者, 邪中之也. 身半已下者, 濕中之也. 故曰, 邪之中人也, 無有常, 中於陰則溜於腑, 中於陽則溜於經.
>
> 황제가 기백에게 물었다. "사기邪氣가 어떻게 사람에게 적중的中되는가?"
>
> 기백이 답했다. "사기는 높은 곳에서 사람에게 적중된다."
>
> 황제가 물었다. "높고 낮은 것의 기준은 무엇인가?"
>
> 기백이 답했다. "신반이상身半已上에서는 사기邪氣가 들어오고, 신반이하身半已下에서는 습기濕氣가 들어온다. 따라서 사기가 사람 몸에 침입하는 것은 일정하지 않으니 음경陰經에 적중되면 부腑로 흘러가고, 양경陽經에 적중되면 경經으로 흘러간다."

⊕ 이 편에서는 장부·음양·색맥色脈·기혈·피부·경맥 등이 내외로 상응하니 참고하고 종합해야 상공이 될 수 있다고 말한다.

사기는 풍우한서風雨寒暑다. 기후 변화로 인한 사기는 인체의 높은 곳으로 적중된다. 습濕은 수토지기水土之氣이므로 하반신에 적중된다. 이것은 사기가 사람에게 적중되어 침입하는 것에 상하의 구분이 있음을 말한다. 그렇지만 사기가 몸 안으로 적중되어 침입하는 것은 항상 같지 않아 내측으로 침입하기도 하고, 외측으로 침입하기도 하며, 육부로 침입하기도 하고, 오장으로 침입하기도 한다.

黃帝曰: 陰之與陽也, 異名同類, 上下相會, 經絡之相貫, 如環無端, 邪之中人, 或中於陰, 或中於陽, 上下左右, 無有恒常, 其故何也?

岐伯曰: 諸陽之會, 皆在於面. 中人也, 方乘虛時, 及新用力, 若飲食汗出, 腠理開而中於邪. 中於面則下陽明. 中於項則下太陽. 中於頰則下少陽. 其中於膺背兩脇, 亦中其經.

黃帝曰: 其中於陰奈何?

岐伯答曰: 中於陰者, 常從臂胻始, 夫臂與胻, 其陰皮薄, 其肉淖澤, 故俱受於風, 獨傷其陰.

黃帝曰: 此故傷其臟乎?

岐伯答曰: 身之中於風也, 不必動臟, 故邪入於陰經, 則其臟氣實, 邪氣入而不能客, 故還之於腑, 故中陽則溜於經, 中陰則溜於腑.

황제가 물었다. "음陰과 양陽은 명칭이 다르지만 같은 종류로 오르내리면서 서로 만나니 경락은 끝없는 원처럼 서로 이어져 있다. 사기가 사람에게 적중될 때 음경陰經에 적중되기도 하고 양경陽經에 적중되기도 하여 상하좌우에 일정함이 없는데 그 까닭은 무엇인가?"

기백이 답했다. "여러 양경이 모두 얼굴에 모여 있다. 적중되는 것은 매우 허할 때, 막 힘을 썼을 때, 음식을 먹고 땀을 흘렸을 때 주리腠理가 열리면서 사기가 들어온다. 얼굴에 적중되면 양명경陽明經으로 내려가고, 목에 적중되면 태양경太陽經으로 내려가며, 볼에 적중되면 소양경少陽經으로 내려간다. 가슴 옆구리도 해당 경으로 적중된다."

황제가 물었다. "음경은 어떻게 적중되는가?"

기백이 답했다. "음경에 적중되는 것은 언제나 안쪽 팔과 안쪽 다리에서 시작한다. 팔다리의 안쪽은 피부가 얇고 살이 부드러워 몸 전체가 풍을 받아도 그쪽만 손상된다."

황제가 물었다. "이것으로 인하여 오장이 손상되는가?"

기백이 답했다. "풍에 적중되어도 반드시 장臟이 요동하는 것은 아니다. 사기가 음경에 들어오면 내부 장臟의 기는 충실하기 때문에 사기가 들어와도 침입할 수 없다. 그래서 다시 부腑로 나간다. 그래서 양경陽經에 적중되면 경經으로 흘러가고 음경陰經에 적중되면 부腑로 흘러간다."

☸ 여기서는 피부의 기혈이 경락과 상통하고 안으로 장부와 연결된다고 말한다. 음과 양은 장부의 혈기가 비록 음양의 구분이 있지만 모두 하나의 기혈에 속하므로 명칭은 다르지만 같은 종류다.

상하가 서로 만난다는 것上下相會은 표본標本의 출입이다.

경락이 서로 이어진다는 것經絡之相貫은 영혈營血의 순행이 수태음경에서 출발하여 수양명경으로 주입되고 폐에서 시작하여 간에서 끝난다. 간에서 다시 올라가 폐로 주입되니 둥근 원을 도는 것처럼 끝없는 것을 이른다.

상하좌우는 두면頭面과 수족手足이다. 사기가 두면에 있으면서 양으로 적중되는 경우도 있고, 사기가 팔다리臂胻에 있으면서 음에 적중되는 경우도 있으므로 사기가 적중되는 부위가 일정하지 않다.

모든 양기가 얼굴에서 모인다諸陽之會 皆在於面는 것은 양기가 모두 얼굴로 올라가 오관으로 가기 때문이다. 얼굴에 적중되면 양명경을 타고 내려가고, 목에 적중되면 태양경을 타고 내려가며, 볼에 적중되면 소양경을 타고 내려간다. 이것은 수족 삼양의 낙맥이 모두 목을 타고 두면으로 올라가기 때문이다. 가슴·등·양 옆구리는 다시 머리와 목을 순환하고 가슴·옆구리·어깨 등으로 내려간다. 이 삼양의 낙맥이 순환하는 곳은 외부의 피부로 삼양이 분포된 부위다. 사기가 인체에 침입할 때는 먼저 피모皮毛로 가서 머문다. 사기가 제거되지 않으면 낙맥으로 들어간다.

내려간다下는 것은 피부에 있는 사기가 내려가 삼양경으로 들어가는 것이니 양 부위에 적중되면 경으로 흘러간다中於陽則溜於經는 것이다. 비행臂胻은 팔다리의 안쪽으로 삼음의 낙맥이 순환하는 곳이다. 외측은 양이고 내측은 음이다. 그 내측 피부는 얇고 부드럽기 때문에 음경에 적중되는 것은 비행臂胻에서 시작한다. 시작이라는 것은 삼음의 피부에서 시작하여 삼음의 낙맥으로 들어가는 것이다.

〈소문·유자론〉에서 "사기가 인체에 침입할 때는 먼저 피모로 가고 피모에서 제거되지 않으면 손락으로 들어가며, 손락에서 제거되지 않으면 낙맥으로 들어가며, 낙맥에서 제거되지 않으면 경맥으로 들어가 안에서 오장으로 연결되고 장위腸胃로 퍼진다邪氣之客於形也 必先舍於皮毛 留而不去 入舍於孫絡 留而不去 入

舍於絡脈 留而不去 入舍於經脈 內連五臟 散於腸胃"라고 했다.

오장의 맥은 장臟에 속하고 부腑에 연결된다. 육부의 맥은 부腑에 속하고 장臟에 연결되니 장부와 경락이 서로 통한다. 혈맥은 음으로 오장이 주관한다. 그러므로 사기가 경經으로 들어가면 오장의 기는 실하기 때문에 사기가 들어가도 침범할 수 없어 부腑로 가서 장위腸胃에서 흩어진다. 양명은 중토中土에 위치하여 만물이 귀속되는 곳이고 사기도 양명의 장위로 귀속되면 다시 다른 곳으로 전해지지 않는다.

批 본표출입은 〈영추·위기衛氣〉에 상세히 나와 있다.

批 얼굴에 적중되고 목에 적중된다中于面 中于項는 일차맥과 이차맥에 조응된다.

批 장옥사가 말했다. "'유어경溜於經'의 경經은 구멍隧이다. 경수經隧는 오장육부의 대락大絡이다. 위부胃腑에서 생성된 혈기는 대락에서 피모皮毛로 나간다. 그러므로 음양의 사기는 대락에서 장위腸胃로 들어가는 것이지 장부의 경맥에 들어가서 장으로 가고 부로 가는 것이 아니다." 상세한 것은 〈소문·유자론〉과 〈영추·옥판〉에 있다.

黃帝曰: 邪之中人臟奈何?

岐伯曰: 愁憂恐懼則傷心, 形寒寒飲則傷肺, 以其兩寒相感, 中外皆傷, 故氣逆而上行. 有所墮墜, 惡血留內, 若有所大怒, 氣上而不下, 積於脇下則傷肝. 有所擊仆, 若醉入房, 汗出當風則傷脾. 有所用力擧重, 若入房過度, 汗出浴水則傷腎.

黃帝曰: 五臟之中風奈何?

岐伯曰: 陰陽俱虛, 邪乃得往*.

黃帝曰: 善哉.

황제가 물었다. "어떻게 사기가 오장에 적중되는가?"

기백이 답했다. "근심 걱정을 많이 하거나 무서운 일을 당하고 놀라면 심心이 손상된다. 몸을 차게 하고 찬 것을 마시면 폐肺가 손상된다. 몸을 차게 하고 찬 것을 마시면 내부와 외부가 모두 상하므로 기가 궐역하여 상행上行하기 때문이다. 높은 곳에서 떨어져 악혈惡血이 몸에 유체되거나 크게 화를 내어 기가

---

* '往'은 '住'가 되어야 한다—선우기.

상역上逆하고 내려가지 않으면 협하脇下에 쌓여 간肝이 손상된다. 싸움을 하여 다치거나 취한 채로 방사를 하거나 땀을 흘린 상태에서 바람을 쐬면 비脾가 손상된다. 힘든 일을 하거나 방사를 과도하게 하여 땀을 흘리고서 찬물에 씻으면 신腎이 손상된다.”

황제가 물었다. “어떻게 오장이 풍風에 적중되는가?”

기백이 답했다. “내부와 외부中外가 모두 허해야 사기가 자리 잡는다.”

황제가 말했다. “알겠도다.”

⊕ 여기서는 장기臟氣가 상하여 사기가 오장에 적중되는 것에 대해 말한다. 사기가 음에 적중되면 부腑로 흘러가는 것은 장기가 실하기 때문이다. 장기는 신기神氣다. 신기가 안에 저장되어 있어서 혈맥이 많고 잘 발달되어 있다. 장기가 내부에서 손상되면 사기가 허한 틈을 타고 침입한다. 풍風은 병이 될 수 있는 가장 큰 요인으로, 움직임이 빠르고 자주 변화하여 음양이 모두 감촉되어 내외가 모두 손상된다.

본경에서 “허한 곳에 오는 팔풍八風은 사람을 병들게 할 수 있다. 연월일의 허가 겹치면 폭병으로 갑자기 죽을 수 있다八風從其虛鄕來 乃能病人 三虛相搏 則爲暴病卒死”라고 했다. 이것은 오장이 내부에서 손상된 경우가 아니어도 사기가 오장에 적중될 수 있음을 말한다. 그러므로 성인은 바람을 피하길 화살이나 돌을 피하듯 했다.

앞 구절은 안으로 신지神志를 길러야 함을 말했고, 다음 구절은 풍사風邪를 피해야 함을 말했다.

黃帝問於岐伯曰: 首面與身形也, 屬骨連筋, 同血合於氣耳. 天寒則裂地凌冰, 其卒寒, 或手足懈惰, 然而其面不衣何也?

岐伯答曰: 十二經脈, 三百六十五絡, 其血氣皆上於面而走空竅, 其精陽氣上走於目而爲睛, 其別氣走於耳而爲聽, 其宗氣上出於鼻而爲臭, 其濁氣出於胃, 走脣舌而爲味. 其氣之津液, 皆上燻於面, 而皮又厚, 其肉堅, 故天氣甚寒, 不能勝之也.

황제가 기백에게 물었다. "얼굴과 몸은 골骨에 속하고 근筋으로 연결되어 똑같은 혈과 기가 돌고 있다. 날씨가 추워져 땅이 갈라지고 얼음이 어는 추위에 손발을 움직일 수도 없는데 얼굴에는 옷을 입지 않아도 되는 까닭이 무엇인가?"

기백이 답했다. "십이경맥과 365낙맥의 혈기가 모두 얼굴로 올라가 오관으로 간다. 정양기精陽氣가 올라가 눈으로 가서 볼 수 있고, 별기別氣가 귀로 가서 들을 수 있으며, 종기宗氣가 올라가 코로 가서 냄새를 맡을 수 있고, 탁기濁氣가 위胃에서 나가 순설脣舌로 가서 맛을 알 수 있다. 기와 진액은 모두 올라가 얼굴을 덥히며 피부가 두껍고 살도 단단하여 날씨가 심하게 추워도 이겨낼 수 있다."

◉ 여기서는 장부·경락의 기혈이 맥외로 삼출되어 올라가 오관의 공규空竅에 주입되는 것을 말한다.

골에 속하고 근에 연결되어 있는 것屬骨連筋者은 머리와 얼굴 몸체의 근골혈기筋骨血氣가 모두 똑같다는 것이다.

태음은 음중지지음陰中之至陰이고, 지地는 토土를 주관하며, 사람에서는 사지에 속한다. 날씨가 차서 땅이 갈라지고 물이 얼 만한 추위에는 손발도 움직이지 못할 정도이니 이것은 비토脾土가 지地에 대응되는 것이다. 혈기는 모두 얼굴로 올라가니 날씨가 아주 차더라도 이겨낼 수 있는 것은 음양한서陰陽寒暑의 모든 기가 아래에서 천天에 해당하는 상반신으로 올라가기 때문이다.

십이경맥과 365낙맥의 혈기는 족소음신에서 시작하고 족양명위에서 생성되며 수소음심이 주관하고 수태음폐에 모인다. 정양기精陽氣는 심신신정心腎神精의 기니 눈으로 가서 볼 수 있게 된다. 별기別氣는 심신心腎의 기가 귀로 가서 들을 수 있게 된다. 종기宗氣는 위胃에서 만들어진 대기大氣로 흉중에 쌓여서 올라가 폐로 나가서 호흡을 관장한다. 그러므로 코로 나가서 냄새를 맡을 수 있다. 탁기濁氣는 수곡水穀의 정기이므로 위胃에서 나가서 입술과 혀로 가서 맛볼 수 있다.

기와 진액이 얼굴을 따뜻하게 하는 것其氣之津液 皆上燻於面은 진액이 기를 따라 상행하여 피부를 따뜻하게 하고 피모를 윤택하게 하며 공규에 주입된다.

폐肺는 피부를 주관하면서 천天에 속하고, 비脾는 육肉을 주관하면서 지地에 해당되니 피부가 두껍고 살이 단단하여 더위나 추위를 견딜 수 있다.

이 장章은 얼굴과 머리는 모든 양기가 모이는 곳이므로 삼양의 맥이 머리를 순환한다고 말한다. 하지만 음양한열의 기도 모두 아래에서 위로 올라가므로 다시 제맥諸脈의 정기를 말했다.

批 장기臟氣에는 기가氣街가 있다.

批 심신은 귀에 개규한다心腎開竅於耳.

批 구규九竅에는 수水가 주입되어 통한다.

> 黃帝曰: 邪之中人, 其病形何如?
> 岐伯曰: 虛邪之中身也, 洒淅動形, 正邪之中人也微, 先見於色, 不知於身, 若有若無, 若亡若存, 有形無形, 莫知其情.
> 黃帝曰: 善哉.
>
> 황제가 물었다. "사기가 적중되었을 때 병이 어떻게 나타나는가?"
> 기백이 답했다. "허사虛邪가 적중되었을 때는 추워서 으슬으슬 떨리고, 정사正邪가 적중되면 미미하여 안색에 나타나지만 몸에서는 느껴지지 않아 병이 있는지 나았는지 실정을 알 수 없다."
> 황제가 말했다. "알겠다."

⊛ 여기서는 인기人氣와 천기天氣가 서로 합쳐지는 것을 말한다. 풍한서습조화는 천지육기天之六氣다. 사람에게도 육기가 있다. 그래서 정사正邪에 적중되면 안색에 미세하게 나타난다. 색은 기색氣色이다. 기에 적중된 것이기 때문에 안색에 미세하게 나타난다. 몸에는 잘 드러나지 않아 병이 든 건지 안 든 건지 확실하지 않다.

천지육기는 정사正邪도 있고 허사虛邪도 있다. 허사가 몸에 적중되면 몸이 으슬으슬 춥게 된다. 허사는 팔풍八風의 허사다. 형形은 눈에 보이는 피육근맥이다.

천지의 기가 사람에게 적중되었을 때 기에 병이 있으면서 안색에 나타나는 경우, 형체에 병이 있으면서 척맥尺脈에 나타나는 경우, 기에 병이 있으면서 형체에도 반응이 있는 경우, 형체에 병이 있으면서 기에도 반응이 있는 경우가 있으니 사기의 변화는 일정함이 없다. 이러니 몸의 형체에 드러나는지 아닌지 실정을 알기 어렵다. 그러므로 종합하여 판단해야 상공이 될 수 있다.

장옥사가 말했다. "계절에 맞는 기후라도 지나치게 차거나 덥거나 습하거나 건조하면 정사正邪가 된다."

黃帝問於岐伯曰: 余聞之, 見其色, 知其病, 命曰明. 按其脈, 知其病, 命曰神. 問其病, 知其處, 命曰工. 余願聞見而知之, 按而得之, 問而極之, 爲之奈何?

岐伯答曰: 夫色脈與尺之相應也, 如鼓桴影響之相應也, 不得相失也, 此亦本末根葉之出候也, 故根死則葉枯矣. 色脈形肉, 不得相失也, 故知一則爲工, 知二則爲神, 知三則神且明矣.

黃帝曰: 願卒聞之.

岐伯答曰: 色靑者, 其脈弦也. 赤者, 其脈鉤也. 黃者, 其脈代也. 白者, 其脈毛. 黑者, 其脈石. 見其色而不得其脈, 反得其相勝之脈, 則死矣. 得其相生之脈, 則病已矣.

황제가 기백에게 물었다. "안색을 보고 병을 알면 명明이라 하고, 맥을 짚어서 병을 알면 신神이라고 하며, 병자에게 물어서 아픈 곳을 알면 공工이라고 한다고 들었다. 내가 안색을 보고서 알아내고, 진맥을 해서 파악하고, 물어서 완벽하게 하고자 하는데 어떻게 해야 하는가?"

기백이 답했다. "색色, 맥脈, 척지피부尺之皮膚는 부고桴鼓나 영향影響처럼 상응하니 함께 가는 것이다. 이것은 본말근엽本末根葉의 증후가 나타나는 것처럼 뿌리가 죽으면 잎도 말라버린다. 색, 맥, 형육形肉이 서로 떨어질 수 없다. 그러므로 하나를 알면 공工이고, 둘을 알면 신神이며, 셋을 알면 신차명神且明이다."

황제가 물었다. "모두 다 듣고 싶다."

기백이 답했다. "안색이 푸르면 현맥弦脈이 뛰고, 적색이면 구맥鉤脈이 뛰며, 황색이면 대맥代脈이 뛰고, 백색이면 모맥毛脈이 뛰며, 흑색이면 석맥石脈이 뛴다. 안색과 맥이 상응하지 못하고 반대로 상극相克의 맥을 만나면 죽고, 상생相生의 맥을 만나면 병이 낫는다."

⬛ 여기서는 색色, 맥脈, 척지피부尺之皮膚가 서로 상응하는 것이 부고桴鼓나 영향影響과 같아서 서로 벗어날 수 없음을 말한다.

정명오색精明五色은 기가 겉으로 표현된 것華이다. 바로 오장·오행의 신기가 안색에 드러난 것이다. 맥脈은 영혈이 순행하는 곳이다. 척지피부尺之皮膚는 맥외의 기혈이 수양명의 낙맥을 순환하고 척부尺膚에 드러난 것이다. 맥내의 혈기는 수태음경에서 흘러 척촌尺寸에서 변화가 나타난다. 이것은 모두 위부胃腑에서 생성된 기혈로 본말근엽本末根葉처럼 징후가 드러난다. 형육은 척부尺膚를 말한다. 안색, 맥, 척부 이 세 가지를 알면 신비하고 명철하다.

청청靑·황황黃·적적赤·백백白·흑흑黑은 오장·오행의 기색氣色이고, 현현弦·구구鉤·대대·모모毛·석석石은 오장·오행의 맥상脈象이다. 마치 영향이 상응하는 것과 같다. 그러므로 안색이 푸르면 현맥이 뛰고, 안색이 붉으면 구맥이 뛰는 것이니 안색을 보고 상응하는 맥을 알 수 있다. 마치 곤도坤道가 하늘의 이치를 순순히 받는 것처럼.

안색이 청색靑色인데 반대로 모맥毛脈이 나타나거나 안색이 적색赤色인데 석맥石脈이 나타나면 이것은 오행이 반대로 승勝한 것이니 죽게 된다. 안색이 청색靑色인데 석맥石脈이 나타나거나 안색이 적색赤色인데 대맥代脈이 나타나면 오행상 상생의 색이다. 양은 음에서 생겨 양생음장지도陽生陰長之道를 얻는 것이므로 병이 낫는다.

黃帝問於岐伯曰: 五臟之所生, 變化之病形何如?
岐伯答曰: 先定其五色五脈之應, 其病乃可別也.
黃帝曰: 色脈已定, 別之奈何?
岐伯曰: 調其脈之緩急小大滑澁, 而病變定矣.
黃帝曰: 調之奈何?
岐伯答曰: 脈急者, 尺之皮膚亦急. 脈緩者, 尺之皮膚亦緩. 脈小者, 尺之皮膚亦減而少氣. 脈大者, 尺之皮膚亦賁而起. 脈滑者, 尺之皮膚亦滑. 脈澁者, 尺之皮膚亦澁. 凡此變者, 有微有甚, 故善調尺者, 不待於寸, 善調脈者, 不待於色, 能參合而行之者, 可以爲上工. 上工十全九. 行二者, 爲中工, 中工十全七. 行一者, 爲下工,

下工十全六.

황제가 기백에게 물었다. "오장병이 변화하여 나타나는 병형病形은 어떠한가?"

기백이 답했다. "먼저 오색五色과 오맥五脈의 반응이 정해져야 병형을 분별할 수 있다."

황제가 물었다. "색과 맥이 정해지면 어떻게 분별하는가?"

기백이 답했다. "맥의 완급대소활삽緩急大小滑澁을 알아야 병형의 변화가 정해진다."

황제가 물었다. "어떻게 알아내는가?"

기백이 답했다. "급맥急脈이면 척지피부도 팽팽하고, 완맥緩脈이면 척지피부도 이완되며, 소맥小脈이면 척지피부도 살이 빠지고 기가 적으며, 대맥大脈이면 척지피부도 부풀어 팽창하며, 활맥滑脈이면 척지피부도 매끄럽고, 삽맥澁脈이면 척지피부도 거칠다. 이러한 변화가 미미한 경우도 있고 심한 경우도 있으니 척지피부를 잘 살피면 맥을 안 짚어도 맥이 어떠한지 알 수 있으며, 맥을 잘 보면 안색을 안 보아도 안색이 어떠한지 알 수 있다. 세 가지를 종합하여 실행할 수 있으면 상공이 될 수 있다. 상공上工은 9할을 알아내고, 두 가지를 할 줄 알면 중공中工이니 7할을 알아내며, 한 가지만 알면 하공下工이니 6할을 알아낸다."

● 여기서는 오장에서 생긴 병이 변화하는 것을 구별하려면 우선 오색五色과 오맥五脈을 살펴야 함을 말하고 있다.

안색과 맥이 확정되면 그다음에 척부尺膚와 척촌지맥尺寸之脈을 살핀다. 척부의 기혈은 위부胃腑에서 생성된 수곡지정水穀之精에서 나와 장부의 경수經隧에 주입되고 외부의 피부로 퍼진다. 촌구寸口와 척맥尺脈의 혈기는 위부에서 생성된 수곡지정에서 출발하여 장부와 경맥을 순환하고 수태음의 양맥구兩脈口에 변화가 나타난다. 모두 오장의 혈기가 주입된 것이다.

그러므로 맥이 급急하면 척지피부도 팽팽하고, 맥이 완緩하면 척지피부도 느슨하다. 부고桴鼓가 상응하는 것과 같다. 따라서 척지피부를 잘 살피는 자는 촌구맥이 어떤지 잘 알며, 맥을 잘 살피는 자는 안색의 변화를 짐작할 수 있으니 세 가지를 종합해서 살필 수 있으면 상공이 된다.

수는 홀수 일一과 짝수 이二에서 시작한다. 일과 이를 합하면 삼三이 되고, 삼三을 두 번 더하면 육六이 되며, 삼三을 세 번 더하면 구九가 된다. 이것이 삼재삼극지도三才三極之道다. 일一에서 생겨나 십十에서 완성되며 음과 양이 서로 어우러지면서 각기 합이 십十이 되니 이것이 〈하도河圖〉의 수다.

안다는 것知은 천지음양의 시종변화의 도수道數를 아는 것이므로 9할 이상을 알 수 있다. 수水의 수는 육六에서 성성成하고, 화火의 수는 칠七에서 성成하니 수水는 정혈精血이고, 화火는 신기神氣다. 중공은 간신히 혈기의 진찰을 알아 6~7할을 알아낸다. 하공은 혈기의 진찰도 다 알 수 없다. 그러므로 색과 맥, 척부 세 가지를 종합하여 진찰해야 상공이 될 수 있다. 행行은 색맥色脈이 천지음양의 이수理數에 상응하니 현자는 법칙으로 삼고 실행한다.

批 혈기가 경맥과 피부의 내외를 역종출입逆從出入하니 이것이 본경의 대강大綱이다.

批 척부로 외부를 알아내고 맥으로 내부를 알아낸다. 맥으로 내부를 알아내고 색으로 외부를 알아낸다. 외부를 알면 내부를 알 수 있고, 내부를 알면 외부를 알 수 있다.

批 구九, 칠七, 육六은 사람을 치료하는 숫자가 아니다.

黃帝曰: 請聞脈之緩急大小滑澁之病形何如?
岐伯曰: 臣請言五臟之病變也. 心脈急甚者爲瘛瘲, 微急爲心痛引背, 食不下. 緩甚爲狂笑, 微緩爲伏梁, 在心下, 上下行, 時唾血. 大甚爲喉吤, 微大爲心痺引背, 善淚出, 小甚爲善噦, 微小爲消癉. 滑甚爲善渴, 微滑爲心疝引臍, 少腹鳴. 澁甚爲瘖, 微澁爲血溢維厥, 耳鳴顚疾.

황제가 물었다. "맥의 완급대소활삽緩急大小滑澁으로 나타나는 병형은 어떤지 알고 싶다."

기백이 답했다. "오장의 병변을 말하겠다. 심맥心脈이 급심急甚하면 계종瘛瘲이 되고, 미급微急하면 가슴이 아프면서 등이 땅기며, 음식이 내려가지 않는다. 완심緩甚하면 미친 듯이 웃으며, 미완微緩하면 복량伏梁이 심하에 있어 올라갔다 내려갔다 하고, 자주 피를 토한다. 대심大甚하면 목이 답답해 캑캑거리며, 미대微大하면 등이 땅기면서 가슴이 저리고, 눈물이 자주 나온다. 소심小甚하면 딸꾹질을 자주 하고, 미소微小하면 소단消癉이다. 활심滑甚하면 갈증이 잘 나고, 미활微滑하면 배꼽으로 땅기는 산통疝痛이 있으며, 배에서 소리가 난다. 삽심澁甚하면 소리가 안 나오고, 미삽微澁하면 혈일血溢이 되며, 수족이 궐랭厥冷해지며 이명耳鳴과 전질巓疾이 있다.

⦿ 여기서는 오장에 각기 여섯 가지의 병변이 있는데 이는 한열寒熱과 혈기血氣의 불화不和로 인한 것이니 외사外邪나 칠정七情에 의한 내상으로 일어나는 것과는 다르다. 완급대소활삽緩急大小滑澁은 음양한열혈기陰陽寒熱血氣의 강령이다.

다음 문장에서 "급맥急脈은 원인이 한寒이고, 완맥緩脈은 원인이 열熱이며, 대맥大脈은 기가 많고 혈이 부족하며, 소맥小脈은 혈과 기가 모두 부족하고, 활맥滑脈은 양기가 왕성하여 미열微熱이 있으며, 삽맥澁脈은 혈이 많고 기가 부족하면서 약간 한기寒氣가 있다諸急者多寒, 緩者多熱, 大者多氣少血, 小者血氣皆少, 滑者陽氣盛, 微有熱, 澁者多血少氣, 微有寒"라고 했다.

심心은 화장火臟이다. 그러므로 한寒이 심하면 계종瘈瘲이 된다. 수족의 관절은 신기神氣가 도는 곳인데 한寒으로 신기가 손상되므로 계종이 된다.

미급微急하면 가슴이 아프면서 등이 땅긴다. 심하면 심장의 신기가 손상되고, 미약하면 심장 부위에 약간 영향을 미친다. 음식이 위胃에 들어가면 탁기濁氣는 심心으로 가는데 심기가 궐역하여 음식이 내려가지 못한다.

완심緩甚은 심기心氣가 유여한 것이다. 심은 신을 간직하여心藏神 신기가 유여하므로 웃음이 그치지 않는다. 복량伏梁은 심하心下에 적積이 있는 것이다. 그러므로 미완微緩하면 사기가 심하를 압박한다. 심은 혈을 주관하니心主血 열이 있으면 위로 치솟아 피를 토하기도 한다.

후개喉吩는 목구멍이 답답해 깩깩거리는 것이다. 종기宗氣가 흉중에 모였다가 후롱喉嚨으로 올라가고 심맥을 관통하여 호흡을 한다. 심기가 왕성하므로 목에서 깩깩 소리가 난다.

심기가 미성微盛하면 심하로 궐역하여 등이 땅기면서 가슴이 저리고, 상행하면 심정心精이 기를 따라 올라가 눈에 모여 눈물이 난다. 심장이 허하면 화토火土의 기가 약하여 딸꾹질噦을 한다. 얼噦은 딸꾹질이다.

오장은 주로 정精을 저장하므로 오장의 혈기가 모두 적으면 진액이 고갈되어 소단消癉이 된다. 소단은 삼소증三消症으로 심폐心肺에 오면 상소上消, 비위脾胃에 오면 중소中消, 간신肝腎에 오면 하소下消다.

활맥滑脈은 양기가 성하면서 열이 있는 것이니 위에서 성하면 자주 갈증이 난다. 미활微滑하면 아랫배에 덩어리가 있다.

심은 말을 주관하므로心主言 심기가 적으면 소리가 안 나온다. 혈이 많아서 위로 넘친다. 유維는 사유四維다. 심은 양중지태양陽中之太陽이다. 양기가 적어 수족이 차가워진다. 남방 적색은 심으로 통하여 귀에 개규開竅하고 있다. 심이 허하면 귀가 울고耳鳴, 머리가 아프다巓疾.

『금궤요략金匱要略』에서 "오장병이 각각 18가지가 있어 모두 90가지 병이 있다. 대체로 하나의 장臟에서 여섯 병변이 있으니 3*6 = 18이다"라고 했다.

장옥사가 말했다. "완급대소활삽은 오장의 여섯 가지 병변이다. 5가 6이면 30이고, 3을 세 번 하면 90이다. 지자智者만이 명철하므로 상공은 9할을 안다上工十全九고 한 것이다."

批 한열寒熱은 몸 자체에서 음양수화의 기가 변한 것이다.

肺脈急甚爲癲疾, 微急爲肺寒熱, 怠惰, 欬唾血, 引腰背胸, 若鼻息肉不通. 緩甚爲多汗, 微緩爲痿瘻偏風, 頭以下汗出不可止. 大甚爲脛腫, 微大爲肺痺引胸背, 起惡日光. 小甚爲泄, 微小爲消癉, 滑盛爲息賁上氣, 微滑爲上下出血. 澀甚爲嘔血, 微澀爲鼠瘻, 在頸支腋之間, 下不勝其上, 其應善痠矣.

폐맥肺脈이 급심하면 전질癲疾이고, 미급하면 피부에 한열이 나며 힘이 없고 기침하면서 피를 토하기도 하며 등과 허리가 땅기고 코에 군살이 생겨 코가 막힌다. 완심하면 땀을 많이 흘리고, 미완이면 위증痿症·서루鼠瘻·편풍偏風이 생기고 머리 아래로 땀이 그치지 않는다. 대심하면 종아리가 부으며, 미대하면 폐비肺痺가 되고, 흉배가 땅기며 햇빛을 싫어한다. 소심하면 설사를 하고, 미소하면 소단消癉이 된다. 활심하면 식분증息賁症이 있어 상기上氣가 되고 미활하면 위아래로 출혈하게 된다. 삽심하면 혈을 토하고, 미삽하면 목과 겨드랑이에 서루鼠瘻가 생기며 저려서 걷지 못한다.

● 폐는 청금淸金을 주관하므로 찬 것을 싫어하니 한寒이 심하면 전질癲疾이 된다. 이른바 중음重陰이 되면 전질이 된다. 폐한열肺寒熱은 피부의 한열이다. 피모에 한기가 있으므로 맥이 미급하게 뛴다. 폐는 기를 주관하므로肺主氣 힘이 없고, 기침하면서 피가 나오며, 허리와 등이 땅기고, 코에 군살이 생겨 코가 막히는데 모두 폐기肺氣가 허한虛寒하기 때문이다. 완맥이 뛰면 열이 심한 것이므로 땀이 많이 난다. 폐열肺熱이 나고 폐엽肺葉이 타면 위증痿症이 된다.

서루鼠瘻는 한열병이다. 장臟이 본병本病이고 말단인 맥에 나타난다. 폐로 백맥이 조회하므로肺朝百脈 열이 있는 미완맥이나 한寒이 있는 미삽맥에 모두 목과 겨드랑이에 서루가 생긴다.

본경에서 "편고로 한쪽이 마비되는 것은 분육과 주리 사이에 병이 있다偏枯身偏不用 病在分腠之間"라고 했다. 병이 피부에 있으면 폐한열肺寒熱이 나고, 혈맥에 병이 있으면 한열서루寒熱鼠瘻가 되며, 분주分腠에 병이 있으면 편풍偏風이 되니 폐가 온몸의 기를 주관하여 백맥百脈이 모이기 때문이다. 주리腠理가 열리므로 머리 아래로 땀이 그치지 않는다. 머리 아래는 경항頸項과 흉배胸背를 말하는데 폐의 외부다.

대맥은 주로 다기소혈多氣少血하므로 기가 아래에서 성하면 종아리가 붓고, 위에서 미성微盛하면 폐비肺痺로 가슴과 등이 땅기는데 기가 아래에서 올라가기 때문이다. 햇빛은 태양의 화火다. 음혈陰血이 적으므로 햇빛을 싫어하니 금은 화를 두려워한다金畏火. 소맥은 기혈이 모두 허하므로 설사를 한다. 폐와 대장이 표리관계이기 때문이다. 미소微小하면 소단병消癉病이 되는데 폐가 진액이 생기는 원천이기 때문이다. 활맥滑脈은 주로 양기가 성하므로 식분증息賁症이 있고 상기上氣가 된다. 미활微滑하면 상하에서 출혈이 있게 되는데 혈이 기를 따라 돌기 때문이다. 삽맥은 주로 다혈소기多血少氣한데 혈이 많고 기가 적으면 혈이 유체溜滯되면서 돌지 못하여 피를 토하기도 한다. 산瘕은 속이 차서 기혈이 돌지 않아 저리는 것이다. 폐는 기를 주관하고肺主氣 아래에서 발원하니 기가 적고 한寒이 있으면 아래에서 위로 올라가지 못한다.

批 신腎은 본본本이고, 폐肺는 말末이다.

肝脈急甚者爲惡言, 微急爲肥氣在脇下, 若覆杯. 緩甚爲善嘔, 微緩爲水瘕痺也. 大甚爲內癰, 善嘔衄, 微大爲肝痺, 陰縮, 咳引少腹, 小甚爲多飮, 微小爲消癉. 滑甚爲㿉疝, 微滑爲遺溺. 澁甚爲溢飮, 微澁爲瘈攣筋痺.

간맥肝脈이 급심하면 욕을 하고, 미급하면 엎은 잔처럼 비기肥氣가 협하에 있다. 완심하면 자주 토하고, 미완하면 수하비水瘕痺가 있다. 대심하면 내부에 옹癰이 생기고 코피를 자주 흘리며, 미대하면 간비肝痺가 있고 음기陰器가 수축되며 기침하면 아랫배가 땅긴다. 소심하면 물을 많이 마시고 미소하면 소단증이 있다. 활심하면 퇴산㿉疝이 있고, 미활하면 유뇨遺溺가 생긴다. 삽심하면 일음溢飮이 생기고, 미삽하면 경련이 있고 근비筋痺가 된다.

◉ 간은 말을 주관하고肝主語 간의 지志는 노이며在志爲怒, 간은 급한 것을 싫어한다肝苦急. 그래서 맥이 급심하면 욕을 한다. 미급하면 협하에 잔을 뒤집어 놓은 듯한 비기肥氣가 생기는데 모두 유여하기 때문이다. 음식이 위에 들어가면 간으로 정기가 퍼지는데 완맥은 열이 많다. 열이 나면 간기가 상역하여 자주 토한다. 수하비水瘕痺도 음식으로 생기는 적積이다.

본경에서 "감정 기복이 심하고 음식을 절제하지 못하여 음기가 부족하고 양기가 유여하여 영기가 돌지 못하니 옹癰이 생긴다喜怒不測 飮食不節 陰氣不足 陽氣有餘 營氣不行 乃發癰"라고 했다. 대맥은 주로 간기가 성한 것이다. 간기가 성하면 울체되어 화를 내는데 소달疏達하지 못해서다. 그래서 내옹內癰이 생긴다.

구뉵嘔衄은 간기가 역상하기 때문이다. 음기수축陰器收縮은 간기가 아래로 궐역하기 때문이다. 간맥肝脈은 아랫배少腹에 이르러 올라가서 폐에 주입된다. 기침하면서 아랫배가 땅기는 것은 경기經氣가 상하로 궐역하는 것이다. 소맥은 혈기가 모두 소少한 것이다. 기가 적으면 목화木火가 성성하므로 물을 많이 마셔 소단이 된다. 활맥은 기가 성하면서 열이 있는 것이므로 퇴산㿉疝이 생긴다. 간은 소설을 주관하니肝主疏泄 간기가 성하면서 열이 있으면 퇴산과 유뇨遺溺가 생긴다. 일음溢飮은 음飮이 사지에 유체되어 경맥이 저체阻滯되므로 삽맥이 뛴다. 간기가 허하면서 한寒이 있으면 계종 근비증筋痺症이 생기니 간이 근을 주관하기肝主筋 때문이다.

脾脈急甚爲瘛瘲, 微急爲膈中, 食飲入而還出, 後沃沫. 緩甚爲痿
厥, 微緩爲風痿, 四肢不用, 心慧然若無病. 大甚爲擊仆, 微大爲疝
氣腹裏大, 膿血在腸胃之外. 小甚爲寒熱, 微小爲消癉. 滑甚爲㿉
癃, 微滑爲蟲毒蚘蝎腹熱. 澁甚爲腸㿉, 微澁爲內㿉, 多下膿血.

비맥脾脈이 급심하면 계종瘛瘲이 생기고, 미급하면 격중膈中이 되어 음식이 들
어갔다가 다시 나오고 침을 흘린다. 완심하면 위궐痿厥이 되고, 미완하면 풍위
風痿가 되어 사지를 못 쓰지만 정신은 말짱해 병이 없는 듯하다. 대심하면 격
부擊仆하고, 미대하면 산기疝氣가 있고 복부가 팽창되며 장위腸胃 밖에 농혈膿
血이 생긴다. 소심하면 한열寒熱이 있고, 미소하면 소단消癉이다. 활심하면 퇴
산㿉疝과 폐륭閉癃이며, 미활하면 회충이 생기고 복부에 열이 난다. 삽심하면
장퇴산腸㿉疝이고, 미삽하면 내퇴內㿉가 되고 농혈이 자주 나온다.

◉ 계종瘛瘲는 긴장되어 땅기는 것이고, 종瘲은 이완되어 늘어지는 것이다. 비는 사
지를 주관하므로脾主四肢 급심맥이 뛰면 계종이 된다. 비脾가 차가워서 음식이
소화되지 않아 격중膈中이 된다. 음식이 들어갔다가 다시 나오고 침을 흘리는
것食飲入而還出 後沃沫은 진액이 넘쳐서 폐로 갔다가 피모에 퍼지지 못하고 입
으로 나온다. 위궐痿厥·풍위風痿는 모두 사지가 마비되어 쓰지 못하는 것
이다. 심하면 병이 내부에서 생겨 외부에 병증이 나타나고, 경미하면 병이
외부에 있고 내부까지 미치지 못하므로 사지를 못 써도 병이 없는 것처럼
정신이 맑다.

대맥大脈은 태과太過 맥이다. 비脾는 고장孤臟으로 중앙토中央土에서 사방을
관개하는데 태과하면 사지를 움직이지 못한다. 그러므로 마치 화살에 맞아 쓰
러지는 것처럼 갑자기 쓰러진다. 산기疝氣는 배가 팽만되지만 농혈은 장위 밖
에 있는 것이니 모두 유여한 적취積聚다.

추웠다 더웠다 하는 것寒熱은 혈기가 허하기 때문이다. 비허脾虛하면 위로
진액을 제대로 공급하지 못하므로 소단이 된다. 비脾는 음습지토陰濕之土다. 습
열이 생기면 산증疝症과 퇴산증㿉疝症이 나타나 소변이 막혀서 나가지 못한다

閉癃. 습열이 있으면 기생충이 번식한다. 비기脾氣가 허하면서 차가우면 장퇴腸癀가 된다. 다혈소기多血少氣하므로 농혈이 나온다.

腎脈急甚爲骨癲疾, 微急爲沈厥奔豚, 足不收, 不得前後. 緩甚爲折脊, 微緩爲洞, 洞者, 食不化, 下嗌還出. 大甚爲陰痿, 微大爲石水, 起臍以下至少腹腫腫然, 上至胃脘, 死不治. 小甚爲洞泄, 微小爲消癉. 滑盛爲癃癀, 微滑爲骨痿, 坐不能起, 起則目無所見. 澁甚爲大癰, 微澁爲不月沈痔.

신맥腎脈이 급심하면 골전질骨癲疾이 생기고, 미급하면 침궐沈厥이 되고 분돈奔豚이 생기며 다리가 구부러지지 않고 대소변이 안 나온다. 완심하면 척추가 끊어질 듯 아프며, 미완하면 동설洞泄을 하는데 동洞은 음식이 소화되지 않아 식도로 내려갔다가 다시 나오는 것이다. 대심하면 음위陰痿가 되고, 미대하면 석수石水가 생겨 배꼽 아래서 아랫배少腹까지 차고 위완胃脘까지 차면 죽는다. 소심하면 동설洞泄이 되고, 미소하면 소단이 된다. 활심하면 폐륭閉癃과 퇴산癀疝이고, 미활하면 골위증骨痿症으로 앉았다가 일어나지 못하고 일어나면 눈이 캄캄하다. 삽심하면 대옹大癰이 생기고, 미삽하면 월경이 안 나오고 치질이 생긴다.”

◉ 신腎은 음장陰臟이면서 골을 주관한다. 몸이 아주 차가워져 골전질骨癲疾이 된다. 신腎은 생기의 근원인데 정기가 허하면 침궐沈厥이 되고, 허한 기가 반대로 궐역하면 분돈奔豚이 된다. 아래가 차가워서 발을 구부리지 못한다. 신腎은 이음二陰에 개규開竅하는데 기허하여 기화氣化를 못하면 대소변이 안 나온다.

독맥은 신腎에 속하고 척추를 관통한다. 완맥이 뛰면 독맥이 이완되어 척추가 끊어질 듯 아프다.

무계합화戊癸合化하여 화火로 변하고 토土를 생성하니戊癸合化火而生土 위胃에 들어간 음식이 소화되는 것인데, 신기腎氣가 완하면 음식이 소화가 안 되고 도로 나온다.

음위陰痿는 음경이 위축되어 발기가 안 되는 것이다.

석수石水는 신수腎水다. 위완胃脘까지 올라가서 수기水氣가 넘쳐버리니 소화기능이 망가진다. 신기가 허하면 동설洞泄을 한다.

정혈精血이 부족하면 소단消癉이 된다.

신장에 열이 있으면 소변이 막히고閉癃 고환이 부으며 한쪽이 처진다癀疝.

골위骨痿가 되어 앉으면 일어나지 못하는 것骨痿 坐不能起은 열로 신기腎氣가 손상되기 때문이다.

눈이 보이지 않는 것目無所見은 열로 골정骨精이 손상된 것이다.

혈기는 모두 신腎에서 시작하는데 삽澁하면 혈기가 저체阻滯되므로 대옹大癰 이 생긴다.

기혈이 돌지 못하여 여자는 월경이 안 나오고 치질이 생긴다.

黃帝曰: 病之六變者, 刺之奈何?

岐伯答曰: 諸急者多寒, 緩者多熱, 大者多氣少血, 小者血氣皆少, 滑者陽氣盛, 微有熱, 澁者多血少氣, 微有寒. 是故刺急者, 深內而久留之. 刺緩者, 淺內而疾發鍼, 以去其熱. 刺大者, 微瀉其氣, 無出其血. 刺滑者, 疾發鍼而淺內之, 以瀉其陽氣而去其熱. 刺澁者, 必中其脈, 隨其逆順而久留之, 必先按而循之, 已發鍼, 疾按其痏, 無令其血出, 以和其脈. 諸小者, 陰陽形氣俱不足, 勿取以鍼, 而調以甘藥也.

황제가 물었다. "여섯 가지로 변한 병은 자침을 어떻게 하는가?"

기백이 답했다. "급맥은 한寒이 많다. 완맥은 열熱이 많다. 대맥은 기가 많고 혈이 적다. 소맥은 혈과 기가 모두 적다. 활맥은 양기가 성하고 열이 약간 있다. 삽맥은 혈이 많고 기가 적으면서 약간 차다.

그러므로 급맥은 침을 깊이 찌르고 오래 유침시킨다. 완맥은 얕게 찌르고 빨리 빼서 양기를 사하고 열을 제거한다. 대맥은 기氣만 약간 사하고 혈血이 나가지 못하게 한다. 활맥은 얕게 찌르고 빨리 빼서 양기를 사하고 열을 제거 한다. 삽맥은 반드시 혈맥에 적중시켜 역순에 따라 오래 유침시키며 반드시 먼저 혈자리를 문질러 순환이 잘 되게 하고 침을 뺀 후에는 혈자리를 재빨리 막아 혈이 나가지 않게 한다. 소맥은 음양형기陰陽形氣가 모두 부족한 것이니 침놓아서는 안 되고 감약甘藥으로 조절해야 한다."

⊕ 육변六變은 오장에서 생긴 병형에 따라 완급대소활삽의 육맥이 있다. 이것은 음양혈기의 불화로 맥에 변화가 나타나는 것이다. 한기寒氣는 수축하여 뻣뻣해지기 때문에 맥이 급해진다. 열기熱氣는 흩어지고 이완되기 때문에 맥이 완해진다. 종기宗氣와 영기營氣는 맥중脈中을 돌고, 위기衛氣는 맥외脈外를 도는데 대맥은 기가 많다. 혈과 기가 모두 적으면 맥도 약하게 된다. 양기가 성하면서 열이 약간 있으면 맥이 활발하고 빠르게 돈다. 기가 적으면 맥이 막혀서 잘 돌지 못하니 혈은 기를 따라 돌기 때문이다.

깊이 찌르고 오래 유침시키는 것深內而久留은 양기가 오는 것을 기다리면 침맞은 부위가 따뜻해진다. 얕게 찌르고 빨리 빼는 것淺內而疾拔針은 열을 제거하는 것이다. 기가 성하면 왕성한 기를 약간 빼고 혈은 나가지 않게 하면 음양 혈기가 조화된다. 활맥의 경우 얕게 찌르고 빨리 빼는 것疾發鍼而淺內之은 맥외의 양열陽熱을 제거하는 것이다. 삽맥의 경우 반드시 혈맥에 적중하여 기의 역순을 따르게 하고 오래 유침시키는 것澁者必中其脈隨其逆順而久留之은 경맥 내부와 외부의 혈기를 조절하는 것이다.

꼭 먼저 문지르는 것必先按而循之은 맥외의 기를 오게 하는 것이다. 혈자리를 문질러 피가 나오지 않게 하고 맥이 잘 돌게 하는 것疾按其痏 無令其血出 以和其脈은 피부의 혈이 나오지 않게 하여 맥외의 기와 맥중의 기를 균형 맞추는 것이다. 침은 음양혈기의 불균형을 조절하는 것이다. 혈기가 모두 적으면 반드시 감약甘藥으로 조절해야 하니 침으로 기혈을 자생資生시킬 수 없기 때문이다.

안 | 삽맥의 자침은 반드시 혈맥에 찔러야 한다. 급맥과 완맥의 자침은 맥외의 기를 취한다. 대맥과 활맥의 자침은 맥외의 양을 사하여 맥내의 혈과 균형을 맞춘다. 삽맥의 자침은 반드시 혈맥을 찔러 기의 역순을 따르고 혈자리를 문지르는 것刺澁者 必中其脈 隨其逆順 必先按而循之은 맥내의 혈을 조절하여 맥외의 기가 오게 하는 것이다. 침놓지 말고 감약으로 조절해야 한다는 것勿取以針 調以甘藥은 혈기가 양명陽明에서 생기기 때문이다.

혈기는 위부 수곡지정으로 피부 밖을 도는 것이 있고, 경맥 안을 도는 것이 있어 안팎이 서로 관통하면서 끊임없이 돈다. 그러므로 척지피부를 잘 살피는 자는 꼭 촌구맥을 의지하지 않아도 되고, 촌구맥을 잘 살필 줄 아는 자는 안색을 의지하지 않아도 되니 서로 참고하여 종합적으로 행한다면 상공이 된다. 상공은 음양혈기의 종시와 출입을 아는 자다.

> 黃帝曰: 余聞五臟六腑之氣, 滎腧所入爲合, 令何道從入? 入安連過? 願聞其故.
> 岐伯答曰: 此陽脈之別入於內, 屬於腑者也.
> 황제가 물었다. "오장육부의 기가 형수滎腧를 지나 경經으로 들어가 합슴이 된다고 들었는데 어디로 들어가고 어디를 지나 연결되는지 알고 싶다."
> 기백이 답했다. "양맥陽脈이 내부內腑로 들어가 부腑에 속한다."

안 | 장부의 십이경맥이 지정指井에서 출발하는 것은 피부의 기혈을 받아서 형혈滎穴로 흐르고 수혈腧穴에 주입되며 주슬肘膝에서 경맥으로 들어가 합쳐진다. 그러므로 황제가 오장육부의 기가 형수滎腧에서 들어가 합쳐진 기혈은 어디로 들어가고, 어디서 합쳐지는지 물었다. 형수滎腧에서 경맥으로 들어가 경맥과 합쳐진 기혈은 어디서 들어가고, 어디서 연결되어 합쳐지고, 어디를 지나가면서 연결되는지를 말하는 것이다. 황제는 오장의 오수五腧와 육부의 육수六腧가 나가고 들어오는 곳의 원류原流를 밝히려고 총괄적으로 물은 것이다. 하지만 이것은 이미 〈영추·본수〉에서 말했다. 그래서 기백은 육부의 합혈合穴이 모두 족足에 있는 원인만 답했다.

재안 | 맥외의 위기衛氣는 족양명에서 출발하여 두면頭面으로 상충하여 올라가고 삼양 부위로 퍼진다. 맥외의 기혈은 수양명의 오리혈에서 피부로 퍼진다. 이는 수족手足 제양諸陽의 기가 모두 위에서 아래로 내려가고, 다시 족足의 지정指井에서 맥중脈中으로 들어가며, 족足에서 수手로 가서 교대한다. 그래서 육부의 경맥은 모두 족足의 삼양에서 출발하고 올라가 수手에서 합쳐진다六腑之經脈 皆出於足之三陽 上合於手也고 말한다. 이것은 양기가 땅속에서 나와서 대기를 운행하고 다시 비로 내려가 땅의 경수經水로 스며들어가는 것과 같다.

黃帝曰: 滎腧與合, 各有名乎?

岐伯答曰: 滎腧治外經, 合治內腑.

黃帝曰: 治內腑奈何?

岐伯曰: 取之於合.

黃帝曰: 合各有名乎?

岐伯答曰: 胃合於三里, 大腸合入於巨虛上廉, 小腸合入於巨虛下廉, 三焦合入於委陽, 膀胱合入於委中央, 膽合入於陽陵泉.

黃帝曰: 取之奈何?

岐伯答曰: 取之三里者, 低跗取之. 巨虛者, 擧足取之. 委陽者, 屈伸而索之. 委中者, 屈而取之. 陽陵泉者, 正竪膝予之, 齊下至委陽之陽取之. 取諸外經者, 揄申而從之.

황제가 물었다. "형滎·수腧·합혈合穴 등 오수혈五腧穴에 각각 역할이 있는가?"

기백이 답했다. "형혈과 수혈은 외부의 경經을 치료하고, 합혈은 내부의 부腑를 치료한다."

황제가 물었다. "내부內腑는 어떻게 치료하는가?"

기백이 답했다. "합혈合穴로 치료한다."

황제가 물었다. "합혈에도 각각의 역할이 있는가?"

기백이 답했다. "위胃는 삼리三里에서 합하고, 대장大腸은 거허상렴巨虛上廉에서 합하며, 소장小腸은 거허하렴巨虛下廉에서 합하여 들어가고, 삼초三焦는 위양委陽에서 합하여 들어가며, 방광膀胱은 위중委中에서 합하여 들어가고, 담膽은 양릉천陽陵泉에서 합하여 들어간다."

황제가 물었다. "취혈은 어떻게 하는가?"

기백이 답했다. "삼리는 발등을 숙이고 취한다. 거허상렴과 거허하렴은 발등을 들고 취한다. 위양은 무릎을 굴신시키면서 찾는다. 위중은 다리를 구부리고 취한다. 양릉천은 무릎을 세우고 위양의 바깥쪽에서 취한다. 나머지 혈들은 팔다리를 펴고 취한다."

◉ 여기서는 삼양지기가 외부에서 삼양경과 합하는 것을 거듭 밝혔다. 삼양경은 육부와 합한다. 이른바 태양太陽·소양少陽·양명陽明은 삼양지기다. 맥외를 운행하며 육부의 경맥과 합한다. 맥외의 기는 경맥과 형수滎腧 사이에서 합쳐

지기 때문에 형수치외경滎腧治外經은 외부에 있는 경맥을 치료하는 것이다. 맥내의 혈기는 삼양지기와 주슬지간肘膝之間에서 합쳐지기 때문에 합치내부合治內腑한다.

맥중의 혈기는 육부에서 나온다. 삼리三里와 거허巨虛는 모두 족양명경이다. 거허상렴과 거허하렴은 수태양과 수양명의 합혈이다. 그러므로 삼리는 발등을 숙이고 취혈하는 것은 족경이 아래에 있기 때문이다. 거허상렴과 거허하렴은 발을 들고 취혈하는데 위로 펼치려고 하는 것이다. 위양委陽은 족태양경이고 삼초의 합혈이다. 무릎을 구부렸다 폈다 하면서 찾는 것은 상하에서 왕래하는 삼초의 기를 찾는다. 방광은 수水를 주관하므로 구부려서 취혈한다. 소양은 목木에 속하므로 무릎을 세워서 취혈하는 것은 목기木氣로 하여금 조달하게 하는 것이다.

똑바로 하여 위양의 바깥쪽을 취한다는 것齊下至委陽之陽取之은 담과 삼초 모두 소양지기에 속하기 때문이다. 대개 경맥에서는 수족手足의 구분이 있지만 삼음삼양지기와 합하는 것은 수족의 구분이 없다. 외경을 취하라는 것取諸外經者은 오장육부의 형수혈을 취하는 것이다. 팔다리를 펴고 취한다撝申而取之는 것은 팔다리를 쭉 펴서 경맥이 잘 소통되게 하는 것이다.

황제가 처음에 오장육부의 형수혈을 물었는데, 기백은 단지 육부의 합혈만 말하고 외경을 취혈하는 것에 대해서는 말하지 않았다. 임금과 신하가 반복하여 문답하는 것은 음양혈기의 출입과 경맥 내외의 관통을 상세하게 밝히고자 하는 것이다.

黃帝曰: 願聞六腑之病.
岐伯答曰: 面熱者, 足陽明病. 魚絡血者, 手陽明病. 兩跗之上脈堅陷者, 足陽明病, 此胃脈也.

황제가 물었다. "육부六腑의 병에 대해 듣고 싶다."
　기백이 답했다. "얼굴에 열이 나는 것은 족양명병이다. 어제魚際에 낙혈이 있으면 수양명병이다. 양 발등의 맥이 단단하거나 함몰된 것은 족양명병이다. 이것이 위맥胃脈이다."

◉ 여기서는 다시 맥외의 기혈이 수족 양명에서 나간 것이라는 것을 거듭 밝히고 있다.

위기衛氣는 양명의 한기悍氣로 머리로 상충하여 목자目眥와 귀 앞쪽을 순환하고 삼양 부위로 퍼진다. 다시 아거牙車를 순환하고 양명과 합하여 함께 인영人迎으로 내려가서 함맥頷脈과 합쳐져 족양명으로 들어가고 거기서 하행하여 발등까지 간다.

그러므로 얼굴이 화끈거리는 족양명병面熱者 足陽明病은 위기衛氣의 한열悍熱이 지나친 것이니 위기가 얼굴로 올라간다는 것을 증명한다. 양 발등의 맥이 단단하거나 함몰된 족양명병兩跗之上脈堅陷者 足陽明病은 양명지기가 함맥頷脈에서 합하여 하행하여 발등까지 간다는 것을 증명한다. 양명지기가 위맥胃脈과 합하기 때문에 "이것이 위맥이다此胃脈也"라고 말한다.

오장육부의 경맥은 외부에서는 육기와 합하여 양명陽明·태양太陽·태음太陰이 되고, 내부에서는 장부와 합하여 위맥胃脈·심맥心脈·신맥腎脈이 된다. 장부의 기는 내부에서 오행과 합하고, 오행은 외부에서 육기와 합한다.

위부胃腑에서 생긴 혈기가 별도로 맥외로 가는 것은 장부의 대락大絡으로 주입되어 대락에서 외부의 손락 피부로 삼출되고 수양명경을 순환하여 척부尺膚에 모여 어제魚際로 올라가니 맥내의 혈기가 수태음의 척촌尺寸에서 모이는 것과 같다. 그래서 어제 부위에 낙혈이 있으면 수양명병이다魚絡血者 手陽明病라고 말한 것이니 맥외의 기혈이 수양명에서 크게 모인다는 것을 증명한다.

황제는 육부의 병을 물었는데 기백은 수족 양명으로 답한 뒤 육부에 대해 언급했으니 맥외의 기혈이 수족 양명으로 나간다는 것을 거듭 밝힌 것이다.

본경은 대부분 병이나 침을 통하여 음양혈기의 생시출입과 장부·경맥의 내외관통을 밝혔으니 학자는 잘 익혀 소홀히 해서는 안 된다.

批 양명지기는 양명의 한기悍氣로 위기衛氣다.

大腸病者, 腸中切痛而鳴濯濯, 冬日重感於寒, 即泄當臍而痛, 不能久立, 與胃同候, 取巨虛上廉.

대장병大腸病은 장이 끊어질 듯 아프고 배에서 꾸룩꾸룩 소리가 난다. 겨울에는 한기寒氣에 중복 접촉되면 즉시 설사를 하고 배꼽 부위가 아프다. 오래 서 있기 힘들고 위병胃病과 같은 증후가 나타나니 거허상렴巨虛上廉을 취한다.

⊕ 대장은 전도지관傳道之官이다. 그러므로 병들면 장이 끊어질 듯 아프고 꾸르륵 소리가 난다. 양명은 청금지기淸金之氣를 갖고 있으므로 겨울에 한기寒氣에 접촉되면 즉시 설사를 하고 배꼽 부위가 아프다. 대장은 진액을 주관한다. 진액은 골에 점액질로 주입되니 병이 되면 오래 서 있기 힘들다. 대장은 위胃에 속하여 위병胃病과 같은 증상이 나타나므로 위경胃經의 거허상렴을 취한다.

胃病者, 腹䐜脹, 胃脘當心而痛, 上肢兩脇膈咽不通, 食飲不下, 取之三里也.

위병胃病은 배가 불러오고 위완胃脘에 통증이 있으며 상지上肢와 양협兩脇, 식도가 통하지 않아 음식물이 내려가지 않는다. 삼리三里를 취한다.

⊕ 복복腹腹은 장위를 둘러싸고 있는 복강腹腔이다. 위완胃脘은 구미鳩尾 안쪽의 심장이 있는 곳이다. 그러므로 병들면 배가 부르면서 심하게 통증이 있다. 상지上肢는 심폐의 부분이고, 양협兩脇은 간의 부위다. 음식이 위에 들어가면 간으로 정기가 퍼지고 탁기濁氣는 심心으로 가고 폐肺로 전수轉輸된다. 위병胃病이 되면 기가 상역하여 전수되지 않아 상지와 양협, 식도가 불통하고 음식이 내려가지 않는다. 족삼리足三里를 취해야 한다.

小腸病者, 少腹痛, 腰脊控睾而痛, 時窘之後, 當耳前熱. 若寒甚, 若獨肩上熱甚, 及手小指次指之間熱, 若脈陷者, 此其候也. 手太陽病也, 取之巨虛下廉.

소장병小腸病은 아랫배가 아프고, 요척腰脊에서 고환으로 땅기면서 아프다. 때
때로 심하게 아픈 뒤에는 귀 앞쪽에 열이 나기도 하고, 아주 차가워지기도 하
며, 어깨 위만 열이 심하게 나거나 새끼손가락과 넷째 손가락 사이에 열이 나
기도 하며, 맥이 함하陷下되기도 한다. 이런 증후는 수태양병手太陽病이니 거허
하렴巨虛下廉을 취한다.

⊕ 소장병小腸病은 소장의 부기腑氣가 병이 된 것이다. 소장은 적장赤腸인데 수
성지부受盛之腑로 위로는 위胃와 접해 있고 아래로는 대장大腸과 통한다. 난문
闌門에서 별즙別汁이 분비되어 방광으로 삼입되니 소장의 기는 방광과 서로 통
한다. 그래서 소복통少腹痛이 있고, 요척에서 고환으로 땅기는 통증腰脊控睾而痛
이 있다. 때때로 심하게 아픈 뒤에 귀 앞쪽이 화끈거리는 것時窘之後當耳前熱은
부기腑氣가 병들어 통증이 심하게 되면 수手의 경맥으로 들어가는 것이다. 수
태양의 맥은 새끼손가락 끝에서 시작하여 아래팔을 순환하고 어깨로 나간 다
음 볼로 올라가 귓속으로 들어가고 눈가에 도달한다. 맥이 함하되면 이것은
태양경맥의 병이다.

처음에 소장병을 제시하여 말했고, 끝에 수태양병이라고 말했다. 이는 부기
腑氣가 아래에서 위로 올라가 수태양경과 합쳐지는 것이다. 그러므로 거허하
렴을 취해야 한다.

三焦病者, 腹氣滿, 少腹尤堅, 不得小便, 窘急, 溢則水, 留卽爲脹,
候在足太陽之外大絡, 大絡在太陽少陽之間, 亦見於脈, 取委陽.

삼초병三焦病은 배가 팽만하고, 아랫배가 아주 딴딴해지며, 소변이 나오지 않
고, 소변이 급한데 나오지 않으면 위로 흘러넘쳐 소변이 유체되어 방광이 팽
창한다. 증후가 족태양 바깥쪽의 대락에 나타난다. 대락은 태양경과 소양경
사이에 있다. 위양委陽을 취한다.

⊕ 삼초三焦는 아래에서 방광을 약속約束하여 결독지부決瀆之腑가 된다. 병들면
기화氣化되지 못하여 아랫배에 기가 차서 소변이 나가지 못한다. 소변이 나가

지 못하면 소변이 급하지만 나오지 않고 수기水氣가 위로 넘쳐 뱃속에 머물면서 팽창한다. 증후는 족태양경 바깥쪽의 대락에 나타난다. 대락은 태양과 소양경 사이에 있으며 그 맥도 피부에 드러나니 위양을 취해야 한다. 육부의 기는 모두 족삼양의 별락別絡에서 시작하여 경맥으로 통한다.

장개지가 말했다. "족足을 순환하는 족삼양足三陽의 맥에도 모두 지별支別이 있다."

> 膀胱病者, 少腹偏腫而痛, 以手按之, 則欲小便而不得, 肩上熱, 若脈陷, 及足小指外廉及脛踝後皆熱, 若脈陷, 取委中央.
>
> 방광병膀胱病은 아랫배가 한쪽으로 붓고 아프며, 손으로 누르면 소변이 나올 것 같으나 나오지 않는다. 어깨 위에 열이 나며 맥이 함하되고 새끼발가락 바깥쪽과 정강이 외과外踝 뒤쪽에 모두 열이 난다. 맥이 함하되면 위중委中을 취한다.

◉ 방광은 진액지부津液之腑로 기화氣化하여 소변이 나간다. 부기병腑氣病이므로 아랫배가 붓고 아프며 소변이 제대로 나오지 않는다. 어깨 위쪽과 새끼발가락 정강이 복사뼈 뒤쪽은 족태양경이 순환하는 곳이다. 이곳에 열이 나고 맥이 함하되면 부腑가 병들고 경經으로 미친 것이므로 위중을 취해야 한다.

> 膽病者, 善太息, 口苦, 嘔宿汁, 心下澹澹, 恐人將捕之, 嗌中吤吤然, 數唾, 在足少陽之本末, 亦視其脈之陷下者, 灸之, 其寒熱者, 取陽陵泉.
>
> 담병膽病은 한숨을 자주 내쉬고, 입이 쓰면서 숙즙宿汁이 올라오며, 가슴이 두근거리고, 누군가에 쫓기는 기분이 들며, 목구멍이 막혀 캑캑거리고, 자주 가래를 뱉으니 병이 족소양의 본말本末에 있다. 맥이 함하된 것을 보아서 뜸뜬다. 한열寒熱이 있으면 양릉천陽陵泉을 취한다.

◉ 담이 병들면 담기膽氣가 상승하지 못하니 한숨을 쉬어야 배출된다. 입이 쓰

고 쓴물이 올라오는 것은 담즙膽汁이다. 심장이 두근거리고 쫓기는 느낌이 드는 것은 담기가 허한 것이다. 목구멍이 막힌 듯 깩깩거리고 가래를 자주 뱉는 것은 소양맥의 병이다. 족소양경맥의 본本은 발에 있고 말末은 목과 인후에 있다. 뜸떠서 함하된 맥기를 진작시켜야 한다. 추웠다 더웠다 하는 것寒熱은 소양少陽 추樞의 증상이니 해당 경맥을 다스린다以經取之. 소양의 경기는 내외 출입한다.

> 黃帝曰: 刺之有道乎?
> 岐伯答曰: 刺此者必中氣穴, 無中肉節, 中氣穴則鍼游於巷, 中肉節則皮膚痛, 補瀉反則病益篤. 中筋則筋緩, 邪氣不出, 與其眞相搏, 亂而不去, 反還內著, 用鍼不審, 以順爲逆也.
> 황제가 물었다. "침을 찌르는 방법이 있는가?"
> 기백이 답했다. "침을 찌를 때는 반드시 혈자리에 적중시켜야지 살이나 관절에 찔러서는 안 된다. 기혈氣穴에 적중시키면 기가 경맥을 따라 순행하니 경맥이 통한다. 살과 관절에 찌르면 피부가 아프다. 보사를 반대로 하면 병이 더 심해진다. 근筋에 찌르면 근이 이완되고 사기邪氣가 나가지 않아 진기眞氣와 뭉쳐져서 혼란을 일으켜 침이 빠지지 않고 오히려 안으로 붙어버린다. 조심해서 침놓지 않으면 역효과가 난다."

⊕ 기혈氣穴은 부기腑氣가 주입되는 경혈이다. 그러므로 기혈에 적중되면 침이 길로 통하는 것 같다. 즉 〈소문·기혈론氣穴論〉에서 말하는 유침지거游針之居인데 침이 들어가면 틈이 있어서 넉넉히 여유가 있는 것을 말한다. 여기서는 부腑의 사기가 경맥에서 기혈로 나간 것이니, 즉 앞 장에서 "얼굴에 열이 나는 것은 족양명병이다" "어제魚際에 낙혈이 있으면 수양명병이다" 등을 말한다. 부기腑氣가 경맥에서 피부로 나간 것을 이른다.

피육근골은 맥외의 기분氣分이다. 살이나 관절에 찌르면 피부가 아프다. 근에 찌르면 근이 이완되어 사기가 나가지 않고 진기와 뭉쳐져 혼란스러워지고 침이 빠지지 않고 오히려 안으로 들러붙는다. 피육근골에 자침하면 부腑의 사기가 기혈氣穴에서 나가지 못하고 원진元眞의 기가 오히려 들러붙어 사기와 혼란을 일으킨다. 맥외의 기혈은 경맥과 합쳐져서 다시 내부內腑로 통한다. 즉 앞 장에서 "양 발등의 맥이 단단하거나 함몰된 것은 족양명병이다"라고 말한 바 와 같다. 그래서 나는 "본경은 병과 침을 빌려 음양기혈의 생시출입을 밝혔으 니 이를 잘 따라야지 거슬러서는 안 된다"라고 말하는 것이다.

장개지가 말했다. "사기가 있는 곳에서는 사기를 빼내고, 사기가 없는 곳에 서는 정기를 보한다. 사기가 경맥에 있는 것이지 살과 관절에 있는 것이 아니 므로 기혈氣穴을 사하여 사기를 제거해야 한다. 반대로 기육肌肉과 주리腠理의 원진元眞을 보하면 진기가 속으로 들어가 사기와 뭉쳐진다. 그래서 보사를 반 대로 하면 병이 더 심해진다補瀉反則病益篤라고 말하는 것이다."

2

사기邪氣는 객기客氣와 혼용되므로 혼란스러울 때가 있으니 잘 살펴야 한다. 병변을 일으킬 수 있는 요인을 객기라고 한다. 객기는 세균이나 바이러스가 될 수도 있고, 풍한 등의 환경적인 요인이 될 수도 있다. 칠정七情의 정신적인 자극이 병을 일으킬 수도 있고, 음식이나 거처로 인하여 병이 생길 수도 있으며, 과도한 성생활로 병을 일으킬 수 있다.

　객기가 인체에 접촉되어 허한 틈을 타서 체내로 침입하면 사기가 발생하면서 병변이 일어난다. 사기가 체내에 발생하는 것은 허할 때, 힘을 써서 기운이 없을 때, 음식을 먹거나 술을 마시고 땀이 나서 주리가 열릴 때 객기가 침입하고 사기가 발생한다. 객기가 체내로 침입하여 사기를 일으켜 병변이 발생하는 것이 사지중인邪之中人이다.

　사기는 객기가 인체에 영향을 미쳐 체내의 기혈이 정체되거나 정상적으로 흐르지 못하는 것이다. 사기는 무조건 빼내야 하는 것이 아니라 정체된 기혈을 제대로 흐르게 하면 다시 정기로 돌아갈 수 있다.

　객기의 종류에 따라 사기가 발생하는 부위가 달라진다. 풍한의 사기는 상부에서 발생하여 사기재상邪氣在上이라고 했다. 음식으로 사기가 발생하면 위胃에서 병변이 나타나므로 탁기재중濁氣在中이라고 했다. 청습淸濕으로 사기가 발생하면 발에서 병변이 생기므로 청기재하淸氣在下라고 했다.

　사기가 발생하면 한곳에 고정되는 것이 아니다. 낫지 못하면 더 깊이 들어가 병이 심해진다. 〈영추·사기장부병형〉에서는 풍한으로 발생한 사기를 예로 들어 사기가 체내를 침입하는 경로를 설명했다.

객기가 많은 양이 모이는 얼굴에 접촉되어 양陽 부위의 위기衛氣가 사기로 변하여 경락 분포에 따라 병이 진전된다. 얼굴 정면에서 사기가 발생하면 양명경陽明經을 따라 진행되고, 항부項部에서 사기가 발생하면 태양경太陽經을 따라 병이 진행되며, 얼굴 측면에서 사기가 발생하면 소양경少陽經을 따라 병이 진행된다. 처음에는 위기가 변하여 사기가 되지만 경맥을 따라 손락으로 들어가고, 손락에서 낙맥으로 들어가며, 또 낙맥에서 대락으로 들어가고, 대락에서 경맥으로 들어간다. 이것이 "양陽 부위에 적중되면 경經으로 흘러간다中于陽則溜于經"라고 한 것이다.

그래서 〈소문·유자론繆刺論〉에서는 "사기가 형체에 생기는 것은 먼저 피모에 머무는데 유체되었음에도 제거하지 못하면 손락으로 들어가고, 손락에 머물다 유체되어 제거하지 못하면 낙맥으로 들어간다. 낙맥에 머물다 유체되어 제거하지 못하면 경맥으로 들어간다. 경맥은 오장과 연결되어 있어 오장으로 가는데 오장은 장기臟氣가 실하여 머물지 못하고 장위腸胃로 가서 모인다邪氣客于形也 必先舍于皮毛 留而不去 入舍于孫絡 留而不去 入舍于絡脈 留而不去 入舍于經脈 內連五臟 散于腸胃"라고 했다. 표피에서 발생한 사기는 제거하지 못하면 손락·낙맥·경맥을 따라 오장으로 가지만 오장은 기가 실하여 머물지 못하고 장위로 가서 모인다.

그러면 "음경으로 침입하면 오장이 손상되는가?"라고 의문을 갖는데 음경으로 침입하여 오장으로 들어가면 오장은 기가 충실하여 웬만해서는 오장을 손상시키지 못하고 부腑로 넘어가 육부六腑가 손상된다. 그래서 "음陰 부위에 적중되면 부腑로 간다中于陰則溜于腑"라고 한 것이다.

따라서 모든 병이 오래 지속되면 위장으로 몰려 위장에서 이상이 생기고, 또 위장에 병변이 발생하면 경락도 소통이 안 되어 경맥과 관절에 병이 발생한다.

오장은 쉽게 병이 되지 않는다. 오장이 병들려면 내부가 이미 부실한 상태에서 외부의 충격을 받아 내외가 모두 손상되면 오장이 손상되기도 한다. 신경을 많이 쓴 상태에서 놀랄 일이 생기면 심心이 손상된다. 몸을 차게 하고 찬 음식을 먹으면 폐肺가 손상된다. 악혈이 몸에 잔류해 있는 상태에서 화를 내면 간肝이 손상된다. 중풍을 앓으면서 술을 마시고 방사를 하면 비脾가 손상된다. 기력이 탈진하여 땀날 때 찬물에 씻으면 신腎이 손상된다. 오장이 병드는 것은 내외에 모두 잘못이 있어야 오장에서 병변이 나타난다.

병인론病因論
— 선우기 선생 강의 중에서

ℜ

인간은 태어나면서부터 질병과의 싸움은 시작된다. 인류의 역사와 질병의 역사는 함께 한다. 병이 왜 생기는지 그 원인을 파악해야 병을 치료하고 또 미리 예방할 수 있다.

1890년대 말 유럽에서는 파스퇴르Pasteur와 베샹Bechamp은 병이 생기는 원인에 대하여 대토론을 벌였다. 파스퇴르는 질병은 외부에서 박테리아 등의 미생물이 체내로 침입하여 발생한다는 세균설을 주장했다. 호전적인 박테리아로부터 우리를 보호하기 위하여 증상이 나타날 때를 기다려 치료해야 한다. 열이 나거나 분비물이 많이 나오면 이런 증상을 없애기 위해 치료한다는 것이다. 베샹은 이에 반대의견을 펼쳤다. 건강한 몸은 해로운 박테리아를 이겨내지만 그 몸이 박테리아에 침범당해 세포가 약해지거나 면역체계가 망가졌을 때 박테리아는 몸에 파괴적인 작용을 한다고 주장했다.

요약하면 파스퇴르는 박테리아가 몸 밖에서 들어와 질병이 생긴다는 것이고, 베샹은 질병이 몸 안에서 생긴다는 것이다. 파스퇴르는 질병과 싸우기 위하여 증상을 치료해야 한다고 주장했고, 베샹은 질병을 이기기 위해서는 질병이 발전하지 못하게 건강한 몸을 만들어야 한다고 주장했다.

그러면 병은 어떻게 생길까? 세균의 인체 침입 한 가지 이유로 병이 될 수 있는가? "바이러스에 의해 유행성독감에 걸렸다"고 가정하자. 유행성독감은 바이러스 때문이다. 하지만 똑같은 환경에서도 독감에 걸리지 않는 사람은 어째서인가? 그 사람에게만 유독 바이러스가 침입하지 않았는가? 대상성포진은 바이러스가 몸에 내재해 있다가 면역력이 떨어지면 바이러스가 활성화하면서 대상성포진이 발생한다고 한다. 그러면 대상성포진은 바이러스가 원인인가 아니면 면역력 저하가 문제인가? "여름감기는 개도 안 걸린다"고 한다. 그런 데 여름에 감기에 걸렸다면 세균이 문제인가 아니면 면역력의 문제인가? 결핵균은 대부분의 사람에게 다 내재되어 있다고 한다. 그것이 병이 되려면 결핵균이 잘 자랄 수 있는 환경이 되어 결핵균이 활성화되어야 병이 된다. 그러면 결핵은 결핵균 때문인가 아니면 환경이 문제인가? 또 독일 뮌헨대학의 페텐코퍼Pettenkofer는 파스퇴르의 세균설을 반대하고 인체 체질설을 주장하면서 1 연대를 죽일 수 있는 콜레라균을 먹었지만 살았다고 한다.

최근 뉴스에 의하면 약국에서 가장 많이 팔린 약이 소화제라고 한다. 이것은 소화불량 환자가 가장 많다는 것을 의미한다. 소화가 안 되는 경우를 흔히 체했다고 한다. 음식으로 인하여 병이 되는 경우를 생각해 보자.

A. 밥 열 그릇을 먹고 배탈이 났다.

B. 쉰밥을 먹고 배탈이 났다.

C. 밥을 딱 한 숟갈만 먹었는데 배탈이 났다.

A, B, C가 모두 밥을 먹고 배탈이 났으니 세 경우가 밥이 원인으로 병이 생겼다고 볼 수 있다. 하지만 A의 경우 밥 열 그릇을 먹고도 아무 이상이 없는 사람이 있다. 그래도 과식이 문제인가? B의 경우 어떤 사람은 쉰밥을 먹고도 아무 탈이 안 나는 사람도 있다. 그렇다면 쉰밥을 먹고 배탈이 난 경우 쉰밥 때문인가, 아니면 B의 소화력이 더 문제인가? C의 경우 보통 사람은 한 숟갈의 밥을 먹고는 체하지 않는다. 유독 C만 한 숟갈을 먹고 배탈이 났다면 이는 밥 때문이 아니라 C 자신의 소화력에 문제가 있는 것이 아닌가?

이러한 문제에 대해서 파스퇴르의 세균설은 질병이 특정 인자, 즉 세균·바이러스 등 한 가지의 원인에서 기인된다는 것으로 이런 생각이 현대의학의 기본이 되었다. 이 이론이 대중의 지지를 받게 된 연유는 질병을 설명하는 게 아주 단순하다는 점이다. 실험동물에서 추출해낸 단일 인자가 질병의 원인이라면 기계적인 절차가 병을 고치는 데 효과적일 수가 있는 것이다.

이에 반해서 베르나르나 베샹은 병을 일으키는 것이 세균이나 바이러스가 아니며 미생물을 통제 하에 두지 못해 인체의 정상 기능이 깨졌기 때문이라는 것이다. 미생물은 항상 몸속에 존재하는 것이며 일부는 오히려 인체 기능에 절대 필요하다. 그러니 인체가 허약해지거나 장애가 생길 때만 병을 일으킨다. 아무리 건강한 사람이라도 이겨낼 수 없는 치명적인 세균이 존재한다(결핵균 등). 이 경우에도 병의 경중은 내부 환경과 면역 상태에 비례한다. 내부 환경이 불균형을 이루면 면역이 떨어지고 병이 악화된다.

두 이론은 다 중요하고 타당성이 있다. 물론 우리는 몸 안으로 침입하여 질병을 일으키는 해로운 박테리아나 미생물에 노출되어 있으며, 또 다른 한편으로는 건강해지면 림프나 세포의 면역력도 증가하여 해로운 박테리아와 싸울 수 있다.

이러한 논쟁에서 파스퇴르의 이론이 승리를 하여 베샹의 이론은 발전하지 못했고, 파스퇴르의 세균설은 현대의학의 근간이 되어 항생제가 개발되고 위생학·약리학의 토대가 되었다. 하지만 아이러니하게도 파스퇴르는 임종을 앞두고 자기주장을 뒤엎고 "병을 일으키는 것은 세균이 아니라 세균이 발견된 환경이다It is not the germ that causes disease but the terrain in which the germ is found"라고 했다.

세균이 침입하지 않으면 병이 생기지 않을 것이며, 또 그 병균을 이겨낼 수 있는 면역력이 있다면 그 또한 병이 생기지 않을 것이다. 병이 생겼다는 것은 세균이 침입하든 몸 자체에 있던 세균이 활성화되든 세균이 활성화된 것이고, 몸이 그 세균의 독소를 이겨내지 못했다는 말이다.

이와 같이 병인을 "세균 때문이다" 아니면 "면역력 때문이다"라고 한 가지로만 딱 부러지게 말할 수 없다. 병은 세균이나 내부 면역력 저하의 한 가지 원인으로만 생기는 것이 아니라 외부 자극과 내부 저항력 저하가 서로 합쳐져서 일어난다. 외부에서 자극이 있을 때 그것이 감당할 만한 저항력이 있으면 병이 안 생기고, 저항력이 없으면 병이 생긴다. 병은 몸이 허약하여 면역력이 저하되었을 때, 즉 정기가 허한 틈을 타서 사기邪氣가 침범할 때 병이 된다. 이것을 한의학에서는 정기허사기실正氣虛邪氣實일 때 병이 된다고 한다.

그러면 병은 건강한 사람은 안 걸리고 약한 사람은 무조건 걸리는가? A의 예에서 "밥 열 그릇을 먹고 배탈 났다"라고 했다면 밥을 열 그릇이나 먹을 수 있는 사람이 몸이 허약할까? 이 사람은 정기가 허하지 않을 것이다. 또 C의 예에서 밥을 한 숟갈밖에 먹지 않았는데도 배탈 났다면 이 병도 밥 때문일까? 그것은 아니다. 그러므로 C의 경우는 사기가 실하지 않은 데도 병에 걸린 것이다.

병의 원인을 밝히는 것은 치료하기 위해서다. 치법이 없는 이론은 무용지물이다. 파스퇴르가 말년에 병의 원인을 세균보다도 병균이 침습된 환경이라고 밝혔지만 실제로 그것을 조절할 방법이 별로 없기 때문에 세균설이 발달했다.

정기가 실해도 병이 되고, 또 사기가 실하지 않아도 병이 되는 수가 있다. 여기서 우리는 정기허사기실이 모든 병의 원인이 될 수 없다는 것을 알 수 있다. 그리고 모든 병이 정기허사기실로 생긴다면 그 치법은 허하면 보하고 실하면 사한다는 허즉보실즉사虛則補實則寫의 원칙에 따라 정기를 보하고 사기를 사해야 한다. 보사는 정기와 사기를 따로따로 한쪽은 보하고 한쪽은 사할 수 있는 것이 아니다. 정기와 사기에 같이 작용한다. 약을 쓰는 경우 사기가 실하니 사하는 약을 쓰면 정기가 깎이고, 정기가 허하여 보하면 사기가 더 성해진다.

그러면 병은 어떤 원인으로 이루어지는가? 우리가 살아가는 데 일어나는 주위의 환경, 기후의 변화, 감정, 성생활, 음식, 노동활동 등 모든 것이 다 건강에 영향을 미친다. 이것에 적응을 잘 하면 병이 되지 않으나 적응하지 못하면 병이 된다. 이러한 육음六淫·칠정七情·성생활·음식·기거 등이 병을 일으키는 요소가 된다. 이런 요소들이 아직 병을 일으키기 전에는 사기邪氣라 하지 않고 객기客氣라 한다. 이 객기에 맞서서 대항하려는 몸 안의 정기를 주기主氣라 한다. 객기도 몸 안의 정기와 적응을 잘 하여 조화를 이루면 이것은 사기로 작용하지 않고 정기가 된다. 만약 병을 일으키면 그때 객기가 사기를 일으킨다. 이 사기를 물리치려고 대항할 때 주기가 정기로 된다. 즉 밥을 먹고 체했을 때 밥으로 인해 사기가 만들어진 것이고, 체하지 않았을 때는 단기 객기일 뿐이며, 이것이 잘 소화되고 흡수되면 몸의 영양이 된다.

바이러스가 몸에 들어와서 병을 일으켰을 때 사기를 만드는 것이고 바이러스 자체는 사기가 아니다. 바이러스는 약 200종류가 발견되었는데 그 중에서 체내에 점막이나 구강에 늘 있으면서 감기를 일으키는 바이러스가 약 50가지다. 이 50가지가 체력이 떨어지면 활성화되어 감기 증상을 일으키고 체력이 좋을 때는 가만있는 것이다. 활성화되지 않은 바이러스는 객기이고 몸이 약해져서 바이러스가가 활성화되어 염증을 일으키면 이때 사기가 생성되는 것이다.

병은 객기가 실하다고 병이 되는 것은 아니다. 그 객기를 이겨낼 수 있는 주기를 가지고 있다면 병이 안 된다. 또 주기가 허하다고 병이 되는 것은 아니다. 몸이 약해도 조심만 잘 하면 얼마든지 무병장수할 수 있다. 또 몸이 건강하다고 병이 안 걸리는 것도 아니다. 객기가 아주 실하면 얼마든지 병에 걸린다. 약한 사람은 객기가 실하지 않아도 주기가 아주 허하여 약한 객기도 이겨내지 못하여 쉽게 병에 걸린다.

병은 반드시 주기와 객기가 서로 대항하여 객기가 주기보다 더 셀 때, 즉 객기실주기허客氣實主氣虛일 때 병이 발생한다. 하지만 객기가 실하다고 사기가 실한 것만은 아니고 주기가 허하다고 정기가 허한 것만은 아니다. 객기가 실하지 않아도 주기가 아주 허하면 객기가 주기보다 상대적으로 실해져 객기실주기허가 되어 병이 이루어진다. 또 주기가 허하지 않아도 객기가 아주 실하면 이것도 객기가 주기보다 상대적으로 강하기 때문에 객기실주기허가 되어 병이 일어난다.

다시 A의 예를 보면 밥을 열 그릇이나 먹은 것은 주기허가 아니지만 객기가 실한 것이다. 따라서 객기실주기허가 되어 병이 된 것이다. C의 예에서 한 숟갈의 밥이 객기실은 아니다. 이것이 병이 된 것은 주기가 아주 허하기 때문이니 이것도 주기허객기실이 되어 병이 되는 것이다.

그러면 A과 C의 경우가 똑같은 병일까? A의 경우는 객기실이 주원인主原因이고 주기허가 부원인副原因이다. C의 경우는 주기허가 주원인이고 객기실이 부원인이다. A와 C의 경우는 밥 먹고 배탈 난 증상은 같으나 그 주원인이 틀리기 때문에 치료방법이 달라진다. 즉 A의 경우는 객기실이 주원인이므로 사법을 주로 써야 하며 C의 경우에는 주기허가 주원인이므로 보법을 주로 써야 한다. 따라서 증상이 같아도 병을 일으킨 주원인이 무엇인가에 따라 병의 성질이 결정되며 그것에 따라 보사가 선택된다. 즉 주원인이 객기실이면 사법 위주로 치료하고 주원인이 주기허면 보법 위주로 치료해야 한다.

한의학에서는 똑같은 감기 증상이 있어도 찬바람을 쐬고 감기에 걸려 열이 나면 땀을 내는 마황탕麻黃湯을 쓰고, 과로로 인하여 감기가 들면 체력을 보강시켜주는 쌍화탕雙和湯을 쓴다. 전자는 객기실이 주이고 후자는 주기허가 주다. 이처럼 똑같은 질병이라 할지라도 주원인이 무엇인가에 따라 치법이 달라진다.

요약하면 모든 병은 주기와 객기의 우열로써 객기가 주기보다 셀 때 일어난다. 그러나 이 객기가 주기보다 우세한 경우는 객기실이 주원인인 경우와 주기허가 주원인인 두 가지 경우로 이루어진다. 어느 경우이든 주기허와 객기실의 두 요인이 결합되어 병이 발생하는 것이니 하나의 요인만으로 이루어지는 절대적인 병의 원인은 있을 수 없다. 병이란 항상 주기허와 객기실의 합작을 의미하고 주기허와 객기실의 두 요인 중 주원인과 부원인이 있을 뿐이다. 주기가 허한 것만으로는 병이 될 수 없으며 객기가 아무리 강하더라도 주기가 객기보다 더 강하면 병이 될 수 없다. 이 두 요인 중 어떤 것이 주원인이고 어떤 것이 부원인인가에 따라 병의 성질이 결정되며 또 보사의 올바른 치법이 행해질 수 있다.

그러므로 모든 병의 치법은 응당 주기를 실하게 하고 객기를 허하게 함을 원칙으로 하되 주기를 보하는 것을 우선으로 할 것인가 아니면 객기를 줄이는 것을 우선으로 할 것인가를 선택하는 것이다. 병증이 같아도 병인을 이루는 두 요인 중 주요인이 주기인가 객기인가에 따라 보사가 상반된다.

5

근결根結

岐伯曰: 天地相感, 寒暖相移, 陰陽之道, 孰少孰多? 陰道偶, 陽道奇. 發於春夏, 陰氣少, 陽氣多, 陰陽不調, 何補何瀉? 發於秋冬, 陽氣少, 陰氣多, 陰氣盛而陽氣衰, 故莖葉枯槁, 濕雨下歸, 陰陽相移, 何瀉何補? 奇邪離經, 不可勝數, 不知根結, 五臟六腑, 折關敗樞, 開闔而走, 陰陽大失, 不可復取. 九鍼之玄, 要在終始, 故能知終始, 一言而畢, 不知終始, 鍼道咸絶.

기백이 말했다. "천지天地가 서로 감응하여 한난寒暖이 이동하는 것이 음양지도陰陽之道인데 어느 것이 많고 어느 것이 적은가? 음도陰道는 우수偶數고 양도陽道는 기수奇數다. 춘하에 발생하는 기는 음기陰氣가 적고 양기陽氣가 많다. 음양이 고르지 않은데 어느 것을 보하고 어느 것을 사하는가? 추동에 발생하는 기는 양기가 적고 음기가 많다. 음기가 성하면 양기가 쇠하여 잎줄기가 말라버린다. 비가 땅에 내려 음양이 이동하는데 무엇을 보하고 무엇을 사하는가? 기사奇邪가 경經을 이탈하는 것은 이루 헤아릴 수 없이 많다. 근결根結을 모르면 오장육부는 관문關門이 절단 나고 중추中樞가 망가져 개합開闔이 제멋대로이고 음양이 크게 실조되어 다시 취하기 어렵다. 침의 현묘함은 종시終始에 요점이 있다. 종시를 알 수 있으면 한마디로 끝나지만 종시를 모른다면 침도鍼道는 끊긴다."

⊕ 이 장에서는 삼음삼양지기三陰三陽之氣가 개개기능·합합기능·추추기능을 주관하니 무형無形의 기氣가 내외를 출입하면서 유형有形의 경經과 합하는 것을 말한다.

사람의 음양은 천지육기天地六氣에 상응하고, 천지육기는 사시四時와 합한다. 춘하는 양陽을 주관하므로 춘하에 발생하는 기는 음기가 적고 양기가 많다. 추동은 음陰을 주관하므로 추동에 발생하는 기는 양기가 적고 음기가 많다.

발發은 사람의 음양개합陰陽開闔으로 천지의 사시에 상응하는 것이다. 그래서 춘하에는 인영맥人迎脈이 약간 더 크게 뛰고, 추동에는 촌구맥寸口脈이 약간 더 크게 뛴다. 이것은 일반 사람에게 나타나는 현상이다.

기사奇邪가 경을 벗어난다奇邪離經는 것은 사기邪氣가 경經에 들어가지 못하고 대락大絡으로 흘러가서 기병奇病이 생긴다. 사기의 변화는 이루 헤아릴 수 없다.

근결根結은 육기六氣가 육경의 본표本標에서 합하는 것이다. 개·합·추는 장부음양의 육기다. 종시終始는 경맥혈기의 종시다.

太陽根於至陰, 結於命門, 命門者, 目也. 陽明根於厲兌, 結於顙大, 顙大者, 鉗耳也. 少陽根於竅陰, 結於蔥籠, 蔥籠者, 耳中也. 太陽爲開, 陽明爲闔, 少陽爲樞, 故開折則肉節瀆而暴疾起矣. 故暴病者, 取之太陽, 視有餘不足, 瀆者, 皮膚宛焦而弱也. 闔折則氣無所止息, 而痿疾起矣, 故痿疾者, 取之陽明, 視有餘不足, 無所止息者, 眞氣稽留, 邪氣居之也. 樞折則骨繇而不安於地, 故骨繇者, 取之少陽, 視有餘不足. 骨繇者, 節緩而不收也. 所謂骨繇者, 搖故也, 當窮其本也.

태양은 지음至陰에 근根하고 명문命門에서 결結結한다. 명문은 눈이다. 양명은 여태厲兌에 근하고 상대顙大에서 결한다. 상대는 겸이鉗耳다. 소양은 규음竅陰에 근하고 총롱蔥籠에서 결한다. 총롱은 이중耳中이다. 태양은 개開가 되고, 양명은 합闔이 되며, 소양은 추樞가 된다. 개開기능이 안 되면 살과 마디가 헐고 갑작스럽게 병이 생긴다. 따라서 갑작스럽게 생긴 병은 태양을 취하며 유여부족을 살핀다. 헌다瀆는 것은 피부가 짓무르면서 약해지는 것이다. 합闔기능이 안 되면 기가 돌지 못하여 위질痿疾이 생긴다. 따라서 위질은 양명을 취하고 유여부족을 살핀다. 기가 돌지 못하는 것은 진기眞氣가 계류稽留되어 사기가 머무는 것이다. 추樞기능이 안 되면 골骨이 흔들리면서 가만있지 못한다. 골이 요동하면 소양을 취하며 유여부족을 살핀다. 골이 요동하는 것은 마디가 이완되어 수축이 안 되는 것이다. 골요骨繇는 요동 때문에 일어나는 것이니 근본을 따져야 한다.

● 태양·태음은 개開가 되고, 양명·궐음은 합闔이 되며, 소양·소음은 추樞가 된다는 것은 삼음삼양지기三陰三陽之氣를 의미한다.

태太는 기가 많으므로 기가 잘 퍼져나간다主開. 양명陽明은 두 개의 양이 합쳐진 것兩陽合明이고, 궐음厥陰은 두 개의 음이 만난 것兩陰交盡이므로 수렴을 주관한다主闔. 소少는 초생지기初生之氣로 들락날락한다主樞.

이 음양의 육기는 내부에서는 장부와 합하고 외부에서는 육경과 합한다. 이는 사천재천司天在泉의 기가 끊임없이 운행되고 다시 땅의 경수經水로 관통되어 내외출입하는 것에 상응한다. 육경六經과 외부에서 합하여 경경經經을 순환하는 것은 마치 상한병傷寒病이 육기상전六氣相傳에서 비록 육경증六經症이 나타나도 경경經經까지 들어가지 않는 것과 같다.

경경經經에 들어가 합쳐지는 것이 근결根結이다. 근根은 경경經經과 기기氣氣가 서로 합쳐져서 처음 시작하는 곳이다. 결結은 경경經經과 기기氣氣가 함께 가면서 명문命門·총롱蔥籠으로 귀결하는 곳이다. 다시 여기서 기가氣街로 나가 공규空竅로 가서 맥외를 돈다.

명문은 태양으로 수화水火 생명의 근원이다. 눈目竅은 경기經氣가 나가는 문이다. 상대頏大는 항상頏頹으로, 상악上顎 가운데에 있으며 양이兩耳 사이다. 겸이鉗耳라고도 한다. 총롱은 귓속耳中이니 마치 파가 속이 비어 위로 기가 통하는 것과 같다. 이것은 삼양지기三陽之氣가 경경經經을 따라서 이곳에서 귀결하고 다시 기가氣街*로 나간다.

기분氣分으로 도는 것이므로 개開기능·합闔기능·추樞기능을 하여 형체와 장부의 내외를 출입한다. 개합開闔은 문이 여닫히는 것이고, 추樞는 문의 돌쩌귀와 같아서 추가 없으면 여닫지 못한다. 또 여닫지 않으면 추는 움직이지 않는다. 이것으로 삼양지기가 경맥 피부와 형신形身·장부臟腑의 내외를 호상 출입한다. 태양의 기는 피부를 주관하므로 개기능이 망가지면 살과 마디가 헐면서 폭질暴疾이 발생한다. 종기宗氣는 양명에서 생기는 것으로 올라가 인후로 나가서 호흡을 관장하고 팔다리로 간다. 그러므로 합기능이 망가지면 기가 순

---

* 〈영추·위기〉참조.

환되지 않아 위질痿疾이 발생한다. 소양少陽은 골骨을 주관하므로 추기능이 망가지면 골절이 이완되어 수축이 안 된다.

〈소문·음양이합론〉에서 "태양太陽은 뿌리가 지음至陰에서 생겨서 음중지양陰中之陽이다太陽根起於至陰 名曰陰中之陽" "양명陽明은 뿌리가 여태厲兌에서 생겨서 음중지양陰中之陽이다陽明根氣於厲兌 名曰陰中之陽" "소양少陽은 뿌리가 규음竅陰에서 생겨서 음중지소양陰中之少陽이다少陽根氣於竅陰 名曰陰中之少陽"라고 했다. 삼음삼양의 기는 모두 음에서 생기고 아래에서 위로 올라가므로 그 근본을 끝까지 따져야 한다.

장옥사가 말했다. "삼양의 기는 경맥을 순환하고 기가氣街로 나가 얼굴로 올라가 오관으로 간다. 태양의 정양지기精陽之氣는 눈으로 가서 볼 수 있게 하고, 소양의 별기別氣는 귀로 가서 들을 수 있게 하며, 양명의 종기宗氣는 코로 가서 냄새를 맡을 수 있게 한다. 눈으로 보는 것, 귀로 듣는 것, 코로 호흡하는 것이 삼양지기가 공규로 올라가서 개·합·추의 기능을 하는 것이다. 종기는 양명에서 만들어지는 것으로 폐로 가서 호흡을 담당한다. 항상頏顙은 코의 내규로 후롱喉嚨으로 통한다. 그러므로 항상이 막히면 콧물이 흐른다. 이는 양명의 기가 코로 가서 냄새를 맡게 하는 것이다."

批 음중陰中에서 처음 생기는 양과 양중陽中에서 처음 생기는 음은 음양 내외의 사이에 있으므로 추추樞를 주관한다.

批 모든 맥은 올라가서 눈目과 연계된다.

太陰根於隱白, 結於太倉. 少陰根於湧泉, 結於廉泉. 厥陰根於大敦, 結於玉英, 絡於膻中. 太陰爲開, 厥陰爲闔, 少陰爲樞. 故開折則倉廩無所輸膈洞, 膈洞者, 取之太陰, 視有餘不足, 故開折者, 氣不足而生病也, 闔折卽氣絶而喜悲. 悲者, 取之厥陰, 視有餘不足. 樞折則脈有所結而不通, 不通者, 取之少陰, 視有餘不足, 有結者, 皆取之不足.

태음太陰은 은백隱白에 근근하고 태창太倉에서 결결한다. 소음少陰은 용천涌泉에 근하고 염천廉泉에서 결한다. 궐음厥陰은 대돈大敦에 근하고 옥영玉英에서

결하며 전중膻中에 연락된다. 태음이 개開가 되고, 궐음이 합闔이 되며, 소음이 추樞가 된다. 그러므로 개開기능이 망가지면 창름倉廩이 보낼 곳이 없어 격동膈洞이 된다. 격동에는 태음을 취하며 유여부족을 살핀다. 개開기능이 망가진 것은 기가 부족해서 병이 생긴다. 합闔기능이 망가지면 기가 끊겨 곧잘 슬퍼한다. 곧잘 슬퍼하면 궐음을 취하고 유여부족을 살핀다. 추樞기능이 망가지면 맥이 뭉쳐서 통하지 않는다. 맥이 통하지 않으면 소음을 취하고 유여부족을 살핀다. 뭉쳐서 통하지 않는 것은 모두 부족해서 생긴다.

● 태창太倉은 설본舌本이다. 비脾는 창름지관倉廩之官으로 비맥脾脈이 설본舌本에 연결되어 있고 설하舌下에서 흩어진다. 음식을 받아들여 설본에 귀결하므로 태창이라고 한다. 염천廉泉은 임맥혈로 후두 위쪽 4촌 중앙에 위치한다. 임맥은 신腎에서 발원하므로 신의 염천에 귀결한다.

〈영추·위기〉에서 "궐음厥陰의 표標는 배수背腧다"라고 했으니 옥영玉英은 배수지간背腧之間에 있다. 전중膻中에 연결되는 것은 간맥이 횡격막을 관통하기 때문이다.

비脾는 창름지관이므로 개開기능이 망가지면 기가 부족해져서 격동膈洞이 된다. 격膈은 위에서 열리지 않아 받아들이지 못하는 것이고, 동洞은 아래를 막지 못하고 설사하는 것이다.

궐음은 두 음이 서로 만나는 것이다兩陰交盡. 음陰이 다하면 일양一陽이 생기기 시작한다. 그러므로 합闔기능이 망가지면 생기가 끊어지고 자주 슬퍼한다. 일양지기一陽之氣는 신장에서 발원하는데 뜻을 못 펼치므로 자주 우울해진다.

소음은 맥을 주관하기 때문에 추樞기능이 망가지면 맥이 막혀서 통하지 못한다. 맥이 통하지 않으면 소음을 취하는데 유여부족을 살핀다. 막힘은 모두 부족해서 생긴다有結者 皆取之不足는 것은 유여有餘는 사기가 뭉쳐서 된 것이고, 부족不足은 정기가 부족한 것이니 정기를 통하게 하면 뭉친 것이 저절로 풀린다.

안 | 〈영추·구침론〉*에서 "결분缺盆 가운데는 임맥任脈이다缺盆之中 任脈也" "뒷목 정중앙은 독맥督脈이다頸中央之脈 督脈也" "겨드랑이에서 동맥이 뛰는 곳은

---

* 〈구침론〉이 아니라 〈본수〉다 ─ 옮긴이.

수태음手太陰이다腋內動脈 手太陰也" "겨드랑이 아래 3촌은 수심주手心主다腋下三寸 手心主也"라고 했다. 수태음手太陰과 수심주手心主는 흉기지가胸氣之街로 나가고, 음음과 궐음厥陰은 임맥任脈·독맥督脈에서 두기지가頭氣之街로 나간다.

장옥사가 말했다. "염천廉泉과 옥영玉英은 진액이 올라가는 길이다. 옥영은 잇몸 안쪽의 은교齦交를 말한다. 신장의 정액 중 하나는 임맥에서 설하의 염천으로 나가고, 하나는 척골脊骨과 수공髓空에서 올라가 뇌로 통한다. 뇌공腦空은 뇌 뒤쪽 3분 노제예골顱際銳骨 아래에 있다. 하나는 잇몸 아래에서, 하나는 뒷목 숨겨진 뼈 아래에서, 하나는 척골 위 풍부風府 위에서 올라가니 이것이 골의 정수가 척골 위에서 올라가 뇌로 통하고 내려가 잇몸으로 삽입되는 것이다. 독맥은 척골을 순환하고 궐음 간맥과 독맥이 정수리에서 만나 옥영으로 내려간다. 영英은 칙筋으로 흰 치아가 옥칙玉筋이다."

批 태음의 표標는 배수背腧와 설본舌本이다.

批 〈영추·위기〉에서 "수태음의 표標는 겨드랑이의 동맥이 뛰는 곳이다"라고 했다.

批 혀 밑의 침은 염천에서 나온다. 혀를 이에 대면 침이 나오니 침은 옥영에서 나온다.

足太陽根於至陰, 溜於京骨, 注於崑崙, 入於天柱飛揚也. 足少陽根於竅陰, 溜於丘墟, 注於陽輔, 入於天容光明也. 足陽明根於厲兌, 溜於衝陽, 注於下陵, 入於人迎豊隆也. 手太陽根於少澤, 溜於陽谷, 注於少海, 入於天窓支正也. 手少陽根於關衝, 溜於陽池, 注於支溝, 入於天牖外關也. 手陽明根於商陽, 溜於合谷, 注於陽谿, 入於扶突, 徧歷也. 此所謂十二經者, 盛絡皆當取之.

족태음은 지음至陰에 근根하고 경골京骨로 흘러가 곤륜崑崙에 주입되고 천주天柱·비양飛揚에 들어간다. 족소양은 규음竅陰에 근하고 구허丘墟로 흘러가 양보陽輔에 주입되고 천용天容·광명光明에 들어간다. 족양명은 여태厲兌에 근하고 충양衝陽으로 흘러가 하릉下陵에 주입되고 인영人迎·풍륭豊隆에 들어간다. 수태양은 소택少澤에 근하고 양곡陽谷으로 흘러가 소해少海에 주입되고 천창天窓·지정支正에 들어간다. 수소양은 관충關衝에 근하고 양지陽池로 흘러가 지구支溝에 주입되고 천유天牖·외관外關에 들어간다. 수양명은 상양商陽에 근하

❂ 앞 장에서는 삼음삼양의 기가 육경에 합하면서 아래에 뿌리根를 두고 위에서 결실結 맺는 것을 통틀어 설명했다.

여기서는 다시 삼양지기三陽之氣가 수족의 경經에 들어가고 모두 경항頸項을 순환하면서 위로 나가므로 "십이경經에 성한 낙맥脈絡은 모두 취해야 한다十二經者 盛絡皆當取之"고 했다. 기가 낙맥絡脈에 머무르면 낙맥이 성해지니 사법瀉法을 취하여 삼양의 기가 그대로 맥외로 나가게 한다.

비양飛揚·광명光明·풍륭豊隆·지정支正·외관外關·편력偏歷은 경혈經穴과 합혈合穴 사이에 있다. 소입위합所入爲合이라는 것은 맥외의 기혈이 정혈井穴에서 맥중脈中으로 흘러 주슬肘膝에 이르러 맥내의 혈기와 합하기 때문에 맥입위합脈入爲合이라고 한다.

여기서는 삼양지기가 정井에서 맥중으로 들어가고, 올라가서 경항의 천주天柱·천용天容·인영人迎·천창天窗·천유天牖·부돌扶突에 들어가 두면頭面으로 나가는 것을 말한다. 혈기가 형滎으로 흐르고溜於滎 수腧로 주입되며注於腧 경經으로 행하고行於經 경맥으로 들어가 합하는入於合 것과 다르다. 그러므로 따로 비양飛揚·광명光明·풍륭豊隆·지정支正을 제시했으니 양기와 영혈을 분별하는 것은 경맥 내외를 출입하는 것이 다르기 때문이다. 그러므로 일차맥과 이차맥은 수족의 십이경맥 모두 사지四肢의 오수혈五腧穴에서 맥중脈中으로 들어가고 다시 맥중脈中에서 올라가 경항으로 나간다.

批 삼양의 뒤에는 삼음이 이어져야 하는데 빠져 있다. 〈영추·위기〉에 자세히 설명하고 있다. 이 장에서는 삼음삼양의 기가 육경과 합하고 다시 맥외로 나간다고 말하고 있다. 〈영추·위기〉는 영기營氣를 말했고, 〈영추·사객〉은 종기宗氣를 논했다. 대개 삼음삼양의 영기와 종기는 함께 경맥과 피부, 형신과 장부를 끊임없이 순환한다. 그러므로 여러 편의 글귀가 같지만 논하고자 하는 바는 각기 다르다. 학자들은 분별하여 논하고 종합해 보아야 한다. 사람의 음양혈기는 유형과 무형으로 천지 오운육기五運六氣의 한서왕래寒暑往來에 상응하니 마치 부고桴鼓나 영향影響이 상합하는 것과 같다.

一日一夜五十營, 以營五臟之精, 不應數者, 名曰狂生. 所謂五十營者, 五臟皆受氣, 持其脈口, 數其至也. 五十動而不一代者, 五臟皆受氣. 四十動一代者, 一臟無氣. 三十動一代者, 二臟無氣. 二十動一代者, 三臟無氣. 十動一代者, 四臟無氣. 不滿十動一代者, 五臟無氣. 予之短期, 要在終始. 所謂五十動而不一代者, 以爲常也. 以知五臟之期, 予之短期者, 乍數乍疎也.

영기營氣는 하루에 50영營 하여 오장의 정精을 영위한다. 50영을 하지 못하면 광생狂生이라고 한다. 50영은 오장이 모두 기를 받는 것으로 맥구脈口를 짚어서 그 맥박수를 세는 것이다. 50번 뛸 때 한 번도 멈추지 않으면 오장이 모두 기를 받는 것이다. 40번 뛸 때 한 번 멈추는 것은 하나의 장이 기가 없는 것이다. 30번 뛸 때 한 번 멈추는 것은 두 개의 장이 기가 없는 것이다. 20번 뛸 때 한 번 멈추는 것은 세 개의 장이 기가 없는 것이다. 10번 뛸 때 한 번 멈추는 것은 네 개의 장이 기가 없는 것이다. 10번도 안 되어 한 번 멈추는 것은 오장이 모두 기가 없는 것이다. 곧 죽을 것을 예측하니 종시終始의 중요성을 말한 것이다. 50번 뛸 때 한 번도 멈추지 않는 것이 정상이다. 오장의 주기를 알아 죽을 것을 예측하는 것은 맥이 빨라졌다 느려졌다 하기 때문이다.

◉ 여기서는 삼음삼양의 기가 외부에서 경맥을 순환하고 내부에서는 오장을 영위하니 오장이 주로 정精을 저장하기 때문이다. 기氣는 오장의 정精을 영양하고, 오장은 모두 기氣를 받으므로 정精과 기氣가 서로 합쳐진다. 오장은 오행의 원리를 따르고 오행의 기는 십간합화十干合化에 근본을 두고 있다. 따라서 오장은 맥이 50번 뛰는 동안 한 번도 멈추지 않아야 정상이다.

대代는 맥이 멈춰서 안 뛰는 것이다. 빨라졌다 느려졌다 하는 것은 사맥死脈이다. 요점이 종시에 있다要在終始고 하는 것은 〈영추·종시終始〉의 "육기六氣에서 생기고 육경六經에서 끝난다生于六氣而死于六經"에 중요성이 있다.

批 50번 뛰는 맥으로 장기臟氣를 살피는 것은 오장의 기가 스스로 돌아 수태음에 이르는 것이다. 이것은 장부의 기가 십이경맥을 돌고 외부에서 삼음삼양과 합하는 것을 말한다. 기생期生은 10으로 음수陰數의 주기다.

黃帝曰: 逆順五體者, 言人骨節之大小, 肉之堅脆, 皮之厚薄, 血之
淸濁, 氣之滑澁, 脈之長短, 血之多少, 經絡之數, 余已知之矣, 此
皆布衣匹夫之士也. 夫王公大人, 血食之君, 身體柔脆, 肌肉軟弱,
血氣慓悍滑利, 其刺之徐疾淺深多少, 可得同之乎?
岐伯答曰: 膏粱菽藿之味, 何可同也? 氣滑則出疾, 其氣澁則出遲,
氣滑則鍼小而入淺, 氣澁則鍼大而入深. 深則欲留, 淺則欲疾. 以
此觀之, 刺布衣者, 深以留之, 刺大人者, 微以徐之, 此皆因氣慓悍
滑利也.

황제가 물었다. "오체五體에 역행逆行 순행順行하는 것은 사람이 골절의 대소大
小, 살의 견취堅脆, 피부의 후박厚薄, 혈의 청탁淸濁, 기의 활삽滑澁, 맥의 장단長
短, 혈의 다소多少, 경락의 수에 따른다. 나는 이미 그것에 대해 알고 있다. 하지
만 이것은 모두 일반인인 포의필부布衣匹夫에 해당하는 것이다. 육식을 주로
하는 왕공대인王公大人은 신체가 무르고, 기육肌肉이 연약하며, 혈기가 아주 빠
르고, 예민하게 움직이는데 침을 찌르는 속도, 깊이, 다소 등을 똑같이 해도 되
는가?"

　기백이 답했다. "육식을 주로 하는 자와 채식을 주로 하는 자를 어떻게 똑같
이 할 수 있는가? 기가 활발하게 돌면 침도 빨리 빼야 하고, 기가 껄끄럽게 돌
면 침도 서서히 뺀다. 기가 빠르게 움직이면 작은 침을 사용하여 얕게 찔러야
하며, 기가 껄끄럽게 돌면 큰 침을 사용하여 깊이 찌른다. 깊이 찌르는 것은
유침시키고, 얕게 찌르는 것은 빨리 빼는 것이다. 이것으로 보면 포의를 자침
할 때는 깊이 찔러서 유침시키고, 대인을 찌를 때는 미침으로 서서히 찌른다.
이것은 모두 기가 빠르고 예민하게 돌기 때문이다."

⊕ 여기서는 삼음삼양의 기가 오곡五穀·오축五畜·오채五菜·오미五味에서 생긴
다는 것을 말한다.

　오체에 역행하고 순행하는 것逆順五體은 삼음삼양지기가 피부와 경맥 내외
를 출입하면서 서로 역순으로 행하고, 빨리 흐르기도 하고 서서히 흐르기도
하는 것을 이른다. 맥외를 행함에 있어서 피부가 얇고 살이 무른 경우 아주 빠
르게 돌고, 피부가 두껍고 기육이 단단한 경우 느리게 돈다. 맥중을 도는 것은

혈이 맑고 맥이 자주 뛰면血清脈短 침을 빨리 빼고, 피가 탁하고 맥이 느리게 뛰면血濁脈長 침을 서서히 뺀다. 이것은 유형有形의 피부·기육·혈맥에 따라서 빨리 빼기도 하고 서서히 빼기도 한다. 또 무형無形의 기氣로 인해서도 침을 빨리 빼고 서서히 빼는 경우가 있으니 기의 활삽滑澁이다.

고膏는 기름진 음식이다. 양梁은 찹쌀이다. 왕공귀인은 고량진미를 즐겨 먹어 기육이 무르고 혈기가 매끄러우며 기가 빠르게 돈다. 산야지인山野之人은 콩이나 채소를 주로 먹어 기가 껄끄럽고 서서히 돈다. 이것은 귀천에 따라 가지고 있는 기가 다르기 때문이다. 기는 음식에서 생긴다.

황재화가 말했다. "피부가 두텁고 기육이 단단하며 혈기가 원활하게 돌면 건강하여 장수한다. 피부가 얇고 기육이 약하며 혈기가 민감하면 병이 많고 장수하지 못한다. 왕공대인이 고량진미를 먹어 몸이 무르고 기육이 연약하며 혈기가 빨리 도니 담백한 음식을 먹으면서 장수하는 보통사람들田野之人만 못하다. 부귀지인도 음식을 절제하려고 애써야 하니 기름진 음식을 많이 먹으면 안 된다."

批 이것은 왕공과 포의의 예를 들어 삼음삼양의 기가 맥외를 도는 것을 밝혔다. 위기衛氣 출입의 서질徐疾에 따라 잠을 잘 자고 못 자는 이치와 같다.

批 기육이 연약하고 혈기가 민감한 것은 형形과 기氣가 균형 맞지 않은 것이다.

黃帝曰: 形氣之逆順奈何?
岐伯曰: 形氣不足, 病氣有餘, 是邪勝也, 急瀉之. 形氣有餘, 病氣不足, 急補之. 形氣不足, 病氣不足, 此陰陽氣俱不足也, 不可刺之, 刺之則重不足, 重不足則陰陽俱竭, 血氣皆盡, 五臟空虛, 筋骨髓枯, 老者絶滅, 壯者不復矣. 形氣有餘, 病氣有餘, 此謂陰陽俱有餘也. 急瀉其邪, 調其虛實. 故曰 有餘者瀉之, 不足者補之, 此之謂也. 故曰 刺不知逆順, 眞邪相搏. 滿而補之, 則陰陽四溢, 腸胃充郭, 肝肺內䐜, 陰陽相錯. 虛而瀉之, 則經脈空虛, 血氣竭枯, 腸胃僻辟, 皮膚薄著, 毛腠夭膲, 予之死期. 故曰 用鍼之要, 在於知調陰與陽. 調陰與陽, 精氣乃光, 合形與氣, 使神內藏. 故曰 上工

平氣, 中工亂脈, 下工絶氣危生. 故曰 下工不可不愼也, 必審五臟
變化之病, 五脈之應, 經絡之實虛, 皮之柔麤, 而後取之.

황제가 물었다. "형기形氣의 역순逆順은 어떠한가?"

기백이 답했다. "형기가 부족하고 병기病氣가 유여하면 사기邪氣가 왕성한
것이니 빨리 사해야 한다. 형기가 유여하고 병기가 부족하면 빨리 보해야 한
다. 형기가 부족하고 병기도 부족하면 음양기가 모두 부족한 것이니 침놓아서
는 안 된다. 침놓으면 거듭 부족하게 되고 거듭 부족하게 되면 음양지기陰陽之
氣가 모두 고갈되고 혈기가 모두 빠져 오장이 공허해지고 근골수筋骨髓가 마르
니 노인들은 죽게 되고 장자壯者는 회복하지 못한다. 형기가 유여하고 병기도
유여하면 음양이 모두 유여한 것이니 빨리 사기를 사하고 허실을 조절해야 한
다. 그래서 '유여하면 사하고 부족하면 보하라'라고 이르는 것이 이것이다. 그
러므로 역순을 모르고 자침하면 진기眞氣와 사기邪氣가 함께 뭉쳐진다.

가득 찼는데 더 보태면 음양지기가 다 넘쳐서 장위腸胃에 꽉 차고 간폐肝肺
가 부으며 음양지기陰陽之氣가 서로 어그러진다. 허한데 사하면 경맥이 공허해
지고 혈기가 고갈되며 장위가 무력해지기도 하고 뭉치기도 하며 피부가 달라
붙고 모발이 초췌해지며 죽을 수도 있다. 그러므로 자침의 요체는 음陰과 양陽
을 조절하는 데 있다.

음과 양이 조절되면 정기精氣로 안색이 빛나고 형形과 기氣가 조화되어 신기
神氣가 내장된다. 그래서 상공은 기를 고르게 하고, 중공은 맥을 흩뜨리며, 하
공은 기를 끊어버려 생명을 위태롭게 한다. 하공은 조심하지 않으면 안 된다.
반드시 오장에서 변화된 병과 오장맥五臟脈의 반응과 경맥의 허실, 피부의 유
추柔麤를 살핀 후에 취해야 한다."

◉ 형기形氣는 피육근골의 형체를 말한다. 병기病氣는 삼음삼양의 경기經氣가
사기에 의해 병든 것이다. 병기의 유여부족은 음양혈기의 실實과 허虛다. 사
기가 왕성하면 급히 사하고, 혈기가 허하면 급히 보한다. 침을 찌르는 것은
기氣를 취하는 것이다. 그러므로 음양의 기가 모두 부족하면 침을 찔러서는
안 된다.

혈기가 모두 고갈되어 오장이 비었다血氣皆盡 五藏空虛는 것은 혈기가 내부에
서 오장을 영양하기 때문이다. 근육·뼈·골수가 마르는 것筋骨髓枯은 혈기가

외부에서 근골을 적시기 때문이다.

음양이 모두 유여하면 급히 사기를 사하고 허실을 조절해야 한다. 사기가 있는 곳은 반드시 정기正氣가 허하므로 사기를 사하고 겸해서 정기의 허실을 조절해야 한다. 가득 차 있는데도 보하면滿而補之 음양지기가 사방으로 넘쳐 밖으로 나간다. 장위腸胃가 꽉 차고 간폐肝肺가 붓는 것腸胃充郭 肝肺內瞋은 안으로 넘치는 것이다. 안팎으로 넘치면 음양은 서로 균형이 깨진다.

섭僻은 비는 것이다. 벽辟은 딴딴하게 뭉치는 것이다. 혈기가 성하면 피부에 충만되고 기육을 따뜻하게 한다. 혈만 성하면 피부로 흘러가 털이 난다. 경맥이 비고 혈기가 고갈되기 때문에 장위가 무력하면서 뭉치고 피부가 달라붙고 모발과 주리가 초췌해지니 얼마 살지 못할 것을 예측할 수 있다.

음과 양이 조절되면 정기精氣로 안색이 빛나니 음양정기가 서로 조화되기 때문이다. 형形과 기氣가 서로 합쳐져 신기神氣가 안에 저장되니 형기는 신神을 외부에서 굳건히 지킨다. 음양이 조절되면 정신과 형기가 밖으로 환하게 드러나고 안으로 간직된다.

삼음삼양의 경기經氣는 외부의 사기에 손상되는 경우가 있고, 오장의 병으로 인하여 맥에 변화가 나타나기도 하므로 내외의 허실을 잘 살펴 조절해야 상공이 될 수 있다.

批 병기는 음양혈기가 병든 것이다. 여기서 병기兵氣와 형기形氣를 구분했지만 중요한 것은 병기의 유여부족有餘不足이다.

ᕲ

근根은 뿌리고 결結은 열매다. 뿌리에서 기운을 빨아들이면 줄기를 타고 올라가서 열매를 맺는 것을 형상화한 것이다. 근根은 위기衛氣가 사지 말단에 모여 경經과 처음 합하는 지점이다. 결結은 태양이 눈의 시력을, 소양이 귀의 청력을, 양명이 코의 호흡을 말한다. 이것은 근에서 빨아올린 기가 오관에서 시력·청력·호흡으로 나타나는 것이다. 오관의 작용이 결結이다.

　근류주입根溜注入은 근根이 정혈井穴, 유溜가 원혈原穴, 주注가 경혈經穴, 입입이 대락혈大絡穴과 경항칠차맥頸項七次脉이다.

　근이 정혈井穴인 것은 맥외에 퍼져 있는 위기가 사지 말단으로 몰려 각 경의 정혈에서 맥외의 기氣와 맥내의 경經이 처음으로 합하는 지점이다. 오수혈의 정혈에서 합쳐져서 오수혈의 정井·형榮·수腧·경經을 지나 합혈合穴에서 비로소 경맥으로 들어간다. 맥외의 위기가 맥내의 영기가 되어 경맥을 순환하고 다니다가 대락大絡에서 낙맥絡脉과 손락孫絡을 거쳐 맥외로 퍼지고, 또 경항頸項으로 올라간 경맥에서 무수히 많은 손락으로 갈라져 다시 맥외로 나간다.

　영기營氣와 위기衛氣의 순환은 네트워크에 비유할 수 있다. 위기는 무선으로 도는 것이고 영기는 유선으로 도는 것이다. 위기가 사지 말단에 모여 경으로 들어가는 것은 무선과 유선이 만나는 바 이것이 근根이다. 대락과 경항칠차맥은 손락으로 갈라져 맥외로 가니 유선에서 무선으로 나가는 곳이다.

　근류주입은 맥외의 기가 오수혈을 거쳐 경맥 내로 들어가 순환하면서 오장육부로 연결되고 대락으로 나가 낙맥·손락으로 가거나 경항으로 올라가 경항 칠차맥으로 갔다가 맥외로 나가 퍼진다. 맥외의 기와 경맥, 오장육부를 연결하는 통로다. 내부에서 외부로, 외부에서 내부로, 위에서 아래로, 아래에서 위로 순환되는 것을 총망라한 것이다.

예전에 한 번 어깨가 골절된 적이 있었다. 깁스를 풀고 나서도 계속 아프고 팔이 올라가지 않아 근류주입에 자침하니 안 올라가던 팔이 쑥 올라갔다. 또 어깨 아플 때 근류주입에 자침하니 등짐을 내려놓은 것처럼 어깨가 시원해졌다. 근류주입 침법으로 어깨·목·오십견·좌골신경통 등 관절 질환, 앨러지 질환, 아토피·건선·여드름 등의 피부 질환, 구안와사·중풍 등의 질환, 두통·비염·타박상 등의 질환에 좋은 효과를 보았다.

한의학의 치료는 병명을 밝히고 병명에 따라 치료하는 것이 아니다. 경에서 "기가 상하면 아프다氣傷則痛"라고 했고, "통하면 아프지 않고 통하지 않으면 아프다通則不痛 不通則痛"라고 했다. 〈영추·구침십이원〉에서 병의 치료 목표가 "경맥을 소통시키고 혈기를 조절하는 것通其經脈 調其血氣"이라고 했으니 기혈이 순환되고 통하게 하는 것이 질병을 치료하는 최상의 방법이다. "침법의 현묘함은 기혈의 종시를 통하게 하는 데 있으니 종시를 알면 다 된다九鍼之玄 要在終始 能知終始 一言而畢"라고 했으니 근류주입의 침법은 〈영추〉 치법의 백미白眉라 할 만하다.

₴

실제로 임상을 하다 보면 젊고 체구가 큰 환자가 오면 보약을 쓰는 것이 꺼려지고, 나이가 많거나 몸이 왜소하면 무조건 보해야 될 것 같은 기분이 든다. 또 통증을 심하게 호소하면 빨리 사하는 약을 써야 통증이 해소될 것 같다.

병은 기질적 이상과 기능적 이상에서 말미암는다. 기질적 이상은 유형인 형체 이상, 즉 피육근맥골의 허실을 말한다. 이것이 형기形氣의 유여부족有餘不足이다. 기능적 이상은 무형의 기의 이상, 즉 기의 허실을 말한다. 이것이 병기病氣의 유여부족이다. 형체의 허실은 양量의 다소多少로 표현되고, 기의 허실은 기능의 항진亢進과 침체沈滯로 표현된다. 형기와 병기의 유여부족이 상반될 경우 어느 것을 위주로 치료해야 하는가가 치료의 관건이다. 이것이 임상의 핵심이다.

〈영추·근결〉에서는 형기와 병기의 유여부족에 따른 처치법을 제시하고 있다.

"형기가 부족하고 병기가 유여하면 이것은 사기邪氣가 왕성한 것이니 빨리 사한다. 형기가 유여하고 병기가 부족하면 빨리 보한다. 형기가 부족하고 병기도 부족하면 음양기가 모두 부족한 것이니 침을 놓아서는 안 된다. 형기가 유여하고 병기도 유여하면 이는 음양이 모두 유여한 것이니 빨리 사기를 사하고 허실을 조절해야 한다. 그래서 '유여하면 사하고 부족하면 보하라'라고 하는 것이다形氣不足 病氣有餘 是邪勝也 急瀉之 形氣有餘 病氣不足 急補之 形氣不足 病氣不足 此陰陽氣俱不足也 不可刺之 形氣有餘 病氣有餘 此爲陰陽俱有餘也 急瀉其邪 調其虛實 故

曰 有餘者瀉之 不足者補之 此之謂也."

형기는 피육근골의 형체를 말한다. 병기는 삼음삼양三陰三陽의 경기經氣가 사기에 의해 병이 된 것이다. 병기의 유여부족은 음양혈기陰陽血氣의 실實과 허虛다.

형기부족 병기유여는 외형이 약하게 보이거나 드러나는 증상이 미미하지만 맥이 크고 강하고 빠르게 뛰면洪大滑數 사기가 심한 것이므로 급히 사기를 제거하는 사법瀉法을 써야 한다.

형기유여 병기부족은 외형이 건장하거나 병증이 심하게 나타나도 맥이 가라앉고 느리고 약하게 뛰면沈遲細弱 병기부족이므로 보법補法을 써야 한다.

발열이 심한 병증에 맥이 미약하면 해열시키는 발산제를 쓰는 것이 아니라 보법을 써야 열이 해소된다. 『상한론』의 마황부자작약탕麻黃附子芍藥湯이나 보중익기탕補中益氣湯을 발열에 쓰는 경우다.

형기부족 병기부족은 음양기陰陽氣가 모두 부족한 것으로 침도 기가 빠질까 봐 놓지 못한다. 감약甘藥으로 보해야 한다.

형기유여 병기유여는 외형이 건장하거나 병증이 심하게 나타나고 또 맥도 실하게 나타나면 사법을 쓰고 다시 허실을 조절한다.

겉으로 드러나는 외형이나 증상으로 보사를 결정하는 것이 아니라 맥에 드러난 기혈의 허실 상태로 보사가 결정된다.

6

수요강유壽夭剛柔

黃帝問於少師曰: 余聞人之生也, 有剛有柔, 有弱有强, 有短有長,
有陰有陽, 願聞其方.

황제가 소사少師에게 물었다. "강직剛直한 사람이 있고 유순한 사람도 있으
며, 약한 사람이 있고 힘센 사람도 있으며, 작은 사람이 있고 큰 사람도 있
으며, 외향적인陽的 사람이 있고 내성적인陰的 사람이 있다고 들었는데 내용
을 알고 싶다."

⊕ 이 장에서는 사람이 천지음양天地陰陽의 기운을 가지고 태어난다는 것을 말
한다. 하늘에 있는 것은 기氣가 되고, 땅에 있는 것은 형形을 이룬다. 형과 기가
서로 어우러지면 무병장수하고 어우러지지 못하면 요절한다.

강유剛柔는 음양의 도를 말한다. 천지도天之道 입장에서는 음양陰陽이라고 하
고, 지지도地之道 입장에서는 강유剛柔라고 한다. 그러므로 음중陰中에 음陰이
있고, 양중陽中에 양陽이 있다. 내內에도 음양이 있고, 외外에도 음양이 있다.

장옥사가 말했다. "강약强弱과 단장短長은 바로 사시四時에 한서寒暑가 있고,
주야晝夜에는 장단長短이 있는 것이다. 사람과 만물이 모두 천지음양의 형기形
氣를 받아서 사시에 상응하므로 각기 강유·장단의 다름이 있다."

少師答曰: 陰中有陰, 陽中有陽. 審知陰陽, 刺之有方. 得病所始,
刺之有理. 謹度病端, 與時相應. 內合於五臟六腑, 外合於筋骨皮
膚. 是故內有陰陽, 外亦有陰陽. 在內者, 五臟爲陰, 六腑爲陽. 在
外者, 筋骨爲陰, 皮膚爲陽. 故曰 病在陰之陰者, 刺陰之滎輸. 病

在陽之陽者[*], 刺陽之合. 病在陽之陰者, 刺陰之經, 病在陰之陽者^{**}, 刺絡脈. 故曰 病在陽者, 命曰風, 病在陰者, 命曰痺, 陰陽俱病, 命曰風痺. 病有形而不痛者, 陽之類也, 無形而痛者, 陰之類也. 無形而痛者, 其陽完而陰傷之也, 急治其陰, 無攻其陽. 有形而不痛者, 其陰完而陽傷之也. 急治其陽, 無攻其陰. 陰陽俱動, 乍有形, 乍無形, 加以煩心, 命曰陰勝其陽. 此謂不表不裏, 其形不久.

소사가 답했다. "음중陰中에 음陰이 있고, 양중陽中에 양陽이 있으니 음양을 잘 살펴야 침놓을 수 있다. 병이 처음에 어디서 시작하는지 알아야 이치에 맞게 침놓을 수 있다. 병의 실마리를 잘 헤아려서 사시에 상응시켜야 한다. 내부에서는 오장육부에 합하고, 외부에서는 근골피부에 합한다. 그러므로 내부에 음양이 있고, 외부에도 음양이 있다. 내부에서는 오장이 음이고, 육부가 양이다. 외부에서는 근골이 음이고, 피부가 양이다.

따라서 병이 음지음陰之陰(五臟)에 있으면 음경의 형혈滎穴과 수혈腧穴에 자침하고, 병이 음(양)지양陰(陽)之陽(六腑)에 있으면 양경陽經의 합혈合穴에 자침하며, 병이 양지음陽之陰(筋骨)에 있으면 음경陰經의 경혈經穴에 자침하고, 병이 양(음)지양陽(陰)之陽(皮膚)에 있으면 낙맥絡脈에 자침한다고 했다.^{***} 그래서 외부陽에서 생긴 병을 풍風이라고 하고 내부陰에 있는 병을 비痺라고 하며 내외陰陽 모두 병들면 풍비風痺라고 한다.

형체形體에 병이 있으면서 통증이 없으면 외부陽에서 병난 것이고, 형체에 병이 없으면서 통증이 있으면 내부陰에서 병난 것이다. 형체에 병증이 안 나타나고 통증이 있는 것無形而痛者은 양이 괜찮고 음이 상한 것이니 급히 음을 다스려야 한다. 양은 건들지 않는다. 형체에 병증이 있지만 통증이 없는 것有形而不痛者은 음이 괜찮고 양이 상한 것이니 빨리 양을 다스려야 한다. 음은 건들지 않는다.

음양이 모두 손상되면 형체도 이상이 있고 기氣에도 이상이 있는데 게다가 가슴까지 답답해지면 음이 양보다 훨씬 성한 것이다. 이것을 표表에 있다고도 할 수 없고 이裏에 있다고도 할 수 없다. 오래 살지 못한다."

---

* '在陽之陽者'는 '在陰之陽者'로 바꿔야 한다.
** '在陰之陽者'는 '在陽之陽者'로 바꿔야 한다.
*** 음지음은 오장이고, 음지양은 육부이며, 양지음은 근골이고, 양지양은 피부다. 오장이 병

● 양은 천기天氣로 외부를 주관한다. 음은 지기地氣로 내부를 주관한다. 하지만 천지음양의 기가 상하로 승강하고 내외로 출입하므로 내부에도 음양이 있고 외부에도 음양이 있다. 피육근골과 오장육부가 내외로 상합하고 사시에 상응한다. 오장은 음이고 육부는 양이니 내부의 음양이다. 근골은 음이고 피부는 양이니 외부의 음양이다.

병이 음지음陰之陰에 있다는 것은 내부의 오장이 병든 것이므로 음경陰經의 형혈榮穴과 수혈腧穴에 자침해야 한다. 병이 양지양陽之陽에 있다는 것은 외부의 피부가 병든 것이므로 양경陽經의 합혈合穴에 자침해야 한다. 육부는 외부에서 피부와 합하므로 양경의 합혈을 취해야 한다. 양지음陽之陰에 병이 있는 것은 외부의 근골에 병든 것이니 음경의 경혈經穴에 침놓아야 한다. 오장은 외부에서 근골과 합하므로 음경의 경혈을 취해야 한다. 음지양陰之陽에 병이 있는 것은 육부六腑에 병든 것이니 낙맥絡脈에 자침해야 한다.

그러므로 병이 외부陽에 있는 것은 풍風이라 하고, 내부陰에 있는 것은 비痺라고 한다. 풍風은 천지양기天之陽氣로 병든 것이고 비痺는 사람의 음사陰邪로 병든 것이다. 외부와 내부가 모두 겸해서 온 것을 풍비風痺라고 한다.

유형有形이라는 것은 피육근골로 형체가 있는 것이다. 무형無形은 오장육부의 기氣다. 형체에 병증이 드러나지만 통증이 없는 것病有形而不痛者은 병이 외부인 양에 있는 것이다. 형체에 병증은 없어도 통증이 있는 것病無形而痛者은 기氣가 상하여 나타나는 통증이다. 양완陽完·음완陰完은 장부 음양의 기가 손상되지 않은 것이다.

천지天地는 만물의 상하로 위치를 말한다. 동정動靜은 천지의 체용體用으로 작용을 말한다. 수화水火는 음양의 징조로 즉 에너지를 말한다. 천기天氣는 하강하여 지地에서 흐르고, 지기地氣는 상승하여 천天으로 올라가니 이것이 천지天地의 기교氣交다.

이괘離卦(☲)는 가운데가 비었고離虛中 감괘坎卦(☵)는 중간이 차 있으니坎中滿 수화水火가 상제相濟한다. 내외가 모두 손상되어 형체도 이상이 있고 오장의

들면 오장의 형수혈榮腧穴에 자침하고, 육부가 병들면 양경陽經의 합혈合穴에 자침한다. 근골이 병들면 음경陰經의 경혈에 자침하고, 피부가 병들면 낙맥에 자침한다.

기도 이상이 있는 것陰陽俱動 乍有形 乍無形은 음양의 표리表裏로 말할 수 없다.

심心은 양으로 화火를 주관하고, 수水는 음으로 아래에 위치한다. 가슴까지 답답해지는 것加以煩心은 내부 병이 성해서 외부로 드러나는 것이다. 음양 내외가 기교氣交하지 못하여 수화가 상하에서 상극하는 것이다. 천지음양의 기가 조절되지 못하는 것이니 얼마 못 살게 된다. 형체와 기가 상응한 결과다.

장개지가 말했다. "침鍼은 천지인天地人과 삼재지도三才之道를 따른다. 이 편은 사람이 천지음양과 서로 합하기 때문에 침을 사용하여 음양의 불화를 다스릴 수 있다는 것을 말한다. 내경의 대의는 침鍼과 병病 이외에서도 찾아야 한다."

批 비痺는 한습寒濕의 사기로 일어난다. 본경에서 "가려운 것은 양이 병든 것이고, 통증이 있는 것은 음이 병든 것이다痒者陽也, 痺者陰也"라고 했다. 다음 문장에서는 "기가 상하면 오장이 병든다氣傷則病臟"라고 했다.

批 천기天氣는 밖에서 돌고 지기地氣는 안에서 돈다天氣主外 地氣主內. 이는 음중에 음이 있고 양중에 양이 있는 것이다.

黃帝問於伯高曰: 余聞形氣病之先後, 外內之應奈何?
伯高答曰: 風寒傷形, 憂恐忿怒傷氣. 氣傷臟, 乃病臟, 寒傷形, 乃應形. 風傷筋脈, 筋脈乃應, 此形氣外內之相應也.
黃帝曰: 刺之奈何?
伯高答曰: 病九日者, 三刺而已. 病一月者, 十刺而已. 多少遠近, 以此衰之. 久痺不去身者, 視其血絡, 盡出其血.
黃帝曰: 外內之病, 難易之治奈何?
伯高答曰: 形先病而未入臟者, 刺之半其日. 臟先病而形乃應者, 刺之倍其日. 此月內難易之應也.

황제가 백고伯高에게 물었다. "형形이 병드는 것과 기氣가 병드는 것의 선후先後를 들었는데 내외內外는 어떻게 상응하는가?"

백고가 답했다. "풍한風寒은 형形을 손상시키고 우공분노憂恐忿怒는 기氣를 손상시킨다. 기가 장臟을 손상시켜 장이 병드는 것이고, 한寒이 형形을 손상시켜 형에 병증이 나타나며, 풍이 근맥筋脈을 손상시켜 근맥에 병증이 나타난다.

이것이 형기形氣가 내외에 상응하는 것이다.”

황제가 물었다. “자침刺針은 어떻게 하는가?”

백고가 답했다. “병이 9일 되었으면 3일에 한 번씩 세 번 자침한다. 한 달 되었으면 열 번 자침한다. 다소 차이가 있어도 이것으로 가감한다. 잘 낫지 않는 오래된 비증痺症은 혈락血絡이 있는지를 살펴서 사혈한다.”

황제가 물었다. “내외의 병에 난치難治와 이치易治를 어떻게 다루는가?”

백고가 답했다. “형形이 먼저 병들고 오장까지 들어가지 않은 경우 침놓는 횟수를 반으로 줄이고, 오장이 먼저 병들고 형에도 병증이 나타난 경우 침놓는 횟수를 배로 늘린다. 이것이 한 달 된 병에 대한 난이難易에 따른 침놓는 도수다.”

● 여기서는 외인병外因病은 병이 외부에서 내부로 들어오고, 내인병內因病은 내부에서 외부로 나가는 것으로 형과 기가 내외에서 상응하는 것을 말한다. 풍한風寒은 외부에서 들어오는 사기다. 그러므로 형체에 병증이 나타난다. 우울·공포·분노 등의 칠정七情은 내부 기의 이상이므로 오장이 병든다. 외外는 양陽, 내內는 음陰이다.

9일 동안 병이 지속되면 병이 양에서 발생한 것이므로 기수인 3회 자침하고, 병이 한 달이 되었으면 우수인 10회 자침한다. 이것은 침 치료 횟수를 기수와 우수로 구분하여 병의 음양에 대응된다.

낙혈絡血을 사혈하는 것은 맥도脈道를 통하게 하는 것이다. 형체가 먼저 병들고 장臟까지 들어가지 않은 것形先病而未入臟者은 외부에서 병이 생겼지만 아직 내부로 들어가지 않은 것이므로 3회 침놓으면 나을 수 있다. 장臟이 먼저 병들고 형체에도 병증이 나타나는 것臟先病而形乃應者은 내부에서 병이 생겨 외부까지 나간 것이므로 침놓는 횟수를 배로 늘려 치료한다.

병이 내부에서 발생하여 외부로 나가는 것은 쉽게 낫지만 내부에 머물러 있는 것은 낫기 어렵다. 그러므로 10일 자침하는 경우가 있고, 횟수를 두 배로 늘리는 경우도 있고, 이틀 침놓는 경우도 있다. 이것이 한 달 된 내부 병의 난이難易에 따른 치료법이다.

黃帝問於伯高曰: 余聞形有緩急, 氣有盛衰, 骨有大小, 肉有堅脆, 皮有厚薄, 其以立壽夭奈何?

伯高曰: 形與氣相任則壽, 不相任則夭. 皮與肉相果則壽, 不相果則夭. 血氣經絡, 勝形則壽, 不勝形則夭.

黃帝曰: 何謂形之緩急?

伯高答曰: 形充而皮膚緩者則壽, 形充而皮膚急者則夭. 形充而脈堅大者, 順也, 形充而脈小以弱者, 氣衰, 衰則危矣. 若形充而觀不起者, 骨小, 骨小則夭矣. 形充而大肉䐃堅而有分者, 肉堅, 肉堅則壽矣. 形充而大肉無分理不堅者, 肉脆, 肉脆則夭矣. 此天之生命, 所以立形定氣而視壽夭者, 必明乎此, 立形定氣, 而後以臨病人, 決死生.

黃帝曰: 余聞壽夭, 無以度之.

伯高答曰: 墙基卑, 高不及其地者, 不滿三十而死, 其有因加疾者, 不及二十而死也.

黃帝曰: 形氣之相勝, 以立壽夭奈何?

伯高答曰: 平人而氣勝形者壽, 病而形肉脫, 氣勝形者死, 形勝氣者危矣.

황제가 백고에게 물었다. "나는 형체에 완급緩急이 있고, 기氣에는 성쇠盛衰가 있으며, 골骨은 대소大小가 있고, 육肉은 견취堅脆가 있으며, 피부는 후박厚薄이 다르다고 들었다. 이것으로 수요壽夭를 정할 수 있는가?"

백고가 답했다. "형形과 기氣가 서로 잘 어울리면 장수하고, 어울리지 못하면 요절한다. 피부와 살이 균형이 맞으면 장수하고 균형이 안 맞으면 요절한다. 혈기와 경락이 형을 감당하면 장수하고 감당하지 못하면 요절한다."

황제가 물었다. "형체의 완급은 무엇인가?"

백고가 답했다. "형체가 충실하고 피부가 이완되면 장수하고, 형체가 충실하지만 피부가 긴장되어 있으면 요절한다. 형체가 충실하고 견대堅大한 맥이 뛰면 정상이고, 형체가 충실한데 작고 약한 맥이 뛰면 기가 쇠약하여 위태롭다. 형체가 충실한데 관골顴骨이 납작하면 골이 작고 요절한다. 형체가 충실하고 근육이 크고 단단하며 분리되어 있으면 장수한다. 형체가 충실한데 근육이 발달되지 않고 단단하지 못하여 살이 무르면 요절한다. 이것은 생명체이기 때문에 형체가 먼저 이루어지고 기가 채워지는 것立形定氣이니 수요壽天를 보려면 이것에 밝아야 한다. 형체가 세워지고 기가 정해진 이후 병인病人에 임하여 사생을 결정한다."

황제가 물었다. "수요를 헤아리기 어렵다."

백고가 답했다. "안면이 쑥 들어가 지각地角에도 못 미치면 서른 살을 못 넘긴다. 질병까지 있다면 스무 살도 못 넘긴다."

황제가 물었다. "어떻게 형기의 우열로 수요를 결정하는가?"

백고가 답했다. "평인이면서 기가 형을 이기면氣勝形 장수하고, 병이 있어 살이 다 빠졌는데 기가 형을 이기면氣勝形 죽는다. 형이 기를 이기면形勝氣 위태롭다."

◉ 여기서는 사람이 천지음양의 기운을 지니고 형기를 생성하니 수요壽天의 차이가 있다는 것을 말한다. 임任은 당當이니 감당해내는 것이다. 과果는 성成으로 이룬다는 뜻이다. 이것은 생명체는 형체가 있고 기가 정해지는 것이므로 형체와 기가 서로 균형이 맞으면 건강하게 장수하고, 서로 균형이 맞지 않으면 요절한다.

피부는 천天에 대응되고, 기육은 지地에 대응된다. 그러므로 피부와 기육이 서로 조화를 이루면 건강하게 장수하고, 조화를 이루지 못하면 요절한다. 형은 피육근골皮肉筋骨을 말한다. 혈기와 경락은 경수經水와 기맥氣脈이 땅속에서 관통하여 흐르는 것에 상응한다. 그러므로 형체를 이기면 장수하고, 이기지 못하면 요절한다.

사람의 형기形氣는 하늘의 명으로 생긴 것이다. 피부가 이완되어 있는 것은 천도天道가 크게 형통한 것이다. 그러므로 피부가 이완되면 장수하고 긴장되면 요절한다.

맥맥은 정혈신기精血神氣가 도는 곳이다. 그러므로 형체가 충실하면서 견대한 맥이 뛰면 정상이다. 작고 미약한 맥이 뛰면 영위營衛와 종기宗氣가 모두 쇠한 것이니 위태롭다.

신신腎은 타고난 체질을 나타내며 골骨을 주관한다. 관골觀骨은 신腎의 외후外候로 신의 상태를 알 수 있다. 그러므로 관골이 납작하면 골격이 작고 요절한다. 이는 타고난 기가 약한 것이다.

비脾는 지地에 해당되어 살肉을 주관한다. 살이 탄력이 있으면 장수하고 탄력이 없으면 요절한다. 후천지기後天之氣에도 후박厚薄이 있다. 그러므로 생명체는 형과 기의 상태를 알고 그것의 조화를 관찰하여 건강상태를 파악한 후에 병을 진찰하고 사생을 판단한다.

〈영추·천년天年〉에서 "음인 어머니로 틀을 삼고 양인 아버지가 호위한다以母爲基 以父爲楯" "백세까지 장수하는 사람은 인중이 깊고 길며 얼굴이 풍성하고 반듯하다人之生百歲者 使道隧以長 墻基高以方"라고 했다.

장기墻基는 얼굴 앞면의 사방이다. 지地는 지각地閣으로 턱을 말한다. 장기가 낮아 턱에 미치지 못하는 것墻基卑 高不及其地者은 얼굴 전면이 평평하거나 함몰된 것이다. 이런 경우는 곤도坤道가 형을 이루는 것이니 박약한 엄마의 기를 받은 것이다.

〈영추·천년〉에서 "서른 살이 되면 오장이 크게 안정된다人生三十歲 五臟大定"라고 했다. 삼십도 못 되어 죽는 것은 오장이 약한 것이다. 게다가 질병까지 있다면 스무 살도 못 채우고 죽으니 오장이 제대로 형성이 안 된 것이다.

보통 사람이 기가 형을 이기면 장수한다는 것平人而氣勝形者壽은 얼굴 윤곽이 단단하면서 풍성하고 기가 충만되어 있다. 병이 있으면서 형육이 초췌하고 기가 왕성한 것病而形肉脫 氣勝形者은 사기邪氣가 왕성한 것이다. 형이 기를 압도하면形勝氣者 정기正氣가 빠진 것이다.

批 맥중의 기는 종기宗氣, 정기精氣와 신기神氣다.

批 백고는 "모기母基가 약하면 요절한다"고 했고, 또 "기가 형을 이기면 장수한다"고 했으니 형과 기는 모두 약해서는 안 된다.

黃帝曰: 余聞刺有三變, 何謂三變?
伯高答曰: 有刺營者, 有刺衛者, 有刺寒痺之留經者.
黃帝曰: 刺三變者奈何?
伯高答曰: 刺營者出血, 刺衛者出氣, 刺寒痺者內熱.
黃帝曰: 營衛寒痺之爲病奈何?

伯高答曰: 營之生病也, 寒熱少氣, 血上下行. 衛之生病也, 氣痛時來時去, 怫愾賁響, 風寒客於腸胃之中. 寒痺之爲病也, 留而不去, 時痛而皮不仁.

황제가 물었다. "삼변三變이 있다고 들었는데 무엇을 삼변이라고 하는가?"

백고가 답했다. "영혈營血을 자침하는 경우가 있고, 위기衛氣를 자침하는 경우가 있으며, 한비寒痺가 경經에 머무는 것을 자침하는 경우가 있다."

황제가 물었다. "삼변三變은 어떻게 치료하는가?"

백고가 답했다. "영혈을 자침하는 것은 출혈出血시키는 것이고, 위기를 자침하는 것은 기를 내보내는 것이며, 한비를 자침하는 것은 납열內熱시키는 것이다."

황제가 물었다. "영혈, 위기, 한비로 어떤 병증이 나타나는가?"

백고가 답했다. "영혈로 생기는 병증은 한열寒熱이 나며, 기운이 없고, 혈이 상하로 움직인다. 위기로 생기는 병증은 통증이 왔다갔다하고, 배에 가스가 차고 꾸르륵 소리가 나니 풍한이 장위腸胃에 들어간 것이다. 한비로 생기는 병증은 오랫동안 낫지 않고 때때로 아프며 피부 감각이 없어진다."

⊕ 형形은 기氣가 머무는 곳이고, 기氣는 형形에 귀속되니 형과 기가 서로 어울려야 한다. 하지만 하초에 간직된 정수精水와 중초에서 생성되는 영위營衛로 분육分肉이 따뜻해지고 피부가 충만되며 근골이 적셔지고 관절이 움직일 수 있다.

수분은 기를 따라서 부표膚表로 운행되며 끊임없이 돈다. 그런데 영위가 정체되면 수분이 돌지 못하여 형기가 초췌해진다. 그래서 자법에 무엇을 자극하냐에 따라 삼변법이 있으니 막힌 것을 운행시켜서 변하게 하는 것이다.

영지혈營之血과 위지기衛之氣는 밖으로 빠져나가게 한다. 한지비寒之痺는 열이 내부에서 퍼지게 한다. 영위혈기는 주로 내외를 출입하므로 병들면 상하로 움직이는 것이 멈춰서 한열이 나고 통증이 생긴다. 불개분향怫愾賁響은 속이 답답하면서 가스가 차는 것으로 풍한이 장위腸胃로 침입하여 일어난다. 영위로 생기는 병증을 분별한 것이다.

한비寒痺로 일어나는 병증은 몸 자체에서 생기는 병이지 외부에서 사기가 들어오는 것이 아니다. 비痺는 막히는 것이다. 한비는 한수寒水로 병이 된 것이다. 신신腎은 수장水臟으로 골骨을 주관한다. 외부에서 피부가 양이고 근골이 음이다. 병이 음에 있는 것을 비라고 했다病在陰者名曰痺.

오랫동안 낫지 않고 때때로 아프며 피부 감각이 없어진다留而不去 時痛而皮不仁는 것은 신장腎臟의 한수寒水로 일어나는 비증痺症으로 통증이 신의 외합인 골에서 일어나고 피부의 마비까지 일으킨 것이다. 이는 병이 내부에서 외부로 나오는 것이다.

장옥사가 말했다. "풍한이 장위에 들어간 것風寒客於腸胃之中은 병으로 형육이 초췌한데 기가 성한 경우病而形肉脫 氣勝形와 조응되는 구절이다. 이 편은 먼저 기氣를 가지고 수요壽夭를 말하고 나서 다시 병기病氣의 수요를 논했다. 병기에는 두 가지가 있다. 하나는 풍한으로 일어나는 병기로 기승형氣勝形이다. 또하나는 영위가 계류하여 수도水道가 운행되지 못하는 병기로 형승기形勝氣다."

黃帝曰: 刺寒痺內熱奈何?
伯高答曰: 刺布衣者, 以火焠之. 刺大人者, 以藥熨之.
黃帝曰: 藥熨奈何?
伯高答曰: 用醇酒二十斤, 蜀椒一斤, 乾薑一斤, 桂心一斤, 凡四種, 皆吹咀, 漬酒中, 用綿絮一斤, 細白布四丈, 幷納酒中. 置酒馬矢熅中, 蓋封涂, 勿使泄. 五日五夜, 出布綿絮, 曝乾之, 乾復漬, 以盡其汁. 每漬必晬其日, 乃出乾. 乾幷用滓與綿絮, 複布爲複巾, 長六七尺, 爲六七巾. 則用之生桑炭炙巾, 以熨寒痺所刺之處, 令熱入至於病所, 寒復炙巾以熨之, 三十遍而止. 汗出以巾拭身, 亦三十遍止. 起步內中, 無見風. 每刺必熨, 如此病已矣, 此所謂內熱也.

황제가 물었다. "한비寒痺에 납열內熱은 어떻게 하는가?"

백고가 답했다. "일반 사람은 화침火針으로 덥게 한다. 대인은 약으로 찜질을 한다."

황제가 물었다. "약으로 찜질은 어떻게 하는가?"

백고가 답했다. "순주醇酒 20근, 촉초蜀椒 1근, 건강乾薑 1근, 계심桂心 1근. 이네 가지 약제를 잘게 썰어 술 안에 담그고, 솜 1근과 가는 백포 4장丈을 함께 술 안에 넣는다. 약기운이 새지 않게 뚜껑을 잘 막아서 마분馬糞으로 된 퇴비에 열이 나면 그 속에 독을 묻는다. 5일이 지난 후 포와 솜을 꺼내 햇빛에 바짝 말린다. 마르면 다시 담그는데 즙이 다 없어질 때까지 한다. 적실 때마다 하루 종일 담갔다가 꺼내 말린다. 마른 포를 가지고 길이 6~7척 되는 주머니 6~7개를 만들어 약 찌꺼기와 솜을 넣는다. 사용할 때는 뽕나무 숯불에 덥혀 한비寒痺가 생겨 침놓은 자리에 찜질을 하여 열이 병소까지 들어가게 한다. 식으면 다시 덥혀 찜질을 하는데, 한 번에 30회 정도 하면 된다. 땀이 나면 주머니로 30차례 문지른다. 찜질이 다 끝나면 실내에서 일어나 슬슬 걷게 하고 찬바람을 쐬지 않도록 한다. 침놓을 때마다 찜질을 하는데 이와 같이 하면 낫는다. 이것을 납열이라고 한다.”

⊕ 비痺는 정체되어 흐르지 못하는 것이다. 한비寒痺는 신장腎臟 한수지기寒水之氣다. 사람은 선천先天의 수화水火를 바탕으로 오행五行이 발생한다. 신腎은 천일天一의 정기精氣를 받아 사장四臟으로 통하게 하는데 수화水火가 서로 돕지 않으면 오행이 통하지 못해 정체되어 한비가 된다. 그러므로 쉬침焠鍼을 놓는 것은 화火로 수水를 돕는 것이다.

폐는 피모를 주관한다. 술을 마시면 먼저 피부로 가고 낙맥이 채워진다. 순주醇酒를 쓰는 것은 폐肺와 신腎이 서로 통하게 한다. 촉초蜀椒는 형색이 심장과 흡사하여 껍질은 붉고 씨는 검으며 가운데가 비었다. 촉초를 쓰는 것은 심心과 신腎이 서로 통하게 한다. 비脾는 음중陰中의 지음至陰이고 건강乾薑은 이중탕理中湯의 군약君藥이다. 건강을 쓰는 것은 비脾와 신腎이 통하게 한다. 계桂는 모든 나무 중에서 으뜸이다. 계심桂心을 쓰는 것은 간肝과 신腎이 서로 통하게 한다. 누에는 뽕잎을 먹고 실을 만든다. 누에와 뽕잎, 실이 모두 백색이니 폐에 속하는 약제다.

면서綿絮 1근과 백포白布 4장을 열 번 접어 쓰는 것은 땅속에 있는 음사陰邪가 땅 밖으로 나오게 하여 흩어지게 하는 것이니 내부를 덥혀 외부에서 흩어지게 한다.

왕공대인은 화침火鍼으로 쉬자焠刺를 하면 안 되고 포의는 약위藥熨하면 안 되는가? 이는 대인과 포의를 빌려 장부가 상통하고 음양이 서로 교통한다는 것을 밝힌 것이니 치법에도 통변通變이 있다. 학자는 성인의 용의가 주밀하고 취법이 정미함을 본받아야지 편한 대로 대충해서는 안 된다.

장개지가 말했다. "상고시대에는 분량分兩의 품수品數와 탕湯·환丸·산散·제劑를 사용했으니 각각 정미한 뜻이 있다. 군일신이君一臣二는 기지제奇之制이고, 군이신사君二臣四는 우지제偶之制다. 군이신삼君二臣三은 기지제奇之制이고, 군이신육君二臣六은 우지제. 병이 상부 가까운 곳에 있으면近者 기제奇制를 쓰고, 병이 하부에 멀리 있으면遠者 우제偶制를 쓴다. 한汗은 음액陰液이므로 우제를 사용해야지 기제를 쓰면 안 된다. 하법은 우제가 안 된다.

병이 위에 가까우면서 기방奇方·우방偶方을 쓰는 것은 소제小制를 쓰는데 약수藥數를 많이 하고 분량을 적게 한다. 병이 위에 멀면서 기방·우방을 쓰는 것은 대제大制를 쓰는데 약수를 적게 하고 분량을 많게 한다. 대제는 약수가 적고 소제는 약수가 많다. 많다는 것은 구九이고, 적은 것이 이二다. 이것이 품수品數와 기우奇偶의 다소에 관한 법칙이다. 중토를 다스릴 때는 대부분 오수五數를 쓴다. 하행시키려 하면 대개 삼수三數를 쓴다. 음에서 상승시키려면 일냥일분一兩一分까지 쓴다.

완화莞花·난발亂髮·오여계자熬如鷄子·적석지赤石脂·융염戎鹽을 탄환 크기로 만드니 이는 정미한 분량을 쓰는 방법이다. 중中을 다스릴 때는 환제丸劑를 쓴다. 포산布散시킬 때는 산제散劑를 쓴다. 장부·경락·피부로 보낼 때는 탕제湯劑를 쓴다. 저당환抵當丸·함흉환陷胸丸·건강산乾薑散·패장산敗醬散 같은 것은 찧어서 환丸을 만들고 산散을 만들며 또 물에 달여 복용한다. 용도에 맞게 탕·환·산·제를 취한다."

批 다른 본에서는 백포 4장白布四丈 아래에 주 한 구절이 더 있어 베껴서 보충했다. 백포 4장은 피모에 사방으로 퍼진 비기痺氣를 취하는 것이다. 마馬는 오지화축午之火畜이다. 마분馬糞 안에 놓는 것은 자오子午가 상통하는 의미다. 천지의 수는 오五를 벗어나지 않는다. 사람도 마찬가지다. 오일五日·오야五夜·오행五行의 기가 도는 것이다. 포布를 접어 건巾을 만드는 것은 포로 작은 주머니를 만들어 안에 약을 집어넣으려는 것이다. 육칠六七은 수화水火의 성수成數다. 삼십편三十遍은 음수陰數가 여러 번 돈 것이다. 한출汗出에 수건으로 30회 문지르는 것은 음기陰氣가 피모로 나가게 하는 것이다.

批 장옥사가 말했다. "이 구절은 '병이 있어 살이 다 빠졌는데 형이 기를 이기면 위태롭다病而形肉脫形勝氣者危'와 조응된다. 이 편은 먼저 형기形氣를 논했고 다시 병기病氣를 논했으니 모두 수요壽夭의 구분이 있다. 영위가 불행하면 살이 빠진다. 한수寒水로 비증痺症이 되면 생기가 점차 없어져 형이 기를 이기게 된다."

批 냥兩(10)은 음수의 끝이고, 1분一分은 양이 처음 생기는 것이다.

7

관침官鍼

凡刺之要, 官鍼最妙. 九鍼之宜, 各有所爲, 長短大小, 各有所施
也, 不得其用, 病弗能移. 疾淺鍼深, 內傷良肉. 皮膚爲癰, 病深鍼
淺, 病氣不瀉, 支反爲大膿. 病小鍼大, 氣瀉太甚, 疾必爲害. 病大
鍼小, 氣不泄瀉, 亦復爲敗. 失鍼之宜, 大者瀉, 小者不移. 已言其
過, 請言其所施. 病在皮膚無常處者, 取以鑱鍼於病所, 膚白勿取.
病在分肉間, 取以員鍼於病所. 病在經絡痼痺者, 取以鋒鍼. 病在
脈, 氣少當補之者, 取以鍉鍼於井滎分輸. 病爲大膿者, 取以鈹鍼.
病痺氣暴發者, 取以員利鍼. 病痺氣痛而不去者, 取以毫鍼. 病在
中者, 取以長鍼. 病水腫不能通關節者, 取以大鍼. 病在五臟固居
者, 取以鋒鍼, 瀉於井滎分輸, 取以四時.

자법은 공인된 관침官鍼이 제일 효과가 좋다. 구침九鍼의 역할이 제각기 달라
장단대소에 맞추어 시술하니 알맞게 사용하지 않으면 병이 낫지 않는다. 병이
얕은 곳에 있는데 침을 깊이 찌르면 멀쩡한 살이 상하고 피부에 염증이 생긴
다. 병이 깊은 곳에 있는데 침을 얕게 찌르면 병기는 빠지지 않고 반대로 대농
大膿이 된다. 소소한 병에 큰 침을 쓰면 기가 많이 빠져나가 질병이 더 심해진
다. 큰 병에 작은 침을 쓰면 기가 빠져나가지 못해 역시 낫지 않는다. 침을 제
대로 사용하지 않아 큰 침을 쓰면 기가 빠지고, 작은 침을 쓰면 기가 나가지
못한다.

　이상 구침을 사용했을 때의 부작용을 설명했으니 구침의 사용법에 대해 말
하겠다. 병이 피부에 있으면서 일정하지 않을 때는 병소에 참침鑱鍼으로 취한
다. 피부가 하야면 침놓지 않는다. 병이 분육 사이에 있을 때는 병소에 원침員
鍼으로 취한다. 병이 경락에 있는 고질적인 비증痺症은 봉침鋒鍼으로 취한다.

병이 맥에 있으면서 기운이 없어 보해야 할 때는 정형분수혈井滎分腧穴에 시침
鍉鍼으로 취한다. 대농병大膿病에는 피침鈹鍼으로 취한다. 비증이 갑자기 일어
날 때는 원리침員利鍼으로 취한다. 비증으로 통증이 가시지 않을 때는 호침毫
鍼으로 취한다. 병이 깊이 있을 때는 장침長鍼으로 취한다. 병이 붓고 관절이
통하지 않을 때는 대침大鍼으로 취한다. 병이 오장에 단단히 박혀 있을 때는 봉
침鋒鍼을 써서 사시四時에 따른 기의 변화를 살펴 정형분수혈에 사법을 행한다.

⊕ 관官은 공인된 침법이다. 구침법九鍼法은 대소장단에 따라 천심보사淺深補瀉
의 역할이 있어 각기 삼자三刺·오자五刺·구자九刺·십이자법十二刺法으로 각각
시술한다. 적절하게 사용하지 않으면 병이 낫지 않고 반대로 하면 더 심해진다.

凡刺有九, 以應九變, 一曰輸刺, 輸刺者, 刺諸經滎輸臟腧也. 二曰
遠道刺, 遠道刺者, 病在上, 取之下, 刺腑腧也. 三曰經刺, 經刺者,
刺大經之結絡經分也. 四曰絡刺, 絡刺者, 刺小絡之血脈也. 五曰
分刺, 分刺者, 刺分肉之間也. 六曰大瀉刺, 大瀉刺者, 刺大膿以鈹
鍼也. 七曰毛刺, 毛刺者, 刺浮痺皮膚也. 八曰巨刺, 巨刺者, 左取
右, 右取左. 九曰焠刺, 焠刺者, 刺燔鍼則取痺也.

아홉 가지 침놓는 방법이 있으니 구변九變에 응한다.
첫째, 수자輸刺. 수자는 경의 형수滎腧와 오장의 배수背腧에 자침한다.
둘째, 원도자遠道刺. 원도자는 병이 상부에 있을 때 아래에서 취하는데 육부
六腑의 하합혈下合穴을 취한다.
셋째, 경자經刺. 경자는 대경大經의 뭉친 낙맥絡脈과 경맥經脈 부분에 자침한
다.
넷째, 낙자絡刺. 낙자는 작은 낙맥의 혈에 자침한다.
다섯째, 분자分刺. 분자는 분육 사이에 자침한다.
여섯째, 대사자大瀉刺. 대사자는 대농大膿을 피침鈹鍼으로 사하는 것이다.
일곱째, 모자毛刺. 모자는 피부의 비증痺症에 자침한다.
여덟째, 거자巨刺. 거자는 좌병에 우측을 자침하고, 우병에 좌측을 자침한다.
아홉째, 쉬자焠刺. 쉬자는 침을 덥혀서 자침하여 비증을 치료한다.

● 앞 구절은 구침의 용도에 따른 침법을 말했고, 여기서는 아홉 가지의 침놓는 기술에 대해 말한다.

수자輸刺는 오장의 오수혈五臟穴에 자침하는 것으로 형수치외경滎腧治外經을 이른다.

원도자遠道刺는 병이 상부에 있는데 하부의 합혈合穴을 취하는 것으로 합치육부合治六腑를 이른다. 대개 수족 삼양의 맥은 근원이 모두 족足에 있으면서 올라가서 경항頸項을 순환한다.

대경大經은 오장육부의 대락大絡이다. 사기가 피모에 침입하면 손락에 들어가 머물고 유체되어 제거되지 않으면 막혀서 통하지 못하여 대경으로 흘러 넘어가서 기병奇病이 생긴다. 그러므로 대경의 막힌 낙맥絡脈을 자침하여 통하게 한다.

낙자絡刺는 피부에 드러난 작은 낙맥이다. 분자分刺는 분육分肉에는 계곡谿谷이 만나는 곳이 365개가 있어 기육肌肉에 사기가 있을 때 취한다.

대사자大瀉刺는 대농혈大膿血을 사하는 것이다.

모자毛刺는 피모에 사기가 있어 막힌 것으로 얕게 취한다. 피부는 건드리지 말고 터럭만 찌르고 기육은 건드리지 말고 피부만 자침한다.

거자巨刺는 사기가 십이경별十二經別에 침범했을 때 사용해야 한다. 좌측에 병이 있으면 우측을 취하고, 우측에 병이 있으면 좌측을 취하는 것이다.

쉬자焠刺는 침을 덥혀서 찌르는 것으로 근비증筋痺症에 취한다.

凡刺有十二節, 以應十二經, 一曰偶刺, 偶刺者, 以手直心若背, 直痛所, 一刺前, 一者後, 以治心痺, 刺此者, 傍鍼之也. 二曰報刺, 報刺者, 刺痛無常處也, 上下行者, 直內無拔鍼, 以左手隨病所按之, 乃出鍼復刺之也. 三曰恢刺, 恢刺者, 直刺傍之, 擧之前後恢筋急, 以治筋痺也. 四曰齊刺, 齊刺者, 直入一, 傍入二, 以治寒氣, 小深者, 或曰三刺, 三刺者, 治痺氣小深者也. 五曰揚刺, 揚刺者, 正內一, 傍內四, 而浮之, 以治寒氣之博大者也, 六曰直鍼刺, 直鍼刺者, 引皮乃刺之, 以治寒氣之淺者也. 七曰輸刺, 輸刺者, 直入直出, 稀發鍼而深之, 以治氣盛而熱者也. 八曰短刺, 短刺者, 刺骨痺, 稍搖而深之, 致鍼骨所, 以上下摩骨也. 九曰浮刺, 浮刺者, 傍入而浮之, 以治肌急而寒者也. 十曰陰刺, 陰刺者, 左右率刺之, 以治寒厥, 中寒厥, 足踝後少陰也. 十一曰傍鍼刺, 傍鍼刺者, 入直傍刺各一, 以治留痺久居者也. 十二曰贊刺, 贊刺者, 直入直出, 數發鍼而淺之出血, 是謂治癰腫也.

침놓을 때 열두 가지 기법이 있으니 십이경經에 대응된다.

첫째, 우자偶刺. 우자는 손을 가슴과 등뒤에 대고 가슴 통처를 향해 동시에 찌르는 방법으로 심비心痺를 치료한다. 침을 비스듬히 찔러 내장의 손상을 방지한다.

둘째, 보자報刺. 보자는 통처가 일정하지 않고 상하로 움직일 때 사용한다. 통처에 찌르고 침을 빼지 않은 상태에서 왼손으로 아픈 곳을 따라 누르고서 처음 놓은 침을 빼서 다시 누르고 있는 곳에 침놓는다.

셋째, 회자恢刺. 회자는 통증이 있는 곳에 직접 찌르고 나서 다시 살짝 들어 전후좌우로 넓게 돌려 경직된 근육을 풀어준다. 근비筋痺를 치료한다.

넷째, 제자齊刺. 제자는 통처에 직접 하나 찌르고 옆에 침 두 개를 찔러 조금 깊이 있는 한기寒氣를 치료한다. 삼자三刺라고도 하는데 조금 깊이 있는 비기痺氣를 치료한다.

다섯째, 양자揚刺. 양자는 정중앙에 침을 하나 찌르고 사방에서 네 개를 약간 들리게 찌른다. 한기寒氣가 넓게 퍼진 것을 치료한다.

여섯째, 직침자直鍼刺. 직침자는 피부를 당겨서 찌른다. 얕게 있는 한기寒氣를 치료한다.

일곱째, 수자輸刺. 수자는 침을 찔렀다가 바로 빼는 방법으로 깊이 찔렀다 빼는 것이 아니다. 기성氣盛하여 열이 나는 것을 치료한다.

여덟째, 단자短刺*. 단자는 골비骨痺에 자침하는데 천천히 흔들면서 깊이 넣어 뼈에 닿게 하고 상하로 뼈를 긁는다.

아홉째, 부자浮刺. 부자는 병소의 기육肌肉에 옆으로 들리게 얕게 찔러 한寒으로 일어나는 기육경련을 치료한다.

---

* 장경악은 서서히 찌르는 것을 '단短'이라고 했다. 단자短刺는 서서히 집어넣는 것을 의미한다─〈통해〉.

열째, 음자陰刺. 음자는 좌우를 다 찔러 한궐寒厥을 치료한다. 한궐증에는 족소음신경의 태계太谿를 좌우 모두 찌른다.

열한째, 방침자傍鍼刺. 방침자는 침놓고 그 옆에 다시 침을 찌른다. 오래된 만성 비증을 치료한다.

열두째, 찬자贊刺. 찬자는 침을 찔렀다가 바로 다시 빼는 것으로 여러 번 하여 천부淺部의 피를 사혈한다. 옹종癰腫을 치료하는 방법이다.

◉ 절節은 정해진 기법이다. 침에 열두 개의 규정된 기법이 있으니 십이경에 대응된다.

우자偶刺는 하나는 흉부에 자침하고 다른 하나는 배부에 자침하여 전후음양이 서로 짝이 된다. 비스듬히 찌르는 것은 침으로 심장을 찔러 심기心氣를 손상시킬까 염려되어서다.

보자報刺는 통처가 움직여 일정하지 않을 때 침놓고 빼서 다시 자침하므로 보자라고 한다.

회恢는 크게 하는 것이다. 긴장된 근육을 전후로 크게 흔들어 근비筋痺를 치료한다.

제자齊刺는 정중앙을 찌른다. 하나는 정중앙을 곧게 찌르고 옆에 침을 두 개 놓아 돕는다. 그래서 삼자三刺라고도 하는데 약간 깊은 한비寒痺를 치료한다.

양자揚刺는 중앙에서 사방으로 퍼지게 하는 것이다.

직침자直鍼刺는 호침으로 피모를 당겨 얕게 자침하여 득기得氣하면 똑바로 세운다.

수자輸刺는 바로 찔렀다가 바로 빼는 것으로 바퀴가 구르는 것처럼 빨리 한다.

단자短刺는 단침短鍼을 사용하여 골까지 깊이 찔러 상하로 문질러 골비骨痺를 치료한다.

부자浮刺는 비스듬히 찔러 얕게 있는 것을 치료한다.

음자陰刺는 소음少陰에서 생긴 한궐寒厥을 치료한다.

방침자傍鍼刺는 하나는 똑바로 찌르고 다른 하나는 옆에 찔러 오래된 비증痺

症을 치료한다.

찬찬贊은 돕는다는 것이다. 침을 자주 찔러 천부淺部에서 출혈을 시켜 옹종癰腫
이 소산하게 돕는다.

안 | 십이자법 중 유독 소음少陰만 제시한 것은 소음이 선천의 음양수화陰陽水火
를 주관하고 오운육기五運六氣의 생원生原이기 때문이다.

> 脈之所居, 深不見者, 刺之微內鍼而久留之, 以致其空脈氣也. 脈
> 淺者, 勿刺. 按絶其脈, 乃刺之, 無令精出, 獨出其邪氣耳.
> 맥이 깊이 있어 보이지 않을 때는 침을 조금씩 찌르고 오랫동안 유침하여 맥
> 기脈氣가 오게 한다. 맥이 얕게 있으면 자침해서는 안 된다. 혈맥을 눌러 피가
> 통하지 않게 한 후에 자침한다. 정기는 나가지 않고 사기만 나가게 한다.

⊕ 여기서는 경맥이 내부에서는 오행五行의 화운化運과 합하고, 외부에서는 육
기의 사천司天에 응하므로 침놓을 때는 이것을 꼭 알아야 한다고 말한다.

경맥은 내부에서 장부와 연결되고 외부에서는 육기와 합한다. 오장이 오행
과 합하는 것五臟內合은 오운이 중앙에 있으면서 출입을 주관하고 육기가 외부
에서 돌면서 승강을 주관하는 것에 상응한다. 육기의 사천재천司天在泉은 정수
精水가 기를 따라 부표膚表를 운행하는 것에 대응된다. 그러므로 맥이 깊이 있
어 드러나지 않는 것은 내부에서 오장에 연결된 것이다.

살살 침을 찔러 오래 유침시키고 공맥기空脈氣가 오는 걸 기다리는 것刺之微
內鍼而久留之 以致其空脈氣也은 오장의 신기神氣를 오게 하여 외부에서 운행되게
하는 것이다. 맥천자脈淺者는 피부에 드러나는 맥이니 육기가 외부에서 합하는
것이다. 정수精水는 기를 따라 부표膚表에 운행된다. 따라서 맥이 얕게 있는 것
은 자침해서는 안 되고 맥을 눌러 혈이 통하지 않게 하고 자침하는 것脈淺者勿
刺 按絶其脈乃刺之은 육기가 운행되게 하고 정精이 빠져나가지 못하게 한다.

장옥사가 말했다. "오장의 신기神氣를 오게 하는 것은 영위혈기가 아니므로
공맥기空脈氣라고 했다."

所謂三刺, 則穀氣出者. 先淺刺絶皮, 以出陽邪, 再刺則陰邪出者,
少益深, 絶皮致肌肉, 未入分肉間也, 已入分肉之間, 則穀氣出. 故
刺法曰 始刺淺之, 以逐邪氣, 而來血氣, 後刺深之, 以致陰氣之邪,
最後刺極深之, 以下穀氣, 此之謂也. 故用鍼者, 不知年之所加, 氣
之盛衰, 虛實之所起, 不可以爲工也.

삼자三刺라는 것은 곡기穀氣가 돌게 하는 것이다. 먼저 얕게 피부만 살짝 지나
게 찔러 피부의 양사陽邪를 내보낸다. 다시 피부에서 기육肌肉까지 조금 더 찔
러 내부의 음사陰邪를 내보낸다. 분육分肉에는 미치지 않는다. 분육까지 집어
넣으면 곡기가 돌기 시작한다. 그래서 자법刺法에 "처음에는 얕게 찔러 사기를
내보내고 혈기가 오게 하며, 다시 더 깊이 찔러 내부의 사기를 내보내며, 마
지막으로 더 깊이 찔러 곡기가 오게 한다"라고 했다. 그러므로 침놓는 자는
운기運氣에 따른 허실과 기의 성쇠, 허실이 일어나는 이유를 모르면 상공이
될 수 없다.

⊕ 여기서는 삼음삼양지기가 피부 표면을 운행하는 것을 거듭 밝히고 있다.

곡기穀氣는 기육肌肉과 주리腠理를 통회通會하는 원진元眞으로 비위脾胃가 주
관하므로 그리 이른다. 음사陰邪·양사陽邪는 음양의 기분氣分에 있는 사기다.
피부에서 기육까지 조금 더 찌르지만 분육에는 미치지 않는다少益深絶皮 致肌肉
未入分肉間는 것은 피부皮와 기육肌肉이 서로 만나는 곳에서 피부만 찌르고 분
육은 찌르지 않는 것이다.

삼음삼양지기가 부표膚表를 운행하는 것은 천지육기天之六氣에 상응하는 것
이므로 침놓을 때 연지소가年之所加와 기의 성쇠盛衰, 허실虛實이 일어나는 바
를 모른다면 상공이 될 수 없다고 말한다. 연지소가는 육기의 가림加臨이다. 기
의 성쇠는 오운지기五運之氣의 태과불급太過不及이다. 오운의 태과불급과 기의
성쇠로 말미암아 사람에게 허실이 생긴다.

批 사邪를 빌려 음양의 기가 피부 표면에 있음을 밝힌 것이다.

凡刺有五, 以應五臟. 一曰半刺, 半刺者, 淺內而疾發鍼, 無鍼傷肉, 如拔毛狀, 以取皮氣, 此肺之應也. 二曰豹文刺, 豹文刺者, 左右前後鍼之, 中脈爲故, 以取經絡之血者, 此心之應也. 三曰關刺, 關刺者, 直刺左右, 盡筋上, 以取筋痺, 愼無出血, 此肝之應也, 或曰淵刺, 一曰豈刺. 四曰合谷刺, 合谷刺者, 左右雞足, 鍼於分肉之間, 以取肌痺, 此脾之應也. 五曰輸刺, 輸刺者, 直入直出, 深內之至骨, 以取骨痺, 此腎之應也.

오장에 대응되는 다섯 가지 자법이 있으니 다음과 같다.

첫째, 반자半刺. 반자는 얕게 찌르고 빨리 침을 빼는데 털을 뽑듯이 하여 침으로 기육을 손상시켜서는 안 된다. 피부의 기皮氣를 취하는 것이니 폐肺에 해당된다.

둘째, 표문자豹文刺. 표문자는 전후좌우에 침놓아 맥에 적중시킨다. 경락의 혈을 취하니 심心에 해당된다.

셋째, 관자關刺. 관자는 사지의 관절 부위의 근에 직자하는데 출혈이 안 되게 한다. 근비筋痺를 취하니 간肝에 해당된다. 연자淵刺라고도 하고, 기자豈刺라고도 한다.

넷째, 합곡자合谷刺. 합곡자는 침을 분육에 깊이 찌르고 좌우로 닭발처럼 침놓는다. 기비肌痺를 취하니 비脾에 해당된다.

다섯째, 수자輸刺. 수자는 침을 깊이 뼈에 닿을 때까지 찔렀다가 바로 뺀다. 골비骨痺를 취하니 신腎에 해당된다.

🌐 이것은 오장의 기가 피맥육근골과 외합外合하는 것을 말한다. 오장은 중中을 주관하므로 외합을 취하여 오장에 반응케 한다. 혈血은 신기神氣다. 그러므로 오장의 신기가 혈맥에 운행되는 것은 오운지화五運之化에 대응된다. 오장지기는 피육근골에 외합하고 천지사시天之四時에 따른다.

장옥사가 말했다. "구의九宜·구변九變은 지地의 구야九野·구주九州, 인人의 구장九臟·구규九竅에 대응되고, 십이절節은 십이월月에 대응되며, 삼자三刺는 삼음삼양에 대응되고, 오자五刺는 오행五行·오시五時에 대응되니 침도鍼道는 천지인天地人에 배합하고 사람은 천지天地와 합한다."

$\mathcal{R}$

손발에 침을 놓아 통증이 소실되면 굉장히 신기해한다. 외국인들은 즉시 "미라클!" 하고 외친다. 어떤 사람들은 "혹시 침에 약을 묻혔어요?"라고 믿을 수 없다는 듯이 묻는다. 어떻게 표피에 침을 찔러 병이 나을 수 있는가? 침을 놓아 인체에 침입한 세균을 죽이거나 좁혀진 척추를 넓히지 못한다.

사람은 생명체다. 생명이란 그 자체적으로 대사활동을 할 수 있는 기능이 있다. 기는 대사의 주체가 되어 온몸에 혈과 진액을 운반하여 각 장기와 조직에 영양을 공급하며 노폐물도 수거하고 배출한다. 기혈에 의해서 생명이 유지된다. 팔다리가 움직이는 것, 눈으로 보는 것, 입으로 말하는 것, 맛보는 것, 듣는 것, 생각하는 것, 느끼는 것 등 모든 생명활동을 포함해 장기나 각 기관의 모든 작용이 다 기에 의해서 이루어진다. 생장·발육·노쇠·죽음이 모두 이 기에 의해서 발생한다. 따라서 "기가 생명의 근본이다氣者 人之本也"라고 하니 기가 있으면 살고 기가 없으면 대사가 일어나지 않으니 죽는다有氣則生 無氣則死.

병은 기질적 이상과 기능적 이상으로 말미암는다. 기질은 형태의 변화를 말하고 기능은 활동작용을 말한다. 따라서 기능적 이상이란 기氣의 이상에 따른 것이다. 기의 이상이 생기면 혈과 진액도 공급되지 않아 기능적 이상이 생기고 그것이 오래 지속되면 기질적 이상이 초래된다. 물론 사고 등으로 기질적 이상이 생겨 기능적 이상을 초래할 수도 있다. 기능적 이상이 계속되면 물론 기질적 이상을 초래하고 기질적 이상은 기능적 이상을 초래한다. 하지만 기질은 자체적으로 움직이지 못하고 에너지인 기의 작용이 기능을 일으키고 그것으로 인하여 형체의 변화도 일어난다. 한의학에서 치료하고자 하는 대상은 바로 이 기혈의 이상이다. 이상을 일으킨 기혈 변화를 정상으로 되돌리는 것이 한의학의 치료 목표다.

기의 변화는 기의 허실虛實로써 표현된다. 즉 병이란 기가 허해지거나 실해져 균형을 잃은 것이다. 기의 허실로써 기능적 이상이 나타난다.

기는 대사의 주체가 되므로 가장 중요한 것은 끊임없이 순환되어야 한다. 기가 순환되지 못하면 기능이 억제되면서 이상이 초래된다. 기가 실하면 기능이 항진되어 나타나고, 기가 약하면 기능이 약하게 나타난다. 즉 기의 변화는 무궁하지만 대별하면 기체氣滯·기실氣實·기허氣虛로 나눌 수 있다. 따라서 병은 증상을 하나하나 없애는 것이 아니라 경맥을 소통시키고 혈기를 조절하는 것通其經脈 調其血氣이 바로 병을 낫게 하는 것이다.

자극을 주면 기가 몰린다. 교실에서 학생들이 떠들 때 선생님은 칠판을 두드리면서 "주목!" 하고 소리친다. 소리로써 상대방의 기를 모으는 것이다. 연예인은 남의 시선 받기를 좋아한다. 대중의 관심을 받기 위하여 특이한 외모나 자극적인 의상 화려한 색상을 즐겨 입는다. 머리를 길게 기르거나 빡빡 깎는 연예인도 있고 머리를 빨갛고 노랗게 물들이는 사람도 있다. 특이한 행동을 히어 다른 사람의 관심을 끌려고 한다. 관심이라는 것은 상대방에게 기를 보내는 것이다.

기는 호흡에 따라 움직인다. 한 번 날숨에 3촌을 가고 한 번 들숨에 3촌을 온다. 한 호흡에 6촌을 움직인다. 운동선수는 호흡을 잘 이용한다. 손에 힘을 준다는 것은 손으로 기를 많이 모으는 것이다. 권투선수는 숨을 내쉬면서 주먹을 뻗는다. 주먹에 모든 기가 몰려 강한 힘이 나오게 한다. 숨을 들이쉬면서 주먹을 뻗는 경우와 숨을 내쉬면서 주먹을 뻗는 경우 어느 것이 주먹이 센지 한 번 해보라. 역도선수는 역기를 들기 위해 우선 숨을 크게 들이쉬고 바벨을 잡은 다음 숨을 한순간 내쉬면서 바벨을 힘껏 들어올린다. 호흡과 함께 힘을 극대화하는 것이다.

침을 이용하여 기를 조절한다. 침은 자극이다. 자극을 주면 기가 몰린다. 침은 찌르는 속도를 이용하여 기를 조절한다刺之微 在速遲. 허하여 보법을 행할 때는 기를 모아야 하니 침을 서서히 찔러 주변의 기가 모이게 한다徐而疾則實 후에 침을 빼고 침구멍을 빨리 막아 기가 빠져나가지 못하게 한다. 기가 모이면 침을 놓은 부위가 점차 따뜻해진다. 실하여 사법을 행할 때는 몰려 있는 기를 흩뜨려야 하니 기가 몰린 자리에 침을 빠르게 찌르고 서서히 침을 빼면 몰려 있던 기가 침구멍으로 빠져나가게 한다疾而徐則虛. 이때는 침구멍을 막지 않는다疾而徐則虛. 보법과 사법을 반대로 행하면 병이 나을 수 없다.

또 운동과 마찬가지로 침을 찌를 때 호흡을 이용하여 기를 조절한다. 기를 모으고 싶으면 날숨에 침을 찔러 기가 많이 모이게 하고 들숨에 침을 빼면 기가 최소한도로 빠져나간다追而濟之. 반대로 모인 기를 빼고 싶으면 들숨에 찌르고 날숨에 침을 뺀다. 기가 몰려 있는 것이 실이고 부족한 것이 허다. 기를 모으는 것이 보법이고 기를 흩뜨리는 것은 사법이다迎而奪之.

모든 생명활동이 기의 작용으로 일어나는 것이니 힘이 세면 기가 강한 것이고 힘이 약하면 기가 약한 것이다. 목소리가 크면 기가 많은 것이고 목소리가 작으면 기가 적은 것이다. 얼굴색이 밝으면 기가 순환이 잘 되는 것이고 얼굴색이 침침하면 기가 순환이 잘 안 되는 것이다. 하지만 이런 것들은 일정하지 않다. 변화가 가장 확실하게 나타나는 것이 맥이다.

침을 놓을 때는 맥을 보아 기의 변화를 살펴야 한다. 침놓기 전에 먼저 맥을 보아 기의 허실 상태를 파악하고, 침을 찌르고 나서도 맥을 보아 보할지 사할지를 판단하며, 침을 빼고 나서는 제대로 보補가 되었는지 사瀉가 되었는지를 확인한다言虛與實 若有若無 察後與先 若存若亡 爲虛與實 若得若失. 한순간도 기의 흐름을 놓쳐서는 안 된다.

침놓을 때는 먼저 침놓을 곳을 문질러 기를 모은다. 침을 단단히 잡는데 왼손은 침 끝을 잡고 오른손으로 밀어 넣는다. 침은 똑바로 찔러 좌우로 흔들리지 않게 한다. 정신을 집중하여 침 끝에 신경을 모아 침 끝에서 일어나는 기감氣感을 느껴야 한다. 약간 조이는 느낌이 있거나 찌릿하거나 뻐근한 느낌이 있으면 기가 온 것이다.

침은 세 번에 나누어 찌른다. 처음에는 얕게 찔러 표피의 양사가 풀리게 한다. 다음에는 조금 더 깊이 찔러 음사가 풀리게 한다. 다시 더 깊이 찔러 곡기가 이르게 한다. 이를 삼자법三刺法이라고 한다. 병은 허실의 발생이고 삼자법은 보사다. 침은 단순히 찌르는 행위가 아니다. 항시 맥을 보아 기의 상태와 변화를 감지하여 침의 자극으로 허실을 조절하는 것이다.

𝔯

한의원을 제일 많이 찾는 질환은 손목과 발목의 염좌다. 염좌는 아주 다양한 부위에서 발생하기 때문에 치료하는 것이 만만치 않다. 또 실제로 염좌에 대하여 치법을 명확하게 설명한 책도 별로 없다.

발목을 예로 들어보자. '삐었다' '삐끗했다' '접질렸다' '인대가 늘어났다'는 것이 모두 염좌 질환이다. 걷다가 잘못하여 발을 삐끗하면 발이 붓고 열이 나며 아프다. 발에 세균이 들어가거나 뼈 또는 인대가 잘못되어 오는 것이 아니다. 기가 유체되면서 정기가 사기로 바뀐 것이다. 붓고 아프다는 것은 발 한쪽으로 기가 몰려 유체되고 기가 유체되면서 혈도 돌지 못하여 붓고 아픈 증상이 나타난다. 즉 기가 상하여 나타나는 통증이다氣傷則痛.

발목을 삐어서 오는 환자라면 삔 당일 아픈 당처에는 될수록 침을 놓지 않는다. 발목을 삔 당시에는 그다지 아프지 않다가 혈이 손상되어 저녁이 되면 통증이 심해지는 경우가 있다. 또 성난 곳에 자극을 주면 더 심해져 통증이 심해질 수 있기 때문이다. 그래서 〈영추·구침십이원〉에서 "성할 때는 맞서지 말라 其來不可逢"고 했다.

다친 당일에는 아픈 반대쪽에서 다스린다. 치법은 〈소문·유자론〉에 나오는 것으로 좌병에 우측을 취하고 우병에 좌측을 취하는 유자법繆刺法을 행한다. 유자법은 환부의 가장 먼 곳에 있는 정혈井穴을 사혈하는 방법이다. 환부의 가장 먼 곳, 즉 반대편 정혈을 사혈하여 막힌 혈체를 돌게 하는 것이다. 마치 피펫의 원리와 같다.

그다음에 〈영추·사기장부병형〉의 "형수혈로 외경을 치료한다榮腧治外經"를 이용하여 오수혈의 형혈榮穴과 수혈腧穴에 침을 놓아 경기經氣가 통하게 한다. 그리고 나서 아픈 부위의 정확한 반대편에 침을 놓아 기의 균형을 맞춘다. 삐어서 기가 몰리는 부위는 관절과 관절 사이, 관절과 인대 사이로 움푹 들어간 틈새다. 아픈 부위를 찾아 반대편에 정확하게 침을 놓으면 통증이 감소된다.

둘째 날에는 환부의 발목을 눌러보아 통증이 있는 곳에 사혈을 한다. 사혈을 하면 검은색 피가 나오는데 피 색깔이 변하면 멈춘다. 또 첫날의 치료와 마찬가지로 반대편에서 치료한다.

손목도 마찬가지다. 아픈 부위를 정확히 찾아 반대편에 정혈을 사혈하고 형혈·수혈에 자침한다. 아픈 부위의 반대편에 자침하는 것이다.

본신本神

黃帝問於岐伯曰: 凡刺之法, 先必本於神. 血, 脈, 營, 氣, 精, 神, 此五臟之所藏也, 至其淫泆離臟則精失, 魂魄飛揚, 志意恍亂, 智慮去身者, 何因而然乎? 天之罪與, 人之過乎? 何謂德氣生精, 神, 魂, 魄, 心, 意, 志, 思, 智, 慮? 請問其故.

岐伯答曰: 天之在我者, 德也, 地之在我者, 氣也, 德流氣薄而生者也. 故生之來謂之精, 兩精相搏謂之神. 隨神往來者, 謂之魂. 並精而出入者, 謂之魄. 所以任物者, 謂之心. 心有所憶, 謂之意. 意之所存, 謂之志. 因志而存變, 謂之思. 因思而遠慕, 謂之慮. 因慮而處物, 謂之智. 故智者之養生也, 必順四時而適寒暑, 和喜怒而安居處, 節陰陽而調剛柔, 如是則僻邪不至, 長生久視.

황제가 기백에게 물었다. "무릇 침은 신神에 바탕을 두고 놓아야 한다. 혈血·맥脈·영營·기氣·정精·신神은 오장에 저장되어 있다. 음일淫泆하여 오장을 벗어나면 정精이 소실되고, 혼백魂魄이 비양飛揚하며, 지의志意가 광란恍亂하고, 지려智慮 있는 행동을 못하게 된다. 무슨 이유로 그렇게 되는가? 하늘이 내린 벌인가, 아니면 사람의 잘못인가? 덕기德氣에서 정精·신神·혼魂·백魄·심心·의意·지志·사思·지智·여慮가 생긴다는 것은 무엇을 말하는 것인가? 그 이유를 알고 싶다."

기백이 답했다. "내 몸에 있는 천天의 기운은 덕德이고, 지地의 기운은 기氣다. 덕이 흐르고 기가 모여 생기는 것이다. 그러므로 생명은 정精에서 시작하고, 양정兩精이 서로 뭉쳐서 신神이 된다. 신神을 따라서 왕래하는 것이 혼魂이고, 정精과 함께 출입하는 것이 백魄이다. 일을 맡는 것이 심心이고, 심心이 기억하는 것이 의意다. 의意가 보존된 것이 지志고, 간직된 지志를 유지할까 바꿀까 판단하는 것이 사思다. 사思에 따라 예측하는 것이 여慮고, 예측에 따라 일

> 을 처리하는 것이 지智다. 그러므로 양생법은 반드시 사시四時를 따르고, 한서
> 寒暑를 적절하게 조절하며, 희로喜怒의 감정을 온화하게 하며, 거처를 편안하
> 게 하고, 성생활을 절제하며, 행동을 조절하면 사기가 들어오지 않고 오랫동
> 안 건강하게 살 수 있다."

◉ 사람의 덕기德氣는 천지의 덕기를 받아서 생기고, 그것으로 정精·기氣·혼魂
·백魄·지志·의意·지智·여려慮가 일어난다. 지자智者는 이 신지神智를 온전하게
하여 천지天地의 성性을 따라 양생養生의 도道를 터득했다. 덕德은 천天에서 얻
은 것으로 허령불매虛靈不昧하고 모든 이치를 다 갖추고 만사를 처리한다.

눈으로 보는 것目之視, 귀로 듣는 것耳之聽, 코로 냄새 맡는 것鼻之臭, 입으로
맛보는 것口之味, 손을 움직이는 것手之舞, 발로 뛰는 것足之蹈 등이 지地에서 만
들어진 형기形氣다. 건乾은 모든 이치이고 곤坤은 이치에 따라 성물成物하니 덕
이 흐르고 기가 모여 생긴다.

〈영추·결기決氣〉에서 "몸 생기기 이전에 생긴 것이 정精이다常先身生是謂精"
라고 했다. 형체가 생기기 이전에 먼저 천일지정天一之精을 받은 것이므로 생
명체 만드는 것을 정精이다所生之來謂之精라는 것이다.

〈영추·평인절곡平人絶穀〉에서 "신神은 수곡水穀의 정기精氣다神者 水穀之精氣
也"라고 했다. 선천先天에서 만들어진 정精과 후천後天 수곡에서 만들어진 정精
을 바탕으로 신神이 생성된다. 그래서 "두 개의 정精이 뭉쳐서 신神이 만들어진
다兩精相摶謂之神"고 한다. 화지정火之精이 신神이고 수지정水之精이 정精이다.

간은 양장陽臟이고 혼魂을 간직하고 있으며, 폐는 음장陰臟이고 백魄을 간직
하고 있다. 그래서 "혼은 신을 따라 움직이고, 백은 정과 함께 움직인다隨神往
來 並精而出入"라고 한다.

심心은 군주지관君主之官으로 신명神明이 표출된다心爲君主之官 神明出焉. 천지
만물은 모두 내 마음에 담는 것이다吾心之所任.

마음이 기억하여 아는 것이 의意다心有所憶者意也.

의식意識된 것을 계속 보존하고 지키는 것이 지志다意之所存者志也.

간직하고 있던 뜻志을 계속 유지할까 바꿀까 하는 것이 사思다志有所變者思也.

생각을 가지고 미리 예측하는 것이 여慮다思有所慕者慮也.

예측된 일을 처리하는 것이 지智다慮有所處者智也.

이것들은 모두 심신心神이 작용하는 것이므로 지자智者는 천지의 성性을 따라 받들고 양생의 도를 터득했다.

> 是故怵惕思慮者則傷神, 神傷則恐懼流淫而不止. 因悲哀動中者, 竭絶而失生, 喜樂者, 神憚散而不藏, 愁憂者, 氣閉塞而不行, 盛怒者, 迷惑而不治, 恐懼者, 神蕩憚而不收.
>
> 그러므로 신경을 쓰고 생각을 많이 하면 신神이 손상된다. 신이 손상되면 불안이 그치지 않는다. 슬픔으로 마음이 동요되면 기운이 빠지고 삶의 의욕을 잃는다. 지나친 쾌락은 신이 흩어져 억제가 안 된다. 근심이 많으면 기가 폐색閉塞되어 돌지 못한다. 화를 많이 내면 자제력이 상실된다. 두려운 공포는 신神을 다 흩뜨려서 수렴이 안 된다.

◉ 여기서는 앞 문장을 이어서 사려지의思慮志意가 모두 마음에서 생긴 것이기 때문에 사思·여慮·희喜·노怒·비悲·우憂·공恐·구懼는 모두 심장의 신기神氣가 손상된 것이라고 말한다.

> 心: 怵惕思慮則傷神, 神傷則恐懼自失, 破䐃脫肉, 毛悴色夭, 死於冬.
>
> 심心: 신경을 많이 쓰고 생각이 많으면 신神이 손상된다. 신이 손상되면 불안하여 자신감이 상실되며 살이 빠지고 모발이 초췌해지며 안색이 나빠지고 겨울에 더 심해진다.

◉ 여기서는 칠정七情이 오장의 신지神志를 상하게 하는 것을 나누어 말한다.

사려思慮는 비脾의 감정이다. 신경을 쓰고 생각을 많이 하면 심장의 신神이 손상된다. 신이 손상되면 주체적으로 지탱하지 못하여 불안해하면서 자신감을 잃는다. 비脾는 소화기로 기육을 주관하며 폐肺는 호흡기로 피모를 주관한다. 군䐃은 기름기가 많은 부위다. 안색에 기가 드러난다. 군육䐃肉은 음으로 형체다. 모색毛色은 양으로 기氣다. 살이 빠지고 모발이 초췌해지는 것破䐃脫肉

毛悴色夭은 생명이 끊어지려는 것이다. 겨울에 죽는다死於冬는 것은 오행의 상극勝克이 사시四時에 적용되는 것이다.

장개지가 말했다. "심사려상신心思慮傷神은 비장脾臟의 지志가 심장에 쏠린 것이다. 나머지 장기도 마찬가지다."

> **脾: 愁憂而不解則傷意, 意傷則悗亂, 四肢不擧, 毛悴色夭, 死於春.**
>
> 비脾: 근심 걱정으로 의지意志가 손상된다. 의지가 손상되면 가슴이 답답해지고 팔다리가 잘 안 움직이며 모발이 초췌해지고 안색이 나빠지며 봄에 더 심해진다.

● 우수憂愁는 폐肺의 감정이다. 비脾는 걱정이 풀리지 않으면 비장의 의意를 손상시킨다. 의意가 손상되면 가슴이 답답해지고 팔다리가 잘 안 움직인다. 의意는 마음에서 생기는 것이고, 비脾는 팔다리를 주관하기 때문이다.

> **肝: 悲哀動中則傷魂, 魂傷則狂忘不精. 不精則不正, 當人陰縮而攣筋, 兩脇骨不擧, 毛悴色夭, 死於秋.**
>
> 간肝: 슬픔이 마음의 동요를 일으키면 혼魂이 상한다. 혼이 상하면 흥분하기도 하고 까먹기도 하면서 정신이 없다. 정신이 없으니 올바른 행동을 하지 못한다. 음낭陰囊이 위축되고 근육 경련이 일어나며 양 옆구리가 땅기고 모발이 초췌해지며 안색이 나빠지고 가을에 더 심해진다.

● 비애悲哀는 폐肺의 정서다. 슬픔이 마음을 흔들어 간장이 간직하고 있는 혼魂을 손상시킨다. 혼이 손상되면 흥분하기도 하고 까먹기도 하면서 정신이 없다. 간肝은 장군지관將軍之官으로 모려출언謀慮出焉한다. 간지肝志가 상하면 정밀하게 일처리를 못한다. 담膽은 중정지관中正之官으로 결단출언決斷出焉한다. 오장의 기가 상하면 육부六腑의 지志도 올바르게 작용하지 못하여 결단을 못 내린다. 간은 근筋을 주관하고 간맥肝脈은 생식기로 연결되어 있어 음경陰莖이 위축되고 근육에 경련이 일며 옆구리가 땅기고 정서가 안정되지 못해 형체에

까지 미치게 된다.

장옥사가 말했다. "담膽은 간肝에 붙어 있어 장부臟腑가 상통한다. 간담肝膽은 더 가깝게 붙어 있다."

> 肺: 喜樂無極則傷魄, 魄傷則狂, 狂者意不存人, 皮革焦, 毛悴色天, 死於夏.
>
> 폐肺: 즐거움이 지나치면 백魄이 손상된다. 백이 상하면 미쳐버린다. 의식이 나가버려 미친 것 같다. 피부가 타고 모발이 초췌해지며 안색이 나빠진다. 여름에 더 심해진다.

※ 희락喜樂은 심장의 정서다. 지나친 쾌락은 폐장의 백魄을 손상시킨다. 백이 손상되면 의식意識이 나가 미친다. 의식은 마음의 표현이다. 지나친 쾌락은 신神도 흩어져 나가버린다. 폐는 피모를 주관하므로 피부가 까칠해진다.

> 腎: 盛怒而不止則傷志, 志傷則喜忘其前言, 腰脊不可以俯仰屈伸, 毛悴色天, 死於季夏.
>
> 신腎: 지나치게 화를 내면 지志가 손상된다. 지가 상하면 앞서 한 말을 잘 잊어버리고 허리를 펴고 구부리지 못하며 모발이 초췌해지고 안색이 나빠진다. 늦여름에 더 심해진다.

※ 노怒는 간肝의 정서다. 지나치게 화를 내면 신장의 지志가 손상된다. 지가 손상되면 앞서 한 말을 자꾸 까먹는다. 신지神志가 상합하니 잘 잊어먹는 것은 신지가 모두 손상된 것이다. 허리腰는 신장의 부서여서 허리를 구부리고 펴지 못한다. 비지脾志가 심心에 몰리고, 폐지肺志는 비脾에 몰리며, 간지肝志가 신腎에 몰리니 자子의 기가 모母의 기에 몰린다. 폐지가 간에 몰리고, 심지心志가 폐에 몰리는 것은 질 수 없는 것에게 당하는 것不勝之相乘이다.

〈상한론·평맥법〉에서 "수水가 화火를 이기고, 금金이 목木을 이기는 것은 종縱이다. 수水가 금金을 이기고, 화火가 목木을 이기는 것은 역逆이다水行乘火 金行

乘木 名曰縱 水行乘金 火行乘木 名曰逆"라고 했다. 모母가 자子를 덮치는 것母乘 子은 순順이고, 자子가 모母를 덮치는 것子乘母은 역逆이다. 상생相生하면 순順이고 상극相克하면 역逆이며 역이 되면 상한다.

> 恐懼而不解則傷精, 精傷則骨痠痿厥, 精時自下. 是故五臟主藏精 者也, 不可傷, 傷則失守而陰虛, 陰虛則無氣, 無氣則死矣. 是故用 鍼者, 察觀病人之態, 以知精神魂魄之存亡得失之意, 五者以傷, 鍼不可以治之也.
>
> 두려움이 지속되면 정精이 손상되고 정精이 손상되면 뼈가 쑤시고 위궐痿厥이 되며 정액精液이 수시로 빠져나간다. 그러므로 오장의 주된 작용은 정精을 저 장하는 것이므로 정精이 손상되어서는 안 된다. 손상되어 정精이 빠져나가면 허해지고 허해지면 기가 없어지고 기가 없어지면 죽는다. 그러므로 침놓을 때 는 병인의 상태를 잘 살펴 정신혼백의 존망存亡과 의식意識이 있는지 알아야 한다. 오장이 손상되었으면 침으로 치료할 수 없다.

⊕ 공구恐懼는 신장을 손상시킨다. 그러므로 무서움이 풀리지 않고 지속되면 신장의 정精이 손상된다. 신은 골을 주관한다腎主骨. 그러므로 정精이 손상되면 뼛속이 쑤시고 팔다리에 힘이 빠진다骨痠痿厥. 정액精液이 수시로 빠지는 것精 時自下은 장기臟氣가 손상되어 저장할 수 없다. 화지정火之精이 신神이고 수지정 水之精이 지志다.

앞 구절에서는 신장의 지志가 손상된 것을 말했고, 여기서는 신장의 정精이 손상된 것을 말한다.

혼백지의魂魄智意는 본래 심신心腎의 정신精神에서 만들어진다. 그래서 처음 에 "걱정이 많으면 신神이 손상된다怵惕思慮則傷神"라고 한 것이고, 마지막에 "무서움이 지속되면 정精이 손상된다恐懼而不解則傷精"라고 했으니 신神은 정精 에서 생기고, 정精은 신神에 귀속된다.

무릇 수곡이 위胃에 들어가면 진액津液은 각기 제 길로 가니 산미酸味는 간肝 으로 먼저 가고, 고미苦味는 심心으로 먼저 가며, 감미甘味는 비脾로 먼저 가고, 신미辛味는 폐肺로 먼저 가며, 함미鹹味는 신腎으로 먼저 가니 오장이 수곡의 정精을 저장한다.

신기神氣는 정精에서 생기므로 오장의 정精은 손상되면 안 된다. 손상되면 정精이 빠져 음陰이 허해지고, 음이 허해지면 신기神氣가 끊겨 죽는다. 그러므로 침놓을 때는 병인의 상태를 잘 살펴 정신혼백의 존망과 의식이 있는지 알아야 한다. 이미 오장이 상했으면 침으로 다스릴 수 없다. 따라서 하늘에서 내려준 성품을 잘 따라서 정기신精氣神을 조양해야 한다.

장옥사가 말했다. "두려움이 지속되어 정이 손상되는 것은 선천先天의 정精이다. 오장이 정을 저장한다는 것은 후천後天 수곡의 정精이다. 신기神氣는 모두 정精에서 생기므로 음허陰虛하면 기氣가 없다."

肝臟血, 血舍魂, 肝氣虛則恐, 實則怒, 脾臟營, 營舍意, 脾氣虛則四肢不用, 五臟不安, 實則腹脹經溲不利. 心藏脈, 脈舍神, 心氣虛則悲, 實則笑不休. 肺藏氣, 氣舍魄, 肺氣虛則鼻塞不利少氣, 實則喘喝, 胸盈仰息. 腎臟精, 精舍志, 腎氣虛則厥, 實則脹. 五臟不安. 必審五臟之病形, 以知其氣之虛實, 謹而調之也.

간肝은 혈血을 저장하고, 혈血에는 혼魂이 담겨 있다. 간기肝氣가 허하면 무서움이 들고, 실하면 화를 낸다.

비脾는 영營을 저장하고, 영에는 의意가 담겨 있다. 비기脾氣가 허하면 팔다리가 잘 안 움직이고 오장이 불안해지며, 실하면 복창腹脹이 되고, 소변이 시원하지 않다.

심心은 맥脈을 저장하고, 맥에는 신神이 담겨 있다. 심기心氣가 허하면 슬퍼지고, 실하면 웃음이 멈추지 않는다.

폐肺는 기氣를 저장하고, 기에는 백魄이 담겨 있다. 폐기肺氣가 허하면 코가 막히고 기운이 없으며, 실하면 숨차서 헉헉거리고 흉부가 답답하여 앙식仰息을 한다.

신腎은 정精을 저장하고, 정에는 지志가 담겨 있다. 신기腎氣가 허하면 팔다리가 궐랭해지고, 실하면 붓는다.

오장이 불안하면 오장의 병증을 살펴서 기의 허실을 알아내 잘 조절해야 한다.

◉ 여기서는 오장의 기氣에 각기 허실이 생겨 나타나는 증상이 다름을 말한다. 오장에 저장되는 것이 각각 있고 그것에 오지五志가 담기는 것이다. 오지가 손상되면 오지의 병이 있게 된다. 오장의 기가 균형이 깨지면 장기臟氣의 증상이 나타난다. 그러므로 반드시 오장의 증상을 살펴서 기의 허실을 알아야 한다.

간肝은 장군지관將軍之官이므로 기허氣虛하면 두려움이 생기고, 기실氣實하면 자꾸 화를 낸다.

비脾는 팔다리를 주관하므로脾主四肢 허하면 팔다리가 불편해진다四肢不用. 비脾는 네 개의 장臟을 관개하므로 오장이 불안해진다五臟不安. 복복이 비脾를 둘러싸고 있으므로 실하면 복창腹脹이 되고, 소변이 잘 안 나가는 것은 수분대사가 안 되기 때문이다.

사랑하면 불쌍히 여기는 마음이 생긴다神慈則悲. 희喜는 심장의 지志이므로 심기가 허하면 슬퍼지고, 성하고 실하면 웃음이 그쳐지지 않는다.

폐肺는 기를 주관하여肺主氣 호흡을 담당한다. 폐기肺氣가 허하면 코가 막혀 답답하고 기운이 없으며, 실하면 숨이 차서 헉헉거리고 가슴이 답답하여 누워서 숨쉬기 힘들다.

신腎은 생기지원生氣之原이므로 허하면 수족이 궐랭해진다. 신腎은 위胃의 관문이므로關門腎者胃之關 실하면 관문關門이 불리하여 붓는다.

이것은 오장의 기에 각각 태과太過와 불급不及이 있어 편안하지 못한 것이니 나타나는 기를 잘 살펴 조절해야 한다.

종시終始

凡刺之道, 畢於終始. 明知終始, 五臟爲紀, 陰陽定矣. 陰者主臟,
陽者主腑. 陽受氣於四末, 陰受氣於五臟. 故瀉者迎之, 補者隨之,
知迎知隨, 氣可令和. 和氣之方, 必通陰陽. 五臟爲陰, 六腑爲陽.
傳之後世, 以血爲盟, 敬之者昌, 慢之者亡. 無道行私, 必得天殃.

침놓는 방법은 〈종시終始〉에 다 갖추어져 있다. 종시는 오장五臟을 기준으로
삼아 음양陰陽이 정해진다. 음은 장臟을 주관하고, 양은 부腑를 주관한다. 양기
는 사말에서 생기고, 음기는 오장에서 생긴다. 사법은 기를 뺏는 것이고, 보법
은 기를 보태는 것이다. 기를 뺏고 보태는 보사補瀉를 할 줄 알아야 기를 조화
롭게 할 수 있으니 기를 조화롭게 하려면 음기와 양기가 통해야 한다. 음양은
오장五臟이 음이고, 육부六腑가 양이다. 후세에 전하고자 피로써 맹세하노니
잘 받들면 창성할 것이며 소홀히 하면 망할 것이다. 원칙 없이 사사로이 행하
면 반드시 요앙天殃을 받을 것이다.

⚛ 이 편에서는 장부·음양·경맥·기혈이 천지天地에 바탕을 두고 생성되는데
이에는 반드시 시작과 끝이 있음을 말한다.

〈소문·오운행론五運行論〉에서 "동방에서 바람이 불고, 바람이 불면 나무가
자라며, 나무에서 과일이 열리고, 산미酸味는 간肝으로 간다. 남방에서는 더운
바람이 불어오고, 열은 불을 일으키며, 탄 것은 쓰고, 고미苦味는 심心으로 간
다. 풍·한·서·습·조·화는 천天의 육기六氣고, 목·화·토·금·수는 지地의 오
행五行이다. 천天은 사람에게 오기五氣를 주고, 지地는 사람에게 오미五味를 준
다. 이것은 천天의 육기가 지地의 오행·오미를 화생시키고, 오행·오미는 사람
의 오장五臟을 생성한다. 오장은 내부에서 육부六腑와 합하니 지地의 오행에 상

응하고, 외부에서는 육경六經과 합하여 천天의 육기에 상응한다東方生風 風生木 木生酸 酸生肝. 南方生熱 熱生火 火生苦 苦生心 風寒暑濕燥熱 天之六氣也 木火土金水 地之五行. 天食人以五氣 地食人以五味 是天之六氣化生地之五行五味 五行五味以生人之五臟. 五臟內合六腑 以應地之五行 外合六經 以應天之六氣"라고 했다.

그러므로 종시終始를 잘 알려면 오장을 기준으로 삼는다明知終始 五藏爲紀는 것은 오장이 오행의 변화에 상응하여 생긴다는 것이다. 종시는 경맥을 기준으로 삼으니 맥을 짚어 음양의 유여부족과 평여불평을 알면 된다는 것請言終始 經脈爲紀 … 平與不平 天道畢矣은 경맥이 천天의 육기에 상응한다는 것이다. 끝부분의 태양맥이 끊어지면 대안戴眼과 반절反折이 일어나고太陽之脈 其終也 戴眼反折, 태음맥이 끊어지면 복창腹脹과 숨쉬기 힘들다太陰終者 腹脹不得息는 것은 음양혈기가 오행과 육기에서 처음 생성되고, 육경과 육기에서 끝난다는 것이다.

그래서 기생오 기수삼其生五 其數三이라고 했으니 오행에서 생기고 삼음삼양의 수에서 끝난다. 음은 장臟을 주관하고 양은 부腑를 주관하니 장부는 음양의 상합이다. 양기가 사말에서 생긴다陽受氣于四末는 것은 양이 외부에서 천기天氣를 받는 것이다. 음기가 오장에서 생긴다陰受氣于五臟는 것은 음이 내부에서 지기地氣를 받는 것이다.

그러므로 사瀉가 대항한다는 것瀉者迎之은 음기를 맞아 밖으로 나가게 하는 것이고, 보補가 따라간다는 것補者隨之은 양기를 도와 내부에서 모이는 것이다. 그래서 "기를 나가게 하고 보태는 방법을 알면 기가 화평해지니 기를 화평하게 하는 방법은 음양을 통하게 하는 것이다知迎知隨 氣可令和 和氣之方 必通陰陽"라고 했다.

批 종시는 오장에서 시작하여 경맥으로 가고 육기에서 끝난다. 오장은 내부에서 육경이 생기고, 육경은 외부에서 육기와 합한다. 하지만 오장도 육기를 바탕으로 생겼다. 그러므로 "사람은 땅에서 생겨나고 명은 하늘에 달려 있다人生于地 懸命于天"고 하는 것이다.
批 토土는 사말을 주관한다. 사말은 위완胃脘의 양기가 퍼지는 곳이다.

謹奉天道, 請言終始. 終始者, 經脈爲紀. 持其脈口人迎, 以知陰陽有餘不足, 平與不平, 天道畢矣. 所謂平人者不病, 不病者, 脈口人迎應四時也, 上下相應而俱往來也, 六經之脈不結動也, 本末之寒溫之相守司也, 形肉血氣必相稱也, 是謂平人. 少氣者, 脈口人迎俱少而不稱尺寸也. 如是者, 則陰陽俱不足, 補陽則陰竭, 瀉陰則陽脫. 如是者, 可將以甘藥, 不可飲以至劑. 如是者, 弗灸. 不已者, 因而瀉之, 則五臟氣壞矣.

천도天道를 잘 받들어 종시終始를 말하겠다. 종시는 경맥經脈을 기준으로 삼는다. 맥구脈口와 인영人迎을 짚어서 음양의 유여부족有餘不足과 평여불평平與不平을 알면 천도가 끝난다. 평인平人은 병이 없다. 병이 없으면 맥구와 인영이 사시四時에 상응하여 반응하고, 상하로 상응하여 함께 왕래하며, 육경맥六經脈이 멈추지 않고 돌며, 본말本末의 한온寒溫이 잘 유지되며, 형육形肉과 기혈氣血이 서로 균형을 이룬다. 이것이 평인이다. 소기少氣는 맥구와 인영이 모두 작고 척촌맥尺寸脈이 잘 뛰지 않는다. 이것은 음양이 모두 부족한 것이니 양을 보하면 음이 고갈되고, 음을 사하면 양이 빠진다. 이런 경우에는 감약甘藥을 복용해야지 센 약을 복용해서는 안 된다. 뜸도 떠서는 안 된다. 계속 사하면 오장기五臟氣가 망가진다.

◉ 근봉천도 청언종시謹奉天道 請言終始는 음양경맥이 하늘의 육기六氣에 상응하는 것이다. 혈맥血脈은 오장·오행을 바탕으로 생기며 음양의 육기와 합한다.

처음 생기는 것이 있으면 끝나는 것이 있다. 그래서 종시는 경맥을 기준으로 삼는다. 맥구와 인영을 짚어서 음양의 유여부족과 평여불평을 알아낸다持其脈口人迎 以知陰陽有餘不足 平與不平는 것은 맥을 진찰하여 기의 상태를 살피는 것이다.

사시에 상응하는 것應四時은 봄·여름에는 기가 좌에서 우로 돌고, 가을·겨울에는 기가 우에서 좌로 돈다. 그래서 봄·여름에는 인영人迎이 약간 크게 뛰고, 가을·겨울에는 기구氣口가 약간 크게 뛴다. 이것이 평인의 맥이다. 상하가 상응하는 것上下相應은 천의 육기가 오르내리면서 돌고 끊임없이 왕래하는 것에 대응된다. 육경의 맥은 기를 따라 돌며 멈추지 않고 움직이는 것이다. 본말本末은 표본標本의 출입이다. 한온寒溫은 한서寒暑의 왕래에 상응하는 것이니 각기 서로 역할을 수행하는 것이다.

형육혈기形肉血氣는 맥외의 혈기가 육경의 경맥과 반드시 서로 균형을 이루

어야 되는 것이다. 맥구와 인영으로 삼음삼양의 기를 살핀다. 그래서 소기少氣
는 맥구·인영이 모두 작게 뛰는 것이다. 척尺은 음을 살피고, 촌寸은 양을 살핀
다. 척촌맥이 잘 뛰지 않는 것不稱尺寸은 음양기가 허하고 또 척촌의 맥도 약하
게 반응하는 것이다.

　감약甘藥은 위胃 기능을 강화하는 삼음삼양의 기는 중초中焦·위부胃腑에서
생기니 기가 생기는 근원을 보하여 잘 흐르도록 해야 한다. 지제至劑를 쓰면 안
되는 것은 감미甘味가 지나치면 오히려 위胃에 정체될까 염려되기 때문이다.
뜸뜨지 않는 것弗灸은 음양의 기가 외부에서 부족한 것이지 경맥이 함하된 것
이 아니기 때문이다. 계속 사하면 오장기가 망가진다因而瀉之 則五臟氣壞는 것은
육기가 오행을 화생化生하고 오행은 육기를 상정上呈하니 오행과 육기가 서로
아우르면서 합쳐진다.

批 천天의 오색五色이 오방의 구역에 걸쳐 있으면서 오행을 화생하고, 종시는 오장을 기
준으로 삼아 천天에서 시작한다. 그래서 "천도를 잘 받들어 종시를 말한다謹奉天道, 請言終
始"고 한 것이다.

批 종시를 잘 알려면 오장을 기준으로 삼는다明知終始 五臟爲紀는 것은 내부에서 외부로
나가는 것이다. 먼저 인영人迎·기구氣口를 살피고 나서 경맥經脈을 다스리는 것은 외부
에서 내부로 들어가는 것이다.

批 맥구·인영과 척맥·촌맥을 나누어본다.

批 양명·태음은 후천을 주관하므로 일성一盛·이성二盛 다음에 나온다.

批 촌구寸口·맥구脈口·기구氣口라는 것은 모두 기가 촌맥寸脈의 상구上口에 있다. 기구
는 삼음三陰에서 나오는 기고, 인영은 위맥胃脈이다. 이것은 음양육기가 선천의 음陰에서
시작하여 위완胃脘의 양陽에서 생긴다는 것이다.

批 태음은 삼음三陰으로 기가 돌게 한다. 양명은 표表이니 기를 삼양三陽으로 보낸다.

人迎一盛, 病在足少陽, 一盛而躁, 病在手少陽. 人迎二盛, 病在足
太陽, 二盛而躁, 病在手太陽. 人迎三盛, 病在足陽明, 三盛而躁,
病在手陽明. 人迎四盛, 且大且數, 名曰溢陽, 溢陽爲外格. 脈口一
盛, 病在足厥陰, 厥陰一盛而躁, 在手心主. 脈口二盛, 病在足少
陰, 二盛而躁, 在手少陰. 脈口三盛, 病在足太陰, 三盛而躁, 在手

太陰. 脈口四盛, 且大且數者, 名曰溢陰, 溢陰爲內關, 內關不通, 死不治. 人迎與太陰脈口俱盛四倍以上, 命曰關格, 關格者, 與之短期.

인영人迎이 평소보다 1배 더 뛰면 병은 족소양足少陽에 있고, 조맥蹺脈을 겸하면 수소양手少陽에 병이 있다.

인영이 평소보다 2배 더 뛰면 병은 족태양足太陽에 있고, 조맥을 겸하면 수태양手太陽에 병이 있다.

인영이 평소보다 3배 더 뛰면 병은 족양명足陽明에 있고, 조맥을 겸하면 수양명手陽明에 병이 있다.

인영이 평소보다 4배 더 뛰면서 맥이 대大하고 삭數하면 양이 넘치니 일양溢陽이라고 한다. 일양이 되면 외부에 몰려 막혀서 외격外格이 된다.

맥구脈口가 평소보다 1배 더 성하면 병은 족궐음足厥陰에 있고, 조맥을 겸하면 수심주手心主에 병이 있다.

맥구가 평소보다 2배 더 성하면 병은 족소음足少陰에 있고, 조맥을 겸하면 수소음手少陰에 병이 있다.

맥구가 평소보다 3배 더 성하면 병은 족태음足太陰에 있고, 조맥을 겸하면 수태음手太陰에 병이 있다.

맥구가 평소보다 4배 더 성하면서 크고 빠르게 뛰면 음이 넘쳐 안에서 막힌 것으로 내관內關이 된다. 내관이 되어 통하지 못하면 죽는다.

인영과 태음 맥구가 4배 이상 더 성한 것을 관격關格이라고 한다. 관격이 되어 내외가 다 막히면 바로 죽는다.

◉ 좌맥이 인영人迎이고 우맥이 기구氣口로 삼음삼양의 기를 살핀다. 성인이 남쪽으로 향해 서 있으면 앞은 광명光明이고, 뒤는 태충太衝이다. 좌측이 동쪽이고, 우측이 서쪽이다. 천도天道는 우측으로 돌고, 지도地道는 좌측으로 움직인다. 그러므로 좌측으로 양을 살피고, 우측으로 음을 살핀다.

조蹺는 음중陰中에서 움직임이 있는 것을 형상한 것이다. 대개 육기는 모두 음陰에서 생겨 지地로 나가므로 족足의 육경에서만 합하고, 조맥蹺脈이 뛰면 병이 수手의 육경에 있으니 육장육부六臟六腑·십이경맥과 합쳐진다. 십이경맥은 삼음삼양의 기에 반응하는 것이지 육기가 수족手足으로 나뉘는 것은 아니다.

외격外格은 외부에서 퍼지려는 양이 성하여 응축하려는 음의 완화가 없다. 내관內關은 내부에서 응축하려는 음이 성하여 움직이려는 양기의 조화가 부족하다. 관격은 내부에서는 응축하려는 음이 꽉 막고 있고, 외부에서는 기가 퍼지려고만 하는 것이다.

장개지가 말했다. "맥구脈口는 태음太陰이고, 인영人迎은 양명陽明이다. 장기臟氣는 스스로 수태음手太陰까지 갈 수 없어 반드시 위기胃氣의 힘을 빌려 수태음으로 간다. 이것은 좌우맥이 모두 태음에 속하고 모두 양명의 위기胃氣가 있다는 것이다. 양기는 좌에서 우로 가고, 음기는 우에서 좌로 간다. 그래서 좌맥으로 삼양三陽을 살피고, 우맥으로 삼음三陰을 살핀다. 좌맥이 양을 주관하고 우맥이 음을 주관하는 것이 아니다. 음중陰中에 양陽이 있고, 양중陽中에 음陰이 있으니 이것이 평인이다. 만약 좌맥이 양만 나타나고 우맥이 음만 나타나면 이것은 관음격양關陰格陽의 사후死候다."

人迎一盛, 瀉足少陽而補足厥陰, 二瀉一補, 日一取之, 必切而驗之, 疏取之上, 氣和乃止. 人迎二盛, 瀉足太陽, 補足少陰, 二瀉一補, 二日一取之, 必切而驗之, 疏取之上, 氣和乃止. 人迎三盛, 瀉足陽明而補足太陰, 二瀉一補, 日二取之, 必切而驗之, 疏取之上, 氣和乃止. 脈口一盛, 瀉足厥陰而補足少陽, 二補一瀉, 日一取之, 必切而驗之, 疏而取上, 氣和乃止. 脈口二盛, 瀉足少陰而補足太陽, 二補一瀉, 二日一取之, 必切而驗之, 疏取之上, 氣和乃止. 脈口三盛, 瀉足太陰而補足陽明, 二補一瀉, 日二取之, 必切而驗之, 疏取之上, 氣和乃止. 所以日二取之者, 陽明主胃, 大富於穀氣, 故可日二取之也. 人迎與脈口俱盛三倍以上, 命曰陰陽俱溢, 如是者, 不開則血脈閉塞, 氣無所行, 流淫於中, 五臟內傷. 如此者, 因而灸之, 則變易而爲他病矣.

인영이 평소보다 1배 더 성하면 족소양足少陽을 사하고 족궐음足厥陰을 보한다. 사법과 보법의 비율을 2:1로 하고 하루 1번 치료한다. 반드시 인영과 기구를 보아서 조맥이 뛰면 수手의 음양경을 취한다. 기가 조화되면 된다.

인영이 평소보다 2배 더 성하면 족태양足太陽을 사하고 족소음足少陰을 보한다. 사법과 보법의 비율을 2:1로 하고 이틀에 1번 치료한다. 반드시 인영과 기구를 보아서 조맥이 뛰면 수手의 음양경을 취한다. 기가 조화되면 된다.

인영이 평소보다 3배 더 성하면 족양명足陽明을 사하고 족태음足太陰을 보한다. 사법과 보법의 비율을 2:1로 하고 하루에 2번 치료한다. 반드시 인영과 기구를 보아서 조맥이 뛰면 수手의 음양경을 취한다. 기가 조화되면 된다.

맥구가 평소보다 1배 더 뛰면 족궐음足厥陰을 사하고 족소양足少陽을 보한다. 보법과 사법의 비율을 2:1로 하고 하루 1번 치료한다. 반드시 인영과 기구를 보아서 조맥이 뛰면 수手의 음양경을 취한다. 기가 조화되면 된다.

맥구가 평소보다 2배 더 뛰면 족소음足少陰을 사하고 족태양足太陽을 보한다. 보법과 사법의 비율을 2:1로 하고 이틀에 1번 치료한다. 반드시 인영과 기구를 보아서 조맥이 뛰면 수手의 음양경을 취한다. 기가 조화되면 된다.

맥구가 평소보다 3배 더 뛰면 족태음足太陰을 사하고 족양명足陽明을 보한다. 보법과 사법의 비율을 2:1로 하고 하루에 2번 치료한다. 반드시 인영과 기구를 보아서 조맥이 뛰면 수手의 음양경을 취한다. 기가 조화되면 된다. 하루에 두 번 취하는 것은 양명陽明이 위胃를 주관하여 곡기가 아주 풍부하므로 하루에 두 번 취할 수 있다.

인영과 맥구가 모두 평소보다 3배 이상 뛰면 음양이 모두 넘친 것이다. 이때 빨리 뚫어주지 않으면 맥이 폐색되어 기가 돌지 못해 중中으로 넘쳐서 오장이 내부에서 손상된다. 이때 뜸으로 치료하면 변이되어 다른 병이 된다.

⟡ 보사補瀉는 음양의 기를 조화시켜 평형을 이루는 것이다. 양경과 음경을 2:1로 사하는 것陽二瀉而陰一瀉은 양이 항상 유여하고 음이 항상 부족하기 때문이다. 양경과 음경을 2:1로 보하는 것陽補二而陰補一은 양이 성할 수 있지만 음이 성하면 안 되기 때문이다. 그래서 양이 넘쳐도 죽는다고 하지 않았고, 음이 넘치면 죽는다고 했다.

필절이험지必切而驗之는 인영 기구맥을 살펴서 삼음삼양의 기를 느끼는 것이다.

'疏'는 '躁'로 해야 한다.

1배 더 성하면서 조맥이 뛰는 것一盛而躁, 2배 더 성하면서 조맥이 뛰는 것二

盛而躁은 수手의 음양경을 취한다. 양명은 위胃를 주관하여 곡기가 많으므로 하루에 2번 취해도 괜찮다고 했다. 삼음삼양의 기는 양명수곡에서 생기기 때문이다.

인영과 기구가 모두 성하면 음양구일陰陽俱溢이라고 하는데 내부에서는 수렴시키는 음이 강성하고, 외부에서는 퍼지려는 양의 기가 성하므로 양은 좌맥에서 성하고 음은 우맥에서 성하다. 이런 경우 침으로 빨리 맥을 열어주지 않으면 혈맥이 막히고 기가 갈 곳이 없어 내부에서 넘쳐 오장이 상하게 된다.

성하면 사하고, 허하면 보하며, 함하陷下되면 뜸뜬다盛則瀉之 虛則補之 陷下則灸之. 이것은 음양의 기가 한쪽으로 치우쳐 조화를 이루지 못한 것이지 함하된 것이 아니다. 그러므로 뜸뜨면 다른 병이 생긴다.

凡刺之道, 氣調而止, 補陰瀉陽, 音氣益彰, 耳目聰明, 反此者, 氣血不行.

침의 원리는 기가 조절되면 다 되는 것이다. 오장의 음陰을 보하고 육기六氣를 퍼지게 하면 소리가 맑아지고 이목耳目이 총명해진다. 이와 반대로 하면 기혈이 돌지 않는다.

⊕ 여기서는 삼음삼양의 기가 오장에서 생겨나므로 종시를 잘 아는 것은 오장을 기준으로 삼는 것이라고 말하고 있다.

침의 원리는 기가 조절되면 된다凡刺之道 氣調而止는 것은 음양의 기가 편성偏盛하여 생긴 병은 침놓아서 기를 조절하여 고르게 하면 된다. 그렇지만 음을 보하고 양을 사하는 것補陰瀉陽은 보음補陰이 오장의 음을 보하고, 사양瀉陽이 육기가 밖으로 나가게 한다.

〈소문·육절장상론六節藏象論〉에서 "오기가 코에서 들어가 심폐에 저장되어 안색이 밝아지고 음성이 맑아진다五氣入鼻 藏于心肺 上使五色修明 音聲能彰"라고 했다. 또 〈영추·순기일일분위사시順氣一日分爲四時〉에서 "오五는 음音이고 음音은 장하長夏를 주관한다五者音也 音主長夏"라고 했다. 이는 오장을 보하면 심폐비장心肺脾臟의 기가 순조로워져서 음성이 훨씬 뚜렷해지는 것이다.

간은 눈에 개규開竅하고 신은 귀에 개규하므로肝開竅于目 腎開竅于耳 간신肝腎
의 기가 성하면 이목耳目이 총명해진다. 오장을 보하고 기를 밖으로 나가게 하
면 삼음삼양의 기가 조화되어 한쪽으로 치우쳐 성해지지 않는다.

음양혈기는 위부胃腑 오장에서 생긴다. 위胃는 수곡혈기의 바다다. 바다에서
물이 증발하여 천하로 기가 퍼진다. 위가 기혈을 내보내는 곳이 경수經隧인데
경수는 오장육부의 대락大絡이다. 그러므로 오장을 보하고 육기를 외부로 퍼
지게 하지 않으면 기혈은 통하지 못한다.

所謂氣至而有效者, 瀉則益虛, 虛者, 脈大如其故而不堅也, 堅如
其故者, 適雖言故, 病未去也. 補則益實, 實者, 脈大如其故而益堅
也, 夫如其故而不堅者, 適雖言快, 病未去也. 故補則實, 瀉則虛,
痛雖不隨鍼, 病必衰去. 必先通十二經脈之所生病, 而後可得傳於
終始矣. 故陰陽不相移, 虛實不相傾, 取之其經.

기가 와서 효과가 있다는 것은 사하여 비는 것이다. 허해지는 것은 맥의 크기
가 그대로이지만 단단한 것이 부드럽게 된다. 단단한 것이 그대로면 전처럼
좋아졌다고 말해도 병이 나가지 않은 것이다. 보하면 더 채워지는 것이다. 실
해진다는 것은 맥의 크기가 그대로지만 맥이 더 단단해진다. 맥이 단단해지지
않았으면 좋아졌다고 말해도 병이 나가지 않은 것이다. 보하면 실해지고 사하
면 허해지며 통증이 침 따라 바로 소실되지 않더라도 병은 반드시 줄어든다.
반드시 먼저 십이경맥에서 생기는 병을 알아야 종시를 전할 수 있다. 그러므
로 음양이 천이遷移가 없고 허실이 생기지 않으면 자체 경맥을 다스린다.

⊕ 여기서는 삼음삼양의 기의 보사가 반드시 경맥이 조화되어야 한다고 말한
다. 종시終始는 경맥을 기준으로 한다.

사瀉는 성한 것을 빼내서 더 비우는 것이다. 견堅은 채워져 있는 것이다. 허
虛해지는 것은 맥의 크기가 그대로이지만 단단한 맛이 없다. 전처럼 단단하면
환자가 좋아졌다고 말해도 병은 아직 제거되지 못한 것이다.

보補는 더 채우는 것이다. 실해졌다는 것은 맥의 크기가 그대로이지만 맥이
더욱 단단해진다. 크기는 그대로이면서 단단한 감이 없으면 좋아졌다고 하고

"음양의 기가 화조和調하여 이제 다 나았다"라고 해도 경맥의 병은 아직 낫지 않은 것이다.

처음에는 삼음삼양의 시동병是動病에서 시작하여 점차 경맥의 소생병所生病으로 진행된다. 기가 와서 효과가 있다氣至而有效는 것은 삼음삼양의 기분氣分에 침놓는 것이니 경맥병이 침놓자마자 바로 낫지는 않아도 반드시 없어질 것이다. 이것이 경經과 기氣가 서로 상응하는 것이다. 그러므로 반드시 먼저 경맥의 소생병에 통달해야 종시를 전할 수 있다.

음양이 천이遷移가 없고 허실이 생기지 않아 음양의 기가 허실의 치우침이 없다면 해당 경맥을 취하는 것이니 이른바 불실불허 이경취지不實不虛 以經取之가 이것이다. 음양의 기에 이미 허실이 없으면 맥은 화평해야 하는데 맥이 화조和調하지 못하면 소생병이다. 따라서 해당 경맥을 취한다. 그러므로 맥이 크기가 그대로라는 것은 음양의 기가 전과 같지만 성허盛虛나 견불견堅不堅이 없는 것이니 경맥의 소생병은 아직 낫지 않은 것이다.

장개지가 말했다. "시동병이 먼저 생기고 소생병은 나중에 생긴다. 이것은 기氣가 경經까지 미치기 때문이다."

凡刺之屬, 三刺至穀氣, 邪僻妄合, 陰陽易居, 逆順相反, 沈浮異處, 四時不得, 稽留淫泆, 須鍼而去. 故一刺則陽邪出, 再刺則陰邪出, 三刺則穀氣至, 穀氣至而止. 所謂穀氣至者, 已補而實, 已瀉而虛, 故以知穀氣至也. 邪氣獨去者, 陰與陽未能調, 而病知愈也. 故曰: 補則實, 瀉則虛, 痛雖不隨鍼, 病必衰去矣.

삼자법三刺法이란 침을 세 번으로 나누어 놓아 곡기穀氣가 이르게 하는 것이다. 사기가 체내에 들어와 정기와 사기가 섞이고, 음양기의 위치가 바뀌며, 순행 경로가 바뀌고, 승강부침이 제대로 이루어지지 못하며, 사시에 따라 기가 돌지 못하면 기가 정체되거나 흘러 넘쳐서 질병이 된다. 이런 경우에는 침으로 제거해야 한다. 그러므로 처음 침놓으면 양사陽邪가 나가고, 다시 침을 더 찌르면 음사陰邪가 나가며, 더 깊이 찌르면 곡기가 이른다. 곡기가 이른다는 것은 보했으면 실해지는 것이고, 사했으면 허해지는 것이니 그것으로 곡기가 이른 것을 안다. 사기만 나간 것은 음양기가 미처 조절되지 못한 것이지만 병

은 나은 것이다. 그래서 보하면 실해지고 사하면 허해지는 것이니 침 맞자마
자 통증이 없어지는 것은 아니어도 병은 점점 줄어든다고 말하는 것이다.

⊕ 여기서는 앞 문장을 이어받아 음양의 편성된 사기를 제거하는 것과 경맥을
조절하는 것을 말한다.

곡기는 영위혈기로 수곡지정水穀之精에서 생기니 경맥의 기다. 양사陽邪·음
사陰邪는 음양의 편성된 기다. 대개 사기가 몰려 기분氣分에 잘못 합쳐져서 음
양이 기가 불화하여 위치가 반대로 된다. 역순逆順은 피부의 기혈이 팔에서 손
목으로 가고, 경맥의 혈기가 손끝 지정指井에서 손목 쪽으로 간다. 병들면 역순
이 서로 반대로 흐른다. 침부이처沈浮異處는 음양의 기와 경맥이 서로 합쳐지
지 않은 것이다.

사시부득四時不得은 승강부침이 제대로 되지 않은 것이다. 이것은 사기가 음
양의 기분에 쏠려서 경맥이 조화되지 못한 것이다. 그러므로 처음 찌르면 양
사가 나가고, 더 깊이 찌르면 음사가 나가서 음양의 기가 조절되며, 더 깊이 찌
르면 곡기가 이르러 경맥의 혈기가 조화된다. 그러므로 삼양의 허를 보했으면
양기가 실해지고, 삼음의 실을 사했으면 음기가 허해진다. 삼음의 허를 보했
으면 음맥이 실해지고, 삼양의 실을 사했으면 양맥이 허해진다. 그래서 곡기
가 이른 것을 알면 맥은 이미 조절된 것이다.

만약 기분의 사기만 나가고 양경맥과 음경맥이 미처 조절되지 않았어도 병
이 나았다는 것을 알 수 있다. 그러므로 보하면 실해지고, 사하면 허해진다. 침
을 맞자마자 바로 통증이 없어지지 않아도 병은 필시 줄어든다.

안 | 〈영추·관침〉에서 "먼저 침을 피부에 얕게 찔러 양사가 나가게 하고, 조금
더 찌르되 분육까지는 못 미치게 하여 음사가 나가게 하며, 분육에 찔러 곡기
가 이르게 한다先淺刺絶皮 以出陽邪 再刺則陰邪出者 少益深 絶皮致肌肉 未入分肉間也 已
入分肉之間 則穀氣出"라고 했다. 대개 피부와 분육 사이에 곡기가 이르게 하는 것
이지 맥에 오게 하는 것은 아니다. 그러므로 침 맞자마자 통증이 바로 없어지
지 않는 것痛雖不須鍼은 피부에 침을 찔러 맥에 있는 통증이 없어지는 것이지

맥에 침을 찌르고 맥에 있는 통증이 없어지는 것이 아니다.

장개지가 말했다. "경맥의 혈기는 수곡에서 생긴다. 병이 삼음삼양의 기에 있어서 보하고 사하여 음양의 기가 화평해지지만 경맥은 아직 조절되지 못한 상태다. 곡기가 이르러야 경맥이 화조해진다. 그래서 침을 찌를 때는 세 번에 나누어 찌른다."

批 맥내의 기는 위로 뜨면서 나가고, 맥외의 기는 침강하면서 들어간다升浮而出 降沈而 入. 아래에 춘기재모 동기재근春氣在毛 冬氣在筋이라고 한 것이 이것이다.

> 陰盛而陽虛, 先補其陽, 後瀉其陰而和之. 陰虛而陽盛, 先補其陰, 後瀉其陽而和之.
>
> 음이 성하고 양이 허한 상태에서는 먼저 양을 보하고 나서 음을 사하고 화조和調시킨다.
>
> 음이 허하고 양이 성한 상태에서는 먼저 음을 보하고 나서 양을 사하고 화조시킨다.

🌐 여기서는 다시 경맥의 음양을 조화하는 것에 대해 말한다.

성즉사지 허즉보지盛則瀉之 虛則補之는 삼음삼양의 기를 조화시키는 것이다. 불실불허 이경취지不實不虛 以經取之는 음양의 기가 이미 조절되어 허실의 편벽됨이 없지만 경맥에 조화되지 못한 곳이 있어 경맥을 다스려야 한다. 경맥의 혈기는 본래 장부臟腑에서 생긴다. 그러므로 먼저 정기正氣의 허虛를 보하고 사기실邪氣實은 나중에 사한다.

장개지가 말했다. "앞 구절은 기를 조절하는 것이고 경맥을 조절하는 것이 아니어서 앞 문장에서는 피부를 찔러 곡기가 이르게 했다. 여기서는 경맥을 취하는 것을 말한다."

> 三脈動於足大指之間, 必審其實虛. 虛而瀉之, 是謂重虛, 重虛病益甚. 凡刺此者, 以指按之, 脈動而實且疾者, 疾瀉之, 虛而徐者, 則補之, 反此者, 病益甚. 其動也, 陽明在上, 厥陰在中, 少陰在下.

엄지발가락 부근에서 세 개의 동맥이 뛰니 반드시 허실을 살펴야 한다. 허한 데도 사한다면 중허重虛가 된다. 중허가 되면 병이 더 심해진다. 침놓을 때는 손으로 맥을 누르고서 맥이 실하고 빨리 뛰면 빨리 사하고, 허하고 느리게 뛰면 보한다. 이와 반대로 하면 병이 더 심해진다. 동맥은 양명의 충양衝陽이 발등 위에 있고, 궐음의 태충太衝이 발등 중간에 있으며, 소음의 태계太谿가 발바닥에 있다.

⊕ 여기서는 삼음삼양의 기가 오장·오행을 바탕으로 생기는 것이고, 오장의 기가 후천 수곡지정水穀之精에서 생기니 선천의 수화水火에서 시작하여 수생목水生木, 화생토火生土, 토생금土生金하는 것을 말한다.

이상 여러 문장에서 삼음삼양의 기를 인영人迎·기구氣口에서 살핀다고 말한 것은 본래 양명수곡陽明水穀에서 생겨 오장의 경수經隧에서 피부로 나가 척촌尺寸에 드러나는 것이다. 여기서는 다시 오행의 기가 선천의 신장腎臟에 뿌리를 두고 경기지가脛氣之街로 나가서 피부로 퍼지고 다시 아래에서 위로 올라가는 것을 말한다.

〈영추·동수動輸〉에서 "충맥衝脈은 십이경맥의 바다다. 소음의 대락大絡과 함께 신장에서 기시하여 기가氣街로 나간다. 허벅지 안쪽을 순환하고 비스듬히 괵중膕中으로 내려가서 경골脛骨 내측을 순환하면서 소음경少陰經과 함께 내려가 내과內踝의 뒤쪽으로 들어가 발바닥으로 간다. 별행은 비스듬히 외과外踝로 들어갔다가 나가서 발등跗上에 속하고 엄지발가락 사이로 들어가 여러 낙맥에 관주하여 발과 다리를 따뜻하게 한다衝脈者 十二經之海也. 與少陰之大絡 起於腎下 出於氣街 循陰股內廉 邪入膕中 循脛骨內廉 幷少陰之經 下入內踝之後 入足下 其別者 邪入踝 出屬跗上 入大指之間 注諸絡 以溫足脛"라고 했다. 이것은 선천의 수화지기水火之氣가 내려가서 경기지가로 나가므로 양기는 족오지足五指의 표면에서 생기고 음기는 족오지足五指 안쪽에서 생긴다는 것이니 이 수화음양지기水火陰陽之氣가 기가로 나가 족오지로 퍼진다.

또 별행은 외과外踝로 들어가서 발등에 속하고 엄지발가락 사이로 간다. 이는 선천 수화水火가 오행지기를 화생시켜 충맥과 소음경의 대락을 따라서 엄지발가락에 주입되고 다시 상행한다. 그러므로 소음재하少陰在下는 천일지수 지이지화天一之水 地二之火다. 궐음재중厥陰在中은 천삼지목天三之木이다. 양명은 중앙에 있으면서 추금지기秋金之氣를 주관하니 양명재상陽明在上은 지사생금 천오생토地四生金 天五生土다. 이것은 오장오행지기五臟五行之氣가 중초의 양명陽明에서 생기고 하초의 소음少陰에서 시작하니 상행하는 것은 양명으로 나가 척부尺膚로 가고, 하행하는 것은 소음少陰으로 나가 엄지발가락에 가서 맥이 뛴다.

膺腧中膺, 背腧中背, 肩膊虛者, 取之上. 重舌, 刺舌柱, 以鈹鍼也. 手屈而不伸者, 其病在筋. 伸而不屈者, 其病在骨. 在骨守骨, 在筋守筋.

가슴에 있는 수혈腧穴은 가슴을 치료하고, 등에 있는 수혈은 등을 치료하며, 견박肩膊이 허하면 상부에서 취한다. 중설重舌은 설근舌根을 피침鈹鍼으로 자침한다. 손이 구부러져 펴지지 않는 것은 근筋에 병이 있는 것이고, 구부러지지 않는 것은 골骨에 병이 있는 것이다. 골에 병이 있으면 골을 치료하고, 근에 병이 있으면 근을 치료한다.

◉ 피육근골은 오장의 외합外合이고 맥외의 기분氣分이다. 이것은 앞 문장을 이어받아 오행의 기가 다리에서 상행하니 허한 곳이 있으면 그곳을 취한다는 것을 말한다. 취取는 맞서서 기가 밖으로 나가게 하는 것이다.

위胃의 수혈腧穴은 가슴에 있고, 비脾의 수혈은 가슴 옆에 있으며, 폐肺의 수혈은 등과 어깨에 있다. 심지규心之竅는 설舌이고, 간지기肝之氣는 근筋에 있으며, 신지기腎之氣는 골骨에 있다. 오장지기가 허하면 각기 소재를 따라 취한다.

장옥사가 말했다. "여기서는 맥외의 기를 논한 것이므로 심心에 있다는 것은 설舌만 말했고 맥脈은 말하지 않았다. 이 편은 오행육기의 생시출입生始出入에 중점을 두고 있다. 그래서 편명을 〈종시終始〉라고 했다. 그리고 침자에 대해 논하면서 허자취지虛者取之, 이피침以鈹鍼, 재골수골在骨守骨, 재근수근在筋守筋이라고 했다. 잘 음미하면 그 뜻을 알 수 있을 것이다."

장개지가 말했다. "앞 문장에서의 소음재하 양명재상少陰在下 陽明在上이라고 말한 것은 수數가 일一에서 시작하여 오五에서 끝나고, 기氣가 아래에서 위로 올라간다는 것을 말한다. 이 구절에서 먼저 응수膺腧를 말하고 나서 뒤에 병재 골病在骨을 말한 것은 숫자가 오五에서 완성되고 일一에 귀결되며, 다시 위에서 아래로 내려온다는 것을 말한다."

補須一方實深取之, 稀按其痏, 以極出其邪氣, 一方虛淺刺之, 以養其脈 , 疾按其宥, 無使邪氣得入. 邪氣來也緊而疾, 穀氣來也徐而和. 脈實者, 深刺之, 以泄其氣. 脈虛刺, 淺刺之, 使精氣無得出, 以養其脈, 獨出其邪氣. 刺諸痛者, 其脈皆實.

보사를 할 때에 한쪽이 실하면 깊이 찌르고 혈구멍을 문지르지 않고 놓아두어 사기가 빨리 나가게 한다. 한쪽이 허하면 얕게 찔러 맥기脈氣가 모이게 하고 혈구멍을 빨리 문질러 사기가 들어오지 못하게 한다. 사기가 올 때의 느낌은 찌릿하고 빨리 움직이고, 곡기가 올 때의 느낌은 느슨하고 온화하다. 맥이 실하면 깊이 찔러 기를 나가게 한다. 맥이 허하면 얕게 찔러 정기가 나가지 않게 하여 맥기는 모이고 사기만 나가게 한다. 통증이 있을 때는 맥이 다 실하다.

◉ 여기서는 신형身形이 사방四方에서 응함을 말한다. 한곳이 실하면 깊이 찌르고, 허하면 얕게 찌른다. 맥이 실하면 깊이 찌르고, 맥이 허하면 얕게 찌른다. 이것은 사방의 허실을 논한 것이다. 경에 "기가 상하면 통증이 생긴다氣傷痛"라고 했다. 통증이 있을 때는 맥이 다 실하다諸痛者 其脈皆實는 것은 사방의 기가 중앙으로 몰려서 실하게 된다.

故曰 從腰以上者, 手太陰陽明皆主之. 從腰以下者, 足太陰陽明皆主之.

그래서 요이상腰以上은 수태음手太陰과 수양명手陽明이 주관한다. 요이하腰以下는 족태음足太陰과 족양명足陽明이 주관한다.

◉ 수태음양명手太陰陽明은 천天을 주관하고, 족태음양명足太陰陽明은 지地를 주관한다. 상반신은 천天에 비유되고, 하반신은 지地에 비유된다. 그래서 앞 문장

을 이어서 말한 것이니 사람의 형기形氣는 육합지내六合之內에서 생겨서 천지의 상하사방上下四方에 응한다. 그래서 천지를 생화지우生化之宇라고 한다.

앞 문장에서는 사방四方을 말했고, 여기서는 상하上下를 말했다.

> ## 病在上者, 下取之. 病在下者, 高取之. 病在頭者, 取之足. 病在腰者取之膕.
>
> 상부에 병이 있으면 아래에서 취하고, 하부에 병이 있으면 위에서 취한다. 머리에 병이 있으면 발에서 취한다. 허리에 병이 있으면 오금膕中에서 취한다.

● 여기서는 형신形身의 상하上下가 천지天地의 기교氣交에 응함을 말한다. 〈소문·육미지론六微旨論〉에서 "천기天氣가 하강하여 땅에서 기가 흐르고, 지기地氣가 상승하여 하늘로 기가 오르니 상하가 상소相召하고 승강升降이 일어난다 天氣下降 氣流于地 地氣上升 氣騰于天 上下相召 升降相因"라고 했다. 따라서 병이 위에 있으면 아래에서 침놓고, 병이 아래에 있으면 위에서 침놓는 것은 기가 상하로 승강하기 때문이다.

또 〈영추·사객邪客〉에서 "하늘은 둥글고 땅은 평평하다. 사람은 머리가 둥글고 발이 평평하니 상응하는 것이다天圓地方 人頭圓足方以應之"라고 했다.

머리에 병이 있으면 발에서 취한다病在頭者 取之足는 것은 두족頭足이 천地에 상응하기 때문이다. 허리에 병이 있으면 오금에서 취한다病在腰者取之膕는 것은 신장과 방광의 수기水氣가 사천재천司天在泉의 오르내림에 상응하는 것이다. 천도를 받들어 종시를 말하겠다謹奉天道 請言終始 함도 혈기의 생시출입生始出入이 천지의 오운육기五運六氣가 상하 사방으로 움직이는 천도天道에 상응함을 아는 것이다.

> ## 病生於頭者, 頭重. 生於手者, 臂重. 生於足者, 足重. 治病者, 先刺其病所從生者也.
>
> 병이 머리에 생기면 머리가 무겁고, 손에 생기면 팔이 무거우며, 발에 생기면 발이 무겁다. 병의 치료는 병이 처음 생긴 곳에 침놓는다.

◉ 앞 문장에서는 상하의 기교氣交에 대해 말했고 여기서는 천지의 정위定位로 머리는 천天에, 발은 지地에, 수족은 사방四方에 상응한다. 대개 천지사방의 기는 각기 그 기가 생기는 본래 위치가 있으므로 머리에서 병이 생겼으면 머리가 무겁고, 발에서 생겼으면 발이 무거우니 병이 생긴 곳을 따라 다스린다. 중重은 부위가 이동하지 않는 것이다.

장개지가 말했다. "앞 구절에서는 사방의 기가 흐르는 것을 말했으므로 한쪽이 실하면 다른 한쪽은 허해진다. 마치 금金의 기운이 목木을 덮치면 동방東方은 실하고 서방西方은 허해지는 것과 같다. 여기서는 상하 사방의 정해진 위치가 있어 팔에서 생겼으면 팔이 무겁고, 다리에서 생겼으면 다리가 무겁다."

> 春氣在毛, 夏氣在皮膚, 秋氣在分肉, 冬氣在筋骨, 刺此病者, 各以其時爲齊. 故刺肥人者, 以秋冬之齊, 刺瘦人者, 以春夏之齊.
>
> 춘기春氣는 터럭에 있고, 하기夏氣는 피부에 있으며, 추기秋氣는 분육分肉에 있고, 동기冬氣는 근골筋骨에 있다. 침놓을 때는 각각 사시四時 기의 상태에 맞추어야 한다. 살찐 사람에게 침놓을 때는 추동秋冬의 침법에 맞추고, 마른 사람에게 침놓을 때는 춘하春夏의 침법에 맞춘다.

◉ 여기서는 삼음삼양의 기가 사시에 상응하고, 피육근골이 맥외의 기분氣分이라고 말한다.

음양의 기는 부표膚表에서 시작하여 외부에서 내부로 들어가니 경맥의 출입과는 다르다. 그러므로 봄에는 기가 터럭毛에 많이 분포되어 있고, 여름에는 피부에 분포되어 있으며, 가을에는 분육에 분포되어 있고, 겨울에는 근골에 분포되어 있다. 피모皮毛에서 시작하여 근골筋骨로 들어가니 외부에서 내부로 들어가는 것이다.

살찐 사람의 피부는 거칠고 분육이 뭉쳐 있으며 기가 오랫동안 음분에서 유체되어 있다. 그래서 살찐 사람은 추동기의 분포에 맞추어 좀 깊이 찌른다. 마른 사람의 피부는 매끄럽고 분육이 풀려 있으며 기가 양분에 오랫동안 유체되어 있다. 그래서 마른 사람은 춘하기의 분포에 맞추어 얕게 찌른다. 제齊는 계절에 맞게 하는 것이다.

장개지가 말했다. "앞의 여섯 구절은 사시四時를 논했으니 기가 외부에서 내부로 들어가는 것이고, 뒤의 네 구절은 비수肥瘦를 논했으니 기가 내부에서 외부로 나가는 것이다. 육기가 피부 표면을 돌지만 본래는 내부에서 생긴 것이다."

장응략張應略이 말했다. "외부에서 내부로 들어가는 것은 천지기天之氣다. 내부에서 생기는 것은 인지기人之氣다. 사람은 천지와 상합하므로 또는 외부에서 또는 내부에서 내외출입한다."

批 경맥의 혈기는 춘기春氣를 따라 밖으로 나간다.

> 病痛者陰也, 痛而以手按之不得者陰也, 深刺之. 病在上者陽也. 病在下者陰也. 癢者陽也, 淺刺之.
> 통증이 있는 병은 내부陰에서 생긴 것이다. 통증이 있는 부위를 손으로 찾을 수 없는 것은 내부에서 생긴 것이어서 깊이 찌른다. 상부上部에서 생긴 병은 외부陽에서 생긴 것이다. 하부에서 생긴 병은 내부에서 생긴 것이다. 가려운 것은 외부에서 생긴 것이니 얕게 찌른다.

⊕ 여기서는 표리상하表裏上下의 음양을 말한다. 표表는 양, 이裏는 음, 신반이상身半以上은 양, 신반이하身半以下는 음이다. 병이 표에 있으면 풍風이라 한다. 따라서 가려운 것은 병이 피부에 나타난 것이므로 양병陽病이다. 이裏에 있는 병을 비痺라고 한다. 비증痺症에는 통증이 나타난다. 따라서 통증이 있으면 음병陰病이다. 손으로 눌러도 아픈 부위가 잡히지 않는 것은 비증痺症이 내부에 있어서다. 이것은 표리를 가지고 음양을 말한 것이다. 위에 병이 있으면 양병陽病, 아래에 병이 생기면 음병陰病이니 이는 신형身形의 상하上下로 음양을 나눈 것이다.

> 病先起陰者, 先治其陰, 而後治其陽, 病先起陽者, 先治其陽, 而後治其陰.
> 병이 음陰에서 먼저 생긴 것은 음부터 치료하고 양陽을 나중에 치료한다. 병이 양에서 생긴 것은 양부터 치료하고 음은 나중에 치료한다.

❂ 여기서는 앞 문장을 이어 표리表裏·상하上下·음양陰陽의 기가 서로 관통하는 것을 말한다. 그래서 선후先後의 구분이 있다.

〈소문·태음양명론太陰陽明論〉에서 "양병은 위로 올라갔다 다시 내려오고, 음병은 아래로 내려왔다가 다시 올라간다陽病者 上行極而下 陰病者 下行極而上"라고 했다. 병이 내부에서 외부로 나간 것은 내부를 먼저 조절하고, 외부에서 내부로 들어간 것은 외부를 먼저 다스린다.

刺熱厥者, 留鍼反爲寒, 刺寒厥者, 留鍼反爲熱. 刺熱厥者, 二陰一陽, 刺寒厥者, 二陽一陰. 所謂二陰者, 二刺陰也, 一陽者, 一刺陽也.

열궐熱厥의 자침은 유침하여 열이 가라앉으면 뺀다. 한궐寒厥의 자침은 유침하여 몸이 따뜻해지면 뺀다. 열궐은 음경과 양경에 2:1로 침놓는다. 한궐은 양경과 음경에 2:1로 침놓는다. 이음二陰은 음경에 두 번 침놓고, 일양一陽은 양경에 한 번 침놓는다.

❂ 여기서는 한열로 인한 열궐熱厥과 한궐寒厥을 논했다. 열궐의 자침은 유침하여 열이 가라앉으면 침을 빼고, 한궐의 자침은 유침하여 몸이 따뜻해지면 침을 뺀다. 이음일양二陰一陽, 이양일음二陽一陰은 한열음양의 기가 서로 교통하므로 양경만 취하거나 음경만 취해서는 안 된다.

장개지가 말했다. "일一과 이二는 음양수화陰陽水火의 생수生數다."

久病者, 邪氣入深. 刺此病者, 深內而久留之, 間日而復刺之, 必先調其左右, 去其血脈, 刺道畢矣.

오래된 병久病은 사기가 깊이 들어간 것이다. 이런 병의 자침은 깊이 찌르고 오랫동안 유침하며 이틀에 한 번씩 침놓는다. 반드시 먼저 좌우를 조절해야 하고, 혈맥을 제거하면 된다.

❂ 위기衛氣는 낮에는 양분陽分을 돌고 밤에는 음분陰分을 돈다. 이는 천도가 지구를 한 바퀴 돌아 낮은 밝고, 밤은 어두운 것에 상응한다.

병이 오래되면 사기가 깊이 들어가 사기와 정기가 싸워 기가 속에서 유체된다. 하루 지나야 밖으로 나오므로 하루 건너서 다시 자침하는 것은 기가 오는 것을 기다려 취하는 것이다. 좌우左右는 음양이 움직이는 길이다. 경맥이 있어 기혈이 돌고 음양에 영양할 수 있다.

이 편에서는 종시終始의 도가 오행육기五行六氣에 근본을 두었으니 오행은 신기神機의 출입出入에 상응하고, 육기는 천도天道의 우선右旋에 상응함을 말한다. 침놓는 사람은 상하의 운행을 따르고 좌우의 간기間氣와 병행하며 울체된 혈맥을 제거할 수 있으면 된다.

凡刺之法, 必察其形氣. 形肉未脫, 少氣而脈又躁, 躁厥者, 必爲繆刺之, 散氣可收, 聚氣可布. 深居靜處, 占神往來, 閉戶塞牖, 魂魄不散.
침놓을 때는 반드시 형기形氣를 살펴야 한다. 살이 다 빠지지 않았으나 기가 없고 맥도 조동躁動하게 뛰는 조궐맥躁厥脈의 경우 유자繆刺를 해야 흩어진 기가 모이고 몰린 기는 퍼질 수 있다. 조용한 곳에 있게 하여 신기神氣의 움직임을 살피고 문을 꼭 닫아 정신이 산란하지 않게 한다.

❂ 여기서는 반드시 병자의 형기形氣와 정신精神을 헤아린 후라야 침놓을 수 있음을 말한다.

살이 빠지지 않은 것形肉未脫은 형기가 서로 어우러진 것이다. 기氣는 아래에서 생기니 맥도 다리에서 손으로 간다. 소기少氣는 기가 아래로 몰린 것이다. 조躁는 음이 움직이려는 것이다. 궐厥은 거스르는 것이다. 맥이 조궐躁厥한 것은 혈기가 부조화하여 반대로 조躁하고 위에서 역행하는 것이다.

유자繆刺는 좌측에 병증이 있으면 우측에 자침하고, 우측에 병증이 나타나면 좌측에 자침하는 것이다. 양병에 음을 취하고 음병에 양을 취하여 혈기를 화평하게 하고, 음양을 조절하여 흩어진 경맥의 기는 모이게 하고 아래에 몰린 기는 흩어지게 한다.

고요한 곳에 있게 하는 것深居靜處은 기를 모으려는 것이다. 문을 꼭 닫는 것

閉戶塞牖은 바깥 일에 신경 쓰지 못하게 하는 것이다. 혼백불산魂魄不散은 정신을 잘 지키는 것이다.

　여기서는 병을 치료하는 사람이 반드시 병인의 혈기를 가라앉히고 정신을 가라앉힌 후에야 침놓을 수 있음을 말한다.

> 專意一神, 精氣之分, 毋聞人聲, 以收其精, 必一其神, 令志在鍼,
> 淺而留之, 微而浮之, 以移其神, 氣至乃休. 男內女外, 堅拒勿出,
> 謹守勿內, 是謂得氣.
> 의자醫者는 뜻을 하나로 모으고 시끄런 소리가 들리지 않는 조용한 곳에서 정신을 침 끝에 집중시킨다. 얕게 찔러 유침시키고 조금씩 깊이 찔러 신기神氣를 이동시켜 기가 오게 한다. 남자는 양이고 여자는 음이다. 양은 밖에 있으니 안으로 들어가게 하고, 음은 안에 있으니 밖으로 끌어낸다. 정기精氣가 새나가지 않게 단단히 막고, 사기가 들어가지 못하게 잘 지키는 것이 득기得氣다.

◉ 의자醫者는 스스로 정신을 지켜 침에 집중해야 한다. 신腎은 정精을 저장하고 귀에 개규한다. 정기는 소리에 잘못될 수 있기 때문에 소리가 들리지 않는 조용한 곳에서 정신을 가다듬어 침 끝에 집중하니 신지神志를 오로지 하나로 모은다. 얕게 찔러 유침시키고 조금씩 깊이 찌르는 것淺而留之 微而浮之은 병자의 신기神氣를 이동시켜 침 끝에 기가 이르는 것을 기다렸다가 멈춘다. 의자醫者의 정신을 병자病者의 신기와 일치시킨다.

> 凡刺之禁, 新內勿刺, 新刺勿內, 已醉勿刺, 已刺勿醉, 新怒勿刺,
> 已刺勿怒, 新勞勿刺, 已刺勿勞, 已飽勿刺, 已刺勿飽, 已饑勿刺,
> 已刺勿饑, 已渴勿刺, 已刺勿渴, 大驚大恐, 必定其氣, 乃刺之. 乘
> 車來者, 臥而休之, 如食頃, 乃刺之. 出行來者, 坐而休之, 如行十
> 里頃, 乃刺之. 凡此十二禁者, 其脈亂氣散逆, 其營衛經氣不次, 因
> 而刺之, 則陽病入於陰, 陰病出爲陽, 則邪氣復生. 麤工勿察, 是謂
> 伐身, 形體淫泆, 乃消腦髓, 津液不化, 脫其五味, 是謂失氣也.

다음은 침놓을 때의 금기사항이다.

방사房事를 하고 난 뒤에는 침놓지 말고, 침을 맞은 뒤에는 방사를 해서는 안 된다.

술을 마셨을 때는 침놓지 말고, 침을 맞았으면 술을 마시면 안 된다.

화가 났을 때는 침놓지 말고, 침을 맞고 나서는 화내면 안 된다.

힘든 일을 했을 때는 침놓지 말고, 침을 맞은 뒤에는 힘든 일을 해서는 안 된다.

포식했을 때는 침놓지 말고, 침을 맞은 뒤에는 과식해서는 안 된다.

허기졌을 때는 침놓지 말고, 침 맞은 뒤에는 굶어서는 안 된다.

갈증이 심할 때는 침놓지 말고, 침 맞은 뒤에는 갈증을 일으켜서는 안 된다.

크게 놀라거나 아주 무서울 때는 반드시 안정시킨 후에 침놓는다.

마차를 타고 왔을 때는 타고 온 시간만큼 누워서 휴식한 뒤에 침놓는다.

걸어서 왔으면 걸어온 시간만큼 앉아서 쉰 뒤에 침놓는다.

이 열두 가지 금기사항은 맥을 어지럽히고, 기를 산란시키며, 영위혈기가 제대로 돌지 못하는데 이때 침놓으면 양병은 음으로 들어가고, 음병은 양으로 나가 사기가 다시 살아난다. 추공은 제대로 살피지 않아 몸을 망친다. 형체가 혼란스러워져 뇌수가 소삭索鑠하고, 진액이 마르며, 오미五昧로 생긴 기가 빠져나가니 이것이 실기失氣다.

⊕ 여기서는 침놓아서는 안 되는 열두 가지 금기에 대해서 말하고 있다.

납內은 방사房事다. 방사를 하면 정精이 빠진다.

술은 곡식을 익혀 만든 액체로 표한慓悍한 성질이 있으니 취했다면 기가 혼란스러워진다.

간肝은 주로 혈을 저장하는데 화를 내면 기가 역상한다. 화를 낸 다음에는 기가 역상하고 혈이 망행妄行한다.

과로하면 신기神氣가 밖으로 뻗어나가 속에 있는 정기는 고갈된다.

〈소문·맥요정미론脈要精微論〉에서 "음식을 먹기 전에는 경맥도 성하지 않고, 낙맥이 균형을 이루며, 혈기도 혼란하지 않다飮食未進 經脈未盛 絡脈調均 血氣未亂 故乃可診有過之脈"라고 했다. 그래서 음식을 먹고 난 직후에는 침놓으면 안 된다. 또 〈상한론·평맥법〉에서 "곡식이 위에 들어가면 맥이 돌고, 수水가 경經

에 들어가면 혈혈이 생긴다穀入于胃 脈道乃行 水入于經 其血乃成"라고 했다.

또 굶었으면 침놓지 말고, 갈증이 심하면 침놓지 않는다.

놀라면 신神이 손상되고, 무서우면 정精이 상한다. 그러므로 반드시 기를 안정시키고 나서 침놓아야 정기신精氣神을 보존하고 기를 수 있다.

오래 앉아 있으면 기육이 손상되므로 차를 타고 왔으면 누워서 쉰다.

오래 걸으면 근육이 손상되므로 걸어서 온 환자는 앉아서 쉰다.

무릇 이 열두 가지 금기는 맥이 혼란스러워지거나 기가 흩어지거나 영위가 역행하거나 경기가 제대로 돌지 못하게 한다. 그런데도 침놓으면 양병은 속으로 들어가고, 음병은 밖으로 나와 사기가 다시 생기니 이것은 기를 깎고 몸을 망치는 것이다.

뇌는 정수精髓의 바다다. 진액은 뇌수를 보익하고, 피부를 윤택하게 하며, 근골을 부드럽게 하는데 이 금기를 범하면 진액이 말라 뇌수가 소삭한다. 오미가 입으로 들어가면 장위腸胃에 저장되어 오미에 따라 각각 오장으로 가서 오기五氣를 기른다. 기가 생성되고 진액이 생겨야 신神이 생긴다. 침도는 신기神氣를 이르게 하는 것이 가장 중요하다. 이 금기를 범하면 오미에서 생긴 기가 빠져나가니 이것이 실기失氣다.

太陽之脈, 其終也, 戴眼, 反折, 瘛瘲, 其色白, 絶皮乃絶汗, 絶汗則終矣. 少陽終者, 耳聾, 百節盡縱, 目系絶, 目系絶, 一日半則死矣, 其死也, 色靑白乃死. 陽明終者, 口目動作, 喜驚, 妄言, 色黃, 其上下之經盛而不行則終矣. 少陰終者, 面黑, 齒長而垢, 腹脹閉塞, 上下不通而終矣. 厥陰終者, 中熱, 嗌乾, 喜溺, 心煩, 甚則舌卷, 卵上縮而終矣. 太陰終者, 腹脹閉, 不得息. 氣噫, 善嘔, 嘔則逆, 逆則面赤, 不逆則上下不通, 上下不通則面黑, 皮毛燋而終矣.

태양맥太陽脈이 끊어지면 대안戴眼과 반절反折, 계종瘛瘲이 일어나고, 얼굴이 백지장처럼 희어지며, 피부에 기가 끊겨 절한絶汗이 나온다. 절한이 나오면 죽는다.

소양맥少陽脈이 끊어지면 이롱耳聾이 생기고, 모든 관절이 늘어지며, 눈이 안 보인다. 눈이 안 보이면 하루 이틀 사이에 죽는다. 죽을 때는 얼굴이 창백해진다.

양명맥陽明脈이 끊어지면 입과 눈이 씰룩거리고, 잘 놀라며, 욕을 하고, 얼굴이 노래진다. 수족 양명경 위에 있는 동맥이 조동하게 뛰면 위기胃氣가 끊어진 것으로 바로 죽는다.

소음맥少陰脈이 끊어지면 얼굴이 검어지고, 이가 길어지며, 치구齒垢가 생기고, 복창腹脹이 되어 폐색되며, 상하가 불교不交하여 수화水火가 불통하면 죽는다.

궐음맥厥陰脈이 끊어지면 속에서 열이 나며, 목안이 마르고, 소변을 자주 보며, 가슴이 답답하다. 심하면 혀가 말리고, 음낭이 수축되면 죽는다.

태음맥太陰脈이 끊어지면 복창이 되어 막히고, 호흡이 힘들며, 트림을 하고, 자주 토한다. 토하면 기가 역상하여 얼굴이 붉어지고, 역상하지 않으면 대소변이 나오지 않으며, 대소변을 못 보면 얼굴이 검어지고, 피모가 그을어지면서 죽는다.

◉ 여기서는 종시지도終始之道가 오행에서 시작하여 육기에서 끝난다는 것으로 귀결했다.

태양맥은 목내자目內眥에서 시작하여 이마額로 올라가 정수리巔에서 교차한다. 정수리에서 뇌를 들어갔다가 다시 목 뒤로 나와 척추를 따라 요중腰中으로 간다. 태양은 진액지부津液之腑이며 모든 양경의 기를 주관하니 혈기가 끊어지면 근맥을 영양하지 못하고 근맥이 긴장되면서 대안戴眼과 반절反折이 일어난다. 정명오색精明五色은 기氣가 겉으로 드러나는 것이다. 태양의 기는 피모를 주관하는데 기가 피모에 끊어지면 피부가 하얗게 되면서 절한絶汗이 나온다.

소양맥은 목예자目銳眥에서 시작하여 귓속耳中으로 들어간다. 이롱耳聾은 소양의 맥이 끊어진 것이다. 소양은 골骨을 주관하니 모든 관절이 다 늘어지는 것은 소양의 기가 끊어진 것이다. 소양은 신腎에 속하고 신은 지志를 저장한다少陽屬腎 腎臟志. 목계目系가 끊어지면 지志는 이미 죽은 것이다. 지志가 죽으면 이틀을 넘기지 못한다.

양명맥은 코에서 시작하여 콧등頏中에서 교차하면서 치중齒中으로 들어갔다가 나와서 입 주위를 돌고 승장承漿으로 내려간다. 입과 눈이 움직이는 것은 양명의 기가 끊어지려는 것이다. 잘 놀라고 욕을 하며 얼굴색이 누렇게 되는 것은 양명의 신기神氣가 겉으로 드러나는 것이다. 상하경上下經은 수족 양명경을 말한다. 성성盛하다는 것은 겉은 왕성하게 보이지만 속에서는 기가 끊어진 것이다. 양명과 태음에서 상하上下라고 한 것은 요이상腰以上은 수태음양명이 주관하고, 요이하腰以下는 족양명태음이 주관한다. 상하에 한쪽만 왕성한 경맥이 나타나면서 불통되면 죽는 것이니 천지음양天地陰陽의 기가 불통되면서 끊어지기 때문이다.

소음맥은 신腎에 속하고 방광으로 연락되고 올라가 횡격막과 간을 관통하고 폐중肺中으로 들어갔다가 폐에서 심장에 연결된다. 복창폐색腹脹閉塞은 소음맥이 끊어져 통하지 못하는 것이다. 면흑面黑은 기색이 겉에서 다 빠진 것이다. 이가 길어지는 것齒長은 골기骨氣를 잡아주지 못하는 것이다. 상하불통上下不通은 수화水火가 불교不交한 것이다. 소음에서 상하上下라고 하는 것은 소음지상군화주지少陰之上 君火主之로 수화음양지기水火陰陽之氣가 끊긴 것이다.

궐음맥은 음고陰股를 순환하고 음모陰毛로 들어가고 음기陰器를 거쳐 후롱喉嚨을 순환하고 항상頏顙으로 들어간다. 혀가 말리고 음낭이 위축되는 것舌卷囊縮은 궐음맥이 끊어진 것이다. 궐음은 종중從中하여 소양지화少陽之火로 변화하여 드러나니 중열中熱·액건嗌乾·심번心煩은 변화된 기가 위로 나간 것이다. 간肝은 소설疏泄을 주관한다肝主疏泄. 소변을 자주 보는 것은 간기肝氣가 빠져나가는 것이다.

태음맥은 음고陰股로 올라가 복부로 들어가고 횡격막으로 올라가 인후를 끼고 옆으로 가서 설본舌本에 연결되어 설하舌下에서 퍼지고 다시 위胃에서 심중心中으로 주입된다. 태음맥이 끊어지면 통하지 못하기 때문에 복창이 생기고 호흡이 힘들어진다. 태음의 기는 심心으로 올라가니 트림이 나오고, 트림하면서 잘 토하고, 토하면 역상하고, 역상하면 얼굴이 붉어진다. 이는 위胃에서 심心으로 가고 심에서 밖으로 다 빠져나가기 때문이다. 위로 상역하면 이런 증상이 나타나고, 상역하지 않으면 수족手足 이경二經이 다 끊어져 상하가 불통한다. 상하가 불통하면 비토脾土가 망가져 수기水氣가 덮쳐서 안색이 검어진다.

수태음의 기가 끊어지면 피모가 초췌해진다. 이것은 육기가 없어지고 경맥이 끊긴 것이다. 기가 없어지면 맥이 없어지고, 맥이 끊어지면 기도 끊어진다. 형제에 비유하자면 형제가 같이 살지만 위급하면 모두 죽는다.

경맥은 장부오행을 바탕으로 생기고, 외부에서 음양의 육기와 합한다. 그래서 처음에 종시지도 오장위기終始之道 五臟爲紀라고 한 것이고, 끝에서 육경지종六經之終으로 결말지었으니 오행에서 생기고 육기에서 끝나는 것을 말한다.

장개지가 말했다. "신神이 천天에 있으면 풍風이 되고, 바람으로 나무가 자라며, 나무에서 생긴 열매는 간肝으로 간다神在天爲風 風生木 木生肝는 것은 천지육기天之六氣가 지지오행地之五行을 화생化生하는 것이다. 오행은 오장을 만들고, 오장은 육경을 만들며, 육경은 육기와 합쳐진다. 원래 천지육기天之六氣에 바탕을 두고 생긴 것이므로 육경에서 끊어지면 다시 천天으로 돌아간다."

批 양기가 잘 돌면 근육도 부드러워진다.

批 일일반一日半은 이틀 안이다.

팔강론八綱論
— 선우기 선생 강의 중에서

え

병이란 기능적 이상과 기질적 이상으로 체내 기혈의 균형이 깨진 상태다. 즉 어떤 요인에 의해 체내의 기능이나 기질에 변화가 생겨 이상이 나타나는 것을 병이라 한다. 외적 자극이 아무리 강해도 체내에 이상이 안 생기면 병이 아니다. 다량의 세균에 접촉되어도 체내에 이상이 생기지 않으면 병이 아니고, 아주 소량의 병균이라도 접촉되어 이상이 생기면 그때 병이 되는 것이다. 병이란 이상이 생겼을 때만 병이다.

팔강八綱은 그 이상病의 정체를 알아내는 것이다. 팔강이란 질병의 정체를 파악하기 위해 증상을 분석하는 요강要綱이다. 팔강이란 음양陰陽·허실虛實·한열寒熱·표리表裏 여덟 개를 말하지만 실은 네 가지 관점에서 본 강령이고 상대적으로 나누어 팔강이라 한다.

환자가 오면 우선 그 병이 무슨 병인가, 무엇 때문에 생겼는가, 어느 정도인가, 어디에 생겼는가 하는 것을 파악해야 그 질병의 상태를 파악할 수 있고 그에 대해 적절한 처치를 할 수 있다.

"무엇이 병났는가?"를 음양陰陽으로 표현했고, "무엇 때문에 병이 생겼는가?"를 허실虛實로 나타냈으며, "어느 정도인가?"를 한열寒熱로 했고, "어디에 병이 났는가?"를 표리表裏로 표현했다.

음양陰陽

"무엇이 병들었는가?" 하는 것이 음양이다. 음은 물질物質이고 양은 성능性能이다. 성性은 무형적이며 동작작용 기능을 말하고, 질質은 가시적이며 영양분 형태 등 물질적인 것을 말한다.

꿩을 잡아 놓으면 틈만 나면 산으로 가고, 거북이는 섬 모래사장에서 부화가 되면 깨자마자 바다 쪽으로 간다. 누가 부르는 것도 아니고 잡아당기는 것도 아니다. 이것이 바로 성性이다. 성질性質이라고 하면 음양을 모두 지칭하지만 "성깔이 못됐어"와 "질이 나빠"는 구별해야 한다. 일반적으로 성性은 기능을 의미하며 "성깔이 있어"라고 하지만 옷감을 가지고 말할 때에는 "질이 좋다 나쁘다"라고 말하지 "성깔이 있다 없다"라고 하지 않는다. 동작하는 것에 대해서는 성으로 표현하고, 물질에 대해서는 질로 표현한다.

누가 문을 열고 들어오면 자주 쳐다보는 사람이 있고 또 누가 문을 열거나 말거나 별로 개의치 않는 사람이 있다. 전자는 성이 활발한 사람이고, 후자는 성이 둔한 사람이다. 성이 발달한 사람은 무거운 것을 못 들어도 산이나 들로 잘 쏘다니고, 질이 발달한 사람은 무거운 것을 잘 들어도 산에 오르라고 하면 헉헉대며 힘들어한다.

병이란 이상異常이다. 이상이 성性에 왔느냐 질質에 왔느냐 하는 것이 음양이다. 양병이란 기능적 이상이고, 음병이란 기질적 이상이다.

다음과 같이 예를 들어보자.

A: 일을 많이 하여 몸살이 났다.

B: 여러 명이 다 같은 일을 했는데 다른 사람들은 밥을 먹었지만 나는 굶고 나가서 일을 하여 몸살이 났다.

A의 경우는 동작을 많이 하여 온 몸살이니 양병이고, B의 경우는 영양분이 부족해서 온 몸살이니 음병이다. A의 경우는 일을 과다하게 안했으면 몸살이 안 났을 것이고, B의 경우는 뭘 좀 넉넉하게 먹고 일을 했다면 몸살이 안 났을 것이다. 똑같은 몸살이라도 이처럼 음이냐 양이냐에 따라 치료가 달라진다.

병은 기능적 이상과 기질적 이상 두 가지로 나뉜다. 병은 기능에 먼저 이상이 생기고 그다음 기질에 변화가 온다. 기능은 양에 속하며 눈에 보이지 않는다. "밥 먹고 체했다"면 이것은 기능적 이상이다. X-Ray로 위를 찍어도 이상이 눈에 보이지 않는다. 그것이 오래되어서 위가 늘어지든지 헐거나 하면 그때 비로소 기질적 이상이 나타나 눈에 보인다.

이상은 먼저 양에서 생기고 그다음 음에 오는 것이다. 바람이 불면 나무가 움직이고 모래가 날아간다. 바람이 불어서 모래가 언덕이 되고 산이 되는 것이지 모래가 날아가서 바람이 되는 것은 아니다. 이처럼 병도 기능이 먼저 오고 기질이 나중에 온다.

허실虛實

"왜 병이 되었는가?" 하는 것이 허실이다. 병이란 음양의 균형이 깨져서 오는 것이다. 한쪽이 많거나 적어서 균형을 잃었을 때 병이 되는데 많거나 적거나 하는 것이 바로 허실이다. 병이 되었다는 것은 음양의 허실이 발생하여 균형이 깨진 상태다.

과로했다는 것은 움직임이 많은 것으로 양陽이 실한 것이다. 성性, 기능, 동작의 허실은 항진이나 저하로 표현된다. "기능이 많다"라고 하지 않는다. 많다 적다라고 하면 양量을 의미하는데 옛날에는 구분 없이 허실로 표현했다. 질質에 대해서는 물질이니까 허실을 많으냐 적으냐多少로 표현한다. 양量을 의미하므로 물질을 항진이나 저하로 표현하지 않는다. 같은 허실이지만 기능을 표현할 때의 허실과 질을 표현할 때의 허실이 다르다. 그런데 옛사람들은 모두 허실로 표현하여 이해하는 데 혼란스러운 점이 있다.

주단계朱丹谿는 병이 양유여음부족陽有餘陰不足으로 온다고 했다. 제대로 못먹어 영양이 부족한데 과로했다면 이는 양이 유여하고 음이 부족한 것이다. 이것이 주단계의 양유여음부족지설陽有餘陰不足之說, 즉 사람은 육체적으로 자꾸 늙어 음이 쇠해지는데 인간의 정욕에 한이 없다는 이 학설은 틀리다. 양유여나 음부족도 마찬가지다. 양유여와 음부족은 하나의 세트. 자동차가 막 달리면 휘발유가 점차 소모된다. 양유여음부족이 있으면 상대적으로 양부족음다陽不足陰多도 있다.

양의학에서는 성인병의 큰 원인으로 콜레스테롤의 과다를 든다. 콜레스테롤의 과다는 영양과잉이다. 콜레스테롤의 대적大敵은 섬유질 부족과 운동 부족이다. 즉 음식 흡수 부족과 운동 부족이다. 운동 부족은 양부족陽不足이고, 먹는 것이 많아 영양과잉은 음유여陰有餘다. 지금 시대에는 양부족음유여가 많다. 못 먹어서 병이 되는 것이 아니라 너무 많이 먹어서 병이 된다. 병은 양유여음부족이냐 아니면 양부족음다냐 둘 중 하나다.

그러면 양유여음부족과 양부족음다는 모두 양陽이 유여有餘하거나 양陽이 부족不足하고 음陰도 부족不足하거나 많거나 하여 음양陰陽 모두에 이상이 있다. 그런데 음양병陰陽病이라고 하지 않고 음병陰病·양병陽病이라고 하는 것은 무슨 이유인가? 또 허실이 모두 겸해 있는데 허실증虛實症이라 하지 않고 왜 허증虛症, 실증實症이라고 하는가?

그 이유는 병이 한 가지 요인만으로 되지 않는다. 병의 요인은 주인主因과 부인副因 두 가지가 있는데, 앞에 나오는 것이 주인主因이고 뒤에 나오는 것이 부인副因이다. 습관상 부인副因은 생략하고 주인主因만 대표로 쓸 뿐이다. 음성양허陰盛陽虛가 있고 양허음성陽虛陰盛이 있다. 낱말 하나하나의 술어는 두 개가 같다. 즉 음성陰盛하므로 양陽이 허虛해졌고, 양허陽虛하므로 음陰이 성성해졌다.

"동작이 둔하면 수분대사가 안 되어 자꾸 뚱뚱해진다."

뚱뚱한 부인들을 보면 밥은 조금 먹고 운동을 안하는데 이는 양陽이 허虛해서 음陰이 성성해지는 것이다. 또 음陰이 성하면 양陽도 허해진다.

"밥을 많이 먹으면 활동력이 줄어들고 동작이 둔해진다."

배가 부르면 소화를 시키느라고 기운이 위胃로 가고 팔다리에는 기운이 부족하여 나른해진다. 물도 먹으면 기운이 빠진다. 복싱선수나 육상선수들은 운동 중에 땀을 아무리 많이 흘려도 물을 안 마신다. 비록 몸에 물을 끼얹거나 입에 넣었다 뱉을망정. 애들 저녁에 공부시킬 때에도 간식을 주는 것은 공부하지 말라는 말이나 마찬가지다. 밥을 잔뜩 먹고 공부가 되는가? 조금 있다 하지 하다가 드러누웠다가 그냥 잠든다.

음성陰盛이 주主냐 양허陽虛가 주主냐 하는 것은 언제나 앞에 나오는 것이 주

主다. 음성양허陰盛陽虛는 음성陰盛을 주로 치료해야 하고, 양허음성陽虛陰盛은 양허陽虛를 주로 치료해야 한다.

양陽이 부족하고 음陰도 부족한 경우가 있다. 이런 경우에는 무엇을 주인主因과 부인副因으로 삼아야 하는가? 이를 음양구허陰陽俱虛라고 한다. 이는 평상의 기준으로 보면 음양 둘 다 허하지만 그 안에도 주부主副가 있다.

예를 들면 1년을 양陽의 계절과 음陰의 계절로 나누면 여름은 양陽의 계절이고 겨울은 음陰의 계절이다. 어떤 사람은 "적도에는 여름과 겨울이 없지 않습니까?"라고 하지만 여기처럼 더위와 추위가 극심진 않아도 그래도 꽃피고 열매 맺는 계절이 따로 구분되어 있다. 이처럼 구허俱虛나 구실俱實은 평상의 기준에서 비교하여 허虛하다 실實하다 하는 것이지 그 안에는 각기 음양의 허실이 있다.

음양이 구허俱虛해도 균형이 갖추어져 있으면 병이 안 될 수도 있다. 튼튼한 사람이 오래 살고 오래 사는 사람이 튼튼한 사람은 아니다. 밥을 조금 먹으면서 약한 사람이 오래 사는 경우도 많다. 몸이 약하면 몸을 사리기 때문이다. 몸이 튼튼한 사람도 죽는다. 예전에 어떤 한의사가 몸이 건강했는데 헬스클럽에서 운동하다가 죽었다. 평균치보다 체력이 좋아도 그 안에서 균형이 깨지면 죽는다. 몸이 약한 사람은 엄살을 부리니까 오래 살지만 체력이 좋은 사람은 밤새 술 마시고 또 일하다가 쓰러진다. 강철은 단단해도 부러질 수 있고 연한 것은 약해도 여간해서 부러지지는 않는다. 즉 음양구허陰陽俱虛나 음양구실陰陽俱實은 평균치에 대한 비교다.

한열寒熱

복싱을 할 때에도 1라운드에는 막 붙어 싸우지 않고 서로 탐색전을 하여 상대방의 주먹과 맷집이 어느 정도인지 파악하여 몇 라운드에 KO시킬 것인지 자신한다. 또 세 살 먹은 아이에게 어른 야단치듯 할 수 없고 다 큰 어른에게 세 살 먹은 아이 야단치듯 하면 안 된다. 속을 덥힐 때에도 건강乾薑을 쓸 때가 있고, 계피桂皮를 쓸 때가 있으며, 부자附子를 쓸 때가 따로 있다. 같은 성질의 병이라 할지라도 나타나는 증상이 음양허실의 정도 차이에 따라 달라진다.

"어느 정도인가?" 하는 것이 바로 한열이다.

열熱이 난다는 것은 그냥 열이라고 하면 안 된다. 열이란 한寒이 모자라서 열이 나느냐 아니면 양陽이 많아서 열이 나느냐 하는 식으로 음양으로 따져야 한다. 양陽이 많으면 열이 난다. 운동을 많이 하면 열이 나는데 이는 기능이 항진되어 열이 나는 것이다.

찬 것은 한寒이고, 더운 것은 열熱이라는 식으로 사고하면 한방을 이해할 수 없다. 온도가 높다는 것은 양陽이 많고 음陰이 적은 것이다. 열을 일으키는 경우는 두 가지다. 양陽이 많으면 열이 나고 또 음陰이 부족해도 열이 난다. 양陽이 많아서 열이 나는 것을 실양實陽이라 하고, 음陰이 부족해서 열이 나는 것을 허열虛熱이라 한다. '춥다'는 것은 음陰이 많고 또 양陽이 부족하다는 것이다. 음陰이 많아서 추운 것은 실한實寒이고, 양陽이 부족하여 추운 것은 허한虛寒이다. 음陰이 실하면 한寒이고, 양陽이 실하면 열이다. 음陰이 허하면 열이다. 허해서 나는 열이니 허열虛熱이라 한다. 열에는 실열實熱과 허열虛熱이 있는데 실열實熱은 보통 실實자를 생략하여 그냥 열이라 한다.

양陽이 실하면 열이 나지만 허虛하면 열이 적게 나는 것은 아니다. 양陽이 허하면 음陰이 실해져 추워진다. 한열에는 일정한 기준이 있다. 기준보다 많을 때에는 열이 나고 기준보다 부족하면 추워진다. 음陰이란 한寒을 일으키지만 또 열을 억제하는 작용도 한다. 추운 기운이 많으면 억제하고도 남으니 한寒한 것이고, 추운 기운이 모자라면 억제를 못하여 열이 난다. 이때의 열은 허열虛熱이다.

'춥다'는 말은 음陰이 많다는 것이니 음陰이 많을 때에는 음陰을 사瀉하는 방법을 써야 하고, 양陽이 부족하니까 양陽을 보補해야 한다. 그러면 음성양허陰盛陽虛하여 추운 것이나 양허음성陽虛陰盛하여 추운 것이나 마찬가지로 음陰을 사瀉하고 양陽을 보補하면 되냐면 그렇지 않다. 여기에도 주부主副를 따져야 한다.

표리表裏

표리는 "어디에 병이 들었는가?" 하는 병의 위치를 말한다. 양陽의 활동 부위는 주로 밖外이고, 음陰의 활동 부위는 주로 안內이다. 그렇지만 밖에도 음陰

이 있고, 안에도 양陽이 있다. 하지만 주 활동 부위가 음陰은 안, 양陽은 밖이다.

표리라고 하여 꼭 표表와 이裏만 말하는 것이 아니라 내외內外도 있고 상하上下도 있고 어떤 때는 좌우左右를 말하기도 한다. 기혈氣血로써 구분하면 기허혈실氣虛血實이 있고 기실혈허氣實血虛가 있다. 기허기실氣虛氣實도 있는데 우기허좌기실右氣虛左氣實, 좌혈허좌기실左血虛左氣實도 있을 수 있고 우기허우혈실右氣虛右血實, 좌기허우기실左氣虛右氣實이 있을 수 있다. 이처럼 허실을 따지는 것이 위치에 따라 틀리니 무엇이 주主이고 부副인지 주부主副를 잘 가려 살펴야 한다.

요약하면 음양이란 기능과 기질을 의미하며 이 음양의 균형이 깨져서 병이 생긴다. 이 깨진 균형은 허실로써 표현된다. 허실은 기능의 허실과 기질의 허실로 구분할 수 있다. 기능의 허실은 항진과 침체로써 표현되고, 기질의 허실은 양量의 다소로써 표현된다. 따라서 똑같은 허실이라 해도 기능의 허실과 기질의 허실이 틀리다. 기능이 항진되면 열이 발생한다. 물질이 많으면 상대적으로 기능이 약해진다. 음陰이 실하면 한寒이 생기고, 양陽이 실하면 열熱이 난다. 음陰이 허하면 열熱이 나지만 허해서 나는 열이니 허열虛熱이다. 열熱에는 허열虛熱과 실열實熱이 있는데 보통 실열은 그냥 열이라 한다. 양陽이 허하면 추위를 타는데 이때의 한寒은 허해서 오므로 허한虛寒이다. 한寒에도 실한實寒과 허한虛寒이 있다. 이처럼 음양·허실·한열·표리에 따라 병의 상태가 달라진다. 음양·허실·한열·표리는 각각 별개가 아니라 하나의 병을 네 가지 면에서 본 하나의 강령이다.

₰

〈영추·구침십이원〉에서 "부족하면 채우고 많으면 덜어내며 어혈이 생겼으면 제거하고 사기가 성하면 사하라虛則實之 滿則泄之 宛陳則除之 邪勝則虛之"라고 했는데 이는 "병은 허실로 생기고 치법은 보사다"라는 것을 말하는 것이다.『상한론』은 이것을 잘 실천하여 한의학의 치법의 근간을 완성했다.

원래 삼음삼양은 표피에 흐르는 기를 태양·양명·소양·태음·소음·궐음으로 나눈 것이다. 삼음삼양은 오운육기에서 나오는데 운기에서 보면 오운은 지구의 공전으로 인한 사시의 움직임이고 육기는 대기의 기후 변화다. 오운육기는 계절 변화와 날씨 변화의 상관관계로 일어나는 변화를 예측하는 학문이다. 오운육기에서 대기의 기후 변화를 삼음삼양으로 표현했는데 이것을 차용하여 경맥 밖을 흐르는 기를 삼음삼양으로 표현했다.

태양은 몸의 배부, 양명은 몸의 전면, 소양은 몸의 측면, 태음은 상복부, 소음은 하복부, 궐음은 생식기 부위를 말한다.

또 태양·양명·소양·태음·소음·궐음은 표면적인 부위뿐만 아니라 표피의 층을 의미하기도 한다. 태양은 가장 바깥쪽이고 차례로 양명·소양·태음·소음·궐음순이다. 병이 되는 순서도 표피에서 내부로 진행된다. 삼양의 부위에서는 사기에 방어를 하는 것이고 삼음의 부위에서는 방어력이 떨어져 기가 소멸되어 가는 과정이다.

병의 진전에 따라 여섯 부분으로 분류했으니 이것이 육경제강六經提綱이다.

태양병은 부맥이 뛰고 머리와 목 부분이 뻣뻣하고 아프며 으슬으슬 춥고 열이 난다太陽之爲病 脈浮 頭項强痛而惡寒發熱.

양명병은 위장관이 실하다陽明病 胃家實.

소양병은 입이 쓰고 인후가 마르며 어지럽다少陽之爲病 口苦 咽乾 目眩也.

태음병은 배에 가스가 차고 토하며 음식이 내려가지 않고 설사를 자주 한다太陰之爲病 腹滿而吐 食不下 自利益甚.

소음병은 미세한 맥이 뛰며 까부라져 자려고 한다少陰之爲病 脈微細 但欲寐也.

궐음병은 갈증이 나고 가슴이 뛰며 심장에 통증이 있고 열감을 느끼며 허기가 지는데도 음식이 당기지 않고 먹으면 회충을 토하기도 하며 설사가 그치지 않는다厥陰之爲病 消渴 氣上撞心 心中疼熱 飢而不欲食 食則吐蛔 下之 利不止.

병이라는 것이 이렇게 일정하게 육경으로 나누어 증상이 나타나는 것은 아니다. 사기와 정기가 서로 다투면서 병이 더 심해지기도 하고 호전되어 병증이 소실되기도 한다. 객기가 강하여 태양병과 양명병 또는 소양병이 함께 나타날 수도 있고, 객기에 대항하는 몸의 주기가 약하여 바로 태음병이나 소음병으로 나타나기도 한다. 또 치료를 제대로 하여 병을 낫게도 할 수 있지만 치료가 완전하지 않거나 잘못되어 병이 낫지 않을 수도 있고 더 심해질 수도 있다. 병은 풍한에 의한 작은 외부 자극으로 시작해도 그 변화는 일정하지 않고 변화무쌍하여 육경체계를 기준 삼아 모든 병의 허실 변화를 살피고 그것에 따른 치료 근간을 완성한 것이『상한론』이다.

병은 태양병에서 양명병·소양병·태음병·소음병·궐음병의 순으로 전변되는 것이 아니라 정기와 사기의 투쟁과정에서 태양병이 될 수도 있고 바로 양명병이 될 수도 있으며 소양병이 될 수도 있고 태음병이 바로 되기도 하며 소음병이 되기도 하고 궐음병이 되기도 한다. 또 태양병에서 양명병이나 소양병으로 전변되기도 하고 소음병으로 전변되기도 한다.

무엇 때문에 각기 다른 병증이 생기고 또 왜 전변되는가?

상한은 주기허객기실主氣虛客氣實로써 병이 된다. 나타나는 증상은 외부 자극에 대한 몸 안의 주기가 반응하는 것이다. 상한이 주기와 객기의 투쟁으로 나타나는 결과이지만 실제적으로 몸에 자극을 주는 객기의 상태를 알기는 어렵다. 또 그것을 알더라도 한번 일어난 것을 되돌릴 수는 없는 것이다. 병증이 나타났으니 객기가 있다고 인정하는 것이다. 병이 나타나면 객기의 입장에서 볼 것이 아니라 객기에 대항하는 주기 입장에서 병을 봐야 한다.

주기허객기실로 기혈 변화가 생겨서 병이 되면 변화된 기혈은 사기가 되고 그것에 저항하는 주기는 정기로 표현한다. 병의 진행 여부는 정기와 사기의 승부로 이루어진다.

외부 자극에 대한 반응은 정기가 가지고 있는 힘만큼 나타난다. 정기가 실한 상태에서는 반응도 사기를 이겨내고자 강하게 반응하여 기능 항진으로 나타나니 이를 양증이라고 한다. 태양병·양명병·소양병이 모두 양병이다.

감기 초기 증상은 뒷목이 뻐근하면서 으슬으슬 춥고 열이 난다頭項強痛而惡寒. 이것을 태양병이라고 한다. 외부에서 객기가 침입하여 표피에서 기혈의 변화가 일어나면서 나타나는 증상이다. 태양병은 표피에서 방어를 하는 것으로 발한법을 써서 사기를 몰아내는 것이다.

태양병은 고정되어 있는 것이 아니라 계속 진행되어 오한은 없어지고 땀나면서 고열이 나타난다. 이것이 양명병이다. 양명병은 열병의 발전단계로 병사가 극성한 것이고 정기의 항사도 왕성함을 나타내고 있는 것이다. 이때는 청열시키거나 열이 극성하여 위장에 열이 몰리면 하법으로 사기를 내보내는 방법을 쓴다.

소양병은 또 태양병이나 양명병에서 열이 줄어들긴 했는데 완전하지 않아 여열餘熱이 덜 풀린 상태가 되어 입이 쓰며 목이 마르고 어지러우며 추웠다 더웠다 반복하는 등 일정하지 않은 것이 소양병이다. 이때는 화해법和解法을 쓴다. 이것도 사법이다.

태음병·소음병·궐음병은 음병으로 기능저하증이고 허증이다. 삼음병은 사기가 들어와도 이에 대항할 힘이 없는 상태다.

기력이 떨어지면 제일 먼저 소화력이 약해져 배에 가스가 차고 토하며 설사를 하는 증상이 나타나는데 이것이 태음병이다. 태음병은 소화력이 약해져 기가 잘 생성이 안 되는 상태다. 이때는 온보로써 비위의 기능을 회복시켜야 한다.

병이 더 진행되면 기운이 고갈되어 움직일 힘이 없어 자꾸 누우려고만 하는 것이 소음병이다. 소음병은 양기가 부족하여 몸을 움직일 기운이 다 빠져나간 상태다. 무기력하고 손발과 배가 차서 모든 기능이 다 침체되어 버린 것이니 이때는 빨리 회양回陽시켜야 회복할 수 있다.

소음병에서 기가 더 빠지면 허열이 뜨고 소갈증이 나며 내장 기능이 망가져 배고픈데도 음식이 먹히지가 않고 설사가 멈추지 않아 몸에 기운뿐만 아니라 진이 다 빠져나간 상태가 궐음병이다. 궐음은 양음교진兩陰交盡이라고 하는데 이는 양기도 다 빠지고 양을 함유할 음도 다 소모된 상태로 음양구허의 상태를 말한다. 이때 치료는 『상한론』에서는 오매환 등을 제시했으나 결코 쉽게 치료할 수 있는 단계가 아니다.

태양병·양명병·소양병은 모두 양병으로 항진병이고 실증이다. 삼양병은 사기에 대해서 몸의 정기가 강하게 저항하는 상태로 병증도 항진되어 나타난다. 정기가 약한 상태에서는 정기가 반응하는 것이기 때문에 사기가 강해도 강하게 반응하는 것이 아니라 정기의 힘만큼 반응할 수 있으므로 증상은 기능이 침체되어 나타나니 이를 음증이라고 한다. 태음병·소음병·궐음병이 모두 음병이다. 즉 기가 실하면 양증이고 허하면 음증이다.

전변되는 것은 정기와 사기가 싸우다가 사기가 강해도 정기가 버틸 힘이 있으면 표表에서 이裏로 진행되니 태양병에서 양명병으로 전변되고, 정기가 약해지면 양증에서 음증으로 전이되니 태양병에서 소음병으로 전변된다. 또 정기가 회복되어 강해지고 사기가 약해지면 음증에서 양증으로 전변되기도 하니 호전되는 것이다.

임상에서의 핵심은 정기의 허실을 따지는 것이다. 증상을 팔강에 따라 분석하는 것도 결국 정기의 허실을 따지자는 것이다. 그래서 가금柯琴은 "실하면 태양병이고 허하면 소음병이며, 실하면 양명병이고 허하면 태음병이다實則太陽 虛則少陰 實則陽明 虛則太陰"라고 했으니 이것이 상한의 지남指南이다.

육경병증도 결국은 허실로써 음증·양증으로 나누고 양증을 다시 태양병·양명병·소양병 세 단계로 구분하고, 음증도 태음병·소음병·궐음병 세 단계로 구분하여 치료하는 것이다. 이러한 치법은 상한만이 아니라 모든 질환에도 적용된다.

二卷　　　**2**

경맥經脈

雷公問於黃帝曰: 禁脈*之言, 凡刺之理, 經脈爲始, 營其所行, 制其度量, 內次五臟, 外別六腑, 願盡聞其道.
黃帝曰: 人始生, 先成精, 精成而腦髓生, 骨爲幹, 脈爲營, 筋爲剛**, 肉爲牆, 皮膚堅而毛髮長, 穀入於胃, 脈道以通, 血氣乃行.
雷公曰: 願卒聞經脈之始生.
黃帝曰: 經脈者, 所以能決死生, 處百病, 調虛實, 不可不通.

뇌공雷公이 황제에게 물었다. "〈금복禁服〉에서 '모든 자법刺法의 이치는 경맥經脈을 바탕으로 삼으니 기혈이 지나는 길을 탐구하여 경맥의 장단·대소 등을 제정한다. 경맥이 내부에서는 오장과 이어지고 외부에서는 육부와 연결된다'고 하니 그 내용을 다 듣고 싶습니다."

황제가 말했다. "사람이 처음 생겨날 때 제일 먼저 정精이 생성되고 정이 생성된 후에 뇌수腦髓가 생긴다. 뼈대가 되는 골骨이 생기고, 기혈 운행의 통로가 되는 맥脈이 생기며, 근筋은 망라網羅가 되어 골骨과 육肉을 연결하며, 담장이 되는 육肉이 생겨 몸을 호위하고, 탄력 있는 피부와 모발이 생긴다. 곡식이 위胃에 들어가면 맥도脈道가 통하고 혈기가 운행되어 하나의 생명이 완성된다."

뇌공이 물었다. "경맥이 어떻게 시작하는지 알고 싶습니다."

황제가 말했다. "경맥은 사생死生을 결정하고, 모든 병을 처리하며, 허실을 조절하니 통달하지 않으면 안 된다."

---

* 〈영추·금복禁服〉중의 말을 인용한 것이다. 금맥禁脈은 장경악·마현대·장은암 등이 모두 금복禁服이라고 해야 한다고 했다.
** 근위강筋爲剛은 근이 골과 연결되고 육에 속하면서 그물같이 망을 형성한다. 강剛은 망網과 통한다─〈통해〉.

● 이 편에서는 장부와 십이경맥의 생시출입生始出入을 말한다. 영혈營血은 맥중을 돌고 육기六氣는 맥외에서 합하며 수태음폐에서 시작하여 족궐음간에서 끝나고 다시 돌아 끝없는 원처럼 계속 순환된다.

사람이 처음 생길 때 정精이 먼저 생긴다人始生 先成精는 것은 선천수화先天水火의 정기精氣에 바탕을 두고 양신兩腎이 먼저 생긴다. 뇌는 정수지해精髓之海다. 신정腎精이 올라가 뇌로 주입되어 뇌수腦髓가 생겨난다. 골위간骨爲幹은 골骨이 수장水臟에서 생겨나는데 마치 나무의 줄기와 같다. 영營은 머무는 곳으로 혈기를 담아두는 곳이다. 근위강筋爲剛은 인대가 강하고 세다는 것이다. 육위장肉爲牆은 기육肌肉이 토土에서 생기는데 마치 담이 밖을 호위하는 것과 같다. 피부가 탄력 있고 모발이 잘 자라는 것皮膚堅而毛髮長은 혈기가 충실한 것이다. 이것은 피맥육근골皮脈肉筋骨이 오장의 외합外合으로 선천의 정기에 바탕을 둔다.

음식이 위에 들어가 맥도가 통해야 혈기가 돈다穀入於胃 脈道以通 血氣乃行는 것은 영위기혈營衛氣血이 후천 수곡지정水穀之精에서 생긴다는 것이다.

우안 | 혈기의 생시출입과 음양의 이합성쇠離合盛衰를 신령예지神靈叡智한 성인이 아니면 누가 그것을 꿰뚫어볼 수 있겠는가? 〈영추〉와 〈소문〉 두 경은 임금과 신하가 서로 문답하는 것을 서술한 것으로 이 도를 증명하여 금석에 새겨 영원히 전해지도록 했다. 하지만 은미한 중에도 황제가 통찰한 바가 있어 다시 신료에게 지시했다.

김서명金西銘이 말했다. "〈영추·영기營氣〉는 영혈의 생시生始와 순행循行을 논했으니 역시 황제가 하신 말씀이다."

批 〈주역周易·계사전繫辭傳〉에서 "동정動靜은 일정함이 있고 강유剛柔로 판단한다"라고 했다.

肺手太陰之脈, 起於中焦, 下絡大腸, 還循胃口, 上膈屬肺, 從肺系橫出腋下, 下循臑內, 行少陰心主之前, 下肘中, 循臂內上骨下廉, 入寸口, 上魚, 循魚際, 出大指之端. 其支者, 從腕後直出次指內廉, 出其端. 是動則病肺脹滿, 膨膨而喘欬, 缺盆中痛, 甚則交兩手而瞀, 此爲臂厥. 是主肺所生病者, 欬上氣喘, 喝, 煩心胸滿, 臑臂

內前廉痛厥, 掌中熱. 氣盛有餘則肩背痛, 風寒汗出中風, 小便數
而欠. 氣虛則肩背痛寒, 少氣不足以息, 溺色變. 爲此諸病, 盛則瀉
之, 虛則補之, 熱則疾之, 寒則留之, 陷下則灸之, 不盛不虛, 以經
取之. 盛者寸口大三倍於人迎, 虛者則寸口反小於人迎也.

폐수태음맥肺手太陰脈은 중초中焦에서 시작하여 내려가 대장大腸에 연락되고
돌아가 위구胃口를 순환하며 횡격막으로 올라가 폐에 속한다. 폐계肺系에서 횡
으로 액하腋下로 가서 내려가 상박 안쪽을 순환하고 수소음심포경手少陰心包經
의 앞쪽을 지나 팔꿈치로 내려간다. 아래팔 내측 요골橈骨 아래쪽을 지나 촌구
寸口로 들어가고 어복魚腹으로 올라가서 어제魚際를 순환하고 엄지손가락 끝으
로 나간다. 지별支別은 손목 뒤에서 갈라져 곧바로 둘째 손가락 끝으로 가서
나간다.

시동병是動病은 폐가 팽팽하게 붓고, 숨차면서 기침을 하며, 결분缺盆 속이 아
프다. 심하면 양손으로 가슴을 가리고 눈이 침침해진다. 이것이 비궐臂厥이다.

폐 소생병所生病은 기침을 하고, 상기되어 헉헉거리며 숨이 차 가슴이 답답
하고, 흉부가 팽만하며, 상박 내측이 아프면서 차가워지고, 손바닥이 뜨겁다.
기성氣盛하면 견배통이 있고 땀을 내고 찬바람을 쐬면 감기에 걸리며, 소변을
자주 보고, 하품을 한다. 기허氣虛하면 견배가 시리면서 아프고, 숨쉬기 힘들
정도로 기운이 없으며, 소변색이 변한다.

이러한 병들은 실하면 사하고, 허하면 보하며, 열나면 침을 빨리 빼고, 한寒
하면 유침시키며, 함하되면 뜸뜨고, 불성불허不盛不虛하면 해당 경맥을 취한
다. 성하다는 것은 촌구맥寸口脈이 인영맥人迎脈보다 3배 더 뛰고, 허하다는 것
은 반대로 촌구맥이 인영맥보다 약하게 뛴다.

⊕ 폐肺다 맥脈이다 하는 것은 유형有形의 장부臟腑와 경맥이다. 태음은 무형無
形의 육기다. 혈맥은 내부의 장부에서 생기고 외부의 육기와 합한다. 맥脈과 기
氣를 구분하여 말하자면 육기六氣에 병이 있으면 인영 기구맥에 나타나니 병이
기에 있는 것이지 경맥에 있는 것은 아니다. 병이 장부에 있는 것은 병이 내부
에 있으면서 외부에 있는 척촌尺寸에 드러난다. 합해서 말하면 장부·경맥은
내부에서는 오행에 합하고, 외부에서는 육기와 합하니 오행과 육기가 서로 배
합되어 각기 합쳐진다. 그래서 폐수태음지맥肺手太陰之脈은 장부·경맥·음양의

기를 다 포괄하여 말한 것이다.

이 편에서는 영행맥중營行脈中하는 영혈이 수태음폐에서 시작하여 족궐음간에서 끝나는데 배에서 손으로腹走手, 손에서 머리로手走頭, 머리에서 발로頭走足, 발에서 배로 가고足走腹 둥근 원처럼 끝나면 다시 시작하여 끝없이 도는 것을 말한다. 육장六臟의 맥은 장에 속하고 부에 연결되며屬臟絡腑, 육부의 맥은 부에 속하고 장에 연결되니屬腑絡臟 장과 부가 서로 연결되어 음경陰經과 양경陽經이 서로 관통한다.

먼저 생기는 것이 시동是動이고, 나중에 생기는 것이 소생所生이다. 시동은 병이 삼음삼양三陰三陽의 기에 있어서 그 움직임이 인영 기구맥에 나타난다. 병이 기氣에 있는 것이지 경經에 있는 것은 아니다. 그래서 "성하면 사하고, 허하면 보하며, 허하지도 않고 실하지도 않으면 경맥을 다스린다盛則瀉之 虛則補之 不盛不虛 以經取之"라고 했다. 이경취지以經取之는 음양의 기가 한쪽이 실하면 얕게 찌르고서 조금씩 더 깊이 찔러서 음양의 사기를 빼내 곡기가 이르게 하여 음양의 허를 보하는 것이다. 이것은 피부·주리의 기분氣分을 취하는 것이지 경經까지 미친 것이 아니다. 음양의 기가 불성불허不盛不虛하면서 경맥이 불화하면 해당 경맥을 다스리면 된다.

소생병所生病은 십이경맥의 병으로 장부에서 생긴 것이다. 장부의 병이 외부에서 경증經症으로 나타난 것이다. 시동은 병인이 외부에 있고, 소생은 병인이 내부에 있다. 무릇 병은 병인이 외부에 있는 경우가 있고, 내부에 있는 경우도 있으며, 외부에 있으면서 내부로 미친 경우가 있고, 내부에 있으면서 외부까지 미친 경우가 있으며, 외인과 내인이 겸해 있는 경우가 있다.

이 편에서는 장부臟腑와 경經, 기氣를 통틀어 논하고 있으므로 폐수태음지맥肺手太陰之脈이라고 했고, 시동·소생을 말하고 있다. 치병자治病者는 나타나는 병증에 따라서 외인과 내인을 구별하면 된다. 꼭 시동병이 먼저 생기는 것이고 소생병이 나중에 생기는 것이며 병증이 다 갖추어져야 하는 것은 아니다.

격膈은 흉부 안에 있는 격육膈肉으로 앞은 구미鳩尾에 연결되고 뒤는 11추椎에 연결된다. 흉부 옆쪽 늑막 아래를 액腋이라고 하고, 상박 안쪽 팔뚝을 노臑라고 하며, 노가 끝나는 곳이 주肘고, 주 아래가 비臂다. 염廉은 측면을 말한다.

촌구寸口는 양 촌척맥寸尺脈이 뛰는 곳이다. 어제魚際는 손바닥에서 엄지손가락 아래로 살이 불룩하게 올라온 곳으로 물고기 배 모양魚腹과 같다고 하여 붙여진 이름이다. 영기營氣는 곡식을 먹고 만들어지는 것이므로 내곡위보內穀爲寶"라고 했다. 곡식이 위에 들어가 만들어진 곡기가 폐로 전해진다. 그래서 폐맥은 중초의 위완胃脘에서 일어나 대장으로 연결되고 다시 위구胃口를 순환하고 나서 횡격막으로 올라가 폐에 속한다.

폐에서 옆으로 나와 겨드랑이의 중부中府·운문雲門으로 간다. 상박의 노臑를 돌면서 천부天府·협백俠白을 지나 수소음심주手少陰心主의 앞을 지나 팔꿈치에 있는 척택尺澤까지 간다. 비골臂骨 아래쪽을 따라서 공최孔最와 열결列缺을 거치고 촌구寸口에 있는 경거經渠·태연太淵으로 들어간다. 거기서 어제로 가서 엄지손가락 끝의 소상少商으로 나간다. 또 옆으로 갈라져서 흐르는 것은 열결에서 손목 뒤로 가서 합곡合谷을 순환하면서 둘째 손가락 끝으로 올라가 수양명대장경手陽明大腸經의 상양商陽과 교차한다.

시동으로 병이 되면 폐가 팽창되어 숨차고, 기침하며, 결분缺盆에 통증이 있다. 무瞀는 눈이 처져 감기는 것이다. 심하면 팔짱을 끼면서 눈이 처져 감긴다. 이것은 비기臂氣가 궐역厥逆했기 때문이다. 대개 삼음삼양의 기는 각기 수족의 경맥을 도는데 기가 외부에서 역행하면서 내부에서 병증이 나타난다. 소생병은 폐장에서 생기는데 밖으로 경증經症으로 나타난다.

오행의 기는 오장이 주관하며 육부와 합한다. 그러므로 장臟에 병이 있으면 주폐主肺, 주비主脾, 주심主心, 주신主腎, 주간主肝이라고 했고, 부腑에 병이 있으면 주진主津, 주액主液, 주기主氣, 주혈主血, 주골主骨, 주근主筋이라고 했다. 이것들은 모두 장부에서 생긴 병이면서 겉으로 경증經症으로 나타나는 것이다.

이것은 폐가 주관하는 소생병이므로 해수咳嗽·상기上氣·갈증渴症·번심煩心 등증이 나타난다. 폐는 기를 주관하고 수水의 생원生源이 되며 심장을 감싸고 있다. 흉만胸滿·노비통臑臂痛·장중열掌中熱은 모두 경맥이 지나가는 부위에서 병이 된 것이다.

기의 성허盛虛는 태음의 기를 가지고 말하는 것이다. 폐수肺腧는 견배肩背에 있어 기로 인하여 폐수에 통증이 생긴다. 기가 손상되면 통증이 나타난다氣傷

痛는 것이 바로 이것이다. 소변색이 변하는 것溺色變은 기허氣虛하여 불화不化하기 때문이다.

삼음삼양의 기는 양명陽明 위부胃腑에서 생기는 것이고, 수양명 오리五里에서 표피로 흩어져 퍼지며, 폐는 기를 주관하여 외부에서 피모를 주관한다. 그래서 수태음과 수족 양명으로 기의 성허盛虛를 말했고 다른 경에서는 생략하고 말하지 않았다. 삼음삼양의 기는 기 자체의 허실虛實일 때도 있고 외감풍한外感風寒으로 인하여 기성氣盛일 때도 있다. 십이경의 처음에 풍한한출중풍風寒汗出中風을 제시하여 삼음삼양의 기가 표表에 있고 육기六氣와 합함을 밝혔다. 시동·소생의 모든 병에 대해 성하면 사하고, 허하면 보하며, 열나면 침을 빨리 빼서 열을 제거하고, 한寒하면 유침하여 열이 모이길 기다린다.

쑥은 빙대氷臺라고 불리며 얼음을 뚫고 나와 햇빛을 향하니 얼음 속에서도 화火를 취할 수 있어 기가 함하되었을 때 뜸뜨는 것이다. 음에서 양기를 빼낼 수 있는 능력이 있다.

음양지기에 허실이 없고 소생의 경맥이 부조不調한 경우라면 해당 경맥을 취해야 한다. 경은 폐수태음맥이다. 기가 성하다는 것은 촌구가 인영보다 3배 더 큰 것이다. 허하다는 것은 촌구가 인영보다 오히려 작다.

상어공尚御公이 말했다. "장부의 기는 수태음의 촌관척寸關尺에서 살핀다. 인영과 기구는 좌우의 촌구寸口다. 진맥법이 다르니 각각 구별해야 한다. 그래서 먼저 폐수태음지맥을 제시하고 다시 기의 성허를 말하고 인영과 기구를 말한 것이다. 글로는 말을 다 표현할 수 없으니 독자들은 숨겨진 의미를 잘 가려서 생각해야 한다."

김서명이 말했다. "〈영추·종시〉에서 '소기少氣는 맥구와 인영이 모두 약하게 뛰는 것이지 척촌尺寸을 일컫는 것이 아니다少氣者 脈口人迎俱少 而不稱尺寸也'라고 한 것은 인영과 기구가 척촌에 대응되는 것이니 척촌과 인영, 기구는 각각 분별해야 함을 말한 것이다."

장옥사가 말했다. "인영과 기구는 좌우로써 음양을 구별하고, 장부의 맥은 척촌으로 음양을 구분한다."

批 인영과 기구의 기혈은 피부를 주관하며 수양명의 오리五里에서 나온다.

批 상세한 것은 〈영추·관침〉 주에 나온다.

批 삼음삼양의 기가 끊임없이 도니 시동이라고 했고, 경맥이 장부에서 생겨서 소생이라고 했다.

批 삼음삼양의 기는 장부오행의 소생에 근본을 두고 있고 외부에서는 육경과 합한다. 그래서 내상이 병인이 되기도 하고 외감으로 병이 되기도 한다.

大腸手陽明之脈, 起於大指次指之端, 循指上廉, 出合谷兩骨之間, 上入兩筋之間, 循臂上廉, 入肘外廉, 上臑外前廉, 上肩, 出髃骨之前廉, 上出於柱骨之會上, 下入缺盆絡肺, 下膈屬大腸. 其支者, 從缺盆上頸貫頰, 入下齒中, 還出挾口, 交人中, 左之右, 右之左, 上挾鼻孔. 是動則病齒痛頸腫. 是主津液所生病者, 目黃口乾, 鼽衄喉痺, 肩前臑痛, 大指次指痛不用. 氣有餘則當脈所過者熱腫, 虛則寒慄不復. 爲此諸病, 盛則瀉之, 虛則補之, 熱則疾之, 寒則留之, 陷下則灸之, 不盛不虛, 以經取之. 盛者人迎大三倍於寸口, 虛者人迎反小於寸口也.

대장수양명맥大腸手陽明脈은 둘째 손가락 끝에서 시작하여 손가락 위쪽으로 지나 기골岐骨 사이에 있는 합곡合谷으로 나간다. 올라가 양 인대 사이로 들어가서 아래팔 위쪽을 순환하고 팔꿈치 바깥쪽으로 들어간다. 상박의 앞을 지나 어깨로 올라가 우골髃骨 앞쪽으로 나간다. 올라가 주골柱骨이 모이는 곳으로 가서 내려가 결분으로 들어가 폐에 연결되고 횡격막으로 내려가서 대장에 속한다. 지별支別은 결분에서 목덜미頸로 올라가 볼頰을 관통하고 잇몸齒中으로 내려가 들어간다. 입口을 끼고 옆으로 다시 나와 인중人中에서 좌우로 교차하여 비공鼻孔을 끼고 옆으로 올라간다.

시동병是動病은 치통과 목덜미가 붓는 것이다. 진액津液으로 생기는 소생병은 눈이 노래지고, 입이 마르며, 코피가 나고, 인후가 마비되고, 어깨와 상박이 아프며, 둘째 손가락이 안 움직이는 증상이 나타난다. 기가 유여하면 맥이 지나는 부분이 부으면서 열난다. 허하면 한율寒慄이 회복되지 않는다.

이러한 병들에 실하면 사하고, 허하면 보하며, 열이 나면 침을 빨리 빼고, 한寒하면 유침시키며, 함하되었으면 뜸뜨고, 불성불허不盛不虛하면 해당 경맥을 취한다. 성하다는 것은 인영맥이 촌구맥보다 3배 더 뛰고, 허하다는 것은 반대로 인영맥이 촌구맥보다 약하게 된다.

⬤ 엄지 다음 손가락大指次指은 둘째 손가락을 말한다. 합곡合谷은 본경의 혈명이고 호구虎口라고 불리기도 한다. 어깨 끝 양골 사이가 우골髃骨이다. 견갑골 위가 천주골天柱骨이다. 결분缺盆은 결후結喉의 양쪽에 솟아오른 곳으로 둥글고 튀어나와 있어 깨진 그릇 모양이다.

대장수양명맥大腸手陽明脈은 수태음을 이어받아 교대하여 둘째 손가락의 상양商陽 정혈에서 시작하여 손가락 위의 이간二間과 삼간三間을 순환하고 양골의 사이인 합곡혈合谷穴로 나온다. 올라가 양 인대 사이인 양계陽溪로 들어가서 아래팔 위쪽의 편력偏歷·온류溫流·하렴下廉·상렴上廉·삼리三里를 순환하고 팔꿈치 바깥쪽의 곡지曲池로 들어간다. 상박 바깥 앞쪽으로 올라가 주료肘髎·오리五里를 지나 어깨의 견우肩髃로 올라간다. 견우 앞쪽으로 나와서 거골巨骨을 순환하고 올라가 주골柱骨이 모이는 곳으로 나간다. 내려가서 결분으로 들어가 폐로 연결되고 횡격막으로 내려가서 대장에 속하게 된다.

지행支行은 결분에서 목덜미로 올라가 천정天鼎과 부돌扶突을 순환하고 위로 볼을 관통하여 아래 잇몸으로 들어갔다가 다시 입을 끼고 옆으로 나오며 인중의 안에서 교차하여 좌맥은 우로, 우맥은 좌로 가서 콧구멍을 끼고 옆으로 올라가 화료禾髎·영향迎香을 순환하면서 끝나며 족양명위경足陽明胃經과 교대된다.

시동병은 치통과 목덜미가 붓는 경종頸腫이니 기氣가 상하면 통증이 있고氣傷痛, 형形이 상하면 붓는 것形傷腫이니 기로 인하여 형形까지 미친 것이다. 대장은 수곡을 전도傳道하여 정미精微로 변화시키므로 진액津液 소생병을 주관한다. 병들면 진액이 고갈되어 화열火熱이 치성하므로 목황目黃·구건口乾·구뉵鼽衄·후비喉痺 등증이 나타난다. 어깨와 상박, 둘째 손가락은 모두 대장경맥이 순환하는 부분이다. 부기腑氣가 유여하면 맥이 지나가는 곳이 붓고 열이 나며 부기가 허하면 한율寒慄이 회복되지 않으니 수양명이 기를 주관하기 때문이다.

이러한 시동·소생의 모든 병에는 성하면 사하고, 허하면 보하며, 열나면 빨리 침을 빼서 열을 사하고, 한寒하면 유침시켜 열이 모이게 한다. 함하되면 뜸 뜨고, 불성불허不盛不虛하면 해당 경맥을 다스린다. 성하다는 것은 인영이 촌구보다 3배 더 크게 뛰고, 허하다는 것은 인영이 촌구보다 약하게 뛴다. 대개 성허盛虛는 삼음삼양의 기라는 것을 거듭 밝힌 것이고, 기가 성하지도 허하지도 않으면 해당 경經을 다스려야 한다.

胃足陽明之脈, 起於鼻之交頞中, 旁納太陽之脈, 下循鼻外, 入上齒中, 還出挾口環脣, 下交承漿, 却循頤後下廉, 出大迎, 循頰車, 上耳前, 過客主人, 循髮際, 至額顱. 其支者, 從大迎前下人迎, 循喉嚨, 入缺盆, 下膈, 屬胃絡脾. 其直者, 從缺盆下乳內廉, 下挾臍, 入氣街中. 其支者, 起於胃口, 下循腹裏, 下至氣街中, 而合以下髀關, 抵伏兔, 下膝臏中, 下循脛外廉, 下足跗, 入中指內間. 其支者, 下廉三寸而別, 下入中指外間. 其支者, 別跗上, 入大指間出其端. 是動則病洒洒振寒, 善呻數欠, 顔黑, 病至則惡人與火, 聞木聲則惕然而驚, 心欲動, 獨閉戶塞牖而處, 甚則欲上高而歌, 棄衣而走, 賁響腹脹, 是爲骭厥. 是主血所生病者, 狂瘧溫淫, 汗出鼽衄, 口喎脣胗, 頸腫喉痺, 大腹水腫, 膝臏腫痛, 循膺乳氣街股伏兔骭外廉足跗上皆痛, 中指不用. 氣盛則身以前皆熱, 其有餘於胃, 則消穀善饑, 溺色黃. 氣不足則身以前皆寒慄, 胃中寒則脹滿. 爲此諸病, 盛則瀉之, 虛則補之, 熱則疾之, 寒則留之, 陷下則灸之, 不盛不虛, 以經取之. 盛者人迎大三倍於寸口, 虛者人迎反小於寸口也.

위족양명맥胃足陽明脈은 비익鼻翼에서 시작하여 옆으로 족태양맥에 들어간다. 내려가 코 바깥을 순환하고 윗니로 들어갔다가 다시 입 주위로 나와 입술을 돈다. 내려가 승장承漿에서 교차하여 턱 뒤쪽 아래를 순환하고 대영大迎으로 나간다. 협거頰車를 순환하고 귀 앞으로 올라가서 객주인客主人을 지나 발제髮際를 순환하고 액로額顱에 도달한다. 지행은 대영 앞에서 인영人迎으로 내려가 후롱喉嚨을 순환하고 결분缺盆으로 들어가 횡격막으로 내려가 위胃에 속하고 비脾에 연결된다.

직행하는 것은 결분에서 유방 안쪽으로 내려가고 배꼽을 끼고 옆으로 계속 내려가서 기가氣街로 들어간다. 지행은 위구胃口에서 기시하여 내려가 뱃속을 순환하고 기가에 도달하여 직행과 합쳐져서 비관髀關으로 내려간다. 복토伏兔를 지나 슬빈膝臏으로 내려가고 계속 정강이 바깥쪽을 순환하고 발등으로 내려가 가운뎃발가락 안쪽으로 들어간다. 지행은 하렴 3촌에서 갈라져 가운뎃발가락 바깥쪽으로 들어간다. 지행은 발등에서 갈라져 엄지발가락으로 들어가 끝으로 나간다.

시동병是動病은 으슬으슬 진저리를 치고, 하품을 자주하며, 얼굴이 검어진다. 병이 발작할 때는 사람과 불을 싫어하고, 목성木聲을 들으면 깜짝 놀라며, 심장이 뛴다. 혼자 방문을 꼭 닫고 있으며, 심하면 높은 곳에 올라가 소리를 지르고, 옷을 벗어버리고 뛰기도 하며, 가스가 차서 배가 불러오니 이것은 한궐骭厥이다.

혈소생병은 전광癲狂·학질瘧疾·온병溫病·한출汗出·구뉵鼽衄·구안와사口眼喎斜·구창口瘡·경부부종脛部浮腫·후비喉痺·복부부종腹部浮腫·슬개종통膝蓋腫痛 등증이 있으며 경맥이 순환하는 가슴·유방·기가氣街·고股·복토伏兎·정강이·발등이 모두 아프고 가운뎃발가락이 움직이지 않는다. 기성氣盛하면 몸 전면前面이 다 뜨겁고 위胃가 유여하면 배가 자주 고프며, 소변색이 노랗다. 기가 부족하면 몸 전면이 다 시리며 위중胃中이 차면 창만脹滿이 된다.

이러한 병들에 실하면 사하고, 허하면 보하며, 열나면 침을 빨리 빼고, 한寒하면 유침시키며, 함하되었으면 뜸뜨고, 불성불허不盛不虛하면 해당 경맥을 취한다. 성하다는 것은 인영맥이 촌구맥보다 3배 더 뛰고, 허하다는 것은 반대로 인영맥이 촌구맥보다 약하게 뛴다.

⦿ 코의 양옆은 알頞이고, 볼 아래는 함頷이며, 함의 중간이 이頤다. 볼 위가 발제髮際이고, 발제 앞이 액로額顱다. 허벅지股 안쪽이 비髀고, 비의 앞쪽 무릎 위 살이 불룩 올라온 부분이 복토伏兎고, 복토 뒤쪽이 비관髀關이며, 무릎 옆 인대 중간이 빈臏이고, 경골脛骨이 한骭이며, 발등이 부跗다.

족양명은 수양명을 교대하여 코의 양옆 영향迎香에서 시작하여 상행하여 알중頞中에서 좌우가 교차되며 정명睛明 부근을 지나 내려가서 코 바깥쪽을 순환하고 승읍承泣·사백四白·거료巨髎를 지나 올라가 치중齒中으로 들어갔다가 다시 입을 끼고 옆으로 나와 구문口吻의 지창地倉으로 나와 입술 주위를 빙 돌면서 승장承漿에서 좌우로 교차된다. 다시 턱頤 아래 부위를 순환하며 대영大迎으로 나온다. 협거頰車를 순환하고 귀 앞쪽으로 올라가 하관下關을 지나 객주인客主人을 거쳐서 발제髮際를 순환하며 현리懸釐·함염頷厭으로 가서 두유頭維를 지나 액로額顱에서 모여 신정神庭으로 간다.

지별은 대영大迎 앞에서 인영人迎으로 내려가 후롱喉嚨을 순환하며 수돌水突과 기사氣舍를 거쳐 결분缺盆으로 들어간다. 족소음의 수부臁腑 바깥쪽을 지나서 횡격막으로 내려가 하완下脘·중완中脘 부위에 가서 위胃에 속하고 비脾에 연결된다. 직행하는 것은 결분에서 내려가 유방 안쪽으로 가서 기호氣戶·고방庫房·옥예屋翳·응창膺窓·유중乳中·유근乳根·불용不容·승만承滿·양문梁門·관문關門·태을太乙·활육문滑肉門을 순환하고 배꼽 옆으로 내려가는데 천추天樞·외릉外陵·대거大巨·수도水道·귀래歸來 등 혈을 거쳐서 기가氣街로 들어간다.

지행은 위胃에서 갈라져 위하구胃下口에서 시작하여 뱃속을 순환하고 족소음의 황수肓臁 바깥쪽과 본경의 안쪽을 지나서 기가에 들어가 앞서 들어간 기가와 합쳐진다. 기가에서 합쳐진 뒤에는 비관髀關으로 내려가 복토伏兎에 이르러 음시陰市·양구梁丘를 지나 슬빈膝臏 안으로 들어간다. 독비犢鼻를 경유하고 내려가 발등의 충양衝陽·함곡陷谷을 순환하고 가운뎃발가락 외간의 내정內庭에 들어가 여태厲兌에 도달하면 끝난다.

낙맥의 지별은 무릎 아래 3촌에서 갈라져 삼리三里 바깥을 순환하고 별도로 하행하니 상렴上廉·조구條口·하렴下廉·풍륭豊隆·해계解溪·충양衝陽·함곡陷谷을 지나 내정內庭·여태厲兌에 이르러 합한다. 또 지행하는 것은 발등 충양衝陽에서 갈라져 별도로 행하니 엄지발가락으로 들어가 족궐음 행간行間 바깥쪽으로 나가서 엄지발가락을 순환하고 그 끝으로 나가서 족태음과 교대한다.

양명陽明의 시동병은 으슬으슬 추워 떠는 것洒洒振寒이다. 양명은 오午고, 양陽이 성한데 음陰이 가해져서 으슬으슬 한기가 드는 것이다. 자주 끙끙거리는 것善呻은 울체된 양기가 풀려 나가려 하는 것이다. 자주 하품하는 것數欠은 양기를 끌어 올리는 것이다. 얼굴이 검은 것顏黑은 음기가 상부에 가해지는 것이니 병이 양명 기에 있는 것이다. 병이 지극해졌다病至는 것은 병이 기에서 경맥까지 미친 것이다. 양명맥이 병들면 사람과 불을 싫어하고惡人與火 목성木聲을 들으면 깜짝 놀란다聞木聲則惕然而驚.

위胃의 낙맥은 위로 심心과 통하므로 심장이 뛴다心欲動. 음양이 서로 압박하여 문과 창문을 닫고 혼자 있으려고 한다獨閉戶塞牖而處. 양이 성하면 팔다리가 실해지는데 실하면 높은 곳을 올라가 노래한다欲上高而歌. 몸에 열이 성하므로 옷을 벗고 뛰어다닌다棄衣而走.

양명맥이 횡격막 아래로 가서 위胃에 속하고 비에 낙絡하므로屬胃絡脾 분향賁響·복창腹脹이 된다. 이는 양명의 기가 경經에서 궐역하여 이런 병증이 된다. 이것을 한궐骭厥이라고 한다. 대개 양명의 경맥은 정강이脛骭를 순환하고 내려간다.

기氣가 병들고 경經에는 미치지 않는 경우, 기에 병이 있으면서 경증經症이 나타나는 경우, 경經과 기氣가 함께 병이 된 경우, 기에 병이 있으면서 경까지 들어간 경우가 있으므로 나누어 볼 수도 있고 합해서 볼 수도 있다.

본경에서 "곡식이 위에 들어가면 맥도가 통하고 혈맥이 돈다穀入於胃 脈道以通 血氣 乃行"라고 했다. 또 〈상한론·평맥법〉에서 "수水가 경에 들어가서 혈이 돈다水入于經 而血乃行"라고 했다. 위胃는 수곡지해水穀之海로 주로 영혈營血을 생성한다. 그러므로 이것이 혈소생병血所生病을 주관한다.

광狂이 되고 온학溫瘧이 된다. 한출汗出하는 것은 위기胃氣가 열熱하여 수액을 증발시켜 한汗이 되는 것이다. 코피鼽衄는 경기經氣가 열熱한 것이다. 입이 돌아가고 입술이 헐며口喎脣胗, 목덜미가 붓고 인후가 마비되는 것頸腫喉痺, 배가 붓고 무릎이 아픈 것腹腫膝痛, 가슴·허벅지·정강이·발등이 다 아픈 것膺股骭跗 皆痛은 양명의 경맥이 병든 것이다.

양명의 기가 외부에서 성하다면 몸 전면이 뜨겁고, 내부가 성하면 위가 실해져서 배가 자주 고프고消穀善飢 소변색이 노래진다. 기가 부족하면 몸 전면이 모두 차가워지고 위胃가 차면 창만脹滿이 생긴다.

경에서 "삼양三陽은 경經이 되고, 이양二陽은 유維가 되며, 일양一陽은 유부遊部다"라고 했으니 양명경의 기는 몸 전면으로 흐르고, 태양경의 기는 몸 뒤쪽을 흐르며, 소양경의 기는 유행출입遊行出入하는 추추가 된다.

이러한 시동·소생 모든 병에 성하면 사하고, 허하면 보하며, 열나면 빨리 침을 빼고, 한寒하면 유침시키며, 함하되면 뜸뜨고, 실하지도 않고 허하지도 않으면 해당 경을 다스린다. 기는 양명에서 생기고 수태음에서 주관한다. 그래서 수태음과 수족 양명에서는 기의 유여부족을 논했고 다른 경에서는 시동·소생만 말하는 데 그쳤다.

상어공이 말했다. "수태음의 시동병은 폐가 팽팽하게 붓고, 족양명의 시동병은 사람과 불을 싫어하고 가스가 차면서 복창腹脹이 생긴다. 이는 기가 병들고 나서 경맥·장부까지 미친 것이다. 폐·위·대장의 소생병이면서 기의 성허盛虛가 있는 것은 장부·경맥이 병들고 나서 음양의 기에 미친 것이다. 삼음삼양의 기는 장부 오행에 바탕을 두고 외부에서 육경과 합한다."

批 '胗'은 '疹'과 같으니 입술이 헐은 것이다.

脾足太陰之脈, 起於大指之端, 循指內側白肉際, 過核骨後, 上內踝前廉, 上腨內循脛骨後, 交出厥陰之前, 上膝股內前廉, 入腹屬脾絡胃, 上膈挾咽, 連舌本, 散舌下. 其支者, 復從胃別上膈, 注心中. 是動則病舌本强, 食則嘔, 胃脘痛, 腹脹善噫, 得後與氣, 則快然如衰, 身體皆重. 是主脾所生病者, 舌本痛, 體不能動搖, 食不下, 煩心, 心下急痛, 溏瘕泄, 水閉黃疸, 不能臥, 强立股膝內腫厥, 足大指不用. 爲此諸病, 盛則瀉之, 虛則補之, 熱則疾之, 寒則留之, 陷下則灸之, 不盛不虛, 以經取之. 盛者寸口大三倍於人迎, 虛者寸口反小於人迎也.

비족태음맥脾足太陰脈은 엄지발가락 끝에서 시작하여 엄지발가락 내측 적백육제赤白肉祭를 순환하고 핵골核骨 뒤를 지나 내과內踝 앞쪽에서 종아리로 올라가 경골脛骨 뒤를 순환하고 궐음경 앞으로 교차하여 나간다. 무릎과 허벅지 내측 앞으로 올라가서 복腹으로 들어가 비脾에 속하고 위胃에 연결된다. 횡격막으로 올라가 식도 옆으로 가서 설본舌本에 연결되어 설하舌下에서 흩어진다. 지행은 다시 위에서 별도로 횡격막으로 올라가서 심중心中으로 주입된다.

시동병是動病은 설본舌本이 뻣뻣해지고, 음식을 토하며, 배가 아프고, 배가 부르며, 트림이 자주 나오고, 대변을 보거나 방귀를 뀌면 시원하며, 몸이 무겁게 느껴진다. 비소생병脾所生病은 설본이 아프고, 몸이 움직이지 않으며, 음식이 내려가지 않고, 가슴이 답답하며, 심장에 갑작스런 통증이 있고, 설사를 하며, 소변이 안 나오고, 황달이 나타나며, 누워 있기 힘들고, 억지로 서면 허벅지와 무릎 안쪽이 붓고 차가워지며, 엄지발가락이 안 움직인다.

이러한 병증에 실하면 사하고, 허하면 보하며, 열나면 침을 빨리 빼고, 한寒하면 유침시키며, 함하되었으면 뜸뜨고, 불성불허不盛不虛하면 해당 경맥을 취

한다. 성하다는 것은 촌구맥이 인영맥보다 3배 더 뛰고, 허하다는 것은 반대로
촌구맥이 인영맥보다 약하게 뛴다.

● 핵골核骨은 핵골覈骨이라고도 하며 속칭 고괴골孤拐骨이라고도 한다. 발뒤꿈
치 양쪽 올라온 복사뼈가 과골踝骨이고, 종아리 장딴지가 천腨이며, 대퇴부 안
쪽이 고股. 배꼽 위가 복腹이고, 음식물을 삼키는 식도咽는 후롱喉嚨 앞에 있
으며 위胃까지 1척 6촌이며 위계胃系. 설본舌本은 혀뿌리다.

족태음비맥足太陰脾脈은 엄지발가락 끝인 은백隱白에서 시작하니 족양명을
이어서 교대된다. 엄지발가락 안쪽 적백육제赤白肉際에 있는 대도大都를 순환
하고 핵골 뒤쪽을 지나서 태백太白·공손公孫·상구商丘를 거쳐 내과內踝 앞쪽의
삼음교三陰交로 올라간다. 장딴지 안쪽으로 올라가서 행골胻骨 뒤에 있는 누곡
漏谷을 순환하고 2촌을 올라가 족궐음경 앞으로 교차하여 나가 지기地機·음릉
천陰陵泉에 도달한다. 무릎과 대퇴부 앞쪽에 있는 혈해血海·기문箕門으로 올라
가 비스듬히 뱃속으로 들어간다. 충문衝門·부사府舍·중극中極·관원關元을 경
유하여 다시 복결腹結·대횡大橫을 순환하고 하완下脘에서 모인다. 복애腹哀를
거쳐 일월日月·기문期門을 지나서 본경의 안쪽을 순환하며 중완中脘에 이르러
비脾에 속하고 위胃에 연결된다. 또 복애腹哀에서 횡격막으로 올라가 식두食竇·
천계天溪·흉향胸鄕·주영周營을 순환하고 구부러져서 아래로 향하여 대포大包에
도달한다. 또 대포에서 밖으로 구부러져 위로 향하여 중부中府에서 만나 인영의
안쪽으로 상행하고 인후 옆으로 설본舌本과 연결되고 설하舌下에서 퍼지면서
끝난다. 지행은 복애腹哀에서 별도로 가니 다시 위부 중완中脘 바깥에서 횡격막
으로 올라가 전중膻中의 안쪽 심장 부위에 주입되어 수소음심경과 교대한다.

시동병은 기가 병들어 경經까지 미치고 경經에서 장부에까지 미치므로 설본
이 뻣뻣해지고, 먹으면 토하며, 배가 아프고, 헛배가 부르는 증상 등이 나타난
다. 자주 트림이 나오는 것善噫은 비기脾氣가 심으로 올라오기 때문이다. 대변
을 보거나 방귀가 나가면 시원해지는 것得後與氣則快然如衰은 궐역이 위아래에
서 흩어지기 때문이다. 몸이 모두 무겁게 느끼는 것身體皆重은 태음의 기가 궐
역하기 때문이다.

비소생병脾所生病은 설본이 아픈데 태음지기가 병들면 설본이 뻣뻣해진다. 먹으면 토하는 것은 기가 궐역하기 때문이다. 비소생병은 설본이 아프고 음식이 내려가지 않으니 경맥이 병든 것이다. 기는 호흡을 주관하므로 기가 병들었기 때문에 몸이 모두 무겁다. 경맥은 근골을 적셔주어 관절을 원활하게 움직이게 하는 것인데 혈맥에 병이 있기 때문에 몸이 움직이지 않는다. 태음太陰 시동是動과 비소생脾所生이 내외출입하니 나타나는 증상이 약간 차이가 있다.

비맥脾脈은 심중으로 주입되기 때문에 심번증心煩症과 심하급통心下急痛이 생긴다. 비장이 실하면 대변이 묽고, 설사를 하며瘕泄, 소변이 나오지 않고水閉, 황달 등증이 나타나니 이것은 내부에서 생긴 비장병이다. 눕기 어렵고, 억지로 서 있으면 대퇴부와 무릎 안쪽이 붓고, 엄지발가락이 움직이지 않는 것은 외부에 생긴 경맥병이다. 이것은 태음 경맥 비의 병이 내외출입하면서 나타나는 증상이다. 장부 음양 경기가 출입하는 이치를 알면 본경의 대의는 거의 알수 있다.

心手少陰之脈, 起於心中, 出屬心系, 下膈絡小腸. 其支者, 從心系上挾咽, 繫目系. 其直者, 復從心系却上肺, 下出腋下, 循臑內後廉, 行太陰心主之後, 下肘內, 循臂內後廉, 抵掌後銳骨之端, 入掌內後廉, 循小指之內出其端. 是動則病咽乾心痛, 渴而欲飮, 是爲臂厥. 是主心所生病者, 目黃脇痛, 臑臂內後廉痛厥, 掌中熱痛. 爲此諸病, 盛則瀉之, 虛則補之, 熱則疾之, 寒則留之, 陷下則灸之, 不盛不虛, 以經取之. 甚者寸口大再倍於人迎, 虛者反小於人迎也.

심수소음맥心手少陰脈은 심중心中에서 기시起始하여 나가서 심계心系에 속하고 아래로 가서 횡격막을 통과하여 소장小腸에 연결된다. 지행은 심계에서 식도 옆으로 올라가 목계目系에 연계된다. 직행하는 것은 다시 심계에서 물러나 폐로 올라갔다가 내려가서 옆으로 액하腋下로 나간다. 상박 내측 뒤쪽을 따라가다 수태음과 수궐음 뒤쪽으로 가서 팔꿈치 안으로 들어간다. 다시 아래팔 내측 뒤쪽을 순환하여 손목 예골銳骨에 도달한다. 손바닥 뒤편으로 들어가서 새끼손가락 내측을 순환하고 끝으로 나간다.

시동병是動病은 목구멍이 건조하고, 심통이 있으며, 갈증이 나서 물을 마신다. 이것이 비궐臂厥이다. 심소생병心所生病은 목황目黃 협통 상박과 아래팔의 내후렴內後廉이 아프고 시리며, 손바닥이 화끈거리고 아프다.

이러한 병에 실하면 사하고, 허하면 보하며, 열나면 침을 빨리 빼고, 한寒하면 유침시키며, 함하되었으면 뜸뜨고, 불성불허不盛不虛하면 해당 경맥을 취한다. 성하다는 것은 촌구맥이 인영맥보다 2배 더 뛰고, 허하다는 것은 반대로 촌구맥이 인영맥보다 약하게 뛴다.

⦿ 심계心系는 둘이 있다. 하나는 올라가서 폐와 상통하면서 폐대엽肺大葉으로 들어가고, 다른 하나는 폐엽肺葉을 경유하고 내려와 뒤쪽으로 구부러져 척추 안쪽의 세락細絡과 서로 연결되고 척수를 관통하여 바로 일곱째 마디에서 신腎과 상통한다. 오장계五臟系는 모두 심장과 통하고 심장은 오장계와 통한다.

수소음경은 심에서 기시하여 임맥의 바깥쪽을 순환하고 심계에 속하며 횡격막 밑으로 내려가 배꼽 위 2촌에서 소장에 연결된다. 지행은 심계에서 임맥의 바깥으로 나가 식도를 끼고 옆으로 상행하여 목目에 연계된다. 직행하는 것은 다시 심계에서 똑바로 올라가 폐장 부위에 도달하고 나가서 겨드랑이 아래를 순환하고 극천極泉에 도달한다. 극천에서 내려가 상박 안 뒤쪽을 순환하고 수태음과 수심주 양근 뒤로 가서 청령靑靈을 거쳐 팔꿈치 내측으로 내려가 소해少海에 이른다. 손목 아래 돌기가 예골銳骨이다. 소해에서 내려가 아래팔 내후렴을 순환하고 영도靈道·통리通里를 거쳐 손바닥 뒤 예골 끝에 이른다. 음극陰隙·신문神門을 경유하여 손바닥 안쪽으로 들어가 소부少府에 도달한다. 새끼손가락 끝의 소충少衝을 순환하고 끝나면서 수태양手太陽과 교대한다. 소음의 상부는 군화가 주관한다少陰之上 君火主之.

시동병은 목안이 마르고, 가슴이 아프며, 갈증이 나서 물을 찾는 것으로 소음의 기가 성한 것이다. 심의 소생병은 목황目黃인데 심계心系가 위로 눈目과 연계된다. 심화心火가 성하기 때문에 눈이 노래진다. 상박과 아래팔 손바닥은 심맥이 순환하는 부위다. 심에서 생긴 병이 외부 경맥까지 미친 것이다.

批 극천혈極泉穴은 팔 안쪽 겨드랑이 아래 근 사이에 동맥이 뛰는 부위다.

小腸手太陽之脈, 起於小指之端, 循手外側上腕, 出踝內, 直上循臂骨下廉, 出肘內側兩筋之間, 上循臑外後廉, 出肩解, 繞肩胛, 交肩上, 入缺盆, 絡心, 循咽下膈, 抵胃屬小腸. 其支者, 從缺盆循頸上頰, 至目銳眥, 却入耳中. 其支者, 別頰上䪼抵鼻, 至目內眥, 斜絡於顴. 是動則病咽痛頷腫, 不可以顧, 肩似拔, 臑似折. 是主液所生病者, 耳聾目黃頰腫, 頸頷肩臑肘臂外後廉痛. 爲此諸病, 盛則瀉之, 虛則補之, 熱則疾之, 寒則留之, 陷下則灸之, 不盛不虛, 以經取之. 盛者人迎大再倍於寸口, 虛者人迎反小於寸口也.

소장수태양맥小腸手太陽脈은 새끼손가락 끝에서 기시하여 손 바깥쪽을 순환하고 손목으로 올라가서 과踝 안쪽으로 나간다. 똑바로 올라가 비골臂骨 아래쪽을 순환하고 팔꿈치 내측 양 인대 사이로 나가고 올라가 상박 바깥쪽 뒤편을 순환하고 견해肩解로 나간다. 견갑肩胛을 돌고서 어깨 위에서 교차하여 결분으로 들어가 심心에 연락한다. 식도를 순환하고 횡격막으로 내려가 위胃에 도달하여 소장에 속한다. 지행은 결분에서 목덜미를 순환하고 볼로 올라간 목예자目銳眥에 이르러 귓속耳中으로 들어간다. 지행은 볼에서 갈라져 광대뼈䪼로 올라가 코에 가서 목내자目內眥에 도달한다. 비스듬히 관골顴骨에 연결된다.

　시동병是動病은 목구멍이 아프고, 턱이 부으며, 목이 돌아가지 않으며, 어깨가 빠질듯이 아프고, 상박이 끊어질 듯 아프다. 액소생병液所生病은 이롱耳聾·목황目黃·협종頰腫 등증이 있고, 목·턱·어깨·상박·팔꿈치·아래팔 바깥쪽으로 아프다.

　이러한 병에 실하면 사하고, 허하면 보하며, 열나면 침을 빨리 빼고, 한寒하면 유침시키며, 함하되었으면 뜸뜨고, 불성불허不盛不虛하면 자체 경맥을 취한다. 성하다는 것은 인영맥이 촌구맥보다 2배 더 뛰고, 허하다는 것은 반대로 인영맥이 촌구맥보다 약하게 된다.

◉ 비골臂骨 끝이 완腕이고, 완 아래 예골銳骨이 과踝다. 척추 양쪽 근육이 여膂고, 등 근육 위쪽 양 모서리가 견해肩解다. 견해 아래 조각으로 된 뼈가 견갑골肩胛骨이다. 눈 바깥쪽이 예자銳眥고, 눈 아래 광대뼈가 졸䪼이며, 눈 안쪽은 내자內眥다.

　수태양은 새끼손가락 소택少澤에서 시작하는데 수소음심경을 이어서 교대된다. 여기서 바깥쪽의 전곡前谷·후계後溪를 순환하고 손목으로 올라와서 복사뼈로 나간다. 완골腕骨·양곡陽谷·양로養老를 거쳐서 똑바로 올라가 비골臂骨 아래쪽의 지정支正을 순환하고 팔꿈치 안쪽 양 인대 사이로 나간다. 소해小海를 지나 올라가 상박 바깥쪽을 순환하여 수양명과 수소양의 바깥쪽을 지나서 어깨로 올라가 견정肩貞·노수臑腧·천종天宗·병풍秉風·곡환曲垣·견외수肩外腧·견중수肩中腧 등을 순환하고 올라가 대추大椎에서 만나 어깨 위에서 좌우가 서로 교차한다. 어깨에서 결분으로 들어가 어깨를 순환하고 겨드랑이 쪽으로 내려가서 전중膻中 부위에 가서 심心과 연락하고 위계胃系를 순환하고 횡격막 아래로 간다. 상완上腕을 지나 위胃에 이르러 임맥의 바깥으로 가서 배꼽 위 2촌에서 소장에 속한다.

지행은 결분에서 목 부위의 천창天窓·천용天容을 순환하고 뺨으로 올라가서 관료顴髎에 도달한다. 목예자目銳眥로 올라가서 동자료瞳子髎를 지나서 귓속으로 들어가 청궁聽宮을 순환하면서 끝난다. 지별은 뺨에서 갈라져 광대로 갔다가 코에 가서 목내자目內眥의 정명睛明에 도달한다. 여기서 비스듬히 광대뼈로 가서 족태양과 교대한다.

시동병은 목구멍이 아프고, 턱이 붓는 것이니 기가 병들어 유형有形까지 미친 것이다. 그래서 다시 어깨가 빠질 것 같고肩似拔, 팔이 끊어질 듯하다臑似折고 하는 것은 모두 기역氣逆으로 일어나는 것을 형용한 것이다.

소장小腸은 수성지관受盛之官이다. 수곡의 정미精微를 변화시키므로 액液을 주관한다. 소장의 소생병은 이롱耳聾·목황目黃·협종頰腫·경항주비통頸項肘臂痛이니 모두 경맥이 순환하는 부위에 병이 생긴 것이다.

상어공이 말했다. "장부는 자웅雌雄이 상합하니 함께 오행의 변화를 받아들인다. 장臟에서는 장을 주관하는 것主臟이라 하여 오행으로 합하고, 부腑에서는 육부에서 생성되는 혈기·진액·근골로 병이 된다. 병이 되는 것은 주관하는 기가 부족하여 외부에서 병이 생긴다."

膀胱足太陽之脈, 起於目內眥, 上額交巔. 其支者, 從巔至耳上角.
其直者, 從巔直絡腦, 還出別下項, 循肩髆內, 挾脊抵腰中, 入循
膂, 絡腎屬膀胱. 其支者, 從腰中下挾脊, 貫臀, 入膕中. 其支者,
從髆內左右, 別下貫胛, 挾脊內, 過髀樞, 循髀外, 從後廉下合膕
中, 以下貫踹內, 出外踝之後, 循京骨, 至小指外側. 是動則病衝頭
痛, 目似脫, 項如拔, 脊痛腰似折, 髀不可以曲, 膕如結, 踹如裂,
是爲踝厥. 是主筋所生病者, 痔瘧狂癲疾, 頭顖項痛, 目黃泪出鼽
衄, 項背腰尻膕踹脚皆痛, 小指不用. 爲此諸病, 盛則瀉之, 虛則補
之, 熱則疾之, 寒則留之, 陷下則灸之, 不盛不虛, 以經取之. 盛者
人迎大再倍於寸口, 虛者人迎反小於寸口也.

방광족태양맥膀胱足太陽脈은 목내자目內眥에서 기시하여 이마로 올라가 정수리
에서 교차한다. 지행은 정수리에서 귀 위쪽으로 간다. 직행은 정수리에서 뇌
로 들어가 연결되고 다시 나와서 뒷목으로 내려가 견박肩髆 속을 순환하고 척
추脊椎를 끼고 내려가 요중腰中에 도달한다. 속으로 들어가 척추 양옆 기육膂
을 순환하고 신腎에 연결되며 방광膀胱에 속한다. 지행은 요중腰中에서 척추를
따라 내려가 둔부를 관통하고 오금膕中으로 들어간다. 지행은 어깨뼈 내부 위
위에서 별도로 내려가 견갑골을 관통하여 척추 안을 따라 내려가 비추髀樞를
지나 대퇴부 바깥을 순환하고 뒤쪽 부위에서 하행하여 오금으로 들어간다. 내
려가며 종아리踹를 관통하고 외과外踝의 뒤편으로 나가 경골京骨을 순환하고
새끼발가락 바깥쪽에 도달한다.

시동병是動病은 머리가 찌르는 것처럼 아프고, 눈이 빠질 것 같으며, 목이 빠
질 것 같고, 척추가 아프며, 허리가 끊어질 듯하고, 다리를 구부릴 수 없으며,
오금이 뭉치고, 종아리가 터질 것 같으니 이는 과궐踝厥로 된 것이다.

근이 주도하는 소생병은 치질痔·학질瘧·광증狂·전질癲疾·두신항통頭顖項痛
·목황目黃·눈물출淚出·코피鼽衄 등증이 있고, 목·등·허리·둔부·오금·장딴
지·발의 통증項背腰尻膕踹脚皆痛이 있으며, 새끼발가락이 움직이지 않는다.

이러한 병에 실하면 사하고, 허하면 보하며, 열나면 침을 빨리 빼고, 한寒하
면 유침시키며, 함하되었으면 뜸뜨고, 불성불허不盛不虛하면 해당 경맥을 취한
다. 성하다는 것은 인영맥이 촌구맥보다 2배 더 뛰고, 허하다는 것은 반대로
인영맥이 촌구맥보다 약하게 뛴다.

◉ 눈 안쪽 끝이 내자內眥다. 발제髮際 앞이 액額이고, 머리 꼭대기가 전顚이다. 뇌 뒤쪽이 항項이고, 어깨 뒤쪽 아래 부위가 견박肩膊이며, 척추뼈가 척脊이고, 둔부 위쪽 횡골이 요腰다. 척추 옆이 여膂고, 요관골腰髖骨 옆 양쪽이 기機다. 기 뒤가 둔臀이고 둔은 엉덩이尻다. 장딴지腓腸 위 무릎 뒤 오금이 곡괵曲膕이다. 등골 안쪽이 갑胛이니 즉 등살이다. 허벅지 바깥쪽이 비髀고, 첩골捷骨의 아래쪽이 비추髀樞다. 종아리가 천踹이다.

족태양방광맥은 목내자目內眥 정명睛明에서 시작하니 수태양을 이어서 교대한다. 이마로 올라가 찬죽攢竹을 순환하고 신정神庭을 지나 곡차曲差·오처五處·승광承光·통천通天을 지난다. 통천에서 좌우로 비스듬히 올라가 머리 정수리의 백회百會에서 교차한다. 지행은 정수리에서 백회로 가고 귀 위쪽에 이르러서 솔곡率谷·부백浮白·규음竅陰을 지나면서 근맥에 양분을 공급한다.

직행은 통천通天·낙극絡郤·옥침玉枕을 경유하여 뇌로 들어가 연락하고 다시나와서 목덜미로 내려가서 천주天柱에 도달한다. 다시 천주에서 내려가 대추大椎·도도陶道를 지나 견박 내를 순환하고 척추 옆 양쪽에서 1촌 반을 떨어져 내려가 대저大杼·풍문風門·폐수肺腧·궐음수厥陰腧·심수心腧·격수膈腧·간수肝腧·담수膽腧·비수脾腧·위수胃腧·삼초수三焦腧·신수腎腧·대장수大腸腧·소장수小腸腧·방광수膀胱腧·중려내수中膂內腧·백환수白環腧를 거쳐서 요중腰中에 도달하여 들어가 등골脊을 순환하고 신장腎臟과 연락하고 내려가 방광膀胱에 속한다.

지별은 요중腰中에서 요관腰髖을 순환하고 척추를 끼고 내려가고 내려가 상료上髎·중료中髎·차료次髎·하료下髎·회양會陽을 지나 내려가 둔부를 관통하고 승부承扶·은문殷門·부극浮郤·위양委陽에 이르러 오금 중앙의 위중委中으로 들어간다. 지별은 척추 양쪽으로 척추에서 3촌 떨어져 내려가는 여러 경혈이 있으니 천주天柱에서 내려가 견박 내에서 좌우로 별도로 행한다. 내려가 견갑肩胛과 등살脊을 관통하여 부분附分·백호魄戶·고황膏肓·신당神堂·희희噫嘻·격관膈關·혼문魂門·양망陽網·의사意舍·위창胃倉·황문肓門·지실志室·포황胞肓·질변秩邊을 지나 내려가서 둔부를 지나 비추髀樞를 지난다. 다시 비추의 안쪽과 승부承扶에서 1촌 5분 떨어진 곳을 순환하고 내려와 앞에서 괵중膕中으로 들어간 것과 합친다. 아래로 내려가 회양會陽을 순환하고 내려가 종아리를 관통하여 승근承筋·승산承山·비양飛揚·부양跗陽을 지나 외과 뒤쪽의 곤륜崑崙·복삼仆參·신맥申脈·금문金門으로 나가서 경골京骨·속골束骨·통곡通谷을 순환하고 새끼발가락 바깥쪽 지음至陰에 이르러 족소음신경과 교대한다.

태양 시동병은 머리가 치받듯이 아프고, 눈이 빠질 것 같으며, 목이 빠져나가는 것 같고, 허리가 끊어질 것 같으며, 오금은 뭉친 것 같다. '~같다'라고 하는 사似와 여如라고 말한 것은 병이 태양지기太陽之氣에 있지만 형증形症과 유사하기 때문이다. 태양의 기는 방광의 수중水中에서 생겨나 모든 양의 기를 주관한다.

양기는 유여하면 근筋을 영양한다. 따라서 근이 주관하는 소생병이 되어 치질痔疾이 생긴다. 경에서 "근맥筋脈이 풀어져 장벽腸澼이 되고 치질痔疾이 된다筋脈橫解 腸澼爲痔"라고 했다. 태양이 주관하는 근과 방광에서 생긴 맥이 횡역하여 치질이 된다. 경락이 침하되어 안에서 압박하면 학질瘧疾이 된다. 아래에서 궐역하면 전질癲疾이나 광병狂病이 된다. 신顖·항項·구䪼·목目·요腰·배背·괵膕·천踹의 제증은 모두 경맥이 지나가는 부위에서 병이 된다.

상어공이 말했다. "『상한론』에서 '태양병은 부맥이 뛰고 머리와 뒷목이 뻣뻣하고 아프며 오한이 난다太陽之爲病 脈浮 頭項强痛而惡寒' '태양병 두통이 7일 지나면 저절로 낫는 것은 육경을 다 돌았기 때문이다太陽病頭痛 至七日以上自愈者 以行其經盡故也'라고 했다. 상한에서 육경이 서로 전해지면 7일에는 다시 태양으로 돌아오니 삼음삼양의 육기만 병이 되는 것이지 유형과는 상관없다. 그렇지만 두항강통頭項强痛은 또 경증經症과 유사하다. 기가 형체에 머물면 기가 병들면서 형증形症으로 나타나지 않는 경우는 없다."

腎足少陰之脈, 起於小指之下, 邪趨足心, 出於然谷之下, 循內踝之後, 別入跟中, 以上踹內, 出膕內廉, 上股內後廉, 貫脊屬腎絡膀胱. 其直者, 從腎上貫肝膈, 入肺中, 循喉嚨, 挾舌本. 其支者, 從肺出絡心, 注胸中. 是動則病饑不欲食, 面如漆柴, 欬唾則有血, 喝喝而喘, 坐而欲起, 目䀮䀮如無所見, 心如懸, 若饑狀. 氣不足則善恐, 心惕惕如人將捕之, 是爲骨厥. 是主腎所生病者, 口熱舌乾,

咽腫上氣, 嗌乾及痛, 煩心心痛, 黃疸腸澼, 脊股內後廉痛, 痿厥
嗜臥, 足下熱而痛. 爲此諸病, 盛則瀉之, 虛則補之, 熱則疾之,
寒則留之, 陷下則灸之, 不盛不虛, 以經取之. 灸則强食生肉, 緩
帶披髮, 大杖重履而步. 盛者寸口大再倍於人迎, 虛者寸口反少於
人迎也.

신족소음맥腎足少陰脈은 새끼발가락 아래에서 기시하여 비스듬히 족심足心으
로 내려가 연곡然谷 아래로 나간다. 내과內踝의 뒤편을 순환하고 갈라져 발뒤
꿈치 안跟中으로 들어갔다가 뒤꿈치 안쪽으로 올라가 오금膕 내측으로 나간
다. 허벅지股 내측 뒤쪽으로 올라가서 척추脊를 관통하고 신腎에 속하고 방광
膀胱에 연락한다. 직행하는 것은 신腎에서 올라가 간과 횡격막을 관통하고 폐
속으로 들어가 후롱喉嚨을 순환하고 설본舌本을 끼고 옆으로 간다. 지행은 폐
에서 나가서 심心에 연락하고 흉중으로 주입된다.

시동병是動病은 배가 고프면서 먹히지 않고, 얼굴이 검어지며, 피가 섞인 기
침 가래가 나오며, 숨이 차서 헉헉거리고, 앉아 있지 못하고 일어나 움직이려
하며, 눈이 침침해 잘 보이지 않고, 배고플 때처럼 속이 허전하다. 기가 부족
하면 잘 놀라고, 가슴이 두근거리며 쫓기는 듯하다. 이것은 골궐骨厥로 인한
것이다.

신소생병腎所生病은 입이 화끈거리고, 혀가 마르며, 목이 붓고, 상기되며, 목
구멍이 마르고 아프며, 가슴이 답답하고, 가슴이 아프며, 황달·장벽腸澼이 생
기며, 허리와 대퇴부 뒤쪽으로 통증이 생기고, 팔다리가 약해지고, 자주 누우
려고 하며, 발바닥이 열나며 아프다.

이런 병증에 실하면 사하고, 허하면 보하며, 열나면 침을 빨리 빼고, 한寒하
면 유침시키며, 함되었으면 뜸뜨고, 불성불허不盛不虛하면 자체 경맥을 취한
다. 뜸뜨고 나서는 생육生肉을 먹여 영양을 보충하며, 의대衣帶를 느슨히 하고,
머리를 풀고, 지팡이를 짚으면서 천천히 산보한다. 성하다는 것은 촌구맥이
인영맥보다 2배 더 뛰고, 허하다는 것은 반대로 촌구맥이 인영맥보다 약하게
뛴다.

⦿ 추趨는 향하는 것이다. 족소음은 새끼발가락 아래쪽에서 시작하여 비스듬
히 발바닥의 용천涌泉으로 간다. 내과 앞쪽으로 돌아 나와 대골大骨 아래의 연

곡연곡曲然谷에서 기시하여 내려가 내과 뒤쪽의 태계太溪를 순환하고 거기서 별도로 발뒤꿈치의 대종大鐘·조해照海·수천水泉으로 들어간다. 대종에서 꺾어 올라가 내과를 순환하고 궐음경과 태음경 뒤쪽으로 가서 본경의 부류復溜·교신交信을 경유하고 비경脾經의 삼음교三陰交를 지나 장딴지로 올라가 축빈築賓을 순환하고 오금지膕 내측으로 나가 음곡陰谷에 도달한다. 허벅지 안쪽 뒤편으로 올라가 척추를 관통하여 독맥의 장강長强에서 모인다. 다시 앞으로 나가 횡골橫骨·대혁大赫·기혈氣穴·사만四滿·중주中注·황수盲兪를 순환하고 황수가 있는 배꼽 좌우에서 신에 속하며 배꼽 아래로 가서 임맥의 관원關元·중극中極을 지나서 방광에 연락된다.

직행하는 것은 신에 속한 황수盲兪에서 상행하여 상곡商曲·석관石關·음도陰都·통곡通谷 등 여러 혈을 순환하고 간을 관통한다. 올라가서 유문幽門을 순환하고 횡격막으로 올라가서 보랑步廊을 지나서 폐 속으로 들어간다. 신봉神封·영허靈墟·신장神藏·욱중彧中·수부兪府를 순환하고 올라가 후롱喉嚨을 순환하며 인영人迎과 함께 설본舌本을 끼고 옆으로 가서 끝난다. 지행은 신장神藏에서 따로 갈라져 심장을 돌고 흉부의 전중膻中으로 주입하여 수궐음심포경과 교대한다.

소음少陰의 상부는 군화君火가 주관한다少陰之上 君火主之. 소음의 시동병은 상하의 기가 불교不交하여 배가 고프지만 먹히지 않고, 배고플 때처럼 속이 허전하다心如懸 若饑狀. 아래에서 기가 부족하면 자주 무서움을 타고, 위에서 부족하면 가슴이 두근거리면서 쫓기는 기분이 든다. 소음은 신腎에 속하고 신腎은 위로 폐에 연결되니 신腎은 생기의 근원이다. 얼굴이 옻처럼 검어지는 것面如漆柴은 소음의 기가 올라가지 못해서다. 기침을 하고 가래에 피가 보이며 그렁그렁 숨차하는 것欬唾則有血 喝喝而喘은 소음의 생기가 폐로 올라가지 못해서 폐기가 상역하는 것이다. 앉아 있지 못하고 자꾸 일어나 움직이려 하는 것坐而欲起은 조급하게 움직이는 것으로 아래가 비었는데 올라가려 하는 것이다. 골지정骨之精이 동자瞳子다. 눈이 침침하여 잘 보이지 않는 것目晼晼如無所見은 정기가 올라가지 못하는 것이다. 이것은 소음 신장腎臟의 생기가 아래로 궐역하여 이런 여러 병증이 되어서 골궐骨厥이라고 한다.

신腎은 정을 저장하니 신소생병은 정精이 상부를 자양하지 못하여 구열口熱

·설건舌乾·익통嗌痛·번심煩心 등증이 나타난다. 수水가 위를 적시지 못하면 상부에서 화火가 성해지고, 기가 아래로 궐역하면 위궐痿厥이 된다.

생육生肉의 '生'은 '牲'이라고 해야 한다. 『주례周禮』에서 "기르는 것은 축축畜이고, 제사에 쓰는 것은 생牲이다"라고 했다. 또 소·양·돼지를 삼생三牲이라고 한다. 양은 화축火畜이고, 소는 토축土畜이며, 돼지는 수축水畜으로 성질이 조급하여 잘 날뛴다. 억지로 생육牲肉을 먹이는 것은 신기腎氣가 상승하는 것을 도와 화火와 토土가 상합하게 하려는 것이다.

허리띠를 느슨하게 하는 것緩帶은 기가 퍼지게 하려는 것이다. 신장의 정精은 심장의 신神과 합쳐져 변화하여 혈이 된다. 모발은 혈지여血之餘다. 머리를 풀어헤치는 것披髮은 신기가 내려가게 하려는 것이다. 지팡이를 짚는 것大杖重履은 근골의 기를 움직이는 것이다. 음양의 기는 비臂에서 궐厥하는 경우, 간肝에서 궐厥하는 경우, 과踝에서 궐厥하는 경우, 골骨에서 궐厥하는 경우가 있다. 이 장에서는 소음지기가 아래로 궐역한데 생육牲肉을 먹이고, 허리띠를 풀고 머리를 풀어헤치라고 했으니 소음이 음양생기陰陽生氣의 근원임을 말한다.

상어공이 말했다. "함하陷下는 기가 가라앉은 것이다. '소음의 상부는 군화가 주관한다' 하니 수화음양지기水火陰陽之氣는 신장腎臟에서 발원한다. 소음신경少陰腎經에서 생육을 먹이고 허리띠를 풀고 머리를 풀어헤치라고 하는 것은 음양생기를 상승시키고 환전출입하게 하려는 것이다. 이 음양육기는 근본이 장부 오행에서 생긴 것이다. 그러므로 시동是動은 외부에서 운행되는 육기가 사천재천司天在泉의 상하승강에 상응하면서 쉼 없이 도는 것을 말한다. 소생所生은 내부에서 생긴 신기의 움직임神機化運이 내외출입하면서 생성과 변화가 끊임없이 이루어짐을 말한다. 기가 내부에서 생기고 외부에서 운동한다."

心主手厥陰心包絡之脈, 起於胸中, 出屬心包絡, 下膈, 歷絡三焦. 其支者, 循胸中出脇, 下腋三寸, 上抵腋下循臑內, 行太陰少陰之間, 入肘中, 下臂行兩筋之間, 入掌中, 循中指出其端. 其支者, 別掌中, 循小指次指出其端. 是動則病手心熱, 臂肘攣急腋腫, 甚則胸脇支滿, 心中憺憺大動, 面赤目黃, 喜笑不休. 是主脈所生病者,煩心心痛掌中熱. 爲此諸病, 盛則瀉之, 虛則補之, 熱則疾之, 寒則留之, 陷下則灸之, 不盛不虛, 以經取之. 盛者寸口大一倍於人迎, 虛者寸口反小於人迎也.

심주수궐음심포맥心主手厥陰心包脈은 흉중胸中에서 기시하여 나가서 심포락心包絡에 속하고 횡격막을 내려가 위완胃脘의 상중하에 있는 삼초三焦 각 부서로 연락된다. 지행은 흉중을 순환하고 협협脇으로 나가 액하腋下 3촌으로 올라가 겨드랑이에 도달한다. 내려가 상박 내측을 순환하고 태음과 소음 사이를 지나 팔꿈치 내측으로 들어간다. 아래팔로 내려가 양 인대 사이를 지나 손바닥으로 들어가 가운뎃손가락을 순환하고 그 끝으로 나간다. 지행은 손바닥에서 갈라져 약손가락을 순환하고 그 끝으로 나간다.

시동병是動病은 손바닥이 뜨겁고, 팔과 팔꿈치에 경련이 나며, 겨드랑이가 붓고, 심하면 흉협이 답답하고, 가슴이 두근거리며 뛰며, 얼굴이 붉어지고, 눈이 노래지며, 실없이 계속 웃는다. 맥소생병脈所生病은 가슴이 답답하고, 가슴이 아프며, 손바닥에 열이 난다.

이러한 병에 실하면 사하고, 허하면 보하며, 열나면 침을 빨리 빼고, 한寒하면 유침시키며, 함하되었으면 뜸뜨고, 불성불허不盛不虛하면 자체 경맥을 취한다. 성하다는 것은 촌구맥이 인영맥보다 1배 더 뛰고, 허하다는 것은 반대로 촌구맥이 인영맥보다 약하게 뛴다.

⊛ 옆구리脇 위쪽 경계가 액腋이다. 소지차지小指次指는 새끼손가락 다음으로 약손가락이다.

수궐음심포락의 맥은 흉중에서 시작하여 심하의 포락으로 나가서 족소음신경을 이어 교대한다. 여기서 횡격막을 내려가 거치면서 삼초에 연결된다. 거친다歷는 것은 삼초가 위완胃脘의 상·중·하에 각각 해당 부서가 있어 맥이 나뉘어 삼초에 연락되는 것이다.

지행은 심포에 속하면서 올라가 흉부를 순환하고 협하 액하腋下 3촌 되는 천지天池로 나가서 상행하여 겨드랑이에 도달한다. 내려가 횡격막 안의 천천天泉을 순환하고 수태음폐경과 수소음심경의 중간을 경계로 하여 팔꿈치의 곡택曲澤으로 들어간다. 다시 팔꿈치에서 아래팔로 내려가 팔의 양 인대 사이를 지나 극문隙門·간사間使·내관內關·대릉大陵을 순환하고 손바닥의 노궁勞宮으로 들어가 가운뎃손가락을 순환하고 그 끝의 중충中衝으로 나간다. 지별은 손바닥에서 약손가락을 순환하면서 그 끝으로 나가 수소양삼초경과 만난다.

궐음의 시동병은 손바닥에서 열이 나고, 팔과 팔꿈치에 경련이 일며, 옆구리가 붓는데 외부에서 생긴 경기經氣의 병이다. 심하면 흉협이 답답하고, 심장이 두근거리면서 뛰며, 얼굴이 붉어지고, 눈이 노래지며, 실없이 계속 웃는다. 심하다는 것은 외부에서 내부로 들어와 내부가 유여한 것이다.

심이 혈을 주관하지만心主血 심포心包가 군君을 대신하여 기능을 행하므로 맥을 주관한다. 맥소생병은 번심·심통·장중열이니 내부에서 외부로 나간 것이다.

맥구가 1배 더 성하면서 조躁하면 수궐음이 병든 것이다. 그러므로 성하다는 것은 촌구가 인영보다 1배 더 크게 뛰고, 허하다는 것은 촌구가 인영보다 작게 뛴다.

三焦手少陽之脈, 起於小指次指之端, 上出兩指之間, 循手表腕, 出臂外兩骨之間, 上貫肘, 循臑外上肩, 而交出足少陽之後, 入缺盆, 布膻中, 散絡心包, 下膈循屬三焦. 其支者, 從膻中上出缺盆, 上項繫耳後, 直上出耳上角, 以屈下頰至䪼. 其支者, 從耳後入耳中, 出走耳前, 過客主人前交頰, 至目銳眥. 是動則病耳聾, 渾渾焞焞, 嗌腫喉痺. 是主氣所生病者, 汗出, 目銳眥痛, 頰痛, 耳後肩臑肘臂外皆痛, 小指次指不用. 爲此諸病, 盛則瀉之, 虛則補之, 熱則疾之, 寒則留之, 陷下則灸之, 不盛不虛, 以經取之. 盛者人迎大一倍於寸口, 虛者人迎反小於寸口也.

삼초수소양맥三焦手少陽脈은 약손가락 끝에서 기사하여 올라가 양 손가락 사이로 나가서 손등을 순환하고 아래팔 바깥 양골의 사이로 나간다. 올라가 팔꿈치를 관통하여 상박 바깥을 순환하고 어깨로 올라가서 족소양의 뒤로 교차하여 나간다. 결분缺盆으로 들어가 전중膻中에 포산되고 심포心包에 연락된다. 횡격막을 내려가 순환하고 삼초에 속한다.

지행은 전중에서 올라가 결분으로 나가 뒷목으로 올라가고 귀 뒤쪽으로 연계되어 똑바로 올라가 귀 위쪽耳上角으로 나가 굴절하여 볼頰로 내려가 관골顴

骨에 도달한다. 지행은 귀 뒤에서 귓속耳中으로 들어가 귀 앞으로 나가서 객주
인客主人 앞을 지나 볼頰에서 교차하고 목예자目銳眥에 이른다.

시동병是動病은 이롱耳聾으로 귀에서 소리가 나고, 목이 부으며, 후비喉痺 등
증상이 나타난다. 기소생병氣所生病은 한출汗出·목예자통目銳眥痛·협통頰痛 등
증이 있고, 귀 뒤·어깨·상박·팔꿈치·아래팔 외측이 모두 아프고 약손가락이
안 움직인다.

이러한 병에 실하면 사하고, 허하면 보하며, 열나면 침을 빨리 빼고, 한寒하
면 유침시키며, 함하되었으면 뜸뜨고, 불성불허不盛不虛하면 자체 경맥을 취한
다. 성하다는 것은 인영맥이 촌구맥보다 1배 더 뛰고, 허하다는 것은 반대로
인영맥이 촌구맥보다 약하게 뛴다.

⊛ 비골臂骨의 끝이 완腕이고, 팔뚝臑의 끝이 주肘다. 상박上膊의 겨드랑이 쪽이
노臑며, 눈 아래 광대뼈가 절頔이다.

수소양은 약손가락 끝의 관충關衝에서 시작하여 올라가 액문液門·중저中渚
를 거쳐 손목의 바깥쪽 양지陽池를 순환하고 아래팔 바깥쪽 양골兩骨 사이로
나가 천정天井에 도달한다. 천정에서 상행하여 상박의 바깥쪽을 순환하고 청
랭연淸冷淵·소삭消爍을 거쳐 수태양의 안쪽과 수양명의 바깥쪽을 지나서 어깨
로 올라가서 노회臑會·견료肩髎·천료天髎를 순환하고 교차하여 족소양의 뒤로
나간다. 병풍秉風과 견정肩井을 지나고 내려가 결분缺盆으로 들어간다. 다시 족
양명의 바깥을 경유하여 상초인 전중膻中에서 만나서 교차하여 퍼져서 심포락
心包絡을 둘러싸면서 연결된다. 횡격막을 내려가서 방광膀胱으로 들어가 연결
되어 하초下焦를 조이고 우신右腎에 붙는다.

지행은 전중膻中에서 올라가 결분 밖으로 나가서 뒷목으로 올라가 대추大椎
를 지나 천유天牖를 순환하고 귀 뒤로 올라가 예풍翳風·계맥瘛脈·노식顱息을
경유하여 똑바로 올라가 이상각耳上角으로 나가서 각손角孫에 도달한다. 현리
顯釐·함염頷厭을 거치고 양백陽白과 정명睛明을 지나 귓불로 구부러져 지나 관
골에 가서 관료顴髎와 만난다.

또 다른 지행은 귀 뒤쪽 예풍翳風에서 귓속으로 들어가고 청궁聽宮을 거쳐
이문耳門·화료和髎를 지나서 바로 나가 목예자目銳眥에 이르러 동자료瞳子髎에

250

서 합하고 사죽공絲竹空을 거쳐서 족소양담경과 교차한다.

소음의 상부는 상화相火가 주관한다少陰之上 相火主之. 그러므로 시동병은 이롱耳聾으로 귀에서 소리가 나고, 목이 붓고, 후두가 마비되니 상화相火가 상부에서 유여하기 때문이다. 소양少陽은 바로 일양초생지기一陽初生之氣이므로 기소생병氣所生病이다. 한출汗出은 음에 양이 가해지면 땀이 난다. 목예자目銳眥가 아프고, 볼이 붓는다. 귀 뒤쪽·어깨·상박·팔꿈치·아래팔·약손가락 등 경맥이 지나는 부분에 통증이 있다.

인영맥이 1배 더 성하고 조맥躁脈이 뛰면 수소양병이다. 성하면 인영맥이 촌구맥보다 1배 더 성하고 허하면 인영맥이 촌구맥보다 작다.

膽足少陽之脈, 起於目銳眥, 上抵頭角, 下耳後, 循頸行手少陽之前, 至肩上, 却交出手少陽之後, 入缺盆. 其支者, 從耳後入耳中, 出走耳前, 至目銳眥後. 其支者, 別銳眥, 下大迎, 合手少陽, 抵於頄下, 加頰車, 下頸合缺盆, 以下胸中, 貫膈, 絡肝屬膽, 循脇裏, 出氣街, 繞毛際, 橫入髀厭中. 其直者, 從缺盆下腋, 循胸過季脇, 下合髀厭中, 以下循髀陽, 出膝外廉, 下外輔骨之前, 直下抵絶骨之端, 下出外踝之前, 循足跗上, 入小指次指之間. 其支者, 別跗上, 入大指之間, 循大指岐骨內出其端, 還貫爪甲, 出三毛. 是動則病口苦善太息, 心脇痛不能轉側, 甚則面微有塵, 體無膏澤, 足外反熱, 是爲陽厥. 是主骨所生病者, 頭痛頷痛, 目銳眥痛, 缺盆中腫痛, 脇下腫, 馬刀俠癭, 汗出振寒瘧, 胸脇肋髀膝外至脛絶骨外果前及諸節皆痛, 小指次指不用. 爲此諸病, 盛則瀉之, 虛則補之, 熱則疾之, 寒則留之, 陷下則灸之, 不盛不虛, 以經取之. 盛者人迎大一倍於寸口, 虛者人迎反小於寸口也.

담족소양맥膽足少陽脈은 목예자目銳眥에서 기시하여 올라가 두각頭角에 도달한다. 귀 뒤로 내려가 목덜미를 순환하고 수소양경 앞을 지나 어깨 위에 도달하여 물러나 교차하여 수소양의 뒤에 가서 결분으로 들어간다.

지행은 귀 뒤에서 귓속으로 들어갔다가 나와서 귀 앞으로 가서 목예자 뒤쪽에 도달한다. 지행은 목예자에서 갈라져 대영大迎으로 내려가 수소양에 합하고 관골顴骨에 도달한다. 내려가 협거頰車에 가서 목으로 내려가 결분에 합한다. 흉중으로 내려가 횡격막을 관통하고 간에 연결되고 담에 속한다. 옆구리 내부를 순환하고 기가氣街로 나가 음모陰毛를 돌고 옆으로 비염髀厭 안으로 들어간다.

직행은 결분에서 겨드랑이로 내려가 흉부를 순환하고 계협季脇을 지나 내려가서 비염髀厭에 합한다. 아래로 비양髀陽을 순환하고 무릎 바깥쪽으로 나가서 외보골外輔骨 앞으로 내려가 똑바로 가서 절골絶骨에 이른다. 내려가 외과 앞으로 나가 발등 위를 순환하고 넷째 발가락 사이로 들어간다. 지행은 발등에서 갈라져 엄지발가락 사이로 들어가 엄지발가락 기골岐骨 사이를 순환하고 끝으로 간다. 다시 발톱을 관통하여 삼모三毛로 나간다.

시동병是動病은 입이 쓰고, 한숨을 자주 쉬며, 가슴과 옆구리가 쑤셔 몸을 돌리기 힘들다. 심하면 얼굴에 기미가 끼고, 몸에는 윤기가 없으며, 발 바깥쪽에 열이 나니 이것이 양궐陽厥이다. 골소생병骨所生病은 두통·함통頷痛·목에자통目銳眥痛·결분중종통缺盆中腫痛·협하종脇下腫·마도협영馬刀俠癭·한출汗出·진한振寒·학瘧 등증이 나타나며, 흉胸·협脇·늑肋·비髀·슬膝·경골脛骨·절골絶骨·외과外踝 등 모든 관절이 다 아프고 넷째 발가락이 안 움직인다.

이러한 병에 실하면 사하고, 허하면 보하며, 열나면 침을 빨리 빼고, 한寒하면 유침시키며, 함하되었으면 뜸뜨고, 불성불허不盛不虛하면 자체 경맥을 취한다. 성하다는 것은 인영맥이 촌구맥보다 1배 더 뛰고, 허하다는 것은 반대로 인영맥이 촌구맥보다 약하게 뛴다.

⊛ 겨드랑이腋 아래가 옆구리脇인데 거胠라고도 한다. 곡골曲骨 바깥쪽 터럭이 모제毛際이고, 모제 양쪽에 기충氣衝이 있다. 첩골捷骨 아래가 넓적다리 비염髀厭으로 비추髀樞다. 늑골 아래가 계협季脇이고, 행골胻骨, 정강이이 보골輔骨이다. 발등이 부跗고, 엄지발가락 본절 뒤쪽이 기골岐骨이며, 엄지발가락 발톱爪甲 뒤가 삼모三毛다.

족소양담경은 목예자의 동자료瞳子髎에서 시작하여 청회聽會를 경유하고 객주인客主人을 지나 두각頭角으로 올라가며 함염頷厭을 순환하고 현로懸顱·현리懸釐로 내려온다. 현리에서 올라가 귀 위쪽 발제를 순환하고 곡빈曲鬢·솔곡率谷에 다다른다. 솔빈에서 바깥쪽으로 꺾어 귀 뒤로 내려가서 천충天衝·부백浮白·

규음竅陰·완골完骨을 순환한다. 다시 완골에서 바깥쪽으로 꺾어서 본신本神을 순환하고 곡차曲差를 지나 내려가 양백陽白에 이르며 정명睛明와 만난다. 다시 정명에서 상행하여 임읍臨泣·목창目窓·정영正營·승령承靈·뇌공腦孔·풍지風池를 순환하면서 목덜미에 이른다. 천유天牖를 지나 수소양맥 앞쪽을 지나고 내려와 어깨에 이른다. 견정肩井을 순환하고 뒤로 가 좌우로 교차하여 수소양 뒤로 나가 대추大椎·대저大杼·병풍秉風을 지나 병풍에서 앞으로 가 결분으로 들어간다.

지행은 귀뒤 섭유顳顬, 관자놀이에서부터 예풍翳風을 지나 귓속으로 들어가 청궁聽宮을 지나가고 다시 청궁에서 목예자의 동자료에 이른다. 지행은 따로 눈 바깥 동자료에서 대영大迎으로 내려와 광대頰에서 수소양과 만나니 관료 부위다. 내려가 협거頰車에 임하여 목으로 내려와 본경의 앞을 순환하고 앞에서 결분으로 들어간 것과 서로 합한다. 흉중의 천지天池로 내려가 횡격막을 관통하고 기문期門으로 가서 간肝에 연락되고 일월日月로 내려가 담膽에 속한다. 담에 속한 곳에서 협 주위 장문章門을 순환하고 기충氣衝에 이르러 모제毛際를 돌고 횡으로 가서 비염髀厭 중에 있는 환도環跳로 들어간다.

직행은 결분에서 겨드랑이로 내려가 흉부를 순환하고 연액淵液·첩근輒筋·일월日月을 거쳐 계협季脇을 지나 경문京門·대맥帶脈·오추五樞·유도維道·거료居髎를 순환하고 상료上髎·중료中髎·장강長强으로 들어가서 앞의 비염髀厭으로 들어간 것과 서로 합한다. 내려가 허벅지 바깥을 순환하고 태양과 양명 사이를 가서 중독中瀆·양관陽關을 지나 무릎 바깥쪽으로 나가 양릉천陽陵泉에 이른다. 다시 양릉천에서 보골輔骨 앞으로 내려가 양교陽交·외구外丘·광명光明을 지나 똑바로 절골絶骨 끝에 이른다. 양보陽輔·현종懸鍾을 순환하고 내려가 외과 앞쪽으로 나가 구허丘墟에 이른다. 발등에 있는 임읍臨泣·오회五會·협계俠溪를 순환하고 올라가 넷째 발가락으로 들어가 규음竅陰에 이르러서 끝난다. 지별은 발등의 임읍臨泣에서 별행하여 엄지발가락으로 들어가서 기골岐骨을 순환하고 엄지발가락 끝으로 나간다. 다시 발톱을 관통하여 들어가 삼모三毛로 나가서 족궐음간경과 교차한다.

시동병은 입이 쓰고, 한숨을 잘 쉬며, 가슴과 옆구리가 아파 돌아 눕기 어려우니 소양지기가 승발하지 못하기 때문이다. 소양은 초양初陽의 생기生氣를 주관하므로 담기膽氣가 승하면 십일장부十一臟腑의 기가 모두 상승한다.

경에서 "얼굴 오색은 기가 드러나는 것이다精明五色者 氣之華也"라고 했다. 〈상한론·평맥법〉에서 "양기가 많아지면 안색이 뚜렷하고 얼굴이 빛나며 소리가 울리고 모발이 잘 자란다陽氣長則其色鮮 其顏光 其聲商 毛髮長"라고 했다. 소양의 동기動氣가 병들면 궐역되어 승발하지 못하므로 심하면 얼굴에 기미가 끼고 몸에 윤기가 없어진다.

소양상화少陽相火가 주기여서 발바닥이 반대로 열나는 것은 화火가 아래로 궐역한 것이니 양기가 궐역했기 때문이다. 소양은 신에 속하므로少陽屬腎 골소생병骨所生病이다. 두통頭痛·함통頷痛·목예자통目銳眥痛이 있고, 결분缺盆·액하腋下·흉흉·협협·비髀·슬膝·경脛·과踝가 모두 아픈 것은 족소양경맥이 순환되는 부위이기 때문이다.

혈맥이 유체되면 나력瘰癧(馬刀俠癭)이 되고 음에 양이 가해지면 땀이 난다. 아래에서 양이 궐역하면 진한振寒이 되니 소양이 골을 주관하므로少陽主骨 관절이 다 아프다.

批 양기는 훈부熏膚·충신充身·택모澤毛의 작용을 하고 안개처럼 퍼뜨리며 적신다陽氣者 熏膚充身澤毛 若霧露之漑.

肝足厥陰之脈, 起於大指叢毛之際, 上循足跗上廉, 去內踝一寸, 上踝八寸, 交出太陰之後, 上膕內廉, 循陰股入毛中, 過陰器, 抵少腹, 挾胃, 屬肝絡膽, 上貫膈, 布脇肋, 循喉嚨之後, 上入頏顙, 連目系, 上出額, 與督脈會於巓. 其支者, 從目系下頰裏, 環脣內. 其支者, 復從肝別貫膈, 上注肺. 是動則爲腰痛不可以俯仰, 丈夫㿉疝, 婦人少腹腫, 甚則嗌乾, 面塵脫色. 是主肝所生病者, 胸滿嘔逆, 飱泄狐疝, 遺溺閉癃. 爲此諸病, 盛則瀉之, 虛則補之, 熱則疾之, 寒則留之, 陷下則灸之, 不盛不虛, 以經取之. 盛者寸口大一倍於人迎, 虛者寸口反小於人迎也.

간족궐음맥肝足厥陰脈은 엄지발가락 총모叢毛에서 기시하여 올라가 발등 위를 순환하고 내과內踝 1촌으로 간다. 내과 8촌으로 올라가서 교차하여 태음의 뒤로 나간다. 오금 안쪽으로 올라가 음고陰股를 순환하고 음모陰毛로 들어가 음기陰器를 통과하고 소복少腹에 도달하여 위胃를 끼고 옆으로 가서 간에 속하고 담에 연결된다. 올라가 횡격막을 관통하여 협륵脇肋에 분포되고 후롱喉嚨의 뒤를 순환하고 올라가 항상頏顙에 들어간다. 목계目系에 연결되고 올라가 액額으로 나가고 독맥과 정수리에서 만난다.

지행은 목계에서 볼 속으로 내려가 입술을 둥글게 돈다. 지행은 다시 간에서 갈라져 횡격막을 관통하여 올라가서 폐에 주입된다.

시동병是動病은 허리가 아파 굴신이 안 되고, 남자는 퇴산㿉疝이 있고, 여자는 소복이 붓는다. 심하면 목안이 마르고, 얼굴에 기미가 끼며, 핏기가 없다. 간소생병은 흉만胸滿·구역嘔逆·손설飱泄·호산狐疝·유뇨遺溺·폐륭閉癃 등증이 나타난다.

이러한 병에 실하면 사하고, 허하면 보하며, 열나면 침을 빨리 빼고, 한寒하면 유침시키며, 함하되었으면 뜸뜨고, 불성불허不盛不虛하면 자체 경맥을 취한다. 성하다는 것은 촌구맥이 인영맥보다 1배 더 뛰고, 허하다는 것은 반대로 촌구맥이 인영맥보다 약하게 뛴다.

● 삼모三毛 뒤 횡문橫紋이 총모叢毛이고, 넓적다리髀 안쪽이 고股다. 배꼽 아래가 소복少腹이고, 목내目內 깊숙한 곳이 목계目系이며, 항상頏顙은 비강鼻腔이다.

족궐음은 엄지발가락 총모叢毛의 대돈大敦에서 시작하여 발등 위를 순환하고 행간行間·태충太衝을 지나서 내과 앞 1촌의 중봉中封으로 간다. 중봉에서 복사뼈로 올라가 삼음교三陰交를 지나고 여구蠡溝·중도中都를 지나 다시 1촌을 올라가 태음의 뒤쪽에서 교차하여 나가 오금지膕 안쪽으로 올라가 슬관膝關·곡천曲泉에 도달한다. 허벅지 안쪽의 음포陰包·오리五里·음렴陰廉을 순환하고 충문衝門·부사府舍에 이른다. 음모陰毛로 들어가 좌우로 교차하여 음기陰器를 둥글게 돌고 소복少腹에 다다른다. 올라가서 곡골曲骨·중극中極·관원關元과 만난다. 다시 장문章門을 순환하고 기문期門에 이르러서는 위胃를 끼고 옆으로 간肝에 속하고 일월日月로 내려가서 담膽에 연락된다. 다시 기문에서 올라가 횡격막을 관통하고 식두食竇의 바깥과 대포大包의 안쪽으로 행하고 옆구리 쪽에서 포산된다. 운문雲門·연액淵液·인영人迎으로 올라가 후롱喉嚨의 뒤쪽을 순환하고 올라가 항상頏顙으로 나간다. 대영大迎·지창地倉·사백四白·양백陽白의 바깥쪽을 행하고 목계目系에 연결되고 올라가 이마로 나간다. 임읍臨泣으로 가서 정수리의 백회百會에서 독맥과 만난다.

지행은 목계에서 내려가 임맥의 바깥쪽과 본경의 안쪽으로 행하여 볼로 내려가서 잇몸을 교차하여 둥글게 돈다. 또 다른 지행은 기문期門에서 간에 속하고 별도로 횡격막을 관통하여 식두食竇의 바깥과 본경의 안쪽을 행하여 올라가 폐에 주입된다. 하행하여 중초에 이르러 중완中脘을 끼고 수태음폐경과 교대한다.

궐음의 시동병은 허리가 아파 굴신이 안 되고, 심하면 목안이 마르며, 얼굴에 기미가 끼고 핏기가 없어진다. 궐음은 소양중기少陽中氣를 따라 변화하니厥陰從少陽中氣之化 궐음이 중기中氣를 따라 변한 병이다. 남자의 퇴산㿉疝과 여자의 소복종少腹腫은 궐음 본기의 병이다. 간소생병肝所生病은 흉만胸滿·구역嘔逆이다. 음식이 위로 들어가면 간에서 정精을 포산하고 경經에 기를 보내는데 간소생병이 되면 간기肝氣가 궐역하여 곡정穀精을 포산하지 못하여 흉만 구역하는 것이다. 간은 소설疎泄을 주관하니肝主疎泄 간기가 허하면 손설飱泄·유뇨遺溺가 생기고, 실하면 폐륭閉癃·호산狐疝이 나타난다. 호산은 경맥을 따라 주야로 수시로 나타나는 산증疝症이다.

이러한 시동병과 소생병은 성하면 사하고 허하면 보하며, 열나면 침을 빨리 빼고, 차면 유침시키며, 함하되면 뜸뜨고, 불성불허不盛不虛하면 경맥을 다스린다. 성한 것은 촌구맥이 인영맥보다 1배 많은 것이다. 허한 것은 인영맥보다 작게 뛴다.

이상은 영기營氣가 중초에서 생겨 수태음폐에서 십이경맥을 순환하면서 내외상하로 교차하고, 수태음폐에서 시작하여 족궐음간에서 끝나며 한 번 돌고 나서는 다시 돌아 원처럼 끊임없이 순환하는 것을 말했다.

手太陰氣絶則皮毛焦, 太陰者行氣溫於皮毛者也, 故氣不榮則皮毛焦, 皮毛焦則津液去皮節, 津液去皮節者則爪枯毛折, 毛折者則毛先死, 丙篤丁死, 火勝金也.

수태음기手太陰氣가 끊기면 피모가 초췌해지니 태음이 기를 보내 피모가 따뜻하고 윤택하게 하기 때문이다. 그래서 기가 돌지 못하면 피모가 초췌해진다. 피모가 초췌해지면 피부와 관절에 진액이 마른다. 진액이 마르면 손톱이 망가지고 모발이 끊어진다. 모발이 끊어지는 것은 죽을 징조다. 병일丙日에 위독해지고 정일丁日에 죽는다. 화火가 금金을 극하기 때문이다.

◉ 여기서는 삼음삼양의 기가 끊어지는 것을 말하고 있다. 피맥육근골은 장부臟腑의 반응이 밖으로 드러나는 곳이다. 장부는 자웅으로 내부에서 합한다. 음양육기는 장부의 오행에 바탕을 두니 기가 외부에서 먼저 없어지고 내부 장부에서 끊긴다.

수태음기는 피모를 주관하므로 태음기가 끊어지면 피모가 초췌해진다. 수태음은 기를 주관하고, 기는 피부를 따뜻하게 하고 모발을 윤택하게 한다. 그러므로 태음은 행기하여 피모를 따뜻하게 한다. 기가 잘 돌지 못하면 피모가 초췌해진다.

진액은 삼초에서 나온 기를 따라서 기육을 따뜻하게 하고 골절을 부드럽게 하며 피모를 윤택하게 한다. 기가 잘 돌지 못하면 진액이 피모와 골절에서 빠져나가니 진액이 피모와 골절에서 빠져나가면 손톱이 마르고 터럭이 끊어진다. 터럭이 먼저 죽는 것毛先死은 수태음의 기가 외부에서 먼저 끊어진 것이다. 병일丙日에 위독해지고 정일丁日에 죽는다丙篤丁死는 것은 장부의 기가 내부에서 죽는 것이다.

상어공이 말했다. "『태시천원책문太始天元冊文』에 의하면 '단丹·금黅·창蒼·소素·현玄색의 천기天氣가 다섯 방위에 걸쳐 있으면서 천지오행地之五行과 합하여 변하고, 지지오행은 올라가 천지육기天之六氣로 드러난다'고 했다. 또 〈소문·오운행론五運行論〉에서 '하늘에서는 바람이 되고, 바람이 나무를 자라게 하며, 나무에서 신 과일이 열리고, 산미酸味는 간으로 가고, 간에서 근이 생기며, 근에서 심이 생긴다神在天爲風 風生木 木生酸 酸生肝 肝生筋 筋生心'라고 했다. 이는 사람의 입형정기立形定氣가 오행에서 생긴 것이라는 것이다. 그래서 기생오 기수삼其生五 其數三이라고 했으니 오행에서 생기고 삼음삼양의 수에서 끝나는 것을 말한다. 그러므로 소생병所生病은 장부오행臟腑五行의 병이 내부에서 일어난 것이다. 시동병是動病은 외부에서 육기六氣가 운동하면서 일어나는 병이다. 하지만 시동병과 소생병이 모두 삼음삼양의 기에서 끝난다는 것은 장부 오행지기는 본래 천기天氣가 변한 것이므로 천기가 먼저 끊어지고 나서 장부의 기氣가 끊어지는 것이다.”

주제공朱濟公이 말했다. “사람은 땅에서 생겨나고 명命은 하늘에 달려 있어 천지가 기와 합쳐져서 사람이 된다. 본경은 사람이 천지지기天地之氣를 지니고 있어 천지음양天地陰陽과 오운육기五運六氣를 배합하여 조화와 사생死生의 도를 밝힐 수 있으니 ‘일점一點이 영명靈明하고 태허太虛와 동체가 되어 만겁萬劫이 상존常存하여 본래 생生도 없고 사死도 없다’라고 말하고 있다.”

장옥사가 말했다. “형形은 기器이므로 ‘형체가 없으면 걱정도 없다無形無患’라고 한다. 형기形器가 이미 이루어졌으면 없어지지 않을 수 없다. 하지만 이 일령진성一靈眞性은 비록 수없이 갈고 닦았다고 하더라도 연구할수록 더 정미해진다. 그러므로 노자와 불가는 진공眞空을 견성見性이라고 하고, 〈영추〉〈소문〉 두 경은 공空 안에 진眞이 있다고 말한다.”

批 폐합대장肺合大腸하니 대장은 피부에 반응이 나타난다.

批 수족의 경기는 삼음삼양에 근본을 두고, 오장의 기는 금·목·수·화·토에 속한다. 그래서 화승금火勝金이라고 한 것이다.

手少陰氣絶則脈不通, 脈不通則血不流, 血不流則毛色不澤, 故其面黑如漆柴者, 血先死, 壬篤癸死, 水勝火也.

수소음기手少陰氣가 끊기면 맥이 불통하고 맥이 불통하면 혈이 흐르지 않는다. 혈이 흐르지 않으면 머리카락이 윤기가 없다. 그러므로 칠시漆柴처럼 검은 것은 혈이 죽으려는 징조다. 임일壬日에 위독해지고 계일癸日에 죽는다. 수극화水克火다.

⊕ 심은 혈맥을 주관하므로心主血脈 수소음기手少陰氣가 끊기면 맥이 불통하니 맥은 기를 따라 움직이기 때문이다. 맥이 불통하면 혈이 흐르지 않으니 혈은 맥기를 따라 흐르는 것이다. 심의 외합은 맥脈이고 영화가 맥으로 나타난다.

모毛는 혈기에서 생긴 것이다. 따라서 혈기가 흐르지 않으면 머리색이 윤기가 없고 안색이 검어진다. 소음기少陰氣가 끊기면 혈이 먼저 죽는다. 임일壬日에 위독해지고 계일癸日에 죽는 것任篤癸死은 심장의 화기火氣가 없어지는 것이다.

足太陰氣絶者則脈不榮肌肉, 脣舌者, 肌肉之本也, 脈不榮則肌肉軟, 肌肉軟則肉萎人中滿, 人中滿 則脣反, 脣反者, 肉先死, 甲篤乙死, 木勝土也.

족태음기足太陰氣가 끊기면 맥이 기육肌肉을 영양하지 못한다. 입술과 혀는 기육의 본원本原이다. 맥이 돌지 않으면 기육이 물러진다. 기육이 물러지면 기육이 위축되고 인중이 붓는다. 인중이 부으면 입술이 말린다. 입술이 말리는 것은 기육이 먼저 죽으려는 징조다. 갑일甲日에 위독해지고 을일乙日에 죽는다. 목극토木克土다.

⊕ 족태음기足太陰氣는 비脾에서 생긴다. 비는 영營을 저장하며 기육肌肉을 주관한다. 따라서 태음기가 끊기면 맥이 기육을 영양하지 못한다. 비는 입口에 개규開竅하니 주로 양식을 받아들이는 작용을 한다. 그래서 순설脣舌은 기육지본肌肉之本이다. 맥이 돌지 못하면 기육은 마르고 입술은 말리니 태음의 생기가 외부에서 끊어진 것이다. 갑일甲日에 위독해지고 을일乙日에 죽는 것甲篤乙死은 비장의 기가 내부에서 끊긴 것이다.

足少陰氣絶則骨枯. 少陰者, 冬脈也, 伏行而濡骨髓者也, 故骨不濡則肉不能著也, 骨肉不相親則肉軟却, 肉軟却故齒長而垢, 髮無澤, 髮無澤者, 骨先死, 戊篤己死, 土勝水也.

족소음기足少陰氣가 끊기면 골이 마른다. 소음은 동맥冬脈으로 속에서 잠복하여 흐르면서 골수를 적신다. 그러므로 골이 적셔지지 못하면 기육이 붙지 않는다. 골과 육이 서로 붙어 있지 않으면 기육이 물러지고 수축된다. 기육이 물러지고 수축되면 치아가 길어지고 치구齒垢가 끼며 머리털이 윤기가 없다. 머리털에 윤기가 없는 것은 골이 죽으려는 징조다. 술일戊日에 위독해지고 기일己日에 죽는다. 토극수土克水다.

◉ 족소음기足少陰氣는 골骨을 주관한다. 따라서 족소음기가 끊기면 골이 마른다. 동맥冬脈이란 오장의 맥기가 사시와 합쳐져 피육근골을 적시는 것이다. 그러므로 계곡谿谷은 골骨에 속하고 육肉은 골에 붙는다. 골이 적셔지지 못하면 기육이 골에 붙지 못하여 골과 육이 떨어지게 된다. 골과 육이 떨어지면 골기骨氣가 밖으로 드러나 치아가 길어진다. 신腎은 정精을 간직하고 혈로 변화시키는데, 모발은 혈이 변한 것이다. 모발이 윤택하지 못한 것은 신장의 정기가 끊긴 것이고 골이 죽으려는 징조다.

> 足厥陰氣絕則筋絕. 厥陰者肝脈也, 肝者筋之合也, 筋者聚於陰器,
> 而脈絡於舌本也. 故脈弗榮 則筋急, 筋急則引舌與卵, 故脣青舌卷
> 卵縮則筋先死, 庚篤辛死, 金勝木也.
>
> 족궐음기足厥陰氣가 끊기면 인대가 끊어진다. 궐음은 간맥肝脈이다. 간의 외합은 근筋이다. 근은 음기陰器에 결집되어 있고 맥은 설본舌本에 연결되어 있다. 따라서 맥이 돌지 않으면 근이 긴장되며 근이 팽팽해지면 혀와 음낭이 땅긴다. 그러므로 입술이 파래지고 혀가 말리며 음낭이 위축되는 것은 근이 죽으려는 징조다. 경일庚日에 위독해지고 신일辛日에 죽는다. 금극목金克木이다.

◉ 족궐음기足厥陰氣는 근筋을 주관한다. 따라서 족궐음기가 끊기면 근이 망가진다. 궐음은 간맥이다. 근은 간의 외합이다肝者筋之合는 궐음지기가 간맥과 합쳐지는 것이니 간의 기는 근筋과 합한다. 음기陰器에 모인다는 것聚於陰氣은 근기筋氣가 종근宗筋에서 모이는 것이다. 근이 음기陰器에서 모이고 설본舌本에 연결되므로 맥이 근을 영양하지 못하면 근이 팽팽해지고 혀가 말리며 음낭이 위축된다. 궐음기가 끊기면 근이 먼저 죽는다. 경일庚日에 위독해지고 신일辛日에 죽는 것庚篤辛死은 금극목金克木이니 간장肝臟의 기가 끊긴 것이다.

> 五陰氣俱絶則目系轉, 轉則目運, 目運者爲志先死. 志先死, 則遠
> 一日半死矣.
>
> 오음기五陰氣가 모두 끊기면 눈이 돌아가면서 어지러워진다. 눈이 돌아가 어
> 지러워지는 것은 지志가 죽으려는 징조이니 하루 이틀 사이에 죽는다.

⊕ 이것은 오장 오행지기가 선천지수화先天之水火에 근본을 두고 있음을 총결
하는 것이다. 심계心系는 올라가 목계目系에 연계되니 목계전目系轉은 심기心氣
가 끊기려는 것이다. 화지정火之精이 신神이고 수지정水之精이 지志다. 신神은
정精에서 생기고 화火는 수水에서 생기므로 지志가 죽었다는 것이 신神은 이미
죽은 것이다. 신神과 지志는 같이 가는 것이니 살면 같이 살고 죽으면 같이 죽
는다. 천일天一은 수水를 생하고 지이地二는 화火를 생한다天一生水 地二生火. 일
일반一日半은 하루 이틀 사이다. 음양수화지기陰陽水火之氣가 천지시생지수天地
始生之數에서 끝나는 것이다.

> 六陽氣絶則陰與陽相離, 離則腠理發泄, 絶汗乃出. 故旦占夕死,
> 夕占旦死.
>
> 육양기六陽氣가 끊기면 음과 양이 서로 떨어져 주리腠理가 열려 절한絶汗이 나
> 온다. 하루를 넘기지 못한다.

⊕ 이것은 육부六腑 삼양지기三陽之氣가 끊긴 것이다. 〈소문·음양이합론〉에서
"땅에서 미처 나오지 못한 것은 음중지음陰中之陰이라 하고 이미 땅에서 나온
것은 음중지양陰中之陽이다未出地者 命曰陰中之陰 已出地者 命曰陰中之陽"라고 했다.
삼양의 기는 음에 뿌리를 두고 양으로 나온 것이다. 그러므로 육양六陽이 끊기
려고 하면 음과 양이 서로 분리된다. 분리되면 양기는 밖으로 빠지고 주리가
열려서 절한絶汗이 나오고 양기가 끊긴다. 삼양은 천지기天之氣에 상응한다. 그
러므로 단점석사 석점단사旦占夕死 夕占旦死는 하루를 넘기지 못하는 것이다.
   상어공이 말했다. "이 장은 〈영추·종시終始〉와 〈소문·진요경종론診要經終論〉

의 대의가 서로 같다."

經脈十二者, 伏行分肉之間, 深而不見, 其常見者, 足太陰*過於外
踝之上, 無所隱故也. 諸脈之浮而常見者, 皆絡脈也. 六經絡手陽
明少陽之大絡, 起於五指間, 上合肘中. 飲酒者, 衛氣先行皮膚, 先
充絡脈, 絡脈先盛, 故衛氣已平, 營氣乃滿, 而經脈大盛. 脈之卒然
盛者, 皆邪氣居之, 留於本末, 不動則熱, 不堅則陷且空, 不與衆
同, 是以知其何脈之動也.
雷公曰: 何以知經脈之與絡脈異也?
黃帝曰: 經脈者, 常不可見也, 其虛實也, 以氣口知之, 脈之見者,
皆絡脈也.

십이경맥은 분육分肉 사이를 잠복하여 흐르니 깊이 있어 보이지 않는다. 족태
음足太陰은 외과外踝 위를 지나 숨을 곳이 없다. 맥이 외부로 떠서 항상 드러나
는 것은 모두 낙맥이다. 수육경手六經의 낙맥 중 수양명과 수소양의 대락大絡
은 오지五指에서 기시하여 주중肘中에서 합쳐진다.

술을 마시면 위기衛氣가 먼저 피부로 가서 낙맥을 채운다. 낙맥이 채워지면
위기는 평소대로 회복되고 영기가 채워져 경맥이 크게 성해진다. 맥이 갑자기
성해지는 것은 모두 사기邪氣가 있어 본말本末에 유체된 것이다. 맥이 뛰지 않
으면 열이 난다. 경맥이 견실하지 못하면 경기가 허함虛陷하여 평상과는 틀리
다. 이것으로 어느 맥이 뛰는지 아는 것이다."

뇌공이 물었다. "경맥과 낙맥이 다른지 어떻게 압니까?"

황제가 답했다. "경맥은 항상 보이지 않는다. 허실은 기구맥氣口脈으로 안
다. 눈에 보이는 맥은 모두 낙맥이다."

⊛ 여기서는 십이경맥의 혈기와 맥외 피부의 기혈이 모두 위부胃腑 수곡지정水
穀之精에서 생기고 각자의 길로 간다는 것을 거듭 밝히고 있다.

십이경맥은 육장육부六臟六腑 수족삼음삼양手足三陰三陽의 맥으로 영혈營血이
도는 곳이다. 분육分肉의 내부에 잠복하여 행하여 깊이 있어 겉으로 드러나지

---

* 족태음足太陰은 수태음手太陰으로 해야 한다—〈통해〉.

않는다. 겉으로 항상 보이는 맥은 모두 낙맥絡脈이다. 갈라져 나와 옆으로 가는 것이 낙맥이다. 낙맥에서 갈라진 것이 손락孫絡이다. 위부에서 만들어진 혈기는 정전자精專者가 경수經隧로만 행하여 영기가 십이경맥을 행한다. 손락 피부로 나가는 것은 별도로 경별經別에서 간다. 경별은 장부의 대락大絡이다. 대락에서 낙맥과 피부로 나간다. 하행하는 것은 족태음의 낙맥에서 족행足胻의 기가氣街로 나간다. 따라서 항상 드러나는 것은 족태음이 외과外踝 위를 지날 때는 감출 수가 없기 때문이다.

상행하는 것은 수양명소양의 낙맥에서 척부尺膚로 주입되어 어제魚際로 올라가 오지五指에 퍼진다. 그래서 수양명소양의 대락이 오지에서 시작하여 올라가 주중肘中에서 합쳐진다는 것陽明少陽之大絡 起於五指間 上合肘中은 피부를 행하는 기혈이 수양명소양의 대락에서 시작해 오지에서 퍼지고, 다시 오지의 정혈井穴에서 맥중脈中으로 흘러가 맥중의 혈기와 주중에서 합쳐진다.

무릇 음양육기陰陽六氣는 부표膚表를 주관한다. 경에서 "태음太陰은 삼음三陰에 기를 보낸다太陰爲之行氣于三陰"라고 했고 또 "양명은 표表고 또한 삼양三陽에 기를 보낸다陽明者 表也 亦爲之行氣于三陽"라고 했다. 수태음은 기를 주관하고 외부에서는 피모를 주관한다. 수양명은 태음과 합하므로 수양명도 부표膚表에 기를 보낸다.

수소양은 기를 주관하고 궐음은 포락지부包絡之腑다. 심주포락心主包絡은 맥중에 혈을 보내고, 소양은 맥외에 혈을 보낸다. 그러므로 수양명과 소양의 대락은 위부에서 나온 혈기를 행하게 하여 낙맥과 피부에 주입한다.

〈영추·옥판〉에서 "위胃는 수곡혈기의 바다다. 바다에서 수증기가 올라가 천하에 퍼지는 것처럼 위胃에서 나온 혈기는 오장육부의 대락인 경수經隧에서 몸 전체로 퍼진다胃者 水穀血氣之海也 海之所行運氣者 天下也 胃之所出血氣者 經隧也 經隧者 五臟六腑之大絡也"라고 했고, 또 〈소문·유자론〉에서 "사기가 피모에 침입하여 손락에 들어가 머물다가 제거되지 않으면 막혀서 통하지 못하여 경으로는 못 들어가고 대락으로 흘러넘쳐 기병奇病이 생긴다邪客於皮毛 入舍於孫絡 留而不去 閉塞不通 不得入於經 流溢於大絡而生奇病也"라고 했다.

이는 혈기가 맥외로 행하는 것은 내외출입에 각기 제 길이 있음을 말한다.

다시 음주飮酒를 인용하여 이를 증명했다. 술은 수곡의 한액悍液이고 위衛는 수곡의 한기悍氣이므로 술을 마시면 액液이 위기衛氣를 따라 먼저 피부로 간다. 그래서 얼굴이 먼저 붉어지고 소변이 먼저 나오니 먼저 외부에 사방으로 퍼뜨리기 때문이다. 진액津液은 위기衛氣를 따라서 먼저 피부로 행하고 낙맥을 채우니 낙맥이 성해지고 위기가 이미 평소대로 회복되어도 영기가 채워져서 경맥이 대성大盛해진다. 이것은 혈기가 피부에서 낙맥으로, 낙맥에서 경맥으로 가니 외부에서 내부로 가는 것이다.

십이경맥이 갑자기 성해지는 것은 모두 사기가 맥중脈中에 있는 것이다. 본말本末은 십이경맥에 표본標本이 있음을 말한다. 맥에 유체되어 돌지 못하면 열이 나고 맥에 유체되지 않았는데 맥이 단단하지 못하면 피부 구멍에 함하된 것이다. 십이경맥의 유행출입이 낙맥·대락 등과 같지 않다. 그러므로 어느 맥이 뛰는가를 아는 것은 기구氣口로써 알아낸다. 기구는 수태음의 양맥구兩脈口다. 영혈이 십이경맥중을 행하는 것은 잠복해서 흐르는 경맥이어서 수태음의 기구맥氣口脈으로 아는 것이고, 피부로 행하는 혈기가 낙맥에 나타나는 것은 인영人迎과 기구氣口에 나타난다.

이 구절은 무릇 네 번의 전환이 있으니 십이경맥의 혈기와 피부의 기혈이 각기 출입하는 길이 있음을 거듭 밝힌 것이다.

재안 | 십이경맥은 수태음폐에서 시작하여 족궐음간에서 끝나고 다시 돌기 시작하는 것은 영혈이 맥중을 행하는 것이다. 십이경맥이 모두 정혈井穴에서 출발하여出於井 형형滎으로 흘러가고溜於滎 경經을 지나行於經 합습에서 경맥經脈으로 들어가는入於合 것은 피부의 기혈이 맥중으로 흘러가서 경맥의 혈기와 주슬지간肘膝之間에서 합한다. 이 편에서 말한 "수육경手六經의 낙맥 중 수양명소양의 대락이 오지간五指間에서 기시하여 주중肘中에서 합한다六經脈 手陽明少陽之大絡 起於五指間 上合肘中"고 하는 것이 바로 이것이다.

〈영추·옹저癰疽〉에서 "장위腸胃에서 곡식을 받아들이면 상초에서 기를 내보내 분육을 따뜻하게 하고 골절을 영양하며 주리를 통하게 한다. 중초는 이슬처럼 기를 내보내 올라가 계곡으로 주입되고 손락으로 삼입되어 진액과 섞여서 붉게 변화하여 혈이 된다. 혈로 변화하면 손맥이 먼저 채워지고 흘러넘쳐

264

서 낙맥으로 주입되며 다 차면 경맥에 주입되어 음경과 양경이 이어진다. 호흡으로 움직이는데 움직임은 정해진 법칙이 있고 일정한 궤도가 있으니 천도天道와 합치하여 쉬지 않고 돈다余聞 腸胃受穀 上焦出氣 以溫分肉 而養骨節 通腠理 中焦出氣如露 上注溪谷 而滲孫絡 津液和調 變化而赤爲血 血化則孫脈先滿溢 乃注於絡脈 皆盈 乃注於經脈 陰陽已張 因息乃行 行有經紀 周有道理 與天合同 不得休止"라고 했다.

수곡에서 만들어진 진액이 삼초출기三焦出氣를 따라서 온기육溫肌肉하고 손락에 삼입되어 붉게 변하여 혈血이 되고 경맥으로 흐른다. 본경에서 말하는바, 술을 마시면 위기衛氣가 먼저 피부로 가고 낙맥을 채우며 낙맥이 채워지면 위기衛氣는 평소대로 회복되어도 영혈이 채워져 경맥이 크게 성해진다는 것飮酒者 衛氣先行皮膚 先充絡脈 絡脈先盛 故衛氣已平 營氣乃滿 而經脈大盛이 이것이다.

맥외의 기혈은 하나는 경수經隧에서 손락과 피부로 나가는 것이고, 다른 하나는 삼초에서 기가 나가 기육을 따뜻하게 하고 붉게 혈로 변화되는 것으로 나가는 길이 두 가지가 있다. 경經으로 들어가는 것 중 하나는 지정指井에서 경형經滎으로 흐르는 것이고, 다른 하나는 피부에서 낙맥으로 들어가는 것이니 들어가는 길도 두 가지다. 경맥의 혈기가 맥외로 흐르는 것은 표본標本에서 기가氣街로 나가는 것이니 이 편에서 말하는 "맥이 갑자기 뛰는 것은 모두 사기가 있어 본말本末에 유체된 것이다. 맥이 뛰지 않으면 열이 난다. 경맥이 견실하지 못하면 경기가 허함虛陷하여 평상과는 다르다는 것留於本末 不動則熱 不堅則陷且空 不與衆同"이 이것이다. 혈기가 출입하는 길이 천지음양 오운육기와 합치하는 것으로 본경의 큰 관심 대목이다. 그래서 번쇄煩贅함을 무릅쓰고 상세히 말한 것이니 학자도 신경을 써서 연구하지 않으면 안 된다.

무릇 혈기가 경수經隧에서 손락과 피부로 나가는 것은 바닷물이 증발하여 천하에 퍼지는 것과 같다. 상초에서 나온 기를 따라 기육을 따뜻하게 한다三焦出氣以溫肌肉는 것은 사천재천司天在泉에 대응되니 수水가 기氣를 따라서 부표膚表로 운행되는 것이다. 부표膚表의 기혈이 맥중으로 들어가는 것은 구름이 하늘에 떠 있다가 비로 내려 다시 땅속을 관통하여 흐르는 것에 비유된다.

경맥의 혈기가 외부의 피부로 행하는 것은 땅의 백천百川이 천하泉下로 흘러가서 다시 땅 위를 흐르는 것과 같다. 이것은 천지의 상하승강上下升降과 내외출입內外出入이 상통하는 것이다. 사람은 천지음양의 도에 합치하여 끊임없이 운행되어 천지 운행에 참여하는 것이다. 승강升降이 멈추면 기립氣立하여 아주 위태해지고如升降息則氣立孤危 출입出入이 폐폐廢하면 신기神機가 화멸化滅한다出入廢則神機化滅.

批 이 구절은 십오대락을 계발啓發하는 총론이다. 음식이 위胃에 들어가면 비기脾氣로 인하여 피모에 정精을 퍼뜨린다. 그래서 족태음 맥이 밖으로 드러난다.

批 외과外踝를 지나는 것은 별도로 양명으로 가서 나온다. 족소음이 아래 기가氣街로 나가는 것은 별도로 태양으로 가서 나간다.

批 진액은 삼초에서 나온 기를 따라서 계곡으로 주입되어 붉게 변해 혈이 된다. 그러므로 수소양을 주관한다.

批 진액은 삼초에서 나온 기를 따라서 기육을 따뜻하게 하고 피부를 충만시키므로 수양명과 소양을 제시했다. 위부胃腑에서 나온 혈기가 비록 장부의 대락에서 낙맥과 피부로 나가지만 족태음 수양명소양을 경유하므로 이 삼양의 낙맥만을 제시했다.

批 사기邪氣를 빌려 경맥과 낙맥이 각기 차이가 있음을 분별했다.

批 기구氣口는 촌관척寸關尺 삼부맥三部脈이다. 인영人迎과 기구氣口는 양촌구兩寸口다.

批 〈소문·시종용론示從容論〉에서 "겁이 많고 기운이 없는 것은 수도水道가 불행하여 형기가 소삭한 것이다怯然少氣者 是水道不行 形氣消索也"라고 했다.

雷公曰: 細子無以明其然也.
黃帝曰: 諸絡脈皆不能經大節之間, 必行絶道而出入, 復合於皮中, 其會皆見於外. 故諸刺絡脈者, 必刺其結上, 甚血者, 雖無結, 急取之, 以瀉其邪而出其血, 留之發爲痺也. 凡診絡脈, 脈色靑則寒且痛, 赤則有熱. 胃中寒, 手魚之絡多靑矣. 胃中有熱, 魚際絡赤. 其暴黑者, 留久痺也. 其有赤有黑有靑者, 寒熱氣也. 其靑短者, 少氣也. 凡刺寒熱者, 皆多血絡, 必間日而一取之, 血盡乃止, 乃調其虛實, 其靑而短者少氣, 甚者瀉之則悶, 悶甚則仆, 不得言, 悶則急坐之也.

뇌공이 물었다. "왜 그런지 잘 모르겠습니다."
황제가 답했다. "모든 낙맥이 다 큰 관절 사이를 지날 수 없다. 반드시 낙맥에서 갈라져서 출입하면서 다시 피부에서 합쳐진다. 그렇게 모인 낙맥은 모두 겉으로 드러난다. 그러므로 낙맥에 자침하는 것은 반드시 피가 뭉친 부위에 찌른다. 악혈惡血이 많으면 뭉치지 않아도 급히 취하여 사기邪氣를 사하고 피를 빼내야 한다. 놓아두면 비증痺症이 생긴다. 낙맥을 진찰할 때 맥색脈色이 푸른색이면 내부가 차고 통증이 있으며, 붉은색이면 열이 있다. 위중胃中이 차면 어제魚際의 낙맥이 푸르다. 위중에 열이 있으면 어제의 낙맥이 붉다. 낙맥에 갑자기 검은색이 나타나면 사기가 유체된 구비久痺가 있다. 붉고 검고 푸른색이 같이 있으면 추웠다 더웠다 한다寒熱. 낙맥이 푸른색이고 짧으면 기가 적은 것이다. 한열증에 자침할 때 대부분 혈락血絡이 많으니 반드시 이틀에 한 번씩 취하고 혈이 다 빠지면 그치고 허실을 조절한다. 낙맥이 푸르고 짧은 것은 기가 부족한 것이다. 기허氣虛가 심한데 사법을 쓰면 가슴이 답답해지고 어지러우며 심하면 쓰러져 말도 못한다. 가슴이 답답해하면 빨리 앉혀야 한다."

◉ 여기서는 다시 앞 문장의 뜻을 거듭 밝혔으니 병과 침자針刺를 빌려 혈기의 생시출입生始出入을 증명했다.

본경에서 "먼저 골절의 크기와 길이를 잰 후에 맥도脈度가 정해진다先度其骨節大小廣狹 而脈度定矣"라고 했다. 십이경맥은 모두 골절 사이를 순환하여 장단의 도수가 있지만 낙맥은 모두 큰 관절을 경유하지 않고 반드시 경맥에서 갈라져 출입한다. 절도絶道는 별도의 길이다.

대개 위부胃腑에서 나온 혈기가 경별經別로 가는 것은 경별에서 낙맥으로 나가고 다시 피부에서 합쳐지니 혈기색맥血氣色脈이 회합하여 모두 밖으로 드러난다. 그러므로 낙맥을 자침할 때는 혈이 뭉친 곳을 자침하여 빼내야 한다. 심한 경우는 뭉치지 않아도 급히 자침하여 사기를 사하고 울혈을 제거해야 한다. 그냥 놓아두면 비증痺症이 발생한다.

경經에서 "병이 음陰에 있으면 비痺라고 한다病在陰者 名爲痺"라고 했다. 피부와 낙맥의 사기는 사하지 않고 놓아두면 분육 골절 사이로 들어가 비증이 된다. 사기가 경맥중經脈中에 머물면서 본말本末에 유체되어 이동하지 않으면 열나는 것과는 다른 것이다.

진診은 살피는 것이다. 낙맥을 진찰하는 것은 맥색이 푸르면 찬 것寒이고, 붉으면 더운 것熱이니 겉으로 드러난 낙맥은 모두 피부에 나타난다. 위중胃中이 차면 어제의 낙맥이 푸르고, 위중이 더우면 어제의 낙맥이 붉다. 피부와 낙맥의 기혈은 위부胃腑에서 만들어진 것으로 수양명과 소양에서 척부尺膚로 주입되어 어제로 올라간다. 기는 삼음삼양三陰三陽의 기로 위부에서 만들어진 것이다.

심하게 기가 적은데 사하면 속이 답답해진다. 기가 더 허해져서 외부로 운행할 수 없기 때문이다. 속이 아주 답답해지면 쓰러져 말도 못한다悶甚則仆不得言는 것은 음양육기陰陽六氣가 위부胃腑 수곡지정水穀之精에서 생기고 선천지수화先天之水火에 바탕을 두고 있다. 소음지기가 아래로 궐역하면 쓰러지고 말도 못한다. 그러므로 답답해하면 급히 앉혀서 소음지기를 끌어내야 한다. 즉 앞 문장에서 말한 "허리띠와 머리를 풀고 지팡이를 짚고 천천히 걷는다는 것緩帶披髮 大杖重履而步"과 같은 방법이다.

고사종高士宗이 말했다. "앞 구절에서는 십이경맥으로 위기衛氣와 혈기가 피부와 낙맥을 행하는 것과 구별해 말했는데 이 구절에서는 피부와 낙맥만을 말하여 다시 앞 문장의 뜻을 거듭 밝혔다."

황재화黃載華가 말했다. "충맥과 임맥은 모두 포중胞中에서 시작하여 올라가 등 안쪽을 순환하면서 경락지해經絡之海가 된다. 밖으로 드러나는 것은 배복 우측을 순환하면서 상행하여 인후咽喉에서 만나고 여기서 갈라져서 순구脣口로 연락된다. 혈기血氣가 성하면 충부열육充膚熱肉하고, 혈血만 성하면 피부로 스며들어 수염이 생긴다. 맥외의 기혈이 다시 충맥에서 피모로 흩어지므로 다시 피부 중에서 합쳐지고 그것이 모두 겉으로 드러난다復合於皮中 其會皆見於外고 말한 것이다. 경별經別에서 나온 혈기는 충맥에서 나온 혈기와 피부에서 합쳐진다고 말했으니 피부 혈기로 나가는 길은 세 갈래다."

批 대락大絡에서 나오는 것, 기가氣街에서 나오는 것, 충맥衝脈에서 나오는 것 이 세 가지다.

> 手太陰之別, 名曰列缺, 起於腕上分間, 並太陰之經. 直入掌中, 散入於魚際. 其病實則手銳掌熱, 虛則欠㰦, 小便遺數. 取之去腕半寸*, 別走陽明也.

수태음手太陰의 별락別絡은 열결列缺이다. 손목 위 기육에서 기시하여 태음경과 병행하여 똑바로 손바닥으로 들어가 퍼져서 어제魚際로 들어간다. 실하면 손바닥 바깥쪽에 열이 난다. 허하면 하품을 하고 소변을 지리고 자주 본다. 손목에서 1촌 반 떨어진 곳을 취한다. 갈라져서 양명으로 간다.

⊕ 경별經別은 오장육부의 대락이다. 별別은 십이경맥 외에 별도의 경락이 있어 양락陽絡은 음陰으로 가고, 음락陰絡은 양陽으로 가서 경맥과 다른 곳으로 각자의 길을 간다. 즉 〈소문·유자론〉에서 말하는바, "대락大絡은 좌에서 우로, 우에서 좌로 주입되며 경맥과 상관하면서 사말四末로 퍼지는데 경수經隧로 들어가지 않고 경맥과 다른 곳이다大絡者 左注右 右注左 與經脈相干而布于四末 不入右經隧 與經脈繆處者"가 이것이다.

〈영추·옥판〉에서 "위胃는 수곡혈기의 바다다. 바다에서 수분이 증발하여 구름이 되어 천하에 퍼진다. 위에서 나온 혈기는 경수經隧로 가니 경수는 오장육부의 대락大絡이다胃者 水穀血氣之海也 海之所行雲氣者 天下也 胃之所出血氣者 經隧也 經隧者 五臟六腑之大絡也"라고 했다. 위부胃腑에서 생긴 혈기는 정전자精專者가 경수經隧로 가서 수태음폐맥에서 시작하여 족궐음간경에서 끝나니 이 영혈이 십이경맥을 행하여 하나의 맥이 원을 돌듯이 끊임없이 순환한다.

피부에 퍼진 혈기는 장부의 별락別絡에서 나와서 비록 경맥과 상관하여 경맥과 병행하지만 각자의 길로 가서 손락으로 나가고 피부에서 흩어진다. 그러므로 수태음의 경별을 열결列缺이라고 하고, 수소음의 경별을 통리通里라고 하며, 족태양은 비양飛揚, 족소양은 광명光明이라고 하니 수족의 정井·형榮·수腧·경經·합合의 오수혈과는 상관하지 않는다. 태음太陰·소음少陰·태양太陽·소양少陽이라고 말하는 것은 장부의 경맥과는 각기 다른 곳이다. 이것은 위부胃腑의 혈기가 부표膚表의 양분陽分에 퍼진 것이다.

대락에서 손락 피부로 나가고, 낙맥에서 음락陰絡은 양락陽絡으로, 양락은 음락으로 간다. 강과 하천 이외에도 별도로 강과 하천이 있어 강은 하천으로

---

* 『맥경』에서는 반촌을 1촌 반이라 했다―〈통해〉.

통할 수 있고 하천은 강으로 통할 수 있는 것처럼 경맥의 영혈이 하나로 쭉 관통하는 것과는 같지 않다. 그래서 수태음의 경별을 열결列缺이라고 하며 손목 위 분간腕上分間에서 기시하는데 분간分間은 수태음의 경맥이 경별과 이곳에서 갈라진다. 병태음지경並太陰之經은 태음경과 병행하여 움직이는 것이다.

흩어져 어제에 들어간다散入於魚際는 것은 어제로 들어가서 피부로 흩어짐을 말한다. 즉 앞 문장에서 말한 "낙맥에서 갈라져 나와서 피부에서 다시 합쳐져서 모인 것이 겉으로 드러난다는 것諸絡脈必行絶道而出入 復合於皮中 其會皆見於外"이다.

실하면 손바닥 바깥쪽에 열이 난다實則手銳掌熱는 것은 외부의 기가 성한 것이다. 허하면 하품을 하고 소변을 지리며 자주 본다虛則欠欬 小便遺數는 것은 내부의 기가 허한 것이다. 부표膚表의 혈기는 장부臟腑와 경수經隧를 경유하여 간 것이다. 손목에서 1촌 반 떨어진 곳을 취하라는 것은 바로 열결이다. 갈라져 양명으로 간다別走陽明는 것은 음락陰絡이 여기에서 양陽으로 가는 것이다.

상어공이 말했다. "이 편의 병증과 〈소문·유자론〉이 다르다. 〈소문·유자론〉은 사기가 피부 손락에 머물면서 대락으로 흘러가서 기병奇病이 생기는 것이니 병이 외부에서 내부로 들어가는 것이다. 이 편에서는 본기의 허실을 말한 것이니 병이 내부에서 외부로 나가는 것이다. 그래서 낙맥이 갈라져서 출입한다諸絡脈必行絶道而出入고 한 것이다."

주제공이 말했다. "수태음의 열결列缺, 수양명의 편력偏歷이 비록 정井·형滎·수腧·경經은 아니지만 경맥과 관련된 혈이다. 경별이 각기 제 길로 가서 사말에 퍼지면서 경맥과 열결·통리 등 제경의 사이에서 관련되고 다시 갈라져 상행하여 경맥과 함께 손바닥으로 들어가 낙맥에서 퍼지고 피부에서 합쳐진다."

장옥사가 말했다. "〈소문·피부론皮部論〉에서 '피부를 알고자 하면 경맥을 기준으로 삼아야 한다. 양명지양陽明之陽을 해비害蜚라고 한다. 상하를 살펴서 부락浮絡이 있는 것은 모두 양명의 낙맥이다. 소양의 낙맥은 추지樞持라 하고, 소음의 낙맥은 추유樞儒라고 한다. 십이경맥은 피부의 부위다欲知皮部 以經脈爲紀 陽明之陽 命曰害蜚 視其上下有浮絡者 皆陽明之絡也 少陽之絡 名曰樞持 少陰之陰 名曰樞儒 凡十二經絡脈者 皮之部也'라고 했다. 이는 피부의 낙맥이 비록 경맥을 기준으로 삼고 십이경맥의 부위를 순환하지만 대락에서 나가서 따로 갈라진 길로 가니 경맥과 다른 길이므로 해비·추지 등의 다른 명칭이 있다. 공부하는 선비는 〈영추〉〈소문〉 두 경을 자세히 함께 참조해야 그 뜻을 비로소 터득할 수 있다."

> 手少陰之別, 名曰通里, 去腕一寸半*, 別而上行, 循經入於心中, 繫舌本, 屬目系. 其實則支膈, 虛則不能言, 取之掌後一寸, 別走太陽也.
>
> 수소음手少陰의 별락은 통리通里로 손목에서 1촌 떨어지며 갈라져 상행하여 소음경을 따라 순환하고 심중心中으로 들어가 설본舌本에 연계되고 목계目系에 속한다. 실하면 횡격막이 땅기고 허하면 말을 할 수 없다. 장후掌後에서 1촌 떨어진 통리를 취하고 여기서 갈라져 태양으로 간다.

● 수소음의 별락은 소음경과 상관하며 통리通里라고 한다. 손목에서 1촌 떨어진 곳으로 경에서 갈라져 상행하여 경을 따라 가다가 심중心中으로 들어가고 설본舌本으로 연계되고 목계目系에 속한다. 기가 실하면 횡격막이 땅기면서 펴지지 않는다. 허하면 말이 안 나오는데 심주언心主言하고 경별이 설본으로 연락되기 때문이다. 장후 1촌은 태양의 낙맥으로 갈라지는 곳으로 음양이 갈라져 가는 곳에 자침한다.

안|심맥心脈은 인후咽喉를 끼고 올라가 목계目系와 연계되며, 경별은 설본과 연계되고 목계目系에 속하니 대체로 경별이 경經과 병행하여 행한다.

> 手心主之別, 名曰內關. 去腕二寸, 出於兩筋之間, 循經以上繫於心包絡. 心系實則心痛, 虛則爲頭强. 取之兩筋間也.
>
> 수심주手心主의 별락은 내관內關으로 손목에서 2촌 떨어져 있고 양 인대 사이로 나와서 경을 따라 순환하면서 상행하여 심포락心包絡에 연계된다. 심계心系가 실하면 심통心痛이 있으며, 허하면 두항강통頭項强痛이 있으니 양 인대 사이의 내관을 취한다.

---

* 1촌 반은 1촌으로 반은 없어야 한다―〈통해〉.

◉ 수심주手心主의 별락은 심포경心包經과 내관內關에서 서로 연결된다. 손목에서 2촌 떨어져 있으며 경맥에서 갈라져 양 인대의 안쪽으로 나가서 경을 순환하고 병행하여 올라가 심포락과 연계된다. 심계가 실하면 심통心痛이 있으니 심계心系와 포락包絡이 서로 통하기 때문이다. 허하면 두항강통頭項强痛이 일어나니 포락이 혈맥을 움직이게 함을 주관하므로包絡主行血脈 맥기가 허하면 두항강통이 온다.

안 | 십이경별은 모두 양에서 음으로, 음에서 양으로 간다. 여기서는 '별주소양別走少陽'이 없는데 빠진 것 같다.

> 手太陽之別, 名曰支正, 上腕五寸, 內注少陰. 其別者, 上走肘, 絡肩髃. 實則節弛肘廢, 虛則生疣, 小者如指痂疥. 取之所別也.
> 수태양手太陽의 별락은 지정支正으로 손목 위 5촌이며 소음少陰으로 주입되며 갈라져서 올라가 팔꿈치로 가서 견우肩髃에 연락된다. 실하면 관절이 늘어져 팔꿈치를 못 쓰고, 허하면 사마귀疣가 생기는데 작은 것이 손가락 위에 옴같이 많이 있으니 지정支正을 취한다.

◉ 상완 5촌은 수태양경의 지정支正이다. 태양의 경별은 사말四末에 퍼지면서 경經과 지정支正 사이에서 상관하여 수소음의 별락으로 주입된다. 별도로 갈라진 것은 팔꿈치로 가고 견우肩髃로 연락된다. 수태양소장은 액液을 주관하니 실하면 진액이 유체되어 골을 윤활하게 할 수 없어 관절이 이완되고 주관절肘關節을 못 쓰게 된다.

『삼인방三因方』에서 "기허하여 순환이 안 되면 사마귀가 생긴다. 손가락 위의 작은 사마귀로 부스럼 종류니 기울氣鬱로 생긴다氣虛不行則生疣 小者如指上之痂疥 則皷瘞之類 氣鬱之所生也"라고 했다.

手陽明之別, 名曰徧歷. 去腕三寸, 別入太陰. 其別者, 上循臂, 乘肩髃, 上曲頰徧歷. 其別者, 入耳, 合於宗脈*. 實則齲聾, 虛則齒寒痺隔, 取之所別也.

수양명手陽明의 별락은 편력徧歷으로 손목에서 3촌 떨어져 있으며 갈라져서 태음에 들어간다. 별행은 올라가 아래팔을 따라 순환하고 견우肩髃를 타고 곡협曲頰으로 올라가 한쪽 잇몸으로 연결된다. 별행은 귀에 들어가 종맥宗脈과 합쳐진다. 실하면 치통과 이롱耳聾이 있고, 허하면 이가 시리고 흉격이 저리니 편력徧歷을 취한다.

● 손목에서 3촌 떨어진 곳이니 바로 수양명경의 편력徧歷이다. 수양명의 별락은 사말四末로 퍼지면서 편력에서 경과 상관하고 갈라져서 태음의 경별로 들어간다. 별행하는 것은 올라가 팔을 순환하고 어깨를 올라타서 곡협으로 올라가 치아로 연결된다. 별도로 귓속으로 들어가 종맥과 합쳐진다. 실하면 기체되어 치통·이롱耳聾이 생기고, 허하면 이가 시리고 흉격이 저려진다. 수양명은 피부로 혈기를 행하게 하여 온기육하고 허하면 바깥으로 가지 못하여 이가 시리고 흉격이 저려진다.

상어공이 말했다. "취지별取之別은 치아를 순환하고 귀로 들어가는 별락을 말하는 것이지 편력徧歷이 아니다. 십이락十二絡이 모두 같다."

批 종맥宗脈은 귀에 모여 있다.

手少陽之別, 名曰外關. 去腕二寸, 外繞臂, 注胸中, 合心主. 病實則肘攣, 虛則不收, 取之所別也.

수소양手少陽의 별락은 외관外關으로 손목에서 2촌 떨어져 있으며 팔 바깥으로 돌아서 흉중으로 주입되고 심주와 합한다. 병이 실하면 팔꿈치에 경련이 일어나고 허하면 팔꿈치를 구부리지 못하니 외관外關을 취한다.

---

* 종맥宗脈은 많은 경맥이니 수태양소장경·수소양삼초경·족소양담경·족양명위경이 모인다—〈통해〉.

⊛ 손목에서 2촌 떨어진 곳은 수소양경의 외관外關이다. 소양에서 갈라진 낙맥이 사말四末로 퍼지면서 경맥과 외관 사이에서 상관한다. 외부로 팔을 둘러가며 흉중으로 주입하여 심주의 대락과 합한다. 병이 실하면 팔꿈치에 경련이 일어나고肘攣, 허하면 팔을 굽히지 못한다不收. 소양과 궐음이 근筋을 주관하기 때문이다.

> 足太陽之別, 名曰飛陽, 去踝七寸, 別走少陰. 實則鼽窒頭背痛, 虛則鼽衄, 取之所別也.
>
> 족태양足太陽의 별락은 비양飛揚으로 외과外踝에서 7촌 떨어져 있으며 갈라져서 소음으로 간다. 실하면 코가 막히고 머리와 등이 아프며, 허하면 코피가 나니 비양飛揚을 취한다.

⊛ 족과足踝 7촌 위는 족태양경의 비양飛揚이다. 족태양에서 갈라진 낙맥이 경과 비양 사이에서 서로 연관되어 경수經脈로 들어가지 않고 따로 족소음 낙맥으로 간다. 실하면 코가 막히고 머리와 등이 아프며, 허하면 코피가 난다. 별락이 경과 병행하여 머리와 등을 순환하기 때문이다.

> 足少陽之別, 名曰光明. 去踝五寸, 別走厥陰, 下絡足跗. 實則厥, 虛則痿躄, 坐不能起, 取之所別也.
>
> 족소양足少陽의 별락은 광명光明으로 외과 위 5촌에 있으며 갈라져서 궐음으로 가고 내려가 발등에 연결된다. 실하면 궐랭하고 허하면 위벽痿躄으로 앉으면 일어나지 못한다. 광명을 취한다.

⊛ 과상踝上 5촌은 족소양경의 광명光明이다. 소양의 대락은 경과 광명 사이에서 만나고 갈라져서 궐음의 별락으로 가고 내려가서 발등에 연락된다. 소양은 초양지기初陽之氣이므로 실하면 담기膽氣가 상승하지 못하여 아래로 궐역한다. 기허氣虛하면 위벽痿躄이 되어 일어나지 못한다.

足陽明之別, 名曰豊隆. 去踝八寸, 別走太陰. 其別者, 循脛骨外
廉, 上絡頭項, 合諸經之氣, 下絡喉嗌, 其病氣逆則喉痺卒瘖. 實則
狂癲, 虛則足不收脛枯, 取之所別也.

족양명足陽明의 별락은 풍륭豊隆으로 외과에서 8촌 떨어져 있으며 갈라져서
태음으로 간다. 별행은 경골 바깥쪽을 순환하고 올라가서 두항頭項에 연결되
고 제경의 기와 합하며 내려가서 후익喉嗌에 연결된다. 병기가 궐역하면 인후
가 마비되어 목소리가 안 나오며, 실하면 광증狂症과 전질癲疾이 나타나고, 허
하면 다리를 구부리지 못하고 종아리가 마르니 풍륭豊隆을 취한다.

🌐 족과에서 8촌 떨어진 곳이 풍륭豊隆이다. 양명의 별락이 경과 풍륭 사이에서
만나고 갈라져 족태음의 별락으로 간다. 별행은 경맥과 병행하며 경골 바깥쪽
을 순환하고 올라가 두항頭項에 연락된다.

십오대락의 기혈은 모두 위부 수곡에서 만들어진 것에 바탕을 두고 있으므
로 족양명의 낙맥은 여러 경의 기와 상합한다. 병은 기가 궐역厥逆하면 인후가
마비되어 소리가 나오지 않으니喉痺卒瘖 경별이 인후에 연락되기 때문이다. 실
하면 아래로 궐역하여 전광癲狂이 된다. 혈기가 허하면 다리가 구부러지지 않
고足不收 정강이가 마른다脛枯. 별락을 취한다.

足太陰之別, 名曰公孫. 去本節之後一寸, 別走陽明. 其別者, 入絡
腸胃, 厥氣上逆則霍亂. 實則腸中切痛, 虛則鼓脹, 取之所別也.

족태음足太陰의 별락은 공손公孫으로 본절 뒤로 1촌 떨어져 있으며 갈라져서
양명으로 간다. 별행은 들어가 장위腸胃에 연결된다. 궐기가 상역하면 곽란霍
亂이 일어나고, 실하면 장이 끊어질 듯 아프며, 허하면 헛배가 부르니 공손公孫
을 취한다.

🌐 엄지발가락 본절 뒤 1촌은 족태음의 공손公孫이다. 태음의 별락은 족에 분포
되어 있으면서 공손 사이에서 경과 서로 연관되어 따로 양명의 낙맥으로 간
다. 별행은 장위腸胃로 연결된다. 궐기가 상역하면 곽란霍亂이 된다. 기가 유여

하여 실하면 장이 끊어질 듯 아프며腸中切痛, 부족하여 허하면 고창鼓脹이 되니 공손을 취한다.

> 足少陰之別, 名曰大鐘, 當踝後繞跟, 別走太陽. 其別者, 幷經上走於心包下, 外貫腰脊. 其病氣逆則煩悶, 實則閉癃, 虛則腰痛. 取之所別也.
>
> 족소음足少陰의 별락은 대종大鐘으로 내과內踝 뒤로 돌아 발꿈치에 있으며 갈라져서 태양으로 간다. 별행은 소음경과 병행하여 올라가서 심포 아래로 가서 요척腰脊을 관통한다. 병기가 궐역하면 번민증이 생기고, 실하면 폐륭이 되며, 허하면 허리가 아프니 대종大鐘을 취한다.

⊕ 내과內踝 뒤의 발꿈치는 족소음경의 대종大鐘이다. 소음의 별락은 경과 대종 사이에서 만나고 갈라져 태양으로 간다. 별행은 소음경과 병행하여 행하며 올라가 심포락 밑으로 가고 요척腰脊을 관통한다. 병은 기가 궐역하면 가슴이 답답해지니煩悶 수기水氣가 심心을 덮치기 때문이다. 실하면 폐륭閉癃이 되는데 태양으로 가는 방광의 기가 불화不化하기 때문이다. 허하면 요통이 있으니 허리는 신腎의 부속 기관腰者腎之府이기 때문이다.

안ㅣ수소양삼초와 수궐음심포의 기는 모두 신장腎臟에 바탕을 두고 있다. 그러므로 경과 병행하며 올라가 심포로 간다. 포락包絡의 기는 신장에서 생기고 낙중絡中으로 주입되며 경과 병행하여 올라간다.

> 足厥陰之別, 名曰蠡溝, 去內踝五寸, 別走少陽. 其別者, 經脛上睾, 結於莖. 其病氣逆則睾腫卒疝, 實則挺長, 虛則暴癢, 取之所別也.
>
> 족궐음足厥陰의 별락은 여구蠡溝로 내과에서 5촌 떨어져 있으며 갈라져 소양으로 간다. 별행은 정강이를 지나 고환으로 올라가서 음경陰莖에 연결된다. 병은 기가 궐역하면 고환이 붓고, 퇴산㿉疝이 생기며, 실하면 음경이 늘어지고, 허하면 심하게 가려우니 여구蠡溝를 취한다.

● 내과內踝에서 5촌 떨어진 곳은 족궐음경의 여구蠡溝다. 궐음의 별락은 족에 분포되면서 여구 사이에서 경과 상관하고 갈라져서 소양의 대락으로 간다. 경脛은 종아리다. 고睾는 고환陰子이다. 경莖은 음경陰莖으로 앞에서 말한 종근宗筋이다. 정挺은 음경이다. 취지소별取之所別은 따로 가는 소양의 대락을 취하는 것이니 이른바 양병은 음을 취하고 음병은 양을 취하며陽取陰 陰取陽, 좌병에 우를 취하고 우병에 좌를 취하는 것左取右 右取左을 말한다.

批 음양좌우는 〈소문·유자론〉에 자세히 나온다.

> 任脈之別, 名曰尾翳, 下鳩尾, 散於腹. 實則腹皮痛, 虛則癢搔, 取之所別也.
> 임맥任脈의 별락은 미예尾翳로 구미로 내려가 복부에서 퍼진다. 실하면 배의 피부가 아프고, 허하면 가려우니 미예를 취한다.

● 임맥은 중극中極의 아래에서 기시하여 음모陰毛로 올라가서 복부 안쪽을 순환하고 관원關元으로 올라가서 인후咽喉에 도달한다. 턱으로 올라가서 얼굴을 순환하고 눈으로 들어간다. 미예尾翳는 바로 구미鳩尾 위다. 임맥의 별락은 하극下極에서 나와서 경과 병행하여 올라갔다가 다시 구미로 내려와 배에 있는 낙맥에서 흩어진다. 기실하면 복피腹皮가 팽팽해지고, 허하면 가려움증이 생기니 미예를 취한다.

> 督脈之別, 名曰長强. 挾脊上項, 散頭上下, 當肩胛左右, 別走太陽, 入貫膂. 實則脊强, 虛則頭重, 高搖之, 挾脊之有過者, 取之所別也.
> 독맥督脈의 별락은 장강長强으로 척골을 끼고 뒷목으로 올라가 머리 위에서 흩어지며 내려가 견갑 좌우에서 갈라져 태양경으로 가서 등살을 순환한다. 실하면 척추가 뻣뻣하고脊强, 허하면 머리가 무거우며頭重, 머리가 흔들리고高搖之, 척골 부위에 병이 있으면 장강長强을 취한다.

안| 독맥은 아랫배 아래 골중앙骨中央에서 시작한다. 여자는 질膣로 들어가는데 요공溺孔의 끝이다. 낙맥은 음기陰器를 순환하고 회음會陰에서 모이고 회음 뒤를 돈다. 갈라져 둔부를 돌고 소음에 이르러 태양의 낙맥과 합쳐진다. 소음은 허벅지 내측 뒤로 올라가서 척추를 관통하고 신腎에 속한다. 태양과 함께 목내자目內眥에서 시작하여 이마로 올라가서 정수리에서 교차하고 뇌로 들어가 연락된다.

다시 뒷목으로 갈라져 내려와서 어깨 부위를 순환하고 척추를 끼고 요중腰中까지 가서 등허리를 순환하고 신腎에 연락된다. 음경을 순환하고 회음으로 내려가는 것은 여자도 마찬가지다. 아랫배에서 곧게 올라가는 것은 배꼽 중앙을 통과하여 심心을 관통하고 인후로 들어가서 턱으로 올라가 입술을 돌고 올라가 양목兩目의 아래 중앙에 연계된다. 독맥은 일신一身의 양陽을 총감독하니 천도天道가 지구를 도는 것에 대응된다.

아래로 갔다가 올라가는 것下行而上者은 음경을 순환하고 회음까지 가서 아랫배에서 배꼽 중앙을 통과하고 인후로 들어가고 턱으로 올라가서 입술을 빙 돌고 목에 연계되는 것이다. 올라갔다가 내려가는 것上行而下者은 목내자에서 시작하여 이마로 올라가서 정수리에서 교차되고 항부項部로 내려가서 척골을 끼고 요중腰中까지 가니 온몸의 전후를 도는 것이다.

독맥의 별락은 장강長強에서 나오는데 척골을 끼고 상행하여 머리 위에서 흩어진다. 독맥이 척려脊膂를 행하는 것은 두항頭項에서 하행하고 별락은 아래에서 두항으로 상행한다. 허실은 본기의 실허實虛다. 병증이 있는 곳有過者은 통과하는 맥에 사기가 객客한 것이다.

상어공이 말했다. "유과지맥有過之脈으로 독맥을 총결하고, 다시 허실이 본기의 실허實虛지 사기실邪氣實이 아니라는 것을 거듭 밝힌 것이다."

주영년朱永年이 말했다. "임맥과 독맥의 대락은 경맥과 교차하면서 서로 역순으로 행한다. 십이별락은 비록 경과 병행해도 왕래역순往來逆順임을 알아야 한다."

⊕ 대포大包는 비경脾經의 혈명으로 족소양담경 연액淵液 아래 3촌이다. 비脾의 대락은 비경의 대포를 순환하고 흉협에 포산된다. 실하면 몸이 다 아프고 허하면 온 관절 마디가 다 늘어진다. 나락지혈羅絡之血은 대락의 혈기가 온몸의 손락 피부에 퍼져서 마치 종횡으로 퍼져 있는 그물처럼 혈락이 온몸에 퍼져 있는 것이다.

비脾에 대락이 있는 것은 비脾가 위胃에게 진액을 행하게 하여 오장 사방에 관개한다. 대락에서 전신으로 퍼지므로 병이 나면 온몸이 다 아프고 온 마디가 다 늘어지는 것一身盡痛 百節皆縱은 혈락이 그물처럼 전신에 퍼져 있기 때문이다.

족태음의 대락은 단지 경과 병행하여 행하고 본경 부위에 혈기를 퍼뜨린다. 따라서 족태음비장에는 두 개의 대락이 있다. 만약 비족태음지맥脾足太陰之脈이라고 했으면 시동병과 소생병을 겸해서 말했을 것이다. 족태음지대락足太陰之大絡이라고 하고 비지대락脾之大絡이라고 했으니 비장脾臟과 경기經氣로 나누어 말한 것이다.

⊕ 이 십오대락의 혈기는 충실하면 손락과 피부에 넘쳐 흘러간다. 그러므로 실하면 반드시 혈맥이 드러나고 허하면 대락이 속으로 함하되므로 잘 보이지 않

는다. 위아래에서 찾는다求之上下는 낙맥이 상하 음양지간에 서로 교차하는데 병이 상부에 있으면 하부에서 찾고, 하부에 있으면 상부에서 구하며, 음에 있으면 양에서 취하고, 양에 있으면 음에서 취하는 것이다.

십오대락은 비록 경經과 상관하면서 사말四末에 퍼지지만 기는 정해진 곳이 없고 경수經隧로도 들어가지 않는다. 그러므로 사람마다 경맥이 다르고 낙맥도 갈라지는 곳에 차이가 있다.

상어공이 말했다. "경맥에는 경맥經脈의 낙맥絡脈이 있고, 경별에도 경별經別의 낙맥絡脈이 있으므로 낙맥이 갈라지는 곳이 차이가 있다絡脈異所別."

∂

십이경맥의 수태음폐경手太陰肺經에서 '폐肺'다 '경맥經脈'이다 하는 것은 유형
有形의 장부와 경맥이고, 태음太陰은 무형無形의 육기六氣다. 수태음폐경은 유
형의 장부 경맥과 무형의 육기가 합한 것이다.

기혈은 내부의 장부臟腑에서 생겨 경맥을 따라 순환하고 경맥에서 대락大絡
으로 갈라져 낙맥絡脈·손락孫絡을 통해 전신으로 분포되어 맥외脈外로 나간다.
음식물을 먹고 상초에서 두면頭面으로 상충하여 전신에 퍼진 위기衛氣와 손락
에서 맥외로 퍼져나간 위기가 사지 말단의 정혈井穴로 가서 오수혈五腧穴을 거
쳐 다시 경맥으로 들어간다. 십이경맥의 수태음폐경은 내부의 오장 육부·경
맥·대락·낙맥·손락·맥외의 위기를 총망라한 것이다.

영혈은 맥중脈中을 행하니 수태음폐手太陰肺에서 시작하여 족궐음간足厥陰肝
에서 끝나고 다시 수태음폐로 간다. 복복腹에서 수手로, 수手에서 두頭로, 두頭에
서 족足으로, 족足에서 복복腹으로 환전무단하고 종이부시終而復始한다. 오장의
맥은 속장낙부屬臟絡腑하고 육부의 맥은 속부낙장屬腑絡臟하여 장臟과 부腑가
서로 연결된다. 장부가 서로 연결되고 음양경이 서로 관통한다.

그러므로 인체에서 일어나는 병은 삼음삼양지기三陰三陽之氣에서 일어나는
경우, 손락과 낙맥에서 일어나는 경우, 경맥에서 일어나는 경우, 육부에서 일
어나는 경우, 오장에서 일어나는 경우로 각각 구별된다. 삼음삼양지기에서 일
어나는 병은 인영人迎·기구氣口에 변화가 나타나고, 오장육부에서 일어나는

병은 장부가 주관하는 척촌尺寸에 변화가 나타난다.

　병은 삼음삼양지기에서 먼저 시작하니 이를 시동병是動病이라고 한다. 병이 기氣에 있는 것이고 경經에 있는 것이 아니다. 소생병所生病은 십이경맥의 병으로 장부臟腑에서 생긴 것이다. 장부의 병은 경증經症으로 나타난다. 시동병은 병인이 외부에 있고 소생병은 병인이 내부에 있다. 먼저 생긴 것을 시동병, 나중에 생긴 것을 소생병으로 보아서는 안 되고 나타나는 증상에 따라 내인과 외인을 구별하여 치료해야 한다.

2

혈기가 출입하는 길이 천지음양 오운육기와 합치하는 것으로 〈영추〉의 가장 핵심사항이다.

사람은 곡식에서 기를 받는다. 곡식이 위에 들어가 폐로 전해지면서 오장육부가 모두 기를 받는다. 맑은 기운은 영營이 되고, 탁한 기운은 위衛가 되어 영기營氣는 맥중脈中을 흐르고, 위기衛氣는 맥외脈外를 흐르면서 쉬지 않고 운행된다. 맥내의 기혈은 맥외로 나가고 또 맥외의 기혈은 맥내로 들어가 상통하면서 여환무단如環無端하게 순환한다.

맥외로 가는 기혈은 두 길이 있다. 첫째는 음식을 먹으면 위의 상초에서 기가 나가 머리와 얼굴로 올라가고 또 전신으로 퍼져 피부를 따뜻하게 하고 몸을 충실케 하며 모발을 윤택하게 한다熏膚充身澤毛. 술을 마시면 위 점막에서 흡수되어 바로 전신으로 퍼지는 경로다. 둘째는 중초에서 생긴 영기가 경수를 따라 십이경맥을 종이부시終而復始하고 여환무단하게 돌면서 경맥에서 대락으로, 대락에서 낙맥으로, 낙맥에서 손락으로 갈라져 몸 전체로 퍼지고 손락에서 표피로 나간다.

또 장기나 기관이 있는 곳은 손락이 아주 많이 분포되어 기혈의 출입이 왕성하게 일어난다. 오관과 뇌로 가는 두기지가頭氣之街, 흉부의 심폐로 가는 흉기지가胸氣之街, 복중으로 가는 복기지가腹氣之街, 생식기와 다리로 가는 경기지가脛氣之街가 있다. 경맥의 혈기가 기가氣街에서 맥외로 나간다. "낙맥이 끝나면 지름길로 통한다絡絕則徑通"라고 하니 손락에서 맥외로 나가는 것이다.

맥외의 기혈이 맥내로 들어가는 길도 두 길이 있다. 첫째는 손락에서 나간 기혈이 다시 손락을 거쳐 낙맥으로 들어가는 것이다. 또 하나는 표피에 퍼진 위기가 사지 말단에 모여 경經과 기氣가 근根에서 합쳐져 정井·형滎·수輸·경經·합合의 오수혈을 지나 주슬肘膝 사이에서 경맥으로 들어간다.

혈기가 경수經隧에서 경맥과 낙맥을 지나 손락으로 가서 피부로 나가는 것은 바닷물이 증발하여 천하에 퍼지는 것과 같다. 상초에서 나온 기가 전신으로 퍼지는 것은 사천재천司天在泉에 상응하니 수水가 기氣를 따라 부표膚表로 운행되는 것이다. 부표의 기혈이 맥중으로 들어가는 것은 구름이 하늘에 떠 있다가 비로 내려 다시 땅속을 관통하여 흐르는 것에 상응한다. 경맥의 혈기가 외부 피부로 행하는 것은 땅의 백천百川이 천하泉下로 흘러가서 다시 땅 위를 흐르는 것과 같다. 이것은 천지의 상하승강上下升降과 내외출입內外出入이 상통하는 것이다.

사람은 천지음양의 도에 합치하여 끊임없이 운행되어 천지 운행에 참여한다. 승강이 멈추면 기립氣立하여 아주 위태해지고升降息則氣立孤危 출입이 폐廢하면 신기神機가 화멸化滅한다出入廢則神機化滅.

ㄹ

〈영추·동수動輸〉에서 황제가 "영위는 오르내리면서 서로 관통하여 끊임없이 순환된다. 하지만 갑자기 사기邪氣를 만나거나 대한大寒을 접하게 되면 수족에 힘이 빠지고 늘어지며 음양맥이 지나고 서로 통하는 경로를 이탈하게 되는데 그러면 기가 어떻게 돌아올 수 있는가?"라고 물었고, 기백은 "사말四末은 음양이 서로 만나는 곳으로 기氣가 연락되는 곳이다. 사가四街는 기가 질러가는 지름길이다. 그러므로 낙맥이 끝나는 지점에서 맥외로 나가 경로徑路로 직접 통한다. 사말이 풀리면 기가 다시 모여 원처럼 서로 통한다"라고 답했다.

사기나 대한大寒으로 낙맥이 막히면 기혈이 통하지 않는데 힘만 빠지고 다시 풀어지면 기혈이 통해 예전처럼 돌아간다. 낙맥이 끝나는 지점에서 맥외로 나가 경로徑路로 직접 장기와 기관으로 통하는 것을 설명한 것이다. 이것이 낙절즉경통絡絶則徑通이다.

손락이 가장 많이 분포되어 있는 것은 사지 말단이다. 팔다리가 움직이기 위해서는 기혈이 경맥에서 갈라진 대락으로, 대락에서 낙맥으로, 낙맥에서 수많은 손락으로 출입하여 영양과 에너지를 공급받아야 한다. 팔다리 이외에도 장기와 기관은 많은 영양과 에너지가 공급되어야 작용할 수 있다. 영양과 에너지가 공급되려면 많은 손락이 분포되어야 기혈이 출입한다. 기가氣街는 장기와 기관 등에 손락이 많이 분포하여 손락에서 기가 맥외로 나가는 길이다. 낙맥이 끝나는 지점에서 혈기는 이곳을 통과하여 피주皮腠로 나가 바로 장기와 기관으로 간다.

　사가四街는 두기지가頭氣之街·흉기지가胸氣之街·복기지가腹氣之街·경기지가脛氣之街의 네 곳을 일컫는다. 두기지가는 두면에 있어 뇌와 오관이 있는 곳이다. 이곳에는 수많은 손락이 분포되어 에너지가 공급된다. 흉기지가는 심장과 폐가 있는 곳이고, 복기지가는 비脾·위胃·간肝·담膽 등의 장기가 있는 곳이며, 경기지가는 신장과 생식기가 있는 곳이다. 팔다리 이외에 오관과 뇌, 여러 장기와 생식기 등 중요한 작용을 하는 곳에 수많은 손락이 분포하여 영양과 에너지의 출입이 왕성하게 이루어지는 곳이 사가다.

　〈영추·위기〉에서 "두기지가는 뇌까지 가고, 흉기지가는 가슴과 배수背腧까지 가며, 복기지가는 배수와 배꼽 좌우에 있는 충맥衝脈까지 가고, 경기지가는 기가氣街와 승산承山·족과足踝까지 간다고 했고, 사가를 조절하여 두통·현훈·복통·폭창·적취 등증을 치료할 수 있다"고 했다.

11

경별經別

黃帝問於岐伯曰: 余聞人之合於天道也, 內有五臟, 以應五音五色五時五味五位也. 外有六腑, 以應六律. 六律建陰陽諸經, 而合之十二月十二辰十二節十二經水十二時十二經脈者, 此五臟六腑之所以應天道. 夫十二經脈者, 人之所以生, 病之所以成, 人之所以治, 病之所以起, 學之所始, 工之所止也, 麤之所易, 上之所難也. 請問其離合出入奈何?

岐伯稽首再拜曰: 明乎哉問也, 此麤之所過, 上之所息也, 請卒言之.

황제가 기백에게 물었다. "사람은 천도天道와 합한다고 들었다. 내부에는 오장五臟이 있어 오음五音·오색五色·오시五時·오미五味·오위五位가 상응한다. 외부에는 육부六腑가 있어서 육률六律과 상응하고 육률이 음양경맥陰陽經脈의 관계를 확립시켰으니 십이월十二月·십이진十二辰·십이절十二節·십이경수十二經水·십이시十二時·십이경맥十二經脈과 서로 결합된다. 이것이 오장육부가 천도에 상응하는 이유다. 십이경맥이 있어서 사람이 살 수 있고, 병이 생기며, 사람이 건강을 유지하고, 병이 낫게 된다. 학문의 시작점이고 의공이 지양하는 바이며, 추공은 쉽게 여기지만 상공이 어렵게 여기는 바다. 경맥이 갈라지고 합하고 나가고 들어가는 것離合出入이 어떠한지 알고 싶다."

기백이 머리를 조아리며 말했다. "좋은 질문이다. 이는 추공은 간과하는 바이고, 상공은 한숨이 절로 나오는 바다. 모두 다 말하겠다."

◉ 여기서는 십이경맥과 십오대락 이외에 또 경별經別이 있음을 말한다.

오위五位는 오방五方의 위치다. 육률건음양六律建陰陽은 육음육양六陰六陽을 확립하여 제경諸經과 합하는 것이다. 제경은 십이경맥과 십오대락 그리고 십이경별이다. 육률六律이 음양을 나누어 세우므로 천天의 십이월·십이절·십이시와 합하고, 지地의 십이경수, 인人의 십이경맥과 합하니 이것이 오장육부가 천도에 상응하는 이유다.

육장맥六臟脈은 장臟에 속하고 부腑에 연락되며 육부맥六腑脈은 부腑에 속하고 장臟에 연락된다. 이것은 영혈이 십이경맥 중을 유행하지만 경맥 외에도 대락이 있고, 대락 이외에도 경별이 있어서 추공은 경솔하게 간과해 버리는 것이고 상공은 어렵게 여기는 바다.

이합離合은 삼양경이 본경과 갈라져서 삼음三陰에 합하고, 삼음경은 본경과 갈라져서 삼양三陽과 합한다. 이것은 바로 〈소문·유자론〉에서 말하는 거자지경巨刺之經에 해당한다. 좌측이 성하면 우측이 병든 것이고 우측이 성하면 좌측이 병든 것이다. 이 경우에는 거자巨刺를 행해야 하니 경별을 찌르는 것이고 낙맥을 찌르는 것이 아니다左盛則右病 右盛則左病 如此者必巨刺之 必中其經 非絡脈也.

안 | 앞 장에서 말하는 별別은 십이경맥 외에도 별도의 낙맥이 있는 것이고, 이 장에서 말하는 별別은 십이경맥 외에 다른 별경別經이 있다. 이 때문에 음양혈기가 생기고, 시동병是動病과 소생병所生病, 대락大絡의 기병奇病, 경별經別의 이역移易의 병이 생기며, 피자皮刺·경자經刺·유자繆刺·거자巨刺로 나누어 치료한다. 이래서 상공이 어렵게 여기는 것이다. 경락은 여러 갈래가 있고, 생긴 병증도 각각 차이가 나며, 치료하는 침법도 다르므로 상공이 어렵게 여긴다.

상어공이 말했다. "오장은 음이고 육부는 양이다. 양은 천기天氣고 외부를 주관하며, 음은 지기地氣고 내부를 주관한다. 본편은 육부로 육률六律에 상응하여 음양제경에 합치시켰다. 오장은 내부에서 육부와 합하고, 육부는 외부에서 십이경맥과 합한다. 이 때문에 오장육부가 천도天道에 상응한다."

주영년이 말했다. "〈소문·오운행론五運行論〉에서 '장臟에서는 간肝이 되고 체體에서는 근筋이 된다在臟爲肝 在體爲筋' '장臟에서는 폐肺가 되고 체體에서는 피皮가 된다在臟爲肺 在體爲皮'라고 했는데 이는 오장이 외부의 피육근골과 합하는 것이다. 〈영추·본장本臟〉에서 '폐는 대장과 합하니 대장은 피부에 반응이 나타난다. 심과 소장이 합하며 소장은 맥에 반응이 나타난다肺合大腸 大腸者皮其應 心合小腸 小腸者脈其應'라고 했는데 이는 오장이 내부의 육부와 합하고, 육부는

외부의 피육근골과 합하는 것이다. 오장육부는 자웅상합이고 이합지도離合之
道는 변화가 무궁하다."

고사종이 말했다. "『태시천원책문太始天元冊文』에서 '태허가 텅 빈 상태에서
화원化元이 시작되어 기氣와 진령眞靈이 퍼져서 곤원坤元을 통솔한다太虛寥廓 肇
基化元 布氣眞靈 總統坤元'라고 했는데, 태시태허太始太虛는 공현무극지경空玄無極
之境이니 무극無極을 경유하여 태극太極이 생기고 태극이 양의兩儀로 나뉜다.
사람이 비록 천지에 근본을 두고 생기지만 천도에 모두 귀속된다."

足太陽之正, 別入於膕中, 其一道下尻五寸, 別入於肛, 屬於膀胱,
散之腎, 循膂, 當心入散. 直者從膂上出於項, 復屬於太陽, 此爲一
經也.
足少陰之正, 至膕中, 別走太陽而合, 上至腎, 當十四椎出屬帶脈.
直者繫舌本, 復出於項, 合於太陽, 此爲一合. 成以諸陰之別, 皆爲
正也.

족태양지정足太陽之正은 별도로 괵중膕中에 들어가서 하나는 미저골尾骶骨 5촌
으로 내려가 별도로 항문으로 들어가고 방광에 속하고 신腎에 퍼진다. 등살膂
을 순환하고 심心에 들어가서 흩어진다. 직행하는 것은 등살에서 올라가서 항
부項部에서 나가 다시 태양太陽에 속한다. 이것이 하나의 정경正經이다.

족소음지정足少陰之正은 괵중에 이르러서 별도로 태양으로 가서 합한다. 올
라가서 신腎에 도달하여 14추에서 나가서 대맥帶脈에 속한다. 직행하는 것은
설본舌本에 연계되고 다시 항부項部로 나가서 태양경에 합한다. 이것이 첫 번
째 합이다. 양경陽經과 상응하는 음경陰經이 상합하여 구성한 경별經別은 전부
정경正經에 속한다.

● 족태양足太陽과 족소음足少陰이 일합一合이 된다. 정正은 경맥 외에 따로 정경
正經이 있는 것이니 지락支絡이 아니다.

족태양지정足太陽之正은 경맥에서 별도로 괵중으로 들어간다. 기일도其一道
는 경별이 다시 두 갈래로 나뉜다는 것이다. 고尻는 엉덩이다. 항문은 대장大腸
의 백문魄門이다. 별입어항別入於肛은 별도로 항문에서 방광으로 들어가 속하

고 신신腎으로 퍼지며 다시 척려脊膂를 타고 상행하여 심心에 도달하여 흩어진다. 직행하는 것은 등의 척려脊膂에서 항項으로 나가 다시 태양 경맥에 합하는 것이 첫째 경별이다. 경經에서 갈라져 별도로 행하고 다시 태양경 맥으로 들어가 속하기 때문에 경별經別이라 불리는 것이니 경맥의 별경別經이다.

족소음지정足少陰之正은 괵중에 이르러서 별도로 태양의 부분으로 가고 태양지정太陽之正과 합하고 상행하여 신腎에 이르러서 14추에 당하면 밖으로 나가 대맥帶脈에 속한다. 직행하는 것은 신腎에서 상행하여 설본舌本에 연계되고 다시 항項으로 나가 태양이 항으로 나간 정경正經과 항간項間에서 서로 합한다. 첫 번째 합이다.

〈소문·음양이합론〉에서 "양기가 만물에게 부여하는 것은 생기고, 음기가 만물에게 부여하는 것은 형체다陽予之正 陰爲之主" "소음의 상부는 태양이다少陰之上 名曰太陽" "태양의 앞은 양명이다太陽之前 名曰陽明" "궐음의 표면은 소양이다厥陰之表 名曰少陽"라고 했다. 양은 곧 음이 양과 정正이 되니 음이 주가 된다. 양은 본래 음에서 생겨나므로 삼양지경정三陽之經正은 삼음三陰과 합쳐져 수족삼음手足三陰의 경별經別을 구성한다. 이는 삼양三陽이 바로 삼음지정三陰之正에 귀속된다. 그래서 모두 정正이 된다고 말한다. 그러므로 삼양지별三陽之別은 외부에서 삼음지경三陰之經에 합하고 내부에서 오장에 합한다. 삼음지별三陰之別은 삼양경三陽經만 합하고 육부六腑와 합하지 않는다.

상어공이 말했다. "십이경맥의 영기의 흐름을 보건대 육음맥六陰脈은 장臟에 속하고 부腑에 연락되고, 육양맥六陽脈은 부腑에 속하고 장臟에 연락된다. 본편의 삼음三陰의 경별經別은 신腎으로 올라가서 심心에 속하고 폐肺로 가니 모두 육부六腑와 연락되지 않는다.

또 족태양맥足太陽脈은 여분臀을 순환하고 신腎에 연락하며 방광의 경별은 별도로 항문으로 들어가고 방광에 속하고 신腎으로 포산된다.

족소음신맥足少陰腎脈은 척추를 관통하여 신腎에 속하고 방광에 연락한다. 그 경별은 괵중膕中에 이르러 별도로 태양太陽으로 가서 신腎으로 올라간다. 또 대맥帶脈으로 나가서 다시 항부項部로 나간다.

수소음심맥手少陰心脈은 심중心中에서 시작하여 나가서 심계心系에 연락되고 횡격막을 내려가 소장小腸에 연락된다. 그 경별은 연액淵腋 양 인대 사이로 들어가서 심心에 속한다.

수궐음심포낙맥手厥陰心包絡脈은 흉중에서 시작하여 나가서 심포心包에 속하고 횡격막 아래로 가서 삼초三焦에 연락한다. 경별은 연액淵腋 3촌으로 내려가 흉중에 들어가고 별도로 삼초에 속한다.

수태음폐맥手太陰肺脈은 중초中焦에서 시작하여 아래로 대장大腸에 연락되고 위구胃口를 빙 돌아 격상膈上으로 올라가 폐肺에 속한다. 경별은 소음 앞에 있는 연액淵腋으로 들어가서 폐로 가고 태양에 흩어진다.

이는 경맥과 경별의 출입로가 달라 각자의 길로 간다. 마현대는 정正을 정경正經이라고 으레 〈영추·경맥〉의 직행과 서로 합쳐지고, 별別은 낙絡이라 하여 〈영추·경맥〉의 지행支行과 상합한다고 했다. 아! 경맥혈기의 생시출입生始出入은 두서가 분분하니 소홀히 해서는 안 된다."

批 족소음맥足少陰脈은 항부項部로 올라가지 않는다.

足少陽之正, 繞髀, 入毛際, 合於厥陰. 別者入季脇之間, 循胸裏, 屬膽, 散之上肝貫心, 以上挾咽, 出頤頷中, 散於面, 繫目系, 合少陽於目外眥.
足厥陰之正, 別跗上, 上至毛際, 合於少陽, 與別俱行, 此爲二合也.

족소양지정足少陽之正은 대퇴부를 돌고 모제毛際로 들어가 궐음厥陰과 합한다. 별행은 계협季脇으로 들어가 흉부 안쪽을 순환하고 담膽에 속하고 퍼진다. 간肝으로 올라가 심心을 관통하고 인후咽喉를 끼고 올라가 턱 함중頷中으로 나가서 얼굴에서 퍼지고 목계目系에 연계되고 외자外眥에서 소양과 합한다.

족궐음지정足厥陰之正은 별도로 발등으로 올라가 모제毛際에 이르러 소양少陽과 합하고 별행과 함께 간다. 이것 두 번째 합이다.

안│ 족소양지맥足少陽之脈은 목예자目銳眥에서 시작하여 두면頭面을 순환하고 족부足部로 하행한다. 소양의 별별은 허벅지를 돌고 상행하여 목예자에 도달하여 소양경과 합한다. 이것은 경맥과 경별이 교차하면서 서로 역순으로 행한다.

족궐음지정足厥陰之正은 별도로 발등을 행하여 올라가 모제毛際에 도달하여 소양과 합하고 소양지별少陽之別과 합하여 함께 행하니 이것이 두 번째 합이다.

足陽明之正, 上至髀, 入於腹裏, 屬胃, 散之脾, 上通於心, 上循咽, 出於口, 上額顱, 還繫目系, 合於陽明也.
足太陰之正, 上至髀, 合於陽明, 與別俱行, 上結於咽, 貫舌中, 此爲三合也.

족양명지정足陽明之正은 허벅지까지 올라가서 뱃속으로 들어가 위胃에 속하고 비脾에서 퍼진다. 올라가 심心으로 통하고 올라가서 식도를 순환하고 입口으로 나간다. 두면으로 올라가 다시 목계目系에 연계되어 양명陽明과 합한다.

족태음지정足太陰之正은 허벅지까지 올라가 양명陽明과 합해서 별행의 정경과 함께 가서 올라가 인후에 연결되고 설중舌中을 관통한다. 이것이 세 번째 합이다.

⊕ 허벅지 안쪽이 비髀고, 복토伏兎 뒤쪽이 비관髀關이다.

족양명지정足陽明之正은 발등足跗에서 올라가 허벅지髀로 가고 복부와 흉부를 지나 두면頭面으로 올라가서 수양명경맥手陽明經脈과 눈 밑의 승읍承泣·사백四白 사이에서 합한다. 경맥과 서로 역순으로 행한다.

족태음지정足太陰之正은 경맥에서 갈라져 양명陽明의 허벅지 부위로 가서 양명지정陽明之正과 합쳐져서 별행의 정경과 함께 가고 상행하여 인후에 연결되며 설중舌中을 관통한다. 이것이 세 번째 합이다.

手太陽之正, 指地, 別於肩解, 入腋走心, 繫小腸也.
手少陰之正, 別入於淵腋兩筋之間, 屬於心, 上走喉嚨, 出於面, 合目內眥, 此爲四合也.

수태양지정手太陽之正은 아래로 향하여 견해肩解에서 갈라져 겨드랑이에 들어가고 심心으로 가서 소장小腸에 연계된다.

◉ 〈영추·음양계일월陰陽繫日月〉에서 "천天은 양이고 지地는 음이며, 일日은 양이고 월月은 음이다. 사람에서는 요이상腰以上은 천기天氣가 주관하고, 요이하腰以下는 지기地氣가 주관한다. 다리의 십이경맥은 지지십이지地之十二支인 십이월에 조응된다. 월月은 수水에서 생기므로 하부에 있는 것은 음이다. 열 손가락은 천지십간天之十干인 십일에 조응되고 일日은 화火를 주관하므로 상부에 있는 것은 양이 된다天爲陽 地爲陰 日爲陽 月爲陰 其合于人也 腰以上爲天 腰以下爲地 足之十二經脈 以應十二月 月生于水 故在下者爲陰 手之十指 以應十日 日主火 故在上者爲陽"라고 했다.

수태양지정의 지지는 수태양이 족태양에서 하합下合하는 것을 말한다. 장부 십이경맥에서 수족의 구분이 있지만 음양陰陽 이기二氣에는 삼음삼양만 있고 수족의 구분이 없다. 그러므로 육부는 모두 족지삼양足之三陽에서 나와서 수手에서 상합上合한다. 그러므로 수태음지정手少陰之正은 위로 얼굴로 나가고 족태양과 목내자 정명睛明에서 합하니 수화水火가 올라가고 내려가면서 서로 만난다.

수태양과 수소음은 모두 화火에 속한다. 천일생수 지이생화天一生水 地二生火하니 화火는 올라가고 수水는 내려가 음양이 서로 만난다. 그러므로 수태양이 아래로 향하여 내려가 족에서 만난다. 수소음은 상행하여 방광경에서 합한다. 천지수화天地水火는 상승하고 하강하면서 서로 만나 선천先天에 귀속하여 합쳐져서 일기一氣가 된다. 따라서 사람의 장부경맥이 천도에 응하는 것이다.

수심주지정手心主之正은 별도로 연액淵腋 3촌으로 내려가 음모陰毛 중으로 들어가고 별도로 삼초에 속한다. 나가서 후롱喉嚨을 순환하고 귀 뒤로 나가서 소양少陽의 완골完骨 아래서 합한다. 이것이 다섯 번째 합이다.

◉ 소양少陽은 초양初陽이다. 음에서 생기는 것이니 아래에서 위로 올라간다. 그러므로 수手가 족手에서 합한다. 지천指天은 족이 수에서 합하는 것이다. 그러므로 소양과 심주心主 두 경은 육합六合이 된다. 음양지기陰陽之氣를 논하면 단지 삼합三合뿐이다.

전巓은 독맥과 만나는 곳이다. 독맥은 천도가 1주하는 것에 대응된다. 그래서 정수리에서 갈라져 내려가 결분缺盆으로 들어가고 삼초로 가서 흉중에서 흩어진다. 연액淵腋은 담경혈로 액하腋下 3촌이다.

수심주지정手心主之正은 경맥에서 갈라져 연액 부위로 하행하여 연액 3촌으로 내려가 흉중으로 들어간다. 별도로 삼초에 속하고 후롱喉嚨으로 나가며 귀 뒤로 가서 완골完骨 아래에서 소음경별少陰經別과 합한다. 이것이 다섯 번째 합이다.

手陽明之正, 從手循膺乳, 別於肩髃, 入柱骨, 下走大腸, 屬於肺, 上循喉嚨, 入缺盆, 合於陽明也.
手太陰之正, 別入淵腋少陰之前, 入走肺, 散之太陽, 上出缺盆, 循喉嚨, 復合陽明, 此六合也.

수양명지정手陽明之正은 수手에서 가슴과 유방을 순환하고 견우肩髃에서 갈라져서 주골柱骨에 들어간다. 내려가 대장大腸으로 가고 폐肺에 속한다. 올라가 후롱喉嚨을 순환하고 결분缺盆으로 들어가 양명陽明과 합한다.

수태음지정手太陰之正은 별도로 소음 앞에 있는 연액淵腋에 들어가 폐肺로 들어가고 태양에서 퍼진다. 올라가 결분으로 나가서 후롱을 순환하고 다시 양명과 합한다. 이것이 여섯 번째 합이다.

◉ 수양명지정手陽明之正은 수지경맥手之經脈에서 가슴과 흉부를 순환하고 별도

로 견우肩髃로 상행하고 주골柱骨로 들어가며 아래로 대장大腸으로 가고 폐肺에 속한다. 다시 올라가 후롱喉嚨을 순환하고 결분缺盆으로 나가서 수양명경맥手陽明經脈과 서로 합한다.

수태음지정手太陰之正은 천부天府와 운문雲門 부근에서 경맥과 갈라져 겨드랑이로 가서 태음의 앞쪽으로 행하여 폐로 들어가고 심장이 있는 곳에서 태양으로 퍼진다. 다시 상행하여 결분으로 나가고 후롱을 순환하여 소양지정少陽之正과 상합하니 이것이 여섯 번째 합이다.

음양육합陰陽六合은 족태양足太陽에서 시작하여 수태음手太陰에서 끝나 다시 태양으로 흩어지니 한 번 돌고 다시 시작한다.

상어공이 말했다. "폐는 천을 주관하고肺主天 방광은 수부水腑다. 폐는 태음으로 모두 수水가 모인 곳이다. 족태양에서 시작하여 수태음에서 끝나니 한 번 돌고 다시 시작한다. 천도의 사천재천司天在泉에 대응되니 육기六氣는 쉬지 않고 순환한다."

경수經水

黃帝問於岐伯曰: 經脈十二者, 外合於十二經水, 而內屬於五臟六
腑. 夫十二經水者, 其有大小深淺廣狹遠近各不同, 五臟六腑之高
下小大受穀之多少亦不等, 相應奈何? 夫經水者, 受水而行之, 五
臟者, 合神氣魂魄而藏之, 六腑者, 受穀而行之, 受氣而揚之, 經脈
者, 受血而營之, 合而以治奈何? 刺之淺深, 灸之壯數, 可得聞乎?
岐伯答曰: 善哉問也, 天至高, 不可度, 地至廣, 不可量, 此之謂也.
且夫人生於天地之間, 六合之內, 此天之高地之廣也, 非人力之所
能度量而至也. 若夫八尺之士, 皮肉在此, 外可度量切循而得之,
其死可解剖而視之, 其臟之堅脆, 腑之大小, 穀之多少, 脈之長短,
血之淸濁, 氣之多少, 十二經之多血少氣, 與其少血多氣, 與其皆
多血氣, 與其皆少氣血, 皆有大數. 其治以鍼灸, 各調其經氣, 固其
常有合乎?

황제가 기백에게 물었다. "십이경맥은 외부에서 십이경수經水와 합하고 내부
에서는 오장육부와 합한다. 십이경수는 크기大小, 깊이深淺, 넓이廣狹, 거리遠近
가 각기 다르고, 오장육부는 위치高下, 크기小大, 수용량이 역시 같지 않은데 어
떻게 서로 상응할 수 있는가? 경수는 물이 흐르는 것이다. 오장은 신기혼백神
氣魂魄과 합하여 저장되어 있고, 육부는 수곡을 받아서 행하고 기를 받아서 펴
뜨린다. 경맥은 혈을 받아서 영행營行한다. 이것들을 종합해서 어떻게 치료하
는가? 침을 찌를 때 어느 정도 깊이로 찔러야 하고, 뜸은 몇 장을 떠야 하는지
알 수 있는가?"

기백이 답했다. "좋은 질문이다. 하늘은 얼마나 높은지 알 수 없고 땅은 얼
마나 넓은지 알 수 없다는 것이 이런 것이다. 사람은 천지지간 육합六合 내에
서 살아가는데 하늘이 얼마나 높고 땅이 얼마나 넓은지는 사람의 능력으로 알

수 없다. 8척의 남자 같은 경우 피육은 겉으로 드러나므로 외부에서 재서 알수 있고, 죽으면 해부하여 볼 수도 있으며, 오장의 견취堅脆와 육부의 크기와 용량, 맥의 길이, 혈의 청탁淸濁, 기의 다소, 십이경 혈기의 다소 정도는 모두 정해진 수가 있다. 하지만 침과 뜸을 치료할 때 각 경기經氣의 조절을 항상 정해진 수에 맞출 수 있는가?"

⊕ 십이경맥이 내부에서는 오장육부에 속하고, 외부에서는 십이경수와 합한다. 경수經水는 대소·천심·광협·원근의 차이가 있고, 장부臟腑는 고하·대소·수용량 등의 차이가 있다. 오장에는 오장의 신지神志가 저장되어 있고, 육부는 주로 수곡의 정기精氣를 행하며, 경맥은 영혈을 받아들여 운행한다. 황제는 이런 것들을 종합하여 침구로써 치료할 수 있는지 묻고 있다.

기백은 "하늘이 얼마나 높고 땅이 얼마나 넓은지 잴 수 없다"고 말한다. 사람이 하늘과 땅 사이 육합지내에서 살아가지만 하늘이 얼마나 높고 땅이 얼마나 광활한지 사람의 능력으로는 헤아릴 수 없다. 피육근골의 형체는 겉에서 도량하고 만질 수 있으며, 내부는 해부하여 볼 수 있다. 그것은 오장의 견취와 육부의 대소, 용량의 다소, 맥의 장단, 혈의 청탁, 기의 다소, 십이경맥의 다혈소기多血少氣·혈다기소血多氣少·혈기개다血氣皆多·혈기개소血氣皆少 등을 대수大數로 표현한다. 대수는 즉 〈영추·본장本臟〉의 오장견취五臟堅脆, 〈영추·장위腸胃〉의 부지대소腑之大小, 〈영추·평인절곡平人絶穀〉의 곡지다소穀之多少, 〈영추·맥도脈度〉의 맥지장단脈之長短, 〈영추·구침론九鍼論〉의 다혈소기 다기소혈多血少氣 多氣少血 등 모두 수로써 추정한다.

침뜸으로 치료할 때 각 경기의 조절을 항상 정해진 수에 맞춘다其治以鍼灸, 調其經氣, 固其常有合於數는 아래 문장의 6분分·5분, 10호呼·7호·2호·1호 등이니 이것은 수족음양도 모두 수에 맞추는 것이다.

안 | 앞의 두 장은 십이경맥이 천지육기와 상응하고 오장육부가 오음五音·육률六律·오색五色·오시五時와 상응함을 말했고, 여기서는 다시 장부 경맥이 땅에 있는 십이경수와 상응함을 말하고 있다. 사람은 천지지도天地之道와 합하니 도량할 수 없다.

黃帝曰: 余聞之, 快於耳, 不解於心, 願卒聞之.

岐伯答曰: 此人之所以參天地以應陰陽也, 不可不察. 足太陽外合於淸水, 內屬於膀胱而通水道焉. 足少陽外合於渭水, 內屬於膽. 足陽明外合於海水, 內屬於胃. 足太陰外合於湖水, 內屬於脾. 足少陰外合於汝水, 內屬於腎. 足厥陰外合於澠水, 內屬於肝. 手太陽外合於淮水, 內屬於小腸而水道出焉. 手少陽外合於漯水, 內屬於三焦. 手陽明外合於江水, 內屬於大腸. 手太陰外合於河水, 內屬於肺. 手少陰外合於濟水, 內屬於心. 手心主外合於漳水, 內屬於心包.

황제가 물었다. "들을 때는 그럴듯하지만 이해가 되지 않는다."

기백이 답했다. "이것은 사람이 천지지도에 참예하여 음양지도에 응하는 것이니 살피지 않으면 안 된다.

족태양은 외부에서는 청수淸水와 합하고 내부에서는 방광膀胱에 속하며 전신의 수도水道를 통과한다.

족소양은 외부에서 위수渭水와 합하고 내부에서는 담膽에 속한다.

족양명은 외부에서 해수海水와 합하고 내부에서는 위胃에 속한다.

족태음은 외부에서 호수湖水와 합하고 내부에서는 비脾에 속한다.

족소음은 외부에서 여수汝水와 합하고 내부에서는 신腎에 속한다.

족궐음은 외부에서 승수澠水와 합하고 내부에서는 간肝에 속한다.

수태양은 외부에서 회수淮水와 합하고 내부에서는 소장小腸에 속하며 전신의 수도水道가 여기서 나온다.

수소양은 외부에서 탑수漯水와 합하고 내부에서는 삼초三焦에 속한다.

수양명은 외부에서 강수江水와 합하고 내부에서는 대장大腸에 속한다.

수태음은 외부에서 하수河水와 합하고 내부에서는 폐肺에 속한다.

수소음은 외부에서 제수濟水와 합하고 내부에서는 심心에 속한다.

수심주는 외부에서 장수漳水와 합하고 내부에서는 심포心包에 속한다."

⬤ 삼음삼양은 천天의 육기와 합하고 수족경맥은 지地의 경수와 상응한다. 십이경맥은 외부에서 육기와 합하고 내부에서는 장부에 속한다. 그러므로 수족의 삼음삼양은 외부에서 십이경수와 합하고 경수는 또 내부에서 장부에 속한

다. 이는 사람이 천지지도天地之道에 참예하여 음양지도陰陽之道에 부응하는 것이다.

청수淸水는 황하黃河와 회수淮水가 합하는 곳으로 청하淸河로 갈라진다. 폐는 천天에 속하고 기를 주관한다. 방광은 진액지부津液之腑로 기화氣化하여 나간다. 육부는 모두 탁한데 방광지수膀胱之水만 청淸하다. 그러므로 족태양은 외부에서 청수淸水와 합하고 내부에서는 방광에 속하여 전신의 수도水道를 통과한다.

批 황하수黃河水는 천상天上에서 내려온다.

위수渭水는 옹주雍州에서 출발한다. 경涇·예汭·칠漆·저沮·면沔과 합하는데 위수渭水만 청淸하고 다른 물은 다 탁하다. 담은 중정지부中精之腑로 담즙만 청淸하므로 족소양은 외부에서 위수渭水와 합하고 내부에서는 담膽에 속한다.

해수海水는 육지 밖에 널리 퍼져 있으면서 지구는 바다 가운데에 있다. 양명은 중토中土에 위치하여 만물이 모이는 곳이며 또 수곡지해水穀之海다. 그러므로 족양명은 외부에서는 해수海水와 합하고 내부에서는 위胃에 속한다.

호수湖水는 다섯이 있으니 동정洞庭·팽택彭澤·진택震澤 등이다. 비脾는 중앙에 위치하고 사방으로 관개한다. 그러므로 족태음은 외부에서 호수湖水와 합하고 내부에서는 비脾에 속한다.

批 토수土數는 5이므로 호수 다섯과 합한다.

여수汝水는 하남河南 천식산天息山에서 발원하며 하남은 천지天地 사이에 있다. 천天은 지상으로 둘레가 182도度 반이고 지하도 같다. 북극은 지상 36도이고 남극은 지하로 들어가 역시 36도다. 숭산崇山은 천天의 중극中極에 해당하며 천기가 육지를 둘러싸고 있다. 또 중中에서 지중地中으로 관통하므로 천식天息이라 불린다. 신腎은 천일지수天一之水를 주관하고 생기지원生氣之原이 되어 위로는 인후와 상응하여 호흡을 담당한다. 그러므로 족소음은 외부에서 여수汝水와 합하고 내부에서는 신腎에 속한다.

승수灈水는 청주淸州의 임치臨淄에서 출발하여 서쪽 회수淮水로 들어간다. 천하의 수水는 모두 동에서 흘러가는데 승수는 동에서 흘러온다. 그러므로 족궐음은 동방의 간목肝木과 상응한다.

회수淮水는 해수海水에서 회사淮泗로 흘러들어간다. 소장小腸은 위胃의 수액을 받아서 분비한다. 그러므로 수태양은 외부에서 회수淮水와 합하고 내부에서는 소장에 속한다.

탑제漯濟는 서북의 큰 강으로 탑은 제와 합하여 연예浇豫 여러 주로 들어간다. 소양은 군주지상君主之相이고 음양이 상합하다. 그러므로 수소양은 탑수漯水와 합하고 내부에서는 삼초三焦에 속한다.

강수江水는 서촉西屬의 민산岷山에서 발원하여 만리를 돌아서 동에서 바다로 들어간다. 대장大腸은 수곡을 전도傳道하고 별즙別汁을 분비하며 회장回腸은 16번 돌아 방광으로 삼입된다. 그러므로 수양명은 외부에서 강수江水와 합하고 내부에서는 대장에 속한다.

하수河水는 성수해星水海에서 발원하여 '건乾' 위치에서 흘러 천리를 한 번 돌아서 황하지수黃河之水가 하늘에서 왔다고 한다. 폐肺는 '건乾' 금金에 속하고 천天을 주관하며 수지생원水之生原이다. 그러므로 수태음은 외부에서 하수河水와 합하고 내부에서는 폐肺에 속하다.

批 지地에 있으면 하수河水고 천天에 있으면 은하수漢다. 황하지수黃河之水는 위로 천天과 통한다.

제수濟水는 왕옥산王屋山에서 발원하여 하수河水를 위로 하고 흘러 물이 맑고 혼탁하지 않아 청제淸濟라 불린다. 잠류하여 수차례 끊겨서 상태가 미미할지라도 독존하여 4독瀆의 하나다. 심心은 군주지관君主之官으로 독존하므로 수소음은 외부에서 제수濟水와 합하고 내부에서는 심心에 속한다.

장수漳水는 두 곳이 있는데 하나는 상당첨현上黨沾縣 대민곡大黽谷에서 출발하는데 청장淸漳이라 하고, 또 하나는 상당장자현上黨長子縣 녹곡산鹿谷山에서 출발하여 탁장濁漳이라 불린다. 두 장수漳水는 발원이 달라도 하류에서 서로 만난다. 혈血은 신기神氣이고 음중지청陰中之淸으로 심心이 주관한다. 궐음포락厥陰包絡과 합하여 경맥으로 흐르니 마치 두 강이 합류하는 것과 같다. 그러므로 수심주手心主는 외부에서 장수漳水와 합하고 내부에서는 심포心包에 속한다. 이것은 사람이 천지지도에 참예하면서 음양지도에 상응하는 것이다.

批 심포락은 화火를 주관하고 장수漳水는 남쪽에 있어 양陽이 된다. 청장수淸漳水는 심지혈心之血에 상응한다.

우안 | 방광은 수부水腑로 주로 진액을 받아 저장하고, 진액은 삼초三焦에서 나오는 기를 따라서 기육肌肉을 덥힌다. 삼초하수三焦下腧는 위양委陽으로 나가고 태양의 정경과 병행하여 방광으로 들어가 연락하여 하초를 조인다. 중초에서 생긴 진액은 중초의 기를 따라서 나가고, 방광에 저장된 진액은 하초의 기를 따라서 나가 부표에 운행되어 기육을 덥히고 피부를 충실케 한다. 그러므로 〈소문·시종용론示從容論〉에서 "겁이 많고 기운이 없는 것은 수도가 잘 돌지 못하여 살이 빠진다怯然少氣者 是水道不行 形氣消索也"라고 했다. 수도水道를 통하는 것通水道은 수도가 위로 천天으로도 통하는 것이고 소변으로 나가는 것만이 아니다.

> 凡此五臟六腑, 十二經水者, 外有源泉而內有所稟, 此皆內外相貫, 如環無端, 人經亦然. 故天爲陽, 地爲陰, 腰以上爲天, 腰以下爲地. 故海以北者爲陰, 湖以北者爲陰中之陰, 漳以南者爲陽, 河以北至漳者爲陽中之陰, 漯以南至江者爲陽中之太陽, 此一隅之陰陽也, 所以人與天地相參也.
>
> 무릇 이 오장육부의 경수는 외부 원천에서 오는 것이 있고 내부 자체에서 나오는 것이 있으니 내외가 서로 관통하여 여환무단하다. 사람의 경맥도 마찬가지다. 그러므로 천天은 양陽이고 지地는 음陰이다. 요이상腰以上은 천天이 되고, 요이하腰以下는 지地가 된다. 그러므로 해수海水 이북은 음陰이 되고, 호수湖水 이북은 음중지음陰中之陰이다. 장수漳水 이남은 양陽이 되고, 하수河水에서 북으로 장수漳水까지는 양중지음陽中之陰이며, 탑수漯水에서 남으로 강수江水까지는 양중지태양陽中之太陽이다. 이것은 하나의 작은 음양이다. 그러므로 사람은 천지와 함께 참예한다.

● 천泉은 땅속에 있는 것이고, 지地는 천중天中에 위치하며, 수水는 천기天氣를 따라 땅 바깥쪽을 오르내리면서 돌고 다시 지중地中을 관통한다. 그래서 "외부 원천에서 오는 것과 내부 자체에서 나오는 것이 있다外有源泉內有所稟"고 했다.

지地는 땅속 천수泉水가 나오고 외부에는 십이경수의 원류에서 와서 내외가 서로 관통하여 여환무단하다. 사람도 이에 상응한다.

〈소문·수열혈론水熱血論〉에서 "신腎은 지음至陰이고 지음은 수분이 많다. 폐肺는 태음太陰이다. 소음少陰은 동맥冬脈으로 본本이 신腎이고 말末이 폐肺다. 모두 수분이 많다腎者 至陰也 至陰者 盛水也 肺者 太陰也 少陰者 冬脈也 故其本在腎 其末在肺 皆積水也"라고 했다.

신장의 정수精水와 방광의 진액이 모두 폐가 주관하는 기를 따라 부표膚表를 운행한다. 그러므로 요이상腰以上은 천天이 되고 요이하腰以下는 지地가 되며 천지 상하에 모두 수水가 있다. 해수海水 북쪽은 위胃가 중앙에 위치하니 중위中胃 아래가 음陰으로 간신肝腎이 있다. 호수湖水 북쪽은 비토脾土가 있는 곳이므로 음중지음陰中之陰이 되고 비脾는 음중지지음陰中之至陰이다. 장수漳水 남쪽이 양陽이 되는 것은 심주포락心主包絡의 위쪽으로 심心과 폐肺가 위치한다. 상上은 천天이고 양陽이며 남南이고, 하下는 지地고 음陰이며 북北이다. 하수河水에서 북으로 장수漳水까지 이르는 것은 상초上焦에서 뒤쪽 등背으로 가는 것이다. 탑수潔水에서 남으로 강수江水까지 이르는 것은 중초中焦에서 앞쪽 배腹로 가는 것이다. 사람이 남쪽을 향하고 등이 북쪽으로 있다.

사람은 천지지간 육합지내에서 사는데 몸 하나의 음양으로 천지의 상하 사방에 대응되니 천지와 참예하는 것이다.

🔳 포락은 등背에 붙어 있다.

黄帝曰: 夫經水之應經脈也, 其遠近淺深, 水血之多少各不同, 合而以刺之奈何?

岐伯答曰: 足陽明五臟六腑之海也, 其脈大血多, 氣盛熱壯, 刺此者不深勿散, 不留不瀉也. 足陽明刺深六分, 留十呼. 足太陽深五分, 留七呼. 足少陽深四分, 留五呼. 足太陰深三分, 留四呼. 足少陰深二分, 留三呼. 足厥陰深一分, 留二呼. 手之陰陽, 其受氣之道近, 其氣之來疾, 其刺深者皆無過二分, 其留皆無過一呼. 其少長大小肥瘦, 以心撩之, 命曰法天之常, 灸之亦然. 灸而過此者, 得惡火則骨枯脈澁, 刺而過此者, 則脫氣.

황제가 물었다. "경수가 경맥에 상응함에 길이나 깊이, 수혈의 다소가 각기 다른데 어떻게 상합하여 자침할 수 있는가?"

기백이 답했다. "족양명은 오장육부의 바다다. 맥은 크고 혈은 많으며 기가 성하고 열이 성하다. 이럴 때는 깊이 찌르지 않으면 소산되지 않고 유침하지 않으면 사기가 나가지 않는다.

족양명은 6분分 깊이로 찌르고 10호呼 동안 유침시킨다.

족태양은 5분 깊이로 찌르고 7호 동안 유침시킨다.

족소양은 4분 깊이로 찌르고 5호 동안 유침시킨다.

족태음은 3분 깊이로 찌르고 4호 동안 유침시킨다.

족소음은 2분 깊이로 찌르고 3호 동안 유침시킨다.

족궐음은 1분 깊이로 찌르고 2호 동안 유침시킨다.

수手의 음양경은 가까운 곳에서 기를 받아 기가 빨리 오기 때문에 찌를 때 깊이가 2분을 넘지 않고 유침도 모두 1호를 넘기지 않는다. 나이와 크기, 몸집의 차이는 마음속으로 요량하며 천지상수天之常數를 따른다. 뜸도 마찬가지다. 뜸도 천지상수를 넘으면 악화惡火를 얻어 골이 마르고 맥이 삽해진다. 침이 지나치면 탈기脫氣된다."

⦿ 여기서는 침과 뜸을 놓는 방법이 수족의 음양경, 혈기의 다소로 경수의 천심에 상합되니 천지상수天之常數에 상응함을 말한다.

수數는 〈하도河圖〉에서 나오는데 일一에서 시작하여 십十에서 끝난다. 이二는 음陰의 시작이고 십十은 음陰의 끝이다. 해수海水는 지음至陰이므로 양명에서 궐음까지다. 궐음은 양음교진兩陰交盡으로 음이 극하면 양이 생긴다. 천일생수天一生水하고 지육성수地六成數하니 6분에서 1분까지는 천지상수를 본받은 것이다. 요이상腰以上은 천天이다. 수지음양手之陰陽은 기를 받는 거리가 짧고 기가 빨리 오므로 얕게 찌르고 빨리 뺀다.

〈영추·종시〉에서 "살찐 사람은 가을·겨울에 자침할 때처럼 하고, 마른 사람은 봄·여름에 자침할 때처럼 한다刺肥人者 以秋冬之齊 刺瘦人者 以春夏之齊"라고 했다. 이는 나이·크기·몸집의 차이는 마음속으로 요량하여 침놓는 깊이와 속도를 헤아리니 천지상수를 따르는 것이다. 뜸뜨는 것도 마찬가지다. 뜸도 이 법칙을 지나치면 악화惡火라고 하는데 골이 마르고 맥이 삽해진다. 침도 이 법칙을 벗어나면 탈기脫氣된다.

黃帝曰: 夫經脈之大小, 血之多少, 膚之厚薄, 肉之堅脆, 及膕之大小, 可爲度量乎?
岐伯答曰: 其可爲度量者, 取其中度也, 不甚脫肉, 而血氣不衰也. 若失度之人, 瘠瘦而形肉脫者, 惡可以度量刺乎? 審切循捫按, 視其寒溫盛衰而調之, 是謂因適而爲之眞也.

황제가 물었다. "경맥의 대소와 혈의 다소, 피부의 후박厚薄, 육육肉의 견취堅脆, 괵膕의 대소를 잴 수 있는가?"

기백이 답했다. "잴 수 있다고 하는 것은 중도中度를 취하는 것이니 살이 많이 빠지지 않고 혈기가 심하게 쇠하지 않은 것이다. 중도를 벗어나 말라서 살이 다 빠진 자를 어떻게 재서 자침할 수 있는가? 맥을 짚고 척부尺膚를 눌러보고 한온寒溫의 성쇠盛衰를 살펴 조절하는 것이니 이것이 중도를 따라 올바르게 시행하는 것이다."

⊕ 상어공이 말했다. "적適은 따른다는 뜻이고, 진眞은 올바르다는 의미다. 천天은 서북이 비었고 지地는 동남이 함몰되었다天闕西北 地陷東南. 산꼭대기는 항상 겨울이고 산 아래는 언제나 가을이니 사람도 마찬가지다. 따라서 사람들 중에는 피부가 소홀한 사람이 있고 치밀한 사람이 있으며 살찐 사람도 있고 마른 사람도 있다. 잴 수 있다는 것은 중도中度를 취하는 것이다. 중도는 말랐지만 살이 다 빠지지 않은 것이니 약해도 혈기가 쇠약한 것은 아니다. 이것이 중간에 맞추어 올바르게 재는 것이다."

막운종莫雲從이 말했다. "앞 문장은 천지상수天之常數를 따르는 것이고, 여기서는 지리地理에 따라 사람의 후박厚薄·견취堅脆를 따르는 것이니 사람과 천지가 참예하기 때문이다."

경근經筋

足太陽之筋, 起於足小指, 上結於踝, 邪上結於膝, 其下循足外側, 結於踵, 上循跟, 結於膕. 其別者, 結於腨外, 上膕中內廉, 與膕中并上結於臀, 上挾脊上項. 其支者, 別入結於舌本. 其直者, 結於枕骨, 上頭, 下顔, 結於鼻. 其支者, 爲目上網, 下結於頄. 其支者, 從腋後外廉結於肩髃. 其支者, 入腋下, 上出缺盆, 上結於完骨. 其支者, 出缺盆, 邪上出於頄. 其病小指支跟腫痛, 膕攣脊反折, 項筋急, 肩不擧, 腋支缺盆中紐痛, 不可左右搖. 治在燔鍼劫刺, 以知爲數, 以痛爲腧, 名曰仲春痺也.

족태양足太陽의 근筋은 새끼발가락에서 기시하여 올라가 족외과足外踝에 연결되고 비스듬히 올라가 무릎膝에 연결되며 다시 내려가서 발 바깥쪽을 지나 발뒤꿈치踵에 연결되고 다시 올라가 발목跟을 거쳐 오금膕에 연결된다. 지근支筋은 장딴지腨 바깥쪽에 연결되고 오금 내측으로 올라가 오금 안에 있던 근과 함께 올라가 둔부臀에 연결되며 올라가서 척추를 끼고 뒷목項으로 올라간다. 뒷목項에서 갈라진 지근은 별도로 설본舌本에 들어가 연결된다.

직행하는 근은 침골枕骨에 연결되고 머리頭로 올라갔다가 얼굴顔로 내려가 코鼻에 연결된다. 얼굴에서 갈라진 지근은 위 눈꺼풀이 되고 내려가 관골頄에 연결된다. 지근은 겨드랑이 뒤 바깥쪽에서 견우肩髃에 연결된다. 다른 지근은 겨드랑이 아래腋下로 들어갔다가 올라가서 결분缺盆으로 나갔다가 올라가 완골完骨에 연결된다. 또 다른 지근은 결분에서 나와서 비스듬히 올라가 관골로 나간다.

경근병經筋病은 새끼발가락이 땅기고, 발뒤꿈치가 붓고 아프며, 오금에 쥐가 나고, 척추가 젖혀지며, 뒷목이 뻣뻣하고, 어깨가 안 올라가며, 겨드랑이가 땅기고, 결분 안이 조이는 통증이 있으며, 목을 좌우로 돌리지 못한다. 치료는

번침燔鍼을 사용하여 찔렀다 바로 뺀다. 병이 나을 때까지 하고 아픈 곳이 혈
자리가 되는데 이를 중춘비仲春痺라고 한다.

🔅 이 편은 수족의 근筋도, 경맥이 지정指井에서 기시하여 형신의 상하에 경락
이 분포하여 사시四時·육기六氣·십이신辰·십이월과 상응하는 것처럼 삼음삼
양의 기에서 생긴 것이라고 말한다.

족태양의 근은 새끼발가락의 지음至陰에서 기시해 과踝·무릎膝·장딴지腨·
오금膕을 순환하고 둔부臀部로 올라가고 뒷목項部에 이르러 뇌후腦後의 침골枕
骨에 연결되며 머리로 올라간다. 앞으로 가서 다시 얼굴로 내려와 코鼻에 연결
되고 눈꺼풀이 된다. 이것은 모두 경맥을 따라서 머리로 올라간다. 지근支筋도
경맥의 지별支別처럼 경근經筋에서 옆으로 갈라진다.

그러므로 소지종통小指腫痛·괵경련膕痙攣·척반절脊反折·항근급項筋急 등증
은 경근병經筋病이다. 어깨가 안 올라가고肩不擧, 겨드랑이가 땅기며腋支, 결분
속이 조이고缺盆中紐痛, 목이 좌우로 움직이지 않는 것不可左右搖은 지근支筋의
병이다. 번침燔鍼은 침을 덥히는 것이다. 겁자劫刺는 겁탈하는 것처럼 침을 찌
르자마자 바로 빼는 것으로 영수출입迎隨出入의 보사補瀉는 없다.

지知는 혈기가 화조和調되었다는 것을 근육이 펴지는 것으로 안다. 이통위수
以痛爲腧는 눌러서 아픈 곳이 혈자리다. 외부에서는 피부가 양陽이고, 근골이
음陰이다. 음에 병든 것은 비痺라고 한다. 비痺는 혈기가 유체되어 막혀서 아픈
것이다.

묘卯는 2월로 좌우의 태양太陽을 주관하므로 중춘仲春의 비증痺症이 된다. 수
족음양의 근筋은 천天의 사시四時와 십이월에 상응하므로 병도 시時에 상응하
여 생기는 것이지 외감外感으로 생기는 것이 아니다.

足少陽之筋, 起於小指次指, 上結外踝, 上循脛外廉, 結於膝外廉.
其支者, 別起外輔骨, 上走髀. 前者結於伏兎之上, 後者結於尻. 其
直者, 上乘眇季脇, 上走腋前廉, 繫於膺乳, 結於缺盆. 直者, 上出

306

腋, 貫缺盆, 出太陽之前, 循耳後, 上額角, 交巓上, 下走頷, 上結
於䪼. 支者, 結於目眥爲外維. 其病小指次指支轉筋, 引膝外轉筋,
膝不可屈伸, 膕筋急, 前引髀, 後引尻, 卽上乘䏚季脇痛, 上引缺盆
膺乳頸, 維筋急. 從左之右, 右目不開, 上過右角, 幷蹻脈而行, 左
絡於右, 故傷左角, 右足不用, 命曰維筋相交. 治在燔鍼劫刺, 以知
爲數, 以痛爲腧, 名曰孟春痺也.

족소양足少陽의 근筋은 넷째 발가락에서 기시하여 올라가 외과外踝에 연결되
고 다시 올라가서 정강이脛 바깥쪽을 순환하고 무릎膝 바깥쪽에 연결된다. 지
근은 외보골外輔骨에서 갈라져 올라가 허벅지髀로 가는데 앞으로 가는 것은 복
토伏兎에 연결되고 뒤로 가는 것은 꼬리뼈尻에 연결된다.

　직행하는 경근은 올라가 옆구리䏚季脇 부위 위로 가서 겨드랑이腋 앞쪽으로
올라가 응유膺乳에 연계되고 결분缺盆에 연결된다.

　직행하는 경근은 올라가서 겨드랑이로 나가 결분을 관통하고 태양경 앞쪽
으로 나가 귀 뒤耳後를 순환하고 액각額角으로 올라가 정수리巓上에서 교차하
며 아래로 턱頷으로 내려갔다가 다시 올라가서 관골䪼에 연결된다. 다른 지근
은 목외자目外眥에 연결되어 눈꺼풀外維이 된다.

　경근병經筋病은 넷째 발가락이 땅기고 쥐가 나며, 무릎 바깥쪽에도 땅기고
쥐가 난다. 무릎을 굴신하지 못하고, 오금의 근이 뻣뻣해진다. 앞으로는 허벅
지가 땅기고, 뒤로는 엉치가 땅긴다. 늑골과 협골에 통증이 있고 결분과 응유
膺乳와 뒷목의 유근維筋이 뻣뻣해진다. 좌에서 우로 땅기면 오른쪽 눈이 떠지
지 않는다. 올라가 우측 액각額角을 지나 교맥蹻脈과 함께 가서 좌측이 우측에
연결된다. 그래서 좌측 액각이 상하면 우측 다리를 못 쓴다. 이것을 유근상교
維筋相交라고 한다. 치료는 번침燔鍼을 사용하여 찔렀다 바로 뺀다. 병이 나을
때까지 하고 아픈 곳으로 혈자리를 삼는데 이를 맹춘비孟春痺라고 한다.

● 족소양의 근은 넷째 발가락 규음竅陰 정혈井穴에서 기시하여 올라가 두목頭
目을 순환하고 모두 경맥과 병행하고 골骨을 경유한다. 유근維筋은 양유맥陽維
脈의 근이다. 양유맥은 족소양맥과 함께 견정肩井·풍지風池·뇌공腦孔·목창目
窓·승읍承泣·양백陽白에서 합쳐진다.

　그러므로 좌측에서 우측으로 땅기면 우측 눈이 떠지지 않는다. 춘양지기春

陽之氣는 좌측에서 우측으로 가서 유근은 좌우가 서로 묶여 있다. 좌측이 우측에 연결되기 때문에 좌측 액각額角이 손상되면 병은 좌측에서 우측으로 간다. 우측 발을 못 쓰는 것右足不用은 다시 위에서 아래로 가는 것이다.

유維는 몸 전체를 망처럼 둘러싸는 것이다. 좌에서 우로, 우에서 좌로, 하에서 상으로, 상에서 하로 좌우상하가 서로 묶여 있어서 유근상교筋維相交라고 한다. 이는 족소양의 근이 양유陽維의 근과 교차하여 병이 되는 것이다.

인寅은 정월正月이다. 좌족소양左足少陽을 주관하므로 맹춘孟春의 비痺가 된다.

足陽明之筋, 起於中三指, 結於跗上, 邪外上加於輔骨, 上結於膝外廉, 直上結於髀樞, 上循脇屬脊. 其直者, 上循骭, 結於膝[*]. 其支者, 結於外輔骨, 合少陽. 其直者, 上循伏兎, 上結於髀, 聚於陰器, 上腹而布, 至缺盆而結, 上頸, 上挾口, 合於頄, 下結於鼻, 上合於太陽, 太陽爲目上網, 陽明爲目下網. 其支者, 從頄結於耳前. 其病足中指支脛轉筋, 脚跳堅, 伏兎轉筋, 髀前腫, 㿉疝, 腹筋急, 引缺盆及頰, 卒口僻, 急者目不合, 熱則筋縱目不開. 頰筋有寒則急引頰移口, 有熱則筋弛縱緩不勝收, 故僻. 治之以馬膏, 膏其急者, 以白酒和桂, 以塗其緩者, 以桑鉤鉤之, 卽以生桑炭置之坎中, 高下以坐等. 以膏熨急頰, 且飮美酒, 噉美炙肉, 不飮酒者, 自强也, 爲之三拊而已. 治在燔鍼劫刺, 以知爲數, 以痛爲腧, 名曰季春痺也.

족양명足陽明의 근筋은 가운뎃발가락에서 기시하여 발등跗上에 연결되고 비스듬히 바깥쪽으로 올라가 보골輔骨을 지나서 다시 올라가 무릎膝 바깥쪽에 연결되며 똑바로 올라가서 비추髀樞에 연결되고 다시 올라가 옆구리脇를 순환하고 척추脊에 속한다.

직행하는 근은 올라가서 정강이骭를 순환하고 무릎膝에 연결된다. 지근은 외보골外輔骨에 연결되고 소양少陽과 합쳐진다.

직행하는 경근은 올라가 복토伏兎를 순환하고 다시 올라가서 허벅지髀에 연결되고 음기陰器에 모인다. 배로 올라가 퍼지고 결분缺盆에 가서 연결되며 목

* 원본에는 '膝'이 없지만 『유경類經』에 근거하여 '膝'을 보충했다―〈통해〉.

頸으로 올라가서 입口을 끼고 다시 올라가 눈 밑頄에서 합쳐지고 내려가서 코
鼻에 연결되며 올라가 태양과 합하니 태양은 위 눈꺼풀目上網이 되고, 양명은
아래 눈꺼풀目下網이 된다. 지근은 볼頰에서 갈라져 귀 앞耳前으로 연결된다.

경근병經筋病은 가운뎃발가락이 땅기고, 정강이에 쥐가 나며, 뛸 때 다리가
딴딴해지고, 복토伏兎에 쥐가 나며, 대퇴 앞쪽이 붓는다. 퇴산癀疝이 생기고, 복
근이 팽팽해진다. 결분과 볼이 땅기면서 갑자기 입이 돌아가니 수축되면 눈이
안 감기고, 열이 있으면 근이 이완되어 눈이 떠지지 않는다. 협근頰筋이 차면
갑자기 볼이 땅기고 입이 돌아가며, 열이 있으면 근이 늘어져 이완되어 수축
이 안 되므로 구벽口僻이 된다.

치료는 수축된 곳에는 마고馬膏를 바르고, 이완된 곳에는 백주白酒와 계桂를
섞어 바른다. 굽은 뽕나무 가지로 갈고리를 만들어 입에 걸어 교정한다. 이어
서 생상시탄生桑柴炭을 항아리에 넣고 병인病人이 앉았을 때 옆에 놓고 훈증燻
蒸을 한다. 또 찌그러진 볼에 마고로 찜질한다. 좋은 술을 마시고 고기를 먹게
한다. 술을 못 마시는 자도 억지로 마시게 한다. 그렇게 세 번 문지르면 낫는
다. 치료는 번침燔鍼을 사용하여 찔렀다 바로 뺀다. 병이 나을 때까지 하고 아
픈 곳으로 혈자리를 삼는데 이를 계춘비季春痺라고 한다.

🌑 족양명의 근은 가운뎃발가락, 즉 여태厲兌의 바깥쪽에서 시작하여 허벅지를
순환하고 목 부위를 경유하여 구비이목口鼻耳目에 연결된다.

정강이가 땅기고 복토에 쥐가 나며 뛸 때 다리가 굳는 것은 경근이 병든 것
이다. 퇴산癀疝과 복근급腹筋急은 음기陰器에 뭉치면서 배로 퍼진 것이다. 입이
돌아가는 것口僻移은 근이 입을 위로 끌어올리는 것이다. 눈이 떠지지 않고
감기지 않는 것目不開合은 위 눈꺼풀은 태양이고, 아래 눈꺼풀은 양명이다. 태
양은 한수寒水가 주기主氣고 개開가 된다. 따라서 차가워지면 근이 조여져 눈
이 감기지 않는다. 양명은 조열燥熱이 주기主氣고 합闔이 된다. 따라서 더워지
면 근이 늘어져 눈이 떠지지 않는다.

협근頰筋이 한기寒氣를 받으면 수축되어 볼이 조여져 입이 돌아가 구벽口僻
이 된다. 협근이 열기熱氣를 받으면 근이 늘어져 수렴이 안 되어 구벽口僻이 된
다. 좌측 근이 조여지면 좌측으로 입이 돌아가고, 좌측 근이 이완되면 우측으
로 입이 돌아간다. 마고馬膏는 말기름을 끓여 고膏로 만든 것이다. 구鉤는 구부

린다는 것이니 구부러진 뽕나무 가지를 돌아간 입에 건다. 상시탄桑柴炭을 작은 항아리에 넣고 그 위에 앉힌다. 좌협이 조여져 좌측으로 돌아간 자는 백주白酒와 계桂를 섞어 바른다. 우협이 이완된 자는 마고馬膏로 수축된 좌협을 찜질한다. 좌우의 완급緩急이 변하면 그 방식대로 바꾼다. 또 좋은 술을 마시고 고기를 먹인다. 술을 마시지 못하는 자도 억지로 마시게 한다. 세 번만 하면 나으니 이것은 구안와사의 치료법이다.

전근轉筋·퇴산㿉疝 등증은 번침겁자燔鍼劫刺로 치료하는데 나을 때까지 아픈 곳에 침놓는다. 진辰은 삼월三月로 좌족양명左足陽明을 주관하므로 계춘季春의 비비痺가 된다.

족양명에서 좋은 술을 마시고 좋은 음식을 먹으라고 한 것은 모든 근이 다 위부胃腑 진액津液에 의해서 자양되므로 양명은 주로 종근宗筋을 자양하고, 종근은 속골束骨하여 기관機關을 잘 움직이게 한다.

상어공이 말했다. "양명에서는 한열寒熱의 개합開合이 있고, 소음에는 음양陰陽의 부앙俯仰이 있다. 이는 양중陽中에 음陰이 있고, 음중陰中에 양陽이 있어서 소음은 선천의 음양을 주관하고, 양명은 후천의 음양을 주관한다."

足太陰之筋, 起於大指之端內側, 上結於內踝. 其直者, 絡於膝內輔骨, 上循陰股, 結於髀, 聚於陰器, 上腹結於臍, 循腹裏, 結於肋, 散於胸中. 其內者, 著於脊. 其病足大指支內踝痛, 轉筋痛, 膝內輔骨痛, 陰股引髀而痛, 陰器紐痛, 下引臍兩脇痛, 引膺中脊內痛. 治在燔鍼劫刺, 以知爲數, 以痛爲腧, 名曰孟秋痺也.

족태음足太陰의 근筋은 엄지발가락 끝 내측에서 기시하여 올라가 내과內踝에 연결된다.

직행하는 근은 무릎 안쪽 보골膝內輔骨에 연락되고 올라가서 음고陰股를 순환하며 허벅지髀에 연결되고 음기陰器에 모인다. 배腹로 올라가 배꼽臍에 연결되고 뱃속腹裏을 순환하며 늑肋에 연결되고 흉중胸中에서 퍼진다. 안으로 들어간 근은 척추脊에 붙는다.

경근병經筋病은 엄지발가락에서 내과內踝로 땅기고 아프고 쥐가 난다. 무릎 안쪽이 아프고, 음고에서 허벅지가 땅기면서 아프다. 음기陰器가 조이는 통증이 있고, 배꼽과 양 옆구리가 땅기는 통증이 있으며, 가슴과 척추 안쪽이 땅기는 통증이 있다. 치료는 번침燔鍼을 사용하여 찔렀다 바로 뺀다. 병이 나을 때까지 하고 아픈 곳으로 혈자리를 삼는데 이를 맹추비孟秋痺[*]라고 한다.

⊕ 족태음의 근은 엄지발가락 내측의 은백隱白에서 시작하여 무릎과 서혜부를 순환하고 흉복胸腹으로 올라간다. 안으로 간 것은 척추에 붙는다. 병은 경근의 부분에서 통증이 생기는 것이다. 유酉는 8월로 좌족태음左足太陰을 주관하므로 중추仲秋의 비痺가 된다.

足少陰之筋, 起於小指之下, 並足太陰之筋, 邪走內踝之下, 結於踵, 與太陽之筋合, 而上結於內輔之下, 並太陰之筋, 而上循陰股, 結於陰器, 循脊內, 挾膂, 上至項, 結於枕骨, 與足太陽之筋合. 其病足下轉筋, 及所過而結者皆痛 及轉筋. 病在此者, 主癇瘈及痓, 在外者不能俯, 在內者不能仰. 故陽病者腰反折不能俯, 陰病者不能仰. 治在燔鍼劫刺, 以知爲數, 以痛爲腧. 在內者, 熨引飮藥. 此筋折紐, 紐發數甚者, 死不治, 名曰仲秋痺也.

족소음足少陰의 근筋은 새끼발가락 밑에서 기시하여 족태음足太陰의 근과 합병하고 비스듬히 내과內踝 아래로 가서 발뒤꿈치踵에 연결되고, 태양太陽의 근과 합쳐져서 올라가 내측 보골 아래內輔之下에 연결되고, 태음太陰의 근과 병행하여 올라가 음고陰股를 순환하고, 음기陰器에 연결된다. 척 안쪽脊內을 순환하고 등살膂을 끼고 올라가서 뒷목項까지 가서 침골枕骨에 연결되고 족태양足太陽의 근과 합쳐진다.

경근병經筋病은 발바닥에 쥐가 나고 족소음의 근이 지나가는 곳과 연결되는 곳이 모두 아프고 쥐가 난다. 이곳에 병증이 있는 경우는 간질癇疾·계종瘈瘲·경증痓症 등이다. 외측이 아프면 구부리지 못하고, 내측이 아프면 젖히기 힘들다. 그러므로 등背에서 발병한 경우는 허리를 구부리지 못하며, 배腹에서 발병한 경우는 허리를 젖히지 못한다. 치료는 번침을 사용하여 찔렀다 바로 뺀다.

---

* 장경악은 맹추孟秋를 중추仲秋라고 해야 한다고 했다. 족태음경은 8월의 기에 대응된다—〈통해〉.

병이 나을 때까지 하고 아픈 곳으로 혈자리를 삼는다. 내장에서 발병한 경우에는 찜질과 약물로 함께 치료해야 한다. 이런 간질癇疾·계종瘛瘲·경증痙症 등의 발작이 빈발하면 치료하기 어려운 사증死症인데 이를 중추비仲秋痺* 라고 한다.

● 족소음의 근은 새끼발가락 아래에서 시작하여 용천涌泉으로 비스듬히 내려가고 올라가 음고陰股를 순환하고 음기陰器에 연결된다. 척추 안을 순환하고 여근膂筋을 끼고 뒷목으로 올라가서 침골枕骨에 연결되며 족태양足太陽의 근과 결합한다. 이는 장부 음양의 근기筋氣가 서로 만나는 것이다.

발바닥에 쥐가 나고 족소음의 근이 지나가는 곳과 연결되는 곳이 모두 아프고 쥐가 난다는 것其病足下轉筋 及所過而結者皆痛 及轉筋은 경근이 지나가는 곳과 연결되는 곳에 병이 있다. 간질·계종·경증癇瘲痙强은 경근에서 생기는 병이다. 재외재내在外在內는 음양의 기가 병든 것이다. 소음의 상부는 군화가 주관하니少陰之上 君火主之 소음은 음양수화陰陽水火를 주관한다. 그래서 내외음양에 증상이 나타난다. 양은 외外고, 음은 내內다.

뉴절紐折은 간질癇疾·계종瘛瘲·경증痙症이다. 뉴紐의 발작이 자주 일어나고 심하면 사불치死不治다. 소음은 주로 진액을 저장하여 근골을 적셔주고 관절이 잘 움직이게 한다. 양기陽氣는 부드럽게 근을 영양한다. 뉴절이 자주 일어나고 심하면 정양지기精陽之氣가 끊긴 것이다. 신申은 7월로 음이 생기고 좌족소음左足少陰을 주관하므로 맹추孟秋의 비증痺症이 된다.

상어공이 말했다. "소음지기少陰之氣는 종본종표從本從標한다. 〈소문·자금론刺禁論〉에서 '심기心氣는 표表에 드러나고, 신기腎氣는 이裏에 모인다心部於表 腎治於裏'라고 했으니 소음은 본本이 음陰이고 표標가 양陽이며, 본이 내內고 표가 외外다."

여백영余伯榮이 말했다. "족소음근足少陰筋과 족태양근足太陽筋이 경항頸項에서 합하는데 이는 장부음양지기가 교류하는 것이다. 병이 외부에 있고 양에

---

* 장경악은 중추를 맹추라고 해야 한다고 했다. 족소음경은 7월의 기에 대응된다―〈통해〉.

있는 것은 태양지기太陽之氣가 병든 것으로 반절反折하여 허리를 구부리지 못하며, 병이 내부에 있고 음에 있는 것은 소음지기少陰之氣가 병든 것으로 허리를 젖히지 못한다. 상한傷寒에 병이 태양太陽에 있으면 반절反折의 경강증痙强症이 일어나고, 소음少陰에 있으면 권와踡臥가 일어난다."

足厥陰之筋, 起於大指之上, 上結於內踝之前, 上循脛, 上結內輔之下, 上循陰股, 結於陰器, 絡諸筋. 其病足大指支內踝之前痛, 內輔痛, 陰股痛, 轉筋, 陰器不用. 傷於內則不起, 傷於寒則陰縮入, 傷於熱則縱挺不收. 治在行水淸陰氣. 其病轉筋者, 治在燔鍼劫刺, 以知爲數, 以痛爲腧, 命曰季秋痺也.

족궐음足厥陰의 근筋은 엄지발가락 위에서 기시하여 올라가 내과內踝 앞에서 연결되고 다시 올라가 정강이脛를 순환하고 올라가서 내보골 아래內輔之下에 연결된다. 올라가 음고陰股를 순환하고 음기陰器에 연결되고 제근諸筋에 연락된다.

경근병經筋病은 엄지발가락에서 내과內踝 앞쪽으로 땅기고, 내보골內輔骨이 아프며, 음고가 아프고, 쥐가 나며, 음기陰器가 발기가 안 된다. 칠정으로 상하면 발기가 안 되고, 한寒에 상하면 음기가 오그라들며, 열熱에 상하면 음기가 늘어져 줄어들지 않는다. 치료는 행수行水시키고 궐음지기를 가라앉힌다. 쥐가 나면 치료는 번침을 사용하여 찔렀다 바로 뺀다. 병이 나을 때까지 하고 아픈 곳으로 혈자리를 삼는데 이를 계춘비季春痺라고 한다.

⊕ 족궐음의 근은 족대지의 대돈大敦에서 시작하여 정강이脛와 음고陰股를 거쳐 음기陰器에 연결되고 제근諸筋에 연락된다. 음기陰器는 종근지회宗筋之會고, 궐음은 근筋을 주관하므로 삼음삼양의 근에 연락된다.

병은 근이 지나는 곳이 모두 통증이 있고 쥐가 나며 음기陰器를 사용할 수 없다. 내부가 상하면 음위陰痿가 되어 사용하지 못하고, 한寒에 상하면 음기가 축입縮入하며, 열에 상하면 음기가 늘어진다. 궐음은 종중하니厥陰從中 소양지화少陽之火로 변하여 나타난다.

그러므로 한열寒熱의 구분이 있다. 금기金氣 다음은 수기水氣가 다스리고 다시 일보를 더 가면 목기木氣가 다스리니 궐음厥陰의 목木은 본이 수水다. 그러므로 치료는 수행行水시켜 궐음지기厥陰之氣를 가라앉힌다. 유형有形의 근병筋病으로 쥐가 나면 번침겁자燔鍼劫刺로 치료한다.

상어공이 말했다. "양음교진兩陰交盡이 궐음厥陰인데 음이 다하면 양이 생기니陰極而陽生 궐음본기厥陰本氣는 저절로 한열寒熱로 변한다."

手太陽之筋, 起於小指之上, 結於腕, 上循臂內廉, 結於肘內銳骨之後, 彈之應小指之上, 入結於腋下. 其支者, 後走腋後廉, 上繞肩胛, 循頸, 出走太陽之前, 結於耳後完骨. 其支者, 入耳中. 直者, 出耳上下, 結於頷, 上屬目外眥. 其病小指支肘內銳骨後廉痛, 循臂陰入腋下, 腋下痛, 腋後廉痛, 繞肩胛引頸而痛, 應耳中鳴痛引頷, 目瞑良久乃得視, 頸筋急則爲筋瘻頸腫. 寒熱在頸者, 治在燔鍼劫刺, 以知爲數, 以痛爲腧. 其爲腫者, 復而銳之. 本支者, 上曲牙, 循耳前, 屬目外眥, 上頷結于角. 其病當所過者支轉筋, 治在燔鍼劫刺, 以知爲數, 以痛爲腧,* 名曰仲夏痺也.

수태양手太陽의 근筋은 새끼손가락에서 기시하여 손목腕에 연결되고 올라가서 아래팔臂 안쪽을 순환하면서 팔꿈치 내측肘內 예골銳骨 뒤쪽에 연결되는데 팅기면 새끼손가락이 울리며 겨드랑이 아래로 들어가 연결된다. 지근은 뒤로 겨드랑이腋 뒤쪽으로 가서 견갑肩胛으로 올라가 돌고 목頸을 순환하고 태양경太陽經 앞으로 나가서 귀 뒤의 완골完骨에 연결된다. 다른 지근은 귓속耳中으로 들어간다. 직행하는 근은 귀 위耳上로 나가서 내려가 턱頷에 연결되고, 올라가서 목외자目外眥에 속한다.

경근병經筋病은 새끼손가락에서 팔꿈치 예골 뒤쪽으로 땅기면서 아프고, 아래팔 내측을 따라서 겨드랑이 아래로 들어가니 겨드랑이와 겨드랑이 뒤편이 아프며 견갑에서 목으로 땅기면서 아프다. 이명耳鳴과 이통耳痛이 있고, 턱이 땅기는 통증이 있으며, 눈이 침침하여 한참 있어야 보인다. 목이 뻐근하면 나력瘰癧이 생기면서 붓는다. 목에 한열이 있는 경우 치료는 번침으로 찌르고 바로 빼며 아픈 곳으로 혈자리로 삼는다. 부기가 빠지지 않으면 다시 예리한 침으로 찌르는데 이를 중하비仲夏痺라고 한다.

---

* 본지자本支者에서 이통위수以痛爲腧까지 착간錯簡이다―〈통해〉.

● 수태양의 근은 새끼손가락의 소택少澤에서 시작하여 비비臂·주비肘·견견肩·항항項을 순환하고 이耳·함함頷·목자目眥에 연결된다. 근이 지나가는 곳과 연결되는 곳에 통증·부종·근위축이 일어난다. 목에서 한열이 생기면 번침겁자하고 경종頸腫이면 예리한 침으로 자침한다. 본지本支는 직행하는 것에서 갈라져 행하는 것이다. 본근本筋과 지근支筋은 모두 목외자目外眥에 속하고 근이 분리되어 행하다가 다시 연결된다. 오午는 5월이고 태양太陽을 주관하므로 중하仲夏의 비비痺라고 한다.

상어공이 말했다. " '태양의 상부는 한기가 주관한다太陽之上 寒氣主之' '소음의 상부는 열기가 주관한다少陰之上 熱氣主之' 했으니 수태양手太陽에 있을 때 한열이 목에 있다. 수소음手少陰에 있을 때는 음양의 부앙俯仰이 있다. 십이경근十二經筋이 삼음삼양의 기에 응하는데 수족의 구분이 없음을 알아야 한다."

여백영이 말했다. "태양병은 머리와 뒷목이 뻣뻣하고 아프며 오한이 나고頭項强痛而惡寒, 목에 한열이 있는 것은 태양지기太陽之氣가 병든 것이지 수태양手太陽의 근증筋症은 아니다."

手少陽之筋, 起於小指次指之端, 結於腕, 上循臂, 結於肘, 上繞臑外廉, 上肩走頸, 合手太陽, 其支者, 當曲頰入繫舌本. 其支者, 上曲牙, 循耳前, 屬目外眥, 上乘頷結於角. 其病當所過者, 卽支轉筋, 舌卷, 治在燔鍼劫刺, 以知爲數, 以痛爲腧, 名曰季夏痺也.

수소양手少陽의 근筋은 넷째 손가락 끝에서 기시하여 손목腕에 연결되고 올라가 아래팔臂을 순환하며 팔꿈치肘에 연결되고 올라가 상박臑 바깥쪽을 돌아서 어깨肩로 올라가며 목頸으로 가서 수태양手太陽과 합쳐진다. 지근은 곡협曲頰에서 설본舌本에 들어가 연계된다. 다른 지근은 곡아曲牙로 올라가서 귀 앞耳前을 순환하고 목외자目外眥에 속하며 다시 턱頷으로 올라가 액각額角에 연결된다.

경근병經筋病은 근이 지나는 곳이 땅기고 쥐가 나며 혀가 말린다. 치료는 번침으로 찌르고 바로 빼며 아픈 곳으로 혈자리로 삼는데 이를 계하비季夏痺라고 한다.

● 수소양의 근은 넷째 손가락 관충關衝에서 시작하여 완腕·비臂·주肘·노臑를

거쳐 어깨와 목으로 올라가 곡협曲頰에서 설본舌本으로 들어가 연계된다. 지근은 곡아曲牙로 올라가 귀 앞쪽耳前을 순환하고 목외자目外眥로 들어가고 다시 턱額으로 올라타고 액각額角으로 연결된다.

경근병經筋病은 근이 지나가는 곳, 즉 갈라져 분리되는 곳에 쥐가 나며 설권舌卷이 된다. 치료는 번침겁자로 하며 통처가 혈자리가 된다. 미未는 6월이고 소음少陰이 주기主氣다. 그래서 계하季夏의 비痺라고 했다.

> 手陽明之筋, 起於大指次指之端, 結於腕, 上循臂, 上結於肘外, 上臑, 結於髃. 其支者, 繞肩胛, 挾脊. 直者, 從肩髃上頸. 其支者, 上頰, 結於頄. 直者, 上出手太陽之前, 上左角, 絡頭, 下右頷. 其病當所過者, 支痛及轉筋, 肩不擧, 頸不可左右視. 治在燔鍼劫刺, 以知爲數, 以痛爲腧, 名曰孟夏痺也.
>
> 수양명手陽明의 근筋은 집게손가락에서 기시하여 손목腕에 연결되고 올라가서 아래팔臂을 순환하며 다시 올라가 팔꿈치肘 바깥쪽에 연결되며 상박臑으로 올라가고 견우肩髃에 연결된다. 지근은 견갑肩胛을 돌아서 척추 옆으로 간다.
>
> 직행하는 근은 견우肩髃에서 목頸으로 올라간다. 다른 지근은 볼頰로 올라가서 관골頄에 연결된다. 직행하는 근은 올라가서 수태양手太陽 앞으로 나가서 좌 액각額角으로 올라가서 머리頭에 연결되며 다시 우측 턱頷으로 내려간다.
>
> 경근병經筋病은 근이 지나는 곳이 땅기고 아프며, 쥐가 나고 어깨가 안 올라가며 목이 아파 좌우를 돌아볼 수 없다. 치료는 번침으로 찌른 후 바로 빼며 병이 나을 때까지 하고 아픈 곳으로 혈자리를 삼는데 이를 맹하비孟夏痺라고 한다.

❂ 수양명의 근은 집게손가락의 상양商陽에서 시작하고 손목腕·아래팔臂·팔꿈치肘·상박臑을 거쳐서 어깨肩와 목項으로 올라가 관골頄에 연결되고 턱頷에 연락된다.

병은 지나가는 곳과 연결되는 곳에서 지통支痛과 전근轉筋이 생기고 어깨가 안 들리거나 목이 돌아가지 않는다. 번침겁자로 치료한다. 3월·4월은 곧 양양합명兩陽合明이니 맹하孟夏의 비痺라고 한다.

316

手太陰之筋, 起於大指之上, 循指上行, 結於魚後, 行寸口外側, 上循臂, 結肘中, 上臑內廉, 入腋下, 出缺盆, 結肩前髃, 上結缺盆, 下結胸裏, 散貫賁, 合賁下抵季脇. 其病當所過者, 支轉筋痛, 甚成息賁, 脇急吐血. 治在燔鍼劫刺, 以知爲數, 以痛爲腧, 名曰仲冬痺也.

수소음手太陰의 근筋은 엄지손가락에서 기시하여 손가락指을 순환하고 어제魚際 뒤에 연결된다. 촌구寸口 바깥쪽으로 가서 올라가 아래팔臂을 순환하고 팔꿈치肘中에 연결되고 상박臑 내측으로 올라가서 겨드랑이 아래腋下로 들어갔다가 결분缺盆으로 나와서 어깨肩 앞의 우골髃骨에 연결되니 올라가는 것은 결분에 연결되고 내려가는 것은 흉부 안쪽胸裏에 연결되고 분문賁門에서 퍼져서 분문 아래에서 다시 합해 계협季脇에 도달한다.

경근병經筋病은 근이 지나는 곳이 땅기고 쥐가 나며 통증이 심하면 식분息賁의 적積이 된다. 옆구리가 땅기고 피를 토한다. 치료는 번침으로 찌른 후 바로 빼며 병이 나을 때까지 하고 아픈 곳으로 혈자리를 삼는데 이를 중동비仲冬痺라고 한다.

◉ 수태음의 근은 엄지손가락 끝의 소상少商에서 시작하여 아래팔臂·팔꿈치肘를 거쳐 상박臑으로 올라가고 겨드랑이腋로 들어가고 내려가서 견우肩髃에 연결되고 다시 올라가서 결분缺盆에 연결된다. 내려가서 흉부의 안쪽胸裏에 연결되고 위완胃脘의 분문賁門을 관통하여 흩어지며 다시 분문에서 합쳐서 내려가 계협季脇에 다다른다.

경근병經筋病은 근이 지나는 곳에 지통支痛·전근轉筋이 있으며 심하면 식분息賁·협급脇急·토혈吐血 등증이 생긴다. 십이경근은 음양육기陰陽六氣와 합쳐지는데 기가 궐역하면 천급喘急·식분息賁이 생기며 혈이 마구 움직이는 기를 따라 움직여 토혈이 된다. 자子는 11월로 태음太陰이 주기다. 그래서 중동仲冬의 비痺라고 한다.

手心主之筋, 起於中指, 與太陰之筋並行, 結於肘內廉, 上臂陰, 結腋下, 下散前後挾脇. 其支者, 入腋, 散胸中, 結於臂[*]. 其病當所過者, 支轉筋, 前及胸痛息賁. 治在燔鍼劫刺, 以知爲數, 以痛爲腧, 名曰孟冬痺也.

수심주手心主의 근筋은 가운뎃손가락에서 기시하여 태음太陰의 근과 병행하여 팔꿈치肘 내측에 연결되고 아래팔 내측臂陰으로 올라가서 겨드랑이 아래腋下에 연결되고 내려가서 전후로 퍼지고 옆구리脇에 낀다. 지근은 겨드랑이腋로 들어가 흉중에 퍼지고 분문賁門에 연결된다.

경근병經筋病은 근이 지나는 곳이 땅기고 쥐가 나며 흉통胸痛과 식분息賁이 생긴다. 치료는 번침으로 찌른 후에 바로 빼며 병이 나을 때까지 하고 아픈 곳으로 혈자리를 삼는데 이를 맹동비孟冬痺라고 한다.

🌐 수심주의 근은 가운뎃손가락의 중충中衝에서 시작하여 수태음의 근과 병행하여 옆구리脇·겨드랑이腋를 거쳐서 흉중胸中에서 포산되고 내려가서 위완胃脘의 분문賁門과 연결된다.

병은 근이 지나가는 곳과 연결되는 곳에서 쥐가 나고, 앞으로 가서 흉통胸痛이 있고 흉중에서 포산되어 분문에 연결되므로 식분증息賁症이 일어난다. 해亥는 10월로 궐음厥陰이 주기다. 그래서 맹동孟冬의 비痺라고 했다.

상어공이 말했다. "발에서는 궐음厥陰이라고 하고, 손에서는 심주心主라고 한다. 삼음삼양의 기는 아래에서 생기니 족足에 본本을 두는 것이고, 족足의 육경六經은 올라가 수手에서 합쳐진다."

手少陰之筋, 起於小指之內側, 結於銳骨, 上結肘內廉, 上入腋, 交太陰, 挾乳裏, 結胸中, 循臂[**]下繫於臍. 其病內急, 心承伏梁, 下爲肘網. 其病當所過者, 支轉筋, 筋痛. 治在燔鍼劫刺, 以知爲數, 以痛爲輸.

---

[*] 장경악은 '臂'를 '賁'으로 해야 한다고 했다—〈통해〉.
[**] 장경악은 '臂'를 '賁'으로 해야 한다고 했다—〈통해〉.

其成伏梁唾膿血者, 死不治. 經筋之病, 寒則反折筋急, 熱則筋縱
弛不收, 陰痿不用, 陽急則反折, 陰急則俯不伸. 焠刺者, 刺寒急
也, 熱則筋縱不收, 無用燔鍼, 名曰季冬痹也.

수소음手少陰의 근筋은 새끼손가락 안쪽에서 기시하여 예골銳骨에 연결되고
올라가 팔꿈치肘 내측에 연결되며 다시 올라가 겨드랑이腋로 들어가서 태음太
陰과 교차하여 유방 안쪽乳裏 옆에서 흉중胸中에 연결되며 분문賁門을 순환하
고 내려가서 배꼽臍에 연결된다.

경근병經筋病은 흉내에 경련이 일어나고, 심하에 복량伏梁이 생기며, 팔꿈치
가 조이는 통증이 있다. 경근병은 근이 지나는 곳이 땅기고 쥐가 나며 근통筋
痛이 있다. 치료는 번침으로 찌른 후에 바로 빼며 병이 나을 때까지 하고 아픈
곳으로 혈자리를 삼는다.

복량이 형성되어 농혈을 토하는 것은 죽을 징조다. 경근병은 차면 반절反折
하고 근이 긴장되며 더우면 근이 이완되어 수렴이 안 되며 음위陰痿로 인해 발
기가 안 된다. 등 근육이 경련을 일으키면 반절되고, 복부의 근이 경련을 일으
키면 구부러져 펴지 못한다. 쉬자焠刺는 한寒으로 경련이 일어날 때 쓴다. 열熱
로 근이 이완되어 수렴이 안 될 때는 번침을 쓰지 않는데 이를 계동비季冬痹라
고 한다.

◉ 수소음의 근은 새끼손가락 내측의 소충少衝에서 시작하여 팔꿈치肘·겨드랑
이腋를 거쳐 수태음의 근과 교차하고 유방 안을 끼고 흉중에 연결되고 분문賁
門을 거쳐서 내려가 배꼽臍에 연계된다.

내부에서 병이 일어나 흉내에서 경련이 일어나고 심장에 복량伏梁이 있으니
심하心下에 기둥이 숨어 있는 것처럼 심장에 있는 것이다. 외부에 나타난 병은
근이 지나가는 곳에 전근轉根과 근통筋痛이 있으니 번침겹자로 치료한다.

복량伏梁이 되어 농혈膿血을 토하는 경우는 병이 심장에 있으므로 예후가 불
량하다. 병이 기에 있어 경근에 병이 있는 경우는 차면寒 등이 젖혀지고反折 근
급筋急이 일어나며, 더우면熱 근이 늘어져 수렴이 안 된다. 등에서 경련이 일어
나면陽急 등이 젖혀지고反折 복부에서 경련이 일어나면陰急 허리가 구부러져
펴지지 않는다.

소음少陰은 본本이 음이고 표標가 양이다. 그러므로 한열음양寒熱陰陽의 증상이 있으니 소음은 종본종표從本從標하기 때문이다. 축표은 12월로 소음少陰이 주기이므로 계동季冬의 비증痺症이 된다.

천天은 양이고 지地는 음이며, 일日은 양이고 월月은 음이다. 상반년은 천기天氣가 주관하고 하반년은 지기地氣가 주관한다. 그러므로 삼양의 기는 봄·여름을 주관하고, 삼음의 기는 가을·겨울을 주관한다. 이것이 음양으로 천지일월과 연계되는 것이니 사람도 이에 상응한다.

상어공이 말했다. "배복胸腹는 음이고, 등背은 양이다. 양급陽急하면 반절反折하고, 음급陰急하면 펴지 못한다. 수소음이 근은 흉胸·액액腋·제臍·복腹을 지나지만 등은 거치지 않는다. 이른바 양급반절陽急反折은 족소음근足少陰筋의 병이다. 족소음의 근은 척내脊內를 지나 등살膂을 끼고서 올라가서 목項에 이르니 이것이 음양상합陰陽相合이고 수화기교水火氣交다. 그러므로 수족소음手足少陰은 모두 음양한열陰陽寒熱의 부앙俯仰이 있다."

장개지가 말했다. "다음 여섯 편은 근筋이 경유하는 곳, 골도骨度의 도량, 영위營衛의 순행을 논하고 있다. 근에 비증痺症이 있다고 말하는 것은 병을 빌려 근筋이 삼음삼양과 천天의 사시육기四時六氣에 합함을 밝힌 것이다."

足之陽明, 手之太陽, 筋急則口目爲噼, 眥急不能卒視, 治皆如右方也.

족양명足陽明과 수태양手太陽은 근筋에서 경련痙攣이 일면 입과 눈이 비뚤어져 눈 끝이 수축되어 볼 수 없다. 치료는 모두 아래와 같다.

⊕ 상어공이 말했다. "이것은 수족 양명의 근이 모두 좌우로 나뉘어 순환함을 거듭 밝힘으로써 다시 구목口目의 와사증喎斜症으로 증명한 것이다. 족양명근은 올라가서 구口를 끼고 아래 눈꺼풀目下網로 간다. 수태양근은 함령에 연결되고 목외자目外眥에 속한다. 그러므로 두 경이 좌측 근이 수축되면 좌측으로 입이 돌아가니 좌측에 자침한다. 우측 근이 수축되면 우측으로 입이 돌아가니 우측을 취해야 한다. 좌측 눈이 볼 수 없으면 좌측에 병이 있고, 우측 눈이 보

이지 않으면 우측에 병이 있다. 양쪽 눈이 모두 급하면 좌우가 모두 병든 것이므로 상술한 방법으로 치료하고 병은 좌우의 구분이 있다."

골도骨度

> 黃帝問於伯高曰: 脈度言經脈之長短, 何以立之?
>
> 伯高曰: 先度其骨節之大小廣狹長短, 而脈度定矣.
>
> 황제가 백고伯高에게 물었다. "〈맥도脈度〉에서 말하는 경맥의 길이는 어떻게 정해지는가?"
>
> 　백고가 답했다. "먼저 골절骨節의 대소, 광협廣狹, 장단이 정해져야 맥도가 정해진다."

⊕ 여기서는 경맥의 길이가 골절의 대소와 광협, 장단에 의해 도수度數가 정해짐을 말한다. 그러므로 골骨은 나무로 보면 줄기고, 맥脈은 가지가 되니 마치 가지가 나무줄기에 붙어 있는 것과 같다.

> 黃帝曰: 願聞衆人之度, 人長七尺五寸者, 其骨節之大小長短各幾何?
>
> 伯高曰: 頭之大骨, 圍二尺六寸.
>
> 황제가 물었다. "키가 7척尺 5촌寸인 일반 성인의 골절은 대소 장단이 어떻게 되는가?"
>
> 　백고가 답했다. "머리의 대골大骨은 둘레가 2척 6촌이다."

⊕ 이것은 머리의 대골大骨의 도수다. 중인衆人은 보통사람이다. 7척 5촌은 옛날사람의 평균 길이다. 키가 평균이면 두개골도 평균이고, 몸 전체의 골격도 평균이다.

> 胸圍四尺五寸, 腰圍四尺二寸.
>
> 가슴둘레는 4척 5촌이고 허리둘레는 4척 2촌이다.

◉ 이것은 가슴둘레와 허리둘레의 길이다.

> 髮所覆者, 顱至項尺二寸. 髮以下至頤, 長一尺. 君子終折.
>
> 모발이 덮고 있는 전액前額 발제髮際에서 뒷목 발제까지 1척 2촌이다. 전액 발제에서 턱頤까지 길이가 1척이다. 개인에 따라 키 크기가 다르니 이 골절의 길이에 비례하여 절충한다.

◉ 이것은 머리의 전후상하의 골도수다. 모발이 덮은 부위髮所覆는 앞이마의 발제髮際에서 정수리로 올라가 뒷목의 발제까지 머리카락이 덮은 부위로 길이가 1척 2촌이다. 앞이마의 발제에서 턱까지 길이가 1척이다. 군자종절君子終折은 발제의 시작에서 발제의 끝까지의 길이는 신체의 비율에 따라 절충하여 결정한다. 대개 군자는 얼굴이 넓적하고 발제가 위에 있다. 머리털이 덮인 부분은 앞이마에서 뒷목까지 1척 1촌이고, 발제 아래로 턱까지 1척 1촌이다. 이것은 일반적인 사람을 말하는 것이고 키 큰 사람도 있고 작은 사람도 있어 이것보다 더 클 수도 있고 작을 수도 있다.

> 結喉以下至缺盆中長四寸. 缺盆以下至髑骭長九寸, 過則肺大, 不滿則肺小. 髑骭以下至天樞長八寸, 過則胃大, 不及則胃小. 天樞以下至橫骨長六寸半, 過則廻腸廣長, 不滿則狹短. 橫骨*長六寸半. 橫骨上廉以下至內輔**之上廉長一尺八寸. 內輔之上廉以下至下廉長三寸半. 內輔下廉下至內踝長一尺三寸. 內踝以下至地長三寸. 膝膕以下至跗屬長一尺六寸. 跗屬以下至地長三寸. 故骨圍大

---

* 횡골橫骨은 치골恥骨이다―〈통해〉.

** 내보內輔는 무릎 내측의 큰 뼈다―장경악.

則太過, 小則不及.

결후結喉에서 결분缺盆까지 길이가 4촌이다.

결분에서 갈우髑骭까지 길이가 9촌이다. 더 길면 폐가 크고, 짧으면 폐가 작다.

갈우에서 천추天樞까지 길이가 8촌이다. 더 크면 위胃가 크고, 짧으면 위胃가 작다.

천추에서 횡골橫骨까지 길이가 6촌 반이다. 더 길면 회장回腸이 굵고 길며, 짧으면 얇고 짧다. 횡골橫骨은 둘레가 6촌 반이다.

횡골 위쪽에서 내보골內輔骨 위쪽까지 길이가 1척 8촌이다.

내보골 위쪽에서 아래까지 길이가 3촌 반이다.

내보골 아래쪽에서 내과內踝까지 길이가 1척 3촌이다.

내과에서 발바닥까지 길이가 3촌이다.

무릎 오금膝膕에서 발등跗屬까지 길이가 1척 6촌이다.

발등에서 발바닥까지 길이가 3촌이다.

따라서 골 길이가 더 크면 태과太過고, 작으면 불급不及이다.

◉ 이것은 앙면仰面 상태에서 본 골도다.

결후結喉 아래 큰 골의 움푹 들어간 부위가 결분缺盆으로 마치 빈 화분처럼 생겨서 이름을 붙인 것이다.

갈우髑骭는 골의 명칭이다. 일명 미예尾翳라고 하는 것으로 구미골鳩尾骨이다. 양쪽 결분에서 갈우까지 길이가 9촌이다. 이것보다 길면 폐가 크고, 짧으면 폐가 작다. 갈우의 안쪽에는 심장과 폐가 있다.

천추天樞는 배꼽 옆으로 2촌 떨어져 있으니 족양명경의 경혈이다. 양쪽 갈우에서 천추까지 길이가 8촌이다. 8촌이 넘으면 위胃가 큰 것이고 미치지 못하면 위가 작은 것이다. 구미에서 배꼽 사이에 위가 있다.

횡골橫骨은 음모가 있는 횡문 부위다. 천추天樞에서 횡골까지 길이가 6촌 반이다. 이것보다 길면 회장回腸이 넓고 작으면 협소하다. 배꼽에서 아랫배 사이에 대장大腸이 있다. 횡골 둘레가 6촌 반이다.

내보內輔는 무릎 내측 보골輔骨이다. 횡골에서 무릎 내측 보골 상렴까지 길이가 1척 8촌으로 대퇴부의 길이다.

내보골內輔骨 상렴에서 하렴까지가 3촌 반이라는 것은 무릎의 핵해와 연결되는 부분으로 슬개골膝蓋骨을 말한다.

내보골內輔骨 하렴에서 내과內踝까지는 1척 3촌이니 아래 다리의 길이다. 내보 내과라는 것은 발을 여덟 팔八자로 펼친 것으로 내측골內側骨이 앞으로 드러나는 것이다.

과踝는 다리와 족골이 서로 연결되는 곳의 도드라진 뼈로 내측은 내과內踝고 외측은 외과外踝다. 내과에서 발바닥까지가 3촌이라는 것은 뒤꿈치足跟骨를 말한다.

슬괵膝膕은 무릎 뒤쪽의 오금이다.

부跗는 발등에 있는 부골跗骨로 족양명경의 동맥이 뛰는 곳이다. 오금에서 발등까지 1척 6촌이다.

속屬은 대개 발 표면이다. 부속跗屬에서 바닥까지 3촌은 발등에서 발바닥까지다.

골이 크면 뼈대가 크고, 작다는 것은 골격이 작다.

角*以下至柱骨**長一尺. 行腋中不見者長四寸. 腋以下至季脇長一尺二寸. 季脇以下至髀樞***長六寸. 髀樞以下至膝中長一尺九寸. 膝以下至外踝長一尺六寸. 外踝以下至京骨長三寸. 京骨以下至地, 長一寸.

머리 측면 두각頭角에서 주골柱骨까지 길이가 1척이다.

주골에서 액와腋窩까지 길이가 4촌이다.

액와에서 계협季脇까지 길이가 1척 2촌이다.

계협에서 비추髀樞까지 길이가 6촌이다.

비추에서 슬膝까지 길이가 1척 9촌이다.

슬에서 외과外踝까지 길이가 1척 6촌이다.

외과에서 경골京骨까지 길이가 3촌이다.

경골에서 발바닥까지 길이가 1촌이다.

---

* 각角은 두각頭角으로 머리 측면의 귀 위 솟은 각角이다―〈통해〉.

** 주골柱骨은 제1경추돌기다.

***비추髀樞는 고관절이다.

🌐 이것은 측면의 골도骨度이며 모두 종縱으로 계산한다.

귀 위쪽 방향이 각角이다. 견갑골 위의 경골頸骨이 주골柱骨이다. 각에서 주골까지 길이가 1척이다.

상박上膊의 안쪽이 액腋이다. 주골에서 액까지 길이가 4촌이다.

협골脇骨의 아래가 계협季脇이다. 액에서 계협까지 길이가 1척 2촌이다.

첩골捷骨의 아래가 비추髀樞인데 비염髀厭이라고도 하며 둔부 양쪽에 있으니 족소양경의 환도혈環跳穴 부위다. 계협에서 비추까지 6촌이다.

비추에서 슬개골膝蓋骨 중간까지 1척 9촌이니 즉 다리 윗부분이다.

슬膝에서 외과外踝까지 1척 6촌이니 다리 아랫부분이다.

경골京骨은 족태양방광경의 혈명으로 발 바깥쪽 대골大骨 아래 적백육제赤白肉際다. 외과에서 경골까지 길이가 3촌이다.

경골에서 발바닥까지 길이가 1촌이다.

이것들은 몸 측면의 골도이다.

안 | 협골脇骨은 편골扁骨이라고 하는데 갈비뼈에 옆으로 붙어 있어 삼리滲理는 있지만 수공髓空은 없다. 여기서 협골의 길이는 말하지 않고 다만 액하腋下에서 계협季脇까지 1척 2촌이라고 한 것은 아마 형신形身의 도수로써 피육맥골을 개괄하여 길이를 잰 것이니 경맥은 골도를 따라 상하로 직행한다.

耳後當完骨[*]者廣九寸. 耳前當耳門者廣一尺三寸. 兩顴之間, 相去七寸.

귀 뒤 양쪽 완골完骨의 폭이 9촌이다.

귀 앞 양쪽 이문耳門의 폭이 1척 3촌이다.

양 관골顴骨은 7촌 떨어져 있다.

🌐 이것은 머리 측면의 가로 길이다.

귀 뒤 솟은 골이 완골完骨이며 발제에서 4분 들어간다. 광廣은 폭이다.

이후당완골耳後當完骨*은 귀에서 뇌후腦後까지 거리다.

이전당이문耳前當耳門**은 귀에서 코의 준두準頭까지 거리다. 이것이 머리 측면의 폭이다.

양관골兩顴骨 사이가 7촌이라는 것은 얼굴 전면의 폭이다.

안 | 수족 소양과 양명의 맥은 두면頭面 좌우에서 종횡縱橫으로 흐르므로 다시 두면의 폭을 잰다.

兩乳之間, 廣九寸半.

양 유두 사이의 폭은 9촌 반이다.

⬥ 이것은 몸 전면의 폭이다.

兩髀之間, 廣六寸半.

허벅지의 폭은 6촌 반이다.

⬥ 이것은 몸 뒷면의 가로길이다.

足長一尺二寸, 廣四寸半.

발은 길이가 1척 2촌이고 폭이 4촌 반이다.

⬥ 이것은 양발의 길이와 폭이다.

---

* 장주는 이후당완골耳後當完骨이 귀에서 뇌후까지 폭이라고 하나 〈통해〉에서는 양 완골 사이의 폭이라고 했다.

** 장주는 이전당이문耳前當耳門이 귀에서 코 준두까지의 거리라고 했으나 〈통해〉에서는 양 이문 사이의 폭이라고 했다.

肩至肘長一尺七寸，肘至腕長一尺二寸半．腕至中指本節長四寸．本節至其末長四寸半．

어깨에서 팔꿈치까지 길이가 1척 7촌이고 팔꿈치에서 손목까지 길이가 1척 2촌 반이다. 손목에서 가운뎃손가락 본절本節까지 길이가 4촌이고 본절에서 손가락 끝末까지 길이가 4촌 반이다.

◉ 이것은 양팔과 양손의 골도다. 본절本節은 손가락과 손바닥이 서로 접하는 골절이다. 말末은 손가락 끝이다.

項髮以下至背骨長二寸半．膂骨以下至尾骶二十一節長三尺．上節長一寸四分分之一，奇分在下，故上七節至於膂骨，九寸八分分之七．

뒷목 발제髮際에서 대추大椎까지 길이가 2촌 반이다.
대추大椎에서 미려골尾閭骨까지 21마디가 있으며 길이가 3척이다.
그러므로 위의 7마디의 길이는 각각 1촌 4분 1리로 도합 9촌 8분 7리다.

◉ 여기는 척추와 등의 골도다. 항발項髮에서 배골背骨까지 길이項髮以下至背骨는 뒷목의 발제髮際에서 척추골의 대추大椎까지 길이가 2촌 5분이다. 여골膂骨은 척추뼈다. 배골背骨의 대추大椎에서 여골膂骨을 거쳐 미려골尾閭骨까지 스물한 마디이고, 길이가 3척이다. 상절上節은 각각 1촌 4분 1리 9/10리다. 그러므로 척추골은 위 일곱 마디는 매 마디가 1촌 4분 1리이니 1촌*7＝7촌, 4분*7＝2촌 8분, 1리*7＝7리 합계 9촌 8분 7리다. 그래서 9촌 8분 분지7이다.

장옥사가 물었다. "척추는 스물한 마디인데 왜 위 일곱 마디의 도수만 상세히 말하는가?"

이에 답한다. "일곱 번째 마디 옆이 격수膈腧다. 장부의 기는 모두 내부의 격막膈膜을 통해 나온다. 장기臟氣를 반대로 손상시키면 죽고, 자침하여 부기腑氣가 손상되면 모두 내부가 손상된다. 그러므로 '일곱 번째 마디 옆에 소심小心이 있다七節之旁 中有小心'고 하는 것이다. 본경에서는 오장의 배수背腧를 논했고 또 겸하여 일곱 번째 마디의 격수를 논했으니 함부로 자침해서는 안 된다."

此衆人骨之度也, 所以立經脈之長短也. 是故視其經脈之在於身也, 其見浮而堅, 其見明而大者多血, 細而深者多氣也.

이것이 일반 성인의 골도骨度다. 이것으로 경맥의 길이가 정해진다. 그러므로 몸에서 경맥이 겉으로 드러나면서 단단하고 분명하고 크면 혈이 많고多血, 가늘고 깊이 있으면 기가 많다多氣.

◉ 골骨의 도수를 총체적으로 결정하고 경맥의 길이를 정한다. 경맥이 드러나면서 단단하고 분명하면서 큰 것은 다혈多血이고, 가늘면서 깊이 있는 것은 다기多氣다. 이 편에서 골기骨氣를 논하면서 경맥의 혈기血氣로 결론 내리는 것은 혈맥이 신腎에서 자시資始하니 골의 정기精氣가 성하면 경맥의 혈기도 성하다.

상어공이 말했다. "신腎은 정精을 저장하고 골骨을 주관한다. 혈은 신기神氣다. 이 6편에서는 근골혈맥이 소음의 음양에 바탕을 두고 있음을 말한다."

장개지가 말했다. "신장의 정액은 심신心神의 작용을 거쳐 붉게 변화하여 혈이 된다. 기는 정기精氣다. 그러므로 겉으로 드러난 것은 혈血이 많고, 속에 있는 것은 기氣가 많다."

오십영五十營

黃帝曰: 余願聞五十營奈何?

岐伯答曰: 天周二十八宿, 宿三十六分, 人氣行一周, 千八分, 日行二十八宿. 人經脈上下左右前後二十八脈, 周身十六丈二尺, 以應二十八宿. 漏水下百刻, 以分晝夜. 故人一呼脈再動, 氣行三寸, 一吸脈亦再動, 氣行三寸, 呼吸定息, 氣行六寸, 十息氣行六尺, 日行二分. 二百七十息, 氣行十六丈二尺, 氣行交通於中, 一周於身, 水下二刻, 日行二十五分. 五百四十息, 氣行再周於身, 水下四刻, 日行四十分, 二千七百息, 氣行十周於身, 水下二十刻, 日行五宿二十分, 一萬三千五百息, 氣行五十營於身, 水下百刻, 日行二十八宿, 漏水皆盡, 脈終矣. 所謂交通者, 幷行一數也. 故五十營備, 得盡天地之壽矣, 凡行八百一十丈也.

황제가 물었다. "오십영五十營에 대해 듣고 싶다."

기백이 답했다. "주천周天에는 28수宿가 있고 매수每宿의 간격은 36분分이다. 사람 경맥의 기는 1주야로 50영營을 하고 1008분 움직이며 하루에 28수를 돈다. 누하 100각刻을 주야로 나눈다. 그러므로 사람이 한 번 숨을 내쉬면 맥이 2번 뛰고 기는 3촌을 가며 한 번 숨을 들이쉴 때도 맥이 2번 뛰고 3촌을 간다. 한 번 숨을 쉴 때마다 기는 6촌을 가고, 10번 숨쉬면 기가 6척을 간다. 일日은 2분分* 움직인다. 270식息에 기는 16장 2척을 간다. 270식에 기는 16장 2척을 가서 수족경맥이 서로 관통하면서 몸을 한 바퀴 돌고, 수하水下 2각刻이 걸리며, 일日은 25분** 움직인다. 540식에 기는 몸을 2번 돌고, 수하水下 4각이 걸

---

* 2분은 7리 4호 6리 6홀 0.7466분으로 해야 한다—〈통해〉.

** 25분은 20분 1리 6호로 해야 한다—〈통해〉.

리며, 일日은 40분 움직인다. 2700식에 기는 몸을 10회 돌고, 수하水下 20각이 걸리며, 일日은 5수宿 20분 움직인다. 1만 3500식에 기는 몸을 50영 돌고, 수하水下 100각이 걸리며, 일日은 28수를 움직이니 누수는 다 빠지고 맥은 다 돈 것이다. 교통交通은 수족경맥이 서로 관통하여 하나가 되는 것이다. 그러므로 50영을 다 돌면 할 일을 다 마친 것이다. 영기營氣는 하루에 810장丈을 간다."

● 여기서는 맥중脈中을 흐르는 종기宗氣와 영기營氣가 전신의 맥 16장 2척을 호흡과 누하漏下에 맞추어 하루 50회 도는 것을 말한다. 주천周天에는 28개의 별자리가 있고, 한 면에 7개의 별이 있다. 자오子午는 경經이 되고, 묘유卯酉는 위緯가 된다. 방房과 필畢이 위緯고, 허虛와 장張이 경經이다. 방房에서 필畢은 양이고, 묘昴에서 심心은 음이다. 양은 낮을 주관하고 음은 밤을 주관하니 한 별자리는 약 36분으로 모두 1008분이다. 사람의 기는 밤낮으로 50영을 돌고 28수 주천을 도니 합계 1008분이다.

태양은 하늘에 떠 있고 지구를 한 바퀴 도는데 이것도 28수지도분宿之度分을 행한다. 사람의 경맥은 상하 좌우 전후로 모두 28맥이 있다. 수手의 삼음삼양, 족足의 삼음삼양 상하좌우 모두 24맥이고, 좌우의 2개의 교맥蹻脈과 앞의 임맥任脈, 뒤의 독맥督脈을 합해 모두 28맥이다. 주신周身 16장 2척을 50영 하는 것은 28수에 상응하고, 주야로 누하漏下 100각刻이 걸린다.

그러므로 날숨에 맥이 2번 뛰고 3촌을 가고, 들숨에 역시 2번 뛰고 3촌을 가니 한 번 호흡하는데 기는 6촌을 간다. 10식이면 6척을 간다. 270식에는 16장 2척을 가서 28맥을 교통하여 몸을 한 바퀴 돈다. 수하水下 2각이 걸리며 태양은 20분쯤 간다. 540식에는 기는 몸을 2번 돌고, 수하水下 20각이 걸리고, 태양은 40분쯤 간다. 2700식에는 기는 10번을 돌고, 수하水下 20각이 걸리며, 태양은 5수 20분 가니 도합 200여 분이다. 1350식에는 기는 50영을 하고 수하水下 100각이 걸리며, 태양은 28수를 가니 도합 1008분을 돈다. 누수漏水가 끝나면 맥도 50영으로 끝난다.

안|〈영추·사객邪客〉에서 "종기宗氣는 흉중에 모여 후롱喉嚨으로 나가 심맥心脈을 관통하면서 호흡한다. 영기는 분비된 진액이 맥에 주입되어 변화하여 혈이

되어 사말四末을 영양하고 내부의 오장육부에 주입되는데 누수각수漏水刻數에 상응한다宗氣積於胸中 出於喉嚨 以貫心脈 而行呼吸焉 營氣者 泌其津液 注之於脈 化以爲血 以榮四末 內注五臟六腑 以應刻數焉"라고 했다. 이것은 종기가 위로 심주지맥心主之 脈을 관통하면서 영기와 함께 호흡과 누하에 맞추어 영행맥중營行脈中한다는 것을 말한다.

〈영추·오미五味〉에서 "곡식이 처음 위胃에 들어가면 정미精微는 먼저 위胃의 양초兩焦로 나와서 오장을 관개하고 별도로 나와 영위지도營衛之道로 나뉘어 행한다. 대기大氣가 뭉쳐서 돌지 못하는 것은 흉중에 몰려 있어서 기해氣海라 고 하는데 폐로 나가서 후롱喉嚨을 순환한다. 따라서 숨을 내쉬면 기가 나가고 숨을 들이쉬면 기가 들어온다穀始入於胃 其精微者 先出於胃之兩焦 以漑五臟 別出兩行 營衛之道 其大氣之搏而不行者 積於胸中 命曰氣海 出於肺 循喉咽 故呼則出 吸則入"라고 했 다. 폐는 기를 주관하고, 피모를 주관한다. 한 번 숨을 내쉬면 8만 4천 개의 땀 구멍이 닫히고, 숨 한 번 들이쉬면 8만 4천 개의 땀구멍이 열린다. 이는 종기 가 맥외의 피부에 퍼져서 호흡을 행하는 것이다.

그러므로 교통交通이라고 하는 것은 피부 경맥의 종기가 내외로 서로 통하 여 하나가 되는 것이다. 천天은 기를 주관하고, 지地는 혈맥을 주관하므로 50 영을 하여 내외의 기가 다 돌면 하루의 일을 다 마친 것이다. 경맥 내외의 종기 와 영기는 하루에 모두 810장을 간다.

16

영기營氣

黃帝曰: 營氣之道, 內穀爲寶, 穀入於胃, 乃傳之肺, 流溢於中, 布
散於外, 精專者, 行於經隧, 常營無已, 終而復始, 是謂天地之紀.
故氣從太陰出注手陽明, 上行注足陽明, 下行至跗上, 注大指間,
與太陰合, 上行抵髀, 從髀注心中, 循手少陰, 出腋下臂, 注小指,
合手太陽, 上行乘腋, 出䪼內, 注目內眥, 上巓下項, 合足太陽, 循
脊下尻, 下行注小指之端, 循足心, 注足少陰, 上行注腎, 從腎注
心, 外散於胸中, 循心注脈, 出腋下臂, 出兩筋之間, 入掌中, 出中
指之端, 還注小指次指之端, 合手少陽, 上行注膻中, 散於三焦, 從
三焦注膽出脇, 注足少陽, 下行至跗上, 復從跗注大指間, 合足厥
陰, 上行至肝, 從肝上注肺, 上循喉嚨, 入頏顙之竅, 究於畜門. 其
支別者, 上額循巓, 下項中, 循脊入骶, 是督脈也, 絡陰器, 上過毛
中, 入臍中, 上循腹裏, 入缺盆, 下注肺中, 復出太陰, 此營氣之所
行也, 逆順之常也.

황제가 말했다. "영기營氣는 음식으로 만들어진다. 곡식이 위胃에 들어가면
폐肺로 전해지고 중中에 흘러넘쳐 외부에 포산된다. 정전精專은 경수經隧로 가
서 항상 끊이지 않고 돌고, 다 돌고 나면 다시 돈다. 이것은 천지의 법도에 상
응한다.

따라서 영기는 태음太陰에서 나와서 수양명手陽明으로 주입되고, 상행하여
족양명足陽明으로 주입되어 하행하여 발등跗上에 이르러 엄지발가락 사이에
주입되어 태음과 합한다. 상행하여 허벅지髀로 가고 허벅지에서 심중心中으로
주입되고, 수소음手少陰을 따라가다 액하腋下로 나가 아래팔을 지나 새끼손가
락에 주입되어 수태양手太陽과 합한다. 상행하여 겨드랑이 위로 지나 눈 밑 관

골傾內로 나가서 목내자目內眥로 주입되고 정수리로 올라갔다가 뒷목으로 내려와 족태양足太陽과 합한다.

척추를 따라 미려골尾閭骨로 내려와 하행하여 새끼발가락 끝에 주입되어 발바닥을 순환하고 족소음足少陰으로 주입되어 상행하여 신腎에 주입된다. 신腎에서 심心으로 주입되고 밖으로 퍼져 흉중에 포산된다. 심心을 순환하고 맥脈으로 주입되어 액하腋下로 나가 아래팔을 지나 양 인대 사이로 나가서 손바닥으로 들어가 가운뎃손가락 끝으로 나가 다시 약손가락 끝으로 주입되어 수소양手少陽과 합한다. 상행하여 전중膻中에 주입되고, 삼초三焦에서 퍼지고, 삼초에서 담膽으로 주입되어 협협脇으로 나가서 족소양足少陽에 주입된다.

하행하여 발등에 가고 다시 발등에서 엄지발가락 사이로 주입되어 족궐음足厥陰과 합한다. 상행하여 간肝에 가고 간에서 폐로 주입되고 후롱喉嚨을 따라 올라가 항상頏顙으로 들어가 축문畜門으로 깊이 들어간다.

지별支別은 이마로 올라가서 정수리를 지나 뒷목으로 내려가 척추를 따라 미려골尾閭骨까지 가니 이것이 독맥督脈이다. 음기陰器에 연락되고 올라가 음모陰毛를 지나 배꼽으로 들어가 뱃속을 따라 올라가서 결분缺盆에 들어갔다가 내려가 폐중肺中으로 주입되었다가 다시 태음으로 나온다. 이것이 영기가 일정하게 역행과 순행을 하면서 지나는 길이다."

◉ 이 편에서는 영혈營血이 경수經隧 안을 흐르는데 수태음폐手太陰肺에서 시작하여 족궐음간足厥陰肝까지 가서 다시 시작하여 끊임없이 운행됨을 말한다.

영혈은 중초中焦가 기를 받고 즙을 모아 변화시켜 혈을 만들어 생명을 유지시키니 이보다 중요한 것은 없다. 그래서 홀로 경수經隧로 흐르는 것을 영기營氣라고 하니 혈의 기를 일러 영기라고 한다. 중에 흘러넘치고 외부에 포산된다流溢於中 布散於外는 중초에서 만들어진 진액이 속에서 흘러넘쳐 정미精微가 되어 심신心神을 거치면서 붉게 변하여 혈이 되고 충맥衝脈과 임맥任脈에서 기육과 피부로 포산되어 피부를 충실하게 하고 기육을 따뜻하게 하며 터럭이 나오게 한다. 정전精專은 혈이 되어 경수經隧로 끊임없이 돌면서 끝나면 다시 도니 천지의 법칙에 상응하는 것이다. 피부 밖으로 포산되는 것은 천기天氣가 부표膚表로 운행되는 것에 상응하고, 영기가 경맥 내로 운영되는 것은 지地의 십이경수經水에 대응된다.

그러므로 영기는 수태음폐맥에서 나가 엄지손가락의 소상少商으로 주입된다. 거기서 갈라져 집게손가락의 끝으로 주입되어 수양명과 교차한다. 비鼻 교알交頞 중으로 상행하여 교차하면서 족양명위맥에 주입된다. 하행하여 발등의 충양衝陽으로 가서 엄지발가락 사이로 주입하여 족태음비맥과 은백隱白에서 합쳐진다.

상행하여 허벅지에 가고 허벅지에서 심중心中으로 주입되어 수소음맥을 따라서 액하의 극천極泉으로 나가 아래팔을 거쳐 새끼손가락의 소충少衝으로 주입되고 새끼손가락 바깥쪽의 소택少澤에서 수태양과 합쳐진다. 상행하여 겨드랑이를 올라타고 눈 밑으로 나가 목내자目內眥로 주입되고 족태양의 정명睛明에서 교차한다.

정수리로 올라갔다가 뒷목으로 내려가 척추를 따라서 미려골로 내려가고, 하행하여 새끼발가락의 지음至陰에 주입된다. 발바닥의 용천湧泉을 순환하고 족소음경으로 주입되고 상행하여 신腎에 주입되고, 신腎에서 심心으로 주입되어 흉중으로 퍼지고 심주포락에서 교차한다. 심주맥을 따라서 액하로 나가서 팔을 지나 양근 사이로 나가 손바닥으로 들어가 중지의 중충中衝으로 나가고 다시 약손가락의 관충關衝으로 주입되어 수소양맥과 합쳐진다.

상행하여 전중膻中으로 주입되서 삼초로 퍼지고, 삼초에서 담으로 주입되고 옆구리로 나가 족소양맥에 주입된다. 하행하여 발등으로 가서 다시 발등에서 엄지발가락의 대돈大敦에 주입되어 족궐음맥과 합한다. 상행하여 간으로 가고 간에서 다시 올라가 폐에 주입되고 후롱을 따라 올라가 항상頏顙으로 들어가고 축문畜門에서 끝난다. 항상頏顙은 코의 안쪽 구멍이고, 축문畜門은 코의 바깥 구멍이다.

구究는 끝난다는 뜻이다. 또 갈라진 것은 간맥에서 이마로 올라가 정수리로 가서 독맥과 정수리에서 만나고 다시 항중項中으로 내려가고 척추를 따라 미려골로 들어가니 이것이 독맥이다. 독맥이 앞으로 가서 음기陰器에 연락되고 올라가서 음모陰毛를 거쳐 배꼽 안으로 들어가서 뱃속을 따라 올라가서 결분으로 들어가고 내려가서 폐중에 주입되고 다시 태음맥을 따라 나간다.

이것이 영기가 지나는 길로 내외와 역순逆順으로 움직인다. 역순은 경맥 내외의 혈기가 서로 엇갈리면서 순환하는 것이다. 영위營衛는 정기精氣다. 중초 수곡의 정精에서 영위營衛 이기二氣가 생성되니 청기淸氣는 맥중脈中을 흐르고, 탁기濁氣는 맥외脈外로 흐른다. 이 영기와 종기가 함께 28맥을 호흡과 누하에 상응하면서 흐른다.

중초中焦의 즙汁이 변해서 혈이 되어 경수經隧로만 지나가는 영기는 십이경 맥을 돌면서 수태음폐에서 족궐음간으로 간다. 이것은 영위의 영기가 맥도를 순환하고 누수에 상응하는 것과는 다르다. 그러므로 본편에서는 영기의 운행 이 외부에서는 십이경맥을 운영하고, 내부에서는 오장육부를 운영한다. 갈라 져서 독맥으로 가고, 다시 폐로 주입되는데 임맥任脈과 양교맥兩蹻脈은 끼지 않 는다. 호흡과 누하에 응하면서 영기와 종기가 맥중을 행하는 것은 24맥과 임 맥·독맥督脈·양교맥陽蹻脈·음교맥陰蹻脈 모두 28맥이니 28수宿에 상응하는 것이다.

상어공이 말했다. "영기와 종기가 맥중을 행하는 것은 호흡과 누하에 응하 여 주야로 50영을 한다. 영위가 함께 피부와 기주 사이를 행한다營衛相將 偕行于 皮膚肌腠之間者는 것은 낮에 양분陽分을 25회, 밤에 음분陰分을 25회 돌면서 내 외로 출입하는 것이다. 본편의 영기는 영행맥중營行脈中하는 것으로 수태음폐 에서 시작하여 족궐음간에서 끝나 주야로 단지 한 바퀴 도는 것이다. 이것이 천지天地의 법칙을 따르는 것이다. 천도가 지구 밖을 운행하는데 주야로 한 바 퀴만 돌고 1도를 지난다."

재안 | 〈상한론·평맥법〉에서 "영위가 함께 움직이지 않으면 삼초는 움직이지 못한다營衛不能相將 三焦無所仰"라고 했다. 영행맥중 위행맥외營行脈中 衛行脈外로 각기 제 길로 가니 내외를 역순으로 행한다. 상장이행相將而行은 맥외의 영營이 위기衛氣와 함께 기육과 주리 사이를 행하므로 "삼초는 의지할 곳이 없다三焦 無所仰"고 하는 것이다. 주리腠理는 기육의 문리文理로 삼초의 기가 통회하는 곳이 다. 삼초의 기는 영위에 의지하여 유행한다.

김서명金西銘이 물었다. "영혈이 임맥任脈과 양교맥兩蹻脈을 돌지 않는 이유 는 무엇인가?"

이에 답한다. "임맥은 포중胞中에서 시작하고, 양교맥은 족태양에서 갈라진

336

맥이며, 음교맥은 족소음에서 갈라진 것이다. 포중胞中은 혈해血海고, 방광은 진액지부津液之腑이며, 신장腎臟은 정을 저장하는데 모두 중中에서 흘러넘친 정혈精血이 관통하는 것이지 영혈이 도는 곳은 아니다."

또 물었다. "영기가 충맥衝脈, 대맥帶脈, 양유맥陽維脈, 음유맥陰維脈을 돌지 않는 것은 무슨 이유인가?"

이에 답한다. "충맥과 임맥은 비록 함께 포중胞中에서 시작하지만 임맥이 일신一身의 음陰을 다 통솔하여 독맥과 교통하여 음양이 도는 것이다. 충맥은 등 안쪽背離을 따라 올라가서 경락지해經絡之海가 되고, 그중 밖으로 떠도는 것은 배복背腹를 따라 상행하여 흉중에 가서 퍼져서 피부를 충실하게 하고, 기육을 따뜻하게 하며, 털이 생기게 한다. 포중胞中을 주로 도는 혈은 경맥과 피부의 내외에 넘쳐서 흐르는 것이니 경맥의 순환과는 다르다.

월인越人은 '양유맥陽維脈과 음유맥陰維脈은 몸에 매어 있어서 흘러넘쳐 쌓이는 것이지 모든 경經을 돌면서 관개하는 것이 아니다. 따라서 양유맥은 제양諸陽이 모이는 곳諸陽之會에서 시작하고, 음유맥陰維脈은 제음諸陰이 만나는 곳諸陰之交에서 시작한다'고 했다. 대맥帶脈은 마치 속대束帶처럼 허리를 둘러 모든 맥을 다 묶어버리니 이것은 경맥을 관통하는 것이 아니다. 그래서 경맥을 돌지 않는다고 하는 것이다."

막운종이 물었다. "장부의 기는 본래 오운육기에서 생기는 것인데 영기는 수태음폐에서 시작하여 족궐음간에서 끝나니 오행의 역순 이치와는 맞지 않는다. 자세히 알려주시오."

이에 답한다. "후천 수곡에서 생기는 혈맥血脈은 선천의 음양에서 시작한다. 폐는 천天에 속하고 맥脈을 주관한다. 맥이 위구胃口를 돌면서 순환하니 위부胃腑에서 생긴 정혈精血은 먼저 폐맥에서 시작하여 배복로 가고, 배에서 손으로 가며, 손에서 머리로, 머리에서 발로, 발에서 배와 장부臟腑로 서로 전해지고 내외를 서로 관통되니 이것이 후천의 도다.

선천先天으로 논한다면 신腎은 천일지수天一之水를 주관하고, 심포락心包絡은 지이지화地二之火를 주관하며, 간肝은 천삼지목天三之木을 주관하고, 폐는 지사지금地四之金을 주관하며, 폐비脾는 천오지토天五之土를 주관한다. 그래서 신에서 심포락으로 전해지고, 심포락에서 간으로, 간에서 폐로, 폐에서 비脾로, 비에서 다시 소음으로 전해진다.

소음의 상부를 군화가 주관하니少陰之上 君火主之 군화君火는 선천의 수중水中에서 나와 후천後天의 태양太陽이 된다. 그러므로 다시 수소음심手少陰心에서 족소음신足少陰腎으로 전해진다. 신腎은 선천지수先天之水를 주관하고, 폐肺는 후천지기後天之氣를 주관하며, 독맥督脈은 전후를 상하로 도니 천天이 지외地外를 포위하면서 운행되는 것에 상응한다. 혈맥의 생시출입이 모두 천기天氣의 흐름을 따르기 때문에 사람이 천도와 합쳐지는 것이다."

批 정전精專은 중초의 즙으로 변해서 붉게 되어 포산되는 혈이 되어 하초로 흘러넘친 것이니 수화水火가 교제交濟하여 붉게 변하는 것이다.

批 이것은 바로 경맥의 기가 흐르는 길이다.

批 모두 경맥을 지나서 교차하면서 주입된다.

批 〈영추·우에무언憂恚無言〉에서 "콧물이 나오는 것은 항상이 열리지 않아 기가 분리되지 않는 것이다人之鼻洞涕出不收者 頏顙不開 分氣失也"라고 했다.

批 혈의 기가 영기다.

맥도脈度

黃帝曰: 願聞脈度.

岐伯答曰: 手之六陽, 從手至頭, 長五尺, 五六三丈. 手之六陰, 從手至胸中, 三尺五寸, 三六一丈八尺, 五六三尺, 合二丈一尺. 足之六陽, 從足上至頭, 八尺, 六八四丈八尺. 足之六陰, 從足至胸中, 六尺五寸, 六六三丈六尺, 五六三尺, 合三丈九尺. 蹻脈從足至目, 七尺五寸, 二七一丈四尺, 二五一尺, 合一丈五尺. 督脈任脈各四尺五寸, 二四八尺, 二五一尺, 合九尺. 凡都合一十六丈二尺, 此氣之大經隧也.

황제가 물었다. "맥도脈度에 대해 듣고 싶다."

기백이 답했다. "수手의 육양경六陽經은 수에서 머리頭까지 길이가 5척이니 5 * 6 = 3장이다.

수의 육음경六陰經은 수에서 흉중胸中까지 길이가 3척 5촌이니 3 * 6 = 1장 8척, 5 * 6 = 3척 합이 2장 1척이다.

족足의 육양경은 족에서 머리까지 길이가 8척이니 6 * 8 = 4장 8척이다.

족의 육음경은 족에서 흉중까지 길이가 6척 5촌이니 6 * 6 = 3장 6척, 5 * 6 = 3척 도합 3장 9척이다.

교맥蹻脈은 족足에서 목目까지 길이가 7척 5촌이니 2 * 7 = 1장 4척, 2 * 5 = 1척, 도합 1장 5촌이다.

독맥과 임맥은 길이가 각각 4척 5촌이니 2 * 4 = 8척, 2 * 5 = 1척 도합 9척이다.

모두 합한 것이 16장 2척이니 이것이 기가 가는 대경수大經隧의 길이다."

● 〈영추·오십영五十營〉에서는 기의 흐름을 논했고, 이 장에서는 맥脈의 도수度數를 논하고 있다. 그러므로 차기지대경수此氣之大經隧는 영기와 종기가 채워져

서 행하는 큰길이므로 유맥維脈은 끼지 않는다. 수족 육양육음六陽六陰은 경맥이 수경手經 둘, 족경足經 둘로 나뉘어 돌며, 음경陰經이 셋, 양경陽經이 셋이니 육이 되는 것이다. 교맥蹻脈도 좌우로 나뉘어 돌므로 합하면 1장 5척이 된다. 대체로 등은 양이고, 배는 음이다.

독맥은 양을 주관하고 목내자目內眥에서 기시하여 이마로 올라가서 정수리에서 교차하고 뇌로 들어갔다가 다시 뒷목으로 나가서 척추를 따라서 허리로 가고 또 등뼈를 타고 내려가 신장에 연결된다. 임맥任脈은 음을 주관하는데 중극中極 아래에서 기시하여 음모陰毛로 올라가 복강 내측을 돌고 관원關元으로 올라가 인후까지 가서는 턱으로 올라가고 얼굴 부위를 순환하면서 눈으로 들어간다. 임맥은 회음會陰에서 상행하여 목目까지 가고, 독맥은 목目에서 머리를 돌고 내려가 척추 14추椎까지 가므로 각각 길이가 4척 5촌이다. 기가 임맥과 독맥을 행하니 음과 양이 관통하여 흐른다.

상어공이 말했다. "독맥은 주신周身의 전후 상하를 빙 둘러서 도는데 단지 4척 5촌이라고 하고 임맥과 같다고 했다. 28맥은 모두 음과 양으로 분리하여 행하고. 교맥蹻脈은 남자는 양교맥만 세고, 여자는 음교맥만 센다."

批 단지 등에 있기 때문에 양분陽分을 순환하는 것을 세는 것이다.

> 經脈爲裏, 支而橫者爲絡, 絡之別者爲孫, 盛而血者疾誅之, 盛者瀉之, 虛者飮藥以補之.
> 경맥經脈은 속에 있고, 경맥에서 갈라져 횡으로 가는 것이 낙맥絡脈이며, 낙맥에서 다시 갈라진 것이 손맥孫脈이다. 사기가 성하여 낙맥에 혈이 유체되어 있으면 빨리 빼낸다. 사기가 성하면 사하고, 정기가 허하면 음약飮藥으로 보한다.

◉ 여기서는 앞 문장을 이어서 맥도가 16장 2척이라고 말한 것은 경맥만 센 것이다.

갈라져 옆으로 가는 것은 낙맥과 손락이다. 경맥은 내부에서 장부를 영양하고, 외부에서 형신에 연결되니 겉에서 피부에 드러나는 것은 모두 낙맥이다. 성이혈자盛而血者는 사기가 성하여 낙맥에 혈이 유체된 것이므로 빨리 제거해

야 한다. 허虛는 내부가 본래 허한 것이므로 음약飮藥으로 보해야 한다. 혈기는
본래 장부에서 만들어진다.

批 이것은 맥도脈度가 〈영추·영기營氣〉의 낙맥絡脈을 도는 것과 다르다는 것을 거듭 밝
히고 있다.

批 유체되었는데 제거하지 않으면 경맥으로 들어간다. 제대로 순환하여 흐르지 못한다.

五臟常內閱於上七竅也. 故肺氣通於鼻, 肺和則鼻能知香臭矣. 心
氣通於舌, 心和則舌能知五味矣. 肝氣通於目, 肝和則目能辨五色
矣. 脾氣通於口, 脾和則口能知五穀矣. 腎氣通於耳, 腎和則耳能
聞五音矣. 五臟不和, 則七竅不通, 六腑不和則留爲癰. 故邪在腑
則陽脈不和, 陽脈不和則氣留之, 氣留之則陽氣盛矣. 陽氣太盛則
陰脈不利, 陰脈不利則血留之, 血留之則陰氣盛矣. 陰氣太盛則陽
氣不能營也, 故曰關. 陽氣太盛, 則陰氣弗能營也, 故曰格. 陰陽俱
盛, 不得相營, 故曰關格. 關格者, 不得盡期而死也.

오장은 항상 칠규七竅에서 알아낼 수 있다. 그러므로 폐기肺氣는 코로 통하고,
폐기가 화조和調하면 코로 냄새를 맡을 수 있다. 심기心氣는 혀로 통하고, 심
기가 화조하면 혀로 오미五味를 맛볼 수 있다. 간기肝氣는 눈으로 통하고, 간
기가 화조하면 눈으로 오색五色을 판별할 수 있다. 비기脾氣는 입으로 통하
고, 입으로 오곡을 먹을 수 있다. 신기腎氣는 귀로 통하고, 귀로 오음五音을
들을 수 있다.

　오장이 불화하면 칠규가 불통하고, 육부가 불화하면 유체되어 옹癰이 된다.
그러므로 사기가 부腑에 있으면 양맥이 불화하고, 양맥이 불화하면 기가 유체
되며, 기가 유체되면 양기陽氣가 성해진다. 음맥陰脈이 불리하면 혈이 유체되
고, 혈이 유체되면 음기陰氣가 성해진다. 음기가 태성太盛하면 양기가 돌 수 없
다. 그래서 관關이 된다. 양기가 태성하면 음기가 돌 수 없다. 그래서 격格이 된
다. 음양이 모두 성하면 서로 돌 수 없다. 그래서 관격關格이 된다. 관격이 되면
얼마 못 가서 죽는다.

◉ 수족 육양경六陽經은 내부에서 육부六腑와 통하고, 육음경六陰經은 육장六臟
과 통한다. 십이경맥의 혈기는 장부에서 만들어지기 때문에 허할 때는 음약飮

藥으로 보하니 장부의 기가 맥내에서 운영되기 때문이다. 장부의 기가 맥외의 피부와 칠규七竅로 통하는 것은 천지의 법도에 상응하는 것이다. 열閱은 거친 다歷는 의미다. 오장은 항상 칠규에서 검열檢閱한다. 따라서 오장이 불화하면 칠규가 불통한다. 내부에서 육부는 양이고, 외부에서는 피부가 양이다.

본경에서 "양기가 유여하여 영기가 돌지 못하면 옹癰이 발생한다陽氣有餘 營氣不行 乃發爲癰"라고 했다. 이는 육부가 불화하면 혈기가 피부와 주리에서 유체되어 옹종이 되는 것이니 병이 내부에서 외부로 나간 것이다. 그러므로 사기가 부腑에 있다邪在腑는 사기가 표양表陽에 있어서 양맥이 불화하니 좌측 인영맥人迎脈이 불화한다. 양맥이 불화하면 기가 유체되고, 기가 유체되면 양기가 성해진다. 양기가 지나치게 성해지면 음맥이 원활하지 못하니 우측 기구맥氣口脈이 불리해진다. 음맥이 불리하면 혈이 유체되고 혈이 유체되면 음기가 성해진다.

음기가 너무 많아지면 양기는 돌지 못한다. 그래서 관關이라고 한다. 내부에서 음이 닫혀서 양기가 화답하지 못한다. 양기가 너무 많으면 음기는 돌지 못한다. 그래서 격格이라고 한다. 외부에서 양이 막혀서 음기가 화답하지 못한다. 음양이 모두 성하여 서로 돌지 못하는 것을 관격關格이라고 한다. 관격이 되면 얼마 못 가서 죽는다. 이것은 병인이 외부에 있다. 오장육부는 천지의 오운육기에 상응하여 승강출입하는 신기神機다.

앞 구절에서는 맥중에서 출입하는 것을 말했고, 여기서는 맥외로 운행함을 말한다.

장옥사가 말했다. "부득진기不得盡期는 천수를 다하지 못하는 것으로 이것은 〈영추·오십영〉의 주를 참고해야 한다."

黃帝曰: 蹻脈安起安止, 何氣營水?

岐伯答曰: 蹻脈者, 少陰之別, 起於然谷之後, 上內踝之上, 直上循陰股入陰, 上循胸裏, 入缺盆, 上出人迎之前, 入頄, 屬目內眥, 合於太陽陽蹻而上行, 氣幷相還, 則爲濡目, 氣不榮則目不合.

황제가 물었다. "교맥蹻脈은 어디서 시작하고 어디서 끝나는가? 교맥은 어떤 기로 도는가?"

기백이 답했다. "음교맥陰蹻脈은 소음少陰에서 갈라져서 연골然骨의 뒤쪽에서 기시하여 내과內踝 위로 똑바로 올라가서 허벅지를 순환하고 음기陰器로 들어간다. 다시 올라가서 흉부 안을 순환하고 결분缺盆으로 들어갔다가 다시 올라가 인영人迎 앞으로 나가 관골顴骨로 들어가 목내자目內眥에 속하고 태양太陽과 양교맥과 상합하여 상행한다. 삼경三經의 기가 합병하여 올라갔다 다시 내려오면 눈이 촉촉해지고, 음교맥의 기가 눈으로 가지 못하여 양기가 편성하면 눈이 감기지 않는다."

⊕ 이 절에서는 흘러넘친 정기精氣가 교맥蹻脈에서 맥외로 포산되고, 맥외의 혈기는 교맥에서 맥중으로 통관되어 기가 합병하여 돌아오는 것으로 내외가 서로 통함을 말한다.

신腎은 수장水臟으로 수곡지정水穀之精을 저장한다. 수水는 신장腎臟으로 흘러넘친 정수精水다. 하기영수何氣營水는 음교맥이 족소음足少陰에서 갈라져 똑바로 올라가 음고陰股를 순환하고 음기陰器로 들어가니 맥내의 영기와 종기는 신장의 수水를 운영한다. 올라가 흉곽 안을 순환하고 수소음심경手少陰心經과 교차하면서 붉게 되고 올라가 목내자目內眥에 주입되고 태양맥太陽脈과 양교맥과 합하여 상행한다. 음교맥과 양교맥의 기가 경맥 내외의 기와 합병하여 올라갔다 내려오면 눈이 촉촉하게 적셔진다. 기가 돌지 못하면 눈이 감기지 않는다氣不榮則目不合는 맥외로 흘러넘친 기가 눈을 영위하지 못하는 것이다.

재안 | 〈영추·대혹론大惑論〉에서 "병자가 잠을 못 자는 것은 위기衛氣가 안으로 들어가지 못하고 항상 밖에 머물기 때문이다. 양에 머물면 양기가 가득 채워져서 양교맥이 성하여 내부로 들어가지 못하고 음기陰氣가 허해져 눈이 감기지 않는다病有不得臥者 衛氣不得入於陰 常留於陽 留於陽則陽氣滿 陽氣滿則陽蹻盛 不得入於陰則陰氣虛 故目不瞑矣"라고 했다. 또 "잘 볼 수 없는 병자는 위기衛氣가 음분에 머물러 양분을 돌지 못하는 것이니 음분에 머물면 음기가 성해진다. 음기가 성해지면 음교맥이 차서 양분으로 들어가지 못하니 양기가 허해지므로 눈이 감긴다病有不得視者 衛氣留於陰 不得行於陽 留於陰則陰氣盛 陰氣盛則陰蹻滿 不得入於陽則

陽氣虛 故目閉也"라고 했다. 이것은 맥외의 위기가 다시 내부의 교맥과 통하여 내외의 혈기가 병합하여 올라갔다가 내려오는 것이다.

교맥의 기가 불화하면 맥외의 기도 목目을 영위하지 못하여 눈이 감기지 않는 것이니 음교와 양교가 목내자의 정명睛明에서 만나기 때문이다. 오장이 불화하면 맥외의 음기도 불화하고, 육부가 불화하면 맥외의 양기도 불화한다. 교맥이 불화하면 맥외의 기도 목目을 영위하지 못하니 경기經氣 내외가 서로 수응輸應하기 때문이다.

상어공이 말했다. "맥외의 음기가 허하면 잠이 안 온다. 기불영즉목불합氣不營則目不合이라는 것은 맥외의 음기가 목目을 영위하지 못하는 것이다. 이 구절은 처음에는 교맥의 시작과 끝을 말했고, 다시 기불영즉목불합氣不榮則目不合이라고 한 것은 맥내의 음기가 맥외로 흘러넘친 것을 말한다. 맥도脈度는 호흡과 누하에 응하여 영기와 종기가 맥중을 행하는 것이다. 영혈의 흐름은 수태음폐에서 시작하여 족궐음간에서 끝난다. 지행은 독맥을 한 바퀴 돌고 교맥은 관여하지 않는다. 교맥은 신장의 정수精水를 맥중脈中에서 운행시켜 혈이 되게 한다. 발을 들고 거만하게 걷는 것擧足行高을 교蹻라고 하는데 아래에서 위로 올라간다는 의미다."

批 영혈이 독맥을 한 바퀴 도는 것은 영기가 다만 4척 5촌 움직이는 것이다.

黃帝曰: 氣獨行五臟, 不營六腑何也?

岐伯答曰: 氣之不得無行也, 如水之流, 如日月之行不休. 故陰脈營其臟, 陽脈營其腑, 如環之無端, 莫知其紀, 終而復始, 其流溢之氣, 內漑臟腑, 外濡腠理.

황제가 물었다. "음교맥陰蹻脈의 기가 오장五臟만 가고 육부六腑를 돌지 않는 까닭은 무엇인가?"

기백이 답했다. "기가 돌지 않을 수 없으니 물이 끊임없이 흐르고, 일월日月이 쉬지 않고 운행되는 것과 같다. 음교맥은 장臟을 돌고, 양교맥은 부腑를 돌아 마치 끝이 없는 원을 돌듯 시작점도 없고 종점도 없어 끝나면 다시 돌고 흘러넘친 기가 내부에서 장부臟腑를 관개하고, 외부에서 주리腠理를 적신다."

● 이것은 앞 문장을 이어받아 다시 경맥 내외의 기가 맥중을 운행하고 맥외를 적심을 거듭 밝힌다.

안 | 위기衛氣의 운행은 낮에 양분陽分 25번, 밤에 음분陰分 25번 돈다. 오장을 도는 것은 음분으로 처음 들어가니 항상 족소음足少陰에서 신腎으로 가고, 신腎에서 심心으로 주입되며, 심心에서 폐肺로, 폐肺에서 간肝으로, 간肝에서 비脾로, 비脾에서 다시 신腎으로 주입되어 1주周가 된다. 맥외의 혈기는 부인이 남편을 따라가듯이 함께 가니 오장만 돌고 육부는 돌지 않는다.

앞 문장에서 맥외의 혈기가 눈을 적신다고 했으므로 황제가 이런 질문을 한 것이다. 기백은 "기는 육부로 가지 않을 수 없다"고 말했다. 영기가 맥중을 도는 것은 마치 물이 흐르는 것과 같고, 맥외로 운행되는 것은 해와 달이 도는 것과 같이 쉬지 않고 도는 천도에 비유했다. 그러므로 음교맥은 오장을 돌고 양교맥은 육부를 도는 것이 끝이 없는 원을 돌 듯 시작도 없고 끝도 없어 끝나면 다시 돈다. 거기서 흘러넘친 기는 내부에서는 오장을 관개하고, 외부에서는 주리를 적신다. 주리는 피부와 기육의 살결과 오장의 모원募原의 살결이다.

장옥사가 말했다. "영기의 운행은 신腎에서 심포락心包絡으로 전해지고, 포락包絡에서 간肝으로, 간肝에서 폐肺로, 폐肺에서 비脾로, 비脾에서 심心으로 전해지니 수·화·목·금·토는 선천의 오행이다. 위기衛氣의 운행은 신腎에서 심心으로 주입되고, 심心에서 폐肺로, 폐肺에서 간肝으로, 간肝에서 비脾로, 비脾에서 다시 신腎으로 주입되니 서로 승제勝制가 되는 후천의 오행이다. 이것이 역순의 흐름이다. 맥내의 기는 순행順行하고, 맥외의 기는 역행逆行하여 순행과 역행이 있으니 이에 천지의 법칙이 이루어진다."

黃帝曰: 蹻脈有陰陽, 何脈當其數?
岐伯曰: 男子數其陽, 女子數其陰, 當數者爲經, 不當數者爲絡也.

황제가 물었다. "교맥蹻脈은 양교맥과 음교맥이 있는데 어느 맥을 세는가?"
기백이 답했다. "남자는 양교맥을 세고, 여자는 음교맥을 센다. 세는 것은 경맥이 되고, 세지 않는 것은 낙맥이 된다."

⊕ 음교맥은 발足에서 상행하니 지기地氣가 상승하는 것에 상응하므로 여자는 음교맥을 센다. 음교맥은 목내자에 속하고 양교맥과 만나 상행하니 이것이 양교맥이 음교맥의 기를 받는 것이다. 다시 발제에서 하행하여 족足으로 가는 것이니 천기天氣가 하강하는 것에 비유된다. 그러므로 남자는 양교맥을 센다.

상어공이 말했다. "음교맥은 족소음에서 갈라져 나온 맥이고, 양교맥은 족태양에서 갈라진 것이다. 남자의 종기와 영기는 태양의 양교로 주입되고, 여자의 영기와 종기는 소음의 음교로 주입된다. 기가 주입되는 곳이므로 큰 경수經隧가 된다. 기가 돌지 않으면 낙맥이 된다. 앞 구절에서는 소음의 정수精水가 음교에서 상행하여 양교와 합쳐지는 것을 말했고, 이 절에서는 영기와 종기가 교맥을 행하는 것이 남녀의 음양 구별이 있음을 말하고 있으니 이 두 구절을 구분해 보아야 한다."

영위생회營衛生會

黃帝問於岐伯曰: 人焉受氣? 陰陽焉會? 何氣爲營? 何氣爲衛? 營
安從生? 衛於焉會? 老壯不同氣, 陰陽異位, 願聞其會.

岐伯答曰: 人受氣於穀, 穀入於胃, 以傳于肺, 五臟六腑, 皆以受
氣, 其淸者爲營, 濁者爲衛, 營在脈中, 衛在脈外, 營周不休, 五十
而復大會, 陰陽相貫, 如環無端, 衛氣行於陰二十五度, 行於陽
二十五度, 分爲晝夜. 故氣至陽而起, 至陰而止. 故曰日中而陽隴
爲重陽, 夜半而陰隴爲重陰, 故太陰主內, 太陽主外, 各行二十五
度, 分爲晝夜. 夜半爲陰隴, 夜半後而爲陰衰, 平旦陰盡而陽受氣
矣. 日中而陽隴, 日西而陽衰, 日入陽盡而陰受氣矣. 夜半而大會,
萬民皆臥, 命曰合陰. 平旦陰盡而陽受氣, 如是無已, 與天地同紀.

황제가 기백에게 물었다. "기는 어디서 받는가? 음분陰分과 양분陽分은 도는데
언제 만날 수 있는가? 어떤 기가 영기營氣고, 어떤 기가 위기衛氣인가? 영기는
어디서 생기고 위기와 어디서 만나는가? 노인과 젊은이가 기가 다르고 음양이
서로 다른 곳을 도는데 어디서 만나는지 알고 싶다."

기백이 답했다. "사람은 곡식에서 기를 받는다. 곡식이 위胃에 들어가 폐로
전해지면서 오장육부가 모두 기를 받는다. 맑은 기운은 영營이 되고, 탁한 기
운은 위衛가 되어 영기營氣는 맥중脈中을 흐르고, 위기衛氣는 맥외脈外를 흐른
다. 쉬지 않고 돌아서 50회 돌고서 다시 만난다. 음양이 끝이 없는 원처럼 서
로 이어져서 위기는 주야로 나뉘어 양분을 25번 돌고, 음분을 25번 돈다.

그러므로 기가 양분에 이르면 일어나고, 음분에 이르면 행동을 멈춘다. 한
낮에는 양이 융성하여 중양重陽이고, 야반에는 음이 융성하여 중음重陰이다.
그러므로 태음太陰은 내부를 주관하고, 태양太陽은 외부를 주관하여 각각 25회
돌아 주야로 나뉜다. 야반에는 음분에 기가 융성하고, 야반 이후에는 음분에

기가 줄어들고, 새벽에는 음분에서 기가 다 빠지고 양분이 기를 받기 시작한다. 한낮에는 양분에 기가 융성해지고, 해가 지면 양분에 기가 줄어들며, 해가 지면 양분에 기가 빠지고 음분이 기를 받기 시작한다. 야반에는 음양기가 함께 만나니 모든 사람이 다 잔다.[*] 이를 합음合陰이라고 한다. 새벽에는 음분에 기가 다 빠지고 양분이 기를 받기 시작한다. 이와 같이 멈추지 않고 계속 운행하니 천도를 본받은 것이다."

● 이 장에서는 영위營衛의 생시生始와 회합會合을 말했고 이것으로 편명을 지었다. 첫 부분에서는 영위가 생기는 곳과 흐르는 길을 말하고, 뒷부분에서는 영위가 서로 만나는 것會合과 함께 흐르는 것相將而行, 내외로 출입하는 것外內出入을 논했으니 이것이 음양의 이합지도離合之道다.

곡식이 위에 들어가 폐로 전해지면서 오장육부가 모두 기를 받는다穀入於胃 以傳於肺 五臟六腑 皆以受氣는 영혈營血이 오장육부와 십이경맥을 도는 것이다. 맑은 것은 영기營氣고, 탁한 것은 위기衛氣니 영위가 두 개로 갈라져서 흐른다. 영기는 맥중脈中으로 흐르고, 위기는 맥외脈外로 흐른다. 쉬지 않고 돌아 낮밤으로 50회 돌고 다시 수태음手太陰에서 크게 만나니 음양이 서로 이어져서 끊임없이 순환된다.

영기가 맥중을 도는 것은 호흡과 누하漏下에 따라 맥도脈度를 순환한다. 위기는 밤에는 음분陰分을 25차례 돌고, 낮에는 양분陽分을 25차례 도니 낮과 밤으로 갈린다. 그러므로 기가 양분에 도달하면 눈이 떠져 잠자리에서 일어나게 되고, 음분에 이르면 모든 동작이 멈추면서 눈이 감긴다.

한낮에는 양기가 융성해지고 위기도 한창 양분을 돌므로 중양重陽이 된다. 야반에는 음기陰氣가 융성해지고 위기는 한창 음분을 도니 중음重陰이 된다. 태음太陰은 지기地氣를 주관하고, 태양太陽은 천기天氣를 주관한다. 위기는 낮에는 태양 부위인 부표膚表를 돌고, 밤에는 오장육부의 모원募原을 행하니, 즉 태음이 주관하는 지중地中이다. 내외를 각각 25차례, 주야로 도는 것이 위기의

---

[*] 야반에는 천기도 음기가 되고, 위기도 음분을 흐르며, 영기는 항상 맥내 음중을 흐르니 야반에 크게 만나게 되어 양의 활동이 없어 모든 사람이 다 자는 것이다.

움직임이다.

야반에는 음분에 기가 왕성하고, 야반 이후에는 음분에 기가 쇠퇴하기 시작하며, 새벽에는 음분에 기가 다 소진되고 양분이 기를 받기 시작한다. 한낮에는 양분에 기가 왕성하고, 해가 기울면 양분에 기가 쇠퇴하며, 해가 지면 양분에 기가 소진되고 음분에서 기가 생겨난다. 야반에는 음양이 서로 만나 천하만민이 모두 누워 자니 합음合陰이라고 한다.

이것은 천기가 밤에 음에 흐르고 또 음기와 회합한다. 천도天道는 주야의 음양이다. 새벽에는 위기가 음분을 흐르지만 음기가 다 소진되면서 표양表陽이 다시 위기를 받기 시작한다. 이처럼 주야출입이 끝없이 이어지니 천지음양과 같은 법칙이 적용된다.

批 영기와 위기는 각자 자기의 길로 흐르므로 음양이위陰陽異位라고 한다. 영營과 위衛가 함께 나란히 흐르는데 음과 양은 언제 만나는가? 또 다른 곳으로 흐른다고 하면서 만난다는 것은 무엇인가? 이것을 묻는 것이다.

批 영기는 주야나 음양 구별 없이 50영만 한다. 앞에서는 영위로써 음양을 구분했고, 이것은 내외 주야로써 음양을 나눈 것이다.

黃帝曰: 老人之不夜瞑者, 何氣使然? 少壯之人, 不晝瞑者, 何氣使然?

岐伯答曰: 壯者之氣血盛, 其肌肉滑, 氣道通, 營衛之行, 不失其常, 故晝精而夜瞑. 老者之氣血衰, 其肌肉枯, 氣道澁, 五臟之氣相搏, 其營氣衰少而衛氣內伐, 故晝不精, 夜不瞑.

황제가 물었다. "노인이 밤에 잠을 못 자는 것은 무슨 까닭인가? 젊은 사람이 낮에 자지 않는 것은 무슨 까닭인가?"

기백이 답했다. "젊은 사람들은 기혈이 왕성하고, 기육이 매끄러우며, 기도氣道가 잘 통하여 영위가 정상적으로 흘러 낮에는 정신이 맑고 밤에는 잠을 잔다. 노인들은 기혈이 쇠해지고, 기육肌肉이 마르며, 기도가 삽체澁滯하여 오장의 기가 뭉쳐서 영기營氣는 줄어들고, 위기는 내부에서 깎이니 낮에는 정신이 맑지 못하고 밤에는 자지 못한다."

◉ 여기서는 영기와 위기가 함께 피부와 기주肌腠 사이를 행하면서 주야로 나뉘어 내외를 출입하는 것을 말한다.

혈기는 피부를 채우고 기육을 따뜻하게 하며 피모에 스며들어 있다. 기육은 외부에서는 피부 안쪽의 살이고, 내부에서는 모원募原의 살이다. 기도氣道는 기육의 살결로 삼초三焦의 원진元眞이 통회通會하는 곳이고, 영위가 유행출입하는 곳이다. 그러므로 기육이 매끄러워 기도가 잘 소통되면 영위가 정해진 궤도를 벗어나지 않는다. 따라서 낮에는 깨어 있고 밤에는 잠을 자는 것이다. 기육이 거칠고 기도가 삽체하면 오장의 기가 상박相搏하여 내외가 통하지 못하고 조절되지 않는다.

영혈營血은 오장의 정기精氣다. 오장이 불화하면 영기가 줄어들고, 영기가 줄면 밖에 있는 기육을 영양하지 못하고 위기衛氣는 안에서 깎인다. 위기가 안에서 깎이면 오장을 순행하지 못하여 낮에는 정신이 맑지 않고 밤에는 잠이 안 온다. 이것은 영기와 위기가 함께 가니 위가 영을 따르는 것이다.

경에서 영행맥중 위행맥외營行脈中 衛行脈外라고 하는 것은 영위營衛 이기二氣가 음양으로 나뉘어 청탁淸濁으로 나뉘어 가는 길이다. 〈상한론·평맥법〉에서 "영營은 혈血이고, 위衛는 기氣다營爲血 衛爲氣"라고 했고, 본경에서 "변하여 혈血이 되니 영기營氣라고 한다化而爲血 命曰營氣"라고 했다. 경맥 외부에도 충부열육充膚熱肉하는 혈기가 있으니 모두 영기營氣다. 맥외脈外에도 영혈이 있어 위기衛氣와 함께 출입한다는 것을 알아야 한다.

그러므로 본경은 영위營衛의 생시生始와 이합離合을 논한 것이 다섯 편쯤 된다. 제15편 〈오십영〉은 영기營氣가 맥중脈中을 행하는 것을 논했고, 제76편 〈위기행衛氣行〉에서는 위기가 맥외를 행하는 것을 논했으며, 제16편 〈영기營氣〉에서는 영혈營血이 오장육부와 십이경맥을 도는 것을 논했다. 이 편에서는 영위가 생성되는 곳과 흘러가는 길과 피부 기주 사이에서 다시 회합하여 함께 출입하는 것을 말한다. 제52편 〈위기衛氣〉에서는 맥내脈內의 혈기血氣가 기가氣街에서 부표膚表로 나가 위기와 합쳐져 함께 가는 것을 말한다.

맥내의 혈기가 순행하면 맥외의 기혈은 반대로 돈다. 이것이 음양이 분리되기도 하고 서로 합쳐지기도 하면서 내외가 서로 역순으로 도는 정상 궤도.

음양의 도는 통변通變이 무궁無窮하여 천고이래千古以來로 모두 영행맥중 위행맥외營行脈中 衛行脈外의 구절에서 막혔다. 따라서 경전 전체를 통할 수 없어서 경전의 대의大義가 몽매하게 된 지 오래되었다.

批 경에 "영영營이 뿌리고, 위衛는 잎이다"라고 했다. 그래서 위衛가 영영營을 따라 도니 영위營衛 이기二氣는 정기精氣다.

批 혈혈血의 기기氣가 영기營氣다. '개개皆'라고 한 것은 영위營衛가 흐르는 길이 두 갈래임을 말한다.

> 黃帝曰: 願聞營衛之所行, 皆何道從來?
> 岐伯答曰: 營出於中焦, 衛出於上焦.
>
> 황제가 물었다. "함께 흐르는 영위營衛는 모두 어디에서 나오는가?"
> 　기백이 답했다. "영기營氣는 중초中焦에서 나오고, 위기衛氣는 상초上焦에서 나온다."

◉ 황제가 앞 문장을 이어서 다시 함께 흐르는 영위營衛가 모두 어디에서 나와서 맥외脈外로 가는지를 묻고 있다.

맑은 것은 영영營이고, 탁한 것은 위衛다. 이것은 위胃에 들어간 수곡지기가 영위의 두 길로 갈라져 행하여 영은 맥중脈中을 행하고, 위는 맥외脈外를 행하니 이것이 정기精氣다.

중초中焦에서 기를 받고 진액을 모아서 변화시켜 혈을 만든다. 이것으로 생명이 유지되는 것이니 이보다 귀한 것은 없다. 홀로 경수經隧를 행하는데 이것을 영기營氣라고 한다. 혈혈血에 있는 기기氣가 영기다. 따라서 영영營이 중초에서 나온다고 한 것이고 정기精氣와는 조금 차이가 있다.

〈영추·결기決氣〉에서 "상초上焦가 열려 오곡의 미味를 퍼뜨려 피부를 따뜻하게 하고, 몸을 충실하게 하며, 터럭을 윤택하게 하며, 안개처럼 촉촉하게 적시니 이를 기기氣라고 한다上焦開發 宣五穀味 熏膚充身澤毛 若霧露之漑 是謂氣"라고 했고, 〈영추·오미론五味論〉에서 "신미辛味가 위胃에 들어가면 그 기는 상초上焦로 간다辛入于胃 其氣走于上焦"라고 했다. 상초는 기를 받아 모든 양 부위를 영위한다.

위衛는 양명수곡陽明水穀의 한기悍氣로 상초에서 표양表陽으로 위기를 내보
낸다. 그래서 위출상초衛出上焦라고 한다. 충부열육充膚熱肉의 혈血은 바로 중초
中焦 수곡의 진액으로 삼초출기三焦出氣를 따라 기육을 따뜻하게 하고 피부를
충실하게 한다. 그래서 〈영추·옹저癰疽〉에서 "장위腸胃가 수곡을 받아 상초로
기를 내보내 분육을 따뜻하게 하고 골절을 영양하며 주리를 통하게 한다. 중
초로 기를 내보내 이슬처럼 계곡谿谷을 촉촉이 적셔서 손맥孫脈으로 스며들게
하고 진액과 섞여서 붉게 변화하여 혈이 된다. 기와 섞인 혈은 손맥孫脈이 먼저
채워지고, 넘쳐서 낙맥絡脈으로 주입되며, 낙맥이 모두 차면 경맥經脈에 주입
된다. 음양경이 이미 다 채워지면 호흡에 따라 돈다. 일정한 길과 일정한 원칙
에 의하여 주행하니 천도天道에 상응하여 멈추지 않고 돈다腸胃受穀 上焦出氣 以
溫分肉 而養骨節 通腠理 中焦出氣如露 上注谿谷 而滲孫脈 津液和調 變化而赤爲血 血和則孫
脈先滿溢 乃注於絡脈 皆盈 乃注於經脈 陰陽已張 因息乃行 行有經紀 周有道理 與天合同 不得
休止"라고 했다.

계곡谿谷은 기육肌肉이 갈라지거나 합쳐지는 곳이다. 이 진액이 먼저 분육分
肉과 손락 사이에서 섞여 변화하여 붉게 되어 혈이 된다. 혈이 기와 섞인 후에
손락에 채워지고 넘쳐서 낙맥과 경맥으로 흘러간다. 그러므로 중초의 진액이
변화하여 혈이 되어 생명을 유지시킨다는 것中焦之津液 化而爲血 以奉生身者은 혈
이 몸의 기육을 도는 것이다.

홀로 경수를 행하니 영기라고 한다獨行于經隧命曰營氣는 혈이 손맥과 경맥
으로 주입되는 것이다. 혈에 있는 기가 영기다此血之氣 命曰營氣라는 것은
호흡누하呼吸漏下에 따라 도는 영기營氣와 조금 차이가 있다. 그러므로 외
부에서는 위기衛氣와 함께 주야로 출입하고, 내부에서는 경맥에 주입되어
호흡에 따라 행하니 천도天道가 외부에서 운행되고 다시 지중地中으로 통
관通貫하는 것에 상응한다.

여백영이 말했다. "여기서는 영위營衛가 상중초上中焦에서 나오는 것을
말했고, 다음 구절에서는 상초上焦의 기가 영기營氣와 함께 행하고, 중中
焦의 기가 영기로 변하는 것을 말한다. 이것은 위 문장을 이어 아래 구절을
여는 문장이다."

黃帝曰: 願聞三焦之所出.

岐伯答曰: 上焦出於胃上口, 並咽以上, 貫膈而布胸中, 走腋, 循太陰之分而行, 還至陽明, 上至舌, 下足陽明, 常與營俱行於陽二十五度, 行於陰亦二十五度, 一周也, 故五十度而復大會於手太陰矣.

황제가 물었다. "삼초三焦의 기가 나오는 부서를 알고 싶다."

기백이 답했다. "상초의 위기衛氣는 위상구胃上口에서 나와서 식도와 합쳐서 올라가 횡격막을 관통하여 흉중에 퍼진다. 겨드랑이로 가서 태음太陰의 부위를 순환하고 행하다가 돌아와 양명陽明에 이르러서 올라가 설舌에 가고 족양명足陽明으로 내려간다. 항상 영영과 함께 양분陽分을 25도度, 음분陰分을 25도 행하니 이것이 1주. 그러므로 50회 돌고 수태음手太陰에서 대회大會한다."

◉ 여기서는 다시 삼초에서 나오는 기를 말하고 겸해서 영위의 생회生會를 증명한다.

상초의 기가 위상구胃上口에서 나오는 것上焦出於胃上口은 상초가 귀속되는 부서部署다. 위胃와 식도에서 올라가 횡격막을 관통하고 흉중에서 퍼지며 겨드랑이 아래로 나가서 태음경의 운문雲門과 중부中府의 부위를 행하고, 양명경의 천정天鼎과 부돌扶突로 다시 돌아가서 설舌로 올라간다. 다시 족양명의 부위로 내려간다. 언제나 영영과 함께 양분陽分을 25차례 돌고 음분陰分을 25차례 도니 이것이 1주. 이렇게 오십 번 돌고 다시 수태음太陰으로 가서 영위營衛가 만난다. 흉부와 겨드랑이 태음 부위에서 출발하므로 다시 태음에서 만나는 것이다. 수지삼음手之三陰은 장臟에서 수手로 흐르고, 족지삼음足之三陰은 족足에서 장臟으로 흐른다.

영기는 28맥을 행하면서 270식息을 하고 누하漏下 2각刻이 소요되니 이것이 1주. 음양·내외·경맥·장부를 모두 돈다. 일일一日을 주야로 나누고 50번 도는 것이지 낮에는 양경을 돌고 밤에는 음경을 도는 것이 아니다.

하루에 양분을 25차례, 음분을 25차례 도는 것日行于陽二十五度 行于陰亦二十五度이 바로 영위가 맥외의 음분과 양분을 출입하는 것이다. 월인越人이 『난경難

經』의 첫 문난問難에서 경의經義를 뒤섞어서 후세 사람들은 그를 비난했다. 후세 사람들은 또 영행맥중營行脈中으로 행양이십오도 행음이십오도行陽二十五度 行陰二十五度라고 했으니 오십보백보다.

안 | 『금궤요략金匱要略』에서 "오장의 원진元眞이 잘 통하면 건강해져서 평안하고 병들어도 주리를 통과하지 못한다"라고 했다. 주주腠는 삼초의 기가 오장의 원진과 통회하는 곳으로 혈기가 주입된다. 이리理는 피부와 장부의 살결이다. 삼초는 초양지기初陽之氣로 상하로 운행하여 주리肌腠에서 통합하고 경수經臟로는 들어가지 않는다. 그러므로 "상초의 기는 항상 영營과 함께 양분을 25도, 음분을 25도 돈다는 것上焦之氣常與營俱行於陽二十五度 行於陰二十五度"은 충부열육充膚熱肉하는 영혈營血과 함께 피부와 장부의 문리文理 사이를 돈다.

상초의 기는 위상구胃上口에서 나와서 올라가 횡격막을 관통하고 흉중에서 퍼진 후 겨드랑이로 가서 양명陽明으로 가고 다시 올라가 설舌로 간다. 이것은 상초에서 나온 기는 경맥經脈이 비주臂肘를 순환하고 견갑肩甲으로 올라갔다가 결분缺盆으로 들어가고 귀耳와 볼頰로 나가는 것과 다르다.

재안 | 삼초三焦는 바로 소양상화少陽相火다. 신음腎陰에서 생겨 아래서 올라가 온몸의 주리와 장부의 모원募原을 통회하니 모두 같은 기다. 유형의 부서에 귀속되는 것은 처음에 셋으로 나뉜다. 상부에 있는 기는 상초에 귀속되어 오곡의 기미를 선발宣發시킨다. 즉 상초에서 생긴 기는 피부를 따뜻하게 하고 몸을 충실하게 하며 모발을 윤택하게 한다熏膚充身澤毛. 중부에 있는 기는 중초에 귀속되어 수곡의 진액을 증화蒸化시켜 영혈營血을 생성한다. 영혈은 중초에서 생겨서 생명을 유지시킨다. 하부에 있는 기는 하초에 귀속하는데 별즙別汁을 짜내니 하초에서 나가서 결독決瀆을 한다. 기는 음陰에서 생기고, 아래에서 올라가 상중하上中下의 세 부서에 귀속되어 상초·중초·하초에서 분포되어 유행한다.

마현대는 다시 하초의 기가 중상中上으로 올라가고, 상초의 기는 중하中下로 내려온다고 했는데 이는 내경의 이치에 밝지 못한 억설이다.

批 삼초를 가지고 영위가 어디서 생기는지를 설명했다.

批 수태음은 기를 주관하므로 영위營衛 상초上焦의 기는 모두 태음太陰에서부터 행한다.

批 본경은 "영위營氣가 오십영五十營을 한다"고 했고, "위기衛氣가 하루에 양분을 25차

례, 음분을 25차례 돈다日行陽二十五度 夜行陰二十五度"고 했다.

批 주리腠理 안에 영혈營血이 주입된다.

批 〈상한론·평맥법〉에서 "삼초三焦는 귀속되는 부서가 없다"고 했다.

> 黃帝曰: 人有熱飮食下胃, 其氣未定, 汗則出, 或出於面, 或出於
> 背, 或出於身半, 其不循衛氣之道而出何也?
> 岐伯曰: 此外傷於風, 內開腠理, 毛蒸理泄, 衛氣走之, 故不得循其
> 道, 此氣慓悍滑疾, 見開而出, 故不得從其道, 故命曰漏泄.
>
> 황제가 물었다. "뜨거운 음식을 먹으면 미처 소화가 되기도 전에 얼굴이나 등
> 이나 상반신에서 땀이 난다. 위기衛氣가 지나는 길이 아닌데도 땀이 나는 이유
> 는 무엇인가?"
>
> 　기백이 답했다. "이것은 외부에서 풍風에 손상되고 내부에서 주리腠理가 열
> 려 터럭이 더워지고 주리가 새서 위기가 제멋대로 가니 제 길로 가지 않는 것
> 이다. 이는 위기가 아주 빨리 움직여 틈만 있으면 나가 제 길로 가지 않는다.
> 이를 누설漏泄이라고 한다."

◉ 여기서는 위기衛氣는 상초에서 나오고 상초의 기가 전신으로 퍼짐을 거듭
밝혔다.

　상초는 위상구胃上口에서 나와서 올라가 횡격막을 관통하고 흉중에서 퍼지
고, 겨드랑이를 거쳐서 태음太陰 부위로 나가서 수양명의 부돌扶突로 가고 족
양명의 인영人迎으로 내려가고 나서 피부와 주리에 퍼지는데 항상 영營과 함께
양분과 음분을 돈다.

　위기는 상초에서 나가는데 처음에는 얼굴까지 올라가지 못하고, 등에 미치
지 못한다. 이제 음식이 위胃로 내려가 미처 영기營氣·위기衛氣·종기宗氣가 분
리되지 못한 상태에서 얼굴이나 등에서 땀이 먼저 나는 것은 위기가 정상적인
궤도를 벗어난 것이다. 위기는 전신에 퍼지니 위기가 미치지 않는 곳이 없다.
땀이 몸 한쪽에서만 난다면 위기가 한쪽으로 막힌 것이다. 위기는 수곡의 한
기悍氣로 아주 빨리 움직여서 주리가 치밀하지 않아 틈만 보이면 나가므로 제
궤도를 좇지 못하는 것이다. 이것은 풍사風邪로 땀이 나는 것을 가지고 위기가

상초에서 나오고, 상초는 영혈과 함께 행하니 영혈과 위위는 함께 내외를 출입함을 증명한 것이다. 그러므로 상초여무上焦如霧라고 했으니 안개와 이슬에 적셔지는 것처럼 기가 부표膚表를 돌면서 피부를 덥히고 몸을 채우며 터럭을 윤택하게 한다熏膚充身澤毛.

장개지가 말했다. "이 장은 위기가 처음 출발하는 것을 말했고, 제76편〈위기행衛氣行〉은 위기가 밤낮으로 출입하는 도로를 말했다. 행하는 곳이 다르니 각기 잘 분석해야 한다."

批 이것도 영위생회營衛生會의 하나다.

> 黃帝曰: 願聞中焦之所出.
> 岐伯答曰: 中焦亦並胃中, 出上焦之後, 此所受氣者, 泌糟粕, 蒸津液, 化其精微, 上注於肺脈, 乃化而爲血, 以奉生身, 莫貴於此, 故獨得行於經隧, 命曰營氣.
> 황제가 물었다. "중초中焦의 기가 어디서 나오는지 듣고 싶다."
> 기백이 답했다. "중초도 위중胃中에 겹쳐 상초의 기가 나간 뒤에 나간다. 중초에서 받은 기는 조박糟粕을 걸러내고 진액津液을 증발시켜 정미精微로 변하여 올라가서 폐맥肺脈에 주입되고 이에 변하여 혈血이 되어 생명을 유지하게 하니 이보다 중요한 것이 없다. 그러므로 혈만 경수經隧로 갈 수 있어 영기營氣라고 한다."

⊛ 여기서는 영營이 중초中焦에서 나옴을 말하고 있다. 중초도 위중胃中에 겹치니 위중완胃中脘 부위가 중초가 귀속되는 부서다. 여기서 받은 기는 수곡의 찌꺼기는 걸러내고 진액을 증발시켜 정미精微로 변화시킨다. 올라가 폐맥으로 주입되어 붉게 변하여 혈血이 되어 생명을 유지하게 하니 이보다 귀한 것은 없다. 그러므로 혈만 경수經隧로 갈 수 있으니 영기라고 한다. 이것이 진액이 혈血로 변한 것으로 영기라고 한다.

356

黃帝曰: 夫血之與氣, 異名同類, 何謂也?

岐伯答曰: 營衛者, 精氣也, 血者, 神氣也, 故血之與氣, 異名同類焉. 故奪血者無汗, 奪汗者無血, 故人生有兩死, 而無兩生.

황제가 물었다. "혈血과 기氣는 명칭이 다르면서 같은 종류라고 하니 왜 그런가?"

기백이 답했다. "영위營衛는 정기精氣고, 혈은 신기神氣다. 그러므로 혈과 기는 명칭은 다르지만 같은 종류다. 그래서 출혈이 있으면 땀을 내서는 안 되고, 땀을 냈으면 혈을 흘려서는 안 된다. 그러므로 혈血과 땀汗을 둘 다 빼내면 죽고, 둘 다 손상되지 않으면 살 수 있다."

◉ 여기서는 앞 문장을 이어받아 영위가 수곡의 정精에서 생겨서 모두 기氣로 발현된 것이라고 말한다.

영위는 수곡의 정기精氣고, 혈血은 중초中焦의 정즙精汁이 붉게 변한 것으로 신기神氣다. 혈血과 영위營衛는 모두 정精에서 생기므로 명칭은 달라도 같은 종류다. 땀汗은 혈血의 액체 성분이다. 기화氣化하여 땀이 되므로 출혈이 있으면 땀이 안 나오고, 땀을 많이 내면 혈이 줄어든다. 혈이 없어도 죽고, 땀이 안 나도 죽는다. 그래서 둘이 있으면 죽고 둘이 아니면 산다人生有兩死 而無兩生는 영위혈한營衛血汗이 모두 수곡지정水穀之精에 속한다는 것이다. 이것은 중초中焦의 정즙精汁이 모두 기의 변화로 인하여 영營이 되고, 위衛가 되며, 혈血이 되고, 땀汗이 되는 것을 이른다. 마치 물속에서 공기가 있으면 거품이 생기고, 공기가 없어지면 거품이 없어지는 것과 같다.

批 양陽이 음陰에 가해지면 땀汗이 된다.

黃帝曰: 願聞下焦之所出.

岐伯答曰: 下焦者, 別廻腸, 注於膀胱而滲入焉. 故水穀者, 常并居於胃中, 成糟粕而俱下於大腸, 而成下焦, 滲而俱下, 濟泌別汁, 循下焦而滲入膀胱焉.

황제가 물었다. "하초下焦의 기가 나오는 곳을 알고 싶다."

기백이 답했다. "하초는 회장回腸에서 갈라져서 방광膀胱에 주입되어 스며든다. 그러므로 수곡은 항상 위중胃中에서 조박糟粕을 만들어 모두 대장大腸에 내려보내니 이것이 하초가 된다. 대장으로 내려간 것에서 별즙別汁을 짜내어 하초를 지나 방광에 삼입된다."

⚫ 하초의 부서는 위胃의 하구下口고, 별도로 회장回腸으로 가서 방광에 주입되어 스며든다. 그러므로 수곡은 항상 위중胃中에서 조박이 만들어지고 모두 대장大腸으로 내려간다. 하초의 기를 따라서 별즙別汁을 짜내어 하초의 경맥을 거쳐 방광으로 스며들어가 기화氣化하여 소변으로 나간다.

批 회장回腸은 대장大腸이다. 아홉 번 휘어서 회장이라 이름 붙인 것이다.

批 하초의 낙맥은 방광에 연락된다.

黃帝曰: 人飮酒, 酒亦入胃, 穀未熟而小便獨先下, 何也?
岐伯答曰: 酒者, 熟穀之液也, 其氣悍以淸, 故後穀而入, 先穀而液出焉.
黃帝曰: 善. 余聞上焦如霧, 中焦如漚, 下焦如瀆, 此之謂也.

황제가 물었다. "술을 마시면 음식이 미처 소화되지 않았는데도 소변이 먼저 나오는 것은 무슨 까닭인가?"

기백이 답했다. "술은 곡식이 발효되어 생긴 것이다. 기의 움직임이 빠르고 맑아서 곡식을 먹고 나서 술을 마셔도 곡식보다 먼저 나온다."

황제가 말했다. "알겠다. '상초는 안개와 같고上焦如霧, 중초는 거품 같으며中焦如漚, 하초는 하수구와 같다下焦如瀆'라고 들었는데 과연 그렇구나."

⚫ 술을 마시면 술기운은 먼저 피부로 가서 수분이 사방으로 퍼진 후 방광으로 전달된다. 삼초의 하수下腧는 위양委陽에서 출발하여 태양경太陽經과 합쳐져서 방광으로 들어가며, 하초를 조이면 기화氣化하여 소변이 배출되니 "소변이 먼저 나간다小便獨先下"라고 하는 것이다.

이것은 앞 문장을 이어서 하초의 기가 주로 소변을 걸러 배출함을 말하는 것이다. 그래서 황제가 "그렇다. 내가 상초여무, 중초여구, 하초여독上焦如霧 中焦如漚 下焦如瀆이라는 말을 들었는데 과연 그렇구나"라고 한 것이다.

안| 이 편에서는 영위생회營衛生會에 대하여 말했다. 수곡의 정기精氣는 맑은 것은 영營이고 탁한 것은 위衛다. 영은 맥중을 흐르고, 위는 맥외를 흐르니 이렇게 영위營衛가 생긴다. 음양이 도는 위치가 다른데 어떻게 만나는가? 그래서 다시 삼초의 기氣가 나오는 곳을 논하여 그 만남을 증명했다. 위衛는 상초上焦에서 나오고, 상초는 항상 영營과 함께 양분陽分을 25차례, 음분陰分을 25차례 돈다. 영營은 중초中焦에서 나오고 중초의 진액은 삼초에서 나오는 기를 따라 기육을 덥히고 붉게 변해서 혈血이 되어 생명을 유지케 한다. 영위가 정상 궤도를 잃지 않는 것이 영위의 만남이다. 그러므로 혈만 경수經隧로 행할 수 있어 영기營氣라고 한다. 영營은 위衛와 함께 맥외를 돌고, 또 홀로 경수를 행하니 기주肌腠와 경맥 내외에 모두 영營이 있다. 음양혈기의 이합출입離合出入은 여러 경전을 숙독하여 세밀하게 연구하지 않으면 쉽게 알 수 없다.

2

인간은 기氣로써 생명을 유지한다. 기에 의해서 오장육부의 작용이 이루어지고 사지관절이 움직이며 오관이 작동하고 정신적인 사유활동이 가능하다. 이러한 기의 이상이 초래되면 오장육부에 이상이 생기고, 사지관절이 제대로 움직이지 않으며, 보고 듣고 말하고 냄새 맡고 맛을 보는 오관五官에 이상이 생기고, 정신적인 불안을 초래하기도 한다. 병이란 오장육부의 이상, 사지관절의 이상, 오관의 이상이 아니라 오장육부와 사지관절 그리고 오관과 정신적인 작동을 이루어지게 하는 기의 이상으로 발생한다.

〈영추〉에서 "경맥을 소통시키고 혈기를 조절한다通其經脈 調其血氣"로 병을 치료한다고 했으니 그 말을 뒤집어 보면 경맥이 통하지 못하고 기혈이 조절되지 못함이 바로 병임을 알 수 있다. 즉 이것이 바로 기의 이상이다. 경맥이 잘 소통되어 기의 순환이 행해져 기혈의 균형이 이루어지면 오장육부가 제대로 활동하며, 사지관절이 제대로 움직이고, 눈도 밝아지며, 귀도 총명해지고, 냄새를 맡을 수 있으며, 맛을 알 수 있고, 정신적인 안정이 이루어진다.

모든 병은 기의 이상으로 발생한다. "몸의 대사물질은 기·혈·진액인데, 꼭 기병氣病만 있는 것이 아니라 혈병血病도 있고 담痰도 있지 않은가?"라고 물을 수 있다. 혈과 진액은 자체적으로 추동력이 없어 기에 의지해야 대사가 가능해진다. 기가 잘 돌지 않으면 혈도 응체되어 어혈이 되고, 진액도 뭉쳐서 담이 된다. 혈이나 진액의 병은 혈과 진액 자체에서 생기는 것이 아니라 기에 의해서 생긴다. 따라서 어혈이나 담의 치료는 어혈과 담 자체를 다스리는 것이 아니라 기를 다스림으로써 혈이 돌고 담이 풀린다.

음식을 먹고 소화시켜서 기·혈·진액을 생성하고 노폐물은 몸 밖으로 내보내게 된다. 즉 음식을 먹고 소화가 제대로 되어야 기가 생성된다. 소화는 음식에 있는 에너지를 인체가 쓸 수 있는 에너지로 전환하는 것이다. 음식을 먹어도 소화가 되지 않으면 기가 정상적으로 만들어지지 못하고 순환도 이루어지지 못한다. 기가 순환이 안 되면 혈과 진액도 제대로 돌지 못한다. 소화기의 이상은 기의 이상을 초래하여 모든 병을 일으키니 소화기의 이상을 다스리는 것이 바로 기의 이상을 다스리는 것이다.

위장은 음식을 섭취·소화·흡수·배설과정을 거쳐 에너지와 영양분을 만들어 내는 소화기관이지만 면역 시스템의 7할을 차지할 정도로 위장과 면역기능은 밀접한 관계를 유지하고 있다. 위장의 장애는 면역기능의 이상을 초래한다. 그러므로 소화기병의 치료는 소화기 자체 질환뿐만 아니라 모든 병을 치료하는 관건이 된다.

"체했다"는 것은 소화불량을 의미하는데 음식물의 정체가 아니라 기의 정체다. 기는 음식을 먹고 소화·흡수·배설과정을 거쳐 생성되는데 이러한 소화·흡수·배설작용을 모두 소화작용이라고 한다. 기를 다스리는 첫째 관문은 소화가 잘 되게 하는 것이다. 소화가 잘 되어야 기의 생성이 잘 되고 그 기가 제대로 순환될 수 있다. 소화불량이라는 것은 단순히 배가 아프고 설사하고 토하는 위장장애만 의미하는 것이 아니다. 소화불량은 기의 생성이 저해되고 기의 순환이 제대로 이루어지지 못해 각 장기나 기관으로 에너지와 영양분이 충분히 공급되지 못하여 각 장기나 기관이 제 기능을 발휘할 수 없을 수도 있는 것이다. 이것이 체기滯氣다. 따라서 체기 치료로는 단순히 위장장애뿐만 아니라 기의 순환이 제대로 안 되어 나타나는 모든 병증을 치료할 수 있다.

자동차가 잘 안 움직이면 바퀴에서 이상을 찾지 않는다. 바퀴가 제대로 움직이지 못하는 것은 엔진의 힘이 바퀴에 전달되지 못하기 때문이니 힘을 만드는 엔진의 상태를 확인해야 한다. 사람도 마찬가지다. 팔다리가 아픈 것은 팔다리의 피육근골의 이상이 아니라 팔다리로 기가 전달되지 못한 것이다. 팔다리의 이상은 소화기를 다스린다. 이것이 "비脾가 사말을 주관한다脾主四末"이다.

위장 질환은 음식뿐만 아니라 스트레스 등 정신적인 자극도 영향을 미친다. 또 모든 질환은 경맥을 따라 내부로 침입해도 해당되는 각각의 오장을 손상시키지 못하고 장위로 간다. 따라서 위장 질환은 물론이고 두통·어지럼증·부종·소변장애 등도 소화기를 치료해야 나을 수 있다. 정신적 스트레스로 인한 화병·비염 등의 오관 질환, 앨러지·아토피 등의 피부 질환, 요통 등의 관절 질환도 대부분 소화불량증을 수반한다. 에너지를 생성하고 전달하는 소화기는 한방 치료의 가장 큰 핵심이다.

체기의 진단은 심하 명치 부위를 누르면 압통이 있다. 또 진맥을 하면 촌관척寸關尺 삼부맥三部脉에서 관맥關脈이 유독 두드러진다.

침 치료는 사관인 합곡合谷·태충太衝에 자침하여 촌관척의 관맥이 고르게 될 때까지 유침시킨다. 촌관척이 고르게 되어 침을 빼도 다시 맥을 보아 관맥이 실하면 상완上脘·중완中脘·하완下脘·천추天樞나 족삼리足三里·거허상렴巨虛上廉·거허하렴巨虛下廉에 자침한다. 또 배부의 비수脾腧·위수胃腧에 뜸뜨면 좋다

예전에 지인이 자기 조카(35세)가 결핵 2차 발병으로 S병원 격리병동에 입원해 있는데 고열이 지속되고 먹지도 못하며 숨이 차서 거동을 못한다고 했다. 의사는 결핵 2차 발병으로 폐가 1/3 정도 기능을 하는데 이 상태가 지속되면 3개월을 견디기 힘들다며 신약을 권유한다는 것이다. 지인은 한 번만 병원에 들러 조카를 봐달라고 청했다. 병원에서 시한부로 판정한 것을 내가 무슨 도움이 될까 거절하다가 할 수 없이 병원으로 가보았다.

환자는 고열이 나고 숨이 차서 말도 제대로 못할 정도이고 걸을 힘이 없어 옆에서 누가 부축해야만 움직였다. 진맥을 하니 관맥이 실하고 명치를 누르니 심한 압통을 호소한다. 음식을 전혀 소화시키지 못하는 상태로 체기가 심하여 고열이 나는 것으로 판단했다. 소화를 시키고 체기를 푸는 정리탕을 가미하여 복용케 하니 약 2주일 후에 열이 떨어지고 음식을 먹게 되어 퇴원해서는 요양원으로 갔다고 한다.

이것은 병의 원인을 결핵균으로 보고 항생제를 투여했으니 낫지 못한 것이

다. 관맥이 실하고 체기가 심한 것은 결핵균으로 인한 것이 아니라 소화불량과 기의 정체로 일어나는 증상이다. 결핵균을 죽이는 치료를 할 것이 아니라 체기를 풀어주고 경맥을 통하게 하면 정상적으로 기가 돌면서 열이 떨어진다. 병의 치료는 증상을 대상으로 하는 것이 아니고 기혈의 변조로 증상이 나타나므로 기혈을 정상으로 돌리는 것이다.

三卷 ②

사시기四時氣

黃帝問於岐伯曰: 夫四時之氣, 各不同形, 百病之起, 皆有所生, 灸刺之道, 何者爲定?

岐伯答曰: 四時之氣, 各有所在, 灸刺之道, 得氣穴爲定. 故春取經*, 血脈分肉之間, 甚者, 深刺之, 間者, 淺刺之. 夏取盛經孫絡, 取分間, 絶皮膚. 秋取經腧, 邪在腑, 取之合. 冬取井榮, 必深以留之.

황제가 기백에게 물었다. "사시四時에 따라 생기는 병이 각각 다른데 어디에 침구 치료를 하는지 정할 수 있는가?"

기백이 답했다. "사시의 기가 활동하는 곳이 각각 따로 있어서 침구 치료는 득기得氣할 수 있는 혈穴로 정해진다. 그러므로 봄에는 경맥과 혈맥 및 분육 사이를 취하고, 심하면 깊이 찌르고 심하지 않으면 얕게 찌른다. 여름에는 성한 경盛經과 손락을 취하고, 피부 아래에 있는 분육 사이를 취한다. 가을에는 경혈經穴과 수혈腧穴를 취하고, 사기가 부腑에 있으면 합혈合穴을 취한다. 겨울에는 정혈井穴과 형혈滎穴을 취하고 반드시 깊이 찔러 유침해야 한다."

✤ 이 편은 사시四時의 기가 피부와 맥락을 출입하고, 피육근골은 육부의 외합外合이므로 모든 병의 발생이 외부의 피육근골이 원인이 되어 내부의 육부까지 미치는 경우가 있고, 육부의 기가 원인이 되어 외합인 피육근골에 미치는 경우가 있으며, 내부의 원인과 외부의 원인이 모두 발생하는 경우가 있으니 기의 출입을 알면 치료하는 방법을 알 수 있다고 말한다.

사시에 따라 기가 활동하는 곳이 각기 다르다. 그러므로 봄에는 경맥과 분육

---

* '經'은 '絡'의 잘못이다. 〈소문·수열혈론水熱穴論〉에서 춘취낙맥분육春取絡脈分肉이라고 했고, 〈영추·본수〉에서도 춘취낙맥春取絡脈이라고 했다.

사이에 취하고, 여름에는 성경盛經, 손락, 분육, 피부에서 취한다. 봄·여름의
기는 내부에서 외부로 나가기 때문이다. 가을에는 경혈經穴과 수혈腧穴을 취하
고, 육부에 병이 있으면 합혈合穴을 취한다. 이것은 가을의 기가 다시 외부에서
내부로 들어가기 때문이다. 겨울에는 정혈井穴과 형혈榮穴을 취해 깊이 찌르고
유침시키는 것은 겨울의 기가 내부에 잠복되어 있기 때문이다. 기의 출입이
사시에 상응하기 때문에 침구치료도 득기得氣할 수 있는 혈자리로 정해진다.

안 | 〈영추·본장本臟〉에서 "폐는 대장과 합하고 대장은 피부에 반응한다. 심은
소장과 합하고 소장은 맥에 반응한다. 간은 담과 합하고 담은 근에 반응한다.
비는 위胃와 합하고 위는 육에 반응한다. 신은 삼초 및 방광과 합하고 삼초·방
광은 주리와 피모에 반응한다肺合大腸 大腸者皮其應. 心合小腸 小腸者脈其應. 肝合膽
膽者筋其應. 脾合胃 胃者肉其應. 腎合三焦膀胱 三焦膀胱者 腠理皮毛其應"라고 했다. 장臟
은 부腑와 합하고, 부腑와 피육맥근골皮肉脈筋骨이 합한다. 그러므로 외부병인
온학溫瘧이나 피수皮水가 있고, 육부병인 장중불편腸中不便, 복중상명腹中常鳴
같은 질환이 있다.

> **溫瘧汗不出, 爲五十九痏.**
> 온학溫瘧에 땀이 나지 않으면 59혈穴에 침놓는다.

⊕ 이것은 외인의 사邪로 병이 골수骨髓에 있는 것이다. 〈소문·학론瘧論〉에서
"온학溫瘧은 겨울에 풍한에 적중되어 병기病氣가 골수骨髓에 잠복해 있다가 봄
에 이르러 양기가 크게 발산되어도 사기가 스스로 나오지 못하고, 대서大暑를
만나면 뇌수腦髓가 소삭하고 살이 빠지며 주리腠理가 열려 땀이 난다. 과로하
면 사기와 땀이 함께 배출한다. 이 병은 신腎에 잠복되었다가 사기가 내부에서
외부로 나오는 것이다溫瘧者 得之冬中於風寒 氣藏於骨髓之中 至春則陽氣大發 邪氣不能
自出 因遇大暑 腦髓爍 肌肉消 腠理發泄 或有所用力 邪氣與汗皆出 此病藏於腎 其氣先從內出
之於外也"라고 했다. 그러므로 땀이 나지 않으면 사기가 나갈 수 없으니 59혈에
제4침 봉침鋒針으로 59골骨을 자침해야 한다.

批 골수骨髓.

> **風疢膚脹, 爲五十七痏, 取皮膚之血者, 盡取之.**
> 풍수風疢로 피부가 부었을 때는 57혈穴에 침놓고 피부에 있는 낙혈絡血을 다
> 제거한다.

◉ 이것은 외인의 사邪로 병이 피부에 있는 것이다. 수水疢는 수병水病이다. 땀을
내고 바람을 쐬어서 풍수風水의 사기가 피부에 머물러 피부가 붓는다. 57유痏
를 찌르고 피부의 낙혈을 다 제거한다爲五十七痏 取皮膚之血者 盡取之는 사기가 피
부에 있어서 부표膚表에서 내보내야 한다. 57유痏는 〈소문·수열혈론水熱穴論〉
에 상세히 나와 있다.

批 피부皮膚.

> **殕泄, 補三陰之上, 補陰陵泉, 皆久留之, 熱行乃止.**
> 손설殕泄은 삼음교三陰交를 보하고 음릉천陰陵泉을 보하며 모두 오래 유침시켜
> 따뜻해지면 멈춘다.

◉ 이것은 내인으로 비脾에 병이 있어 손설이 된 것이다. 비脾는 습토濕土로 음
중陰中의 지음至陰이다. 비기脾氣가 허한虛寒하면 손설이 된다. 그러므로 삼음
지상三陰之上과 음릉천陰陵泉을 보하고 유침시켜 따뜻해지면 멈춘다. 삼음지상
은 족삼음교혈足三陰交穴이다. 음릉천陰陵泉은 비脾의 합혈合穴이다.

주제공朱濟公이 물었다. "경의經義는 육부병六腑病만 말하는데 어째서 비장의
손설殕泄을 언급하는가?"

이에 답한다. "'양명은 표본標本을 좇지 않고, 중中을 따라 태음으로 변화한
다陽明不從標本 從中見太陰之化'라고 한다. 비脾와 위胃는 막으로 서로 연결되어
있고, 음양으로 상합하니 장부혈기의 생원生原이다. 그러므로 다음 편에서는
오장병을 논할 겸해서 위胃를 논하고 있고, 이 편에서는 육부병六腑病을 논하
면서 비脾를 언급한다."

批 비脾.

368

批 장옥사가 말했다. "팔다리는 모두 위胃에서 기를 받는데 경까지 도달하지 못하면 비脾의 힘을 빌려야 기를 받을 수 있다. 이로써 외부의 형증形症에 비脾를 겸해서 말한다."

轉筋於陽治其陽, 轉筋於陰治其陰, 皆卒刺之.

바깥쪽으로 전근轉筋이 되면 양경陽經을 취하고, 안쪽으로 전근이 되면 음경陰經을 취한다. 모두 쉬자법焠刺法을 쓴다.

◍ 근筋에는 음양이 있어 사시四時 십이월에 대응되므로 바깥쪽으로 전근轉筋이 되면 양경陽經을 치료하고, 안쪽으로 전근이 되면 음경陰經을 치료한다. 쉬자焠刺는 침을 뜨겁게 달궈서 찔러 근비筋痹를 다스린다.

批 근筋.

徒㽷, 先取環谷下三寸, 以鈹鍼鍼之, 已刺而筩之, 而內之, 入而復之, 以盡其水, 必堅. 來緩則煩悗, 來急則安靜, 間日一刺之, 㽷盡乃止. 飮閉藥, 方刺之時, 徒飮之, 方飮無食, 方食無飮, 無食他食, 百三十五日.

모든 수종水腫은 먼저 환곡環谷 아래 3촌에 피침鈹鍼으로 침놓고 나서 대롱을 안에 집어넣어 물이 빠져나오게 한다. 물이 다 빠지면 살이 단단해진다. 물이 조금씩 나오면 갑갑하고, 확 나오면 편해진다. 하루 걸러 침놓고 부기가 다 빠지면 멈추고 폐약閉藥을 복용한다. 침놓을 때는 물만 마신다. 음료를 마셨으면 식물을 먹지 말고, 식물을 먹었으면 음료를 마시면 안 된다. 색다른 음식을 먹지 말 것이며 135일이 지나야 회복된다.

◍ 이것은 내인인 비위허한脾胃虛寒으로 수水가 기육肌肉과 주리腠理에 넘친 것이다.

도徒는 무리衆라는 의미다. 토土는 중앙에 위치하여 사방을 관개하는데 토기土氣가 허하면 사방의 중수衆水가 반대로 토土를 덮쳐서 수병水病이 된다. 계곡谿谷은 365혈회穴會가 있는데 살肉이 크게 겹치는 곳이 곡谷이다. 크게 겹치는 곳은 대퇴부와 팔뚝이다.

환곡環谷은 수족의 분육分肉을 취하여 물을 빼낸다. 통침筒은 대롱筒이다. 대롱처럼 생긴 침을 넣었다가 꺼내면서 물을 빼낸다. 기육에 물이 차면 들떠서 물컹물컹하고, 물이 빠지면 살이 반드시 단단해진다. 물이 천천히 나오면 속이 답답해할 것이고, 물이 급하게 나오면 안정될 것이다.

부기가 기주肌腠에 있어도 원인은 내부에 있는 것이다. 폐약閉藥을 복용하라는 것은 물이 빠지면 비토脾土를 충실케 하는 약을 복용하여 다시 붓지 않게 해야 한다. 침놓을 때 수水가 밖으로 다 빠지게 해야 하므로 물만 마신다.

비脾는 기육을 주관하고 수병水病의 원인이 본래 비脾에 있는 것이니 비수脾水가 다 빠져야 토기土氣가 충실해질 수 있다. 음료가 위胃에 들어가면 올라가서 비폐脾肺로 전달되고, 식물食物이 위에 들어가면 심간心肝으로 퍼지며, 음식飮食이 함께 들어가면 삼초지기三焦之氣의 힘으로 정미精微를 증화蒸化시키고 별즙別汁을 분비하는데 중초의 기가 허하면 수곡이 분별되지 못한다.

그러므로 음료를 마셨으면 식물을 먹지 말고, 식물을 먹었으면 음료를 마시지 말라 했으니 토기土氣가 허하고 수水가 중中에 모이는 것은 삼초원기三焦元氣가 허하기 때문이다. 삼초는 기주肌腠에서 원진元眞을 통회하므로 삼초 원진지기元眞之氣가 허하면 부주腐腠가 느슨해지고 수水가 안에서 넘친다.

색다른 음식을 먹지 말라無食他食는 곡식만 먹어 토기土氣를 기르는 것이다. 토土의 성수成數가 10이지만 사시팔절四時八節에 나뉘어 있으면서 왕성하니 135일 조양하는 것은 9절후를 넘겨야 토기土氣가 회복되기 때문이다.

批 토土의 수는 5이고, 5일은 1후候이며, 3후를 절節이라고 한다.

著痺不去, 久寒不已, 卒取其三里.

착비著痺가 제거되지 않고 오랫동안 한기寒氣가 없어지지 않으면 모두 삼리三里를 취한다.

◉ 이것은 사기가 골절骨節에 유착하여 비증痺症이 된 것이다.

〈소문·학론瘧論〉에서 "습濕이 많으면 착비著痺가 된다濕勝者著痺"라고 했다.

습이 관절로 흘러서 오랫동안 시린 것이 낫지 않으면 삼리혈三里穴에 자침해서 양명조열지기陽明燥熱之氣를 취하여 한습寒濕을 제압해야 한다.

심량신沈亮宸이 말했다. "계곡雞谷은 골骨에 속하니 이것은 앞 문장을 이어받아 기주肌腠에서 다 빠지지 못한 수기水氣가 관절로 흘러가 착비著痺가 된다. 양명경의 삼리혈을 취하니 부腑를 다스려 장臟을 사하는 것이다."

> **骨爲幹.**
> 골骨은 줄기가 된다.

◉ 심량신이 말했다. "이것은 앞 문장을 이어받아 골병骨病은 골수에 병드는 것이라고 말한다. 간幹은 나무줄기처럼 단단하고 강한 것이다. 그러므로 온학溫瘧의 사기는 골수骨髓에 잠복해 있는 것이고, 습비濕痺의 기는 관절로 흘러가니 골骨은 마치 줄기와 같아서 사기에 손상되지 않는다."

막운종莫云從이 말했다. "〈소문·오운행대론五運行大論〉에서 '신腎이 골수를 만들고, 골수에서 간이 만들어진다腎生骨髓 髓生肝'라고 했고, 〈소문·골공론骨空論〉에서 '골절이 교차하는 곳은 모두 수공髓空이 있어 정수精髓가 스며든다'고 했다. 사기가 틈을 타고 들어가도 골은 단단하고 강하여 사기에 손상받지 않는다. 즉 골骨의 산통痠痛은 병이 관절의 골수에 있으면서 골에서 반응이 나타나는 것이다."

批 골절骨節.

> **腸中不便, 取三里, 盛瀉之, 虛補之.**
> 장중腸中이 불편하면 삼리三里를 취한다. 성하면 사하고, 허하면 보한다.

◉ 심량신이 말했다. "이것은 삼초에 병이 있어 장중腸中이 불편한 것이다. 삼초의 기는 수곡을 증화蒸化하고 별즙別汁을 분비한다. 수곡은 항상 위중胃中에 있으면서 조박糟粕이 생기면 대장大腸으로 내려보낸다. 그러므로 장중腸中이 불편한 것은 삼초기三焦氣가 허한 것이다. 삼초의 부서는 위부胃腑의 상중하上

中下에 있으므로 족양명의 삼리三里만 취한다. 사기가 성하면 사하고, 정기가 허하면 보한다."

> 癘風者, 素刺其腫上, 已刺, 以銳鍼鍼其處, 按出其惡氣, 腫盡乃
> 止, 常食方食, 無食他食.
> 여풍癘風은 평소 부은 자리에 자침하고 예리한 침으로 그곳을 찔러 문질러서
> 악기惡氣를 빼낸다. 부기가 다 가라앉으면 그친다. 평소 먹는 음식을 먹어야지
> 다른 지방의 별난 음식을 먹어서는 안 된다.

⦿ 이것은 사기가 맥脈에 있는 병이다. 〈소문·풍론風論〉에서 "풍한風寒이 맥에 침범하여 유착되면 여풍癘風이 된다風寒客于脈而不去 命曰癘風"라고 했다. 종종腫은 맥중脈中의 영열營熱이 부육附肉에서 나와 곪는 것이다. 악기惡氣는 악려惡癘의 사기가 유착하여 비주鼻柱가 무너지고 안색이 죽으며 피부가 곪고 허는 것이 므로 악기를 빨리 빼내어 부기가 다 빠져야 낫는다. 상식방식 무식타식常食方食 無食他食은 음식을 담백하게 먹어야 하고 다른 지방의 생소한 음식은 삼가야 한다는 것을 말한다.

> 腹中常鳴, 氣上衝胸, 喘不能久立, 邪在大腸, 刺肓之原, 巨虛上廉
> 三里.
> 배에서 꾸르륵 소리가 나고, 흉부로 기가 뻗치며, 숨이 차서 오래 서 있지 못하
> 는 것은 대장大腸에 사기가 있는 것이다. 황지원肓之原과 거허상렴巨虛上廉, 삼
> 리三里에 자침한다.

⦿ 여기서는 사기가 대장大腸에 있어서 병이 된 것이다. 대장은 전도지관傳道之 官으로 내려가야 하는데 병들면 기가 오히려 역상하여 장腸에서 항시 소리가 나고, 흉부로 기가 치받으며, 숨차서 서 있기 힘들다.

고황膏肓은 장부의 모원募原으로 고膏는 위에 있고, 황肓은 아래에 있다. 황肓 의 원혈原穴은 배꼽 아래 1촌 5분에 있고 발앙脖胦이라고 하며 대장 부위다. 거

허상렴巨虛上廉은 삼리三里 3촌 아래에 있다. 거허상렴과 삼리를 취하는 것은 대장이 위胃에 속한다는 의미다.

小腸控睪, 引腰脊上衝心, 邪在小腸者, 連睪系, 屬於脊, 貫肝肺, 絡心系. 氣盛則厥逆, 上衝腸胃燻肝, 散於肓, 結於臍. 故取之肓原以散之, 刺太陰以予之, 取厥陰以下之, 取巨虛下廉以去之, 按其所過之經以調之.

고환睪丸이 땅기고 요척腰脊이 걸리며 심心으로 상충되는 것은 사기가 소장小腸에 있어서 고환과 연결되고, 척추에 속하며, 간폐를 관통하여 심계心系에 연락되기 때문이다. 기성氣盛하면 궐역되어 장위腸胃로 상충하며 간肝을 훈작燻灼하고, 황肓에서 퍼지며, 배꼽에서 뭉친다. 황원肓原을 취하여 흩뜨리고, 수태음手太陰을 취하여 사하며, 궐음厥陰을 취하여 내려가게 한다. 거허하렴巨虛下廉을 취하여 사기를 제거하고 지나는 경經을 눌러 조절한다.

◉ 심량신이 말했다. "고환이 땅기고 요척이 걸리면서 심장으로 치받는 기가 있는 것은 소장小腸의 산기疝氣다. 황肓은 장 밖에 있는 지막脂膜이다. 그러므로 황肓의 원혈原穴을 취하여 뭉친 기를 흩뜨리고, 수태음에 자침하여 사하며, 족궐음을 취하여 아래로 내려가게 한다. 거허하렴을 취하여 소장小腸의 사기를 제거하고, 소장이 지나는 경經을 눌러 기를 조절한다."

善嘔, 嘔有苦, 長太息, 心中憺憺, 恐人將捕之, 邪在膽, 逆在胃, 膽液泄則口苦, 胃氣逆則嘔苦, 故曰嘔膽. 取三里以下. 胃氣逆, 則刺少陽血絡, 以閉膽逆, 却調其虛實, 以去其邪.

자주 토하고 쓴물이 올라오며 한숨을 쉬고 심장이 벌렁거리면서 누군가가 잡으러 올 것 같은 두려움이 나는 것은 사기가 담膽에 있다. 위기胃氣가 궐역하여 담액膽液이 분비되면 입이 쓰고, 위기胃氣가 역상하면 쓴물이 올라오니 구담嘔膽이라고 한다. 삼리三里를 취하여 내려가게 한다. 위기胃氣가 역상하면 소장少陽의 혈락血絡을 자침하여 담膽이 궐역되는 것을 막고 사기를 제거하여 허실을 조절한다.

◉ 이것은 담膽에 사기가 있어서 병이 된 것이다. 쓴물을 토하는 것은 담기膽氣가 위胃로 역상하기 때문이다. 담기는 올라가려 하니 크게 한숨을 내쉰다. 담기가 허하면 가슴이 두근거리고 누가 잡으러 올 것 같은 무서운 기분이 든다. 담이 병들고 위로 역상하는 것은 목사木邪가 토土를 덮친 것이다木邪乘土. 담즙은 염천廉泉과 옥영玉英으로 통하므로 담즙이 분비되면 입이 쓰다. 담사膽邪가 위胃에 있으면 위기胃氣가 역상하면서 쓴물을 토한다. 삼리三里를 취하여 위기胃氣의 역상을 가라앉히고, 소양경의 혈락을 자침하여 담기의 역상을 막고 허실을 조절하여 사기를 제거한다.

批 담膽.

> **飮食不下, 膈塞不通, 邪在胃脘, 在上脘則刺抑而下之, 在下脘則散而去之.**
>
> 음식이 내려가지 않고 흉격이 막혀 통하지 않는 것은 사기가 위완胃脘에 있는 것이다. 상완上脘에 있는 것이면 자침하여 억제하여 내려가게 해야 하고, 하완下脘에 있으면 흩어뜨려 제거해야 한다.

◉ 사기가 위완胃脘에 있어 병이 되어 음식이 내려가지 않고 흉격이 막혀 답답하다. 사기가 상완上脘에 있으면 수곡을 받아들이지 못하니 상역하는 위기胃氣를 억제하여 내려가게 한다. 사기가 하완下脘에 있으면 조박糟粕을 전도傳道하지 못하니 사기를 소산시켜야 한다.

심량신이 말했다. "음식이 내려가지 않고 흉격이 막혀 통하지 않는 것飮食不下 膈塞不通은 병이 위쪽上焦에 있는 것이다. 그러나 하초가 막혀도 상초가 편하지 않다. 수곡이 입으로 들어가면 위胃는 채워지고 장腸은 비며, 음식이 내려가면 장腸은 채워지고 위胃는 비게 된다. 아래에서 막혀서 음식이 내려가지 않으면 위胃가 실해지고 상초가 막힌다. 그러므로 경문經文에서는 총체적으로 위병胃病에 대해 말했고 치료는 상하로 구분했으니 학자는 연구를 소홀히 해서는 안 된다."

批 위胃.

> 少腹痛腫, 不得小便, 邪在三焦約, 取之太陽大絡, 視其絡脈, 與厥
> 陰小絡結而血者, 腫上及胃脘, 取三里.
>
> 아랫배가 붓고 아프며 소변이 나오지 않는 것은 사기가 삼초三焦에 있는 것이
> 니 태양경의 대락大絡을 취하고 낙맥絡脈과 궐음의 소락小絡을 살펴서 혈이 뭉
> 친 것을 제거하고, 부기가 위완胃脘까지 올라가면 삼리三里를 취한다.

⬤ 여기서는 사기가 방광膀胱에 있어서 병이 되는 것이다. 삼초의 하수下腧는
위양委陽으로 나가고 태양지정太陽之正과 함께 방광으로 연락되어 하초下焦를
조이니 실하면 소변이 막히고閉癃, 허하면 소변을 지린다遺溺. 아랫배가 붓고
아프며 소변이 나오지 않을 때는 삼초의 조임에 탈이 난 것이므로 족태양의
대락大絡·소락小絡·손락孫絡을 취해야 한다. 족태양과 궐음의 낙맥은 오금 부
위에서 만나서 연결되니 혈이 맺혔는지 보아 낙혈絡血이 있으면 제거한다. 간
은 소설疏泄을 주관하니 궐음의 낙맥에 혈이 맺혀 있어도 소변이 나오지 않는
다. 아랫배의 부기가 위완胃脘까지 올라가면 족삼리足三里를 취한다.

批 방광膀胱.

批 즉시 대락大絡인 위양委陽을 취한다. 대락은 경맥에서 갈라진 것이다.

> 觀其色, 察其以, 以知其散復者, 視其目色, 以知病之存亡也. 一其
> 形, 聽其動靜者, 持氣口人迎, 以視其脈, 堅且盛且滑者, 病日進,
> 脈軟者, 病將下. 諸經實者, 病三日已. 氣口候陰, 人迎候陽也.
>
> 안색을 보고 병의 원인을 살펴서 기가 흩어졌는지 모였는지 알아내고 목색目
> 色을 보아서 병의 존망存亡을 알아낸다. 정신을 하나로 모아서 목소리나 호흡
> 등의 표정을 살핀다. 기구氣口와 인영人迎을 짚어서 견성활堅盛滑한 맥이 뛰면
> 병이 더 심해지는 것이고, 맥이 부드러우면 병이 곧 가라앉을 것이다. 경맥에
> 있는 나타나는 실증은 3일이면 낫는다. 기구氣口는 음陰을 살피고, 인영人迎은
> 양陽을 살핀다.

⬤ 안색을 보는 것은 오행의 색을 분별하는 것이다. 안색이 푸르면 내부의 담膽

에 병이 있고, 외부에서는 근筋에 병이 있다. 안색이 붉으면 소장에 병이 있고, 외부에서는 맥에 병이 있다.

찰기이察其以는 병이 되는 원인을 살피는 것이니 외인으로 생긴 것인지 내인으로 생긴 것인지, 또는 외인으로 시작하여 내부까지 미친 것인지, 내인으로 시작하여 외부로 미친 것인지를 살핀다. 산散은 사기가 흩어져 병이 낫는 것이다. 부復는 병이 외부에 있다가 다시 내부까지 미치거나 내부의 병이 외부까지 미치는 것이다.

목색目色을 보는 것은 혈색을 살피는 것이다. 외부의 피육근골에 있는 것은 내부의 육부에서 반응하고, 육부는 오장과 합한다. 따라서 내외의 병이 모두 오행의 색에 바탕을 두며 오장의 혈색은 모두 눈에 나타난다. 그러므로 눈의 색을 보아서 병의 상태를 알 수 있는 것이다.

일기형一其形은 정신을 집중하여 형체와 정신이 하나가 되는 것이다. 청기동정聽其動靜은 기구氣口와 인영人迎을 짚어서 맥의 견활정연堅滑靜軟 등의 움직이는 상태를 보아서 병의 진퇴를 아는 것이다. 제경실諸經實은 사기가 경맥에 있는 것이다. 기구와 인영은 삼음삼양지기三陰三陽之氣를 살핀다.

심량신이 말했다. "오장육부는 천天의 오운육기五運六氣에 상응한다. 오운五運은 중中을 주관하고, 육기六氣는 외부를 주관한다. 오운은 세歲를 주관하고, 육기는 시時를 주관한다. 오장은 내부에서 육부와 합하고, 육부는 외부에서 육기와 상응하니 음양이 상합하고 내외가 서로 통한다. 그러므로 본편 첫 부분에서는 사시四時를 정했고, 마지막에는 장부음양혈기를 논했으니 바로 사람이 천지天地와 서로 참예參預하고 음양이합陰陽離合하는 대도大道인 것이다."

批 부腑는 양陽이고 기氣를 주관하므로 기구氣口와 인영人迎을 짚어서 맥의 상태를 본다.

20

오사五邪

邪在肺, 則病皮膚痛, 寒熱, 上氣喘, 汗出, 欬動肩背. 取之膺中外腧, 背三節五臟之傍, 以手疾按之, 快然乃刺之. 取之缺盆中以越之.

사기가 폐肺에 있으면 피부가 따갑고, 한열寒熱이 나며, 상기가 되고 숨이 차며, 땀이 나오고, 어깨를 들썩이면서 기침을 한다. 가슴 바깥쪽 수혈인 중부中府·운문雲門과 배수혈인 폐수肺腧·백호魄戶를 취하여 손으로 눌러 시원하다고 하는 곳에 침놓는다. 결분중缺盆中에 있는 부돌扶突을 취하여 사기가 나오게 한다.

● 여기서는 앞 문장을 이어서 다시 사기가 오장에 있으면서 외부에 병이 드러난 것을 말한다.

육부의 병이 피육근골에서 반응하는 것은 장부가 자웅으로 상합하기 때문이다. 오장의 병이 외부에서 반응하는 것은 음양의 기는 모두 나가기도 하고 들어가기도 하기 때문이다. 폐가 피모를 주관하므로肺主皮毛 사기가 폐에 있으면 피부에 통증이 있다. 한열寒熱은 피부의 한열이다. 장臟은 음이고 피부는 양인데 표리表裏의 기가 내외에서 서로 덮쳐 열이 나기도 하고 차가워지기도 한다. 상기되고 숨 차는 것上氣喘은 폐기가 역상한 것이다. 땀이 나는 것汗出은 피모와 주리가 치밀하지 못한 것이다.

기침하면서 어깨가 들썩거리는 것欬動肩背은 기침이 급하여 어깨로 숨을 쉬는 것이다. 폐수肺腧는 견배肩背에 있다. 응중외수膺中外腧는 폐맥이 나오는 중부中府와 운문雲門이다. 배삼절오장지방背三節五臟之傍은 폐수肺腧와 백호魄戶

20. 오사五邪　　377

다. 결분중缺盆中은 수양명경의 부돌扶突로 부腑를 취하면서 오장의 사기를 빼내는 것이다.

批 앞 문장을 이었으므로 문답이 없다.

批 본경에서 "폐는 피부에 반응하고, 심은 맥에 반응하며, 비는 육에 반응하고, 간은 손톱에 반응하며, 신은 골에 반응한다肺應皮 心應脈 脾應肉 肝應爪 腎應骨"라고 했다.

邪在肝, 則兩脇中痛, 寒中, 惡血在內, 行善掣節, 時脚腫. 取之行間, 以引脇下, 補三里以溫胃中, 取血脈以散惡血, 取耳間靑脈, 以去其掣.

간에 사기가 있으면 양 옆구리가 아프고, 속이 차가워지며, 악혈惡血이 맥내에 생기고, 움직일 때 관절이 땅기며, 다리가 부을 때가 있다. 행간行間을 취하여 협하脇下로 끌어내리고, 삼리三里를 보하여 위중胃中을 따뜻하게 하며, 혈맥을 취하여 악혈을 빼낸다. 귀 뒤의 청맥靑脈을 취하면 땅기는 것이 사라진다.

⊕ 간맥肝脈은 양 옆구리로 순환하므로 간에 사기가 있으면 옆구리가 아프다. 두 개의 음陰이 서로 만난 것兩陰交盡이 궐음厥陰이니 간이 병들면 양이 생기지 않아 속이 차다. 사기가 간에 있어 옆구리가 아픈 것은 유형有形의 경經과 장臟이 병든 것이고, 한중寒中은 궐음지기厥陰之氣가 병든 것이다. 내內는 맥내脈內를 말한다.

행선체절行善掣節은 움직일 때 관절이 땅기고 아픈 것인데 나쁜 피가 맥내에 유체하여 골절로 가는 것이다. 때때로 다리가 붓는 것時脚腫은 궐음의 경기經氣가 아래로 역행하기 때문이다. 족궐음간경의 행간혈行間穴을 취하여 협하통脇下痛을 끌어내리고, 족양명경의 삼리三里를 보하여 속을 덥히며, 혈맥을 제거하여 안에 있는 악혈을 없앤다.

귀 뒤쪽에 있는 청맥靑脈은 소양의 낙맥이다. 귀의 앞뒤를 순환하고 귓속으로 들어가니 역시 부腑의 양陽을 취하여 관절이 땅기는 것을 치료한다.

批 음극陰極하면 일양一陽이 생긴다.

邪在脾胃, 則病肌肉痛. 陽氣有餘, 陰氣不足, 則熱中善饑, 陽氣不足, 陰氣有餘, 則寒中腸鳴腹痛, 陰陽俱有餘, 若俱不足, 則有寒有熱, 皆調於三里.

비위脾胃에 사기가 있으면 살이 아프다. 양기가 유여하고 음기가 부족하면 위중胃中에 열이 생겨 자주 허기가 진다. 양기가 부족하고 음기가 유여하면 속이 차가워지고, 장에서 소리가 나며, 배가 아프다. 음양이 모두 유여하거나 부족하면 속이 차가워지기도 하고 열이 나기도 한다. 모두 삼리三里에서 조절한다.

◉ 비위脾胃는 기육을 주관하므로 비위에 사기가 있으면 살이 아프다. 비脾는 음중지지음陰中之至陰이고 위胃는 양열지부陽熱之腑다. 그러므로 양명이 중中을 따라 태음으로 변하는 것陽明從中見太陰之化이니 음양이 화평하고 자웅이 상응한다.

양기가 유여하고 음기가 부족하면 속이 더워지고熱中, 자주 허기진다消穀善飢. 양기가 부족하고 음기가 유여하면 속이 차가워지고寒中 장에서 소리가 나며腸鳴 배가 아프다腹痛. 음양이 모두 유여하면 사기邪氣가 유여한 것이다. 음양이 모두 부족한 것은 정기正氣가 부족한 것이다. 모두 삼리三里를 조절하여 보사하니 부腑를 취하여 장臟과 조화시킨다.

邪在腎, 則病骨痛陰痺. 陰痺者, 按之而不得, 腹脹腰痛, 大便難, 肩背頸項痛, 時眩. 取之湧泉, 崑崙, 視有血者, 盡取之.

신腎에 사기가 있으면 뼈가 아프고, 근골이 저리면서 눌러도 아프지 않으며, 배가 부르고, 허리가 아프며, 대변 보기 어렵고, 어깨·목 등이 아프며, 때때로 어지럽다. 용천湧泉과 곤륜崑崙을 취하고 혈락血絡이 보이면 다 제거한다.

◉ 외부에서 근골은 음陰이다. 병이 음에 있는 것을 비痺라고 한다. 음비陰痺는 병이 골骨에 있다. 눌러도 알 수 없는 것은 사기가 골수骨髓에 있다. 복창腹脹은 내장內臟이 차서 배가 부른 병이다. 허리腰는 신腎의 부서다. 신기腎氣는 항문과 요도에 통하니腎開竅于二陰 대변보기 힘든 것은 신기腎氣가 작용하지 못한

것이다.

어깨·목·등이 아프고 때때로 어지러운 것肩背頸項痛 時眩은 장병臟病이 부腑까지 미친 것이다. 그러므로 족소음경의 용천涌泉과 족태양경의 곤륜崑崙을 취해야 하고, 혈락血絡이 있으면 모두 제거해야 한다.

> 邪在心, 則病心痛, 喜悲, 時眩仆, 視有餘不足, 而調之其輸也.
>
> 심心에 사기가 있으면 가슴이 아프고, 슬퍼하며, 때때로 어지러워 쓰러진다.
> 유여부족을 살펴서 수혈腧穴을 조절한다.

⦿ 사기가 심心에 있다는 것邪在心은 사기가 심장心臟 부위를 압박하는 것이다. 희喜는 심지心志다. 심기가 병들면 허해지므로 자주 슬퍼한다喜悲. 신기神氣가 상하면 때때로 어지러워 쓰러진다. 유여부족을 살펴서 수혈腧穴을 조절해야 한다.

안 | 피맥육근골은 오장의 외합外合이다. 사기가 심에 있는데 맥脈이 병들지 않는 것은 수궐음심주포락이 맥을 주관하기 때문이다. 〈영추·사객邪客〉에서 "심은 오장육부에서 가장 중요한 부분이며 정신이 담겨 있다. 심장은 견고하여 사기가 침범할 수 없다. 사기가 침범하면 심장이 상하고, 심장이 상하면 정신이 없어지고, 정신이 없어지면 죽는다. 그래서 심에 사기가 있다는 것은 모두 심포락心包絡에 있는 것이니 포락包絡은 심주心主의 맥이다心者 五臟六腑之大主也 精神之所舍也 其臟堅固 邪弗能容也 容之則心傷 心傷則神去 神去則死矣 故諸邪之在於心者 皆 在於心之包絡 包絡者 心主之脈也"라고 했다.

본수本腧는 모두 기의 허실을 침을 찌르는 속도로 치료한다. 그러므로 사기가 심에 있다는 것은 실은 사기가 포락包絡에 있는 것으로 심의 부위다. 유여부족을 살펴서 조절한다視有餘不足 而調之는 심기의 허실에 따라 조절하는 것이다. 이것은 사기가 심의 부분을 자극하여 심기의 유여부족을 일으킨 것이다. 사기가 심에 있지 않으므로 맥에서 반응하지 않는다.

批 심기가 실하면 실없이 웃고 허하면 슬퍼한다心氣實則喜 虛則悲.

批 질서疾徐는 허실을 조절하는 것이다.

심량신이 말했다. "사기가 장臟을 침범하면 죽는 것은 심心이 상했을 때만이 아니다. 사기가 폐에 있다 간에 있다고 하는 것曰邪在肺 邪在肝은 사기가 오장 부분을 압박하여 장기臟氣가 병들었으나 장臟 자체는 상하지 않은 것이다. 첫머리에 '척추 세 번째 마디 오장의 배수혈背腧穴을 손으로 눌러 시원하다고 하면 자침한다三節五臟之傍 以手疾按之 快然乃刺之'고 했으니 오장의 배수혈은 오장의 기가 머무는 곳이다. 병이 기에 있으면 기를 취해야 한다. 기를 취하므로 손으로 누르면 시원하다. 삼절三節이나 오장의 배수혈은 모두 체험해 보아야 한다."

批 취삼절取三節은 오장을 말한다.

한열병寒熱病

> 皮寒熱者, 不可附席, 毛髮焦, 鼻槁腊, 不得汗, 取三陽之絡, 以補
> 手太陰.
> 피부에 한열이 나면 앉아 있지 못하고, 모발이 초췌해지며, 코가 마른다. 땀이
> 나지 않으면 삼양경의 낙맥絡脈을 취하고, 수태음을 보한다.

◉ 앞의 두 장은 오장육부에서 외합인 피육근골로 미치는 병을 논했고, 이 장
에서는 삼음삼양의 경기經氣가 병들어 차가워졌다 열났다 하는 것을 말한다.
피부가 병들었으므로 앉을 수 없다. 피부의 혈기로 모발이 자라는데 피부의
기가 상하므로 모발이 초췌해진다.

석腊은 마른다는 뜻이다. 폐는 피모를 주관하고, 코로 개규開竅하기 때문에
코가 마른다. 이것은 사기가 표表에 있어서 태음·태양의 기가 병든 것이니 발
한發汗시켜 풀어야 한다. 땀이 나지 않으면 태양의 낙맥을 취하여 발한시키고,
수태음을 보하여 진액을 돋아야 한다.

안 | 이상 3장은 경의 내용이 서로 연결되므로 군신의 묻고 답하는 말이 없다.
장臟과 부腑, 경기經氣가 병드는 것이 다르므로 3장으로 나누었다. 이 장은 음
양의 경기經氣가 병든 것을 말한다. 그래서 〈한열寒熱〉이라고 편명을 붙였다.
한열은 음양의 기를 말한다.

> 肌寒熱者, 肌痛, 毛髮焦而脣槁腊, 不得汗, 取三陽於下, 以去其血
> 者, 補足太陰, 以出其汗.
> 살肌에서 한열이 나면 살이 아프고, 모발이 초췌하며, 입술이 마른다. 땀이 나

지 않으면 아래에서 삼양三陽을 취하고, 혈락血絡을 제거하며, 족태음을 보하
여 땀나게 한다.

◉ 맥외의 혈기는 피부를 충실케 하고 따뜻하게 하며 터럭을 나오게 한다. 그
러므로 기육이 병들면 살이 아프고, 터럭이 초췌해진다. 비脾는 기육을 주관하
고, 입口에 개규開竅하므로 입술이 마른다. 땀이 안 나오면 아래에서 삼양三陽
을 취하고, 혈락血絡을 제거하며, 태음太陰을 보하여 땀이 나오게 도와준다. 삼
양은 태양이다. 한열은 기육에 있지만 땀이 표에서 나가게 한다.
　막운종이 말했다. "폐肺의 코鼻와 비脾의 입口은 모두 기분氣分으로 본 것이다."

骨寒熱者, 病無所安, 汗注不休. 齒未槁, 取其少陰於陰股之絡; 齒
已槁, 死不治, 骨厥亦然.
골骨에서 한열이 나면 안절부절 못하고, 땀이 멈추지 않고 계속 나온다. 이가
마르지 않았으면 음고陰股에 있는 소음의 낙맥을 취하고, 이가 말랐으면 사증
死症이다. 골궐증骨厥症도 마찬가지다.

◉ 뼈에서 한열이 나는 것은 소음의 기가 병든 것이다. 편안하지 못한 것
은 음조陰躁다. 소음은 생기生氣의 근원인데 계속 땀나는 것은 생기가 다
빠진 것이다.
　치아가 마르지 않은 것齒未槁은 근기根氣가 아직 남아 있는 것이니 음고陰股
에서 족소음의 낙맥을 취하여 사기를 제거한다. 치아가 이미 말랐으면齒已槁
불치不治. 이것은 소음의 기가 병들어 사기와 정기가 상박하여 한열이 나는
것이다. 사기가 제거되면 낫고 정기가 빠지면 죽는다.
　골궐骨厥은 신장이 병들어 신기腎氣가 궐역厥逆하는 것이다. 성인이 남면南面
하고 서 있을 때 앞은 광명光明이고, 뒤는 태충太衝이다. 태충이 있는 곳이 소음
少陰이고, 소음의 위가 태양太陽이다. 이것은 소음이 생양지본生陽之本이고, 신
장腎臟도 생기지원生氣之原이다. 그래서 골궐도 마찬가지라고 한 것이다. 골한
열骨寒熱을 나누는 것은 소음의 기가 병들었기 때문이다.

심량신이 말했다. "이상 세 구절은 병이 삼음三陰의 기에 있는 것이어서 삼
양三陽의 낙맥을 취하라고 했고, 음고陰股에서 소음의 낙맥을 취하라고 했다.
경혈을 말하지 않았다. 앞장은 병이 오장에 있어서 행간行間·삼리三里·곤륜崑
崙·용천涌泉을 말했고, 삼음삼양은 말하지 않았다."

> **骨痺, 攣節不用而痛, 汗注煩心. 取三陽之經補之.**
> 골비증骨痺症은 관절이 움직이지 않고 아프며, 진땀이 나고, 가슴이 답답하다.
> 삼양경三陽經을 취하여 보한다.

◉ 골비증骨痺症은 팔다리를 움직이지 못할 정도로 아프고 진땀이 나며 가슴이
답답하니 소음의 기가 병들어 깊이 들어간 것이다. 태양경을 취하면서 보하고
사기를 제거해야 한다. 대체로 경맥은 속에 있고, 피부에 드러나는 것은 낙맥
이다.

앞 절에서 삼음三陰의 기로 한열이 난다고 했으니 병이 피부에 있기 때문에
낙맥을 취한다. 여기서는 병기病氣가 깊이 들어갔기 때문에 경經을 취한다. 이
편에서는 삼음삼양의 경기經氣가 병이 되었을 때 병이 기氣에 있으면서 경經에
는 못 미치는 경우가 있고, 기氣에서 경經까지 침입한 경우가 있으며, 경經과
기氣가 함께 병이 되는 경우가 있음을 말한다. 음양육기陰陽六氣는 수족의 육경
六經과 합한다.

심량신이 말했다. "겨울은 침장沈藏하니 혈기는 속에서 골수骨髓에 붙어서
오장에 통한다. 골비骨痺는 동비冬痺다. 진땀이 나고 가슴이 답답하니汗注煩心
병이 장臟까지 통한 것이다. 사기도 항상 사시四時의 기혈을 따라 들어가 침범
한다. 그러므로 아래 문장에서 '겨울에는 경혈과 수혈을 취한다冬取經腧'고 했
다. 경수經腧는 골수를 치료하므로 삼양경三陽經을 취하여 음장陰藏에서 일어난
비증痺症을 발월發越시킨다."

막운종이 말했다. "본경의 방법으로 치료하면 분명한 효과가 있다. 마현대
가 이치를 따지지도 않고 먼저 침놓아서 후학으로 하여금 침놓는 것을 하찮게
보고 소홀케 했으니 침자 중에 지극한 도가 있음을 모른 것이다."

身有所傷, 血出多, 及中風寒, 若有所墮墜, 四支懈惰不收, 名曰體惰. 取其少腹臍下三結交. 三結交者, 陽明太陰也, 臍下三寸關元也.

몸을 다쳐 피를 많이 흘리거나 찬바람을 쐬거나 높은 곳에서 떨어져 팔다리에 힘이 빠져 구부러지지 않는 것을 체타體惰라고 한다. 배꼽 아래 세 경經이 만나는 삼결교三結交를 취한다. 삼결교는 양명陽明과 태음太陰과 임맥任脈이 만나는 배꼽 아래 3촌 관원關元이다.

🌐 여기서는 피부의 혈기에 손상이 있으면 양명과 태음을 취해야 함을 말한다.

첫머리에서 말한 피부의 한열은 삼음三陰의 기기가 병든 것이다. 여기서 말하는 피주皮腠의 혈기 손상도 태음과 양명을 취하니 음양혈기는 서로 관련 있기 때문이다. 다쳐서 출혈이 많은 것은 혈이 손상된 것이다. 거기다 찬바람을 쐬면 영위營衛가 손상된다. 사람의 형체는 호흡하고 혈이 공급되어야 살 수 있는데 혈기가 손상된 것이다. 또 떨어져 다치면 팔다리에 힘이 빠져 움직이지 않게 되는 것을 체타體惰라고 한다.

충부열육充膚熱肉의 혈기는 양명 수곡지정에서 생겨서 중中으로 흘러넘쳐 충맥衝脈과 임맥任脈을 경유하여 피주皮腠에 퍼지므로 소복 배꼽 아래의 양명, 태음, 임맥이 만나는 관원關元을 취하여 혈기의 생원生原을 도와야 한다. 삼결교三結交는 족태음과 양명, 임맥이 배꼽 아래에서 만나 결합하는 곳이다.

심량신이 말했다. "처음에는 삼음三陰의 기가 오장을 근본으로 하면서 외부의 피모기육골皮毛肌肉骨을 주관한다고 말했고, 다음 절에서는 삼양三陽의 기기가 아래에서 생겨서 목과 머리頸項頭面로 올라가 나간다는 것을 말한다. 여기서는 부표膚表의 혈기도 아래에서 올라와 피부를 충실케 함을 말한다. 음양혈기는 모두 아래에서 위로 올라간다."

厥痺者, 厥氣上及腹, 取陰陽之絡, 視主病也, 瀉陽補陰經也. 頸側之動脈人迎, 人迎, 足陽明也, 在嬰筋之前. 嬰筋之後, 手陽明也, 名曰扶突. 次脈手少陽也, 名曰天牖. 次脈足太陽也, 名曰天柱. 腋下動脈臂太陰也, 名曰天府.

궐비증厥痺症는 궐기厥氣가 경항頸項으로 가지 못하고 배까지만 올라가니 어디서 일어난 궐역인지 살펴 음양의 낙맥을 취하는데 양경을 사하고 음경을 보한다. 목의 동맥이 뛰는 곳이 인영人迎이며, 인영은 족양명경이니 영근嬰筋의 앞에 있다. 영근의 뒤가 수양명경이고 부돌扶突이다. 다음이 수소양맥이고 천유天牖다. 다음이 족태양맥이고 천주天柱다. 액하腋下 동맥은 수태음맥이고 천부天府다.

⦿ 여기서는 양기가 음중陰中에서 생기고 아래에서 위로 올라간다는 것을 말한다.

궐비厥痺는 아래에서 막혀서 삼양의 기가 궐역厥逆하여 배에까지만 가고 머리나 목까지는 올라가지 못한 것이다.

어디서 일어난 궐역인지 살펴 음양의 낙맥을 취한다取陰陽之絡 視主病也는 궐비가 어느 경에서 일어났는지 보는 것이다.

사양瀉陽은 궐역된 기를 사하여 올라가게 하는 것이다.

보음補陰은 양기가 음중陰中에서 생기기 때문이다.

차맥次脈은 후두喉頭에서 옆으로 차례대로 목뒤로 간다. 즉 〈영추·본수本輸〉에서 말하는 일차맥一次脈·이차맥二次脈 등이다.

삼양의 경기經氣는 모두 경항頸項을 순환하면서 두면頭面으로 올라간다.

액하동맥腋下動脈은 수태음이다. 태음은 음양지기陰陽之氣를 통틀어 주관한다.

陽明頭痛, 胸滿不得息, 取之人迎.
양명두통陽明頭痛이 있고, 흉부가 꽉 차서 숨쉬기 힘들면 인영人迎을 취한다.

⦿ 아래 다섯 구절은 앞 문장을 이어서 궐역지기厥逆之氣가 나타나는 증상이 각각 있어서 궐역된 경을 따라 취하니 나누어 말한다.

양명두통陽明頭痛은 양명의 기가 배로 궐역하여 인영人迎을 순환하지 못하고 머리로 상충하여 두통이 나는 것이다. 중초로 역행하여 흉부가 꽉 차고 숨쉬기 힘들다. 인영을 취하여 기를 통하게 해야 한다.

暴瘖氣鞭, 取扶突與舌本出血.

갑자기 음성이 나오지 않고 목이 뭐에 걸린 듯 막혔을 때는 부돌扶突을 취하고 설본舌本에서 출혈시킨다.

⬧ 금金은 소리聲를 주관하고, 심心은 말言을 주관한다. 수양명은 기氣를 주관하고, 금金을 주관한다. 그러므로 양명의 기가 아래로 궐역하면 갑자기 음성이 안 나오고 목안에 가시가 걸린 듯하다. 부돌扶突을 취하고 설본舌本에서 출혈시키면 기가 통하고 음성이 나온다.

暴聾氣蒙, 耳目不明, 取天牖.

갑자기 귀가 안 들리고, 머리에 씌운 듯 무거워 귀와 눈이 밝지 못하면 천유天牖를 취한다.

⬧ 수소양맥은 귀속으로 들어가고 눈 바깥쪽目銳眥으로 간다. 소양의 기가 아래로 궐역하면 위에 있는 경맥은 통하지 않아 귀가 안 들리고 머리에 뭐가 씌어진 듯暴聾氣蒙하여 이목耳目이 밝지 못하니 천유天牖를 취한다.

暴攣癎眩, 足不任身, 取天柱.

갑자기 경련을 일으키며 어지러워 몸을 가누지 못할 때는 천주天柱를 취한다.

⬧ 족태양은 근筋을 주관하므로 기가 궐역하면 갑자기 경련이 나면서 몸을 가누지 못한다. 태양맥은 목내자目內眥의 정명睛明에서 기시하는데 기가 위로 통하지 못하면 어지러워지니 천주天柱를 취해야 한다.

暴癉內逆, 肝肺相搏, 血溢鼻口, 取天府.

갑자기 갈증이 나고 내부로 궐역하여 간기肝氣와 폐기肺氣가 서로 뭉쳐 혈이 코와 입으로 흘러넘치면 천부天府를 취한다.

⊕ 단단單癉은 소단消癉이다. 폭단暴癉은 갑자기 갈증이 나는 것이다.

간맥肝脈은 폐肺를 관통하므로 수태음의 기가 궐역하면 간기肝氣와 폐기肺氣가 뒤섞인다. 폐는 기氣를 주관하고, 간은 혈血을 주관하는데 기가 중으로 역행하면 혈血도 유체되어 위로 넘친다.

폐는 수水의 생원生原이다. 상박相搏하면 진액이 생기지 않아 갈증이 심하게 난다. 모두 수태음의 천부天府를 취해 상박하여 역행하는 기를 소설시켜야 한다.

대체로 폭질暴疾은 일시적인 궐증厥症이다. 기궐氣厥로 인한 것이어서 폭暴자를 썼다.

> **此爲天牖五部.**
>
> 이것이 큰 창문 다섯 개다.

⊕ 유牖는 창이다. 머리와 얼굴의 혈자리는 마치 누각의 창문과 같으니 통기通氣하는 곳이다. 아래로 기궐이 일어나 위에 있는 경맥이 불통하게 되어 이목耳目이 불명不明하고, 폭음暴喑·간현癎眩 등증이 나타난다.

삼양의 기는 아래에서 생겨 위로 나가므로 총결하여 "이것이 큰 창문 다섯 개다此爲大牖五部"라고 한 것이고 이하는 다시 그 경락을 말했다.

심량신이 말했다. "인영人迎·부돌扶突·천유天牖·천주天柱는 두기지가頭氣之街다. 액하동맥腋下動脈은 흉기지가胸氣之街다."

막운종이 물었다. "〈영추·본수本輸〉에서 맥脈의 차서次序를 말했으니 바로 수족삼양手足三陽의 육경六經이다. 이 절에서는 수양명소양·족양명태양만 말하면서 대유大牖가 된다고 하니 왜 그런가?"

이에 답한다. "태양의 기는 방광수중膀胱水中에서 생기고, 소양의 기는 명문상화命門相火에 바탕을 두고 있으며, 양명의 기는 중초위부中焦胃腑에서 생긴다. 경맥에서는 수족의 육경이 있지만 기氣에서는 단지 삼음三陰과 삼양三陽을 말한다. 수양명과 태음은 표리가 되어 온몸을 도는 기다. 그러므로 합해서 오대유五大牖가 된다."

臂陽明有入頄遍齒者, 名曰大迎. 下齒齲, 取之臂, 惡寒補之, 不惡寒瀉之. 足太陽有入頄遍齒者, 名曰角孫, 上齒齲取之. 在鼻與頄前, 方病之時其脈盛, 盛則瀉之, 虛則補之. 一曰取之出鼻外.

수양명手陽明이 관골頄로 들어가 아랫니의 잇몸으로 포산되는 곳을 대영大迎이라고 한다. 아랫니에 충치가 있을 때 수양명을 취한다. 찬 것을 싫어하면 보하고 찬 것을 싫어하지 않으면 사한다. 족태양足太陽이 관골로 들어가 윗니의 잇몸으로 포산되는 곳을 각손角孫이라고 하며 윗니의 충치에 코鼻와 관골頄 앞에서 취한다. 한창 병이 심할 때는 맥이 성하다. 성하면 사하고 허하면 보한다. 혹자는 코 밖으로 빼낸다고 한다.

◉ 앞 구절은 삼양지기가 순차로 대유大腧에 올라가 나가는 것을 말했고, 여기서는 다시 기가 낙맥으로 상통하는 것을 말한다. 이른바 "낙맥이 끝나는 곳에서 지름길로 바로 통하니 여환무단하여 어디가 시작인지 알 수 없다絡絶則徑通如環無端 莫知其紀也"고 하는 것이 이것이다.

대유大腧로 가는 기는 기가氣街에서 맥외로 나간다. 맥중脈中으로 가는 기는 낙맥에서 맥중으로 관통하여 들어간다. 내외로 끝없이 순환되므로 그 시초를 알 수 없는 것이다.

관顴, 광대뼈과 비鼻가 만나는 곳이 관골頄이다.

우齲는 치통齒痛이다.

수양명이 관골로 들어가 아랫니의 잇몸으로 포산되는 곳을 대영大迎이라 한다. 대영은 족양명경의 경혈이다. 이것은 수양명의 기가 낙맥에서 족양명경을 관통하므로 아랫니의 통증은 수양명을 취해야 한다. 찬물을 싫어하는 것은 허한 것이므로 보해야 한다. 찬물을 싫어하지 않는 것은 실한 것이므로 사해야 한다. 족태양이 관골로 들어가 윗니의 잇몸으로 포산되는 곳을 각손角孫이라고 한다. 각손은 수소양경의 경혈이다. 이것은 족태양의 기가 수소양경을 관통하므로 윗니의 치통은 비鼻와 관골 앞을 치료해야 하니 태양경의 낙맥이다.

안 | 영혈營血과 종기宗氣가 흐르는 곳이 경맥이다. 족태양의 낙맥은 치중齒中으로 들어가지 않으니 이것은 경맥도 아니고 지별支別도 아니고 미세한 맥이 소

양으로 통하기 때문이다. 따라서 막 병이 되었을 때는 맥이 성하니 기가 태과한 것이다. 태과太過하면 사하고 불급不及하면 보한다.

막운종이 말했다. "삼양三陽의 기는 나누면 셋이지만 합하면 하나다. 양기陽氣는 아래로 천천泉에 통하니 지地 주위를 돌다가 다시 지중地中을 관통된다. 그러므로 치아에 두루 연결되어 입口에 속하면서 대각으로 목본目本에 들어간다. 치아는 수장水臟에서 생기고, 입口은 토土의 외후外候다."

> **足陽明*有挾鼻入於面者, 名曰懸顱. 屬口對入, 繫目本, 視有過者取之. 損有餘, 益不足, 反者益.**
>
> 족양명에서 코 옆으로 안면으로 들어간 것을 현로懸顱라고 한다. 입口에 속하고 대각으로 목본目本에 연계되니 병이 있으면 현로를 취한다. 유여하면 사하고 부족하면 보하여 병을 돌이키면 좋아진다.

⊕ 여기서는 삼양의 6차맥을 총결한다.

삼양의 기가 대유大牖로 올라가 나가는 것은 수양명, 수소양, 족양명, 족태양을 순환하면서 경맥을 관통하니 수족의 육맥六脈이 서로 지나간다. 그러므로 수태양에서 비鼻 옆으로 면面으로 들어가는 것을 현로懸顱라고 한다. 현로는 족소양의 경혈이다. 이것은 수태양의 기가 낙맥에서 족소양경으로 통하는 것이다.

입에 들어가 구각口角과 대각으로 목본目本에 연결되니 병이 있으면 현로를 취한다.

과過는 병든 것이다.

병이 태양에 있으면서 태양의 낙맥이 유여하고 소양의 경맥이 부족하면 태양의 유여를 사하고 소양의 부족을 보해야 한다. 반대면 태양을 보해야 한다.

심량신이 말했다. "'반反'은 병이 있는 곳을 돌이키는 것이다. 이 두 구절로 추정해 보면 태양의 기가 낙맥에서 소양경을 관통하고, 소양의 기는 낙맥에서 태양경을 관통하는 것을 알아야 한다. 이상 네 맥도 마찬가지다."

---

* 족양명足陽明은 수태양手太陽으로 해야 한다―〈영추·음양계일월陰陽繫日月〉.

막운종이 물었다. "양명이 수족手足에서 서로 만나는 것은 자연스러운 것이지만 태양과 소양이 서로 만나는 것은 무엇에 근거를 두는가?"

이에 답한다. "태양太陽과 소양少陽의 기는 선천先天의 수화水火에 근본을 두었으니 양의兩儀가 사상四象으로 나뉘는 것과 같다. 그러므로 정월과 2월은 태양과 소양이 주관하고, 5월과 6월은 태양과 소양이 주관하니, 태양과 소양이 상합한다. 양명은 두 양이 합한 것兩陽合明이어서 3월과 4월을 주관하니 양명은 저절로 상합한다.* 음양지도陰陽之道는 변화가 무궁하니 경상經常과 변역變易의 이치에 밝아야 비로소 함께 음양을 말할 수 있다."

주재공이 물었다. "태양의 기는 피모를 주관하고, 양명의 기는 기육과 주리를 주관하며, 소양의 기는 추뉴의 작용으로 협脅을 주관한다. 이제 삼양의 기가 또 모두 경맥을 순환하고 두면頭面으로 올라간다고 말하는가?"

이에 답한다. "이것이 승강출입지도升降出入之道다. 음양의 기는 내외로 출입하므로 피한열皮寒熱에는 태양과 태음을 취하고, 기한열肌寒熱에는 아래에서 삼양三陽을 취하여 상하로 승강케 한다. 그러므로 얼굴에 적중되면 양명으로 내려가고, 뒷목에 적중되면 태양으로 내려가며, 협에 적중되면 소양으로 내려간다邪中于面則下陽明 中于項則下太陽 中于脅則下少陽. 삼양의 기가 기표肌表를 운행하므로 양분陽分에 적중되면 경經으로 흘러가니中于陽則溜于經 경經과 기氣가 내외로 상통한다. 이러한 승강출입이 쉼 없이 이루어지는데 한번이라도 멈춘다면 기전機轉이 깨진다."

其足太陽有通項入於腦者, 正屬目本, 名曰眼系, 頭目苦痛, 取之在項中兩筋間. 入腦乃別陰蹻陽蹻, 陰陽相交, 陽入陰, 陰出陽, 交於目銳眥. 陽氣盛則瞋目, 陰氣盛則瞑目.

족태양에서 항부項部를 통과하여 뇌로 들어가 바로 목본目本에 속하니 안계眼系라고 한다. 머리와 눈이 고통스러우면 뒷목의 양 인대 사이를 취한다. 뇌로 들어가면 음교陰蹻와 양교陽蹻로 갈라져 음양이 서로 교차하니 양교는 음교로

---

* 〈영추·음양계일월陰陽繫日月〉 참조.

나가고, 음교는 양교로 나가 목예자目銳眥에서 교차한다. 양기陽氣가 성하면 눈이 떠지고, 음기陰氣가 성하면 눈이 감긴다.

⊛ 여기서는 태양의 기가 양교陽蹻와 음교陰蹻로 관통하는 것을 말한다. '기其'는 앞 문장을 이어 말하는 것이다.

족태양이 또 항부項部를 통과하여 뇌로 들어가 바로 목본目本에 속하니 안계眼系라고 한다. 뒷목의 양 인대 사이에서 뇌로 들어가고 바로 갈라져서 음교와 양교로 연결된다. 음양교陰陽蹻가 목예자目銳眥에서 서로 만나 양교의 기는 음교로 가고, 음교의 기는 양교로 간다. 양교의 기가 성하면 눈이 떠지고, 음교의 기가 성하면 눈이 감긴다. 이것은 태양의 기가 다시 안계眼系에서 음양교맥이 관통하는 것이다.

안 | 〈영추·맥도脈度〉에서 "교맥蹻脈은 소음에서 갈라져 연곡然谷의 뒤쪽에서 시작하여 흉부를 순환하고 상행하여 목내자目內眥에 속하고 태양과 양교맥이 합쳐져서 상행했다가 다시 돌아오면 눈이 적셔진다蹻脈者 少陰之別 起于然谷之後 循胸上行 屬目內眥 合於太陽陽蹻而上行 氣幷相還 則爲濡目"라고 했다. 이것은 음교맥이 족소음에서 시작하여 올라가서 태양맥과 양교맥으로 통한다는 것을 말한다. 태양의 기가 양교와 음교를 통하므로 남자는 양교맥을 세고, 여자는 음교맥을 센다. 음교맥은 양교로 소음의 정수精水를 통과시키고, 양교맥은 음교로 태양의 기를 통과시킨다. 남자는 기氣가 주가 되므로 남자는 양교를 세고, 여자는 정혈精血이 주가 되므로 여자는 음교를 센다. 기氣는 양陽이고, 혈血은 음陰이기 때문이다.

막운종이 말했다. "거만하게 걷는 것이 교蹻다. 족소음과 태양은 음양혈기의 생원生原이다. 음교와 양교는 음양혈기의 통과를 주관하니 아래에서 올라가 목目에서 만난다. 목目은 생명의 문이다."

批 눈 끝의 각진 것이 예銳다. 안쪽과 바깥쪽 모두 예자銳眥다.

批 양에서는 음으로 들어간다고 하고, 음에서는 양으로 나간다고 한다.

熱厥, 取足太陰少陽, 皆留之. 寒厥, 取足陽明少陰於足, 皆留之.

열궐熱厥에는 족태음과 족소음양을 취하고 모두 유침시킨다. 한궐寒厥에는 족양명과 족소양음을 발에서 취하고 모두 유침시킨다.

⊕ 여기서는 음양의 기가 불화하여 일어나는 한궐寒厥과 열궐熱厥을 말한다. 표表의 음양이 불화하면 기육과 피부의 한열이 발생한다. 발원發原의 음양이 불화하면 한궐寒厥과 열궐熱厥이 된다.

마현대가 말했다. "소양少陽은 소음少陰이어야 하고, 소음少陰은 소양少陽이어야 한다."

안 | 〈소문·궐론厥論〉에서 "양기가 아래에서 쇠하면 한궐이 되고, 음기가 아래에서 쇠하면 열궐이 된다陽氣衰于下則爲寒厥 陰氣衰于下則爲熱厥"라고 했다. 열궐은 족삼양足三陽의 기가 많은 것이므로 음을 보해야 하므로 족태음과 소음을 취하고 모두 유침시켜 침하鍼下를 차게 한다. 한궐은 삼음三陰의 기가 많은 것인즉 양을 보해야 하므로 족양명과 소양을 취하고 유침시켜 침하鍼下가 더워질 때까지 기다린다.

여백영이 말했다. "발足에서 취한다는 것은 양기가 아래에서 생긴다는 의미다."

舌縱涎下, 煩悗, 取足少陰.

혀가 늘어지고 침을 흘리며 가슴이 답답하면 족소음을 취한다.

⊕ 이것은 상하上下의 음양이 부조화不調和한 것을 말한다. 소음의 상부는 군화가 주관하니少陰之上 君火主之 하下는 수장水臟이다. 수화지기水火之氣는 오르내리면서 교차하는데 설종舌縱·연하涎下·번만煩懣 등의 증상이 나타나는 것은 신기腎氣가 올라가 심화心火에 대주지 못하기 때문이다. 그러므로 족소음을 취하여 소음의 기를 통하게 해야 한다.

> **振寒洒洒, 鼓頷不得汗出, 腹脹煩悗, 取手太陰.**
> 으슬으슬 춥고 떨리면서 땀이 나지 않고 배가 부르고 가슴이 답답하면 수태음을 취한다.

⊕ 이것은 표리表裏의 음양이 불화不和한 것을 말하고 있다.

내경內經에서 "음陰에 양陽이 가해지면 땀이 난다陽加于陰 謂之汗"라고 했다. 기표肌表는 양이고, 복내腹內는 음으로 안에 있는 음액陰液이 표양지기表陽之氣의 힘으로 발산되어 땀이 나온다.

으슬으슬 춥고 떨리면서 땀이 나오지 않고 배가 부르고 가슴이 답답한 것振寒洒洒 鼓頷不得汗出 腹脹煩悗은 표리의 음양이 불화한 것이다. 그러므로 수태음을 취하여 피모의 기를 소산시켜 한액汗液을 돌게 한다. 수태음은 수액水液을 통조通調하며 피모에 퍼트린다.

막운종이 말했다. "앞 구절에서는 상하上下를 말했고, 여기서는 표리表裏를 말하고 있으니 음양의 승강출입升降出入이다. 편명 〈한열寒熱〉은 모두 음양陰陽의 부조不調로 인한 것이다."

> **刺虛者, 刺其去也, 刺實者, 刺其來也.**
> 허증虛症에 자침하는 것은 기가 가는 것에 자침하여 기가 모이게 하는 것이고, 실증實症에 자침하는 것은 기가 몰려오는 것에 자침하여 기가 흩어지게 하는 것이다.

⊕ 여기서는 음양한열의 부조가 모두 정기허사기실正氣虛邪氣實의 장애로 인한 것이라고 말한다. 허虛는 정기正氣의 부족이고, 실實은 사기邪氣의 유여로 대개 사기가 실하면 정기는 허하다. 그러므로 허증에 자침할 때는 기가 흩어지는 것을 찌르는 것이니 추이제지追而濟之라고 한다. 실증에 자침하는 것은 기가 한창 모일 때 찌르는 것이니 영이탈지迎而奪之라고 한다. 보하고 사하는 것迎之隨之을 의도대로 하여 기를 조절할 수 있다면 병을 낫게 할 수 있다.

春取絡脈, 夏取分腠, 秋取氣口, 冬取經輸. 凡此四時, 各以時爲齊. 絡脈治皮膚, 分腠治肌肉, 氣口治筋脈, 經輸治骨髓.

봄에는 낙맥絡脈을 취하고, 여름에는 분육分肉과 주리腠理를 취하며, 가을에는 기구氣口를 취하고, 겨울에는 경수혈經腧穴을 취한다. 무릇 이것은 사시에 각각 때로써 일정하게 맞추는 것이다. 낙맥을 취하는 것은 피부를 치료하는 것이고, 분주分腠는 기육을 치료하는 것이며, 기구氣口는 근맥筋脈을 치료하는 것이고, 경수經腧는 골수를 치료하는 것이다.

◉ 이것은 사람의 형층심천形層深淺을 사시四時의 기에 맞추는 것이다. 사람의 혈기는 천지의 음양출입에 상응한다. 그러므로 봄에 낙맥絡脈을 취하고, 여름에 분주分腠를 취하는 것은 춘하의 기가 안에서 밖으로 나가기 때문이다. 가을에는 기구氣口를 취하고, 겨울에는 경수經腧를 취하는 것은 추동의 기는 밖에서 안으로 들어가기 때문이다. 사람의 기혈은 사시의 기에 따라서 내외출입한다.

제齊는 일정하게 맞추는 것이다.

사시는 사람의 음양출입에 상응하므로 각기 사시에 맞춘다. 그러므로 낙맥을 취하는 것은 피부를 치료하는 것이고, 분주를 취하는 것은 기육을 다스리는 것이며, 기구를 취하는 것은 근맥筋脈을 치료하는 것이고, 경수를 취하는 것은 골수를 다스리는 것이다. 여기서 다시 사시지법四時之法으로 피육근골의 천심淺深을 다스린다. 천기天氣에는 사시의 출입이 있고, 사람에게는 음양의 형층形層이 있으므로 각기 때에 맞추어 다스린다.

五臟身有五部, 伏兎一, 腓二, 腓者腨也, 背三, 五臟之腧四, 項五. 此五部有癰疽者死.

오장은 몸에 중요한 부위가 다섯 군데 있으니 허벅지伏兎, 장딴지腓, 등背, 오장의 수혈五臟之腧, 뒷목項이다. 이 다섯 곳에 옹저癰疽가 생기면 죽는다.

◉ 몸 외부는 피부가 양이고, 근골이 음이다. 옹저癰疽가 발생하는 곳은 피육근골이다. 이것은 오장에 각기 오부五部가 있는데 한 부위라도 음양불화陰陽不和

가 생기면 유체되어 곪는 것을 말한다. 허벅지伏兎는 신장腎臟의 부위고, 장딴지膞는 비脾의 부위다. 등背은 폐수肺腧가 있는 곳이고, 오장수五臟腧는 5추椎의 심수心腧다. 항項은 간肝의 수腧다.

본경에서 "옹저癰疽는 하늘에서 떨어진 것도 아니고 땅에서 솟은 것도 아니다. 작은 것이 쌓여서 생긴 것이다癰疽之發 不從天下 不從地出 積微之所生也"라고 했다. 그러므로 오부에서 옹저가 발생하는 것은 오장의 울독鬱毒이 조금씩 쌓여 외부로 혈기의 불화를 일으켜 옹저가 된다. 그러므로 오부에 옹저가 생기면 죽는다.

안 | 앞 장에서는 오장의 사기가 피육근골에 반응이 나타나는 것을 말했고, 여기서는 오장에 각기 오부가 있고 일부一部에도 모두 음양혈기가 흐르는 것을 말하니 이른바 음중유양 양중유음陰中有陽 陽中有陰이다.

여백영이 말했다. "옹저의 발생은 풍한이 침습하거나 희로불측喜怒不測하고 음식부절食飮不節 등의 원인으로 영위가 불화하여 육리肉理로 역행하여 옹저가 발생한다. 음양이 불통하여 양쪽 열이 상박하여 화농이 된다. 그러나 둔부나 팔에 생겼는데 죽는 경우가 있고 목이나 등에 생겼는데도 죽지 않고 사는 경우는 사독邪毒의 경중輕重과 정기正氣의 허실虛實에 의하여 죽고 사는 것이 갈린다. 하지만 병이 오장에 미치면 반드시 죽는다. 그러므로 외사外邪로 인한 경우는 먼저 피모를 치료하고 그다음에 기육을 치료한다. 내상內傷으로 인한 경우는 오장의 울기鬱氣가 피부로 퍼지게 하여 일부一部에 옹종이 되지 않게 해야 한다. 이른바 '시초에 치료하면 낫지만 농이 성해지면 죽는다始萌可救 膿成則死'이니 이것이 상공은 미병未病을 다스린다는 말이다."

批 일부一部에도 피육근골이 있다.

> 病始手臂者, 先取手陽明太陰而汗出, 病始頭首者, 先取項太陽而汗出. 病始足脛者, 先取足陽明而汗出.
>
> 병이 손과 팔에서 시작했으면 먼저 수양명과 수태음을 취하고 땀을 낸다. 병이 머리와 얼굴에서 시작했으면 먼저 항부項部의 태양을 취하여 땀을 낸다. 병이 발과 다리에서 시작했으면 먼저 족양명을 취하고 땀을 낸다.

◉ 이것은 형신形身을 분별하여 상하上下에 각기 주관하는 음양이 있다는 것이다. 신반이상身半以上은 수태음과 수양명이 모두 주관한다. 그러므로 병이 팔에서 시작하는 것은 먼저 수양명과 태음을 취하여 땀을 낸다. 태양의 기는 방광에서 생겨서 두항頭項으로 올라간다. 따라서 병이 머리나 얼굴에서 시작했으면 먼저 항부項部의 태양을 취하여 땀을 낸다.

신반이하身半以下는 족태음과 족양명이 주관한다. 그러므로 병이 다리足脛에서 시작되었으면 먼저 족양명을 취하여 땀을 낸다.

'시始'라고 한 것은 병이 하체에서 시작했으면 다 내려간 다음에 올라가는 것이고, 상체에서 시작했으면 다 올라간 뒤에 내려가는 것을 말한다.

'선先'이라고 한 것은 수족의 음양에 비록 주관하는 것이 있으나 삼음삼양의 기가 상하승강上下升降하고 내외출입內外出入하여 서로 교통하는 것을 말한다.

> 臂太陰可汗出, 足陽明可汗出. 故取陰而汗出甚者, 止之於陽, 取陽而汗出甚者, 止之於陰.
>
> 수태음도 땀이 나게 할 수 있고, 족양명도 땀이 나게 할 수 있다. 그러므로 음경을 취하여 땀이 많이 나면 양경을 취하여 멈추게 하고, 양경을 취하여 땀이 많이 나면 음경을 취하여 멈추게 한다.

◉ 땀은 음액陰液으로 양명에서 생긴다. 태음은 기를 주관하고 부표膚表를 행하고 수분과 진액을 사방으로 분포하니 곧 기화氣化로써 통조하므로 "수태음에서 땀을 낼 수 있다臂太陰可汗出"고 했다. 수곡의 진액은 주리에서 발설하여 땀이 나면 축축해진다. 그래서 "족양명도 땀을 내게 할 수 있다足陽明可汗出"고 했다.

그렇지만 땀은 기氣가 선발宣發되고 기가 액液을 얻은 뒤에야 충신택모充身澤毛 할 수 있다. 그러므로 태음경을 취하여 출한汗出이 심하면 양명경을 취해 그치게 하고, 양명경을 취해 한출이 심하면 태음경을 취해 그치게 한다. 양은 음이 잡고 있고, 음은 양이 지킨다.

심량신이 말했다. "음양의 부조화로 한열이 발생한 증상이니 발한시켜 풀어야 한다. 그래서 몇 개의 한법汗法으로 총결했다."

批 태음은 기를 주관하고 양명은 액을 주관하니 음양이 호환한다.

凡刺之害, 中而不去則精泄, 不中而去則致氣. 精泄則病甚而恇,
致氣則生爲癰疽也.

침의 부작용은 침이 적중되었는데도 빼지 않으면 정기精氣가 빠지고, 침이 적
중되지 않았는데 침을 빼면 기가 몰려 울체鬱滯된다. 정기가 빠지면 병이 심해
지고 허겁해지며, 치기致氣가 되면 옹양癰瘍이 생긴다.

◉ 설정泄精은 음양혈기가 정精에서 생기는데 지나치게 손상되면 그 근원도 상
한다. 옹양은 음양혈기가 피육근골 사이를 도는데 사기가 머물면서 정기가 제
대로 돌지 못하면 생긴다.

　본편은 음양한열이 사정邪正의 실허實虛로 인하여 생기기 때문에 이 문구를
편 말미에 중복 제시했으니 치병자治病者가 조심하여 실증을 실하게 하거나 허
증을 허하게 하지 말 것을 경계하기 위해서다.

22

전광癲狂

目眥外決於面者, 爲銳眥. 在內近鼻者, 爲內眥, 上爲外眥, 下爲
內眥.

눈꼬리目眥가 얼굴 바깥쪽은 예자銳眥고, 코 쪽은 내자內眥다. 위 눈꺼풀은 외
자外眥고, 아래 눈꺼풀은 내자內眥다.

⊕ 예자銳眥, 내자內眥는 눈동자 바깥쪽의 안각眼角이다. 태음의 기는 조이는 작
용約束을 한다. 눈 외각外角이 예자고, 내각內角이 내자가 된다. 이는 곧 태음의
기가 내외의 목자目眥에 주로 작용하는 것을 말한다. 태양은 위 눈꺼풀이고, 양
명은 아래 눈꺼풀이니 위는 외자外眥고 아래는 내자內眥가 된다. 이는 태양과
양명의 기가 상하의 목자目眥에 주로 작용하는 것이다.

수태음은 천天을 주관하고 족태음은 지地를 주관한다. 태양은 개開의 작용을
하고, 양명은 합闔의 작용을 한다. 천지의 기는 낮에는 밝고 밤에는 어두우며,
사람의 눈은 낮에는 떠지고 밤에는 감긴다. 이것은 사람이 천지의 주야개합晝
夜開闔에 상응하는 것이다. 한 번 숨쉬는 중에도 개합이 있으니 호흡누하呼吸漏
下에 호응하는 것이다. 천지의 개합이 원활하지 못하고 음양출입이 혼란스러
워지면 신지神志가 어두워지고 전광癲狂이 발작한다.

따라서 전광癲狂의 치료 방법은 오로지 수족의 태음·태양·양명을 취한다.
폐는 피모를 주관하니 속눈썹은 천기天氣에서 생긴다. 기육의 정精이 약속約束
을 주관하니 지기地氣에서 생긴다. 내외·상하의 목자目眥가 모두 천지음양지
기에 속하면서 눈이 떠지고 감긴다.

왕방후王芳候가 말했다. "전광증癲狂症은 제일 난치다. 이 편의 이치를 터득

해야 조그만 실마리라도 잡아 병을 치료할 수 있다批却導窾."

批 태양은 개開이므로太陽主開 외外를 주관하고, 양명은 합闔이므로陽明主闔 내內를 주관한다.

批 숨을 내쉬는 것은 양陽이고, 숨을 들이쉬는 것은 음陰이다. 전癲은 중음重陰이고, 광狂은 중양重陽이다.

批 속칭 천개모天盖毛라고도 한다. 이 단락은 손으로 누르면 시원하다以手按之立快에 대한 대구다.

癲疾始生, 先不樂, 頭重痛, 視擧目赤, 甚作極, 已而煩心, 候之於顔, 取手太陽陽明太陰, 血變而止.

전질癲疾 발작이 시작할 때는 먼저 기분이 이상해지고, 머리가 무겁고 아프며, 눈이 치켜떠지고 빨개진다. 극심한 발작이 끝나면 가슴이 답답해진다. 안색을 살펴서 수태양 양명 태음을 취하고 혈색이 변하면 멈춘다.

◉ 전광병은 음양의 기가 아래로 먼저 궐역한 후에 머리꼭대기로 역상하여 일어나는 병이다.

〈소문·통평허실론通評虛實論〉에서 "전질癲疾과 광질狂疾은 오랫동안 궐역이 되어 생기는 질환이다"고 했고, 또 "궐厥이 숙성되면 전질癲疾이 된다"라고 했다.

소음은 선천의 수화水火이고, 태음은 후천의 지토地土다. 천지수화지기天地水火之氣가 오르내리면서 공평하게 교통하는 것인데 궐역되면 공평하지 못하여 병이 된다. 수지정水之精이 지志고, 화지정火之精이 신神이다.

기분이 좋지 않는 것先不樂은 정신이 편하지 않은 것이다.

눈이 치켜떠지고 빨개지는 것視擧目赤은 심기心氣가 상역하기 때문이다.

발작이 극심했다가 그친 후에 가슴이 답답한 것癲甚作極 已而煩心은 궐역지기가 태음과 양명에 올라갔다가 내려서 다시 소음의 심주心主로 가기 때문이다.

〈영추·오색五色〉에서 "정庭은 안면이다庭者 顔也" "얼굴 위쪽 이마는 궐정闕

400

庭이고 왕궁王宮은 턱下極에 있다首面上於闕庭 王宮在於下極"라고 했다. 천궐天闕은 이마에 있고 왕궁王宮은 턱에 있다. 그러므로 얼굴을 살피는 것은 천天의 기색氣色을 살피는 것이다.

신반이상身半以上은 양陽으로 수태음양명이 주관한다. 수태음양명을 취하는 것은 혼탁한 천기를 맑게 하고, 수태양을 취하는 것은 군주의 심번증心煩症을 가라앉힌다. 심주혈心主血하니 혈색이 변하면 신기神氣가 맑아지고 전질 발작이 멈춘다.

批 뒤의 궐역은 모두 소음을 취하는데 대부분이 소음의 낙맥을 거쳐 태음·태양으로 올라가기 때문이다.

批 장옥사가 말했다. "천지음양 오운육기는 모두 소음 선천에 바탕을 두고 생긴다."

癲疾始作, 而引口啼呼喘悸者, 候之手陽明太陽. 左强者攻其右, 右强者攻其左, 血變而止.

전질이 발작하면서 입이 땅기고, 울부짖으며, 숨을 헐떡이고, 가슴이 뛰는 것은 수양명과 태양을 살핀다. 좌측에 강직强直이 오면 우측을 다스리고, 우측에 강직이 오면 좌측을 다스린다. 혈색이 변하면 멈춘다.

⊕ 이것은 궐역지기가 위로 몰려 개합이 제대로 안 되어 전질이 된 것이다. 제계啼悸는 태양의 기가 혼란한 것이고, 천호喘呼는 양명의 기가 맑지 못한 것이다. 태양은 개開의 작용을 주관하고太陽主開, 양명은 합闔의 작용을 주관하므로陽明主闔 수양명과 태양을 살펴야 한다. 천지개합지기天地開闔之氣는 좌측에서 우측으로 돌므로 좌측이 강하면 우측을 다스리고, 우측이 강하면 좌측을 다스린다.

막운종이 말했다. "수태양은 심의 표表이고, 수양명은 폐의 표다. 심心에 이상이 있기 때문에 울부짖고 심장이 뛰며, 폐에 이상이 있기 때문에 숨찬 호흡을 한다. 개합이 원활하지 못하여 제계啼悸·천호喘呼하는 것은 병이 표에 있으면서 내부까지 미친 것이다."

癲疾始作, 先反僵, 因而脊痛, 候之足太陽陽明太陰手太陰, 血變
而止.

전질이 발작하면서 먼저 각궁반장角弓反張을 일으키면서 강직되고 이어서 척
추가 아플 때는 족태양·양명·태음과 수태음을 살피고 혈색이 변하면 멈춘다.

⦿ 전질이 처음 발작할 때 각궁반장角弓反張을 일으키는 것癲疾始作 先反僵은 궐
기가 한수寒水인 태양으로 궐역하기 때문이다. 이어서 척추에 통증이 나타나
는 것因而脊痛은 한기寒氣가 지중地中에 몰리는 것이다.

척척脊은 등이다.

『역易』에서 "등에서 멈춘다. 간艮은 산山이고 멈춰서 움직이지 않는다艮其背.
艮爲山 止而不動"라고 했다. 간艮은 땅에서 높은 곳坤土之高阜者이다. 그러므로 족
태양·족양명·족태음을 살펴야 한다.

안ㅣ처음 구절에서는 궐기가 올라가서 천天과 태양太陽과 군화君火로 몰리는 것
을 말했다. 다음 구절에서는 개합이 원활하지 못한 것을 말했다. 여기서는 궐
기가 수토지중水土之中으로 궐역되는 것을 말한다.

천지수화지기天地水火之氣가 맑지 못하여 전질癲疾이 된다. 다시 수태양을
취하는 것은 수화신지水火神志가 서로 만나는데 족태양의 수사水邪가 상역하
여 심주心主의 신기神氣를 혼란시키므로 혈색이 변할 때까지 기다리면 신기가
맑아진다.

심량신이 말했다. "이상 3증은 '시생 시작始生 始作'이라고 했으니 궐기가 초
기에 태음·태양·양명지기로 역상했으나 아직 유형有形의 근골筋骨까지 미치
지 못한 것이다. 병이 기氣에 있으면 쉽게 소산疏散시킬 수 있지만 병이 이미
깊이 들어가 버리면 목숨이 달려 있어도 어찌할 수가 없다. 그러므로 골맥骨脈
의 전질은 대부분이 다 불치다. 양의가 좀 일찍 치료할 수 있으면 질병을 멈추
고 몸을 다스릴 수 있다. 사람들은 질병이 많아지는 것을 걱정하지만 의사는
치료방법이 없는 것을 걱정한다."

治癲疾者, 常與之居, 察其所當取之處, 病至, 視其有過者瀉之. 置
其血於瓠壺之中, 至其發時, 血獨動矣, 不動, 灸窮骨二十壯, 窮骨
者, 骶骨也.

전질을 치료하는 자는 항상 병자와 함께 거처하여 취해야 할 곳을 살핀다. 병
이 발작할 때 병증이 나타나는 경맥을 관찰하여 사하고, 단지에 담아 놓으면
발작할 때에 혈이 저절로 움직인다. 혈이 움직이지 않으면 미저골尾骶骨에 뜸
을 20장 뜬다.

⊛ 여기서는 전질 치료가 천지수화지기天地水火之氣를 분별하여 다스려야 함을
말한다.

태양의 화火는 일日이니 천기를 따라 하루에 지구를 한 바퀴 돌며 쉬지 않는
다. 지수地水는 고요하고 움직이지 않는다.

병자와 함께 거처하는 것常與之居은 병의 상태를 알려고 하는 것이다.

취해야 할 곳을 살펴서 병이 올 때 병이 있는 곳을 사하는 것察其所當取之處 病
至視之有過者瀉之은 질병이 수족 어느 경에 있는지를 살펴서 취하는 것이다.

박호瓠壺는 바가지다. 바가지에 피를 담아놓으면 발작 시에 피가 저절로 움
직이니 기가 서로 감응한다. 궐기가 수태음과 태양으로 전해졌으면 바가지에
있는 혈이 저절로 움직이니 천기태양운동天氣太陽運動에 감응하는 것이다.

혈이 움직이지 않는 것은 병이 지수지중地水之中으로 들어간 것이므로 저골
骶骨에 뜸을 20장 떠야 한다. 경에 "함하되면 뜸뜬다陷下則灸之"라고 했다. 이
질환은 족태양 태음이 함하된 것이니 저골에 뜸 20장을 떠야 한다. 이二는 음
의 시작이고, 십十은 음의 끝이다.

주영년이 말했다. "〈소문·장자절론長刺節論〉에서 '처음 발작할 때는 1년에
한 번 발작하지만 낫지 않으면 한 달에 한 번 발작하는 것이 전질이다初發歲一
發 不治月一發 名曰癲疾'라고 했다. 1년에 한번 발작하는 것은 태양이 1년에 한 번
주천周天하는 것이고, 일日은 화火에 대응된다. 달은 한 달에 한 번 지구를 돌
고, 월月은 수水에 대응된다."

> 骨癲疾者, 顑齒諸腧分肉皆滿而骨居, 汗出煩悗, 嘔多沃沫, 氣下泄不治.
>
> 골전질骨癲疾은 턱과 치아의 분육이 다 부어 이가 들뜨며, 땀이 나고, 가슴이 답답해진다. 거품을 토하고 기가 아래로 빠지면 불치다.

⊕ 치齒는 골지여骨之餘다. 분육은 골骨에 붙어 있다. 따라서 골전질骨癲疾은 턱과 치아 분육 전체가 다 부은 것이다.

골거骨居는 골과 육이 따로 노는 것이다.

땀은 혈지액血之液인데 땀이 나고 가슴이 답답한 것汗出煩悗은 병이 족소음신足少陰腎에 있으면서 위로 수소음심手少陰心까지 미친 것이다.

거품을 토하는 것嘔多沃沫은 태음과 양명의 기가 위에서 탈진된 것이다.

신腎은 생기지원生氣之原인데 기가 아래로 빠져나가는 것氣下泄은 소음의 기가 빠져나가는 것이다. 음양이 상하에서 이탈되므로 불치다.

막운종이 말했다. "병이 골수에 들어가면 훌륭한 의사라도 힘을 쓸 수 없다. 그래서 치료법을 나열하지 않았다. 다음 3증은 병이 유형의 근골에 있는 것이므로 태소음양을 말하지 않았다."

批 분육은 계곡谿谷이다. 계곡은 신腎에 속한다. 신허腎虛하면 자주 토하고, 비허脾虛하면 가래가 올라온다. 중초는 소음지기少陰之氣의 힘에 의하여 작용하는데 중하中下가 이탈하므로 죽는다.

> 筋癲疾者, 身倦攣急大, 刺項大經之大杼脈, 嘔多沃沫, 氣下泄不治.
>
> 근전질筋癲疾은 몸이 피곤하고 경련을 일으키며 맥이 급대急大하다. 족태양경의 대저大杼에 자침한다. 거품을 토하고 기가 아래로 빠지면 불치다.

⊕ 병이 근筋에 있으므로 몸이 피곤하고 경련이 나며 맥이 급대急大하다. 족태양은 근筋을 주관하므로 방광경의 대저大杼에 침놓아야 한다.

거품을 토하고 방귀가 나오는 것嘔多沃沫 氣下泄은 유형의 장부臟腑가 병들었고 음양지기까지도 다 빠져나간 것이다.

批 앞의 네 구절은 기가 병든 것이므로 태음·양명을 취하라 했고, 여기서는 유형의 근맥이 병든 것이므로 대저大杼에 자침하라고 했다.

> 脈癲疾者, 暴仆, 四肢之脈, 皆脹而縱. 脈滿, 盡刺之出血; 不滿, 灸之, 挾項太陽, 灸帶脈於腰相去三寸, 諸分肉本輸. 嘔多沃沫, 氣下泄不治.
>
> 맥전질脈癲疾은 갑자기 쓰러지고, 팔다리의 맥이 모두 팽창되어 늘어진다. 맥이 부풀어 오르면 다 찔러서 출혈시킨다. 맥이 팽창되지 않으면 족태양의 배수혈과 계협에서 3촌 떨어진 대맥帶脈에 뜬다. 분육의 수혈腧穴에 자침한다. 거품을 토하고 기가 아래로 빠지면 불치다.

⊕ 경맥은 근골筋骨을 적셔주고 관절을 잘 움직이게 한다. 맥에서 전질癲疾이 온 것이므로 갑자기 쓰러진다. 십이경맥은 모두 수족의 정혈井穴과 형혈滎穴에서 출발하므로 팔다리의 맥이 모두 붓고 늘어진다.

맥이 붓는 것脈滿은 맥에 병이 있으므로 모두 자침하여 출혈시켜야 한다.

붓지 않은 것不滿은 병기가 함하된 것이다.

심은 맥을 주관하며 양중지태양陽中之太陽에 해당하므로 붓지 않은 것은 족태양에 함하된 것이다. 십이장부의 경수經腧는 모두 태양에 속하므로 목 주위에 있는 태양경의 배수혈에 뜬떠서 함하되어 일어나는 질환을 회복시켜야 한다. 대맥帶脈은 계협의 장문章門에서 일어나 허리에서 여러 경맥을 옆으로 묶으며 계협에서 3촌 떨어졌으니 태양의 경수가 있는 곳이다.

여러 분육에 있는 경수諸分肉本腧는 계곡의 수혈腧穴이다.

맥내의 질환이 그대로 분육分肉과 기분氣分으로 나가게 하는 것이다.

> 癲疾者, 疾發如狂者, 死不治.
>
> 전질癲疾이 광병狂病처럼 발작하면 죽는다.

● 음성자陰盛者는 전병癲病에 걸리고, 양성자陽盛者는 광병狂病에 걸린다. 전질이 광병처럼 발작이 발생하는 것은 음양지기가 모두 상한 것이므로 사불치死不治다. 음양지기가 서로 이탈되어도 죽고 음양지기가 둘 다 손상되어도 죽는다.

막운종이 말했다. "양병은 빠르게 진행되므로 발작이 일어난다."

> **狂始生, 先自悲也, 喜忘苦怒善恐者, 得之憂饑, 治之取手太陰陽明, 血變而止, 及取足太陰陽明.**
>
> 광증이 발작하기 전에 슬퍼지고, 자꾸 잊어버리며, 화를 내고, 무서워하는 것은 우울과 허기에서 오는 것이니 수태음과 양명을 취하여 치료하고 혈색이 변하면 멈춘다. 또 족태음과 양명을 취한다.

● 이다음은 광질狂疾에 허와 실이 있다는 것을 말한다.

발작 전에 슬퍼지는 것先自悲은 신腎이 허하기 때문이다. 경經에서 "수水의 정精이 지志다水之精爲志"라고 했다. 정精이 위로 지志에 전달이 안 되면 기분이 슬퍼져서 눈물이 난다.

자꾸 잊어버리고 무서워지는 것喜忘善恐은 신지腎志가 모두 허한 것이다. 자꾸 화가 나서 고통스러운 것苦怒은 간기肝氣가 허하여 궐역한 것이다. 간목肝木의 신지神志는 모두 신정腎精에서 생긴다. 이런 증상은 우울과 허기憂饑에서 온다고 했는데 우울하면 폐가 손상되고, 허기지는 것은 곡정穀精이 생기지 않는 것이다. 폐가 상하면 신수腎水의 생원生原이 허해지고, 곡정이 생기지 않으면 신정腎精이 부족해진다. 음이 부족해지면 양성陽盛하게 되어 광증으로 발작한다.

수태음과 양명을 취하는 것은 궐역지기가 올라가 수태음과 양명을 덮친 것이니 사하여 출혈시켜서 궐역된 기를 소산시킨다. 또 족태음과 양명을 취하니 족태음과 양명을 보하여 곡정의 힘으로 신기腎氣를 돕는다.

이 구절에서는 먼저 음허로 양광陽狂에 이르는 것을 말하니 마지막 구절의 "기가 끊겨 숨차서 이어지지 못하고 움직이면 더 기가 빠지는 것은 족소음을 보하고 겸해서 혈락을 제거한다短氣 息短不屬 動作氣索 補足少陰 去血絡也"이다.

전광癲狂은 위에서 나타나는 증상이고, 궐역厥逆은 아래에서 처음 발생하는 병의 원인이다. 그래서 〈전광癲狂〉이라고 편명을 지었고 뒤에 궐역을 놓았다.

상공이 미병未病을 치료한다고 하는 것은 병의 시초를 다스리는 것이다. 대체로 전질癲疾은 대부분 음실陰實이 원인이고, 광증狂症은 음허陰虛가 원인이다. 그래서 월인이 말했다. "중음重陰은 전질癲疾이고, 중양重陽은 광증狂症이다." 대개 음허陰虛는 양허陽盛다. 음허양성陰虛陽盛하면 양을 사하고 음을 보해야 한다. 하지만 음정陰精은 양명에서 생기고, 양기陽氣는 음중陰中에 바탕을 두니 음양이 서로 자생하는 이치가 있다. 학자는 세심하게 연구해야 치도治道에 큰 도움이 될 것이다.

批 신腎은 본本이고 폐肺는 말末이다. 그러므로 신장腎臟의 궐역지기가 수태음과 양명을 덮치는 것이다. 신주수腎主水하니 수정水精이 허하면 화火가 성해진다.

批 병이 처음 생기는 원인을 알아야 상공이라고 할 수 있다.

> 狂始發, 少臥不饑, 自高賢也, 自辨智也, 自尊貴也, 善罵詈, 日夜不休, 治之取手陽明太陽太陰, 舌下少陰. 視之盛者, 皆取之, 不盛, 釋之也.
>
> 광증이 발작할 때 자지도 않고 먹지도 않으며 스스로를 고결하고 지식이 많으며 높은 지위에 있다고 여기며, 밤낮으로 쉬지 않고 욕을 해대면 수양명·수태양·수태음과 설하소음舌下少陰을 취하여 치료한다. 성盛하면 모두 다 취하고, 성하지 않으면 놓아둔다.

⊕ 이것은 심기心氣의 실광實狂이다. 음기가 성하면 자주 눕고, 양기가 성하면 잘 눕지 않는다. 음식이 위胃에 들어가면 정기가 심心으로 가니 심기가 실해지므로 허기를 느끼지 않는다. 심心은 군주지관君主之官이어서 허하면 스스로를 비하卑下하고, 실하면 자신을 높이려 한다.

양명이 실하면 끊임없이 욕을 해대니 심화心火가 성하여 추금秋金을 덮치기 때문이다. 폐는 심을 덮고 있어서 화염火炎이 올라오면 천기天氣가 맑아지지 못한다. 그래서 수태양의 부腑를 취하여 실한 군화君火를 사하고, 수양명과 태음을 취하여 추금秋金을 가라앉힌다.

설하소음舌下少陰은 심心의 혈락血絡이다. 이것은 심心의 신지神志에 병난 것이지 맥에 병난 것이 아니므로 잘 살펴야 한다. 성盛하면 모두 치료하는 것이고, 불성不盛하면 치료하지 않고 놓아둔다.

병이 무형無形의 신지神志에 있는 것이라면 모두 부腑를 치료하고 장臟을 가라앉히니 부腑는 양이고 기를 주관하기 때문이다. 만약 혈락에 들어갔으면 〈영추·본장本臟〉의 맥락을 취해야 한다.

마현대가 말했다. "앞 구절에서는 처음 시작始生을 말했고, 여기서는 처음 발작始發을 말하니 병이 완성된 뒤에 발작한다."

狂言, 驚, 善笑, 好歌樂, 妄行不休者, 得之大恐, 治之取手陽明太陽太陰.

이상한 말을 하고, 깜짝깜짝 놀라며, 잘 웃고 노래를 부르며, 쉬지 않고 이상한 짓을 하는 것은 큰 공포로 된 것이다. 수양명·태양·태음을 취한다.

❀ 이것은 신병腎病이 위로 심心에 전해져 심기心氣가 실해져 생긴 광증이다. 큰 공포를 당하여 신腎이 손상되어 생긴다. 음허양성陰虛陽盛이 되므로 광언狂言과 경기驚氣를 발작하는 것이다.

경經에서 "심기가 실하면 잘 웃고, 허하면 자주 슬퍼진다心氣實則善笑 虛則善悲"라고 했다. 실하면 심지心志가 울결되므로 노래를 불러 펴지게 한다. 신지神志가 모두 병든 것이므로 쉬지 않고 미쳐 날뛴다. 수태음을 취하여 실한 심기心氣를 가라앉히고, 수양명과 태음을 취하여 손상된 신기腎氣를 회복시킨다.

狂, 目妄見, 耳妄聞, 善呼者, 少氣之所生也, 治之取手太陽太陰陽明, 足太陰頭兩顑.

미쳐서 헛것이 보이고, 환청이 들리며, 소리를 지르는 것은 소기少氣로 발생하는 것이다. 수태양·태음·양명과 족태음·양명을 취한다.

● 이것은 신기腎氣가 약해서 심기허광心氣虛狂을 일으킨 것이다. 심신心腎 수화지기水火之氣가 오르내리면서 서로 돕는데 신기腎氣가 약해지면 심기心氣도 허해진다. 심신心腎의 기가 허해지면 헛것이 보이고 환청이 들린다.

자꾸 소리를 지르는 것善呼者은 허기虛氣로 발작하는 것이다. 수태양·태음·양명을 취하여 광망狂妄을 가라앉히고, 족태음 양명을 보하여 곡정을 보태줘야 한다. 대개 수곡이 위胃에 들어가면 진액은 제 길을 찾아가는데 신腎은 수장水臟이므로 오장의 정을 받아서 저장하니 기氣는 정精에서 생긴다.

본경에서 "위기胃氣가 올라가 폐에 주입되고 머리로 상충된 한기悍氣는 식도를 순환하고 올라가 공규로 주입되며 안계眼系를 순환하고 뇌로 들어가 연락된다. 턱으로 나와 객주인客主人으로 내려가서 아거牙車를 순환하여 양명과 합하고 또 경기經氣와 병합하여 인영人迎으로 내려간다胃氣上注于肺 其悍氣上衝頭者 循咽上注空竅 循眼系入絡腦 出頏下客主人 循牙車合陽明 幷下人迎"라고 했다. 이것은 양명의 기가 위로 오관으로 가서 머리로 나가는 것이다. 족양명이라고 하지 않고 양함兩頏이라고 한 것은 양명의 중초와 상초의 기를 취하여 수곡을 소화시키는 것이다.

안| 이 구절은 바로 마지막 문장의 족소음의 기가 적어 몸이 떨리고 숨을 몰아쉬면서 말하는 것少氣 身漯漯也 言吸吸也이다. 대체로 처음에 나타나는 증상은 하지허下之虛에 있으니 소음의 음을 보하지만 지금은 상上에서 발작하여 광狂이 된 것이니 다시 광증狂症을 치료하는 방법을 써야 한다.

批 양명이라고 말한 것은 위胃에서 섭취한 것이다.

> 狂者多食, 善見鬼神, 善笑而不發於外者, 得之有所大喜, 治之取足太陰太陽陽明, 後取手太陰太陽陽明.
>
> 광증에 많이 먹고, 귀신이 보이며, 겉으로 잘 드러나지 않게 히죽히죽 웃는 것은 커다란 기쁨으로 생긴 병이니 족태음·태양·양명을 취하여 치료하고 뒤에 수태음·태양·양명을 취한다.

● 이것은 기쁨으로 심지心志가 손상되어 허광虛狂이 된 것이다. 심기心氣가 허

하면 많이 먹으려 한다. 신기神氣가 허하므로 자주 귀신이 보인다. 큰 기쁨으로 병이 생긴 것이므로 잘 웃는다.

밖으로 드러내지 않는다不發於外는 냉소로 소리를 안 내는 것이다.

음식물이 위에 들어가면 탁기는 심장으로 가므로 먼저 족태음과 양명을 보하여 심정心精을 기르고, 족태양의 진액을 보하여 신기神氣를 북돋아야 한다. 그리고 나서 수태음·태양·양명을 취하여 광증을 가라앉힌다.

안 | 족소음으로 인한 것은 먼저 수手를 취하고 나서 족足을 취하며, 수소음으로 인한 것은 먼저 족足을 취하고 나서 수手를 취한다. 모두 상하 기교의 묘용이다.

批 심기가 허하므로 잘 웃고, 심기가 실하면 크게 웃는다.

> **狂而新發, 未應如此者, 先取曲泉左右動脈, 及盛者見血, 有頃已, 不已, 以法取之, 灸骨骶二十壯.**
>
> 광증이 처음 발작할 때 엄중한 증상이 나타나지 않는 경우에는 먼저 좌우 곡천曲泉의 동맥을 취하고, 성한 곳을 사혈하면 잠시 후에 낫는다. 낫지 않으면 광증의 치법에 따라 치료하고 미저골尾骶骨에 뜸을 20장 뜬다.

● 여기서는 위의 광증을 총결하고 있으니 아래에서 위로 올라간 것이면 먼저 간경肝經의 곡천曲泉을 취해야 한다.

응應은 아래에 원인이 있는데 위에서 반응이 나타나는 것이다.

대체로 광증은 심기心氣의 허실로 되는 병이지만 신기腎氣의 실허實虛가 원인이면 모두 수水(腎)에서 목木(肝)으로, 목木(肝)에서 화火(心)로 간다.

따라서 처음 발작하는 광증에 슬퍼하고 놀라며 웃고 화내며 환시 환청悲驚喜怒 妄見妄聞 등증이 나타나지 않았을 때는 먼저 곡천의 좌우 동맥을 취한다. 성한 경우 피가 나오면 즉시 낫는다. 목기木氣가 청산되어 심신心神까지 미치지 못한다. 낫지 않으면 구법灸法을 써서 치료한다.

저골骶骨은 독맥이 도는 곳인데 독맥과 간맥이 정수리에서 만나므로 저골에 뜸떠서 궐음의 맥기를 끌어 다시 아래에서 소산시킨다.

안| 척골이 끝나는 곳이 저골骶骨이니 바로 족태양과 독맥이 만나는 곳이다. 궁골窮骨이라고도 하고 저골骶骨이라고도 하며 골저骨骶라고 구별하기도 한다.

風逆, 暴四肢腫, 身漯漯, 唏然時寒, 饑則煩, 飽則善變, 取手太陰表裏, 足少陰陽明之經, 肉淸取滎, 骨淸取井經也.

풍으로 소음의 기가 궐역하면 팔다리가 갑자기 붓고, 몸에 축축하게 땀이 나며, 으슬으슬 추워지고, 속이 비면 가슴이 답답해지며, 속이 차면 가슴이 두근거리고 불안해진다. 이때는 수태음의 표리를 취하고, 족소음과 양명경을 취한다. 살이 차면肉淸 형혈滎穴을 취하고, 뼈가 시리면骨淸 정혈井穴을 취한다.

◉ 경에서 "궐厥이 오래되면 전질癲疾이 된다"라고 했다. 궐기가 상역하기 때문에 전질이 된다. 신腎은 수장水臟인데 바람이 불면 물이 출렁거린다. 풍역風逆은 외음의 풍을 접촉하여 소음지기少陰之氣가 상역하는 것이다. 풍사風邪가 팔다리에 침입한 질환이므로 팔다리가 갑자기 붓는다. 탑탑漯漯은 한습寒濕이고, 희연唏然은 추워서 떠는 모습이니 풍이 수한지기水寒之氣를 동요시켜 이런 증상이 나타난다. 풍이 신수腎水를 손상시키면 심기心氣도 허해진다. 따라서 속이 비면 가슴이 답답해진다. 풍목지사風木之邪가 중토中土를 손상시킨 것이므로 포만되면 가슴이 두근거리고 불안해진다. 수태음 표리를 취하여 풍사를 가라앉히고, 족소음 양명을 취하여 궐역된 기를 조절한다. 청淸은 찬 것이다. 살이 차다는 것은 기주肌腠에서 서늘한 기운이 나오므로 화火인 형혈滎穴을 취하여 차가운 살을 따뜻하게 한다. 토土는 기육을 주관하고, 화火는 토土를 돕는다. 뼈가 시린 것은 아직 수장水臟에 남아 있는 것이므로 목木인 정혈井穴을 취하여 수사水邪를 사한다.

여백영이 말했다. "수태음 표리를 취하라는 것은 땀을 내는 것이다. 마황麻黃을 써서 모규毛竅를 통하게 하고, 행인杏仁을 배합하여 폐금肺金을 원활하게 작용케 하니 이기裏氣가 소통된 뒤에 표기表氣가 통한다."

> 厥逆爲病也, 足暴凊, 胸將若裂, 腸若將以刀切之, 煩而不能食, 脈
> 大小皆澁, 暖取足少陰, 凊取足陽明, 凊則補之, 溫則瀉之.
>
> 궐역으로 병이 되어 발이 갑자기 차가워지고, 가슴이 찢어지는 것 같으며, 장
> 腸이 칼에 에이는 듯하고, 가슴이 답답하여 먹지도 못하며, 맥은 대소맥大小脈
> 이나 모두 삽澁하다. 몸이 따뜻하면 족소음을 취하고, 차가우면 족양명을 취
> 하니 차가우면 보하고, 따뜻하면 사한다.

◉ 이것은 소음의 본기本氣가 궐역하여 된 병이다. 소음의 대락大絡은 신腎에서
기시하여 기가氣街로 내려가 음고陰股 안쪽을 순환하면서 괵중膕中으로 비스듬
히 들어가고 족내과足內踝 뒤쪽으로 나와서 발바닥으로 들어간다. 소음지기가
내부에서 궐역하므로 발이 갑자기 차가워진다.

가슴이 찢어질 것 같고, 장이 칼에 에이는 것 같은 통증이 있고, 가슴이 답답
하여 먹지 못하는 것胸若將裂 腸若將以刀切之 煩而不能食은 궐기가 복복에서 상역
하여 심흉心胸에까지 미친 것이다.

혈맥은 신腎의 도움을 받아 움직이니 맥이 크게 뛰거나 작게 뛰거나 모두 삽
하게 뛰는 것은 신기腎氣가 궐역하여 경맥이 통하지 않기 때문이다. 신腎은 생
기지원인데 몸이 따뜻하면 실로 궐역된 것이므로 족소음을 취하여 사한다. 찬
것은 허虛하여 궐역된 것이므로 족양명을 보하여 신장腎臟의 정기正氣를 도와
야 한다.

이상 두 문장 중 하나는 외감의 궐역이고, 하나는 본기本氣의 궐역인데 모두
전질의 시초가 된다. 궐증厥症이 나타나면 먼저 치궐지법治厥之法으로 가라앉
히는 것은 미병未病을 치료하는 것이다.

> 厥逆腹脹滿腸鳴, 胸滿不得息, 取之下胸二脇, 欬而動手者, 與背
> 腧以手按之, 立快者是也.
>
> 궐역되어 배가 부르고, 장에서 소리가 나며, 흉부가 차서 숨쉬기 힘들면 흉부
> 아래 좌우 양협부에서 기침할 때 손이 가는 곳과 배수혈背腧穴을 눌러 시원하
> 다고 하는 곳을 취한다.

● 여기서는 궐역의 기가 태음과 양명을 덮쳐서 장차 전질이 되려고 하는 것을 말한다.

복창만腹脹滿은 족태음과 양명으로 침범한 것이다. 장명腸鳴은 수양명을 덮친 것이다. 흉만부득식胸滿不得息은 수태음을 덮친 것이다. 흉하이협胸下二脇은 바로 수태음경의 중부中府와 운문혈雲門穴로 동맥이 뛰는 곳이다. 배수背腧는 폐수肺腧를 말한다.

흉하 좌우 양협부에서 기침할 때 손이 가는 곳과 배수혈을 눌러 시원하다고 하는 곳을 취한다取之下胸二脇 欬而動手者 與背輸以手按之 立快者是也는 궐역지기가 덮쳐서 전질이 되려는 것이다. 기에 병이 있으므로 누르면 바로 시원하다. 궐전질厥癲疾은 기氣에 병이 있는 것이지 경經에 있는 것이 아니다.

주위공朱衛公이 말했다. "폐肺는 천기天氣와 합하므로 수태음에서 살핀다."

內閉不得溲, 刺足少陰太陽與骶上, 以長鍼.

내부로 궐역되어 막혀서 소변이 나오지 않으면 족소음과 태양에 자침하고 미저골尾骶骨에 장침을 찌른다.

● 여기서는 앞 문장을 이어 궐역지기가 아래로 역행하는 것이지 위를 덮치는 것이 아니다.

궐역지기가 아래로 가서 안에서 막혀 소변이 안 나오는 것이니 족소음과 태양, 미저골尾骶骨을 자침하여 궐역된 기를 사해야 소변이 통한다.

무릇 족소음은 선천先天의 양의兩儀다. 수족 태음 양명은 후천後天의 지토地土다. 선후천의 기가 오르내리면서 서로 통한다. 그러므로 소음의 궐기가 위로 덮치면 개합이 원활하지 못해서 전질이 되니 태음과 양명을 취해야 한다. 궐기가 아래로 간 거라면 병이 단지 폐륭閉癃에 그치니 족소음과 태양만 잘못된 것이다.

> **氣逆, 則取其太陰陽明厥陰, 甚取少陰陽明動者之經也.**
>
> 궐역지기가 광증이 되면 태음·양명·궐음을 취하고, 심하면 소음과 양명의 동맥을 함께 취한다.

◉ 궐역지기가 위로 덮쳐서 광질이 된 것은 즉시 태음·양명·궐음을 취해야 한다. 광병이 발작할 때는 우울이나 허기에서 시작되니 수태음·양명·족태음·양명을 취하여 치료한다.

소음지기가 태음과 양명에 궐역되어 광질이 발생했을 초기에는 태음과 양명을 취한다. 하지만 또 족소음의 궐역지기가 심心을 덮쳐서 광질이 되면 궐음을 취한다. 대개 수기水氣가 간목肝木으로 전해지고, 간목肝木은 심화心火로 전이된다. 따라서 새로 발작한 광병이 이렇게 반응하지 않은 것은 먼저 곡천曲泉 좌우의 동맥을 취한다. 심한 것은 역기逆氣가 아주 심한 것이므로 족소음 본경을 취하여 사해야 한다. 소음지기가 올라가 양명과 합하니 소음기가 심해지면 양명도 심해진다. 양명맥이 성하면 쉬지 않고 욕을 해대니 양명의 동맥을 함께 취해야 한다.

> **少氣, 身漯漯也, 言吸吸也, 骨痠體重, 懈惰不能動, 補足少陰.**
>
> 족소음의 기가 소少하여 몸이 떨리고, 숨을 몰아쉬면서 말을 하며, 뼈가 쑤시고, 몸이 무거우며, 팔다리가 늘어져 움직일 수 없는 것은 족소음을 보한다.

◉ 이것은 족소음의 기가 소少하여 허역虛逆이 되려는 것이다.

탑탑漯漯은 추워 떠는 모양이고, 흡흡吸吸은 숨을 몰아서 쉬는 것이다. 대개 심은 말을 주관하고心主言, 폐는 소리를 주관하는데肺主聲, 신간腎間 동기動氣의 힘으로 소리가 난다. 신기腎氣가 소少하므로 말이 이어지지 못한다. 신腎은 생기지원이고 골骨을 주관하는데 신기腎氣가 소少하므로 뼈가 쑤시고 몸이 무거우며 늘어져 움직이기 힘들다. 족소음을 보하여 병의 초기에 잡아야 한다.

🔳 숨을 내쉬지 못하면 몸이 무거워진다.

短氣, 息短不屬, 動作氣索, 補足少陰, 去血絡也.

기가 끊겨 숨차서 이어지지 못하고 움직이면 더 기가 빠지는 것은 족소음을
보하고 겸해서 혈락血絡을 제거한다.

⊕ 이것은 허기虛氣가 위로 덮쳐서 허광虛狂이 발작하려는 것이다. 소기少氣라
는 것은 아래에 기가 부족한 것이다. 단기短氣는 기가 올라가다 끊기는 것이니
숨차서 이어지지 못하고 움직이면 기가 더 빠진다. 족소음의 부족을 보하고
상역上逆된 혈락을 제거해야 한다.

앞 구절에서는 병의 초기를 치료하므로 소음을 보하는 데 그쳤다. 이것은 발
작을 시작하려 하는 것이므로 겸해서 혈락을 제거한다.

안 | 족소음 허실의 궐역이 전광의 최초 시발점이므로 처음에 전광을 말했고
나중에 궐역을 논했다. 상하 허실의 원인을 살펴서 분별하여 조치한다면 핵심
을 놓치지 않을 것이다.

23

열병熱病

> 偏枯, 身偏不用而痛, 言不變, 志不亂, 病在分腠之間. 巨鍼取之,
> 益其不足, 損其有餘, 乃可復也.
>
> 편고偏枯는 몸 한쪽을 쓰지 못하고 아프며, 언어나 정신에 이상이 없으면 병이
> 분육分肉과 기주肌腠 사이에 있는 것이다. 거침巨鍼으로 취하여 부족한 것을 보
> 하고 유여한 것을 사하면 회복할 수 있다.

🌐 이 편에서는 외감풍한의 열이 있고 내부 오장의 열이 있으니 내외內外·음양
陰陽·사정邪正으로 병이 되는 것을 말한다.

먼저 외인外因을 논한다. 경經에서 "허사虛邪가 신반身半 한쪽으로 침입하여
깊이 들어가서 영위에 머물면 영위는 차츰 쇠약해져 진기眞氣가 줄어들고 사
기만 남게 되어 편고偏枯가 된다"라고 했으니 풍한의 사邪가 몸 한쪽에 적중되
면 한쪽 몸을 못 쓰고 아프다.

심은 말을 주관하고心主言 신腎은 지志를 간직하니腎藏志 말을 제대로 하고
정신이 정상인 것은 병이 분육과 기주 사이에 있고 내부는 손상되지 않은 것
이다. 거침巨鍼으로 치료하여 부족한 정기를 도와주고 유여한 사기를 빼내면
한쪽으로 손상된 정기를 회복될 수 있다.

안 | 〈소문·열론熱論〉에서 논한 열병熱病은 모두 상한傷寒의 종류이고, 본경에
서 논하고 있는 열병은 편고偏枯를 먼저 말하고 비병痺病을 나중에 말했다. 중
풍中風은 말하고 있지 않으니 풍한의 사기는 모두 열이 될 수 있기 때문이다.
이 편은 〈소문·자열론刺熱論〉의 내용과 거의 같다. 그러므로 〈소문·자열론〉에
서도 59자법을 썼다.

진기眞氣는 사라지고 사기만 남은 것이므로 부족한 것을 더해주고 유여한 것을 빼내야 회복될 수 있는 것이다.

거침巨鍼은 대침大鍼이다. 대기大氣를 취하는 것은 관절을 벗어나지 않는다. 대기大氣는 풍기風氣다.

『상한론傷寒論』은 처음에 중풍中風을 말했는데 이러한 경의經意를 본받은 것이다.

> 痱之爲病也, 身無痛者, 四肢不收, 智亂不甚. 其言微, 知可治, 甚則不能言, 不可治也. 病先起於陽, 後入於陰者, 先取其陽, 後取其陰, 浮而取之.
>
> 비병痱病은 몸에는 통증이 없지만 팔다리가 늘어져 움직일 수 없고, 약간 정신이 혼미하며 말이 어둔하지만 그래도 알아들을 수 있으면 치료할 수 있다. 심하여 말을 못하면 치료할 수 없다. 병이 외부에서 시작하여 내부로 들어갔으면 먼저 외부를 치료하고 나서 내부를 치료하는 것이니 사기를 밖으로 내보내면 낫는다.

⊕ 비痱는 풍열風熱의 병이다.

몸에 통증이 없는 것은 사기가 내부로 들어간 것이다.

풍목風木의 사기가 중토中土를 손상시켰는데 비脾는 지智를 간직하고脾臟智, 팔다리는 비脾에 속하므로 팔다리를 못 쓰고 정신이 아직 있는 것은 사기가 내부로 들어갔으나 아직 표리表裏 사이에 있고 오장의 진기眞氣는 아직 손상되지 않은 것이다.

말을 약간이라도 하면 기가 손상된 것으로 치료될 수 있다. 심하여 말을 못하면 사기가 오장으로 들어간 것이니 치료되지 않는다. 외外는 양陽이고, 내內는 음陰이다. 병이 분육과 주리 사이에서 생겨 속으로 들어갔으면 먼저 양陽을 취하고 나서 음陰을 다스린다.

부이취지浮而取之는 밖에서 들어온 사기는 그대로 표表로 내보낸다는 의미다.

심량신이 말했다. "풍으로 생긴 병은 이리저리 돌아다니면서 자주 변화한다. 앞 문장에서는 형신形身의 한쪽으로 침범한 것을 논했고, 여기서는 표리지

간표리之間에 있는 것을 말한다. 내부로 들어가 오장에까지 미쳤으면 죽고, 밖으로 드러나 외부로 내보내면 낫는다. 두 문장에 좌우左右·내외內外·출입出入·사정邪正·허실虛實·사생死生의 구별이 있다."

批 〈소문·맥요정미론脈要精微論〉에서 "말에 힘이 없는 것은 기가 빠진 것이다言而微者 此奪氣也"라고 했다.

熱病三日, 而氣口靜, 人迎躁者, 取之諸陽, 五十九刺, 以瀉其熱, 而出其汗, 實其陰, 以補其不足者. 身熱甚, 陰陽皆靜者, 勿刺也. 其可刺者, 急取之, 不汗出則泄. 所爲勿刺者, 有死徵也.

열병 3일에 기구맥氣口脈은 잠잠하고 인영맥人迎脈이 조동躁動하게 뛰면 모든 양을 취한다. 59자刺를 하여 열을 사하고 땀을 내며 음을 실하게 하여 부족한 것을 보한다. 신열身熱이 심한데 기구와 인영맥이 모두 잠잠하면 침놓아서는 안 된다. 그래도 침놓을 수 있을 때는 급히 사해야 하니 발한發汗시키거나 하지下之시킨다. 침놓지 말라는 것은 죽을까 두려운 것이다.

◉ 심량신이 말했다. "열병 3일이면 삼양三陽이 다 끝나고 삼음三陰이 사기를 받아야 한다. 기구맥氣口脈이 잠잠하고 인영맥人迎脈이 조동躁動한 것은 사기가 아직 양陽 부위에 남아 있고 음陰 부위로 전해지지 않은 것이다. 그러므로 모든 양陽을 취해야 하니 59자를 하여 열을 사하고 땀을 내게 하고, 음陰을 실하게 하여 부족한 것을 보충하여 사기가 음으로 들어가지 못하게 해야 한다.

만약 신열이 심한데 음양맥陰陽脈이 모두 잠잠하다면 이것은 사열邪熱이 심하고 음양의 정기正氣가 모두 허한 허증死症이니 침놓아서 안 된다. 침놓을 수 있는 경우라면 급히 조치해야 한다. 사기가 양분陽分에 있는 경우라면 즉시 땀을 내고, 음분陰分에 있는 경우라면 즉시 설사시켜야 한다. 이것은 사기가 심하더라도 정기正氣가 탈진된 것은 아니므로 급히 사기를 사해야 한다."

장개지가 말했다. "대개 열병은 모두 상한傷寒의 종류다. 육경六經을 상전相傳하고 칠일내복七日來復하니 삼음삼양의 기분氣分에 있고 경經과는 상관없으므로 인영人迎과 기구氣口를 살핀다. 땀을 내지 않으면 설사를 시킨다不汗出則泄

는 것은 〈소문〉에서 말하는 '3일이 안 되었으면 땀을 내야 하고, 3일이 되었으면 하지下之시켜야 한다未滿三日者 可汗而已 其滿三日者 可下而已'는 의미다."

상어공이 말했다. "내경은 일정한 움직임을 말하고, 중경仲景은 변화를 말한다."

장은암이 말했다. "열병 3일에 기구맥이 잠잠하고 인영맥이 조동하게 뛰는 것은 즉 일정한 움직임에서 생기는 변화다."

熱病七日八日, 脈口動, 喘而短者, 急刺之, 汗且自出, 淺刺手大指間.

열병 7~8일에 맥구脈口가 조동躁動하게 뛰고 숨차하면서 헐떡거리면 급히 침 놓아 땀이 나게 한다. 소상少商에 얕게 침놓는다.

⊕ 이것은 열병 7~8일에 사기가 그대로 표양表陽에 있을 때는 급히 발한시켜 풀어야 한다. 표양의 사기가 칠일내복七日來復하고 8일에도 풀리지 않는 것은 재경再經하려 하니 음陰이 손상될 염려가 있다.

맥구가 뛰고 숨차하면서 가쁘게 쉬면喘而短 사기가 아직 부표에 있는 것이니 급히 수태음의 소상혈少商穴을 취하여 땀을 내게 하면 사기는 함께 나간다.

〈소문〉에 있는 천맥喘脈을 참고하면 천이단喘而短은 맥이 촌구寸口에만 뛰고 척맥尺脈은 뛰지 않는 것이니 땀을 내면 풀어질 것이다.

여백영이 말했다. "이것은 바로 『상한론』의 '태양병에 맥이 부긴浮緊하게 뛰고 몸에 열이 나며 아픈 것은 8~9일이 지나도 풀리지 않아 표증이 여전히 남아 있는 것이니 마황탕麻黃湯으로 치료한다太陽病 脈浮緊無汗 發熱身疼痛者 八九日 不解 表症仍在 麻黃湯主之'. 마황탕을 쓰는 것은 즉 수대지手大指를 취해 땀을 내는 것과 같다. 중조仲祖〈상한〉은 〈영추〉〈소문〉 등의 경을 근본에 두고 입론한 것이다. 학자는 원뜻을 넓히고 비슷한 것에 적용하면 모두 다 도인데 어찌 침에만 해당되겠는가?"

批 장옥사가 말했다. "천증喘症은 맥이 구슬이 굴러가는 듯하다."

熱病七日八日, 脈微小, 病者溲血, 口中乾, 一日半而死. 脈代者,
一日死.

열병 7~8일에 맥이 미세하고 병자가 소변 출혈이 있으며 입안이 마르면 1~2
일 사이에 죽는다. 대맥代脈이 뛰면 하루를 못 넘긴다.

● 이것은 외열이 풀리지 않고 소음으로 전해져 사증死症이 된 것이다. 육경
을 다 돌고 칠일내복七日來復했는데도 8일에 낫지 않고 다시 재경再經하는 것
이다.

미세한 맥은 소음맥이다.

소음의 상부는 군화가 주관하니少陰之上 君火主之 병자가 소변 출혈이 있는
것病者溲血은 족소음 수장水臟이 병든 것이다.

입안이 마르는 것口中乾은 수소음 군화君火가 병든 것이다.

1일 반에 죽는다는 것一日半而死은 1~2일 사이에 죽는 것으로 음양수화陰陽
水火의 기氣가 끊어지는 것이다. 맥脈은 신腎에서 시작하고 심心에서 주관한다.
대맥代脈이 뛰는 것은 하下에서 끊어진 것으로 하루를 못 넘긴다.

심량신이 말했다. "거양巨陽은 모든 양을 위하여 기를 주관하므로 상한열병
傷寒熱病은 태양太陽을 근본으로 삼는다. 태양과 소음은 표리가 된다.『상한론』
에서 '상한 1일에 태양이 사기를 받는데 맥이 잠잠하면 다음 경으로 전해지지
않는다. 토하려 하고 번조증이 있으며 맥이 삭數하고 급하면 다른 경으로 전이
된다傷寒一日 太陽受之 脈若靜者 爲不傳 頗欲吐 若躁煩 脈數急者 爲傳也'라고 했다. 이것
은 태양의 사邪가 소음으로 전해진 것인데 소음은 표標는 음陰이고 본本은 열熱
이다. 그러므로 겉은 답답하고煩 속은 조동한다躁. 본경의 재경再經 7~8일이면
즉『상한론』의 초경初經 1~2일이다. 소음은 종본종표從本從標*하므로『상한론』

---

* 〈소문·지진요대론至眞要大論〉에서 "소양과 태음은 본본을 따르고, 소음과 태양은 표標를 따르
며, 양명과 궐음은 표본을 따르지 않고 중中을 따른다少陽太陰從本 少陰太陽從本從標 陽明厥陰不從標
本 從乎中也"라고 했다. 소양태음종본少陽太陰從本은 소양少陽은 본본이 화火고 표標가 양陽이다.
태음太陰은 본본이 습濕이고 표標가 음陰이다. 표본標本이 동기同氣이므로 당연히 종본從本한다.
그렇지만 소양태음少陽太陰도 중기中氣가 있는데 중기를 말하지 않은 것은 소양지중少陽之中이

에 급하증急下症과 급온증急溫症이 있다. 본경의 '소변 출혈이 있고, 입안이 마르면 1~2일 사이에 죽는다溲血 口中乾 一日半死'는 것은 표標와 본本이 모두 병든 것이다."

批 일一은 기수奇數로 수水를 주관하고, 이二는 우수偶數로 화火를 주관한다.

> **熱病已得汗出, 而脈尙躁, 喘且復熱, 勿刺膚, 喘甚者死.**
> 열병이 땀을 냈는데도 맥이 그대로 조동하게 뛰고 숨이 차면서 다시 열이 나면 피부에 침놓아서는 안 된다. 천식이 심하면 죽는다.

⦿ 열병에 이미 땀을 냈는데도 맥이 여전히 조조躁한 것은 양열陽熱이 심하여 땀으로 풀리지 않은 것이다. 숨차면서 다시 열이 나는 것은 사기가 이裏로 들어간 것이니 피부에 침놓아서는 안 된다. 숨이 많이 차면 내부에 사기邪氣가 왕성하고 음기陰氣가 손상된 것이므로 죽는다.

궐음목厥陰木이다. 목화木火가 동기이므로 목木이 화火로 변하므로 불종중不從中이다.

태음太陰의 중中은 양명금陽明金이다. 토금土金이 상생하므로 조燥는 습濕을 따라 변한다. 그래서 불종중不從中이다.

소음태양종본종표少陰太陽從本從標는 소음少陰은 본本이 열熱이고 표標가 음陰이다. 태양은 본本이 한寒이고 표標가 양陽이다. 표본이 다른 기氣이므로 본本을 쫓기도 하고 표標를 쫓기도 하여 치법에 선후가 있다. 하지만 소음태양少陰太陽에도 중기가 있는데 소음少陰의 중中은 태양수太陽水이고 태양太陽의 중中은 소음화少陰火다. 본本과 같으면 표標와 다르고 표標와 같으면 본本과 다르다. 그래서 모두 중기를 따르지 않는다.

양명궐음불종본표종호중陽明厥陰不從本標從乎中은 양명陽明의 중中은 태음습토太陰濕土고 조燥가 습濕으로 변한다. 궐음의 중中은 소양화少陽火고 목木이 화火로 변한다. 따라서 양명궐음陽明厥陰은 표본을 따르지 않고 중기를 따른다. 요약하면 오행지기五行之氣는 목木이 화火를 만나면 화火로 변하고, 금金이 토土를 만나면 습濕으로 변한다.

결국 "수水는 습한 곳으로 흐르고, 화火는 건조한 곳으로 간다水流濕 火就燥"의 동기상구同氣相求를 벗어나지 않는다.

그러므로 본편에서 "본을 따르는 것은 본에서 변화가 일어나고, 표본을 따르는 것은 표본의 변화가 있으며, 중을 따르는 것은 중기에서 변화가 일어난다從本者化生于本 從標本者有標本之化 從中者以中氣爲化也"라고 했다. 표본화생이 어디서 시작하는지 명확히 알면 조치하는 방법을 알 수 있다─장경악의 〈유경도익類經圖翼·표본중기종화해標本中氣從化解〉.

熱病七日八日, 脈不躁, 躁不散數, 後三日中有汗, 三日不汗, 四日
死. 未曾汗者, 勿腠刺之.

열병 7~8일에는 맥이 조躁하지 않는 것인데 조한 것은 사기가 소산되지 않아
맥이 삭數하다. 3일 안에 땀이 나야 하는데 땀이 나지 않으면 4일째는 죽는다.
땀이 나지 않는다고 주리에 침놓아서는 안 된다.

⊕ 열병 7~8일에 맥이 조躁하지 않은 것은 외부는 이미 풀린 것이다. 맥이 조하
고 사기가 소산되지 않아 맥이 삭한 것은 사열邪熱이 다 제거되지 않고 정기도
아직 다 손상되지 않았다.

후삼일後三日은 재경再經의 11일로 다시 이음裏陰으로 전경傳經된 것이니 음
액인 땀汗이 나야 풀린다. 그러므로 미처 땀이 나지 않았으면 자침하지 말라
未曾汗者 勿腠刺之는 것은 음에서 땀이 나와야 하는 것이다. 만약 3일 동안 땀이
나지 않았으면 양열陽熱이 성하고 음기陰氣가 이미 끊어진 것이므로 4일이 되
면 죽는다.

앞 구절에서는 열병이 외부에 있어 땀이 나도 풀리지 않으면 사기가 속으로
들어간 것이고, 여기서는 사기가 속으로 들어갔는데 땀이 나면 죽지 않는 것
은 양에서 음으로 들어가기도 하고, 음에서 양으로 나오기도 하는 것을 말한
다. 위에서는 외인 풍한의 열병에 표리表裏·음양陰陽·사정邪正·허실虛實에 따
른 사생死生이 있음을 말한 것이다.

막종운이 말했다. "이 편에서는 먼저 풍한을 말했고, 뒤에서는 열병을
논했다."

批 조躁는 부맥浮脈에 조동함이 있는 것이다. 본경에서 "조동함이 내재한 것이다"라고
말했다.

熱病先膚痛, 窒鼻充面, 取之皮, 以第一鍼五十九, 苛軹鼻, 索皮於
肺, 不得, 索之火. 火者心也.

열병에 먼저 피부가 아프고 코가 막히며 얼굴이 부으면 참침鑱鍼으로 59자법

🌐 이다음은 내인內因의 열로 오장에 병이 있으면 외합인 피맥육근골에서 취하고, 낫지 않으면 오행승제의 방법으로 치료해야 함을 말한다.

열병이 먼저 피부가 쑤시고 코가 막히는 것熱病先膚痛 窒鼻充面은 열이 폐에 있어 병기가 피부와 코에서 먼저 반응하는 것이다. 그러므로 참침鑱鍼으로 피皮를 59자법을 써서 오장의 열을 사한다. 만약 피부와 코에 발진發疹이 있으면 내합인 폐경에서 피皮를 다스리고, 풀리지 않으면 화火에서 찾아야 한다. 화火는 심경心經이니 심장지기心臟之氣를 취하여 금金을 승제勝制해야 한다.

오장은 내부에서 오행지기와 합하고, 외부에서 피육근맥골의 형과 합한다. 병기가 외합에 먼저 나타나므로 먼저 형을 취하고, 다음에 장기臟氣를 찾고, 다시 오행승제지법으로 치료하는 것이니 표標를 먼저 보고 본本은 나중에 본다.

앞 장에서는 외인으로 발생하는 열로 병이 육기에 있는 것을 말했고, 여기서는 내인으로 발생하는 열로 병이 오행에 있음을 말한다.

막운종이 말했다. "앞 문장과 〈소문·열론熱論〉이 비슷하고, 이것과 〈소문·평열병론評熱病論〉이 비슷하다."

熱病先身澁倚而熱, 煩悗, 乾脣口嗌, 取之脈, 以第一鍼五十九, 膚脹口乾, 寒汗出, 索脈於心, 不得, 索之水. 水者, 腎也.

열병에 먼저 피부가 거칠어지고, 힘이 빠지며, 열이 나고, 번만하며, 입술·입·식도가 마르면 맥에서 취하여 참침으로 59자법을 사용한다. 부창膚脹이 있고, 입이 마르며, 오한이 나고, 땀이 나면 심경心經에서 맥을 치료하고, 낫지 않으면 수水에서 취하니 수水는 신경腎經을 말한다.

🌐 이것은 심주포락에 열이 있으면서 맥에 병이 나타나는 것이다. 경맥은 혈기를 움직이게 하고 음양을 영위한다. 혈맥에 병이 생기면 먼저 피부가 거칠어지고 힘이 빠지면서 열이 난다. 번만煩悗은 상화相火가 성하여 심心이 불안한

것이다.

입술·입·목구멍이 마르는 것乾脣口嗌은 화火가 염상炎上한 것이다. 맥을 취하고, 참침鑱鍼으로 59자법을 실행하여 열을 사해야 한다. 부창膚脹은 맥이 성하여 피부가 부은 것이다. 그대로 입이 마르고 오한이 나며 땀이 나는 것은 열이 내부에 있어 음액陰液을 증발시키는 것이니 심경에서 맥을 다스려야 한다.

심에서 맥을 다스린다는 것索脈於心은 맥에 자침하여 유침시켜서 심기心氣가 이르길 기다리는 것이다. 만약 풀리지 않으면 수水에서 찾아야 한다. 수水는 신腎이다. 신기腎氣를 취하여 화火를 승제勝制한다.

안 | 이 구절은 제3침 시침鍉鍼으로 맥을 취해야 하는 것인데 제1침 참침鑱鍼을 쓰는 것은 낙맥이 피부에 있기 때문이다. 그래서 부창膚脹이라고 한다. 피부 사이에 있는 것은 낙맥을 취하는데 피부와 낙맥이 상통하기 때문이다.

> **熱病嗌乾多飮, 善驚, 臥不能起, 取之膚肉, 以第六鍼五十九, 目眥靑, 索肉於脾, 不得, 索之木, 木者, 肝也.**
>
> 열병에 목안이 마르고, 물을 많이 마시며, 잘 놀라고, 누우면 일어나지 못하는 것은 피부와 기육을 취하여 원리침員利鍼으로 59자법을 사용한다. 눈가가 푸르면 비경脾經에서 육肉을 다스린다. 낫지 않으면 목木에서 다스리니 목木은 간경肝經이다.

⊕ 후喉는 공기가 들어가는 곳이고, 익嗌은 음식이 들어가는 곳이다. 목이 마르고 물을 자주 마시는 것嗌乾多飮은 비열脾熱이 상행한 것이다. 비열이 성하면 위胃까지 열이 미치므로 잘 놀란다.

비脾는 기육과 사지四肢를 주관하므로 누우면 일어날 수 없다. 피부와 기육膚肉을 취해야 하니 제6침 원리침으로 59자법을 써서 열을 사한다. 비脾는 약속約束하는 작용이 있으므로 눈가가 푸른 것은 비병脾病이 제거되지 않은 것이다. 비경脾經에서 육肉을 치료해야 한다. 낫지 않으면 목木을 다스리니 목木은 간肝이다. 간목지기肝木之氣를 취하는 것은 토土를 승제하기 위해서다.

批 이것은 제4침 봉침鋒鍼으로 부육膚肉을 취해야 한다.

424

熱病面靑腦痛, 手足躁, 取之筋間, 以第四鍼於*四逆, 筋躄目浸, 索筋於肝, 不得, 索之金, 金者, 肺也.

열병에 안색이 푸르고, 뇌가 아프며, 수족이 떨리는 것은 근간筋間을 취하여 봉침鋒鍼으로 다스린다. 팔다리가 궐역하고, 다리를 절며, 눈에 목예目翳가 생기면 간경肝經에서 근筋을 다스린다. 낮지 않으면 금金을 다스리니 금金은 폐경肺經을 말한다.

● 안색이 춘색春色으로 얼굴에 푸른 기를 띠는 것은 간목肝木의 병이 얼굴에 나타난 것이다. 간맥肝脈은 얼굴로 올라가 정수리를 순환하고 목뒤로 내려오므로 뇌통腦痛이 있게 된다. 간肝은 근筋을 주관하고 모든 근은 팔다리의 지정指井에서 시작하여 경맥과 합쳐져 형신을 순환하므로 수족을 떠는 것躁擾은 근육 사이를 취해야 한다. 사지궐역에 제4침 봉침鋒鍼으로 자침한다. 간은 목目에 개규하고, 근筋의 정精이 흑안黑眼, 눈동자이므로 근의 이상으로 다리를 절거나 눈에 목예目翳가 있으면 간경肝經에서 근을 다스려야 한다. 낮지 않으면 금金에서 찾아야 하니 금金은 폐경肺經이다. 금기金氣를 취하여 간목肝木을 승제한다.

熱病數驚, 瘛瘲而狂, 取之脈, 以第四鍼, 急瀉有餘者, 癲疾毛髮去, 索血於心, 不得, 索之水, 水者, 腎也.

열병에 자주 경기驚氣를 하고 계종瘛瘲이 있으며 광증狂症이 있으면 맥을 취하고 봉침鋒鍼으로 유여한 혈락을 제거한다. 전질癲疾에 모발이 빠지면 심경心經에서 혈血을 다스린다. 낮지 않으면 수水를 다스리니 수水는 신경腎經을 말한다.

● 심心이 열로 병들었으므로 잘 놀란다. 본경에서 "심맥이 급심急甚하면 계종瘛瘲이 된다心脈急甚爲瘛瘲" "심기心氣가 실하면 광증狂症이 나온다心氣實則狂也"라고 했다. 맥을 취하여 제4침 봉침으로 유여한 혈락을 급히 사해야 한다.

전질癲疾은 맥전질脈癲疾이다. 모발은 혈지여血之餘다. 전질에 모발이 빠지면

---

* '於'는 연문衍文이다―〈통해〉.

심경心經에서 혈血을 다스려야 한다. 낫지 않으면 수水를 다스려야 한다. 수水는 신腎이다. 신수지기腎水之氣를 취하여 심화心火를 승제한다.

> 熱病身重骨痛, 耳聾而好瞑, 取之骨, 以第四鍼五十九刺骨, 病不食, 齧齒耳靑, 索骨於腎, 不得, 索之土, 土者, 脾也.
>
> 열병에 몸이 무겁고, 뼈가 아프며, 귀가 안 들리고, 잠이 많은 것은 골骨을 취한다. 봉침鋒鍼으로 59자법을 사용하여 골骨을 치료한다. 열병에 밥을 먹지 않으려 하고, 이를 갈며, 귀가 푸르면 신경腎經에서 골骨을 다스려야 한다. 낫지 않으면 토土를 다스리니 토土는 비경脾經을 말한다.

◉ 신腎은 생기지원인데 열로 기가 손상되므로 몸이 무거워진다. 신은 골을 주관하므로腎主骨 뼈가 아프다. 신腎은 귀耳에 개규하는데 신기腎氣가 궐역하면 귀가 안 들린다耳聾.

소음병이므로 자려고 한다欲瞑. 당연히 골骨을 취해야 하니 제4침 봉침으로 59자법을 써서 골骨을 치료한다.

병들어 먹지 않으려 하는 것은 신기腎氣가 실한 것이다. 경經에서 "신腎의 시동병은 허기져도 먹으려 하지 않는다腎是動病 飢不欲食"라고 했다.

교치齧齒는 열이 심하여 이를 가는 것이다. 치아齒牙는 골지여骨之餘이고, 귀耳는 신腎의 규竅다. 이를 갈고 귀가 푸른색을 띠면 신경腎經에서 골骨을 다스려야 한다. 낫지 않으면 토土를 찾는다. 토土는 비경脾經이다. 비토지기脾土之氣를 취하여 수水를 승제勝制한다.

오장은 형체가 있는 것이고, 오행은 오장의 기氣다. 병기는 외부로 나가 피육근골과 합쳐지므로 먼저 외부를 치료하고, 낫지 않으면 다시 오장 오행지기에서 찾는다.

막운종이 말했다. "만약 외사外邪에 중감重感되면 내외가 서로 다투는 증상이 나타난다."

批 교치齧齒는 씹는다는 의미다.
批 외내교쟁外內交爭은 〈소문·자열론刺熱論〉에 상세히 나온다.

熱病不知所痛, 耳聾不能自收, 口乾, 陽熱甚, 陰頗有寒者, 熱在
髓, 死不可治.

열병에 아픈 곳이 드러나지 않으며, 귀가 안 들리고, 정신이 맑지 못하며, 입이
마르고, 겉에는 열이 심하고 속에는 한기가 도는 것은 골수骨髓에 열이 있는
것이니 치료가 안 되어 죽는다.

● 본편은 첫머리에서는 외인으로 생기는 열을 말했고, 앞 장에서는 내인으로
생기는 열을 말했다. 여기부터는 내외의 열이 합쳐져서 서로 다투는 것을 말
한다.

　무릇 병은 모두 풍우한서·음양·희로喜怒·음식·거처에서 생긴다. 그러므로
외사로 인하여 생기는 열병과, 내상으로 인하여 생기는 열병이 있으니 내상이
없이 외인으로 생기는 병, 외인이 없이 내상만으로 생기는 병, 외인과 내상이
겸해서 오는 병이 있다. 이 장은 〈소문·자열론〉을 함께 참조해야 대의가 자명
해진다.

　열병에 어디가 아픈지 모르는 것熱病不知所痛은 외인의 열이 내부로 들어간
것이다.

　귀가 안 들리고 정신이 희미하며 입이 마르는 것耳聾不能自收 口乾은 신장腎臟
의 열이 위로 몰린 것이다.

　겉에는 열熱이 심하고 속에는 한기寒氣가 있는 것陽熱甚 陰頗有寒者은 내열이
외부에서 서로 다투는 것이다. 골수에 열이 있으면 외인의 열이 내부에서 다
투는 것이다. 무릇 병이 외부로 나가면 살고, 내부로 깊이 들어가면 죽는다.

批 〈소문·옥기진장론玉機眞藏論〉에서는 "병이 순서대로 들어가지 않는다"라고 했으니
바로 이 장의 뜻이 그렇다.

> 熱病頭痛, 顧顋, 目瘈, 脈痛善衄, 厥熱病也, 取之以第三鍼, 視有
> 餘不足, 寒熱痔*.
>
> 열병에 머리가 아프고 눈과 입이 떨리며 맥이 아프고 코피가 자주 나오는
> 것은 궐열병厥熱病이다. 제3침 시침鍉鍼으로 맥을 취하니 유여부족을 살
> 펴 치료한다.

⊕ 이것은 외인의 열이 간열肝熱과 서로 다투는 것이다. 간맥肝脈은 정수리
로 올라가니 열병으로 두통이 있는 것은 표사表邪의 열이 간맥에서 만나기
때문이다.

섭유顧顋 목계目瘈는 입과 눈이 떨리는 모습으로 간장肝臟의 열이 위로 역상
한 것이다.

맥이 아프고 코피가 나는 것脈痛善衄은 표사의 열이 경맥을 압박하기 때문이
다. 이것은 궐음 간경의 열과 외열이 서로 역상하여 병이 된 것이다. 제3침 시
침鍉鍼으로 맥을 취해야 하니 내외의 유여부족을 살펴 치료한다.

경經에서 "풍風이 침범하여 기氣가 손상되면 정精도 빠지니 사기邪氣가 간肝
을 손상시킨 것이다. 이어서 포식을 하면 근맥筋脈이 풀어져 장벽腸澼이 되어
치질이 생긴다風客淫氣 精乃亡 邪傷肝也 因而飽食 筋脈橫解 腸澼爲痔"라고 했다. 외감
인 풍음風淫의 열이 있고, 내인인 포식으로 열이 나서 내외가 풀리지 않으면 장
벽腸澼이 되어 치질이 된다.

안 | 내외가 서로 다투는 열은 모두 기에 해당되는 것이지 경經과는 상관없다.
이 구절은 열熱이 경經에 들어간 경우를 논하고 있어서 궐열厥熱이라고 하니
내외의 열이 궐음경으로 궐역하여 일어난 병이다. 대체로 열이 기에 있어서
모두 기분氣分으로 출입하는 경우가 있고, 기에 병이 있는데 경經으로 전입하
는 경우가 있으니 경經과 기는 내외로 서로 통한다.

막운종이 말했다. "경經과 기는 내외지간內外之間에 있으면서 한열을 일으킨
다. 근맥에 병이 있으므로 치질이 된다. 근筋은 맥외의 기분氣分에 해당된다."

---

* '寒熱痔'는 앞뒤 문장과 연관이 없어 연문으로 의심된다―〈통해〉.

> 熱病體重, 腸中熱, 取之以第四鍼於其腧, 及下諸指間, 索氣於胃絡, 得氣也.
>
> 열병에 몸이 무겁고 장중腸中에 열이 나면 제4침 봉침鋒鍼으로 수혈腧穴과 발가락 사이의 혈을 취한다. 위락胃絡에서 기를 다스려 기를 얻는 것이다.

⊕ 이것은 외인의 열과 비장의 열이 서로 다투는 것이다. 열병에 몸이 무거운 것은 비장의 열이 밖으로 나간 것이다. 열병에 장열腸熱이 있는 것은 외열이 안으로 들어간 것이다. 제4침 봉침鋒鍼으로 수혈腧穴에 치료한다. 수혈은 토土에 해당된다.

발가락 사이의 수혈及下諸指間은 족태음 은백隱白과 족양명 여태厲兌다. 대장과 소장은 위胃에 속하기 때문에 위락胃絡을 취하여 수태양양명의 기가 통하게 되면 장중腸中의 외사가 기를 따라 빠져나간다.

> 熱病挾臍急痛, 胸脇滿, 取之湧泉與陰陵泉, 取以第四鍼, 鍼嗌裏.
>
> 열병에 배꼽 주위가 조이면서 아프고 흉협이 팽만될 때는 용천湧泉과 음릉천陰陵泉을 취하여 제4침인 봉침鋒鍼으로 익리嗌裏에 침놓는다.

⊕ 이것은 외음의 열과 심장心臟의 열이 서로 만나는 것이다. 내경에서 "배꼽 주위가 아픈 것을 복량伏梁이라고 한다. 이는 풍사로 기가 상해 배꼽 주위에 유체된 풍근風根이다環臍而痛者 病名伏梁 此風根也"라고 했다. 열병에 배꼽 주위가 심하게 아픈 경우는 외음의 풍사가 심하心下에 침입하여 복량伏梁이 된다.

흉협만胸脇滿은 내인의 심열心熱이 내부로 궐역한 것이다. 족소음 용천湧泉을 취하여 수기水氣를 다스려 심화心火를 구한다. 족태음 음릉천陰陵泉을 취하여 중토中土를 보하고 심복心腹의 복량伏梁을 소산시킨다.

익리嗌裏는 설하舌下다. 제4침 봉침으로 익리에 침놓아 내외 심하心下의 열사熱邪를 사한다.

熱病而汗且出, 及脈順可汗者, 取之魚際太淵大都太白, 瀉之則熱去, 補之則汗出, 汗出大甚, 取內踝上橫脈以止之.

열병에 땀이 나고 맥이 순조로우면 땀을 내면 되니 어제魚際·태연太淵·대도大都·태백太白을 취한다. 사하면 열이 제거되고, 보하면 땀이 나온다. 땀이 지나치게 많이 나오면 내과內踝 위쪽의 가로지르는 맥을 취하면 땀이 멈춘다.

⊕ 이것은 외인의 열과 폐열이 서로 만난 것으로 모두 한汗으로 해산시킬 수 있다. 열병인데 땀도 나오고 맥이 순조로운 것은 내외의 열이 모두 부표에 있다. 그러므로 수태음의 어제와 태연을 취하고, 족태음의 대도와 태백을 취한다. 폐경을 사하면 열이 제거되고, 비토脾土를 보하면 진액이 생겨 땀이 난다.

내과內踝 위의 가로지르는 맥內踝上橫脈은 족태음의 삼음교三陰交다. 땀은 기를 따라서 밖으로 발산되니 기를 취하여 하행하게 하면 땀이 멈춘다. 내외의 열이 깊이 들어가면 치료하기 힘들어 죽을 수도 있고, 밖으로 나오면 쉽게 소산되어 나을 수 있다.

『금궤옥함金匱玉函』에서 "이 병만 그런 것이 아니라 모든 병이 그러하다非謂一病 百病皆然"라고 했으니 병이 외부에 있으면 치료할 수 있고 깊이 들어가면 죽는다. 하지만 병인이 내부에 있는 것은 안에서 밖으로 나가고, 병인이 외부에 있는 것은 외부에서 내부로 들어간다. 그러므로 상공은 피모를 다스리고, 그다음에 기육을 다스리며, 그다음에 경맥, 그다음에 육부, 그다음에 오장을 다스린다. 오장의 치료는 반생반사半生半死다.

批 외열이 표에 있으므로 땀이 나고, 내열이 외에 있으므로 맥이 순조로운 것이다.

熱病已得汗, 而脈尙躁盛, 此陰脈之極也, 死; 其得汗而脈靜者, 生. 熱病者, 脈尙躁而不得汗者, 此陽脈之極也, 死; 脈盛躁, 得汗靜者, 生.

열병에 땀을 냈는데도 여전히 맥이 조성躁盛하면 이는 음맥陰脈이 극성한 것이므로 죽는다. 땀을 내고 맥이 안정되면 산다. 열병에 맥이 여전히 조躁한데 땀을 낼 수 없으면 이는 양맥陽脈이 극성한 것이므로 죽는다. 땀을 내고 맥이 안정되면 산다.

✹ 이것은 앞 문장을 모두 총결하여 내외의 열은 모두 한汗으로 해산시켜야 한다고 말한다. 외는 양이고, 내는 음이다.

열병에 이미 땀을 냈는데 맥이 여전히 조성躁盛한 것熱病已得汗而脈尚躁盛은 내인의 열이 외부에서는 땀으로 배출이 되어도 속의 열은 해산하지 못한 것이니 내열이 극성해진 것이어서 죽는다.

땀을 내고서 맥이 안정된 것其得汗而脈靜者은 열이 가라앉고 맥도 화평해진 것이므로 살아난다.

열병이 맥이 여전히 조삭躁한 것熱病者 脈尚躁은 외인의 열이 경經에까지 미친 것이다.

땀을 내지 못한 것不得汗者은 외로 해산시킬 수 없는 것이니 외열이 극성한 것이므로 죽고, 맥이 조성한데 땀을 내서 맥이 안정되면 외음의 사기가 표한表汗으로 해산된 것이므로 살아난다.

熱病不可刺者有九, 一曰汗不出, 大顴發赤, 噦者死. 二曰泄而腹滿甚者死. 三曰目不明, 熱不已者死. 四曰老人嬰兒, 熱而腹滿者死. 五曰汗不出, 嘔下血者死. 六曰舌本爛, 熱不已者死. 七曰欬而衄, 汗不出, 出不至足者死. 八曰髓熱者死. 九曰熱而痙者死. 腰折瘛瘲齒噤齘*也. 凡此九者, 不可刺也.

열병에 자침해서는 안 되는 아홉 가지가 있다.

첫째, 땀이 나오지 않고 관골顴骨이 붉으면서 딸꾹질을 하면 죽는다.

둘째, 설사를 하는데도 복부팽만이 있으면 죽는다.

셋째, 눈이 보이지 않고 열이 떨어지지 않으면 죽는다.

넷째, 노인이나 영아가 열이 나면서 복부가 팽만하면 죽는다.

다섯째, 땀이 나지 않고 토혈吐血이나 하혈下血을 하면 죽는다.

여섯째, 혀가 헐었는데 열이 떨어지지 않으면 죽는다.

일곱째, 기침하고 코피가 나며 땀이 나지 않거나 나더라도 발까지 나지 않으면 죽는다.

---

* 치금계齒噤齘는 아관긴급牙關緊急이다.

여덟째, 골수에서 열이 나면 죽는다.

아홉째, 열이 나면서 경기하면 죽는데, 각궁반장角弓反張과 계종瘈瘲, 아관긴급牙關緊急이 일어난다.

이런 아홉 가지에는 침놓을 수 없다.

● 첫째, 땀이 나지 않는 것一曰汗不出은 외음의 열이 한汗으로 풀리지 않은 것이다. 〈소문·자열론〉에서 "간열병肝熱病은 좌측 볼이 먼저 붉어지고, 심열병心熱病은 얼굴에 먼저 붉어지며, 비열병脾熱病은 코가 먼저 붉어지고, 폐열병肺熱病은 우측 볼이 먼저 붉어지며, 신열병腎熱病은 턱이 먼저 붉어진다肝熱病者 左頰先赤; 心熱病者 顔先赤; 脾熱病者 鼻先赤; 肺熱病者 右頰先赤; 腎熱病者 頤先赤"라고 했다. 대관적大顴赤은 관골 전체가 모두 붉은 것으로 오장의 열이 심한 것이다. 얼얼嘍은 딸꾹질이다. 얼얼嘍은 내외의 열이 중中에서 싸우는 것으로 위기胃氣가 끊기려 하는 것이다.

둘째, 설사를 하고 복만이 심한 것二曰泄而腹滿甚者은 정기正氣와 음액陰液이 설사로 빠져나가고, 외열의 사기가 내부에 차 있는 것이다.

셋째, 눈이 보이지 않고 열이 떨어지지 않는 것三曰目不明 熱不已者은 내열이 심하여 외열과 내열이 가라앉지 않은 것이다.

넷째, 노인과 영아가 열이 나고 복만되면 죽는 것四曰老人嬰兒 熱而腹滿者死은 노인은 내외의 혈기가 이미 쇠하고, 영아는 표리의 음양이 충족하지 못하다는 것이다. 복만腹滿은 열이 중中으로 궐역하여 내內나 외外로 소산되지 못하는 것이다.

다섯째, 땀이 나지 않고 토혈과 하혈이 일어나는 것五曰汗不出 嘔下血者은 외열이 풀리지 않은 채 음경陰經으로 들어간 것이다.

여섯째, 혀가 헐고 열이 떨어지지 않는 것六曰舌本爛 熱不已者은 내열이 심하면서 상부의 맥으로 궐역한 것이다.

일곱째, 기침과 코피가 나고 땀이 나오지 않거나 나와도 발에 땀이 나지 않는 것七曰欬而衄 汗不出 出不至足者은 기침咳은 내열이 폐로 역상하여 일어나는 것이고, 코피衄는 표열表熱이 밖에서 경經을 압박하는 것이다. 폐는 피부를 주관하고, 백맥百脈을 조회朝會하니 내외의 열이 모두 폐기肺氣로 한해汗解해야 한다. 땀이 나지 않는 것汗不出은 상부에서 기가 끊어진 것이다.

여덟째, 골수에 열이 있는 것八日髓熱者은 열이 골수에 있으면 죽는다.

아홉째, 열이 나면서 경련을 일으키는 것九日熱而瘈者은 태양의 기가 끊긴 것이다. 태양의 기가 끊기면 신기腎氣도 끊긴 것이므로 요절腰折·계종瘈瘲·아관긴급齒噤齘 등증이 나타난다. 태양과 소음은 음양생기의 근원이다.

무릇 자법刺法은 정기를 오게 하고, 사기를 물러가게 하는 것이다. 이 아홉 가지는 사열邪熱이 심하고 정기正氣가 이미 끊어진 것이니 침놓아도 아무 이득이 없다.

批 내열이 심하면 실명失明한다.

批 심주맥心主脈이므로 설본舌本이 헌다.

所爲五十九刺者, 兩手外內側各三, 凡十二痏. 五指間各一, 凡八痏, 足亦如是. 頭入髮一寸傍三分各三, 凡六痏. 更入髮三寸邊五, 凡十痏. 耳前後口下者各一, 項中一, 凡六痏. 巓上一, 顖會一, 發際一, 廉泉一, 風池二, 天柱二.

59자刺를 말한다.

양손 외측과 내측의 정혈井穴 각 3개 도합 12개(소상少商·소충少衝·중충中衝·상양商陽·소택少澤·관충關衝).

오지五指 사이 각 1개로 양손에 8개와 양발에 8개로 도합 16개.

머리 발제髮際에서 1촌 3분 떨어진 족태양방광경의 혈 3개로 양쪽 합 6개(오처五處·승광承光·통천通天).

발제에서 옆으로 5촌 떨어진 족소양담경의 혈 5개로 양쪽 합 10개(임읍臨泣·목창目窓·정영正營·승령承靈·뇌공腦空).

귀 앞쪽禾髎과 뒤쪽浮白 각 1개, 입 아래承漿 1개, 항중項中(대추大椎) 1개 합 6개.

정수리百會 1개, 신회顖會(상성上星) 1개, 전발제前髮際(신정神庭) 1개, 후발제後髮際(풍부風府) 1개, 염천廉泉 1개, 풍지風池 2개, 천주天柱 2개.

⬤ 이것은 앞 문장의 59혈穴을 거듭 밝힌 것이다.

양손 내측: 폐의 소상少商, 심의 소충少衝, 심포락의 중충中衝 좌우 각 3개로 도합 6개.

외측: 수양명 상양商陽, 수태양 소택少澤, 수소양 관충關衝 좌우 각 3개로 도합 6개, 양손 내외 각 3개로 도합 12개.

손가락 사이 각 1개로 양손에 4개씩 합 8개.

발가락 사이 각 1개로 양발에 4개씩 합 8개. 수족 제3절봉간節縫間 도합 16개.

머리 발제 위로 1촌방 3분 각 3개, 족태양방광경의 오처五處, 승광承光, 통천通天 양방향 각 3개로 도합 6개.

발제에서 3촌 떨어진 족소양담경의 임읍臨泣, 목창目窓, 정영正營, 승령承靈, 뇌공腦空 5개로 좌우 도합 10개.

입발일촌방삼분入髮一寸傍三分, 경입발삼촌변更入髮三寸邊은 태양경이 중간의 독맥경에서 1촌 떨어져 있고, 소양경은 독맥에서 양쪽으로 3촌 떨어져 있다.

이전후각일자耳前後各一者는 수소양삼초경의 화료禾髎가 귀 앞쪽에 있고, 족소양경의 부백浮白이 귀 뒤쪽에 있다.

구하일자口下一者는 임맥의 승장承漿이다.

항중일項中一은 독맥의 대추大椎다. 귀 앞뒤로 좌우 4개와 임맥, 독맥 도합 6개.

전상일巔上一은 독맥의 백회百會다.

총회일顖會一은 독맥의 상성上星이다.

발제일髮際一은 전발제前髮際가 독맥의 신정神庭이고, 후발제後髮際가 독맥의 풍부風府다.

염천廉泉은 임맥혈로 턱 아래 결후結喉 위로 4촌에 위치한다. 풍지風池는 족소양담경혈로 귀 뒤쪽으로 발제에서 푹 들어간 곳이다. 천주天柱는 족태양방광경혈로 뒷목 양쪽으로 발제의 대근大筋에서 바깥으로 들어간 곳이다. 이 59자는 각기 표리음양을 분별하니 오장 십이경의 열병에 취한다.

> 氣滿胸中喘息, 取足太陰大指之端, 去爪甲如韭葉, 寒則留之, 熱則疾之, 氣下乃止.
>
> 흉중이 팽만되고 숨차면 족태음의 은백隱白을 취한다. 오한이 있으면 유침시키고, 발열이 나면 침을 찔렀다 빨리 뺀다. 기가 가라앉으면 멈춘다.

◉ 본편 첫머리에서는 외음의 열을 논했고, 다음에는 내인의 열을 논했으며, 그다음엔 내외교쟁內外交爭에 대해 논했으나 모두 기분氣分에 있는 것이어서 경經과는 상관없다.

여기서는 다시 내인의 병이 삼음경三陰經에 들어가고, 외인의 병이 삼양경三陽經에 들어가므로 수족의 지정指井과 혈락을 취한다는 것을 말한다.

태음은 중앙에 위치하고 궐역은 상上에서 하下로 소산된다. 족태음비맥은 횡격막으로 올라가서 심장에 주입되니 흉중이 팽만하고 숨차는 것氣滿胸中喘息은 경기經氣가 위로 궐역한 것이다. 그래서 족태음의 은백隱白을 취하여 역상된 기를 하행케 하면 신속하게 줄어든다.

> 心疝暴痛, 取足太陰厥陰, 盡刺去其血絡.
>
> 심산心疝의 갑작스런 통증에는 족태음과 궐음을 취하고 혈락을 다 제거한다.

◉ 산증疝症은 바로 소복의 음낭陰囊 질환이다. 심산心疝은 병이 아래에 있으면서 위에까지 미친 것이다. 그러므로 심산증心疝病은 당연히 소복에 병형이 있다. 족태음맥은 복복腹에서 올라가 심중心中으로 주입된다. 족궐음맥은 음기陰器로 연락되고 소복으로 가며 올라가 횡격막을 관통하여 폐肺로 주입된다. 이것은 족태음과 궐음이 병들어 상역하여 심산이 되는 것이므로 아래에서 족태음과 궐음을 취하고 혈락을 제거하면 심통이 멈춘다.

> 喉痹舌卷, 口中乾, 煩心心痛, 臂內廉痛, 不可及頭, 取手小指次指爪甲下, 去端如韭葉.

> 후비喉痺·설권舌卷·구중건口中乾·번심煩心·심통心痛이 있고, 아래팔 내측이
> 아프며, 팔이 머리까지 올라가지 못하면 수소양경의 관충關衝을 취한다.

⊕ 심포락心包絡의 맥은 흉중에서 시작하여 나가서 심포락에 소속되고 올라가
심心으로 통하고 내려가서 삼초에 연락한다. 그러므로 맥소생병脈所生病은 번
심煩心·심통心痛으로 나타난다. 상화相火가 상염上炎하면 후비喉痺·설권舌卷·
구중건口中乾이 나타난다. 수소양경의 관충關衝을 취하여 상화를 사하면 모든
증상이 가라앉는다.

> **目中赤痛, 從內眥始, 取之陰蹻.**
> 눈이 충혈되어 붉고 아픈 것은 목내자目內眥에서 시작하니 음교陰蹻를 취한다.

⊕ 이것은 외음의 사邪가 삼양三陽에 들어가서 상중하上中下로 증상이 나타나는
것을 말한다. 목중적통目中赤痛은 내자內眥에서 시작하니 족태양경이 병들어 증
상이 상부에 나타나는 것이다. 태양맥은 목내자目內眥에서 시작하여 음교맥·양
교맥과 정명睛明에서 만나므로 음교를 취하여 양열陽熱을 가라앉혀야 한다.

批 삼양三陽은 태양太陽이다.

> **風痙身反折, 先取足太陽及膕中, 及血絡出血, 中有寒, 取三里.**
> 풍사風邪로 몸에 경련이 나고, 각궁반장角弓反張이 일어나면 먼저 족태양의 위
> 중委中을 취하고 혈락을 출혈시킨다. 배가 차가우면 삼리三里를 취한다.

⊕ 이것은 풍사가 태양경에 들어가서 증상이 중中에 나타나는 것이다. 양병은
구부리기 힘들고, 음병은 젖히기 힘들다. 태양경맥은 배부背部를 순환하는데
풍이 들어가면 근맥이 뻣뻣해지면서 각궁반장角弓反張이 일어난다. 먼저 족태
양의 위중委中을 취하고 혈락血絡을 제거해야 한다. 배가 차가우면 족양명 삼
리三里를 취하여 보한다. 대개 경맥의 혈기는 양명 수곡에서 생긴다.

436

癃, 取之陰蹻及三毛上, 及血絡出血.

폐륭閉癃에는 음교陰蹻와 삼모三毛 위의 대돈大敦을 취하고 혈락에서 출혈
시킨다.

● 이것은 족태양경이 병들어 증상이 하下에 나타나는 것이다. 삼초하수三焦下
腧는 위양委陽으로 나가 태양정경太陽正經과 합쳐 들어가 방광으로 연락하여 하
초를 조이는 작용을 하니 실하면 폐륭閉癃이 되므로 역시 음교를 취한다. 음교
와 양교는 태양경의 정명睛明에서 만난다. 양경陽經은 음경陰經으로 들어가고,
음경은 양경으로 들어가는데 양교는 족태양에서 갈라진 것이니 음교를 사하
면 태양경의 사기가 교맥을 따라 나간다.

삼모三毛는 족궐음의 대돈大敦이다. 간소생병肝所生病이 폐륭閉癃이므로 궐음
경 위의 혈락에서 출혈시킨다. 태양의 기는 부표를 주관한다. 사기가 사람에
적중되면 피모에서 시작하므로 피모의 사기가 태양경으로 들어간다.

안ㅣ앞 문장에서는 외인의 사邪가 표양表陽의 기분氣分에 있어서 칠일내복七日
來復하고 8일에 재경再經하여 오장지기와 다투면서 내외출입하는 것을 말했
다. 여기서는 다시 내외의 병이 경經으로 들어가는데 외부에서는 양경으로 들
어가고, 내부에서는 음경으로 들어가니 각자 서로 상관하지 않는다.

심량신이 말했다. "〈영추·사시기四時氣〉에서 '아랫배가 붓고 아프면서 소변
이 나오지 않는 것은 사기가 삼초약三焦約에 있는 것이니 태양의 대락大絡을
취하고, 낙맥과 궐음 소락小絡의 뭉쳐진 부위를 살펴서 출혈시켜야 한다少腹
痛腫 不得小便 邪在三焦約 取之太陽大絡 視其絡脈 與厥陰小絡結而血者'라고 했다. 이 융
증癃症은 태양 삼초를 취하고 겸해서 궐음의 낙맥을 취한다. 궐음의 기는 방
광수중膀胱水中에서 생긴다. 모母는 자子를 실實하게 할 수 있으니 실하면 자子
를 사한다."

안ㅣ본경은 침이 이수理數에 합치하고 사람이 천지음양天地陰陽에 배합되니, 즉
수신양생修身養生이 치국치민治國治民의 대본大本임을 말한다. 백성의 질고疾苦
를 구제함에 있어서 표리음양·사정허실·음양기혈·경락장부·오행육기·생

극보사를 구분했으니 각기 합당한 법칙이 있다. 학자는 침자鍼刺의 이치를 잘 펼쳐서 약석藥石에도 적용하면 묘용妙用은 무궁할 것이다. 애석하게도 황보사안皇甫士安이 낸『갑을경甲乙經』과 마현대가 문구만을 좇아서 "이 병은 어떤 경經에 있어서 어떤 자법刺法이 있고, 이 병이 어떤 증상과 연계되고 어떤 자법이 있다"고 말한다. 이는 오히려 지극한 이치를 가지고 몽매하게 만들어 천하 후세로 하여금 성경聖經을 아득하게 여기고 소홀하게 했으니 안타깝도다!

> **男子如蠱, 女子如怚, 身體腰脊如解, 不欲飮食, 先取湧泉見血, 視跗上盛者, 盡見血也.**
>
> 남자가 배가 부르고, 여자가 생리가 안 나오며, 힘이 없어 허리가 풀리고, 음식을 먹으려 하지 않을 때는 먼저 용천涌泉을 취하여 출혈시키고, 발등에서 성한 맥이 있으면 출혈시킨다.

◉ 이 편 통틀어 외인병과 내인병을 논했고 여기서는 다시 내외의 정기로 결말을 맺는다.

대개 내외의 병은 모두 사람의 음양혈기를 손상시키는데 음양혈기는 선천의 정기에 바탕을 두고 후천의 곡정에서 생기니 내부에서 외부로 간다. 선천의 정은 신장이 주관한다. 수곡의 정은 위부胃腑에서 생긴다. 배꼽 아래 단전丹田은 기해氣海고, 포중胞中은 혈해血海다. 남자는 기가 주고, 여자는 혈이 주다. 그러므로 남자여고 여자여저男子如蠱 女子如怚는 혈기가 내부에서 유체되어 있는 것을 형용한 것이다.

힘이 없어 허리가 풀리는 것身體腰脊如解은 혈기의 병이 외부에 있음을 형용한 것이다. 신체는 비위가 주관한다. 요척은 신의 부서다.

음식을 먹으려 하지 않는 것不欲飮食은 위기胃氣가 궐역한 것이다. 이는 내외의 사邪가 내외의 정기를 손상시킨 것이다. 그러므로 먼저 신장의 용천涌泉을 취하고, 다시 위부의 발등에 있는 부양跗陽을 취한다.

혈을 본다는 것盡見其血은 경을 통하게 하여 혈기가 밖으로 돌게 하는 것이다. 갖가지 병을 다 말해도 외인 내인 두 가지에서 벗어나지 않으니 내외의 병은 모두 사람의 음양혈기를 손상시킨다. 생시출입의 본원을 알아서 혈기를 조화롭게 하고 음양을 고밀하게 할 수 있으면 지독한 질병이 생기지 않을 뿐만 아니라 연년불로할 수 있는 것이니 성인의 가르침은 위대하다!

여자여저女子如怚는 월경이 막히는 것이다. 남자는 생리의 막힘이 없으므로 여고如蠱라고 한다. 여如자를 세 번 쓴 것은 내외 혈기로 되는 병을 형용한 것에 불과하다. 남녀男女 두 자는 별 의미가 없다. 성경聖經을 보면서 글文辭로 뜻을 해치지 않아야 이해할 수 있다.

막운종이 말했다. "이것은 〈영추·한열병寒熱病〉의 '배꼽 아래 관원은 세 맥이 만나는 곳(제하臍下·관원關元·삼결교三結交)'의 의미와 비슷하다."

궐론厥論

厥頭痛, 面若腫, 起而煩心, 取之足陽明太陰.
궐두통厥頭痛으로 얼굴이 붓고 일어나면 가슴이 답답해지는 것은 족양명과 태음을 취한다.

⊛ 이 장에서는 경기經氣와 오장이 궐역하여 병이 되는 것을 논했고, 그것으로 편명을 붙였다.

삼음삼양은 천지육기天之六氣다. 목·화·토·금·수는 지지오행地之五行이다. 하늘에서는 상象을 드러내 보이고, 땅에서는 형形을 이루었다. 지지오행地之五行은 오장으로 화생化生하고, 천지육기天之六氣는 육경六經과 배합된다. 그러므로 오장이 서로 통하여 차례로 움직이고 육기가 선전旋轉하면서 상하로 순환한다. 만약 차례로 전달되지 못하면 역궐厥逆이 되어 병이 된다.

재안 | 하늘에 나타난 단창금소현丹蒼黅素玄의 기氣가 오방五方의 부분에 걸쳐서 지지오행을 화생한다. 지지오행은 삼음삼양의 육기를 위로 드러낸다. 이것은 천지음양 오운육기天地陰陽 五運六氣가 서로 생성되는 것이고, 사람도 이를 따른다. 그래서 "동방에서 바람이 불어오고, 바람에 의해 나무가 자라며, 나무의 열매는 시고, 신맛은 간으로 들어간다東方生風 風生木 木生酸 酸生肝"이고, "남방에서 열기가 생기고, 열기에 의해 불이 생기며, 불에 타면 쓴맛이 되고, 쓴맛은 심장으로 들어간다南方生熱 熱生火 火生苦 苦生心"라고 말한다.

오장의 형기가 지지오행에서 생기지만 근본은 천지육기에 있다. 십이경맥은 외부에서 육기와 합하고, 장부에 본을 두고 생기는 것이니 장부와 경기經氣는 서로 합쳐진다. 〈영추〉〈소문〉에서 태양·소양·양명·태음·소음·궐음이라는 것은 육기六氣를 말하지만 육경六經을 지칭하기도 한다. 간·심·비·폐·신은 장부 경맥을 말하지만 육기와 관련 있다. 이것이 음양이합지도陰陽離合之道다.

음양출입陰陽出入·한서왕래寒暑往來는 모두 지地에서 나오는 것이니 족足에서 나와 올라간다. 그러므로 현인은 상上에 천天을 배치하여 머리와 오관을 양생하고, 하下에 지地를 본떠서 허리와 하체를 양생하며, 중中이 인사人事에 가까우니 오장을 양생했다. 제대로 양생하지 못하면 기궐氣厥하여 두통 장궐臟厥이 되고 심통心痛이 된다.

양명의 기는 올라가서 얼굴로 나오는데 궐기가 머리로 상역하므로 두통 면종面腫이 된다. 양명의 시동병은 심장이 뛰어 일어나면서 심번心煩이 일어난다. 이는 양명의 기가 머리로 상역하여 궐두통厥頭痛이 된 것이니 족양명을 취해야 한다. 양명은 중中을 따라 태음太陰으로 변하는 것從中見太陰之化이므로 겸해서 태음을 취하니 이것은 궐역이 기氣에 있고 경經에는 미치지 못한 것이다.

> **厥頭痛, 頭脈痛, 心悲善泣, 視頭動脈反盛者, 刺盡去血, 後調足厥陰.**
> 궐두통에 머리에 있는 맥에 통증이 있고 슬퍼서 잘 울며 머리 부위의 동맥이 성한지를 살펴서 혈락血絡을 다 제거한 후 족궐음을 조절한다.

⊛ 이것은 궐음의 기가 위로 궐역되고 경經으로 전입하여 궐두통厥頭痛이 된 것이다. 삼음삼양의 기는 모두 아래서 위로 올라간다. 기氣가 궐역하여 경經에는 미치지 않은 경우가 있고, 기氣가 궐역하여 경經으로 전입하는 경우가 있다. 경經과 기氣는 내외로 상통하니 따로 일어날 수도 있고 함께 일어날 수도 있다. 그러므로 첫머리에서는 기궐氣厥만 말했고 여기서부터는 기궐이 경맥까지 미친 것을 말한다.

머리에 있는 맥에서 궐역이 일어나 머리 경맥에 통증이 있다. "궐음은 합闔이 되고 합의 기능이 깨지면 기氣가 끊겨 자주 슬퍼한다厥陰爲闔 闔絶則氣絶而喜悲"라고 했다. 기氣에 궐역이 있으므로 마음이 슬퍼서 자주 운다. 머리에 통증이 나타나는 맥을 살펴서 심하게 뛰면 혈맥을 제거하여 궐역된 맥을 사하고 나서 족궐음을 조절하여 궐역된 기를 통하게 한다.

> **厥頭痛, 貞貞頭重而痛, 瀉頭上五行行五, 先取手少陰, 後取足少陰.**
>
> 궐두통에 한 부위만 무겁고 아프면 족태양의 오처五處·승광承光·통천通天·낙극絡郄·옥침玉枕을 사한다. 먼저 수소음을 취하고 족소음을 나중에 취한다.

◉ 이것은 소음의 기가 위로 궐역되고 태양경맥에 전입되어 궐두통厥頭痛이 된 것이다.

정정貞貞은 견고하여 이동이 없는 것이다.

머리 위 다섯 곳頭上五行은 바로 족태양경의 오처五處·승광承光·통천通天·낙극絡郄·옥침玉枕을 취한다.

소음과 태양은 수화음양水火陰陽의 기기氣氣를 주관하고 상하표본上下標本으로 상합하니 먼저 태양을 사하고, 그다음에 수소음을 취하며, 나중에 족소음을 취한다.

심량신이 말했다. "음양육기는 단지 육경六經과 합하여 족足에서 수手로 가므로 먼저 수手를 취하고 족足은 나중에 취한다."

상어공이 말했다. "소음의 상부는 군화가 주관하니少陰之上 君火主之 먼저 수手에서 취하고 나중에 족足을 취한다."

장개지가 말했다. "심량신은 육기가 육경과 합해지므로 손발의 차례가 있다는 것을 말했고, 상어공은 육기六氣에 표본標本의 상하上下가 있음을 논했다. 두 설을 모두 알아야 한다."

> **厥頭痛, 意善忘, 按之不得, 取頭面左右動脈, 後取足太陰.**
>
> 궐두통에 건망증이 자주 일어나고 눌러도 아픈 부위가 나타나지 않으면 두면頭面의 좌우 동맥을 사하고 나서 족태음을 취한다.

◉ 이것은 태음의 기가 위로 궐역하여 두면의 맥에 미쳐서 궐두통이 된 것이다.

경經에서 "기가 위로 몰리면 혼란해져 자주 잊어버린다氣幷于上 亂而喜忘"라
고 했다. 비는 의意를 간직하니脾藏意 태음의 기가 궐역하면 비장脾臟의 신지神
志가 혼미해지므로 건망증健忘症이 자주 일어난다. 머리는 천기天氣를 주관하
고, 태음은 지기地氣를 주관한다.

눌러도 잘 나타나지 않는 것按之不得은 지기地氣가 천天인 머리로 몰려서 머
릿속으로 들어간 것이다. 먼저 두면에 있는 좌우 동맥을 취하여 궐역된 기를
사하고 나서 족태음을 취하여 조절한다.

막운종이 말했다. "두면의 좌우 동맥은 족양명의 맥이다."

厥頭痛, 項先痛, 腰脊爲應, 先取天柱, 後取足太陽.
궐두통에 뒷목이 먼저 아프고 요척에도 통증이 일어나는 것은 먼저 천주天柱
를 취하고 나서 족태양을 취한다.

◉ 이것은 태양의 기가 머리로 상역하여 궐두통이 된 것이다. 음양육기는 모두
경맥을 따라 올라간다. 태양의 맥은 두항頭項에서 요척을 따라 내려오니 뒷목
이 먼저 아프고 요척이 따라 아프다. 이것은 기가 궐역한 것인데 경에도 반응
이 나타난다. 그러므로 먼저 뒷목의 천주天柱를 취하여 궐역된 기를 사하고 나
서 족태양을 취하여 조절한다.

厥頭痛, 頭痛甚, 耳前後脈涌有熱, 瀉出其血, 後取足少陽.
궐두통에 두통이 심하고 귀 앞뒤의 맥이 뛰면서 열이 나면 맥에서 출혈시키고
나서 족소양을 취한다.

◉ 이것은 소양의 기가 궐역하여 두항頭項의 경맥으로 들어가 궐두통이 된 것
이다. 소양의 상부를 상화가 주관하니少陽之上 相火主之 화기火氣가 상역한 것이
므로 두통이 심하고 귀 앞쪽과 뒤쪽에 있는 동맥이 뛰면서 열이 난다. 먼저 출
혈시켜 사하고 나서 기를 취한다. 이상은 삼음삼양의 기가 궐역하여 두통이
된 것으로 외사外邪로 인한 것이 아니다.

眞頭痛, 頭痛甚, 腦盡痛, 手足寒至節, 死不治.

진두통眞頭痛은 두통이 심하고, 뇌까지 다 아프며, 수족이 팔꿈치와 무릎까지 차가워지면 죽는다.

◉ 진두통眞頭痛은 육기六氣의 궐역이 아니고 객사客邪가 뇌로 침범한 것이므로 두통이 심하고 뇌가 다 아프다. 머리는 모든 양이 모이는 곳이고, 뇌는 정수지해精水之海이므로 팔꿈치와 무릎까지 수족이 차가우면 진기眞氣가 외사에 손상된 것이므로 죽는다.

頭痛不可取於腧者, 有所擊墮, 惡血在於內, 若肉傷, 痛未已, 可則刺, 不可遠取也.

두통에 침놓아서는 안 되는 경우는 부딪히거나 떨어져 악혈惡血이 내부에 있는 경우다. 살肉이 손상되어 통증이 멈추지 않으면 통처에 자침하는 것은 가능하지만 다른 부위에 침놓는 것은 불가하다.

◉ 이것은 부딪히거나 떨어져 머리를 다쳐서 두통이 된 것으로 침놓을 수 없다. 부딪히거나 떨어져 다치면 악혈이 안에 생기는데 기육이 손상되어 통증이 멈추지 않으면 통처를 자침하는 것은 괜찮지만 통처가 아닌 다른 부위에 침놓는 것은 불가하다. 대개 머리에 통증이 있으면 아래에서 취한다는 것은 아래에 있는 기가 위로 궐역하여 경經과 기氣가 상하로 교통되게 하는 것이다. 다쳐서 아픈 것은 경기經氣로 일어나는 것이 아니다.

批 처음에 내인을 말했고, 다음에 외인을 말했으며, 여기서는 불내외인不內外因을 말한다.

頭痛不可刺者, 大痺爲惡, 日作者, 可令少愈, 不可已.

두통에 악성의 대비증大痺症이 있는 경우에는 침놓으면 안 된다. 매일 발작하는 경우에는 조금 차도는 있으나 낫게 하지 못한다.

444

⬚ 여기서는 대비증大痺症이 있으면서 두통이 있는 경우에도 침놓을 수 없다고 말한다. 대비증은 풍한이 근골에 침범하여 된 것으로 악성이다. 매일 발작하는 것은 근골을 취하여 조금 차도가 있을 수 있지만 통증이 그치지 않으면 다시 침놓아서는 안 된다. 이것은 풍한의 사기가 골骨에 깊이 들어간 것이므로 침놓을 수 없고 즉시 낫게 할 수 없다.

批 이다음부터는 외감外感을 논한다.

批 삼양三陽 경근經筋은 머리로 순환되니 병들면 전근轉筋이 되면서 아프다.

批 외부에 있는 피부는 양이고, 근골은 음이다. 양 부위에 병들면 풍風이라고 하고, 음 부위에 병들면 비痺라고 한다.

> 頭半寒痛, 先取手少陽陽明, 後取足少陽陽明.
>
> 머리 반쪽이 아프면 먼저 수소양 양명을 취하고 나서 족소양 양명을 취한다.

⬚ 이것은 한사寒邪가 경맥에 침입하여 편두통이 된 것이다. 한寒은 한상영寒傷營하여 한통寒痛이다.

수족 삼양의 맥은 위로 머리로 순환되는데 좌측 경맥은 좌측으로, 우측 경맥은 우측으로 연결되어 좌측이 상하면 좌측이 아프고, 우측이 상하면 우측이 아프다. 궐기가 상역하여 머리가 아픈 것과는 다른 것이다. 수족 소양양명의 맥은 모두 머리의 좌우로 나뉘어 연락된다. 먼저 수手에서 취하고 족足을 취하는 것은 수경手經의 맥이 머리로 올라가서 족경足經과 교차하기 때문이다. 태양을 취하지 않는 것은 태양은 중간에 있기 때문이다.

안|〈영추〉〈소문〉 두 경은 육기六氣를 말하고 나서 경증經症 일조一條를 열거했고, 육경六經을 말하고 나서 기증氣症 일칙一則을 열거했다. 이것은 옛 성현이 후학들을 이해시키려는 노파심이다.

심량신이 말했다. "모든 질병이 내인·외인·불내외인 세 가지에 벗어나지 않는다. 궐두통은 내인의 기궐이다. 진두통眞頭痛은 음사淫邪가 뇌로 침범한 것이다. 대비증大痺症은 풍한이 맥외로 궐역한 것이다. 두반통頭半痛은 한사寒邪가 맥중으로 침범한 것이다. 이것들은 외인의 질환이다. 부딪히거나 떨어진 것은 불내외인이다. 이것이 병이 되는 모든 이유다.

　만약 사람이 조심하고 양생을 잘 하여 안으로는 혈기가 조화되고 음양이 잘 돌게 하며, 밖으로는 원진元眞이 통창通暢하고 주리腠理가 고밀하여 음사淫邪가 침범하지 못하게 하며, 몸을 잘 보호하고 참을성 있는 성품을 기르고, 사고 등의 우환이 없으면 천수를 누릴 것이며 일찍 죽는 일은 없다."

> 厥心痛, 與背相控, 善瘛, 如從後觸其心, 傴僂者, 腎心痛也, 先取京骨崑崙, 發鍼不已, 取然谷.
>
> 궐심통厥心痛에 심장과 등이 서로 땅기고, 경련이 자주 일어나며, 등에서 심心을 자극하고 구루傴僂가 되는 것은 신심통腎心痛이니 먼저 경골京骨·곤륜崑崙을 취하고, 발침해도 낫지 않으면 연곡然谷을 취한다.

◉ 이것은 오장의 경기經氣가 궐역하여 궐심통厥心痛이 된 것이다. 오장의 진기眞氣는 심心으로 통하니 심장 혈맥의 기다. 그러므로 네 장臟의 기가 궐역하면 모두 맥에서 심心을 덮친다. 배背는 양陽이고 심心은 양중지태양陽中之太陽이므로 등과 서로 땅기면서 아픈 것은 심心과 배背가 상응하기 때문이다. 심맥心脈이 급심急甚하면 계종瘛瘲이 나타난다.

　뒤에서 심을 자극하는 것如從後觸其心은 신腎이 척추에 붙어 있고 신기腎氣가 배背로 올라가 심心으로 주입되기 때문이다. 심통心痛 때문에 구루傴僂가 되어 등을 젖히지 못하니 신장腎臟의 기가 심하心下로 궐역되어 아프다.

　먼저 방광경의 경골京骨과 곤륜崑崙을 취하고 부양跗陽에서 오장의 역기逆氣를 사한다. 발침했는데 통증이 가라앉지 않으면 신경腎經의 연곡然谷을 취한다. 이 장기臟氣의 궐역은 경맥에서 서로 덮치는 것으로 육기와는 무관하다. 그래서 태양 소음이라 하지 않고 곤륜 연곡이라고 했다.

批 기생期生이 말했다. "머리는 천天에 상응하니 기氣에서 경經으로 간 것이고, 장臟은 지地에 상응하니 장臟에서 맥脈으로 간 것이다."

> 厥心痛, 腹脹胸滿, 心尤痛甚, 胃心痛也, 取之大都太白.
>
> 궐심통에 복창과 흉만이 있고 심통이 아주 심한 것은 위심통胃心痛이니 대도大
> 都와 태백太白을 취한다.

◉ 위기胃氣가 상역한 것이므로 복창腹脹과 흉만胸滿이 나타난다. 위기는 올라
가서 심心으로 통하므로 심통心痛이 아주 심하다. 비脾와 위胃는 막으로 서로
연결되어 있고, 위胃의 전수작용傳輸作用이 이루어지므로 비경脾經의 대도大都
·태백太白을 취하여 위胃의 역기逆氣를 돌게 한다.

상어공이 말했다. "앞 문장은 부腑에서 장臟을 사했고, 여기서는 다시 장臟에
서 부腑를 사하니 모두 자웅상합이고 경經과 기氣가 서로 통하는 묘용이다. 무
릇 오장의 혈기는 모두 위부胃腑에서 생기므로 경중經中에서 오장이라고 말하
는 것은 대부분이 위胃를 겸해서 말하는 것이다."

批 장옥사가 말했다. "양명은 '표본을 따르지 않고 태음을 따라서 중앙에서 변하는 것
不從標本 從太陰中見之化'이니 비경脾經의 경혈을 취한다."

> 厥心痛, 痛如以錐鍼刺其心, 心痛甚者, 脾心痛也, 取之然谷太谿.
>
> 궐심통에 바늘로 심장을 찌르듯이 아프며 심통이 심한 것은 비심통脾心痛이니
> 연곡然谷과 태계太谿를 취한다.

◉ 비맥脾脈은 횡격막으로 올라가 심중心中으로 주입된다. 그래서 바늘로 심장
을 찌르는 듯 아프다. 연곡然谷은 누곡漏谷이라고 해야 하고, 태계太谿는 천계天
谿라고 해야 하니 옛날 문헌에는 노어지오魯魚之誤가 없지 않다.

批 장옥사가 말했다. "연곡然谷과 태계太谿를 자침하여 소음의 수기水氣를 취하는 것은
수기水氣가 상행하면 토기土氣가 쇠하기 때문이다."

厥心痛, 色蒼蒼如死狀, 終日不得太息, 肝心痛也, 取之行間太衝.

궐심통에 안색이 푸르스름하여 죽을 상이고 종일토록 큰 숨을 내쉬지 못하는 것은 간심통肝心痛이니 행간行間과 태충太衝을 취한다.

◉ 간은 색色을 주관하고肝主色 춘생지기春生之氣에 속하는데 간기肝氣가 궐역하면 안색이 죽을 것처럼 푸르스름하다. 간이 병들면 담기膽氣도 궐역하므로 종일 큰 숨을 내쉴 수 없다. 이것은 간기肝氣가 궐역하여 심心을 덮쳐서 간심통肝心痛이 된 것이다. 간경의 행간行間 태충太衝을 취하여 역기逆氣를 소산시킨다.

厥心痛, 臥若徒居, 心痛間, 動作痛益甚, 色不變, 肺心痛也, 取之魚際太淵.

궐심통이 누워서 편안히 있으면 심통이 멈추었다가 움직이면 통증이 아주 심해지고 안색이 변하지 않는 것은 폐심통肺心痛이니 어제魚際와 태연太淵을 취한다.

◉ 폐肺는 전신의 기氣를 주관하므로 누워서 한가하게 있을 때는 기가 내부에서는 궐역해도 형신까지는 일어나지 않는다. 움직이면 역기逆氣가 내부에서 동하여 아프다. 어떤 때는 조금 가라앉았다가도 움직이면 더 심해진다. 심心의 외합은 맥脈이며 영營은 안색에 나타난다. 폐는 심장의 위를 덮고 있다. 이것은 위에서 아래로 궐역하므로 심기心氣는 얼굴에 드러나지 않아 안색에 변화가 없다. 폐경의 어제魚際와 태연太淵을 취하여 궐역된 기를 사한다.

眞心痛, 手足青至節, 心痛甚, 旦發夕死, 夕發旦死.

진심통眞心痛은 팔꿈치와 무릎까지 차가워지고 심통이 심하여 하루를 넘기지 못한다.

◉ 네 장臟이 궐역하여 심통이 되는 것은 경맥에서 심장의 부위를 압박하는 것이다. 심心은 군주지관君主之官으로 신명출언神明出焉하므로 심心은 사기가 침

범할 수 없다. 심장의 진기眞氣가 손상되어 진심통眞心痛이 되면 하루를 못 넘기고 죽는다. 심心은 바로 태양의 화火니 태양이 하루에 지구를 한 바퀴 도는 것에 비유되어 심기心氣가 상하면 하루를 못 넘기고 죽는다. 한열寒熱은 천지기天之氣고, 청적靑赤은 오행의 색이다. 그러므로 진심통은 사지가 팔꿈치와 무릎까지 차가워지고 시퍼레진다.

批 삼음삼양은 천지육기天之六氣에 상응하고, 오장 경맥은 지지오행地之五行에 상응한다.

> **心痛不可刺者, 中有盛聚, 不可取於腧.**
> 심통에 침놓아서는 안 되는 것은 중中에 역기逆氣가 모여 심통心痛이 된 것이다. 경혈을 취하지 않는다.

⦿ 이것은 심통心痛의 원인이 기氣에 있어서 침놓을 수 없는 경우를 말한다. 성취盛聚는 오장의 역기가 너무 심해 중中에 모여서 심통이 된 것이지 맥을 따라 올라가 덮친 것이 아니다.

이 구절은 오장 경맥의 궐역을 말하고 마지막에 기증氣症 일조一條로 맺었으니 경기經氣에도 각각 구별이 있음을 증명한 것이다. 그러므로 침놓지 말라고만 하고 치법은 말하지 않았다.

> **腸中有蟲瘕及蛟蛕, 皆不可取以小鍼. 心腸痛, 憹作痛, 腫聚往來上下行, 痛有休止, 腹熱喜渴涎出者, 是蛟蛕也. 以手聚按而堅持之, 無令得移, 以大鍼刺之, 久持之, 蟲不動乃出鍼也. 恭腹憹痛, 形中上者.**
> 장중腸中에 충가蟲瘕와 회충이 있으면 모두 소침小鍼으로 취할 수 없다. 심장이 아프고, 메슥거리면서 통증이 오고, 충덩어리가 몰려 붓고, 회충이 오르내리면서 아팠다 안 아팠다 하며, 배에서 열이 나고 갈증이 나며, 침을 흘리는 것은 회충 때문이다.
> 손으로 종취腫聚를 문지르면서 꽉 잡아서 이동하지 못하게 하여 대침大鍼을 찌른다. 계속 버티다가 충이 움직이지 않으면 이때 침을 뺀다. 배가 팽만하고 메슥거리면서 통증이 있는 것은 충덩어리가 복중腹中에서 올라간 것이다.

● 여기서는 기생충蟲瘕蛟蛔으로도 심통心痛이 생길 수 있다는 것을 말한다. 충가蟲瘕는 기생충이 징가癥瘕가 되어 형체를 이룬 것이다. 교회蛟蛔는 회충이다. 회충이 장위腸胃의 바깥에서 살면서 심통心痛을 일으키는 것은 육부의 기로 올라가 심心으로 통하기 때문이다. 충가는 장위의 밖에 쌓여 있는데 충가로 심통心痛이 나타나는 것은 심心이 신명神明을 주관하고 정대하고 상부에 단정하게 위치하여 궁성 바깥이라 해도 사기를 허용할 수 없기 때문이다.

소침으로 취할 수 없다는 것不可取以小鍼은 경맥 피부와 상관없는 것이다.

농궤는 메슥거리면서 기분 나쁜 것이다.

종취腫聚는 충이 몰려서 흉복 사이를 막아 위로 올라가면 아프고 내려오면 편해져서 통증이 멈출 때가 있다.

충가교회蟲瘕蛟蛔는 모두 습열濕熱에 감촉되어 생겨서 모이는 것이므로 복열腹熱이 생긴다. 충蟲은 물을 찾으므로 자주 갈증이 난다. 충이 움직이면 염천廉泉이 열리므로 침을 흘린다. 이런 증상이 나타나는 것은 모두 회충이다.

손으로 문질러 몰린 것을 단단히 잡고 이동하지 못하게 하고서 대침으로 찌른다. 오래 버티고 있다가 충이 움직이지 않으면 충은 이미 죽은 것이니 이때 침을 뺀다. 만약 배가 팽만하면서 심중心中이 메슥거리면서 아픈 것은 충덩어리가 복중에서 올라간 것이다.

심량신이 말했다. "이것과 앞 구절의 격추擊墜, 다음 구절의 정녕耵聹은 모두 경기經氣와 상관없다."

耳聾無聞, 取耳中. 耳鳴, 取耳前動脈. 耳痛不可刺者, 耳中有膿, 若有乾耵聹, 耳無聞也. 耳聾, 取手小指次指爪甲上與肉交者, 先取手, 後取足. 耳鳴, 取手足中指爪甲上, 左取右, 右取左, 先取手, 後取足.

이롱耳聾으로 들리지 않으면 이중耳中을 취하고, 이명耳鳴에는 귀 앞의 동맥을 취한다. 이통耳痛이 있어도 침놓을 수 없는 경우는 귀에 농膿이 있거나 귀지耵聹가 많아 들리지 않을 때다. 이롱에는 관충關衝을 취하는데 수手를 먼저 취하고 나서 족足을 취한다. 이명은 중충中衝을 취하며 좌병에는 우측을 취하고, 우병에는 좌측을 취하며 먼저 수手를 취하고 나서 족足을 취한다.

⊕ 이것은 경기의 궐역이 경經에서 기氣로, 족足에서 수手로, 하下에서 상上으로 간 것을 말한다. 그러므로 상부의 경락에서 궐역이 있어 이롱耳聾·이명耳鳴이 된 것은 이간耳間의 낙맥絡脈을 취한다. 기가 상역하여 이롱·이명이 된 것이라면 수족手足의 지정指井을 취하니 수手를 먼저 취하고 족足을 취한다.

육기六氣는 육경六經과 합하고 그 궐역이 성성盛盛하고 조조躁躁하게 나타나면 수手의 궐역厥逆이다. 그러므로 음양陰陽 이기二氣가 궐역하여 이롱·이명이 된 것은 족足에서 수手로, 수手에서 머리頭로 간 것이다. 농롱膿膿이 있어 통증이 있는 경우와 귀지耵聹가 있어서 들리지 않는 경우 경기經氣와는 무관하므로 이간耳間의 낙맥絡脈과 수족手足의 지정指井을 자침해서는 안 된다.

안 | 소지차지小指次指는 수소양의 관충關衝이다. 수중지手中指는 수궐음의 중충中衝이다. 후취족後取足은 족궐음의 대돈大敦이다. 수족 삼음三陰의 맥은 모두 머리로는 순환되지 않고 좌에서 우로, 우에서 좌로 연락되는 것이 아니다. 이것은 기의 상역上逆으로 인하여 이롱·이명이 된 것이다. 귀耳는 신지규腎之竅이고, 궐음은 춘春에 해당되며, 소양은 초생지기初生之氣니 모두 신장腎臟의 수중水中에서 생겨난다. 소생지기所生之氣가 궐역하면 모장母臟의 외규外竅가 불통한다. 그러므로 경기經氣가 나오는 수족의 지정指井을 취한다.

앞에서 논한 궐두통은 기궐氣厥로 인하여 경經에까지 미친 것이고, 다음에 논한 궐심통은 장궐臟厥로 인하여 맥에까지 미친 것이니 장부와 경기가 상통한다. 여기서는 다시 경락에서 일어난 궐역은 낙맥을 취하고, 기분氣分의 궐역은 수족의 지정指井을 취하여 기를 소산시키니 이것이 경經과 기氣의 이합지도離合之道다.

음양출입·한서왕래가 모두 지地에서 출발하고 족足에서 올라가는 것이므로 먼저 양陽을 취하고 나중에 음陰을 취한다. 기는 아래에서 위로 올라가기 때문이다. 수手를 먼저 취하고 나서 족足을 취하는 것은 기는 족足에서 수手로 가기 때문이다.

심량신이 말했다. "여기서는 경기經氣의 상하上下, 장부음양에도 각기 분별이 있음을 말한다."

足髀不可擧, 側而取之, 在樞合中, 以員利鍼, 大鍼不可刺. 病注下血, 取曲泉.

다리 허벅지가 들리지 않으면 옆으로 눕혀서 비추髀樞의 환도環跳에 원리침員利鍼으로 자침한다. 대침大鍼를 쓰면 안 된다. 대변 출혈病注下血이 있으면 곡천曲泉을 취한다.

⊕ 여기서는 앞 문장을 이어서 아래로 경기가 궐역하는 경우는 아래에서 취해야 함을 말한다. 음양의 기는 아래서 생긴다고 해도 오르내리면서 승강하고 환전무단하므로 하下에서 상上으로 궐역하는 경우도 있고, 상上에서 하下로 궐역하는 경우도 있으니 모두 궐역된 곳을 따라서 취한다.

대퇴가 들리지 않는 것足髀不可擧은 소양의 기가 하下로 궐역한 것이다.

측이취지側而取之는 옆으로 누워 취하는 것이다.

추합중樞合中은 비추髀樞 중中의 환도혈環跳穴이니 깊이 찔러야 득기할 수 있다.

원리침으로 해야지 대침을 찔러서는 안 된다는 것以員利鍼 大鍼不可刺은 궐역厥逆이 기氣에 있지 경經에 있는 것이 아니므로 피부와 주리 사이에 얕게 찔러 소산시켜야지 경혈에 깊이 찔러서는 안 된다.

대변하혈病注下血은 기氣에서 궐역하여 경經으로 들어간 것이다. 궐음간경厥陰肝經은 혈血을 주관한다. 이것은 궐음지기가 경經으로 궐역한 것이므로 본경의 곡천曲泉을 취하여 지혈시켜야 한다. 기氣는 양이고 혈血은 음이며, 상上은 양이고 하下는 음이다. 그러므로 기氣가 하下에서 경락으로 상역하면 기가 폐색되어 이롱·이명이 되고, 기가 상上에서 내려가서 경락으로 궐역되면 병주하혈病注下血이 된다.

批 기생期生이 말했다. "족비足髀는 경經에서 궐역되어 기분氣分으로 나오는 것이다. 주혈注血은 기궐氣厥하여 경중經中으로 들어간 것이다. 아래 문장은 경經과 기氣가 함께 궐한 것이다."

452

風痺淫濼, 病不可已者, 足如履冰, 時如入湯中, 股脛淫濼, 煩心頭痛, 時嘔時悗, 眩已汗出, 久則目眩, 悲以喜恐, 短氣不樂, 不出三年死也.

풍비風痺가 오래되어 낫지 않는 것은 발이 얼음처럼 차거나, 때로는 뜨거운 물에 들어갔을 때처럼 뜨거워지기도 하며, 다리가 오랫동안 낫지 않으며, 가슴이 답답하고, 머리가 아프며, 토하거나 답답할 때가 있고, 어지럽다가 땀을 흘리기도 하며, 오래되면 어지러워지고, 우울하면서 자주 무서움을 타며, 숨이 가쁘고, 활기가 없다. 3년을 넘기지 못하고 죽는다.

⊕ 여기서는 궐기厥氣가 상하上下로 덮친 것이다.

풍비風痺가 오래된 것風痺淫濼은 비증痺症과 궐역厥逆에 풍사風邪가 상하로 침범한 것이니 풍은 잘 움직이면서 자주 변하기 때문이다.

음양은 나누면 삼음삼양이 되고, 경맥에 반응하면 다시 수족의 구분이 있으며, 합해서 논하면 모두 음양이기陰陽二氣에 귀속된다. 수화水火는 음양陰陽의 징조徵兆다. 심신心腎은 수화水火의 형장形臟이다.

풍사가 상하로 침범해서 병이 나을 수 없다. 차게 하면寒之 심주心主의 화火가 손상되고, 덥게 하면熱之 신장腎臟의 음陰이 손상되니 치료가 안 되고 나을 수 없다. 아래로 덮치면淫濼于下 발이 얼음을 밟는 것처럼 한수지기寒水之氣에 감촉된 느낌이다. 간혹 위로 덮치면淫濼于上 뜨거운 물속에 들어간 것처럼 화열지기火熱之氣에 감촉된 느낌이다.

고경음락股脛淫濼은 아래의 족경足脛까지 침습된 것이다. 번심煩心·두통頭痛은 머리까지 침습된 것이다.

때때로 토하고 답답한 것時嘔時悗은 때때로 중中으로 궐역된 것이다. 모든 맥이 눈에서 모이니 어지럼증眩은 경맥의 혈분血分으로 침입한 것이다.

땀구멍이 이완되면 땀이 나는 것인데, 땀이 난다는 것汗出은 모주毛腠의 기분氣分에도 침입한 것이다.

수지정水之精이 지志고, 화지정火之精이 신神인데 지志와 심정心精이 같이 눈에서 모이므로 오래되면 어지러워진다.

희喜는 심지心志고, 공恐은 신지腎志다. 심비心悲를 지비志悲라고 하는데 슬퍼하고 잘 놀라는 자는 심신心腎의 신지神志가 손상되어 슬퍼하면서 눈물을 흘린다. 신腎은 생기의 원천이니 숨차하는 것은 신기腎氣가 손상된 것이다. 즐겁지 않은 것은 심기心氣가 손상된 것이다.

무릇 해는 화火에 대응되고, 달은 수水에 대응된다. 주천周天은 365와 1/4도이고, 1년은 365일有奇日이며, 일월日月이 1년에 하늘을 한 바퀴 돌아 다시 만난다.

3년 미만에 죽는다는 것不出三年死은 수화음양지수水火陰陽之數를 채우지 못하고 죽는 것이다.

이 편에서는 궐역병厥逆病에 경기經氣·오장五臟·음양陰陽·사정邪正의 구분이 있음을 말했다.

병본病本

先病而後逆者, 治其本, 先逆而後病者, 治其本, 先寒而後生病者, 治其本. 先病而後生寒者, 治其本, 先熱而後生病者, 治其本.

병이 들고 나서 궐역厥逆이 생겼으면 본병本病을 치료하고, 궐역이 되고 나서 병이 되었으면 본本인 궐역을 치료한다. 한기寒氣에 감촉되고 나서 병이 되었으면 한기를 다스리고, 병이 들고 나서 한기가 생겼으면 본병本病을 다스린다. 열기熱氣에 감촉되고 나서 병이 생겼으면 열기를 다스린다.

● 여기서는 앞의 여러 장의 뜻을 이어받아 표본標本·내외內外·선후先後의 치법을 분별했다.

선역先逆·선한先寒·선열先熱은 육기六氣가 먼저 병든 것이다.

선병先病은 사람의 경기經氣가 먼저 병든 것이다.

선병이후역자先病而後逆者는 사람의 형체가 먼저 병든 다음 기의 궐역이 생긴 것이므로 그 본병本病을 먼저 치료해야 한다.

선역이후병자先逆而後病者는 육기가 먼저 감촉되어 몸의 음양이 병들면서 기가 궐역하여 병든 것이므로 본기本氣를 먼저 치료해야 한다.

선한이후생병자先寒而後生病者는 먼저 한기寒氣에 감촉되어 육경六經의 병이 생긴 것이므로 먼저 그 본래의 한기를 다스려야 한다.

선병이후생한자先病而後生寒者는 몸이 먼저 병든 다음 한기가 생긴 것이므로 본래의 병을 먼저 다스려야 한다.

선열이후생병자先熱而後生病者는 열사熱邪에 먼저 감촉되어 형체에 병이 생긴 것이므로 먼저 본래의 열을 다스려야 한다.

천지육기天之六氣는 풍한열습조화風寒熱濕燥火다. 인지육기人之六氣는 삼음삼양三陰三陽이다. 인지음양人之陰陽과 천지육기가 서로 합쳐지므로 본本이 병들고 나서 표標에 미치는 경우가 있고, 표標가 병들고 나서 본本까지 미치는 경우가 있으니 이 구절은 먼저 병든 것을 본本이라고 하고 나중에 병이 된 것을 표標라고 한다.

막운종이 말했다. "병든 후에 기가 궐역하는 경우先病後逆와 기가 궐역하고 나서 병이 된 것先逆後病은 천지육기와 몸의 음양을 모두 말하는 것이다. 선한이후생병先寒而後生病·선병이후생한先病而後生寒·선열이후생병先熱而後生病·선병이후생열先病而後生熱은 자연에도 이런 한열寒熱이 있고 몸에도 이런 한열이 있음을 분별하여 말한 것이다."

批 '先熱' 다음에 한 구절을 보태야 한다.

先泄而後生他病者, 治其本. 必且調之, 乃治其他病. 先病而後中滿者, 治其標. 先病後泄者, 治其本. 先中滿而後煩心者, 治其本.

설사泄瀉가 먼저 생기고 나서 다른 병이 생기면 본병本病인 설사를 먼저 치료하고 반드시 비위脾胃를 조절하고 나서 다른 병을 치료한다. 병이 생기고 나서 중만中滿이 나타나면 표증標症인 중만을 먼저 다스린다. 병이 생기고 나서 설사를 하면 본병을 먼저 다스린다. 먼저 중만이 생기고 나서 번심煩心이 나타나면 본병인 중만을 먼저 다스린다.

◉ 설사는 비위병脾胃病이다. 팔다리가 비脾에 속하고, 비脾는 기육을 주관한다. 이 병은 내부의 비병脾病으로 인하여 팔다리와 형체에 병이 생긴 것이므로 먼저 그 본병本病을 치료해야 하고, 또 비위脾胃를 조절한 뒤에 다른 병을 치료해야 한다.

중만中滿은 복중의 창만증脹滿症으로 비위에서 생긴 병이다.

선병이후중만자先病而後中滿者는 병으로 인해 중만이 된 것인데 중만의 표증標症을 먼저 치료하고 나서 본병을 치료해야 한다.

선병후설자先病後泄者는 병으로 인해 손설殘泄이 생긴 것이니 본병을 치료하면 설사는 저절로 멈춘다. 비脾에서 생긴 병은 심心으로 올라가 트림이 된다.

선중만이후번심자先中滿而後煩心者는 비병이 심心으로 상역하여 생긴 것이므로 그 본병을 치료해야 한다. 사람의 장부와 형해形骸 경맥 혈기는 근본이 모두 비위에서 생긴다.

앞 구절에서는 천지객기天之客氣와 인지음양人之陰陽이 내외로 교감하면서 병이 됨을 말했고, 여기서는 사람의 본기本氣가 병이 되면 당연히 비위를 근본으로 삼아야 한다고 말한다.

> **有客氣, 有同氣, 大小便不利, 治其標, 大小便利, 治其本.**
> 객기客氣로 되는 병이 있고, 음양 부조화로 인한 동기同氣로 되는 병이 있는데 대소변불리大小便不利의 증상이 나타나면 표증標症을 치료하고, 대소변이 원활하면 본병本病을 다스린다.

⊕ 이것은 앞 문장을 이어서 이른바 선병先病·선역先逆·선한先寒·선열先熱·선설중만先泄中滿 등으로 병이 된 것은 객기客氣가 있고 동기同氣가 있음을 말한다. 객기는 천지육기天之六氣다. 동기는 몸에도 이러한 육기六氣가 있으면서 천기天氣와 서로 동화同化하는 것이다. 객기가 병이 되는 경우, 본기가 병이 되는 경우 모두 사람의 정기를 손상시키고 기가 손상되면 기불화氣不化하여 대소변이 불리해진다. 그러므로 대소변이 불리하면 표標를 다스리고 대소변이 원활하면 본병本病을 치료한다.

막운종이 말했다. "객기로 병이 되는 것은 외外에서 내內로 들어가고, 본기本氣의 병은 내內에서 외外로 나간다. 대소변불리는 병기가 모두 내內로 들어가므로 표標를 다스려야 하니 아래에서 해산시킨다. 대소변이 원활하면 병기가 모두 외外에 있는 것이므로 외外의 본병을 다스려야 한다."

批 재지在地에서는 토土고 재천在天에서는 습濕이다. 하설중만下泄中滿은 습토지기濕土之氣가 병든 것이다.

病發而有餘, 本而標之, 先治其本, 後治其標. 病發而不足, 標而本之, 先治其標, 後治其本. 謹詳察間甚, 以意調之, 間者並行, 甚爲獨行. 先小大便不利而後生他病者, 治其本也.

병이 발생하여 사기가 성하면 본本을 먼저 다스리고 나서 표標의 기를 조절한다. 병이 발생하여 정기가 부족하면 먼저 음양을 조절하고 나서 본기本氣를 다스린다. 간심間甚을 잘 살펴서 의도대로 조절하니 간間하면 보사補瀉를 병행하고, 심甚하면 보법補法이나 사법瀉法을 독자적으로 행한다. 먼저 대소변이 불리해지고 나서 다른 병이 생긴다면 본병인 대소변불리를 먼저 치료한다.

⊕ 여기서는 음양육기의 표본標本을 말한다.

〈소문·육미지론六微旨論〉에서 "소양少陽 위는 화기火氣가 지배하고, 양명陽明 위는 조기燥氣가 지배하며, 태양太陽 위는 한기寒氣가 지배하고, 궐음厥陰 위는 풍기風氣가 지배하며, 소음少陰 위는 한기熱氣가 지배하고, 태음太陰 위는 습기濕氣가 지배하니 이것이 이른바 본本이다. 본 아래는 기氣의 표標가 된다少陽之上 火氣治之 陽明之上 燥氣治之 太陽之上 寒氣治之 厥陰之上 風氣治之 少陰之上 熱氣治之 太陰之上 濕氣治之 所謂本也 本之下 氣之標也"라고 했다.

풍한서습조화風寒暑濕燥火 육기는 본本이 되고, 삼음삼양지기三陰三陽之氣는 표標가 된다. 유여有餘는 사기邪氣가 유여한 것이고, 부족不足은 정기正氣가 부족한 것이다. 그러므로 병이 발생하여 사기가 성하면 본을 먼저 다스리고 나서 표를 조절한다病發而有餘 本而標之는 것은 풍한서습의 본기本氣를 먼저 치료하고 나서 삼음삼양의 표標를 조절하는 것이다. 사기를 먼저 소산시키고 나서 정기를 조절한다. 병이 발생하여 정기가 부족해지면 정기를 조절하고 나서 본병을 다스린다는 것病發而不足, 標而本之은 먼저 음양을 조절하고 나서 본기를 다스린다. 이것이 표본標本·사정邪正·허실虛實을 치료하는 요점이다.

다시 병의 간심間甚을 살펴서 알맞게 조절해야 한다. 간間은 사정허실邪正虛實의 병증이 가벼운 것으로 보사補瀉를 병행하여 치료한다. 사기를 소산시키면서 겸해서 정기를 보하거나 정기를 보하면서 겸해서 사기를 소산시킨다. 심甚은 사기가 아주 왕성하거나 정기가 심히 허한 것이니 단독으로 치료를 해야 한다. 사기가 심하면 사기만을 사해야 하고, 정기가 허하면 정기만 보해야 한다. 이것이 병의 간심間甚에 따른 보사의 요법이다.

먼저 대소변불리가 있은 다음 다른 병이 생겼다면 대소변의 본병本病을 먼저 치료해야 하고 사정邪正의 간심은 따지지 않는다.

안 | 이 편은 궐증厥症 사이에 열거되어 있는데 문답하는 말이 없으니 앞 편을 이어서 궐역의 의미를 거듭 밝히고 있다. 사람은 천지음양 오운육기를 가지고 태어나 형체를 이루었고 몸에도 오운육기가 있어서 끊임없이 환전하는 천도天道에 상응한다. 전지객기天之客氣에 감촉되면 객사客邪에 의해 궐역되어 병이 생긴다. 희로의 감정이 격해지고, 지의志意가 조절되지 않으며, 식생활이 불규칙하고, 거처가 편안하지 못하면 몸 안의 기운이 궐역하여 병이 생긴다. 객기로 생긴 병은 외外에서 내內로 들어가고, 동기同氣에 의해 생긴 병은 내內에서 외外로 나간다. 표본내외출입標本內外出入이 있고 사정邪正 · 허실虛實의 선후가 있으니 "표본標本의 도道는 요체가 있어 널리 쓰이고, 작아도 크게 쓰이니 가히 한 마디 말로도 모든 병의 잘못을 알 수 있다"고 말한다. 표標와 본本을 말하는 것은 평이하지만 빠짐이 없고, 본本과 표標를 살펴야 기氣를 조절할 수 있다. 승복勝復을 잘 알아 만민의 법식法式이 되니 천도가 다 갖추어졌다.

批 〈소문 · 표본론標本論〉에는 군신의 문답이 있다.

잡병雜病

厥挾脊而痛至頂, 頭沉沉然, 目䀮䀮然, 腰脊强, 取足太陽膕中
血絡.

객기客氣가 경經으로 궐역하여 척추를 따라서 통증이 뒷목으로 가고, 머리가
무거우며, 눈이 침침하고, 요척이 뻣뻣하면 족태양과 괵중의 혈락을 취한다.

⊛ 이것은 객기가 경經으로 궐역하여 잡병雜病이 된 것을 말한다.

족태양맥은 목내자에서 기시하여 이마로 올라가서 정수리에서 교차하고,
정수리에서 뇌로 들어갔다가 다시 뒷목으로 나와 등을 따라 허리로 간다. 태
양의 기氣는 부표에서 주로 작용하고, 객기는 처음에 태양을 손상시키니 경기
經氣가 궐역하여 머리頭·눈目·목項·척추脊에서 병증이 나타난다. 따라서 족태
양의 괵중의 혈락을 취하여 사기를 빼내야 한다.

침沈은 무거운 것重이다.

막운종이 말했다. "'허사가 몸에 적중되어 침입하는 것은 먼저 피모에서 시
작된다虛邪之中人 必先始于皮毛'라고 했으니 태양太陽의 기가 표表를 주관하므로
처음에 태양을 말했다."

厥胸滿面腫, 脣漯漯然, 暴言難, 甚則不能言, 取足陽明.

경기經氣가 궐역하여 흉부가 답답하고, 얼굴이 부으며, 입술이 붓고 침이 흐르
며, 갑자기 말하기 힘들고, 심지어 말을 못하기도 하니 족양명을 취한다.

⊛ 족양명맥이 비강 내에서 시작하여 입 옆으로 입술脣을 돌며, 후롱喉嚨을 순

환하고, 결분으로 들어가 횡격막으로 내려간다.

본경에서 "얼굴에 적중되면 양명으로 내려간다中于面 則下陽明"라고 했다. 얼굴 피부에 적중되면 얼굴이 붓고, 양명경으로 내려가면 흉만胸滿·순탑脣濕 등 증이 된다.

후롱喉嚨은 기가 상하로 통하는 길이다. 양명맥은 후롱을 순환하는데 궐역하면 기기氣機가 불리하여 갑자기 말이 안 나오고, 심하면 말을 할 수 없게 된다. 족양명경을 취하여 사기를 제거해야 한다.

> **厥氣走喉而不能言, 手足淸, 大便不利, 取足少陰.**
> 경기經氣가 궐역하여 후롱으로 가면 말을 못하고, 손발이 차가워지며, 대변이 나오지 않으니 족소음을 취한다.

◉ 이것은 사기가 족소음의 기를 병들게 하여 궐역한 것이다. 족소음신맥은 후롱을 순환하고 설본舌本을 끼고 도는데 궐기厥氣가 인후로 상역하므로 말을 할 수 없게 된다.

신腎은 생기지원인데 기역氣逆하면 수족이 차가워진다. 신腎은 이음二陰에 개규하므로腎開竅于二陰 대변이 나오지 않는다. 족소음을 취하여 궐역된 기를 통하게 해야 한다.

> **厥而腹嚮嚮然, 多寒氣, 腹中榖榖, 便溲難, 取足太陰.**
> 경기經氣가 궐역하여 배에서 끄르륵 소리가 나고, 추위를 많이 타며, 복중에서 물소리가 나고, 소변이 시원하지 않으면 족태음을 취한다.

◉ 이것은 객기가 태음에 침입하여 태음지기가 궐역을 일으켜 이런 증상이 된 것이다.

복腹은 비토脾土의 외곽이고, 기氣가 안에서 궐역하여 배에서 꾸르륵 소리가 난다. 태음습토太陰濕土의 기는 음중지지음陰中之至陰이다. 그러므로 한기寒氣가 많아 꾸르륵 물소리가 난다. 지기地氣가 상승하지 못하면 천기天氣도 하강

하지 못한다. 그래서 소변이 잘 안 나온다. 족태음을 취하여 궐역된 기를 소산
시켜야 한다.

批 기화氣化되어야 소변이 나간다氣化則出.

> **嗌乾, 口中熱如膠, 取足少陰.**
> 식도가 마르고嗌乾, 입안이 화끈거리고 아교처럼 끈적거리면口中熱如膠 족소음
> 을 취한다.

⊕ 이른바 궐궐이라는 것은 아래에 병이 있으면서 아래로 기궐氣厥하는 경우,
병이 아래에 있으면서 위로 궐역하는 경우가 있다. 앞 구절의 궐기가 후롱으
로 가서 말이 안 나오는 것厥氣走喉而不能言은 소음의 기가 인후로 상역上逆한
것이고, 이것은 소음의 기가 병들어 아래로 기궐이 된 것이다.

심신수화지기心腎水火之氣는 오르내리면서 교차하는데 소음의 기가 아래로
궐역하여 심心으로 올라가 기교하지 못하면 화열火熱이 성하여 목안이 마르고,
입안이 화끈거리면서 아교처럼 끈적거린다. 족소음을 취하여 역기逆氣를 소산
시키고 수음水陰을 통하게 하여 위를 구제한다.

> **膝中痛, 取犢鼻, 以員利鍼, 發而間之, 鍼大如氂, 刺膝無疑.**
> 무릎이 아프면 원리침員利鍼으로 독비犢鼻를 취한다. 침을 빼고 나서 잠시
> 후 다시 침놓는다. 원리침은 침이 소꼬리 털처럼 가늘어서 무릎에 찔러도
> 괜찮다.

안 | 이상 다섯 구절은 사기가 음양지기陰陽之氣에 침범하여 기궐氣厥이 되어서
경증經症이 나타난 것이니 바로 사邪가 기氣에 있으면서 압박이 경經에 미친 것
이다. 여기부터는 사기가 경經에 들어가 경맥이 궐역된 것이므로 "침이 가늘
어 무릎을 찔러도 괜찮다鍼大如氂 刺膝無疑"고 했다.

〈영추·구침론〉에서 "육六은 율律이다. 율은 음양사시陰陽四時를 조절하여 십
이경맥에 합쳐진다. 허사虛邪가 경락에 침범하여 폭비暴痺가 된다. 그러므로

462

침 치료는 반드시 침 끝이 터럭처럼 가늘고 둥글면서 예리하며 몸체는 가는 것으로 폭비暴痺를 치료한다六者律也 律者調陰陽四時而合十二經脈 虛邪客於經絡而暴痺者也 故爲之治針 必令尖如氂 且圓且銳 中身微大 必取暴氣"라고 했다.

이것은 사기가 족양명경에 침범하여 슬중통膝中痛이 된 것으로 터럭처럼 가는 침으로 무릎을 찔러도 무리가 없다. 사기가 기氣에 있어 기궐氣厥이 된 것은 기혈氣穴을 취해야 한다. 사기가 경락經絡에 있어서 경통經痛이 된 것은 경혈經穴을 취해야 한다는 것을 의심하지 말라고 했다.

批 이氂는 소꼬리 털이다.

장개지가 말했다. "폭비暴痺는 기氣에서 전입된 것이 아니라 곧바로 맥에 직중하여 맥비脈痺가 된 것이다. 독비犢鼻는 족양명위경의 경혈로 기로 인한 것이 아니므로 독비를 취하라고 했지 양명이라고 하지 않았다. 다음 수족의 삼양三陽을 취하는 것은 경經과 기氣가 함께 병이 된 것이다."

> **喉痺不能言, 取足陽明, 能言, 取手陽明.**
> 후비喉痺에 말을 못하면 족양명을 취하고, 말을 하면 수양명을 취한다.

◉ 후비喉痺는 사기가 인후咽喉를 폐색하여 붓고 아픈 것이다. 족양명맥은 후롱을 순환하여 결후結喉 옆을 끼고 돈다. 사기가 인후를 폐색하면 말을 못하니 족양명을 취해야 한다. 수양명맥은 결후의 옆에 있으므로 말을 할 수 있으면 수양명을 취한다.

> **瘧不渴, 間日而作, 取足陽明, 渴而日作, 取手陽明.**
> 학질虐疾에 갈증이 안 나고 하루 걸러 발작하면 족양명을 취하고, 갈증이 나고 매일 발작하면 수양명을 취한다.

◉ 학기瘧氣는 경락을 따라 깊이 들어가 내부로 압박한다. 하루 걸러 발작하는 것間日而作은 사기가 깊은 곳이 머물고 내부로 음분을 압박하여 나오지 못하는

것이다. 족양명맥은 위에 속하고 비脾에 낙하여屬胃絡脾 아래에 있는 지기地氣에 상응하니 멀리 떨어져 있으므로 하루 걸러 발작하고, 지地는 음陰이어서 갈증이 없다. 수양명맥은 대장에 속하고 폐에 낙하여屬大腸絡肺 위에 있는 천기天氣에 상응하니 거리가 가까워 매일 발작하고, 천天은 양陽이어서 갈증이 있다.

심량신이 말했다. "〈소문·학론瘧論〉에서 '하루 걸러 발작하는 것은 사기와 위기衛氣가 육부六腑에 침범한 것인데 때가 맞지 않아 서로 만나지 못하여 며칠 쉬었다가 발작하는 것이다其間日者 邪氣與衛氣客於六腑 而有時相失 不能相得 故休數日乃作也'라고 했다.

수양명은 폐肺의 부腑이고, 수태양은 심心의 부腑이며, 수소양은 심주포락心主包絡의 부다. 이 세 부가 기를 주관하고, 화를 주관하여 상에서 반응하므로 갈증이 나면서 매일 발작한다. 족양명은 비脾의 부고, 족태양은 신腎의 부이며, 족소양은 간肝의 부다. 이 세 부가 혈을 주관하고, 수水를 주관하여 하下에서 반응하므로 갈증이 없으면서 하루 걸러 발작한다. 수족 양명만 취하는 것은 신반이상身半以上은 수양명이 주관하고, 신반이하身半以下는 족양명이 주관하기 때문이다."

> **齒痛, 不惡淸飮, 取足陽明, 惡淸飮, 取手陽明.**
> 치통齒痛에 찬물을 싫어하지 않으면 족양명을 취하고, 찬물을 싫어하면 수양명을 취한다.

◉ 수족 양명의 맥은 위아래 치아에 두루 연락된다. 족양명은 한열지기悍熱之氣를 주관하므로 찬물을 싫어하지 않고, 수양명은 청추지기淸秋之氣를 주관하므로 찬물을 싫어한다.

막운종이 말했다. "치통은 병이 수족 양명의 맥에 있다. 찬물을 싫어하느냐 싫어하지 않느냐로 수양명과 족양명을 분별한다. 이것은 맥으로 기氣를 논하고, 기로써 맥을 취하는 것이다. 맥과 기의 이합離合을 소홀히 해서는 안 된다."

> **聾而不痛者, 取足少陽, 聾而痛者, 取手陽明.**
>
> 귀가 안 들리면서 통증이 없으면 족소양을 취하고, 통증이 있으면 수양명을 취한다.

● 수족 소양의 맥은 모두 귀의 앞뒤로 연결되고 귓속耳中으로 들어간다. 수소양이 삼초의 상화相火를 잡고 있으므로 이롱耳聾과 이통耳痛이 있다.

막운종이 말했다. "앞 구절의 의미와 대등하다."

批 양명陽明은 소양少陽으로 해야 한다.

> **衄而不止, 衃血流, 取足太陽, 衃血, 取手太陽, 不已, 刺宛骨下, 不已, 刺膕中出血.**
>
> 코피가 그치지 않고 검은 피가 흐르면 족태양을 취하고, 코피가 흐르지 않고 응결되면 수태양을 취한다. 낫지 않으면 완골혈腕骨穴을 취하고, 그래도 낫지 않으면 괵중의 위중委中에서 출혈시킨다.

● 콧속에서 피가 나오는 코피를 육衄이라고 하고, 피가 응혈되어 검붉은색을 띠는 것을 배衃라고 한다.

양경陽經의 낙맥이 상하면 코피가 나온다. 수족 태양의 맥은 코에서 서로 교차하는데 족태양은 수水를 주관하므로 배혈衃血이 흐르고, 수태양은 화火를 주관하므로 배혈衃血이 나오지만 흐르지 않는다. 이것은 사기가 피모의 기분氣分을 압박하고 낙맥을 압박하는 것이다. 그러므로 수족 태양을 취하여 행기시키고, 낫지 않으면 수태양의 완골腕骨을 자침하며, 그래도 낫지 않으면 괵중膕中에 자침한다.

막운종이 말했다. "기氣를 취하는 것은 족足을 하고 나서 수手를 하는 것이고, 경맥을 취하는 것은 수手를 하고 족足을 한다. 경經과 기氣는 오르내리면서 끊임없이 도는 것이다."

腰痛, 痛上寒, 取足太陽陽明, 痛上熱, 取足厥陰, 不可以俯仰, 取足少陽.

요통腰痛에 통처가 차가우면 족태양·양명을 취하고, 통처에 열이 나면 족궐음을 취하며, 허리를 구부리고 펴지 못하면 족소양을 취한다.

⦿ 족태양·양명·소양·궐음의 맥은 모두 요척腰脊을 순환하면서 상행한다. 태양과 양명은 한수지기寒水之氣와 청금지기淸金之氣를 주관하므로 허리에 통증이 있고 부위가 차가우면 족태양과 양명을 취한다.

궐음풍목주기厥陰風木主氣는 중견소양지화화中見少陽之火化하므로 허리에 통증이 있고 그 부위가 열이 나면 족궐음을 취한다. 허리를 구부리고 펴는 것을 못하면 소양의 추樞 기능이 망가진 것이므로 소양을 취한다.

심량신이 말했다. "요척은 몸의 큰 관절이다. 궐음은 봄에 왕성하고, 소양은 여름에 왕성하며, 양명은 가을에 왕성하고, 태양은 겨울에 왕성하다. 한서왕래지기寒暑往來之氣가 궐역하면 요척에 병이 생기므로 이 네 경經을 취한다."

中熱而喘, 取足少陰膕中血絡.

요통이 화끈거리고 숨이 차면 족소음과 괵중의 혈락을 취한다.

⦿ 족소음의 맥이 상행하는 것은 횡격막을 관통하여 흉중에 주입되고 폐로 들어가며 심으로 연락된다. 하행하는 것은 음고陰股 내측을 순환하면서 비스듬히 괵중膕中으로 들어간다.

열이 나고 숨이 차는 것中熱而喘은 아래로 궐역하여 심心에서 교제하지 못한 것으로 족궐음과 괵중혈락을 취한다.

막운종이 말했다. "목안이 마르고 입안이 화끈거리면서 침이 끈적거리는 것嗌乾 口中熱如膠은 수화지기水火之氣가 오르내리면서 교제하지 못하여 일어나는 것이므로 족소음을 취한다. 요통이 화끈거리고 숨이 찬 것中熱而喘은 상하의 경맥經脈이 교제하지 못한 것이므로 괵중혈락膕中血絡을 취한다."

466

> 喜怒而不欲食, 言益小, 取足太陰, 怒而多言, 刺足少陽.
>
> 화를 잘 내면서 음식을 먹으려 하지 않고 말수가 적으면 족태음을 취하고, 화를 내면서 말을 많이 하면 족소양을 자침한다.

⦿ 이다음은 음양·희로·음식·거처가 내인이 되어 일어나는 궐역을 말한다.

갑작스런 기쁨은 심장이 손상되고, 급격한 분노는 간을 손상시킨다暴喜傷心暴怒傷肝.

음식이 위胃에 들어가면 심간心肝으로 청즙精汁이 포산되는데, 음식을 제때 먹지 않으면 간심기肝心氣가 궐역하므로 음식을 먹으려 하지 않는다. 오五는 음音이다. 오음은 장하기에 상응한다音主長夏. 간심기肝心氣가 궐역하면 중기中氣가 퍼지지 못하므로 말을 안한다. 족태음을 취하여 비기脾氣를 소산시켜야 한다. 음식이 내려가면 음성이 뚜렷해진다. 간은 언어를 주관하고肝主語 뜻이 화냄으로 드러나니在志爲怒 화내면서 말이 많은 것怒而多言은 궐음의 역기逆氣가 아주 심한 것이므로 중견지소양中見之少陽을 취하여 궐음의 기를 소산시켜야 한다.

> 頷痛, 刺手陽明, 與頬*之盛脈出血.
>
> 함통頷痛에는 수양명을 자침하고, 협거頬車의 성한 맥에서 출혈시킨다.

⦿ 여기서는 수족 양명의 경기經氣가 궐역하면 모두 함통頷痛이 될 수 있다는 것을 말한다.

수양명의 맥은 결분缺盆에서 목으로 올라가 협골頬骨을 관통하고, 족양명의 기는 공규空竅로 올라가 안계眼系를 순환하고 함頷으로 나오며 객주인客主人으로 내려가 아거牙車를 순환하고 양명陽明과 합하여 함께 인영人迎으로 간다.

함頷은 볼 아래 인영人迎 위쪽에 위치하는데 이것은 양명의 기가 병들어 내

---

* '頬'과 '頷'의 원래 뜻 모두 '부황 들어 누렇게 된 것'으로 혼용하는데 여기서는 턱을 말하는 '頷'의 의미다―〈통해〉.

려가 양명경陽明經과 합하여 함통頷痛이 된다. 따라서 족양명을 취하라고 하지 않고 함지성맥頷之盛脈을 취하라고 한 것이다. 기가 함頷에서 궐역하여 맥성하게 된 것이다.

막운종이 말했다. "족양명맥은 비강 내에서 시작하여 치중齒中으로 들어가고 입을 끼고 입술을 돌아서 승장承漿에서 교차하며 협거頰車를 순환하고 귀 앞쪽으로 올라가 대영大迎에서 인영人迎으로 내려온다. 양명지기는 머리로 상충하여 공규로 가고 안계를 순환하고 뇌로 들어가 연결되고 함頷으로 나와 객주인客主人으로 내려가서 아거牙車를 순환하고 내려가 비로소 양명맥과 합하여 함께 인영으로 내려간다."

> 項痛, 不可俯仰, 刺足太陽, 不可以顧, 刺手太陽也.
>
> 항통項痛에 목을 젖히고 숙이지 못하면 족태양을 자침하며, 돌아보지 못하면 수태양에 자침한다.

◉ 수족 태양의 맥은 모두 목項 부위를 순환하고 올라간다. 그래서 모두 항통項痛을 일으킬 수 있다. 족태양의 맥은 척추를 끼고 요중腰中으로 내려온다. 목을 젖히고 숙이지 못하면 족태양을 취한다. 수태양의 맥은 견갑肩胛 주위를 돌므로 뒤로 돌아보지 못하면 수태양을 취한다.

> 少腹滿大, 上走胃至心, 淅淅身時寒熱, 小便不利, 取足厥陰. 腹滿, 大便不利, 腹大, 亦上走胸嗌, 喘息喝喝然, 取足少陰. 腹滿食不化, 腹嚮嚮然, 不能大便, 取足太陰.
>
> 소복이 창만하고 팽만함이 위胃에서 심心까지 올라가고, 몸이 으슬으슬 추우며, 소변이 시원하지 않으면 족궐음을 취한다. 복창만하고 대변이 시원하지 않으며 배腹가 팽대하여 가슴과 식도까지 차고 숨이 차서 헉헉대면 족소음을 취한다. 복창만하고 소화가 안 되며 배에서 꾸르륵 소리가 나고 대변이 나오지 않으면 족태음을 취한다.

◉ 이것은 삼음三陰의 경기經氣가 아래로 궐역하면 모두 복창만腹脹滿이 나올 수 있다는 것이다.

〈영추·구문口問〉에서 "모든 병은 풍우한서風雨寒暑·성생활陰陽·희로·음식·거처·대경졸공大驚卒恐으로 혈기가 분리되고, 음양이 파산되며, 경락이 다 끊어진다. 맥도가 불통하고 음양이 서로 궐역하여 혈기가 제대로 돌지 못하니 정상을 잃는 것이다夫百病之始生也 皆生于風雨寒暑 陰陽喜怒 飮食居處 大驚卒恐 則血氣分離 陰陽破散 經絡厥絕 脈道不通 陰陽相逆 血氣不次 乃失其常"라고 했다.

만약 놀라거나 화를 내면 족궐음간足厥陰肝이 손상되고, 갑자기 무서워지면 족소음신足少陰腎이 손상되며, 음식을 제때 먹지 않으면 족태음비足太陰脾가 손상되니 장기가 손상되면 경락이 다 끊어져 맥도가 불통하고 모두 창만脹滿이 된다. 족궐음간은 소복으로 가서 위胃를 끼고 올라가 횡격막을 관통하는데 궐음의 경맥이 궐역되므로 소복이 크게 팽창한다.

궐기가 상역하면 위胃로 가서 심心에 도달한다. 궐음은 음극陰極하여 일양一陽이 처음으로 생기는 것이다. 그러므로 몸이 으슬으슬 춥고 때때로 열이 났다 추워지기도 한다. 간은 소설을 주관하니肝主疎泄 소변이 불리한 것은 궐음지기가 궐역한 것이다.

신腎은 위胃의 관문關門이며 이음二陰에 개규한다腎者胃之關 開竅于二陰. 복창만腹脹滿하고 대변이 시원하지 않은 것은 신기腎氣가 궐역하여 관문關門이 원활하지 못한 것이다. 족소음맥은 간肝과 횡격막을 관통하여 올라가고 폐중肺中으로 들어가 후롱喉嚨을 순환한다. 기氣가 궐역하면 경經에 미치므로 흉胸과 익嗌까지 올라가 숨이 차 헉헉거리니 소음지기가 궐역한 것이다.

족태음은 수곡전달을 주관한다. 비기脾氣가 궐역하므로 복만증腹滿症과 소화불량 증상이 나타난다. 족태음 시동병是動病은 배가 부르고, 자주 트림을 하며, 방귀를 뀌고 나면 시원하고 배가 꺼진다. 배에서 소리가 나는데 대변을 못 보면 중中으로 기가 궐역한 것이다. 그러므로 족삼음경을 취하여 궐역지기를 통하게 해야 한다.

> **心痛, 引腰脊, 欲嘔, 取足少陰.**
>
> 심통心痛에 요척이 땅기고 토하려 하면 족소음을 취한다.

⊕ 요척腰脊은 신腎의 바깥에 있는 부서다. 신腎과 위胃는 무계합화戊癸合火이니 심통에 요척이 땅기고 토하려 하는 것心痛 引腰脊 欲嘔은 신기腎氣가 상역하여 심통이 된 것이므로 족소음을 취해야 한다.

> **心痛, 腹脹嗇嗇然, 大便不利, 取足太陰.**
>
> 심통心痛에 복창하고 추위를 타며 대변이 시원하지 않으면 족태음을 취한다.

⊕ 색색嗇嗇은 추위에 진저리치는 모양이다. 태음은 음중지지음陰中之至陰이고 음한陰寒하므로 복창腹脹하고 추위하는 것이다. 대변불리大便不利는 토기土氣가 불화不化한 것이다. 이것은 족태음의 기가 궐역하여 심통이 된 것이니 본경을 취하여 역기를 소산시켜야 한다.

> **心痛引背不得息, 刺足少陰, 不已, 取手少陽.**
>
> 심통心痛에 등이 땅기고 숨쉬기 힘들면 족소음에 자침하고, 낫지 않으면 수소 양을 취한다.

⊕ 신맥腎脈은 신腎에서 횡격막을 관통하여 폐중肺中으로 들어갔다가 나와서 심心으로 연락된다.

심통에 등이 땅기고 숨쉬기 힘든 것心痛引背不得息은 소음의 경맥이 상上으로 궐역하여 심통이 된 것이니 족소음을 자침해야 한다. 낫지 않으면 신장腎臟의 기가 궐역한 것이다. 소양少陽은 신腎에 속하니少陽屬腎 삼초의 기는 신장에서 발원하여 흉중에 포산되므로 수소양을 취하여 신기腎氣의 궐역을 사해야 한다.

막운종이 말했다. "소음의 맥에 자침하는 것은 '자刺'라고 했고, 소양의 기氣 는 취하는 것이니 '취取'라고 했다."

心痛, 引少腹滿, 上下無常處, 便溲難, 刺足厥陰.

심통心痛에 아랫배가 땅기면서 창만되고, 통처가 일정한 부위 없이 올라갔다 내려갔다 하며, 대소변이 잘 안 나오면 족궐음에 자침한다.

◉ 족궐음간맥은 소복까지 가고 별도로 횡격막을 관통하여 폐로 주입하니 심통에 아랫배가 땅기면서 창만되는 것心痛 引少腹滿은 궐음의 경락이 상역한 것이다. 왔다갔다 하면서 일정 부위가 없이 소변 보기 힘든 것은 궐음의 기가 궐역한 것이다. 이것은 경經과 기氣가 함께 궐역한 것이므로 족궐음의 경經에 자침해야 한다. 경맥이 통하면 기氣도 소통되어 원활해진다.

心痛但短氣不足以息, 刺手太陰.

심통心痛에 숨차서 호흡할 수 없으면 수태음에 자침한다.

◉ 폐肺는 기를 주관하고 호흡을 담당한다. 심계心系는 올라가서 폐로 연결된다. 심통에 숨차서 호흡이 힘드는 것心痛但短氣不足以息은 폐로 궐역되어 심통이 된 것이니 수태음을 자하여 궐역된 폐기肺氣를 통하게 해야 한다.

심량신이 말했다. "족태음 소음 궐음에서 심통이 되는 것은 장기臟氣가 상역하여 심통이 되는 것이다. 폐는 심장을 덮고 있으므로 숨이 차 숨이 안 쉬어지는 것은 병이 본장本臟에 있으면서 심心에 반응하는 것이다. 네 개의 장臟이 모두 마찬가지로 진심통眞心痛의 사증死症은 아니다."

心痛, 當九節次之, 按已刺, 按之立已, 不已, 上下求之, 得之立已.

심통心痛은 아홉째 마디의 혼문혈魂門穴을 취한다. 자침 전에 혈자리를 문지르고 발침 후에 다시 문지르면 바로 낫는다. 낫지 않으면 위아래의 격관膈關이나 양망陽網을 찾아 취하면 바로 낫는다.

◉ 이것은 오종심통五種心痛을 총결하는 것이니 장기의 위를 덮쳐서 심통이 된

것이다.

차次는 배수혈背腧穴의 옆을 말한다.

구절차지九節次之는 간수肝腧 옆의 혼문魂門이다. 간장肝臟의 혼혼魂과 심장心臟의 신神은 서로 따라 움직이며 왕래출입하니 혼문魂門을 취하여 심기心氣를 통하게 한다.

문지르고 나서 자침하고按已而刺, 침을 빼고 나서 다시 문지르는 것出鍼而復按之은 기의 소통을 유도하는 것이므로 심통이 바로 낫는다. 아홉 번째 마디 위는 격수膈腧 옆의 격관膈關이고, 아래는 담수膽腧 옆의 양망陽綱이다. 심기心氣는 내격內膈에서 외부로 통한다. 그러므로 낫지 않으면 위에서 찾아 심신心腎을 통하게 하고, 아래에서 찾아 혼기魂氣가 퍼지게 한다.

득지得之는 득기得氣다.

『금궤옥함金匱玉函』에서 "경락이 사기를 받아 장부로 들어가니 내부에 원인이 있다經絡受邪 入藏府爲內所因"라고 했다.

앞 장의 궐심통厥心痛은 오장의 혈맥이 서로 덮친 것이므로 사증死症의 진심통眞心痛이 있다. 이것은 기氣로 인하여 통증이 된 것이므로 안마나 도인으로 바로 나을 수 있다.

앞 장에서는 혈맥을 자침하라고 했으니 곤륜崑崙·연곡然谷·어제魚際·태연太淵을 말한다. 이것은 장기臟氣를 취하는 것으로 태음·궐음·소음·소양을 말한다.

심량신이 말했다. "일곱 번째 마디 옆에는 가운데에 소심小心이 있어 궐역하여 심기心氣를 손상시키면 하루를 못 넘기고 바로 죽는다. 그러므로 혼문魂門을 취하여 심기를 통하게 하고, 낫지 않으면 격관膈關에서 구한다."

여백영이 말했다. "앞장의 궐심통은 경맥이 서로 덮친 상태에서 기氣까지 겸한 것이고, 이것은 궐기厥氣가 통증이 되어 경經까지 미친 것이다."

顑痛, 刺足陽明曲周動脈見血, 立已, 不已, 按人迎於經立已.
함통顑痛에 족양명에 자침하고 구부러진 턱 주위의 낙맥을 사혈하면 바로 낫는다. 낫지 않으면 본경의 인영을 문지르면 바로 낫는다.

◉ 함전顑은 얼굴이다. 함통顑痛은 사기가 양명의 기를 손상시킨 것이다.

양명맥은 입·코·턱·볼 사이에 구부러져 있으므로 양명의 굽어진 동맥을 취하여 출혈시키면 바로 낫는다. 이것은 기분氣分의 사기가 혈血을 따라서 빠지는 것이다. 만약 낫지 않으면 인영人迎을 문지르면 바로 낫는다.

앞의 세 구절은 경經과 기氣가 상통한다는 것을 말했으니 이른바 "얼굴에 적중되면 양명으로 내려간다中于面則下陽明"이다.

다음 두 구절은 양명지기가 머리로 상충하여 공규로 가서 턱으로 나가 아거牙車 부위를 순환하고 내려가서 양명경과 합하여 함께 인영으로 내려간다. 구부러진 낙맥에서 풀리지 않으면 인영으로 들어가게 유도하면 통증이 바로 낫는다는 것이다. 대개 양명은 중토中土에 위치하고 만물이 모이는 곳이니 사기가 경經에 들어가면 장위腸胃로 나간다.

여백영이 말했다. "태양병 상한이 극심하면 코피가 나고, 코피가 나오면 풀린다. 이것은 모두 기분氣分의 사기가 혈血을 따라 나가서 낫는 것이다."

막운종이 말했다. "본경의 인영을 문지르는 것按人迎於經은 아래 문장을 인도하는 것이니 양명지기는 머리로 상행하고 아거牙車에서 내려가 인영과 합하고 응흉膺胸을 순환하고 내려가 복기지가腹氣之街로 나간다."

氣逆上, 刺膺中陷者, 與下胸動脈.
기氣가 상부로 궐역하면 응중膺中과 흉부胸部 동맥에 자침한다.

◉ 기역상氣逆上은 기氣가 상上으로 궐역하여 하행하지 못하는 것이다. 응흉膺胸은 족양명경맥이 도는 곳으로 자침하여 위에 있는 역기逆氣를 끌어내려 경맥과 통하게 한다. 이것은 양명지기는 인영에서 내려가 가슴膺을 순환하고, 응膺에서 흉부로 내려가고, 흉부에서 배꼽臍으로 내려가는 것을 말한다.

批 역상逆上과 상역上逆은 각각 다르다.

批 응膺과 흉胸은 가까이 있어 응흉膺胸이라고 한다.

> 腹痛, 刺臍左右動脈, 已刺, 按之立已, 不已, 刺氣街, 已刺, 按之立已.
>
> 복통에 배꼽臍 좌우동맥左右動脈에 자침하고, 발침 후에 문지르면 바로 낫는다. 낫지 않으면 기가氣街에 자침하고 침을 빼고 문지르면 바로 낫는다.

⊕ 이것은 앞 문장을 이어서 양명지기가 경經을 순환하고 하행하는 것을 말한다.

족양명맥은 응흉膺胸에서 내려가 배꼽 옆을 지나 기가氣街로 들어간다. 복통은 양명경의 궐역이다. 그러므로 배꼽臍 좌우동맥을 자침하고, 낫지 않으면 기가氣街에 자침하고 문지르면 바로 낫는다. 복기유가腹氣有街와 충맥衝脈이 배꼽 좌우동맥에서 합쳐지니 기가를 자침하고 문지르는 것은 경맥의 역기逆氣를 기가에서 부표로 나가게 하는 것이다.

양명지기는 머리로 상충하여 공규로 가고 턱으로 나와 아거牙車를 순환하고 양명경에 합쳐져 함께 인영으로 내려가 응흉膺胸을 순환하고 내려가 배꼽 부위의 기가로 나간다. 이것은 양명지기가 경맥 내외를 출입하면서 끊임없이 도는 것이니 조금이라도 유체가 되면 통증이 되고 역기가 된다는 것을 말한다.

심량신이 말했다. "양명지기는 인영에서 곧바로 발등으로 내려가 십이경맥을 관통한다. 그러므로 위의 인영과 아래의 충양衝陽은 맥이 똑같이 뛴다. 기가는 기氣의 경로徑路다. 낙맥이 끊어져 불통된 후에 별도의 지름길로 나가니 다 기가로 나가는 것은 아니다. 그러므로 먼저 배꼽 좌우동맥을 자침하고, 낫지 않으면 기가를 취한다."

> 痿厥, 爲四末束悗, 乃疾解之, 日二, 不仁者, 十日而知, 無休, 病已止.
>
> 위질痿疾은 사말을 꽉 조였다가 답답함을 느끼면 빨리 풀어주는데 하루에 두 차례 한다. 마비가 되었으면 10일이면 감각이 돌아오는 것을 안다. 쉬지 않고 치료하여 병이 나으면 멈춘다.

● 여기서는 다시 양명지기가 사말로 퍼지지 못하여 위궐痿厥이 됨을 말한다. 위痿는 손발이 오그라들어 쓸 수 없는 것이다. 궐厥은 수족이 차가워지는 것이다.

"양명은 합闔이 되니 기가 불통하면 합의 기능이 망가지고, 합의 기능이 망가지면 기가 돌지 못하여 위질痿疾이 생긴다陽明爲闔 氣不通則闔折 闔折則氣無所止息而痿疾起矣." 양陽은 사말에서 기를 받는다陽受氣于四末이니 양명지기가 불행不行하므로 수족이 차가워진다.

"양명은 중토中土에 위치하여 수곡지해水穀之海가 되니 바다에서 기가 증발하여 천하에 퍼지는 것이다陽明居中土 爲水穀之海 海之所以運氣者 天下也." 그러므로 앞 문장에서는 양명지기가 상하로 승강하지 못하는 것을 말했고, 여기서는 사방으로 분포하지 못하는 것을 논했다.

주영년이 말했다. "만悗은 답답한 것이다. 위사말속만爲四末束悗은 수족을 묶어서 답답하게 하고 나서 빨리 풀어 기가 통하게 유도하는 것이다. 문지르는 것按之과 묶는 것束之은 모두 도인지법으로 마치 애벌레가 몸을 펴려고 하면 먼저 구부려야 하는 것과 같다. 신반이상身半以上은 양陽이고 신반이하身半以下는 음陰이며, 주이전晝以前은 양陽이고 주이후晝以後는 음陰이다. 하루 두 차례 하는 것日二은 상하음양지기上下陰陽之氣를 드러내어 교통하게 하는 것이다. 불인不仁은 영혈營血이 불행不行하는 것이다. 십일十日은 음수陰數의 1주다."

批 양명은 표表로 삼양三陽에 행기行氣하게 하므로 수족이 차가워진다.

> **歲, 以草刺鼻嚔, 嚔而已, 無息而疾迎引之, 立已, 大驚之, 亦可已.**
> 딸꾹질嚔에 풀로 코를 간질여서 재채기를 하게 하면 낫는다. 코를 막고 숨을 들이쉬게 하면 낫는다. 크게 놀라게 해도 나을 수 있다.

● 얼嚔은 딸꾹질呃逆이다. 수레 방울소리 같은 소리가 연달아 나와서 얼嚔이라고 한다. 이것은 양명이 받아들인 곡기가 폐肺에서부터 부표膚表로 전달되어야 하는데 폐기肺氣가 반대로 위胃로 역전하여 기와 함께 상역되어 다시 위胃로 나오는 것을 얼嚔이라고 한다. 그러므로 풀로 코를 자극해서 재채기를 나게 하

여 폐기를 통하게 하고, 폐기가 소통되면 곡기가 전수될 수 있어 딸꾹질이 멈춘다.

무식無息은 코를 막고 숨을 못 쉬게 하는 것이다. 빨리 숨을 들이쉬어 연속으로 재채기 하게 한다. 곡기가 위胃에 들어가면 심간心肝으로 곡정穀精이 퍼지는데 크게 놀라게 하면 간심肝心의 기氣가 분산되어 위胃의 역기逆氣도 따라서 밖으로 나간다.

안ㅣ 위락胃絡은 올라가서 심心으로 통하고, 간장肝臟의 맥은 위胃를 끼고 돈다. 여기서는 양명지기가 폐기肺氣를 따라서 기분氣分으로 나가고 또 간심肝心을 따라서 혈분血分으로 나갈 수도 있음을 말한다. 이 장에서는 잡병의 원인이 기氣로 인한 경우가 있고, 경맥으로 궐역되는 경우가 있으며, 경經과 기氣가 함께 궐역되는 경우가 있음을 말한다.

처음에는 태양을 말했고, 마지막에는 양명으로 마감했으니 태양은 제양諸陽의 기氣를 주관하고, 양명은 혈기의 생원이어서 상하사방上下四方·기분氣分·혈분血分으로 행하기 때문이다.

모든 병은 외인·내인 두 가지를 벗어날 수 없다. 내외지병은 모두 혈기의 궐역을 일으킬 수 있으므로 모든 병이 대부분 울역鬱逆을 바탕으로 생긴다. 학자는 여러 편에 나타난 궐역의 원인과 증상을 세심히 연구하여 치법의 요체로 삼는다면 과반을 달성한 것이다.

장경악이 말했다. "'歲'는 '噦'이라고 해야 한다."

ૐ

무거운 것을 들다가 허리를 삐끗하거나 머리를 감다가 허리를 삐끗했다고 환자들이 한의원을 찾아온다. 통증이 심하고 움직이기 힘들어 한다. 허리를 삐끗하는 경우는 물건 자체가 과하게 무거워 그 하중을 견디지 못한 탓도 물론 있지만 몸이 안 좋은 상태에서 힘쓰다가 허리를 삔다. 안 좋은 상태라는 것은 기혈이 순환 안 되는 경우나 부족한 경우다.

기혈이 순환 안 되는 경우는 체기滯氣를 수반한다. 체기가 있으면 허리로 기혈 공급이 제대로 되지 않아 허리가 제 기능을 발휘하지 못한다. 이때 무거운 것을 들거나 과로하거나 자세가 불량하면 다치기 쉽다. 이때는 척추만의 문제가 아니다. 전신의 기혈이 잘 순환되게 해야 한다. 〈영추·구침십이원〉에서 "관절은 피육근맥골이 아니라 신기가 유행출입하는 곳이다關者 非皮肉筋脉骨也 神氣之遊行出入也"라고 했다. 관절은 뼈·인대·살·맥의 육안으로 보이는 물질로 볼 것이 아니라 작동하려면 에너지의 공급이 있어야 제대로 움직일 수 있음을 알아야 한다.

허리뿐만 아니라 목·어깨·허리·무릎 등 모든 관절통은 우선 기혈이 순환 잘 되게 해야 한다. 기혈은 음식을 먹으면 위胃에서 소화과정을 거쳐 만들어져 각 기관으로 공급된다. 소화가 안 되면 기혈의 생성이 원활하지 못하고 전달도 되지 않아 각 기관이 제 기능을 못한다. 따라서 관절통은 아픈 부위의 관절에서 해결할 수 있는 것이 아니라 기혈이 제대로 생성되고 기혈이 순환 잘 되게 해야 낫는다.

제일 먼저 사관四關에 침놓아 경맥을 통하게 한다. 그래도 체기가 풀리지 않으면 상완·중완·하완·천추 등 복부에 침놓아 체기를 치료한다. 전체적으로 기혈을 순환되게 하고 나서 허리를 치료한다. 허리 부위나 대퇴부, 오금 부위를 살펴서 혈락血絡이 있으면 사혈해 제거해야 하니 울혈이 있으면 제거한다菀陳則除之.

허리의 치료 핵심은 "요통은 오금에서 취한다腰痛取之膕"이다. 요추의 통증은 오금 부위에서 치료한다. 척추에 통증이 있을 때는 오금 중앙이 위중委中인데, 꼭 위중혈뿐만 아니라 오금 부위의 횡문을 사혈시키면 검은 피가 나온다. 사혈은 피의 색깔이 검은색에서 붉은색으로 변하면 멈춘다血變而止. 또 위중과 승근承筋에 침놓는다. 위중에 침놓을 때는 침감鍼感이 찌릿하면서 발끝까지 가야 효과가 좋다.

몸이 약하거나 과로로 인한 요통은 대개 요추가 아픈 것이 아니라 척추 양옆의 신수腎臉나 지실志室 부위를 누르면 압통이 심하다. 이때는 위중에 자침하고 신수나 지실 부위에 뜸뜨면 빨리 낫는다.

ᘒ

요즘 한의원을 찾는 경우가 잦아진 것은 어깨가 아픈 질환이다. 컴퓨터와 휴대폰의 장시간 사용으로 목과 어깨 근육이 뭉치는 VDT증후군이나 거북목·일자목 등 어깨의 통증을 호소하는 환자가 아주 많다.

관절은 피육근맥골이 움직이는 것이지만 움직임의 주체는 모두 에너지의 작용이다. 관절이 작동하기 위해서는 피육근맥골에 많은 에너지가 전해져야 한다. 어깨와 목의 근육이 뭉치고 뻣뻣해지는 것은 살과 근육의 변형으로 인한 것이 아니다. 기혈의 공급이 원활하지 못해 일어나는 현상일 뿐이다. "관절은 신기가 유행출입하는 곳이다關者 神氣之所遊行出入也"라고 했으니 전체적으로 기혈이 제대로 순환되는지 살펴야 한다.

항부頸項에 있는 두기지가頭氣之街가 막히면 어깨에서 오관과 뇌로 통하지 못해 근육이 뭉치고 통증이 가시지 않는다. 항부의 풍부風府·천주天柱·천용天容 등을 사혈하면 두기지가가 풀리면서 어깨가 시원해진다. 근류주입根溜注入에 자침한다. 족태양경의 지음至陰·경골京骨·곤륜崑崙·천주天柱·비양飛揚, 족소양경의 규음竅陰·구허丘墟·양보陽輔·천용天容·광명光明, 족양명경의 여태厲兌·충양衝陽·족삼리足三里·인영人迎·풍륭豊隆에 자침한다. 수태양경의 소택少澤·양곡陽谷·소해少海·천창天窓·지정支正, 수소양경의 관충關衝·양지陽池·지구支溝·천유天牖·외관外關, 수양명경의 상양商陽·합곡合谷·양계陽谿·부돌扶突·편력偏歷에 자침한다.

또 어깨에 혈락血絡이 있으면 사혈한다. 어깨의 경혈인 천종天宗·대거大巨·병풍秉風·견우肩髃 등에 자침한다. 과로로 인해 어깨가 빠질 듯이 아픈 경우에는 고황膏肓·신당神堂 등을 눌러 아픈 곳에 뜸뜨면 좋다.

목이 뻣뻣하고 안 돌아가는 것을 항강증項強症이라고 한다. 항강증은 좌병에 우측을 취하고 우병에 좌측을 취하는左病取右 右病取左 유자繆刺를 행한다. 목은 수태양과 수소양경이 순환하는 곳이므로 관충關衝·소충少衝에서 출혈시키고 십오대락혈인 지정支正·외관外關에 자침한다. 또 형혈과 수혈이 외경을 다스리니榮腧治外經 태양경의 전곡前谷·후계後谿와 소양경의 액문液門·중저中渚에 자침한다. 배부의 심수혈心腧穴을 눌러 통증이 있으면 자침한다.

27

주비周痺

黃帝問於岐伯曰: 周痺之在身也, 上下移徙隨脈, 其上下左右相應,
間不容空, 願聞此痛在血脈之中耶? 將在分肉之間乎? 何以致是?
其痛之移也, 間不及下鍼, 其㥦痛之時, 不及定治, 而痛已止矣, 何
道使然? 願聞其故.
岐伯答曰: 此衆痺也, 非周痺也.

황제가 기백에게 물었다. "주비周痺는 사기가 맥을 따라 상하로 이동하여 동통
이 상하 좌우로 상응되니 한군데도 빠짐없이 다 아프다. 이것은 사기가 혈맥血
脈에 있는 것인가, 아니면 분육分肉에 있는 것인가? 왜 이런 것이 생기는가? 통
처가 빠르게 이동하여 침자가 미처 따르지 못하고, 통증이 한곳에 모이면 치
료를 하기도 전에 통증이 저절로 멈추니 어째서인가? 그 까닭을 알고 싶다."

기백이 답했다. "이것은 모두 중비衆痺지 주비周痺가 아니다."

⊕ 이 편에서는 경맥과 낙맥이 다른 곳임을 말한다. 경맥은 장부의 십이경맥으
로 상하를 순행한다. 낙맥은 장부의 십이대락으로 음경에서 양경으로, 양경에
서 음경으로, 좌측에서 우측으로, 우측에서 좌측으로 간다.

비痺는 풍한습사風寒濕邪가 피부와 분육 사이에 뒤섞여 모여 있어 사기가 피
부에 있으면서 대락大絡으로 흘러넘쳐 중비衆痺가 되고, 사기가 분육에 있으면
서 경맥으로 궐역되어 주비周痺가 된다.

황제가 상하좌우로 움직이는 혈맥과 분육에 대해 개괄적으로 질문했다.
그렇지만 모두 음양혈기陰陽血氣라고 해도 피부와 기육肌肉의 천심淺深이
있고, 경맥과 낙맥이 다른 곳이므로 기백은 주비周痺와 중비衆痺로 나누어
설명했다.

휵통惷痛은 움직이면 아픈 것이다.

치료가 결정되지 않은 것不及定治은 사기가 좌측에 있으면 우측이 아프고, 우측이 성하면 좌측에 병이 나타나 좌우가 바뀌어서 침을 제대로 놓을 수 없는 것이다.

안| 〈영추·옥판玉板〉에서 "사람의 기는 곡식에서 생긴다. 곡식이 주입되는 곳은 위胃로 수곡혈기의 바다다. 바다에서 증발된 수증기는 구름이 되어 천하에 퍼진다. 위胃에서 나간 기혈은 경수經隧다. 경수는 오장육부의 대락이다人之所受氣者 穀也. 穀之所注者 胃也 胃者 水穀氣血之海也. 海之所行雲氣者 天下也. 胃之所出氣血者 經隧也. 經隧者 五臟六腑之大絡也"라고 했다. 위부胃腑에서 나온 혈기가 대락에서 피부로 퍼지는 것이 마치 바다에서 물이 증발하여 구름이 되어 온 천하로 퍼지는 것과 같다. 따라서 사기가 피부로 침범하여 대락으로 흘러넘치는 것을 중비衆痺라고 했으니 사기가 온몸에 광범하게 퍼진 것을 이른다.

黃帝曰: 願聞衆痺.
岐伯對曰: 此各在其處, 更發更止, 更居更起, 以右應左, 以左應右, 非能周也, 更發更休也.
黃帝曰: 善. 刺之奈何?
岐伯對曰: 刺此者, 痛雖已止, 必刺其處, 勿令復起.

황제가 물었다. "중비衆痺에 대해 알고 싶다."
기백이 답했다. "동통이 각처에 퍼져 발생하여 아팠다가 괜찮았다가 하며, 통처가 몰리기도 하고 흩어지기도 하며, 좌병이 우측에 나타나고 우병이 좌측에 나타나니 온몸이 다 아픈 것은 아니고 아팠다가 괜찮다가 하는 것이다."
황제가 물었다. "알겠다. 어떻게 자침하는가?"
기백이 답했다. "통증이 멈추어도 반드시 병소病所에 자침하여 다시 병이 일어나지 않게 해야 한다."

⊛ 동통이 각처에 퍼져서 발생하는 것各在其處은 사기가 대락으로 흘러넘친 것으로 경맥과 다른 곳이다.

통증이 일어났다 멈추었다 하는 것更發更止과 통처가 몰리기도 하고 흩어지기도 하는 것更居更起은 좌측 통증이 낫지 않았는데 우맥이 먼저 병든 것이다.

우병은 좌맥에 나타나고, 좌병은 우맥에 나타나는 것以右應左 以左應右은 좌측이 성하면 우병右病이고, 우측이 성하면 좌병左病이다.

통증이 일어났다 멈추었다 하는 것更發更休은 온몸이 다 아픈 것은 아니다. 병이 좌측에 있는데 우측에 병증이 나타나고, 우측이 병들었는데 좌측에 병증이 나타나므로 통처에 자침하고 병증이 없어졌어도 병든 부위에 자침해서 다시 병이 일어나지 않게 해야 한다.

帝曰: 善. 願聞周痺何如?

岐伯對曰: 周痺者, 在於血脈之中, 隨脈以上, 隨脈以下, 不能左右, 各當其所.

黃帝曰: 刺之奈何?

岐伯對曰: 痛從上下者, 先刺其下以過之, 後刺其上以脫之, 痛從下上者, 先刺其上以過之, 後刺其下以脫之.

황제가 물었다. "알겠다. 주비周痺는 어떠한가?"

기백이 답했다. "주비는 사기가 혈맥중에 있어서 맥을 따라 오르내리니 통처가 좌우로 갈 수 없다."

황제가 물었다. "자침은 어떻게 하는가?"

기백이 답했다. "통증이 위에서 아래로 내려가면 먼저 아래를 자침하여 사기가 지나가게 하고, 다시 위에 자침하여 사기를 빼낸다. 통증이 아래에서 위로 가면 먼저 위에 자침하여 사기가 지나가게 하고, 다시 아래에 자침하여 사기를 빼낸다."

● 수족 삼양의 맥은 하에서 상으로, 상에서 하로 서로 오간다. 그러므로 주비周痺는 혈맥에 있는 것이어서 맥기를 따라 올라가고 내려가니 좌에서 우로, 우에서 좌로 가지 못한다.

각당기소各當其所는 낙맥이 가는 곳이다.

과過는 사기가 분육과 피부를 통과하여 밖으로 지나가게 하는 것이다.

탈脫은 병본病本이 맥중에서 빠져나가게 하는 것이다.

심량신이 말했다. "경맥은 상하로 가고, 낙맥은 좌우로 가니 운기運氣의 사천재천 좌우간기司天在泉 左右間氣에 상응한다. 장부의 경맥과 낙맥은 모두 천지육기天之六氣에 합쳐진다. 다시 자침하여 사기를 빼는 것後刺以脫之은 병소에 자침하는 것必刺其處과 같은 뜻이다."

黃帝曰: 善. 此痛安生? 何因而有名?

岐伯對曰: 風寒濕氣, 客於外分肉之間, 迫切而爲沫, 沫得寒則聚, 聚則排分肉而分裂也, 分裂則痛, 痛則神歸之, 神歸之則熱, 熱則痛解, 痛解則厥, 厥則他痺發, 發則如是.

황제가 물었다. "알겠다. 통증은 어디서 생기는가? 무슨 이유로 주비周痺라고 하는가?"

기백이 답했다. "풍한습기風寒濕氣가 분육에 침범하여 엉겨 뭉쳐서 거품이 된다. 거품은 차가워지면 뭉쳐지고, 뭉치면 분육을 밀어내면서 갈라지니 갈라지면 아프다. 아프면 마음이 아픈 곳으로 쏠리고, 마음이 쏠리면 열이 난다. 열이 나면 아픈 것이 풀리고, 통증이 풀리면 궐역이 일어나 다른 부위에서 비증痺症이 발생한다. 이와 같이 주비가 발생한다."

⦿ 이것은 주비周痺의 원인이 사기가 분육分肉 사이에 침범하여 맥에서 궐역이 일어나는 것이라고 말한다. 분육은 기육肌肉의 주리腠理다.

말沫은 풍습風濕이 엉겨 뭉쳐서 연말涎沫이 된다. 말沫은 차가워지면 뭉쳐지고, 뭉치면 분육을 밀어내 주리가 갈라져 아프게 된다. 아프면 마음은 오로지 통처에 있게 되고, 정신도 그곳에 쏠린다. 정신이 쏠리면 열이 나고, 열이 나면 통증이 풀리며, 풀리면 맥중에서 궐역이 일어나 주비가 발생한다. 주비가 발생하면 이처럼 맥을 따라 오르내린다.

이것은 내부에서는 장臟에 있지 않은 것이고, 외부에서는 피부로 드러나지 않아 분육 사이에 있어서 진기眞氣가 다 퍼지지 못한 상태다. 그래서 주비라고 명명했다.

(帝曰: 善. 余已得其意矣.)* 此內不在臟, 而外未發於皮, 獨居分肉之間, 眞氣不能周, 故命曰周痺. 故刺痺者, 必先切循其下之六經, 視其虛實, 及大絡之血結而不通, 及虛而脈陷空者, 而調之, 熨而通之, 其瘛堅, 轉引而行之.

이것은 내부의 장장臟에 있는 것도 아니고, 외부의 피부에 있는 것도 아니고 분육 사이에 있을 뿐이니 진기眞氣가 두루 퍼지지 못하여 주비周痺라고 한다. 그러므로 주비에 자침할 때는 반드시 먼저 족육경足六經을 문질러 어느 경의 병인지 알아내고, 병의 허실을 살핀다. 또 대락의 혈이 뭉쳐서 통하지 못하거나 허하여 맥이 함하된 경우가 있는지를 살핀 후에 허실을 조절한다. 찜질을 하여 기혈을 통하게 하며, 근맥筋脈이 수축하여 뒤틀리고 단단해지면 도인안마導引按摩로 풀어주고 혈기를 돌게 한다.

⊕ 사기가 형체에 침범하면 반드시 피모에 먼저 머물고, 제거되지 않고 유체되면 주리가 열리고 깊이 분육까지 들어간다. 분육에서 제거하지 않고 유체되면 낙맥에 들어가 머문다. 낙맥에서 제거하지 않고 유체되면 경맥으로 들어가 머물게 되고 오장으로 연결된다.

이것은 사기가 분육에 있으면서 맥중으로 궐역된 것이므로 내부에서 장장臟에 있는 것도 아니고, 외부에서 피부로 나간 것도 아니며, 분육 사이에 있으면서 진기眞氣가 두루 돌지 못하므로 주비周痺라고 한다. 진기는 오장 원진지기元眞之氣다. 삼초의 기가 기육과 주리를 통회通會하니 천天에서 받은 것과 곡기가 병합하여 몸에 채워진다.

사말邪沫이 주리에서 엉겨 뭉치면 진기가 몸을 다 채울 수 없다. 그러므로 두루 미친다고 했지만 비痺로 인해 두루 미치지 못함을 이른다. 하지육경下之六經은 장부 십이경맥이 족足에 근본을 두고 육기六氣와 합하는 것이다.

사기가 분육에 있으면 분육은 실해지고 경맥은 허해진다. 맥중으로 궐역이 일어나면 경맥이 실해지고 분육이 허해진다. 따라서 허실을 잘 살펴서 치료한

---

* '帝曰: 善. 余已得其意矣'는 아래의 글귀가 다시 잘못 기록된 것이므로 이 아홉 글자는 없어야 한다―〈유경〉.

다. 이것이 주비를 치료하는 자법이다.

대락의 혈이 막혀서 불통하다는 것大絡之血結而不通은 사기가 대락에 있는 것이다.

허하여 맥이 함하되는 것及虛而脈陷空者은 낙맥의 기가 허하고 내부에서 함하된 것이다.

찜질하여 통하게 하는 것熨而通之은 함하된 기를 외부로 통하게 끌어올리는 것이다.

계견瘈堅은 근맥筋脈이 뭉쳐 뒤틀리면서 굳어지는 것이므로 도인안마로 잘 소통되게 한다.

이것이 중비를 치료하는 방법이다.

장개지가 말했다. "사기가 분육에 있는 것이니 내부에 있으면 맥으로 들어가고, 외부에 있으면 피부로 나오므로 아직 피부로 나오지 않았다는 것이다. 경맥과 분육의 사기는 응당 피모로 나가야 한다."

🈲 '大絡' 두 글자가 다시 여기에 나타난다.

> **黃帝曰: 善. 余已得其意矣, 亦得其事也. 九者, 經巽之理, 十二經脈陰陽之病也.**
>
> 황제가 말했다. "알았다. 이제 주비에 대해 이해할 수 있고 어떻게 치료해야 하는지 알겠다. 구침론九鍼論은 언제나 논리 정연한 이치를 갖추고 있어 십이경맥 음양의 병변을 해결할 수 있다."

⊕ 사사事는 일정치 않은 일을 어떻게 할 것인지 추측하는 것이다. 사기가 피모에 있어 머물러 있으면 빠져나가지도 않고 경으로 들어가지도 못하여 대락으로 흘러넘쳐 기항지병奇恒之病이 생긴다. 그래서 황제가 "나는 이미 그 의미를 알겠다余已得其意矣"고 했으니 사기가 분육과 경맥에 있다는 의미를 아는 것이다.

어떻게 처리할지 안다亦得其事也는 역시 사기가 대락에 있다는 것을 안다.

구침론九鍼論은 언제나 논리 정연한 이치를 갖추고 있기 때문에 십이경맥과 음양병陰陽病을 밝힐 수 있다.

486

심량신이 말했다. "황제의 말은 구침의 이론은 논리 정연한 이치로 음양혈기의 종시출입終始出入이 천지지도天地大道에 상응함을 밝힌 것이다. 학자는 침에서 이치를 구해야지 지극한 이치를 오히려 침 때문에 어둡게 해서는 안 된다. 성인이 말한 의미를 잘 알아야 한다."

四卷 ❷

구문口問

黃帝閑居, 辟左右而問於岐伯曰: 余已聞九鍼之經, 論陰陽逆順, 六經已畢, 願得口問.

岐伯避席再拜曰: 善乎哉問也, 此先師之所口傳也.

黃帝曰: 願聞口傳.

岐伯答曰: 夫百病之始生也, 皆生於風雨寒暑, 陰陽喜怒, 飮食居處, 大驚卒恐, 則血氣分離, 陰陽破散, 經絡厥絶, 脈道不通, 陰陽相逆, 衛氣稽留, 經脈虛空, 血氣不次, 乃失其常. 論不在經者, 請道其方.

황제가 한가롭게 있다가 좌우를 물리치고 기백에게 물었다. "내가 이미『구침경九鍼經』을 들어 음양陰陽·역순逆順·육경六經을 다 알았으니 구문口問에 대해 알고 싶다."

기백이 자리에서 일어나 재배했다. "좋은 질문이다. 이는 선사들이 입으로 전한 것이다."

황제가 물었다. "구전口傳된 것을 듣고 싶다."

기백이 답했다. "모든 병의 시작은 모두 풍우한서, 음양, 희로, 음식, 거처, 놀라고 무서운 것大驚卒恐에서 생겨 기혈이 분리되고, 음양이 파산하며, 경락이 끊기고, 맥도가 막혀서 음양경이 상역하고, 위기가 계류되며, 경맥이 비게 되고, 혈기가 돌지 못하여 정상적으로 작동하지 못한다. 경에 있지 않은 것을 물으니 그것에 대해 말하겠다."

◉『구침경九鍼經』은 상고시대의『침경鍼經』을 말한다. 황제는 경전 외에 구전口傳으로 심수心受하는 것을 원한다. 음양육경陰陽六經 외에 별도로 주행하는 길이 있고, 내인 외인 외에도 기사奇邪로 병이 되는 경우가 있어서 이렇게 물

은 것이다. 좌우를 물리치는 것屛左右은 상제가 소중하게 여기는 바이니 합당한 사람이 아니면 전하지 않는다는 것非其人勿傳이다.

기백이 모든 병은 외인과 내인 두 가지를 벗어나지 않아 외인은 풍우한서로 인한 것이고, 내인은 희로喜怒·경공驚恐·음식·거처로 인하여 모두 영위혈기營衛血氣와 음양경맥陰陽經脈이 상한 것인데 경經에 병이 있는 것이 아니라면 어디에 있는지 묻는 것이다.

黃帝曰: 人之欠者, 何氣使然?

岐伯答曰: 衛氣晝日行於陽, 夜半則行於陰. 陰者主夜, 夜者臥. 陽者主上, 陰者主下. 故陰氣積於下, 陽氣未盡, 陽引而上, 陰引而下, 陰陽相引, 故數欠, 陽氣盡陰氣盛則目瞑, 陰氣盡而陽氣盛則寤矣. 瀉足少陰, 補足太陽.

황제가 물었다. "하품欠은 왜 일어나는가?"

기백이 답했다. "위기衛氣가 낮에는 양분陽分을 흐르고 밤에는 음분陰分을 흐른다. 음은 밤을 주관하니 밤이 되면 잠을 잔다. 양은 상上을 주관하고 음은 하下를 주관한다. 그러므로 음기가 쌓여 잘 때가 되었는데 아직 양기가 남아 있어 양은 위로 땅기고 음은 아래로 땅겨 음양이 서로 땅기므로 자주 하품이 나온다. 양기가 음분으로 들어가고 밤이 깊어지면 눈이 감기고, 밤이 다하고 아침에 되어 양기가 돌면 깨어난다. 족소음을 사하고 족태양을 보한다."

❂ 이것은 음양지기陰陽之氣의 상하출입上下出入을 말한 것이다. 양陽은 천기天氣로 외부와 상부를 주관하고主外主上, 음기는 지기地氣로 내부와 하부를 주관한다主內主下. 하지만 승강출입하는 기전도 있으니 사람도 이에 상응한다.

사람의 위기는 낮에는 양분으로 흐르고, 밤에는 음분으로 흐른다. 음분으로 흐르면 양기는 안쪽으로 몰리고 음기는 바깥쪽으로 몰린다. 양기陽氣가 아래에 있고 음기陰氣가 위에 있는 야반에는 일양一陽이 처음 생기고, 천명天明에는 위기衛氣가 양분을 행하고 깨어난다. 하지만 아래에 있는 양기陽氣가 미처 위로 다 못 올라가면 양은 위로 끌어 올리려고 하고 음은 아래로 끌어내리려 하여 음양이 서로 잡아당기므로 자주 하품을 한다. 이것이 음양의 상하 움직임이다.

저녁日暮에는 외부의 양기가 거의 소진되고 음기는 점차 성해져서 눈이 감기면서 눕게 된다. 새벽平旦에는 외부의 음기가 거의 소멸되고 양기가 점차 성해져 깨어나게 된다. 이것은 음양의 내외의 움직임이다. 족태양을 보하여 양기를 끌어올리는 것을 도와주고, 족소음을 사하여 음기를 끌어내려야 한다. 소음과 태양은 표본상합標本相合으로 음양의 주재主宰가 된다.

批 흠欠은 크게 숨을 쉬는 것이다.

批 위기衛氣는 소음으로 들어가고, 태양으로 나온다.

> 黃帝曰: 人之噦者, 何氣使然?
> 岐伯曰: 穀入於胃, 胃氣上注於肺. 今有故寒氣與新穀氣, 俱還入於胃, 新故相亂, 眞邪相攻, 氣幷相逆, 復出於胃, 故爲噦. 補手太陰, 瀉足少陰.
>
> 황제가 물었다. "딸꾹질噦은 왜 일어나는가?"
> 기백이 답했다. "곡식이 위胃에 들어가면 위기胃氣는 올라가서 폐에 주입된다. 예전에 있던 한기寒氣가 새로운 곡기와 함께 다시 위로 들어가서 신구新舊가 서로 섞이면서 진기와 사기가 싸워서 기가 병합되어 역행하면서 다시 위에서 나와 딸꾹질을 하게 된다. 수태음을 보하고 족소음을 사한다."

◉ 이것은 사람이 먹은 곡기가 위기胃氣로 말미암아 몸 전체로 퍼짐을 말한다. 위胃는 수곡지해水穀之海고, 폐는 천天에 속하고 피모를 주관한다. 곡식이 위로 들어가 폐로 전해지고 모든 맥이 다 폐로 몰려肺朝百脈 피모에 정기精氣를 보내 피모와 경맥의 기가 정기와 합쳐져 혈맥으로 가서 오장육부가 모두 기를 받는다. 이것이 위에 들어간 수곡이 폐기肺氣의 힘을 빌려 피모로 전수轉輸되고 장부로 흐른다. 폐에 한기寒氣가 있어 전신으로 전수하지 못하면 한기와 새로 들어온 곡기가 모두 위로 들어가 신구新舊가 상란하고 진기와 사기가 서로 싸워 위기와 한기가 병합되어 위로 궐역하지만 위부胃腑에서는 받지 않아 다시 위에서 나오므로 액역呃逆이 된다.

신腎은 지음至陰이다. 지음에는 수분이 많다. 폐는 태음이다. 소음은 동맥冬

脈이다. 그러므로 본은 신신腎이고 말은 폐로 모두 수분이 축적되어 있다. 이는 아래에 있는 한수寒水가 올라가서 천天으로 상통한다. 그러므로 수태음을 보하여 천天의 양기陽氣를 도와야 하고, 족소음을 사하여 폐의 한사寒邪를 빼내야 한다. 폐의 한사는 바로 신수腎水의 한기寒氣다. 이 편에서는 인신人身이 천지음양에 상응하여 기사奇邪가 공규空竅로 가는 것을 말하는 것이지 외인의 형한形寒이나 음식의 한기寒氣가 아니다.

요사인姚士因이 말했다. "『금궤옥함金匱玉函』에서 '얼역噦逆은 귤피죽여탕橘皮竹茹湯을 쓴다噦逆者 橘皮竹茹湯主之'라고 했다. 귤피橘皮는 색이 노랗고 향이 짙으며, 미味는 달고 매우니甘而辛 곧 중토지품中土之品이다. 신미辛味는 폐로 가고, 피皮는 피부로 가니 이것은 위기胃氣를 도와 폐로 가서 피모로 나간다. 죽竹은 성性이 차고, 겨울에도 시들지 않고 견뎌내어 냉동한수冬令寒水의 기를 얻었고, 여茹를 사용하는 것은 수기水氣가 부표膚表에 운행하는 것을 돕는다. 인삼人蔘·감초甘草·생강生薑·대추大棗와 배합하여 중토지기中土之氣를 돕는다. 성인의 입방지법立方之法은 모두 경의經義로써 터득하는 것이니 학자는 잘 받아들여 널리 펼치면 천하의 모든 일을 다 이룰 수 있다."

> 黃帝曰: 人之唏者, 何氣使然?
> 岐伯曰: 此陰氣盛而陽氣虚, 陰氣疾而陽氣徐, 陰氣盛而陽氣絶,
> 故爲唏. 補足太陽, 瀉足少陰.
>
> 황제가 물었다. "흐느끼는 것唏은 어째서인가?"
>
> 기백이 답했다. "이것은 음기가 성하고 양기가 허하며, 음기는 빨리 움직이고 양기는 서서히 움직이고, 음기는 왕성한데 양기가 못 따르므로 흐느낀다. 족태양을 보하고 족소음을 사한다."

◉ 이것은 음양이 서로 조화하지 못함을 말한다. 태양과 소음은 곧 수화음양水火陰陽의 본본으로 자웅상합하고 표본이 서로 교제된다. 만약 음기가 성하고 양기가 허하면 음기는 빨리 움직이려 하고 양기는 서서히 움직인다. 음기가 빨리 움직이고 양기가 서서히 움직이면 음기는 양기와 함께 가지 못하고 음과

양이 끊어진다. 그러므로 족태양의 양陽을 보하고, 족소음의 음陰을 사하여 음양의 균형을 맞추어야 한다.

희晞는 흐느껴 훌쩍거리는 것이다.

양기가 성하면 웃음이 많고, 음기가 성하면 슬픔이 많다.

黃帝曰: 人之振寒者, 何氣使然?
岐伯曰: 寒氣客於皮膚, 陰氣盛, 陽氣虛, 故爲振寒寒慄, 補諸陽.

황제가 물었다. "진한振寒은 왜 일어나는가?"

기백이 답했다. "한기寒氣가 피부에 침범하면 음기가 성해지고 양기가 허해지므로 진저리치면서 추워하니 제양諸陽을 보한다."

⊕ 이것은 양기가 밖에 있음을 말한다. 제양지기諸陽之氣는 기표肌表를 주관하므로 한기寒氣가 피부에 침범하면 양기陽氣의 힘으로 열로 변한다. 만약 음기가 성하고 양기가 허하면 진한전율振寒戰慄이 오니 제양을 보해야 한다. 제양諸陽은 삼양三陽이다.

오무선吳懋先이 말했다. "한기는 태양한수太陽寒水의 기다. 그러므로 제양을 보해야 한다."

黃帝曰: 人之噫者, 何氣使然?
岐伯曰: 寒氣客於胃, 厥逆從下上散, 復出於胃, 故爲噫. 補足太陰陽明, 一曰補眉本*也.

황제가 물었다. "트림噫은 왜 나오는가?"

기백이 답했다. "한기寒氣가 위胃에 침범하면 궐역되어 아래에서 올라가서 소산되어 다시 위로 나가므로 트림이 된다. 족태음과 양명을 보한다. 미본眉本을 보하기도 한다."

⊕ 이것은 토土가 중앙中央에 위치하면서 상하上下로 기가 배출됨을 말한다. 한

---

* 미본眉本은 족태양의 찬죽攢竹이다—장경악.

494

기寒氣가 위胃에 침범하면 궐역지기는 올라가 심心으로 가서 트림이 나오고, 방귀가 나가면 시원해진다. 이것은 궐기가 위에서 나와서 비기脾氣를 따라 상하로 흩어지는 것이다. 따라서 족태음과 양명을 보하여 분산을 도와야 한다.

미본眉本은 족태양경인데 위에 침범한 한기가 바로 태양한수太陽寒水의 기다. "상上에서 태양의 양陽을 보하면 위중胃中에 침범한 한기가 소산될 수 있다"고 말하기도 한다.

요사인이 말했다. "신腎은 수장水臟으로 태양太陽의 상부는 한수寒水가 주관한다太陽之上 寒氣主之. 얼噦은 한기가 폐에 있고, 희噫는 한기가 위중에 있다. 하나는 소음의 한寒을 사하고, 하나는 태양의 양陽을 보하여 보사가 구별되지만 그 의미는 같다."

> 黃帝曰: 人之嚔者, 何氣使然?
> 岐伯曰: 陽氣和利, 滿於心, 出於鼻, 故爲嚔. 補足太陽滎眉本, 一曰眉上也.
>
> 황제가 물었다. "재채기嚔는 왜 나오는가?"
> 기백이 답했다. "양기가 잘 돌아 심心에 가득 차면 코로 나가서 재채기가 된다. 족태양의 통곡通谷과 미본眉本을 보한다. 또는 미상眉上을 보한다고도 한다."

◉ 이것은 태양지기太陽之氣와 심기心氣가 서로 섞이는 것이다. 태양의 상부는 한수가 주관하고太陽之上 寒水主之, 소음의 상부는 군화가 주관하니少陰之上 君火主之 음양이 서로 교통하고 표본이 상합한다. 따라서 심心은 양중지태양陽中之太陽이니 태양과 심心이 상합한다. 양기陽氣가 잘 돌면 올라가 심心에 가득 차서 비鼻로 나가서 재채기가 된다. 비鼻는 폐의 공규이고, 폐는 심을 덮고 있다. 태양의 기는 방광에서 생기고, 방광은 진액지부津液之腑다. 양기가 잘 돌면 심心에 가득 차게 되어 양기가 성한 것이다. 그러므로 족태양의 형혈滎穴과 미본眉本을 취하여 진액을 상부로 보내주면 음양이 화평해진다. 태양의 기는 부표를 주관하니 "미상眉上을 보하여 태양지기를 취해 기가 외부로 행하게 하면 심에 차지 않는다"라고 하기도 한다.

黃帝曰: 人之軃者, 何氣使然?

岐伯曰: 胃不實則諸脈虛, 諸脈虛則筋脈懈惰, 筋脈懈惰則行陰用力, 氣不能復, 故爲軃. 因其所在, 補分肉間.

황제가 물었다. "사람이 늘어지는 것軃은 왜 그런가?"

기백이 답했다. "위胃가 부실하면 제맥諸脈이 허해지고, 제맥이 허해지면 근맥筋脈이 늘어진다. 근맥이 늘어졌는데 방사로 힘을 쓰면 기는 회복하지 못하므로 늘어진다. 방사로 음기陰器를 사용하여 생긴 병이므로 분육分肉을 보한다."

⊕ 이것은 근맥筋脈이 모두 위부胃腑에서 근본을 두고 생김을 말한다.

타軃는 머리를 비스듬히 내려뜨리고 늘어지는 상태다. 근맥筋脈은 모두 수곡의 자양에 근본을 두므로 위胃가 부실하면 제맥諸脈이 허해지고, 제맥이 허해지면 근맥이 늘어진다. 경맥은 근골을 적시고 관절을 잘 움직이게 한다.

양명은 종근宗筋을 주로 적시는데 양명이 허하면 종근이 이완되므로 근맥이 늘어진다. 그러므로 근맥이 늘어졌는데 양명의 기가 종근으로 가서 음기에 힘을 가한다. 힘을 썼는데 양명의 기는 근맥을 다시 영양을 하지 못하여 늘어진다. 방사로 음기를 사용해 생긴 병이므로 분육分肉을 보하여 양명의 기가 밖으로 나가게 취한다.

批 음위陰痿인데 억지로 강하게 하니 용력用力이라고 한다.

黃帝曰: 人之哀而泣涕出者, 何氣使然?

岐伯曰: 心者, 五臟六腑之主也, 目者, 宗脈之所聚也, 上液之道也, 口鼻者, 氣之門戶也. 故悲哀愁憂則心動, 心動則五臟六腑皆搖, 搖則宗脈感, 宗脈感則液道開, 液道開故泣涕出焉. 液者, 所以灌精*濡空竅者也. 故上液之道開則泣, 泣不止則液竭, 液竭則精不灌, 精不灌則目無所見矣, 故命曰奪精. 補天柱經俠頸.

---

* 정정精은 진액을 지칭한다―〈통해〉.

황제가 물었다. "슬프면 눈물이 나는 것哀而泣涕出은 어째서인가?"

기백이 답했다. "심心은 오장육부의 주재主宰이고, 목目은 많은 혈맥宗脈이 모이는 곳이며, 눈물이 밖으로 나가는 통로다. 구비口鼻는 기가 통하는 문이다. 그러므로 슬프고 우울하면 심心이 동요된다. 심이 동요되면 오장육부가 모두 동요된다. 오장육부가 동요되면 종맥이 감응한다. 종맥이 감응하면 액도液道가 열린다. 액도가 열리면 눈물이 나온다. 액液은 진액을 관주灌注하여 공규를 적신다. 그러므로 상액지도上液之道가 열리면 눈물이 나오고, 눈물이 그치지 않으면 액이 고갈된다. 액이 고갈되면 진액을 눈에 관주하지 못한다. 진액을 눈에 관주하지 못하면 시력을 잃게 된다. 그래서 탈정奪精이라고 한다. 목에 있는 천주天柱를 보한다."

⊕ 오장의 진액은 내부에서 백맥百脈을 적시고, 방광의 진액은 외부에서 공규를 적신다. 수곡이 위胃에 들어가면 진액은 각각 제 길로 간다. 산미酸味는 간肝으로 먼저 가고, 고미苦味는 심心으로 먼저 가며, 감미甘味는 비脾로 먼저 가고, 신미辛味는 폐肺로 먼저 가며, 함미鹹味는 신腎으로 먼저 간다.

오장은 수곡의 진津을 저장한다. 방광은 주도지관州都之官으로 진액이 저장된다. 다시 위중胃中에 들어가서 장부를 자양하니 장부와 방광의 진津이 서로 돕는다. 그러므로 눈물이 그치지 않으면 액液이 고갈되고, 액이 고갈되면 진액이 공규를 적시지 못한다.

액은 진액을 관주하여 공규를 적신다. 종맥宗脈은 얼굴에 분비되는 체액의 통로다. 액도液道가 열리고 눈물이 그치지 않으면 액이 고갈되고, 공규를 적시는 진액이 눈을 관주하지 못하여 눈으로 볼 수 없다. 그래서 탈정奪精이라고 하니 밖으로 공규를 적시는 진액이 다 빠진 것이다.

목에 있는 방광경의 천주天柱를 보하여 진액을 자익資益하여 상부로 관주되게 해야 한다. 액은 기를 따라서 움직인다. 구비이목口鼻耳目은 모두 공규다. 그래서 구비口鼻는 기氣의 문호門戶라고 한다. 진액이 기를 따라서 공규를 적시므로 진액이 관주하지 못하면 시력이 상실된다.

批 종맥宗脈은 모든 맥이 한 줄기다.

黃帝曰: 人之太息者, 何氣使然?

岐伯曰: 憂思則心系急, 心系急則氣道約, 約則不利, 故太息以伸出之, 補手少陰心主, 足少陽留之也.

황제가 물었다. "한숨太息은 왜 나오는가?"

기백이 답했다. "걱정스런 생각이 많아지면 심계心系가 조급해지고, 심계가 급해지면 기도氣道가 조인다. 기도가 조여지면 기가 원활하게 통하지 못하여 한숨을 쉬어 배출시킨다. 수소음심주手少陰心主를 보하고 족소양足少陽에 유침하여 기가 오길 기다린다."

⊕ 이것은 상초의 종기宗氣가 하초의 생기生氣와 상통하여 호흡을 행함을 말한다. 종기가 흉중에 쌓여 후롱으로 나가 심맥心脈을 관통하여 호흡을 행한다.

슬픈 생각이 들면 심계心系가 급해지고 심계가 급해지면 기도가 조여지며 기도가 조여지면 잘 통하지 않아 큰 숨으로 내보내려 한다. 수소음심주手少陰心主를 보하고, 족소양에 유침하여 기가 오는 것을 기다린다.

신腎은 생기지원生氣之原이고 소양은 신腎에 속하니 신중腎中에서 생긴 초양初陽이 올라가서 심주포락心主包絡과 통하므로 수소음심주를 보하여 상초의 기를 통하게 하고, 족소양을 유침시켜 보하여 하초의 생기가 올라가 교제되길 기다린다.

왕방후王芳候가 말했다. "본경에서 '수소음심주는 심포락경心包絡經이니 재상으로 임금의 명령을 대행한다'라고 했다. 족소양은 수소양을 겸해서 말하는 것이니 육부는 모두 족지삼양足之三陽에서 나와 올라가서 수手와 합쳐진다."

黃帝曰: 人之涎下者, 何氣使然?

岐伯曰: 飲食者, 皆入於胃, 胃中有熱則蟲動, 蟲動則胃緩, 胃緩則廉泉開, 故涎下, 補足少陰.

황제가 물었다. "침을 흘리는 것涎下은 왜 그런가?"

기백이 답했다. "음식은 모두 위胃로 들어가지만 위중胃中에 열이 생기면 충蟲이 동한다. 충이 동하면 위가 늘어지고 위가 늘어지면 염천廉泉이 열리고 침이 흐른다. 족소음을 보한다."

● 족소음의 기는 올라가 양명과 상합하여 수곡 소화를 주관한다. 충蟲은 음류陰類다. 음류가 동하면 신기腎氣가 양명에서 만나지 못하고 위胃가 수축되지 않는다. 기가 서로 교제하지 못하여 수사水邪는 반대로 임맥에서 올라가 염천廉泉으로 나온다. 그래서 침을 흘린다. 족소음을 보하여 하초의 생기가 상승하도록 도우면 수사水邪는 저절로 내려간다.

요사인이 말했다. "소음과 양명은 무계상합戊癸相合한 뒤에 수곡의 정미를 소화시킬 수 있다. 그러므로 '음식은 모두 위로 들어간다飮食者皆入於胃'라고 한 것은 소음과 양명이 상합하지 못하면 위가 늘어지고, 위가 늘어지면 음식을 소화시키지 못한다는 것을 이른다. 소음과 양명이 상합하지 못하면 열이 나고, 열이 나면 충이 동한다. 앞 구절에서는 소음지기少陰之氣가 올라가 종기와 상합하여 호흡을 행하는 것을 말했다. 여기서는 양명과 상합하여 음식의 정미를 소화시키는 것을 말한다. 다음 구절에서는 종기와 상합하여 백맥百脈으로 통회하는 것을 말한다. 영위혈기는 후천 수곡의 힘으로 생기는 것이지만 반드시 하초 선천지기의 힘을 얻어 합해야 소화시킬 수 있다."

> 黃帝曰: 人之耳中鳴者, 何氣使然?
> 岐伯曰: 耳者, 宗脈之所聚也, 故胃中空則宗脈虛, 虛則下溜, 脈有所竭者, 故耳鳴, 補客主人, 手大指爪甲上與肉交者也.
> 황제가 물었다. "이명耳鳴은 왜 일어나는가?"
> 기백이 답했다. "귀는 종맥宗脈이 모인 곳이다. 그러므로 위중胃中이 비면 종맥이 허해지고, 종맥이 허해지면 맥기脈氣가 아래로 흘러서 맥기가 고갈되므로 이명耳鳴이 된다. 객주인客主人과 소상少商을 보해야 한다."

● 이것은 경맥의 혈기가 위胃에서 자생資生하고, 신腎에서 자시資始함을 말한다.
폐조백맥肺朝百脈하니 종맥宗脈은 모든 맥이 한 근원으로 폐가 주관한다. 귀는 종맥이 모인 곳이다. 백맥百脈의 혈기는 수곡에서 만들어진다. 그러므로 위중胃中이 비면 종맥도 허해지고, 종맥이 허해지면 맥기가 아래로 흐른다. 맥중脈中의 혈기가 고갈되므로 이명耳鳴이 된다. 객주인客主人과 수태음의 소상혈少

商穴을 보해야 한다. 객주인은 족소양맥인데 보해서 아래로 흐르는 맥기를 끌어올려 위로 흐르게 해야 한다.

왕방후가 말했다. "객주인은 경맥이 객客이고, 맥중의 주인은 신腎임을 말한다. 아래로 흐르는 것下溜은 신중腎中에서 함하陷下된 것이다. 따라서 상부에 있는 맥을 취하여 끌어올린다."

黄帝曰: 人之自齧舌者, 何氣使然?

岐伯曰:此厥逆走上, 脈氣輩至也. 少陰氣至則齧舌, 少陽氣至則齧頰, 陽明氣至則齧脣矣. 視主病者, 則補之.

황제가 물었다. "혀를 깨무는 것自齧舌은 왜 그런가?"

기백이 답했다. "신기腎氣가 궐역하여 올라가면 맥기가 몰려온다. 소음기少陰氣가 오면 혀를 깨물고, 소양기少陽氣가 오면 볼을 깨물며, 양명기陽明氣가 오면 입술을 깨문다. 병이 된 곳을 살펴서 보한다.

⊕ 이것은 맥기가 중초 후천의 수곡에서 생기고, 하초 선천의 음양에 바탕을 두어 중초와 하초의 기가 서로 합쳐져 행한다는 것으로 총결한다.

치아齒牙는 신腎에서 생긴다. 소음맥이 설본舌本을 끼고 돌며, 소양맥은 협頰을 순환하고, 양명맥은 입을 끼고 입술을 빙 돌고 내려간다. 신장腎臟의 생기가 궐역하여 위로 가면 중초에서 만들어진 맥기와 함께 몰려오면 혀는 치아 안에 있는데 반대로 밖으로 향하고, 입술은 치아 밖에 있으면서 반대로 안쪽으로 향하며, 협頰은 치아 옆에 있는데 반대로 가운데로 향하게 된다. 이곳은 설설齧舌과 설순齧脣을 예로 들면서 양명에서 만들어지는 혈맥이 선천의 생기에 근본을 두면서 상합하여 함께 간다는 것을 밝혔다.

批 소음지기少陰之氣는 신장腎臟에서 생겨 올라가 포락包絡과 합하여 맥을 주관한다.

凡此十二邪者, 皆奇邪之走空竅者也. 故邪之所在, 皆爲不足. 故上氣不足, 腦爲之不滿, 耳爲之苦鳴, 頭爲之苦傾, 目爲之眩. 中氣不足, 溲便爲之變, 腸爲之苦鳴. 下氣不足, 則乃爲痿厥心悗. 補足

外踝下留之.

무릇 이 십이사邪는 모두 기사奇邪가 공규로 가서 생긴 것이다. 팔다리가 생기는 것은 모두 정기가 부족하기 때문이다. 그러므로 상기上氣가 부족하면 뇌가 빈 듯하고, 귀에서 이명이 생기며, 머리가 기울어지고, 눈이 어지러워진다. 중기中氣가 부족하면 대소변에 변화가 일어나고 장腸에서 소리가 난다. 하기下氣가 부족하면 위궐痿厥과 심만心悗이 일어난다. 족외과足外踝의 곤륜崑崙에 유침하여 보해야 한다."

◉ 이것은 십이사가 모두 방광에 저장된 진액을 관주하여 공규를 적시지 못하기 때문에 일어나는 것이라고 총결한다.

기사奇邪는 외부의 풍우한서 때문도 아니고, 내부의 음양 희로 음식 거처 때문도 아니다. 모두 진액부족津液不足으로 인하여 공규가 비기 때문에 일어난다. 그러므로 사기가 생기는 것은 정기가 모두 부족해졌기 때문이다. 정기부족으로 인하여 기사의 병증이 발생한다. 따라서 상기上氣가 부족하면 뇌가 빈 듯하고, 귀에서 이명이 들리며, 머리가 기울어지고, 눈이 어지러워진다. 중기中氣가 부족하면 대소변에 변화가 있고 장腸에서 소리가 난다. 하기下氣가 부족하면 위궐증痿厥症과 심만증心悗症이 나타난다. 아래에서 부족하면 위궐痿厥이 되고, 올라가서 심心으로 상교相交하지 못하면 심만증心悗症이 된다.

족외과 아래를 보하고 유침하는 것補足外踝下留之은 족태양의 곤륜崑崙을 취하여 태양의 기가 오는 것을 기다리는 것이다. 태양은 삼양三陽이다. 삼양은 천天의 역할을 한다. 방광의 진액은 기를 따라 움직여 공규를 적시므로 곤륜崑崙을 취한다. 곤륜은 진액의 발원처로 올라가 천天으로 통한다.

黃帝曰: 治之奈何?
岐伯曰: 腎主爲欠, 取足少陰. 肺主爲嚏, 取手太陰足少陰. 唏者, 陰與陽絶, 故補足太陽, 瀉足少陰. 振寒者, 補諸陽. 噫者, 補足太陰陽明. 嚏者, 補足太陽眉本. 嚲, 因其所在, 補分肉間. 泣出, 補天柱經挾頸, 挾頸者, 頭中分也. 太息, 補手少陰心主, 足少陽留

之. 涎下補足少陰. 耳鳴補客主人, 手大指爪甲上與肉交者. 自齧
舌, 視主病者則補之.

황제가 물었다. "치료는 어떻게 하는가?"

기백이 답했다. "신腎에서 일어나는 하품欠은 족소음을 취한다.

폐肺에서 일어나는 딸꾹질噦은 수태음과 족소음을 취한다.

흐느끼는 것唏은 음과 양이 끊어져 일어나므로 족태양을 보하고 족소음을
사한다.

진한振寒은 제양諸陽을 보한다.

트림噫은 족태음과 양명을 보한다.

재채기嚔는 족태양 찬죽攢竹을 보한다.

늘어지는 것嚲은 병이 있는 분육分肉을 보한다.

눈물泣이 흐르는 것은 목에 있는 천주天柱를 보한다.

한숨太息은 수소음을 보하고 족소양에 유침하여 기가 오길 기다린다.

침을 흘리는 것涎下은 족소음을 보한다.

이명耳鳴은 객주인客主人과 소상少商을 보한다.

자신이 혀를 깨무는 것自齧舌은 병이 된 주된 경맥을 살펴 보한다."

⊕ 앞 구절은 방광의 진액이 공규를 적실 수 없어 상중하기上中下氣가 모두 부
족하게 된 것임을 함께 말했다. 여기서는 다시 십이사邪로 나누어 각기 보사·
음양의 방법이 있음을 말하고 있다.

방광은 진액지부津液之腑로 장부의 진액을 받아 저장하다가 다시 위중胃中으
로 들어가 장부를 튼튼하게 하니 호상 교통하는 것이다. 그러므로 각기 사기
가 있는 곳에 따라 보사한다.

目眩頭傾, 補足外踝下留之. 痿厥心悗, 刺足大指間上二寸留之,
一曰足外踝下留之.

어지럽고 머리가 기울어지면 족외과의 곤륜崑崙에 자침하여 유침시킨다. 위궐
痿厥과 심만心悗은 족태음의 태백太白에 자침하고 유침시킨다.

● 엄지발가락 위쪽 2촌足大指間上二寸은 족태음의 태백혈太白穴로 비장脾臟의 토수혈土腧穴이다. 이 편에서는 태양의 진액이 기를 따라 부표로 운행하고, 다시 중토中土에서 올라가 심에서 교제한다고 말한 것은 사천재천司天在泉의 기가 지지외地之外를 운행하고 다시 지중地中을 관통하는 것에 상응된다. 그러므로 상기부족上氣不足하면 족태양의 곤륜崑崙을 보하고, 하기부족下氣不足하여 중中에서 심心으로 통하지 못하면 족태음 수혈腧穴을 자침하여 토기土氣를 통하게 한다. 하지만 족태양에 바탕을 둔 진기津氣가 관통되므로 "족외과의 곤륜을 자침하여 유침시킨다補足外踝下留之"라고 말한 것이니 바로 태양의 진기를 취하는 것이다.

요사인이 말했다. "하품欠은 족태양과 소음의 기가 서로 끌어당겨 오르고 내리고 하는 것이다. 얼嚔은 소음한수少陰寒水의 기기氣가 폐肺에 객客한 것이다. 희唏는 태양과 소음지기가 불화不和한 것이다. 진한振寒은 한수지기寒水之氣가 피부에 침입하고 표표에 있는 태양의 양기가 허한 것이다. 희噫는 태양한수太陽寒水의 기가 위胃에 침범한 것이다. 체嚔는 태양의 양기陽氣가 심心에 가득 찬 것이다. 타噎는 근맥지기筋脈之氣가 방사로 힘을 써서 온 것으로 전음前陰은 족소음과 태양의 만나는 곳이다. 애읍哀泣은 태양의 진액이 고갈된 것이다. 태식太息은 하초의 생기가 위에서 교제하지 못하는 것이다. 연하涎下는 방광의 수사水邪가 위로 흘러넘친 것이다. 이명耳鳴은 종맥宗脈의 기가 하초에 함하된 것이다. 자설自齧은 하초의 기가 궐역하여 위로 간 것이다.

이것은 모두 족태양과 소음의 진기津氣가 병으로 된 것이다. 태양지기太陽之氣가 방광에서 생기고, 소양지기少陽之氣가 신장腎臟에서 발원하니 신장과 방광은 자웅상합되어 모두 수장水臟이고 생기의 근원이다. 방광의 진액은 태양의 기를 따라 부표로 운행되어 공규를 적시니 육기六氣의 선전旋轉에 상응한다. 신장의 정기는 오장으로 관통되니 오운의 신기神機에 대응된다. 이것은 모두 육경六經·음양陰陽·역순逆順의 이론에 있는 것이 아니므로 황제께서 좌우를 물리치고 구전口傳으로만 듣기를 청했다."

왕방후가 말했다. "이 편은 선·후천의 음양이 병이 되는 것을 말했다."

사전師傳

黄帝曰: 余聞先師有所心藏, 弗著於方. 余願聞而藏之, 則而行之, 上以治民, 下以治身, 使百姓無病, 上下和親, 德澤下流, 子孫無憂, 傳於後世, 無有終時, 可得聞乎?

岐伯曰: 遠乎哉問也. 夫治民與自治, 治彼與治此, 治大與治小, 治國與治家, 未有逆而能治之也, 夫惟順而已矣. 順者, 非獨陰陽脈, 論氣之逆順也, 百姓人民, 皆欲順其志也.

黄帝曰: 順之奈何?

岐伯曰: 入國問俗, 入家問諱, 上堂問禮, 臨病人問所便.

황제가 물었다. "나는 선사先師에게 가슴에 간직하고 있지만 책에 저술하지 못한 것이 있다고 들었다. 그것을 가슴에도 간직하면서 법칙으로 삼아 실행하여 위로는 백성을 다스리고 아래로는 몸을 다스려 백성이 병들지 않고 상하가 화친하며 덕택이 아래로 흘러서 자손들이 질병으로 걱정하지 않게 하고자 한다. 후세에 전하여 영원히 이어지길 바라는데 들을 수 있는가?"

기백이 답했다. "심원한 질문이다. 백성을 다스리는 것과 자신을 다스리는 것, 상대편과 나의 편, 대사大事와 소사小事, 국가와 집안이 모두 이치를 거슬러서 다스릴 수 있는 것은 없다. 오직 이치를 따를 뿐이다. 이치를 따른다는 것順은 음양맥陰陽脈뿐 아니라 기氣의 역순逆順도 그렇다. 백성도 모두 그 이치를 따르려고 하는 것이다."

황제가 물었다. "이치를 따른다는 것이 무엇인가?"

기백이 답했다. "나라에 들어가면 풍속을 물어 그 나라의 풍속을 따르고, 남의 집안에 들어가면 꺼려하는 것을 물어 하지 말아야 하며, 윗사람을 뵐 때는 예법을 물어 행하고, 병인을 대할 때는 무엇이 편한지 물어 불편하지 않게 해야 한다."

● 오무선이 말했다. "사전師傳은 선지先志가 후지後志를 깨우치고, 선각이 후각을 깨우치는 것인즉 부자夫子가 말하는 명덕신민明德新民의 의미다. 나라와 백성, 대사大事와 소사小事, 나라와 집안을 다스리는 것은 수신제가치국평천하修身齊家治國平天下를 말한다. 순順은 화합和合하는 것이다. 기의 역순은 음양한서陰陽寒暑의 왕래다. 다른 나라에 가면 그 나라 풍속을 묻고入國問俗, 남의 집안에 가면 하지 말아야 할 것을 물으며入家問諱, 윗사람을 뵐 때는 예법을 묻고上堂問禮, 병인을 대할 때는 편한 것을 묻는 것臨病人問所便이 치국제가치민治國濟家治民의 요체다. 지志는 마음이 가는 곳心之所之이다. 욕심을 쫓고, 죽지 않고 살려고 하는 것이 인지상정이다. 몸을 다스리고자 하는 자는 반드시 마음을 바르게 하고 뜻을 정성스럽게 해야正心誠意 하니 이것이 상의上醫가 나라를 다스리는 방법이다."

黃帝曰: 便病人奈何?
岐伯曰: 夫中熱消癉則便寒, 寒中之屬則便熱. 胃中熱則消穀, 令人懸心善飢, 臍以上皮熱. 腸中熱則出黃如糜, 臍以下皮寒. 胃中寒則腹脹, 腸中寒則腸鳴飱泄. 胃中寒, 腸中熱, 則脹而且泄. 胃中熱, 腸中寒, 則疾飢, 少腹痛脹.

황제가 물었다. "어떻게 해야 병인을 편하게 하는가?"

기백이 답했다. "속에 열이 있어 갈증이 나면 찬 것이 편하다. 속이 차가우면 더운 음식이 편하다. 위중胃中에 열이 있으면 음식이 빨리 삭아 명치가 달린 것 같고, 배가 고프며 배꼽 위의 피부가 뜨겁다. 장중에 열이 있으면 대변이 질게 나가고 배꼽 아래쪽 피부가 차갑다. 위중이 차가우면 헛배가 부르고, 장중腸中이 차가우면 장에서 소리가 나고 손설飱泄을 한다. 위중이 차고 장중에 열이 있으면 헛배가 부르고 또 설사를 한다. 위중에 열이 있고 장중이 차가우면 자주 허기지고 아랫배가 아프면서 팽창된다."

● 오무선이 말했다. "편하게 하는 것은 거슬리는 것을 바꾸는 것이다. 열이 나면 차게 변경하는 것이고, 차가우면 덥게 고치는 것이다. 열중熱中·한중寒中은 한열의 기가 모두 중中에서 발하는 것으로 내부에서 외부로 나가는 것이다. 배

꼽 위쪽 피부가 뜨거운 것臍以上皮熱은 장중腸中에 열이 있는 것이고, 배꼽 아래쪽 피부가 뜨거운 것臍以下皮熱은 위중胃中이 찬 것이니 한열이 내외에서 상응하여 나타난다.”

黃帝曰: 胃欲寒飮, 腸欲熱飮, 兩者相逆, 便之奈何? 且夫王公大人, 血食之君, 驕恣縱欲輕人, 而無能禁之, 禁之則逆其志, 順之則加其病, 便之奈何? 治之何先?
岐伯曰: 人之情, 莫不惡死而樂生, 告之以其敗, 語之以其善, 導之以其所便, 開之以其所苦, 雖有無道之人, 惡有不聽者乎?

황제가 물었다. “위胃는 찬 음료를 좋아하고, 장腸은 더운 음료를 좋아하니 양자가 서로 어긋나는데 어떻게 해야 편하게 할 수 있는가? 또 육식을 좋아하는 왕공대인은 교만하고 방자하여 사람들을 무시하여 못하게 할 수 없는데 못하게 하면 뜻을 거스르는 것이고, 순종하면 괴로운데 어떻게 해야 편할 수 있는가? 무엇을 먼저 다스려야 하는가?”

기백이 답했다. “죽는 것을 싫어하고 살려고 하는 것이 인지상정人之常情이다. 잘못을 알려주고, 좋은 말로 달래며, 편한 곳으로 인도하고, 힘든 것을 해결해 주면 아무리 무도한 사람일지라도 어찌 듣지 않을 수 있겠는가?”

◉ 오무선이 말했다. “한열寒熱은 음양의 기다. 상의上醫는 대신大臣의 자질을 갖추고 음양을 조변調變할 수 있으며 특히 군심君心의 잘못을 바로잡을 수 있는 사람을 말한다.”

黃帝曰: 治之奈何?
岐伯曰: 春夏先治其標, 後治其本, 秋冬先治其本, 後治其標.

황제가 물었다. “어떻게 다스리는가?”
기백이 답했다. “춘하에는 표標를 먼저 다스리고 본本을 나중에 다스리며, 추동에는 본本부터 다스리고 나서 표標를 다스린다.”

◉ 요사인이 말했다. “본표本標는 내가 본이고 외가 표다. 춘하의 기는 밖으로

발월하므로 표標를 먼저 치료하고 본本은 나중에 다스린다. 추동의 기는 안으로 수장收藏하므로 본本을 먼저 치료하고 표標는 나중에 다스린다. 본말本末의 선후를 알면 기를 잘 조절할 수 있어 만민의 표준이 되며 천하의 도는 이것이 전부다."

黃帝曰: 便其相逆者奈何?
岐伯曰: 便此者, 飮食衣服, 亦欲適寒溫, 寒無凄愴, 暑無出汗. 飮食者, 熱無灼灼, 寒無滄滄, 寒溫中適, 故氣將持, 乃不致邪僻也.
황제가 물었다. "서로 어긋날 때는 어떻게 편하게 하는가?"
기백이 답했다. "편하게 하는 것은 음식과 의복도 한온寒溫이 적절해야 한다. 시리도록 차거나 땀날 정도로 더워서는 안 된다. 음식도 너무 뜨거워도 안 되고 너무 차가워도 안 되니 한온이 적절하여 기가 유지될 수 있어야 사기가 침범하지 않는다."

◉ 요사인이 말했다. "음식과 의복은 일상적인 일로 적절하게 하면 음양지기가 평형을 유지할 수 있고, 사기가 침범하는 일이 없을 것이라고 말한다. 어긋나는 것을 편하게 하는 것便其相逆者은 위胃가 찬 것을 마시고 싶어 하고 장腸이 더운 것을 마시고 싶어 하여 둘이 서로 어긋나는데 이것을 편하게 하려면 어떻게 해야 하는가이다. 위중열 장중한胃中熱 腸中寒은 위가 찬 것을 요구하고, 장이 더운 것을 요구하는 것이다. 위중한 장중열胃中寒 腸中熱은 위가 더운 것을 마시고 싶어 하고, 장이 찬 것을 마시고 싶어 하는 것이다. 이것은 내부에서의 한열이다. 너무 뜨겁게 먹지 말고 너무 차게 먹지 말라는 것食飮者 熱無灼灼 寒無滄滄은 내부에 한열이 있어 조절할 수 있다. 사시四時의 기는 외부의 한서寒暑다. 매서운 추위에서는 더 춥게 해서는 안 되고, 무더위에서는 더 덥게 하여 땀나게 해서는 안 되니 외부에 음양이 있어 조절할 수 있다."

오무선이 말했다. "책 전체의 대의는 내외의 음양을 조화롭게 하는데 있는 것이지 음양맥론이 아니니 기의 역순을 말하는 것이다. 그래서 '한온이 적절해야 기가 유지되어 사기가 침범하지 않는다寒溫中適 故氣將持 乃不致邪僻也'라고 했다. 이는 천天에는 한서가 있고, 사람에게는 음양이 있으니 내 몸의 음양이 조화되면 천의 한서도 제어할 수 있다는 것이다.”

黃帝曰: 本臟以身形肢節䐃肉, 候五臟六腑之小大焉. 今夫王公大人, 臨朝卽位之君而問焉, 誰可捫循之而後答乎?
岐伯曰: 身形肢節者, 臟腑之蓋也, 非面部之閱也.
黃帝曰: 五臟之氣, 閱於面者, 余已知之矣, 以肢節知而閱之奈何?
岐伯曰: 五臟六腑者, 肺爲之蓋, 巨肩陷咽, 候見其外.
黃帝曰: 善.
岐伯曰: 五臟六腑, 心爲之主, 缺盆爲之道, 骷骨*有餘, 以候髑骭.
黃帝曰: 善.
岐伯曰: 肝者, 主爲將, 使之候外, 欲知堅固, 視目小大.
黃帝曰: 善.
岐伯曰: 脾者, 主爲衛, 使之迎糧, 視脣舌好惡以知吉凶.
黃帝曰: 善.
岐伯曰: 腎者, 主爲外**, 使之遠聽, 視耳好惡, 以知其性.
黃帝曰: 善. 願聞六腑之候.
岐伯曰: 六腑者, 胃爲之海, 廣骸大頸張胸, 五穀乃容; 鼻隧以長, 以候大腸; 脣厚人中長, 以候小腸; 目下果大, 其膽乃橫; 鼻孔在外, 膀胱漏泄; 鼻柱中央起, 三焦乃約. 此所以候六腑者也. 上下三等, 臟安且良矣.

황제가 물었다. “〈본장本臟〉에서 신형身形의 지절肢節과 군육䐃肉으로 오장육부의 대소를 살폈다. 이제 왕공대인이나 조정에 임한 군주가 물으면 누가 만져보고 답할 수 있는가?”

기백이 답했다. “신형의 지절은 장부臟腑를 덮고 있다. 얼굴의 부위로는 알 수 없다.”

황제가 물었다. “오장의 기를 얼굴에서 살피는 것은 이미 알고 있다. 나는

지절로 알아내고 싶은데 어떻게 하는가?"

기백이 답했다. "오장육부는 폐가 가장 위에 있어 오장육부를 덮으니 견골肩骨과 인후咽喉로 폐의 외후外候를 알아낼 수 있다."

황제가 말했다. "알겠다."

기백이 답했다. "오장육부는 심이 주재가 되고 결분은 기혈 승강의 통로가 되니 어깨뼈의 크기로써 구미鳩尾를 알아낸다."

황제가 말했다. "알겠다."

기백이 답했다. "간은 장군지관將軍之官으로 외사外邪를 막으니 간의 견고함을 알아내려면 눈의 대소를 살핀다."

황제가 말했다. "알겠다."

기백이 답했다. "비脾는 곡식을 받아들여 주로 몸을 보호한다. 입술과 혀의 좋고 나쁨을 살펴 비脾의 길흉을 알아낸다."

황제가 말했다. "알겠다."

기백이 답했다. "신腎은 수水를 주관하고 신은 이耳에 통하여 청력을 담당한다. 이耳의 좋고 나쁨을 살펴서 신腎의 상태를 알아낸다."

황제가 물었다. "알겠다. 육부六腑는 어떻게 아는가?"

기백이 답했다. "위胃는 수곡지해水穀之海이며 기육肌肉을 주관한다. 얼굴 살이 풍성하고, 목이 굵으며, 흉부가 넓으면 위胃의 수용력이 크다. 코의 길이로 대장을 살피고, 입술의 두께와 인중人中의 길이로 소장小腸을 살핀다. 눈 밑 안포가 관대하면 담기膽氣가 강하여 횡역橫逆하고, 콧구멍이 밖으로 드러나면 방광이 약하여 누설의 외증이 잘생기며, 콧등에 중앙이 솟으면 삼초가 정상이다. 이것이 육부를 살피는 방법이고 상하 삼정三停이 균등하면 오장이 안정되고 양호하다."

● 이것은 얼굴을 보고 병을 알아내는 것望而知之이니 국사國士기 될 만하다. 사람은 지地에서 나오고 명命은 하늘에 달려 있어 천지天地가 기氣로 합한 것이 사람이다. 천天에서 기氣를 주관하고 지地에서 형形을 이룬 것이 생명으로 입형정기立形定氣하니 이것으로 건강상태를 살피는 것이다. 그러므로 오장의 기는 안색에 나타나고, 장부의 체는 형에 반응하니 얼굴을 살펴서 오장의 기를 알아낼 수 있고, 형을 살펴서 장부의 형을 알아낼 수 있다. 기를 알고 형을 알

면 망지지신望知之神이다.

괄우髖肝는 흉골胸骨이다.

간肝은 장군지관將軍之官이므로 외사를 막는다.

비脾는 전운지관轉運之官이므로 전신을 호위한다.

신腎은 이耳에 통하므로 청력을 담당하여 멀리 있는 것을 듣는다.

견고堅固는 오장이 단단한가 취약한가 하는 것이다.

길흉吉凶은 오장이 편안하면 길한 것이고, 오장이 병들면 흉한 것이다.

성性은 오장이 단정端正하냐 편경偏傾되었냐 하는 성질이다.

코鼻는 폐의 규고, 대장大腸은 폐지부肺之腑이므로 코로 대장을 살핀다.

입口은 비의 규고, 소장小腸은 비위脾胃의 탁기濁氣를 전해 받으니 위로 위胃에 속하므로 입술脣과 인중人中으로 소장을 살핀다.

눈目은 간의 규竅이므로 목하目下로써 담膽을 살핀다.

방광膀胱은 진액지부津液之腑로 기화氣化하여 배출된다.

콧구멍이 밖으로 드러나는 것鼻孔在外은 비공鼻孔의 기를 밖으로 배출하고, 방광은 누설漏泄하니 윗구멍은 통하는 것이고 아랫구멍은 배설하는 것이다.

삼초三焦는 결독지관決瀆之官으로 소변을 배출하니 기가 조여지면 멈추고, 조이지 못하면 유뇨遺溺가 된다.

콧등에 중앙이 솟은 것鼻柱中央起은 코의 흡기가 코 중앙에서 시작하면 삼초가 정상이다.

위에서 기가 흡입되면 아래서도 조여지고, 위로 기가 배출되면 아래서도 기가 통한다. 상하개합上下開闔이 상응한다. 이것은 장부의 형形이 내외에 상응하는 것은 기氣가 감응하는 것이다. 상하삼등上下三等은 천지인天地人 삼부三部가 균등하다.

결기決氣

黃帝曰: 余聞人有精氣津液血脈, 余意以爲一氣耳, 今乃辨爲六名,
余不知其所以然.

황제가 물었다. "사람에게는 정精·기氣·진津·액液·혈血·맥脈이 있다. 나는 이
것들이 하나의 기라고 생각한다. 이제 분별하여 여섯 가지 명칭으로 나누었는
데 그 까닭을 모르겠다."

◉ 이 편에서는 정精·기氣·진津·액液·혈血·맥脈이 후천에서 생기지만 선천에
바탕을 두고 있다는 것을 말한다. 선천에 근본을 두면 모두 하나의 기에 속하
고, 후천에서 완성되어 여섯 개의 명칭으로 구별된다. 그래서 황제는 다 같은
하나의 기라고 여기는데 기백이 여섯으로 나눈 것이다.

결決은 가르는 것이다. 가르고 합치는 것이므로 〈결기決氣〉라고 편명을 지었
으니 기는 여섯으로 구별하지만 합치면 기 하나가 된다.

岐伯曰: 兩神相搏, 合而成形, 常先身生, 是謂精.
何謂氣?
岐伯曰: 上焦開發, 宣五穀味, 熏膚充身澤毛, 若霧露之漑, 是謂氣.
何謂津?
岐伯曰: 腠理發泄, 汗出溱溱, 是謂津.
何謂液?
岐伯曰: 穀入氣滿, 淖澤注於骨, 骨屬屈伸, 泄澤, 補益腦髓, 皮膚
潤澤, 是謂液.

何謂血?

岐伯曰: 中焦受氣取汁, 變化而赤, 是謂血.

何謂脈?

岐伯曰: 壅遏營氣, 令無所避, 是謂脈.

기백이 답했다. "두 개의 신神이 서로 뭉쳐 합쳐져서 형체를 이루는데 몸보다 먼저 생기는 것을 정精이라고 한다."

황제가 물었다. "기氣는 무엇인가?"

기백이 답했다. "상초에서 나와 오곡에서 생긴 정미精微를 퍼뜨려 피부를 따뜻하게 하고, 몸을 충실케 하며, 터럭을 윤택하게 하고, 안개가 퍼지듯 적시는 것을 기氣라고 한다."

황제가 물었다. "진津은 무엇인가?"

기백이 답했다. "주리腠理에서 발설하여 축축하게 나오는 땀이 진津이다."

황제가 물었다. "액液은 무엇인가?"

기백이 답했다. "곡식이 위胃에 들어가 기氣가 전신에 충만되고 점액질이 만들어져 골骨에 주입되어 골을 윤활하게 굴신케 하고, 내외로 삼출되어 뇌수腦髓를 보익하며, 피부가 윤택해지니 이것이 액液이다."

황제가 물었다. "혈血은 무엇인가?"

기백이 답했다. "중초中焦에서 기를 받아 별즙別汁을 모아 변화시켜 붉게 만드니 이것이 혈血이다."

황제가 물었다. "맥脈은 무엇인가?"

기백이 답했다. "영기를 밖으로 넘치지 않게 막아서 벗어나지 않게 하는 것이 맥脈이다."

⊕ 오무선이 말했다. "'생명이 정精으로부터 생기고, 두 개의 정精이 서로 뭉쳐서 신묘한 생명이 탄생한다所生之來謂之精 兩精相搏謂之神.' '신神은 수곡의 정기精氣다神者水穀之精氣也.' 양신兩神 중 하나는 천일天一의 선천지정先天之精이고, 다른 하나는 수곡에서 생기는 정精으로 양신兩神이 서로 뭉쳐 합쳐져서 형체를 완성한다. 생명은 정精으로부터 생긴다. 언제나 몸보다 먼저 생기니 형태를 이루기 전에 이 정精이 먼저 생긴다.

상초의 기는 오곡의 정미를 퍼뜨려 피부를 충실하게 하고 몸을 따뜻하게 하며 터럭을 윤택하게 만들어주며 안개처럼 퍼져 적시니 이것이 기氣다.

주리腠理는 기육의 살결文理이다.

본경에서 '수곡이 입에 들어가면 오미에 따라 분류되어 각 장기로 주입되니 진액은 각기 제 길로 간다. 그러므로 삼초에서 나온 기에 따라 기육을 따뜻하게 하고, 피부를 충실하게 하는 것이 진津이 된다. 액체지만 순환되지 않는 것은 액液이다水穀入于口 其味有五 各注其海 津液各走道 故三焦出氣而溫肌肉 充皮膚 爲其津 其流而不行者 爲液'라고 했다. 그러므로 주리에서 발설하여 축축하게 배출되는 땀이 진津이다.

곡기가 들어가 기가 온몸에 충만되고 골에 점액질이 주입되어 골을 윤활하게 굴신케 하고, 내외로 분비되어 뇌공腦孔에서 뇌수腦髓를 보익하고 피부를 윤택케 하는 것이 액液이다.

중초에서 수곡의 정기를 받아 별즙을 짜내어 심신心神을 통과하여 붉게 변화한 것이 혈血이다.

옹壅은 제방을 쌓는 것이고, 알遏은 차폐시키는 것이며, 피避는 벗어나는 것이다. 경맥을 차단하여 맥중을 도는 영기가 주야로 환전하면서 벗어나지 않게 하는 것이 맥脈이다."

批 상초에서 안개 퍼지듯한다上焦如霧.

批 뇌수가 충족되면 피부가 윤택해진다.

黃帝曰: 六氣者, 有餘不足, 氣之多少, 腦髓*之虛實, 血脈之淸濁, 何以知之?

岐伯曰: 精脫者, 耳聾. 氣脫者, 目不明. 津脫者, 腠理開, 汗大泄. 液脫者, 骨屬屈伸不利, 色夭腦髓消, 脛痠耳數鳴. 血脫者, 色白, 夭然不澤, 其脈空虛, 此其候也.

황제가 물었다. "육기六氣가 유여부족하여 나타나는 정기의 다소多少, 진액의 허실虛實, 혈맥의 청탁淸濁은 어떻게 아는가?"

---

* 뇌수의 허실은 다음 문장을 보면 진액의 허실로 해야 한다—〈통해〉.

기백이 답했다. "정精이 빠지면 귀가 먹는다. 기氣가 빠지면 눈이 보이지 않는다. 진津이 빠지면 주리가 열려 땀이 많이 나온다. 액液이 빠지면 관절의 굴신이 원활하지 않고, 피부가 초췌해지며, 뇌수가 소삭하고, 다리가 쑤시며, 귀에서 소리가 난다. 혈血이 빠지면 안색이 창백해지고, 피부에 윤기가 없어지며, 맥脈이 빈다."

◉ 영營은 정기精氣다. 혈血은 신기神氣다. 정精·혈血·진津·액液은 모두 기의 생화生化에 바탕을 두고 있어서 육기六氣라고 한다.

청탁淸濁은 영위營衛다.

신腎은 청정精을 저장하고腎主藏精, 이耳에 개규한다. 따라서 정이 빠지면 귀가 안 들린다耳聾.

눈이 오색五色을 보는 것은 기의 작용이다. 그러므로 기탈氣脫되면 시력을 상실한다.

진津은 주리에서 나온다. 따라서 진이 빠지면 주리가 열려 땀이 줄줄 센다.

액液은 골에 윤활작용을 하고 뇌수를 보익한다. 그러므로 액이 빠지면 골이 굴신이 원활하지 않고, 피모를 윤택하게 하지 못하여 터럭이 초췌해진다.

신腎은 골骨을 주관하고腎主骨, 골수骨髓는 뇌腦로 통하므로 뇌수가 소실되고, 다리가 쑤시며, 귀에서 소리가 난다耳鳴.

심은 혈을 주관하고心主血, 심의 외합이 맥脈이며, 그 변화는 안색에 나타난다. 그러므로 혈이 빠지면 얼굴이 창백해지고 피부에 윤기가 없어지며 맥이 빈다.

이것이 육기의 유여부족으로 나타나는 증후다.

黃帝曰: 六氣者, 貴賤何如?
岐伯曰: 六氣者, 各有部主也, 其貴賤善惡, 可爲常主, 然五穀與胃爲大海也.
황제가 물었다. "육기의 중요성은 어떠한가?"

기백이 답했다. "육기는 각기 분포되는 부위가 있다. 그 중요성과 선악이 주관하는 장부에 따라 다르지만 오곡과 위胃가 육기 화생化生의 원천이다."

● 부자夫子가 말했다. "낮고 높은 것이 펼쳐지면 귀천이 생긴다卑高以陳 貴賤位矣." 이것은 버슬이 높은 자는 존귀하고 버슬이 없는 자는 비천하다는 의미다.

여기서 육기六氣는 심신心腎에서 주로 작용하나 위해胃海에서 생긴다.

각기 주도하는 부서가 있다는 것各有部主은 정精이 신腎에 저장되고, 혈혈이 심心에서 주관하며, 기氣가 피부에서 주로 작용하고, 진津이 주리에서 발설하며, 액液이 골骨에 분비되고 뇌를 보충하며, 맥脈이 장부와 형신을 도는 것이니 각기 주도하는 부서가 있다. 하지만 심신心腎이 항상 주가 된다. 오곡과 위胃는 대해大海이고 진津·액液·혈혈·기氣는 위해胃海에서 생긴다.

심心은 군주지관君主之官으로 위에 있고, 수성水性은 아래로 흘러가니 아래에 있다. 화지정火之精은 혈혈이고, 수지정水之精은 정精이다. 수성水性은 유순하여 선하고, 화성火性은 맹폭하여 악하다. 귀천·선악은 육기가 항시 주관하는 것이다. 수화水火는 음양陰陽의 징조니 육기를 여섯 가지 명칭으로 분변하지만 모두 하나의 기氣에 귀속된다.

장위腸胃

黃帝問於伯高曰: 余願聞六腑傳穀者, 腸胃之大小長短, 受穀之多少奈何?

伯高曰: 請盡言之, 穀所從出入淺深遠近長短之度. 脣至齒長九分, 口廣二寸半. 齒以後至會厭, 深三寸半, 大容五合. 舌重十兩, 長七寸, 廣二寸半. 咽門重十兩, 廣二寸半, 至胃長一尺六寸. 胃紆曲屈, 伸之長二尺六寸, 大一尺五寸, 徑五寸, 大容三斗五升. 小腸後附脊, 左環回周疊積, 其注於回腸者, 外附於臍上. 回運環十六曲, 大二寸半, 徑八分分之少半, 長三丈二尺. 回腸當臍, 左環回周葉積而下, 回運環反十六曲, 大四寸, 徑一寸寸之少半, 長二丈一尺. 廣腸傳脊, 以受回腸, 左環葉脊上下辟, 大八寸, 徑二寸寸之大半, 長二尺八寸. 腸胃所入至所出, 長六丈四寸四分, 回曲環反, 三十二曲也.

황제가 백고伯高에게 물었다. "육부六腑 중 곡식을 전송하는 장위腸胃의 크기, 길이, 용량이 얼마나 되는지 알고 싶다."

백고가 답했다. "상세하게 설명하겠다. 수곡이 입으로 들어와 항문으로 배출될 때까지 거치는 기관器官과 천심淺深, 원근遠近, 장단長短을 측정한 수치는 아래와 같다.

입술에서 치아까지 길이가 9분分이다.

입은 폭이 2촌 반이다.

치아에서 뒤로 회염會厭까지 깊이가 3촌 반이고 5합合이 들어간다.

혀는 무게가 10냥兩이고 길이가 7촌이며 폭이 2촌 반이다.

식도食道는 무게가 10냥이고, 폭이 1촌 반이며, 위胃까지 길이가 1척 6촌이다.

위胃는 만곡彎曲으로 휘어져 있는데 펴면 길이가 2척 6촌이고, 둘레가 1척 5촌이며, 직경이 5촌이고, 용량이 3말斗 5되升다.

소장小腸은 뒤로 척추에 붙어서 좌로 돌아 여러 번 중첩되어 있다. 회장回腸으로 주입되는 것은 밖으로 배꼽 위에 붙어 있다. 소장은 16번 돌고, 둘레가 2촌 반이며, 직경이 8과 1/3분이고, 길이는 3장丈 2척이다.

회장回腸은 배꼽에서 좌측으로 돌아 아래로 중첩되어 16번 돌고, 둘레가 4촌이며, 직경이 1과 1/3분이고, 길이가 2장 1척이다.

광장廣腸은 척추에 붙어서 회장回腸에서 전송된 조박糟粕을 받아 좌측으로 돌아 비스듬히 중첩되고, 둘레가 8촌이며, 직경이 2와 2/3촌이고, 길이가 2척 8촌이다. 음식이 들어와서 나갈 때까지 길이가 도합 6장 4촌 4분이고, 32회 만곡하여 돈다."

⊕ 여기서는 사람이 태어난 뒤에는 음식을 먹고 만들어낸 양분으로 살아가므로 전적으로 장위腸胃에 대해 말한다. 위胃는 음식물을 받아들이고, 장腸은 전도傳道하고 변화시키니 정액혈기精液血氣가 이를 경유하여 생겨난다.

월인이 말했다. "순脣은 비문飛門이고, 치齒는 호문戶門이며, 회염會厭은 흡문吸門이고, 위胃는 분문賁門이며, 태창하구太倉下口는 유문幽門이고, 대소장大小腸이 만나는 곳은 난문闌門이며, 맨 아래 항문은 백문魄門이다."

순치脣齒는 처음 수곡을 받아들이는 문이므로 먼저 입과 치아의 폭, 길이를 말했다.

혀는 주로 호위 작용을 하면서 식량을 받아들이는데 혀가 화조해야 오미를 알 수 있다.

회염會厭은 인후의 윗부분으로 인咽과 후喉를 분별하는 곳이다. 인咽은 위胃의 문으로 수곡을 받아들이는 곳이고, 후喉는 폐지규肺之竅로 호흡을 담당한다.

批 소반少半*은 7분 반이다.

批 '徑1寸寸之少半'은 지름이 1촌 5분이다.

批 광장廣腸은 항문 안쪽의 직장直腸이다. '徑二寸寸之太半'은 지름이 2촌 7분 반이다.

---

* 소반少半은 1/3, 태반太半은 2/3라고 했다―〈통해〉.

평인절곡平人絶穀

黃帝曰: 願聞人之不食, 七日而死, 何也?

伯高曰: 臣請言其故. 胃大一尺五寸, 徑五寸, 長二尺六寸, 橫屈, 受水穀三斗五升, 其中之穀常留二斗, 水一斗五升而滿, 上焦泄氣, 出其精微, 慓悍滑疾, 下焦下漑諸腸. 小腸大二寸半, 徑八分分之少半, 長三丈二尺, 受穀二斗四升, 水六升三合合之大半. 回腸大四寸, 徑一寸寸之少半, 長二丈一尺, 受穀一斗, 水七升半. 廣腸大八寸, 徑二寸寸之大半, 長二尺八寸, 受穀九升三合八分合之一. 腸胃之長, 凡五丈八尺四寸, 受水穀九斗二升一合合之大半, 此腸胃所受水穀之數也.

平人則不然, 胃滿則腸虛, 腸滿則胃虛, 更虛更滿, 故氣得上下, 五臟安定血脈和利, 精神乃居, 故神者, 水穀之精氣也. 故腸胃之中, 當留穀二斗, 水一斗五升, 故平人日再後, 後二升半, 一日中五升, 七日五七三斗五升, 而留水穀盡矣. 故平人不食飲七日而死者, 水穀精氣津液皆盡故也.

황제가 물었다. "사람이 먹지 않으면 7일이면 죽는다고 하니 왜 그런가?"

백고가 답했다. "이유를 말하겠다. 위胃는 둘레가 1척 5촌이고, 직경이 5촌이며, 길이가 2척 6촌이다. 옆으로 구부러져 수곡 3말 5되를 받아들인다. 통상 곡식 2말이 들어가고, 물 1말 5되면 가득 찬다. 상초上焦에서 위기衛氣가 퍼지니 수곡 정미精微 중 표한활질慓悍滑疾한 성분이 나가고, 하초下焦에서는 내려가 여러 장腸을 관개한다. 소장小腸은 둘레가 2촌 반이고, 직경이 8과 1/3분이며, 길이가 3장 2척이고, 곡식 2말 4되와 물 6되 3과 2/3합을 받아들인다. 회장回腸은 둘레가 4촌이고, 직경이 1과 1/3촌이며, 길이가 2장 1척이고, 곡식 1되와 물 7되 반을 받아들인다. 광장廣腸은 둘레가 8촌이고, 직경이 2와 2/3촌이며, 길이가 2척 8촌이고, 수곡 9되 3과 8/10합을 받아들인다. 장위腸胃의 길이는 무릇 5장 8척 4촌이고, 수곡 9말 2되 1과 2/3합을 받아들인다. 이것이 장위가 받아들이는 수곡의 수치다.

보통사람은 이렇지 않으니 위가 차면 장이 비고, 장이 차면 위가 비니 비었다가 차는 것이다. 그래서 기가 올라가고 내려갈 수 있어 오장이 안정되고 혈맥이 화평하게 잘 도니 이에 정신이 안정된다. 그러므로 신神은 수곡의 정기精氣다. 장위 중 곡식 2말과 물 1말 5되가 머물러 있으며, 하루 2회 대변을 보면서 2되 반을 내보내니 하루에 5되를 내보내고 7일에 5 * 7 = 3말 5되이니 남아 있던 수곡이 다 빠져나간다. 그래서 보통사람이 7일 동안 음식을 먹지 않으면 죽는다는 것은 수곡의 정기진액精氣津液이 모두 다 빠지기 때문이다."

⊕ 여기서는 사람의 장부臟腑·형해形骸·정신기혈精神氣血이 모두 수곡에서 생기는 힘에 의지하는데 수곡이 끊기면 형形과 기氣가 모두 끊김을 말한다.

〈소문·육절장상론六節臟象論〉에서 "수곡이 입에 들어가면 장위腸胃에 저장되어 각 장기로 가서 오기五氣를 양성한다. 기가 생성되고 진액도 따라서 생성되니 신기神氣가 저절로 생긴다五味入口 藏于腸胃 味有所藏 以養五氣 氣和而生 津液相成 神乃自成"라고 했다. 신神은 수곡의 정기精氣다.

일반인은 그렇지 못하다는 것平人則不然은 위胃가 차면 장腸이 비고, 장이 차면 위가 비어 하루 종일 소화되고 3말 5되만 남지만 이처럼 남아 쌓여 있는 경우는 없다. 그러므로 7일 동안 먹지 않으면 남아 있는 수곡이 다 빠져나간다. 수곡이 다 빠져나가면 정기진액精氣津液도 모두 없어진다.

왕방후王芳侯가 말했다. "병인이 7일 동안 먹지 않고도 죽지 않는 것은 수곡이 아직 남아 있기 때문이다. 수곡이 쌓이면 병이 된다."

해론海論

黄帝問於岐伯曰: 余聞刺法於夫子, 夫子之所言, 不離於營衛血氣. 夫十二經脈者, 內屬於腑臟, 外絡於肢節, 夫子乃合之於四海乎?

岐伯答曰: 人亦有四海, 十二經水. 經水者, 皆注於海, 海有東西南北, 命曰四海.

黄帝曰: 以人應之奈何?

岐伯曰: 人有髓海, 有血海, 有氣海, 有水穀之海, 凡此四者, 以應四海也.

黄帝曰: 遠乎哉, 夫子之合人天地四海也, 願聞應之奈何?

岐伯答曰: 必先明知陰陽表裏, 滎輸所在, 四海定矣.

黄帝曰: 定之奈何?

岐伯曰: 胃者水穀之海, 其輸上在氣街, 下至三里. 衝脈者, 爲十二經之海, 其輸上在於大杼, 下出於巨虛之上下廉, 膻中者, 爲氣之海, 其輸上在於柱骨之上下, 前在於人迎. 腦爲髓之海, 其輸上在於其蓋, 下在風府.

황제가 기백에게 물었다. "내가 선생님에게 자법을 배웠는데 선생님 가르침은 영위기혈營衛氣血을 벗어나지 않는다. 십이경맥十二經脈은 내부에서 장부臟腑에 속하고 외부에서는 지절肢節에 연결되어 있는데 십이경맥이 사해四海에 연계될 수 있는가?"

기백이 답했다. "사람에게도 사해四海가 있고, 십이경수十二經水가 있다. 경수經水는 모두 바다로 가니 동서남북이 다 바다로 사해라고 한다."

황제가 물었다. "사람에게는 어떻게 상응되는가?"

기백이 답했다. "사람에게는 수해髓海, 혈해血海, 기해氣海, 수곡지해水穀之海

가 있다. 이 네 가지가 사해에 상응한다."

황제가 물었다. "심원하다. 사람이 사해와 합한다니 어떻게 상응하는가?"

기백이 답했다. "반드시 음양표리陰陽表裏와 오수혈五腧穴의 소재를 잘 알아야 사해가 정해진다."

황제가 물었다. "어떻게 정해지는가?"

기백이 답했다. "위胃는 수곡지해水穀之海이고, 경기經氣가 위로는 기가氣街로 전수되고 아래로는 삼리三里로 내려간다. 충맥衝脈은 십이경지해十二經之海이고, 경기가 위로 대저大杼에 전수되고 아래로 거허상하렴巨虛上下廉으로 내려간다. 전중膻中은 기지해氣之海이고, 경기가 주골柱骨의 상하로 전수되고 앞의 인영人迎으로 간다. 뇌腦는 수지해髓之海이고, 경기가 위로 백회百會로 전수되고 아래로 풍부風府로 간다."

◉ 천天은 물物을 생성하고 지地는 물物을 형성한다. 그래서 사람의 형신은 지지사해地之四海와 십이경수에 상응한다.

수천지기水天之氣는 상하로 통하므로 두기유가頭氣有街·흉기유가胸氣有街·복기유가腹氣有街·경기유가脛氣有街*가 있어 경기經氣가 상하로 출입한다. 그러므로 사람을 사해四海에 합치시키려면 반드시 음양표리陰陽表裏와 오수혈의 소재를 먼저 잘 알아야 사해를 정할 수 있다.

위胃는 수곡지해水穀之海다. 경기가 위로 기충氣衝으로 전수되고, 배복로 가는 기는 배수背腧에서 멈추며, 아래로 족삼리足三里에 이른다. 이것은 수곡지해가 위로 천기天氣에 통하고, 아래로 경수에 통하는 것이다.

충맥衝脈은 십이경맥지해十二經脈之海다. 위로 태양경의 대저大杼로 전수되고 아래는 거허상하렴巨虛上下廉으로 가서 경기지가脛氣之街로 나간다. 이것이 충맥이 외부에서는 천기와 통하고 내부에서 경수에 통하는 것이다.

전중膻中은 기지해氣之海로 응흉膺胸 내부에서 종가宗氣가 모여 있는 곳이다. 종기가 바다로 흘러가서 아래로는 기가氣街로 주입되고 위로는 식도食道로 가므로 흉중에 있는 기는 가슴膺과 배수背腧에서 멈춘다. 그러므로 위로 천주天柱

---

* 사대기가四大氣街는 〈영추·위기衛氣〉 참조.

에 전수되고 앞으로는 응흉의 인영人迎으로 간다. 기해氣海가 위로 천天과 통하고 아래로 경수와 통한다.

뇌腦는 수지해髓之海로 머리로 가는 기는 뇌에서 멈춘다. 그러므로 위는 머리 백회百會에 전수되고 아래는 독맥의 풍부風府로 간다. 수해髓海는 위로 천과 통하고 아래로 경수와 통한다.

십이경맥은 지기경수地之經水에 상응한다. 경수는 모두 바다로 흘러가고, 바다에는 동서남북이 있으며, 바다에서 기가 증발하여 천하에 퍼진다. 사람이 천지사해天地四海에 합쳐지는 이유다.

批 왕방후가 말했다. "상하上下 두 글자의 의미를 이해해야 한다. '輸·腧·俞' 세 글자는 비록 통용되나 여기서 '輸'를 쓴 의미가 있다."

批 개개蓋蓋는 독맥의 백회百會다. 독맥이 천도天道를 환전하면서 머리를 덮으므로 개개蓋蓋라고 한 것이다.

> 黃帝曰: 凡此四海者, 何利何害? 何生何敗?
> 岐伯曰: 得順者生, 得逆者敗, 知調者利, 不知調者害.
>
> 황제가 물었다. "이 사해四海는 무엇이 이롭고 무엇이 해가 되는가? 어떻게 해야 좋아지고 어떻게 하면 망가지는가?"
> 기백이 답했다. "자연의 법칙에 순응하면 좋아지고, 거스르면 망가진다. 조절할 줄 알면 이롭게 되고 조절할 줄 모르면 해치게 된다."

◉ 요사인이 말했다. "사람이 사해四海와 부합하여 승강출입이 끊임없이 행해진다. 그러므로 순리를 따라 움직여 조화를 이루면 이익이 무궁하게 생기지만 순리를 거슬러 부조해지면 폐해가 생긴다."

> 黃帝曰: 四海之逆順奈何?
> 岐伯曰: 氣海有餘者, 氣滿胸中, 悗息面赤. 氣海不足, 則氣少, 不足以言.

황제가 물었다. "사해四海의 역순逆順은 무엇인가?"

기백이 답했다. "기해氣海가 유여하면 기가 흉중에 가득 차서 숨쉬기 답답하고 얼굴이 붉어진다. 기해가 부족하면 기운이 없어서 말하기도 힘든다.

◉ 오무선이 말했다. "천지음양天地陰陽의 도는 변하면서 화평을 이루는 것이다. 그러므로 유여와 부족이 모두 역이 된다. 전중膻中은 종기宗氣가 머무는 곳으로 인후로 나가 호흡을 담당한다. 그러므로 기해가 유여하면 기가 흉중에 가득 차서 숨쉬기 답답하고, 기가 역상하여 얼굴이 붉어진다. 기해가 부족하면 기운이 없고, 말하기도 힘든다."

血海有餘, 則常想其身大, 怫然不知其所病. 血海不足, 亦常想其身小, 狹然不知其所病.

혈해血海가 유여하면 항상 자신의 몸이 크다고 생각하며 흥분을 잘 하지만 어디가 아픈지 잘 모른다. 혈해가 부족하면 항상 자신의 몸이 작다고 생각하고 의기소침하지만 어디가 아픈지 잘 모른다.

◉ 오무선이 말했다. "충맥은 포중胞中에서 기시하여 등 안쪽을 타고 올라가 경맥지해經脈之海가 된다. 겉으로 들뜬 것은 복부 우측을 순환하고 상행하여 흉중으로 가서 피부로 퍼진다. 이 충맥의 혈이 온몸을 채운다. 유여하면 자신의 몸이 크다고 생각하고, 부족하면 자신의 몸이 작다고 여긴다. 흥분하거나 의기소침하면서 어디가 아픈지 잘 모른다."

왕방후가 말했다. "혈血은 수水에 대응되므로 유여하면 항상 크다고 생각하고, 부족하면 작다고 생각한다."

水穀之海有餘, 則腹滿. 水穀之海不足, 則饑不受穀食.

수곡지해水穀之海가 유여하면 배가 팽만하고, 부족하면 배가 고파도 음식을 먹지 못한다.

⬦ 요사인이 말했다. "위기胃氣가 유여하므로 배가 부르고, 위기가 부족하면 배
고프면서도 음식을 받아들이지 못한다."

> 髓海有餘, 則輕勁多力, 自過其度. 髓海不足, 則腦轉耳鳴, 脛痠眩
> 冒, 目無所見, 懈怠安臥.
>
> 수해髓海가 유여하면 몸이 가볍고 힘이 많으며 스스로 세다고 자랑한다. 수해
> 가 부족하면 어지럽고, 이명증이 있으며, 다리가 쑤시고, 시력이 감퇴하며, 실
> 명하기도 하고, 힘이 없어 잘 눕는다."

⬦ 요사인이 말했다. "정액精液은 뇌수를 보익하여 음고陰股로 흐른다. 따라서
수해髓海가 유여하면 발이 가벼우면서 민첩하고 강하다. 도度는 골도骨度다. 수
髓는 골공骨空에서 골도를 순환하고 올라가 뇌로 통한다. 따라서 유여하면 건
강하고 남보다 세다고 자랑한다. 수해가 부족하면 정액이 고갈된다. 정액은
공규를 적시는 역할을 한다. 그러므로 귀에서 소리가 나고 눈이 침침해진다.
액탈液脫하면 골절의 굴신이 부자연하므로 다리가 쑤시고 아프며 힘이 없어
축 처지고 잘 눕는다."

> 黃帝曰: 余已聞逆順, 調之奈何?
> 岐伯曰: 審守其輸, 而調其虛實, 無犯其害, 順者得復, 逆者必敗.
> 黃帝曰: 善.
>
> 황제가 물었다. "역순은 알겠다. 어떻게 조절하는가?"
> 　기백이 답했다. "전수傳輸되는 곳을 잘 살펴서 허실을 조절한다. 잘못을 범
> 하면 안 되니 치료 원칙을 잘 지키면 회복되고, 제대로 행하지 못하면 반드시
> 병이 악화된다."
> 　황제가 말했다. "알겠다."

⬦ 오무선이 말했다. "전수되는 곳을 살피면 사해四海가 경經으로 통하고 경수
經膄가 외부에 있는 기氣로 통하는 것을 아는 것이다. 허실을 조절하면 유여부
족이 자연히 고르게 된다. 해害는 경기가 역행하는 것이다. 회복되면 반대로
역逆이 순順이 된다."

오란五亂

黃帝曰: 經脈十二者, 別爲五行, 分爲四時, 何失而亂? 何得而治?

岐伯曰: 五行有序, 四時有分, 相順則治, 相逆則亂.

黃帝曰: 何謂相順?

岐伯曰: 經脈十二者, 以應十二月. 十二月者, 分爲四時. 四時者, 春秋冬夏, 其氣各異, 營衛相隨, 陰陽已和, 淸濁不相干, 如是則順之而治.

黃帝曰: 何謂逆而亂?

岐伯曰: 淸氣在陰, 濁氣在陽, 營氣順脈, 衛氣逆行, 淸濁相干, 亂於胸中, 是謂大悗. 故氣亂於心, 則煩心密嘿, 府首靜伏. 亂於肺, 則俯仰喘喝, 接手以呼, 亂於腸胃, 則爲霍亂, 亂於臂脛, 則爲四厥. 亂於頭, 則爲厥逆, 頭重眩仆.

황제가 물었다. "십이경맥은 오행에 속하고, 사시四時에 적응된다. 실조되어 문란해지는 것은 무엇 때문이고 어떻게 해야 정상으로 운행되는가?"

기백이 답했다. "오행에는 순서가 있고, 사시에는 구분이 있다. 서로 순응하면 제대로 운행되고, 순응하지 못하면 문란해진다."

황제가 물었다. "서로 순응한다는 것은 무엇인가?"

기백이 답했다. "십이경맥은 십이월에 대응된다. 십이월은 사시로 나뉜다. 사시 춘하추동은 기의 움직임이 각기 다르고, 영위는 사시기四時氣에 따라 움직이니 음양이 조화되면 청기淸氣와 탁기濁氣가 서로 섞이지 않는다. 이러면 사시기에 순응하여 정상적으로 운행된다."

황제가 물었다. "순응하지 못하여 역행하여 문란해진다는 것은 무엇인가?"

기백이 답했다. "청기는 음陰에 있고, 탁기는 양陽에 있으며, 영기營氣는 순행하고 위기衛氣는 역행한다. 청기와 탁기가 뒤섞여 흉중에서 민란泯亂되니 이를 대만大悗이라고 한다. 그러므로 기氣가 심心에서 민란되면 가슴이 답답하고 말도 안하고 머리를 숙이고 가만히 있다. 폐肺에서 민란되면 숨차서 헉헉대면서 가슴에 손을 대고 호흡한다. 장위腸胃에서 민란되면 곽란霍亂을 일으킨다. 팔다리에서 민란하면 손발이 차가워진다. 머리에서 민란하면 궐기가 머리로 상역하여 머리가 무겁고 어지러우며 쓰러지기도 한다."

⊕ 〈영추·사객邪客〉에서 "오곡이 위胃에 들어가면 조박·진액·종기로 나뉘어 세 길로 간다. 종기는 흉중에 쌓여 후롱喉嚨으로 나가서 심맥心脈을 관통하고 호흡을 행한다. 영기는 분비된 진액과 맥에 주입되어 변화를 거쳐 혈血이 되어 사말을 영위하고 내부에서 오장육부로 주입되면서 누하각수에 응한다五穀入於胃也 其糟粕津液宗氣 分爲三隧 故宗氣積於胸中 出於喉嚨 以貫心脈 而行呼吸焉 營氣者 泌其津液 注之於脈 化以爲血 以榮四末 內注五臟六腑 以應刻數焉"라고 했다. 이것은 종기가 흉중에 쌓여 위로 심맥을 관통하고 영기와 함께 맥중을 행하면서 호흡누하呼吸漏下의 각수刻數에 응함을 말한다.

〈영추·오미五味〉에서 "곡식이 위胃에 들어가면 정미는 먼저 위의 상중초로 나가 오장을 관개하고 두 길로 나뉘어 영위지도營衛之道를 행한다. 대기大氣가 몰려서 행하지 않는 것은 흉중에 쌓이니 기해氣海라고 한다. 폐로 나가서 후롱을 순환한다. 따라서 내쉬면 기가 나가고 들이쉬면 기가 들어온다穀始入於胃 其精微者 先出於胃之兩焦 以漑五臟 別出兩行 營衛之道 其大氣之搏而不行者 積於胸中 命曰氣海 出於肺 循喉咽 故呼則出 吸則入"라고 했다. 이는 종기가 흉중에 쌓여 폐로 가서 위기衛氣와 함께 맥외를 행하면서 호흡누하의 각수에 응함을 말한다.

영營은 맥중을 행하고, 위衛는 맥외를 행하며, 종기는 맥내와 맥외를 모두 행한다. 1호 1흡一呼一吸에 맥은 6촌을 가고 누하 2각에 사람은 270번 숨을 쉬며 맥은 16장 2척 행하는데 이것이 1주周다. 누하 100각에 사람은 1만 3500번 숨을 쉬고 맥은 50번 몸을 돈다. 청기는 내부에 있고 탁기는 외부에 있으며 영營은 맥중을 행하고 위衛는 맥외를 행하여 청탁지기淸濁之氣가 서로 간섭하지 않는다.

또 〈영추·사객邪客〉에서 "위기는 매우 빠르게 움직이니 먼저 사말과 분육, 피부 사이를 돈다. 낮에는 양분陽分을 돌고 밤에는 음분陰分을 도는데 항상 족소음에서 시작하여 오장육부를 행한다衛氣者 出其悍氣之慓疾 而先行於四末分肉皮膚之間 而不休者也 晝日行於陽 夜行於陰 常從足少陰之分間 行於五臟六腑"라고 했다. 영위가 함께 맥외를 행함에 낮에는 양분을 25번 돌고 밤에는 음분을 25회 돈다. 영기는 맥중을 행하고 위기는 맥외를 행하여 각각의 길로 가니 청탁이 서로 섞이지 않는다.

십이경맥이 십이월에 상응한다는 것經脈十二者 以應十二月은 육장육부의 경맥이 순환하는 것으로 16장 2척이 1주周다.

나누면 사시가 된다는 것分爲四時는 1일 중에도 사시가 있으니 아침은 봄이고, 한낮은 여름이며, 저녁은 가을이고, 한밤중은 겨울이다. 사시 춘하추동은 기의 움직임이 각기 다르고, 영위는 사시기에 따라 움직이니 음양이 조화되면 청기와 탁기가 서로 섞이지 않는다. 맥을 따라 흐르는 영기營氣·위기衛氣·종기宗氣는 흉부에서 심폐로 나가 맥을 따라서 행하여 사말을 영위하고 내부에서 오장육부로 주입되며 각수에 응한다.

영위가 함께 낮에는 양분을, 밤에는 음분을 행하는 것其營衛相隨 晝行陽而夜行陰은 맥과 역행하여 머리에서 팔다리로 주입하여 삼양三陽의 부분을 행하고, 밤에는 장부의 음분을 행하니 영행맥중 위행맥외와는 서로 상관이 없다. 이른바 청탁상간淸濁相干이라는 것은 맥을 따라 흐르는 영위營衛와 양분과 음분을 행하는 영위가 서로 섞이는 것이다. 그러므로 흉부에서 얽히고, 심폐에서 얽히며, 장위腸胃나 팔臂, 다리胻, 머리頭에서 얽힌다.

批 여기서 낮에 25번 돌고 밤에 25번 도는 것으로 밤에는 음분을 돌고 낮에는 양분을 돈다.

批 맥외의 혈기도 영기營氣라고 한다. 맥을 순환하지 않는 것은 주야의 음양으로 나뉜다.

批 십이월은 십이시에 상응한다.

批 상수相隨는 서로 함께 돌지만 맥을 따르는 방향이 각기 다르다. 만약 위기衛氣가 맥을 따라 돌면 부창膚脹이 된다. 흉胸·심心·폐肺·비臂·행胻은 경맥 내외에서 영위가 도는 곳이다.

黃帝曰: 五亂者, 刺之有道乎?

岐伯曰: 有道以來, 有道以去, 審知其道, 是謂身寶.

黃帝曰: 善. 願聞其道.

岐伯曰: 氣在於心者, 取之手少陰心主之輸, 氣在於肺者, 取之手太陰滎, 足少陰輸. 氣在於腸胃者, 取之足太陰陽明, 不下者, 取之三里. 氣在於頭者, 取之天柱大杼, 不知, 取足太陽滎輸. 氣在於臂足, 取之先去血脈, 後取其陽明少陽之滎輸.

황제가 물었다. "오란五亂에 침은 어떻게 놓는가?"

기백이 답했다. "사기가 맥내로 들어오는 길이 바로 나가는 길이다. 그 길을 잘 알아 내보내면 이것이 양생의 방법이다."

황제가 물었다. "알겠다. 그 길을 알고 싶다."

기백이 답했다. "심心에서 기가 민란하면 수소음手少陰과 수심주手心主의 수혈腧穴을 취한다. 폐肺에서 기가 민란하면 수태음手太陰의 형혈滎穴과 족소음足少陰의 수혈腧穴을 취한다. 장위腸胃에서 기가 민란하면 족태음足太陰과 족양명足陽明을 취하고, 낫지 않으면 삼리三里를 취한다. 머리에서 기가 민란하면 천주天柱와 대저大杼를 취하고, 낫지 않으면 족태양足太陽의 형혈과 수혈을 취한다. 팔다리에서 기가 민란하면 먼저 혈맥을 제거하고 나서 양명陽明과 소양少陽의 형혈과 수혈을 취한다."

🌑 도道는 각기 순행하는 길이다.

사기가 맥내로 들어오는 길이 있고 나가는 길이 있다는 것有道以來 有道以去은 들어오는 길이 있어 청탁이 서로 섞이고, 나가는 길이 있어 음양이 서로 조화된다는 것이다. 따라서 역순의 길을 잘 아는 것이 소중한 양생의 방법이다.

수소음과 수태음의 형혈과 수혈을 취하는 것은 기를 취하여 종기의 상행을 순조롭게 한다.

본경에서 "종기宗氣는 기해氣海로 흘러가 위로는 식도로 가고 아래로는 기가氣街로 간다宗氣流于海 其上者走于食道 其下者走于氣街"라고 했다. 또 "충맥衝脈은 십이경맥지해十二經脈之海다. 소음의 대락大絡과 함께 신腎에서 기시하여 내려가 기가氣街로 나간다衝脈者 十二經脈之海也 與少陰之大絡起于腎 下出于氣街"라고 했다.

족소음의 수혈을 취하는 것은 종기의 하행을 순조롭게 하는 것이다.

족태음과 양명을 취하고 다시 삼리三里를 취하는 것은 먼저 기氣를 취하고 뒤에 다시 맥脈을 취하는 것이다.

천주天柱와 대저大杼를 취하고 다시 형혈과 수혈을 취하는 것은 먼저 맥을 취하고 뒤에 다시 기를 취하는 것이다.

청기와 탁기가 섞이는 것淸濁相干은 경맥 내외의 혈기가 궐역한 것이다.

〈영추·경맥經脈〉에서 "수육경手六經의 낙맥 중 수양명과 수소양의 대락大絡 은 오지에서 기시하여 주중肘中에서 합쳐진다六經絡 手陽明少陽之大絡 起于五指間 上合肘中"라고 했다. 팔다리에서 기가 궐역하면 먼저 혈맥을 제거하고 나서 다시 양명과 소양의 형혈과 수혈을 취한다. 먼저 맥중에서 궐역된 것을 제거하고 맥외의 혈기가 맥중으로 흐르게 하면 음양이 화평해진다.

黃帝曰: 補瀉奈何?

岐伯曰: 徐入徐出, 謂之導氣. 補瀉無形, 謂之同精. 是非有餘不足 也, 亂氣之相逆也.

黃帝曰: 允乎哉道, 明乎哉論, 請著之玉版, 命曰治亂也.

황제가 물었다. "보사補瀉는 어떻게 하는가?"

기백이 답했다. "침을 천천히 찔렀다가 천천히 빼는 것을 도기導氣라고 한다. 도기는 기를 빼고 보태는 것이 아니고 정을 보존하는 것同精*이다. 이것은 유여부족이 아니고 기가 뒤섞여 궐역한 것이기 때문이다."

황제가 말했다. "옳은 방법이고 명쾌한 논리다. 치란治亂이라고 정하고 옥판玉板에 기록하길 청한다."

⬤ 침을 천천히 찔렀다가 천천히 빼는 것徐入徐出은 기가 오가는 것을 유도하는 것이다.

---

* "보하는 것은 정기를 유도하고 사하는 것은 사기를 유도한다. 모두 정기를 보존하는 데 있으므로 보사무형 위지동정補瀉無形 謂之同精이라고 했다"―장경악.

영위는 정기精氣다. 수곡지정에서 함께 생기는 것이므로 동정同精이라고 한다.

서입서출徐入徐出, 즉 침을 천천히 찔렀다가 천천히 빼는 보사는 유여부족를 치료하는 것이 아니라 뒤섞인 기를 유도하는 것이다.

장옥사가 말했다. "상고 시대에 기氣를 다스리는 것은 옥판玉板에 기록했고, 혈맥을 치료하는 것은 금궤金匱에 기록했다."

35

창론脹論

黃帝曰: 脈之應於寸口, 如何而脹?

岐伯曰: 其脈大堅以澁者, 脹也.

黃帝曰: 何以知臟腑之脹也?

岐伯曰: 陰爲臟, 陽爲腑.

황제가 물었다. "촌구맥寸口脈이 어떻게 뛰어야 창병脹病인가?"

기백이 답했다. "맥이 대견大堅하면서 삽澁한 맥이 뛰면 창병이다."

황제가 물었다. "어떻게 장부의 창병을 알아내는가?"

기백이 답했다. "음맥은 장臟의 창병이고, 양맥은 부腑의 창병이다."

◉ 이것은 앞 문장을 이어서 위기衛氣가 형신形身과 장부臟腑의 내외를 행함에 순행하는 경우도 있고 역행하는 경우도 있는데 외부에서는 역순행이 제대로 안 되면 맥창脈脹이나 부창膚脹이 생기고, 내부에서 역순행이 안 되면 장부의 창병이 생긴다고 말한다. 촌구맥이 견대堅大한 것은 양맥이고, 맥이 삽澁한 것은 음맥이다. 음맥은 장臟의 창병이고, 양맥은 부腑의 창병이니 맥의 음양으로 장부의 창병을 알아낸다.

黃帝曰: 夫氣之令人脹也, 在於血脈之中耶, 臟腑之內乎?

岐伯曰: 三者皆存焉, 然非脹之舍也.

黃帝曰: 願聞脹之舍.

岐伯曰: 夫脹者, 皆在於臟腑之外, 排臟腑而郭胸脇, 脹皮膚, 故命曰脹.

황제가 물었다. "기기氣가 창창脹을 일으키는 것은 혈맥에 있을 때인가 장부臟腑에 있을 때인가?"

기백이 답했다. "세 가지가 모두 존재하지만 창창脹이 생기는 곳은 아니다."

황제가 물었다. "창창脹이 생기는 곳을 알고 싶다."

기백이 답했다. "창창脹은 모두 장부의 밖에 있는 것으로 장부를 밀치고 흉협을 둘러싸고 있는 흉곽에서 일어나 피부가 붓는 것을 창창脹이라고 한다."

⊕ 요사인이 말했다. "이것은 기기氣가 병들고 형체가 있는 장부와 혈맥에까지 미친 것이므로 세 가지가 모두 존재한다. 그러나 창창脹이 발생하는 곳은 아니다. 내부에 있는 창은 모두 장부의 바깥쪽 공곽空廓 안에 있다. 외부에 있는 것은 피부와 주리 사이에 있으므로 창이라 부른다. 창은 형체가 없는 기분氣分에 있다."

黃帝曰: 臟腑之在胸脇腹裏之內也, 若匣匱之藏禁器也, 各有次舍, 異名而同處, 一域之中, 其氣各異, 願聞其故.

황제가 물었다. "장부가 흉협과 복강 내에 있는 것은 마치 귀중한 물건을 금고에 저장하는 것과 같다. 오장이 각각 자리 잡고 있어 명칭이 다르지만 복강 내에 같이 있다. 한 공간에 있어도 기는 각각 다르니 그 까닭을 알고 싶다."

⊕ 왕방후가 말했다. "황제는 장부가 흉강과 복강 안에 있어 마치 금기禁器를 보관한 금고와 같고, 각기 구역이 있어서 오장육부의 기가 각각 다른데 이제 창기脹氣는 모두 장부의 외부에 있다고 하니 어느 장臟이고 어느 부腑인지 어떻게 구별할 수 있는가라고 묻고 있다. 아래에 기백의 답이 빠졌다."

黃帝曰: 未解其意, 再問.
岐伯曰: 夫胸腹, 臟腑之郭也. 膻中者, 心主之宮域也. 胃者, 太倉也. 咽喉小腸者, 傳送也. 胃之五竅者, 閭里門戶也. 廉泉玉英者, 津液之道也. 故五臟六腑者, 各有畔界, 其病各有形狀. 營氣循脈,衛氣逆爲脈脹, 衛氣並脈, 循分爲膚脹. 三里而瀉, 近者一下, 遠者三下, 無問虛實, 工在疾瀉.

황제가 물었다. "잘 이해하지 못하니 다시 묻는다."

기백이 답했다. "흉복은 장부를 둘러싸고 있는 성곽이다. 전중膻中은 심주心主를 둘러싸고 있는 궁성이다. 위胃는 곡식을 받아들이는 큰 창고다. 인후咽喉와 소장小腸은 소화물을 전송한다. 위장胃腸에는 인문咽門·분문賁門·유문幽門·난문闌門·백문魄門의 5규竅가 있어 마을의 출입구 역할을 한다. 염천廉泉과 옥영玉英은 진액을 분비한다.

따라서 오장육부도 각각 위치하는 구역이 있고, 나타나는 병형病形도 각기 다르다. 영기가 맥을 따라 도는데 위기가 역행하면 맥창脈脹이 되고, 위기가 맥을 따라 분육 사이를 돌면 부창膚脹이 된다. 삼리三里를 취하여 사법을 행한다. 병이 경미하면 한 번 침에 가라앉고, 심하면 세 번 침놓으면 부기가 소실된다. 허실을 따지지 말고 빨리 사해야 한다."

⊕ 위기衛氣는 위부胃腑 수곡지정水穀之精에서 생기고 낮에는 양분陽分, 밤에는 음분陰分을 돈다. 양분을 역행하면 맥과 피부가 붓고, 음분을 역행하면 복강이 붓고 오장육부까지 부을 수 있다.

흉복胸腹은 장부의 바깥 성郭郭이고, 전중膻中은 심주心主의 궁궐이다.

붓는 것脹은 모두 장부의 바깥쪽에서 이루어지니 장부를 밀치며 흉협을 둘러싼다. 이것은 위기가 음분으로 역행하니 장차 장부의 창脹도 될 수 있다.

위胃는 수곡을 받아들여 태창太倉이 되고 중초에 위치한다. 위로 인후가 있어 기를 전달하고 수곡을 보낸다. 아래는 소장과 연결되어 있어 조박과 진액을 전송한다. 위胃의 오규五竅는 마치 마을의 문호와 같다.

수곡이 위胃로 들어가면 오미에 따라 진액이 각기 분류되어 산미酸味는 간肝으로 먼저 가고, 고미苦味는 심心으로 가며, 감미甘味는 비脾로 가고, 신미辛味는 폐肺로 가며, 함미鹹味는 신腎으로 간다.

오장은 수곡지정水穀之精을 저장한다. 하초에 흘러넘친 진액은 임맥을 따라서 염천廉泉과 옥영玉英으로 나가서 위쪽의 공규를 적신다. 그러므로 오장육부는 각기 구역이 있고 병형도 다르다.

만약 영기가 맥을 따라 흐르는데 위기가 맥중으로 역행하면 맥이 붓는다脈脹. 만약 맥과 함께 분육으로 순행하면 피부가 붓는다膚脹. 위기가 비록 항상 맥과 더불어 분육分肉으로 행한다고 해도 흐름에 역순이 있다. 만약 맥과 함께 순행하는데 맥중으로 몰리면 맥이 붓고, 부육膚肉으로 행하면 피부가 붓는다. 이것은 모두 위기의 역행이니 순행 같으나 역행이다.

족양명위경의 삼리三里를 취하여 사해야 하며 피부나 맥에 있어 경미하면 한 차례, 복강에 있어 심하면 세 차례 치료한다. 허실을 따지지 말고 빨리 부기를 빼야 한다. 오래 놓아두면 장부까지 붓는다. 위기는 태창太倉에서 나오므로 위胃의 삼리혈三里穴을 사한다.

요사인이 말했다. "영기가 맥을 따라 움직이고 위기가 역행하면 맥창脈脹이 되는 것은 앞 문장의 '영기순맥 위기역행營氣循脈 衛氣逆行'과 같은 의미다."

오무선이 말했다. "위기가 복강 안으로 역행하면 고창鼓脹이 된다. 모원募原이 유착되어 진액을 전송하는 길을 막아버리면 장위腸胃가 붓는다. 문호의 경계가 분명하지 않은 것은 오장이 부은 것이다. 이는 모두 위부胃腑의 문호이고 도로이므로 족삼리足三里를 사한다. 병이 오래되어 허증虛症이 되면 사하다가 도리어 위기胃氣를 손상시키므로 빨리 부기를 빼는 것이 기술이다. 빨리 부기를 빼는 것은 초기에 치료하는 것이다."

양원여楊元如가 말했다. "역행하면 몸이 점차 빠져서 오래되면 허하게 되니 전송을 막는 것을 살펴서 사하고, 문호나 액도가 막혔으면 통하게 하며, 경계가 분명하지 않으면 잘 정리하며, 정기가 부족하면 보하는 것이니 보사와 소리疏理를 겸용하는 것이 창脹을 치료하는 좋은 방법이다. 만약 처음 병이 생겨 크게 허하지 않았으면 급히 공법攻法을 써야 하니 한방이면 가라앉는다."

주영년이 말했다. "의사가 사법만이 부기를 빼는 방법인 줄 알면 어떻게 내부의 문호와 도로를 알겠는가? 문호와 도로를 알아야 작은 실마리로 병을 치료할 수 있다. 그러므로 본경은 근본을 바로잡고 근원을 밝히는 학문이다."

예충지倪沖之가 말했다. "염천廉泉과 옥영玉英은 진액이 흐르는 길이다. 액도가 막히면 공규가 폐색되어 기가 내부로 역행한다. 그러므로 창脹을 치료할 때는 먼저 진액을 통하게 해야 한다. 그래서 '내려가게 하려면 일단 먼저 들어올려야 한다若欲下之 必先擧之'고 하는 것이다."

주위공朱衛公이 말했다. "액液液으로 정精이 흘러 공규를 적신다. '별기別氣가 귀로 나가서 듣고, 종기宗氣가 코로 올라가서 냄새를 맡으며, 탁기濁氣가 위로 나가서 입술과 혀로 가서 맛을 보고, 정양기精陽氣가 올라가 눈으로 가서 보는 것이다其別氣出于耳而爲聽 宗氣上出于鼻而爲嗅 濁氣出于胃走脣舌而爲味 其精陽氣上走于 目而爲睛'라고 했다. 그러므로 액도液道가 불통하면 모든 기가 다 역행한다."

批 후喉는 천기天氣를 주관하고, 인咽은 지기地氣를 주관한다.

批 영기는 위기와 서로 함께 움직이는 맥외의 혈기이다.

黃帝曰: 願聞脹形.

岐伯曰: 夫心脹者, 煩心短氣, 臥不安. 肺脹者, 虛滿而喘欬, 肝脹者, 脇下滿而痛引少腹. 脾脹者, 善噦, 四肢煩悗, 體重不能勝衣, 臥不安. 腎脹者, 腹滿引背央央然, 腰髀痛. 六腑脹, 胃脹者, 腹滿胃腕痛, 鼻聞焦臭, 妨於食, 大便難. 大腸脹者, 腸鳴而痛濯濯, 冬日重感於寒, 則飱泄不化. 小腸脹者, 少腹䐜脹, 引腰而痛. 膀胱脹者, 少腹滿而氣癃. 三焦脹者, 氣滿於皮膚中, 輕輕然而不堅. 膽脹者, 脇下痛脹, 口中苦, 善太息.

황제가 물었다. "창脹脹의 증상을 알고 싶다."

기백이 답했다. "심창心脹은 가슴이 답답하고, 숨이 가쁘며, 잠을 못 잔다.

폐창肺脹은 흉중이 허전하면서 팽창되고, 숨이 차고 기침을 한다.

간창肝脹은 협하가 팽만되고, 아랫배가 땅기면서 아프다.

비창脾脹은 딸꾹질이 나오고, 사지가 답답하며, 몸이 무겁고 옷을 입기 힘들며, 잠을 못 잔다.

신창腎脹은 배가 팽만하고 등이 땅기며, 허리와 허벅지에 통증이 있다.

육부창六腑脹을 말하겠다.

위창胃脹은 복부팽만, 위완통胃腕痛이 있고, 코에서 탄내가 나며, 음식이 잘 못 먹고, 대변 보기 힘들다.

대장창大腸脹은 장에서 물소리가 나면서 아프고, 겨울에 추위에 거듭 접촉하면 소화 안 된 손설飱泄이 나온다.

소장창小腸脹은 아랫배가 불러오고, 허리가 땅기면서 아프다.
방광창膀胱脹은 아랫배가 팽만되고, 소변이 안 나온다.
삼초창三焦脹은 피부에 기가 차서 물렁물렁하면서 단단하지 못하다.
담창膽脹은 협하가 아프고 팽창되며, 입이 쓰고 한숨을 잘 쉰다."

⊛ 오무선이 말했다. "이것은 위기衛氣가 성곽 안으로 역행하여 장부가 부은 것이다. 창형脹形을 묻는 것은 오장육부의 창형을 물은 것인데 처음에는 형체에 병증이 없다가 형체까지 미치는 것이다."

凡此諸脹者, 其道在一, 明知逆順, 鍼數不失. 瀉虛補實, 神去其室, 致邪失正, 眞不可定, 蠱之所敗, 謂之夭命, 補虛瀉實, 神歸其室. 久塞其空, 謂之良工.

무릇 모든 창증은 발생기전이 같다. 위기衛氣의 역순행 상태를 알아서 침법에 잘 맞춰야 한다. 허를 사하고 실을 보하면 신기神氣가 흩어져 정기正氣는 잃고 사기邪氣를 불러와 진기眞氣가 안정이 안 된다. 추공은 잘못하고서도 천명天命으로 단명했다고 한다. 허를 보하고 실을 사하면 신기가 돌아와 공규에 채워지니 양공良工이다.

⊛ 요사인이 말했다. "기도재일其道在一은 세 가지 창脹이 되는 기전은 모두 하나라는 것이다. 역순逆順은 영행맥중 위행맥외營行脈中 衛行脈外 해야 하는데 서로 반대로 흐르는 것이다. 공규를 채우는 것塞其空은 외부에서는 경맥과 피주皮腠가 비지 않게 하고, 내부에는 장부의 신기神氣를 충족시키면 저절로 궐역의 탈이 없게 된다. 이것이 양의가 미병未病을 치료하는 방법이다."

막중초莫仲超가 말했다. "앞 구절에서 허실을 따지지 말고 빨리 사하라고 했고, 여기서는 다시 허한 데 사하고 실한 데 보하면 신기가 빠져나간다고 했다. 이는 다시 사기와 정기를 잘 살펴서 보사해야 하는 것이다. 성인의 염려가 깊으니 학자는 깊이 연구하지 않으면 안 된다."

왕방후가 말했다. "신神은 선천지정先天之精과 수곡지정水穀之精이라는 두 정

精이 서로 뭉쳐 합쳐져서 된다.”

黃帝曰: 脹者焉生? 何因而有?
岐伯曰: 衛氣之在身也, 常然並脈循分肉, 行有逆順, 陰陽相隨, 乃
得天和, 五臟更始, 四時有序, 五穀乃化, 然後厥氣在下, 營衛留
止, 寒氣逆上, 眞邪相攻, 兩氣相搏, 乃合爲脹也.

황제가 물었다. “창脹은 어떻게 생기며, 무슨 이유로 창이 되는가?”
　기백이 답했다. “위기衛氣는 항상 맥과 함께 분육을 순환하면서 역행과 순행
을 하여 음양이 서로 따르는 것이 정상적인 흐름이다. 영기는 오장으로 흘러
내외를 출입하면서 음양이 바뀌고 끊임없이 돌며, 위기는 하루를 사시로 나누
어 음분과 양분을 차례로 돌아 음양이 조화를 이루면서 오곡이 소화된다. 하
지만 아래에서 궐기厥氣가 생기고 영위가 돌지 않으며 한기寒氣가 역상하고 정
기正氣와 사기邪氣가 서로 공격하여 두 기가 뭉쳐 합해지면 창脹이 된다.”

● 이것은 위기衛氣가 역행하는 것은 하초의 한기寒氣 때문에 일어난다고 말한
다. 위기는 항상 맥과 함께 분육을 순환하는데 역행과 순행이 있다. 위기는 맥
내의 영기와 서로 역순으로 행한다.

　음양상수陰陽相隨는 맥외의 영위가 서로 함께 도는데 음양청탁에 따라 역행
이 있고 순행이 있으니 이것이 정상적인 흐름이다. 천기天氣의 우선右旋과 서
전西轉의 움직임에 응하여 경수經水는 모두 동쪽으로 흘러가서 자연과 조화를
이룬다.

　오장갱시五臟更始는 영營이 장부경맥으로 흘러 내외를 출입하여 음양이 바
뀌면서 끊임없이 돈다.

　사시유서四時有序는 위기가 낮에는 양분을 돌고 밤에는 음분을 도는 것이 사
시의 한서왕래에 응하는 것이다.

　음양이 화평하여 오곡이 소화되어야 영위가 생긴다. 이는 먼저 음양화조陰
陽和調를 말한 다음 궐역厥逆의 원인을 논했으니 아래에서 궐기가 생기고, 영위
가 돌지 않으며, 한기寒氣가 역상하고, 정기와 사기가 서로 싸워 양기兩氣가 뭉
쳐 합쳐지면 창脹이 된다.

批 천도天道는 우측으로 돌고右旋, 지도地道는 좌측으로 돈다左轉.

批 〈영추·순기일일분위사시順氣一日分爲四時〉에서 일일一日을 사시四時로 구분했다.

> 黄帝曰: 善. 何以解惑?
> 岐伯曰: 合之於眞, 三合而得.
> 帝曰: 善.
>
> 황제가 물었다. "알겠다. 의혹이 다 풀리지 않았다."
> 　기백이 답했다. "영위營衛가 진기眞氣와 합쳐져서 셋이 합쳐지는 것인데 이것이 궐역의 원인이다."
> 　황제가 말했다. "알겠다."

⊕ 진眞은 선천으로 생긴 기와 곡기가 병합하여 몸을 채우는 것이다. 하초 선천의 원진元眞은 위에서 양명과 상합하여 수곡의 정미를 변화시켜 영위 이기二氣를 생성한다. 원진지기元眞之氣는 주리를 통회하면서 영위와 합병하여 형신을 채우면서 돈다. 그러므로 영위 이기二氣에 원진元眞이 합쳐지니 세 개가 합쳐진다. 이것이 궐역의 원인이 된다. 천진지기天眞之氣가 아래로 궐역하면 영위가 위에서 유체되고 멈춘다. 하초下焦 한수寒水의 기가 상역하면 진기와 사기가 서로 공격하여 영위가 뭉쳐 합쳐져서 창脹이 된다.

오무선이 말했다. "원진지기는 선천 신장에서 생기는 원기다. 한수寒水의 기와 상합하므로 진기와 사기가 뭉쳐 합해지면 진기는 반대로 아래로 궐역하고 한기寒氣는 반대로 위로 궐역한다. 진기가 위에서 영위와 상합하지 못하면 영위가 돌지 않고 멈춘다."

批 진眞은 신기神氣로 선천의 정수精水에서 생긴다.

> 黄帝問於岐伯曰: 脹論言無問虛實, 工在疾瀉, 近者一下, 遠者三下, 今有其三而不下者, 其過焉在?
> 岐伯對曰: 此言陷於肉肓, 而中氣穴者也. 不中氣穴, 則氣內閉, 鍼不陷肓, 則氣不行上越, 中肉則衛氣相亂, 陰陽相逐. 其於脹也, 當

瀉不瀉, 氣故不下, 三而不下, 必更其道, 氣下乃止, 不下復始, 可
以萬全, 烏有殆者乎? 其於脹也, 必審其胗, 當瀉則瀉, 當補則補,
如鼓應桴, 惡有不下者乎?

황제가 기백에게 물었다. "〈창론脹論〉에서 허실을 따지지 말고 빨리 사해야 하
고, 경미하면 한 번에 낫고 심하면 세 번이면 낫는다고 했는데 이제 세 번에도
낫지 않는다고 하니 무엇이 잘못된 것인가?"

　기백이 답했다. "이것은 육리肉理에 함하된 것이어서 기혈氣穴을 적중해야
한다. 기혈을 적중하지 못하면 기가 내부에서 막혀서 침이 육황肉肓까지 미치
지 못하며 기가 빠져나오지 못한다. 육肉을 찌르면 위기衛氣가 혼란스러워져
음양이 서로 다툰다. 창脹에 사해야 하는데 사하지 않으면 기가 돌지 못하여
세 번 찔러도 낫지 않는다. 방법을 바꾸어야 기가 돌아 나올 수 있다. 낫지 않
으면 다시 해야 만전을 기할 수 있으니 어찌 위태롭지 않은가? 창脹에는 반드
시 잘 진찰하여 사해야 할 경우 사하고 보해야 할 경우 보하는 것이니 북을 두
드리면 소리가 나듯이如鼓應桴 낫지 않을 수 없다."

◉ 이것은 위기衛氣가 내부로 역행하여 장부가 붓는 것으로 성곽과 모원募原의
구분이 있음을 말한다. 모원은 장부의 고황膏肓이다. 위기가 내부로 역행하여
창이 된 것은 복강에서 생긴 것이므로 삼리三里를 취하여 세 번이면 낫는다. 이
제 삼리를 세 번 놓았는데도 낫지 않는 것은 육황肉肓에 함하되었는데 기혈氣
穴을 찔렀기 때문이다. 기혈氣穴을 제대로 찌르지 못하면 안에서 막혀 밖으로
나오지 못한다. 침이 황肓을 찌르지 못하면 기가 돌지 못해 빠져나오지 못한
다. 그러므로 세 차례 찔러도 낫지 않는 것이니 그 방법을 바꿔야 하니 기혈을
취한다면 어찌 낫지 않겠는가?

안ㅣ기혈이 365개로 1년에 대응된다. 즉 위완胃脘과 관원關元은 계곡지회谿谷之
會가 아니므로 육肉을 찌르면 위기衛氣가 혼란스러워지고 음양이 다투게 된다.
대체로 위기는 피부와 장부의 육리肉理를 행하여 기혈에 들어가게 하므로 육肉
을 취하는 것은 맞지 않다.

　요사인이 말했다. "『금궤옥함金匱玉函』에서 '주주腠는 삼초의 원진지기元眞之氣

가 통회하는 곳이다. 이리는 피부와 장부의 살결이다腠者 三焦通會元眞之處 理者皮膚臟腑之文理也'라고 했다. 장부의 문리文理가 바로 장부 모원募原의 문리다. 육리肉理 속에 맥계脈系가 있다. 위기衛氣가 황막肓膜에 함하되어 맥락脈絡으로 들어간 것이므로 기혈을 취해야 한다."

왕방후가 말했다. "〈소문·기부론氣府論〉과 〈소문·기혈론氣穴論〉을 보면 모두 수족 삼음삼양경에 속한다. 부府와 혈穴을 나누는 것은 부府가 저장하는 곳으로 혈기를 꽉 막아 내부에 저장하는 것이고, 혈穴이 굴이라는 의미로 기氣가 이곳을 출입함을 말한다."

오륭진액별五癃津液別

黃帝問於岐伯曰: 水穀入於口, 輸於腸胃, 其液別爲五, 天寒衣薄, 則爲溺與氣, 天熱衣厚, 則爲汗, 悲哀氣幷, 則爲泣, 中熱胃緩, 則爲唾. 邪氣內逆, 則氣爲之閉塞而不行, 不行則爲水脹, 余知其然也, 不知其何由生, 願聞其道.

황제가 기백에게 물었다. "수곡이 입에 들어가서 장위腸胃로 전수되면 액액液이 다섯 가지로 나뉜다. 날이 차고 옷이 얇으면 소변溺과 방귀가 나오고, 날이 덥고 옷이 두꺼우면 땀汗이 나며, 슬퍼서 기가 몰리면 눈물泣이 나고, 속에 열이 있고 위胃가 따뜻하면 가래唾가 나온다. 사기邪氣가 내부에서 궐역하여 기가 막혀서 돌지 못하면 수창水脹이 된다. 내가 그러한 줄은 알겠으나 왜 생기는지는 모르겠다. 그 이유를 알고 싶다."

⊕ 오무선이 말했다. "이 장에서는 수곡에서 생긴 진액이 다섯으로 나뉘어 각기 제 길로 가고, 다섯 가지의 길이 막힌다면 수창水脹이 된다고 말한다. 다섯으로 나뉘는 것은 땀汗, 소변溺, 가래唾, 눈물泣, 수액髓液이다. 오륭五癃은 액액液이 뇌로 삼입되지 못하고 아래로 흐르며, 음양기도陰陽氣道가 불통하고, 사해四海가 폐색되며, 삼초가 주리로 통하지 못하여 진액으로 변화되지 못하는 것이다. 수곡이 하초에 머물면서 방광으로 삼입하지 못하여 수水가 넘치면 수창水脹이 된다. 이것을 편명으로 삼았다. 앞의 장에서는 기창氣脹의 원인을 말했고, 여기서는 수창의 원인을 말하니 그 원인을 알면 치료하는 방법을 알 수 있다."

岐伯曰: 水穀皆入於口, 其味有五, 各注其海. 津液各走其道, 故三焦出氣, 以溫肌肉, 充皮膚, 爲其津, 其流而不行者爲液.

기백이 답했다. "수곡이 입으로 들어가 생성된 오미五味는 각기 원하는 곳으로 주입되고, 진액은 각각 제 길로 간다. 그러므로 삼초에서 나온 기를 따라서 기육을 따뜻하게 하고 피부를 채우는 것은 진津이 되고, 유동성은 있지만 돌지 못하는 것은 액液이 된다."

◉ 오무선이 말했다. "여기서는 수곡지정水穀之精이 진津과 액液으로 나뉜다고 말한다. 위胃는 오장육부지해五臟六腑之海다. 수곡이 모두 위胃로 들어가고 오장육부가 위胃에서 기氣를 받는다. 오미五味는 각기 원하는 곳으로 귀속되며, 진액은 각각 제 길로 간다. 삼초에서 나오는 기를 따라가 기육을 따뜻하게 하고 피부를 충실케 하는 것은 진津이 되고, 유동성은 있으나 돌지 않는 것은 액液이 된다. 액液은 점액질로 골骨에 주입되고, 뇌수腦髓를 보익하며, 정精에 관주灌注되고 공규를 적신다."

天暑衣厚, 則腠理開, 故汗出, 寒留於分肉之間, 聚沫則爲痛.

날씨가 더운데 두꺼운 옷을 입으면 주리가 열리므로 땀이 나고, 분육 사이에 남아 있는 한기寒氣로 진액이 엉겨 통증이 생긴다.

◉ 이것은 진津이 땀이 되는 것을 말한다. 주리는 분육의 문리文理다. 진津은 삼초에서 나오는 기를 따라서 피부와 기육을 적시므로 주리가 열리면 땀이 많이 난다. 추워서 분육 사이에 몰리면 분육을 밀치고 갈라져서 아프게 된다. 말沫은 진津이 모여서 거품처럼 되는 것이다.

天寒則腠理閉, 氣濕不行, 水下留於膀胱, 則爲溺與氣.

날씨가 추우면 주리가 닫히고 기氣와 습濕이 돌지 못하고 수분水分이 내려가 방광에 머물면 소변과 방귀가 나온다.

● 요사인이 말했다. "이것은 진津이 소변이 되는 것을 말한다. 날이 추워지면 주리가 닫히고 삼초의 기가 습濕으로 인해서 돌지 못하여 진수津水가 방광으로 흘러가 소변과 방귀가 된다. 방광은 주도지관州都之官이고 진액이 차 있다가 기화氣化하여 나가는 것은 소변이 되고, 방광에 차 있는 것은 태양지기太陽之氣로 화생化生한다."

우안 | 땀, 소변, 혈, 수髓는 모두 수곡 진액이 변한 것이다. 기백은 황제의 질문에 나눠서 대답했다. 진津은 추위와 더위에 따라 내외로 출입함을 말한다. 그러나 하루에도 사시四時가 있고 음식이나 의복에도 한온후박寒溫厚薄이 있으니 독자는 글자만 따져서 원래 의미를 놓쳐서는 안 된다.

五臟六腑, 心爲之主, 耳爲之聽, 目爲之候, 肺爲之相, 肝爲之將, 脾爲之衛, 腎爲之主外. 故五臟六腑之津液, 盡上滲於目, 心悲氣幷則心系急. 心系急則肺擧, 肺擧則液上溢. 夫心系與肺不能常擧, 乍上乍下, 故欬而泣出矣.

오장육부는 심心이 군주가 되어 귀로 듣고 눈으로 보는 것이다. 폐肺가 재상이 되어 기혈 순환을 돕고, 간肝이 장군이 되어 싸우며, 비脾는 수곡을 운화시키고 주신周身을 봉양하며, 신腎은 정精을 관주하고 공규를 적신다. 그러므로 오장육부의 진액은 모두 올라가서 눈으로 삼입된다. 마음이 슬퍼지면 기가 몰려 심계心系가 급해진다. 심계가 급해지면 폐가 들리고 폐가 들리면 액液이 위로 넘친다. 심계와 폐는 항상 들릴 수 없고 올라갔다 내려갔다 하므로 기침이 나오면서 눈물이 난다.

● 이것은 오장육부의 진액이 올라가 눈으로 삼입되어 눈물이 되고 마음이 슬퍼 흐느끼면 폐가 들려 눈물이 나는 것이라고 말한다.

심心은 군주지관君主之官으로 오장육부 중에서 으뜸이다. 이목耳目은 상부에 있는 공규로 진액이 주입된다. 장將·상相·위衛는 군주의 신하다.

신주외腎主外는 신장은 진액을 저장하므로 정精을 관주灌注하고 공규를 적신다.

심비기병心悲氣幷은 슬프면 장부의 기가 모두 심心으로 몰려서 군주의 명령에 따른다. 심으로 기가 몰리면 심계心系가 빨라지고, 심계가 빨라지면 폐가 들리니 폐는 심장을 덮고 있기 때문이다. 폐가 들리면 액液이 위로 넘치고, 폐는 기氣를 주관하므로 수水는 기氣를 따라 움직인다. 심계와 폐는 계속 들려 있을 수 없다. 들렸다가 내렸다가 하는데 내려가면 기침이 나오고 들리면 눈물이 나온다.

中熱則胃中消穀, 消穀則蟲上下作. 腸胃充郭, 故胃緩, 胃緩則氣逆, 故唾出.

속에 열이 나면 위중胃中에서 소곡消穀하고 소곡이 되면 충蟲이 오르내리면서 움직여 장위腸胃에 채워지므로 위胃가 따뜻해진다. 위胃가 따뜻해지면 기가 역상하여 가래가 나온다.

⊕ 요사인이 말했다. "이것은 액液이 가래가 되는 것이다. 〈영추·구문口問〉에서 '위胃가 따뜻해지면 염천廉泉이 열리고 침이 나오면 족소음을 보한다'라고 했다. 임맥은 족소음에서 기시하여 올라가 염천으로 나간다. 위胃가 따뜻해지면 소음지기少陰之氣가 양명陽明과 합하지 못하고 반대로 염천으로 상역하여 수액水液이 따라 나오므로 가래가 나온다."

五穀之精液, 和合而爲膏者, 內滲入於骨空, 補益腦髓, 而下流於陰股.

오장의 진액이 화합하여 고膏가 된 것은 내부에서는 골공骨空에 삼입되고, 뇌수腦髓를 보익하며, 아래로 흘러 음고로 간다.

⊕ 여기서는 정액이 수髓가 되는 것을 말한다. 신腎은 주로 정精을 저장하고 골骨을 주관한다. 화합이위고和合而爲膏는 오곡의 액液과 신장腎臟의 정精이 서로 화합하여 골공骨空으로 삼입된다. 상행한 고膏는 골공에서 뇌수腦髓를 보익하고 다시 수공髓空에서 음고陰股로 내려간다. 이 정액은 점액질로 골에 주입되어 수髓가 되니 먼저 올라가 뇌를 채워주고 다시 내려간다. 그러므로 오장의 정액이 화합하여 고膏가 된다.

요사인이 말했다. "본경에서 '곡기가 들어가서 기가 가득 차면 점액질이 골로 주입되어 골이 굴신할 수 있게 되며 뇌수를 보익하니 이것이 액이다 穀入氣滿 淖澤注于骨 骨屬屈伸 補益腦髓 是謂液'라고 했다. 또 '신腎은 정精을 저장하는 곳으로 정화精華가 모발에 나타나며 골骨을 채워준다腎者精之處也 其華在髮 其充在骨'고 했다. 이것이 곡지액穀之液이 신지정腎之精과 함께 골에 주입되어 수髓가 되고 수髓는 뇌에 채워진다. 그래서 '서로 합쳐져 고膏가 된다和合而爲膏'고 했다."

陰陽不和, 則使液溢而下流於陰, 髓液皆減而下, 下過度則虛, 虛故腰背痛而脛痠. 陰陽氣道不通, 四海閉塞, 三焦不瀉, 津液不化, 水穀幷行腸胃之中, 別於回腸, 留於下焦, 不得滲膀胱則下焦脹, 水溢則爲水脹, 此津液五別之逆順也.

음양이 불화하면 액液이 넘쳐서 음부陰部로 내려가서 수액髓液이 모두 감소되고 줄어든다. 아래로 지나치게 내려가면 골骨이 빈다. 골이 비기 때문에 허리와 등이 아프고 다리가 쑤신다. 음양기도陰陽氣道가 불통하면 사해四海가 폐색되고 삼초가 기주肌腠로 통하지 못하여 진액이 생기지 않는다. 수곡이 장위腸胃를 돌고 회장回腸에서 갈라져 하초下焦에 머물면서 방광으로 삼입되지 못하면 하초가 붓고, 수水가 넘치면 수창水脹이 된다. 이것이 진액이 다섯으로 나뉘어 움직이는 것이다.

⊛ 여기서는 오액이 막혀서 요통과 수창水脹이 됨을 말한다. 음양불화陰陽不和는 소음과 양명의 불화다. 음양의 기가 불화하면 액液과 정精이 상합하지 못하여 액液이 골 밖으로 넘쳐서 음부陰部로 내려간다. 액液이 외부로 흘러 빠져나가면 수액髓液이 모두 감소되어 아래로 가서 고膏가 되지 못한다. 아래로 지나치게 흘러 빠져나가면 골骨이 비어 허리가 아프고 정강이가 쑤시게 된다. 이것은 수도髓道가 막혔기 때문이다.

음양기도陰陽氣道가 불통하면 진액이 사해四海로 주입되지 못하여 사해가 폐색된다. 삼초의 기氣가 기주肌腠로 통하지 못하면 진액이 생기지 못한다. 분비된 즙이 방광으로 삼입되지 못하면 하초가 붓는다. 수水가 아래로 넘치면 상역하여 수창水脹이 된다. 이것이 다섯 가지로 나뉜 진액의 역순이다.

五卷 ②

오열오사五閱五使

黃帝問於岐伯曰: 余聞刺有五官五閱, 以觀五氣. 五氣者, 五臟之使也, 五時之副也. 願聞其五使當安出.

岐伯曰: 五官者, 五臟之閱也.

黃帝曰: 願聞其所出, 令可爲常.

岐伯曰: 脈出於氣口, 色見於明堂, 五色更出, 以應五時, 各如其常, 經氣入臟, 必當治裏.

황제가 기백에게 물었다. "침놓을 때 오관五官으로 오장의 상태를 알아내는 데 얼굴의 기색을 관찰한다고 들었다. 오기五氣는 오장의 사령使令이고 오시五時에 부응한다. 오장의 상태가 어떻게 오관의 기색으로 나타나는지 알고 싶다."

기백이 답했다. "오관으로 오장의 상태를 알 수 있다."

황제가 물었다. "오장의 상태가 드러나는 바를 알아서 상법常法으로 삼고 싶다."

기백이 답했다. "맥은 기구氣口에 나타나고, 색은 명당明堂에 드러난다. 오시五時에 상응하여 오색도 변화하여 나타나고, 각 계절에도 상응하는 정상 안색이 있다. 사기邪氣가 경맥을 따라 오장에 들어가면 병색이 얼굴에 나타나니 내부의 장기를 다스려야 한다."

⏺ 막중초가 말했다. "오장의 기氣가 외부에서 오색五色으로 나타나고, 위로 오규五竅로 통하며, 오시五時에 응하면서 오색이 바뀐다. 각 장臟이 그러하다. 이는 내부에서 외부로 반응하는 것이다. 외부에서 내부로 가는 것은 피부에서 손락으로, 손락에서 낙맥으로, 낙맥에서 경맥으로, 경맥에서 장臟으로 가는 것이다. 그래서 '경기經氣가 오장으로 들어가면 반드시 내부의 장기를 치료해야

한다'고 말한다. 색色은 피부에 나타나고 오장의 기氣가 안색에 나타나는 것은 경맥에서 피부로 나온 것이다. 그래서 '오맥이 어디서 나오고 오색이 어디에 나타나는가?'라고 물었다."

양원여가 말했다. "색色과 기氣는 천天에 상응하고, 경맥經脈은 지地에 상응한다. 오장은 지地에 있는 오행五行이 주관하고, 오색이 얼굴에 나타나니 이는 오행지기五行之氣가 천天에 올라가서 드러나는 것이다. 내부에서 외부로 나오는 것은 오장에서 경맥, 피부로 가니 지기地氣가 천天으로 올라가는 것에 상응한다. 외부에서 내부로 들어가는 것은 피부와 경맥을 경유하여 오장으로 들어가니 천기天氣가 지地로 하강하는 것이 상응한다. 승강출입이 환전무단하므로 '사기가 오장에 들어가면 내부의 장기를 다스려야 한다經氣入臟必當治裏'고 한 것이다."

批 오시五時는 천지기天之氣다.

帝曰: 善. 五色獨決於明堂*乎?
岐伯曰: 五官已辨, 闕庭**必張, 乃立明堂, 明堂廣大, 蕃蔽***見外, 方壁高基, 引垂居外, 五色乃治, 平博廣大, 壽中百歲, 見此者, 刺之必已, 如是之人者, 血氣有餘, 肌肉堅緻, 故可苦****以鍼.

황제가 물었다. "알겠다. 오색이 명당明堂에서만 결정되는가?"

기백이 답했다. "오관이 뚜렷하고, 이마가 넓으며, 코가 우뚝하고 비익鼻翼이 발달되며, 양협兩頰과 이문耳門이 보이며, 얼굴 살이 풍성하고 윤곽이 뚜렷하며, 양턱이 두툼하고 밖으로 향하며, 오색이 윤기가 있어 얼굴이 평정平正하고 오관이 수려하면 100세까지 살 수 있다. 이렇게 보일 때 침놓으면 반드시 나으니 이런 사람은 혈기가 유여하고 기육이 치밀하므로 침으로 치료할 수 있다."

---

*　명당明堂은 코다.
**　궐闕은 눈썹, 정庭은 이마다. 궐정闕庭은 양 미간과 앞이마를 말한다.
***　번蕃은 볼, 폐蔽는 귀다.
****　『갑을경甲乙經』에 '苦'는 '治'로 되어 있다.

◉ 막중초가 말했다. "여기서는 오장지기가 얼굴의 넓고 두터움으로 나타남을 말한다. 궐정闕庭은 이마다. 명당明堂은 왕이 정치를 하는 곳으로 천궐天闕과 왕궁王宮 턱 사이에 있다. 번폐蕃蔽는 볼 옆의 이문耳門 사이로 명당을 병풍처럼 둘러싸고 있다. 방벽고기方壁高基는 얼굴 사방 윤곽이 단단하고 지각地閣이 올라오고 두툼한 것이다. 인수거외引垂居外는 턱 양쪽이 늘어져 중토中土를 보장하는 것이다. 이것은 얼굴이 훤하게 넓고 윤기가 있으며 밝다. 이러하면 천지지기天地之氣가 교차·형통하여 100세까지 장수한다."

黃帝曰: 願聞五官.
岐伯曰: 鼻者, 肺之官也. 目者, 肝之官也. 口脣者, 脾之官也. 舌者, 心之官也. 耳者, 腎之官也.

황제가 물었다. "오관에 대해 알고 싶다."
　기백이 답했다. "코鼻는 폐肺의 담당이고, 눈目은 간肝의 담당이며, 입과 입술口脣은 비脾의 담당이고, 혀舌는 심心의 담당이며, 귀耳는 신腎의 담당이다."

◉ 관官은 담당을 말한다. 냄새를 감별하고, 색깔을 구별하며, 오곡을 먹고, 맛을 알며, 소리를 듣는 것은 바로 오장의 기가 오규五竅에 반응하고 오규가 각각 담당하는 기능이다.

黃帝曰: 以官何候?
岐伯曰: 以候五臟. 故肺病者, 喘息鼻張. 肝病者, 眥靑. 脾病者, 脣黃. 心病者, 舌卷短, 顴赤. 腎病者, 顴與顔黑.

황제가 물었다. "오관으로 무엇을 살피는가?"
　기백이 답했다. "오관으로 오장을 살핀다.
　폐병肺病은 숨차하면서 코가 벌렁거린다.
　간병肝病은 눈가가 푸르다.
　비병脾病은 입술이 노랗다.
　심병心病은 혀가 말려 짧아지고 관골顴骨이 붉다.
　신병腎病은 관골과 안색이 검다."

● 막중초가 말했다. "오관은 오장의 상태를 엿보는 것이다. 오관의 색色과 증상症狀을 보면 오장병을 알 수 있다."

黃帝曰: 五脈安出? 五色安見? 其常色殆者如何?

岐伯曰: 五官不辨, 闕庭不張, 小其明堂, 蕃蔽不見, 又埤其墻, 墻下無基, 垂角去外, 如是者, 雖平常殆, 況加疾哉.

황제가 물었다. "오맥은 어디서 나오고 오색은 어떻게 나타나는가? 안색이 정상인데도 위태로운 경우는 어째서인가?"

기백이 답했다. "오관이 분명하지 못하고, 미간이 좁으며, 코가 납작하고, 볼과 이문耳門이 수척해 보이지 않으며, 또 얼굴이 함몰되고, 골격이 빈약하며, 턱이 깎여 안으로 향하면 이런 자는 평상시에도 위험한데 황차 질병이 가해지면 어찌하겠는가?"

● 막중초가 말했다. "이것은 얼굴 바탕이 빈약하면 안색이 정상이어도 위태롭다는 것이다. 사람은 천지지기天地之氣를 타고나니 얼굴이 풍성하고 밝으며 오관이 뚜렷해야 장수한다."

黃帝曰: 五色之見於明堂, 以觀五臟之氣, 左右高下, 各有形乎?

岐伯曰: 腑臟之在中也, 各以次舍, 左右上下, 各如其度也.

황제가 물었다. "명당에 나타난 오색으로 오장의 기를 보아서 좌우고하左右高下의 병형을 알 수 있는가?"

기백이 답했다. "중中에 있는 장부는 각기 좌우상하에 위치한 순서대로 얼굴에 배치된다."

● 막중초가 말했다. "명당은 코다. 오장은 중앙에 순서대로 있고, 육부는 그 옆에 나타난다. 오색은 명당에 나타나고, 장부의 기가 각기 배치된 부위에 있다. 이 편은 뒤의 제49편 〈오색五色〉과 서로 조응되니 이 편에서는 천지인天地人 삼재三才가 상응하는 것을 말했고, 뒤편에서는 장부의 기색氣色이 병의 사생死生을 주관한다는 것을 말한다."

역순비수逆順肥瘦

黃帝問於岐伯曰: 余聞鍼道於夫子, 衆多畢悉矣. 夫子之道應若失, 而據未有堅然者也. 夫子之問學熟乎? 將審察於物而心生之乎?

황제가 기백에게 물었다. "내가 선생님에게 침도鍼道에 관하여 많은 내용을 모두 다 명확하게 배웠다. 선생님의 가르침대로 치료하면 다 나아 낫지 않는 병이 없다. 선생님이 열심히 공부하고 배워서 아는 것인가? 아니면 사물에서 자세히 관찰하여 내심에서 도리를 깨우친 것인가?"

🌐 이 편에서는 사람 형체의 후박厚薄과 혈기의 청탁清濁이 천지지도天地之道에 상응하여 역행逆行과 순행順行을 한다는 것을 말한다.

선생님의 도는 실행하면 다 이루어지는 것夫子之道 應若失은 도가 심오하여 이루기 어려운 것이다.

견堅은 확실한 것이다.

사물에서 관찰한다는 것察于物은 사물에 부딪혀서 궁리하는 것이다.

마음에서 나오는 것心生之은 활연관통豁然貫通이다.

성인의 도는 천지의 이치에 통하고 사물의 상도常道에 합치한다.

양원여가 말했다. "견堅은 바로 안자顏子가 말한 '뚫으려고 하면 더욱 단단해지고, 앞에 있는 것 같다가 홀연히 뒤에 있다鑽之彌堅 瞻之在前 忽然在後'는 뜻이다."

岐伯曰: 聖人之爲道者, 上合於天, 下合於地, 中合於人事, 必有明法, 以起度數, 法式檢押, 乃後可傳焉. 故匠人不能釋尺寸而意短

長, 廢繩墨而起平木也, 工人不能置規而爲圓, 去矩而爲方. 知用
此者, 固自然之物, 易用之敎, 逆順之常也.
黃帝曰: 願聞自然奈何?
岐伯曰: 臨深決水, 不用功力, 而水可竭也. 循掘決衝, 而經可通
也. 此言氣之滑澀, 血之淸濁, 行之逆順也.

기백이 답했다. "성인의 도는 위로는 천도天道에 합하고 아래로는 지리地理에
합하며 중간은 인사人事에 합치한다. 반드시 명확한 법도를 세워서 도수度數를
제정하고 법식法式을 따르며 단속해야 후세에 전할 수 있다. 그러므로 장인匠
人은 척촌尺寸이 없으면 길이를 잴 수 없고, 목수는 승묵繩墨이 없으면 수평을
만들 수 없으며, 공인工人은 규規가 없으면 원형을 그릴 수 없고 구矩가 없으면
방형方形을 그릴 수 없다. 이런 것을 쓸 줄 아는 것은 자연의 이치를 본받은 것
이어서 쉽게 쓸 수 있는 가르침이기 때문이니 역순逆順의 상도常道다."

황제가 물었다. "자연自然이란 무엇인가?"

기백이 답했다. "깊은 못에서 제방을 티서 물이 흘러나가게 하면 힘쓰지 않
아도 물이 다 빠진다. 굴을 파서 물을 끌어올리면 강에 통할 수 있다. 이것은
기의 활삽滑澀과 혈의 청탁淸濁에 따른 역행과 순행이다."

⏺ 기백은 천지天地의 도道가 자연自然에서 이루어져 애써 힘쓰지 않는 것이니
비록 아주 심오하여 밝히기 어려운 것이라 해도 규구방원規矩方圓에서 벗어나
지 않는다고 말한다. 높은 곳에서 제방을 터서 물이 흘러가게 하는 것臨深決水
은 막힌 것을 터서 흘러나가게 하는 것이다. 굴을 파서 물이 솟아오르는 것循掘
決衝은 물을 끌어오는 것이다. 이것이 역순지행逆順之行이다.

양원여가 말했다. "규구방원規矩方圓은 천지의 상象이다. 역순逆順은 지기地
氣가 좌로 돌고 천도天道가 우측으로 도는 것이다. 힘들이지 않는 것不用功力은
저절로 이루어지는 것이다."

黃帝曰: 願聞人之白黑肥瘦小長, 各有數乎?
岐伯曰: 年質壯大, 血氣充盈, 膚革堅固, 因加以邪, 刺此者, 深而
留之, 此肥人也. 廣肩腋, 項肉薄, 厚皮而黑色, 脣臨臨然, 其血黑

以濁, 其氣澁以遲. 其爲人也, 貪於取與. 刺此者, 深而留之, 多益
其數也.

황제가 물었다. "피부의 흑백黑白, 체구의 비수肥瘦, 키의 소장小長에 따라 침놓
는 방법이 차이가 나는가?"

기백이 답했다. "젊고, 체적이 장대하고, 혈기가 충만하고 왕성하며, 피부가
단단한데 병이 걸리면 침을 깊이 찌르고 유침시킨다. 이런 비인肥人은 어깨가
넓고, 목이 가늘며, 피부가 두껍고 검으며, 입술이 두텁고 크며, 혈이 검고 탁
하며, 기가 삽하고 느리게 뛴다. 이런 사람은 남에게서 취하길 좋아한다. 침을
깊이 찌르고 유침시키며 침을 많이 놓는다."

● 여기서는 많이 살찐 사람을 말하고 있다.

광견액廣肩腋은 체격이 사방으로 넓은 것이다.

항項은 태양지기가 주관하는 곳으로, 목에 살이 없고 피부가 두텁고 검으면
태양지수太陽之水가 성한 것이다.

순갈은 비토脾土의 외후다.

임임연臨臨然은 입술이 두텁고 큰 것이다. 검은색은 수水의 색이다.

혈이 검고 탁한 것血黑以濁은 정수精水가 아주 탁한 것이다.

기가 삽하고 느리다는 것氣澁以遲은 살이 쪘지만 기도氣道는 삽체한 것이다.
대체로 많으면 줄 수 있고 부족하면 받으려 한다.

취하려 애쓴다는 것貪於取與은 중화지도中和之道를 얻지 못한 것이니 지나침
過은 못 미침不及과 마찬가지다.

양원여가 말했다. "전편에서는 오장의 기가 얼굴의 후박과 기색의 청조淸粗
에 상응한다는 것을 말했고, 이 편에서는 형체의 비수肥瘦와 혈의 청탁이 태
과太過와 불급不及에 상응함을 말하고 있다. 피맥육근골皮脈肉筋骨은 오장의
외합이다."

주제공이 말했다. "오운五運은 중中을 주관하고, 육기六氣는 외부를 주관한
다. 사람은 천지의 운기運氣를 타고났으므로 대부분 태과와 불급이 있다."

黃帝曰: 刺瘦人奈何?

岐伯曰: 瘦人者, 皮薄色少, 肉廉廉然, 薄脣輕言, 其血淸氣滑, 易脫於氣, 易損於血, 刺此者, 淺而疾之.

황제가 물었다. "마른 사람은 어떻게 침놓는가?"

　기백이 답했다. "마른 사람은 피부가 얇고 윤기가 없으며 살이 빠져 핼쑥하며 입술이 얇고 말이 가벼우며 혈은 맑고 기가 빠르게 움직여 기가 쉽게 빠지고 혈이 손상되기 쉽다. 이런 사람은 침을 얕게 찌르고 빨리 뺀다."

◉ 이것은 외형이 마른 사람을 말하고 있다.

피부가 얇고 안색에 윤기가 없는 것皮薄色少은 천기天氣가 부족한 것이다.

염렴廉廉은 핼쑥하게 여윈 모양이다.

몸이 핼쑥하게 여위고 입술이 얇고 말이 가벼운 것肉廉廉然 薄脣輕言은 지기地氣가 부족한 것이다.

혈청血淸은 혈액이 맑아 겉에 드러난다.

기활氣滑은 몸이 마르고 기가 빠르게 움직인다.

막중초가 말했다. "오음은 장하기長夏氣에 상응하니 몸이 마르면 말도 가볍다."

주제공이 말했다. "기도氣道의 활삽滑澁은 살이 쪘느냐 마르냐에 따르는 것으로 천기天氣가 지중地中을 행하는 것에 상응한다."

黃帝曰: 刺常人奈何?

岐伯曰: 視其白黑, 各爲調之, 其端正敦厚者, 其血氣和調, 刺此者, 無失常數也.

황제가 물었다. "보통사람은 어떻게 침놓는가?"

　기백이 답했다. "피부와 안색이 흰지 검은지를 살펴서 각각 조절하니 체격이 단정하고 살집이 풍후하면 혈기가 조화된 것이니 이런 사람은 정해진 방법을 따라 침놓는다."

◉ 이것은 균형 잡힌 보통사람을 말한다.

흑백黑白은 수천水天의 색이다.

단정돈후端正敦厚는 곤坤의 덕이다. 이것은 화평한 천지지기天地之氣를 얻은 것이므로 혈기가 균형이 맞는 것이다.

상수常數는 천지의 정해진 수常數다.

사람은 천지지기에 상응하고, 침은 천지인天地人의 수數에 합치한다.

> 黃帝曰: 刺壯士眞骨者奈何?
> 岐伯曰: 刺壯士眞骨, 堅肉緩節監監然, 此人重則氣澁血濁, 刺此者, 深而留之, 多益其數. 勁則氣滑血淸, 刺此者, 淺而疾之.
>
> 황제가 물었다. "기골이 장대한 젊은이는 어떻게 침놓는가?"
> 기백이 답했다. "골격이 단단하고 기육이 이완되며 관절이 강인한 사람에게 침놓을 때는 중탁重濁한 사람이면 기가 삽하고 혈이 탁하니 침을 깊이 찌르고 유침시키고 많이 찌르며, 경경輕勁한 사람이면 기가 활滑하고 혈이 청淸하니 얕게 찌르고 빨리 뺀다."

◉ 이것은 아주 건강하게 태어난 장년의 남자를 말한다. 선천의 진원眞元이 신장腎臟에 저장되고 신腎이 골骨을 주관하므로腎主骨 원래 건강한데다 골육도 충만하다.

골격이 단단하고 기육이 이완되며 관절이 강인한 것眞骨堅 肉緩 節監監然은 근골筋骨이 균형이 잡히고 기육이 충만한 것이다.

감감監監은 우뚝하고 늠름한 모양이다. 중탁重濁한 사람은 기기氣가 삽澁하고 혈이 탁濁하며, 경경輕勁한 사람은 기기氣가 활滑하고 혈이 청淸하다. 원진元眞은 혼연混然된 기인데 태어나고 나서 경중고하輕重高下의 구분이 생긴다.

깊이 찌르고 유침시키는 것深而留之과 얕게 찌르고 빨리 빼는 것淺而疾之은 기가 내외로 출입하게 유도하는 것이다.

批 계곡谿谷은 골육骨肉에 속하지만 본래 골骨에서 생기는 것이다.

黃帝曰: 刺嬰兒奈何?

岐伯曰: 嬰兒者, 其肉脆, 血少氣弱, 刺此者, 以毫鍼, 淺刺而疾發鍼, 日再可也.

황제가 물었다. "영아嬰兒는 어떻게 침놓는가?"

기백이 답했다. "영아는 살이 무르고 혈이 적으며 기가 약하다. 호침毫鍼으로 얕게 찌르고 빨리 뺀다. 하루 두 번도 가능하다."

⊕ 이것은 영아가 아직 원진元眞이 채워지지 않았으므로 살이 취약하고 혈이 적으며 기가 약한 상태를 말한다. 강보에 싸여 젖 먹는 아이를 영아라고 한다.

남자 8세, 여자 7세에 비로소 신기腎氣가 성해지기 시작하고 이를 갈며 모발이 자란다. 남자 28세, 여자 21세에 근골이 융성해지고 기육이 튼실해진다. 형육과 혈기는 비록 후천 수곡의 자생으로 생기는 것이지만 선천의 생원生原에 바탕을 두고 있다.

하루 두 번 침놓아도 되는 것日再은 음양혈기의 생장을 유도하는 것이다.

批 해가 뜨면 양기가 융성해지고, 해가 지면 음기가 성해진다.

黃帝曰: 臨深決水奈何?

岐伯曰: 血淸氣濁, 疾瀉之則氣竭焉.

黃帝曰: 循掘決衝奈何?

岐伯曰: 血濁氣澀, 疾瀉之則經可通也.

황제가 물었다. "둑을 터서 물을 내려보내는 것臨深決水은 무엇인가?"

기백이 답했다. "혈청기탁血淸氣濁하여 혈은 맑지만 기가 탁한 경우 기를 빨리 사해야 기가 빠진다."

황제가 물었다. "굴을 파서 물을 끌어올리는 것循掘決衝은 무엇인가?"

기백이 답했다. "혈탁기삽血濁氣澀하여 혈이 탁하여 기가 응삽된 경우 혈을 빨리 사해야 경經이 통한다."

⊕ 청탁淸濁은 천지지기天地之氣다. 임심결수臨深決水, 순굴결충循掘決衝은 역행

과 순행이다. 혈기가 역순에 따라 행하는 것은 천지天地의 선전旋轉에 응한다.

안 | 이 편은 형육의 후박견취厚薄堅脆와 혈기의 다소청탁多少淸濁이 태과불급太過不及의 기에 상응한다고 말한다. 그러므로 용침用鍼의 천심질서淺深疾徐와 자법刺法의 다소보사多少補瀉도 모두 침을 사람에 합치시켜 화평되게 유도한다. 그러므로 편중에 사邪나 병病 두 글자가 없다. 만약 사기邪氣를 사하는 것으로 논한다면 경의 뜻과는 멀어진다.

> 黃帝曰: 脈行之逆順奈何?
> 岐伯曰: 手之三陰, 從臟走手, 手之三陽, 從手走頭, 足之三陽, 從頭走足, 足之三陰, 從足走腹.
>
> 황제가 물었다. "맥은 어떻게 역행하고 순행하는가?"
> 　기백이 답했다. "수지삼음手之三陰은 장臟에서 수手로 가고, 수지삼양手之三陽은 수手에서 두頭로 가며, 족지삼양足之三陽은 두頭에서 족足으로 가고, 족지삼음足之三陰은 족足에서 복腹으로 간다."

⊛ 이것은 수족음양지맥이 상하내외로 역행逆行과 순행順行을 하니 지地의 경수經水에 상응한다.

> 黃帝曰: 少陰之脈獨下行, 何也?
> 岐伯曰: 不然, 夫衝脈者, 五臟六腑之海也, 五臟六腑皆稟焉. 其上者, 出於頏顙, 滲諸陽, 灌諸精. 其下者, 注少陰之大絡, 出於氣街, 循陰股內廉, 入膕中, 伏行骭骨內, 下至內踝之後, 屬而別. 其下者, 並於少陰之經, 滲三陰, 其前者, 伏行出跗, 屬下, 循跗入大指間, 滲諸絡而溫肌肉. 故別絡結則跗上不動, 不動則厥, 厥則寒矣.
> 黃帝曰: 何以明之?
> 岐伯曰: 以言導之, 切而驗之, 其非必動, 然後乃可明逆順之行也.
> 黃帝曰: 窘乎哉. 聖人之爲道也. 明乎日月, 微於毫釐, 其非夫子, 孰能道之也!

황제가 물었다. "족소음맥만 하행하는 것은 어째서인가?"

기백이 답했다. "그렇지 않다. 충맥衝脈은 오장육부의 바다海니 오장육부는 모두 충맥에서 기를 받는다. 올라가는 것은 항상項顙으로 나가서 제양諸陽에 삼입하여 제정諸精에 관주灌注한다. 내려가는 것은 소음의 대락大絡으로 주입되어 기가氣街로 나가서 허벅지 안쪽을 순환하고 괵중膕中으로 내려가 경골脛骨 내로 잠행하고 내과內踝 뒤쪽 관절로 내려가서 갈라진다. 내려가는 것은 소음경과 합쳐져서 삼음三陰에 삼입된다.

앞으로 가는 것은 잠행하여 발등으로 나가서 발바닥에 속하고 다시 발등을 순환하고 엄지발가락으로 들어가 제락諸絡에 삼입하여 기육肌肉을 덥힌다. 따라서 별락別絡이 뭉치면 발등의 맥이 뛰지 않고 발등 맥이 뛰지 않으면 궐역하여 차가워진다."

황제가 물었다. "어떻게 증명하는가?"

기백이 답했다. "물어보고 눌러서 안다. 별락이 뭉치지 않았으면 발등에 맥이 뛴다. 이것으로 역순을 알 수 있다."

황제가 말했다. "끝이 없도다. 성인의 도는 해나 달보다 밝고, 터럭보다 자세하니 선생님이 아니면 누구 알 수 있으리오!"

⬤ 이것은 혈기가 맥외를 도는 것이 천지도天之道에 상응함을 말한다.

사천司天은 위에 있고, 재천在泉은 아래에 있다. 수천지기水天之氣가 오르내리면서 상통하는 것은 혈기가 충부열육充膚熱肉하니 피모에 스며들어 기육이 충만되는 것에 상응한다. 겁 많고 약한 사람은 수도水道가 돌지 못하여 형기形氣가 소삭한다.

충맥은 오장육부지해五臟六腑之海이다. 오장육부의 기는 모두 충맥에서 받아서 돈다. 올라가는 것은 항상項顙으로 나가 모든 양분에 삼입되고 음분을 적신다. 아래로 가는 것은 소음의 대락大絡으로 주입되어 기가氣街로 내려간다. 오장육부의 혈기는 모두 충맥에서 맥외 피부로 삼출되고 관개되는데 이것은 수분이 기를 따라 천표天表로 퍼지는 것에 상응한다. 소음은 선천의 수화水火를 주관하는데 수화는 정기精氣다.

충맥은 소음경과 병행하여 삼음三陰에 삼입되어 발등을 순환하고 엄지발가

락 사이로 들어가 제낙맥諸絡脈에 삼입되어 기육을 따뜻하게 한다. 이 소음의
정기는 또 충맥으로 경맥과 피부의 내외를 출입한다. 그러므로 별락別絡이 뭉
친 것은 소음의 기가 발등으로 가지 못하여 발등의 동맥이 뛰지 않는다. 동맥
이 뛰지 않는 것不動은 소음의 기가 내부에서 궐역된 것이므로 궐이 되면 차가
워진다. 이것은 기혈이 맥내에서 뭉쳐서 맥외로 통할 수 없으므로 어딘지 물
어보아 기가 밖으로 나가게 하고, 맥을 눌러보아 정혈精血의 움직임을 알아낸
다. 별락이 뭉치지 않았으면 발등 맥이 뛸 것이니 이것으로 역순지행逆順之行
을 알 수 있다. 역순지행은 소음의 정기精氣가 부표로 삼출되고 관개되어 다시
맥중으로 운행되니 사천재천司天在泉의 기氣가 지구 주위를 돌고 다시 지중地中
을 관통하는 것에 대응된다.

일월보다 밝고 터럭보다 미세하다는 것明于日月 微於毫釐은 성인의 도道가 하
늘에서 일월日月이 운행하는 것처럼 조금도 차질 없는 것이다. 그러므로 "성인
의 도는 위로 천도天道에 합하고, 아래로 지도地道에 합하며, 가운데에서는 인
사人事에 합하니 반드시 명법이 있어 도량형과 법식과 금기가 정해져야 후세
에 전할 수 있다聖人之爲道者 上合于天 下合于地 中合于人事 必有明法 以起度數 法式檢押
乃後可傳焉"라고 했다.

양원여가 말했다. "오장육부는 오운五運이 중앙에 있는 것에 대응되니 오운
은 신기神機의 출입이다. 피부와 경맥은 육기六氣가 외부에 있는 것에 대응되
니 육기는 좌우로 돌고 상하로 승강한다. 오장육부는 충맥에서 기를 받아 부
표로 운행되니 지기地氣가 외부로 나가는 것에 대응된다."

막중초가 말했다. "충맥은 경맥과 피부의 내외를 순행하고 역행하면서 몸을
충실케 하며 온몸을 가지 않는 곳이 없으니 '역순지행'이라고 한다. 경맥의 혈
기가 순행하면 피부의 기혈은 반대로 도니 이것은 천지운행에 대응된다. 오장
육부에서 받는다는 것稟于五臟六腑은 곧 수곡에서 생긴 혈기가 중中에 흘러넘쳐
충맥에서 피부로 포산된다. 소음의 기혈은 선천의 정기精氣. 충맥과 함께 삼
음三陰으로 삼입되어 맥중脈中을 행하고, 발등을 순환하면서 발가락의 여러 낙
맥으로 삼입되어 맥외로 나간다. 그러므로 양기陽氣는 족오지足五趾의 바깥쪽
에서 일어나고, 음기陰氣는 오지五趾의 안쪽에서 일어나니 모두 족소음의 선천

의 수화水火다.

　몸이 풍성한 사람은 수곡에서 만들어진 혈기가 온몸에 충만되고 기육을 따뜻하게 하며 피모를 적시니 골이 단단하고 기육이 이완되며 관절이 부드러우면서 키가 우뚝하여 늠름한 것은 선천의 정기를 타고난 것이다. 피육근골과 영위혈기는 모두 선천에 근본을 두고 후천에서 만들어진 혈기가 보태져 근골이 강건해지고 기육이 풍후해진다. 그래서 처음에는 비수장단肥瘦長短에 대해 말했고, 끝에는 충맥과 소음의 출입으로 맺고 있다."

批 항상頏顙은 코 내부로 천기天氣와 통한다.

批 장부의 혈기는 후천의 혈기고, 소음의 혈기는 선천의 혈기다.

혈락론血絡論

> 黃帝曰: 願聞其奇邪而不在經者.
> 岐伯曰: 血絡是也.
>
> 황제가 물었다. "경經에 있지 않은 기사奇邪에 대해 알고 싶다."
> 　기백이 답했다. "혈락血絡이 기사奇邪다."

◉ 이것은 앞 문장에 나오는 소음의 대락大絡을 이어받아 다시 장부臟腑의 십이낙맥十二絡脈을 통틀어 말한다.

〈영추·옥판〉에서 "사람은 곡식으로부터 기를 받는다. 곡식은 위胃로 주입되니 위는 수곡혈기의 바다海다. 바다에서 증발된 구름이 되어 천하로 퍼진다. 위胃에서 나온 혈기는 경수經隧로 간다. 경수는 오장육부의 대락이다人之所受氣者 穀也 穀之所注者 胃也 胃者 水穀血氣之海也 海之所雲氣者 天下也 胃之所出血氣者 經隧也 經隧者 五臟六腑之大絡也"라고 했다.

곡식이 위胃에 들어가면 폐肺로 전해지고 중中으로 흘러넘쳐 외부로 포산된다. 정전자精專者는 경수로 가니 이것이 수곡에서 생기는 혈기고, 맥중을 행하는 영기다. 수곡의 정기精氣는 위胃의 대락에서 장부의 경수로 주입되고, 손락을 통과하여 피부로 나가서 기육을 따뜻하게 한다. 이것이 수곡에서 생긴 기혈이 맥외로 퍼지는 것이다. 대락은 경맥과 다른 곳이므로 경맥에 있지 않은 기사奇邪는 혈락血絡이다.

앞 문장에서는 오장육부의 혈기와 소음 신장腎臟의 정기가 충맥에서 피부로 나간다고 말했는데 이 장에서는 위胃에서 만들어진 기혈氣血이 장부의 대락에서 피부로 나간다고 말한다.

양원여가 말했다. "〈소문·유자론〉에서 '사기가 피모로 들어가면 손락에서 머물러 있다가 막혀서 통하지 않게 되면 경經으로 들어가지 못하고 대락으로 넘쳐서 기병奇病이 생긴다邪客于皮毛 入舍于孫絡 留而不去 閉塞不通 不得入于經 流溢于 大絡而生奇病'라고 했으므로 '기사奇邪가 혈락이다'라고 한 것이다."

黃帝曰: 刺血絡而仆者, 何也? 血出而射者, 何也? 血少黑而濁者, 何也? 血出淸而半爲汁者何也? 發鍼而腫者何也? 血出若多若少, 而面色蒼蒼者何也? 發鍼而面色不變, 而煩悗者何也? 多出血而不 動搖者何也? 願聞其故.

황제가 물었다. "혈락에 자침했는데 쓰러지는 것은 왜 그런가?

혈이 분사噴射되어 나오는 것은 왜 그런가?

혈이 조금 나오면서 검고 탁한 것은 왜 그런가?

혈이 묽게 나오면서 반은 즙汁인 것은 왜 그런가?

침을 뺀 후에 붓는 이유는 무엇 때문인가?

혈이 많든 적든 간에 사혈하면 안색이 푸르게 되는 것은 왜 그런가?

발침하고 안색이 정상인데 가슴이 답답하다는 것은 무엇 때문인가?

피가 많이 나왔는데도 동요하지 않는 것은 왜 그런가?

그 내용을 알고 싶다."

⊛ 혈락은 피부에 드러나는 낙맥과 손락이다. 혈기에 유체留滯되어 쌓이면 내외로 출입이 안 된다.

岐伯曰: 脈氣盛而血虛者, 刺之則脫氣, 脫氣則仆.

기백이 답했다. "맥기脈氣가 성하고 혈이 허할 때 자침하면 탈기脫氣가 되고 탈기가 되면 쓰러진다."

⊛ 여기서는 경맥의 혈기와 피부의 기혈이 모두 위부胃腑 수곡지정水穀之精에서 나온 것인데 각기 나뉘어 감으로써 균형을 이룬다. 경맥의 맥기가 성하고 피부의 혈기가 허할 때 침놓으면 탈기脫氣가 되고 탈기가 되면 쓰러진다.

주제공이 말했다. "삼양三陽의 기氣는 피부와 기주 사이를 주관한다. 혈허하여 탈기하는 것은 기氣가 혈血을 지키기 때문이다. 〈소문·음양응상대론陰陽應相大論〉에서 '음陰은 내부에 있고, 양陽이 지킨다陰在內 陽之守也'라고 했다."

> 血氣俱盛而陰氣多者, 其血滑, 刺之則射. 陽氣畜積, 久留而不瀉者, 其血黑以濁, 故不能射.
>
> 혈기가 모두 성하면서 혈이 많으면 혈이 활발하게 움직이는데 이때 자침하면 혈이 분사噴射된다. 피부에 양기陽氣가 축적되어 오래 유체되고 빠지지 못하면 혈이 검고 탁하므로 분사되지 못한다.

❀ 여기서는 경맥과 피부에 모두 혈기가 있고 또 음양의 구분이 있음을 말한다.

경맥은 음陰이고, 피부는 양陽이다.

구성俱盛은 경맥 내외의 혈기가 모두 성한 것이다.

맥중脈中의 음기가 많으면 혈이 활리滑利하므로 침을 찌르면 혈이 분사噴射된다. 피부에 양기가 축적되어 오래 유체되고 빠지지 못하면 혈이 검고 탁하여 분사되지 못한다.

주제공이 말했다. "양기가 유체되어 막혀 있으면 혈이 검고 탁해지니 혈은 기를 따라가기 때문이다."

> 新飮而液滲於絡, 而未合和於血也, 故血出而汁別焉. 其不新飮者, 身中有水, 久則爲腫.
>
> 물을 마시면 바로 액液이 낙맥絡脈으로 삼입되는데 미처 혈과 화합하지 못하므로 사혈시키면 즙汁이 나온다. 물을 마시지 않았다면 몸에 수기水氣가 있어 오랫동안 부은 것이다.

❀ 여기서는 낙맥의 혈은 수곡의 진액이 변한 것이라고 말한다.

진액이 피부와 기주로 주입되고 손락에 삼입되어 혈과 화합하여 붉게 변한다. 〈영추·옹저癰疽〉에서 "중초中焦는 이슬처럼 기를 내보내 올라가 계곡谿谷

에 주입되고, 손맥에 삼입되어 진액과 섞여서 변화하여 붉게 되어 혈血이 된다. 혈이 되면 손맥이 먼저 채워지고 넘쳐서 낙맥에 주입되며, 낙맥이 차면 경맥으로 주입된다. 음양경에 혈기가 채워지면 호흡으로 움직인다中焦出氣如露 上注谿谷 而滲孫脈 津液和調 變化而赤爲血. 血和則孫脈先滿溢 乃注於絡脈 皆盈 乃注於經脈. 陰陽已張 因息乃行"라고 했다.

대개 수곡이 위胃에 들어가면 진액은 삼초에서 나오는 기에 따라 기육을 따뜻하게 하고 피부에 충만되며 다시 손락과 낙맥으로 삼입되어 혈액과 섞여 변화하여 혈이 된다. 그러므로 물을 마시면 그 액이 낙맥에 삼입되어 혈과 미처 화합하지 못하니 이 진액은 변해서 붉게 되지 못한다. 그래서 침놓아 출혈시키면 혈이 묽고 즙이 반쯤 섞여 있다. 물을 마시지 않았다면 몸에 수水가 있어 오래되면 부은 것이다. 혈血은 수곡의 진액이 변화한 것이다. 만약 물을 마시지 않았는데도 즙이 섞여 나오면 몸에 수기水氣가 있는 것이다.

안 | 경經에 있지 않은 기사奇邪而不在經는 피부의 기혈이 낙맥에서 손락 피부로 가니 경맥과 다른 곳이다. 이 절에서는 진액이 피부로 주입되고 낙맥으로 삼입되어 경맥의 혈과 섞이니 피부 손락은 경맥과 서로 통하고 피부 낙맥으로 오는 또 다른 길이 있다고 말한다. 이 편에서는 침을 빌려 음양혈기의 생시출입을 밝히고 있으니 학자는 침자 외에도 그 뜻을 세밀하게 연구해야 한다.

> **陰氣積於陽, 其氣因於絡, 故刺之血未出而氣先行, 故腫.**
> 음기가 피부의 양분陽分에 쌓여 있는 것은 대락과 손락에서 나간 것이다. 그러므로 침을 찔렀는데 혈은 미처 나오지 않고 기가 먼저 나가서 붓는다.

⊕ 여기서는 양분陽分의 기혈이 대락과 손락에서 나간 것임을 말한다.

장부와 경맥은 음陰이고, 피부와 기주는 양陽이다.

음기가 피부의 양분에 쌓여 있는 것陰氣積於陽은 대락과 손락에서 나간 것이다.

혈이 미처 나가지 못하고 기가 먼저 행하는 것血未出而氣先行은 기가 선행하고 혈이 기를 따라 나가기 때문이다.

앞 구절에서 낙맥의 혈은 피부의 진액이 손락과 낙맥에 삼입되어 붉게 변한 것이라고 했다. 여기서는 피부의 혈이 대락과 손락에서 나간 것이라 말하니 피부와 맥락의 혈기가 내외로 상통한다. 그러므로 다음 문장에서 "음양지기가 처음 만나면 미처 섞이지 못한 것이다陰陽之氣 其新相得而未和合"라고 했다.

> 陰陽之氣, 其新相得而未和合, 因而瀉之, 則陰陽俱脫, 表裏相離,
> 故脫色而蒼蒼然.
>
> 경맥 내의 음기와 맥외의 양기가 처음 만나서 아직 섞이지 않았는데 사하면 음양이 모두 빠져 표리가 서로 분리되므로 안색이 탈색되어 푸르게 변한다.

❂ 여기서는 앞 문장을 이어서 음양의 내외 상합을 총결하고 있다.

피부는 표表이고, 경맥은 리裏다. 부표의 양陽이 맥내의 음기를 얻어서 화합하고, 경맥의 음陰은 부표의 양기를 얻어서 화합하니 음양의 표리상합表裏相合이다. 음양지기陰陽之氣가 처음 만나 미처 섞이지 못했는데 이때 사해버리면 음양지기가 모두 빠져나가 표리가 서로 분리되어 안색이 탈색되어 푸르게 변한다.

창창蒼蒼은 푸른색이다.

〈상한론·평맥법〉에서 "영기가 부족하면 안색이 푸르다營氣不足 面色靑"라고 했다. 음양구탈陰陽俱脫은 경맥 내외의 영기가 다 빠져나간 것이다.

> 刺之血出多, 色不變而煩悗者, 刺絡而虛經, 虛經之屬於陰者, 陰
> 脫故煩悗.
>
> 침을 놓을 때 출혈이 많고 안색이 그대로인데 가슴이 답답해지는 것은 낙맥을 자침했는데 경맥까지 허해진 것이다. 경맥이 허해지는 것은 음허陰虛에 속하니 음탈陰脫이므로 가슴이 답답해진다.

❂ 여기서는 음양구탈陰陽俱脫하여 안색이 변하는 것은 피부와 낙맥의 혈이 빠져나간 것이라고 말한다. 만약 혈이 많이 빠져나갔는데도 안색이 변하지 않은

566

것은 낙맥의 출혈이 심하여 경맥까지 허해진 것이다. 경經이 허해지는 것은 음탈陰脫이다.

심은 맥을 주관하고心主脈 심포는 혈을 주관하므로心包主血 음장陰臟의 혈이 빠져나가서 번민煩悶이 나타난다. 외부의 혈기는 음陰인 장부에서 경맥으로 나가고, 경맥에서 낙맥으로, 낙맥에서 손락으로 나간 것이다.

> 陰陽相得而合爲痺者, 此爲內溢於經, 外注於絡. 如是者陰陽俱有餘, 雖多出血而弗能虛也.
> 음기와 양기가 서로 만나 합쳐져서 비증痺症이 되는 것은 내부에서는 경經으로 흘러넘치고, 외부에서는 낙맥에 주입되어 내부와 외부 음양이 모두 유여한 것이니 혈이 많이 나와도 허탈해지지 않는다.

⊕ 내부에는 음陰이 있고 외부에는 양陽이 있으며, 경락은 음陰이고 피부는 양陽이다. 여기서는 혈기가 내외로 출입하면서 서로 통하고 화합된다는 것으로 총결하고 있다.

외부에서 내부로 가는 것은 피부에서 손락과 낙맥으로 삼입되면서 내부의 경맥으로 흐른다. 내부에서 외부로 나가는 것은 장부의 음에서 경經으로 나가고 경맥에서 낙맥과 피부로 주입되니 내외가 서로 통한다. 만약 음양이 모두 유여하여 서로 합쳐져 내외지간內外之間에서 막히게 되면 이때는 비록 출혈이 많아도 허해지지 않는다.

주제공이 말했다. "음기와 양기가 서로 만나 비증이 되는 것陰陽相得而合爲痺은 앞 문장의 음양상득陰陽相得과 같은 뜻이다. 음양이 서로 균형을 이루면서 돌면 조화가 되고, 음양이 서로 만났는데 유체되면 비증痺症이 된다. 비痺는 막혀서 생기는 것이다. 편 전체에서 경맥 혈기의 생시출입을 말하고 있어서 황제는 출혈이 많아도 동요하지 않는 것만 물었는데, 기백은 음양이 서로 만나도 비증이 되는 것을 말했으니 이는 사기邪氣로 인한 비증이 아님이 분명하다."

黃帝曰: 相之奈何?

岐伯曰: 血脈者, 盛堅橫以赤, 上下無常處, 小者如鍼, 大者如筯, 則而瀉之萬全也, 故無失數矣, 失數而反, 各如其度.

황제가 물었다. "어떻게 아는가?"

기백이 답했다. "혈맥은 성하고 단단하며 횡으로 부풀어 오르고 붉으며 일정한 곳 없이 오르내리며 침처럼 가늘거나 젓가락처럼 굵기도 하니 사하여 만전을 기해야 한다. 그러므로 기혈이 제대로 돌고 반대로도 돌아 각기 제 길로 간다."

⊕ 여기서는 혈기가 경맥에 있으면서 내외로 출입함을 거듭 밝힌다.

상相은 보는 것이다.

맥이 성하여 단단하고 부풀어 오르며 붉은 것盛堅橫以赤은 맥중에서 혈이 성한 것이다.

일정한 곳 없이 오르내리는 것上下無常處은 혈기가 흐르기 때문이다.

침처럼 가는 것小者如鍼은 손락에 유혈留血이 있는 것이다.

젓가락만큼 굵은 것大者如筯은 경수經隧에 유혈이 있는 것이다.

수數는 혈맥이 출입하는 길이다.

경락에 유혈이 있으면 사하므로 흐르는 길所出之度을 잃지 않는다. 소출지도所出之度는 경에서 대락으로, 대락에서 낙맥으로, 낙맥에서 손락으로 가는 것이다. 만약 반대로 흘러가는 것失數而反은 손락에서 낙맥으로, 낙맥에서 대락으로, 대락에서 경맥으로 가서 내외가 출입한다.

양원여가 말했다. "만전은 혈기의 흐름이 내외로 상관하여 여환무단하니 어디가 시초인지 알 수 없다."

黃帝曰: 鍼入而肉著者何也?

岐伯曰: 熱氣因於鍼, 則鍼熱, 熱則肉著於鍼, 故堅焉.

황제가 물었다. "침을 찔렀는데 살에 붙어 빠지지 않는 것은 어째서인가?"

기백이 답했다. "열기熱氣가 침에 가해지면 침이 더워지고 열이 나면 살이 침에 달라붙으므로 굳어진다."

● 삼양三陽의 기는 피부에 많이 분포되어 있으며 열기熱氣고 양기陽氣다. 열기가 침에 전해져 침이 더워진다. 침이 더워지면 살이 침에 달라붙으므로 침 끝이 굳으면서 빠지지 않는다.

안 | 이 편에서는 낙맥지간에 출입하는 혈기를 논하므로 〈혈락血絡〉이라고 편명을 지었다. 유적留積이 되는 것은 모두 낙맥에서 생기는 것이니 사혈하여 만전을 기한다. 만약 살을 찌르면 살이 침에 달라붙어서 침 끝이 굳어진다.

음양청탁陰陽淸濁

黃帝曰: 余聞十二經脈, 以應十二經水者, 其五色各異, 淸濁不同,
人之血氣若一, 應之奈何?
岐伯曰: 人之血氣, 苟能若一, 則天下爲一矣, 惡有亂者乎?
黃帝曰: 余問一人, 非問天下之衆.
岐伯曰: 夫一人者, 亦有亂氣, 天下之衆, 亦有亂人, 其合爲一耳.

황제가 물었다. "십이경맥이 십이경수에 상응한다고 들었다. 십이경수는 물색
이 각각 다르고 청탁淸濁이 같지 않은데 사람의 혈기는 다 똑같으니 어떻게 상
응하는가?"

기백이 답했다. "사람의 혈기가 다 같으면 천하의 대중도 똑같은데 어떻게
혼란이 있겠는가?"

황제가 물었다. "나는 한 개인을 물은 것이지 천하 대중을 물은 것이 아
니다."

기백이 답했다. "한 사람에게 혼란되는 기가 있으면 천하 대중에게도 혼란
한 사람이 있으니 이치는 마찬가지다."

⊕ 이 편에서는 음양청탁陰陽淸濁이 만나 서로 얽히는 것을 말한다.

사람의 십이경맥은 외부에서는 십이경수와 합하고, 내부에서는 오장육부와
합한다. 오색이 각기 다르고, 청탁도 같지 않다. 그러므로 사람의 몸에 기가 혼
란되는 것은 마치 천하에 난동을 부리는 사람이 있는 것과 같은 이치다. 어떻
게 혼란되지 않을 수 있는가?

양원여가 말했다. "청탁淸濁은 천지지기天地之氣다. 천기天氣는 하강하고 지
기地氣는 상승하여 청탁이 서로 섞이는 것을 난기亂氣라고 한다. 서로 섞이지

않으면 생화生化가 끊긴다. 그러므로 '한 사람에게는 난기가 있고 천하 대중에게도 난인亂人이 있다夫一人者 亦有亂氣 天下之衆 亦有亂人'고 했으니 천하지인에게도 모두 이러한 난기가 있음을 이른다."

黃帝曰: 願聞人氣之淸濁.
岐伯曰: 受穀者濁, 受氣者淸. 淸者注陰, 濁者注陽. 濁而淸者, 上出於咽, 淸而濁者, 則下行. 淸濁相干, 命曰亂氣.

황제가 물었다. "인기人氣의 청탁淸濁에 대해 알고 싶다."
기백이 답했다. "육부六腑에서는 수곡을 받아들이니 탁기濁氣고, 오장에서는 기를 받아들이는 것은 청기淸氣다. 청기는 음인 폐肺로 가고, 탁기는 양인위胃로 간다. 수곡 탁기 중 청淸한 것은 식도로 가고, 폐에서 나온 청기 중 탁濁한 부분은 하행한다. 청탁이 서로 섞이는 것을 난기亂氣라고 부른다."

⬙ 육부는 양이고, 오장은 음이다. 육부에서 수곡을 받아들이는 것은 탁기고, 오장에서 기를 받아들이는 것은 청기다. 그러므로 청기는 음으로 가고, 탁기는 양으로 간다. 탁이청濁而淸은 수곡에서 생긴 청기로 올라가 인후咽喉로 가서 호흡을 행한다. 청이탁淸而濁은 폐의 탁기로 내려가 경經에 주입되고 내부의 바다海에 주입된다. 이러한 인기人氣의 청탁이 서로 섞이는 것을 난기亂氣라고 한다.

막중초가 말했다. "앞 구절에서 천하 대중 모두 이러한 난기가 있다는 것은 사람이 천지의 청탁과 합쳐지는 것을 말한다. 그러므로 다시 인기人氣의 청탁에 대해 물었다."

黃帝曰: 夫陰淸而陽濁, 濁者有淸, 淸者有濁, 淸濁別之奈何?
岐伯曰: 氣之大別, 淸者上注於肺, 濁者下走於胃, 胃之淸氣, 上出于口, 肺之濁氣, 下注于經, 內積於海.

황제가 물었다. "폐肺로 가는 기는 청기고, 위胃로 가는 기는 탁기다. 탁기에도 청기가 있고, 청기에도 탁기가 있는데 청탁을 어떻게 구별하는가?"

기백이 답했다. "기를 크게 구분하면 청기는 올라가 폐로 주입되고, 탁기는 내려가 위胃로 간다. 위胃의 청기는 올라가 입口으로 나가고, 폐의 탁기는 내려가 경經에 주입되어 내부에서 바다海에 축적된다."

⊕ 여기서는 사람이 천지지기天地之氣와 합함을 말한다.

대별大別은 천지에 상응하여 구별이 있는 것이다. 청淸한 천지기天之氣와 탁濁한 지지기地之氣가 오르내리면서 기교氣交하므로 탁기에도 청기가 있고, 청기에도 탁기가 있으니 사람도 마찬가지다. 폐肺는 천天에 속하고, 양명陽明은 중토中土에 위치한다. 그러므로 청기는 위 폐肺로 주입되고, 탁기는 아래 위胃로 간다. 이것이 청탁의 상하 움직임이다.

하지만 탁기에도 청기가 있으니 위胃의 청기는 올라가 입으로 나간다. 입과 코는 기가 나가는 문이다. 위부胃腑 수곡의 탁기에서 생긴 청기가 올라가 입으로 나가면서 호흡을 담당하고 개합開闔에 응한다.

청기에도 탁기가 있으니 폐의 탁기는 내려가서 경經에 주입되고 내부에서 바다海에 축적된다. 폐는 정수精水의 근원으로 청중淸中에서 생긴 진액이 아래로 흘러넘치니 바로 "곡식이 위胃에 들어가 폐로 전해지고 중中에 흘러넘쳐 외부로 포산된다 穀入于胃 乃傳之肺 流溢于中 布散于外"고 한 것이다.

정미精微는 경수經隧로 가니 내려가 경經에 주입되는 것下注于經은 경수經隧로 가는 것이다. 중中에서 흘러넘친 것은 바다에 축적되니 바다는 하초下焦 정수지해精髓之海다. 이것이 음양청탁의 기교氣交다.

주제공이 말했다. "천天은 양陽이고, 지地는 음陰이다. 천일天一은 수水를 생하고 지이地二는 화火를 생한다天一生水 地二生火. 화火는 양陽이고, 수水는 음陰이다. 그러므로 청淸에 탁濁이 있고, 탁濁에도 청淸이 있다."

黃帝曰: 諸陽皆濁, 何陽濁甚乎?
岐伯曰: 手太陽獨受陽之濁, 手太陰獨受陰之淸, 其淸者上走空竅, 其濁者下行諸經, 諸陰皆淸, 足太陰獨受其濁.

572

황제가 물었다. "모든 양이 다 탁한데 어떤 양이 심하게 탁한가?"

기백이 답했다. "수태양手太陽이 양의 탁기濁氣를 제일 많이 받고, 수태음手太陰이 음의 청기淸氣를 제일 많이 받는다. 청기는 올라가서 공규空竅로 가고, 탁기는 내려가서 제경諸經으로 간다. 모든 음은 청하지만 족태음만은 탁기를 받는다."

⏺ 모든 양陽이 탁하지만 수태양手太陽이 유독 심하다. 수태양소장이 위부胃腑의 조박을 받아 채운다. 형체가 있는 것이 모두 탁하지만 그중 조박은 심하게 탁하다. 모든 음陰은 청淸하다. 수태음手太陰은 오장 중에서도 가장 청하고, 오장을 위에서 덮고 있으므로 수태음만 음의 청기를 받는다.

공규空竅는 피모의 땀구멍이다. 수태음은 온몸의 기를 주관하고 공규로 가서 호흡개합을 담당하니 천지도天之道에 대응된다. 소장은 조박을 받아서 별즙을 분비하고 붉게 변화시켜 십이경맥으로 흐르니 지지도地之道에 대응된다.

비脾는 창름지관倉廩之官으로 위부胃腑 수곡의 정즙精汁을 운송한다. 그러므로 모든 음陰이 청한데 그중 족태음만 그 탁기를 수용한다.

양원여가 말했다. "수태음은 천天을 주관하므로 홀로 청기를 받아들인다. 족태음足太陰은 지地를 주관하므로 홀로 탁기를 받아들인다. 이 편에서는 사람의 음양청탁이 천지경수天之經水에 상응하여 합함을 말한다. 그래서 황제는 '십이경맥이 십이경수에 상응한다十二經脈 應十二經水'고 말하고, 기백은 '천하의 무리天下之衆'를 말하고, 또 '기를 크게 구별한다氣之大別'고 말했다."

批 진액과 담즙은 모두 형체가 있다.

批 음양청탁으로 오르내림이 구별되므로 위로 공규로 간다.

黃帝曰: 治之奈何?

岐伯曰: 淸者其氣滑, 濁者其氣澁, 此氣之常也. 故刺陰者, 深而留之, 刺陽者, 淺而疾之, 淸濁相干者, 以數調之也.

황제가 물었다. "치료는 어떻게 하는가?"

기백이 답했다. "청기는 활발하게 움직이고, 탁기는 껄끄럽게 움직이는 것이 일반적이다. 그러므로 탁기는 침을 깊이 찌르고 유침시키며, 청기는 침을 얕게 찌르고 빨리 뺀다. 청탁이 섞여 있는 경우는 정해진 법도로 조절한다."

◉ 활리滑利한 기는 외곽에서 도는 천天에 상응하니 얕게 찌르고 빨리 뺀다. 탁하고 삽한濁澀 기는 중中에 있는 지地에 상응하니 깊이 찌르고 유침시킨다. 청탁이 서로 섞인 것은 음양이 교차하는 것이니 수數로써 조절하는데 수는 천지天地의 상수常數다.

주제공이 말했다. "상수로 조절한다는 것以數調之은 〈영추·역순逆順〉의 무실상수無失常數와 같은 의미다. 이 편에서는 사람의 청탁지수淸濁之氣가 천지天地의 음양과 합함을 말했고, 다음 장에서는 사람의 형체가 천지일월수화天地日月水火에 상응함을 말한다."

음양계일월陰陽繫日月

黃帝曰: 余聞天爲陽, 地爲陰, 日爲陽, 月爲陰, 其合之於人奈何?

岐伯曰: 腰以上爲天, 腰以下爲地, 故天爲陽, 地爲陰. 故足之十二經脈以應十二月, 月生於水, 故在下者爲陰. 手之十指, 以應十日, 日主火, 故在上者爲陽.

황제가 물었다. "천天은 양陽이고 지地는 음陰이며, 일日은 양이고 월月은 음인데 사람과는 어떻게 합쳐지는가?"

기백이 답했다. "허리 위는 천天이고, 허리 아래는 지地다. 그러므로 천은 양이고 지는 음이다. 그러므로 족足의 십이경맥은 십이월에 대응되고 월月은 수水에서 생기므로 아래로 흐르니 음이 된다. 수手의 십지十指는 십일에 대응되니 일은 화火를 주관하므로 위로 올라가니 양이 된다."

◉ 천天은 양陽이 쌓인 것이고 지地는 음陰이 모인 것이며 천지天地의 기가 합쳐진 것이 사람이다. 그러므로 상반신은 천기天氣가 주관하고, 하반신은 지기地氣가 주관한다.

일日은 화火에 상응하고, 월月은 수水에 상응한다. 사람은 선천先天의 수화水火를 지니고 이런 형체를 이룬다. 그러므로 위에 있는 것은 양이 되고 일日에 상응하며, 아래 있는 것은 음이 되고 월月에 상응한다.

십일은 천지십간天之十干에 대응되고, 십이월은 지지십이지地之十二支에 대응된다. 그러므로 족足의 십이경맥은 십이월에 대응되고, 수手의 십지十指는 십일에 대응된다. 사람은 천지수화天地水火를 지니고 태어나므로 천지와 참여한다.

黃帝曰: 合之於脈奈何?

岐伯曰: 寅者, 正月之生陽也, 主左足之少陽. 未者, 六月, 主右足之少陽. 卯者, 二月, 主左足之太陽. 午者, 五月, 主右足之太陽. 辰者, 三月, 主左足之陽明. 巳者, 四月, 主右足之陽明, 此兩陽合於前, 故曰陽明. 申者, 七月之生陰也, 主右足之少陰. 丑者, 十二月, 主左足之少陰. 酉者, 八月, 主右足之太陰. 子者, 十一月, 主左足之太陰. 戌者, 九月, 主右足之厥陰. 亥者, 十月, 主左足之厥陰, 此兩陰交盡, 故曰厥陰.

황제가 물었다. "경맥과는 어떻게 결합되는가?"

기백이 답했다. "인寅은 정월正月로 양陽이 생기며 좌측 족소양을 주관한다.

미未는 6월이고 우측 족소양을 주관한다.

묘卯는 2월이고 좌측 족태양을 주관한다.

오午는 5월이고 우측 족태양을 주관한다.

진辰은 3월이고 좌측 족양명을 주관한다.

사巳는 4월이고 우측 족양명을 주관한다.

이것은 두 개의 양兩陽이 전부前部에서 합쳐지기 때문에 양명陽明이라고 한다.

신申은 7월이고 음陰이 생기며 우측 족소음을 주관한다.

축丑은 12월이고 좌측 족소음을 주관한다.

유酉는 8월이고 우측 족태음을 주관한다.

자子는 11월이고 좌측 족태음을 주관한다.

술戌은 9월이고 우측 족궐음을 주관한다.

해亥는 10월이고 좌측 족궐음을 주관한다.

이것은 양음교진兩陰交盡이므로 궐음厥陰이라고 한다."

⊕ 상반년上半年은 양陽이고 소양과 태양이 주관하며, 하반년下半年은 음陰이고 소음과 태음이 주관하니 양의兩儀가 사상四象으로 나뉘는 것과 같다. 양양합명兩陽合明이므로 양명陽明이고 양음교진兩陰交盡이므로 궐음厥陰이니 이것은 사상四象이면서 태소중太少中의 삼음삼양三陰三陽이 생기는 것이다.

양은 인寅에서 생기므로男生于寅 정월의 소양少陽에서 시작한다.

음은 신申에서 생기므로女生于申 7월의 소음少陰에서 시작한다.

양은 좌에서 시작하므로 좌에서 우로 간다.

음은 우에서 시작하므로 우에서 좌로 간다.

안 | 육기六氣가 세歲를 주관한다. 초지기初之氣는 궐음풍목厥陰風木이고, 이지기二之氣는 소음군화少陰君火이며, 삼지기三之氣는 소양상화少陽相火이고, 사지기四之氣는 태음습토太陰濕土이며, 오지기五之氣는 양명조금陽明燥金이고, 종지기終之氣는 태양한수太陽寒水다.

그런데 〈소문·사기조신론四氣調神論〉에서 또 "소양이 봄을, 태양이 여름을, 태음이 가을을, 소음이 겨울을 주관한다少陽主春 太陽主夏 太陰主秋 少陰主冬"라고 했다.

〈소문·맥해脈解〉에서 "정월은 태양太陽으로 인寅이니 인寅은 태양이고, 궐음은 진辰이며, 양명은 오午고, 소양은 신申이며, 소음은 술戌이고, 태음은 자子다 正月太陽寅 寅 太陽也 厥陰者 辰也 陽明者 午也 少陽者 申也 少陰者 戌也 太陰者 子也"라고 했다.

본편에서는 "인미寅未는 소양을 주관하고, 묘오卯午는 태양을 주관하며, 진사辰巳는 양명을 주관하고, 신축申丑은 소음을 주관하며, 유자酉子는 태음을 주관하고, 술해戌亥는 궐음을 주관한다 寅未主少陽 卯午主太陽 辰巳主陽明 申丑主少陰 酉子主太陰 戌亥主厥陰"라고 했다.

〈소문·경맥별론經脈別論〉에서 "간목肝木은 봄春을 주관하고, 심화心火는 여름夏을 주관하며, 비토脾土는 장하長夏를 주관하고, 폐금肺金은 가을秋을 주관하며, 신수腎水는 겨울冬을 주관한다肝木主春 心火主夏 脾土主長夏 肺金主秋 腎水主冬"라고 했으니 목木·화火·토土·금金·수水는 후천의 오행이다.

〈소문·진요경종론診要經終論〉에서 "정월과 2월에는 인기人氣가 간肝에 있고, 3월과 4월에는 인기人氣가 비脾에 있다正月二月 人氣在肝 三月四月 人氣在脾"라고 했다.

〈소문·천원기대론天元紀大論〉에서 "자오子午는 소음에 속하고, 축미丑未는 태음에 속하며, 인신寅申은 소양에 속하고, 묘유卯酉는 양명에 속하며, 진술辰戌은 태양에 속하고, 사해巳亥는 궐음에 속한다子午屬少陰 丑未屬太陰 寅申屬少陽 卯酉屬陽明 辰戌屬太陽 巳亥屬厥陰"라고 했다.

또 장부臟腑를 지간支干에 배합하여 "자갑子甲은 소양담少陽膽에 속하고, 축을丑乙은 궐음간厥陰肝에 속하며, 인신寅辛은 태음폐太陰肺에 속하고, 묘경卯庚은 양명대장陽明大腸에 속하며, 진무辰戊는 양명위陽明胃에 속하고, 사기巳己는 태음비太陰脾에 속하며, 오병午丙은 태양소장太陽小腸에 속하고, 미정未丁은 소음심少陰心에 속하며, 신임申壬은 태양방광太陽膀胱에 속하고, 유계酉癸는 소음신少陰腎에 속하며, 술戌은 포락상화包絡相火에 속하고, 해亥는 삼초상화三焦相火에 속한다子甲屬少陽膽 丑乙屬厥陰肝 寅辛屬太陰肺 卯庚屬陽明大腸 辰戊屬陽明胃 巳己屬太陰脾 午丙屬太陽小腸 未丁屬少陰心 申壬屬太陽膀胱 酉癸屬少陰腎 戌屬包絡相火 亥屬三焦相火"라고 했다.

〈영추·금복禁服〉에서 "인영人迎은 춘하에 응하여 1배 더 성하면 병이 소양에 있고, 2배 더 성하면 병이 태양에 있으며, 3배 더 성하면 병이 양명에 있다. 기구氣口는 추동에 응하여 1배 더 성하면 병이 궐음에 있고, 2배 더 성하면 병이 소음에 있으며, 3배 더 성하면 병이 태음에 있다人迎應春夏 一盛在少陽 二盛在太陽 三盛在陽明 氣口應秋冬 一盛在厥陰 二盛在少陰 三盛在太陰"라고 했다.

〈소문·음양별론陰陽別論〉에서 "소양은 일양一陽이고, 양명은 이양二陽이며, 태양은 삼양三陽이다少陽爲一陽 陽明爲二陽 太陽爲三陽"라고 했다.

음양의 변화는 무궁하여 음양은 명칭이 있지만 실체가 없어서 수數로 말하면 십十이 될 수 있고 유추하면 백百도 되고 천千도 되고 만萬도 될 수 있다.

> 甲主左手之少陽, 己主右手之少陽, 乙主左手之太陽, 戊主右手之太陽, 丙主左手之陽明, 丁主右手之陽明, 此兩火幷合, 故爲陽明. 庚主右手之少陰, 癸主左手之少陰, 辛主右手之太陰, 壬主左手之太陰.

갑甲은 좌측 수소양을 주관한다.
　기己는 우측 수소양을 주관한다.
　을乙은 좌측 수태양을 주관한다.
　무戊는 우측 수태양을 주관한다.
　병丙은 좌측 수양명을 주관한다.

정丁은 우측 수양명을 주관한다.
이는 양화兩火가 병합하므로 양명이 된다.
경庚은 우측 수소음을 주관한다.
계癸는 좌측 수소음을 주관한다.
신辛은 우측 수태음을 주관한다.
임壬은 좌측 수태음을 주관한다.

⊕ 태양은 일日이고, 소양은 화火이므로 양화兩火가 병합하여 양명이 된다. 양명은 이괘離卦의 '밝다明'는 상象이다. 밝은 것明 두 개가 이離를 만든다. 두 개의 화火가 병합하고, 두 개가 양陽이 합한 양이 되니 이것이 양명이다.

수소음군화手少陰君火는 일日을 주관하고, 수태음폐금手太陰肺金은 천天을 주관한다. 그러므로 십지十指에 상응하니 이것은 양중유음陽中有陰이다.

주제공이 말했다. "〈하도河圖〉와 〈낙서洛書〉를 보면 오방위五方位의 중앙中央이 양陽이고, 오행 중에 목화木火가 양이며, 금수金水가 음陰이다. 그러므로 갑을병정무기甲乙丙丁戊己는 양중지양陽中之陽이고, 경신임계庚辛壬癸는 양중지음陽中之陰이다."

故足之陽者, 陰中之少陽也. 足之陰者, 陰中之太陰也. 手之陽者, 陽中之太陽也. 手之陰者, 陽中之少陰也. 腰以上者爲陽, 腰以下者爲陰.

그러므로 족足의 양경陽經은 음중지소양陰中之少陽이고, 족足의 음경陰經은 음중지태음陰中之太陰이다. 수手의 양경은 양중지태양陽中之太陽이고, 수手의 음경은 양중지소음陽中之少陰이다. 허리 위는 양이고, 허리 아래는 음이다.

⊕ 이것은 수족의 음양에도 음중유양陰中有陽이 있고 양중유음陽中有陰이 있다. 앞 구절은 태소음양太少陰陽을 좌우로 구분했고 여기서는 태소음양을 상하로 배치했으니 대체로 음양이 육합六合 내에서 기교氣交한다.

요이상腰以上은 양이고, 요이하腰以下는 음이다. 이것이 음양의 정해진 위치다. 수경手經에도 음이 있고 족경足經에도 양이 있으니 상하의 기교氣交다.

批 태소음양太少陰陽은 사상四象으로 좌우상하左右上下다.

> 其於五臟也, 心爲陽中之太陽, 肺爲陽中之少陰, 肝爲陰中之少陽,
> 脾爲陰中之至陰, 腎爲陰中之太陰.
>
> 오장에 있어서 심心은 양중지태양陽中之太陽이고, 폐肺는 양중지소음陽中之少陰
> 이며, 간肝은 음중지소양陰中之少陽이고, 비脾는 음중지지음陰中之至陰이며, 신
> 腎은 음중지태음陰中之太陰이다.

◉ 심心은 화火에 속하고 일日에 대응되어 양중지태양陽中之太陽이다.

폐肺는 높은 곳에 위치하면서 금金에 속하여 양중지소음陽中之少陰이다.

간肝은 아래 위치하면서 목木에 속하여 음중지소양陰中之少陽이다.

신腎은 아래에 위치하고 수水에 속하여 음중지태음陰中之太陰이다.

비脾는 중앙에 위치하면서 곤토坤土가 되니 음중지지음陰中之至陰이다.

오장이 음이지만 음중陰中에도 음양陰陽이 있다.

> 黃帝曰: 以治之奈何?
> 岐伯曰: 正月二月三月, 人氣在左, 無刺左足之陽. 四月五月六月,
> 人氣在右, 無刺右足之陽. 七月八月九月, 人氣在右, 無刺右足之
> 陰. 十月十一月十二月, 人氣在左, 無刺左足之陰.
>
> 황제가 물었다. "치료는 어떻게 하는가?"
>
> 기백이 답했다. "정월·2월·3월은 인기人氣가 좌측에 있으니 좌족左足의 양
> 경陽經에 자침하면 안 된다. 4월·5월·6월은 인기가 우측에 있으니 우족右足의
> 양경에 자침하면 안 된다. 7월·8월·9월은 인기가 우측에 있으니 우족의 음경
> 陰經에 자침하면 안 된다. 10월·11월·12월은 인기가 좌측에 있으니 좌족의
> 음경에 자침하면 안 된다."

◉ 양기는 좌에서 우로 가므로 정월·2월·3월은 인기人氣가 좌측에 있고, 4
월·5월·6월은 인기가 우측에 있다. 음기는 우에서 좌로 가므로 7월·8월·9월

은 인기가 우측에 있고, 10월·11월·12월은 인기가 좌측에 있다. 성인은 춘하에 양을 기르고, 추동에 음을 길러 근원을 따르니 기가 있는 곳氣之所在에 자침하지 않는다. 침자는 기氣를 취하는 것이기 때문이다.

주제공이 말했다. "음양陰陽 이기二氣는 모두 족足에서 생기고, 아래에서 올라가므로 족足만 말했고 수手는 언급하지 않았으니 아마도 근원을 따르기 때문이다."

> 黃帝曰: 五行以東方甲乙木, 主春. 春者, 蒼色, 主肝, 肝者, 足厥陰也. 今乃以甲爲左手之少陽, 不合於數何也?
> 岐伯曰: 此天地之陰陽也, 非四時五行之以次行也. 且夫陰陽者, 有名而無形, 故數之可十, 推之可百, 數之可千, 推之可萬, 此之謂也.
>
> 황제가 물었다. "오행에서 동방東方은 갑을甲乙에 배합되고 목木에 귀속된다. 목기木氣는 봄에 왕성하고 춘색春色은 청색靑色이며 간장肝臟에 통하고 간肝은 족궐음足厥陰이다. 이제 갑甲이 좌측 수소양手少陽이 되는데 수手에 맞지 않는 것은 왜 그런가?"
>
> 기백이 답했다. "이것은 천지天地의 음양이지 사시四時 오행이 차례로 운행되는 것이 아니다. 또 음과 양은 명칭은 있지만 실체가 없으므로 수를 세면 십이지만 유추하면 백도 될 수 있고, 수를 세면 천이지만 유추하면 만도 될 수 있다는 것이 이것이다."

● 경經에서 "동방에서 바람이 불고, 바람으로 나무가 자라며, 나무의 열매는 시고, 신맛은 간을 양생한다東方生風 風生木 木生酸 酸生肝"라고 했다. 또 "동방 청색은 들어가 간에 통한다東方靑色入通于肝"라고 했다. 이것은 천지天地의 오방五方, 오시五時, 오행五行, 오색五色이 사람의 오장五臟에 상응하는 것이지 천지의 음양이 아니다.

천지의 음양은 천간天干이 위에 있고 지지地支가 아래에 있다.

천지십간天之十干은 지지오행地之五行을 화생化生하니 사람의 오장에 상응하고, 지지십이지地之十二支는 올라가 천지육기天之六氣를 드러내니 사람의 십이경맥에 상응한다. 그러므로 음중유양陰中有陽하고 양중유음陽中有陰하여 천지가 정위定位하여 오르내리면서 기교氣交하는 것이지 사시오행四時五行이 차례로 운행되는 것이 아니다. 또 음양은 이름이 있지만 실체가 없어서 십, 백을 헤아릴 수 있지만 유추하면 천, 만도 될 수 있는 것이니 음양의 변화는 무궁한 것이다.

주제공이 말했다. "유명무형有名無形은 실체가 없지만 모이면 형체가 있게 된다."

병전病傳

黃帝曰: 余受九鍼於夫子, 而私覽於諸方, 或有導引行氣, 喬摩灸
熨, 刺焫飲藥之一者, 可獨守耶? 將盡行之乎?

岐伯曰: 諸方者, 衆人之方也, 非一人之所盡行也.

黃帝曰: 此乃所謂守一勿失, 萬物畢者也.

황제가 물었다. "내가 선생님께 구침九鍼으로 치료하는 방법에 대해 들었고,
사사로이 각종 치료 방법에 대해 책을 보았다. 도인導引·행기行氣·안마按摩·
구灸·위熨·침자針刺·화침火針·음약飲藥 등의 다양한 치료 방법이 있는데 의사
가 병자를 치료할 때 이 중에서 하나만 지켜야 하는가, 아니면 여러 방법을 다
써야 하는가?"

기백이 답했다. "여러 방법은 모든 병자를 치료하는 방법이지 한 사람에게
다 시술하는 것이 아니다."

황제가 말했다. "이것이 바로 하나를 잘할 수 있으면 모든 병을 다스릴 수
있다는 것이구나.

◉ 사람의 신체에 형층形層의 천심이 있고, 혈기의 허실이 있어 침鍼·폄석砭石·
약藥·구灸 등을 각기 하나를 시술하는 것이지 한 사람에게 다 시술하는 것이
아니다.

병전病傳은 사기邪氣가 피모皮毛에서 주리腠理로 들어가고, 주리에서 경맥으
로 들어가며, 경맥에서 오장으로 전달되는 것이다. 경락이 사기를 받아 장부臟
腑로 들어가는 것은 내부에 원인이 있다.

사기가 오장으로 들어가면 살아나기 힘들다. 따라서 피모에 사기가 있을 때
폄석으로 제거해야 한다. 사기가 맥脈·육肉·근골筋骨에 있으면 침으로 빼내야

한다. 사기가 중中으로 들어갔으면 도인導引으로 행기行氣시켜 내보내야 한다. 한사寒邪가 깊이 들어갔을 때는 찜질熨을 하여 통하게 한다. 내부에 사기가 있어 허해졌으면 감약甘藥을 복용해야 한다. 실할 때는 독한 약毒藥을 써서 공격한다. 함하되었으면 뜸떠서 끌어올린다. 그러므로 약·폄석·침·도인 등의 방법은 병에 따라 시술하는 것이지 한 사람에게 다 시술하는 것이 아니다.

이 장은 병전에 천심이 있음을 알아서 치료할 수 있는 병이라면 하나라도 실패해서는 안 되니 강력한 사기가 오장으로 들어가 구할 수 없게 되면 안 된다는 것을 가르친다. 만물을 이롭게 하고 구하는 방법은 여기에 다 갖추어져 있다.

今余已聞陰陽之要, 虛實之理, 傾移之過, 可治之屬, 願聞病之變
化, 淫傳絶敗而不可治者, 可得聞乎?
岐伯曰: 要乎哉問! 道昭乎其如日醒, 窘乎其如夜瞑, 能被而服之,
神與俱成, 畢將服之, 神自得之, 生神之理, 可著於竹帛, 不可傳於
子孫.
黃帝曰: 何謂日醒?
岐伯曰: 明於陰陽, 如惑之解, 如醉之醒.
黃帝曰: 何謂夜瞑?
岐伯曰: 暗乎其無聲, 漠乎其無形, 折毛髮理, 正氣橫傾, 淫邪泮
衍, 血脈傳溜, 大氣入臟, 腹痛下淫, 可以致死, 不可以致生.

음양의 요체, 허실의 이치, 정기의 쏠림과 그것을 치료하는 방법은 내가 이미 알고 있다. 병이 변화함에 사기가 넘쳐 내부로 전해져 정기가 쇠패衰敗하여 치료되지 않는 것에 대해 듣고 싶다."

기백이 답했다. "중요한 질문이다. 이치에 밝으면 아침에 정신이 맑은 것日醒처럼 분명하고, 이치에 어두우면 밤에 졸린 것夜瞑처럼 궁색하다. 이런 도리를 알아서 치료하면 신묘한 경계와 좋은 효과를 얻을 것이니 이런 도리로 병인을 치료하면 신묘한 경계에 저절로 도달한다. 이런 이치를 기록을 남겨서 후세에 전달해야지 자손에게만 전해서는 안 된다."

황제가 물었다. "일성日醒은 무엇을 말하는가?"

기백이 답했다. "음양에 밝아서 의혹이 풀리는 것이 술에서 깨어나는 듯하다."

황제가 물었다. "야명夜瞑은 무엇을 말하는가?"

기백이 답했다. "음양의 이치를 모르니 벙어리가 들을 수 없고, 어둠 속에서는 사물이 보이지 않는 것처럼 답답하다. 사기邪氣가 침입하여 주리가 열려 모발이 빠지고, 정기正氣가 산란되며, 음사淫邪가 퍼져 혈맥으로 전류되고, 맹렬한 사기가 오장으로 들어가서 복통·설사·유정遺精 등증을 일으키니 구할 수 없어 죽게 된다."

⬮ 이것은 형形과 신神이 모두 병들면 이유 없이 주리로 들어가고 혈맥이 흐르지 못하여 구할 수 없는 사증死症이 됨을 말한다.

음양지요陰陽之要는 피부와 주리가 양이고, 혈맥이 음이다. 주리는 삼초의 원진元眞이 통회하는 곳이다. 혈맥에는 신기神氣가 내장되어 있다.

허실虛實은 혈기의 허실이다. 주리가 치밀하면 원진이 잘 통하여 혈맥과 섞여 정신이 안에 간직되니 사기가 어디로 들어올 수 있겠는가? 허하면 전류하여 오장으로 들어가 살 수 없게 된다. 그러므로 신神이 생기는 이치를 죽백竹帛에 써서 후세를 교화시켜야 하는 것이지 자손에게만 전하면 안 된다. 신기神氣를 조양하는 것은 바로 스스로 수양의 공덕을 쌓는 것이다. 한쪽을 치우치는 것傾移之過은 모발이 끊기고 주리가 열리니 정기가 한쪽으로 쏠린 것이다.

치료할 수 있는 것可治之屬은 사기가 아직 피부와 주리 사이에 남아 있어 아직 혈맥으로 전류되어 대사大邪가 오장까지 들어가지 않은 것이다. 사기가 외부에 있으면 그래도 치료할 수도 있으니 하나의 치료방법을 고수하여 사기가 내부로 흘러가지 못하게 한다. 그러므로 잘 치료하는 자는 피부에서 치료하고, 그다음은 기육을 치료하며, 그다음은 경맥을 치료하고, 그다음은 오장을 치료한다.

오장을 치료하는 것은 반생반사半生半死니 간전間傳하면 살 수 있지만 이기는 곳所勝으로 전병되면 불치다. 만약 병의 변화가 사기가 지나쳐 내부로 전이되어 정기가 다 빠져 치료할 수 없는 지경에 이르면 음사淫邪가 확 퍼져서 혈맥을 따라 흘러 대기大氣가 오장에 들어가 살아날 수 없다. 음양에 밝아야 의혹이 풀리고 술에서 깨어나듯 분명하니 잘 따르면 신기神氣가 저절로 터득된다. 옛사람들이 도를 아는 것은 음양을 따르고, 술수術數에 잘 맞추며, 규칙적인 식사를 하고, 기거가 일정하며, 과로하지 않아 몸과 정신이 안정되고 천수를 누릴 수 있는 것이다.

벙어리가 들을 수 없고 어둠 속에서는 사물이 보이지 않는 것喑乎其無聲 漠乎其無形은 알지 못함을 말함이니 피부와 주리가 성글고 혈맥이 허탈해진 것이다. 허사의 침입은 은미隱微하여 병정病情을 알 수 없고 잘 드러나지 않아 점차 음사淫邪가 오장에 들어가면 살아남기 힘들다. 사기가 침입할 때는 피모에서 시작하니 모발이 끊기고 주리가 열린다. 주리가 열리면 사기가 모발로 들어가고, 들어가 더 깊은 곳으로 가서 주리로 들어간다. 주리는 삼초의 원진과 통하는 곳이므로 정기正氣가 산란되면 음사淫邪가 기육과 주리 사이에서 널리 퍼지면서 혈맥으로 전류되어 오장에 들어간다.

경맥은 내부에서는 장부에 속하고, 외부에서는 형신形身과 연결되므로 경맥이 사기를 받아들이면 장부로 들어가니 내부에 원인이 있다. 음사淫邪가 기주肌腠 사이에 널리 퍼지면 기氣가 손상되고, 혈맥에 전류되어 오장에 들어가니 신神이 손상된다. 신神과 기가 함께 손상되므로 죽을 수 있다.

그러므로 성인이 교훈을 내리니 "허사적풍虛邪賊風을 때에 맞추어 잘 피하고, 마음을 비우고 편안히 하며, 정신을 잘 지킨다면 병이 어떻게 들어올 수 있겠는가?"라고 했다. 그러므로 기록을 남겨 천하 후세의 자손과 백성이 모두 이 양생의 방법을 알게 하고자 함이다.

批 신神은 기氣다.

黃帝曰: 大氣入臟奈何?
岐伯曰: 病先發於心, 一日而之肺, 三日而之肝, 五日而之脾, 三日不已死. 冬夜半, 夏日中.

황제가 물었다. "대사大邪가 오장에 들어가면 어떻게 되는가?"

기백이 답했다. "심心에서 병이 생겨 다음날엔 폐肺로 가고, 다시 3일 후에는 간肝으로 가며, 또다시 5일 후에는 비脾로 가니 다시 3일이 지나도 낫지 못하면 죽는다. 겨울에는 야반에 죽고 여름에는 한낮日中에 죽는다."

● 대사大邪가 오장에 들어가 이기지 못하는 장기所不勝로 전해지면 죽는다. 오장은 오방오행지기五方五行之氣를 가지고 생기므로 상생하는 것에서 생겨나고 상승相勝하는 곳에서 죽는다.

병이 심心에서 발생하여 폐肺, 간肝, 비脾로 전병되는 것病先發於心 一日而之肺 三日而之肝 五日而之脾은 모두 이길 수 없는 곳所不勝으로 역전된 것이다. 2일이나 3일 안에 낫지 못하면 죽는다.

심心은 화장火臟이고, 겨울은 수水를 주관하며冬主水, 여름은 화를 주관夏主火하니 한겨울밤에 죽는 것은 수水가 왕성하고 화火가 멸멸滅한 까닭이다. 한여름에 죽는 것은 기가 뻗쳐 스스로 타버린 것이다.

양원여가 말했다. "〈소문·옥기진장론玉機眞藏論〉을 보면 "병이 오장으로 들어가 이기는 곳所勝으로 역전되면 그래도 안마나 목욕, 약, 뜸으로 구할 수 있다"고 했다. 그래서 3일에 낫지 않으면 죽는다고 말한 것三日不已死은 사기가 오장에 들어가면 그래도 나을 수 있는 가망이 있다. 처음에는 도인導引·행기行氣·안마按摩·구위灸熨·자병刺炳·음약飮藥을 말했고, 마지막에는 모든 병이 이런 차례로 상전되어 모두 사기死期에 있어 침놓아서는 안 된다고 말했다. 사기가 형층形層에 있을 때는 자침해야 한다. 오장에 들어간 것은 안마나 음약으로 구할 수 있다. 성인은 백성을 구하고자 최선을 다한다."

批 목木은 산酸에서 생기고, 산酸은 간肝에서 생기며, 간肝은 근筋에서 생기고, 근筋은 심心에서 생기며, 목木은 화火에서 생기고, 화火는 토土에서 생긴다木生酸 酸生肝 肝生筋 筋生心하니 목생화木生火이고 화생토火生土다.

病先發於肺, 三日而之肝, 一日而之脾, 五日而之胃, 十日不已死. 冬日入, 夏日出.

병이 폐肺에서 발생하면 3일 후에는 간肝으로 가고, 다시 1일 후에는 비脾로 가며, 또다시 5일이 지나면 위胃로 가니 다시 10일이 지나도 낫지 못하면 죽는다. 겨울에는 저녁日入에 죽고 여름에는 새벽日出에 죽는다.

● 양원여가 말했다. "폐는 기를 주관하므로肺主氣 해가 뜨면서 기가 융성해지

기 시작하고, 해가 지면서 기가 줄어든다. 겨울에 해질 무렵冬日入은 기가 들어가 내부에서 끊긴 것이다. 여름에 해뜰 무렵夏日出은 기가 나가 외부에서 끊긴 것이다.

안 | 춘추春秋는 말하지 않고 동하冬夏만 말한 것은 사시의 기가 모두 한서寒暑의 왕래往來이기 때문이다. 야반夜半과 일중日中은 자오子午고, 일출日出과 일입日入은 묘유卯酉다. 1일, 3일, 5일에 전병되는 것은 천지기수天之奇數다. 대개 오장은 지지오행地之五行에서 생기지만 천간天干의 변화에 근본을 두고 있다.

> 病先發於肝, 三日而之脾, 五日而之胃, 三日而之腎, 三日不已死.
> 冬日入, 夏蚤食.
>
> 간肝에서 병이 발생하면 3일 후에는 비脾로 가고, 다시 5일 후에는 위胃로 가며, 또다시 3일 후에는 신腎으로 가니 다시 3일이 지나도 낫지 못하면 죽는다. 겨울에는 저녁日入에 죽고 여름에는 아침蚤食에 죽는다.

◉ 양원여가 말했다. "〈소문·표본병전론標本病傳論〉에서 '간병肝病에 머리와 눈이 어지럽고 옆구리가 땅기며, 3일이 되면 몸이 무겁고 쑤시며, 다시 5일이 되면 배가 부른다. 또다시 3일에 요척과 소복이 아프고 다리가 저리며 3일이 지나도 낫지 않으면 죽는다. 겨울에는 저녁에 죽고 여름에는 새벽에 죽는다肝病頭目眩 脇支滿 三日體重身痛 五日而脹 三日腰脊少腹痛脛痠 三日不已死 冬日入 夏早食'라고 했다.

병이 간에서 먼저 발생하므로 어지럽고頭目眩 옆구리가 땅기는脇支滿 증상이 나타나고, 3일에 비脾로 가면 몸이 무겁고 쑤시며體重身痛, 다시 5일에는 위胃로 가서 창脹이 나타난다. 또다시 3일에는 신腎으로 가면 허리와 소복이 아프고 다리가 저린다腰脊少腹痛 脛痠症. 겨울에는 해질 무렵冬日入과 여름에는 새벽녘에 죽는 것夏蚤食은 목기木氣가 금金이 왕성한 유시酉時에 끊기기 때문이다."

> 病先發於脾, 一日而之胃, 二日而之腎, 三日而之膂膀胱, 十日不已死. 冬人定, 夏晏食.

병이 비脾에서 발생하면 다음날엔 위胃로 가고, 다시 2일 후엔 신腎으로 가며, 또다시 3일 후에는 방광膀胱으로 가니 다시 10일이 지나도 낫지 못하면 죽는다. 겨울에는 새벽人定에 죽고, 여름에는 밤晏食에 죽는다.

◉ 양원여가 말했다. "〈소문·표본병전론〉에서 '비병脾病은 몸이 무겁고 쑤시는데 1일에는 복창腹脹이 일어나고, 다시 2일에는 아랫배와 요척이 아프고 다리가 저리며, 또다시 3일에는 등살脊膂이 아프고 소변이 안 나간다. 10일이 지나도 낫지 못하면 죽는다. 겨울에는 새벽에 죽고, 여름에는 밤에 죽는다脾病身重體痛 一日而脹 二日少腹腰脊痛胻痠 三日背脊筋痛小便閉 十日不已死 冬人定 夏晏食'라고 했다. 병은 비脾에서 발생하면 몸이 무겁고 쑤시며身痛體重, 1일에는 위胃로 가서 복창腹脹이 되고, 다시 2일에는 신腎으로 가니 아랫배와 허리가 아프고 다리가 저린다少腹痛 腰脊痛 胻痠. 여방광膂膀胱은 방광이 척배의 여근膂筋에 붙어 있기 때문이다. 그러므로 또다시 3일에는 방광으로 가서 배려근통背膂筋痛이 있고 소변폐증小便閉症이 생긴다. 인경人定은 인시寅時에 있는데 목木이 왕성하여 토기土氣가 끊어진다. 여름의 안식晏食은 해시亥時에 있는데 수水가 넘쳐서 토土가 망가진다."

病先發於胃, 五日而之腎, 三日而之膂膀胱, 五日而上之心, 二日不已死, 冬夜半, 夏日昳.
병이 위胃에서 발생하면 5일 후에는 신腎으로 가고, 다시 3일 후에는 방광膀胱으로 가며, 또다시 5일 후에는 심心으로 올라가니 다시 2일이 지나도 낫지 못하면 죽는다. 겨울에는 야반夜半에 죽고 여름에는 해질 때日昳 죽는다.

◉〈소문·표본병전론〉에서 "위胃가 병나면 창만이 생기고 5일에는 소복통과 요척통이 있으며 다리가 저린다. 다시 3일에는 등살이 아프고 소변이 안 나오며, 또다시 5일에는 몸이 무겁고, 6일이 지나도 낫지 못하면 죽는다. 겨울에는 야반에 죽고 여름에는 해가 떨어질 때 죽는다胃病脹滿 五日少腹腰脊痛胻痠 三日背脊筋痛小便閉 五日身體重 六日不已死 冬夜半 夏日昳"라고 했다. 병이 위胃에서 발생하

므로 창만脹滿이 생기고, 5일에 신腎으로 가면 아랫배와 허리가 아프고 다리가 저리며少腹痛 腰脊痛 脛痠, 다시 3일에 방광으로 가면 등살이 아프고背膂筋痛, 또 다시 5일에 심心으로 가면 몸이 무겁다身體重.

심은 혈맥을 주관한다心主血脈. 혈맥은 근골을 적셔주며 관절을 잘 움직이게 한다. 이二는 화火의 생수生數다. 6일은 수水의 성수成數다. 2일에 죽는 것은 화火의 생기生氣가 끊긴 것이고, 6일에 죽는 것은 수水가 덮쳐 화火가 멸하는 것이다. 그러므로 겨울 야반冬夜半은 수水가 왕성하고 화火가 멸한 때다. 여름 저녁夏日昃도 태양太陽의 생기生氣가 끊기는 때다.

주제공이 말했다. "겨울은 수水를 주관하고冬主水, 여름은 화火를 주관하며夏主火, 일측日昃은 왕성하지만 한편으로는 줄어들기 시작하는 때다."

病先發於腎, 三日而之膂膀胱, 三日而上之心, 三日而之小腸, 三日不已死. 冬大晨, 夏晏晡.
병이 신腎에서 발생하면 3일 후에는 방광膀胱으로 가고, 다시 3일 후에는 심心으로 올라가며, 또다시 3일 후에는 소장小腸으로 가니 다시 3일이 지나도 낫지 못하면 죽는다. 겨울에는 새벽大晨에 죽고 여름에는 저녁때晏晡 죽는다.

⊕〈소문·표본병전론〉에서 "신병腎病은 아랫배와 허리가 아프고 다리가 저리며, 3일에는 등살이 아프고 소변이 안 나온다. 다시 3일에는 복창腹脹이 발생하고, 또다시 3일에는 양 옆구리가 땅기며 2일이 지나도 낫지 못하면 죽는다腎病者 少腹腰脊痛胻痠 三日背膂筋痛小便閉 三日腹脹 三日兩脇支痛 二日不已死"라고 했다.

병이 신腎에서 발병하므로 아랫배와 허리가 아프고 다리가 저리며 3일에는 복창이 발생하며, 다시 3일에는 등과 방광으로 가서 등살이 아프고 소변이 안 나온다. 또다시 3일에는 심으로 올라가니 복창이 생긴다. 족소음신맥은 내려가서 방광에 연결되고, 올라가서 복복腹에서 흉중으로 주입되어 폐肺로 들어가고 심心에 연결된다. 사기가 오장에 들어가면 역시 혈맥을 따라서 유전된다.

앞 구절은 병이 심心에 있으므로 신체중身體重이고, 여기서는 방광에서 심心으로 전해지고 다시 심心에서 아래에 있는 소장으로 전병된 것이므로 복창이 발생한다.

동대신冬大晨은 인묘시寅卯時로 목木이 왕성한 때다. 목木이 왕성하면 수기水氣를 빼야 한다. 하안포夏晏晡는 토기土氣가 주재하는 때니 토극수土克水다. 3일은 수화水火의 생기가 함께 끊기는 때다. 대체로 병으로 장차 죽게 되는 것은 먼저 발생한 장기臟氣가 끊기거나 전병된 장기가 끊기는 곳에 죽게 된다. 그러므로 〈영추〉〈소문〉 중에 조금 같지 않아도 학자는 잘 이해해야 한다.

> 病先發於膀胱, 五日而之腎, 一日而之小腸, 一日而之心, 二日不已死. 冬雞鳴, 夏下晡.
>
> 병이 방광膀胱에서 발생하면 5일 후에는 신腎으로 가고, 다시 1일 후에는 소장小腸으로 가며, 또다시 1일 후에는 심心으로 가니 다시 2일이 지나도 낫지 못하면 죽는다. 겨울에는 새벽雞鳴에 죽고 여름에는 저녁下晡에 죽는다.

◉ 〈소문·표본병전론〉에서 "방광병에 소변이 막히고, 다시 5일 후에는 아랫배와 허리가 아프고 다리가 저리며, 다시 1일 후에는 복창이 있고, 또다시 1일 후에는 온몸이 다 아프니 또다시 2일이 지나도 낫지 못하면 죽는다膀胱病 小便閉 五日少腹脹腰脊痛胻痠 一日腹脹 一日身體痛 二日不已死"라고 했다. 병이 방광膀胱에서 발생하므로 소변이 안 나온다. 5일에는 신腎으로 가서 아랫배가 팽만하고 허리가 아프며 다리가 저린다少腹脹 腰脊痛 胻痠. 다시 1일에 소장小腸으로 가면 복창腹脹이 생기고, 또다시 1일에 심心으로 가면 온몸이 쑤신다身體痛. 겨울 새벽冬雞鳴과 여름 저녁夏下晡은 앞 구절의 대신大晨과 안포晏晡 때다.

안 | 오장이 상전相傳에 방광과 위胃로 가는 것은 위胃가 중앙에 위치하여 수곡지해水穀之海로 오장의 생원生原이기 때문이고, 태양太陽은 제양諸陽의 기를 주관하기 때문이다.

> 諸病以次相傳, 如是者皆有死期, 不可刺也, 間一臟及二三四臟者, 乃可刺也.

모든 병이 순서대로 상전되어 이처럼 모두 죽는 시기가 있으니 이때는 침놓아서는 안 된다. 일장一臟을 가거나 이삼사장을 갔을 때는 그래도 침놓을 수 있다.

⊕ 〈소문·옥기진장론玉機眞藏論〉에서 "오장은 상통하여 이동이 모두 순서가 있으니 오장에 병이 있으면 각각 이기는 곳所勝으로 전병된다五臟相通 移皆有次 五臟有病 則各傳其所勝"라고 했다. 병으로 죽으려 하면 반드시 전병이 선행되는데 이기지 못하는 곳所不勝에 이르면 죽는다. 그러므로 이런 것은 바로 이기는 곳으로 역전逆傳하는 것으로 모두 죽게 되니 침놓아서는 안 된다.

만약 한 개의 장기를 거르면, 즉 심心에서 간肝으로 전병되거나 폐肺에서 비脾로 전병되는 것은 자子가 모行를 덮치는 것이다子行乘母. 이장二臟을 건너는 것은 심心에서 비脾로, 폐肺에서 신腎으로 전병되는 것으로 모母가 자子를 덮치는 것으로母行乘子 자모지기子母之氣가 서로 자생한다. 삼장三臟을 건너는 것은 심心에서 신腎으로, 폐肺에서 심心으로 전병되는 것이니 이길 수 없는 곳에서 오는 것으로 사기가 미미하다.

안|오장간의 전병을 보면 간間이나 이삼간二三間이 있지만 사간四間은 없다. 이른바 간사장間四臟은 장臟에서 부腑로 전병하고, 다시 부腑에서 다른 장臟으로 전병되는 것이니 대개 부腑도 장臟이라 불린다.

양원여가 말했다. "〈소문·오장별론五臟別論〉을 보면 '방사方士들은 뇌수腦髓를 장臟이라 하기도 하고, 장위腸胃를 장臟이라 하기도 한다黃帝問曰 余聞方士 或以腦髓爲臟 或腸胃爲臟'라고 했다. 화물을 저장하는 것이 부腑이므로 부腑도 장臟이라 해도 된다."

음사발몽淫邪發夢

黃帝曰: 願聞淫邪*泮衍奈何?

岐伯曰: 正邪從外襲內而未有定舍, 反淫於臟. 不得定處, 與營衛
俱行而與魂魄飛揚, 使人臥不得安而喜夢. 氣淫於腑, 則有餘於外,
不足於內; 氣淫於臟, 則有餘於內, 不足於外.

黃帝曰: 有餘不足有形乎?

岐伯曰: 陰氣盛則夢涉大水而恐懼. 陽氣盛則夢大火而燔焫. 陰陽
俱盛則夢相殺. 上盛則夢飛, 下盛則夢墮, 甚飢則夢取, 甚飽則夢
予. 肝氣盛則夢怒. 肺氣盛則夢恐懼哭泣飛揚. 心氣盛則夢善笑恐
畏. 脾氣盛則夢歌樂身體重不擧. 腎氣盛則夢腰脊兩解不屬. 凡此
十二盛者, 至而瀉之立已.

황제가 물었다. "음사淫邪가 널리 퍼지는 것은 어째서인가?"

기백이 답했다. "정사正邪가 외부에서 내부로 침입하여 정착하지 못하고 반
대로 장臟으로 퍼져도 고정되지 못하며 영위營衛와 함께 움직이고 혼백과 함
께 비양飛揚하여 편안히 잠을 못 자고 꿈을 자주 꾼다. 사기가 부腑에 침입하면
외부는 유여하고 내부는 부족하며, 사기가 장臟에 침입하면 내부는 유여하고
외부는 부족하다."

황제가 물었다. "유여부족이 나타나는 형태가 있는가?"

기백이 답했다. "음기가 성하면 큰 강을 건너는 무서운 꿈을 꾼다. 양기가
성하면 큰불이 타오르는 꿈을 꾼다. 음양이 모두 성하면 서로 싸워 죽이는 꿈
을 꾼다. 위가 성하면 나는 꿈을 꾸고, 아래가 성하면 떨어지는 꿈을 꾼다. 배
고프면 취하는 꿈을 꾸고, 배부르면 주는 꿈을 꾼다.

---

* 음사淫邪는 인체에 해를 끼치는 각종 나쁜 부정지기不正之氣를 통틀어 말한다―〈통해〉.

간기肝氣가 성하면 화내는 꿈을 꾼다. 폐기肺氣가 성하면 무서워 떨고 울며 나는 꿈을 꾼다. 심기心氣가 성하면 잘 웃고 무서워하는 꿈을 꾼다. 비기脾氣가 성하면 노래하면서 놀고 몸이 무거워 움직이지 못하는 꿈을 꾼다. 신기腎氣가 성하면 요척이 둘로 갈라지는 꿈을 꾼다. 무릇 이 12가지 성한 것은 사기가 장臟에 침입한 것이니 사하면 바로 낫는다."

● 여기서는 앞 문장을 이어서 온몸에 퍼진 음사淫邪에도 허사虛邪와 정사正邪의 구별이 있음을 말한다. 허사는 허한 방향으로 오는 부정한 음사로 사람에 적중되면 죽는다. 정사는 풍우한서風雨寒暑로 자연의 정기正氣다. 허사가 인체에 적중되면 으슬으슬 몸이 떨린다. 정사가 인체에 적중될 때는 미미하여 먼저 안색에 나타나지만 몸에서는 알 수 없어 실상이 드러나지 않는다.

그러므로 앞 문장에서 음사淫邪가 퍼지고 혈맥으로 전류되어 대기大氣가 오장으로 들어가면 살기 어렵다는 것淫邪泮衍 血脈傳溜 大氣入臟 不可以致生은 허사虛邪가 인체에 적중된 것이다. 정사가 외부에서 내부로 침입하면 있는 듯 없는 듯 미처 자리 잡지 못하고 영위와 함께 내외의 기주와 모원 사이를 행하다가 반대로 오장을 침입하여 고정되지 못하면서 혼백과 함께 비양하여 누우면 편안히 꿈을 꾸며 잘 수 없다.

모발이 끊기고 주리가 열리는 것折毛髮理은 사기가 피모에서 들어가 주리에서 발현되는 것이다. 주리는 외부에는 기육의 문리文理가 있고, 내부에는 장부 모원의 육리肉理가 있으며 위기衛氣가 돌아다니는 통로다. 그러므로 음사가 퍼져 영위營衛와 함께 다니면서 모원의 육리로 가서 오장으로 침입한다.

심心은 신神을 간직하고, 신腎은 정精을 간직하며, 간肝은 혼魂을 간직하고, 폐肺는 백魄을 간직하며, 비脾는 의意를 간직한다心藏神 腎藏精 肝藏魂 肺藏魄 脾藏意. 신신을 따라 움직이는 것이 혼魂이고, 정精과 함께 출입하는 것이 백魄이다隨神往來謂之魂 幷精出入謂之魄. 지의志意로 정신精神을 제어하고 혼백을 수렴한다志意者 所以御精神 收魂魄也.

혼백이 비양하여 자주 꿈을 꾸는 것與魂魄飛揚而善夢은 오장의 신기神氣가 비양한 것이다. 부腑는 양陽이고 외부에서 작용한다. 장臟은 음이고 내부에서 작용한다. 사기가 영위營衛와 함께 장부와 모원 사이를 행하므로 사기가 오장에 침입하면 내부는 유여해지고 외부는 부족해진다. 사기가 부腑로 침입하면 외부는 유여해지고 내부는 부족해진다. 이제 반대로 오장으로 침입하면 내부가 유여해지니 오장의 음기가 성해진다. 음기가 성해지면 큰 강을 건너야 하는 무서운 꿈을 꾸고, 양기가 성하면 큰불이 나는 꿈을 꾸니 이것은 심신心腎이 유여한 것이다.

음양이 모두 유여하면 심기心氣가 폐肺로 몰리고, 신기腎氣가 간肝으로 몰려 서로 죽이는 꿈을 꾼다. 서로 죽이는 것은 칼을 가지고 싸우는 것이다. 이것은 간폐肝肺가 유여한 것이다.

혼은 떠다니고 백은 하강하니 위가 성하면 날아다니는 꿈을 꾸고, 아래가 성하면 떨어지는 꿈을 꾼다. 이것이 혼백이 상하에서 유여한 것이다.

배고프면 취하는 꿈을 꾸고, 배부르면 주는 꿈을 꾸니 이것은 비위脾胃의 유여부족이다. 이것은 사기邪氣가 오장의 신기神氣와 떠다니면서 꿈에 나타나는 것이다. 간기肝氣가 성하면 화내는 꿈을 꾸고, 폐기肺氣가 성하면 슬퍼하는 꿈을 꾸며, 심기心氣가 성하면 웃는 꿈을 꾸고, 비기脾氣가 성하면 노래 부르는 꿈을 꾸며, 신기腎氣가 성하면 허리가 분리되는 꿈을 꾼다. 이것은 사기가 다섯 형태의 오장에 간섭하여 꿈에 나타나는 것이다.

이 열두 가지 성한 것은 사기가 장臟에 침입한 것이니 사하면 바로 낫는다.

批 대기大氣는 음사淫邪다. 정사正邪는 정기正氣다.

批 허사虛邪가 형체를 요동시키므로 혈맥에서 전류되어 오장으로 들어간다. 정사는 병기病氣이므로 영위營衛와 함께 다니고 혼백과 함께 비양한다.

批 사기가 외부에서 내부로 침입하므로 반反이라고 했다.

批 정도挺刀는 금金과 수水가 서로 격돌하는 것이다.

厥氣客於心, 則夢見邱山烟火. 客於肺, 則夢飛揚, 見金鐵之奇物. 客於肝, 則夢山林樹木. 客於脾, 則夢見邱陵大澤, 壞屋風雨. 客於腎, 則夢臨淵沒居水中. 客於膀胱, 則夢遊行. 客於胃, 則夢飲食. 客於大腸, 則夢田野. 客於小腸, 則夢聚邑衝衢. 客於膽, 則夢鬪訟

自刳. 客於陰器, 則夢接內. 客於項, 則夢斬首. 客於脛, 則夢行走
而不能前, 及居深地窌苑中. 客於股肱, 則夢禮節拜起. 客於胞䐈,
則夢溲便. 凡此十五不足者, 至而補之立已也.

궐기가 심心에 침입하면 산에 불나는 꿈을 꾼다.

　폐肺에 침입하면 날아다니는 꿈을 꾸거나 금속의 기물이 꿈에 보인다.

　간肝에 침입하면 숲과 나무가 꿈에 보인다.

　비脾에 침입하면 언덕과 큰 못이나 비바람에 집이 무너지는 꿈을 꾼다.

　신腎에 침입하면 연못에 가서 물속에 빠지는 꿈을 꾼다.

　방광膀胱에 침입하면 수영하는 꿈을 꾼다.

　위胃에 침입하면 음식을 먹는 꿈을 꾼다.

　대장大腸에 침입하면 전답이 꿈에 보인다.

　소장小腸에 침입하면 사거리를 꿈꾼다.

　담膽에 침입하면 송사로 다투거나 자살하는 꿈을 꾼다.

　음기陰器에 침입하면 성교하여 사정하는 꿈을 꾼다.

　목項에 침입하면 목이 잘리는 꿈을 꾼다.

　정강이脛에 침입하면 걸어가는데 앞으로 나가지 못하거나 깊은 굴속에 사
는 꿈을 꾼다.

　팔다리股肱에 침입하면 절하고 일어나는 꿈을 꾼다.

　방광과 직장에 침입하면 오줌이나 똥 싸는 꿈을 꾼다.

　무릇 열다섯 가지 부족한 것은 보하면 바로 낫는다.

◉ 사기가 모여 있는 곳은 반드시 정기가 허하다. 앞 장에서는 사기의 유여를
말했고, 여기서는 정기의 부족을 말한다. 궐기는 허한 기가 장부로 궐역한 것이
다. 객客은 장부의 외부에서 압박하는 것이다.

　심心에 침입하면 언덕에 불이 나는 꿈을 꾸는데 심은 화에 속하므로心屬火
심기心氣가 허한 것이다.

　폐肺에 침입하면 날아다니는 꿈을 꾸는데 폐는 기를 주관하므로 肺主氣 폐기
肺氣가 허한 것이다. 금속으로 만든 기물이 금기金氣가 허하면 나타난다.

　간肝에 침입하면 산림수목을 꿈꾸는데 간기肝氣의 환상이다.

비脾에 침입하면 산과 큰 호수를 꿈꾸는데 토土가 허하여 물이 범람한 것이다.

비脾는 영營이 거하는 곳이므로 기器라고 불린다. 대체로 형체가 있는 것은 기器라고 하는데 비脾는 기육肌肉을 주관하므로 형해形骸는 곧 사람의 몸을 말하며, 비바람에 집이 무너지는 꿈을 꾸는 것은 비기脾氣가 허하여 비바람에 무너지는 것이다.

신腎에 침입하면 물가에 가서 빠지는 꿈을 꾸는데 신기腎氣가 허한 것이다.

방광에 침입하면 수영하는 꿈을 꾸니 태양의 기氣가 허한 것이다.

위胃에 침입하면 음식을 먹는 꿈을 꾸는데 허하면 취하는 것이다.

대장大腸에 침입하면 논밭을 꿈꾸는데 논밭은 수곡이 나는 곳이다. 대장은 전도지관傳道之官으로 수곡의 찌꺼기를 받아서 별즙別汁을 분비하는 곳인데 단지 논밭만을 꿈꾸는 것은 대장의 기가 허한 것이다.

소장小腸에 침입하면 읍내 사거리를 꿈꾼다. 사거리는 화물이 모이고 통하는 곳인데 소장은 수성화물受盛化物하므로 단지 읍내 사거리를 꿈꾸는 것은 소장의 기가 허한 것이다.

담膽은 중정지관中正之官으로 결단출언決斷出焉한다. 따라서 궐기厥氣가 담膽으로 침입하면 송사로 다투거나 자살하는 꿈을 꾼다.

음기陰器에 침입하면 성교하여 사정하는 꿈을 꾼다.

삼양지기三陽之氣는 모두 항부項部를 순환하여 머리로 올라간다. 그러므로 머리는 모든 양이 모이는 곳이다. 목項에 침입하면 양기가 머리로 올라가지 못하므로 목이 잘리는 꿈을 꾼다.

정강이에 침입하면 걸으나 앞으로 나가지 못하는 꿈을 꾸니 정강이의 기가 허한 것이다.

족足은 음인데 땅속에 깊이 박혀 있으니 지기地氣가 함하된 것이다.

팔다리에 침입하면 절하는 꿈을 꾸는데 수족이 편하지 않은 것이다.

방광에 침입하면 오줌 싸는 꿈을 꾸고, 직장直腸에 침입하면 똥 싸는 꿈을 꾼다.

무릇 이런 15가지 부족한 것은 보하면 바로 낫는다.

아! 인생은 다 꿈과 같다. 신神이 생기는 이치를 알면 신神과 함께 이루어지는 것이 술에서 깨어나는 것과 같고 꿈에서 깨어나는 것과 같다. 미혹하여 깨어나지 못한다면 아무 소리도 들리지 않는 암흑이고 아무것도 보이지 않는 사막일 뿐이다.

批 주제공이 말했다. "심心은 붉은 산이다."

44

순기일일분위사시順氣一日分爲四時

黃帝曰: 夫百病之所始生者, 必起於燥濕寒暑風雨, 陰陽喜怒, 飮
食居處, 氣合而有形, 得臟而有名, 余知其然也. 夫百病者, 多而旦
慧晝安, 夕加夜甚, 何也?
岐伯曰: 四時之氣使然.

황제가 물었다. "모든 병의 시작은 반드시 조습·한서·풍우의 외인과 음양·희
로·음식·거처의 내인으로 발생한다. 육음六淫의 사邪는 외부에서 형체와 합
쳐지면서 형병形病으로 나타나고, 음양·희로·음식·거처는 내부에서 실조失
調를 일으켜 오장에서 병이 되어 병명이 붙는다. 대부분의 병이 새벽에는 병증
이 경감되고, 낮에는 편안해지며, 저녁에는 더 아파지고, 밤에는 아주 심해지
는 것은 어째서인가?"

기백이 답했다. "사시四時에 따른 기氣의 변화 때문에 그러하다."

🌐 이 장에서는 양기의 주야 출입이 사시의 생장수장에 상응함을 말한다.

오장이 중中에서 오운五運을 주관하고, 외부에서는 목木·화火·토土·금金·
수水 오기五氣에 합하니 사람의 모든 병은 외인과 내인 두 가지를 벗어나지 않
는다. 조습풍우한서燥濕風雨寒暑는 외인이 되는 육기六氣로 기가 유형有形에 합
쳐져 병이 되지만 인기人氣의 생장을 도와 편안하게 한다.

육음六淫의 사邪가 외부에서 형체와 합쳐지면서 형병形病으로 나타난다. 음
양·희로·음식·거처는 내부에서 실조를 일으켜 오장에서 병이 되어 병명이
붙는다. 기쁨의 감정에 손상하면 심心에서 실조되어 심병이 된다. 분노의 감정
에 손상하면 간肝에서 실조되어 간병이 된다. 슬픔의 감정에 손상하면 폐肺에
서 실조되어 폐병이 된다. 공포의 감정에 손상하면 신腎에서 실조되어 신병이

된다. 음식에 손상하면 비위脾胃에서 실조되어 비위병이 된다.

이는 필시 장기臟氣가 이길 수 있는 때가 되면 병이 나으니 내인의 병은 장臟에서 실조되어 장이 병드는 것이다. 사람의 정기가 천지의 음양오행과 합쳐지니 인기人氣가 왕성하면 천天의 음사淫邪를 이길 수 있고, 지지오행地之五行을 얻으면 오장병이 낫게 되니 사람과 천지天地가 참합參合하여 서로 돕는다.

黃帝曰: 願聞四時之氣.
岐伯曰: 春生夏長, 秋收冬藏, 是氣之常也, 人亦應之. 以一日分爲四時, 朝則爲春, 日中爲夏, 日入爲秋, 夜半爲冬. 朝則人氣始生, 病氣衰, 故旦慧. 日中人氣長, 長則勝邪, 故安. 夕則人氣始衰, 邪氣始生, 故加. 夜半人氣入臟, 邪氣獨居於身, 故甚也.

황제가 물었다. "사시四時의 기氣에 대해 듣고 싶다."

기백이 답했다. "춘생하장 추수동장春生夏長 秋收冬藏이 정상적인 기의 상태다. 사람도 이에 상응한다. 하루를 사시로 나누면 아침은 봄春이고, 한낮은 여름夏이며, 저녁은 가을秋이고, 야밤은 겨울冬에 해당된다. 아침朝에는 인기人氣가 시생始生하고 병기病氣가 줄어드니 상쾌하다. 한낮日中에는 인기가 장성長盛하여 사기를 이기므로 편안하다. 저녁夕에는 인기가 줄어들고 사기가 시생하므로 병이 더 심해지고, 야반에는 인기가 장臟에 들어가 사기만 몸에 남으므로 아주 심해진다."

⊛ 춘생하장 추수동장春生夏長 秋收冬藏은 1년 사시四時의 천지 음양출입이다. 아침은 봄이고, 한낮은 여름이며, 저녁은 가을이고, 야밤은 겨울이니 하루의 사시며, 인기人氣의 음양출입이다. 인기가 살아나면 병은 줄어들고, 기가 왕성하면 몸이 편안해지며, 기가 줄어들면 병은 더해지고, 기가 숨어버리면 병이 심해지니 이것은 사기와 정기가 서로 승부하는 것이다.

사람의 정기는 천天의 음사淫邪를 이길 수 있으므로 성인은 춘하에는 양을 기르고 추동에는 음을 길렀으니 근본을 좇는 것이다. 하루의 기를 양생하는 것은 천지의 사시를 따르는 것이고, 천지의 사시에 순응하여 정기를 조양하면 천수를 누릴 수 있다.

장옥사가 말했다. "천天에는 하루의 사시가 있고, 사람에게도 1년의 춘하추동이 있다."

黃帝曰: 其時有反者何也?
岐伯曰: 是不應四時之氣, 獨臟主其病者, 是必以臟氣之所不勝時
者甚, 以其所勝時者起也.
黃帝曰: 治之奈何?
岐伯曰: 順天之時, 而病可與期, 順者爲工, 逆者爲麤.

황제가 물었다. "사시에 반反하면 어떻게 되는가?"
기백이 답했다. "사시에 상응하지 못하고 장臟이 병들었으면, 필시 장기臟氣가 이기지 못하는 때가 병이 심해지고 정기正氣가 이길 수 있는 때 병이 낫는다."
황제가 물었다. "치료는 어떻게 하는가?"
기백이 답했다. "사시를 따라야 병도 낫게 할 수 있으니 때를 잘 따라 치료하면 양공이고, 때를 거스르면 추공이다."

● 여기서는 음양·희로·음식·거처 등으로 인한 것은 오장이 독단으로 병들어 반드시 장기臟氣가 이기지 못하는 때가 되면 병이 더 심해지고, 장기가 이겨낼 수 있는 때가 되면 병이 낫는 것을 말한다.

간병肝病은 신유시申酉時의 금기金氣를 이길 수 없고, 심병心病은 해자시亥子時의 수기水氣를 이길 수 없으며, 비병脾病은 인묘시寅卯時의 목기木氣를 이길 수 없고, 폐병肺病은 사오시巳午時의 화기火氣를 이길 수 없으며, 신병腎病은 진술축미시辰戌丑未時의 토기土氣를 이길 수 없다. 이것은 장기가 이겨낼 수 없을 때가 되면 더 심해진다.

간병에 진술축미시가 되면 낫고, 심병은 신유시에 나으며, 비병은 해자시에 낫고, 폐병은 인묘시에 나으며, 신병은 사오시에 나으니 장기가 이기는 시간에 낫는다. 그러므로 양공은 천지시天之時를 따라서 오행지기五行之氣를 조양하여 때에 잘 맞추어 병을 낫게 한다. 만약 천지음양·사시오행의 이치를 알지 못하면 훌륭한 의사가 될 수 없다.

黃帝曰: 善. 余聞刺有五變, 以主五輸. 願聞其數.

岐伯曰: 人有五臟, 五臟有五變, 五變有五輸, 故五五而二十五輸, 以應五時.

黃帝曰: 願聞五變.

岐伯曰: 肝爲牡臟, 其色靑, 其時春, 其音角, 其味酸, 其日甲乙. 心爲牡臟, 其色赤, 其時夏, 其日丙丁, 其音徵, 其味苦. 脾爲牝臟, 其色黃, 其時長夏, 其日戊己, 其音宮, 其味甘. 肺爲牝臟, 其色白, 其音商, 其時秋, 其日庚辛, 其味辛. 腎爲牝臟, 其色黑, 其時冬, 其日壬癸, 其音羽, 其味鹹. 是爲五變.

황제가 물었다. "알겠다. 나는 자법에 오변五變이 있어 오수혈五腧穴을 위주로 한다고 들었는데 방법을 알고 싶다."

기백이 답했다. "인체에는 간·심·비·폐·신의 오장이 있고, 오장에는 색색 ·시時·음音·미味·일日 다섯 면에서 차이가 있으며, 오변에 대해서 정井·형滎 ·수腧·경經·합合의 오수혈로 대응하므로 5 * 5 = 25수혈이 있으면서 오시五時 에 상응한다."

황제가 물었다. "오변에 대해 듣고 싶다."

기백이 답했다. "간肝은 양장陽臟이고 청색이며 시時는 봄이고 각음角音이며 산미酸味고 갑을일甲乙日에 해당된다. 심心은 양장이고 적색이며 시時는 여름 이고 병정일丙丁日이며 치음徵音이고 고미苦味에 해당된다. 비脾는 음장陰臟이 고 황색이며 시時는 장하長夏고 무기일戊己日이며 궁음宮音이고 감미甘味에 해 당된다. 폐肺는 음장이고 백색이며 상음商音이고 시時는 가을이며 경신일庚辛 日이고 신미辛味에 해당된다. 신腎은 음장이고 흑색이며 시는 겨울이고 임계일 壬癸日이며 우음羽音이고 함미鹹味에 해당된다. 이것이 오변이다."

❋ 여기서는 오장의 기가 천天의 사시四時·오음五音·오색五色·오미五味에 상응 함을 말한다. 오장에 오변五變이 있다는 것은 오시五時·오행五行·오음五音·오 색五色의 변이가 있는 것이다. 오변에 오수혈이 있는 것은 하나의 장기에 봄에 는 형혈滎穴에 자침하고, 여름에는 수혈腧穴에 자침하며, 장하에는 경혈經穴에 자침하고, 가을에는 합혈合穴에 자침하며, 겨울에는 정혈井穴에 자침하는春刺滎 夏刺腧 長夏刺經 秋刺合 冬刺井 오수五腧가 있으므로 오장에 이십오수二十五腧가 있

어 오시에 상응하는 것이다.

간肝은 목木에 속하고 심心은 화火에 속하므로 모장牡藏이고 비脾는 토土에 속하고 폐肺는 금金에 속하며 신腎은 수水에 속하므로 빈장牝藏이다.

> 黃帝曰: 以主五輸奈何?
> 岐伯曰: 臟主冬*, 冬刺井. 色主春**, 春刺滎. 時主夏***, 夏刺輸. 音主長夏****, 長夏刺經. 味主秋*****, 秋刺合. 是謂五變, 以主五輸.
> 황제가 물었다. "오수혈을 위주로 하는 것은 어떻게 하는 것인가?"
> 기백이 답했다. "오장은 정기를 저장하고 침장沈藏하는 동기冬氣에 상응하여 겨울에는 정혈井穴에 자침한다. 오색은 피부에 드러나니 춘기春氣에 상응하여 봄에는 형혈滎穴에 자침한다. 오시五時에는 만물이 성장하니 하기夏氣에 상응하여 여름에는 수혈腧穴에 자침한다. 오음은 풍부해야 밖으로 울리니 장하기長夏氣에 상응하여 장하에는 경혈經穴에 자침한다. 오미는 성숙되어 자양하니 추기秋氣에 상응하여 가을에는 합혈合穴에 자침한다. 이를 오변이라 하며 오수혈 위주로 치료한다."

✦ 이 오장의 기가 오시五時에 상응하니 오수혈을 취하는데도 각기 주관하는 바가 있다. 신은 봉장지본이고腎主封藏 겨울에는 침장하니臟主冬 신腎과 동장지기冬藏之氣가 합한다. 간은 색을 주관하고肝主色 오색이 봄에 드러나니色主春 간肝은 춘생지기春生之氣와 합쳐진다. 심心은 생명의 본이고生之本 신이 변하는 곳이니神之變 성장하는 시기다時主夏. 심心은 하장지기夏長之氣와 합쳐진다. 토수土數는 오五다. 오五는 음이다. 오음은 풍부해야 밖으로 울려 장하기에 상응하니音主長夏 비脾는 장하지기長夏之氣와 합쳐진다. 오미五味가 입으로 들어가면 장위腸胃에 저장되고 양명陽明은 추금지기秋金之氣를 주관하여 오미는 성숙하

---

* 　　오장은 정기를 저장하고 침장沈藏하는 동기冬氣에 상응한다臟主冬―〈통해〉.
** 　오색은 피부에 드러나니 춘기春氣에 상응한다色主春―〈통해〉.
*** 　오시五時에는 만물이 성장하니 하기夏氣에 상응한다時主夏―〈통해〉.
**** 오음은 풍부해야 밖으로 울리니 장하기長夏氣에 상응한다音主長夏―〈통해〉.
***** 오미는 성숙되어 자양하니 추기秋氣에 상응한다味主秋―〈통해〉.

는 추기에 상응하니味主秋 장위는 추수지기秋收之氣와 합쳐진다. 이 오장지기는 오시의 변화에 상응하니 오수혈을 취함에도 각기 주되는 때가 있다.

춘자형春刺滎 · 하자수夏刺腧 · 장하자경長夏刺經 · 추자합秋刺合 · 동자정冬刺井은 모두 자子에서 모기母氣를 투발透發시키는 것이다.

批 장옥사가 말했다. "오수五腧는 정井 · 형滎 · 수腧 · 경經 · 합合이고 사시 오장의 기와 합한다. 대장은 폐肺의 부腑이고 위胃와 함께 양명陽明에 속한다."

> 黃帝曰: 諸原安合, 以致六輸?
> 岐伯曰: 原獨不應五時, 以經合之, 以應其數, 故六六三十六輸.
>
> 황제가 물었다. "양경陽經의 원혈原穴은 오수혈과 어떻게 배합하여 육수혈六腧穴이 되는가?"
>
> 기백이 답했다. "원혈은 홀로 오시五時에 상응하지 못하고 경혈經穴과 합하여 사시四時에 상응하므로 6*6＝36수혈이 된다."

⊕ 여기서는 육부가 오시五時에 상응함을 말한다.

춘령목春令木 · 하령화夏令火 · 장하주토長夏主土 · 추령금秋令金 · 동령수冬令水. 이것은 오시가 오행五行에 합하는 바다. 간장목肝臟木 · 심장화心臟火 · 비장토脾臟土 · 폐장금肺臟金 · 신장수腎臟水. 이것은 오장이 오행과 합하는 바다. 정주목井主木 · 형주화滎主火 · 수주토腧主土 · 경주금經主金 · 합주수合主水. 이것은 오수가 오행과 합하는 바다.

육부에는 원혈이 있으므로 오시와 맞지 않아서 경혈經穴과 원혈原穴을 합하여 오행에 합치시키는 것이니 6*6＝36수다. 대개 목木 · 화火 · 토土 · 금金 · 수水는 지지오행地之五行으로 오장을 생성한다. 지지오행이 올라가 천지육기天之六氣로 드러나니 육부와 합쳐진다. 육기六氣는 목 · 화 · 토 · 금 · 수 · 화다. 육기에는 군화君火와 상화相火 두 개의 화火가 있다. 육기는 육부와 합하고 육부에는 육수六腧가 있으므로 6*6＝36수와 상응한다. 경화經火와 원화原火가 합쳐 다시 오행의 수에 합한다. 이것은 음양이합지도陰陽離合之道이고, 오행 변화의 틀이며, 천지생성의 묘용이다.

批 육부의 정·형·수·경·원·합은 금·수·목·화·화·토다.

批 왕자방이 말했다. "오륙五六이 상합相合하여 30년이 1기紀이고, 60년이 1주周다."

> 黃帝曰: 何謂臟主冬, 時主夏, 音主長夏, 味主秋, 色主春? 願聞
> 其故.
> 岐伯曰: 病在臟者, 取之井. 病變於色者, 取之榮. 病時間時甚者,
> 取之輸. 病變於音者, 取之經. 經滿而血者, 病在胃, 及而飮食不節
> 得病者, 取之於合, 故命曰味主合. 是謂五變也.
>
> 황제가 물었다. "무엇을 장주동臟主冬, 시주하時主夏, 음주장하音主長夏, 미주추
> 味主秋, 색주춘色主春이라고 하는가? 그 이유를 듣고 싶다."
>
> 기백이 답했다. "장臟에 병들면 정혈井穴을 취하고, 안색에 병변이 있으면
> 형혈榮穴을 취하며, 병이 시간에 따라 변하면 수혈腧穴을 취하고, 소리에 병변
> 이 있으면 경혈經穴을 취하며, 경맥이 성하고 어혈이 있어 위胃에 병이 있거
> 나 음식을 절제하지 못하여 병들면 합혈合穴을 취한다. 오미五味와 합혈合穴이
> 배합된다. 이것을 오변五變이라고 한다."

◉ 앞 구절에서는 오장지기가 주되는 바에 따라서 오시五時에 응하고 각기 해
당되는 오수혈을 취한다고 말했다. 여기서는 다시 오장의 병이 오수혈과 합쳐
지고 각기 취하는 바가 있음을 말한다.

장臟은 음陰이고 리裏다. 신腎은 리裏에서 치료되므로 장臟에 병이 있으면 정
혈井穴을 취하여 동장지기冬藏之氣를 빼낸다. 간肝은 춘春에 응하고 색色을 주관
하므로 안색에 병변이 생기면 형혈榮穴을 취한다. 때때로 심해졌다 덜해졌다
하는 것時間時甚者은 화火가 움직이는 형상이니 신神의 변화다. 그래서 수혈腧穴
을 취한다.

비는 토를 주관하고 수는 오五며 음은 궁宮이다. 궁宮은 오음五音의 주음이므
로 음에서 변화가 있으면 경혈을 취한다脾主土, 其數五, 其音宮, 宮爲五音之主音, 故
變於音者, 取之經.

폐肺와 양명陽明은 추금지령秋金之令을 주관하고, 음飮이 위胃에 들어가면 올
라가 폐로 전수되며, 식기食氣는 위胃에 들어가면 정미지기精微之氣가 심心으로

가서 심과 맥이 통하니 맥기脈氣가 경經으로 흘러간다. 경기는 폐로 귀속되어 백맥이 폐에 조회하고肺朝百脈 피모에 정精을 공급하니 피부의 기와 경맥의 혈이 상합하여 육부가 먼저 기를 받고 사장四臟으로 통하게 된다. 이는 위胃에 들어간 음식이 폐기肺氣로 경유하여 통조通調되고 수포輸布되어 영위혈맥營衛血脈을 생성하므로 경맥이 성하고 어혈이 있어 위胃에 병이 있거나 음식을 절제하지 못하여 병을 얻는 것經滿而血者 病在胃及而飮食不節得病者은 폐기가 전수되지 못하여 병이 된 것이다.

안| 〈영추〉〈소문〉을 보면 오장을 논하면서 반드시 위胃를 겸해서 말하니 위胃는 오장의 생원生原이기 때문이다. 폐와 양명은 함께 추령秋令을 주관한다. 이 장에서는 부腑와 장臟이 합하고, 장臟은 사시오행과 합한다고 하니 미주추味主秋는 추령秋令이 주관하는 장부가 모두 안에 숨어 있는 것이다.

批 〈영추〉〈소문〉에 다시 묻는 경우가 있는데 의미가 미진한 것을 보충하는 것이다.

45

외췌外揣

黃帝曰: 余聞九鍼九篇, 余親授其調, 頗得其意. 夫九鍼者, 始於一而終於九, 然未得其要道也. 夫九鍼者, 小之則無內, 大之則無外, 深不可爲下, 高不可爲蓋, 恍惚無窮, 流溢無極, 余知其合於天道人事四時之變也, 然余願雜之毫毛, 渾束爲一可乎?

황제가 물었다. "나는 구침九鍼에 관한 아홉 편을 들었고, 직접 내용을 읽고 보고 의미를 상당히 터득했다. 구침은 1편에서 시작하여 9편에서 끝나지만 중요한 요지는 아직 잘 알지 못하겠다. 구침은 안이 없을 정도로 작고, 밖이 없을 정도로 크며, 아래가 없을 정도로 깊고, 덮을 수 없을 정도로 높으니 은미하고 무궁하며 끝없이 펼쳐진다. 나는 이것이 천도와 인사, 사시의 변화에 합치됨을 안다. 하지만 나는 풀어헤쳐진 모발을 묶듯이 하나로 만들기를 원하는데 가능하겠는가?"

⊕ 이 장에서 황제가 구침지도九鍼之道를 합해서 하나로 묶어 천도天道에 호응하고자 했다. 구침九鍼은 일一에서 시작하니 천天에 응하고, 이二는 지地에 응하며, 삼三은 인人에 응하고, 사四는 시時에 응하며, 오五는 음音에 응하고, 육六은 율律에 응하며, 칠七은 성星에 응하고, 팔八은 풍風에 응하며, 구九는 야野에 응한다.

일一에서 시작하여 구九에서 끝난다는 것始於一而終於九은 천지天地·인사人事·사시四時의 변화에 합하는 것이다. 그렇지만 도道의 요체는 오직 하나가 되어야 관통할 수 있다. 그러므로 구침은 더이상 안이 없을 정도로 작고, 더이상 밖이 없을 정도로 크며, 더이상 아래가 없을 정도로 깊고, 더이상 덮을 수 없을 정도로 높으니 은미하고 무궁하며 끝없이 펼쳐진다. 이런 번잡하게 갈라진 것을 하나로 묶으려 하는데 가능하겠는가?

岐伯曰: 明乎哉問也! 非獨鍼道焉, 夫治國亦然.

黃帝曰: 余願聞鍼道, 非國事也.

岐伯曰: 夫治國者, 夫惟道焉, 非道, 何可小大深淺雜合而爲一乎?

기백이 답했다. "아주 고명한 질문이다. 유독 침도만이 아니라 나라를 다스리는 것도 그러하다."

황제가 물었다. "나는 침도를 듣고 싶지 국사를 말하는 것이 아니다."

기백이 답했다. "나라를 다스리는 것은 오직 도로써만 다스릴 수 있다. 도로써 하지 않으면 작고 크고 깊고 얕은 복잡한 것을 합하여 하나로 만드는 것이 어떻게 가능하겠는가?"

⊕ 백성을 다스리는 것과 나를 다스리는 것, 상대를 다스리는 것과 나를 다스리는 것, 큰 것을 다스리는 것과 작은 것을 다스리는 것, 국가를 다스리는 것과 집안을 다스리는 것은 오직 도일 뿐이다. 그러므로 유독 침만이 아니라 나라를 다스리는 것도 그러하다. 기백은 구침지도九鍼之道로써 음양에 합치시켰다. 추론하면 천千도 되고 만萬도 될 수 있지만 합하면 오직 하나로 귀일하니 복희의 괘상에 변역變易과 불역不易의 이치가 있는 것과 같다. 그러므로 수신제가치국평천하修身齊家治國平天下는 모두 이것에서 벗어나지 않는다.

黃帝曰: 願卒聞之.

岐伯曰: 日與月焉, 水與鏡焉, 鼓與響焉. 夫日月之明, 不失其影, 水鏡之察, 不失其形, 鼓響之應, 不後其聲, 動搖則應和, 盡得其情.

황제가 물었다. "모두 다 듣고 싶다."

기백이 답했다. "일日과 월月, 수水와 경鏡, 고鼓와 향響이다. 일월의 밝음은 그림자를 만들고, 수경水鏡의 거울은 형체를 비추며, 고향鼓響은 북을 치면 바로 소리가 나니 움직이면 응화應和하여 진정眞情이 나타난다."

⊕ 여기서는 하나로 묶는 것이 천지도天之道에 합함을 말한다. 일월日月은 하늘에 걸려 있어 지구 주위를 돌고 있지만 그림자를 만든다. 사천司天은 상부에 있

고 재천在泉은 아래에 있다. 수경水鏡은 형체를 그대로 비친다. 동정動靜은 일정하고 강유剛柔는 바뀐다. 북을 치면 바로 소리가 난다. 이것이 천도다.

움직이면 응답하여 실정을 다 알 수 있다는 것動搖則應和 盡得其情은 밖에서는 안을 헤아릴 수 있고 안에서는 밖을 헤아릴 수 있어 내외가 상응하는 것이 천지지도天地之道다.

批 여기서는 상하가 마치 부고桴鼓처럼 상응함을 말한다.

黃帝曰: 窘乎哉. 昭昭之明不可蔽. 其不可蔽, 不失陰陽也. 合而察之, 切而驗之, 見而得之, 若淸水明鏡之不失其形也. 五音不彰, 五色不明, 五臟波蕩, 若是則內外相襲, 若鼓之應桴, 響之應聲, 影之應形. 故遠者司外揣內, 近者司內揣外, 是謂陰陽之極, 天地之蓋, 請藏之靈蘭之室, 弗敢使泄也.

황제가 말했다. "절실하도다. 환한 밝음은 가릴 수 없다. 가릴 수도 없지만 음양지도를 벗어나지 않는다. 종합해서 관찰하고, 만져서 알아내며, 보고 아는 것이 마치 맑은 명경지수明鏡止水가 형形을 그대로 비추는 것과 같다. 오음五音이 맑지 않고, 오색五色이 분명하지 않으며, 오장이 요동하니 이와 같으면 내외가 서로 영향을 미쳐 생긴 병변이다. 마치 북이 북채에 반응하고, 메아리가 소리에 반응하며, 그림자가 형체와 같은 것이다. 그러므로 외부에서 보면 외부에서 내부를 헤아릴 수 있고, 내부에서 보면 내부에서 외부를 헤아릴 수 있다. 이것이 음양의 극치이고 천지를 덮을 수 있는 것이다. 영란지실靈蘭之室에 보관하여 함부로 새어나가지 못하게 하길 청한다."

◉ 여기서는 천지지도天地之道가 인도人道에 합치함을 말한다.

외부에 있는 육기六氣는 천도天道이고 내부에 있는 오운五運은 지도地道니 사람도 이것에 따른다. 육기는 상하로 운행되면서 십이경맥에 응하는데 승강이 멈추면 기립氣立하여 죽게 된다. 오운은 내외로 출입하면서 오장지기에 응하는데 출입이 끊기면 신기神機가 없어진다. 그러므로 오음五音·오색五色이 외부에 창명彰明하게 나타나는 것은 오장지기五臟之氣가 드러나는 것이다. 오장지기가 내부에서 요동치면 오음이 분명하지 않고 오색이 밝지 않다.

이것은 내외가 서로 이어져 있어 부고桴鼓와 영향影響처럼 상응한다. 외부에서 보면 외부를 관찰하여 내부를 헤아리는 것은 천도天道에 응하는 것이다. 내부에서 보면 내부를 살펴서 외부를 헤아리는 것은 지도地道에 응하는 것이다. 이것을 "음양의 극치이며 천지를 덮을 만하다陰陽之極 天地之蓋"라고 하고 영란지실靈蘭祕室에 잘 보관하여 함부로 누설되지 않게 하겠다는 것이다.

양원여가 말했다. "처음에 '높아서 덮을 수 없다高不可爲盖'고 한 것은 천天이 위에서 덮고 있는 것이다. 또 천지의 지붕天地之蓋이라고 한 것은 천天이 지地의 외부를 다 싸서 상하를 전부 덮는 것이다. 이 장에서는 처음에 다 합해서 묶어 하나로 만들면 천도에 응함을 말했다. 그러고 나서 천지天地·음양·상하·내외가 마치 괘상이 일一에서 시작하여 둘로 되고, 기우奇偶가 합해서 삼三이 되며, 삼三이 셋으로 구九가 되고, 구九가 아홉이면 팔십일八十一 이 되니 이것이 황종지수黃鍾之數를 일으키고 이 구침지도九鍼之道는 천지天地·인사人事·사시四時의 변화에 합치된다는 것을 제시했다. 마치 여러 가닥의 머리털을 묶어 하나로 만들듯이 다시 천도의 무극無極에 귀속된다."

주제공이 말했다. "구침九鍼은 구침의 명칭이 있고, 구침에 따른 용법이 있지만 합하면 하나가 되니 이것이 미침微鍼이다. 이 편에서는 첫 장의 뜻과 조응된다."

批 여기서는 내외가 부고桴鼓가 상응하는 것과 같다고 했다.

批 오기五氣가 비鼻로 들어가면 심폐에 저장되어 안색이 밝고 음성이 창명하다.

六卷　2

오변五變

黃帝問於少兪曰: 余聞百疾之始期也, 必生於風雨寒暑, 循毫毛而入腠理, 或復還, 或留止, 或爲風腫汗出, 或爲消癉, 或爲寒熱, 或爲留痹, 或爲積聚, 奇邪淫溢, 不可勝數, 願聞其故. 夫同時得病, 或病此, 或病彼, 意者天之爲人生風乎, 何其異也?

少兪曰: 夫天之生風者, 非以私百姓也, 其行公平正直, 犯者得之, 避者得無殆, 非求人而人自犯之.

황제가 소유少兪에게 물었다. "모든 병이 시작할 때는 반드시 풍우한서에서 생겨 호모毫毛를 따라 주리에 들어가는데 다시 나오기도 하고, 머무르기도 하며, 붓고 땀을 흘리기도 하고, 소단消癉이 되기도 하며, 한열寒熱이 나기도 하고, 적취積聚가 되기도 하며 흘러넘쳐 생기는 기병이 되기도 하니 이루 헤아릴 수 없을 정도로 많은 병이 있다. 그 이유를 듣고 싶다. 여러 사람이 동시에 병을 얻어도 이 병이 될 수도 있고 저 병이 될 수도 있으니 사람에게 생긴 풍사風邪가 어찌 그렇게 다를 수 있는가?"

소유가 답했다. "자연의 풍風은 사사로이 백성을 해치는 것이 아니다. 작용은 누구에게나 똑같이 공평정직하게 행해지지만 그것을 범하면 병이 되고 피하면 아무런 탈도 없다. 하늘이 사람을 찾아 벌을 주는 것이 아니라 사람 스스로가 잘못을 범하기 때문이다."

⬤ 마현대가 말했다. "여기서는 사람이 똑같은 사기에 감염되었는데 병이 되기도 하고 안 되기도 하여 다르게 나타나는 것은 하늘의 사사로움이 있는 것이 아니고 사람이 피하느냐 피하지 못하느냐의 차이가 있음을 말한다."

黃帝曰: 一時遇風, 同時得病, 其病各異, 願聞其故.

少兪曰: 善乎哉問. 請論以比匠人, 匠人磨斧斤礪刀削斲材木. 木之陰陽尙有堅脆, 堅者不入, 脆者皮弛, 至其交節而缺斤斧焉. 夫一木之中, 堅脆不同, 堅者則剛, 脆者易傷, 況其材木之不同, 皮之厚薄, 汁之多少, 而各異耶. 夫木之蚤花先生葉者, 遇春霜烈風, 則花落而葉萎. 久曝大旱, 則脆木薄皮者, 枝條汁少而葉萎, 久陰淫雨, 則薄皮多汁者, 皮漬而漉. 卒風暴起, 則剛脆之木, 枝折机傷. 秋霜疾風, 則剛脆之木, 根搖而葉落. 凡此五者, 各有所傷, 況於人乎?

黃帝曰: 以人應木奈何?

少兪答曰: 木之所傷也, 皆傷其枝, 枝之剛脆而堅, 未成傷也. 人之有常病也, 亦因其骨節皮膚腠理之不堅固者, 邪之所舍也, 故常爲病也.

황제가 물었다. "똑같이 풍을 맞아 동시에 병이 되어도 병이 각각 다른데 그 까닭을 듣고 싶다."

소유가 답했다. "좋은 질문이다. 장인匠人에 비유하여 말하겠다. 장인이 도끼를 연마하고 칼을 갈아 나무를 자른다. 나무는 줄기와 껍질이 음양을 이루며 단단한 부분과 무른 부분이 있다. 단단하면 도끼가 안 들어가고, 연약한 부분은 껍질이 벗겨지고, 가지가 교차되는 부분은 도끼날이 나가기까지 한다. 한 나무에서도 단단하고 무른 부분이 달라 단단하면 강하고 무르면 잘 상하는데 하물며 나무가 다른 경우는 피皮의 후박과 즙汁의 다소多少가 각각 다르기까지 하다.

잎보다 꽃이 먼저 피면 봄의 서리나 매서운 바람을 만나면 꽃이 떨어지고 잎이 오그라든다. 폭염의 무더위에서는 무르고 껍질이 얇은 나무는 가지가 즙이 줄어들어 잎이 오그라든다. 오랜 장마에서는 껍질이 얇고 즙이 많은 나무는 껍질이 문드러져 물이 세어 나온다. 갑작스런 폭풍이 불면 뻣뻣한 나무는 가지가 부러지고 나무줄기가 손상된다. 가을의 서리와 질풍을 만나면 뻣뻣한 나무는 뿌리가 흔들리고 잎이 떨어진다. 무릇 이 다섯 가지가 각각 손상되는 부위가 있는데 하물며 사람에게 있어서랴."

황제가 물었다. "사람은 나무에 어떻게 비유되는가?"

소유가 답했다. "나무가 손상되는 부위는 모두 가지다. 가지가 강하고 단단하면 상하지 않는다. 사람도 항상 아픈 자는 골절과 피부와 주리가 단단하지 못하여 사기가 머물러 항상 병드는 것이다."

❀ 이 장에서는 형체에 따라 병이 생기니 이는 육기六氣에 감화되어 오변五變이 일어남을 말한다.

피부·기주·근골의 형체에는 후박견취厚薄堅脆의 차이가 있으므로 사기가 머무는 곳도 천심의 차이가 있고 병증도 각기 다르다. 즉 오장병의 소단消癉과 장위의 적취積聚도 병이 피부·기육의 형체에서 내부로 미친 것이다. 그러므로 나무의 피즙皮汁의 견취堅脆와 다소多少로써 처방한다. 음양은 나무의 지간枝干과 피육皮肉이다.

마디의 교차되는 부분으로 도끼도 안 들어가는 곳交節而缺斤斧은 사람이 피부가 이완되고 살이 약한데 골절은 단단한 것을 비유한 것이다. 그러므로 한 나무에서도 단단한 곳과 무른 곳의 차이가 있어 단단한 곳은 강하고 무른 곳은 손상되기 쉬운 법인데 하물며 각기 다른 나무에서의 차이는 말할 것도 없다.

나무의 껍질이 얇고 가지가 무른 것木之皮薄枝脆은 사람의 피부가 치밀하지 못하고 기주肌腠가 성긴 것에 비유한 것이다.

나무즙의 많고 적음汁之多少은 피부의 진액이 많고 적음에 비유한 것이다.

잎보다 꽃이 먼저 피는 나무木之蚤花先生葉는 목기木氣가 밖으로 퍼져 풍상風霜을 막지 못한다.

궤潰는 소산되는 것이고, 녹漉은 삼출되는 것이다.

껍질이 얇고 즙이 많은 것薄皮多汁은 오랫동안 습하거나 비가 많이 오면 껍질이 물러지면서 물이 나온다.

뻣뻣한 나무剛脆之木는 갑작스런 강풍을 당하면 가지가 다 꺾여 버린다. 즙이 많은 나무는 습하거나 비와 맞지 않고, 뻣뻣한 나무는 폭풍을 싫어한다. 이 것은 주리腠理가 성글은 사람은 땀이 많이 흐르고, 강직하고 화를 잘 내는 사람은 소단병消癉病에 잘 걸리는 것에 비유된다. 나무는 모두 가지가 상하는데 가지가 뻣뻣하면 쉽게 손상되고, 단단하면 쉽게 손상되지 않는다. 그러므로 사람

616

의 병도 골절·피부·주리가 견고하지 못하기 때문에 사기가 들어와 병이 된다.

주영년이 말했다. "나뭇가지는 사람의 팔다리에 비유된다. 본경에서 '음경陰經에 적중되는 것은 항상 행䯒과 비臂에서 시작된다中于陰常從䯒臂始'라고 했으므로 옛날사람들은 일정한 곳에서 기거하고 과로를 하지 않으면서 몸을 길렀다."

批 〈소문·보명전형론寶命全形論〉에서 "목부木敷는 잎이 나오는 것이다"라고 했다.

黃帝曰: 人之善病風厥漉汗者, 何以候之?

少兪答曰: 肉不堅, 腠理疎, 則善病風.

黃帝曰: 何以候肉之不堅也?

少兪答曰: 膕*肉不堅而無分理, 理者麤理, 麤理而皮不緻者腠理疎, 此言其渾然者.

황제가 물었다. "풍병으로 인한 기궐氣厥로 땀이 흐르는 것은 무엇으로 살피는가?"

소유가 답했다. "살이 단단하지 않고 주리가 성글면 풍병에 잘 걸린다."

황제가 물었다. "살이 무른 것은 무엇으로 아는가?"

소유가 답했다. "근육이 단단하지 못하고 분리되지 않은 것이다. 육리肉理가 성글고 피부가 치밀하지 않아 주리가 성글은 것이니 한꺼번에 말한 것이다."

◉ 주영년이 말했다. "여기서는 피부가 치밀하지 못하고 육리肉理가 성글어서 풍사風邪가 내부로 궐역하여 축축한 땀이 나오는 것을 말한다. 진액이 피부와 주리 사이에 채워져 있는데 피부가 헐고 주리가 성글면 진액이 새어 나와 땀이 된다. 위중委中 아래가 괵膕으로 태양의 부위다. 태양의 기는 주로 피부를 도니 허벅지 근육이 단단하지 못하면 근육이 분리되지 않은 것이다. 근육이 분리되지 않은 것은 육리가 성근 것이다. 육리가 성글고 피부가 치밀하지 못하면 주리가 성글어 축축하게 땀이 나온다."

예충지倪沖之가 말했다. "태양의 진기는 피표皮表를 운행하니 마치 천도가

---

* 괵膕은 『갑을경甲乙經』에서 군膕이라고 했으니 타당하다. 군膕은 근육이 모인 곳이다—〈통해〉.

운행되는 혼천渾天과 같다. 수水는 기氣를 따라 움직이므로 피부가 치밀하지 못하면 기가 새고, 기가 새면 진액도 샌다."

批 본경에서 "근육이 단단하지 못한 것은 피부가 이완된 것이다䐃肉不堅者皮緩"라고 했다.

批 경經에서 "수도水道가 돌지 못하면 형기가 망가져 버린다水道不行則形氣消索"라고 했다.

黃帝曰: 人之善病消癉者, 何以候之?
少俞答曰: 五臟皆柔弱者, 善病消癉.
黃帝曰: 何以知五臟之柔弱也?
少俞答曰: 夫柔弱者, 必有剛强, 剛强多怒, 柔者易傷也.
黃帝曰: 何以候柔弱之與剛强?
少俞答曰: 此人薄皮膚, 而目堅固以深者, 長衝直揚, 其心剛, 剛則多怒, 怒則氣上逆, 胸中畜積, 血氣逆留, 䐃皮充肌, 血脈不行, 轉而爲熱, 熱則消肌膚, 故爲消癉. 此言其人暴剛而肌肉弱者也.

황제가 물었다. "소단병消癉病에 잘 걸리는 것을 어떻게 아는가?"

소유가 답했다. "오장이 모두 유약하면 소단消癉에 잘 걸린다."

황제가 물었다. "무엇으로 오장이 유약한 것을 아는가?"

소유가 답했다. "유약한 자는 반드시 성격이 깐깐하다. 성격이 깐깐하면 화를 잘 내고 유약하여 잘 손상된다."

황제가 물었다. "유약한지 강한지 어떻게 아는가?"

소유가 답했다. "피부가 얇고 눈이 견고하고 깊으면 기세가 세서 눈썹이 서고 눈빛이 강하며 강직하다. 마음이 강직하면 화를 잘 낸다. 화를 내면 기가 상역하여 흉중에 쌓인다. 혈기가 역상해서 유체되어 피부와 기주肌腠 사이에 쌓여 혈맥이 돌지 못하고 열로 바뀌게 된다. 열이 나면 기부肌膚가 소삭되므로 소단이 된다. 성격이 깐깐하고 기육肌肉이 약한 사람은 소단병에 잘 걸린다."

⊛ 소단消癉은 단열癉熱이 있으면서 갈증이 나고 마르는 병이다. 〈영추·사기장부병형邪氣臟腑病形〉에서 "오장맥이 소소하면 소단병이다五藏之脈小爲消癉"라고 했다. 오장은 주로 정精을 저장하는 것인데 오장이 모두 유약하면 진액이 고갈되면서 소단병에 잘 걸린다. 형체는 오장의 외합外合이다. 피부가 얇고 기육肌肉이 약하면 오장이 모두 유약하다. 유약한 자는 반드시 성격이 깐깐하니 몸이

618

약하면서 성격은 치밀하다.

따라서 이런 피부가 얇으면서 눈이 견고하고 깊이 들어가 있는 자此人薄皮膚而目堅固以深者는 눈썹이 서면서 눈빛이 강한 기세長衝直揚之勢가 있다. 성격이 깐깐하면 신경질적이고, 화를 내면 기가 역상하여 혈이 흉중에 쌓인다. 기가 역상하여 유체되면 기육에 꽉 막히고, 혈이 축적되면 맥도가 불행하고 혈기가 유체되어 쌓이면 열로 변한다. 열이 나면 기육과 피부를 소삭시켜 소단이 된다. 이것은 성격이 아주 깐깐하면서 기육이 약한 것을 말한다. 대체로 기육이 약하면 오장도 모두 유약한데 성격이 아주 깐깐하면 신경질을 부리면서 기가 역상한다.

주영년이 말했다. "내경을 보면 '오장의 소단과 기육의 소단이 있다. 오장의 소단은 진액이 내부에서 소산되어 갈증이 난다. 기육의 소단은 기육이 외부에서 소삭하여 살이 마른다. 내부에 원인이 있는 것은 반드시 외부로 미치며, 외부에 원인이 있는 것은 반드시 내부로 미친다. 형체와 오장은 내외가 상합한다'라고 했다."

고사종이 말했다. "〈상한론·평맥법平脈法〉을 보면 '신기腎氣가 약하고 정혈精血이 부족하면 분기奔氣가 촉박하여 올라가 흉격으로 들어간다腎氣微 少精血 奔氣促迫 上入胸膈'라고 했으니 정혈이 부족하면 역기逆氣가 반대로 위로 분기奔氣하므로 몸이 유약하면 필시 성격이 깐깐하다. 오장의 정질精質이 유약하고 기는 반대로 강경하다. 이는 부드러운 것이 더 약해지고 깐깐한 것이 더 세지니 강유剛柔가 불화되는 것이다."

黃帝曰: 人之善病寒熱者, 何以候之?
少兪答曰: 小骨弱肉者, 善病寒熱.
黃帝曰: 何以候骨之小大, 肉之堅脆, 色之不一也?
少兪答曰: 顴骨者, 骨之本也. 顴大則骨大, 顴小則骨小. 皮膚薄而其肉無䐃, 其臂懦懦然, 其地色殆然, 不與其天同色, 污然獨異, 此其候也. 然後臂薄者, 其髓不滿, 故善病寒熱也.
황제가 물었다. "한열병寒熱病이 잘 일어나는 것은 어떻게 아는가?"

소유가 답했다. "골이 작고 기육이 빈약하면 한열병에 잘 걸린다."

황제가 물었다. "골이 큰지 작은지小大 육육肉이 단단한지 무른지堅脆 무엇으로 아는가?"

소유가 답했다. "관골顴骨로 골의 상태를 안다. 관골이 크면 골이 크고, 관골이 작으면 골이 작다. 피부가 얇고 근육이 없으며 팔뚝이 빈약하며 지각색地閣色이 검어 이마와 다른 색으로 오염되어 나타난다. 팔뚝이 박약薄弱하면 골수가 채워지지 못해서 한열병이 잘 걸린다."

⊕ 여기서는 뼈가 작고 기육이 약하면骨小肉弱 한열병을 잘 앓음을 말한다.

신腎은 골骨을 주관하니腎主骨 관골顴骨은 신腎의 외후다. 그러므로 관골로 골의 상태를 알 수 있다. 관골이 크면 온몸의 골격도 모두 크고, 관골이 작으면 골격이 작다는 것을 알 수 있다.

허벅지살䏚은 기육의 지표다. 나나臑臑는 유약한 것이다. 팔뚝이 가늘면臂薄 허벅지살도 빈약하다. 지색地色은 턱地閣의 색이 검어서 이마天庭와 같은 색이 아니니 이것은 토기土氣가 약한 것이다. 골수는 골骨에 채워져 있는 것인데 골이 작으면 골수도 차 있지 않다.

외부에서 피부는 양이고, 근골은 음이다. 골이 작고 피부도 얇으면 음양이 모두 허한 것이다. 양허陽虛하면 한기寒氣가 생기고, 음허陰虛하면 열이 난다. 그러므로 골이 작고 피부도 얇으면骨小皮薄者 한열병이 잘 난다.

예충지가 말했다. "진액은 삼초에서 나온 기를 따라 기육을 덥히고 주리를 채우며 점액질이 골에 주입되며 골수를 보익하고 피부를 윤택하게 한다. 팔이 빈약하면 온몸의 피육皮肉도 박약하다. 피육이 박약하면 진액도 고갈되어 적어진다. 그러므로 팔뚝이 가늘면 골수도 적다臂薄者 其髓不滿라고 한 것이다."

고사종이 말했다. "사기가 피부에 있으면 발열發熱하고, 깊이 골에 들어가면 발한發寒한다."

黃帝曰: 何以候人之善病痺者?

少兪答曰: 麤理而肉不堅者, 善病痺.

黃帝曰: 痺之高下有處乎?

少兪答曰: 欲知其高下者, 各視其部.

황제가 물었다. "비병痺病이 잘 일어나는 것은 무엇으로 아는가?"

소유가 답했다. "주리가 성글고 기육肌肉이 단단하지 못하면 비병에 잘 걸린다."

황제가 물었다. "비병이 걸리는 부위가 위아래로 따로 있는가?"

소유가 답했다. "비병이 생기는 위치의 고하를 알고 싶으면 비병이 생긴 부위를 살펴야 한다."

⊕ 여기서는 주리가 성글고 기육이 단단하지 못하면 비병痺病에 잘 걸림을 말한다. 이理는 기육의 살결이다. 주리가 성글고 치밀하지 못하면 사기가 머물면서 비병이 된다. 피맥육근골皮脈肉筋骨은 오장의 분부分部다.

〈소문·비론痺論〉에서 "풍한습風寒濕 세 기가 섞여서 오면 비병이 된다風寒濕三氣雜至 合而爲痺"라고 했다. 겨울에 이것을 당하면 골비骨痺가 되고, 봄에 당하면 근비筋痺가 되며, 여름에 당하면 맥비脈痺가 되고, 지음至陰에 당하면 기비肌痺가 되며, 가을에 당하면 피비皮痺가 된다. 그러므로 각기 그 부위를 살펴서 비병이 발생한 위치를 알아낸다. 심폐에서 일어난 비병은 위에 있고, 간신비肝腎脾에서 일어난 비병은 아래에 있다.

黃帝曰: 人之善病腸中積聚者, 何以候之?

少兪答曰: 皮膚薄而不澤, 肉不堅而淖澤, 如此則腸胃惡, 惡則邪氣留止, 積聚乃傷, 脾胃之間, 寒溫不次, 邪氣稍至, 稸積留止, 大聚乃起.

황제가 물었다. "장중腸中에 적취積聚가 있는 것은 무엇으로 살피는가?"

소유가 답했다. "피부가 얇고 윤기가 없거나 살이 무르고 매끄럽지 않으면 장위腸胃가 나쁜 것이다. 장위가 나쁘면 사기가 머물면서 적취가 장위지간腸胃之間에 생긴다. 거기다가 음식을 함부로 먹으면 사기가 차츰 들어오고 쌓여서 머물면 큰 적취積聚가 생긴다."

◉ 주영년이 말했다. "여기서는 장중적취腸中積聚에 잘 걸리는 자는 장위腸胃가 나쁨을 말한다. 피부가 얇고 터럭에 윤기가 없거나皮膚薄而不澤 기육이 무르고 피부가 매끄럽지 않으면肉不堅而淖澤 장위가 나쁜 것이다. 진액과 혈기는 장위에서 만들어진다. 나쁘면 사기가 유체되어 적취를 형성하고 이에 비위가 손상된다.

만약 다시 차고 더운 음식을 조절하지 못하면 사기가 차츰 들어오고 그것이 쌓여서 적취가 일어난다. 장腸은 폐肺와 합合이 되고, 피부를 주관하며, 기를 주관한다. 위胃는 비脾와 합合이 되고, 기육을 주관하며, 진액을 주관한다. 따라서 피부가 약하고 기육이 무르면 기가 몸을 채우지 못하고 진액이 몸을 매끄럽게 하지 못하여 땀구멍이 열리고 주리가 소홀해진다. 주리가 엉성하면 사기가 머물면서 점차 장위로 흘러가 적취積聚를 형성한다."

批 마현대가 말했다. "악惡은 일반적으로 좋지 않다."

黃帝曰: 余聞病形, 已知之矣. 願聞其時.
少兪答曰: 先立其年, 以知其時. 時高則起, 時下則殆, 雖不陷下, 當年有衝通, 其病必起, 是謂因形而生病, 五變之紀也.

황제가 물었다. "병형病形은 들어서 이미 알고 있다. 시時로 생기는 병에 대해 알고 싶다."

소유가 답했다. "먼저 연年을 세우고 시時를 안다. 시기時氣가 세면 병이 회복될 수 있고, 시기時氣가 저하되면 위태로워진다. 비록 함하되지 않았어도 당년에 충통衝通이 있으면 반드시 병을 회복할 수 있다. 이는 형으로 인하여 생긴 병으로 오변五變의 병변이다."

◉ 풍우한서는 육기六氣가 도는 것이다. 육기는 외부에 있으면서 형체를 병들게 하므로 먼저 해당 연年을 세워 그때의 육기를 알아낸다. 진술년辰戌年은 태양太陽이 사천司天이고 이지객기二之客氣는 양명조금陽明燥金이며 주기主氣는 소음군화少陰君火다. 이것은 주기가 임어지기臨御之氣를 이긴 것이다. 이런 때를 만나면 기가 높아져 반드시 병이 낫는다.

기起는 황제가 말하는 "다시 돌아올 수 있다或復還"는 것이다. 삼지객기三之

客氣는 태양한수太陽寒水이고 주기는 소양상화少陽相火다. 사지객기四之客氣는 궐음풍목厥陰風木이고 주기는 태음습토太陰濕土다. 오지객기五之客氣는 소음군화少陰君火이고 주기는 양명조금陽明燥金이다. 종지기終之氣는 태음습토太陰濕土이고 주기는 태양한수太陽寒水다.

시기하時氣下를 당하여 객기가 승하므로 병이 위태로워진다. 태殆는 '앞으로'라는 의미다. 시기時氣가 저하되어 이기지 못하면 병이 장차 머무는 것이니 황제가 말하는 혹류지或留止다.

풍우한서는 임어지화臨御之化다. 육기가 환전하면서 형形에 침입하여 병이 된다. 따라서 반드시 시기時氣로 이겨낸다. 이것은 육기가 외부에 있는 것을 말한다.

함하陷下는 장위 사이에 함하되어 적취가 형성되는 것이다.

충통衝通은 오운五運의 기를 통해 외부로 나가 병기病氣가 흩어지는 것이다. 태양한수太陽寒水가 사천司天이고 오운이 태궁토운太宮土運이면 이것은 내부의 운기가 이기는 것이므로 유지留止하지 못한다.

육기가 외부에 있어 천지삼음삼양지기天之三陰三陽之氣에 응한다. 오운은 중中을 주관하니 지지오행地之五行과 인지오장人之五臟에 응한다. 이것은 장기臟氣가 세기歲氣를 이기므로 비록 함하되지 않아도 병은 외부에 머물고 또 충통衝通하여 소산된다. 육기는 주로 상하로 승강하고, 오운은 주로 내외로 출입한다. 이것이 형形을 따라 병이 생기니 오변五變이 일어난다.

피부기주皮膚肌腠는 형形이다. 주腠는 피부기육의 살결로 영위가 출입하는 도로다. 이것은 형이 병들고 기는 병들지 않은 것이다. 기가 병들면 영위가 함께 가서 내부로 침입하여 혼백이 비양한다. 혈맥으로 전류되면 장부로 들어가니 내부에서 병이 된다. 이것은 형이 병들고 기는 병들지 않은 것이고 또 맥중으로 흘러간 것이 아니므로 녹한漉汗·소단消癉·한열寒熱·유비有庳·적취積聚의 다섯 가지 병이 된다.

내부로 함하된 것은 비위脾胃와 부곽지중郛郭之中이 손상된 것으로 장부까지 미치지 않은 것이다. 이것은 기사奇邪가 넘쳐서 형形이 병들거나 기氣가 병들거나 혈맥血脈으로 흐르거나 장부臟腑로 들어가니 병의 변화는 이루 말할 수 없을 정도다. 그러므로『상한론傷寒論』6편은 처음에 삼음삼양지기三陰三陽之氣을 논하면서 육경六經의 병증을 언급했으니 역시 형形이 병든 것이지 기氣가 병든 것이 아니다. 그러므로 〈태양편太陽篇〉에서 "형에서 상한병이 일어난다形作傷寒"라고 했다.

천天에서는 기氣를 만들고, 지地에서는 형形을 만드니 이것이 천지天地의 생명이고 입형정기立形定氣하는 이유이니 수요壽夭는 이것으로 판명한다.

병인에 임하여 사기가 적중됨을 관찰하니 기가 병들거나 형이 병들거나 혈맥으로 흘러가거나 또는 장부로 들어가는 것이다. 병의 경중을 알고 사생을 판단하는 것은 반드시 이것으로 판명한다.

주영년이 말했다. "〈소문〉 세운歲運 제편諸篇에서 객기客氣가 주기主氣를 이겨서 민병民病이 되는 경우, 주기가 객기를 이겨서 민병이 되는 경우, 육기六氣가 오운五運을 이겨서 민병이 되는 경우, 오운이 육기를 이겨서 민병이 되는 경우가 있다. 이것은 세운의 태과불급太過不及을 개괄적으로 말했다. 이 편은 피부가 얇고 주리가 성글어 풍우한서의 기가 호모를 따라 주리로 들어가서 오변의 병이 되므로 주기가 이김을 말한다. 주기는 내 몸에도 이 육기가 있어서 천지사시天之四時와 합치한다."

주위공朱衛公이 말했다. "기는 삼음삼양지기이고 함께 출입하여 영기·위기가 된다. 삼초를 통회하는 원진지기元眞之氣는 피부와 기주를 채우고 운행한다. 이것은 형이 병들고 기가 병들지 않은 것이므로 형중의 음양이 사시의 육기와 합하여 사기를 이기는 것이다. 기가 병들면 기의 변증이 있다."

예충지가 말했다. "〈소문·음양별론陰陽別論〉에서 '기氣가 상하면 아프고 형形이 상하면 붓는다氣傷痛 形傷腫'라고 했다. 먼저 통증이 있고 나서 붓는 것은 기상형氣傷形이다. 먼저 붓고 나서 아픈 것은 형상기形傷氣다. 형에는 기가 머물고, 기는 형에 귀속되므로 형이 병들면 반드시 기에 미치게 된다. 이 장은 형이 병든 것을 논했지 기가 병든 것을 논하지 않았다. 음양지도는 유형有形과 무형無形이 있고, 경상經常과 변역變易이 있다."

고사종이 말했다. "이理는 피부장부의 문리文理다. 외부에서는 피부 기육의 문리고, 내부에서는 장부 모원募原의 문리다. 그러므로 사기가 유지留止하면서

적취가 되는 것은 장부의 모원募原이므로 비위脾胃 사이가 손상된 것이지 장부
와는 상관없다. 모원은 장위腸胃의 고막膏膜이다."

본장本臟

黃帝問於岐伯曰: 人之血氣精神者, 所以奉生而周於性命者也. 經
脈者, 所以行血氣而營陰陽, 濡筋骨, 利關節者也. 衛氣者, 所以溫
分肉, 充皮膚, 肥腠理, 司開闔者也. 志意者, 所以御精神, 收魂魄,
適寒溫, 和喜怒者也. 是故血和則經脈流行, 營覆陰陽, 筋骨勁强,
關節淸利矣. 衛氣和則分肉解利, 皮膚調柔, 腠理緻密矣. 志意和
則精神專直, 魂魄不散, 悔怒不起, 五臟不受邪矣. 寒溫和則六腑
化穀, 風痺不作, 經脈通利, 肢節得安矣. 此人之常平也. 五臟者,
所以藏精神血氣魂魄者也. 六腑者, 所以化水穀而行津液者也. 此
人之所以具受於天也, 無愚智賢不肖, 無以相倚也. 然有其獨盡天
壽, 而無邪僻之病, 百年不衰, 雖犯風雨卒寒大暑, 猶有弗能害也.
有其不離屛蔽室內, 無怵惕之恐, 然猶不免於病, 何也? 願聞其故.
岐伯對曰: 窘乎哉問也. 五臟者, 所以參天地, 副陰陽, 而運四時,
化五節者也. 五臟者, 固有小大高下堅脆端正偏傾者, 六腑亦有小
大長短厚薄結直緩急. 凡此二十五者, 各不同, 或善或惡, 或吉或
凶, 請言其方.

황제가 기백에게 물었다. "혈기血氣와 정신精神은 생명을 유지시키고 성명性命
을 보살핀다. 경맥은 혈기를 운행시키고, 전신의 각 부분을 영양하며, 근골을
적시고, 관절이 원활하게 움직이게 한다. 위기衛氣는 분육을 따뜻하게 하고,
피부를 채워주며, 주리를 두텁게 하고, 땀구멍의 개합을 담당한다. 지의志意는
정신을 다스리고, 혼백魂魄을 수렴시키며, 한온寒溫을 적절하게 유지하게 하
고, 희로喜怒를 조화시킨다. 그러므로 혈이 조화되면 경맥이 잘 흐르고, 온몸
을 영양하며, 근골을 튼튼하게 하고, 관절이 잘 움직일 수 있다.

위기가 조화되면 분육이 이완되고, 피부가 부드러우며, 주리가 치밀해진다. 지의가 조화되면 정신이 집중되고, 혼백이 흩어지지 않으며, 회한과 노여움이 안 생기고, 오장이 병들지 않는다. 한온이 적절하면 육부가 음식을 잘 소화시키고, 풍비風痺가 일어나지 않으며, 경맥이 잘 통하고, 사지 관절이 편안해진다. 이것이 정상적인 생리 상태다.

오장은 정신·혈기·혼백을 저장한다. 육부는 수곡을 소화시켜 진액을 돌게 한다. 이것들은 모두 사람이 하늘에서 받은 것이니 우지愚智나 현불초賢不肖를 논할 것 없이 서로 차이가 없다. 그러나 어떤 사람은 천수天壽를 누리면서 일생 동안 병들지 않고, 백세가 되어도 늙지 않으며, 풍우風雨·졸한卒寒·대서大暑를 당하더라도 상해를 입지 않는다. 또 어떤 사람은 실내를 벗어나지 않고 걱정할 일이 없는데도 맨날 아픈 것은 무엇 때문인가? 이유를 알고 싶다."

기백이 답했다. "어려운 질문이다. 오장은 천지지도天地之道에 참예參預하고, 음양지도陰陽之道에 부응하며, 사시四時에 따라 운행되고, 오행五行의 변화를 따른다. 오장은 소대小大·고하高下·견취堅脆·단정편경端正偏傾의 차이가 있고, 육부에는 소대小大·장단長短·후박厚薄·결직結直·완급緩急의 차이가 있다. 스물다섯 가지는 각각 달라서 좋기도 하고 나쁘기도 하며 길하기도 하고 흉하기도 한다.

⦿ 앞 장은 외부에 있는 피부와 기주가 강유剛柔·후박厚薄에 따라서 병이 생김을 말했다. 이 장은 내부의 오장육부에서도 대소大小·고하高下·편정偏正·후박厚薄의 차이가 있으니 형形으로 인하여 병이 생기는 것을 말한다.

영위혈기營衛血氣는 장부에서 생긴다. 맥육근골脈肉筋骨은 장부의 외합이다. 정신·혼백은 오장에 저장된다. 수곡진액은 육부가 소화시킨 것이다. 그러므로 혈기와 신지神志가 조화되면 오장이 사기를 받지 않아 형체가 편안해진다.

그러나 어떤 이는 장부의 형질로 인하여 늙지 않고 장수하며 풍우한서風雨寒暑를 만나도 사기가 해칠 수 없다. 또 어떤 이는 실내를 외부와 차단하여 나가지도 않고 근심·걱정 등의 공포도 없는데 병을 면하지 못하는 경우가 있다. 이는 장부의 대소·후박의 차이로 연유하여 선악善惡과 길흉吉凶의 변이가 생기는 것이다. 오장육부는 천지·음양·사시·오행지기에 바탕을 두고 형체가 이루어지므로 중정견후中正堅厚해야 천지음양의 정기에 참여하고 부응한다.

心小則安, 邪弗能傷, 易傷以憂. 心大則憂不能傷, 易傷於邪. 心高則滿於肺中, 悗而善忘, 難開以言. 心下則臟外, 易傷於寒, 易恐以言. 心堅則臟安守固, 心脆則善病消癉熱中, 心端正則和利難傷, 心偏傾則操持不一, 無守司也.

심心이 작으면 안정되고 사기에 손상되지 않지만 우환으로 쉽게 손상된다.

심이 크면 우환에는 손상되지 않고 사기에 손상되기 쉽다.

심이 올라가 있으면 폐 속을 차지하여 답답하고 건망증이 심해지며 말이 잘 안 나온다.

심이 처져 있으면 심이 외부에 드러나 한기寒氣에 손상되기 쉽고, 말에도 쉽게 무서워한다.

심이 견고하면 심장이 안정되고 외사를 잘 지킨다.

심이 취약하면 소단消癉·열중熱中 같은 병에 잘 걸린다.

심이 단정하면 신지가 화순하고, 사기에 손상되지 않는다.

심이 기울어 있으면 변덕이 심하여 이랬다저랬다 하여 일을 맡길 수 없다.

◉ 심心이 작으면 신기神氣가 수렴되어 저장된 것이므로 사기가 해를 끼칠 수 없지만 심이 작으면 우환에 쉽게 손상된다.

심이 크면 신神이 왕성하여 우환에 손상되지 않지만 크면 신기神氣가 밖으로 드러나므로 사기에 손상되기 쉽다.

폐肺가 심을 덮고 있으므로 심이 높이 있으면 폐 속을 차지한다. 심은 말을 주관하고心主言 폐는 소리를 주관하므로肺主聲 폐를 차지하면 심폐지규心肺之竅가 막히므로 가슴이 답답하고 잘 잊어버리며 말이 잘 안 나온다.

〈소문·자금론刺禁論〉에서 "심은 표表에서 조절된다心部于表"라고 했으니 심이 아래로 처지면 심이 외부로 드러나 한寒에 손상되기 쉽고, 심이 아래로 처져 말만 해도 쉬이 두려워한다.

신이 견고하면 심장이 안정되고 외사를 잘 지킨다.

심이 취약하면 소단消癉·열중熱中에 잘 걸린다.

〈영추·사기장부병형邪氣臟腑病形〉을 보면 오장맥이 미소微小하면 소단병이 된다고 했다. 오장은 주로 정을 저장하는데 오장이 취약하면 진액이 아주 적어서 모두 소단병消癉病이 된다.

　심이 단정하면 정신이 화순하고 기혈이 잘 돌며 사기에 손상당하지 않는다.

　심이 기울어져 있으면 이랬다저랬다 잘 하여 일을 맡길 수 없다.

肺小則少飮, 不病喘喝. 肺大則多飮, 善病胸痺喉痺逆氣. 肺高則
上氣肩息欬, 肺下則居賁迫肺, 善脇下痛. 肺堅則不病欬上氣. 肺
脆則苦病消癉易傷. 肺端正則和利難傷. 肺偏傾則胸偏痛也.

폐肺가 작으면 물을 적게 마시고 천식을 앓지 않는다.

　폐가 크면 물을 많이 마시고, 흉비胸痺·후비喉痺가 잘 생기며, 궐역되기 쉽다.

　폐가 올라가 있으면 상기上氣가 되고, 어깨를 들썩거리며 기침을 한다.

　폐가 아래로 처져 있으면 분문賁門이 폐를 압박하여 협하통이 잘 생긴다.

　폐가 견고하면 기침을 하거나 상기되지 않는다.

　폐가 취약하면 소단에 잘 걸리고 외사에 잘 손상된다.

　폐가 단정하면 신지가 화순하고 외사에 손상되지 않는다.

　폐가 기울어 있으면 흉부 한쪽이 아프다.

◉ 폐는 수도水道를 통조通調하는 작용을 한다. 따라서 폐가 작으면 적게 마시고, 크면 많이 마신다.

　폐는 흉중에 위치하여 후喉에 개규하여 호흡을 담당한다. 따라서 폐가 작으면 천식 등의 병에 걸리지 않고, 크면 흉비胸痺·후비喉痺 등이 잘 생긴다.

　폐가 기를 주관하므로肺主氣 폐가 올라가 있으면 상기上氣되고, 숨쉴 때 어깨를 들썩거리면서 기침息肩而欬을 한다.

　분賁은 위완胃脘의 분문賁門으로 위胃의 상구上口다. 폐가 아래로 처지면 폐가 분문에 위치하여 위완이 폐를 압박한다. 그래서 협하통이 생긴다. 협하에는 폐맥이 나가는 운문雲門·중부中府가 있다.

　폐가 단단하면 기가 상역하여 기침하지 않는다. 폐가 취약하면 소단병으로 고생하고 폐가 잘 손상된다.

　폐는 기를 저장하고肺藏氣 기에는 백魄이 깃들어 있다氣舍魄.

　폐가 단정하면 신지가 화순하고 기혈이 잘 돌아 사기가 손상시킬 수 없으며,

폐가 기울어져 있으면 흉부 한쪽에 통증이 있다.

批 폐가 상한다는 것은 폐가 건조해지는 것이다.

肝小則臟安, 無脇下之病. 肝大則逼胃迫咽, 迫咽則苦膈中, 且脇
下痛. 肝高則上支賁切, 脇悗爲息賁. 肝下則逼胃, 脇下空, 脇下空
則易受邪. 肝堅則臟安難傷. 肝脆則善病消癉易傷. 肝端正則和利
難傷. 肝偏傾則脇下痛也.

간肝이 작으면 장臟이 안정되고, 협하에 병증이 없다.

간이 크면 위胃와 식도를 압박하여 격중膈中이 고통스럽고 협하에 통증
이 있다.

간이 올라가 있으면 분문賁門으로 땅기고 옆구리가 답답하며 식분증息賁症
이 생긴다.

간이 처져 있으면 위胃를 핍박하고, 협하가 비며, 협하가 비면 사기를 받기
쉽다.

간이 견고하면 장臟이 안정되고 손상되지 않는다.

간이 취약하면 소단에 잘 걸리며 손상되기 쉽다.

간이 단정하면 신지가 화순하고 외사에 손상되지 않는다.

간이 기울어져 있으면 협하통이 있다.

◉ 간肝은 협하에 위치한다. 그러므로 간이 작으면 장臟이 안정되어 협하통이
없다.

간은 위胃의 좌측에 있으므로 간이 크면 위를 눌러 위완胃脘이 올라가 식도
를 누른다. 간은 격하膈下에 있으므로 간이 크면 격중膈中에 통증이 있고 또 협
하통이 있다.

간맥肝脈은 횡격막을 관통하여 폐로 주입되므로 간이 올라가 있으면 분문賁
門으로 땅기며 협하가 답답하여 식분息賁이 된다.

간은 위胃 옆에 있으므로 아래로 처지면 위를 눌러 협하가 비게 되고, 비면
사기에 쉽게 손상된다. 옆구리脇는 사기와 정기가 출입하는 추부樞府다.

간이 단단하면 장臟이 안정되어 다치지 않는다. 취약하면 소단병에 잘 걸리

고 쉽게 손상된다.

간은 혈을 저장하고肝藏血, 혈에는 혼이 깃들어 있으므로血舍魂 간이 단정하면 신지가 화순하고 기울어져 있으면 협통이 있다.

批 식도咽는 위상격胃上膈에서 인후喉로 나가고, 간은 격하膈下에 있다. 위완胃脘을 압박하므로 격중膈中에 고통이 있다고 말한다.

批 목木이 토土를 침범하므로 위胃와 식도咽를 위로 압박한다.

批 혼백지의魂魄志意는 오장의 신기神氣다.

脾小則臟安, 難傷於邪也, 脾大則苦湊眇而痛, 不能疾行. 脾高則
眇引季脇而痛. 脾下則下加於大腸, 下加於大腸, 則臟苦受邪. 脾
堅則臟安難傷. 脾脆則善病消癉易傷. 脾端正則和利難傷. 脾偏傾
則善滿善脹也.

비脾가 작으면 장이 안정되고, 사기에 손상되지 않는다.

비가 크면 늑골로 몰려 아프고, 빨리 걸을 수 없다.

비가 올라가 있으면 늑골에서 계협季脇을 땅기는 통증이 있다.

비가 처져 있으면 대장을 덮는다. 대장을 덮으면 장臟이 고통스럽고 외사를
잘 받는다.

비가 견고하면 장臟이 안정되고, 사기에 손상되지 않는다.

비가 취약하면 소단에 잘 걸리고 손상되기 쉽다.

비가 단정하면 신지가 화순하고 사기에 손상되지 않는다.

비가 기울어져 있으면 창만脹滿이 잘 생긴다.

◉ 비脾는 중토中土이고 사방四方을 주관한다. 그러므로 비가 작으면 장臟이 안정되고 사기에 손상되지 않는다.

비는 복腹에 위치하고 협골의 끝에 있으므로 크면 옆구리로 몰려 고통스럽다. 비는 사지를 주관한다. 그래서 빨리 걸을 수 없다. 협脇은 묘眇 위에 있으므로 올라가 있으면 늑골에서 계협季脇을 땅기는 통증이 있다.

아래로 처져 있으면 대장을 덮는데 대장을 덮으면 장이 고통스럽고 사기를 잘 받는다. 장이 비면 본래의 위치로 돌아간다.

비가 견고하면 장이 안정되고 손상되지 않는다. 장이 취약하면 소단병에 잘 걸리고 쉽게 손상된다.

비는 의意를 간직하고脾藏意, 의에는 영營이 깃들어 있으니意舍營 단정하면 신지가 화순하다.

한쪽으로 기울어져 있으면 창만脹滿으로 잘 붓는다.

腎小則臟安難傷. 腎大則善病腰痛, 不可以俛仰, 易傷以邪. 腎高則苦背膂痛, 不可以俛仰. 腎下則腰尻痛, 不可以俛仰, 爲狐疝. 腎堅則不病腰背痛. 腎脆則善病消癉易傷. 腎端正則和利難傷. 腎偏傾則苦腰尻痛也. 凡此二十五變者, 人之所苦常病也.

신腎이 작으면 장이 안정되고, 사기에 잘 손상되지 않는다.

신이 크면 요통으로 허리를 잘 구부리고 펴지 못하며 사기에 잘 손상된다.

신이 올라가 있으면 배려통背膂痛으로 고생하여 굴신을 할 수 없다.

신이 처져 있으면 요고통腰尻痛으로 굴신이 잘 안 되며, 호산狐疝이 생긴다.

신이 견고하면 요배통腰背痛이 없다.

신이 취약하면 소단에 잘 걸리고 손상되기 쉽다.

신이 단정하면 신지가 화순하고 손상되지 않는다.

신이 기울어져 있으면 요고통으로 고생한다.

무릇 이 25병변은 사람들이 항상 고통스러워하는 병이다.

⊛ 무릇 장藏은 저장한다는 것이다. 신腎이 작으면 장臟이 안정되고 손상되지 않는다.

크면 허리 아픈 병이 잘 걸리니 허리는 신지부腎之府이기 때문이다.

요척腰脊은 몸의 큰 관절이다. 그래서 요통腰痛·배려통背膂痛·요고통腰尻痛이 있으면 모두 구부리고 펼 수 없다. 신腎은 요척 사이에 붙어 있으므로 제통증諸痛症을 앓는다.

호산狐疝은 고환이 한쪽은 크고 한쪽은 작은 것으로 올라가기도 하고 내려가기도 한다. 여우는 음수陰獸로 수시로 변하면서 잘 숨는다. 고환이 오르내리는 것이 마치 여우가 때 없이 출입하는 것 같으니 이것이 신장의 산증疝症이다.

신이 견고하면 요배통이 없고, 취약하면 소단병으로 고생하고 자주 손상된다.

신은 정精을 저장하고腎藏精, 정精에는 지志가 깃들어 있다精舍志. 장체臟體가 단정하면 신지가 화순하고 잘 손상되지 않는다.

한쪽으로 기울어져 있으면 요고통으로 고생한다.

신형身形은 오장의 외합이다. 피부가 얇고 주리가 엉성하면 풍우한서의 사기가 호모를 타고 주리로 들어와서 형形이 병드니 육기가 외부에 침범하는 것이다. 만약 내부의 장형臟形이 박취薄脆·편경偏傾하면 항상 병으로 고생한다. 상병常病은 25변병變病이다.

批 배려背膂는 허리의 위쪽이고, 고尻는 허리의 아래쪽이다.

黃帝曰: 何以知其然也?

岐伯曰: 赤色小理者, 心小. 麤理者, 心大. 無髑骬者, 心高. 髑骬小短擧者, 心下. 髑骬長者, 心堅. 髑骬弱小以薄者, 心脆. 髑骬直下不擧者, 心端正. 髑骬倚一方者, 心偏傾也.

황제가 물었다. "어떻게 알 수 있는가?"

기백이 답했다. "안색이 붉고 기육의 문리가 치밀하면 심이 작고, 문리가 성글면 심이 크다. 갈우髑骬가 없으면 심이 올라가 있고, 갈우가 작고 짧으며 들려 있으면 심이 처져 있는 것이다. 갈우가 길면 심이 견고하고, 갈우가 작고 얇으면 심이 취약하다. 갈우가 똑바로 내려가 들리지 않으면 심이 단정하고, 갈우가 한쪽으로 쏠려 있으면 심이 기울어져 있다."

⦿ 소리小理는 기육의 문리가 치밀하고, 추리麤理는 육리肉理가 성근 것이다. 대육大肉과 군지䐃脂는 오장에서 생긴다. 그래서 기육의 문리가 성근지 치밀한지를 살펴서 오장 형체의 대소를 안다.

갈우髑骬는 흉하의 검상돌기蔽骨다.

〈영추·위기실상衛氣失常〉에서 "고인膏人은 배가 나오고 늘어지며, 육인肉人은 상하가 관대하여 체격이 장성하다膏人縱腹垂腴 肉人者上下容大"라고 했다. 대개 사람의 군육膕肉은 장부 모원募原의 정액에 바탕을 두고 생긴다. 모원은 장부의 고황膏肓이다. 오장에 저장된 정액이 고황으로 넘쳐 외부에서 군육을 영양한다. 그러므로 오장이 병들면 대육大肉이 함하되고, 군육이 망가지며 살이 빠진다.

白色小理者, 肺小. 麤理者, 肺大. 巨肩反膺*陷喉者, 肺高. 合腋張脇者, 肺下. 好肩背厚者, 肺堅. 肩背薄者, 肺脆. 背膺厚者, 肺端正. 脇偏疎者, 肺偏傾也.

안색이 희고 기육의 문리가 치밀하면 폐가 작고, 문리가 성글면 폐가 크다. 어깨가 크고 응흉膺胸이 돌출되어 후두喉頭가 함몰되면 폐가 올라간 것이고, 겨드랑이는 좁고 옆구리가 벌어져 있으면 폐가 처져 있는 것이다. 어깨가 단정하고 등이 두터우면 폐가 견고하고, 어깨와 등이 얇으면 폐가 취약하다. 등과 가슴이 두터우면 폐가 단정하고, 협골이 아래로 처지고 늑골이 희소하면 폐가 치우쳐 있다.

⦿ 폐는 견응肩膺의 안쪽, 협액脇腋의 위쪽에 있다. 따라서 견배응액肩背膺腋을 보아서 폐의 고하高下·견취堅脆·편경偏傾을 안다.

예충지가 말했다. "폐는 천天에 속하고 상부를 덮고 있다. 등背은 양이고 형신의 상부다. 따라서 폐수肺腧는 견배로 나간다."

주영년이 말했다. "〈소문·맥요정미론脈要精微論〉에서 '척맥尺脈 안쪽은 계협季脇을 나타내고, 척맥 바깥쪽은 신腎을 살피며, 척맥 속은 복중腹中을 살핀다尺內兩傍 則季脇也 尺外以候腎 尺裏以候腹中'라고 했다. 표증이라고 생각했는데 맥이 침지沈遲하고 부하지 않으면不浮 병이 내內에 있는 것이니 심복에 적적이 있다. 리증裏証이라 생각했는데 맥이 부삭浮數하면 병이 외外에 있는 것이니 신열이 있다推而外之 內而不外 有心腹積也 推而內之 外而不內 身有熱也. 대체로 형신形身의 상하로 장부의 위치를 외부에서 살핀다."

---

* 반응反膺은 응흉이 밖으로 돌출된 것이다—장경악.

青色小理者, 肝小. 麤理者, 肝大. 廣胸反骹者, 肝高. 合脇兔骹者,
肝下. 胸脇好者, 肝堅. 脇骨弱者, 肝脆. 膺腹好相得者, 肝端正.
脇骨偏擧者, 肝偏傾也.

안색이 청색이고 기육의 문리가 치밀하면 간이 작고, 문리가 성글면 간이 크
다. 흉부가 넓고 튀어나오면 간이 올라가 있고, 협이 몰려 골이 드러나지 않으
면 간이 처져 있는 것이다. 흉협이 단정하면 간이 견고하고, 협골이 박약하면
간이 취약하다. 흉부와 복부가 균형을 이루면 간이 단정하고, 협골이 한쪽으
로 들려 있으면 간이 치우쳐 있다.

◉ 교효骹는 흉胸과 협脇이 만나 갈라지는 편골扁骨이다. 내격內膈은 앞으로 흉부
의 구미鳩尾에 연결되고, 옆으로 협脇에 연결되며, 뒤로는 척脊의 11추推에 연
결된다. 간은 횡격막 아래에 있으므로 흉곽이 넓고 늑골이 올라와 있으면 간
이 올라와 있는 것이다. 양협이 몰려서 편평하면 간이 아래로 처진 것이다. 토
兎는 골骨이 숨어 있는 것이다. 간맥은 내려가서 복腹의 장문章門을 순환하고,
올라가서 응膺의 기문期門을 순환하며, 내부에서는 간에서 갈라져서 횡격막을
관통하므로 가슴膺과 배腹가 서로 균형이 맞으면 간이 단정한 것이다.

黃色小理者, 脾小. 麤理者, 脾大. 揭脣者, 脾高. 脣下縱者, 脾下.
脣堅者, 脾堅. 脣大而不堅者, 脾脆. 脣上下好者, 脾端正. 脣偏擧
者, 脾偏傾也.

안색이 황색이면서 기육의 문리가 치밀하면 비脾가 작고, 문리가 성글면 비가
크다. 입술이 들려 있으면 비가 올라가 있고, 입술이 아래로 늘어지면 비가 처
져 있다. 입술이 단단하면 비가 견고하고, 입술이 크면서도 단단하지 못하면
비가 취약하다. 위아래 입술이 좋으면 비가 단정하고, 입술이 한쪽으로 들려
있으면 비가 치우쳐 있다.

◉ 예충지가 말했다. "순脣은 비脾의 외후다. 그러므로 순의 호악을 보아서 비
장脾臟의 길흉을 알아낸다."

黑色小理者, 腎小. 麤理者, 腎大. 高耳者, 腎高. 耳後陷者, 腎下.
耳堅者, 腎堅. 耳薄不堅者, 腎脆. 耳好前居牙車者, 腎端正. 耳偏
高者, 腎偏傾也. 凡此諸變者, 持則安, 減則病也.

안색이 검고 기육의 문리가 치밀하면 신腎이 작고, 문리가 성글면 신이 크다.
귀가 올라가 있으면 신이 올라가 있고, 귀가 뒤로 처져 있으면 신이 처져 있
다. 귀가 단단하면 신이 견고하고, 귀가 얇고 단단하지 못하면 신이 취약하다.
귀가 잘 생기고 협거를 향하면 신이 단정하고, 귀가 한쪽이 올라가 있으면 신
이 치우쳐 있다. 이러한 여러 가지 변화는 정기를 유지하면 편안하고 정기가
감소되면 병이 된다.

⊛ 예충지가 말했다. "귀耳는 신腎의 외후다. 그러므로 귀의 호악을 보아서 신
장의 고하편정高下偏正을 알아낸다. 무릇 이런 여러 가지 변화는 신지가 유지
되면 편안하고, 신지가 감퇴하면 병을 면하지 못한다."

黃帝曰: 善. 然非余之所問也. 願聞人之有不可病者. 至盡天壽, 雖
有深憂大恐, 怵惕之志, 猶不能減也. 甚寒大熱, 不能傷也. 其有不
離屏蔽室內, 又無怵惕之恐, 然不免於病者, 何也? 願聞其故.
岐伯曰: 五臟六腑, 邪之舍也, 請言其故. 五臟皆小者少病, 苦燋
心, 大愁憂. 五臟皆大者緩於事, 難使以憂. 五臟皆高者好高擧措.
五臟皆下者好出人下. 五臟皆堅者無病. 五臟皆脆者不離於病. 五
臟皆端正者, 和利得人心. 五臟皆偏傾者, 邪心而善盜, 不可以爲
人平, 反覆言語也.

황제가 물었다. "알겠다. 하지만 내가 묻는 것은 그것이 아니다. 어떤 사람은
병도 안 들고 천수를 누리는데 비록 깊은 슬픔과 큰 공포나 걱정거리가 있다
고 하더라도 별 상관이 없고, 날씨가 아주 춥거나 더워도 전혀 손상되지 않는
다. 그런데 어떤 이는 실내에서 벗어나지도 않고 걱정이나 무서운 일이 없는
데도 맨날 아픈 것은 왜 그런가? 그 까닭을 듣고 싶다."
기백이 답했다. "오장육부는 사기가 침입하는 곳이다. 그 이유를 말하겠다.
오장이 모두 작으면 병이 적으나 마음이 초조하여 고통스럽고 매사 걱정이

많다.

　오장이 모두 크면 매사에 느긋하고 걱정이 없다.

　오장이 모두 올라가 있으면 남보다 높은 자리에 있는 양 행세한다.

　오장이 모두 처져 있으면 남의 부하가 되는 것이 편하다.

　오장이 모두 견고하면 병이 없다.

　오장이 모두 취약하면 병이 떠나지 않는다.

　오장이 모두 단정하면 화순하여 인심을 얻는다.

　오장이 모두 치우치면 마음이 삐뚤어지고, 남의 물건을 잘 훔치며, 공평하지 못하고, 말을 자꾸 반복하여 우긴다.”

● 예충지가 말했다. “여기서는 오장이 형체가 다르고 신지神志도 차이가 있다고 총결했다.

　오장은 정신·혈기·혼백·지의를 저장하고 있다. 그러므로 작으면 혈기가 수장收藏되어 병이 적다. 작으면 신지는 두렵고 겁이 많아 마음이 초조하고 걱정이 많다.

　오장이 모두 크면 신지가 충족하여 매사에 느긋하고 걱정이 없다.

　오장이 모두 올라가 있으면 높은 자리에 있어서 남을 시키길 좋아한다.

　오장이 모두 처져 있으면 남의 부하가 되는 걸 좋아한다.

　이는 모두 형形에 맞추어 정지情志가 따르는 것이다.

　마음이 편하면 겉으로도 드러나는 법이므로 인심을 얻는다.

　잘 훔치는 것은 탐욕 많은 소인이고, 똑같은 말을 반복하여 우기니 공평한 사람이라고 할 수 없다.”

黃帝曰: 願聞六腑之應.

岐伯對曰: 肺合大腸, 大腸者, 皮其應; 心合小腸, 小腸者, 脈其應; 肝合膽, 膽者, 筋其應; 脾合胃, 胃者, 肉其應; 腎合三焦膀胱, 三焦膀胱者, 腠理毫毛其應.

황제가 물었다. “육부六腑는 어디서 반응하는지 알고 싶다.”

기백이 답했다. "폐는 대장과 상합하니 대장은 피부皮膚에서 반응한다.

심은 소장과 상합하니 소장은 맥脈에서 반응한다.

간은 담과 상합하니 담은 근筋에서 반응한다.

비는 위와 상합하니 위는 육肉에서 반응한다.

신은 삼초 방광과 상합하니 삼초 방광은 주리腠理와 호모毫毛에서 반응한다."

● 예충지가 말했다. "오장은 음陰이고 육부는 양陽이니 장부는 자웅이 상합한다. 오장은 내부에서 육부와 합하고, 육부는 외부에서 형신에 상응하니 음이 내부고 양은 외부다. 그러므로 외합의 피맥육골皮脈肉骨을 보아서 육부의 후박장단厚薄長短을 알아낸다. 신腎은 양장兩臟을 거느리니 腎將兩臟 하나는 삼초와 합하고 다른 하나는 방광과 합한다."

黃帝曰: 應之奈何?

岐伯曰: 肺應皮, 皮厚者, 大腸厚, 皮薄者, 大腸薄, 皮緩腹裏大者, 大腸大而長, 皮急者, 大腸急而短, 皮滑者, 大腸直, 皮肉不相離者, 大腸結.

황제가 물었다. "어떻게 반응하는가?"

기백이 답했다. "폐는 피부皮膚에서 반응한다.

피부가 두터우면 대장이 두텁고, 피부가 얇으면 대장이 박약하다.

피부가 느슨하고 복복이 비대하면 대장이 크고 길며, 피부가 팽팽하면 대장이 긴급하고 단축된다.

피부가 매끄러우면 대장이 곧게 펼쳐져 있고, 피부와 살이 붙어 있으면 대장이 뭉쳐 있다."

● 예충지가 말했다. "오장은 내부에서 육부와 합하고, 외부에서는 피맥육근골皮脈肉筋骨에서 반응한다. 그러므로 폐는 피부에 상응하니 피부가 두터우면 대장도 두텁고, 피부가 얇으면 대장도 박약薄弱하다. 장부의 형기는 내외가 상응한다."

心應脈, 皮厚者脈厚, 脈厚者小腸厚, 皮薄者脈薄, 脈薄者小腸薄.
皮緩者脈緩, 脈緩者小腸大而長, 皮薄而脈衝小者, 小腸小而短.
諸陽經脈皆多紆屈者, 小腸結.

심心은 맥脈에서 반응한다.
　피부가 두터우면 맥이 두텁고, 맥이 두터우면 소장이 두텁다.
　피부가 얇으면 맥이 얇고, 맥이 얇으면 소장도 박약하다.
　피부가 느슨하면 맥이 이완되고, 맥이 이완되면 소장이 크고 길다.
　피부가 얇고 맥이 세소細小하면 소장이 작고 짧다.
　양경맥陽經脈 거의 대부분이 구부러져 있으면 소장이 뭉쳐 있는 것이다.

● 〈영추·사기장부병형邪氣臟腑病形〉에서 "맥이 팽팽하면 척지피부尺之皮膚도
팽팽하고, 맥이 이완되면 척지피부도 이완된다脈急者 尺之皮膚亦急 脈緩者 尺之皮
膚亦緩 皮脈之相應也"라고 했다. 그러므로 피부가 두터우면 맥도 두텁고, 맥이 두
터우면 소장이 두껍다. 피부가 얇으면 맥도 얇고, 맥이 얇으면 소장이 얇다.

脾應肉, 肉䐃堅大者, 胃厚. 肉䐃麽者, 胃薄. 肉䐃小而麽者, 胃不
堅. 肉䐃不稱身者, 胃下, 胃下者, 下脘約不利. 肉䐃不堅者, 胃緩.
肉䐃無小裏累者, 胃急. 肉䐃多少裏累者, 胃結, 胃結者, 上脘約不
利也.

비脾는 육肉에서 반응한다.
　살집이 단단하고 크면 위胃가 두텁고, 살집이 적으면 위가 박약하다. 살집이
작고 적은 것은 위가 튼튼하지 못하다.
　살집이 몸과 균형이 맞지 않으면 위가 처진 것이다. 위가 처지면 하완下脘이
조여 잘 통하지 못한다.
　살집이 단단하지 않으면 위가 이완된 것이다.
　살집에 여러 개의 작은 돌기가 없으면 위가 조여 있다.
　살집에 작은 돌기가 많이 있으면 위가 뭉쳐 있으니 위가 뭉치면 상완上脘이
조여 잘 통하지 못한다.

⬧ 예충지가 말했다. "군䐃은 지방이다. 마麼는 잘다는 뜻이다. 약約은 조이는 것이다. 위胃에는 상완上脘·중완中脘·하완下脘이 있다. 그러므로 위가 처져 있으면 하완이 조여서 잘 통하지 않고, 뭉치면 상완이 조여서 통하지 못한다."

肝應爪, 爪厚色黃者, 膽厚, 爪薄色紅者, 膽薄. 爪堅色靑者, 膽急. 爪濡色赤者, 膽緩. 爪直色白無約者, 膽直, 爪惡色黑多紋者, 膽結也.

간肝은 손톱爪에서 반응한다.

손톱이 두텁고 색이 노라면 담이 두텁다.

손톱이 얇고 색이 붉으면 담이 박약하다.

손톱이 튼튼하고 색이 푸르면 담이 조여 있다.

손톱이 촉촉하고 색이 붉으면 담이 이완되어 있다.

손톱이 곧고 색이 희면서 문리가 없으면 담이 잘 통한다.

손톱이 나쁘고 색이 검으면서 문리가 많으면 담이 뭉친다.

⬧ 주영년이 말했다. "손톱爪은 근지여筋之餘다. 그러므로 간肝은 손톱에서 반응한다. 손톱의 호악을 살펴서 담膽의 후박厚薄·완급緩急을 알아낸다. 오장육부는 모두 담에서 결정되므로五臟六腑皆取結于膽 오장오행의 기색을 지니고 있다."

막자유莫子瑜가 말했다. "담膽은 갑자甲子에 속하니 천간지지天干地支의 머리다. 그러므로 오행의 색을 갖추고 있다."

腎應骨, 密理厚皮者, 三焦膀胱厚. 麤理薄皮者, 三焦膀胱薄. 疏腠理者, 三焦膀胱緩. 皮急而無毫毛者, 三焦膀胱急. 毫毛美而麤者, 三焦膀胱直. 稀毫毛者, 三焦膀胱結也.

신腎은 골骨에서 반응한다.

주리가 치밀하고 피부가 두터우면 삼초 방광이 두텁다.

주리가 성글고 피부가 얇으면 삼초 방광이 박약하다.

주리가 성글면 삼초 방광이 이완된 것이다.

피부가 팽팽하고 호모毫毛가 없으면 삼초 방광이 조여 있다.

호모가 윤기 있고 주리가 성글면 삼초 방광이 잘 통한다.

호모가 드물면 삼초 방광이 뭉친다.

⦿ 예충지가 말했다. "태양의 기는 피모皮毛를 주관하고 삼초의 기는 주리腠理로 통한다. 그러므로 피부와 주리의 후박厚薄을 보아서 내부의 삼초 방광의 반응을 알 수 있다. 또 진액은 삼초지기三焦之氣를 따라서 기육을 덥히고 피부를 충실케 한다. 삼초는 소양지기少陽之氣. 본경에서 '피부를 덥히고 몸을 충실케 하며 모발을 윤택하게 하는 것을 기라고 한다熏膚充身澤毛是謂氣'라고 했다. 그러므로 피모는 모두 삼초 방광을 반응한다."

주영년이 말했다. "경經에서 '계곡은 골骨에 속한다谿谷屬骨'라고 했으니 이는 기육肌肉이 골에 속한다는 것이다. 또 '비脾에서 육肉이 생기고, 육에서 폐肺가 생기며, 폐에서 피모가 생긴다脾生肉 肉生肺 肺生皮毛'라고 했으니 골육피모骨肉皮毛는 서로 자생한다. 그러므로 '신腎은 골骨에서 반응하니 주리가 치밀하고 피부가 두터우면 삼초 방광이 두텁다腎應骨 密理厚皮者 三焦膀胱厚'라고 한다."

黃帝曰: 厚薄美惡皆有形, 願聞其所病.

岐伯答曰: 視其外應, 以知其內臟, 則知所病矣.

황제가 물었다. "후박厚薄과 호악好惡에 모두 병증이 있으니 병이 되는 곳을 알고 싶다."

기백이 답했다. "외부의 반응을 보고서 내장의 상태를 알아내어 병이 된 곳을 알 수 있다."

⦿ 예충지가 말했다. "육부는 내부에서 오장과 합하고, 외부에서 피육근골에 반응한다. 그러므로 외부의 반응을 보고서 내장의 상태를 알아내어 병이 되는 곳을 알 수 있다. 육부의 후박厚薄·완급緩急·대소大小로 병이 되는 것은 오장과 같다."

금복禁服

雷公問於黃帝曰: 細子得受業, 通於九鍼六十篇, 旦暮勤服之, 近者編絶, 久者簡垢, 然尙諷誦弗置, 未盡解於意矣, 外揣言渾束爲一, 未知所謂也. 夫大則無外, 小則無內, 大小無極, 高下無度, 束之奈何? 士之才力, 或有厚薄, 智慮褊淺, 不能博大深奧, 自强於學若細子. 細子恐其散於後世, 絶於子孫, 敢問約之奈何?

黃帝曰: 善乎哉問也. 此先師之所禁, 坐私傳之也, 割臂歃血之盟也, 子若欲得之, 何不齋乎?

雷公再拜而起曰: 請聞命於是矣. 乃齋宿三日而請曰 敢問今日正陽, 細子願以受盟.

黃帝乃與俱入齋堂, 割臂歃血.

黃帝親祝曰: 今日正陽, 歃血傳方, 有敢背此言者, 反受其殃.

雷公再拜: 細子受之.

黃帝乃左握其手, 右授之書曰 愼之愼之! 吾爲子言之. 凡刺之理, 經脈爲始, 營其所行, 知其度量, 內刺五臟, 外刺六腑, 審察衛氣, 爲百病母, 調其虛實, 虛實乃止, 瀉其血絡, 血盡不殆矣.

뇌공이 황제에게 물었다. "제가 구침九鍼 60편의 수업을 다 들었고, 아침저녁으로 열심히 연습하여 책 끈이 끊어지고 글씨가 안 보일 정도가 되었습니다. 아직도 송독誦讀하고 있지만 그 뜻을 다 이해하지 못하겠습니다. 〈외췌外揣〉에서 말한 '묶어서 하나로 만든다는 것渾束爲一'의 의미를 잘 모르겠습니다. 더이상 밖이 없을 정도로 크고 더이상 속이 없을 정도로 작아서 한도가 없을 정도로 작기도 하고 크기도 하며 무한대의 높이인데 어떻게 묶을 수 있습니까? 사람들의 재주와 학력이 후박이 다르고, 지혜가 얕고 식견이 좁아 심오한 이치에 도달하지 못하고 소자小子처럼 학문에 노력할 뿐입니다. 소인은 이 이치가 후세에서 소실되고 자손에게 전해지지 못할까 두려워 감히 어떻게 요약하는지 묻습니다."

황제가 말했다. "좋은 질문이다. 이는 선사先師가 금기시하는 것이다. 앉아서 사적私的으로 전달하겠으니 팔을 베어 삽혈歃血로 맹세해야 한다. 그대가 터득하고 싶다면 재계齋戒하고 오너라."

뇌공이 재배하고 일어나 말했다. "명을 받들겠습니다."

그러고 나서 3일 동안 재계를 하고 듣기를 청했다. "감히 오늘이 정양일正陽日이 아니온지요? 소인이 혈맹血盟을 받기를 원합니다."

황제가 이에 함께 재실齋室에 들어가 팔을 베어 삽혈을 하고 친히 축祝을 고했다. "오늘이 정양일입니다. 삽혈하고 방方을 전하노니 이 말에 감히 배반하면 반대로 재앙을 받을 것입니다."

뇌공이 재배하고 말했다. "소자 받들겠습니다."

황제가 이에 왼손으로 뇌공의 손을 잡고 오른손으로 책을 전해주면서 말했다. "조심하고 또 조심하여라. 내가 너를 위하여 말하겠다. 모든 자법의 이치는 경맥을 바탕으로 이루어지니 경맥이 지나는 경로와 경맥의 장단長短·대소大小 등을 잘 알아야 하고, 내부에서는 오장五臟의 변화를 살피고, 외부에서는 육부六腑의 정황을 관찰한다. 위기衛氣를 잘 살피는 것이 모든 병을 치료하는 모태가 되니 허실을 조절하여 허하게 하고 실하게 하면 된다. 또는 혈락을 제거하여 혈이 빠지면서 사기가 다 나가면 위태롭지 않게 된다."

⦿ 무릇 기氣는 천天과 합하고, 천天은 지地와 합하며, 혈血은 수水와 합한다. 〈외췌外揣〉는 구침의 도를 다 묶어서 하나가 되어 천도에 합쳐져서 편명을 그리붙였다. 천도가 외부를 운행하니 외부를 살펴서 내부를 취할 수 있음을 말한다.

이 편은 기혈로 묶어서 하나가 되어 인영人迎·기구氣口를 살펴서 외부의 육기를 알아내고, 내부에서는 장부臟腑의 병을 알 수 있다고 말한다. 경맥은 본래 장부에서 생기고 육기六氣에 합한다.

그러므로 "모든 자법의 이치는 경맥을 바탕으로 이루어지니 경맥이 지나는 경로와 경맥의 장단·대소 등을 잘 알아야 하고, 내부에서는 오장의 변화를 살피고, 외부에서는 육부의 정황을 관찰한다. 위기衛氣를 잘 살피는 것이 모든 병을 치료하는 모태가 된다凡刺之理, 經脈爲始, 營其所行, 知其度量, 內刺五臟, 外刺六腑, 審察衛氣, 爲百病母"라고 했다.

사기邪氣가 사람에게 적중되면 먼저 피모 기분氣分에서 시작하여 낙맥으로 들어가고, 경맥에서 장부로 들어간다. 그래서 혈락血絡을 사하고 혈이 다 빠지면 위태롭지 않다. 낙맥은 피부에 연락되고 기혈이 교차하여 만나므로 혈락을 살펴서 그 혈을 다 빼내면 사병邪病이 경맥·장부까지 전달되어 위태로운 병까지 일어나지 않는다.

허실은 혈기의 허실이다. 기氣에 사邪가 있으면 기는 실하고 혈은 허해진다. 맥중脈中에 함하되면 혈은 실해지고 기는 허해진다. 그러므로 본말本末을 잘 살펴서 조절해야 한다. 혈맥은 상제上帝가 소중하게 여기는 것이고, 선사先師가 금기시하는 것이다.

금궤金匱에 보관하여 합당한 사람이 아니면 가르쳐 주지 않고 올바른 것이 아니면 가르치지 않는다. 그러므로 황제는 삽혈歃血하여 맹세한 후에야 방方을 전했다. 〈금복禁服〉이라 편명을 지은 것은 몸에 지니면서 마음에 새겨서 잊지 않고 함부로 발설하는 것을 금하는 것이다.

막자유莫子瑜가 물었다. "이 편은 기혈을 묶어 하나로 만들었는데 어떻게 〈외췌〉를 다시 인용하여 말하는가?"

이에 답한다. "천天과 수水는 서로 연결되어 상하로 운행하니 천天과 수水가 합하여 하나가 된다. 그러므로 '형상은 물에 그대로 비친다水鏡之察 不失其形'라고 하는 것이다. 〈외췌〉는 구침지도九鍼之道를 하나로 묶어 천도에 합치됨을 말했다. 멀리는 외부에서 내부를 헤아리고, 가까이는 내부에서 외부를 헤아리는 것으로 음양의 극치이고, 천지를 덮어서 천지가 하나로 합하는 것이다天地合一. 천지가 상합하면 수水는 그 안에 있다. 이 편은 기혈을 묶어서 하나가 되어 수천水天의 상합에 대응되므로 〈외췌〉를 인용하여 물은 것이니 전편의 뜻을 보충하여 거듭 밝히고 있다."

批 이 편 첫머리에 금복禁服 두 글자가 있는 것은 이 때문이다.

雷公曰: 此皆細子之所以通, 未知其所約也.

黃帝曰: 夫約方者, 猶約囊也, 囊滿而弗約, 則輸泄, 方成弗約, 則神與弗俱.

雷公曰: 願爲下材者, 勿滿而約之.

黃帝曰: 未滿而知約之以爲工, 不可以爲天下師.

뇌공이 물었다. "이것은 소자가 알고 있는 것이지만 요약하는 방법을 모릅니다."

황제가 말했다. "여러 가지 방법을 요약하는 것은 주머니를 묶는 것과 같다. 주머니가 가득 채워졌는데 묶지 못하면 새어나가니 방법이 많아도 요약하지 못하면 신묘한 경지에 도달하지 못한다."

뇌공이 물었다. "능력이 달려 채우고 요약하지 못하겠습니다."

황제가 말했다. "채워지지 않았는데 요약할 줄 아는 것은 공工이 될 수 있지만 천하의 스승이 될 수 없다."

◉ 채워지지 않았는데 묶어버리는 것未滿而知約은 기와 혈이 합쳐지는 것을 알아 인영과 기구를 살펴서 삼음삼양三陰三陽의 기氣를 알지만 음양혈기는 무한대로 미루어 변화하는데 그것을 하나로 묶어서 자연의 대수大數에 합쳐짐을 모르는 것이다. 그러므로 인도人道와 천도天道까지 통해야 천하의 스승이 될 수 있다.

방법을 귀납하는 것約方은 혈기를 요약하는 방법이다.

주머니를 묶는 것約囊은 기와 혈이 합쳐지는 것이다. 기가 주머니에 들어 있어 가득 차 있는데 묶지 않으면 새어나간다.

방법을 귀납하지 못하니 신한 경계는 잡다한 방법으로 도달할 수 없다는 것方成弗約 則神與弗俱은 혈과 기가 공존하면서 하나로 합쳐지지 못함을 말한다.

주머니가 채워졌는데도 묶을 줄 모르는 것滿而弗約은 경經을 다스릴 줄 몰라서 맥이 급急해도 어쩌지 못함을 말한다.

요약하여 하나로 만드는 것約而爲一은 맥이 대大하고 약弱하면 혈기가 이미 조화되어 안정되려는 것이다.

批 혈기는 신기神氣다.

雷公曰: 願聞爲工.

黃帝曰: 寸口主中, 人迎主外, 兩者相應, 俱往俱來, 若引繩大小齊等, 春夏人迎微大, 秋冬寸口微大, 如是者, 名曰平人.

뇌공이 물었다. "공工이 되는 것을 알고 싶습니다."

황제가 말했다. "촌구寸口는 중中을 주관하고, 인영人迎은 외外를 주관한다. 양자는 상응하면서 함께 왔다갔다 한다. 마치 승묵繩墨을 잡아당겨 대소大小가 고르게 되는 것과 같다. 봄·여름에는 인영맥이 더 크게 뛰고, 가을·겨울에는 촌구맥이 더 크게 뛴다. 일반사람들은 모두 이렇게 뛴다."

⊛ 공工이 되는 것을 알고 싶다는 것願聞爲工은 혈기의 상응을 듣고 나서 합일된 대도를 밝히길 원하는 것이다.

공에서 상공上工으로, 상공上工에서 신의神醫로 가니 신비하고 명쾌하다.

촌구는 음을 주관하므로 내부를 주관하고, 인영은 양을 주관하므로 외부를 주관한다.

음양중외지기陰陽中外之氣는 좌우로 왕래하는 것이 마치 먹줄을 잡아당겨 상하가 균등해지는 것과 같다. 맥대脈大는 인영·기구가 모두 크게大 뛰는 것이다. 맥소脈小는 인영·기구가 모두 작게小 뛰는 것이다. 춘하에는 양기가 성하여 인영이 평소보다 약간 더 크게 뛰고, 추동에는 음기가 성하여 촌구가 평소보다 약간 더 크게 뛴다. 이와 같이 사시음양에 상응하는 것을 평인平人이라고 한다.

만약 사시에 상응하지 못하고 수배씩 더 크게 뛰면 일음溢陰·일양溢陽의 관격關格이 된 것이다. 이는 삼음삼양의 기가 인영·기구의 양맥에 상응함을 말한다.

고사종이 말했다. "인영·기구는 좌우 양 촌구맥寸口脈을 이르며 음양지기를 나누어 살피는 것이다. 촌관척 삼부맥寸關尺 三部脈을 말하는 것이 아니다. 삼부맥으로 논한다면 좌에도 음양이 있고, 우에도 음양이 있다."

646

人迎大一倍於寸口, 病在足少陽, 一倍而躁, 病在手少陽. 人迎二倍, 病在足太陽, 二倍而躁, 病在手太陽. 人迎三倍, 病在足陽明, 三倍而躁, 病在手陽明. 盛則爲熱, 虛則爲寒, 緊則爲痛痹, 代則乍甚乍間. 盛則瀉之, 虛則補之, 緊痛則取之分肉, 代則取血絡且飲藥, 陷下則灸之, 不盛不虛, 以經取之, 名曰經刺. 人迎四倍者, 且大且數, 名曰溢陽, 溢陽爲外格, 死不治. 必審按其本末, 察其寒熱, 以驗其臟腑之病.

인영이 촌구보다 1배 더 크게 뛰면 병이 족소양에 있고, 1배 더 뛰고 조동躁動한 맥이 뛰면 병이 수소양에 있다.

인영이 촌구보다 2배 더 크게 뛰면 병이 족태양에 있고, 2배 더 뛰고 조동한 맥이 뛰면 병이 수태양에 있다.

인영이 촌구보다 3배 더 크게 뛰면 병이 족양명에 있고, 3배 더 뛰고 조동한 맥이 뛰면 병이 수양명에 있다.

성하면 열이 나고, 허하면 한기가 들며, 긴맥緊脈이 뛰면 통비痛痹가 되고, 대맥代脈이 뛰면 병이 심해졌다 덜해졌다 한다. 기가 성하면 사하고, 기가 허하면 보한다. 긴맥緊脈이 뛰고 통증이 있으면 분육을 취한다. 대맥代脈이 뛰면 혈락을 취하고 또 음약飮藥을 복용한다. 함하되었으면 구법灸法을 쓴다. 성하지도 않고 허하지도 않으면 경맥을 다스리니 경자經刺라고 한다.

인영이 4배 더 뛰고 대맥大脈과 삭맥數脈이 겸해서 뛰면 일양溢陽이라고 한다. 일양이 되면 외부에서 막힌 것이니 치료가 안 되고 죽는다. 반드시 본말本末과 한열寒熱을 살펴서 장부臟腑의 병을 알아내야 한다.

● 이것은 음양지기陰陽之氣가 편성偏盛하여 맥이 인영·기구에 나타나는 것과 기氣에 있는 병인지 맥脈에 있는 병인지를 논하여 혈기가 상응하고 상합함을 증명하고 있다.

삼양지기三陽之氣가 편성하면 인영이 2배, 3배 더 뛰는데 이는 기혈이 상응하는 것이다. 맥이 대大하고 약弱한 것은 안정되려는 것이니 혈기가 상합하는 것이다. 통비痛痹는 병이 피부와 주리의 기분에 있는 것으로 기가 손상되어 아프다. 기혈이 서로 뭉치면 맥이 긴緊해진다. 이것은 기에 병이 있고, 맥에 나타나는 것이다.

대맥代脈이 뛰면 심해졌다 덜해졌다 한다는 것代則乍甚乍間은 병이 혈기가 교차하면서 생기니 기에 있다가 맥에 있다가 서로 바뀌면서 교대한다는 의미다. 그래서 대맥代脈이 뛴다.

성즉사지盛則瀉之는 기가 성하면 사해야 하고, 허즉보지虛則補之는 기가 허하면 보해야 한다.

긴맥緊脈의 통증은 병이 기분氣分에 있는 것이므로 분육分肉을 취해야 한다. 대맥代脈은 병이 혈기가 교차되는 곳에 있으므로 혈락에 자침해야 한다. 음약飮藥을 복용하는 것은 혈맥과 장부를 도와 병이 낙맥에서 경맥으로, 경맥에서 장부로 들어가지 못하게 하는 것이다.

함하즉구지陷下則灸之는 기가 함하된 것이다.

불성불허不盛不虛는 기가 화평한 것이다.

이경취지以經取之는 병이 기에 있지 않고 이미 경經에 들어간 것이니 경을 취한다. 인영이 4배 더 뛰면서 크고 빨리 뛰면 일양溢陽이라고 한다. 일양은 치료가 안 되고 죽는다. 처음에 인영이 1배, 2배, 3배 더 크게 뛴다고 하는 것은 양기가 태성하여 맥에서 반응하는 것이다. 뒤에 이경취지以經取之라고 한 것은 경자經刺라고 한다.

인영이 4배 더 뛰면서 크고 빠르게 뛰는 것을 일양이라고 한다人迎四倍者 且大且數. 名曰溢陽. 이는 양성한 기가 맥중에 넘쳐서 기혈이 서로 합쳐진 병이다. 또한 음양지기가 편성하여 병이 기에 있고 맥에 있는 것으로 기가 맥에서 반응하고 맥에서 합쳐짐을 밝힌 것이다.

그러므로 반드시 본말本末을 잘 살피고, 한열寒熱을 관찰하여 장부의 병을 알아내야 한다. 본本은 삼음삼양지기三陰三陽之氣가 본이 되고, 말末은 좌우의 인영·기구가 표標가 된다. 대체로 음양혈기를 하나로 요약하면 외부에서는 육기인 삼음삼양을 살필 수 있고, 내부에서는 유형인 오장육부의 병을 살필 수 있다. 이것이 음양이합陰陽離合의 대도大道며, 천운상변天運常變의 대수大數다.

批 조조躁는 음이 움직이는 모양이다. 음양육기는 모두 음에서 생겨 아래에서 올라가므로 족지육경足之六經에 합한다. 하부에 있는 기가 조동躁動해야 올라가 수手에서 합한다.

批 상응相應은 미처 합하지 못하여 반응하는 것이고, 상합相合은 이미 합쳐져서 하나가

된 것이다.

批 상한병에 태양병太陽病 맥은 긴緊하다.

批 기상氣傷하면 통증이 있고, 낙맥으로 들어가면 통증이 없어진다.

批 낙맥은 밖으로는 피부와 만나고, 안으로는 경맥과 통한다. 기가 맥에 반응하고 센 사기邪氣가 맥에 들어가면 삭맥數脈을 겸한다.

批 성한 기가 맥중으로 몰리면 죽고, 맥중에서 기와 합쳐지면 안정되려는 것이다.

寸口大於人迎一倍, 病在足厥陰, 一倍而躁, 病在手心主. 寸口二倍, 病在足少陰, 二倍而躁, 病在手少陰. 寸口三倍, 病在足太陰, 三倍而躁, 病在手太陰. 盛則脹滿, 寒中食不化, 虛則熱中出糜, 少氣溺色變, 緊則痛痺, 代則乍痛乍止. 盛則瀉之, 虛則補之, 緊則先刺而後灸之, 代則取血絡而後調之, 陷下則徒灸之, 陷下者, 脈血結於中, 中有著血, 血寒故宜灸之, 不盛不虛, 以經取之. 名曰經刺寸口四倍者, 名曰內關, 內關者, 且大且數, 死不治. 必審察其本末之寒溫, 以驗其臟腑之病.

촌구가 인영보다 1배 더 뛰면 족궐음에 병이 있고, 1배 더 뛰고 조동躁動한 맥이 있으면 수심주에 병이 있다.

촌구가 인영보다 2배 더 뛰면 족소음에 병이 있고, 2배 더 뛰고 조동한 맥이 있으면 수소음에 병이 있다.

촌구가 인영보다 3배 더 뛰면 족태음에 병이 있고, 3배 더 뛰고 조동한 맥이 있으면 수태음에 병이 있다.

성하면 창만脹滿이 되고, 한중寒中이 되며, 소화가 안 된다.

허하면 열중熱中이 되고, 설사를 하며, 기운이 없고, 소변색이 변한다.

긴맥緊脈이 뛰면 통비痛痺가 있는 것이고, 대맥代脈이 뛰면 아팠다가 덜했다 한다.

성하면 사하고, 허하면 보한다.

긴맥이 뛰면 먼저 자침하고 나서 뜸뜬다.

대맥代脈이 뛰면 혈락을 취한 후 음약飲藥으로 조절한다.

함하되면 뜸뜬다. 함하되었다는 것은 맥에 낙혈이 맺혀 맥중에서 어혈이 생기고, 혈이 차가워지는 것이므로 뜸떠야 한다.

불성불허不盛不虛하면 해당 경맥을 취하니 경자라고 한다.

촌구가 4배 더 뛰면 내관內關이라고 한다. 내관內關이 되면 맥이 크고 빠르게 뛰니 불치不治로 죽는다. 반드시 본말本末과 한온寒溫을 살펴서 장부의 병을 알아내야 한다.

⊕ 하늘에서 푸른 띠蒼, 노란 띠黅, 붉은 띠丹, 흰 띠素 검은 띠玄의 기가 십간지분十干之分에 걸쳐 있으면서 지지오행地之五行을 화생化生한다. 지지오행은 올라가 천지육기天之六氣를 드러내니 육기六氣는 육경과 합하고, 오행은 오장을 생성한다. 육기는 오장에 근본을 두고 생성된 것이다. 그러므로 음기가 태성하면 창만脹滿과 한중寒中이 나타나고, 허하면 열중熱中이 되며, 설사를 하고, 기운이 없으며, 소변색이 변한다.

기는 내부에서 외부로 가고, 음에서 양으로 간다. 그러므로 인영·기구를 살피면 음양육기의 성허盛虛를 알아서 내부에 있는 장부의 병을 알아낼 수 있으니 음양과 내외가 상통한다.

통비痛痹는 분주分腠의 기분氣分에 있는 것이다. 주腠는 피부와 장부의 육리肉理다. 그러므로 병이 양분陽分에 있으면 분육分肉을 취하고, 음분陰分에 있으면 침자를 하고 난 후 뜸뜬다. 뜸은 내부와 하부에 있는 기를 끌어올린다.

대맥代脈은 기분의 사기가 맥락에서 교차하는 것이므로 먼저 혈락을 취한 뒤 음약飮藥으로 조절한다.

함하되면 뜸뜬다는 것陷下則徒灸之은 기가 함하되면 구법灸法을 써야 하고, 이제 맥중으로 들어간 것이니 다시 경經에서 취한다. 맥락에 함하되어 구법을 쓰는 경우 맥에 낙맥의 유혈留血이 생겨 중中에서 함된 것이다. 맥중脈中에 착혈著血이 있고, 혈한血寒하므로 구법이 타당하다. 만약 기가 혈에 몰린 것이면 구법이 해당되지 않는다.

이는 기의 성쇠盛衰와 병의 내외內外를 가지고 혈기가 분리되었는지 합쳐졌는지를 알아내어 사병邪病이 있는지 화조和調되었는지를 반복해서 변론했으니 모두 요약하는 방법을 밝혔다. 이른바 사병邪病이라는 것은 맥중에 착혈著血이 있는 것이니 마치 주머니가 가득 찼는데 묶지 않아 새는 것과 같다. 화조和調는 기가 혈血에 몰려 신神과 기가 함께 하나가 되니 음양이 조화되어 안정되려고 하는 것이다. 과로나 신경을 쓰지 말 것이며, 구법을 써서는 안 된다.

주영년이 말했다. "본경에서 인영 촌구맥 1, 2, 3배 더 크다는 것이 네 차례 나오는데 문장의 의미가 같지 않으니 학자는 잘 연구해야 한다. 만약 삼음삼양三陰三陽으로만 논한다면 경의經義와 멀어질 것이다. 마현대는 육기로써 장부를 보태어 주석했으나 오히려 사족蛇足이 되었다."

通其營輸, 乃可傳於大數. 大數*曰: 盛則徒瀉之, 虛則徒補之, 緊則灸刺且飮藥, 陷下則徒灸之, 不盛不虛, 以經取之. 所謂經治者, 飮藥, 亦曰灸刺. 脈急則引, 脈大以弱, 則欲安靜, 用力無勞也.

오수혈이 통해야 대수大數에 전할 수 있다. 성하면 사하고, 허하면 보하며, 맥이 긴하면 구법과 침자를 같이 쓰고 음약을 복용한다. 함하되면 구법灸法을 쓴다. 불성불허不盛不虛하면 경맥을 다스린다. 경치經治는 음약이나 구자법灸刺法을 쓴다. 맥이 긴하면 사지를 펼친다. 맥이 크고 약하면 안정되려는 것이니 과로나 신경을 쓰면 안 된다.

🌑 이것은 앞 문장을 총결하여 하나로 요약하는 방법을 거듭 밝히고 있다.

통기영수通其營輸는 혈기가 상합하여 오수혈에서 맥으로 들어가는 것이다.

대수大數는 합일지도合一之道가 천도天道에 통하는 것이다. 그러므로 대수를 안다는 것은 성하면 모두 사하고, 허하면 모두 보하며, 함하되면 모두 구법灸法을 쓰는 것이다盛則徒瀉之 虛則徒補之 陷下則徒灸之.

대개 기성하면 사해야 하고, 기허하면 보해야 하며, 기가 함하되면 구법을 쓴다. 이제 기와 혈이 합쳐져서 하나가 되었는데 병이 있으면 경經에서 취해야 한다. 기가 맥중에 성하면 다시 기가 잘 통하게 해야 한다引而伸之.

혈기가 화평하여 상합된 것은 안정되고 조양하려는 것이므로 사법·보법·구법만 하는 것이다. 이른바 경치經治는 음약飮藥을 하고 또 구자灸刺도 가한다. 이것은 병이 경經에 들어가면 해당되는 경을 치료해야 한다.

---

* 대수大數는 치료의 근본적인 치법이다. 대수는 대법大法이다―〈통해〉.

맥급즉인脈急則引은 음양 편성지기偏盛之氣가 맥중에 몰리면 맥이 삭하고 급해지니 몸을 잘 눕혀서 기가 잘 돌게 해야引而伸之 하니 주머니가 가득 찼는데 묶지 않으면 다 새버린다.

맥이 대大하고 약弱하면脈大以弱 이는 화평된 기와 혈이 상합되어 이미 조절된 것이니 안정하여 조양한다. 과로하여 혈맥을 손상시키거나 신경을 써서 기를 손상시키면 안 된다.

이 장은 인영·기구의 성조盛躁를 빌려 기혈의 합일合一을 밝혔다. 그래서 맥급즉인脈急則引은 먼저 성조의 기가 맥중에 합하는 것을 말한다. 계속해서 맥대이약脈大以弱은 화평된 기혈이 하나로 귀납되는 것이다. 기가 맥중으로 몰리므로 맥이 대大하다. 혈기가 조화되므로 유연하다.

〈영추·외췌〉에서 "혼속위일渾束爲一하여 천도에 합한다"고 말했으니, 천지에 내외상하內外上下의 기교氣交가 있으므로 외부를 살펴서 내부를 헤아릴 수 있고, 내부를 살펴서 외부를 헤아릴 수 있다. 이는 천지가 하나로 합쳐진 것이다. 여기서는 음양육기가 혈맥과 하나가 되어 사천재천司天在泉에 응함을 말하니 마치 거울에 형이 그대로 비치는 것과 같다. 이것이 수천水天의 합일合一이다.

우안 | 이 편의 대의는 음양육기가 외부에서는 수족육경과 합하고 내부에서는 오장육부와 합하니 분리할 수도 있고 합할 수도 있으며, 외부에서도 알 수 있고 내부에서도 알 수 있다는 것이다. 인영·기구를 살피는 것은 외부에 있는 육기를 살피는 것으로 경經과는 상관없다. 함하즉구지陷下則灸之는 내부에서 기가 함하된 것이지 맥이 함하된 것은 아니다. 그래서 "위기衛氣를 잘 살피는 것이 모든 병을 치료하는 근본이다審察衛氣 爲百病母"라고 말하는 것이다.

위기는 외부에서는 피부와 분육을 행하고, 내부에서는 장부의 모원募原을 행한다. 육기는 외부에서 위기와 함께 부표에 있다가 내부로 함하되면 장부의 모원으로 들어간다. 그래서 "본말本末과 한온寒溫을 잘 살펴서 장부의 병을 치료한다審察其本末之寒溫 以驗其臟腑之病"라고 했다. 내부는 본本이고 외부는 말末이며, 혈은 본本이고 기는 표標이니 병이 기에 있는지 맥에 있는지 외부에 있는지 내부에 있는지 살핀다.

병이 외부의 육기六氣에 있고 육경과는 상관없는 경우, 병이 기에 있으면서 경經으로 전입한 경우, 내부로 함하되었으나 장부에는 미치지 않은 경우, 모원에 함하되어 병이 장부에까지 미친 경우가 있다. 이 육기가 경맥 장부로 간 것은 나누어 볼 수도 있고 합해서 볼 수도 있다.

긴맥이 뛰면 통비라는 것緊則爲痛痹은 형形이 병들고 기가 손상된 것이다. 대맥代脈이 뛰면 아팠다 덜했다 하는 것代則乍痛乍止은 기가 맥에 들어가기 시작한 것이다. 대개 육기는 오장을 바탕으로 생기고 부표로 밖으로 나간다. 합하여 하나가 되면 손락에서 낙맥으로, 낙맥에서 경으로, 경에서 장부로 간다. 육기는 장부와 경맥 사이를 출입하면서 분리되기도 하고 합쳐지기도 하면서 멈추지 않고 운행된다.

춘하에는 인영이 미대微大하고, 추동에는 촌구가 미대微大하니 이것은 육기가 맥외로 흐르는 것이다.

맥이 대大하고 약弱하면 안정되려는 것脈大以弱 則欲安靜이니 이것은 기와 혈이 합하여 섞여서 하나가 되는 것渾束爲一이다.

중풍상한中風傷寒은 육경상전六經相傳하고 칠일내복七日來復한다. 이것은 병이 육기六氣에 있는 것이고 경經과는 상관없다.

병이 하루 이틀 되어 구토·설사 등증이 나타나면 이는 내부로 함하되어 부腑에 들어간 것이다. 병이 하루 이틀 되어 정신이 혼미하고神昏 숨이 차며氣促 번조煩躁가 있으면 이것은 장부의 모원에 함하된 것으로 반사반생半死半生의 증후다. 장외臟外에 머물면 살고 오장을 침범하면 죽는다. 장臟을 침범해도 오장의 진기가 견고하여 사기에 손상되지 않으면 살고, 오장의 진기가 손상되면 정신이 혼미하고神昏 번조가 심하면躁盛 죽는다. 그래서 오장을 치료할 때는 반생반사다.

상한의 황련탕黃連湯·아교탕阿膠湯·도화탕桃花湯·소함흉탕小陷胸湯은 병이 기에 있으면서 경經으로 흘러간 것이다. 사기가 경經에 들어가서 장臟의 진기眞氣가 실하면 장臟을 동요시키지 못하고 부腑로 흘러간다. 만약 혈맥으로 전류하여 대사大邪가 장臟에 들어가 복통腹痛이 있고 하음下淫되면 죽을 수 있다.

사기가 음일淫佚한 것은 헤아릴 수 없이 많으니 병이 된 지 하루 이틀 만에 바로 경經으로 흘러가기도 하고, 내부로 함하되기도 하며, 또는 장臟을 침범하고, 부腑로 들어가기도 한다. 또 여러 날 병을 앓고 나서 점차 경經으로 흘러가기도 하고, 내부로 함하되기도 하며, 장臟을 침범하고 부腑로 들어가는 경우도 있다. 병이 오래되었으면서도 단지 기에만 머물거나 형形에만 있고 내부로 들어가지 않은 경우도 있다. 이는 사기에도 경중이 있고, 정기에도 허실이 있기 때문이다.

이 편은 혈기의 이합출입離合出入을 말했고 병기病氣의 경중과 사생을 살폈으니 대부분 지도至道와 관련있으므로 황제가 재숙齋宿하게 한 후 비로소 책을 전했다. 내가 잔소리를 마다 않고 다시 밝히니 후학을 권면하고자 함이다.

정기의 출입을 알면 사병邪病의 천심을 알아 초기에 치료하고 궐역되기 전에 구제하여 사기가 내부로 들어가서 구하지 못할 지경이 되지 않게 한다. 이것이 의도醫道 중 수신修身이니 후세를 좋게 하는 대공덕이다.

고사종이 말했다. "〈영추·외췌外揣〉에서는 기氣와 형形이 합쳐지는 것을 말했고, 여기서는 기와 혈이 합쳐지는 것을 말했다. 〈영추·오변五變〉에서는 병이 형形에 있으면서 기는 병들지 않음을 말했고. 〈영추·본장本臟〉에서는 병이 장부에 있으면서 기는 병들지 않음을 말했다. 본경 역궐厥逆 제편은 기가 병든 것, 혈이 병든 것, 혈기가 겸해서 병든 것이 있으니 이 음양이합지도陰陽離合之道는 변화를 예측할 수 없다."

批 맥중에 착혈著血이 있으면 구법을 써야 한다. 그래서 '왈역曰亦'이라고 했다.

批 경經에서 영영營은 근根이고, 위衛가 엽葉이라고 했다.

批 병을 빌려 기혈의 합을 분간했다.

批 비증痺症은 영營이 병든 것이다.

오색五色

雷公問於黃帝曰: 五色獨決於明堂乎? 小子未知其所謂也.
黃帝曰: 明堂者, 鼻也. 闕者, 眉間也. 庭者, 顔也. 蕃者, 頰側也.
蔽者, 耳門也. 其間欲方大, 去之十步, 皆見於外, 如是者壽必中
百歲.

뇌공이 황제에게 물었다. "오색이 명당明堂에서 결정된다고 하는데 소인은 왜
그런지 잘 모르겠습니다."

황제가 답했다. "명당은 코고, 궐闕은 미간眉間이며, 정庭은 이마고, 번蕃은
양 볼이며, 폐蔽는 귀 앞쪽이다. 오관과 각 부위가 분명하고 훤하게 드러나야
한다. 10보 떨어져서 각 부위가 다 보이면 이런 사람은 필시 장수하여 백세까
지 살 것이다."

🌐 이것은 제37편 〈오열오사五閱五邪〉를 이어 오장의 기가 명당明堂에 색色으로
나타나고, 기구氣口에서 맥脈으로 나타나니 안색을 살피고 맥을 짚어 병의 정
도와 건강상태를 알아낸다는 것을 다시 밝히고 있다.

〈영추·오열오사〉에서 "오관이 뚜렷하고, 미간眉間과 이마가 넓으며, 코가
우뚝하고, 비익鼻翼이 발달되며, 양 볼兩頰과 이문耳門이 보이고, 얼굴 살이 풍
성하고 윤곽이 뚜렷하며, 턱이 두툼하고 밖으로 향하며, 오색이 윤기 있어 얼
굴이 훤하고 수려하면 백세까지 살 수 있다五官已辨 闕庭必張 乃立明堂 明堂廣大 蕃
蔽見外 方壁高基 引垂居外 五色乃治 平博廣大 壽中百歲"라고 했다.

황제가 다시 해석하며 말했다. "명당明堂은 코다. 궐闕은 미간眉間이다. 정庭
은 이마다. 번蕃은 양 볼이다. 폐蔽는 귀 앞쪽이다. 오관과 각 부위가 분명하고

휜해야 한다. 10보 떨어져서 각 부위가 다 보이면 이런 사람은 필시 장수하여 백세까지 살 것이다明堂者 鼻也 闕者 眉間也 庭者 顔也 蕃者 頰側也 蔽者 耳門也 其間欲方 大 去之十步 皆見於外 如是者壽 必中百歲.

얼굴의 형식形色은 천지天地의 형기形氣에 상응하니 분명하고 휜하며 풍성해야 한다. 오장은 지지오행地之五行에서 생기고, 지지오행地之五行은 올라가서 천지오색天之五色과 삼음삼양三陰三陽의 육기六氣를 드리운다. 따라서 색色은 명당에 나타나고, 맥脈은 기구氣口로 나가니 이에 오장의 기가 색色에 나타나고 맥脈에서 반응한다. 그러므로 오기五氣는 오장의 사령使令이고, 오시五時에 부응한다. 기구氣口는 좌측이 인영人迎이고 우측이 촌구寸口로 삼음삼양의 기를 살핀다. 삼음삼양은 오장육부의 기다.

주영년이 말했다. "〈소문·오장생성론五藏生成論〉에서 '무릇 오색의 기맥奇脈을 보아 안색이 누런데黃 눈동자가 푸르거나靑 붉거나赤 희거나白 검은 것黑은 모두 죽지 않는다. 안색이 푸른데靑 눈이 붉거나赤, 안색이 붉은데赤 눈이 희거나白, 안색이 푸른데靑 눈이 검거나黑, 안색이 검은데黑 눈이 희거나白, 안색이 붉은데赤 눈이 푸르면靑 모두 죽는다凡相五色之奇脈, 面黃目靑, 面黃目赤, 面黃目白, 面黃目黑者, 皆不死也. 面靑目赤, 面赤目白, 面靑目黑, 面黑目白, 面赤目靑, 皆死也'라고 했다. 오장의 기색氣色은 얼굴에 나타나고, 오장의 혈색血色은 눈에 나타나기 때문이다.

〈소문·맥요정미론脈要精微論〉에서 '좌우의 척맥尺脈으로 신腎을 살피고, 좌측 관맥關脈으로 간肝을 살피며, 우측 관맥으로 비脾를 살핀다. 우측 촌맥寸脈으로 폐肺를 살피고, 좌측 촌맥으로 심心을 살핀다尺外以候腎 中附上 左外以候肝 右外以候脾 上附上 右外以候肺 左外以候心'라고 했다. 이는 오장의 유형이 좌우 삼부三部의 촌관척寸關尺에 드러난다. 오장의 기는 기구氣口에 드러난다. 그러므로 인영과 촌구의 부침대소浮沈大小가 같으면 병은 낫기 어렵다. 이는 오장의 형기가 살피는 곳이 각각 있기 때문이다. 천지의 생명은 입형정기立形定氣하기 때문에 사람의 수요壽夭를 알아내고 병의 사생死生을 결정하려면 반드시 이것에 밝아야 한다."

批 오장의 형形은 삼부맥의 부침浮沈을 살핀다. 오장의 기는 기구氣口에서 살핀다.

雷公曰: 五官之辨奈何?

黃帝曰: 明堂骨高以起, 平以直, 五臟次於中央, 六腑挾其兩側, 首面上於闕庭, 王宮在於下極. 五臟安於胸中, 眞色以致, 病色不見, 明堂潤澤以淸, 五官惡得無辨乎?

뇌공이 물었다. "오관五官은 어떻게 판별합니까?"

황제가 답했다. "명당明堂이 오똑하게 서고 굴곡이 없으면서 곧아야 한다. 오장은 중앙에 위치하고, 육부는 오장 옆에 위치한다. 두면부의 병색은 미간 위 이마에 나타나고, 심장의 병색은 양목兩目 사이인 하극下極에 나타난다. 오장이 흉중에 편안하게 있으면 오장의 진정한 색이 겉으로 드러나고, 병색이 나타나지 않으며, 명당이 윤택하고 깨끗하다. 이런 것을 알아내지 못하겠느냐?"

◉ 오관五官은 오장의 외후外候다. 명당明堂은 코다. 코의 준두準頭는 오똑하게 서고 굴곡이 없으면서 곧은 것을 귀하게 여긴다.

오장은 중앙에 위치하니 궐정闕庭의 중앙 미간眉間은 폐肺다. 미간闕 아래는 심心이다. 똑바로 더 내려가면 간肝이다. 간 아래는 비脾다. 장臟은 음이고 중앙을 주관하므로 중앙에 위치한 것을 살핀다. 육부六腑는 그 양측에 있으니 간의 좌측이 담膽이다. 바로 위가 위胃다. 중앙에 위치한 것이 대장大腸이다. 면왕面王(코끝) 위는 소장小腸이다. 면왕 아래는 방광과 자궁이다. 부腑는 양이고 외부를 주관한다. 그러므로 양옆에 위치한다. 신腎은 수장水臟이므로 대장 옆으로 번폐藩蔽의 바깥쪽에 위치하니 육지는 중앙에 위치하고, 바다는 육지 밖에 있는 것에 대응된다.

얼굴은 궐정이 상부에 있고, 왕궁王宮이 하극下極에 있으니 천궐天闕은 위에 있고 왕궁은 아래에 있어 천지인天地人의 삼부三部가 있다. 궐정은 폐다. 폐는 천天을 주관하여 상부에 위치한다. 하극은 비脾다. 비는 지地를 주관하여 아래에 위치한다. 왕궁은 심心의 부위다. 심은 군주君主가 되고 중앙에 위치한다. 오장이 흉중에 편안하게 위치하여 오장의 진색眞色이 겉으로 드러나니 어떻게 오관으로 판별하지 못하겠는가?

雷公曰: 其不辨者, 可得聞乎?

黃帝曰: 五色之見也, 各出其色部, 部骨陷者, 必不免於病矣. 其色部乘襲者, 雖病甚不死矣.

뇌공이 물었다. "오장의 진색眞色이 드러나지 않는 것에 대해 알고 싶습니다."

황제가 답했다. "오색이 각 본 부위에 나타나는 것인데 골 사이까지 색이 나타나면 병을 면하지 못한다. 본 부위에 자子의 색이 승습되어 나타나면 병이 심해도 죽지는 않는다."

◉ 주영년이 말했다. "불변不辨은 진색眞色이 드러나지 않고 병색이 나타나는 것이다. 오색이 각기 그 색부色部에서 나타나는 것五色之見也, 各出其色部은 오장의 병색이 각각 본 부위에서 나타난다. 〈소문·자열론刺熱論〉에서 '관골顴骨이 붉게 피면 열병이다色榮顴骨 熱病也'라고 했다. 부골함部骨陷은 본 부위의 색이 골骨 사이에 은연히 숨어 있는 것이니 필시 병을 면하지 못한다. 대개 병이 내부에서 생기는 것은 내부에서 외부로 간다.

색色이 골骨에 숨어 있는 것은 병이 이미 형성된 것이다. 승습乘襲은 자子가 모기母氣를 덮친 것이다. 심부心部에 황색이 나타나고, 간부肝部에 적색이 나타나며, 폐부肺部에 흑색이 나타나고, 신부腎部에 청색이 나타나는 것이다. 이는 자子의 기색氣色이 모부母部를 승습承襲한 것이어서 비록 병이 심해도 죽지 않는다. 자子에서 모병母病을 빼내기 때문이다."

雷公曰: 官五色奈何?

黃帝曰: 靑黑爲痛, 黃赤爲熱, 白爲寒, 是謂五官.

뇌공이 물었다. "오색으로 무엇을 알아냅니까?"

황제가 답했다. "청흑색은 통痛이고, 황적색은 열熱이며, 백색은 한寒을 나타낸다. 이것을 오관五官이라고 한다."

◉ 예충지가 말했다. "이것은 오부五部의 색을 관찰하여 외부에서 침범한 병을 알아내는 것이다. 청록색靑黑은 풍한風寒의 색이므로 통증이 된다. 황적색黃赤

은 화토火土의 색이므로 열이 된다. 백색白色은 청숙지기淸肅之氣이므로 한寒이
된다. 이는 오색五色이 맡은 바이고 외인병이다."

막자유莫子瑜가 말했다. "앞 구절은 오장의 병색이 각 부위에서 나오는 것을
말했고, 여기서는 풍한이 오색으로 나타나니 내외를 잘 살펴야 양의가 됨을
말한다."

雷公曰: 病之益甚, 與其方衰如何?

黃帝曰: 外內皆在焉, 切其脈口, 滑小緊以沈者, 病益甚, 在中, 人
迎氣大緊以浮者, 其病益甚, 在外. 其脈口浮滑者, 病日進, 人迎沈
而滑者, 病日損. 其脈口滑以沈者, 病日進, 在內, 其人迎脈滑盛以
浮者, 其病日進, 在外. 脈之浮沈及人迎與寸口氣小大等者, 病難
已. 病之在臟, 沈而大者, 易已, 小爲逆, 病在腑, 浮而大者, 其病
易已. 人迎盛堅者, 傷於寒, 氣口盛堅者, 傷於食.

뇌공이 물었다. "병이 심해지는 경우와 줄어드는 경우는 어떻게 알 수 있습니
까?"

황제가 답했다. "외부병과 내부병이 각각 다르다.

맥구를 짚어서 활滑하고 소긴小緊한 맥이 뛰면서 침沈하면 병이 내부에 있으
면서 심해진다.

인영이 대긴大緊하면서 부맥浮脈이 뛰면 병이 외부에 있으면서 병이 더 심해
진다.

맥구가 부활浮滑하면 병이 더 심해진다.

인영이 침활沈滑하면 병이 줄어든다.

맥구가 활滑하고 침沈하면 병이 내부에 있으면서 더 심해진다.

인영이 활성滑盛하고 부浮하면 병이 외부에 있고 더 심해진다.

맥의 부침浮沈과 인영, 촌구의 크기가 같으면 병이 낫기 어렵다.

오장에 있는 병이 침沈하고 대大한 맥이 뛰면 쉽게 낫는다. 소小한 맥이 뛰면
더 심해진다.

육부에 병이 있는 경우 부浮하고 대大한 맥이 뛰면 쉽게 낫는다.

인영이 성盛하고 긴堅하면 풍한風寒에 상한 것이고, 기구가 성盛하고 긴堅하
면 음식에 손상된 것이다."

◉ 이것은 맥구와 인영을 짚어서 병의 차도 여부와 내외를 알아내는 것이다. 외인병은 밖에서 안으로 들어가고 양에서 음으로 가며, 내인병은 내부에서 외부로 가고 음에서 양으로 간다. 맥구는 내부를 주관하고, 인영은 외부를 주관한다. 그러므로 내외개재內外皆在라고 한 것은 맥구와 인영을 살펴서 외감外感과 내상병內傷病에서 병세가 심해졌는지 쇠해졌는지 알 수 있다는 것이다.

따라서 맥구를 짚어서 활滑하고 소긴小緊하며 침沈한 경우는 병이 내부에서 심한 것이다.

인영이 대긴大緊하고 부浮한 것은 병이 외부에서 심한 것이다.

대체로 부맥浮脈은 양이고, 침맥沈脈은 음이다.

맥구가 부활浮滑한 경우는 양기가 음부에 있으므로 병이 더 심해진다.

인영이 침활沈滑한 경우는 음기가 양으로 나가려는 것이므로 병이 날마다 줄어든다.

맥구가 활滑하면서 침沈한 경우는 병이 내부에서 진행되는 것이다.

인영이 활滑하면서 부浮한 것은 병이 외부에서 진행되는 것이다.

맥의 부침浮沈은 좌우 촌관척 삼부맥寸關尺 三部脈이다.

인영과 촌구가 대소부침大小浮沈이 같으면 이는 장부의 형기形氣가 모두 병든 것이므로 낫기 어렵다.

병이 오장에 있어 침맥沈脈이면서 대大하면 이는 음병에 양맥이 나타나는 것이므로 쉽게 낫는 것이고, 맥이 소小하면 잘 낫지 않는다.

병이 육부에 있어 맥이 부浮하면서 대大한 것은 외부에 양병이 있으므로 병은 쉽게 소산된다.

인영·외부를 주관하므로 인영이 성盛하고 긴堅한 경우 한寒에 손상된 것이니 외인이다.

기구는 중中을 주관하므로 기구가 성盛하고 긴堅하면 음식에 손상된 것이니 내인이다.

인영과 기구는 장부음양의 기를 주관하므로 양맥兩脈을 살피면 내외의 병을 모두 알 수 있다.

批 인영·촌구는 좌우의 맥구兩脈口다. 관맥과 척맥은 겸하지 않는다.

雷公曰: 以色言病之間甚奈何?

黃帝曰: 其色麤以明, 沈夭者爲甚, 其色上行者, 病益甚, 其色下行
如雲徹散者, 病方已. 五色各有藏部, 有外部, 有內部也. 色從外部
走內部者, 其病從外走內. 其色從內走外者, 其病從內走外. 病生
於內者, 先治其陰, 後治其陽, 反者益甚. 其病生於陽者, 先治其
外, 後治其內, 反者益甚.

뇌공이 물었다. "오색으로 병의 차도를 알 수 있습니까?"

황제가 답했다. "색이 거칠면서 번질거리거나 침침하고 칙칙하면 병이 더
심해진다. 색이 위로 올라가는 것은 병이 심해지고, 색이 구름이 걷히듯 내려
가는 것은 병이 바로 낫는다. 오색에는 각기 해당되는 장臟의 부위가 있으니
육부는 외측에 있고 오장은 내부에 있다. 색이 외부에서 내부로 향하면 병이
육부에서 오장으로 가는 것이다. 색이 내부에서 외부로 향하면 병이 오장에서
육부로 가는 것이다. 병이 오장에서 생긴 것이면 먼저 오장을 다스리고 나서
육부를 다스리니 반대로 하면 병이 더 심해진다. 육부에서 병이 생긴 것이면
먼저 육부를 다스리고 나서 오장을 다스리니 반대로 하면 병이 더 심해진다."

⊕ 주영년이 말했다. "이것은 안색을 관찰하여 병의 차도間甚와 위치內外를 알
아내는 것이다. 추명麤明은 양을 주관하고, 침요沈夭는 음을 주관하니 음양이
반대로 나타나므로 병이 심해진다. 색色은 곧 오장오행의 기인데 내부에서 나
가고, 아래에서 올라가 얼굴에 나타난다. 색이 상행하는 것은 병기病氣가 커지
려는 것이므로 더 심해진다. 지기地氣가 상승하여 구름雲이 되고 하는데 천기
天氣를 얻어서 하강下降하여 흩어지므로 병이 다 나으려는 것이다.

장부臟部는 장부臟腑의 부분部分이다. 오장은 중앙에 위치하니 내부가 되고,
육부는 양옆에 있으니 외부가 된다. 색이 외부에서 내부로 가는 것은 외인병
으로 외부에서 내부로 간다. 색이 내부에서 외부로 가는 것은 내인병으로 내
부에서 외부로 간다. 대개 부腑는 양으로 외부를 주관하며, 장臟은 음으로 내
부를 주관한다. 그러므로 내부에서 생긴 병은 먼저 내부를 다스리고 나서 외
부를 다스린다. 반대로 하면 병이 더 심해진다. 외부에서 생긴 병은 먼저 외
부를 다스리고 나서 내부를 다스린다. 반대로 하면 병이 더 심해진다."

批 오장은 지기地氣에서 생긴 것이다.

> 其脈滑大以代而長者, 病從外來, 目有所見, 志有所惡, 此陽氣之
> 幷*也, 可變而已.
>
> 맥이 활대滑大하거나 대맥代脈이 뛰거나 장맥長脈이 뛰면 병이 외부에서 들어
> 온 것이고, 색이 눈에 드러나고 신지神志가 불안해지면 이는 양기가 성실盛實
> 해지는 것이니 치료하면 낫는다.

◉ 앞 문장을 이어서 기분氣分의 병이 혈맥에 몰리는 것이다. 앞 문장에서 말하
는 음양내외陰陽內外는 병이 기氣에 있는 것이다. 그러므로 맥이 기구에 나타나
고, 명당明堂에서 색色이 나타난다. 만약 기가 혈에 몰리면 맥이 촌관척 삼부에
서 나타나고, 색色이 목目에 나타난다.

활맥滑脈은 한수寒水의 상象이고, 대맥大脈은 서열暑熱의 상이며, 대맥代脈은
습토濕土의 상이고, 장맥長脈은 풍목風木의 상이다. 이는 외인 풍한서습의 기가
혈맥에 쏠려서 이런 진단이 나타난다. 그러므로 대맥代脈도 뛰고 장맥長脈도
뛴다는 것은 활대滑大한 맥이 뛰기도 하고 대맥代脈이 뛰기도 하며 장맥長脈이
뛰기도 하는 것을 이르는 것이니 모두 병이 외부에서 온 것이지 네 개의 기가
병합하여 동시에 이 맥들이 나타나는 것이 아니다.

목유소견目有所見은 색色이 눈에 나타나는 것이다.

지유소악志有所惡은 오장의 신지神志에 불안함이 있는 것이다.

양기가 성실盛實해지는 것이니 치료하면 낫는다는 것此陽氣之幷也 可變而已은
먼저 외부를 치료하고 나서 내부를 치료하여 외부로 통하게 하여 변하게 하면
병이 나을 수 있다는 것이다.

批 제경諸經 중 맥을 논하면서 덧붙이는 글자가 있으니 모두 구분해봐야 한다.

---

* 병幷은 취합하는 것인데 이 안에는 성하고 실해지는 것이 극심해진다는 의미가 있다. 장경악은
병幷을 성실盛實이라고 했다―〈통해〉.

雷公曰: 小子聞風者百病之始也, 厥逆者寒濕之起也, 別之奈何?

黃帝曰: 常候闕中, 薄澤爲風, 冲濁爲痺, 在地爲厥, 此其常也, 各以其色言其病.

뇌공이 물었다. "소인은 풍風이 모든 병의 시작이고, 궐역厥逆은 한습寒濕으로 일어난다고 들었는데 어떻게 구분합니까?"

황제가 답했다. "항상 궐중闕中을 살펴서 색이 들뜨고 윤이 나면 풍증風症이고, 침침하고 탁하면 비증痺症이며, 지각地閣에 침탁한 색이 나타나면 궐증厥症이다. 이것이 안색을 진찰하는 방법이니 각각의 색으로 병변의 성질을 말한다."

⦿ 지地는 얼굴 아래 부위로 지각地閣이라고 한다. 풍風은 바로 천기天氣이므로 항상 궐정闕庭에서 살핀다. 한습寒濕은 지기地氣이므로 지부地部를 살핀다. 풍風은 양사陽邪여서 색이 들뜨고 윤이 난다. 한습은 음사陰邪여서 색이 침침하고 탁하다.

이는 앞 문장을 이어서 아래 문장을 여는 것이다. 풍한습사風寒濕邪가 맥중脈中에 몰릴 수 있고, 장부에 들어갈 수 있어서 구할 수 없는 급사急死에 이를 수도 있다. 그러므로 풍사가 오는 것은 비바람처럼 빨라 백병지장百病之長이 된다.

잘 치료하는 자는 먼저 피모를 치료하고, 그다음에는 기부肌膚를 치료하며, 그다음에는 근맥筋脈을 다스리고, 그다음에는 장부를 치료한다. 장부를 치료하는 것은 반생반사半生半死다. 그러므로 의사는 발병 부위를 명확하게 알고, 내외를 잘 살펴서 음양을 잘 조절하여 사기가 오장으로 들어가지 못하게 한다. 이렇게 하는 것이 양공이며 매사를 잘 처리한다.

주영년이 말했다. "기氣가 맥脈에 몰리면 혈맥에 전류하여 맹렬한 사기大氣가 오장에 들어가서 생명을 구하기 어렵다. 사기가 혈맥에 있으면 그래도 낫게 할 수 있지만 이미 오장으로 들어갔으면 이미 늦은 것이다. 그래서 성인이 사람들에게 찰색察色과 변맥辨脈을 가르쳐 이병已病을 치료하지 않고 미병未病을 치료하게 하는 것이고, 난리가 일어난 다음 다스리는 것이 아니라 난리가 일어나기 전에 다스리고자 함이다."

　예충지가 말했다. "편작扁鵲은 환후桓侯의 안색을 망견望見하고 바로 미병을 치료하고자 했다. 이른바 미병이라는 것은 병이 깊은 경수經隧로 전류되지 않은 것이다."

雷公曰: 人不病卒死, 何以知之?
黃帝曰: 大氣入於臟腑者, 不病而卒死矣.
雷公曰: 病小愈而卒死者, 何以知之?
黃帝曰: 赤色出兩顴, 大如母指者, 病雖小愈, 必卒死. 黑色出於庭, 大如母指, 必不病而卒死.

뇌공이 물었다. "사람이 앓지도 않고 갑자기 죽는 것은 무엇으로 알 수 있습니까?"

　황제가 답했다. "맹렬한 사기가 장부에 들어가면 병증이 나타나지도 못하고 갑자기 죽는다."

　뇌공이 물었다. "병이 좀 낫다가 갑자기 죽는 것은 무엇으로 알 수 있습니까?"

　황제가 답했다. "양 관골顴骨에 엄지손가락만한 크기로 붉은색이 나타나면 병이 조금 낫더라도 반드시 졸사卒死한다. 이마에 검은색이 엄지손가락만한 크기로 나타나면 반드시 병증도 없이 졸사한다."

⊕ 이는 앞 문장을 이어서 내인·외인병이 혈맥으로 몰리면서 오장에 들어가 모두 갑자기 죽는 것을 말한다.

　대기입장大氣入臟은 외음의 사기가 장부에 들어간 것이므로 병증이 나타나지도 않고 갑자기 죽는다.

　불병不病은 외부에 드러난 병증이 없는 것이다.

　병이 조금 낫다가 갑자기 죽는 것病小愈而卒死者은 내인병이 장부를 덮친 것이다.

　양 관골顴骨에 적색이 나타나는 것赤色出兩顴과 이마에 흑색이 나타나는 것黑色出於庭은 바로 다음 문장에서 말하는 "신腎이 심心을 덮쳐서 심心이 먼저 병들고 신腎도 따라 병들어 이와 같이 색이 변화하는 것腎乘心 心先病 腎爲應 色皆如 是"이다. 적赤은 화火의 색이고, 흑黑은 수水의 색이다.

조금 낫는 것小愈은 수水가 화火를 구제하는 것이다. 갑자기 죽는 것卒死은 수水가 지나치게 많아 화火가 꺼지는 것이다. 대개 오행지기는 억제하면 화생生化하지만 지나치게 많으면 절멸絶滅한다. 병이 기氣에 있는 것은 색이 흩어져서 몰리지 않고, 맥중으로 침범한 것은 색이 모여 있고 흩어지지 않는다.

엄지손가락만한 크기大如母指者는 혈맥에 모여 나타나는 색이다. 신맥腎脈은 흉중으로 주입되고 올라가서 심心에 연락된다.

양 관골에 적색이 나타나는 것赤色出兩顴은 신腎이 올라가서 심心을 덮쳐 심화지기心火之氣가 밖으로 나간 것이다.

이마에 검은색이 나타나는 것黑色出於庭은 신腎이 심心을 덮쳐 심心이 먼저 병들고 신腎도 반응하여 엄지손가락만한 크기의 색이 나타나는 것이다.

장藏은 감춘다는 것이다. 오색이 얼굴에 드러나는 것은 오장의 기가 색으로 나타나는 것이다. 색이 모여 겉으로 드러나는 것은 장진臟眞이 밖으로 샌 것이다.

예충지가 말했다. "수水가 올라가서 심心을 자극하면 심心이 먼저 병든다. 그래서 병이라 했고, 조금 낫는다고 했다. 신기腎氣가 올라가서 심心을 덮치면 신腎 자체가 허해진다. 다시 뒤에 반응하여 상출上出하면 병이 드러나지도 않고 갑자기 죽는다. 불병不病은 다른 장기의 자극을 당하는 것이 아니라 스스로 탈진하는 것이다."

주영년이 말했다. "오행지기에는 상생相生도 있고 승제承制도 있다. 억제되면 생화生化하지만 지나치게 억제되면 절멸絶滅한다. 그러므로 병이 조금 낫는 것은 억제하여 생화生化한 것이다. 조금 낫다가 갑자기 죽는 것은 승제勝制가 지나친 것이다. 심신心腎을 예로 들었지만 오장이 다 마찬가지다."

고사종이 말했다. "정庭은 천정天庭이다. 수水가 천天으로 통하여 상하로 환전하는데 흑색이 천정天庭에 나타나면 이는 곧 수水가 천天으로 귀납하는 것이어서 돌지 못한다. 사람은 죽고 하늘에서는 홍수가 난다."

雷公再拜曰: 善哉! 其死有期乎?

黃帝曰: 察色以言其時.

雷公曰: 善乎! 願卒聞之.

黃帝曰: 庭者, 首面也. 闕上者, 咽喉也. 闕中者, 肺也. 下極者, 心也. 直下者, 肝也. 肝左者, 膽也. 下者, 脾也. 方上者, 胃也. 中央者, 大腸也. 挾大腸者, 腎也. 當腎者, 臍也. 面王以上者, 小腸也. 面王以下者, 膀胱子處也. 顴者, 肩也. 顴後者, 臂也. 臂下者, 手也. 目內眥上者, 膺乳也. 挾繩而上者, 背也. 循牙車以下者, 股也. 中央者, 膝也. 膝以下者, 脛也. 當脛以下者, 足也. 巨分者, 股裏也. 巨屈者, 膝臏也. 此五臟六腑肢節之部也, 各有部分. 有部分, 用陰和陽, 用陽和陰, 當明部分, 萬擧萬當, 能別左右, 是謂大道, 男女異位, 故曰陰陽.

뇌공이 재배하고 물었다. "훌륭하십니다. 죽을 때도 알 수 있습니까?"

황제가 답했다. "오색을 관찰하여 죽을 때를 안다."

뇌공이 물었다. "알겠습니다. 다 말씀해 주십시오."

황제가 답했다. "앞이마庭는 두면의 색진色診 부위다.

양 미간 위闕上는 인후의 색진 부위다.

양 미간闕中은 폐의 색진 부위다.

양목兩目 사이下極는 심의 색진 부위이다.

양목 사이 바로 아래는 간의 색진 부위다.

간 좌측은 담의 색진 부위다.

간 아래 준두準頭는 비脾의 색진 부위다.

비 준두 양쪽은 위胃의 색진 부위다.

얼굴 볼의 중앙은 대장大腸의 색진 부위다.

대장의 색진 부위 바로 옆은 신腎의 색진 부위다.

대장의 색진 부위 바로 아래는 배꼽臍의 색진 부위다.

코끝 위 양쪽은 소장小腸의 색진 부위다.

코끝 아래는 방광과 자궁의 색진 부위다.

양측 관부顴部는 어깨肩部의 색진 부위다.

관부 뒤쪽은 팔臂의 색진 부위다.

비비鼻臂의 색진 부위 아래는 수手의 색진 부위다.

목내자目內眥 위쪽은 흉부와 유방의 색진 부위다.

귀쪽 위는 등背部의 색진 부위다.

협거頰車 아래는 대퇴부의 색진 부위다.

상하 아거牙車의 중앙은 무릎膝의 색진 부위다.

무릎의 색진 부위 아래는 다리脛의 색진 부위다.

다리의 색진 부위 아래는 발의 색진 부위다.

입술 옆주름法紋은 대퇴부 내측의 색진 부위다.

볼 아래 곡골曲骨은 슬개골膝蓋骨의 색진 부위다.

이것이 오장육부와 지절肢節의 부위로 얼굴에 각 해당 부위가 있다. 각 부위에서 침체되면 항진시키고, 항진되었으면 억제시켜서 음양이 조화되어 부분部分이 밝게 되면 다 낫게 된다. 좌우를 분별하는 것을 대도大道라고 하고, 얼굴에 나타나는 부위는 남녀의 위치가 바뀌니 음양이라고 한다.

⬢ 오색을 관찰하여 죽을 때를 안다는 것察色以言其時은 오장오행의 색色을 살펴서 죽는 시간을 알아내는 것이다. 만약 적색이 양 관골에 나타나면 죽는 시간이 임계일壬癸日 야반夜半이다.[*] 흑색이 이마에 나타나면 죽는 시간이 무기일戊己日 진술축미시辰戌丑未時다.^{**}

장부는 각각 오행지색五行之色을 갖추고 있고, 각기 주관하는 부위가 있으므로 음양을 조화시켜야 모든 일을 처리할 수 있다. 좌우는 음양이 도는 길이다陰陽之道路. 양은 좌에서, 음은 우에서 도니 좌우를 판별할 수 있다. 이것을 천하지대도天下之大道라 이른다. 남자의 색은 좌에서 우로 가고, 여자의 색은 우에서 좌로 가니 남녀가 위치가 달라 음양이라고 한다.

예충지가 말했다. "남자는 좌에서, 여자는 우에서 도는 것은 기의 순행이다. 순행하면 기는 흩어진다. 남자가 우에서, 여자가 좌에서 도는 것은 기의 역행이다. 역행하면 뭉치고, 뭉치면 승극절멸勝克絶滅의 염려가 생긴다. 이 구절은 내인의 색에도 음양·좌우·사생·역순의 구분이 있음을 말한다."

---

* 수극화水克火이므로 임계일 야반에 죽는다고 한 것이다.

** 토극수土克水이므로 무기일 진술축미시에 죽는다고 한 것이다.

장부와 지절이 얼굴에 나타나는 것은 형이 색으로 나타나는 것이다.

천도天道는 좌에서 우로 돌고, 지도地道는 우에서 좌로 돈다.

審察澤夭, 謂之良工. 沈濁爲內, 浮澤爲外, 黃赤爲風, 靑黑爲痛,
白爲寒, 黃而膏潤爲膿, 赤甚者爲血, 痛甚爲攣, 寒甚爲皮不仁. 五
色各見其部, 察其浮沈, 以知淺深, 察其澤夭, 以觀成敗, 察其散
搏, 以知遠近, 視色上下, 以知病處. 積神於心, 以知往今. 故相氣
不微, 不知是非, 屬意勿去, 乃知新故. 色明不麤, 沈夭爲甚, 不明
不澤, 其病不甚.

피부의 윤택 여부를 잘 살피는 자를 양공이라고 한다. 색이 칙칙하고 탁하면
내부병이고, 들뜨고 번질거리면 외부병이다. 황적색이 나타나면 풍증風症이고,
청흑색이 나타나면 통증痛症이며, 백색이 나타나면 한증寒症이고, 황색이고 기
름이 흘러 윤기가 나면 농양膿瘍이다. 적색이 심하면 어혈로 인한 통증이고, 청
흑색이 심하면 경련을 일으키며, 백색이 심하면 피부에 마비 증상이 나타난다.

　오색이 나타나는 각 부위를 보아 부침浮沈을 살펴서 병의 천심淺深을 알아내
고, 윤택 여부를 살펴서 병의 성패를 관찰하며, 색이 뭉쳤는지 흩어졌는지를
살펴서 병이 얼마나 되었는지를 알아내며, 색이 올라가는지 내려가는지를 보
아서 병변의 위치를 알아낸다.

　의사는 정신을 집중하여 관찰해야 비로소 시말始末을 알 수 있다. 그러므로
기색을 관찰하는 것이 미세하지 못하면 병변의 시비是非를 알 수 없으니 의식
을 집중해야 병의 신고新故를 알 수 있다. 전체 색이 밝고 나쁘지 않아도 부위
가 침침하고 칙칙하면 병이 더 심해지고, 전체 색이 밝지 않고 윤기가 없어도
부위가 침침하고 칙칙하지 않으면 병이 심해지지 않는다.

◉ 여기서는 안색을 잘 살펴서 외인병을 알아내는 것을 말한다. 색이 칙칙하고
탁한 것은 내부병이고, 들뜨고 윤이 나면 외부병이다. 외인병은 외에서 내로
가니 그 색의 부침浮沈으로 내부병인지 외부병인지 안다. 풍風은 양사陽邪이므
로 황적색이 나타난다. 통증은 음비陰痺이니 청흑색이 나타난다. 백색은 한증
寒症이고, 황색에다가 기름기가 있으면 옹농癰膿이며, 적색이 심하면 유혈留血
이다. 근골에 통증이 있으므로 심하면 경련을 일으킨다.

한기寒氣는 피부를 손상시키므로 심하면 피부가 마비된다. 이는 외인의 사기가 오색五色에 나타나고, 각기 그 부위가 드러나는 것이다. 색의 부침浮沈을 살펴서 병의 천심淺深을 알아낸다. 윤기의 유무를 살펴서 병이 나을 수 있는지 아닌지를 알아낸다. 색이 흩어지는지 모이는지를 살펴서 오래된 병인지 아닌지 원근遠近을 알아낸다. 색이 올라가고 내려가는 것을 살펴서 병의 소재를 알아낸다. 색色과 맥脈은 상제가 귀하게 여기는 바이고 선사先師가 전수한 것이다.

상고시대의 추대계僦貸季는 색맥色脈을 다스려서 신명神明에 통했으며, 사시四時·오행五行·팔풍八風·육합六合을 합하여 상도常道를 벗어나지 않았다. 그리고 마음에 신神을 모은 뒤 지난 과거와 현재와 미래를 알아냈다. 그러므로 기를 보는 것이 철저하지 않으면 시비를 알 수 없으니 정신을 집중해야 신고新故를 알아낼 수 있다.

만약 전체 색이 밝고 나쁘지 않아도 반대로 부위가 침침하고 칙칙하면沈夭병은 더 심해질 것이고, 전체 색이 밝지 않고 윤기가 없어도 부위가 침침하고 칙칙하지 않으면 병은 심해지지 않는다. 대체로 외인병은 외부에서 소산되어야지 내부로 들어가서는 안 된다.

> 其色散駒駒然*未有聚, 其病散而氣痛, 聚未成也. 腎乘心, 心先病, 腎爲應, 色皆如是.
>
> 망아지가 뛰어다니듯 색이 흩어졌으면 병도 흩어져 기상氣傷으로 인한 통증이 있으며 병이 모인 것이 아니다. 신腎이 심心을 덮치면 심心이 먼저 병이 되고 나서 신腎이 응하니 색도 모두 그러하다.

⊕ 여기서는 내인병이 색의 취산聚散으로 사생死生을 구별한다고 거듭 밝혔다.

오장병이 흩어져 뭉치지 않았으면 그 색도 망아지가 뛰어다니듯 흩어져 나타나니 병도 아직 모이지 않은 것이다. 만약 장臟에서 한곳에 모이고 혈맥이

---

* 구駒는 망아지다. 망아지는 아무데나 마구 뛰어다니니 구구연駒駒然은 모이지 않고 흩어진 모양이다—장경악.

서로 덮치면 색이 뭉쳐서 나타나니 졸사卒死의 병이다.

구구연駒駒然은 망아지가 지나가는 간격이 심하게 갈라져서 행적이 남지 않는 것이다. 색이 흩어져 있으므로 병도 미처 모이지 않은 것이다. 기가 손상되면 통증이 나타난다氣傷痛. 그 병이 기분氣分에 흩어졌는데 통증이 있는 것은 아직 혈맥에는 모이지 않은 것이다.

만약 장병臟病에 기분으로 나가지 않으면 신腎이 심心을 덮쳐 심心이 먼저 병이 되어 엄지손가락만한 적색이 뭉쳐서 양 관골에 나타난다. 신腎도 즉시 반응하여 이마에 엄지손가락만한 흑색이 나타난다. 이는 오장의 사기가 오장에 모여서 혈맥에서 서로 덮치므로 색도 이처럼 뭉쳐져서 흩어지지 않는다.

『금궤요략金匱要略』에서 "혈기血氣가 장臟에 들어가면 죽고, 부腑에 들어가면 낫는다"라고 했다. 이 병만 그런 것이 아니라 모든 병이 그러하다. 외부에 있는 것은 치료할 수 있고, 내부로 들어가면 죽는다.

🔳 앞 구절은 색이 모이지 않은 장병臟病을 말했고, 다음 구절은 색이 모이지 않은 맥중병脈中病을 말했다.

男子色在於面王, 爲少腹痛, 下爲卵痛, 其圓直爲莖痛, 高爲本, 下爲首, 狐疝癀陰之屬也. 女子在於面王, 爲膀胱子處之病, 散爲痛, 搏爲聚, 方圓左右, 各如其色形. 其隨而下至胝*爲淫. 有潤如膏狀, 爲暴食不潔. 左爲左, 右爲右, 其色有邪, 聚散而不端, 面色所指者也.

남자는 코끝面王에 색이 나타나면 소복통少腹痛이고, 코끝 아래에 색이 나타나면 고환통睾丸痛이며, 인중人中에 색이 나타나면 음경통陰莖痛이다. 위쪽으로 색이 진하면 음경 뿌리가 아프고, 아래쪽으로 색이 진하면 귀두龜頭가 아프다. 종합하면 호산狐疝·음퇴陰癀의 병변이다. 여자는 코끝에 색이 나타나면 방광 자궁병이다. 색이 흩어지면 기가 상하여 일어나는 통증이고, 색이 뭉쳐 있으면 적취병積聚病이다.

적취는 방원方圓 모양과 좌우 위치가 각기 색과 형으로 나타난다. 색이 코끝에서 입술까지 내려가면 음탁陰濁의 병이고, 기름기가 흘러 번들거리면 폭식이나 청결하지 못한 음식을 먹고 생긴 병이다.

---

* '胝'는 '骨'이라고 해야 한다—〈통해〉.

> 색이 좌측에 있으면 좌병이고, 우측에 있으면 우병이다. 나타난 색이 뭉쳐 있을 수도 있고 흩어져 있을 수도 있으나 모두 사선으로 갈라져 있다. 얼굴에 색이 뭉친 것은 엄지손가락만한 크기다.

◉ 여기서는 외인의 병색이 육부六腑 부위에 나타나는데 병이 부腑에 있어 색이 비록 뭉쳐 있어도 사증死症은 아님을 말한다.

면왕面王 위는 소장이다. 면왕 아래는 방광과 자궁이다. 그러므로 남자가 면왕에 색이 나타나면 소복통이고 인중人中에 색이 나타나면 음경통陰莖痛이다. 외인병은 외부에서 내부로 들어가고, 색은 위에서 아래로 간다. 그러므로 위에 있는 것이 본本이다. 아래가 진행되는 곳으로 아래에 병이 있으니 호산狐疝·음퇴산陰癀疝 등이다. 여자가 면왕에 색이 나타나면 방광 자궁병이다. 남녀의 병은 기분氣分에 흩어져 있으면 통증이 있고, 혈분血分에 뭉쳐 있으면 적취병積聚病이다.

호산·음퇴 등증은 유형의 증상이다. 그 형상이 모나기도 하고, 둥글기도 하며, 좌에 있기도 하고, 우에 있기도 하여 각기 형과 색이 그대로 드러난다. 병이 내부에서 뭉쳐 있으면 외부에서도 뭉친 색이 나타나고, 형이 모나면 색도 모나고, 형이 둥글면 색도 둥글다. 이는 형形이 병들었지만 오장까지는 병든 것이 아니다. 비록 뭉친 색이 있어도 죽을 색은 아니다.

오장육부는 각기 해당 부분이 있고, 내외가 있다. 부위에 능통하여 내외를 알아낼 수 있으면 만거만당萬擧萬當이다. 지阺는 면왕의 아래 부위다. 면왕의 색이 입술까지 내려가면 주로 음탁陰濁의 증상이다. 색이 기름이 흘러 번들거리면 청결하지 못한 음식을 폭식한 것이다.

부腑는 양이고 외부를 주관하며, 주로 수곡을 수납하고 조박을 전도한다. 그래서 외부에서 풍한을 받거나 내부에서 음식에 손상되면 색이 부腑 부위에 나타난다. 색이 좌측에 나타나면 병도 좌측에 있고, 우측에 나타나면 병도 우측에 있다. 나타난 색이 뭉쳐 있을 수도 있고 흩어져 있을 수도 있으나 모두 사선으로 갈라져 있다.

얼굴에 나타난 뭉쳐진 색은 엄지손가락만하다. 혈맥에 전류하여 대사大邪가 오장에 들어가면 졸사卒死한다. 지금은 부병腑病이면서 호산·음퇴 등증이 나타나는 것은 사기가 뭉쳐서 적취병이 되려는 것이어서 색이 뭉쳐서 나타나는 것이지 사기가 오장에 들어간 사증死症이 아니다.

批 이것은 다음 문장의 수공首空을 이르는 것이다.

批 남자는 호산狐疝이고, 여자는 음퇴陰癀다.

批 형이 병들었다는 것은 병이 장위腸胃에 있는 것이다.

批 좌측에 있으면 좌측병, 우측에 있으면 우측병은 형이 색으로 나타나는 것이다. 남좌여우男左女右는 기氣가 색색色으로 드러나는 것이다.

批 산위통散爲痛은 색이 흩어져 있는 것이고, 단위취搏爲聚는 색이 뭉쳐 있는 것이다.

色者靑黑赤白黃, 皆端滿*有別鄕. 別鄕**赤者, 其色赤大如楡莢, 在面王爲不日.

청靑·흑黑·적赤·백白·황黃 오색이 얼굴에 골고루 있고 윤기가 있어 병이 없는 듯해도 별향別鄕이 있다. 별향이 붉은 것은 유협楡莢만한 크기로 붉은 것이면 면에 있으면 하루를 못 넘긴다.

◉ 여기서는 색이 뭉쳐져 있는데 안색이 번질번질하면 이는 곧 대기大氣가 오장에 들어가 졸사한다는 것을 말한다.

　청靑·황黃·적赤·백白·흑黑은 오장오행의 색이다.

　별향別鄕은 소장의 부위가 면왕에 있으니 면왕이 심心의 별향이다. 담膽의 부위가 간肝의 좌측에 있으니 담부膽部가 간肝의 별향이다.

　유협만하다는 것大如楡莢은 혈분이 색이 뭉친 것으로 엄지손가락만하다.

　불일不日은 하루를 못 넘기고 죽는다는 뜻이다. 이는 오장의 병색이 본부本部에 나타난 것이다. 오장의 사색死色은 별향에 나타난다.

　심心이 외음의 사기를 받아서 졸사하는 것은 그 색이 면왕에 나타나고, 심心이 내인병을 받아서 졸사하는 것은 그 색이 관顴에 나타나는데 모두 심心의 본

---

* 　단만端滿은 얼굴에 오색이 골고루 있고 윤기가 있어 병이 없는 것이다―장경악.

** 별향別鄕은 장부의 색이 본부에 나타나지 않고 다른 부위에서 나타나는 것이다―〈통해〉.

부가 아니다.

단 오장에 병이 있으면 그 색이 분명하고 윤이 나며 사선으로 나타나지 않는
다. 부腑에 병이 있으면 그 색이 사선으로 나타나고 갈라진다. 이것으로 장부
의 사생死生을 구별한다.

고사종이 말했다. "장진臟眞이 내부에 저장되는데 장진이 끊기면 부腑에서
외부로 나간다. 그래서 색이 부부腑部에 나타난다."

批 이것은 대기大氣가 오장에 들어간 색을 거듭 밝힌 것이다.

批 편 내에서는 단지 신승심腎乘心을 제시했지만 이것은 오장이 상승相乘하면 심장과
마찬가지로 오색이 나타나고 각기 별향이 있음을 말한다.

其色上銳, 首空上向, 下銳下向, 在左右如法.

색이 위로 뾰족하면 머리가 희미하며 위로 향하고, 아래로 뾰족하면 아래로
향한다. 좌우도 마찬가지다.

◉ 여기서는 앞 문장을 이어받아 단사端邪의 색상을 거듭 밝히고 있다.

예銳는 끝이 뾰족한 것尖이다.

공空은 비어 있는 것이다.

색이 상행하는 것은 위가 뾰족하고 머리색이 희미하면서 들떠서 상행한다.
색이 하행하는 것은 아래가 뾰족하고 머리색이 희미하면서 들떠서 하행한다.
병이 내부에서 외부로 가는 것은 본이 아래에 있고 머리首는 위에 있으며, 병
이 외부에서 내부로 가는 것은 본이 위에 있고 머리가 아래에 있다.

그러므로 본本은 깊고 진하며, 머리는 희미하고 들떠 있다. 이것이 단만端滿
의 색상이다. 사邪가 있는데 단정하지 못한 것은 본은 좌에 있지만 머리는 우
를 향해 움직이고, 본이 우에 있으면 머리는 좌를 향해 움직인다. 모두 위가 뾰
족하면서 머리가 희미하고, 아래가 뾰족하면서 머리가 희미하다. 이는 병이
부腑에 있으면서 뭉쳐 있는 적취의 색이다.

주영년이 말했다. "유협楡莢은 위아래가 모두 예리하다. 단지 희미하고 들떠
있는 것虛浮은 예리한 형태가 겉으로 드러나고, 깊이 있는 본本이 예리한 형태

로 나타나지 않는다. 그래서 '부침浮沈을 살펴서 천심을 알아낸다'고 했다."

批 앞 구절은 외인만 논했으므로 높이 있는 것을 본本이라고 하고 아래에 있는 것을 머리라고 했다. 여기서는 내외인 모두 상하의 구별이 있음을 말한다.

> 以五色命臟, 靑爲肝, 赤爲心, 白爲肺, 黃爲脾, 黑爲腎. 肝合筋,
> 心合脈, 肺合皮, 脾合肉, 腎合骨也.
> 오색으로 오장을 명명命名하니 청색은 간肝이고, 적색은 심心이며, 백색은 폐肺
> 고, 황색은 비脾며, 흑색은 신腎이다. 간은 근筋과 합하고, 심은 맥脈과 합하며,
> 폐는 피皮와 합하고, 비는 육肉과 합하며, 신은 골骨과 합한다."

◉ 여기서는 오장이 각기 오색五色을 갖추고 있으며 각기 내외의 형층形層이 있다고 총결한다.

앞 문장은 적색이 양 관골兩顴에 나타나고, 흑색이 정庭에 나타나며, 적색이 면왕에 나타난다고 했는데 이는 심신心腎의 색이다. 만약 오색으로 오장을 명명命名하면 오장은 각기 다섯 가지의 색이 있게 된다.

견견肩·비臂·응膺·배背·슬膝·경脛·수手·족足의 부위까지도 모두 각기 오장과 합하는 피맥근골皮脈筋骨이 있으니 오색을 보면 병이 내부의 오장에 있는지 외합의 형층에 있는지 알 수 있다. 오장은 내부에서는 오행과 합하고, 외부에서는 오색으로 드러난다. 만약 외인 풍한서습의 사邪가 색에 나타나면 육기가 색으로 반응한 것이다.

예충지가 말했다. "내부에서 오장이 병들면 외부에서 오색이 드러나고, 사기가 외합인 피맥근골에 적중되면 내부로 오장에 들어가니 이것이 내외출입지도內外出入之道다.

〈영추·병전病傳〉에서 '혈맥으로 흘러들어가 대사大邪가 장臟에 들어가면 살기 어려워 다 죽게 된다. 대기가 장에 들어가는 것은 병이 심心에서 발생하면 1일에 폐로 가고, 3일에 간으로 간다血脈傳溜 大邪入臟 可以致死 不可以致生 帝曰 大氣入臟 奈何? 伯曰 病先發於心 一日而之肺 三日而之肝'고 했다. 혈맥이 전류하므로 먼저 심에서 병이 발생한다. 만약 사기가 피부에 적중되어 내부로 들어가면 먼

저 폐肺에서 병이 발생한다. 사기는 형층을 따라 차례로 내부로 들어가니 먼저 피모에서 기주肌腠로 가고, 기주에서 손락으로, 손락에서 낙맥으로, 낙맥에서 경맥으로, 경맥에서 장부로 간다. 이는 사기가 외부의 피부와 맥에 있으면서 내부의 오장에 적중된 것이다. 그래서 아프지도 않고 갑자기 죽는 것人不病而卒 死은 외부의 형층에는 병이 없고 바로 오장으로 들어간 것이다."

논용論勇

黃帝問於少兪曰: 有人於此, 並行並立, 其年之長少等也, 衣之厚薄均也, 卒然遇烈風暴雨, 或病或不病, 或皆病或皆不病, 其故何也?

少兪曰: 帝問何急?

黃帝曰: 願盡聞之.

少兪曰: 春靑風, 夏陽風, 秋涼風, 冬寒風, 凡此四時之風者, 其所病各不同形.

黃帝曰: 四時之風, 病人如何?

少兪曰: 黃色薄皮弱肉者, 不勝春之虛風, 白色薄皮弱肉者, 不勝夏之虛風, 靑色薄皮弱肉者, 不勝秋之虛風, 赤色薄皮弱肉者, 不勝冬之虛風也.

黃帝曰: 黑色不病乎?

少兪曰: 黑色而皮厚肉堅, 固不傷於四時之風, 其皮薄而肉不堅, 色不一者, 長夏至而有虛風者, 病矣. 其皮厚而肌肉堅者, 長夏之而有虛風, 不病矣. 其皮厚而肌肉堅者, 必重感於寒, 外內皆然乃病.

黃帝曰: 善.

황제가 소유少兪에게 물었다. "여기에 몇 사람들이 있다. 이들이 나이도 같고 두께가 같은 옷을 입고 있다. 이들이 갑자기 열풍과 폭우를 당했는데 어떤 사람은 병이 걸리고, 어떤 사람은 병이 안 걸리며, 모두 다 병에 걸리기도 하고, 모두 다 병에 안 걸리기도 한다. 그 까닭은 무엇인가?"

소유가 답했다. "왜 그렇게 성급한가?"

황제가 말했다. "다 듣고 싶다."

소유가 답했다. "봄에는 따뜻한 바람溫風이 불고, 여름에는 더운 바람熱風이 불며, 가을에는 서늘한 바람凉風이 불고, 겨울에는 찬바람寒風이 부니 사시의 풍에 따라 각각 다른 형태로 병이 나타난다."

황제가 물었다. "사시의 풍에 어떻게 병이 되는가?"

소유가 답했다. "안색이 황색이면서 피부가 얇고 살이 빈약하면 봄의 허풍虛風을 이겨내지 못한다. 안색이 백색이면서 피부가 얇고 살이 빈약하면 여름의 허풍을 이겨내지 못한다. 안색이 청색이면서 피부가 얇고 살이 빈약하면 가을의 허풍을 이겨내지 못한다. 안색이 적색이면서 피부가 얇고 살이 빈약하면 겨울의 허풍을 이겨내지 못한다."

황제가 물었다. "안색이 검으면 병이 안 걸리는가?"

소유가 답했다. "안색이 검으면서 피부가 두텁고 살이 단단하면 사시의 풍에 잘 손상되지 않는다. 피부가 얇고 살이 단단하지 못하면 장하에 허풍을 만나 병에 걸린다. 피부가 두텁고 살이 단단하면 장하에 허풍이 불어도 병에 걸리지 않는다. 피부가 두텁고 기육이 단단하면 반드시 한기寒氣에 중감重感되어 내외가 모두 손상되어야 병이 된다."

황제가 말했다. "알겠다."

● 주영년이 말했다. "앞 장은 오장의 기가 안색에 나타나 명당에서 분별되는 것을 말했다. 여기서는 형체에 채워진 오장기의 허실을 살핀다. 피부와 기주의 사이는 오장의 원진元眞이 통하고 만나는 곳으로 피부가 얇고 기육이 약하면 오장의 원진지기元眞之氣가 허하다. 오장의 기가 허하면 사시의 허풍虛風을 견뎌내지 못한다. 허풍은 허한 방향에서 부는 부정한 사풍邪風이다. 흑黑은 수水의 색으로 신기腎氣의 후박厚薄을 말한다. 사시의 풍에 손상되지 않는 것不傷於四時之風은 사계에 토土가 왕성해서다. 장하長夏의 풍에 손상되지 않는 것은 장하가 토土를 주관하기 때문이다. 만약 피부가 두텁고 기육이 단단한데도 사시의 풍에 손상된다면 반드시 한寒에 중감重感된 것이다. 지地에서는 수水가 되고 천天에서는 한寒이 되니 신腎은 수장水臟이고 위로 천天의 한기寒氣에 상응한다. 그러므로 안색이 검고 피부가 두텁고 기육이 단단한 자가 병이 되었다면 반드시 한寒에 중감重感되어 내외가 모두 감촉된 것이니 밖에서는 천天의 한사寒邪를 받고 내부에서는 신장腎臟의 수기水氣가 손상된 것이다. 이는 사람

의 오장과 천天의 육기六氣가 상합한다는 것을 말한다. 따라서 안색의 변화가 있고 피부가 얇고 기육이 약하면 사시의 풍기風氣을 이겨내지 못한다."

예충지가 말했다. "〈영추·오변五變〉에서는 형체의 후박厚薄·견취堅脆를 논했고, 이 장에서는 형중지기形中之氣에 강약이 다름을 말한다."

批 상한의 소청룡탕小靑龍湯과 진무탕증眞武湯證이 바로 이런 의미다.

黃帝曰: 夫人之忍痛與不忍痛者, 非勇怯之分也. 夫勇士之不忍痛者, 見難則前, 見痛則止. 夫怯士之忍痛者, 聞難則恐, 遇痛不動. 夫勇士之忍痛者, 見難不恐, 遇痛不動. 夫怯士之不忍痛者, 見難與痛, 目轉面盻, 恐不能言, 失氣驚悸顔色變化, 乍死乍生. 余見其然也, 不知其何由? 願聞其故.
少兪曰: 夫忍痛與不忍痛者, 皮膚之薄厚, 肌肉之堅脆, 緩急之分也, 非勇怯之謂也.

황제가 물었다. "사람이 통증을 참느냐 못 참느냐는 용겁勇怯으로 구분하는 것이 아니다. 용사勇士가 통증을 못 참는 것은 어려움을 보면 나가고, 아픔을 보면 멈추기 때문이다. 겁사怯士가 통증을 참는 것은 어려움을 들으면 무서워하고, 아픔을 만나면 움직이지 못하기 때문이다. 용사가 아픔을 참는 것은 어려움을 보면 두려워하지 않고, 아픔을 만나면 가만 있기 때문이다. 겁사는 아픔을 참지 못하니 어려움이나 아픔을 보면 눈을 돌리고 얼굴을 피하여 무서워말도 못하고 기운이 빠지고 가슴이 뛰며 안색이 변하여 사색이 되기도 한다. 내가 그런 줄은 알겠는데 이유를 모르겠으니 그 이유를 듣고 싶다."

소유가 답했다. "통증을 참느냐 못 참느냐는 피부의 후박厚薄과 기육의 견취堅脆 그리고 완급緩急으로 구분되는 것이지 용겁으로 구분되는 것은 아니다."

◉ 예충지가 말했다. "이것은 형形과 기氣에도 구별이 있음을 말한다. 통증을 참는 것과 참지 못하는 것은 형기形氣의 후박厚薄·견취堅脆 때문이다. 용겁勇怯은 기氣의 강약强弱이다. 앞 구절은 형으로 인하여 기가 정해지는 것을 말했고, 여기서는 형과 기에 각기 구분이 있음을 말하고 있다. 형에 기가 담겨 있고, 기는 형으로 귀속되니 형과 기는 분리할 수도 있고 합할 수도 있다."

678

黃帝曰: 願聞勇怯之所由然.

少兪曰: 勇士者, 目深以固, 長衡直揚, 三焦理橫, 其心端直, 其肝大以堅, 其膽滿以傍, 怒則氣盛而胸張, 肝擧而膽橫, 眥裂而目揚, 毛起而面蒼, 此勇士之由然者也.

黃帝曰: 願聞怯士之所由然.

少兪曰: 怯士者, 目大而不減, 陰陽相失, 其焦理縱, 髑骬短而小, 肝系緩, 其膽不滿而縱, 腸胃挺, 脇下空, 雖方大怒, 氣不能滿其胸, 肝肺雖擧, 氣衰復下, 故不能久怒, 此怯士之所由然者也.

황제가 물었다. "용사勇士와 겁사怯士가 되는 이유를 알고 싶다."

소유가 답했다. "용사는 눈이 깊고, 시선이 고정되며, 눈썹이 곤두서고, 눈빛이 부리부리하다. 기육의 문리가 횡으로 가고, 심장이 단정하며, 간은 크고 단단하며, 담은 담즙이 가득하고 확장되어 있다. 화가 나면 기성氣盛하여 흉부가 확장되며, 간이 올라가고, 담은 옆으로 누우며, 눈꼬리가 치켜 올라가고, 눈빛이 강렬해지며, 눈썹이 일어나고, 얼굴에 푸른빛이 돈다. 이것이 용사가 과감하고 두려움을 모르는 이유다."

황제가 물었다. "겁사가 되는 이유를 듣고 싶다."

소유가 답했다. "겁사는 눈이 크지만 눈빛에 힘이 없고, 불안하여 눈동자가 자주 움직이며, 기육의 문리가 늘어져 있다. 검상돌기가 짧고 작으며, 간계肝系가 이완되고, 담이 채워지지 않고 늘어져 있으며, 장위는 만곡되지 못하고 곧아져서 협하가 비어 있다. 크게 화가 나도 기氣가 흉부를 채우지 못하고, 간폐가 들려도 기가 힘이 없어 다시 내려가므로 오랫동안 화를 낼 수 없다. 이것이 겁사가 나약하고 무서움을 타는 이유다."

⬦ 주영년이 말했다. "용겁勇怯은 심心의 단소端小와 기氣의 성쇠盛衰, 간담肝膽의 강약에 의해 결정된다.

눈이 깊고 시선이 고정되며 눈썹이 곤두서고 눈빛이 부리부리한 것目深以固 長衡直揚은 간기肝氣가 강한 것이다.

이리는 기육의 문리로 삼초의 기가 통회하는 곳이다. 기육의 문리가 횡으로 가는 것三焦理橫은 소양의 기가 건장하고 담膽은 횡으로 눕는다.

심이 단정하고 곧은 것其心端直은 저절로 축소된 것이다.

간이 크고 단단한 것肝大以堅은 장장臟 자체가 단단하고 크다.

담이 차 있고 확장되어 있는 것膽滿以傍은 담즙膽汁이 차 있는 것이니 간담肝膽이 장성壯盛하다.

기성하고 흉부가 팽창된 것氣盛而胸張은 기가 성대하다.

간이 올라가고 담이 옆으로 누우며 눈꼬리가 치켜 올라가고 눈썹이 일어나는 것肝擧而膽橫 眥裂毛起은 간담지기肝膽之氣가 강한 것이다. 심心은 군주지관君主之官이고 신명출언神明出焉한다. 간肝은 장군지관將軍之官이고 모려출언謀慮出焉한다. 담膽은 중정지부中正之腑고 결단출언決斷出焉한다. 그러므로 심이 똑바로 있고, 기가 장하며, 간이 올라가고, 담이 횡으로 누웠으니 이것이 용사勇士가 되는 이유다.

눈이 크고 튀어나온 것目大而不減은 눈이 크지만 깊지 않고 시선을 고정하지 못한다.

음양상실陰陽相失은 혈기가 불화한 것이다.

초리종焦理縱은 삼초의 문리가 늘어져 이완되어 있는 것이다.

검상돌기가 짧고 작은 것髑骬短而小은 심心이 작고 내려와 있다.

간계가 이완되고 담이 채워지지 않으며 장위가 늘어지고 협하가 비어 있는 것肝系緩 膽不滿 腸胃緩 脇下空은 간담의 체질이 박약한 것이다.

폐가 기를 주관하는데 기가 흉부를 다 채울 수 없으므로 크게 화가 나서 간폐가 들려도 기가 쇠약하여 다시 내려오니 이것이 겁사怯士가 되는 이유다.”

黃帝曰: 怯士之得酒, 怒不避勇士者, 何臟使然?

少兪曰: 酒者, 水穀之精, 熟穀之液也, 其氣慓悍, 其入於胃中則胃脹, 氣上逆滿於胸中, 肝浮膽橫, 當是之時, 固比於勇士, 氣衰則悔, 與勇士同類, 不知避之, 名曰酒悖也

황제가 물었다. “겁사가 술을 마시면 화를 내고 용사를 피하지 않는 것은 어느 장기 때문인가?”

소유가 답했다. “술은 수곡지정으로 곡식이 숙성되어 나오는 액체며 기가 아주 빠르게 움직인다. 위중胃中에 들어가면 위胃가 팽창되고, 기가 상역하여 흉중에 가득 차며, 간이 올라가고, 담이 횡으로 눕는다. 이때는 용사와 맞먹지만 기가 빠지면 후회한다. 용사와 비슷하지만 피할 줄 몰라 주패酒悖라고 한다."

⬤ 주영년이 말했다. "용겁勇怯은 기의 강약과 기의 장성壯盛에 바탕을 두니 위부수곡胃腑水穀에서 생기는 기 때문이다. 술은 수곡지정으로 곡식이 숙성되어 만들어진 액체다. 그 기는 표한慓悍하므로 기가 충만되게 도와서 간이 올라가고 담이 횡으로 눕지만 술이 깨면 기가 쇠하고 기가 쇠하면 후회한다. 그러므로 기를 잘 섭생하는 자는 규칙적인 식생활을 하고 기거가 일정해야 형기가 충족된다. 지나친 즐거움暴喜은 양을 손상시키고, 폭로暴怒는 음을 손상시키니 감정을 잘 조절하면 음양이 실조되지 않는다. 형기形氣가 장성하면 열풍烈風과 폭우를 만나더라도 주리로 침입할 리가 없는데 하물며 사시의 허풍쯤이랴?"

예충지가 말했다. "과감하고 용감한 기세는 단정한 심과 크고 단단한 간 그리고 담즙으로 가득 찬 담에 의해 결정되니 이것은 기가 형에서 생기기 때문이다. 기가 흉중에 가득 차서 간이 올라가고 담이 누울 수 있게 되니 이는 형이 기를 따라 움직이기 때문이다. 형形이 기氣와 분리될 수 없고 기는 형을 벗어나지 못하니 이는 입형정기立形定氣가 천지생명을 이루는 것이고 그것으로 수요壽夭를 관찰한다."

고사종이 말했다. "겁쟁이가 술을 마시면 용사와 같아져서 대로大怒하여 폐간肺肝이 올라가지만 기가 쇠하면 다시 내려와 겁쟁이가 된다. 술이나 화를 내서 기가 장렬하게 만들어도 술이 깨고 기가 쇠하면 다시 겁쟁이가 된다. 그러므로 함부로 기를 폭발해서는 안 된다. 이것이 용감해지는 것보다 더 훌륭한 양생법이다."

批 간성肝性은 급急한 것인데 간기가 부족하면 이완된다.

批 흉중은 전중膻中으로 기지해氣之海다.

₴

사람은 태어날 때 선천지정先天之精에 의해 오장육부와 피육근골이 생겨 사람의 형체를 구성한다. 남녀의 양정兩精이 합쳐지면서 한 생명이 탄생하는데, 먼저 정精에 의해 뇌수가 생기고 골이 생기며 혈맥이 생기고 근육筋肉이 생겨나며 살이 붙고 피부가 생기며 모발이 자란다. 이러한 뇌수·골·맥·근·육·피부·모발 등 형체를 구성하는 것을 선천先天이라 한다.

　형체가 생겼다고 완전한 생명체는 아니다. 한 생명이 탄생해도 아직 자생할 수 없고 에너지와 영양분이 공급되어야 자생할 수 있다. 이 형체에 음식이 들어가서 기와 혈이 생성되고 그 혈기를 통해 이미 만들어진 장기와 각 기관에 영양물질이 공급되어 각 장기와 기관이 제 기능을 발휘할 수 있어야 비로소 한 생명체가 자체적으로 생명력을 가지며 살 수 있는 것이다. 음식을 통해 기혈氣血을 공급하는 것을 후천後天이라 한다.

　생명은 선천지정에 의해 생겨나고 후천지기後天之氣로 인해 살아간다. 따라서 정精을 저장하는 신장腎臟이 선천지본先天之本이 되고, 기혈을 만드는 비위脾胃가 후천지본後天之本이 된다.

　사람의 탄생·성장·생식·늙음·죽음이 모두 정精의 작용으로 말미암는다. 하지만 정만의 작용으로 오장육부·근골·혈맥 등이 변화하는 것은 아니다. 실제적인 작용은 음식을 먹고 만들어낸 기혈이 공급되어 정의 작용과 합쳐져서 이루어진다. 선천지정은 후천지기에 의해 작용하고, 후천지기는 선천지정의 바탕에서 작동한다.

정精의 성쇠에 따라 오장육부의 기능도 변화한다. 정이 성하면 내장의 기능도 왕성하고, 정이 약해지면 내장의 기능도 약해진다. 즉 선천지정이 강하면 오장육부가 튼튼하고 비위도 튼튼해 기혈 생성이 왕성하고 순환도 순조로우며, 선천지정이 약하면 오장육부가 약해지고 비위도 약해져 기혈 생성이 약해지고 기혈도 잘 돌지 않는다. 반대로 선천지정이 강해도 후천지기가 탈이 나면 점차로 선천지정도 약해진다.

동원東垣은 『비위론脾胃論』에서 다음과 같이 말했다.

"오장의 정을 저장하는藏精 기능이나 육부의 전화물傳化物의 작용이 모두 위기胃氣로써 이루어진다. 오장이 주관하는 오관도 위기가 경맥을 통해 오관으로 전해져야 각기 제 기능을 할 수 있다. 따라서 두통頭痛·이명耳鳴·구규불리九竅不利 등이 모두 비위脾胃에서 생긴다. 위허胃虛하면 이목구비耳目口鼻 병이 생긴다. 근筋·맥脈·골骨·피모皮毛 등도 위기胃氣로 자양된다. 음식을 잘 먹어야 근골이 바르고 부드러울 수 있으며, 기혈이 잘 흐를 수 있고, 주리가 치밀해져 건강할 수 있는 것이다. 사람은 음식을 먹고 만들어진 위기로 살아간다. 위기가 없으면 죽는 것이다. 맥에도 위기가 없으면 진장맥眞臟脈이 나오면서 죽는다."

또 오장육부·이목구비·피육근맥골 등의 모든 장기와 기관이 위기가 있어야 제 기능을 하는 것이고 위기가 부실하면 오장육부·이목구비·피육근맥골 등이 제 기능을 못해 병이 생긴다고 주장했다. 위기가 충실해야 건강한 것이고 위기가 부실하면 모든 병의 근원이 되므로 오장육부·이목구비·피육근맥골 등의 모든 병은 비위를 다스려 치료해야 한다는 것이다.

장경악張景岳은 장기를 움직이는 힘이 오장을 총괄하는 신장腎臟에서 나오고 신장의 진음眞陰과 진양眞陽을 회복시켜야 오장이 정상적으로 활동하며 오장이 제대로 작동해야 비로소 기가 생성될 수 있다는 보신론補腎論을 주장했다. 기氣를 만드는 내장의 장기가 부실하면 아무리 음식을 잘 먹어도 기를 만들어내지 못한다.

보신론과 보비론補脾論이 상충하는 것 같지만 실제로는 보신론이 보비론을 바탕으로 하며 다만 비脾와 신腎이 동시에 약해서 기가 생기지 않을 때 보비補脾 위주로 할 것인가, 보신補腎 위주로 할 것인가가 관건이다. 동원은 보비론을 주장했고, 장경악은 보비불여보신補脾不如補腎이라고 해서 보신론을 주장했다.

선천과 후천은 휴대폰의 배터리에 비유할 수 있다. 휴대폰을 충전해 소모되면 다시 충전해 사용하면 된다. 하지만 오래 쓰다 보면 충분히 충전을 시키고 별로 사용하지도 않았는데도 예전보다 빨리 배터리가 방전되는 경우가 있다. 이것은 배터리가 충전할 수 있는 기본 용량이 줄어든 것이다. 이처럼 소모되면 다시 충전하는 것은 후천에 비유되고, 충전 가능한 기본 용량은 선천에 비유된다.

배수背腧

黃帝問於岐伯曰: 願聞五臟之腧, 出於背者.

岐伯曰: 背中大腧, 在杼骨之端, 肺腧在三焦之間, 心腧在五焦之間, 膈腧在七焦之間, 肝腧在九焦之間, 脾腧在十一焦之間, 腎腧在十四焦之間. 皆挾脊相去三寸所, 則欲得而驗之, 按其處, 應在中而痛解, 乃其腧也. 灸之則可, 刺之則不可. 氣盛則瀉之, 虛則補之. 以火補者, 毋吹其火, 須自滅也. 以火瀉者, 疾吹其火, 傳其艾, 須其火滅也.

황제가 기백에게 물었다. "배부背로 나가는 오장의 수혈腧穴에 대해 알고 싶다."

기백이 답했다. "배부背에 있는 대저大杼는 저골杼骨의 끝에 있고, 폐수肺腧는 3추椎 사이에 있으며, 심수心腧는 5추 사이에 있고, 격수膈腧는 7추 사이에 있으며, 간수肝腧는 9추 사이에 있고, 비수脾腧는 11추 사이에 있으며, 신수腎腧는 14추 사이에 있다. 모두 척추에서 3촌 떨어져 있으니 혈자리는 누르면 속에서 반응이 와 아프면서 시원한 곳이 바로 혈자리다. 뜸으로 치료해야지 침놓아서는 안 된다. 기가 성하면 사하고 허하면 보한다. 화火로써 보補하는 것은 바람을 불지 않고 가만히 나두어 불이 저절로 꺼지길 기다린다. 화火로 사瀉하는 것은 바람을 불어 빨리 타게 하고 손으로 잡아 불을 끈다."

⏣ 예충지가 말했다. "오장육부의 수腧가 모두 배부背에 있는데 황제가 오장의 수腧만 물은 것은 장부가 자웅이 상합하는 것이어서 지지오행地之五行을 말한 것이다. 초焦는 척추脊椎다. 척배脊背 골절이 만나는 곳으로 독맥이 지나간다. 대저大杼는 1추椎의 양쪽에 있고, 폐수肺腧는 3추간에 있으며, 심수心腧는 5추간에 있고, 격수膈腧는 7추간, 간수肝腧는 9추간, 비수脾腧는 11추간, 신수腎腧

는 14추간에 있다. 모두 척추를 끼고 서로 3촌 떨어진 곳으로 중앙에서 좌우로 각각 1촌 반 거리다. 수혈腧穴을 눌러 속에서 반응이 와 아프면서 시원한 곳이니 태양경과 독맥이 서로 통한다. 그러므로 황제는 오장의 수혈을 물었는데 먼저 대저를 말한 것은 뒷목의 경추 끝이 독맥이 지나는 척골의 1추다. 오장을 물었는데 7추에 있는 격수를 말한 것은 오장의 기가 모두 내격內膈에서 나오므로 '일곱 번째 마디 옆이고 중앙에 소심小心이 있다七節之旁 中有小心'라고 한 것이다. 격膈에 적중되면 내부가 모두 상하여 그 병이 나아도 1년을 못 넘기고 죽는다. 오장의 수腧가 모두 족태양경에 붙어 있는 것은 방광이 수부水腑이고, 지지오행은 천일지수天一之水에 근본을 두고 있기 때문이다.

안|태양경이면서 독맥에서 반응이 있는 것은 태양太陽이 한수지기寒水之氣고, 독맥이 일신一身의 양陽을 모두 감독하여 음양수화지기陰陽水火之氣를 만나기 때문이다.

뜸뜨는 것灸之則可은 오장의 음기를 끌어올릴 수 있기 때문이다.

침을 놓으면 안 되는 것刺之則不可은 심心을 찌르면 하루 만에 죽고, 비脾를 찌르면 5일 안에 죽으며, 신腎을 찌르면 7일 안에 죽고, 폐肺를 찌르면 5일 안에 죽는다. 오장지기를 역으로 가게 찌르면 모두 중中을 손상시키니 장형臟形에 찌르는 것을 말하는 것이 아니다.

화火로 보하는 것以火補者은 화火로 수水를 구제하는 것이다.

화火로 사하는 것以火瀉者은 애艾의 명칭이 빙대氷臺로 수중水中에서도 불을 취할 수 있어서 속에 있는 장臟의 기氣를 끌어올릴 수 있다. 그래서 바람을 불어 빨리 타게 하는 것은 뜸이 타는 것을 도와서 밖으로 나오게 하는 것이다.

주영년이 말했다. "태양의 상부는 한수가 주관한다太陽之上 寒水主之라고 했으니 표標는 양陽이고 본本은 한寒으로 수화음양지기水火陰陽之氣를 지니고 있다. 독맥은 몸의 전후를 도는데 음陰에서 상행하는 것은 음기陰器를 순환하고 둔부를 돌며 대퇴부 내측과 뒤쪽으로 올라가서 척추를 관통하고 신장腎臟에 속한다. 양에서 하행하는 것은 태양경과 함께 목내자目內眥에서 시작하여 이마로 올라가 정수리에서 교차하고 뇌로 들어간다. 다시 목 뒤로 나가서 척추를 끼고 요중腰中까지 가는데 등뼈를 따라 내려가서 신腎에 연락된다. 이것이 독맥이 몸의 전후 상하를 돌고 양신兩腎에 속락屬絡하는 것이다. 천일생수 지이 생화天一生水 地二生火하니 이는 태극이 처음 음양으로 나뉘는 것이다. 사람은 선천지수화先天之水火를 가지고 오행을 화생化生하여 형체를 만든다. 그러므로 오장의 수腧는 모두 태양경에 바탕을 두고 독맥에서 반응한다."

批 독맥은 천도天道가 한 바퀴 도는 것에 대응되며, 수水는 천기天氣를 따라 운행된다.

위기衛氣

黃帝曰: 五臟者, 所以藏精神魂魄者也. 六腑者, 所以受水穀而化
行物者也. 其氣內於五臟, 而外絡肢節. 其浮氣之不循經者, 爲衛
氣. 其精氣之行於經者, 爲營氣. 陰陽相隨, 外內相貫, 如環之無
端, 亭亭淳淳乎, 孰能窮之. 然其分別陰陽, 皆有標本虛實所離之
處. 能別陰陽十二經者, 知病之所生. 候虛實之所在者, 能得病之
高下. 知六腑之氣街者, 能知解結契紹於門戶. 能知虛實之堅軟者,
知補瀉之所在. 能知六經標本者, 可以無惑於天下.

황제가 물었다. "오장은 정신精神·혼백魂魄을 간직하고 있다. 육부는 수곡을
받아서 변화시켜 내려 보낸다. 그 기는 오장에 들어가고, 외부에서 지절肢節로
연락된다. 경락에서 벗어나 떠다니는 기는 위기衛氣다. 경맥을 도는 정기精氣
는 영기營氣다. 음양이 서로 따라 움직여 내외를 출입하면서 상관하니 마치 끝
이 없는 원처럼 끊임없이 움직인다. 하지만 음양을 분별하면 모두 표본標本과
허실虛實이 분리되는 곳이 있다. 음양 십이경十二經을 분별할 수 있으면 병이
생기는 곳을 알 수 있다. 허실의 소재를 살피면 병의 위치를 알 수 있다. 육부
의 기가氣街를 알면 맥내의 기혈과 맥외의 혈기가 합쳐지고 이어져서 행하는
기가로 나가는 문호를 알 수 있다. 경맥이 단단해지고 물러지는 것虛實을 알
수 있으면 보사의 소재를 알 수 있다. 육경의 표본을 알 수 있으면 모든 질병
을 진찰하고 치료하는 데 아무런 의혹이 없을 것이다."

⊕ 이 장에서는 영營이 맥중을 행하고 위衛가 맥외를 행하지만 경맥과 피부의
혈기는 내외를 출입하면서 음양경陰陽經이 서로 연결되어 원처럼 끝없이 계속
순환하는 것을 말한다.

기氣는 수곡에서 만들어지는 영위營衛로 내부에서는 오장을 영양하여 정신

精神·혼백魂魄을 기르고, 외부에서는 지절肢節에 연결되어 근골과 관절을 적셔 준다. 이것이 장부·음양 십이경맥의 내외출입內外出入 통로다.

경맥에서 벗어나 떠다니는 기가 위기衛氣다. 경經을 흐르는 정기精氣가 영기 營氣다. 영기는 맥중을 행하고 위기는 맥외를 행하니 영위가 각각 제 길로 다니 면서 서로 교차하고 역순으로 행한다.

음양의 기가 서로 따라가면서 내외출입을 하는 것陰陽相隨 外內相貫은 맥내의 혈기가 맥외로 나가고, 맥외의 기혈은 맥내로 들어가 음양이 서로 따라가면서 내외를 출입하여 원처럼 끝없이 순환한다. 천지의 양육에 합하여 음양이 끊임 없이 이어지니 누가 이것을 철저히 통찰하여 알 수 있겠는가? 하지만 음양을 분별하면 모두 표본標本과 허실虛實이 갈라지는 곳이 있으니 경맥이 일어나는 곳이 본本이 되고, 나가는 곳이 표標다.

허실虛實은 혈기가 기가氣街에서 나가 경맥을 떠나 피부의 주리를 영양하는 것이니 경맥이 비고虛, 피부가 채워지는 것實을 말한다. 고하高下는 본本이 아 래에 있고, 표標가 위에 있는 것이다. 기가는 기의 지름길徑路이니 낙맥이 끝나 면 지름길로 통하고 경맥의 혈기는 여기에서 떨어져 맥외로 간다.

계契는 합쳐진다는 의미고, 소紹는 이어지는 것이며, 문호門戶는 혈기가 나 가는 문이다.

육부의 기가를 아는 것知六腑之氣街은 혈기가 맥내에서 결집되는 곳을 아는 것이다. 결집된 곳을 풀어서 잘 통하게 하면 맥내의 혈기와 맥외의 기혈은 서 로 합하고 이어져 행하게 되니 기가로 나가는 문호를 알 수 있다. 맥내의 혈기 는 기가에서 맥외로 나가고, 맥외의 기혈은 정형井滎의 오수혈로 맥내로 흐른 다. 기가로 나가면 경맥은 비어 물러지고, 피부는 단단해진다. 맥중으로 흘러 가면 경맥은 단단해지고, 피부는 물러진다. 그래서 허해지는 곳과 실해지는 곳을 알면 보하고 사해야 할 곳을 알 수 있다.

피부의 기혈은 마치 바다에서 수분이 증발하여 온 천하로 퍼지는 것에 비유 되고, 경맥의 혈기는 마치 경수經水가 흘러 땅속에서 서로 관통됨에 비유할 수 있다. 그러므로 육경의 표본을 알면 천하에 모르는 게 없을 것이다.

〈위기衛氣〉라고 편명을 지은 것은 맥내의 영기가 기가로 나가서 위기와 함께 낮에는 양분陽分을 행하고 밤에는 음분陰分을 행하는 것을 말한다. 영위는 수곡의 정기로 영행맥중 위행맥외營行脈中 衛行脈外하는 무형의 기다. 수곡의 진액은 혈로 변화하여 생명을 유지케 하니 영기라 이른다. 유형의 혈은 경수經隧와 피부로 흐르는데 모두 영기다.

피부를 채우고 살을 덥히는充膚熱肉 혈혈血은 충맥에서 피부로 퍼지는 것이 있고, 대락에서 맥외로 나가는 것이 있으며, 삼초에서 나온 진액이 붉게 변화하여 혈이 되는 것이 있으니 모두 영기라고 한다. 혈은 영營이고, 혈에 있는 기가 영기다.

이 장에서는 맥내에 있는 영기가 기가로 나가서 위기와 함께 흐르는 것을 말한다. 그래서 〈위기衛氣〉라고 편명을 지었다. 음양이 서로 따라 흐르고 내외로 관통하는 혈기는 생시출입生始出入과 음양이합陰陽離合이 두서가 분운紛紜하니 학자는 경經 전체를 통틀어 세심히 연구해야 의혹이 없을 수 있다.

批 경맥은 장강대하와 같고, 낙맥은 강의 지류와 같으니 지류 끝에 가면 끊긴다.

岐伯曰: 博哉, 聖帝之論, 臣請盡意悉言之. 足太陽之本, 在跟以上五寸中, 標在兩絡命門, 命門者, 目也. 足少陽之本, 在竅陰之間, 標在窓籠之前, 窓籠者, 耳也. 足少陰之本, 在內踝下上三寸中, 標在背腧與舌下兩脈也. 足厥陰之本, 在行間上五寸所, 標在背腧也. 足陽明之本, 在厲兌, 標在人迎頰挾頏顙也. 足太陰之本, 在中封前上四寸之中, 標在背腧與舌本也.

기백이 답했다. "황제의 말씀이 아주 굉장하다. 성심껏 다 말씀드리겠다.
족태양의 본本은 뒤꿈치 5촌 위에 있고, 표標는 명문命門에 연락된다. 명문은 목目이다.
족소양의 본은 규음竅陰에 있고, 표는 창롱窓籠 앞에 있다. 창롱은 이耳다.
족소음의 본은 내과內踝 3촌 위에 있고, 표는 배수背腧와 설하舌下 양맥兩脈에 있다.
족궐음의 본은 행간行間 위 5촌에 있고, 표는 배수에 있다.
족양명의 본은 여태厲兌에 있고, 표는 인영人迎과 항상頏顙에 있다.
족태음의 본은 중봉中封 앞쪽 위 4촌에 있고, 표는 배수와 설본舌本에 있다.

⊛ 여기서는 십이경맥의 본本이 수족의 손목과 발목에 있고, 표標는 흉부·복부·두경부에 있는 기가氣街에 있음을 분별하여 말했다.

표標는 나뭇가지 끝인데 나뭇가지 끝에서는 낙맥 밖의 경로經路로 간다. 본本은 나무의 근간根幹이다. 경맥의 혈기는 여기서 나간다.

족태양의 본은 발뒤꿈치에서 5촌 떨어진 곳에 있고, 표는 양목兩目에 있으며 여기서 두기지가頭氣之街로 나간다.

두부에 있는 기가氣街가 뇌까지 가는 것氣在頭者 止之於腦은 양목의 맥이 뇌에 들어가 뇌 안에서 끊긴다는 것이다.

족소양의 본은 족규음足竅陰에 있고, 표는 양이兩耳 앞에 있으며 여기서 두기지가로 나간다.

족소음의 본은 내과에서 3촌 올라간 곳에 있고, 표는 배수背腧와 설하舌下의 양맥兩脈에 있으며 여기서 흉기지가胸氣之街로 나간다.

흉부에 있는 기가가 응부와 배수까지 가는 것氣在胸者 止之膺與背腧은 흉부를 순환하는 낙맥이 응흉膺胸 사이에서 끊기거나 배수까지 가서 끊기기 시작한다.

〈영추·근결根結〉에서 "소음은 염천에서 결한다少陰結于廉泉"라고 했는데 설하의 양맥은 염천廉泉과 옥영玉英이다. 소음은 선천의 정기를 주관하고, 수곡의 정기를 받아서 저장하므로 본경의 낙맥에서 흉기지가로 나가고, 다시 임맥에서 올라가 염천으로 나가며, 충맥에서 내려가 경기지가脛氣之街로 간다. 소음은 수장水臟으로 정혈이 풍부하다.

족궐음의 본은 행간行間 위쪽 5촌에 있고, 표는 배수에 있으며, 여기서 흉기지가로 나간다.

족양명의 본은 족의 여태厲兌에 있고, 표는 인영人迎과 항상頏顙에 있으며, 여기서 두기지가로 나간다. 항상은 비鼻의 상규上竅이며 콧물을 수렴한다.

족태음의 본은 중봉中封 앞 위쪽 4촌에 있고, 표는 배수와 설본舌本에 있으며, 여기서 흉기지가로 나간다.

삼양경은 올라가 머리를 순환하기 때문에 낙맥도 머리로 올라가서 거기서 끊기기 시작한다. 삼음경은 가슴과 흉부까지 가므로 낙맥도 가슴과 배수까지 간다.

안|이 장은 〈영추·근결根結〉과 대의가 같으면서도 각기 다른 점이 있다. 〈근결〉은 삼음삼양의 개開·합闔·추樞를 말했고, 이 장에서는 십이경맥의 표본출입標本出入을 말했다. 예충지는 "개開·합闔·추樞는 삼음삼양지기三陰三陽之氣다"라고 했다. 맥으로 들어가는 것이 합闔이고, 피부로 나가는 것이 개開며, 피부와 경맥의 내외를 출입하는 것이 추樞다. 이것은 기를 논하면서 맥락脈絡을 언급한 것이다.

이 장에서는 혈기가 십이경맥을 출입하면서 삼음삼양지기三陰三陽之氣와 합하기 때문에 태양太陽·소양少陽·양명陽明·태음太陰·소음少陰·궐음厥陰이라고만 했지 장부의 경맥은 언급하지 않았다. 이것은 낙맥絡脈을 논하면서 기까지 언급한 것이다. 혈기가 부표膚表로 가는 것은 육기의 사천재천司天在泉에 응해서 지지외地之外 즉 대기로 퍼지는 것이고, 부표의 기혈이 맥중으로 흘러들어가는 것은 사천재천司天在泉이 다시 땅속으로 관통해 들어가는 것과 같다.

〈소문·오운행대론五運行大論〉에서 말하는 "조기燥氣가 많으면 땅이 건조해지고, 서기暑氣가 많으면 땅이 더워지며, 풍기風氣가 많으면 땅이 동요되고, 습기濕氣가 많으면 땅이 질며, 한기寒氣가 많으면 땅이 갈라지고, 화기火氣가 많으면 땅이 딱딱해진다燥勝地乾 暑勝地熱 風勝地動 濕勝地泥 寒勝地裂 火勝地固"의 이치다.

십이경맥은 강물이 지중地中에서 흐르는 것에 대응된다. 경맥의 혈기가 낙맥에서 부표로 나가는 것은 마치 강물이 지류에서 바다로 흘러가고, 바다에서 수분이 증발되어 다시 천기天氣와 통하는 것과 같다. 그러므로 음양육기는 경맥과 떨어질 수 없고, 십이경맥은 음양을 벗어날 수 없으니 사람과 천지가 상관된다.

手太陽之本, 在外踝之後, 標在命門之上一寸也. 手少陽之本, 在小指次指之間上二寸, 標在耳後上角下外眥也. 手陽明之本, 在肘骨中上至別陽, 標在顏下合鉗上也. 手太陰之本, 在寸口之中, 標在腋內動也. 手少陰之本, 在銳骨之端, 標在背腧也. 手心主之本, 在掌後兩筋之間二寸中, 標在腋下下三寸也.

수태양의 본本은 외과外踝 뒤쪽에 있고, 표標는 명문命門 위 1촌에 있다.

수소양의 본은 새끼손가락과 약손가락 사이 위쪽 2촌에 있고, 표는 귀 뒤쪽 상각上角과 외자外眥 아래쪽에 있다.

수양명의 본은 주골肘骨에 있고, 올라가서 별양別陽까지 가며, 표는 이마 밑으로 겸상鉗上과 합쳐지는 곳이다.

수태음의 본은 촌구寸口에 있고, 표는 액내腋內 동맥에 있다.

수소음의 본은 예골銳骨 끝에 있고, 표는 배수背腧에 있다.

수심주의 본은 손바닥 위 2촌 양 인대 사이에 있고, 표는 액하腋下 3촌에 있다.

⬤ 수태양의 본은 손목 외과의 뒤쪽에 있고, 표는 명문命門 위 1촌에 있으며, 여기서 두기지가頭氣之街로 나간다.

수소양의 본은 새끼손가락과 약손가락 사이에서 2촌 위쪽에 있고, 표는 귀 뒤쪽 상각上角과 아래의 외자外眦에 있으며, 여기서 두기지가로 나간다.

수양명의 본은 팔꿈치 위 별양別陽에 있고, 표는 이마 아래 겸상鉗上에 있으며, 여기서 두기지가로 나간다. 겸상은 귀 위다.

수태음의 본은 촌구寸口에 있고, 표는 액내腋內 동맥에 있으며, 여기서 흉기지가胸氣之街로 나간다.

수소음의 본은 예골銳骨 끝에 있고, 표는 배수背腧에 있으며, 여기서 흉기지가로 나간다.

수심주의 본은 손바닥 위 2촌 양 인대 사이에 있고, 표는 액하腋下 3촌에 있으며, 여기서 흉기지가로 나간다.

십이경맥의 종시終始는 정井·형榮·수腧·경經·합合의 오수혈을 거쳐 내부로 들어가 장부에 속하니 이것이 장부의 십이경맥이다. 십이낙맥의 본표本標는 경맥에서 갈라져 나간 것이므로 "이것은 기의 대락이다曰此氣之大絡也"라고 말하는 것이다. 낙맥이 끝나면 지름길로 통한다는 것絡絶則徑通은 낙맥이 시작하는 곳을 본本이라 하고, 끝나는 곳을 표標라고 하며, 여기서 기가氣街로 나간다.

그러나 지락支絡은 경맥에서 갈라져 나간 것이므로 족태양의 본은 발뒤꿈치 위 5촌에 있고, 족소음의 본은 내과內踝 아래 3촌에 있다고 말하니 본경과 지락이 갈라지는 곳을 본으로 삼는 것이지 일정한 경혈에 있는 것은 아니다. 표標에서 두부에 있는 기가는 뇌까지 가서 끝난다는 것氣在頭者 止之於腦은 태양이 목目에 있고, 소양이 이耳에 있고, 양명陽明이 항상 항상頏顙에 있어 삼양의 낙맥은 뇌까지 가는 것이지 두면의 경혈을 말하는 것이 아니다.

경맥이 내부에서는 장부에 속하고, 외부에서는 형신에 연결되는 것은 신기神機의 출입에 상응한다. 혈기가 낙맥에서 기가로 나가고 부표를 운행하는 것은 정기의 승강에 상응한다. 출입운동을 안하면 신기가 망가지고, 승강운동이 멈추면 기립氣立이 되어 위태로워지니 "끊임없이 도는 것을 누가 다 알 수 있으리오亭亭淳淳 孰能窮之"라고 말하는 것이다. 혈기의 승강출입은 천지의 화육化育과 합하여 쉬지 않고 운행된다.

批 절絶은 끝나는 곳이다. 혈기가 낙맥에서 끝나는 곳이다.

> 凡候此者, 下虛則厥, 下盛則熱, 上虛則眩, 上盛則熱痛. 故石者, 絶而止之, 虛者, 引而起之.
>
> 표본을 살펴서 하허下虛하면 궐하고, 하성下盛하면 열이 나며, 상허上虛하면 어지럽고, 상성上盛하면 열통이 생긴다. 그러므로 단단하면 하에서 끊고 상에서 성해지는 것을 멈추게 하며, 허하면 상에서 끌어 올리고 아래를 진작시켜 올린다.

⊕ 허실虛實은 십이낙맥十二絡脈의 혈기에 허가 있고 실이 있다는 것이다. 하허下虛와 하성下盛은 허실이 본本에 있다. 그러므로 하허하면 궐역이 되고下虛則厥, 하성하면 열이 난다下盛則熱. 상허上虛와 상성上盛은 허실이 표標에 있다. 그러므로 상허하면 어지럽고上虛則眩, 상성하면 열통이 있다上盛則熱痛. 그러므로 단단한 것을 끊어서 멈추게 하는 것石者絶而止之은 하에서 끊어서 상에서 성해지지 못하게 하는 것이다.

허한 것은 끌어올리고 일으키는 것虛者引而起之은 상에서 끌어올리고, 진작하여 하에서 올리는 것이다. 수족手足 십이낙맥을 살펴 위로 두기지가頭氣之街와 흉기지가胸氣之街로 나가게 한다.

주영년이 말했다. "절절絶絕은 경맥의 혈기를 끊어 낙맥으로 흘러가게 하는 것이다. 기기起起는 경맥의 혈기를 진작하여 기가氣街로 끌어내는 것이다. 이것은 혈맥의 관통을 밝힌 것이지 보사를 말하는 것이 아니다."

批 혈기는 경맥에서 낙맥으로 나가고 올라가 기가氣街로 간다.

請言氣街, 胸氣有街, 腹氣有街, 頭氣有街, 脛氣有街. 故氣在頭者, 止之於腦, 氣在胸者, 止之膺與背腧, 氣在腹者, 止之背腧與衝脈於臍左右之動脈者, 氣在脛者, 止之於氣街與承山踝上以下. 取此者, 用毫鍼, 必先按而在久應於手, 乃刺而予之. 所治者, 頭痛眩仆, 腹痛中滿暴脹, 及有新積. 痛可移者, 易已也, 積不痛, 難已也.

기가氣街를 말하겠다. 흉부에 기가가 있고, 복부에 기가가 있으며, 두부에 기가가 있고, 경부脛部에 기가가 있다. 두부에 있는 기가는 뇌까지 가고, 흉부에 있는 기가는 응부膺部와 배수背腧까지 가며, 복부에 있는 기가는 배수와 충맥衝脈의 배꼽 양옆 동맥까지 가고, 경부에 있는 기가는 기가氣街*와 승산承山 그리고 내과足踝 위에서 내려간다. 치료할 때는 호침을 쓰는데 먼저 침놓을 곳을 손으로 문지르고 있다가 손에 기감氣感이 올 때 비로소 침놓아 보사를 한다. 이것으로 치료할 수 있는 것은 두통·현부眩仆·복통·중만中滿·폭창暴脹·새로 생긴 적취積聚 등이다.

통처가 움직이는 것은 쉽게 낫고, 아프지 않은 적취積聚는 낫기 어렵다."

⦿ 가街는 길이다. 기가氣街는 기의 지름길이다. 낙맥이 끝나는 곳에서 지름길로 통하는 것絡絕則徑通은 낙맥이 끝에서 혈기가 빠져나와 피부와 주리로 간다.

지止는 끝나는 곳이다. 뇌에서 멈춘다는 것止之於腦은 두기지가頭氣之街가 낙맥이 뇌에서 끝난다는 것이다.

응膺과 배수背腧에서 멈춘다는 것止之膺與背腧은 흉기지가胸氣之街가 낙맥이 흉부에서 끝나는 경우가 있고, 흉부에서 올라가 견배肩背를 순환하고 끝나는 경우도 있다. 맥내의 혈기는 응액膺腋의 낙맥이 끝나는 곳에서 피부로 나가

---

* 여기서 기가氣街는 기충혈氣衝穴이다.

기도 하고, 배수의 낙맥이 끝나는 곳에서 피부로 나가기도 한다. 십이경맥이 올라가서 두기지가와 흉기지가로 나가는 것은 혈기가 아래에서 올라가 표로 나간다.

경經에서 "충맥은 십이경맥의 바다다衝脈者十二經脈之海也"라고 했다. 충맥은 주로 계곡谿谷을 적셔주며 양명陽明과 종근宗筋에서 합쳐진다. 음양이 모두 종근에서 모이고 기가에서 합쳐지니 양명이 가장 세다. 모두 대맥帶脈에 속하고 독맥에 연결된다. 양명의 혈기가 다시 충맥에서 복기지가腹氣之街로 나가므로 충맥과 배꼽臍의 좌우동맥左右動脈에서 만난다.

〈영추·동수動輸〉에서 "충맥은 소음의 대락과 함께 신腎에서 기시하여 내려가 기가로 나가고 음고陰股 내측을 돌고 비스듬히 괵중으로 간다衝脈與少陰之大絡 起於腎下 出於氣街 循陰股內廉 邪入膕中"라고 했다. 괵중膕中은 족태양 부위다. 그러므로 족태양의 승산承山과 발목에서 만나 내려간다. 이것은 족소음도 충맥과 함께 경기지가脛氣之街로 나간다.

호침毫鍼은 미세한 침으로 피모로 기가 가게 취한다.

오랫동안 문지르는 것按之在久은 기가 오는 것을 살피는 것이다.

소음과 양명은 혈기가 처음 생기는 곳이다. 소음의 혈기가 경기지가로 궐역하면 상행하지 못하여 두통과 현부眩仆가 나타난다. 양명의 혈기가 복기지가腹氣之街로 궐역하면 퍼지지 못하여 복통과 중만증中滿症이 나타난다. 이것은 소음과 양명지기의 궐역 때문이므로 호침을 사용하여 오랫동안 문지르면서 기가 오는 것을 살핀다. 그렇게 하여 두통과 현부眩仆, 중만中滿을 치료한다.

그리고 적積이 있는데 통증이 있고 움직이는 것及有新積 痛可移者은 적積이 기분氣分에 있는 것이니 잘 나을 수 있다. 통증이 없는 적적불통積積不痛은 혈분血分에 적積이 있는 것이니 낫기 어렵다. 이것은 적積을 빌려 경락의 영혈이 기가로 나가고 위기衛氣와 함께 끝없이 순행하는데 어떤 때는 기역氣逆이나 혈역血逆이 일어나기도 함을 거듭 밝혔다.

양명은 혈기가 만들어지는 부腑고, 소음은 선천의 정기가 저장되는 장臟이므로 다시 충맥에서 복기지가와 경기지가로 가서 피부와 기주에 포산된다. 따라서 〈영추·동수動輸〉에서 "족소음과 양명의 맥이 끊임없이 뛴다足少陰陽明獨

動不休者"고 말한 것은 혈기가 왕성하기 때문이다.

批 여與는 양명과 소음의 혈기가 두기지가頭氣之街와 흉기지가胸氣之街로 나가고, 다시 충맥과 함께 복기지가腹氣之街와 경기지가脛氣之街로 나가는 것을 말한다.

批 폭창신적暴脹新積은 복내腹內에도 낙맥이 끝나는 곳이 있어 혈기가 낙맥이 끝나는 곳에서 부곽邪郭으로 나가 적적이 형성된다.

批 맥내의 혈기는 상행하고, 맥외의 혈기는 하행하여 내외가 서로 관통하여 끊임없이 순환된다.

批 대맥帶脈은 횡으로 배를 두른 것이고, 독맥督脈은 소음에서 똑바로 올라가 배꼽 중앙을 관통한다.

批 '폭暴'과 '신新'이라는 것은 오래된 것이 아니다. 혈기가 막히는 것이다.

批 기역氣逆·혈역血逆은 모두 두통 현부眩仆·복통·중만中滿을 일으킬 수 있다.

批 장옥사가 말했다. "적적은 사기가 복내腹內로 간 것이다."

논통論痛

黄帝問於少兪曰: 筋骨之强弱, 肌肉之堅脆, 皮膚之厚薄, 腠理之疎密各不同, 其於鍼石火焫之痛何如? 腸胃之厚薄堅脆亦不等, 其於毒藥何如? 願盡聞之.

少兪曰: 人之骨强筋弱肉緩皮膚厚者耐痛, 其於鍼石之痛火焫亦然.

黄帝曰: 其耐火焫者, 何以知之?

少兪答曰: 加以黑色而美骨者, 耐火焫.

黄帝曰: 其不耐鍼石之痛者, 何以知之?

少兪曰: 堅肉薄皮者, 不耐鍼石之痛, 於火焫亦然.

황제가 소유에게 물었다. "근골의 강약强弱, 기육의 견취堅脆, 피부의 후박厚薄, 주리의 소밀疎密이 각각 다른데 침석鍼石과 뜸을 시술할 때의 통증은 어떤가? 장위腸胃의 후박과 견취도 같지 않은데 독한 약성에 어떻게 견딜 수 있는가? 다 듣고 싶다."

소유가 답했다. "골이 강하고, 근이 약하며, 살이 이완되고, 피부가 두꺼운 사람은 통증을 잘 참으니 침석이나 뜸의 통증도 마찬가지로 잘 견뎌낸다."

황제가 물었다. "뜸을 잘 참는 줄 어떻게 아는가?"

소유가 답했다. "안색이 검고 골격이 좋으면 뜨거운 뜸을 잘 참는다."

황제가 물었다. "침석의 통증을 견디지 못하는 사람은 어떻게 아는가?"

소유가 답했다. "살이 단단하고 피부가 얇으면 침석의 통증을 참지 못한다. 뜸도 마찬가지다."

🌐 이것은 앞 문장을 이어서 사람의 피육근골이 모두 소음과 양명에서 자생되고 자양된다는 것을 거듭 밝히고 있다. 소음은 선천先天의 정기精氣를 지니고

있고, 양명은 수곡의 정미精微를 변화시킨다. 그러므로 근골의 강약과 기육의 견취, 피부의 후박, 주리의 소밀疏密은 모두 소음과 양명에서 만들어진 기에 달려 있다.

안색이 검고 골격이 좋은 것黑色而美骨은 소음의 혈기가 왕성하다.

살이 이완되고 피부가 두터운 것肉緩皮膚厚은 양명의 혈기가 왕성하다.

막자유莫子瑜가 말했다. "신肾은 수장水臟이므로 소음의 기가 성한 자는 뜨거운 뜸을 잘 참아낸다. 양명은 추금지기秋金之氣를 지니고 있으므로 기가 약하면 침석과 뜸을 참지 못한다."

> 黃帝曰: 人之病, 或同時而傷, 或易已, 或難已, 其故何如?
> 少兪曰: 同時而傷, 其身多熱者, 易已, 多寒者難已.
>
> 황제가 물었다. "병이 동시에 손상되었는데 어떤 이는 쉽게 낫고, 어떤 이는 잘 안 낫는데 그 이유가 무엇인가?"
>
> 소유가 답했다. "동시에 손상되어도 몸에 열이 많으면 쉽게 낫고, 몸이 차면 잘 안 낫는다."

◉ 이것은 소음지기少陰之氣을 나누어 말한 것이다. 소음少陰은 지음至陰으로 생기生氣의 원천이다. 몸에 열이 많으면 소음에서 생기는 기가 성하다. 몸이 차면 소음지기가 허하다. 사람의 형기는 후천 수곡에 의해서 생기고, 선천의 음양에서 시작한다. 형기가 성하면 사기는 흩어지고, 형기가 허하면 사기가 머무른다. 따라서 병이 잘 낫느냐 아니냐는 소음에서 생기는 기의 성쇠에 달려 있다.

주영년이 말했다. "소음 선천의 정기는 후천 수곡의 힘에 의지하여 배양되며, 양화兩火가 병합하여 양명이라고 하는 것이므로 양명은 조열지기燥熱之氣를 지니고 있다. 몸에 열이 많은 자其身多熱者는 소음지기가 성한 것이다. 소음의 기가 성해야 양명에서 자생되는 기를 받는다. 이 구절은 소음이 양명의 기를 받아서 자배資培되는 것을 말하고 있고, 다음 구절에서는 양명이 소음지기를 받아서 합화合化하는 것을 말한다."

批 〈소문·궐론厥論〉에서 "기는 중초中焦에서 생기는 것이다"라고 했다.

黃帝曰: 人之勝毒, 何以知之?

少兪曰: 胃厚色黑, 大骨及肥者, 皆勝毒, 故其瘦而薄胃者, 皆不勝毒也.

황제가 물었다. "독한 약성을 견뎌낼 수 있는지 어떻게 아는가?"

기백이 답했다. "위胃가 두텁고, 안색이 검으며, 골격이 크고, 살찐 사람들은 모두 독한 약성을 잘 견뎌낸다. 마르고 위가 약한 사람들은 모두 독한 약성을 견디지 못한다."

❂ 여기서는 다시 소음과 양명이 상합함을 말한다. 양명은 중토中土에 위치하면서 주로 수곡을 수납하고, 소음지기少陰之氣의 도움으로 무계상합戊癸相合하여 화토지기火土之氣를 변화시킨 후 조박을 걸러내고 진액을 증발시켜 수곡의 정미가 된다. 그러므로 위胃가 두텁고 안색이 검으며 골격이 크고 살찐 사람胃厚色黑 大骨及肥은 소음과 양명지기가 함께 성하므로 독한 약성을 이겨낼 수 있다.

예충지가 말했다. "중하中下 이초二焦가 서로 자생한 연후에 근골이 강건해지고 기육이 풍후해진다. 이 주는 〈소문·궐론厥論〉과 함께 보아야 한다."

천년天年

> 黃帝問於岐伯曰: 願聞人之始生, 何氣築爲基? 何立而爲楯? 何失
> 而死? 何得而生?
> 岐伯曰: 以母爲基, 以父爲楯, 失神者死, 得神者生也.
>
> 황제가 기백에게 물었다. "사람이 세상에 처음 태어날 때 무엇을 기반으로 이
> 루어지고, 무엇으로 몸을 보호할 수 있는가? 또 무엇을 잃어야 죽고, 무엇을
> 얻어야 살 수 있는가?"
>
> 기백이 답했다. "모친의 음혈陰血로 기초를 이루고, 부친의 양기陽氣로 보호
> 한다. 신기神氣를 잃으면 죽고, 신기神氣를 얻으면 산다."

⊕ 예충지가 말했다. "이 편은 사람의 생사生死와 수요壽夭가 모두 소음과 양명
에 달려 있다고 말한다. 양陽은 부父고, 음陰은 모母다. 기基는 시작이다. 사람
은 소음을 바탕으로 생겨난다. 순楯은 방패 종류로 사방을 막고 제어한다. 양
명지기를 얻어야 사체四體를 충실하게 할 수 있다. '양정兩精이 서로 뭉쳐서 신
神이 된다兩精相搏謂之神'는 것은 하나는 선천지정先天之精이고, 다른 하나는 수
곡지정水穀之精이다. 상박相搏은 뭉쳐서 하나가 되는 것이다. 선후천의 정기精
氣가 충족된 후 형체와 신기가 갖추어져 백세를 넘겨 살 수 있다."

> 黃帝曰: 何者爲神?
> 岐伯曰: 血氣已和, 營衛已通, 五臟已成, 神氣舍心, 魂魄畢具, 乃
> 成爲人.
>
> 황제가 물었다. "무엇이 신神이냐?"

기백이 답했다. "혈기가 잘 조화되고, 영위가 통하며, 오장이 완성되고, 신기神氣가 심心에 깃들며, 혼백魂魄이 다 갖추어지면 그제야 사람이 완성된다."

◉ 주영년이 말했다. "이것은 처음 생겨날 때 선천의 정기를 얻고서 영위기혈營衛氣血과 오장의 신지神志가 생긴 후 사람이 완성된다는 것을 말한다."

批 신神은 수곡의 정기精氣다.

黃帝曰: 人之壽夭各不同, 或夭壽, 或卒死, 或病久, 願聞其道.
岐伯曰: 五臟堅固, 血脈和調, 肌肉解利, 皮膚緻密, 營衛之行, 不失其常, 呼吸微徐, 氣以度行, 六腑化穀, 津液布揚, 各如其常, 故能長久.

황제가 물었다. "사람의 수요壽夭가 각각 달라 어떤 이는 단명하고, 어떤 이는 장수하며, 어떤 이는 졸사卒死하고, 어떤 이는 오랫동안 병을 앓기도 하는데 그 이유를 알고 싶다."

기백이 답했다. "오장이 견고하고, 혈맥이 조화되며, 기육肌肉이 분리되고, 피부가 치밀하며, 영위營衛가 잘 순환되고, 호흡이 여유로우며, 기가 잘 돌고, 소화가 잘 되며, 진액津液이 잘 퍼져서 모든 것이 정상으로 작동되어 건강하게 장수할 수 있다."

◉ 주영년이 말했다. "이것은 이미 사람이 탄생한 후에는 수곡의 정기精氣에 의지하여 영위와 진액이 자생되고 장부臟腑와 형신形身을 자양資養한 뒤에라야 장수할 수 있음을 말한다."

黃帝曰: 人之壽百歲而死, 何以致之?
岐伯曰: 使道隧以長*, 基牆高以方**, 通調營衛, 三部三里起***, 骨

---

* 인중이 길면 장수한다―〈통해〉.
** 기장基牆은 지각地閣으로 아래턱을 말한다. 하관이 발달하여 주위보다 높아야 장수한다―〈통해〉.

高肉滿, 百歲乃得終.

황제가 물었다. "백세까지 살 수 있는지 무엇으로 아는가?"

기백이 답했다. "인중人中이 길고, 지각地閣이 두툼하고 단정하며, 영기와 위기가 잘 통조되고, 삼정三停이 균등하면서 봉기隆起되며, 골격이 좋고 살집이 풍만하면 백세까지 살 수 있다."

● 이것은 사람이 선후천의 정기가 충족되고, 영위가 통조되며, 골육이 풍만해야 천수를 누릴 수 있다는 것을 통틀어 말한다.

사도使道는 혈맥의 도로다. 〈영추·본수本輸〉에서 말하는 "간사間使의 도道"로 심포락이 혈맥을 주관하는 것이다.

수隧는 행렬이다.

장長은 끊임없이 도는 것이다. 이는 혈기가 충족되어 차례대로 유통되는 것을 말한다.

기장고이방基牆高以方은 살이 두툼하고 사체四體가 충실한 것이다. 맥도가 잘 흐르고 기육이 풍성하면 영위가 통조된다.

삼부三部는 형신의 상중하上中下다.

삼리三里는 수족양명의 맥으로 모두 일어나서 평등해지는 것이다.

골고骨高는 소음지기가 충분한 것이다.

육만肉滿은 양명지기가 성한 것이다.

이런 것이 장수의 징조다.

예충지가 말했다. "심포락心包絡은 맥을 주관하고, 포락包絡과 삼초三焦는 신장腎臟에서 생긴 기가 나가서 심心으로 귀속되고, 내려가서 유형의 장부가 되어 혈맥을 주관하니 이것이 선천의 정기精氣다. 기장基牆은 토기土基가 두텁고 사벽四壁이 견고하니 이는 후천 수곡의 정기다."

批 경맥의 혈기는 족足에 근본을 두고, 피부의 혈기는 수手에 근본을 둔다.

*** 얼굴의 삼정으로 인당 위쪽 이마가 상정, 인당에서 코까지가 중정, 인중에서 턱까지가 하정이다. 삼정이 균등해야 건강하다―〈통해〉.

黃帝曰: 其氣之盛衰, 以至其死, 可得聞乎?

岐伯曰: 人生十歲, 五臟始定, 血氣已通, 其氣在下, 故好走. 二十歲, 血氣始盛, 肌肉方長, 故好趨. 三十歲, 五臟大定, 肌肉堅固, 血氣盛滿, 故好步. 四十歲, 五臟六腑十二經脈, 皆大盛以平定, 腠理始疎, 榮華頹落, 髮頗頒白, 平盛不搖, 故好坐. 五十歲, 肝氣始衰, 肝葉始薄, 膽汁始滅, 目始不明. 六十歲, 心氣始衰, 善憂悲, 血氣懈惰, 故好臥. 七十歲, 脾氣虛, 皮膚枯. 八十歲, 肺氣衰, 魄離, 故言善誤. 九十歲, 腎氣焦, 四臟經脈空虛. 百歲, 五臟皆虛, 神氣皆去, 形骸獨居而終矣.

황제가 물었다. "기의 성쇠盛衰로써 죽음까지 도달하는데 그 과정을 듣고 싶다."

기백이 답했다. "10세가 되면 오장이 비로소 안정되고, 혈기가 통하며, 기가 아래에 몰려 있어 뛰는 것을 좋아한다.

20세가 되면 혈기가 완성되기 시작하고, 기육이 다 자라서 종종걸음을 좋아한다.

30세가 되면 오장이 크게 안정되고, 기육이 견고하며, 혈기가 충만되어 걷는 것을 좋아한다.

40세가 되면 오장육부와 십이경맥이 모두 왕성하여 평정되고, 주리가 성글기 시작하며, 영화榮華가 퇴락하고, 머리가 반백頒白이 되며, 정精이 줄어들지만 그래도 뚜렷한 쇠퇴가 드러나지 않아 앉아 있는 걸 좋아한다.

50세가 되면 간기肝氣가 쇠하기 시작하고, 간엽肝葉이 얇아지며, 담즙이 줄어들고, 눈이 침침해진다.

60세가 되면 심기心氣가 약해지기 시작해 자주 슬퍼하며, 기운이 없어 눕는 걸 좋아한다.

70세가 되면 비기脾氣가 허해지고, 피부가 건조해진다.

80세가 되면 폐기肺氣가 쇠하고, 백魄이 이탈되어 말이 자주 어긋난다.

90세가 되면 신기腎氣가 말라 사장四臟과 경맥이 공허해진다.

100세가 되면 오장이 다 허해지고 신기神氣가 사라지며 몸만 남고 죽는다."

⊕ 이것은 사람의 생장이 음에서 생기고, 아래에서 올라가므로 "기가 아래에

있다其氣在下"라고 한 것이다.

달리고好走, 종종걸음을 하며好趨, 걷는 것好步은 춘하의 생동지기生動之氣다. 사람이 노쇠해지면 위에서 아래로, 양에서 음으로 내려가므로 간肝이 처음으로 쇠퇴되고 심心으로 가며, 심에서 비脾로, 비에서 폐肺로, 폐에서 신腎으로 간다.

앉고好坐, 눕는 것好臥은 추동의 수장지기收藏之氣다.

기육이 견고하고 혈맥이 왕성한 것肌肉堅固 血氣盛滿은 소음과 양명의 기가 왕성한 것이다.

주리가 성글어지고 머리가 반백이 되는 것腠理始疎 髮頗頒白은 양명과 소음의 기가 쇠하는 것이다.

주영년이 말했다. "사람의 생장은 먼저 신장腎臟의 정기精氣에 바탕을 두고 수화水火에서 목금토木金土가 생기니 선천의 오행이다. 사람이 늙는 것은 간목肝木에서 화토금수火土金水로 가니 후천의 오행이다."

批 〈소문·방성쇠론方盛衰論〉에서 "늙음은 위에서 내려가고, 젊음은 아래에서 올라간다"고 했다.

黃帝曰: 其不能終壽而死者何如?
岐伯曰: 其五臟皆不堅, 使道不長, 空外以張, 喘息暴疾, 又卑基牆, 薄脈少血, 其肉不石, 數中風寒, 血氣虛, 脈不通, 眞邪相攻, 亂而相引, 故中壽而盡也.

황제가 물었다. "천수天壽를 다 누리지 못하고 죽는 것은 어째서인가?"

기백이 답했다. "오장이 견고하지 못하며, 인중人中이 짧고 콧구멍이 밖으로 드러나며, 천식과 폭질을 잘 앓고, 또 지각地閣이 빈약하며, 맥이 약하고, 혈이 부족하며, 살이 단단하지 못하고, 자주 감기에 걸리며, 혈기가 허하고, 맥이 통하지 않아 진기眞氣와 사기邪氣가 다투어 혼란스럽고 서로 끌어당기므로 천수를 누리지 못하고 죽는다."

◉ 이것은 사람이 선천의 기가 허하고 박약해도 후천을 잘 북돋으면 적풍허사賊風虛邪에 침범당하지 않을 수 있어 연년익수延年益壽할 수 있음을 말한다. 만

약 기가 허약한데도 조양調養하지 않고 자주 풍한에 적중되면 중도에 요절하거나 천수를 다하지 못한다.

또 오장이 튼튼하지 못하며, 인중이 길지 않고, 콧구멍이 밖으로 드러나며, 천식과 폭질이 일어나는 것五臟不堅 使道不長 空外以張 喘息暴疾은 선천의 기가 부족한 것이다.

또 지각地閣이 빈약하고, 맥이 약하며, 혈이 부족하고, 살이 단단하지 않은 것又卑基牆, 薄脈少血, 其肉不石은 음식과 거처의 조양이 제대로 되지 않은 것이다.

자주 풍한에 적중되는 것數中風寒은 허사적풍虛邪賊風을 언제 피할지도 모르는 것이다. 진기와 사기가 서로 싸워서 혼란되어 사기를 인체 내로 끌어들여 수명이 반으로 줄고 일찍 죽는다.

예충지가 말했다. "선천은 신장의 정기다. 그러나 사람이 태어난 다음에는 후천에 힘입어 자양資養된다. 수곡이 입으로 들어가면 오미五味로 나뉘어 진액이 각자 제 길로 간다. 산미酸味는 먼저 간肝으로 가고, 고미苦味는 먼저 심心으로 가며, 감미甘味는 비脾로 가고, 신미辛味는 폐肺로 가며, 함미鹹味는 신腎으로 먼저 가니 오장이 수곡의 정을 주로 저장한다. 신腎은 수장水臟이고 오장의 정精을 받아서 저장한다. 그러므로 선천의 정기가 부족해도 후천으로 자양하면 그래도 천수를 누릴 수 있다. 그래서 육부가 수곡을 잘 소화시키고 진액이 잘 퍼져서 항상됨을 유지하면 오래 건강하게 장수한다."

친구와 같이 남도여행을 갔다 돌아오는 길에 고속버스에서 친구가 갑자기 불안해하고 숨을 헐떡이며 진땀을 흘리면서 구토까지 했다. 한참 만에 진정되었으나 불안함은 가시지 않은 듯했다. 그야말로 공황발작의 대표적인 경우다. 공황장애를 치료하던 중 많이 호전되어 용기를 내서 함께 간 여행이었다.

공황장애는 버스·지하철·엘리베이터 등의 폐쇄공간에 가면 숨쉬기 힘들어하고 금방 죽을 것 같은 무서움으로 몸을 떨게 된다. 발작에 대한 두려움으로 폐쇄공간을 꺼리고 행동이 제한된다. 또 사람들이 많은 곳도 싫어한다. 하지만 꼭 일정한 것은 아니다. 보통사람들은 전혀 이해할 수 없다. 병원 응급실에 가도 별다른 이상이 없다.

한의학적인 진단으로 나타나는 공황장애 환자의 가장 큰 특징은 신허腎虛다. 극심한 신허로 인해 쉬이 피로감을 느끼고, 피곤함이 잘 회복되지 않으며, 발작 시에는 정신이 육체와 분리되어 수렴이 잘 안 되고, 호흡곤란을 일으키면서 죽을 것 같은 공포심을 느낀다.

〈영추·본신本神〉에서 "오장에 저장되어 있는 혈맥영기정신血脈營氣精神이 넘쳐서 오장을 벗어나면 정精이 소실되고, 혼백魂魄이 비양하며, 지의志意가 광란하고, 지려智慮 있는 행동을 못하게 된다先必本於神 血脈營氣精神 此五臟之所藏也 至其淫泆離臟則精失 魂魄飛揚 志意恍亂 智慮去身" 또 "특히 심心은 근심걱정이 지나치면 신神이 손상되고 신神이 상하면 무서움이 그치지 않는다怵惕思慮者則傷神

神傷則恐懼流淫而不止. 무서움이 지나치면 정신이 나가 수렴되지 않는다恐懼者神蕩憚而不收"라고 했다.

오장은 각기 정신적인 오지五志를 간직하고 있다. 심心은 신神을 간직하고 신腎은 지志를 간직하며 간肝은 혼魂을 간직하고 폐肺는 백魄을 간직하며 비脾는 의意를 간직한다心藏神 腎藏志 肝藏魂 肺藏魄 脾藏意. 건강할 때는 오지가 드러나지 않지만 오장에 이상이 생기면 오지가 드러난다. 무서움은 신장을 손상시키고 신장이 약하면 무서움을 많이 탄다腎在志爲恐 恐傷腎. 공포는 기를 하강시킨다. 지나친 공포 속에서는 자신도 모르게 오줌을 지리고 정이 빠져나간다恐則氣下 恐則精去.

공황장애는 신허로 발생한다. 신腎이 극도로 약해지면서 오장과 정신이 분리되어 제 의지대로 몸이 조절하지 못한다. 단순한 불안이 아니라 죽을 것 같은 공포심이 일어난다. 무서운 충격을 받으면 신이 약해지면서 공황장애가 된다. 만성피로를 느끼고 기가 빠져나가는 느낌이 들어 대변이나 소변을 참지 못하고 자주 본다.

치료는 신장의 정精을 충분히 보해야 한다. 정이 회복되어야 피곤함이 해소되고 무서움이 줄어들 수 있다. 위관전胃關煎이나 우귀음右歸飮을 복용시킨다.

七卷

55

역순逆順

黃帝問於伯高曰: 余聞氣有逆順, 脈有盛衰, 刺有大約, 可得聞乎?
伯高曰: 氣之逆順者, 所以應天地陰陽四時五行也. 脈之盛衰者,
所以候血氣之虛實有餘不足也. 刺之大約者, 必明知病之可刺, 與
氣未可刺, 與其已不可刺也.

황제가 백고伯高에게 물었다. "기氣에는 역순逆順이 있고, 맥脈에는 성쇠盛衰가 있으며, 자법刺法에는 일정한 원칙이 있다고 하는데 들을 수 있는가?"

백고가 답했다. "기의 역순은 천지天地·음양陰陽·사시四時·오행五行을 따르는 것이다. 맥의 성쇠는 혈기의 허실과 유여부족을 살피는 것이다. 자법의 큰 원칙은 침놓을 수 있을 때와 기가 왕성하여 침놓아서는 안 될 때 그리고 기가 물러가서 침놓아서는 안 될 때를 아는 것이다."

◉ 여백영이 말했다. "여기서는 병기病氣도 혈기를 따라 피부와 경맥 내외를 출입하니 침놓는데도 일정한 법칙이 있음을 말한다.

기에 역순이 있다는 것氣有逆順은 경맥 내외의 기가 서로 역순으로 행하니 천지·음양·사시·오행의 승강출입에 응하는 것이다. 맥에 성쇠가 있다는 것脈有盛衰은 경맥 내외의 혈기에 출입이 있어서 허와 실이 생기고 유여와 부족이 있다는 것이다. 자법에 일정한 원칙이 있다는 것刺有大約은 병이 오기 시작할 때 자침할 수 있고, 한창 성할 때는 자침해서는 안 되며, 이미 가버린 뒤에는 자침하면 안 된다는 것이다."

批 기가 나가면 안內은 허해지고 밖外은 실해진다. 들어가면 안은 유여해지고 밖은 부족해진다.

批 대기大氣가 이미 지나갔는데 자침하면 진기가 빠진다.

黃帝曰: 候之奈何?

伯高曰: 兵法曰 無迎逢逢之氣, 無擊堂堂之陣. 刺法曰 無刺熇熇之熱, 無刺漉漉之汗, 無刺渾渾之脈, 無刺病與脈相逆者.

黃帝曰: 候其可刺奈何?

伯高曰: 上工刺其未生者也. 其次刺其未盛者也. 其次刺其已衰者也. 下工刺其方襲者也, 與其形之盛者也, 與其病之與脈相逆者也. 故曰 方其盛也, 勿敢毀傷, 刺其已衰, 事必大昌. 故曰 上工治未病, 不治已病, 此之謂也.

황제가 물었다. "어떻게 아는가?"

백고가 답했다. "병법兵法에서는 '기세등등할 때 맞서서는 안 되고, 위풍당당할 때 공격하면 안 된다'고 했다. 자법刺法에서는 '고열이 심하면 침놓으면 안 되고, 땀이 많이 나서 그치지 않으면 침놓아서는 안 되며, 맥이 급하게 뛰면 침놓아서는 안 되고, 병증病症과 맥이 서로 부합되지 않을 때 침놓아서는 안 된다'라고 했다."

황제가 물었다. "침놓을 때를 어떻게 살피는가?"

백고가 답했다. "상공은 병이 생기기 전에 자침하고, 그다음에는 사기가 성해지기 전에 자침하며, 그다음에는 사기가 이미 쇠하면 자침한다. 하공은 기가 한창 성할 때, 병증이 심할 때, 병증과 맥이 상역될 때 자침한다. 그러므로 한창 성할 때 자침해서는 안 되고, 사기가 쇠했을 때 자침하면 반드시 효과를 본다. 그러므로 '상공은 미병未病을 치료하고, 이병已病은 치료하지 않는다'고 하니 이것을 말하는 것이다."

⊙ 여기서는 자법刺法도 병법兵法처럼 예리하게 오는 것은 피하고, 느긋이 물러갈 때는 공격해야 한다는 것을 말한다.

『사기史記』를 보면 "헌원지시軒轅之時에 신농神農의 세대世代가 쇠퇴하여 제후들이 서로 침벌을 하고, 또 치우蚩尤가 난亂을 일으켜 헌원軒轅이 간과干戈를 써서 정벌하여 죽였다"고 했다. 그러므로 병기兵器를 쓰는 법으로 자법의 대원칙으로 삼는다.

전戰은 용기勇氣다. 북을 한 번 치면 기세를 일으키고, 두 번 치면 후퇴하며,

세 번 치면 패한 것이다. 그러므로 기세등등할 때 맞서서는 안 되고, 위풍당당할 때 공격하면 안 된다. 기세가 꺾이고 진이 혼란할 때를 기다린 후 공격하면 이기지 못할 것이 없다.

고고지열熇熇之熱은 피부에 열이 많이 나는 것이다.

녹록지한漉漉之汗은 기주肌腠에 사기가 성한 것이다.

혼혼지맥渾渾之脈은 사기가 경맥에 들어간 것이다.

병과 맥이 상역相逆한 것病與脈相逆者은 진기眞氣와 사기邪氣가 서로 싸우는 것이다.

〈소문·이합진사론離合眞邪論〉에서 "사기가 낙맥을 나와 경맥에 들어가 혈맥 중에 머무를 때는 한온寒溫이 결정되지 않아 맥이 파도가 일어나는 것처럼 왔다갔다 하여 일정하지 않다. 그래서 한창 성할 때는 기다렸다가 가라앉으면 취하는 것이다. 기세등등할 때는 맞부딪쳐서 사하면 안 된다. 기의 움직이는 이치를 알면 한치의 오차도 없게 된다夫邪去絡入於經也 舍於血脈之中 其寒溫未相得 如涌波之起也 時來時去 故不常在 故曰方其來也 必按而止之 止而取之 無逢其衝而瀉之 知機道者不可挂以髮"라고 했다. 대체로 사기가 한창 성할 때는 맞서면 안 되고, 사기가 물러난 뒤에는 쫓아가 자극하면 안 된다. 기가 오고 갈 때를 기다려 재빨리 침놓으면 터럭만큼도 오차가 없다.

자기미생자刺其未生者는 아직 맥중에 병이 생기지 않는 것이다. 미성자未盛者는 사기가 아직 왕성해지지 않은 것이다. 이쇠자已衰者는 사기가 물러가서 이미 쇠퇴한 것이다. 그래서 "사기가 한창 성할 때 함부로 치료해서는 안 된다其盛也 勿敢毀傷"라고 말했으니 사기가 한창 성하면 진기가 대허大虛하므로 함부로 사기를 사하면서 정기를 손상시키면 안 된다. 이미 쇠퇴한 후 자침하면 좋은 결과를 얻는다. 상공이 미병을 치료한다는 것上工治未病은 아직 맥중에 병이 오지 않은 것이다. 혈맥으로 전해져 흘러가면 부腑나 장臟으로 들어갈 염려가 있다.

여백영이 말했다. "이 편의 편명이 〈역순逆順〉이라는 것을 생각하면 백고가 말한 기의 역순은 천지음양·사시오행에 응하는 것이다. 이것이 비록 자법의 원칙을 말한 것이지만 중점은 기의 역순에 있다. 천도天道는 우천右遷하고 지도지도地道는 좌전左轉한다. 사시지기四時之氣는 추위가 가면 더위가 오고 더위가 가면 추위가 오는 법이니 이것은 천지내외天地內外의 승강출입이다. 오장은 생장화수장生長化收藏의 기이니 모두 음양이 서로 관통하고 끊임없이 순환한다. 사람의 피부는 천天에 상응하고, 기육은 지地에 상응하며, 혈맥은 지지경수地之經水에 상응한다.

기의 역순은 기가 경맥과 피부의 내외를 환전하면서 서로 역순으로 행하니 천지음양·사시오행에 상응한다. 그러므로 하공이 병기가 쇠퇴한 후 자침한다는 것下工刺其已衰은 병이 맥중을 엄습할 때를 말한다. 형이 성할 때與其形之盛者는 피부에 병이 성하여 열이 나 펄펄 끓고 한창 땀이 날 때를 말한다. 병과 맥이 상역할 때與其病之與脈相逆者는 병사病邪가 비로소 맥에 들어갈 때다. 맥기가 피부로 나가는 것은 경에서 맥으로, 맥에서 낙으로, 낙에서 손으로, 손락孫絡이 끊긴 뒤 기가氣街로 나간다. 사기가 경맥으로 들어갈 때는 피부에서 낙맥으로 들어가고, 낙맥에서 경으로 들어간다. 그러므로 병과 맥은 움직이는 길이 서로 반대다.

사기가 낙맥을 떠나 경맥으로 들어갈 때는 파도가 일어나는 것처럼 왔다갔다 하여 일정함이 없고 병기病氣가 쇠퇴하면 맥을 따라서 행한다. 그래서 '병기가 쇠퇴한 후 침놓으면 병이 낫는다刺其已衰 事必大昌'라고 했다. 이 편의 중점은 인기人氣의 역순이 천지·사시·오행에 상응함을 알아 사병邪病의 성허출입盛虛出入을 알아내는 데 있다."

批 처음 맥으로 들어갈 때는 상역하고 진기와 사기가 서로 합쳐지면 파도가 일지 않고 맥을 따라 행한다.

오미五味

黃帝曰: 願聞穀氣有五味, 其入五臟, 分別奈何?

伯高曰: 胃者, 五臟六腑之海也, 水穀皆入於胃, 五臟六腑, 皆稟氣於胃. 五味各走其所喜, 穀味酸, 先走肝, 穀味苦, 先走心, 穀味甘, 先走脾, 穀味辛, 先走肺, 穀味鹹, 先走腎. 穀氣津液已行, 營衛大通, 乃化糟粕, 以次傳下.

황제가 물었다. "곡기에는 오미五味가 있는데 오장으로 들어가 어떻게 분리되는가?"

백고가 답했다. "위胃는 오장육부의 바다다. 수곡이 위에 들어가면 오장육부는 모두 위에서 기를 받는다. 오미는 각각 좋아하는 곳으로 귀속되니 곡이 산미酸味면 먼저 간肝으로 가고, 곡이 고미苦味면 먼저 심心으로 가며, 곡이 감미甘味면 먼저 비脾로 가고, 곡이 신미辛味면 먼저 폐肺로 가며, 곡이 함미鹹味면 먼저 신腎으로 간다. 곡기와 진액이 돌면 영위營衛가 크게 통하고, 이에 조박으로 변하여 아래로 내려간다."

⊕ 임곡암任谷庵이 말했다. "이 장은 오장육부와 진액, 영위가 모두 위부胃腑 수곡에서 생성되는 기를 지니고 있다는 것을 말한다. 곡식이 입으로 들어가면 미味는 다섯으로 분류되어 각각 좋아하는 곳으로 귀속되고, 진액도 각기 제 길로 간다. 곡기와 진액이 돌면 영위가 크게 통한다. 변화된 조박은 소장과 대장으로 전달되어 하초를 순환하고 방광으로 삼입된다."

黃帝曰: 營衛之行奈何?

伯高曰: 穀始入於胃, 其精微者, 先出於胃之兩焦, 以漑五臟, 別出兩行營衛之道. 其大氣之搏而不行者, 積於胸中, 命曰氣海, 出於肺, 循喉咽, 故呼則出, 吸則入. 天地之精氣, 其大數常出三入一, 故穀不入, 半日則氣衰, 一日則氣少矣.

황제가 물었다. "영위營衛는 어디로 행하는가?"

백고가 답했다. "곡식이 처음 위胃에 들어가면 정미精微는 먼저 위의 상초와 중초로 나가서 오장을 관개하고, 영기營氣와 위기衛氣의 두 길로 나뉘어 행한다. 종기宗氣는 돌지 않고 뭉쳐서 흉중에 축적되어 기해氣海가 된다. 폐로 나가서 인후咽喉를 순환하므로 숨을 내쉬면 기가 나가고 들이쉬면 기가 들어온다. 천지의 정기는 출입하는 수를 계산하면 셋이 나가고 하나가 들어온다. 따라서 곡식을 반일半日 동안 먹지 않으면 기가 줄어들고 하루 종일 먹지 않으면 기운이 없다."

⊕ 임곡암이 말했다. "이것은 수곡에서 만들어진 정기精氣가 먼저 위胃의 상중上中 이초二焦로 나가서 오장을 관개한다. 이초二焦는 상초·중초다. 상초는 위 상구胃上口로 나가고, 중초도 위중胃中에서 병합하므로 위의 양초兩焦라고 한다. 곡식이 위로 들어가면 폐肺로 전해져 오장육부가 모두 기氣를 받아 영營과 위衛의 두 길로 나뉘어 나간다. 청清한 것은 영營이고, 탁濁한 것은 위衛다. 영營은 맥중을 돌고, 위衛는 맥외를 돈다.

대기大氣는 종기宗氣다. 흉중胸中은 전중膻中이다. 종기가 모여서 돌지 않는 것은 흉중에 쌓이니 기해氣海라고 한다. 올라가서 폐로 나가 인후를 순환하여 호흡을 담당한다. 숨을 내쉬면呼 기가 나가고, 숨을 들이쉬면吸 기가 들어간다.

천天은 사람에게 오기五氣를 공급하고, 지地는 오미五味를 공급한다. 곡식이 위에 들어가 정미를 변화시켜 오기와 오미가 생성되니 천지의 정기精氣가 된다. 오곡이 위에 들어가 조박·진액·종기의 세 길로 나뉘므로 나가는 것은 셋이고, 들어가는 것은 하나다. 들어가는 것은 곡식이고, 나가는 것은 조박으로 변해서 아래로 내려보낸다. 진액은 오장을 관개하여 영위를 생성하며, 종기는 흉중에 쌓여서 호흡을 담당한다. 나가는 곳이 세 가지 길이므로 곡식이 반일

만 들어가지 않아도 기운이 빠지고, 하루 종일 안 먹으면 기운이 없다."

여백영이 말했다. "본편을 보면 대기大氣가 모여 돌지 않는 것은 흉중에 쌓이니 기해氣海라고 한다. 폐로 나가 인후를 돈다. 따라서 숨을 내쉬면 나가고 숨을 들이쉬면 들어오니 이것이 종기가 맥외를 도는 것이다. 폐는 피모를 주관한다. 숨을 내쉬면 기가 나가 8만 4천 땀구멍이 모두 닫히고, 숨을 들이쉬면 기가 들어와 8만 4천 땀구멍이 모두 열린다. 호흡에 상응하여 땀구멍이 개합된다.

〈영추·사객邪客〉에서 '종기는 흉중에 쌓여 후롱喉嚨으로 나가서 심맥心脈을 관통하고, 호흡을 행한다宗氣積於胸中 出於喉嚨 以貫心脈 而行呼吸焉'라고 했다. 이것이 종기가 맥중을 행하는 것이다. 1호 1흡一呼一吸에 맥이 6촌을 행하고, 주야 1만 3500식息에 맥은 810장丈을 행해서 일주한다. 이것은 호흡에 상응하여 맥이 경맥을 따라 환전하는 것이다. 그래서 종기는 기해로 흘러가고, 내려가는 것은 기가氣街로 주입되며, 올라가는 것은 식도로 간다宗氣流于海 其下者注于氣街 其上者走于息道. 맥외로 가는 것은 곧바로 기가로 주입되어 피모를 채운다."

黃帝曰: 穀之五味, 可得聞乎?
伯高曰: 請盡言之. 五穀, 秔米甘. 麻酸, 大豆鹹, 麥苦, 黃黍辛. 五果, 棗甘, 李酸, 栗鹹, 杏苦, 桃辛. 五畜, 牛甘, 犬酸, 猪鹹, 羊苦, 雞辛. 五菜, 葵甘, 韭酸, 藿鹹, 薤苦, 葱辛. 五色, 黃色宜甘, 靑色宜酸, 黑色宜鹹, 赤色宜苦, 白色宜辛. 凡此五者, 各有所宜.
所謂五色者, 脾病者, 宜食秔米, 飯牛肉棗葵. 心病者, 宜食麥羊肉杏薤. 腎病者, 宜食大豆黃卷猪肉栗藿. 肝病者, 宜食麻犬肉李韭. 肺病者, 宜食黃黍雞肉桃葱.

황제가 물었다. "곡식의 오미五味에 대해 알고 싶다."

백고가 답했다. "다 말하겠다.

오곡五穀은 갱미秔米가 감미고, 마麻가 산미며, 대두大豆가 함미고, 맥麥이 고미며, 황서黃黍가 신미다.

오과五果는 조棗가 감미고, 배李가 산미며, 밤栗이 함미고, 살구杏가 고미며,

복숭아桃가 신미다.

오축五畜은 소고기牛가 감미고, 개고기犬가 산미며, 돼지고기猪가 함미고, 양고기羊가 고미며, 닭고기鷄가 신미다.

오채五菜는 규葵가 감미고, 구韭가 산미며, 곽藿이 함미고, 해薤가 고미며, 총葱이 신미다.

오색五色은 황색黃色이 감미와 합치되고, 청색靑色이 산미와 합치되며, 흑색黑色이 함미와 합치되고, 적색赤色이 고미와 합치되며, 백색白色이 신미와 합치된다. 무릇 이 다섯 가지는 각기 서로 합치되는 바가 있다.

안색이 황색인 비병脾病에는 갱미·우육·조·규를 먹어야 한다.

안색이 적색인 심병心病에는 맥麥·양육羊肉·행杏·해薤를 먹어야 한다.

안색이 흑색인 신병腎病에는 대두황권大豆黃卷·저육猪肉·율栗·곽藿을 먹어야 한다.

안색이 청색인 간병肝病에는 마麻·견육犬肉·이李·구韭를 먹어야 한다.

안색이 백색인 폐병肺病에는 황서黃黍·계육鷄肉·도桃·총葱을 먹어야 한다.”

⊕ 여백영이 말했다. “오곡五穀은 기를 기르는 것이고, 오과五果는 기를 도우며, 오축五畜은 기를 보태고, 오채五彩는 기를 충실케 하여 기미가 합쳐지니 먹으면 보정익기補精益氣된다. 그러므로 오색五色과 오미五味가 합쳐지니 오장에 각기 맞는 음식이 있다. 오장은 내부에서는 오행과 합하고, 외부에서는 오색과 합한다. 오미가 위胃에 들어가면 각기 좋아하는 곳으로 귀속되고, 진액은 각제 길로 가서 오장을 영양한다. 따라서 오장에 병이 생기면 오장과 맞는 오미를 따른다.”

批 색은 기氣에 합하고 기는 미味에 합한다.

五禁, 肝病禁辛, 心病禁鹹, 脾病禁酸, 腎病禁甘, 肺病禁苦.

오금五禁이다. 간병肝病에는 신미를 금하고, 심병心病에는 함미를 금하며, 비병脾病에는 산미를 금하고, 신병腎病에는 감미를 금하며, 폐병肺病에는 고미를 금한다.

⬤ 여백영이 말했다. "오미五味와 오기五氣에는 생생生과 극극克이 있고 보補와 사瀉가 있다. 그러므로 오장에 병이 생기면 승극勝克하는 오미를 금해야 한다."

> 肝色靑, 宜食甘, 秔米飯牛肉棗葵皆甘. 心色赤, 宜食酸, 犬肉麻李韭皆酸. 脾色黃, 宜食鹹, 大豆豕肉栗藿皆鹹. 肺色白, 宜食苦, 麥羊肉杏薤皆苦. 腎色黑, 宜食辛, 黃黍雞肉桃葱皆辛.
>
> 간색肝色은 청색이니 감미를 먹어야 하는데 갱미秔米·우육牛肉·조棗·규葵가 모두 감미다.
>
> 심색心色은 적색이니 산미를 먹어야 하는데 견육犬肉·마麻·이李·구비韭가 모두 산미다.
>
> 비색脾色은 황색이니 함미를 먹어야 하는데 대두大豆·시육豕肉·율栗·곽藿이 모두 함미다.
>
> 폐색肺色은 백색이니 고미를 먹어야 하는데 맥麥·양육羊肉·행杏·해薤가 모두 고미다.
>
> 신색腎色은 흑색이니 신미를 먹어야 하는데 황서黃黍·계육鷄肉·도桃·총葱이 모두 신미다.

⬤ 〈소문·장기법시론藏氣法時論〉에 나오는 말이다. "간肝은 긴장되는 것을 싫어하므로 급히 감미를 먹으면 완화된다肝苦急 急食甘以緩之. 심心은 이완되는 것을 싫어하므로 급히 산미를 먹으면 수렴된다心苦緩 急食酸以收之. 비脾는 음토陰土로 조燥를 좋아하고 습濕를 싫어한다. 고苦는 화미火味니 고미苦味를 먹어 건조시킨다脾苦濕 急食苦以燥之. 폐肺는 기가 상역하는 것을 싫어하므로 급히 고미를 먹으면 기가 내려간다肺苦氣上逆 急食苦以泄之. 신腎은 건조한 것을 싫어하므로 급히 신미를 먹으면 윤조된다腎苦燥 急食辛以潤之."

색은 기가 드러난 것華이다. 완급조습緩急燥濕은 장기가 편하지 않은 것이다. 오장에 오기五氣의 고통이 있으므로 오미五味로써 조절해야 하니 음을 써서 양을 조화시킨다.

우안 | "비脾는 습을 싫어하니 급히 고미를 먹어서 건조시킨다脾苦濕 急食苦以燥之"라고 했고, "비색脾色은 황색이고 함미를 먹어야 하니 대두·저육·율·곽이

모두 함미다脾色黃 宜食鹹 大豆豕肉栗藿皆鹹"라고 했다. 비脾는 음중지지음陰中之至陰으로 습토지기濕土之氣를 주관하니 건조한 것을 좋아하고 한습을 싫어하므로 고미를 먹어서 건조시켜야 한다. 하지만 사장四臟으로 관개하니 토기土氣가 윤습潤濕해야 흐를 수 있으므로 함미를 먹어서 윤활하게 해야 한다. 그러므로 〈소문·옥기진장론玉機眞臟論〉에서 "비맥脾脈은 토土다. 토는 계월季月 18일에 왕성하여 주된 계절이 없는 고장孤臟으로 사방을 관개한다脾脈者土也, 孤臟以灌四傍者也"고 했고, 또 "물이 흐르는 듯한 맥은 태과가 되고 병인이 외부에 있다其來如水之流者 此謂太過 病在外'고 했으니 빨리 고미를 먹어서 건조시킨다. "새의 부리처럼 단단한 맥은 불급不及이라고 하며 병이 내부에 있다如鳥之喙者, 此謂不及 病在中"라고 했다. 단단한 맥은 돌지 않고 멈춘다. 그러므로 함미를 먹어서 윤습潤濕하게 하여 관개가 되게 해야 한다. 비脾는 토장土臟이고 중앙에 위치하며 중화지기中和之氣를 얻지 못하면 태과불급太過不及의 구분이 생기므로 먹어야 할 음식도 맞는 것이 두 가지다.

수창水脹

黃帝問於岐伯曰: 水與膚脹鼓脹腸覃石瘕石水何以別之?
황제가 기백에게 물었다. "수종水腫·부창膚脹·고창鼓脹·장담腸覃·석가石瘕·
석수石水는 어떻게 구별하는가?"

● 여백영이 말했다. "이 장은 한수지사寒水之邪가 수종水腫이 되니 부창膚脹·고
창鼓脹·장담腸覃·석가石瘕 등 제증이다.

경經에 "태양의 상부는 한수가 주관한다太陽之上 寒水主之" 하니 한寒은 수지
기水之氣다. 신腎과 방광膀胱은 모두 수水가 모인 것이어서 석수石水라고 한다.
석수는 신수腎水다. 수水가 피부지간에 넘쳐서 피수皮水가 된다. 기육과 피부
사이에 한기寒氣가 쏠리면 부창膚脹이 된다. 복강 내에 유체되면 고창鼓脹이 되
고, 장외腸外에 침입하여 머물면 장담腸覃이 되며, 자궁에 몰리면 석가石瘕가
되니 모두 수水와 한기로 된 병이다.

"사기가 몰리는 곳은 필시 정기가 허하다邪氣所湊 其正必虛"라고 하니 외부는
피부·기육·주리이고, 내부는 장부·모원募原·장위공곽腸胃空廓이니 모두 정기
正氣가 순행하는 곳으로 기화氣化해야 수水가 돌고, 기가 손상되면 수水는 엉겨
붙어 병이 된다. 그러므로 수병水病은 반드시 정기正氣를 파악하고 정기의 순
행하고 출입하는 곳을 알아야 치료하는 방법을 알 수 있다."

岐伯答曰: 水始起也, 目窠上微腫, 如新臥起之狀, 其頸脈動, 時
欬, 陰股間寒, 足脛腫, 腹乃大, 其水已成矣. 以手按其腹, 隨手而
起, 如裹水之狀, 此其候也.

기백이 답했다. "수종水腫이 처음 시작할 때는 눈두덩이 살짝 부어 와잠臥蠶이 일어난 것 같다. 경동맥이 뛰며, 때때로 기침을 하고, 음고陰股가 차며, 다리가 붓고, 배가 불러오면 수종이 이미 된 것이다. 손으로 배를 누르면 손을 따라 올라오니 마치 물이 차 있는 것 같다."

● 여백영이 말했다. "태양 방광지수膀胱之水가 피부로 넘쳐서 수창水脹이 된다. 태양의 기가 부표를 운행하는데 수水가 기氣를 따라 넘쳐서 병이 된 것이다. 태양맥은 목내자에서 시작하여 이마로 올라가고 정수리에서 교차하여 뒷목을 타고 내려간다.

눈두덩 위가 살짝 붓는 것目窠上微腫은 수水가 경經을 따라가다 상부에서 넘친 것이다. 경동맥이 뛰는 것頸脈動은 수水가 기를 손상시켜 맥까지 미친 것이다. 해欬는 수사水邪가 올라가 폐를 덮친 것이다. 음고가 차고 종아리가 붓는 것陰股間寒 足脛腫은 태양지기가 허하여 수水가 아래로 흐르기 때문이다. 복대腹大는 수水가 넘치고 토土가 허한 것이다. 수水가 피부 사이에 있어 누르면 들어 갔다가 손을 따라 올라오니 마치 물이 채워진 것如裹水之狀 같다."

黃帝曰: 膚脹何以候之?
岐伯曰: 膚脹者, 寒氣客於皮膚之間, 鼕鼕*然不堅, 腹大身盡腫, 皮厚, 按其腹, 窅**而不起, 腹色不變, 此其候也.

황제가 물었다. "부창膚脹은 어떻게 아는가?"

기백이 답했다. "부창은 한기寒氣가 피부 사이를 침범한 것이니 북소리처럼 겉에서 일어나 단단하지 못하고, 배가 불러오며, 몸 전체가 붓고, 피부가 두터워지며, 배를 누르면 움푹 들어가 나오지 않고, 복색腹色이 변하지 않는다."

● 여백영이 말했다. "한寒은 수지기水之氣다. 이는 무형지기無形之氣로 피부에 침입하니 허창虛脹이다. 무형지기이므로 북소리처럼 단단하지 못하다. 기창氣

---

* 공鼕은 북소리가 진동하는 것을 말한다.
** 요窅는 눈이 움푹한 모양을 말한다.

脹이므로 배가 커지고 몸이 다 붓는다. 한기寒氣가 기육과 주리 사이에 있으므로 피부는 두텁고 움푹 들어간다. 수水가 피부에 있어 누르면 바로 올라온다. 이것은 기氣에 병이 있어서 배를 누르면 움푹 들어가서 올라오지 않는다. 복색이 변하지 않는 것腹色不變은 한기가 피부에 있고 비토脾土는 아직 손상되지 않은 것이다.”

鼓脹何如?
岐伯曰: 腹脹身皆大, 大與膚脹等也, 色蒼黃, 腹筋起, 此其候也.
황제가 물었다. “고창鼓脹은 어떤가?”
　기백이 답했다. “배가 불러오고, 부창膚脹처럼 몸이 다 부으며, 안색이 푸르고 노르스름하며, 복근腹筋이 일어난다.”

⊕ 여백영이 말했다. “이는 한기寒氣가 공곽空廓을 덮친 것이니 장한생만병臟寒生滿病이 이것이다. 장한臟寒은 수장水臟의 한기가 성하고, 화토火土의 기가 쇠한 것이다. 몸이 모두 붓는 것身皆大은 비脾가 기육肌肉을 주관하기 때문이다. 안색이 푸르고 노르스름하며 복근이 일어나는 것色蒼黃 腹筋起은 토土가 망가져서 목기木氣가 덮친 것이다.”

批 간목肝木이 근筋을 주관한다.

腸覃何如?
岐伯曰: 寒氣客於腸外, 與衛氣相搏, 氣不得營, 因有所繫, 癖而內著, 惡氣乃起, 瘜肉乃生. 其始生也, 大如雞卵, 稍以益大, 至其成, 如懷子之狀, 久者離藏, 按之則堅, 推之則移, 月事以時下, 此其候也.
황제가 물었다. “장담腸覃은 어떻게 생기는가?”
　기백이 답했다. “한기寒氣가 장외腸外에 침범하여 위기衛氣와 서로 뭉쳐져 위기가 제대로 돌지 못하니 속박되어 응어리져서 내부에 들러붙는다. 악기惡氣가 일어나며, 식육瘜肉이 생긴다. 처음 생길 때는 계란 크기만하다가 점점 커져서 임신한 배처럼 불러온다. 오래되면 장에서 떨어져 누르면 단단하지만 밀면 움직인다. 달마다 생리는 나온다.”

● 이는 한기寒氣가 장외腸外에 침범하여 담罩이 생긴 것이다. 위기衛氣는 밤에 장부의 모원募原을 25회 행하는데 한기가 장외에 침범하여 위기와 뭉쳐지면 위기는 돌 수 없게 된다.

속박되어 응어리져서 내부에 들러붙는 것因有所繫 癖而內著은 무형의 기가 장외 공곽에 뭉쳐서 유형의 모원에 들러붙는 것이다. 그러므로 혈육의 악기惡氣가 일어나서 식육瘜肉이 생겨 이 담이 된다. 오래되면 장부의 지막脂膜과 떨어져 임신한 배처럼 되어 누르면 단단하고, 밀면 움직이지만 장부와는 상관되지 않는다. 그러므로 생리도 나온다.

批 장과 분리되어離臟 임산부의 배처럼 밀면 움직인다.

> **石瘕何如?**
> 岐伯曰: 石瘕生於胞中, 寒氣客於子門, 子門閉塞, 氣不得通, 惡血當瀉不瀉, 衃以留止, 日以益大, 狀如懷子, 月事不以時下, 皆生於女子, 可導而下.
>
> 황제가 물었다. "석가石瘕는 어떻게 생기는가?"
>
> 기백이 답했다. "석가는 포중胞中에서 생기는데 한기寒氣가 자궁에 침입하여 자문子門이 폐색되면 기가 통하지 못하고 악혈惡血이 빠져나가지 못해 배혈衃血이 쌓인다. 점점 커져서 임신한 배처럼 된다. 달마다 하는 월경이 나오지 않는다. 모두 여자에게 생기는 병으로 생리가 잘 나오게 치료해야 한다."

● 여백영이 말했다. "포중胞中은 혈해血海로 소복 안에 있다. 남자의 혈血은 순구脣口로 올라가서 수염이 나고, 여자는 달마다 월경을 한다. 한기寒氣가 자궁에 침범하면 자문子門이 폐색되어 자궁의 혈이 빠져나가지 못하고 적체되어 어혈 덩어리衃塊가 형성되고, 날마다 커져서 임신한 배처럼 된다. 혈이 포중에 유적留積된 것이므로 생리를 안한다. 장담腸覃과 석가石瘕는 모두 여자에게 생기지만 치료는 잘 유도하여 아래로 빼내야 한다."

批 유적留積이 한 달 만에 나오면 임신이 아니므로 악혈惡血이라고 한다.

黃帝曰: 膚脹鼓脹可刺邪?

岐伯曰: 先瀉其脹之血絡, 後調其經, 刺去其血絡也.

황제가 물었다. "부창膚脹과 고창鼓脹은 침놓을 수 있는가?"

　기백이 답했다. "먼저 창脹의 혈락을 사하고 나서 경맥을 조절한다. 침놓아 혈락을 제거한다."

⊕ 여백영이 말했다. "부창膚脹은 한기寒氣가 외부에 침범한 것이고, 고창鼓脹은 내부에 생긴 것이다. 그러므로 먼저 창脹의 혈락을 사하고 다시 경經을 조절하니 침으로 혈락을 제거한다. 먼저 외부를 사하고 나서 내부를 조절하고 다시 외부를 치료하니 내외가 상통한다."

　임곡암이 말했다. "장담腸覃과 석가石瘕는 유형의 혈적血積이니 기분氣分에서 유도한다. 부창과 고창은 무형의 기창氣脹으로 혈락에서 사하니 혈기가 상통한다."

적풍賊風

黃帝曰: 夫子言賊風邪氣之傷人也, 令人病焉, 今有其不離屛蔽,
不出室穴之中, 卒然病者, 非不離賊風邪氣, 其故何也?
岐伯曰: 此皆嘗有所傷於濕氣, 藏於血脈之中, 分肉之間, 久留而
不去. 若有所墮墜, 惡血在內而不去. 卒然喜怒不節, 飮食不適, 寒
溫不時, 腠理閉而不通, 其開而遇風寒則血氣凝結, 與故邪相襲則
爲寒痺, 其有熱則汗出, 汗出則受風, 雖不遇賊風邪氣, 必有因加
而發焉.

황제가 물었다. "선생님이 적풍사기賊風邪氣가 인체를 손상시켜 병든다고 했
다. 이제 집 안을 병풍으로 틀어막고 실내를 나가지도 않았는데 갑자기 병에
걸리는 경우는 적풍사기를 피하지 못한 것도 아닌데 병이 되는 이유가 무엇
인가?"

기백이 답했다. "이것은 모두 일찍이 습기濕氣에 손상되어 혈맥과 분육 사이
에 잠복되어 오래 머물러 있는 상태에서 일어난다. 높은 곳에서 떨어져 악혈惡
血이 내부에 생겼을 때, 갑자기 감정을 절제하지 못할 때, 음식을 제때에 먹지
못할 때, 한온寒溫을 계절에 맞추지 못할 때, 주리가 닫히면 불통하고, 주리가
열렸을 때 찬바람을 만나면 혈기가 응결되어 예전에 있던 습기濕氣와 새로 생
긴 풍한이 서로 덮쳐 한비寒痺가 된다. 열이 나면 땀이 나고, 땀이 날 때 풍을 쐬
면 비록 적풍사기가 아니라 할지라도 반드시 사기가 가해져 병이 발생한다."

◉ 이 편은 형체가 병들면서 정기신精氣神이 손상된 것을 말한다. 풍한습 사기
邪氣가 섞여 오면 비증痺症이 된다. 내부에서 정기신이 손상되는 병은 축유祝由
로 치료하는 귀신병과 유사함이 있다.

〈적풍賊風〉으로 편명을 붙인 것은 옛사람들은 평온하고 텅 비어 정신이 잘 간직되어 있어恬憺虛無 精神內守 사기가 깊이 침입하지 않으므로 이정변기移精變氣시키는 축유祝由를 해도 나았다. 요즘 세상은 그렇지 못하다. 내부는 우환으로 가득 차고 몸이 고달파서 외형이 손상되며 적풍이 자주 오고 풍사虛邪가 조석으로 생겨서 안으로는 오장과 골수까지 이르며, 밖으로는 공규와 기주를 손상시키므로 축유로써 병을 낫게 하지 못한다.

심心이 맥을 주관하니 모든 혈은 다 심에 속한다. 먼저 습濕에 손상된 적이 있어 습기가 혈맥 안에 잠복되면 심장의 신神이 손상된다.

분육分肉은 삼초의 원진이 통회하는 곳인데 분육 사이에 유체되면 기가 손상된다.

높은 곳에서 떨어지면 근골이 손상된다. 근筋은 바로 간肝이고, 골骨은 바로 신腎이다. 혈血은 바로 심心이니 악혈惡血이 안에 있으면 심장의 신神이 손상된다. 근筋에 손상이 있으면 간장의 혼魂이 손상된다. 골骨에 손상이 있으면 신장의 정精이 손상된다. 갑자기 희로喜怒가 절제되지 못하면 다시 간직된 신혼神魂이 손상된다. 음식이 불규칙하면 다시 수곡의 정액이 손상된다. 한온寒溫이 부적절하면 외부의 형기形氣가 손상된다. 형기가 상하면 주리가 폐색되어 불통하고, 주리가 열렸는데 풍한을 만나면 혈기가 응결되고 원래 있던 습사濕邪와 서로 싸우면 풍한습風寒濕 삼기三氣가 서로 뒤섞이면서 비증痺症이 된다.

주리가 열린 상태에서 풍을 만나면其開而遇風寒 열이 나고 땀이 난다. 열은 화지기火之氣이고, 한汗은 정혈지액精血之液이다. 정신을 손상시키기 때문에 열이 나면 기가 이완되고 땀이 나면서 주리가 열린다. 땀이 나면서 바람을 쐬면 적풍사기가 아니어도 반드시 잠복된 병인이 있는데 풍한이 가해지면 발병한다.

임곡암이 말했다. "적풍사기는 부정不正한 사기다. 풍한風寒은 천지정기天之正氣다. 잠복된 사邪가 있기 때문에 주리가 열리고 땀이 나는데 거기다 풍한이 가해지면 합쳐져서 사병邪病이 된다."

왕자방이 말했다. "풍風은 기氣를 손상시키고風傷氣, 한寒은 신神을 손상시키며寒傷神, 습濕은 정精을 손상시킨다濕傷精. 풍은 위衛를 손상시키고風傷衛, 한寒은 영營을 손상시키며寒傷營, 한수지기寒水之氣는 또 심화心火를 손상시킨다. 습

濕은 土토의 사기邪氣다. 그러므로 신장의 정精을 손상시킨다. 그래서 습에 손상되면 위궐痿厥이 나타난다. 위痿는 골위骨痿다. 궐厥은 신장腎臟의 생기生氣가 궐역하여 팔다리가 차가워진다.”

黃帝曰: 夫子之所言者, 皆病人之所自知也. 其毋所遇邪氣, 又毋怵惕之所志, 卒然而病者, 其故何也? 唯有因鬼神之事乎?
岐伯曰: 此亦有故邪, 留而未發, 因而志有所惡, 及有所慕, 血氣內亂, 兩氣相搏. 其所從來者微, 視之不見, 聽而不聞, 故似鬼神.

황제가 물었다. “지금 선생이 말한 것은 모두 환자도 아는 것이다. 사기를 만나지도 않고 근심 걱정거리도 없는데 갑자기 병이 생기는 것은 그 까닭이 무엇인가? 귀신 때문인가?”

기백이 답했다. “이것도 잠복된 사기가 있지만 발병하지 않다가 기분 나쁜 일이 있거나 바라는 것이 있어 혈기가 내부에서 혼란을 일으키면 두 기가 서로 부딪친다. 새로 생긴 것은 미미해 보이지도 않고 들리지도 않기 때문에 귀신병과 흡사하다.”

🌑 이것은 병이 내부에 있으면서 정기신精氣神이 손상된 것을 말한다.

사기가 잠복되어 유체되어 있으나 드러나지 않은 것故邪留而未發은 장부 모원에 유체되어 있어 기가 손상된 것이다. 수지정水之精이 지志고 화지정火之精이 신神이다. 지志에 싫어하는 것이 있으면 신장의 정精이 손상된다. 마음에 그리워하는 것이 있으면 심장의 신神이 손상된다.

혈기가 내부에서 혼란스러워 진기와 사기가 상박하여 서서히 병이 된다. 이는 기가 병든 것이고 형체는 병들지 않았다. 그러므로 눈에도 나타나지 않고 귀에도 들리지 않아 마치 신들린 듯하다.

혼魂이 떠다니는 것이 신神이고, 백魄이 떨어지는 것이 귀鬼다. 신神에 따라 왕래하는 것이 혼이고, 정精과 함께 나가는 것이 백魄이다. 정신이 내부에서 손상되면 혼백魂魄이 날아다녀 귀신들린 것과 유사하다.

批 내부의 모원은 외부의 분육分肉과 상통한다.
批 간에는 혼魂이 저장되어 있고, 폐는 기를 주관하면서 백魄이 저장되어 있다.

黃帝曰: 其祝而已者, 其故何也?

岐伯曰: 先巫者, 因知百病之勝, 先知其病之所從生者, 可祝而已也.

황제가 물었다. "축유祝由로 낫는 것은 그 까닭이 무엇인가?"

기백이 답했다. "선무先巫는 병을 제어할 수 있는 정신요법을 알아 먼저 병이 어디서 생긴 것인지 알기 때문에 축유로써 낫게 할 수 있다."

⊕ 지백병지승知百病之勝은 정기신精氣神 세 가지를 알면 모든 병을 낫게 할 수 있다.

병이 어디서 생기는지 아는 것先知其病之所從生者은 먼저 정기신이 손상되어 병이 생기는 연유를 안다.

축유를 하여 낫는 것可祝而已은 선무가 이정변기移精變氣를 할 수 있었으니 신명神明과 통한 것이다.

왕자방이 말했다. "상고에는 13과科가 있었는데 축유도 그중 하나다. 선무는 상고시대에 축유로 병을 낫게 할 수 있는 자로 무의巫醫라고 한다. 그러므로 옛날의 '의醫'자는 '무巫'에서 연유되었으니 사무師巫는 천역賤役인 무당과 비교할 바가 아니다. 남인南人에게는 '사람은 항상됨이 없으면 무의가 될 수 없다'라는 말이 있다. 즉 상고시대에 축유로 병을 낫게 하는 의사는 의醫와 무巫가 다른 것이 아니다."

위기실상衛氣失常

黃帝曰: 衛氣之留於腹中, 蓄積不行, 菀蘊不得常所, 使人支脇胃中滿, 喘呼逆息者, 何以去之?

伯高曰: 其氣積於胸中者, 上取之. 積於腹中者, 下取之. 上下皆滿者, 傍取之.

黃帝曰: 取之奈何?

伯高對曰: 積於上, 瀉大迎天突喉中. 積於下者, 瀉三里與氣街. 上下皆滿者, 上下取之, 與季脇之下一寸. 重者, 雞足取之, 診視其脈大而弦急, 及絶不至者, 及腹皮急甚者, 不可刺也.

黃帝曰: 善.

황제가 물었다. "위기衛氣가 복중腹中에 유체되어 뭉쳐 쌓여서 돌지 못하고 정해진 경로로 가지 못하여 옆구리가 답답하고, 위胃가 팽만되며, 호흡이 거칠어지는데 어떻게 해야 낫는가?"

백고가 답했다. "위기가 흉중에 쌓이면 상부에서 취하고, 복중에 쌓이면 하부에서 취하며, 상하 모두 쌓이면 측면을 취한다."

황제가 물었다. "어디를 취하는가?"

백고가 답했다. "상부에 쌓인 것은 대영大迎·천돌天突·후중喉中을 사한다. 하부에 쌓인 것은 족삼리足三里와 기가氣街를 사한다. 상하에 모두 쌓인 것은 계협 아래 1촌의 장문章門을 취한다. 위기의 적취積聚가 중하면 침 하나를 분육에 깊이 찌르고 나서 피하에 좌우로 비스듬히 찌르는 계족자법雞足刺法을 사용한다. 맥이 대大하고 현급弦急한 경우, 맥이 끊겨 오지 않는 경우, 복피腹皮가 팽팽한 경우 침놓아서는 안 된다."

황제가 말했다. "알겠다."

⦿ 이 편에서는 위기실상衛氣失常을 논하여 위기衛氣가 나오는 곳과 상주常住하는 곳을 밝혔으며 부침천심浮沈淺深과 태과불급太過不及을 구별했다. 〈영추·위기행衛氣行〉에서는 위기가 낮에는 양분陽分을 돌고, 밤에는 음분陰分을 돌아 내외로 출입하는 순환을 말했다. 이 편에서는 위기가 처음 시작하고 처음 출발하는 통로를 논했으니 피육근골 사이를 주로 돌면서 분육分肉을 덥히고 피부를 충실케 하며 주리를 두텁게 하고 땀구멍을 조절한다.

위기衛氣는 양명 수곡의 한기悍氣다. 곡식이 위胃에 들어가면 정미는 먼저 위의 상초·중초로 나가서 오장을 관개한다. 영기營氣와 위기가 도는 길이 분리되니 영행맥중營行脈中하고 위행맥외衛行脈外한다.

따로 나간다는 것別出은 곡식이 위에 들어가면 폐로 전달되고, 중中에 흘러넘쳐 밖으로 포산되는 것이다. 정전精專은 경수經隧로 가서 끊임없이 돌고 끝나면 다시 도는 영기니 나가는 길이 각기 구별된다. 위기와 종기宗氣가 도는 길도 각기 구별된다.

양행兩行은 영기가 기분氣分에서 출발해도 맥중을 행하고, 위기가 맥중에서 나온 것이라도 맥외로 흩어진다. 이 음양혈기가 서로 교차하면서 흐르는 길이다. 정전精專은 경수經隧를 도는 영혈인데 수태음폐에서 시작하여 족궐음간에서 끝나니 장부가 상통하고 내외가 상관하여 원처럼 끝없이 돌고 끝나면 다시 시작한다.

영기가 맥중을 도는데 1호 1흡一呼一吸에 6촌을 행한다. 낮에 25도, 밤에 25도를 도니 도는 길이 각기 구별된다. 이른바 호흡누하에 맞추어 영기가 맥중을 돈다는 것營行脈中 以應呼吸漏下은 중초에서 만들어진 진액이 삼초에서 나온 기를 따라서 피부 계곡谿谷의 기분氣分에 주입되고 손맥과 낙맥으로 삼입되어 변해서 붉게 되는 것이다.

〈영추·오륭진액별五癃津液別〉에서 "삼초에서 나간 기는 기육을 덥히고, 피부를 채우니 진津이 되고, 유동성이지만 흐르지 않는 것은 액液이 된다三焦出氣以溫肌肉 充皮膚 爲其津 其流而不行者爲液"라고 했다.

〈영추·결기決氣〉에서 "조박·진액·종기로 세 갈래가 나누어지니 영기는 분비된 진액이 맥으로 주입되어 변해서 혈이 되어 사말을 영위하고 오장으로 주입되며 시각에 상응하여 움직인다糟粕津液宗氣分爲三隨 營氣者 泌其津液 注之于脈 化 而爲血 以營四末 內注五臟六腑 以應刻數"라고 했다.

〈영추·옹저癰疽〉에서 "중초에서 나온 기는 이슬처럼 퍼져 계곡에 주입되고, 손맥에 삼입되어 진액과 섞여서 변화하여 혈이 된다. 혈이 섞이면 손맥이 먼 저 채워지고, 이에 낙맥으로 주입되며, 낙맥이 채워지면 경맥으로 주입된다. 음양경이 혈로 채워진 후 호흡에 의하여 움직인다. 움직임에는 규칙이 있는 것이니 전신을 주류함에도 일정한 법칙이 있어 천도에 상응해 쉬지 않고 돈다 中焦出氣如露, 上注谿谷, 而滲孫脈, 津液和調, 變化而赤爲血. 血和則孫脈先滿溢, 乃注於絡脈, 皆盈, 乃注於經脈. 陰陽已張, 因息乃行, 行有經紀, 周有道理, 與天合同, 不得休止"라고 했다.

맥중을 행하는 것은 호흡에 응하는 영기니 곧 중초에서 만들어진 진액이 삼 초에서 나온 기를 따라서 피부분육의 기분氣分에 주사되고, 손락으로 삼입되 어 변화해서 붉게 되어 혈이 되며, 호흡에 따라 행하니 행함에 일정한 법칙이 있다. 〈영추·영기營氣〉의 수태음폐에서 시작하여 족궐음간에서 끝나는 길과 는 구별이 된다.

종기宗氣가 흉중에 쌓여서 폐肺로 나가고 인후를 돌아 내쉬면 나가고 들이쉬 면 들어온다. 폐가 피모를 주관하니肺主皮毛 사람이 한 번 숨을 내쉬면 8만 4천 모규毛竅가 모두 닫히고, 한 번 들이쉬면 8만 4천 모규가 모두 열린다. 종기는 호흡에 응하여 열고 닫힌다.

위기는 한기悍氣로 아주 빠르게 움직여 사말의 분육 피부지간으로 먼저 가 는데 낮에는 양분을, 밤에는 음분을 행하면서 주야의 개합을 담당한다.

호흡에 따른 개합은 사람이 하는 것이다. 주야의 개합은 천天이 하는 개합이 다. 그러므로 영기와 위기의 나오는 곳과 도는 곳이 각기 있으므로 "영위가 두 길로 갈라져서 행한다別出兩行營衛之道"라고 하는 것이다.

이 편에서는 위기의 시생시출始生始出을 논했으니 양명의 맥락에서 상하사 방으로 나뉘어 행하여 몸 외부로 퍼진다. 축적蓄積, 완온苑蘊은 초목이 안에서 생장하여 무성해진 것과 같다.

정해진 경로로 가지 못하는 것不得常所은 나가는 일정한 경로를 알지 못하는 것이다. 그러므로 상부에서 축적되면 대영大迎과 천돌天突을 취하니 위기가 위로 나가는 것은 위胃의 대영大迎과 임맥의 천돌天突에서 피부로 나간다.

하부에서 축적이 되면 삼리三里를 취하니 위기가 아래로 나가는 것은 위胃의 삼리三里에서 피부로 나간다. 중中에 적취된 것은 기가氣街와 계륵의 대맥帶脈을 취하니 사방으로 퍼지는 위기는 복의 기가와 대맥의 장문章門에서 사방으로 나간다. 위기는 위부 수곡에서 만들어지는데 족양명과 임맥은 중완中脘에서 만나고, 위에서는 승장承漿에서 만나며, 대맥과는 배꼽 좌우에서 만나 복기지가腹氣之街로 나간다. 이 양명에서 만들어진 기는 양명 경맥에서 나가서 피부로 퍼지니 이것이 위기가 처음 나가는 정해진 장소다.

무릇 위衛는 양陽인데 맥脈에서 나오며, 내부에서 외부로 가며, 음陰에서 양陽으로 나간다. 영營은 음인데 계곡谿谷·기분氣分에서 손맥·경맥으로 들어가고, 외부에서 내부로 가며, 양에서 음으로 들어간다. 이것이 음양혈기가 나가고 들어오면서 서로 교차하는 통로다.

계족雞足은 발가락을 서서히 폈다 구부렸다 하여 닭발처럼 딛는 것이다. 양명의 경맥을 소통시켜 위기가 나가는 곳을 통하게 한다.

맥이 대大하고 현급弦急한 경우, 맥이 끊겨 오지 않는 경우, 복피腹皮가 팽팽한 경우診視其脈大而弦急 及絶不至者 及腹皮急甚者는 위기가 처음 생기는 곳에서 유체된 것이지 통과하는 길에서 적취된 것이 아니므로 외부 혈을 취해서는 안 된다.

이것은 위기가 처음 생기고 나가는 장소와 양분, 음분을 행하는 곳이 다르다는 것을 말한다. 그러므로 반대로 위기실상衛氣失常을 말하여 그것을 증명했다.

批 앞에서는 내부가 유여한 것을 말했고, 나중에는 외부가 유여한 것을 말했으니 모두 실상失常이다.

批 영혈위기의 생시출입生始出入이 바로 본경의 종지宗旨다. 영혈이 흐르는 길은 아주 여러 갈래가 있으니 학자는 세심하게 분석해야 한다.

黃帝問於伯高曰: 何以知皮肉氣血筋骨之病也?
伯高曰: 色起兩眉薄澤者, 病在皮. 脣色靑黃赤白黑者, 病在肌肉.
營氣濡然者, 病在血氣. 目色靑黃赤白黑者, 病在筋. 耳焦枯受塵垢, 病在骨.

황제가 백고에게 물었다. "피육, 기혈, 근골의 병을 무엇으로 알 수 있는가?"

백고가 답했다. "양 미간이 들뜨고 번질거리면 병이 피부皮膚에 있는 것이다. 입술색이 변하면 기육肌肉에 병이 있는 것이다. 온몸이 땀으로 축축하면 혈기血氣에 병이 있는 것이다. 눈 색이 변하면 근筋에 병이 있는 것이다. 귀가 초췌하고 때가 낀 것처럼 지저분하면 골骨에 병이 있는 것이다."

⊕ 여기서는 위기衛氣가 내부의 맥락에서부터 피육근골 사이에 퍼져서 머무는 곳이 각각 정해져 있다고 말한다.

색色은 기氣가 드러나는 것이다.

양미간兩眉間은 즉 궐중闕中이니 폐의 부위다. 폐합피肺合皮하므로 양미간에 색이 들뜨고 번질번질하면 위기의 병이 피부에 있다.

기육은 비토脾土의 외합이고, 토土는 사장四臟을 관개하므로 입술색이 청·황·적·백·흑으로 변하면 위기의 병이 기육에 있다.

영기는 혈지기血之氣다. 유濡는 윤택함이다. 혈지액血之液이 땀인데 땀이 흥건하게 나오면 위기의 병이 혈기血氣에 있다.

간은 근筋을 주관하고 눈에 개규하니 눈색이 청·황·적·백·흑으로 변하면 위기의 병이 근筋에 있다. 근筋은 삼음삼양 십이경맥과 합하므로 오색이 함께 드러난다.

귀는 신지규腎之竅인데 귀가 초췌하고 때가 낀 것처럼 지저분하면 위기의 병이 골에 있다.

피육근골은 맥외의 기분氣分이다. 위기衛氣가 형신으로 나가서 각기 해당처에 머무는 것이다.

批 혈기는 피부를 충실케 하고 기육을 덮혀주는 기혈이다.

黃帝曰: 病形何如? 取之奈何?

伯高曰: 夫百病變化, 不可勝數, 然皮有部, 肉有柱, 血氣有輸, 骨有屬.

黃帝曰: 願聞其故.

伯高曰: 皮之部, 輸於四末. 肉之柱, 在臂脛諸陽分肉之間, 與足少陰分間. 血氣之輸, 輸於諸絡, 氣血留居, 則盛而起. 筋部無陰無陽, 無左無右, 候病所在. 骨之屬者, 骨空之所以受益, 而益腦髓者也.

黃帝曰: 取之奈何?

伯高曰: 夫病變化, 浮沈深淺, 不可勝窮, 各在其處, 病間者淺之, 甚者深之, 間者小之, 甚者衆之, 隨變而調氣, 故曰上工.

황제가 물었다. "병증은 어떻게 나타나는가? 어디를 취해야 하는가?"

백고가 답했다. "모든 병의 변화는 이루 헤아릴 수 없다. 그렇지만 피부에는 상응하는 부분이 있고, 기육에는 풍후한 살집이 있으며, 혈기가 흐르는 맥락이 있고, 골격에는 연결되는 관절이 있다."

황제가 물었다. "이유를 알고 싶다."

백고가 답했다. "피부에 상응하는 부분이 있다는 것은 위기가 피부를 돌며 사말로 전수되는 것이다. 기육에 풍후한 살집이 있다는 것은 팔다리의 양경 부위와 족소음 부위에 살집이 있는 것이다. 혈기가 흐르는 맥락은 위기가 제락諸絡에 전수되어 기혈이 유체되면 낙맥이 성해지고 근육이 일어난다. 근은 양 부위나 음 부위, 좌우의 구별 없이 병이 있는 곳을 살핀다. 골격이 관절과 연결되는 것은 골공骨空이 진액을 받아서 뇌수를 보익한다."

황제가 물었다. "어디를 취해야 하는가?"

백고가 답했다. "모든 병의 변화는 부침심천浮沈深淺이 있어 이루 다 말할 수 없다. 병소가 병이 경輕하면 얕은 곳에 있고, 병이 중重하면 깊은 곳에 있다. 경병輕病에는 침을 적게 쓰고, 중병重病에는 침을 많이 놓는다. 병정病情의 변화에 따르고 조기調氣시켜 병을 치료하므로 상공이라고 한다."

● 여기서는 앞 문장을 이어받아 위기衛氣가 피육근골 사이를 돌면서 각각 주관하는 부속이 있음을 말한다. 위기가 피부로 가고 사말四末로 전수되니 주관하는 부속이 된다. 위기가 양으로 나가면 두목頭目에서 수족의 오지로 주입되므로 사말은 부속이 된다.

기육으로 가는 것은 팔다리의 제양諸陽 분육分肉 사이에 있으므로 육肉이 주柱가 된다. 주柱는 중요한 것이다. 기육이 크게 갈라진 것을 곡谷이라고 하고,

작게 갈라진 곳을 계谿라고 한다. 분육 사이는 계곡이 모이는 곳으로 영위가 돌고 대기大氣가 만난다. 팔다리의 대육大肉은 육肉이 크게 갈라진 곳이다.

영위와 대기는 먼저 대육지간大肉之間에서 만나므로 팔다리의 육이 주柱가 되니 집에 네 기둥이 있는 것과 같다.

족소음분간足少陰分間은 족소음이 기가氣街로 나가 분육 사이를 행하는 것이다. 위기는 후천수곡에서 만들어진다. 소음선천지기少陰先天之氣를 분육 사이에서 만나니 이것이 기지대회氣之大會다.

제락諸絡은 손맥과 낙맥이다. 영기는 낙맥에서 경맥으로 가고, 위기는 낙맥에서 피부로 나가니 혈기가 제락으로 전수된다. 그래서 기혈이 유체되어 머물면 낙맥이 성해지고 근이 일어난다.

위기가 골로 가는 것은 골공骨空에서 진액을 받아 뇌수를 채운다. 골공은 점액질의 진액이 골에 주입되어 골이 굴신되게 하고 뇌수를 보익한다.

수공髓空은 뇌후腦後 3분 노제예골顱際銳骨 아래다. 골수가 뇌를 보익하는 방법은 미저尾骶에서 척골에 삼입되고 척골에서 올라가 수공에 삼입되어 뇌로 들어간다.

위기는 1일1야一日一夜에 풍부風府에서 만난다. 그다음날에는 하루에 한 마디씩 내려가서 21일에 미저골에 도착한다. 22일에는 척내脊內로 들어가고, 9일을 행하여 결분缺盆으로 나온다. 그러므로 위기가 골로 행하는 것은 척골脊骨에 소속된다. 위기가 근筋을 행하는 것은 음양좌우 구별이 없는데 수족의 근에 유체되면 그곳이 병이 된다.

위기는 천지기天之氣에 상응한다. 근筋은 궐음풍기厥陰風氣에서 생긴다. 풍風은 큰 덩어리大塊에서 내뿜는 기로 천지지간에 가득 차 있는 것이므로 위기와 상합되니 음양좌우陰陽左右에 없는 곳이 없다. 피지부皮之部, 육지주肉之柱는 천지사방天之四方과 같고, 골지속骨之屬은 천지도天之道와 같다.

모든 병의 변화는 위기를 잘 살피는 것이 백병을 치료하는 모태가 된다. 피육근골 사이를 행하므로 부침심천浮沈淺深으로 병의 소재가 정해진다.

여백영이 말했다. "위기는 주야의 개합開闔을 담당하여 천지기天之氣에 상응한다. 1일1야一日一夜에 풍부風府에서 대회大會하고, 다음날 하루에 한 마디씩 내려가 21일에 미저골에 이르며, 22일에 척내로 들어가고, 9일을 올라가 결분으로 나간다. 한 달에 한 번 돈다. 이것은 한 달에 한 번 주천周天하는 것이다. 그러므로 달이 비면 해수海水가 동쪽으로 성하고 위기는 줄어들어서 형체만 남는다. 수水와 천기天氣는 상통하고, 일월日月의 운행은 천도天道를 따라서 환전한다. 태양日은 하루에 1도를 돌아 1년에 주천한다. 달月은 13도쯤 돌아 한 달에 한 번 주천한다. 이것이 끊임없이 도는 음양의 운행이다. 사람과 천지는 상관되어 하루라도 운행하지 못하면 선전지기旋轉之機를 잃게 되어 기항지병奇恒之病이 된다. 학자는 글이 지닌 깊은 뜻을 찾아 터득해야 하니 병인에 임하여 사생死生을 관찰할 뿐 아니라 현문玄門을 통달하여 양생의 비법으로 삼을 수 있어야 한다."

批 혈기血氣다 기혈氣血이다 하는 것은 서로 내외출입하는 것이다.

批 위기는 형체가 없어지면 내부에 머무른다.

黃帝問於伯高曰: 人之肥瘦大小寒溫, 有老壯少小, 別之奈何?
伯高對曰: 人年五十已上爲老, 二十已上爲壯, 十八已上爲少, 六歲已上爲小.

황제가 백고에게 물었다. "사람이 살찌고 마르는 경우와 크고 작은 경우, 몸이 따뜻하고 찬 경우가 있고, 노인과 장년, 젊은이와 소아가 있는데 어떻게 구별하는가?"

백고가 답했다. "50세가 넘으면 노인이고, 20세 이상은 장년이며, 18세 이상은 젊은이고, 6세 이상은 소아다."

⊕ 여기서는 위기衛氣의 성쇠를 말한다. 나이가 어린 자는 위기가 늘어나기 시작하고, 장년은 위기가 아주 성하다. 오십이 넘으면 위기가 점차 줄어드니 천지기天之氣에 상응하여 사시四時 생장수장生長收藏의 성쇠가 있다.

〈소문·방성쇠론方盛衰論〉에서 "노인은 기가 위에서 내려가고, 젊은이는 아래서 올라간다老從上 少從下"라고 했다. 노인은 추동지기에 상응하니 위에서 내려가면서 쇠해지고, 젊은이는 춘하지기에 상응하여 아래에서 올라가면서 성해진다.

왕자방이 말했다. "수數는 일一에서 시작하여 삼三에서 완성된다. 삼三이 두 번이면 육六이고, 삼이 세 번이면 구九다. 십팔十八은 구가 두 번인 수다. 이십 二十은 음양의 생수生數로 시작이고, 오십五十은 오행의 생수로 끝이다."

마현대가 말했다. "'十八已上' '六歲已上'은 모두 '已下'라고 해야 한다."

> 黃帝曰: 何以度知其肥瘦?
> 伯高曰: 人有肥有膏有肉.
> 黃帝曰: 別此奈何?
> 伯高曰: 䐃肉*堅, 皮滿者, 肥. 䐃肉*不堅, 皮緩者, 膏. 皮肉不相離 者, 肉.
>
> 황제가 물었다. "살찌고 마른 것을 무엇으로 판단하는가?"
> 백고가 답했다. "비인肥人이 있고, 고인膏人이 있으며, 육인肉人이 있다."
> 황제가 물었다. "무엇으로 구별하는가?"
> 백고가 답했다. "허벅지살이 단단하고 피부가 채워졌으면 비인이다. 허벅지 살이 단단하지 못하고 피부가 늘어져 있으면 고인이다. 피부와 살이 견실하고 치밀하여 분리되지 않으면 육인이다."

◉ 이 다음부터는 위기가 분육을 덥히고, 피부를 충실케 하며, 주리를 두껍게 되는 이유를 말한다. 주리는 기육의 무늬인데 마치 돼지고기에 부위가 나뉘고 각각 살결이 있는 것과 같다. 살결에 있는 백막白膜이 지방이고, 육肉 바깥쪽에 피皮와 연결된 육이 비계. 그러므로 허벅지살이 단단하고 피부가 채워졌으 면 비인이다肥䐃肉堅皮滿者肥는 비계肥가 피皮 안쪽 육肉 바깥쪽에 있으니 살이 단단해지고 피부가 충실해진다.

고膏는 비계의 지방덩어리니 돼지고기의 붉은 것과 흰 것 사이에 있는 여러 층이 고膏다. 육肉 안쪽에 비肥와 고膏의 간극이 있어 육肉은 단단하지 못하고 피부는 늘어진다.

---

* '䐃肉'은 '䐃肉'으로 해야 한다—〈통해〉.

여기서는 위기衛氣가 주리를 살찌게 함을 논하고 있으므로 고膏만을 말했고 비肥는 논하지 않았다. 하지만 먼저 비肥를 말하여 고膏와 비肥의 차이가 있음을 밝혔다. 피皮와 육肉이 떨어지지 않은 것은 육肉이 많아 피皮에 붙은 것으로 안에 고膏도 없고 비肥도 없다. 이것도 위기가 육리肉理에서 성한 것이다.

임곡암이 말했다. "군육䐃肉은 대퇴 부위다. 육지주肉之柱는 팔다리의 제양諸陽의 분육지간分肉之間이므로 군육이 단단하면 몸 전체의 살이 단단하다. 또 다리만 말하고 팔은 말하지 않은 것은 기가 아래에서 위로 올라가기 때문이다."

黃帝曰: 身之寒溫何如?

伯高曰: 膏者其肉淖, 而麤理者身寒. 細理者身熱. 脂者其肉堅, 細理者熱, 麤理者寒.

황제가 물었다. "몸이 차고 따뜻한 것은 어떻게 일어나는가?"

백고가 답했다. "고인膏人은 살이 연하니 주리가 소홀하면 몸이 차고, 주리가 치밀하면 몸에 열이 많다. 지인脂人은 살이 단단하니 주리가 치밀하면 열이 많고, 소홀하면 몸이 차다."

⊛ 임곡암이 말했다. "여기서는 위기衛氣가 분육을 따뜻하게 덥히는 까닭을 말하고 있다. 고자膏者는 육肉이 단단하지 못하고 살이 물렁하다. 요淖는 부드러운 것이다. 고膏와 육肉이 서로 섞인 것이다. 지脂는 주리가 치밀하므로 살이 단단하다. 엉성한 주리는 위기가 밖으로 새서 몸이 차다. 주리가 치밀하면 위기가 잘 간직되어 몸이 따뜻하다."

黃帝曰: 其肥瘦大小奈何?

伯高曰: 膏者多氣而皮縱緩, 故能縱腹垂腴. 肉者身體容大. 脂者, 其身收小.

황제가 물었다. "살이 찌고 마르며, 몸이 크고 작은 것은 어떻게 되는가?"

백고가 답했다. "고인膏人은 다기多氣하여 피부가 이완되므로 아랫배가 늘어지고 나온다. 육인肉人은 체격이 아주 크다. 지인脂人은 체격이 왜소하다."

● 임곡암이 말했다. "여기서는 다시 위기衛氣로 인해서 주리가 비대해지고 분육이 따뜻해진다는 것을 말한다. 위기가 성하면 주리가 비대해진다. 따라서 고인膏人은 기운이 많아도 피부가 늘어져 배가 나온다. 유腴는 아랫배를 말한다. 육인肉人은 체격이 크니 위기가 성하고 분육에 가득 차 있다. 지인脂人은 몸이 왜소한데 위기가 깊숙이 있어서 분육을 채우지 못하여 지막脂膜이 서로 붙어 육肉이 긴축되므로 몸이 축소된다."

여백영이 말했다. "위기가 분육을 따뜻하게 할 수 있는 이유는 육肉의 살결이 충실하기 때문이다. 혈기가 성하면 피부를 채우고 육을 따뜻하게 한다. 기육만 따뜻하게 할 뿐 아니라 기육이 풍성하게 되어 체격도 건실해진다. 그러므로 반복해서 밝혔다."

> 黃帝曰: 三者之氣血多少何如?
> 伯高曰: 膏者多氣, 多氣者熱, 熱者耐寒. 肉者多血, 多血則充形, 充形則平. 脂者其血淸, 氣滑少, 故不能大. 此別於衆人者也.
> 황제가 물었다. "세 가지 경우의 기혈 상태는 어떠한가?"
> 백고가 답했다. "고인膏人은 다기多氣하니 기가 많으면 열이 나고 열이 나면 추위를 잘 견딘다. 육인肉人은 다혈多血하고 혈이 많으면 형체를 충실하게 영양하니 형체에 영양이 충분하면 형기가 화평해진다. 비인肥人은 혈액이 맑고 기가 활발하지만 적어서 커지지 못한다. 이것이 중인衆人과 구별되는 점이다."

● 임곡암이 말했다. "여기서는 위기衛氣와 영혈營血이 함께 움직이는데 분육의 문리를 가득 채워 고비膏肥의 안쪽에는 위기만 있고 영營은 없다는 것을 말한다. 고자膏者는 위기가 성하므로 열이 많이 나고 추위를 잘 견딘다. 육자肉者는 기육이 융성하여 혈血이 많다. 혈기가 성하면 피부를 채우고 육肉을 덥히므로 형체가 충만하다. 혈은 기를 따라 움직이니 혈기가 모두 성하여 영위가 화평해진다. 지자脂者는 기육이 긴밀하고 혈청기소血淸氣少하므로 몸이 커지지 않는다. 이 세 가지도 비수대소肥瘦大小가 같지 않으므로 평인과 차이가 있다."

왕자방이 말했다. "지자脂者는 위기가 분육에 충분하지 못하고 혈도 청소淸

少하니 혈기가 함께 움직이기 때문이다."

黃帝曰: 衆人奈何?
伯高曰: 衆人皮肉脂膏不能相加也, 血與氣不能相多, 故其形不小
不大, 各自稱其身, 命曰衆人.
황제가 물었다. "중인衆人은 어떠한가?"
  백고가 답했다. "중인은 육肉과 지脂와 고膏가 지나치게 많아지지 않는다.
혈과 기가 한쪽이 성하지 않으므로 형체가 크지도 작지도 않다. 고膏와 육肉과
지脂가 균형을 이루므로 중인이라고 한다."

◉ 여백영이 말했다. "위기衛氣에 부침심천浮沈淺深이 있고 각기 일정하게 가는
곳이 있어서 몸이 살찌거나 마르지 않는다. 중인衆人은 일반 대중이다. 지나치
게 많아지지 않는다不能相加는 혈기가 화평하면 피육지고皮肉脂膏가 비대해지
지 않는 것이다. 혈기의 부침심천에도 각기 일정하게 가는 곳이 있으므로 기
육에 몰리지 않는다. 피육근골이 각기 자기 몸에 맞으므로 몸이 살찌거나 마
르지 않는다."

黃帝曰: 善. 治之奈何?
伯高曰: 必先別其三形, 血之多少, 氣之淸濁, 而後調之, 治無失常
經. 是故膏人縱腹垂腴, 肉人者, 上下容大, 脂人者, 雖脂不能大者.
황제가 물었다. "알겠다. 치료는 어떻게 하는가?"
  백고가 답했다. "반드시 먼저 세 가지 유형의 혈血의 다소多少와 기氣의 청탁
淸濁을 구별한 후 조절하여 치료하면 정해진 경로를 벗어나지 않는다. 이런 까
닭에 고인膏人은 배가 나오고 늘어지며, 육인肉人은 상하 체격이 크고, 비인肥
人은 지방이 있어도 체격이 크지 않다."

◉ 여기서는 사람의 혈기가 너무 많거나 부족해지지 않게 해야 한다는 것을 말
한다.
  세 가지는 지나치게 비대하거나 너무 마르는 것이므로 혈기血氣의 다소多少

와 기氣의 청탁淸濁을 살핀 후 조절해서 위기의 정해진 경로를 벗어나지 않아야 화평해질 수 있다. 이것은 위기衛氣가 실상한 것이니 고인膏人은 배가 나오고 늘어지며縱腹垂腴, 육인肉人은 체격이 거대하고上下容大, 비인肥人은 지방이 있어도 체격이 크지 않다雖脂不能大.

위기는 피육근골 사이에 주로 있고, 부침천심도 각기 따로 있는데 피부분육 사이에만 많이 채워지면 배가 나오고 몸이 거대해지며 혹 근골 사이에 깊이 침잠하여 몸이 커질 수 없게 되니 모두 위기의 실상이다. 그러므로 부침천심이 이루 헤아릴 수 없으나 변화에 따라 기를 조절해야 상공이라 할 수 있다.

이 편은 위기의 실상을 말하여 위기의 나가고 순환되는 상소常所를 밝혔으니 후학들이 음양혈기의 생시출입을 알아 치도治道의 근본으로 삼게 하고자 한다.

批 탁濁한 것은 위衛이므로 탁濁하면 기氣가 많고, 청淸하면 기氣가 적다.

ᘒ

현대의학은 건강의 지표로 비만지수를 사용한다. 체질량지수BMI는 몸무게를 키의 제곱으로 나눈 값이다. 비만지수가 18.5 이하는 저체중, 18.5~22.9는 정상, 23~24.9는 과체중, 25 이상은 비만이라고 한다. 이 수치에 맞추어 건강관리를 한다. 비만이 심해지면 어느 순간부터인가 고혈압·당뇨·동맥경화·심장병·지방간 등의 증세가 나타나며, 마지막에는 심장마비·중풍의 원인이 되고, 40~50대의 돌연사도 비만을 주범으로 여긴다.

하지만 요즘의 연구논문은 이것과 상반된 보고가 많이 나오고 있다. "대사증후군이 있든 없든 복부비만이나 과체중인 사람의 사망률이 정상체중인 사람보다 6퍼센트 낮다"는 연구결과가 신문에 발표되었다. 또 삼성서울병원 한주용 교수팀(순환기내과)은 "2006년 1월부터 2009년 11월 사이 급성 심근경색으로 응급실을 찾은 환자 193명을 분석한 결과, BMI가 $25kg/m^2$ 이상인 비만 환자가 정상체중 환자에 비해 심근경색 발생 범위가 작다"는 사실을 밝혔다.

예전에는 비만이면 성인병에 걸린 확률이 높아져 살을 빼라고 했는데 연구결과는 오히려 반대다. 뚱뚱한 사람이 마른 사람보다 오래 산다는 비만의 역설이다.

미국의 폭스뉴스가 '체중이 증가하는 뜻밖의 이유' 다섯 가지를 소개했는데, 그중 한 가지가 인체의 노화현상이다. 사람의 몸은 항상 일정하게 고정되어 있는 것이 아니다. 사람은 생장장노사生長壯老死의 과정을 거치면서 형체도 변한다. 어릴 때는 성장을 하고 20대가 되면 성인이 되어 몸이 완성되고 힘도 세다. 40~50대가 되면 대부분의 사람들이 체구가 불어나고 배도 나오며 기운이 약해진다. 60~70대가 되면 노쇠해 살이 빠지면서 주름이 진다. 이러한 변화는 몸에서 만드는 에너지의 차이에서 발생한다.

나이가 50대를 넘으면 대체적으로 기운이 줄고 몸이 불어난다. 이것을 세칭 나잇살이라고 한다. 나이가 들면 머리가 희어지는 것과 같은 노쇠현상이다. 오래된 옷이 늘어지는 이치와 마찬가지다. 기가 부족해져서 고섭작용固攝作用이 안 되어 살이 팽창하는 것이다. 나이가 들어 노쇠해지면서 기가 부족해 살도 늘어나고 면역력도 떨어져 질병이 많아진다. 더 늙으면 힘이 빠지고 살이다 빠진다. 거기에 따라 질병이 많아진다. 비만의 역설은 나이가 들어 살이 빠지는 것은 형과 기가 다 부족해지는 것이고 살이 쪘다는 것은 아직 기운이 남아 있어 버틸 수 있는 것이다.

여자의 경우는 출산을 하면 몸이 팽창한다. 이것은 출산으로 인해 기운이 다빠져서 몸이 불어나는 것이다. 다시 잘 먹고 체력을 회복해야 살이 수축되어 원래의 몸으로 돌아갈 수 있다. 이때 다이어트를 하면 산후의 피로를 회복하지 못한다. 청소년은 외형상 성인처럼 발육했지만 내부의 장기나 골격이 완성되지 못한 상태. 청소년기의 다이어트는 생식기의 발육부진을 초래하고 소화기가 망가지며 심하면 거식증으로 빠진다. 50대 이후는 노쇠로 기가 빠져 살이 팽창한다. 이때 다이어트를 하면 노쇠가 촉진되고 치매가 올 확률이 높아진다.

〈영추·수요강유〉에서는 건강을 수요壽夭로 표현했다. 형形과 기氣의 균형을 건강의 요건으로 삼았다. 그래서 "형체와 기가 서로 균형이 맞으면 장수하고 균형을 유지하지 못하면 요절한다形與氣相任則壽 不相任則夭"라고 했다.

체격이 크다고 건강한 것이 아니라 체격에 맞는 기氣가 있어야 건강할 수 있다. 형보다 형을 유지시킬 수 있는 혈기가 왕성해야 건강할 수 있다. 형체를 유지할 기혈이 부족하면 건강하지 못하고 항상 피곤하거나 질병에 걸리기 쉽다.

2011년 5월 4일『서울신문』나우뉴스에 의하면 "영국에서 가장 뚱뚱한 청소년으로 불렸던 멜리사 존스(21세)가 4년 전 201킬로그램의 초고도 비만이었는데 2008년 1월 어린 나이에 위 절제 수술을 받았다. 수술을 받은 후 살이 빠지기 시작했는데 살이 몸에 붙어 있지 못하고 흘러내리다가 50.8킬로그램으로 빠졌다. 수술을 받은 후 존스는 건강을 되찾는 듯했으나 극심한 음식기피증에 걸려 이제는 6개월의 시한부인생을 산다"라고 했다.

사람은 음식을 소화시켜 에너지와 영양을 만들어 몸의 각 부분에 전달해 생명활동을 한다. 그런데 위를 절제해 음식을 먹고 소화·흡수하는 장기를 없애버렸으니 몸에 에너지와 영양을 만들지 못하니 살이 빠질 뿐만 아니라 몸을 유지시키는 에너지도 공급하지 못해 거식증에 빠져 죽을 위험에 처한 것이다. 단순히 살이 빠지면 건강해질 것이라는 사고에 의해 일어난 의료과실이다. 눈에 보이는 살만 보고 실제로 몸의 에너지는 보지 못해 한 생명을 망쳤으니 그야말로 기가 있으면 사는 것이고 기가 없으면 죽는 것이다有氣則生 無氣則死. 이는 추수형麤守形의 전형이라 하겠다.

몸은 음陰인 형체와 양陽인 무형의 기의 결합이다. 여기에도 음양법칙이 적용된다. 양이 커지면 음은 줄고 양이 줄면 음은 더 커진다. 일반적으로 살을 빼기 위해서는 덜 먹고 운동을 하면 빠질 것이라고 생각한다. 눈에 보이는 형체를 줄이기 위해서는 눈에 보이지 않는 기를 길러야 한다. 기는 음식에서 나온다. 잘 먹으면서 운동해 기를 길러야 형이 줄어들고 건강해진다. 우리가 바라는 것은 건강하고 날씬하고 항상 힘이 넘치는 20대의 모습이다. 살을 뺀다고 20대로 돌아갈 수 있는 것이 아니라 체력을 길러야 건강한 몸을 유지하고 늙지 않는다.

옥판玉版

黄帝曰: 余以小鍼爲細物也, 夫子乃言上合之於天, 下合之於地, 中合之於人, 余以爲過鍼之意矣, 願聞其故.

岐伯曰: 何物大於天乎, 夫大於鍼者, 惟五兵者焉. 五兵者, 死之備也. 非生之具, 且夫人者, 天地之鎭也, 其不可不參乎. 夫治民者, 亦唯鍼焉. 夫鍼之與五兵, 其孰小乎?

황제가 물었다. "소침小鍼은 아주 작은 물건인데 선생님은 위로는 천도天道에 합하고, 아래로는 지리地理에 합하며, 가운데는 인도人道에 합한다고 하니 침에 대해서 과도한 견해라고 생각하는데 그 까닭을 듣고 싶다."

기백이 답했다. "무엇이 천天보다 큰 것인가? 침보다 큰 것은 오병五兵뿐이다. 오병은 사람을 죽이는 무기지 살리는 도구가 아니다. 또 사람은 천지 사이에서 가장 귀중한 생명체로 천지인도天地人道와 관련되어 있다. 백성을 다스리는 것도 오로지 침鍼뿐이다. 그렇다면 침과 오병 중 어느 것이 작은가?"

● 이 장에서는 피부 분육으로 흘러넘친 기혈은 장부의 대락에서 손락과 피부로 나온 것으로, 천기天氣가 지중地中에서 나와 천하에 퍼지는 것에 상응한다고 말한다.

역행하면 기혈이 나오는 틀이 손상되니 살상하는 병기의 손상보다 훨씬 심하다.

대락은 수태음 대락 열결列缺, 수소음 통리通里, 수심주 내관內關, 수태양 지정支正, 수양명 편력偏歷, 수소양 외관外關, 족태양 비양飛揚, 족소음 광명光明, 족양명 풍륭豊隆, 족태음 공손公孫, 족소음 대종大種, 족궐음 여구蠡溝다.

이 십이장부의 대락은 양경에서 음경으로, 음경에서 양경으로, 좌에서 우로, 우에서 좌로 흐르니 경맥과 다르게 돈다. 그 기혈은 사말四末에 포산되고 피부 분육으로 넘치지만 경수經隧로는 들어가지 않는다. 이것은 천기가 대기大氣로 운행되는 것에 상응하는 것이다. 그래서 천기를 탈취하는 것奪其天氣라고 한다.

구침의 도道은 첫째 천天, 둘째 지地, 셋째 인人이다. 소침小鍼은 가는 침이다. 역시 천지인天地人에 합쳐진다. 또 사람은 천지天地에서 살고 있으니 관련되지 않을 수 없다. 그러므로 천하 만민을 다스리는 것은 오직 삼재三才와 합치하는 침도鍼道일 뿐이다.

여백영이 말했다. "앞 장에서는 양명의 맥락에서 나온 위기衛氣가 피부근골로 간다고 했다. 이 장에서는 피부 분육의 혈기는 위胃의 경수經隧와 장부의 대락에서 외부로 나간 것인즉 위기와 함께 가는 영기를 말한다. 영위혈기는 비록 모두 위부胃腑 수곡지정에서 나왔으나 내외출입內外出入의 도로는 같지 않으니 학자는 깊이 생각하지 않으면 알 수 없다.

『관자管子』를 보면 치우蚩尤가 노산盧山의 동銅을 얻어서 오병五兵을 만들었다고 한다. 이것은 황제黃帝 때에 오병이 있었다는 것이다. 오병은 일 궁弓, 이 수殳(창), 삼 모矛, 사 과戈(창), 오 극戟(두 갈래창)이다. 일설에는 동방 모矛, 남방 노弩, 중앙 검劍, 서방 과戈, 북방 단鍛이다."

黃帝曰: 病之生時, 有喜怒不測, 飮食不節, 陰氣不足, 陽氣有餘, 營氣不行, 乃發爲癰疽. 陰陽不通, 兩熱相搏, 乃化爲膿, 小鍼能取之乎?

岐伯曰: 聖人不能使化者, 爲之邪不可留也. 故兩軍相當, 旗幟相望, 白刃陳於中野者, 此非一日之謀也. 能使其民令行禁止, 士卒無白刃之難者, 非一日之敎也. 須臾之得也. 夫至使身被癰疽之病, 膿血之聚者, 不亦離道遠乎? 夫癰疽之生, 膿血之成也, 不從天下, 不從地出, 積微之所生也. 故聖人自治於未有形也, 愚者遭其已成也.

黃帝曰: 其已形不予遭, 膿已成不予見, 爲之奈何?

岐伯曰: 膿已成, 十死一生, 故聖人勿使已成, 而明爲良方, 著之竹帛, 使能者踵而傳之後世, 無有終時者, 爲其不予遭也.

황제가 물었다. "병이 처음 시작할 때는 감정을 조절하지 못하고 식생활이 불규칙하여 음기가 부족해지고 양기가 유여하며 영기가 돌지 못하여 이에 옹저癰疽가 발생한다. 음양경이 불통하면 양열兩熱이 서로 부딪쳐 변해서 농膿이 된다. 소침으로 치료할 수 있는가?"

기백이 답했다. "성인은 화농化膿이 되지 않게 하고 사기가 머물지 못하게 해야 한다. 두 군대가 마주하여 깃발이 서로 상대를 바라보면서 휘날리고, 들판에 무기가 번쩍거리는 것은 하루의 잘못 때문이 아니다. 백성에게 명령을 내리고 금지를 행하는 것과 사졸에게 무술을 훈련시키는 것은 하루를 가르쳐서 되는 것이 아니며 잠깐 만에 얻을 수 있는 것이 아니다. 옹저癰疽에 걸리고 농혈膿血이 생기는 것도 도를 벗어난 지 오래된 것이다. 옹저가 하늘에서 떨어진 것도 아니고 땅에서 솟아난 것도 아니다. 작은 것이 쌓여서 생성된 것이다. 그러므로 성인은 형체가 이루어지기 전에 스스로 다스리고, 어리석은 자는 형체가 이미 다 이루어진 것을 만난다."

황제가 물었다. "형체가 이미 이루어졌는데 미리 만나지 못하고, 농이 이미 형성되었는데 미리 보지 못했으면 어떻게 하는가?"

기백이 답했다. "농이 이미 이루어졌다면 열에 아홉은 죽는다. 그래서 성인은 농이 이루어지지 않게 하니 명확한 양방良方을 만들어 죽백竹帛에 기록했다. 능력이 있는 자가 계속 후세에 전하여 끊이지 않게 하니 옹저가 이미 형성된 후 만나지 않게 하기 위해서다."

⊕ 여기서는 피부 분육의 기혈은 안에서 밖으로 나오는데 조금이라도 유체留滯가 있으면 조끔씩 쌓여 옹농癰膿이 형성된다고 말한다. 밖으로 드러난 것이 작으면 쉽게 낫지만 크면 큰 해를 입는다. 내부에 적체가 있어 옹농癰膿이 형성되었는데 보이지 않으면 열에 아홉은 죽는다. 희로불측喜怒不測·음식부절飲食不節 등 내인으로 손상된다. 그러므로 옹저가 생기고 농양이 형성되는 것은 천지의 풍한서습이 아니라 유체가 쌓여서 생기는 것이다.

이는 두 군대가 마주하여 깃발이 서로 상대를 바라보면서 휘날리고 들판에 무기가 번쩍거리는 것은 하루의 잘못 때문이 아니다. 백성에게 명령을 내리고 금지를 행하는 것과 사졸에게 무술을 훈련시키는 것은 하루 가르쳐서 되는 것이 아니며 잠깐 만에 얻을 수 있는 것이 아니다. 그러므로 성인은 옹저가 형성되지 않게 하기 위하여 훌륭한 처방을 만들어 죽백竹帛에 글로 남긴다. 이는 유능한 후학자에게 끊이지 않고 계속 이어지게 하는 것이니 치사율 9할인 병증을 만나지 않게 하기 위해서다.

조遭는 만난다는 뜻이다.

이미 옹이 형성되었는데도 미리 알지 못하고, 이미 농이 다 되었는데도 미리 알지 못하는 것其已形, 不予遭, 膿已成, 不予見은 장부에 옹이 생겨 볼 수 없는 것이어서 치사율이 높다.

여백영이 말했다. "〈영추〉〈소문〉에서 논한 옹농은 대개 풍한 외사로 영위가 손상되어 그것이 쌓여 옹농이 된다고 했다. 여기서는 내상의 희로·음식으로 인한 것이므로 '하늘에서 떨어진 것도 아니고 땅에서 솟아오른 것도 아니다'라고 말했다."

> 黃帝曰: 其已有膿血而後遭乎? 不導之以小鍼治乎?
> 岐伯曰: 以小治小者, 其功小, 以大治大者, 多害, 故其已成膿血者, 其唯砭石鈹鋒之所取也.
> 황제가 물었다. "농이 이미 형성된 후에 만난다면 소침으로 치료할 수 없는가?"
> 기백이 답했다. "소침으로는 작은 것을 치료하지만 효과가 적고, 대침으로 큰 것을 치료하면 후유증이 심하다. 그래서 농혈이 이미 형성된 후에는 폄석砭石과 피침鈹鍼, 봉침鋒鍼으로 치료한다."

⏺ 여백영이 말했다. "이것은 옹이 밖에서 발생하여 미리 보이는 것으로 크기에 따른 난이難易를 말한다. 옹이 작아 소침으로 치료하는 것은 쉽게 잘 낫는다. 옹이 커서 대침으로 치료하는 것은 죽을 위험을 감수해야 한다. 그러므로 이미 농혈이 형성된 것은 폄석이나 피침으로만 치료할 수 있다. 작고 얕으면 폄석으로 농을 빼내고, 크고 깊으면 피침鈹鍼과 봉침鋒鍼으로 째야 한다. 피침·

봉침은 대침이다."

黃帝曰: 多害者其不可全乎?

岐伯曰: 其在逆順焉.

黃帝曰: 願聞逆順.

岐伯曰: 以爲傷者, 其白眼青, 黑眼小, 是一逆也. 內藥而嘔者, 是二逆也. 腹病渴甚, 是三逆也. 肩項中不便, 是四逆也. 音嘶色脫, 是五逆也. 除此五者, 爲順矣.

황제가 물었다. "후유증이 심하다는 것은 다 나을 수 없는 것인가?"

기백이 답했다. "그것은 증후의 역순에 달려 있다."

황제가 물었다. "역순에 대해 알고 싶다."

기백이 답했다. "옹저병의 후유증은 눈 흰자가 퍼레지고 동공이 축소되는 것이 첫째 역증逆症이다. 약을 복용하고 토하는 것이 둘째 역증이다. 복통과 구갈 심한 것이 셋째 역증이다. 어깨와 뒷목이 불편해지는 것이 넷째 역증이다. 목이 쉬고 안색이 창백해지는 것이 다섯째 역증이다. 이것이 오역五逆이다. 이것을 제외하고는 모두 다 순증順症이다."

⊛ 여기서는 옹이 밖으로 크게 드러난 것에는 역순逆順과 사생死生의 구분이 있음을 말한다. 피맥육근골은 오장의 외합이다. 피육근골에 생긴 옹은 그 기가 외부로 향하면 순順이고, 반대로 내부로 향한다면 역逆으로 오장을 손상시킨다. 만약 눈 흰자가 푸르고 눈동자가 작아지면 폐肺·간肝·신腎 삼장의 기가 손상된 것이다.

약을 먹고 토하는 것은 위기胃氣가 망가진 것이다. 비脾는 위胃의 진액 순환을 주도하므로 복통이 있고 갈증이 심하면 비기脾氣가 끊긴 것이다. 태양은 모든 양의 기를 주관하는데 어깨와 목이 불편한 것은 양기가 손상된 것이다. 심心은 말하는 것을 주관하며心主言, 심은 맥과 합쳐지고, 안색에 드러나는데 목소리가 쉬고 안색이 탈색된 것은 심장이 상한 것이다. 이런 오역五逆을 당하면 죽는다. 이 다섯 가지를 제외하고는 다 순증順症이다.

黃帝曰: 諸病皆有逆順, 可得聞乎?

岐伯曰: 腹脹身熱, 脈大, 是一逆也. 腹鳴而滿, 四肢清泄, 其脈大, 是二逆也. 衄而不止, 脈大, 是三逆也. 欬且溲血, 脫形, 其脈小勁, 是四逆也. 欬, 脫形身熱, 脈小以疾, 是謂五逆也. 如是者, 不過十五日而死矣.

황제가 물었다. "모든 병에 다 역증과 순증이 있는데 알고 싶다."

기백이 답했다. "복부가 팽만하고 몸에 열이 나며 대맥大脈이 뛰면 일역一逆이다. 배에서 소리가 나고 팽만하며 사지가 차고 설사를 하는데 대맥이 뛰면 이역二逆이다. 코피가 그치지 않고 대맥이 뛰면 삼역三逆이다. 기침을 하고 소변출혈이 있으며 살이 빠지고 맥이 약하고 급삭急數하게 뛰면 사역四逆이다. 기침을 하고 살이 빠지며 몸에 열이 나고 맥이 약하면서 빠르면 오역五逆이다. 이런 경우는 보름 안에 죽는다."

⊕ 여기서는 혈기가 경맥으로 역행한 것은 보름 안에 죽는다는 것을 말한다. 혈기가 유체하여 옹농이 형성된 것은 작은 유체가 쌓여서 생긴 것으로 차츰차츰 이루어진다. 만약 대사代謝의 기전機轉이 망가지면 옹이 형성되는 것과 상관없이 빨리 죽을 수 있다.

모든 병諸病은 대부분이 영위혈기營衛血氣의 부조不調로 생기는 것이지 유독 옹농만 그러한 것이 아니다.

복부가 팽만하고 몸에 열이 나며 대맥大脈이 뛰는 것腹脹身熱 脈大은 역행하여 비脾가 손상된 것이다. 배에서 소리가 나고 팽만하며 사지가 차고 설사를 하는데 대맥大脈이 뛰는 것腹鳴而滿 四肢清泄 其脈大은 역행하여 신腎이 손상된 것이다. 간이 혈을 저장하니肝藏血 코피가 그치지 않는 것衄而不止은 역행하여 간肝이 손상된 것이다. 폐가 모든 맥을 조회하여 피모로 정을 보내는데肺朝百脈 輸精于皮毛 기침하고 소변에서 피가 나오며 살이 빠지고 맥이 미세하면서 강한 것欬且溲血 脫形 其脈小勁은 역행하여 폐가 손상된 것이다. 심은 혈맥을 주관하고, 폐는 심장 위에 위치하는데 기침을 하고 살이 빠지며 신열이 나고 맥이 미세하면서 빠르게 뛰는 것欬 脫形 身熱 脈小以疾은 역행하여 심이 손상된 것이다.

혈맥은 오장에서 생긴다. 혈기가 역행하면 기전機轉이 망가져 오히려 오장의 진기眞氣가 손상된다. 경맥은 경수經水에 비유되고, 수水는 달에 영향을 받아 변화하니 "보름도 못 되어 죽는다"는 것은 달의 차고 이지러짐에 따라 죽는 것으로 주천周天의 수를 다하지 못하는 것이다.

왕자방이 말했다. "수레를 끌고 가야 집에서 우물을 팔 수 있고, 시간이 지나야 샘을 얻을 수 있다堪輿家鑿井 度月影而取泉."

批 달은 한 달에 한 번 태양을 돈다.

其腹大脹, 四末淸, 脫形泄甚, 是一逆也. 腹脹便血, 其脈大時絶, 是二逆也. 欬溲血, 形肉脫, 脈搏, 是三逆也. 嘔血, 胸滿引背, 脈小而疾, 是四逆也. 欬嘔腹脹, 且飧泄, 其脈絶, 是五逆也. 如是者, 不及一時而死矣. 工不察此者而刺之, 是謂逆治.

복부가 팽대해지고 손발이 차며 살이 빠지고 설사가 심한 것이 일역一逆이다. 복부가 창만하고 대변 출혈이 있으며 대맥이 뛰고 때때로 맥이 끊기는 것이 이역二逆이다. 기침을 하고 소변 출혈이 있으며 살이 빠지고 맥이 손에 울리는 것이 삼역三逆이다. 피를 토하고 흉부가 팽만하며 등이 땅기고 맥이 약하며 빨리 뛰는 것이 사역四逆이다. 기침하고 토하며 배가 부르고 손설을 하며 맥이 끊기는 것이 오역五逆이다. 이런 경우에는 몇 시간 지나지 않아 죽게 된다. 의사가 이런 것을 살피지 않고 자침하는 것을 역치逆治라고 한다.

◉ 여기서는 기혈이 기분氣分으로 역행하면 하루도 못 넘긴다고 말한다. 피부 분육의 기혈은 위부胃腑에서 장부의 대락으로 주입되고, 대락에서 손락으로 나가며, 손락에서 피부로 나가 적신다.

복부가 팽대해지고 손발이 차며 살이 빠지고 설사가 심한 것腹大脹 四末淸 脫形泄甚은 위위의 대락으로 역행하여 피부로 나가지 못하고 사지에 꽉 차 있는 것이다.

복부가 창만하고 대변 출혈이 있으며 대맥大脈이 뛰고 때때로 맥이 끊기는 것腹脹便血 其脈大 時絶은 신신腎의 대락으로 역행한 것이다.

기침을 하고 소변 출혈이 있으며 살이 빠지고 맥이 손에 울리는 것欬溲血 形

肉脫 脈搏은 폐肺의 대락으로 역행한 것이다.

피를 토하고 흉부가 팽만하며 등이 땅기고 맥이 약하며 빨리 뛰는 것嘔血 胸滿引背 脈小而疾은 심心의 대락으로 역행한 것이다.

기침하고 토하며 배가 부르고 손설殘泄을 하며 맥이 끊기는 것欬嘔 腹脹且殘泄 其脈絶은 간비肝脾의 대락으로 역행한 것이다.

위胃는 수곡혈기水穀血氣의 바다海다. 오장의 대락은 바다에서 수증기가 증발하여 온 천하로 퍼지는 것과 같다. 수천水天의 기는 상하로 상통하고 밤낮으로 지구를 한 바퀴 도는데 역행하여 돌지 못하면 개합開闔이 멈추므로 하루 만에 죽는다. 사람의 피부는 천天에 해당되어 피부의 혈기가 역행하여 제대로 돌지 못하면 하루 만에 죽게 된다. 의사가 이러한 우주의 운행을 살피지 못하고 역행하여 기를 상하게 한다면 늦으면 집 안에서 죽을 것이고 빠르면 방안에서 죽을 수 있다.

임곡암이 말했다. "이상은 사람의 기혈이 천지지도天地之道와 참합參合하여 쉬지 않고 운행한다. 조금씩 유체되어 쌓여서 옹농이 생긴다. 혹시라도 숨이 이어지지 못하면 죽게 된다."

批 경맥에는 낙맥과 손맥이 있고, 대락에는 낙맥과 손맥이 있다. 〈소문·유자론〉과 함께 봐야 한다.

黃帝曰: 夫子之言鍼甚駿, 以配天地, 上數天文, 下度地紀, 內別五臟, 外次六腑, 經脈二十八會, 盡有周紀, 能殺生人, 不能起死者, 子能反之乎?

岐伯曰: 能殺生人, 不能起死者也.

黃帝曰: 余聞之則爲不仁, 然願聞其道, 弗行於人.

岐伯曰: 是明道也. 其必然也, 其如刀劍之可以殺人. 如飮酒使人醉也, 雖勿診猶可知矣.

黃帝曰: 願卒聞之.

岐伯曰: 人之所受氣者, 穀也. 穀之所注者, 胃也. 胃者, 水穀氣血之海也. 海之所行雲氣者, 天下也. 胃之所出氣血者, 經隧也. 經隧者, 五臟六腑之大絡也, 迎而奪之而已矣.

黃帝曰: 上下有數乎?

岐伯曰: 迎之五里, 中道而止, 五至而已, 五往而臟之氣盡矣. 故五五二十五而竭其輸矣. 此所謂奪其天氣者也, 非能絶其命而傾其壽者也.

黃帝曰: 願卒聞之.

岐伯曰: 闚門而刺之者, 死於家中, 入門而刺之者, 死於堂上.

黃帝曰: 善乎方, 明哉道, 請著之玉版, 以爲重寶, 傳之後世, 以爲刺禁, 令民勿敢犯也.

황제가 물었다. "선생님의 구침 강의가 아주 방대하여 천지天地에 배합하니 위로는 천문天文을 헤아리고 아래로는 지리地理를 따른다. 내부에서는 오장이 자리 잡고, 외부에서는 육부가 배열되며, 이십팔맥이 서로 교차하고 만나는 것이 모두 일정한 법도를 따른다. 그래도 살아 있는 사람을 죽일 수 있고 죽은 자는 살릴 수 없는 것인데 선생은 반대로 할 수 있는가?"

기백이 답했다. "침은 산 사람을 죽게 할 수는 있어도 죽은 사람을 살릴 수는 없다."

황제가 물었다. "그것이 인의仁義에 맞지 않지만 무엇인지 알아야 사람에게 시행하지 않을 수 있다."

기백이 답했다. "이것은 명확하고 필연적이다. 도검刀劍이 사람을 죽일 수 있고, 술을 마시면 취하는 것처럼 보지 않아도 알 수 있다."

황제가 물었다. "다 듣고 싶다."

기백이 답했다. "사람은 곡식에서 기氣를 받는다. 곡식이 주입되는 곳이 위胃다. 위胃는 수곡기혈의 바다다. 바닷물이 수증기로 증발하여 구름이 되고 온 천하에 퍼진다. 위胃에서 나온 기혈은 경수經隧로 간다. 경수는 오장육부의 대락大絡이다. 경수로 가는 기를 막아서 다 탈취하면 죽는다."

황제가 물었다. "수경과 족경에 자침을 금지하는 곳이 있는가?"

기백이 답했다. "있다. 오리혈五里穴을 사하면 중도中道에서 멈추니 오장의 기가 빠진다. 연속으로 다섯 번 사하면 한 장臟의 기가 다 빠져나가니 25차례를 행하면 오장 오수혈의 혈기가 다 고갈된다. 이것은 천기天氣를 탈취하는 것이다. 명命이 끊겨 죽거나 수명이 줄어드는 것이 아니라 실제로 산 사람을 죽이는 행위다.”

황제가 물었다. “다 말해보아라.”

기백이 답했다. “밖에서 침을 맞았으면 집에 가서 죽을 것이고, 집 안에서 침을 맞았다면 방안에서 죽을 것이다.”

황제가 말했다. “아주 중요하고 명백한 말씀이다. 옥판玉版에 기록하여 중요한 보물로 삼아 후세에 전할 것이다. 자금刺禁으로 정하여 함부로 사용하지 못하게 하겠다.”

◉ 위부胃腑에서 만들어진 기혈은 마치 바다에서 수증기가 증발하여 온 천하로 퍼지듯 장부의 경수經隧에서 사말로 퍼져 피부 분육을 채우지만 경수經腧에는 들어가지 않는다.

준駿은 크다는 의미다. 침도의 위대함은 천지와 대등하다.

위로 천문을 헤아리는 것上數天文은 천天의 이치에 상응하는 것이다.

아래로 지리에 따르는 것下度地紀은 지地의 경수經水에 상응하는 것이다.

내부에서 오장이 자리잡는 것內別五臟은 오운五運이 중中에 있는 것에 상응한다.

외부에서 육부가 배열되는 것外次六腑은 육기가 외부에 있는 것에 상응한다.

경맥이십팔회經脈二十八會는 맥도脈度가 16장 2척이라는 말이다.

여기서는 소침小鍼은 위로는 천도天道에 합하고, 아래로는 지지경수地之經水에 합하며, 가운데는 인도人道에 합하여 경맥을 통하게 하고 기혈을 조절하여 역순출입을 잘 영위케 하는 것이니 끊이지 않고 후세에 전해지게 하는 것을 말한다. 이러한 삼재三才의 큰 도를 살피지 않고 오히려 선전지기旋轉之機를 손상시킨다면 병기로 사람을 죽이는 것보다 훨씬 심하다.

대락은 십이장부에서 갈라져 나온 것이다.

오리五里는 수양명경의 혈로 팔꿈치 3촌 위에 위치한다.

장부의 대락은 경맥에서 갈라져 사말로 퍼진다.

수양명의 대락은 수양명경맥에서 갈라져 나와 오리五里에서 척부尺膚로 퍼진다.

장臟은 음이고 부腑는 양이다. 경맥은 음이고 피부는 양이다.

수양명은 수태음의 부腑다.

맥중을 흐르는 오장의 혈기는 위기胃氣의 힘을 빌려 수태음까지 가고 척촌尺 寸의 맥에서 반응한다. 맥외로 흐르는 오장의 기혈은 위기의 힘을 빌려 수양명의 대락大絡으로 가고 척부尺膚에서 반응한다. 그래서 맥이 급急하면 척지피부尺之皮膚도 팽팽해지고, 맥이 완緩하면 척지피부도 부드러워진다. 척지피부를 잘 살필 줄 알면 촌맥寸脈도 예측할 수 있다. 여기서는 경맥과 피부의 내외를 도는 십이장부의 혈기가 수태음과 양명에서 만난다. 그래서 오리五里를 취하면 길 가다 죽는다고 했다.

지至는 기가 오는 것을 막아 깎는 것이다. 왕往은 기가 가는 것을 도와 보태는 것이다. 그러므로 기가 오는 것을 막고 깎아버리면 오장의 기가 빠져 죽는다. 기가 물러가는데 쫓아가서 다시 끌어오면 오장의 기가 밖으로 다 빠져버린다. 오장에는 오수혈이 있어 5*5=25수혈이 있는데 모두 다 취하면 오장의 기가 고갈된다. 이것은 천기天氣를 빼는 것이지 명이 끊겨 죽거나 수명이 줄어드는 것이 아니니 실제로 산 사람을 죽이는 행위다.

규閨는 나가는 것을 보는 것이다. 문門은 〈영추·위기衛氣〉에서 말하는 계소지문호契紹之門戶이니 기혈이 손락에서 피부로 나가는 문이다. 그러므로 기가 빠져나가는 걸 기다려 침놓으면 조금 늦춰져 집 안에서 죽게 된다. 기가 다 빠져나간 후에 반대로 낙맥에 자침하면 방안에서 죽게 된다. 천기는 하루 밤낮에 지구를 한 바퀴 돈다. 역행하면 하루도 못 가서 죽게 되니 하물며 침자로 손상된 것이랴? 이를 옥판玉版에 기록하여 중요한 보물로 삼아 후세에 전할 것이다. 자금刺禁으로 정하여 함부로 사용하지 못하게 하겠다.

임곡암이 말했다. "사람의 표피는 천天에 대응되고, 경맥은 땅의 강에 비유된다. 천기는 지구 밖에서 운행되어 땅속을 관통하면서 승강출입이 여환무단하니 사람도 그러하다. 부표의 기혈은 오장의 대락에서 피부 분육으로 나가고 다시 수족의 지정指井에서 오수혈을 거쳐 경맥 중의 혈기와 주슬肘膝 사이에서 서로 합쳐진다. 이것은 사람이 천지음양과 합하여 환전출입하는 대도大道다. 그러므로 '오왕五往이면 오장의 기가 다 고갈된다'라고 하는 것이니 오리五里를 찔러 다시 다섯 번 행하여 오장의 기를 끌어오면五往而迫之 오장의 기가 밖으로 빠지게 된다. 피부의 기혈은 오장에서 나오는 것이기 때문이다. 오장 오수혈의 기가 다 고갈되는 것은 천기를 탈취하는 것五五二十五而竭其輸 此謂奪其天氣者也이니 수족 오수五臟의 기혈이 피부에서 들어간 것이다. 오장 오수를 다 취하면 오수혈이 고갈되어 피부의 천기天氣가 다 빠지게 된다.

혈기의 생시출입은 천지음양과 참합하니 곧 근본을 찾고 근원을 밝히는 학문이다. 치도治道에 크게 도움이 되니 학자가 제일 먼저 해야 할 일이다."

여백영이 말했다. "내경을 보면 경맥의 혈기를 논하면서 '금궤金匱에 저장하라'고 했고, 피부 분육의 혈기를 논하면서 '옥판玉版에 적어놓으라'고 했다. 대개 금옥의 황백색으로 혈기의 음양을 구분한다. 비슷한 것으로 추정하면 금은화金銀花와 왕불류행王不留行은 꽃이 황백색이다. 도은군陶隱君은 그것으로 기혈을 행하게 하는 데 사용했다. 장중경張仲景은 계란노른자로 혈血을 다스렸고, 흰자로 기氣를 다스렸다. 이것이 모두 경전이 남긴 뜻을 직접 체험한 것이다. 학자가 이를 응용하고 발전시키면 천하사물의 이치는 무한대로 응용할 수 있다."

오금五禁

黃帝問於岐伯曰: 余聞刺有五禁, 何謂五禁?

岐伯曰: 禁其不可刺也.

黃帝曰: 余聞刺有五奪.

岐伯曰: 無瀉其不可奪者也.

黃帝曰: 余聞刺有五過.

岐伯曰: 補瀉無過其度.

黃帝曰: 余聞刺有五逆.

岐伯曰: 病與脈相逆, 命曰五逆.

黃帝曰: 余聞刺有九宜.

岐伯曰: 明知九鍼之論, 是謂九宜.

황제가 기백에게 물었다. "자법에 오금五禁이 있다고 들었다. 오금이 무엇인가?"

　기백이 답했다. "침놓아서는 안 되는 것을 금하는 것이다."

　황제가 물었다. "오탈五奪은 무엇인가?"

　기백이 답했다. "빼서 안 되는 것은 사하지 말라는 것이다."

　황제가 물었다. "오과五過는 무엇인가?"

　기백이 답했다. "보사를 할 때 한도를 벗어나면 안 되는 것이다."

　황제가 물었다. "오역五逆은 무엇인가?"

　기백이 답했다. "병과 맥이 서로 어긋나는 것을 오역五逆이라고 한다."

　황제가 물었다. "구의九宜는 무엇인가?"

　기백이 답했다. "구침의 합당한 용도를 아는 것을 구의九宜라고 한다."

◉ 여백영이 말했다. "이것은 앞 문장을 이어서 다시 자법에 오금五禁, 오탈五奪, 오과五過, 오역五逆이 있으니 자법의 금기禁忌로 삼아 백성에게 함부로 하지 못하게 한 것을 말한다. 오과는 오장이 피맥근골과 외합하여 사정허실邪正虛實이 있으면 평조平調해야 하는데 보사가 지나치면 오과가 된다. 구의九宜는 구침을 각기 병증에 맞추어서 써야 신명神明하게 되니 이것을 구의라고 한다."

黃帝曰: 何謂五禁? 願聞其不可刺之時.
岐伯曰: 甲乙日自乘*, 無刺頭, 無發矇**於耳內. 丙丁日自乘, 無振埃***於肩喉廉泉. 戊己日自乘四季, 無刺腹, 去爪瀉水. 庚辛日自乘, 無刺關節於股膝. 壬癸日自乘, 無刺足脛, 是謂五禁.
황제가 물었다. "무엇을 오금五禁이라고 하는가? 침놓아서는 안 될 시간을 알고 싶다."
기백이 답했다. "갑을일甲乙日에 해당되는 날에는 머리에 침놓아서는 안 되고, 귀에 발몽發矇의 침법을 쓰면 안 된다. 병정일丙丁日에 해당되는 날에는 견부肩部·인후咽喉·염천廉泉에 진애振埃의 방법으로 침놓아서는 안 된다. 무기일戊己日은 사계四季에 해당되니 배복에 자침하면 안 되고 거조법去爪法으로 수사水邪를 빼내서는 안 된다. 경신일庚辛日에 해당되는 날에는 고관절과 무릎관절에 자침해서는 안 된다. 임계일壬癸日에 해당되는 날에는 족경足脛에 침놓아서는 안 된다. 이것을 오금五禁이라고 한다."

◉ 여백영이 말했다. "천지십간天之十干은 갑을甲乙에서 시작하고 임계壬癸에서 끝난다. 그러므로 갑을은 두頭에 대응되고, 임계는 족足에 대응되며, 병정은 상반신上半身에 대응되고, 경신은 하반신下半身에 대응되니 사시四時에 배열된다. 무기戊己는 토土에 속하므로 사계四季에 쓰인다. 갑은 양목陽木이고, 을은 음목陰木이니 자승自乘은 음양이 자체로 합쳐지는 것이지 화기化氣하는 것이 아니

---

* 자승自乘은 해당되는 날이다. 예전에는 천간과 인체의 부위를 대응시켰다. 두頭는 갑을일, 견후肩喉는 병정일, 수족手足은 무기일, 고슬股膝은 경신일, 족경足脛은 임계일로 대응된다.
** 발몽發矇은 부수腑輸에 자침하니 부병腑病을 제거한다發矇者 刺腑輸 去腑病也—〈영추·자절진사刺節眞邪〉.
*** 진애振埃는 외경을 자침하니 양병을 제거한다振埃者 刺外經 去陽病也—〈영추·자절진사刺節眞邪〉.

다. 발몽發蒙과 진애振埃는 통기通氣시키는 방법이다. 천지십간은 지지오행地之五行을 화생化生시키는 것이고, 통기는 오운五運이 변화된 기에 통하는 것이다. 이는 천간天干이 해당되므로 취기取氣해서는 안 된다."

批 발몽發蒙·진애振埃·거조去爪는 기氣가 나가게 하는 것이다. 침은 기를 취하는 것이므로 고신尻神을 범해서는 안 된다.

黃帝曰: 何謂五奪?

岐伯曰: 形肉已奪, 是一奪也. 大奪血之後, 是二奪也. 大汗出之後, 是三奪也. 大泄之後, 是四奪也. 新産及大血之後, 是五奪也. 此皆不可瀉.

황제가 물었다. "무엇을 오탈五奪이라고 하는가?"

기백이 답했다. "살 빠지는 것이 일탈一奪이다. 심한 출혈 후가 이탈二奪이다. 심한 한출汗出 후가 삼탈三奪이다. 심한 설사 후가 사탈四奪이다. 출산과 심한 하혈 후가 오탈五奪이다. 이것이 오탈이니 모두 사법을 써서는 안 된다."

● 여백영이 말했다. "형육혈기形肉血氣가 이미 허탈되었으면 비록 사기가 있다 하더라도 모두 사해서는 안 된다."

黃帝曰: 何謂五逆?

岐伯曰: 熱病脈靜, 汗已出, 脈盛躁, 是一逆也. 病泄脈洪大, 是二逆也. 著痺不移, 䐃肉破身熱, 脈偏絕, 是三逆也. 淫而奪形身熱, 色夭然白, 及後下血衃, 血衃篤重, 是謂四逆也. 寒熱奪形, 脈堅搏, 是謂五逆也.

황제가 물었다. "무엇을 오역五逆이라고 하는가?"

기백이 답했다. "열병熱病에 맥이 침정沈靜하거나 땀이 나갔는데 맥이 여전히 성조盛躁한 경우가 일역一逆이다. 설사병에 맥이 홍대洪大한 경우가 이역二逆이다. 착비著痺가 고정되어 있고, 군육䐃肉이 파열되며, 신열身熱이 나고, 한쪽 맥이 뛰지 않는 경우가 삼역三逆이다. 탈정脫精하여 살이 빠지고 마르며, 신열이 나고, 안색이 창백하고 핏기가 없으며, 대변에서 배혈衃血이 나오는 경우가 사역四逆이다. 한열寒熱이 나고 살이 빠졌는데 맥이 견고하고 손에 울리는 경우가 오역五逆이다. 이것을 오역이라고 한다."

⬤ 여백영이 말했다. "열병인데 맥이 정정靜한 경우熱病脈靜는 양병인데 음맥이 나타나는 것이다. 땀이 나는데 맥이 성조盛躁한 경우汗已出脈盛躁는 양열지사陽熱之邪가 땀으로 풀리지 않고 음액陰液이 빠져나가 사기가 반대로 성한 것이다.

병설病泄은 설사하면 맥이 침약沈弱해야 하는데 반대로 홍대洪大한 것은 아래에서 음이 빠져나가고 위에서 양이 성하여 음양상하陰陽上下가 서로 분리되는 것이다.

착비著痺가 고정되고 군육䐃肉이 파열되며 신열身熱이 나는 것著痺不移 䐃肉破 身熱은 습사濕邪가 형체를 손상시키고 오래되어 열로 변한 것이다.

맥 한쪽이 끊긴 것脈偏絶은 비위지기脾胃之氣가 망가진 것이다. 음음淫은 엄중한 학사瘧邪다. 탈형奪形은 사기가 형체를 손상시킨 것이다. 만약 열만 나고 오한이 없는 학질은 내부의 심心에 잠복되어 있다가 외부의 분육지간에 침입하여 소삭탈육消爍脫肉되는 것이다. 심주혈心主血하고 혈맥은 안색에 드러나니 안색이 창백하고 혈변血便을 보는 것色夭然白 及後下血衃 血衃篤重은 외부에서 살이 다 빠지고, 내부에서 혈액이 빠져 혈기가 내외에서 이탈한 것이다.

한열이 나고 살이 빠지며 맥이 성하여 손에 울리는 것寒熱奪形 脈堅搏은 한열의 사邪가 성하고 정기正氣가 손상된 것이다.

이것이 오역五逆이니 자침해서는 안 된다."

동수動輸

黃帝曰: 經脈十二, 而手太陰 足少陰 陽明獨動不休何也?

岐伯曰: 是明胃脈也. 胃爲五臟六腑之海, 其淸氣上注於肺, 肺氣 從太陰而行之, 其行也以息往來, 故人一呼, 脈再動, 一吸脈亦再 動, 呼吸不已, 故動而不止.

黃帝曰: 氣之過於寸口也, 上十焉息, 下八焉伏, 何道從還? 不知 其極.

岐伯曰: 氣之離臟也, 卒然如弓弩之發, 如水之下岸, 上於魚以反 衰, 其餘氣衰散以逆上, 故其行微.

황제가 물었다. "십이경맥 중에서 유독 수태음, 족소음, 족양명경에 있는 맥동 脈動이 그치지 않는 이유는 무엇인가?"

기백이 답했다. "위맥胃脈과 맥박의 박동이 관련 있기 때문이다. 위胃는 오 장육부에 영양을 공급하는 근원이다. 수곡정미가 변화한 청기淸氣는 위로 올 라가 폐肺로 가고 폐기肺氣는 태음太陰에서 돌기 시작하여 전신을 운행한다. 폐기는 호흡에 의하여 움직인다. 사람이 한 번 숨을 내쉴 때 맥이 두 번 뛰고 숨을 들이쉴 때 맥이 두 번 뛴다. 호흡이 멈추지 않으므로 맥박도 멈추지 않 고 뛴다."

황제가 물었다. "폐기가 촌구寸口를 지나면서 올라가는 것은 열인데 내려오 는 것은 여덟이니 나머지는 어디로 가는지 모르겠다."

기백이 답했다. "기氣가 장부를 떠나는 것은 궁노弓弩를 발사하는 것이나 물 이 언덕에서 떨어지는 것과 같다. 그래서 처음에 맥이 강할 때는 어제魚際로 올라갔다가 내려올 때는 반대로 줄어드니 나머지 기는 이미 소산되어 줄어들 고 다시 역상하므로 기세가 약해진다."

◉ 이 장에서는 영기·위기·종기가 경맥의 내외를 도는 것을 말한다. 충맥은 족소음과 족양명경을 따라 행하면서 복기지가腹氣之街와 경기지가脛氣之街로 나가니 혈기가 경맥과 피부 사이를 행하여 서로 화평하게 유지되는 것을 밝히고 있다.

황제가 수태음·족소음·족양명의 맥이 쉬지 않고 뛰는 이유를 물었으니 수태음의 태연太淵·경거經渠, 족양명의 인영人迎·충양衝陽, 족소음의 태계太谿 동맥을 말한다. 기백은 "이것은 위맥胃脈이다"라고 밝혔다. 위胃는 오장육부의 바다고, 영기·위기·종기는 모두 위부胃腑 수곡의 정기로 생성된 것이다.

청기가 올라가 폐에 주입되는 것淸氣上注於肺은 영기와 종기를 말한다. 폐기가 태음에서 도는 것肺氣從太陰而行之은 맥기가 삼음삼양지기를 따라서 움직이는 것이다. 맥기가 호흡에 의하여 움직이는 것其行也以息往來은 사람은 호흡에 따라 맥이 6촌을 움직인다. 밤낮으로 1만 3500번 숨을 쉬고 맥은 810장丈을 가니 이것이 1주周다.

황제가 물은 "폐기가 촌구를 지나 올라갈 때 세기가 10 정도다.氣之過於寸口也, 上十焉息"라는 것은 영기·위기·종기가 모두 식도로 가서 촌구寸口에서 변화가 나타난다. "내려갈 때 기의 세기가 8 정도다下八焉伏"라는 것은 흘러넘친 영혈이 포중胞中으로 잠복해버리므로 마치 물이 언덕에서 떨어진다고 표현했다.

안|〈영추·영기營氣〉에서 "영기는 음식으로 만들어진다. 곡식이 위胃에 들어가면 폐로 전해지고 중中에 흘러넘쳐 외부에 포산된다. 정전精專은 경수經隧로 가서 항상 끊이지 않고 돌고, 다 돌고 나면 다시 돈다營氣之道 內穀爲寶 穀入於胃 乃傳之肺 流溢於中 布散於外 精專者 行於經隧 常營無已 終而復始"라고 했다. 황제가 말한 아래로 잠복되는 영혈下伏之營血은 8할이고 정미지기로 경수로 가는 것精專而行于經隧은 2할뿐이다. 영기는 맥중을 행하고, 위기는 맥외를 행하며, 종기는 영위지도營衛之道를 둘 다 행한다.

이것은 경맥 내외의 기가 서로 화평하고, 유형의 영혈은 내외를 나누어 행하니 이것도 서로 균등하다. 충맥은 포중胞中에서 일어나고 위로 배리背裏를 따라 올라가 경락지해經絡之海가 된다. 외부로 뜬 기는 복강 우측으로 상행하여 흉중에서 퍼져 피부를 충실하게 하고 기육을 따뜻하게 하며 피모로 스며든다.

아래로 잠복한 포중의 혈이 반半은 충맥을 따라 맥내로 가고, 반半은 충맥을 따라 피부로 포산된다.

또 족양명의 맥은 충맥과 배꼽 좌우의 동맥에서 합쳐져 복기지가腹氣之街로 나가고, 충맥은 소음의 대락과 음고陰股를 순환하고 아래로 경기지가脛氣之街로 내려간다. 대체로 정전자精專者는 2할로 경수經隧로 가고, 충맥으로 가는 것은 2할로 기가氣街로 가니 경맥 내외의 기혈이 서로 균등한다. 피부의 기혈은 정井에서 형수滎腧로 가고, 맥중의 혈기는 본표本標를 따라서 부표로 나가니 가고 돌아오길 끊임없이 행하는 것이다.

기백이 말한 "폐기가 장부를 떠나는 것은 갑자기 궁노를 발사하는 것과 같다氣之離臟也 卒然如弓弩之發"는 것은 오장의 기가 수태음에 이르면 촌구에서 변화가 나타나 손을 대면 뛰는 것이 궁노가 화살을 발사하는 것과 같으니 어제魚際로 올라가면 움직임이 줄어들고 동맥이 없어진다.

나머지 기가 줄고 소산되면서 다시 역상하는 것其餘氣衰散以逆上은 나머지 기가 분산되어 올라가 수양명대장경으로 주입되므로 맥이 어제로 올라가면 움직임이 미미해진다. 이것은 오장의 기가 위기胃氣의 힘을 빌려 수태음手太陰까지 가고, 복복에서 수手로, 수手에서 두두頭로, 두두頭에서 족足으로, 족足에서 복복으로 가는 십이경맥의 순환이 끊임없이 이루어진다."

批 장부는 십이경맥으로 통하고, 십이경맥은 삼음삼양에 합한다.

批 유형의 혈은 물처럼 흐른다.

批 3할은 맥내를 행하고, 3할은 피부를 채우며, 2할은 경수經隧로 가고, 2할은 기가氣街로 나가니 경맥 내외의 혈이 균등하다.

批 이것은 영기의 움직임이 호흡누하에 응하여 움직이는 것과 달라 황제가 묻고 기백이 답한 것이다.

黃帝曰: 足之陽明, 何因而動?
岐伯曰: 胃氣上注於肺, 其悍氣上衝頭者, 循咽上走空竅, 循眼系, 入絡腦, 出顑, 下客主人, 循牙車, 合陽明, 幷下人迎, 此胃氣別走於陽明者也. 故陰陽上下, 其動也若一. 故陽病而陽脈小者爲逆,

陰病而陰脈大者爲逆. 故陰陽俱靜俱動, 若引繩相傾者病.

황제가 물었다. "족양명경은 어떻게 맥박이 뛰는가?"

기백이 답했다. "위기胃氣가 올라가 폐로 주입된다. 머리로 올라간 한기悍氣는 인후를 따라서 공규로 가고 안계眼系를 순환하며 뇌로 들어가 연락되고, 함顑으로 나와 객주인客主人으로 내려가며, 아거牙車를 순환하고 양명경과 만나 함께 인영人迎으로 들어가니 이것은 위기가 별도로 양명으로 가는 것이다. 따라서 인영맥人迎脈과 촌구맥寸口脈이 음양이 다르고 상하가 달라도 박동이 일치한다. 그러므로 양병陽病에 양명맥이 소小하면 역증이고, 음병陰病에 태음맥이 대大하면 역증이다. 따라서 촌구맥과 인영맥은 음양이 상합하므로 정靜하면 둘 다 정靜하고, 동動하면 둘 다 동動한다. 먹줄을 치는 것과 같아서 한쪽으로 기울어져 균형이 깨지면 병이 된다."

⊕ 여기서는 양명의 기가 성하여 홀로 쉬지 않고 뛰는 것을 말한다.

〈영추·음양계일월陰陽繫日月〉에서 "두 개의 양이 합한 것을 양명이라 한다兩陽合于前 故曰陽明"고 했고, 또 "두 개의 양이 합병하므로 양명이 된다兩火合幷 故爲陽明"라고 했다. 양명은 조금지기燥金之氣를 주관하고, 또 한열悍熱의 화기火氣가 있다.

위기胃氣가 올라가 폐로 주입되는 것胃氣上注於肺은 위부胃腑에서 만들어지는 영기와 종기가 올라가 폐에 주입되어 호흡누하에 따라 경맥의 내외를 행한다.

한열지기悍熱之氣가 머리로 상충한 것悍熱氣之上衝頭者은 인후를 따라 올라가서 오관五官으로 가고, 안계眼系를 순환하며, 뇌로 들어가고 함顑으로 나가서 객주인客主人으로 내려와 아거牙車를 순환한다. 이것은 양명의 한기悍氣가 위로 공규空竅로 가고 피부皮膚의 기분氣分으로 가는 것이다. 그리고 내려가서 양명맥과 합하여 함께 인영으로 가니 이것은 위부胃腑에서 만들어진 한기悍氣가 별도로 양명으로 가는 것이다. 그러므로 상하의 맥박동이 같다.

대개 신반이상身半以上은 양이고, 신반이하身半以下는 음이다. 위에 있는 것은 인영맥人迎脈이고, 아래에 있는 것은 충양맥衝陽脈으로 박동이 상응한다. 따라서 양병이면서 양맥이 소少하고 음맥이 대大하면 역逆이고, 음병이면서 음맥이 대大하고 양맥이 소少하면 역逆이다. 그러므로 음양상하가 정靜하면 모두 정靜하고, 동動하면 모두 동動해서 마치 먹줄을 치는 것처럼 똑같이 나타난다. 서로 어긋나 상응하지 않으면 병이 된다.

안 | 앞 장에서 "흉부胸部에 기가氣街가 있고, 복부腹部에 기가가 있으며, 두부頭部에 기가가 있고, 경부脛部에 기가가 있으니 복부에 있는 기가는 배수背腧와 충맥의 배꼽 좌우의 동맥에서 멈춘다胸氣有街 腹氣有街 頭氣有街 脛氣有街 氣在腹者 止之于背腧與衝脈于臍左右之動脈間"라고 했다. 족양명의 지맥은 한 줄기가 인영으로 내려가 결분으로 들어가고 결분에서 유방 안쪽으로 내려가 배꼽을 끼고 기가혈氣街穴로 들어간다. 또 다른 지맥은 복강 안쪽을 순환하여 기가혈에서 합쳐져 비관髀關으로 내려가고 대퇴부 바깥쪽을 순환하면서 발등으로 간다. 대체로 위胃의 한기悍氣는 양명맥과 합쳐지면서 인영으로 내려가고, 배꼽을 끼고 기가혈로 들어가서 충맥과 서로 합한 후 복기지가腹氣之街로 나간다. 거기서 하행하여 발등으로 나간 것은 충양衝陽에서 박동하고 올라가니 인영에 상응한다.

批 십이장부의 본표本標는 두기지가頭氣之街와 흉기지가胸氣之街로만 나간다.

黃帝曰: 足少陰何因而動?
岐伯曰: 衝脈者, 十二經之海也, 與少陰之大絡, 起於腎下, 出於氣街, 循陰股內廉, 邪入膕中, 循脛骨內廉, 幷少陰之經, 下入內踝之後. 入足下. 其別者, 邪入踝, 出屬跗上, 入大指之間, 注諸絡, 以溫足脛, 此脈之常動者也.

황제가 물었다. "족소음신경은 어떠한 이유로 박동하는가?"

기백이 답했다. "충맥은 십이경맥의 바다다. 소음의 대락과 함께 신하腎下에서 시작하여 기가氣街로 나가고 음고陰股 내측을 순환하며 비스듬히 괵중膕中으로 들어가 경골脛骨 내측을 순환하고 소음경과 병합되어 내과의 뒤쪽으로 들어가고 발바닥으로 들어간다. 별행別行은 비스듬히 내과內踝로 들어갔다가 나와서 발등에 속하고 엄지발가락 사이로 들어가서 제락諸絡에 주입되어 발과 다리를 따뜻하게 한다. 이것이 족소음맥이 뛰는 이유다."

◉ 여기서는 맥중에서 흘러나온 혈기 중 하나가 충맥과 족소음의 대락에서 족경足脛의 기가氣街로 나감을 말한다.

음고陰股 내측을 순환하는 것循陰股內廉은 혈기가 피부로 나가고 나머지는 여전히 소음경을 순환한다. 비스듬히 내려가 괵중으로 들어가는 것邪入膕中은 태양경의 승산承山과 내과 위로 가서 다시 내려가는 것이다.

거기서 갈라진 별락別絡은 곧 소음의 지락으로 내과와 발등跗上으로 가서 엄지발가락으로 올라가서 십지十指의 낙맥으로 포산된다. 그러므로 양기는 족오지足五指의 표表에서 생기고, 음기는 족오지의 리裏에서 생긴다.

음양이기陰陽二氣는 선천의 수화水火에 근본을 두고, 신장腎藏에 저장되며 아래로 나왔다가 위로 올라간다.

위기衛氣는 양명에서 만들어진다. 앞 구절에서는 위기가 따로 양명으로 가서 인영에서 합쳐짐을 말했다. 이는 응흉제복膺胸臍腹에서 내려가 발등跗上으로 가는 것이다. 좌우의 동맥과 충맥이 배꼽 주위에서 만나니 양명의 혈기가 충맥을 따라가면서 복기지가腹氣之街로 나간다.

이 절에서는 충맥과 소음에서 나간 경기지가脛氣之街를 말한다. 수족십이지경手足十二之經의 본표本標는 두기지가頭氣之街와 흉기지가胸氣之街로만 나간다. 영위의 운행은 본本에서 들어가고, 표標에서 나가 오르내리면서 서로 관통하고 끝이 없는 원처럼 끊임없이 순환한다. 복기지가와 경기지가脛氣之街는 별도로 나간 양명과 소음의 혈기로 십이경맥의 본표에 해당되지 않는다. 그래서 별도로 양명과 소음의 동수動輸를 제시한 것이다.

批 양기도 오지五指에서 나오는데 이는 후천으로 생긴 것이다.

黃帝曰: 營衛之行也, 上下相貫, 如環之無端. 今有其卒然遇邪氣, 及逢大寒, 手足懈惰, 其脈陰陽之道, 相輸之會, 行相失也, 氣何由還?
岐伯曰: 夫四末陰陽之會者, 此氣之大絡也. 四街者, 氣之徑路也. 故絡絕則徑通, 四末解則氣從合, 相輸如環.
黃帝曰: 善. 此所謂如環無端, 莫知其紀, 終而復始, 此之謂也.

황제가 물었다. "영위의 움직임은 오르내리면서 서로 관통하여 끝이 없는 원처럼 끊임없이 순환한다. 이제 갑자기 사기邪氣를 만나거나 대한大寒을 마주치면 수족이 힘 빠져 처지고 음양맥이 지나고 서로 통하는 길이 경로를 이탈하게 되는데 기는 어떻게 돌아올 수 있는가?"

기백이 답했다. "사말四末은 음양이 서로 통하고 만나는 곳으로 기氣가 연락되는 곳이다. 사가四街는 기가 가는 지름길이다. 그러므로 낙맥이 끝나면 지름길徑路로 통한다. 사말이 풀리면 기가 다시 모여서 원처럼 서로 통한다."

황제가 말했다. "알겠다, 원처럼 끝없고 끝나면 다시 시작된다는 것을."

● 여기서는 경맥의 혈기가 사가四街에서 맥외로 나가는 것을 밝히고 있다.

피부 분육의 기혈은 사말四末에서 맥중으로 들어간다. 상하로 서로 관통하면서 원처럼 끊임없이 순환한다.

사말은 팔다리의 끝으로 수족의 정혈井穴이다.

맥脈은 수족삼음삼양의 경수經腧다.

음양지도陰陽之道는 혈기가 도는 길이다.

상수지회 기종합相輸之會 氣從合은 피부의 기혈이 사말에서 맥중으로 흘러 오수혈을 지나 주슬지간肘膝之間에서 경맥으로 들어가 경맥의 혈기와 서로 합쳐진다. 그래서 "사말이 풀리면 기가 모인다四末解則氣從合"고 하는 것이다. 풍한사風寒邪를 예를 들어 사말이 바로 음양이 모이는 곳임을 밝혔고 기는 여기서 대락으로 들어간다.

만약 사기 때문에 막힌다면 수족이 힘 빠지고 길이 막히니 기는 어디를 경유하여 돌아갈 것인가? 사말이 풀리면 기혈이 맥중으로 전수傳輸되고 기가氣街로 환전環轉한다.

경맥은 내부에서는 장부에 연결되어 있고, 외부에서는 형신에 연락되어 내외출입하여 운행이 끊이지 않는다. 낙맥은 경맥에서 갈라진 맥으로 마치 강의 지류와 같고 끝으로 가면 끝나는 곳이 있다. 사가四街는 기가 통하는 지름길이다. 그래서 "낙맥이 끝나면 지름길로 통한다絡絕則徑通"고 했다.

수족십이경의 본표는 두기지가頭氣之街와 흉기지가胸氣之街로 나가고, 양명에서 만들어진 혈기는 다시 복기지가腹氣之街로 나가며, 소음에 저장된 혈기는 다시 경기지가脛氣之街로 나간다. 이것은 경맥의 혈기가 다시 낙맥이 끝나는 곳에서 기가로 나가서 외부의 피부 분육을 도는 것이다. 영위가 피부와 경맥의 내외를 도는 것은 상하가 서로 관통되고 원처럼 끝없이 순환하니 어디가 끝인지 모른다.

왕자방이 말했다. "본경에서 '영행맥중 영위맥외營行脈中 衛行脈外'라고 하고, 또 '경으로 들어가지 못하고 외부에 떠 있는 기가 위기고, 경에서 도는 정기가 영기다浮氣之不循經者爲衛氣 精氣之營于經者爲營氣'라고 했다. 그런데 이제 영위지행營衛之行이 경맥의 내외를 빙빙 돈다고 하니 경의 뜻이 자체로 모순되는 것 아닌가?"

이에 답한다. "위기衛氣는 낮에 양분을 행하고 밤에는 음분을 행하면서 천기天氣의 회명晦明을 따른다. 천도天道는 우선右旋하고, 지도地道는 좌전左轉하니 천天이 지지외地之外를 도는 것은 서로 엇갈려서 돈다. 이는 영기가 맥중을 행하고 위기가 맥외를 행하여 내외가 서로 섞이지 않는 것과 같다. 하지만 천기天氣는 지지외地之外를 운행하다가 다시 지중地中으로 관통한다.

사시四時의 한서왕래와 생장수장이 있어 천지음양지기天地陰陽之氣가 상하승강하고 내외출입하면서 갈라지고 합쳐지면서 끝없이 순환된다. 그러기 때문에 영위가 피부와 경맥의 내외를 환전하면서 도는 것이 천지天地의 기교氣交에 상응한다.

이른바 영행맥중營行脈中은 수태음폐에서 시작하여 족궐음간에서 끝나는 것이다. 배에서 손으로, 손에서 머리로, 머리에서 발로, 발에서 배로 하나의 맥이 유통하여 끝나면 다시 시작한다. 이것이 영혈이 맥중을 행하는 것이다. 또 다른 영위지도營衛之道가 있으니 청淸한 것은 영營이고 탁濁한 것은 위衛다. 영營은 맥중을 행하고 위衛는 맥외를 행한다. 영행맥중은 수족의 십이경맥과 음교맥·양교맥·임맥·독맥을 따라 도합 16장 2척을 1주周로, 낮에 25회 밤에 25회 호흡누하에 응하는데 이것이 영기가 맥중을 행하는 것이다.

위기衛氣는 낮에 양분을 25회, 밤에 음분을 25회 도니 이것이 영기·위기가 각기 제 궤도를 따라 움직이며 청탁내외淸濁內外를 서로 간섭하지 않는다.

수족의 삼음삼양 십이경맥은 모두 지정指井에서 출발하여 오장의 25수臟와 육부 36수腑를 영양한다. 지정은 손톱에서 부춧잎만큼 떨어진 곳으로 혈육근골의 끝인데 혈기는 모두 어디서 오는 것이어서 소출위정所出爲井이라고 하는가?

피부의 기혈을 받아서 이곳에서 맥중으로 흘러들어가니 십이경맥의 혈기는 비로소 여기서 생기고 출발하여 나가므로 소출위정 소류위형 소주위수 소행위경所出爲井 所溜爲滎 所注爲腧 所行爲經이라고 하는 것이다.

피부를 채우고 기육을 덥히는 혈기充膚熱肉之氣血는 부창부수하듯 서로 같이 행하여 함께 경맥 안으로 흐른다. 그래서 '영기와 위기가 오르내리면서 서로 관통한다營衛之行也 上下相貫'고 하는 것이다.

사말이 음양이 만나는 곳이라는 것四末陰陽之會者은 대락大絡이 있는 곳이다.

종기가 반은 맥중으로 가고, 반은 맥외로 간다. 영혈이 반은 경수로 가고, 반은 피부로 간다. 영기는 맥중으로 흐르고, 위기는 맥외로 흐른다. 음중유양 양중유음陰中有陽 陽中有陰하니 양의兩儀 사상四象이 정해지는 이치와 같다. 혈기가 내외를 관통하는 것은 천지天地의 기교氣交에 상응하는 것이니 한 숨이라도 멈춘다면 생화작용生化作用이 없어진다.

피부 기분氣分은 양이고, 경맥 혈분血分은 음이다. 양이 양으로 가고, 음이 음으로 가는 것은 음양이 서로 괴리된 것이다. 음은 양에서 나오고, 양은 음으로 들어가니 이것이 음양이 서로 합쳐지는 것이다. 음양지도陰陽之道는 떨어지기도 하고 합쳐지기도 한다. 만약 양분陽分을 행하는 것이 양분만 행하고, 음분陰分을 행하는 것이 음분만 행한다면 내외출입의 신기神機가 없어 생화기능生化機能도 없어진다. 음양의 심오함은 마음을 모아 밝혀야 한다."

여백영이 말했다. "〈영추·오란五亂〉〈영추·창론脹論〉은 위기衛氣가 맥을 혼란시킨다고 했는데 이것이 대만大悗이다. 위기가 역행하면 맥창脈脹이 되고, 위기가 맥과 더불어 분육分肉을 순행하면 부창膚脹이 된다. 만약 위기가 맥내를 돈다면 어찌 난맥亂脈이 되지 않겠는가?"

이에 답한다. "위기는 언제나 맥과 함께 분육을 순환하는데 행함에 역순이 있어 음양이 서로 따르면 이에 천화天和를 얻는다. 이는 맥내의 혈기가 순행하고, 맥외의 기혈이 역전逆轉하여 서로 역순으로 행하니 이에 천지의 조화를 얻는다는 것이다. 위기난맥衛氣亂脈은 위기衛氣가 맥을 따라 행하는 것이다. 피부와 경맥의 내외를 환전하는 것은 바로 서로 역순하면서 행하는 것이니 어떻게 난맥이 될 수 있는가?"

批 영혈이 맥중을 행하는 것은 독맥만 영위하고 임맥과 교맥은 해당되지 않는다.

오미론五味論

黃帝問於少兪曰: 五味入於口也, 各有所走, 各有所病. 酸走筋, 多食之令人癃. 鹹走血, 多食之令人渴. 辛走氣, 多食之令人洞心. 苦走骨, 多食之令人變嘔. 甘走肉, 多食之令人悗心. 余知其然也, 不知其何由? 願聞其故.

황제가 소유少兪에게 물었다. "오미五味가 입으로 들어가면 각각 주행하는 곳이 있고, 병이 되는 곳도 각각 다르다.

　　산미酸味는 근筋으로 가니 많이 먹으면 소변이 융폐癃閉된다.

　　함미鹹味는 혈血로 가니 많이 먹으면 갈증을 일으킨다.

　　신미辛味는 기氣로 가니 많이 먹으면 심중번열心中煩熱을 일으킨다.

　　고미苦味는 골骨로 가니 많이 먹으면 구토를 일으킨다.

　　감미甘味는 육肉으로 가니 많이 먹으면 번심煩心을 일으킨다.

　　내가 그런 줄은 알겠는데 왜 그런지는 모르겠다. 그 이유를 알고 싶다."

● 임곡암이 말했다. "〈소문·오운행대론五運行大論〉에서 '동방에서 풍이 불고, 바람으로 나무가 자라며, 나무의 열매는 시고, 산미는 간으로 가며, 간에서 근이 생긴다. 남방에서 열기가 올라오고, 열에서 화가 생기며, 타면 쓴맛이 생기고, 고미는 심으로 가며, 심에서 혈이 생긴다東方生風 風生木 木生酸 酸生肝 肝生筋 南方生熱 熱生火 火生苦 苦生心 心生血'라고 했다. 이는 오미가 생하는 것은 오장을 근본에 두고 근골혈육과 외합한다. 따라서 오미가 입에 들어가면 가는 곳이 각각 있다. 심은 혈을 주관하고心主血, 신은 골을 주관하니腎主骨 고苦는 화지미火之味고, 함鹹은 수지미水之味다. 고미는 골骨로 가고苦走骨, 함미는 혈로 가는 것鹹走血은 음양수화陰陽水火의 교제交濟다. 폐는 기를 주관하므로肺主氣 신미는

기로 간다辛走氣."

少兪答曰: 酸入於胃, 其氣澁以收, 上之兩焦, 弗能出入也, 不出卽
留於胃中, 胃中和溫, 則下注膀胱, 膀胱之胞薄以懦, 得酸則縮綣,
約而不通, 水道不行, 故癃. 陰者, 積筋之所終也, 故酸入而走筋矣.
소유가 답했다. "산미가 위胃에 들어가면 기가 삽하여 수렴되니 상초와 중초
에만 갈 수 있고 내외로 출입하지 못한다. 출입이 안 되면 위중胃中에 유체되
고, 위중이 온화하면 내려가 방광으로 주입된다. 방광은 피皮가 얇고 연하여
산미를 만나면 수축되고 방광이 조여서 불통하니 수도水道가 돌지 못하므로
융폐癃閉가 된다. 전음前陰은 종근宗筋이 모이는 곳이다. 그러므로 산미가 들어
가면 근筋으로 간다."

◉ 임곡암이 말했다. "오미의 음양은 신미辛味와 감미甘味는 발산發散하므로 양
이고, 산미酸味와 고미苦味는 용설涌泄하므로 음이 된다. 함미鹹味는 용설涌泄하
므로 음이 되고, 담미淡味는 삼설滲泄하므로 양이 된다. 여섯 가지는 수렴하기
도 하고, 발산하기도 하며, 이완시키기도 하고, 조여주기도 하며, 건조시키기
도 하고, 축축하게 적시기도 하며, 부드럽게도 하고, 단단하게도 하니 이는 발
산과 용설하는 사이에도 또 수렴과 발산, 이완과 긴급의 성性이 있는 것이다.
상초가 열려 오곡미를 퍼뜨리고, 중초는 이슬처럼 기를 내보내면서 수곡의 진
액을 운행시킨다.

산기酸氣는 수삽收澁하므로 상중초上中焦로 나갈 수 없으니 나가지 못하여 위
胃에 유체되고 하초로 가서 방광으로 주입된다. 방광은 오줌통인데 포胞가 속
에 있다. 그러므로 방광의 체질은 무르고 얇으면서 힘이 없다. 산미를 만나면
쉽게 수축되고, 수축되면 조여져서 불통하니 수도水道가 돌지 못하여 융폐癃閉
가 된다. 음陰은 전음前陰이다. 적근積筋은 종근宗筋이다. 종근은 근의 주인이
다. 산미가 종근에 들어가므로 '근으로 간다走筋'고 한 것이다.

〈영추·경근經筋〉을 보면 '족궐음의 경근은 올라가서 음고陰股를 순환하고
음기陰器에 연결되며 여러 근筋에 연락된다. 병이 되면 음고통陰股痛 전근轉筋

774

이 생기며, 음기陰器를 사용할 수 없다. 내부에서 손상되면 발기가 안 되고, 한寒에 손상되면 음기가 수축되어 쪼그라들며, 열에 손상되면 늘어져 수축이 안 된다足厥陰之筋 上循陰股 結於陰器 絡諸筋 其病陰股痛轉筋 陰器不用. 傷于內則不起 傷于寒則陰縮入 傷于熱則縱挺不收'라고 했다. 족궐음간경이 종근을 주관하고, 외부에서는 온몸의 근과 합한다."

黃帝曰: 鹹走血, 多食之令人渴何也?
少兪曰: 鹹入於胃, 其氣上走中焦, 注於脈, 則血氣走之, 血與鹹相得則凝, 凝則胃中汁注之, 注之則胃中竭, 竭則咽路焦, 故舌本乾而善渴. 血脈者, 中焦之道也, 故鹹入而走血矣.

황제가 물었다. "함미는 혈로 가는데 많이 먹으면 갈증을 일으키니 그 이유가 무엇인가?"

소유가 답했다. "함미가 위胃에 들어가면 그 기는 올라가 중초로 가서 맥으로 주입되어 혈기가 움직인다. 혈과 함미가 만나면 응결되고 응결되면 위중胃中의 즙汁이 주입된다. 위중의 즙이 주입되면 위중의 즙이 고갈되어 식도가 탄다. 그러므로 설본舌本이 건조해지고 갈증이 난다. 혈맥은 중초의 도로다. 그러므로 함미가 들어가면 혈로 간다."

● 임곡암이 말했다. "중초는 위중지기胃中之氣와 병합하여 상초의 기가 나간 다음에 나간다. 그 기는 조박을 분비하고, 진액을 증류하며, 정미精微를 변화시켜 올라가서 폐맥에 주입된다. 이에 변해서 혈이 된다. 함미가 위胃에 들어가면 그 기는 중초로 가서 맥에 주입되는 것은 함미의 성질이 위로 솟아오르기 때문이다. 맥에 주입되면 혈기로 간다. 혈은 중초의 즙汁으로 심신心神을 유지시키고 붉게 변한다. 함미는 한수지미寒水之味이므로 혈과 함미가 서로 만나면 엉기고, 엉기면 말라서 굳어져 위중胃中의 즙으로 자윤滋潤시키니 위중의 즙은 고갈되어 식도가 타고 마른다. 그래서 설본舌本이 건조해지고 갈증이 자주 생긴다. 혈맥은 중초의 도로다. 함기鹹氣가 올라가서 중초로 가므로 '혈로 간다走血'고 했다."

왕자방이 말했다. "위부胃腑 수곡의 정즙精汁이 변하여 붉게 되어 맥중을 돈다. 1호1흡一呼一吸에 맥이 6촌을 행한다는 것은 혈기가 도는 것이다. 호흡이 멈추지 않아 혈기의 움직임이 잠시도 쉬지 않으므로 혈이 응결되면 위중의 즙汁을 주입하여 그 혈기의 유행을 돕는다.”

黃帝曰: 辛走氣, 多食之令人洞心何也?

少兪曰: 辛入於胃, 其氣走於上焦, 上焦者, 受氣而營諸陽者也, 薑韭之氣熏之, 營衛之氣不時受之, 久留心下, 故洞心. 辛與氣俱行, 故辛入而與汗俱出.

황제가 물었다. “신미辛味는 기로 가는데 많이 먹으면 번열이 나는 것은 무엇 때문인가?”

소유가 답했다. “신미가 위胃에 들어가면 그 기는 상초로 간다. 상초는 기를 받아 모든 양陽을 영양한다. 생강과 부추가 상초를 훈증하면 영위지기營衛之氣도 불시에 그 영향을 받아 오랫동안 심하에 유체留滯되므로 심장에 열감을 느끼게 된다. 신미와 위기衛氣가 함께 움직이니 신미가 들어가면 땀이 난다.”

◉ 임곡암이 말했다. “상초가 열려서 오곡미를 퍼뜨려 피부를 덥히고 몸을 채우며 모발을 윤택하게 하니 마치 안개와 이슬로 적시는 것 같다. 이것이 기氣다上焦開發 宣五穀味 熏膚充身澤毛 若霧露漑 是謂氣. 신미辛味는 기氣로 가므로 그 기는 상초로 간다. 상초는 중초의 기를 받아서 모든 표양表陽을 운영한다. 영위지기營衛之氣는 중초에서 생겨 모두 상부로 나간다. 그래서 생강과 부추의 기가 올라가서 덥게 하면 영위지기를 불시에 받으니 오랫동안 심하게 유체되어 동심洞心이 된다. 신미와 상초의 기가 함께 표양으로 가면 피부와 주리가 열려 땀이 난다.”

여백영이 말했다. “신기辛氣가 심하心下에 유체되어 상부를 훈증하면 동심이 된다. 기와 함께 움직이면 땀과 함께 나가게 되니 땀은 중초 수곡의 액이다.”

왕자방이 말했다. “오미를 논하면서 기를 말하는 것은 기가 미味의 성性이기 때문이다.”

黃帝曰: 苦走骨, 多食之令人變嘔何也?

少兪曰: 苦入於胃, 五穀之氣, 皆不能勝苦, 苦入下脘, 三焦之道皆
閉而不通, 故變嘔. 齒者骨之所終也, 故苦入而走骨, 故入而復出
知其走骨也.

황제가 물었다. "고미苦味는 골骨로 가는데 많이 먹으면 구토가 나오는 것은
왜인가?"

　　소유가 답했다. "고미가 위에 들어가면 오곡지기는 모두 고미를 이겨내지
못한다. 고미가 하완下脘으로 들어가면 삼초의 통로는 모두 폐색되어 불통하
므로 구토가 나온다. 치아齒牙는 골骨의 연속이다. 그러므로 고미가 들어가면
골로 가므로 들어갔다가도 다시 나오니 골로 간다는 것을 알 수 있다."

● 임곡암이 말했다. "염상작고炎上作苦*하니 군주의 미味다. 그러므로 오곡의
기가 모두 이길 수 없다. 고성苦性은 불설下泄하므로 하완下脘으로 들어간다.
삼초는 소양상화少陽相火다. 고성은 한寒하므로 삼초의 통로가 모두 폐색되어
불통하고, 삼초가 불통하면 위胃에 들어간 수곡이 통조通調되고 포산布散시킬
수 없어서 변해서 토하게 된다. 신腎은 골骨을 주관하니 신腎은 한수지장寒水之
臟이고, 고성은 한寒하므로 골骨로 가니 동기상감同氣相感이다. 그러나 고미가
화미火味이므로 아래로 들어갔다가 다시 위로 나가는 것은 그 성성性性이 하설下泄
하고 상통上涌하기 때문이다."

　　여백영이 말했다. "소음의 상부는 군화가 주관하니少陰之上 君火主之 표는 양
陽이고 본은 한寒이다. 염상炎上은 고미가 되고, 고한苦寒은 하설下泄하니 이것
은 소음의 미味다. 그러므로 종본종표從本從標할 수 있다. 천天은 사람에게 오
기五氣를 공급하고, 지地는 사람에게 오미五味를 공급한다天食人以五氣 地食人以
五味. 지지오행地之五行은 올라가 천지육기天之六氣로 드러난다. 따라서 미味는

---

* "오행은 수·화·목·금·토다. 수는 흘러내리고, 화는 타오르며, 목은 굽어도 곧게 올라가고, 금
　은 따르면서 바뀌며, 토는 심고 가꾼다. 윤하潤下는 함미가 나오고, 염상炎上은 고미가 되며, 곡
　직곡직曲直은 산미가 되고, 종혁從革은 신미가 되며, 가색稼穡은 감미가 된다五行一曰水二曰火三曰木四
　曰金五曰土 水曰潤下 火曰炎上 木曰曲直 金曰從革 土曰稼穡 潤下作鹹 炎上作苦 曲直作酸 從革作辛 稼穡作甘"—
　〈홍범구주洪範九疇〉.

오행五行과 합하고, 기기氣는 삼음삼양三陰三陽의 육기六氣와 합한다."

黃帝曰: 甘走肉, 多食之, 令人悗心何也?
少兪曰: 甘入於胃, 其氣弱小, 不能上至於上焦, 而與穀留於胃中
者, 令人柔潤者也, 胃柔則緩, 緩則蟲動, 蟲動則令人悗心. 其氣外
通於肉, 故甘走肉.

황제가 물었다. "감미甘味는 육肉으로 가는데 많이 먹으면 심번心煩이 되는 것
은 왜인가?"

소유가 답했다. "감미가 위胃에 들어가면 기가 약하여 상초까지 올라가지
못하고 곡식과 함께 위에 유체되어 위가 유윤柔潤해진다. 위가 유연해지면 위
가 이완된다. 위가 이완되면 충蟲이 동한다. 충이 동하면 가슴이 답답해진다.
그 기가 육肉으로 통하므로 감미는 육으로 간다."

⬢ 임곡암이 말했다. "가색작감稼穡作甘하니 곤토坤土의 미味다. 곤덕坤德은 유
순하므로 그 기가 약하고 작다. 태음습토太陰濕土는 기기氣를 주관하므로 사람을
부드럽고 촉촉하게柔潤 한다. 유柔는 토土의 성성性이고, 윤윤潤은 습습濕의 기기氣다. 충
蟲은 음류陰類다. 위胃가 양명조열지기陽明燥熱之氣를 지니고 있으니 위胃가 부
드럽고 이완되어 있으면 충이 동하여 올라와 위로 들어간다. 충이 위에서 먹
으므로 사람이 번심煩心하게 된다. 토기土氣는 외부의 기육을 주관하므로 감미
甘味는 육肉으로 간다."

마현대가 말했다. "'蟲'는 '蟲'이라고 해야 한다."

八卷 ②

음양이십오인陰陽二十五人

黃帝曰: 余聞陰陽之人何如?

伯高曰: 天地之間, 六合之內, 不離於五, 人亦應之. 故五五二十五人之政, 而陰陽之人不與焉. 其態又不合於衆者五, 余已知之矣. 願聞二十五人之形, 血氣之所生, 別而以候, 從外知內何如?

岐伯曰: 悉乎哉問也! 此先師之秘也, 雖伯高猶不能明之也.

黃帝避席遵循而却曰: 余聞之, 得其人弗敎, 是謂重失, 得而泄之, 天將厭之. 余願得而明之, 金匱藏之, 不敢揚之.

岐伯曰: 先立五形金木水火土, 別其五色, 異其五形之人, 而二十五人具矣.

黃帝曰: 願卒聞之.

岐伯曰: 愼之愼之! 臣請言之.

황제가 말했다. "음인陰人과 양인陽人이 어떻게 다른지 알고 싶다."

백고가 물었다. "천지지간 육합지내天地之間 六合之內의 모든 것이 오행五行의 이치에서 벗어나지 않으니 사람도 마찬가지다. 따라서 '오오이십오형인五五二十五形人은 사람을 음양으로 분류하는 것과는 별개다'라고 말했다. 행태가 대중과 다른 오태지인五態之人은 내가 이미 알고 있다. 이십오인二十五의 형형形形이 혈기가 달라 생기는 차이와 외부에서 내부의 변화를 알려면 어떻게 해야 하는가?"

기백이 답했다. "심오한 질문이다. 이것은 선사先師의 비전祕傳이다. 백고도 알지 못한다."

황제가 자리를 옮기고 물러나 공손히 말했다. "'합당한 사람에게 전수하지 않으면 이는 중대한 과실이고, 전수받고도 함부로 누설하면 하늘이 장차 벌을 내린다'고 들었다. 나는 이것을 터득하고 밝혀서 금궤金匱에 저장하고 함부로 드러내고 싶지 않다."

　기백이 답했다. "먼저 금金·목木·수水·화火·토土 오형五形을 정하고, 다시 오색을 구별하여 오음五音으로 분변分辨하면 이십오인二十五人이 갖추어진다."

　황제가 말했다. "다 듣고 싶다."

　기백이 답했다. "신중해야 한다. 이제 말하겠다."

● 구여림仇汝霖이 말했다. "천지지간天地之間은 오五를 벗어날 수 없으니 천天에는 오색五色·오기五氣·오시五時·오음五音이 있고, 지地에는 오방五方·오행五行·오운五運·오미五味가 있다.

　〈소문·오운행대론五運行大論〉에 나오는 말이다. '동방은 봄에 응하니 동쪽에서 바람이 불면 봄바람에 나무가 자라고, 나무의 열매는 산미를 지니며, 산미는 간肝을 자양하고, 간은 근筋을 영양한다. 남방은 여름에 응하니 더운 바람이 남쪽에서 불면 열기로 나무가 번창하게 자라고, 그때 열매는 쓴맛이 나며, 고미는 심心으로 가고, 심은 맥脈을 운영한다. 중앙은 장하에 응하니 습은 땅에 스며들고, 땅에서 감미의 곡식이 나오며, 감미는 비脾로 가고, 비脾는 육肉을 영양한다. 서방은 가을에 응하니 가을에는 건조해지고, 건조하면 굳어지며, 수렴되면 매운맛이 나고, 신미는 폐肺로 가며, 폐는 피모皮毛를 영양한다. 북방은 겨울에 응하니 북쪽에서 찬바람이 불고, 찬바람이 불면 수분이 얼며, 응고되면 짠맛이 나고, 함미는 신장腎臟으로 가며, 신장은 골骨을 영양한다東方生風 風生木 木生酸 酸生肝 在臟爲肝 在體爲筋 南方生熱 熱生火 火生苦 苦生心 在臟爲心 在體爲脈 中央生濕 濕生土 土生甘 甘生脾 在臟爲脾 在體爲肉 西方生燥 燥生金 金生辛 辛生肺 在臟爲肺 在體爲皮毛 北方生寒 寒生水 水生鹹 鹹生腎 在臟爲腎 在體爲骨.'

　풍한열조습風寒熱燥濕은 천天의 오기五氣고, 목화토금수木火土金水는 지地의 오행五行이다. 천天에서 기氣가 생기고, 지地에서 형形이 생긴다. 천지天地의 기와 형이 합쳐진 것이 사람이다. 사람의 형체는 지地의 오행에서 생겨나지만 천天의 오기에 바탕을 두고 있다. 그러므로 형은 오행과 합하고, 기는 오색·오음과 합한다. 오음五陰이면서 오양五陽과 합한다는 것은 지地에 있는 음이 천天의 양과 합하는 것이다. 오오이십오五五二十五는 천지수天之數를 합한 것이다.

음양지인陰陽之人과 별개라는 것陰陽之人不與은 〈영추·통천通天〉에서 말하는 소음少陰·태음太陰·소양少陽·태양지인太陽之人이다. 행태가 일반인과 다르다는 것其態又不合於衆者은 오행을 다 갖춘 사람과 합치하지 않기 때문이다. 대체로 삼음삼양三陰三陽은 천天의 음양이고, 오인지형五人之形은 지地에서 이루어진 것이다.

그러므로 이 장은 형形이 오행五行과 합하고 위로 천天의 오기五氣에 상응함을 말한다. 다음 장은 음양지인陰陽之人을 말하니 천기天氣에 상응하여 생긴 것이므로 〈통천通天〉이라고 편명을 붙였다."

批 창蒼·황黃·단丹·소素·현玄은 천체天體의 기색이고, 청靑·황黃·적赤·백白·흑黑은 오행의 색이다.

木形之人, 比於上角, 似於蒼帝, 其爲人, 蒼色, 小頭長面, 大肩背直身, 小手足, 好有才, 勞心少力, 多憂勞於事. 能春夏, 不能秋冬, 感而病生, 足厥陰佗佗然. 太角之人, 比於左足少陽, 少陽之上遺遺然. 左角之人, 比於右足少陽, 少陽之下隨隨然. 鈦角之人, 比於右足少陽, 少陽之上推推然. 判角之人, 比於左足少陽, 少陽之下栝栝然.

목형지인木形之人은 상각上角에 비견되니 창제蒼帝와 흡사하다. 안색이 푸르고 머리가 작으며 얼굴이 길고 어깨와 등이 크며 몸이 똑바르고 손발이 작다. 재주가 많고 예민하며 힘이 없고 매사에 근심걱정이 많다. 봄·여름에 잘 견디지만 가을·겨울에는 힘들어 찬바람을 쐬면 병에 걸린다. 이런 유형의 사람은 족궐음간경이 발달하여 아름답고 편안하다.

태각지인太角之人은 좌족소양에 비견되니 소양경의 상부가 늘어져 있다.
좌각지인左角之人은 우족소양에 비견되니 소양경의 하부가 구부러져 있다.
체각지인鈦角之人은 우족소양에 비견되니 소양경의 상부가 뻗어 있다.
판각지인判角之人은 좌족소양에 비견되니 소양경의 하부가 곧게 있다.

⊕ 마현대가 말했다. "목木은 동방을 주관하고 목음木音은 각角이며 목색木色은 창蒼이다. 그러므로 목형지인木形之人은 상각上角에 비유되니 상천上天의 창제

蒼帝와 흡사하다.

색창色蒼은 나무의 색이 푸른 것이다. 두소頭小는 나무의 꼭대기가 작다. 장면長面은 나무의 몸체가 길다. 견배대肩背大 나무의 줄기와 잎이 번창하니 어깨 부근이 넓다. 신직身直은 나무의 체형이 똑바르다. 소수족小手足은 나뭇가지가 가늘고 뿌리가 나뉘어 생긴 것은 작다. 이것은 형체를 가지고 말한 것이다.

호유재好有才는 나무가 용도에 따라 재목을 만들 수 있다. 역소力少는 나무가 쉽게 동요한다. 매사에 걱정이 많은 것多憂勞於事은 나무가 가만있기 어렵기 때문이다. 봄·여름에 잘 견디는 것耐春夏은 나무가 봄에 생겨나고 여름에 자란다. 가을·겨울에 힘든 것不耐秋冬은 나무가 가을·겨울이 되면 조락凋落한다. 그러므로 풍한에 감촉되면 병이 잘 생긴다. 이것은 자체의 성性을 가지고 말한 것이다. 족궐음풍목의 주기가 아름다우니 타타佗佗 나무는 아름다운 재료다. 비比는 헤아리는 것이고 화합하는 것이다.

오음五音은 오운의 화기化氣를 주관하고, 삼양三陽은 육기의 사천司天에 응하니 오음이 삼양과 합하는 것은 세운歲運의 천간天干과 지지支가 합하는 것이다.

족궐음과 족소양은 모두 합쳐지는데 하나의 음이 좌우태소左右太少의 사양四陽과 합쳐지는 것은 지地가 천天의 중앙에 있으면서 천체가 상하좌우로 움직이는 것이다.

대大는 체钛를 이름이니 태각太角이다. 태각지인太角之人은 좌족소양左足少陽에 비견된다. 체각지인钛角之人은 우족소양右足少陽에 비견된다.

소양의 상부가 늘어지고 뻗치는 것少陽之上遺遺然推推然은 다음 문장에서 말하는 '족소양의 상부는 혈기가 성하면 구레나룻이 수려하게 자란다足少陽之上 血氣盛則 通髥美長也'는 것이다.

유유遺遺는 겸허한 태도이니 내려뜨려진 가지와 잎 같기 때문이다. 추추推推는 솟아오르는 태도이니 지엽枝葉은 위로 올라간다. 반华은 판判을 말하니, 즉 소각少角이다. 좌각지인左角之人은 우족소양에 비견된다. 판각지인判角之人은 좌족소양에 비견된다.

소양경의 하부가 부드럽고 뻣뻣한 것少陽之下隨隨然栝栝然은 다음 문장에서 말하는 '족소양의 하부는 혈기가 성하면 다리털이 수려하고 길게 자라며 외과

外踝가 굵다足少陽之下 血氣盛則脛毛美長 外踝肥也'는 것이다.

수수隨隨는 순종스러운 태도니 구부러지는 나무의 형상이다. 괄괄栝栝은 바르고 곧은 태도니 나무가 길쭉하고 곧은 것을 형상한다."

구여림이 말했다. "좌우수족左右手足은 즉 〈영추·음양계일월陰陽繫日月〉의 수합십간 족합십이지手合十干 足合十二支다."

批 마시馬蒔는 자字가 중화仲化로 현대玄臺라 불린다. 본경은 마현대의 주석만 있다.

批 지엽枝葉은 상에 응하고 근간根幹은 하에 응한다.

火形之人, 比於上徵, 似於赤帝. 其爲人赤色, 廣䯏*銳面小頭, 好肩背髀腹, 小手足, 行安地, 疾心行搖, 肩背肉滿有氣, 輕財少信, 多慮見事明, 好顔急心, 不壽暴死. 能春夏不能秋冬, 秋冬感而病生, 手少陰核核然. 質徵之人, 比於左手太陽, 太陽之上肌肌然. 少徵之人, 比於右手太陽, 太陽之下慆慆然. 右徵之人, 比於右手太陽, 太陽之上鮫鮫然. 質判之人, 比於左手太陽, 太陽之下支支頤頤然.

화형지인火形之人은 상치上徵에 비견되니 적제赤帝와 흡사하다. 얼굴이 붉고 등쌀이 넓으며 얼굴은 위가 좁고 머리가 작으며 어깨·등·넓적다리·배가 튼튼하고 손발이 작다. 걸음걸이가 안정되고 빨리 걸으면서 어깨가 흔들리며 등쌀이 풍만하고 씩씩하다. 재물을 아낄 줄 모르고 남을 믿지 못하며 생각이 많고 매사가 분명하다. 안색이 좋고 성격이 급하며 장수하지 못하여 급사急死하기 쉽다. 봄·여름은 잘 견디지만 가을·겨울에는 힘들어 풍한에 감촉되면 병이 생긴다. 이러한 유형의 사람은 수소음심경手少陰心經이 발달하여 특징이 겸허하다.

질치지인質徵之人은 좌수태양에 비견되니 태양경의 상부가 비대하다.

소치지인少徵之人은 우수태양에 비견되니 태양경의 하부가 좋다.

우치지인右徵之人은 우수태양에 비견되니 태양경의 상부의 수염이 풍성하다.

질판지인質判之人은 좌수태양에 비견되니 태양경의 하부인 손바닥이 두툼하다.

---

* 인䯏은 등살이다.

● 화火는 남방을 주관하고, 음音은 치徵며 색은 적색이다. 그러므로 화형지인火形之人은 상천上天의 적제赤帝와 유사하다.

색적色赤은 불의 색이 붉다. 인䐐은 척추의 근육이다. 등쌀이 넓은 것廣䐐은 불의 중간이 넓고 치성하다. 얼굴이 위가 좁고 머리가 작다銳面小頭는 것은 불의 끝이 예리하고 작다. 어깨·등·넓적다리·배가 튼튼하다好肩背髀腹는 것은 불이 아래서 위로 올라가서 빛나면서 아름답다. 손발이 작은 것手足小은 불이 옆으로 가는 것은 세력이 작다. 걸음걸이가 안정된 것行安地은 불이 땅에서 일어난다. 질심疾心은 불기운이 맹렬한 것이다. 흔들면서 걷는 것行搖은 불이 흔들리는 것을 말한다. 견배육만肩背肉滿은 등이 넓은 것이다. 씩씩한 것有氣은 불에는 타오르는 기세가 있다. 이는 화火의 본체를 가지고 말한 것이다.

재물을 아끼지 않는 것輕財은 불이 쉽게 발산되어 모이지 않는다. 남을 믿지 못하는 것少信은 불의 성질이 일정하지 않다. 걱정이 많고 매사가 분명하다多慮而見事明는 것은 불이 전체를 밝게 하고 주변을 밝힌다. 호안好顏은 붉은 빛이 난다. 급심急心은 화성火性이 급하다. 장수하지 못하고 급사하기 쉽다不壽暴死는 것은 불이 오랫동안 지속되지 못한다. 이것은 불의 성性을 가지고 말한 것이다.

봄·여름을 잘 견뎌낸다耐春夏는 것은 목화상생木火相生의 때다. 가을·겨울을 힘들어 하는 것不耐秋冬은 화火가 한량寒涼을 싫어한다. 그러므로 추동에 한량에 감촉되면 병이 생긴다. 수소음군화手少陰君火가 주관하는 기다.

핵핵核核은 진실하다는 의미니 화火는 신명스럽고 정직하다. 수소음과 수태양이 상합한다. 질質은 화火의 형질이다. 질치質徵는 즉 태치太徵고, 질판質判은 즉 소치少徵다. 질치지인質徵之人은 좌수태양左手太陽에 비견된다. 우치지인右徵之人은 우수태양右手太陽에 비견된다.

태양경의 상부가 살찌고 부풀어 오른다는 것太陽之上肌肌鮫鮫然은 다음 문장의 "수태양의 상부는 혈기가 성하면 수염이 많고 얼굴에 살이 많아 평평한 것이다手太陽之上 血氣盛則有多鬚 面多肉以平也"라는 것을 말한다.

기기연肌肌然은 살찐 모양이다. 교교연鮫鮫然은 뛰어오르길 좋아한다. 소치지인少徵之人은 우수태양右手太陽에 비견된다. 질판지인質判之人은 좌수태양左手

太陽에 비견된다. 태양경의 하부가 좋다는 것太陽之下 支支頤頤然은 다음 문장의 혈기가 성하면 손바닥이 살찐 것血氣盛則掌肉充滿也을 말한다. 도도慆慆는 기뻐하는 모습이다. 지지이이支支頤頤는 상하가 상응하는 것이다.

土形之人, 比於上宮, 似於上古黃帝. 其爲人黃色, 圓面大頭, 美肩背, 大腹, 美股脛, 小手足, 多肉, 上下相稱, 行安地, 擧足浮, 安心好利人, 不喜權勢, 善附人也. 能秋冬不能春夏, 春夏感而病生, 足太陰敦敦然. 太宮之人, 比於左足陽明, 陽明之上婉婉然. 加宮之人, 比於左足陽明, 陽明之下坎坎然. 少宮之人, 比於右足陽明, 陽明之上樞樞然. 左宮之人, 比於右足陽明, 陽明之下兀兀然.

토형지인土形之人은 상궁上宮에 비견되니 상고시대의 황제黃帝와 흡사하다. 그 사람은 안색이 노랗고 얼굴이 둥글며 머리가 크고 견배가 풍후하며 배가 나오고 허벅지와 다리가 튼튼하며 손발이 작고 살이 많아 두툼하고 신체의 상하가 균형을 이룬다. 걸음걸이가 안정되고 가벼우며 마음이 편안하고 남을 이롭게 하길 좋아하며 권세를 좋아하여 남에게 아부하려 하지 않는다. 가을·겨울에 잘 견디며 봄·여름에는 힘들어 이때 풍한에 감촉되면 병에 걸린다. 이런 유형의 사람은 족태음足太陰이 발달하여 성실하고 충실하다.

태궁지인太宮之人은 좌족양명에 비견되니 양명경의 상부가 부드럽다.

가궁지인加宮之人은 좌족양명에 비견되니 양명경의 하부가 울퉁불퉁하다.

소궁지인少宮之人은 우족양명에 비견되니 양명경의 상부가 원활하다.

좌궁지인左宮之人은 우족양명에 비견되니 양명경의 하부가 편편하다.

⊕ 중앙中央은 토土를 주관하고, 음音은 궁宮이고 색色은 황黃이다. 그러므로 토형지인土形之人은 상궁上宮에 비견되고 상고시대의 황제黃帝와 흡사하다. 상고上古라고 말한 것은 본래 제왕과는 구별되기 때문이다.

색황色黃은 토색土色이 황黃이다. 얼굴이 둥근 것面圓은 토의 본체가 둥글다. 머리가 큰 것頭大은 토가 높은 언덕이다. 견배가 풍후한 것肩背美은 토의 체가 두텁다. 복대腹大는 토가 광활하고 꽉 차 있다. 다리가 튼튼한 것股脛美은 사체가 충실한 것이다. 손발이 작은 것小手足은 토가 사방을 관개하여 사말에 이르면 점점 작아진다. 살이 많은 것多肉은 토가 육을 주관한다. 상하상칭上下相稱은 토가 풍만하다. 걸음걸이가 안정된 것行安重은 토의 체가 묵직하면서 편안하다. 발걸음이 가벼운 것擧足浮은 토가 들뜨면 일어난다. 이것들은 체를 가지고 말한 것이다.

안심安心은 토성土性이 고요하다. 남을 배려하는 것好利人은 토가 만물을 생성하는 것으로 덕을 삼는다. 권세를 좋아하여 남에게 아부하려 하지 않는다는 것不喜權勢 善附人은 토가 먼지나 오물을 넣어 감출 수 있어 천한 것을 버리고 귀한 것을 좇지 않는다. 가을·겨울에 잘 견디는 것耐秋冬은 토가 계절과 어울린다. 봄·여름에 힘든 것不耐春夏은 목극木克을 받으면 토土가 조조해진다. 그래서 봄·여름에 감촉되면 병이 생긴다. 이것들은 성性을 가지고 말한 것이다.

족태음습토足太陰濕土가 주관하는 기다. 돈돈연敦敦然은 성실하고 충실함이다. 족태음과 족양명이 상합하니 태궁지인太宮之人은 좌족양명에 비견된다. 소궁지인少宮之人은 우족양명에 비견된다. 양명경의 상부가 부드럽고 원활하다는 것陽明之上婉婉樞樞然은 다음 문장에서 말하는 "족양명의 상부는 혈기가 성하면 볼수염이 수려하고 길다足陽明之上 血氣盛則髥美長也"는 것이다.

완완婉婉은 조화롭고 순한 태도로 토의 덕이다. 추추樞樞는 문돌쩌귀가 무거운 것을 지탱하니 토의 체다. 가궁加宮은 토에 후덕함이 더해지는 것이니 상궁上宮에 비견된다. 가궁지인加宮之人은 좌족양명에 비견된다. 좌궁지인左宮之人은 우족양명에 비견된다.

양명경의 하부가 울퉁불퉁하고 편편한 것陽明之下 坎坎兀兀然은 다음 문장에서 말하는 "족양명경의 하부는 혈기가 성하면 음모陰毛가 수려하고 가슴까지 올라간다足陽明之下 血氣盛則下毛美長至胸也"다.

감감연坎坎然은 지나가는 땅이 평평하기도 하고 올라오기도 하여 산길이 고르지 못한 것이다. 올올兀兀은 부동의 모양으로 평평한 육지가 펼쳐져 있는 것이다.

구여림이 말했다. "동남쪽이 좌측이고 서북쪽이 우측이다. 하늘은 서북쪽이 비고, 육지는 동남쪽이 함몰되어 있다天闕西北 地陷東南. 가궁加宮은 우궁右宮이다. 대체로 서북의 땅은 높고 후하며 산악이 많다. 그래서 가궁이다."

金形之人, 比於上商, 似於白帝. 其爲人方面白色, 小頭小肩背, 少腹小手足, 如骨發踵外, 骨輕. 身淸廉, 急心靜悍, 善爲吏, 能秋冬不能春夏, 春夏感而病生, 手太陰敦敦然. 鈦商之人, 比於左手陽明, 陽明之上廉廉然. 右商之人, 比於左手陽明, 陽明之下脫脫然. 左商之人, 比於右手陽明, 陽明之上監監然. 少商之人, 比於右手陽明, 陽明之下嚴嚴然.

금형지인金形之人은 상상上商에 비견되니 백제白帝와 흡사하다. 얼굴이 모나고 안색이 희며 머리가 작고 등과 어깨가 좁으며 배가 작고 손발이 작다. 발뒤꿈치가 단단하여 뼈가 겉으로 드러난다. 몸이 가볍고 민첩하며 청렴하고 조급한 성격이지만 가만있을 때는 안정되고 행동이 민첩하니 관리가 적합하다. 가을·겨울은 잘 견디지만 봄·여름에는 힘들어 풍한에 감촉되면 병에 걸린다. 이런 유형의 사람은 수태음폐경이 발달하여 과단성이 있다.

체상지인鈦商之人은 좌수양명에 비견되니 양명경의 상부가 깨끗하다.

우상지인右商之人은 좌수양명에 비견되니 양명경의 하부가 희다.

좌상지인左商之人은 우수양명에 비견되니 양명경의 상부가 밝다.

소상지인少商之人은 우수양명에 비견되니 양명경의 하부가 무겁다.

⊛ 서방은 금金을 주관하고, 음은 상商이며, 색은 백白이다. 그러므로 금형지인金形之人은 상상上商에 비견되며 상천上天의 백제白帝와 흡사하다. 서방은 금金 본체의 방위다. 색백色白은 금金의 색이 백白이다.

머리·배·어깨·등이 모두 작다頭腹肩背俱小는 것은 금질金質이 수렴하고 부대浮大하지 않다. 손발이 작고 발뒤꿈치가 뼈가 나온 것처럼 단단하며 몸이 민첩하다小手足 如骨發踵外 骨輕는 것은 금체金體가 건강하고 골骨이 발달되었다. 신청렴身淸廉은 금지체金之體가 냉冷하고 청렴결백하여 뇌물을 받지 않는다. 이것은 본체를 가지고 말한 것이다.

조급한 성격이지만 가만있으면 안정되고 움직임이 민첩한 것急心靜悍은 금질金質이 안정적이면서 성능은 예리하다. 관리에 적합하다는 것善爲吏은 맺고 끊는 것이 분명한 인재다. 가을·겨울은 금수상생金水相生의 시기다. 봄·여름에 힘든 것不能春夏은 목화木火의 제제를 받으므로 봄·여름에 감염되어 병에 걸린다. 이는 성性을 가지고 말한 것이다.

수태음조금手太陰燥金의 기는 과단성이 있으니敦敦然 금체가 견고하고 무겁다. 수태음과 수양명은 상합하고 체상지인鈦商之人은 좌수양명에 비견된다. 좌상지인左商之人은 우수양명에 비견된다. 양명경의 상부가 깨끗하고 밝다는 것陽明之上廉廉監監然은 다음 문장에서 말하는 "수양명경의 상부는 혈기가 성하면 콧수염이 수려하다는 것手陽明之上 血氣盛則髭美也"이다.

염렴廉廉은 금이 청결하고 오염되지 않는다. 감감監監은 금이 거울 같아서 밝게 비춘다. 좌상지인右商之人은 우수양명에 비견된다. 소상지인少商之人은 우수양명에 비견된다.

양명경의 하부가 희고 위엄이 있다陽明之下脫脫嚴嚴然는 것은 다음 문장의 "수양명경의 하부는 혈기가 성하면 겨드랑이털이 수려하고 수어제手魚際가 살이 있고 따뜻하다手陽明之下 血氣盛則腋下毛美 手魚肉以溫也"는 것이다.

탈탈脫脫은 금이 단단하고 희어서 검게 물들일 수 없다. 엄엄嚴嚴은 금이 정숙하다는 것이다.

구여림이 말했다. "오행오음五行五音은 위로 오성五星에 상응한다. 그러므로 창제蒼帝와 흡사하다는 것은 위로 세성歲星에 호응하는 것이다. 백제白帝와 비슷하다는 것은 위로 태백太白에 호응하는 것이다."

水形之人, 比於上羽, 似於黑帝. 其爲人黑色, 面不平, 大頭廉頤, 小肩大腹, 動手足, 發行搖身, 下尻長, 背延延然, 不敬畏, 善欺紿人, 戮死, 能秋冬不能春夏, 春夏感而病生, 足少陰汗汗*然. 太羽之人, 比於右足太陽, 太陽之上頰頰然. 少羽之人, 比於左足太陽, 太陽之下, 紆紆然. 衆之爲人, 比於右足太陽, 太陽之下, 潔潔然. 桎之爲人, 比於左足太陽, 太陽之上安安然.

수형지인水形之人은 상우上羽에 비견되어 흑제黑帝와 흡사하다. 그 사람은 얼굴이 검고 주름이 많으며 머리가 크고 턱이 뾰족하며 어깨가 좁고 배가 나오며 손발을 자주 움직이며 걸을 때 몸이 흔들린다. 하체가 길고 등이 길쭉하며 경

---

* '汗汗'은 '汗汗'로 오물이 흐르는 것을 형용한 말이다―〈통해〉.

● 북방은 수水를 주관하고, 음은 우羽며, 색은 흑黑이다. 그러므로 수형지인水形之人은 상우上羽에 비견되며, 상천上天의 흑제黑帝와 흡사하다.

색흑色黑은 수水의 색이 흑黑이다. 주름이 많은 것面不平은 수면에는 물결이 출렁거린다. 머리가 큰 것頭大은 수면이 평평하고 넓다. 이頤는 신腎의 부서다. 턱이 뾰족한 것廉頤은 수水가 청결하다. 어깨가 작고 배가 나온 것小肩大腹은 수체水體가 아래에 있다. 손발을 움직이는 것動手足은 수水가 사방으로 흐른다. 몸을 움직이는 것發身搖은 수水가 움직이고 가만있지 못한다. 다리가 긴 것下尻長은 족태양의 부위는 수水가 멀리 흐르는 것과 같다. 등背은 독맥이 주관한다.

등이 길쭉한 것背延延然은 태양지수太陽之水가 위로 천天과 통한다. 수水는 나약하지만 수를 무시하면 많이 죽게 된다. 그러므로 사람들이 경외하지 않으면 사람들을 속인다.

육사戮死는 대부분이 죽도록 일하기 때문에 노상勞傷으로 죽는다. 수질水質은 유약하여 과로해서는 안 된다.

가을·겨울은 금수金水가 상생하는 시기다. 봄에는 목木이 수기水氣를 배설하고, 여름에는 불이 타고 물이 마른다. 그래서 봄·여름에는 감염되면 병이 생긴다.

족소음한수지기足少陰寒水之氣 우우연汗汗然은 아래로 흘러내려가는 모양이니 천택川澤에 오물이 쌓이는 것과 같다. 족소음과 태양은 상합한다.

태우지인太羽之人은 우족태양右足太陽에 비견된다. 질지위인桎之爲人은 좌족태양左足太陽에 비견된다. 태양경의 상부가 흡족하고 편안하다는 것太陽之上, 頬頬安安然은 다음 문장에서 말하는 "족태양의 상부는 혈기가 성하면 눈썹이 수려하다足太陽之上 血氣盛則美眉"는 것이다. 눈썹에 긴 털이 있다. 협협頬頬은 볼俠輔이다. 협협연頬頬然은 태양재상太陽在上이니 마치 옆에서 도와주어 존귀해지는 것과 같다. 안안연安安然은 움직이지 않고 편안해하는 것이다.

소우지인少羽之人은 좌족태양에 비견된다. 중우지인衆羽之人은 우족태양右足太陽에 비견된다. 태양경의 하부가 굴곡이 있고 청결한 것太陽之下紆紆然潔潔然은 다음 문장에서 말하는 "족태양경의 하부는 혈기가 성하면 뒤꿈치에 살이 있고 단단하다足太陽之下 血氣盛則跟肉滿踵堅也"는 것이다.

우우紆紆는 우회紆迴하는 상태니 마치 물이 도는 것이다. 결결潔潔은 수水가 청결한 것이다. 중지위인衆之爲人은 바닷가에 있는 평평한 육지에 사는 사람으로 수水가 아래에 있고 형체가 맑은 것과 같다. 질지위인桎之爲人은 깊은 산속에 사는 사람을 이르는데 높은 산은 움직이지 않고 편안하다. 대체로 수성水性은 가만있지 않고 움직이므로 수형지인水形之人은 수족을 잘 움직이고 몸을 흔들면서 행동한다.

높은 산속에 거처한다는 것은 관官의 억제를 받아서 수족이 질곡桎梏에 갇힌 것 같아 움직이지 않고 가만있는 것이다.

대개 오형지인五形之人은 해변의 물가에 있는 자, 고산준령에 있는 자, 평원하류에 있는 자 등이 있으니 오방 각처가 다르다. 또 체각지인鈦角之人은 동방에 거처한다. 질치지인質徵之人은 남쪽 땅에서 태어난다. 목화木火의 성性은 더욱 치우침이 심하다.

소상지인少商之人은 남토南土에 거처하고, 소우지인少羽之人은 가궁加宮의 산릉고부山陵高阜에 거처하며, 또 각기 조절과 제약을 받는다.

대체로 사람의 오형五形은 오방五方·오행五行에 근본을 둔다. 그러므로 각기 거처하는 곳에 따르고, 생生과 제승制勝의 심함과 쇠함이 있다. 그러므로 이런 뜻으로 오형五形의 끝을 거듭 밝혔다.

마현대가 말했다. "질桎은 질곡桎梏을 받은 사람이니 수형지인水形之人이 육사戮死를 당한다는 의미인가?"

구여림이 말했다. "소속산疎屬山에 이부二負라 불리는 신이 있는데 손발이 묶였다는 것인가? 아니면 산에 사는 사람을 산山의 신神에 비유하는 것인가?"

예중선이 말했다. "좌우左羽 우우右羽라고 하지 않고 중지위인衆之爲人 질지위인桎之爲人이라고 했으니 이는 중衆과 질桎로써 좌우로 삼았다. 동남은 좌이고 땅이 낮다. 서방은 우이고 높은 언덕과 고산이다."

예중옥倪仲玉이 말했다. "수형지인水形之人이 어떻게 질곡桎梏을 받아 육사를 당하겠는가? 경의는 깊고 은미하며, 성인의 말씀은 예스럽고 질박하니 깨끗한 생각과 순수한 정신이 아니면 쉽게 풀 수 없다."

批 수족을 움직이는 것은 질지위인桎之爲人에 대응된다.

批 태양지하太陽之下는 중지위인衆之爲人이고, 태양지상太陽之上은 질지위인桎之爲人이다.

> **是故五形人二十五變者, 衆之所以相欺者是也.**
>
> 그러므로 오형인五形人이 각기 다른 특징으로 말미암아 이십오인二十五人으로 변화하는 것은 피차 서로 장단이 있어 중인衆人 사이에 강약승부의 치우침이 있기 때문이다.

◉ 구여림이 말했다. "오행지인이 25변變하는 것은 바로 중인衆人 중에서 치우친 사람이다. 중인은 평상지인平常之人으로 오행五行·오음五音의 모든 것을 갖추고 있다."

예중선이 말했다. "상술相術에서는 오행 중 하나로 형을 갖추는 것을 부귀지인이라고 한다. 오행이 섞여 있는 자는 평상지인이므로 중인이라 하니 일반 대중이다. 다음 문장에서 '형과 색이 어울리면 부귀하고 크게 즐겁다形色相得者富貴大樂'라고 했으니 목형지인木形之人이 안색이 푸르고, 화형지인火形之人이 안색이 붉으면 이것이 편기지인偏欺之人이다."

> **黃帝曰: 得其形不得其色何如?**
> **岐伯曰: 形勝色, 色勝形者, 至其勝時年加, 感則病行, 失則憂矣.**
> **形色相得者, 富貴大樂.**

黃帝曰: 其形色相勝之時, 年加何知乎?

岐伯曰: 凡年忌下上之人, 大忌常加七歲, 十六歲, 二十五歲, 三十四歲, 四十三歲, 五十二歲, 六十一歲, 皆人之大忌, 不可不自安也. 感則病行, 失則憂矣, 當此之時, 無爲奸事, 是謂年忌.

황제가 물었다. "형形과 색色色이 맞지 않으면 어떻게 되는가?"

기백이 답했다. "형체가 안색을 승극하거나 안색이 형체와 승극한데다가 심지어 승시勝時와 연기年忌를 당한 상태에서 풍한에 감촉되면 병에 걸리고 제대로 치료하지 못하면 위험하기까지 하다. 형체와 안색이 서로 합치되면 부귀대락富貴大樂이다."

황제가 물었다. "형색形色이 상승相勝할 때 연기가 가해지면 어떻게 되는가?"

기백이 답했다. "이십오인의 연기를 총괄하면 대기大忌는 통상 9를 더하고 7세부터 시작한다. 16세, 25세, 34세, 43세, 52세, 61세가 모두 크게 꺼리는 시기니 조심하지 않으면 안 된다. 풍한에 감촉되면 병이 되고 제대로 치료하지 못하면 생명도 위태롭다. 이때는 일을 무리하게 하지 말아야 한다. 이것을 연기라고 한다."

◉ 구여림이 밀했다. "형승색形勝色은 태각지인太角之人의 안색이 황색黃色인 경우다. 색승형色勝形은 태궁지인太宮之人의 안색이 청색靑色인 경우다. 무릇 형形은 오행五行의 체體고, 색色은 오행의 기氣다. 형과 기가 서로 일치하면 천지天地의 생성生成을 감응한 것이므로 부귀대락富貴大樂한다.

하상지인下上之人은 좌우태소左右太少의 상하가 수족삼양지인手足三陽之人과 합하는 것으로 삼음지인三陰之人과는 상관없다.

연가年加는 7세에 시작하여 매 9년을 가하니 곧 형색形色이 불상득不相得한 자는 크게 기피해야 한다. 무릇 7세는 소양이다. 9년을 더하면 16세. 다시 9년을 더하면 25세. 수족삼양지인手足三陽之人은 7세의 소양에서 시작하여 다시 노양老陽인 9를 더한다. 양은 항극亢極하면 후회함이 있다. 무릇 이런 상가지년常加之年은 모두 일반인들이 크게 꺼리는 것이니 분수에 편안해하지 않으면 안 된다. 만약 감촉되어 병이 되면 소실되는 것이 있고 제대로 치료하지 못하면 위태롭다."

예중선이 말했다. "오형五形은 수족삼음手足三陰과 합한다. 그러므로 양구陽九를 만나도 기피하지 않는다. 만약 변해서 태소좌우太少左右가 되면 이는 수족삼양手足三陽이므로 대기大忌가 된다."

黃帝曰: 夫子之言, 脈之上下, 血氣之候, 以知形氣奈何?
岐伯曰: 足陽明之上, 血氣盛, 則髥*美長, 血少氣多, 則髥短, 故氣少血多則髥少, 血氣皆少則無髥. 兩吻多畫. 足陽明之下, 血氣盛, 則下毛美長至胸. 血多氣少, 則下毛美短至臍, 行則善高擧足, 足指少肉, 足善寒, 血少氣多, 則肉而善瘃, 血氣皆少, 則無毛, 有則稀枯悴, 善痿厥足痺.

황제가 물었다. "선생님은 상부와 하부맥의 혈기를 살핀다고 했는데 형기形氣를 어떻게 알 수 있는가?"

기백이 답했다. "족양명경의 상부는 혈기가 성하면 볼수염이 수려하고 길게 잘 자라며, 혈소기다血少氣多하면 볼수염이 짧다. 기소혈다氣少血多하면 볼수염이 드물고, 혈기개소血氣皆少하면 볼수염이 안 생기며, 입 주위에 주름이 많다.

족양명경의 하부는 혈기성血氣盛하면 음모陰毛가 수려하고 길게 자라 흉부까지 이른다. 혈다기소血多氣少하면 음모가 수려하고 짧게 자라 배꼽까지 이르며, 발을 높이 들고 걸으며, 발가락에 살이 없고 잘 시린다. 혈소기다하면 발이 살찌고 동상에 잘 걸리며, 혈기개소하면 음모가 안 생기고, 있어도 드물고 초췌하며 다리가 힘이 없고 잘 저린다."

⦿ 이하 여덟 구절은 형形이 바로 피맥육근골이지만 피육경맥의 혈기로 이 형을 생양生養하고 상하가 성쇠의 차이가 있음을 거듭 밝혔다.

수염이 자라는 것은 바로 피부를 충실케 하고 기육을 따뜻하게 하며 피모를 적셔주는 혈이다. 하지만 수족삼양手足三陽의 혈기는 각기 본경의 경맥이 지나가는 곳에 따라 각각 피부皮部가 나뉜다. 그래서 황제가 "맥이 상하로 움직임에 혈기를 살펴서 형기를 아는 것"에 대해 물었으니 각 경락이 지나는 상하를

---

* 콧수염(윗수염 자髭), 턱수염(턱수염 수鬚), 구레나룻(구레나룻 염髥)으로 나뉜다.

살펴서 형중形中의 기혈을 알아낸다. 형形은 피육근골을 말한다.

족양명맥足陽明脈이 상행하는 것은 입 옆으로 입술을 돌아 입술 아래 승장承漿에서 교차한다. 피부의 혈기가 성하면 수염이 수려하고 길게 자라며, 혈소기다血少氣多하면 수염이 짧다. 기소혈다氣少血多하면 수염이 드물고, 기혈이 모두 소少하면 수염이 없다. 혈성血盛하면 피부로 스며들어 털이 생긴다.

기氣로써 피부를 덥히고 몸을 채우며 피모를 윤택하게 한다熏膚充身澤毛. 따라서 상부의 수염과 눈썹, 아래의 호모毫毛는 모두 피부 기혈에 의해서 생장한다. 그러므로 기소氣少하면 수염이 적고, 혈소血少하면 수염이 짧으며, 혈기가 모두 소少하면 수염이 안 난다. 혈기血氣가 소少하여 피부를 채우고 주리를 살찌게 할 수 없어 양 입가에 주름이 생긴다. 기육이 충만하지 못하여 말라서 주름이 생긴다.

족양명맥足陽明脈이 하행하는 것은 응흉膺胸을 순환하고 제복臍腹으로 내려가서 슬빈膝臏에서 족부足跗까지 간다. 그러므로 아래에 있는 피부의 혈기가 성하면 음모가 많고 흉부까지 자란다. 혈다기소血多氣少하면 음모가 많아 배꼽까지 이른다. 혈기가 모두 소少하면 음모가 없고 있어도 드물며 초췌하다.

발가락에 살이 없고 잘 시린 것足指少肉 足善寒은 기가 피부를 덥히고 몸을 채우며 모발을 윤택하게 하기 때문이다. 촉瘃은 손발에 동상이 걸린 것이다. 혈소하면서 살찌고 동상에 잘 걸리는 것血少則肉而善瘃은 혈血로써 온부열육溫膚熱肉하기 때문이다. 다리가 힘이 없고 저리는 것痿厥足痺은 혈기가 적어 근골을 영양하지 못해서다. 이것은 이십오인형人形이 피맥육근골이다. 그렇지만 피맥육근골 사이에 다시 혈기의 자양을 받아야 하니 상하의 성쇠 차이가 생긴다.

足少陽之上, 氣血盛, 則通髥美長, 血多氣少, 則通髥美短, 血少氣多, 則少鬚, 血氣皆少則無鬚, 感於寒濕, 則善痺骨痛爪枯也. 足少陽之下, 血氣盛, 則脛毛美長, 外踝肥, 血多氣少, 則脛毛美短, 外踝皮堅而厚, 血少氣多, 則胻毛少, 外踝皮薄而軟, 血氣皆少則無毛, 外踝瘦無肉.

족소양경의 상부는 기혈성氣血盛하면 구레나룻이 수려하고 길며, 혈다기소血

多氣少하면 구레나룻이 수려하면서 짧다. 혈소기다血少氣多하면 수염이 드물고, 혈기개소氣皆少하면 수염이 안 생기며, 한습에 감촉되면 비증과 골통이 생기고 손톱이 마른다.

족소양경의 하부는 혈기성血氣盛하면 다리털이 수려하고 길며 외과外踝가 두툼하다. 혈다기소血多氣少하면 다리털이 수려하고 짧으며 외과의 피부가 단단하고 두껍다. 혈소기다하면 다리털이 적고 외과 피부가 얇고 연하다. 혈기개소하면 다리털이 안 나고 외과가 마르며 살이 없다.

⊛ 족소양경맥足少陽經脈이 상행하는 것은 귀의 전후를 순환하고 협거頰車로 가서 경항頸項으로 내려간다. 그러므로 피부의 기혈성하면 수염 전체가 길면서 멋있다. 혈다기소血多氣少하면 수염 전체가 짧고 수려하다. 수염은 혈지여血之餘이므로 혈다기소하면 비록 짧아도 멋있다.

외부에서 피부는 양이고, 근골은 음이다. 양부陽部에 병이 있으면 풍風이라고 하고, 음부陰部에 병이 있으면 비증痺症이라고 한다. 조爪는 근지여筋之餘이니 혈기가 모두 소少하면 근골을 영양할 수 없어 한습寒濕의 사邪가 와서 유체되어 비증이 되어 골통骨痛이 생기며 손톱이 마른다.

경맥이 하행하는 것은 무릎 바깥쪽을 순환하고 보골輔骨 앞으로 내려가서 절골絶骨에 이르러 외과外踝 앞으로 나가서 발등을 순환한다. 그래서 하부에서 피부 분육의 혈기가 성하면 경모脛毛가 윤기 나고 길며 외과는 두툼하다. 혈다血多하면 피부가 단단하고 두터우며, 혈소血少하면 피부가 얇고 연하다. 혈이 피부로 스며들기 때문이다.

批 통염미通髯美는 구레나룻이다.

足太陽之上, 血氣盛, 則美眉, 眉有毫毛, 血多氣少, 則惡眉, 面多少理, 血少氣多, 則面多肉, 血氣和, 則美色, 足太陽之下, 血氣盛, 則跟肉滿踵堅, 氣少血多, 則踵跟空, 血氣皆少則善轉筋踵下痛.

족태양경의 상부가 혈기성血氣盛하면 눈썹이 수려하며 긴 털이 생긴다. 혈다기소血多氣少하면 눈썹이 초췌憔悴하고 얼굴에 작은 주름이 많이 생긴다. 혈소

798

기다血少氣多하면 얼굴에 살이 많고, 혈기가 조화되어 얼굴색이 윤기가 있으면서 좋다.

족태양경의 하부는 혈기성하면 발꿈치에 살이 많고 단단하며, 기소혈다氣少血多하면 발꿈치가 마르고 살이 없으며, 혈기개소血氣皆少하면 발에서 쥐가 잘 나고 발뒤꿈치가 아프다.

⊕ 족태양맥足太陽脈은 목내자目內眥에서 기시하여 양 눈썹을 순환하고 이마로 올라가서 정수리에서 교차한다. 그래서 피부의 혈기가 성하면 눈썹이 수려하고 호모毫毛가 있다. 피부를 충실히 하고 기육을 따뜻하게 하며 수염을 생기게 하는 혈기는 후천수곡에서 만들어진다. 수염과 장모長毛는 모두 태어난 뒤에 생기지만 눈썹은 태어나면서 생긴다. 눈썹이 아름다운 것은 눈썹이 혈기의 윤택을 받아서 아름답다. 호모는 눈썹 중의 장모로 혈기가 성하여 생장하는 것이니 역시 후천에서 만들어진다.

악미惡眉는 화색華色이 안 나고 초췌하다. 면다소리面多少理는 작은 주름이 많은 것이다. 기소氣少하여 피부를 채우고 윤택하게 하지 못하다. 혈소기다血少氣多하면 얼굴에 살이 많으니 기氣 때문에 주리腠理가 살찐다.

내경에서 "심의 외합은 맥이고 정화精華는 안색에 나타난다心之合脈也 其榮色也"라고 했고, 〈상한론·평맥법平脈法〉에서 "완맥이 뛰면 기가 늘어나 색이 선명하고 얼굴에 윤기가 돈다緩則陽氣長 其色鮮 其顏光"라고 했다. 혈기화血氣和는 경맥과 피부의 혈기가 조화되어 안색이 선명하고 아름답다. 오장육부의 수혈腧穴은 모두 태양경에서 출발하니 태양은 제맥諸陽의 맥을 주관한다. 전근轉筋·종하통踵下痛은 혈기가 소少하여 근골을 영양할 수 없어서다.

批 혈기가 조화되면 눈썹에 화색이 도니 아름다운 눈썹은 족태양맥의 기혈이 많다.

手陽明之上, 血氣盛, 則髭美. 血少氣多, 則髭惡, 血氣皆少, 則無髭. 手陽明之下, 血氣盛, 則腋下毛美, 手魚肉以溫, 氣血皆少, 則手瘦以寒.

수양명맥의 상부는 혈기성血氣盛하면 콧수염이 수려하고, 혈소기다血少氣多하

◉ 수양명맥手陽明脈이 상행하는 것은 입 옆으로 가서 인중人中을 교차하고 콧구멍 옆으로 올라간다. 그래서 피부의 혈기가 성하면 콧수염이 수려하다.

　악惡은 콧수염이 드물고 초췌한 것이다. 경맥이 하행하는 것은 팔꿈치와 상완을 순환하고 올라가 양근兩筋 사이로 들어가서 합곡合谷으로 나온다. 그러므로 혈기가 성하면 겨드랑털이 수려하고, 수어제手魚際에 살이 있으며 따뜻하다. 혈기가 모두 소少하면 수어제의 살이 마르고 차다.

　구여림이 말했다. "수양명맥은 합곡 양근兩筋 사이로 나간다. 수어육手魚肉은 수태음手太陰 부위다. 양명의 혈기가 성하면서 수어육이 따뜻한 것은 장부의 혈기가 서로 교통하기 때문이다."

◉ 수소양맥手少陽脈이 상행하는 것은 귀 앞으로 나가서 볼 위에서 교차하고 올라가서 목예자目銳眥에 이른다. 그래서 피부의 기혈이 성하면 눈썹이 좋고 긴 털이 생긴다眉美以長.

　장長은 호모毫毛가 생긴다는 뜻이다. 하행하는 것은 어깨肩·위팔臑·팔꿈치肘·아래팔臂에서 올라가서 손목腕으로 나간다. 그러므로 혈기가 성하면 손에 살이 많고 따뜻하다. 수소양의 혈기는 손등을 순환하므로 성하면 피부가 이완되고 살이 부드러우므로 손에 살이 많고 따뜻하다. 다맥多脈은 살이 빠져서 혈맥이 외부에 많이 드러나는 것이다.

구여림이 말했다. "양기가 기육을 따뜻하게 하고 피부를 충실케 하며 주리를 살찌운다. 그래서 기소氣少하면 피육이 마르고 혈맥이 많이 드러난다."

手太陽之上, 血氣盛, 則有多鬚, 面多肉以平, 血氣皆少, 則面瘦惡色. 手太陽之下, 血氣盛, 則掌肉充滿, 血氣皆少, 則掌瘦以寒.

수태양경의 상부는 혈기성血氣盛하면 수염이 많이 나고 얼굴에 살이 많으며 편평하다. 혈기개소血氣皆少하면 얼굴이 수척하고 안색이 침침하다.

수태양경의 하부는 혈기성하면 손바닥 살이 충만하고, 혈기개소하면 손바닥이 수척하고 차다.

● 수태양맥手太陽脈이 상행하는 것은 관골顴·볼頰·귀耳·코鼻·목자目眥를 순환한다. 그래서 피부의 혈기가 성하면 수염이 많고 얼굴이 살찌며 편평하다. 혈기가 모두 소少하면 얼굴이 수척해지고 안색이 나쁘다.

태양太陽은 제양諸陽의 기氣를 주관한다. 하행하는 것은 어깨肩·위팔臑·팔꿈치肘·아래팔臂를 순환하고 내려가서 손목으로 나간다. 그래서 혈기가 성盛하면 손바닥 살이 충만하고, 혈기가 모두 소少하면 손바닥이 마르고 차다.

이상은 수족삼양의 혈기가 각기 본경의 부분을 순환하여 피부를 충실케 하고 살을 덥히며 피부로 흘러 주리를 살찌우고 근골을 적시니 이십오변형二十五變形을 영양한다. 혈기가 모두 소少하면 다시 아름답고 겸허한 자연이될 수 없다.

黃帝曰: 二十五人者, 刺之有約乎?
岐伯曰: 美眉者, 足太陽之脈, 氣血多. 惡眉者, 血氣少. 其肥而澤者, 血氣有餘. 肥而不澤者, 氣有餘, 血不足. 瘦而無澤者, 氣血俱不足. 審察其形氣有餘不足而調之, 可以知逆順矣.

황제가 물었다. "이십오인을 치료하는데 정해진 침자법이 있는가?"

기백이 답했다. "눈썹이 수려하면 족태양맥의 기혈이 많고氣血多, 눈썹이 초췌하면 혈기가 적다血氣少. 살찌고 윤택하면 혈기가 유여하고, 살찌고 윤기가 없으면 기는 유여하지만 혈이 부족하다. 수척하고 윤기가 없으면 기혈이 모두 부족하다. 형기의 유여부족을 잘 살펴서 조절하면 역순을 알아낼 수 있다."

● 이것은 족태양足太陽이 주맥임을 말한다. 이십오인형人形은 피맥육근골이다. 오형지인五形之人으로 논하면 수태음手少陰이 주맥이어야 하는데 이제 이십오로 변했으니 수족삼양에 합하므로 족태양이 주맥이다. 십이경맥의 수혈은 모두 족태양경에서 만난다. 그러므로 눈썹이 수려한 경우美眉者는 족태양맥의 기혈이 다多한 것이다.

눈썹이 초췌한 경우惡眉者는 족태양맥의 기혈이 소少한 것이다. 살이 찌고 안색이 윤택한 것其肥而澤者은 수족삼양맥의 혈기가 유여한 것이다. 족태양은 제양諸陽의 주맥이다. 태양맥의 기혈이 성하면 눈썹이 수려하다는 것인즉 제양맥의 혈기가 모두 유여하고 기육이 살찌고 윤택한 것이다. 그러므로 피부와 분육의 기혈이 유여한지 부족한지를 다시 살펴서 조절해야 역순을 알 수 있다. 역순은 피부경맥의 혈기가 서로 역순으로 교차하면서 흐르는 것이다. 역순의 유여부족을 알면 조절할 수 있는 방법을 알 수 있다.

구여림이 말했다. "맥脈과 기其 두 글자를 잘 완미해야 한다. 맥脈을 쓰는 것은 족태양맥의 기혈다소氣血多少를 아는 것이다. 기其자를 더하는 것은 살찌고 윤기가 있는 것肥而澤을 분별하는 것으로 제양맥의 혈기가 유여한 것이다."

예중선이 말했다. "〈영추·구문口問〉을 보면 족태양의 정기는 맥외로 가서 공규를 적시니 십이기사奇邪가 공규로 가면 족태양의 외과外踝를 취한다. 이 장은 태양이 제양의 주맥이 되고, 제양맥 혈기의 유여부족을 논하는 것이니 모두 족태양이 기준이다. 태양의 상부는 한수가 주관한다太陽之上 寒水主之. 천天에 있으면 양陽이고, 지地에 있으면 수水며, 인人에 있은즉 정기精氣가 된다. 그러므로 족태양足太陽은 제양諸陽의 기를 주관하고 제양은 정혈精血을 주관한다."

黃帝曰: 刺其諸陰陽奈何?

岐伯曰: 按其寸口人迎, 以調陰陽, 切循其經絡之凝澁, 結而不通者, 此於身皆爲痛痺, 甚則不行, 故凝澁. 凝澁者, 致氣以溫之, 血和乃止. 其結絡者, 脈結血不和, 決之乃行, 故曰氣有餘於上者, 導而下之, 氣不足於上者, 推而休之, 其稽留不至者, 因而迎之, 必明於經隧, 乃能持之, 寒與熱爭者, 導而行之, 其宛陳血不結*者, 則而予之. 必先明知二十五人, 則血氣之所在, 左右上下, 刺約畢也.

황제가 물었다. "음양경의 자침은 어떻게 하는가?"

기백이 답했다. "촌구寸口와 인영人迎을 짚어서 음양의 성쇠·변화를 살피고, 경락이 지나가는 부위를 문질러 응삽凝澁 여부를 진찰한다. 응결되어 불통되는 곳이 있으면 온몸이 아프고 저리며, 심하면 움직이지 못하니 이것으로 응색됨을 알 수 있다. 응색되어 병이 온 것은 침자로 기를 오게 하고 따뜻하게 하면 혈과 조화되어 비증痺症이 없어진다. 낙맥이 울결되면 맥이 결체되어 혈이 통하지 못하니 울혈을 제거해야 통한다.

그러므로 상부에서 기가 유여하면 아래로 끌어내리고, 상부에서 기가 부족하면 밀어서 기를 올리며, 멈춰서 기가 오지 못하면 맞이하여 뭉친 것을 빼내기가 오게 한다. 반드시 경맥이 흐르는 경로를 잘 알아야 각종의 침자법을 실행할 수 있다. 한열이 상쟁하면 음양의 편성偏盛·편쇠偏衰에 의거하여 성한 쪽을 유도하여 기혈이 통하게 한다. 맥락의 혈이 울혈鬱血되어 결체되면 혈락을 제거하여 치료한다. 먼저 이십오인의 유형을 잘 알아서 혈기의 소재와 좌우상하의 특징을 판별하면 침자의 법칙은 그 안에 다 있다."

⊕ 이것은 수족삼음삼양手足三陰三陽 피부·분육 간의 기혈이 모두 장부의 경수經隧에서 형신形身으로 나가는 것을 말한다. 이십오변형變形은 피맥육근골이다. 그러므로 앞 구절에서 맥의 혈기를 말했고, 여기서는 피육근골의 기혈을 말한다.

제음양諸陰陽은 족소음·태음·궐음과 수소음·태음으로 오음오행지인五音五行之人에 상응한다. 수태양·양명·족소양·태양·양명은 좌우태소左右太少 이십

---

* '血不結'은 '血結'이어야 한다―〈통해〉.

오변지인二十五變之人에 상응한다.

음양기혈이 피부를 충실하게 하고 살을 덥히며 피모를 윤택하게 하고 주리를 살찌우며 근골을 적신다는 것은 모두 본장本臟·본부本腑의 경수經隧에서 손락과 피부로 나가서 각기 본경의 맥락이 분포된 부위와 병합하고 경계를 분리하는 것이다. 이는 경맥의 혈기가 아니므로 촌구寸口와 인영人迎을 짚어서 음양의 유여부족을 알아내 조절해야 한다.

경락이 응삽凝澁하여 결체되어 불통되는 것을 진찰하는 것切循其經絡之凝澁結而不通者은 이는 형신의 피육근골 사이에 사기가 막힌 것이니 심하면 유체되어 불행不行하여 경락의 혈기가 응삽해진다. 충부열육充膚熱肉의 기혈은 내부의 경수經隧에서 손락과 피부로 외출한다. 이것은 사기가 낙맥에서 폐색되어 기혈이 밖에서 순행하지 못하고 경락이 응삽된 것이다. 이를 따뜻하게 하여 제양지기諸陽之氣를 오게 하면 한비寒痺가 풀리고 혈이 조화될 수 있다.

낙맥이 결체된 것其結絡者은 혈기가 맥내에서 유체되고 뭉쳐서 맥이 막히고 혈이 돌지 않은 것이니 다시 뚫어서 돌게 해야 한다. 피부와 주리에서 사기가 폐색되어 경락이 응삽된 것은 기혈을 다스려야 하고, 맥락에서 결체되면 그 혈을 뚫어야 한다. 그러므로 "상부가 유여하면 아래로 가게 하고, 상부에서 기가 부족하면 밀어서 올라가게 한다有餘於上者導而下之氣不足於上者推而上之"라고 했다.

기혈이 피부로 나가서 다시 상하의 유여부족의 차이가 생기는 것은 낙맥에서 상하로 나가서 소통되는 곳과 막히는 곳이 생기기 때문이다. 경락 중에 계류되어 기가 이르지 못하는 것은 영이탈지迎而奪之하는 것이니 이는 반드시 경수經隧에 밝아야 그것을 유지할 수 있다.

경수經隧는 오장육부의 대락大絡이다. 위해胃海에서 나간 기혈이 천하에 포산된다는 것은 장부의 대락에서 손락과 피부로 나가는 것이다. 대락이 비록 경맥과 다른 곳이지만 상하좌우로 경經과 서로 관련되어 사말四末로 포산된다. 경經과 병합하여 피부皮部로 나가 각기 본경의 맥을 따라 구역이 구분된다. 따라서 족양명 상부의 혈기가 성하면 수염이 수려하고 길며, 족태양 상부의 혈기가 성하면 눈썹이 수려하다.

한열寒熱이 다투는 것寒與熱爭者은 음양의 혈기가 편승 편허하여 혼란스런 것이다. 따라서 성한 쪽을 유도하여 기혈이 통하게 한다. 수족삼음삼양의 혈기는 피부와 분육 사이를 행하는데 각 구역이 구분되지 않으면 혼란스러워지고 다툼이 일어난다.

완진宛陳은 장위腸胃 내부에 찌꺼기가 쌓여 혈기가 이르지 못하는 것이다. 이것은 맥락에 혈결血結하여 불통되는 것이 아니니 빼내야 한다. 진좌陳莝를 내보내는 법칙을 써서 여탈지與奪之하는 것이다.

수족삼음삼양지기는 위부胃腑에서 생겨서 경수經隧에서 밖으로 나간다. 그러므로 반드시 이십오인을 먼저 밝게 안다면 혈기의 성쇠유여와 좌우상하의 특징을 알 수 있으니 침자의 법칙은 그 안에 있다.

소궁少宮·태궁지인太宮之人인 줄 알면 족양명에 비견되니 족양명맥이 상행하는 것은 입 주위를 도니, 경수經隧의 맥락도 순구脣口에 연락되고, 피부의 기혈도 순구脣口에 분포됨을 알 수 있다.

구여림이 말했다. "개위통비皆爲痛痺의 개皆자는 기유여어상氣有餘於上이나 부족어상不足於上에 조응된다. 십이경수十二經隧의 낙맥과 손락은 십이경맥·낙맥과 함께 형신의 상하를 돈다. 신중身中에 통비痛痺가 생긴다면 십이경수의 낙맥이 모두 통하지 못하는 것이다. 족양명의 상에 비증이 생기면 양명의 상기上氣가 부족하고 하기下氣는 유여한 것이다. 족양명의 하에 비증이 있다면 양명의 하기가 부족하고 상기가 유여한 것이다. 양명의 부분에 비증이 있다면 양명의 기혈이 뭉쳐서 불통하는 것이니 제음양諸陰陽의 낙맥과는 상관없다. 이는 통비痛痺를 빌려 피부 분육의 기혈이 각기 본경과 병행하여 나가고 각각 본경 경맥에서 상하로 순환하여 각 구역으로 구분된다는 것을 거듭 밝힌 것이다."

批 먼저 피부의 울결을 살핀 다음 낙중絡中의 결체를 살피며, 다음에 위중胃中의 완진宛陳을 살핀다. 혈기는 내부에서 외부로 가므로 외부에서 내부를 살핀다.

批 맥중을 행하는 기혈은 비증痺症의 장애가 없다. 상부上部로 나가지 못하면 하부下部가 유여해진다.

오음오미五音五味

> **右徵與少徵, 調右手太陽上.**
> 우치右徵와 소치少徵는 우수태양경右手太陽經 상부를 조절한다.

⊕ 이것은 앞 장을 이어서 오음지인五音之人이 혈기부족血氣不足하면 오곡·오축의 오미로 조절한다는 것을 말한다. 앞 장에서 "우치지인右徵之人은 우수태양右手太陽에 비견되니 태양경의 상부의 수염이 풍성하다右徵之人 比于右手太陽 太陽之上 鮫鮫然", "수태양경의 상부는 혈기성血氣盛하면 수염이 많이 나고 얼굴에 살이 많으며 편평하다. 혈기개소血氣皆少하면 얼굴이 수척하고 안색이 칙칙하다手太陽之上 血氣盛 則有多鬚 面多肉而平; 血氣皆少 則面瘦惡色"라고 했다. 우치지인은 수태양상手太陽上을 조절해야 한다.

"소치지인少徵之人은 우수태양에 비견되니 태양경의 하부가 활발하다少徵之人 比于右手太陽 太陽之下慆慆然", "수태양경의 하부는 혈기성血氣盛하면 손바닥 살이 찌고, 혈기개소血氣皆少하면 손바닥 살이 빠지고 차다手太陽之下 血氣盛 則掌肉充滿 血氣皆少 則掌瘦以寒"라고 했다. 소치지인은 수태양하手太陽下를 조절해야 한다.

이제 우치右徵와 소치少徵를 수태양상手太陽上에서 같이 조절한다는 것은 혈기가 오르내리면서 상통함을 말한다.

> **左商與左徵, 調左手陽明上. 少徵與太宮, 調左手陽明上.**
> 좌상左商과 좌치左徵는 좌수양명左手陽明 상부를 조절한다. 소치少徵와 태궁太宮은 좌수양명左手陽明 상부를 조절한다.

● 피부와 분육의 혈기가 비록 각각 다른 부분이지만 통하고 연결되어 서로 왕래함을 말한다. 경락이 서로 연관되는 것을 살펴서 통하게 하여 조치할 수 있다.

좌상지인左商之人은 좌수양명상左手陽明上을 조절하는 것이 합당하다. 좌치左徵와 소치少徵는 수태양手太陽을 조절해야 하는데 수양명手陽明을 조절하라는 것은 수태양과 수양명맥이 함께 거허巨虛에서 나와서 수족 삼양맥으로 상행하기 때문이다. 수족 삼양맥은 종횡으로 모두 두면頭面으로 연결되어 각기 구역이 있지만 피부 혈기가 서로 왕래하여 흐르므로 경맥과 연관되는 것은 동시에 조절할 수 있다.

따라서 좌치와 소치지인少徵之人은 함께 수양명상手陽明上에서 조절한다. 수양명은 피부의 기혈을 주관한다. 수양명맥은 족양명 거허상렴巨虛上廉에서 나가서 상행하므로 태궁지인太宮之人은 족양명상足陽明上을 조절해야 하지만 수양명상手陽明上을 조절해도 된다.

> ## 右角*與太角, 調右足少陽下.
> 우각右角과 태각太角은 우족소양右足少陽 하부를 조절한다.

● 앞 장에서는 "좌각지인左角之人은 우족소양에 비견되니 소양경의 하부가 구부러져 있다左角之人 比于右足少陽 少陽之下 隨隨然"라고 했다. 이는 우각지인右角之人이 우족소양하右足少陽下를 조절하는 것이 합당하다. 또 "태각지인太角之人은 좌족소양에 비견되니 소양경의 상부가 늘어져 있다太角之人 比于左足少陽 少陽之上 遺遺然"라고 했다. 이는 태각지인太角之人으로 우족소양하右足少陽下를 동시에 조절해야 하는 것이 좌우상하가 상통하기 때문이다.

---

* 앞 장에서는 좌각左角은 있지만 우각右角은 없다. 좌우左右 두 글자에 오류가 있다.

> **太徵與少徵, 調左手太陽上.**
>
> 태치太徵와 소치少徵는 좌수태양左手太陽 상부를 조절한다.

⊕ 앞 장에서 "질치지인은 좌수태양에 비견되니 태양경의 상부가 비대하다質徵之人 比于左手太陽 手太陽之上 肌肌然"라고 했다. 태치지인太徵之人은 수태양상手太陽上을 조절해야 한다. 또 "소치지인은 우수태양에 비견되니 태양경의 하부가 활발하다少徵之人 比于右手太陽 太陽之下 慆慆然"라고 했다. 이제 태치太徵와 소치少徵를 좌수태양상左手太陽上에서 동시에 조절해야 하니 좌우상하가 상통하기 때문이다.

구여림이 말했다. "우각右角과 태각太角은 하를 따른다. 소양지기少陽之氣는 아래에서 위로 올라간다. 태치와 소치는 상을 따른다. 태양지화太陽之火는 염상炎上한다."

> **衆羽與少羽, 調右足太陽下.**
>
> 중우衆羽와 소우少羽는 우족태양右足太陽 하부를 조절한다.

⊕ 앞 장에서 "중지위인은 우족태양에 비견되어 태양경의 하부가 깨끗하다衆之爲人 比于右足太陽 太陽之下潔潔然"라고 했다. 또 "소우지인은 좌족태양에 비견되니 태양경의 하부가 굴곡이 있다少羽之人 比于左足太陽 太陽之下紆紆然"라고 했다. 족태양하足太陽下를 조절해야 한다.

> **少商與右商, 調右手太陽下.**
>
> 소상少商과 우상右商은 우수태양右手太陽 하부를 조절한다.

⊕ 소상少商과 우상右商은 수태양手太陽을 조절하는 것인즉 좌치左徵와 소치少徵가 수양명手陽明을 조절하는 것이니 서로 교통하는 의미다.

> **桎羽與衆羽, 調右足太陽下.**
>
> 질우桎羽와 중우衆羽는 우족태양右足太陽 하부를 조절한다.

◉ 앞 장에서 "질지위인은 좌족태양에 비견되어 태양경의 상부가 안정된다質
之爲人 比于左足太陽 太陽之上安安然"라고 했다. "중지위인은 우족태양에 비견되
어 태양경의 하부가 깨끗하다衆之爲人 比于右足太陽 太陽之下潔潔然"라고 했다.
이제 모두 족태양하足太陽下를 조절하는 것은 태양지기太陽之氣가 아래에서 올
라가기 때문이다.

> **少宮與太宮, 調右足陽明下.**
>
> 소궁少宮과 태궁太宮은 우족양명右足陽明 하부를 조절한다.

◉ 앞 장에서 "소궁지인은 우족양명에 비견되니 양명경의 상부가 원활하다少
宮之人 比于右足陽明 陽明之下樞樞然"라고 했다. "태궁지인은 좌족양명에 비견되니
양명경의 상부가 부드럽다太宮之人 比于左足陽明 陽明之下婉婉然"라고 했다. 상에
있으면서 하를 조절하는 것은 양명陽明의 혈기가 아래에서 올라가고 족足에서
수手로 가기 때문이다.

예중선이 말했다. "족足은 대부분 아래에 있어 아래에서 위로 통한다. 수手
는 대부분 위에 있어 위에서 아래로 통한다. 음양혈기는 상하로 끊임없이 순환
한다."

> **判角與少角, 調右足少陽下.**
>
> 판각判角과 소각少角은 우족소양右足少陽 하부를 조절한다.

◉ 앞 장에서 "판각지인判角之人은 좌족소양에 비견되니 소양경의 하부가 곧게
있다判角之人 比于左足少陽 少陽之下括括然"라고 했다. 반半을 판判이라고 하니 판
각判角인즉 소각少角이다. 앞 장에서는 태각太角·좌각左角·체각釱角·판각判角

만 있었지 소각少角은 없었는데 아마도 잘못 쓴 것 같다.

예중선이 말했다. "아래 문장에도 소각少角은 없다."

鈇商與上商, 調右足陽明下.

체상鈇商과 상상上商은 우족양명右足陽明 하부를 조절한다.

⊕ 체상鈇商은 수양명대장을 주관하고, 상상上商은 수태음폐를 주관한다. 족양명은 위부胃腑의 경기經氣다. 수태음과 양명을 족양명으로 조절한다는 것은 혈기가 위부 수곡지정水穀之精에서 생기기 때문이다. 곡穀이 위胃에 들어가면 폐로 전해지니 폐수태음맥은 중초에서 시작하여 아래로 대장으로 연락되고 위구胃口를 돌아 횡격막으로 올라가서 폐에 속한다. 폐肺와 대장의 혈기는 모두 위부에서 시작하여 나가서 수태음과 양명경으로 행한다. 그러므로 체상과 상상은 모두 족양명을 조절한다.

예중선이 말했다. "장부臟腑가 모두 연결되어 하下라고 했다."

鈇商與上角, 調左足太陽下.

체상鈇商과 상각上角은 좌족태양左足太陽 하부를 조절한다.

⊕ 체상鈇商은 수양명대장이다. 족태양은 방광수부膀胱水腑다. 〈영추·영위생회營衛生會〉에서 "수곡은 항상 위중胃中에서 조박糟粕을 만들어 모두 대장에 내려보내 하초로 간다. 대장으로 내려간 것에서 별즙別汁을 짜내 하초를 지나 방광에 삼입된다水穀者 常幷居於胃中 成糟粕而俱下於大腸 而成下焦 滲而俱下 濟泌別汁 循下焦而滲入膀胱焉"라고 했다. 이는 대장과 방광이 함께 하초에 속하고 서로 관통해 있는 것이다. 그러므로 체상鈇商을 족태양하足太陽下를 조절하라는 것은 부기腑氣가 아래에서 서로 통하기 때문이다.

상각上角은 족궐음간경에 조응된다. 오장의 맥은 모두 두면頭面을 순환하지 않는데 족궐음맥만 목계目系에 연결되고 올라가서 액額으로 나가며 독맥과 정수리에서 만난다. 족태양맥은 독맥과 목目의 정명睛明에서 만나서 액額으로 올라가고 정수리에서 교차한다. 이는 족태양과 독맥 궐음이 목目에서 만나고 액額에서 교차하는 것이다. 그러므로 상각을 족태양하足太陽下에서 조절하는 것은 혈기와 진액이 장위腸胃의 아래서 주관하기 때문이다.

안ㅣ 수족삼양을 조절함에 상하좌우가 상통하는 경우가 있고, 수태양에 있는데 수양명을 조절하는 경우가 있으며, 수양명에 있는데 수태양을 조절하는 경우가 있고, 수양명에 있는데 족양명을 조절하는 경우가 있으며, 족궐음에 있는데 족태양을 조절하는 경우가 있으니 음양혈기는 각각 나뉜 부위가 있어서 조치가 뒤섞여 있는 것인지, 아니면 경기經氣가 교통交通하여 그러한 건지, 또는 실수로 잘못 써서 그러한 건지 모르겠다. 우선 내 의견으로 전소箋疏를 하고 후현後賢의 참정參訂을 기다린다.

구여림이 말했다. "이 구절은 좌우태소左右太少의 혈기가 수족삼양에 비견되고 오음五音의 삼음三陰과는 상관하지 않는다는 것을 말한다. 이제 상상上商·상각上角을 뒤에서 조절을 말한 것은 혈기의 생시를 이르는 것이다. 〈영추·영기營氣〉에서 '영기營氣는 음식이 보배다. 곡식이 위胃에 들어가면 폐로 전해지고, 수태음폐에서 시작하여 족궐음간경에서 끝난다. 갈라져서 별도로 흐르는 것은 이마에서 정수리로 올라가 독맥과 교차한다. 거기서 내려와 다시 복腹 안쪽을 순환하면서 올라가서 폐중으로 주입된다營氣之道 內穀爲寶. 穀入于胃 乃傳之肺 始于手太陰肺 終于足厥陰肝. 其支別者 上額循巓 交于督脈 復循腹裏 下注于肺中'라고 했다. 그러므로 상상上商의 수태음과 상각上角의 족궐음을 조절한다고 말하는 것은 혈기가 장부십이경臟腑十二經을 영위하고 외부로 흐르는 것이다.

장자張子가 말하는 '노어지오魯魚之誤'는 잘못 쓴 것인지 의심하는 것이다. 또 앞뒤 문장에서 본경의 조치를 따르지 않는 것은 열 개 중 하나 정도이지 어떻게 과반이 잘못되었다고 할 수 있는가? 학자들은 기교氣交 중에서 찾아야 한다."

批 대장大腸은 진액을 주관한다.

> 上徵與右徵同. 穀麥, 畜羊, 果杏. 手少陰, 臟心, 色赤, 味苦, 時夏.
> 상치上徵와 우치右徵는 함께 화음지인火音之人에 속한다. 그 오행 속성으로
> 상통하는 것은 보리麥, 양고기羊, 살구杏, 수소음手少陰, 심장, 적색, 고미苦味,
> 여름이다.

◈ 이 구절은 오곡五穀·오축五畜·오과五果·오미五味로써 오음지인五音之人과
이십오인형인二十五人形人을 조양調養한다. 좌우태소左右太少는 오음五音이 변
한 것이다.

상치上徵는 수소음인이다. 우치右徵는 좌우상하로 수족삼양지인이다. 상치
와 우치가 같다는 것上徵與右徵同은 하나를 들어 나머지 넷을 개괄槪括한 것이다.

대체로 사변지인四變之人은 오음을 바탕으로 나온 것이므로 오미로써 오음
을 조절하고, 사변지인四變之人도 이 오미로써 조절한다. 보리麥는 여름에 나오
므로 화火의 곡식이다. 사오미巳午未가 모여 화국火局을 이루고, 양羊도 화火의
동물이다. 살구杏는 색이 붉고 맛이 쓰니 심心의 과일이다.

경經에서 "오곡은 영양을 공급하고, 오과는 도와주며, 오축은 몸을 보익한다
五穀爲養 五果爲助 五畜爲益"라고 했다. 혈血은 형形으로 귀속되고, 기氣는 정精으
로 귀속되므로 오음지형五音之形과 이십오인변형二十五人變形은 부족한 것이니
미味로써 보해야 한다. 오음은 기氣로는 수소음手少陰이고, 장臟으로는 심心이
며, 색色은 적赤이고, 미味는 고미苦味며, 시時는 여름이니 오음이 주관하는 것
이다. 우치는 음에서 양으로 변한 것이다.

구여림이 말했다. "전후 두 편을 보면 모두 침자鍼刺 두 글자가 없다. 우수태
양상右手太陽上 좌족태양하左足太陽下를 조절하라는 것인즉 오미로써 조절하는
것이다. 좌우상하를 열거한 것은 이십오변지인二十五變之人을 분별하여 후학들
이 형체를 보아서 혈기의 성쇠를 알아낼 수 있게끔 한 것이지 오미를 써서 상
하를 구분하는 것이 아니다. 좌수태양상左手太陽上 우수태양하右手太陽下를 조
절하라는 것은 모두 보리와 양羊으로 조절한다. '글로는 말을 다 설명할 수 없
고 말로는 마음을 다 표현할 수 없다書不盡言 言不盡意'라고 했으니 학자들은 뜻
을 헤아려 올라가야 이해할 수 있다."

批 오행五行은 오형五形과 외합하고, 오음五音은 오지五志와 내합하니 내외가 서로 수응輸應한다.

> **上羽與太羽同, 穀大豆, 畜彘, 果栗. 足少陰, 臟腎, 色黑, 味鹹, 時冬.**
>
> 상우上羽와 태우太羽는 함께 수음지인水音之人에 속한다. 오행 속성과 상통하는 것은 대두大豆, 돼지고기彘, 밤栗, 족소음, 신장, 흑색, 함미, 겨울이다.

◉ 상우上羽는 족소음인이다. 태우太羽는 이십오변형인이다. 우치右徵라고 하고 태우太羽라고 하니 경문經文이 뒤섞인 것인데 하나를 들어 좌우태소를 미味로써 다 조절한다. 콩豆은 색이 검고 성성性性이 침하沈下하며 수水의 곡식이다. 돼지彘는 해축亥畜으로 수水의 축생이다. 밤栗은 색이 검고 함미니 신腎의 과일이다. 상우上羽는 경經에서 족소음足少陰이고, 장臟에서는 신腎이며, 색은 흑黑이고, 미味는 함鹹이며, 시時는 겨울이다.

예중선이 말했다. "족소음신장足少陰腎臟은 대두大豆·돼지彘·밤栗의 미味를 말하니 경기經氣에서는 족소음足少陰을 조절하고 장臟에서는 신腎을 조양한다. 나머지 장臟도 마찬가지다."

> **上宮與太宮同, 穀稷, 畜牛, 果棗. 足太陰, 臟脾, 色黃, 味甘, 時季夏.**
>
> 상궁上宮과 태궁太宮은 함께 토음지인土音之人에 속한다. 오행 속성과 상통하는 것은 직稷, 소고기牛, 대추棗, 족태음, 비장, 황색, 감미, 늦여름이다.

◉ 상궁上宮은 족태음인足太陰人이다. 태궁太宮은 변하여 족양명足陽明이 된다. 직稷은 색이 노랗고 맛이 달다. 토土의 곡식이다. 소는 토土의 가축이고, 대추棗는 비脾의 과실이다. 기氣는 족태음足太陰이고, 장臟은 비脾며, 색色은 황색黃色이고, 미味는 감미甘味며, 시時는 장하長夏다. 상궁上宮·태궁太宮·가궁加宮·좌궁左宮·소궁지인少宮之人은 모두 곡식과 가축의 미味로 조절한다.

上商與右商同, 穀黍, 畜雞, 果桃. 手太陰, 臟肺, 色白, 味辛, 時秋.

상상上商과 우상右商은 함께 금음지인金音之人에 속한다. 오행 속성과 상통하는 것은 기장黍, 닭고기, 복숭아桃, 수태음, 폐장, 백색, 신미, 가을이다.

◉ 상상上商은 수태음인이다. 우상右商은 사변지인四變之人이다. 기장黍은 색이 희고 가을에 익으니 금金의 곡식이다. 닭雞은 유酉에 속하고 사유축巳酉丑 시에 우니 금金의 축생이다. 복숭아桃는 색이 희고 털이 있으니 폐肺의 과일이다. 기氣는 수태음폐手太陰肺를 주관하고, 장臟에서는 폐肺며, 색은 백색白色이고, 미는 신미辛味며, 시時는 가을이다. 상상上商·우상右商·소상少商·체상鈦商·좌상지인左商之人은 똑같이 곡식과 가축의 미味로써 조절한다.

上角與太角同, 穀麻, 畜犬, 果李. 足厥陰, 臟肝, 色靑, 味酸, 時春.

상각上角과 태각太角은 함께 목음지인木音之人에 속한다. 오행 속성과 통하는 것은 마麻, 개고기犬, 자두李, 족궐음, 간장, 청색, 산미, 봄이다.

◉ 상각上角은 족궐음인이다. 태각太角은 사변지형四變之形이다. 마麻는 색이 푸르고 줄기가 곧으니 목木의 곡식이다. 개犬는 술戌에 속하고 맛이 시어서 궐음의 축생이다. 자두李는 색이 푸르고 미味가 삽澁하니 간肝의 과일이다. 경經은 족궐음이 주관하고, 장臟은 간肝이며, 색은 청색이고, 미는 산미며, 시時는 봄이다. 상각上角·태각太角·우각右角·체각鈦角·판각判角이 똑같이 이 곡식과 가축의 미味로써 조절한다.

구여림이 말했다. "오음五音을 조절하는 것은 오장五臟을 보하는 것이고, 사변四變을 조절하는 것은 육부六腑를 보하는 것이다."

批 술戌은 9월이다. 우족궐음右足厥陰을 주관한다.

批 왕자방이 말했다. "호마胡麻로 밥을 지을 수 있다."

太宮與上角, 同右足陽明上.

토음土音의 태궁太宮과 목음木音의 상각上角은 우족양명右足陽明 상부에서 조치할 수 있다.

⏺ 수염이 자라는 것은 피부를 채우고 기육을 따뜻하게 하며 피모로 스며든 기혈이 장부의 경수經隧에서 피부로 나가기 때문이다. 그러므로 앞 구절에서 말한 "우치右徵와 소치少徵는 우수태양상右手太陽上을 조절한다"와 "좌상左商과 좌치左徵는 좌수양명상左手陽明上을 조절한다"는 것은 피부와 분육의 기혈이 각기 수족삼양의 상하로 나뉜다는 것을 말한다. 이것은 다시 수족삼양의 경맥에도 오르내리면서 서로 교차하니 각각 해당되는 경을 살펴서 조절한다.

상각上角은 족궐음간경이다. 궐음간경은 후롱喉嚨을 순환하고 항상頏顙으로 들어가서 목계目系로 연결되고 올라가 이마額로 나가 정수리에서 독맥과 합한다. 족양명맥은 콧속鼻交頞에서 시작하여 발제髮際를 순환하고 액로額顱에 이른다. 대영大迎에서 인영人迎으로 내려가 후롱喉嚨을 순환하고 결분缺盆으로 들어간다. 항상頏顙은 콧속의 윗구멍으로 콧대에 있어 구기口氣와 비기鼻氣가 상통하는 구멍이다. 족양명맥과 간맥은 후롱喉嚨·항상·액로額顱에서 만나 교차한다. 그러므로 태궁太宮과 상각上角은 똑같이 족양명에서 조절한다.

구여림이 말했다. "오음지인五音之人과 이십오변지형二十五變之形은 모두 곡식과 가축의 오미五味로써 조양한다. 앞뒤가 뒤섞여 20여 조항으로 나뉘어 열거되었지만 중요한 것은 경기經氣가 오르내리며 서로 통한다는 것이다. 학자는 이를 알아야 한다."

예중선이 말했다. "앞뒤 20여 조항은 경기가 교통하는 것이다. 그러므로 수족삼양을 논했고 전후로 겸해서 궐음의 상각上角을 논하고 있다. 궐음맥은 올라가서 두목頭目을 순환하고 삼양경락三陽經絡과 교통하거나 피부의 혈기와 상합한다. 그래서 전후로 두 법칙을 나누어 열거했다."

批 앞 구절은 상각上角으로 결말을 지었고, 여기서 다시 상각을 논했다.

批 본경에서 "사람이 콧물이 흐르는 것은 항상頏顙이 열리지 않아 기가 분리 기능이 실조된 것이다"라고 했다.

> **左角與太角, 同左足陽明上.**
> 목음木音인 좌각左角과 태각太角은 좌족태양 상부에서 조치한다.

⊕ 족소양맥足少陽脈이 올라가서 머리를 순환하는 것은 광대뼈顴에 이르러 족양명의 협거頰車에 도달하니 족소양과 족양명의 맥이 상통한다. 그러므로 좌각左角과 태각太角은 똑같이 족양명상足陽明上을 조절해야 한다.

구여림이 말했다. "앞에서는 조調라고 했고, 여기서는 동同이라고 했다. 합하면 동조同調다."

> **少羽與太羽, 同右足太陽下.**
> 수음水音인 소우少羽와 태우太羽는 우족태양右足太陽 하부에서 동조한다.

⊕ 태양太陽의 상부는 한수寒水가 주관한다太陽之上 寒水主之. 소우少羽와 태우太羽는 수水에 속한다. 그러므로 똑같이 족태양하足太陽下를 조절한다.

> **左商與右商, 同左手陽明上.**
> 금음金音인 좌상左商과 우상右商은 좌수양명左手陽明 상부에서 동조한다.

⊕ 양명의 상부는 금기가 주관한다陽明之上 金氣主之. 좌상左商과 우상右商은 금金에 속한다. 그러므로 수양명상手陽明上을 조절한다.

구여림이 말했다. "금기金氣는 천天에 상응하므로 상을 따르고, 수기水氣는 천천에 있으므로 하를 따른다."

예충지가 말했다. "수手는 대부분 상을 따르고, 족足은 대부분 하를 따른다."

> **加宮與太宮, 同左足少陽上.**
> 토음土音인 가궁加宮과 태궁太宮은 좌족소양左足少陽 상부에서 동조한다.

⏺ 가궁加宮과 태궁太宮은 족양명에 비견된다. 족양명맥이 귀 앞쪽으로 나
가는 것은 족소양 객주인客主人과 만난다. 이는 족양명과 족소양의 경맥이
상부에서 교통하는 것이다. 그러므로 가궁과 태궁은 똑같이 족소양하足少
陽下를 조절한다.

> ### 質判與太宮, 同左手太陽下.
>
> 화음火音인 질판質判과 토음土音인 태궁太宮은 좌수태양左手太陽 하부에서 동조
> 한다.

⏺ 질판質判은 화火에 속하니 수태양을 조절해야 한다. 태궁太宮이 토土에 속하
므로 수태양하手太陽下를 동조同調하는 것은 수태양맥手太陽脈이 식도를 순환하
고 횡격막으로 내려가서 위胃까지 가고, 수태양경맥은 족양명 거허하렴巨虛下
廉에 본本을 두고 있다. 족양명과 수태양의 경맥이 아래에서 교통하므로 수태
양하手太陽下를 동조한다.

> ### 判角與太角, 同左足少陽下.
>
> 목음木音인 판각判角과 태각太角은 좌족소양左足少陽 하부에서 동조한다.

⏺ 앞 장은 "태각지인은 좌족소양에 비견되니 소양경의 상부가 늘어져 있다太
角之人 比于左足少陽 少陽之上遺遺然", "판각지인은 좌족소양에 비견되니 소양경의
하부가 곧게 있다判角之人 比于左足少陽 少陽之下 推推然*"라고 했다. 이제 족소양
하足少陽下를 동조同調하는 것은 상하가 서로 통하는 것이다.
　구여림이 말했다. "하나의 경으로 다른 경을 조절하는 것은 경기가 서로
통하기 때문이다. 본경이 본경을 조절하는 것은 좌우상하가 서로 통하기
때문이다."

---

* '推推然'은 '栝栝然'의 잘못이다.

> ### 太羽與太角, 同右足太陽上.
>
> 수음水音인 태우太羽와 목음木音인 태각太角은 우족태양右足太陽 상부를 동조한다.

◉ 태우太羽는 수水에 속하니 족태양을 조절해야 한다. 태각太角은 목木에 속하는데 족태양상足太陽上을 동조同調하는 것은 족태양맥이 이상각耳上角에 이르러 족소양의 부백浮白·솔곡率谷·규음竅陰 등혈과 교차한다. 이는 족태양과 족소양의 맥락이 상에서 서로 통하는 것이다. 그러므로 태각은 족태양상足太陽上에서 동조한다.

批 이것은 〈소문·경맥별론〉의 "수양명이 관골 아래로 들어가 치아로 간다手陽明有入頄遍齒"의 구절과 함께 참조해야 한다.

> ### 太角與太宮, 同右足少陽上.
>
> 목음木音인 태각太角과 토음土音인 태궁太宮은 우족소양右足少陽 상부를 조절한다.

◉ 태각太角은 목木에 속하니 족소양을 조절해야 한다. 태궁太宮은 토土에 속하는데 족소양상足少陽上을 조절한다는 것은 족양명맥이 위에서 족소양과 교차하고, 족소양맥이 위에서 족양명과 교차한다.

피부 분육의 혈기로 수염이 생기고, 기육을 덥히며, 주리를 살찌우고, 근골을 적시는 것은 위부胃腑 수곡지정水穀之精에 근본을 두고 위지대락胃之大絡에서 장부의 경수經隧로 나가서 피부로 삼입하기 때문이다. 그러므로 앞 절에서는 형중形中의 기혈 부족은 오미五味로 조절해야 한다고 말했고, 여기서 다시 맥중脈中의 혈기 부족도 오미를 동조同調해야 한다고 말한다.

예중선이 말했다. "좌각左角과 태각太角이 족양명상足陽明上을 동조하는 것은 소양맥이 올라가서 양명과 교차하기 때문이다. 가궁加宮과 태궁太宮이 족소양하足少陽下를 동조하는 것은 양명맥이 올라가서 소양과 교차하기 때문이다. 이

818

제 다시 태각은 상에 있고 소양少陽은 하에 있으며, 태궁이 중앙에 위치한다는 것은 소양맥이 양명과 교차하는 것이니 역시 소양을 조절해도 되고, 양명맥이 소양과 교차하는 것은 양명을 조절해도 된다."

批 왕자방이 말했다. "이것이 바로 경에서 말이 뒤섞인 곳이다."

右徵, 少徵, 質徵, 上徵, 判徵.
右角, 鈦角, 上角, 太角, 判角.
右商, 少商, 鈦商, 上商, 左商.
少宮, 上宮, 太宮, 加宮, 左宮.
衆羽, 桎羽, 上羽, 太羽, 少羽.
우치·소치·질치·상치·판치는 모두 화음火音의 종류다.
　우각·체각·상각·태각·판각은 모두 목음木音의 종류다.
　우상·소상·체상·상상·좌상은 모두 금음金音의 종류다.
　소궁·상궁·태궁·가궁·좌궁은 모두 토음土音의 종류다.
　중우·질우·상우·태우·소우는 모두 수음水音의 종류다.

◉ 상치上徵·상각上角·상상上商·상궁上宮·상우上羽는 오음五音·오행五行으로 수족삼음과 합쳐진다. 좌우태소左右太少는 사변지형四變之形으로 수족삼양에 비견된다. 오음이 중中에서 섞여 있는 것은 음陰이 내부이고, 양陽이 외부이기 때문이다.

앞 장에서는 "질치지인은 좌수태양상에 비견된다質徵之人比于左手太陽上", "소치지인은 우수태양하에 비견된다少徵之人比于右手太陽下", "우치지인은 우수태양상에 비견된다右徵之人比于右手太陽上", "질판지인은 좌수태양하에 비견된다質判之人 比于左手太陽下"라고 했다.

상치지인上徵之人은 상上의 좌우에서 질치質徵·우치右徵로, 하의 좌우에서 소치少徵·질판質判으로 변한다. 이제 다시 그 사이에 오음이 뒤섞인 것은 우치지인이 태양지상太陽之上에 비견될 수도 있고, 소치지인이 우태양상右太陽上에 비견될 수도 있으며, 질치지인이 우태양하右太陽下에 비견될 수도 있고, 판치지인이 좌태양하左太陽下에 비견될 수도 있다. 오음지인五音之人이 살찌고肌肌然

눈썹이 수려한 것은 변형된 치인徵人이니 또 질치·우치·소치·판치나 태양·
좌수左手·우수右手에 구애될 필요가 없다.

태소太少·태판鈦判·좌우左右·상하上下로 구분되는 것은 사변四變으로 인하
여 분류되는 것이다. 그러므로 앞 장은 좌우태소지인左右太少之人이 수족좌우手
足左右 삼양三陽에 비견된다.

이 장은 수족좌우手足左右의 음양을 조절하여 오음오변지인五音五變之人을
조양하는 것이다. 오변 중에서 또 질質은 좌左고, 소少는 우右며, 질質은 상上
이고, 소少는 하下만을 주관한다고 할 필요가 없다. 그래서 다시 이 한 구절을
쓰니 학자들은 통변通變하여 음양을 논해야지 글자에 집착하여 융통성이 없
으면 안 된다.

黃帝曰: 婦人無鬚者, 無血氣乎?
岐伯曰: 衝脈任脈, 皆起於胞中, 上循背裏, 爲經絡之海. 其浮而外
者, 循腹右上行, 會於咽喉, 別而絡脣口. 血氣盛則充膚熱肉, 血獨
盛則澹滲皮膚, 生毫毛. 今婦人之生, 有餘於氣, 不足於血, 以其數
脫血也. 衝任之脈, 不營口脣, 故鬚不生焉.

황제가 물었다. "여자들은 수염이 안 나는데 혈기血氣가 없기 때문인가?"

기백이 답했다. "충맥과 임맥이 모두 포중胞中에서 기시하여 올라가서 등 안
쪽을 순환하여 경락지해經絡之海가 된다. 들떠서 외부로 퍼지는 것은 복부 우
측을 순환하고 상행하여 인후에서 만나고 거기서 갈라져 순구脣口로 연락된
다. 혈기가 성하면 피부를 충실하게 하고 기육을 덥히며, 혈만 성하면 피부로
스며들어 털이 생긴다. 여자는 생리生理 특성상 기가 유여하고 혈이 부족한 것
은 달마다 월경月經을 하기 때문이다. 충맥과 임맥은 구순口脣으로 돌지 않아
수염이 생기지 않는다."

⦿ 여기서는 다시 피부를 채우고 기육을 덥히며 피모로 스며드는 혈기가 다시
포중胞中에서 기시하여 충맥과 임맥에서 맥중으로 포산되는 것을 말한다.

앞 장에서는 위부胃腑에서 생긴 혈기가 위지대락胃之大絡에서 출발하여 장부
의 경수經隧에 주입되고 피부로 삼입하는 것을 말했으니 후천수곡지정後天水穀

之精이 중초에서 나간 것이다. 이것은 포중의 혈기가 충맥과 임맥에서 경맥의 내외를 도는 것이니 선천先天에 저장된 정기精氣가 하초에서 올라간 것이다.

형중形中의 혈기가 피맥육근골을 영양할 수 있는 까닭은 선후천의 자생資生과 자시資始에 바탕을 두고 있기 때문이다. 포중은 혈해血海로 하초 소음이 주관한다. 충맥과 임맥은 모두 포중에서 기시해 올라가 배리背裏를 순환하고 경락지해經絡之海가 된다. 포중의 혈기는 충임맥에서 반은 맥중脈中을 돈다. 떠서 밖으로 가는 것浮而外은 배복腹 우측을 순환하고 상행하여 흉중에 이르러 포산되니 반은 충맥을 따라서 피부 분육으로 흩어진다. 그러므로 혈기가 성하면 피부를 충실하게 하고 살을 덥히며, 혈만 성하면 피부로 스며들어 수염이 난다. 여자들은 달마다 월경을 하여 자주 혈이 빠져나가 혈이 부족하게 되어 입술 주위에 영양이 공급되지 않아 수염이 나지 않는다.

앞 장에서는 수염·눈썹·털을 나게 하는 기혈은 수족삼양이 주관하는 것이라고 했다. 이 장에서는 입술 주위에 연락되어 수염을 나게 하는 혈기가 충맥衝脈에서 적시는 것이라고 말한다. 혈기가 생시출입生始出入하는 길이 여러 가지이니 깊이 궁리하고 체험하지 않으면 반대로 망양지탄亡羊之嘆을 하게 될 것이다.

구여림이 말했다. "임신의 혈은 피부의 혈이다. 이 혈은 누우면 간으로 귀속된다. 그러므로 누웠다가 나가서 바람을 쐬면 혈비血痺가 된다. 열입혈실熱入血室되면 간의 기문期門에 자침한다."

批 중초에서 만들어진 혈기도 반은 맥중을 돌고, 반은 맥외를 돈다.

黃帝曰: 士人有傷於陰, 陰氣絶而不起, 陰不用, 然其鬚不去, 其故何也? 宦者獨去何也? 願聞其故.
岐伯曰: 宦者去其宗筋, 傷其衝脈, 血瀉不復, 皮膚內結, 脣口不營, 故鬚不生.

황제가 물었다. "남자는 음기陰器가 손상되면 음기陰氣가 끊겨 발기가 안 되어 음기陰器를 사용하지 못한다. 하지만 수염은 생기는데 그 까닭은 무엇인가? 환관宦官은 수염이 생기지 않는 이유가 무엇인가?"

기백이 답했다. "환관은 종근宗筋을 제거하여 충맥이 손상되어 혈액이 많이

빠져나가 정상으로 회복되지 못하고 피부가 내부에서 들러붙어 입술 주위에
영양이 공급되지 않아 수염이 나지 않는다."

● 종근宗筋은 전음前陰이다. 환자宦者는 종근을 제거하여 충맥이 손상되어 혈
이 빠져나가 다시 입술 주위에 영양이 공급되지 않아 수염이 나지 않는다. 이
는 전음을 잘라냈기 때문에 선천지정기先天之精氣가 손상된 것이다.

> 黃帝曰: 其有天宦者, 未嘗被傷, 不脫於血, 然其鬚不生, 其故
> 何也?
> 岐伯曰: 此天之所不足也, 其任衝不盛, 宗筋不成, 有氣無血, 脣口
> 不營, 故鬚不生.
>
> 황제가 물었다. "선천적 고자天宦는 종근宗筋을 다친 적도 없고, 여자처럼 월경
> 을 하는 것도 아닌데 수염이 나지 않는 것은 무슨 까닭인가?"
>   기백이 답했다. "이것은 선천적으로 발육이 불량한 것이다. 충맥과 임맥이
> 성하지 않아 종근이 형성되지 못하여 기는 있지만 혈은 없어 입술 주위에 영
> 양이 공급되지 않아 수염이 안 생긴다."

● 이것은 전음前陰의 혈기가 선천에서 생긴 기를 바탕으로 삼는다. 천환天宦은
천엄天閹이라고도 하는데 전음前陰이 자라지 않아 전음은 있지만 작고 위축되
어 발기되지 않아 성교하여 자식을 낳을 수 없다. 이는 선천적으로 발육이 안
된 것이다. 충맥과 임맥이 왕성하지 않으면 종근이 형성되지 않고 기는 있지
만 혈이 없어 입술 주위에 영양이 공급되지 않아 수염이 나지 않는다.
  구여림이 말했다. "수염은 태어난 후에 생기지만 선천의 정기에 바탕을 두
고 있다. 이상 두 편은 음양혈기도 상호 자생하는 이치가 있으니 학자들은 오
음 오행 이외에서도 찾아야 한다."

> 黃帝曰: 善乎哉! 聖人之通萬物也. 若日月之光影, 音聲鼓響, 聞其
> 聲而知其形, 其非夫子, 孰能明萬物之精? 是故聖人視其顏色, 黃

赤者多熱氣, 靑白者少熱氣, 黑色者多血少氣. 美眉者太陽多血,
通髥極鬚者少陽多血, 美鬚者陽明多血. 此其時然也.

황제가 말했다. "대단하다. 성인은 만물의 이치에 형통하구나. 일월에는 빛과
그림자가 있고, 북을 치면 소리가 나니 소리를 듣고 형체를 알아내는 것이다.
선생님이 아니면 누가 만물의 정묘한 이치를 밝혀낼 수 있겠는가? 그러므로
성인은 안색을 살피니 황적색黃赤色이면 열기熱氣가 많고, 청백색靑白色이면 열
기가 적으며, 흑색黑色이면 혈血이 많고 기氣가 적다. 눈썹이 수려하면 태양경
이 다혈多血하고, 구레나룻이 길면 소양경이 다혈하며, 턱수염이 수려하면 양
명경이 다혈하다. 이것은 일반적으로 드러나는 현상이다.

⊕ 여기서는 다시 인도人道가 천도天道에 귀속됨을 말한다. 청靑·황黃·적赤·
백白·흑黑은 오음오행지색五音五行之色이다. 적색은 여름을 주관하고, 황색은
장하를 주관하므로 황적색은 열기가 많은 것이다. 열기는 양기다. 청색은 봄
을 주관하고, 백색은 가을을 주관하므로 청백색은 열기가 적은 것이다. 흑색
은 겨울의 수水로 양기가 깊이 감춰져 있으므로 다혈소기多血少氣다.

삼음삼양은 천지육기天之六氣로 역시 사시四時에 합한다. 초지기初之氣는 궐
음풍목厥陰風木이고, 이지기二之氣는 소음군화少陰君火며, 삼지기三之氣는 소양
상화少陽相火고, 사지기四之氣는 태음습토太陰濕土며, 오지기五之氣는 양명조금
陽明燥金이고, 종지기終之氣는 태양한수太陽寒水다.

천天에는 육기六氣가 있고 사람에게도 육기가 있다. 장부경맥과 합하여 수족
십이手足十二로 구분된다. 천天의 음양은 태소太少의 육기뿐이다. 그러므로 눈
썹이 수려하면 태양다혈太陽多血하고, 구레나룻이 수려하면 소양다혈少陽多血
하며, 턱수염이 수려하면 양명다혈陽明多血하다. 이것은 사람이 천도에 귀속되
어 천지사시天之四時에 합하고, 또 수手와 족足으로 나뉘는 것을 말한다.

夫人之常數, 太陽常多血少氣, 少陽常多氣少血, 陽明常多血多
氣, 厥陰常多氣少血, 少陰常多氣少血, 太陰常多血少氣, 此天之
常數也.

태양太陽은 항상 다혈소기多血少氣하고, 소양少陽은 항상 다기소혈多氣少血하며, 양명陽明은 항상 다혈다기多血多氣하고, 궐음厥陰은 항상 다기소혈多氣少血하며, 소음少陰은 항상 다기소혈多氣少血하고, 태음太陰은 항상 다혈소기多血少氣하다. 이것이 자연의 상수常數다.”

◉ 이것은 사람의 상수常數가 자연의 상수에 합쳐지는 것이다. 상수常數는 지지오행地之五行과 천지육기天之六氣가 상합하여 30년이 일기一紀이며, 60년이 1주一周다. 사람에게도 이러한 오운육기五運六氣가 있다. 따라서 첫머리에 지지오행이 사람의 오형五形과 합하는 것을 말했고, 끝에서는 사람의 육기六氣가 천지육기에 합하는 것을 말하고 있다.

천天에서는 기氣가 생기고, 지地에서는 형形이 이루어지는데 사람은 지지오행을 가지고서 형체를 이룬다. 하지만 천지육기에 바탕을 두고 있으므로 다시 천지육기에 귀속된다고 말한다.

장옥사가 말했다. “‘혈기는 양명에서 생기므로 양명은 다혈다기多血多氣다. 나머지 음양은 다기소혈多氣少血한 경우도 있고 다혈소기多血少氣한 경우도 있으니 이는 대수大數가 완전하지 못한 것으로 자연의 이치다. 그렇지만 본경은 궐음厥陰을 항상 다기소혈하고, 태음은 항상 다혈소기라고 했다. 〈소문·혈기형지론血氣形志論〉과 본경의 〈구침론九鍼論〉에서는 궐음이 다혈소기하고 태음이 다기소혈하다고 했는데 어떻게 경의 뜻이 모순되는가? 아니면 잘못 전해져서 그러한가?’

이에 답한다. ‘이것이 바로 사람의 상수가 자연의 상수에 합하는 것이다. 궐음의 상부는 풍기가 주관한다厥陰之上 風氣主之. 풍風은 대괴大塊의 트림이므로 궐음은 다기多氣다. 태음의 상부는 습토가 주관한다太陰之上 濕土主氣. 지기地氣가 상승하여 구름이 되고 비가 된다. 그러므로 태음이 이르는 곳에 습濕이 생기고 종국에는 비가 내린다. 비는 땅에 내려서 경수經水가 된다. 그러므로 태음은 다혈多血이다. 이것이 자연의 상수다.

사람의 형장形臟에서는 족궐음足厥陰이 간肝을 주관하고 간은 주로 혈血을 저장하며, 수궐음手厥陰은 포락包絡을 주관하고, 포락은 주로 혈을 생성하므로 궐음은 다혈이다. 태음은 비토脾土다. 명문상화命門相火가 비토를 생하고, 비토는 폐금肺金을 생하니 세 가지가 주로 제양지기諸陽之氣를 생성한다. 따라서 태음은 다기多氣. 이것이 사람의 상수다.

천天에 육기가 있고 사람에게도 육기가 있다. 천에 있는 음양은 자연의 상수에 상응하고, 사람에게 있는 음양은 사람의 상수에 상응한다. 사람으로 천天에 합하기 때문에 합하면 차이가 있다. 하지만 음양지도가 변하지 않고 일정한 적은 없다.

천지상변天之常變으로 논하면 궐음사천厥陰司天은 구름이 모여 비가 내리고 습이 화하여 행하니 이는 궐음이 다혈多血인 이유다. 태음이 이르는 곳에는 우레와 강한 바람이 일어나니 이는 태음이 다기多氣인 이유다.

인지상수人之常數로 논하면 '궐음은 표본標本을 따르지 않고 중中의 소양지화少陽之火로 변한다厥陰不從標本 從中見少陽之火化'. 종중從中은 중기中氣로써 변하는 것이니 궐음이 다기多氣. 비脾가 제경지혈諸經之血을 통솔하므로 족태음足太陰만 수곡의 탁기를 받으니 이것은 태음이 다혈多血인 이유다. 아! 음양 상변지도常變之道를 알아야 만물의 정미精微를 밝힐 수 있구나."

구여림이 말했다. "첫머리에서 '천지간 육합 내 만물이 오행의 이치에서 벗어나지 않는데 사람도 마찬가지다天地之間 六合之內 不離于五 人亦應之'라고 한 것은 사람이 천지지오수天地之五數에 합함을 말한다. 마지막에서 '사람의 상수가 자연이 상수다夫人之常數 此天之常數也'라고 한 것은 인人이 천지육수天之六數에 합함을 말한다. 그러므로 기생오 기수삼其生五 其數三은 사람이 지지오행地之五行에서 생겨나서 삼음삼양三陰三陽의 천수天數와 합함을 이르는 것이다."

예중선이 말했다. "오五는 오운五運이 중中에 있는 것에 상응하니 신기神機의 출입을 주관한다. 육六은 육기가 외부에 있는 것에 합하니 천기天氣의 승강에 상응한다. 사람도 이러한 오운육기를 따라서 천지와 합하고 동화하여 형기에 손상이 없게 하면 신선이 되어 불로장생할 수 있다."

백병시생百病始生

黃帝問於岐伯曰: 夫百病之始生也, 皆生於風雨寒暑, 淸濕喜怒.
喜怒不節則傷臟, 風雨則傷上, 淸濕則傷下. 三部之氣, 所傷異類,
願聞其會.
岐伯曰: 三部之氣各不同, 或起於陰, 或起於陽, 請言其方. 喜怒不
節則傷臟, 臟傷則病起於陰也. 淸濕襲虛則病起於下, 風雨襲虛則
病起於上, 是謂三部. 至於其淫泆, 不可勝數.

황제가 기백에게 물었다. "모든 병은 모두 풍우한서風雨寒暑나 청습淸濕·희로
喜怒 등 내외의 여러 원인으로 발생한다. 희로 등 감정을 조절하지 못하면 내
장이 손상되고, 풍우를 당하면 상부가 손상되며, 청습지기淸濕之氣를 당하면
하부가 손상된다. 삼부三部의 기가 손상되는 부위가 다르니 어떻게 병이 되는
지 알고 싶다."

기백이 답했다. "삼부의 기는 각각 달라서 음에서 일어나기도 하고, 양에서
일어나기도 하니 내용을 말하겠다. 희로 등의 감정이 절제되지 않으면 오장이
손상되고 오장이 손상되면 병은 음陰에서 발생한다. 청습지기가 허한 틈을 타
고 침입하면 하부에서 병이 발생한다. 풍우가 허한 틈을 타고 침입하면 상부
에서 병이 발생한다. 이것을 삼부라고 한다. 여기서 모든 병이 만연되니 이루
다 말할 수 없다."

⊕ 본경에서 "풍한 등 육음六淫은 형形을 상하게 하고, 슬픔·공포·분노는 기氣
를 상하게 한다. 기는 오장을 상하게 하니 이에 오장이 병들고, 한寒은 형체를
병들게 하니 이에 형체가 병들며, 풍風이 근맥筋脈을 손상시키니 이에 근맥이
손상된다風寒傷形 憂恐忿怒傷氣 氣傷藏 乃病藏 寒傷形 乃病形 風傷筋脈 筋脈乃應"라고

했다. 형과 기가 내외에서 상응한다.

또 "사기가 상부에 있다는 것邪氣在上은 사기가 사람에게 적중될 때는 상부로 침입하기 때문에 사기재상邪氣在上이라고 한다. 청습지기淸濕之氣가 하부에 있다는 것은 청습지기가 사람에게 침입할 때는 발로 들어오기 때문에 청기재하淸氣在下라고 한다邪氣在上者 言邪氣氣中人也高 故邪氣在上也. 淸氣在下者 言淸濕之氣之中人也 必從足始 故淸氣在下也"라고 했다. 풍우청습風雨淸濕의 사邪가 외부에 병이 나타나면서 상하의 형체가 손상된다.

감정이 절제되지 못하면喜怒不節 오장이 손상되니 병이 음陰에서 시작한다. 형체는 피육근맥골이며 오장의 외합이다. 이것은 앞 문장을 이어서 오행의 형을 말한다.

상부가 부족하면 풍우가 허한 틈을 타고 침입하니 병이 상부에서 일어나고, 아래가 부족하면 청습지기가 허한 틈을 타고 침입하니 병이 아래에서 일어난다. 장기臟氣가 부족하면 희로의 감정으로 기가 손상되어 속陰에서 병이 일어난다. 그러므로 오곡五穀·오축五畜·오과五果 등 오미五味를 이용해야 하니 함께 복용하여 정기精氣를 보익하고 음양의 균형을 맞추며 혈기를 충만케 하면 병이 주리로 들어올 까닭이 없다. 이것이 현인이 양생하는 이유다. 양의는 미병을 다스린다.

서진공徐振公이 말했다. "오음지인五音之人은 오장이 반응하고, 좌우태소지인左右太少之人은 몸의 상하에서 반응한다. 오음지인은 음기가 많고 양기가 적다. 좌우태소지인은 음기가 적고 양기가 많다. 이 오음지인은 형체가 병들고, 좌우태소지인은 오장이 병든다. 그렇지만 음중陰中에 양陽이 있고, 양중陽中에도 음陰이 있다. 양성자陽盛者에게도 혈기의 부족이 있고, 음성자陰盛者에게도 혈기의 부족이 있다."

예중선이 말했다. "이것은 다음 장 〈영추·행침行鍼〉과 일치한다."

批 사邪는 풍우의 사邪다.

黃帝曰: 余固不能數, 故問先師, 願卒聞其道.
岐伯曰: 風雨寒熱, 不得虛邪, 不能獨傷人, 卒然逢疾風暴雨而不

病者, 蓋無虛, 故邪不能獨傷人, 此必因虛邪之風, 與其身形, 兩虛
相得, 乃客其形. 兩實相逢, 衆人肉堅. 其中於虛邪也, 因於天時,
與其身形, 參以虛實, 大病乃成. 氣有定舍, 因處爲名, 上下中外,
分爲三員.

황제가 말했다. "내가 정말 알 수 없어 선생님께 물으니 다 알고 싶다."

기백이 답했다. "풍우한열은 허사虛邪를 만나지 않으면 자체만으로 사람을
손상시킬 수 없다. 갑자기 질풍폭우를 만나더라도 병이 들지 않는 것은 대체
로 정기正氣가 허하지 않으므로 사기가 인체를 손상시키지 못한다. 반드시 허
사의 풍과 인체의 정기허正氣虛로 인하여 양허兩虛가 결합해야 외사가 인체에
침입하여 질병이 발생한다. 만약 사시 기후가 정상이고 사람도 신체가 강건하
고 피육이 튼튼하면 질병이 쉽게 발생하지 않는다. 허사에 적중될 때는 천시天
時가 허하고 몸도 허하여 정기허와 사기실邪氣實이 상합해야 대병大病이 발생
한다. 사기의 성질이 각각 달라 사기가 침입하는 곳으로 명칭을 붙였으니 상
하중上下中 외 삼원三員으로 분별한다.

⊕ 여기서는 풍우지사風雨之邪가 형체에 침입했는데 기가 손상되지 않은 것은
내부로 전해져 머물면서 적적이 됨을 말한다.

『금궤요략金匱要略』에서 "경락이 사기를 받아 장부로 들어가니 내부가 원인
이 된다一者經絡受邪 入臟腑 爲內所因"라고 했다. 이것은 사기가 육경의 기를 손상
시켜 장부 안으로 들어가는 것을 말한다. 대개 삼음삼양의 기는 부표를 주관
하고 육경六經과 합한다. 그러므로 사기가 기를 손상시키면 터럭이 끊기고 주
리가 열려 정기正氣가 쏠리면 음사淫邪가 기주와 낙맥 사이에 퍼져서 혈맥으로
흘러들어간다. 경맥은 장부와 연결되므로 대사大邪가 오장에 들어가 복통 하
음下淫 등증이 일어나면 죽을 수도 있고 낫기 힘들다.

음양육기陰陽六氣는 오행五行에서 생긴다. 오장은 내부에서는 오행과 합하고
외부에서는 육기와 합한다. 따라서 기가 손상되면 혈맥으로 흘러가니 내부에
서 장부로 들어간다. 형체는 병들었는데 기가 병들지 않았으면 경맥으로 전해
져도 장위지외腸胃之外에 머물면서 적적을 형성한다.

허사虛邪에 적중되었을 때는 몸이 오슬오슬 추우면서 몸이 떨린다. 정사正邪

가 적중되었을 때는 병증이 미미하여 안색에 먼저 나타나지만 몸으로는 알지 못하여 병증이 있는지 없는지 실정이 드러나지 않는다. 허사는 형形을 손상시키고, 정사는 기氣를 손상시킨다. 정사는 천天의 정기正氣로 풍한서습조화다. 천天에는 이런 육기六氣가 있고, 사람에게도 이러한 육기가 있으니 정사의 중인中人은 동기상감同氣相感이다. 그러므로 풍우한열이 허사虛邪를 만나지 않으면 자체만으로는 사람을 손상시키지 못한다.

상인傷人은 사람의 형체를 손상시키는 것이다. 허사虛邪는 계절에 맞지 않은 느닷없는 기후다. 형形은 피맥근골로 오장의 외합이고, 지지오행地之五行에 상응한다. 지지오행은 천지오시天之五時와 지지오방地之五方에 상응한다.

허풍虛風은 봄에 서쪽에서 불어오고, 여름에 북쪽에서 불어오는 바람이다. 이것은 계절과 맞지 않는 기운이므로 사람의 형체를 손상시킨다. 천지육기天之六氣는 사람의 육기를 손상시키고, 지지오행은 사람의 오형五形을 손상시킨다.

사람은 천지天地의 형기形氣를 지니고 있어서 이러한 형기가 생성된다. 그러므로 허사지풍虛邪之風과 신형身形은 양허兩虛가 상박하여 형체에 들어가 장위腸胃의 외곽에 머물면서 적積을 이룬다.

중인육견衆人肉堅은 앞 문장을 이어서 이십오형지인二十五形之人이 혈기가 부족하여 피부를 충실하게 하고 기육을 덥힐 수 없어 허사가 형체에 침입하는 것이니 보통사람의 기육이 견고한 것과 비교해서는 안 된다.

천시天時 때문이라는 것因於天時은 봄의 서풍이나 여름의 북풍이다. 대병大病이 생긴다는 것大病乃成은 큰 사기가 장위에 붙어서 적積을 이루는 것이다. 사기가 일정한 곳에 정착하는 것氣有定舍은 사기가 퍼지는 것이 이루 말할 수 없을 만큼 다양하다. 손락에 붙기도 하고, 경수經隧에 붙기도 하는데 그 뒤에 위치가 정해진다.

여기서는 풍우가 상부를 손상시킨다는 것을 말하고 있고, 다음 구절에서는 청습이 하부를 손상시킨다는 것을 말하고 있으며, 마지막 구절에서는 희로가 속을 손상시키니 삼원三員으로 나뉘는 것이다.

서진공이 말했다. "한 편 중에서 기氣자를 제시하지 않았고, 이 구절에서는 형形자를 세 번 써서 반복하여 말했으며, 다음 구절에서는 우로憂怒에 내상하면 기가 상역하는 것을 말했으니 바로 '풍한이 형形을 손상시키고, 우공분노憂恐忿怒가 기를 손상시킨다'는 말이다. 성인의 뜻을 밝게 드러내 경經 전체를 관통해야 비로소 큰 능력과 안목을 갖출 수 있는 것이다."

批 풍風은 양사陽邪고 우雨는 음사陰邪이므로 풍이 되고 열이 되는 것이다.

批 기가 피모를 주관하니 기가 상하면 모발이 끊어진다.

批 오형지인은 중인이 서로 속는 이유다.

批 풍한은 대사大邪다.

是故虛邪之中人也, 始於皮膚, 皮膚緩則腠理開, 開則邪從毛髮入, 入則抵深, 深則毛髮立, 毛髮立則淅然, 故皮膚痛. 留而不去, 則傳舍於絡脈, 在絡之時, 痛於肌肉, 其痛之時息, 大經乃代. 留而不去, 傳舍於經, 在經之時, 洒淅喜驚. 留而不去, 傳舍於輸, 在輸之時, 六經不通, 四肢則肢節痛, 腰脊乃强. 留而不去, 傳舍於伏衝之脈, 在伏衝之時, 體重身痛. 留而不去, 傳舍於腸胃, 在腸胃之時, 賁響腹脹, 多寒則腸鳴殖泄, 食不化, 多熱則溏出麋. 留而不去, 傳舍於腸胃之外, 募原之間, 留著於脈, 稽留而不去, 息而成積, 或著孫脈, 或著絡脈, 或著經脈, 或著輸脈, 或著於伏衝之脈, 或著於膂筋, 或著於腸胃之募原, 上連於緩筋, 邪氣淫泆, 不可勝論.

그러므로 허사虛邪가 인체에 적중되면 먼저 피부에서 시작되니 피부가 이완되면 주리가 열리고, 사기가 모발에서 열린 주리로 들어간다. 사기가 깊은 곳에 도달하면 모발이 서고, 모발이 서면 오싹해지면서 피부에 통증이 생긴다.

주리에서 유체되어 있다가 제거되지 않으면 낙맥으로 전해져 머물게 된다. 낙맥에 있을 때는 기육에 통증이 생긴다. 통증이 없어지면 대경大經으로 전이된 것이다. 사기가 대경으로 들어가 유체되고 제거되지 못하면 대락大絡으로 전이되고 사기가 대락에 있을 때는 으슬으슬 추워하고 잘 놀란다.

대락에 유체되고 제거되지 못하면 경맥經脈으로 전이된다. 경맥에 있을 때는 육경六經이 불통하고 팔다리에 지절통이 생기며 요척이 뻣뻣해진다. 경맥에 유체되어 제거되지 못하면 충맥으로 전이되니 충맥에 있을 때는 몸이 무겁고 아프다. 충맥에 유체되고 제거되지 못하면 장위腸胃로 전이된다. 장위에 있

을 때는 배에서 소리가 나고 배가 불러진다. 한사寒邪가 성하면 배에서 소리가
나고 손설飧泄을 하며 소화가 안 된다. 열사熱邪가 성하면 묽은 변을 본다. 장
위에서 유체되고 제거되지 못하면 장위 밖의 모원募原으로 전이되어 맥에 들
러붙는다. 맥에 들러붙은 채로 제거되지 못하면 커져 적積을 이룬다.

종합하건대 사기가 인체에 침입하면 손락에 유착되기도 하고, 낙맥에 유착
되기도 하며, 대락에 유착되기도 하며, 수맥輸脈에 유착되기도 하며, 복충지맥
伏衝之脈에 유착되기도 하고, 척추의 여근膂筋에 유착되기도 하며, 장위의 모원
에 유착되기도 하고, 복내의 완근緩筋에 유착되기도 한다. 사기가 인체에 침입
하여 퍼지는 것은 이루 다 헤아릴 수 없다.

⊕ 여기서는 풍우 허사가 형신의 상부를 손상시켜 형층形層에 따라 내부로 전
달하여 머물면서 적積을 이루는 과정을 말한다.

사기邪氣가 사람에 적중的中되는 것은 반드시 피모에서 시작한다. 몸이 허하
면 피부가 이완되고, 피부가 이완되면 주리가 열린다. 주리가 열리면 사기가
모발에서 타고 들어가며, 깊이 들어가면 모발이 선다. 기로 피부를 채우고 모발
을 윤택하게 하는데充膚澤毛 사기로 기가 상하면 터럭이 끊기고 주리가 열린다.
이에 사기가 피부로 들어가지만 기는 상하지 않았으므로 터럭이 서는 것이다.

석연淅然은 으슬으슬 떨리는 것이다.

피부통皮膚痛은 사기가 피부에 머물러 있는 것이다.

낙맥絡脈은 피부에 드러나는 손락과 낙맥이다.

사기가 낙맥에 있을 때 기육에 통증이 있는 것在絡之時 痛於肌肉은 사기가 기
육과 낙맥의 사이에 유체되어 있는 것으로 경맥에는 들어가지 못한 것이다.

〈소문·유자론〉에서 "사기가 형체에 침입할 때는 먼저 사기가 피모에 침입
하여 유체되어 제거되지 않으면 손맥으로 들어가고, 손맥에서 유체되어 제거
되지 않으면 낙맥으로 들어가며, 낙맥에 유체되어 제거되지 않으면 경맥으로
들어간다. 경맥은 오장과 연결되니 장위에서 흩어진다邪之客于形也 必先舍于皮毛
留而不去 入舍于孫脈 留而不去 入舍于絡脈 留而不去 入舍于經脈 內連五臟 散于腸胃"라고
했다. 이는 사기가 피모에서 들어가서 마지막 오장까지 들어가는 순서다. 이
런 경우에는 경맥을 치료한다.

이제 사기가 피모에 침범하여 손락으로 들어가고, 유체되어 제거되지 않으면 막혀서 통하지 못하니 경맥에 들어가지 못하고 대락으로 유일流溢되어 기병奇病이 생긴다.

식息은 멈추는 것이다.

대경이 대신한다는 것大經乃代은 사기가 기육 낙맥 사이에 멈추어 경맥으로 들어갈 수 없어 대경大經으로 흐르는 것이다. 대경은 경수經隧다. 경수는 오장육부의 대락大絡이다.

경에 전해져 머무는 것傳舍於經은 위부胃腑의 경수經隧로 전달되어 머무는 것이다. 족양명맥병足陽明脈病이므로 불안해하며 잘 놀란다.

수輸는 혈기를 전수하는 경맥인즉 장부의 경수經隧다. 장부의 대락은 좌우상하로 경과 함께 나가서 사말로 포산되므로 사기가 수輸에 머물면 육경六經이 불통하고 팔다리의 지절통肢節痛이 생긴다.

요척이 뻣뻣해지는 것腰脊乃强은 장부의 대락이 독맥의 대락인 장강長强과 통하는 것이다.

복충伏衝은 복강 내에서 잠복하여 도는 충맥이다. 충맥은 포중胞中에서 기시하여 배꼽 옆을 끼고 상행하여 흉중에 이르러 피부로 포산되어 피부를 충실히 하고 기육을 따뜻하게 하며 근골을 적셔준다. 사기가 내부에서 유체되면 혈기가 형신에 충분히 흐르지 못하므로 몸이 무겁고 아프다體重身痛. 유체되어 풀리지 않으면 장위腸胃로 전해져서 머물게 된다. 이때 가스가 차 배가 불러오고賁響腹脹, 찬 것을 많이 먹으면 배에서 소리가 나고 설사를 하며腸鳴飧泄, 더운 것을 많이 먹으면 죽 같은 변을 본다溏出麋. 죽처럼 나오는 변은 소화가 덜 된 것이다.

모원募原은 장위 외부의 고막膏膜이다. 맥에 유착된다는 것留著於脈은 모원에 있는 맥락이다. 풀리지 않고 그곳에 계류되면 적積이 형성된다. 손맥孫脈과 낙맥絡脈은 모원에 있는 소락小絡이다.

경맥經脈은 위부胃腑의 대경大經이다. 수맥輸脈은 장부의 대락으로 수곡의 혈기를 전수轉輸한다. 복충伏衝은 복강 내에 잠복하여 행하는 충맥이다. 모원募原은 장위의 지막脂膜이다. 여근膂筋은 척추 부위에 붙어 있는 근육이다. 완근緩筋

은 복강 내에 걸쳐 있는 근육이다. 이런 몇 가지가 장위의 전후좌우에서 사기가 유착되면서 적이 형성되니 사기의 음일淫佚은 이루 헤아릴 수 없다.

서진공이 말했다. "사기가 기를 손상시키면 사기가 경맥에서 내부로 들어가 장부를 범한다. 삼음삼양의 기는 장부에서 만들어져 경맥에서 부표로 나간다. 따라서 사기도 경맥에서 내부로 들어가 장부를 범한다. 사기가 형체를 손상시키면 별락別絡에서 장위지외腸胃之外로 들어간다. 형중의 혈기는 위부 수곡지정에서 나와 위외胃外의 손락과 낙맥으로 삼출되고, 위지대락胃之大絡으로 흘러넘쳐 장부의 경수經隧로 주입되며, 손락과 피부로 나가서 피부를 채우고, 기육을 덥히며, 피모로 삼입되어 근골을 적셔준다.

따라서 형중形中에 있는 사기도 외부의 손락에서 내부의 손락으로 전해지고 장위의 외곽에 유체하여 적을 형성한다. 그러므로 다음 문장에서 '손락에 유착되어 적이 이루어지면 그 적이 상하로 왕래하여 이동한다. 손락에 모인 것은 말랑하고 떠 있어 그 적을 고정할 수 없다著孫絡之脈而成積者 其積往來上下 臂手孫絡之居也 浮而緩 不能句積而止之'라고 했다. 내외의 손락이 서로 통하므로 외부와 내부가 상응한다."

예중선이 말했다. "고래로 완곡불화完穀不化는 한寒으로 인한 경우, 열열熱로 인한 경우가 있는데 지금 본경에서 '열이 많으면 설사를 한다多熱則溏出糜'고 했으니 열로 인한 것이다. 대개 화火는 물物이 빨리 움직이게 하여 내보내니 소화가 안 되는 것이다."

批 경맥 중에서 큰 것이 수輸다

批 육경은 수지육경手之六經이다.

批 모원의 내부에 가는 낙맥이 있다.

批 장옥사가 말했다. "본경에서 침과 증을 논하는 가운데서 경맥과 형기의 내외출입을 체득해야 한다."

黃帝曰: 願盡聞其所由然.
岐伯曰: 其著孫絡之脈而成積者, 其積往來上下, 臂手*孫絡之居也, 浮而緩, 不能積而止之, 故往來移行腸胃之間, 水湊滲注灌, 濯濯有音, 有寒則䐜滿雷引, 故時切痛. 其著於陽明之經, 則挾臍而居, 飽食則益大, 饑則益小. 其著於緩筋也, 似陽明之積, 飽食則痛, 饑則安. 其著於腸胃之募原也, 痛而外連於緩筋, 飽食則安, 饑則痛. 其著於伏衝之脈者, 揣之應手而動, 發手則熱氣下於兩股, 如湯沃之狀. 其著於膂筋, 在腸後者, 饑則積見, 飽則積不見, 按之不得. 其著於輸之脈者, 閉塞不通, 津液不下, 孔竅乾塞, 此邪氣之從外入內, 從上下也.

황제가 물었다. "그렇게 되는 이유를 알고 싶다."

기백이 답했다. "손락에 유착되어 적積이 되면 그 적이 왔다갔다 하고 오르락내리락하니 손락에 유착되면 고정되지 못하고 말랑하고 떠 있어 장위 사이를 왔다갔다 하면서 이동한다.

장위 사이에 수水가 몰리면 배에서 물소리가 난다. 배가 차면 복부가 창만하고, 우레처럼 배에서 소리가 나며, 잡아 당기고, 배가 끊어질 듯 아플 때도 있다.

양명경에 유착된 경우 배꼽 양쪽에 적이 형성되어 밥을 먹으면 커지고 굶으면 작아진다.

완근緩筋에 유착된 것은 양명의 적과 흡사하여 밥을 먹으면 아프고 굶으면 편안하다.

장위의 모원募原에 유착된 경우 통증이 외부의 완근緩筋까지 연결되어 밥을 먹으면 편안하고 굶으면 아프다.

복충지맥伏衝之脈에 유착된 경우 손으로 적을 만지면 맥이 뛰고, 손을 떼면 열기가 대퇴부로 내려가니 욕탕에 들어간 듯하다.

여근膂筋에 유착된 경우 장腸 뒤쪽에 굶으면 적이 나타나고, 밥을 먹으면 적이 나타나지 않는다. 눌러보아도 드러나지 않는다.

수맥輸脈에 유착되어 적이 생기면 맥도가 폐색되어 불통하고, 진액이 돌지 못하여 공규가 마르고 막힌다.

이것은 사기가 외부에서 내부로 들어가고 위에서 아래로 내려가 인체로 침입하는 것이다."

---

* 비수臂手는 『갑을경』에 벽호擗乎라고 하였다. '擗'은 '辟'과 통하고 모인다는 의미다—〈통해〉.

● 여기서는 앞 문장을 이어받아 유착되어 적積을 형성하는 것에도 각기 형증形症이 있음을 밝히고 있다.

손락係絡은 장위 모원 사이에 있는 작은 낙맥이다. 위부胃腑에서 나온 혈기는 위외胃外의 소락小絡으로 삼출되어 대락으로 주입되며, 대락에서 손락과 피부로 나간다. 내부의 손락에서 유착되어 적을 형성하는 것은 그 적이 상하로 왕래하여 밖에 있는 손락에 몰리는 것이다. 말랑하고 떠 있어 그 적을 구속하여 고정시킬 수 없으므로 장위 사이를 왕래하면서 움직인다.

위부의 위액이 외부로 흘러들어가면 꾸르륵 물소리가 난다. 손락에서 유체되면 대락으로 주입되지 못한다. 양명경은 바로 위지대락胃之大絡이므로 배꼽 옆에 위치한다. 배가 부르면 수곡의 진津이 밖으로 주입되어 적이 커지고, 굶으면 진액과 혈이 적어져 적도 작아진다.

완근緩筋은 복강 내에 걸쳐 있는 근인데 양명의 적과 흡사하다. 음식을 먹으면 복창하여 통증이 있고, 굶으면 가만히 있으면서 편해진다.

모원募原은 장위의 고막膏膜이다. 배가 부르면 진액이 외부로 삼출되어 적시므로 편안하고, 굶으면 건조하여 아프게 된다.

잠행하는 충맥伏衝之脈은 배꼽을 끼고 상행하므로 손으로 적을 눌러보면 맥이 뛴다. 손을 떼면 열이 나는 것發手則熱은 충맥의 혈기가 외부에 충만된 것이다. 충맥은 내려가면서 음고陰股를 순환하고 경기지가脛氣之街로 나가니 그 기가 양 허벅지兩股로 가는데 탕옥지상湯沃之狀이라는 것은 적으로 인해서 열이 나는 것이다.

여근膂筋은 척추에 붙어 있으면서 장腸 뒤에 있다. 굶으면 적이 나타나고, 먹으면 나타나지 않으며, 문질러 봐도 찾기 어렵다.

수지맥輸之脈은 진액을 전수하는 맥으로 장부의 대락이다. 장부의 대락에서 피부로 나간다. 위부胃腑에서 만들어진 수곡지정은 위지대락에서 장부의 대락으로 주입된다. 장부의 대락에서 피부로 나간다. 그러므로 적이 수지맥에 유착되면 맥도가 막혀 통하지 못하여 진액이 돌지 못하고 피모의 공규가 막힌다.

이것이 사기가 외부에서 내부로, 상에서 하로 가서 적을 형성하는 것이다.

서진공이 말했다. "수手는 손락이 있는 곳이다. 부완浮緩은 무력한 것이다.

손락을 진찰하여 부완한 것은 척부尺膚를 진찰한 것이다. 대개 맥이 급하면 척지피부도 팽팽하고, 맥이 완하면 척지피부도 느슨하다. 위부에서 나온 혈기는 양명의 오리五里에서 척부로 간다. 그러므로 손락이 부완함을 진찰하면 무력하여 적을 구속할 수 없음을 알 수 있다.”

예중선이 말했다. “촌관척寸關尺 삼부三部로 장부와 경맥의 기를 살피고, 인영人迎·기구氣口로 외부의 기를 살피며, 척부로 내부의 기를 살핀다.”

批 외부에 있는 혈기는 손락에서 기가로 나가고 피부를 돈다. 내부에 있는 혈기는 손락에서 기가로 나가 모원을 돈다. 이 사기가 손락에서 안으로 나가서 적을 이루는 것이다. 대개 내부·외부에 있는 낙맥의 끝이 기가가 된다.

黃帝曰: 積之始生, 至其已成, 奈何?
岐伯曰: 積之始生, 得寒乃生, 厥乃成積也.

황제가 물었다. “적積이 처음 생기는 것과 완성되기까지는 어떻게 되는가?”

기백이 답했다. “적이 처음에 한사寒邪에 감촉되어 생기고, 한사가 궐역되면 적이 형성된다.”

◉ 이것은 앞 문장을 이어받아 뒷 문장을 여는 글이다.

풍우는 천天에 있는 사기로 상부를 손상시킨다. 청습은 지地에 있는 사기로 하부를 손상시킨다. 천에 있는 것은 생生이라 하고, 지에 있는 것은 성成이라고 한다. 그러므로 적이 처음 생기는 것은 풍한으로 인한 것이고, 청습지사가 아래로 궐역하여 적이 형성된다.

黃帝曰: 其成積奈何?
岐伯曰: 厥氣生足悗, 悗生脛寒, 脛寒則血脈凝澀, 血脈凝澀則寒氣上入於腸胃, 入於腸胃則䐜脹, 䐜脹則腸外之汁沫迫聚不得散, 日以成積. 卒然多食飲, 則腸滿, 起居不節, 用力過度, 則絡脈傷, 陽絡傷則血外溢. 血外溢則衄血, 陰絡傷則血內溢, 血內溢則後血. 腸胃之絡傷, 則血溢於腸外, 腸外有寒, 汁沫與血相搏, 則幷合凝

取不得散而積成矣. 卒然外中於寒, 若內傷於憂怒, 則氣上逆, 氣
上逆則六輸不通, 溫氣不行, 凝血蘊裏而不散, 津液澁滲, 著而不
去, 而積皆成矣.

황제가 물었다. "적積積은 어떻게 형성되는가?"

기백이 답했다. "한기寒氣가 족부로 궐역하여 답답하고 소통이 안 되면 다리
가 차가워지고, 다리가 차면 혈맥이 응체되며, 혈맥이 응체되면 한기가 올라
가서 장위腸胃로 들어간다. 장위로 들어가면 복창腹脹이 되고, 복창이 되면 장
외腸外의 즙말汁沫이 엉겨서 흩어지지 못하면서 날마다 쌓여 적이 된다.

또 갑자기 폭식을 하여 장내에 수곡이 가득 찬데다가 기거起居가 불규칙적
이고 과로하면 낙맥이 손상된다. 낙맥이 손상되면 외부로 흐르고, 외부로 넘
쳐흐르면 코피衄血가 나오며, 내부로 넘쳐흐르면 변혈便血이 나온다.

장위의 낙맥이 손상되면 혈이 장외로 넘치고, 그때 장에 한기가 있다면 즙
말과 혈액이 뭉치고 합쳐져서 흩어지지 못하고 적이 이루어진다.

갑자기 외부에서 한사寒邪에 적중되고, 내부에서는 우로憂怒에 손상되면 기
가 상역하며, 기가 상역하면 육수六輸가 불통하여 온기가 돌지 못하고, 혈액은
응결되며, 소산되지 못하고, 진액이 삽체하여 삼출하지 못하므로 유착되어 이
에 적이 형성된다."

⊛ 여기서는 청습지사淸濕之邪가 하부의 형을 손상시켜 적을 완성함을 말한다.

만筒은 답답한 것이다. 궐역생족만厥逆生足筒은 사기가 아래로 궐역하여 다
리가 답답하고 소통이 안 되는 것이다. 답답하면 한기寒氣가 생기고, 차면 혈맥
이 응체되어 잘 통하지 못한다. 그런 상태에서 찬 것을 먹어 장위로 찬기가 들
어가면 배에 가스가 차면서 배가 불러오고, 배가 불러오면 장외腸外의 즙말이
엉겨서 흩어지지 않는데 이게 오래되면 적이 된다.

갑자기 음식을 많이 먹으면 장이 불러진다. 또 기거居가 부적절하거나 과로
하면 낙맥이 상한다. 낙맥은 장부에서 혈기를 내보내는 별락別絡이다. 양락陽
絡은 상행하는 낙맥인데 손상되면 상부로 혈이 넘쳐 코피가 난다. 음락陰絡은
하행하는 낙맥인데 손상되면 혈이 내부로 넘쳐 대변으로 혈이 나온다. 장위의
낙맥이 손상되면 혈이 장외로 넘쳐 장외에 있는 차가운 즙말과 혈액이 뭉쳐서

함께 엉겨 흩어지지 못하고 적이 된다.

또는 갑자기 외인인 한사寒邪에 적중되고 우로憂怒의 내상을 겸한다면 기가 상역하고, 기가 역상하면 육수六輸가 불통한다. 수輸는 혈기를 전수하는 맥이다. 육六은 수경手經의 수맥輸脈으로 양락맥陽絡脈이다. 육수가 불통하면 부육을 덥히는 膚肉 기가 돌지 못하여 혈이 응체되고 엉겨서 흩어지지 못한다.

진액이 낙맥 중에서 삽체되고 낙맥 밖으로 삼출되어 유착되어 붙어버리면 적이 된다. 이것은 즙말이 모여 엉기거나 장외의 즙말과 혈액이 뭉쳐서 모두 적이 되는 것을 말한다. 또는 한사에 적중되고 우로의 내상을 겸해서 응혈과 진액이 유착되어도 적이 된다.

안 | 경맥에는 수삼음삼양手三陰三陽의 대락이 있어 경맥과 함께 올라가 수手를 순환한다. 족삼음삼양足三陰三陽의 대락은 경맥과 함께 내려가 족을 순환한다. 혈기 운행을 주관하며 맥외로 삼출하여 형체를 영양한다. 그러므로 양락이 상하면 공규로 상출하여 코피가 나고, 음락이 상하면 장위로 내출혈되어 변혈便血이 된다. 육수六輸가 외부로 통하지 못하면 내부에서 맥외로 넘쳐서 적이 된다. 이는 내외가 모두 맥외로 삼출되는 것이다.

서진공이 말했다. "풍우로 인하여 생기는 적은 유형에 유착되어 생기므로 생生이라고 했다. 청습으로 인하여 적이 되는 것은 응혈과 진액이 복강 안에 모여서 임신부처럼 배가 나온다. 천天으로 인한 경우는 본래 형체가 없으므로 유형에 붙어야 생긴다."

批 〈영추·소침해〉에서 "사기가 맥에 침입할 때 청습지기는 발로 침입한다夫氣之在脈也 淸濕地氣之中人 必從足始"라고 했다. 천지풍우天之風雨가 피부를 손상시키는 것은 피부에서 낙맥으로 들어간다. 지지수습地之水濕이 맥락을 손상시키는 것은 맥락에서 기주로 나간다. 혈이 외일하는 것은 외부에서는 피부로 넘쳐 육혈衄血이 되고, 내부에서는 모원에서 넘쳐서 변혈便血이 된다. 장외로 혈이 넘친 것은 낙맥이 끝난 곳에서 부곽지중郛郭之中으로 나가 적이 된다.

批 상하 모두 형중의 혈기를 손상시킨다.

批 육수六輸는 위 문장에서 말한 수지맥輸之脈이다.

黃帝曰: 其生於陰者奈何?

岐伯曰: 憂思傷心, 重寒傷肺, 忿怒傷肝, 醉以入房, 汗出當風傷脾, 用力過度, 若入房汗出浴則傷腎, 此內外三部之所生病者也.

황제가 물었다. "음陰에서는 어떻게 적이 생기는가?"

기백이 답했다. "걱정이나 생각이 많으면 심心이 손상되고, 한기에 중감重感되면 폐肺가 손상되며, 분노는 간肝을 손상시키고, 술에 취해서 입방入房하고 땀을 흘린 채 바람을 쐬면 비脾가 손상되며, 과로하거나 지나친 방사로 땀을 많이 흘리면 신腎이 손상된다. 이것이 내외 삼부三部에서 생기는 병이다."

⬢ 여기서는 희로喜怒를 조절하지 못하면 오장의 형形이 손상되어 병이 음陰에서 시작된다는 것을 말한다.

걱정이 지나치면 심心이 상하고, 몸을 차게 하고 찬 음식을 먹으면 폐肺가 상하며, 분노를 조절하지 못하면 간肝이 상하고, 술에 취해서 입방入房을 하여 땀을 흘리고 나서 바람을 쐬면 비脾가 상하며, 과로한 상태에서 방사房事를 하고 땀을 흘리면 신腎이 상한다憂思傷心 形寒飮冷則傷肺 忿怒不節則傷肝 醉以入房 汗出當風則傷脾 用力過度 若入房汗出則傷腎. 이것은 천지풍우天之風雨 지지청습地之淸濕의 외인과 오장의 정지情志로 인한 내인이 상중하上中下 삼부三部의 적을 형성함을 말한다.

안 | 오장은 단지 생병生病이라고 했고 적적積이라고 하지 않았으니 오장의 적병積病은 기氣에 있는 것이지 유형有形이 아니기 때문이다. 『난경難經』에서 "간肝에 있는 것을 비기肥氣, 폐肺에 있는 것을 식분息賁, 심心에 있는 것을 복량伏梁, 비脾에 있는 것을 비기痞氣, 신腎에 있는 것을 분돈奔豚"이라고 했다. 이는 무형無形의 기적氣積이지 유형有形의 혈적血積이 아니다.

예중옥이 말했다. "우사분노憂思忿怒는 기를 손상시키므로 적적積이 기에 있다."

黃帝曰: 善. 治之奈何?

岐伯答曰: 察其所痛, 以知其應, 有餘不足, 當補則補, 當瀉則瀉, 毋逆天時, 是謂至治.

황제가 물었다. "알겠다. 어떻게 치료하는가?"

기백이 답했다. "통증이 일어나는 곳을 살펴서 병변이 있는 곳을 알아낸다. 유여부족을 살펴서 보해야 할 때는 보하고, 사해야 할 때는 사한다. 또 천시天時에 어긋나지 않게 하는 것이 최상의 치료다."

⊛ 통痛은 내부에서 일어나는 적의 통증이다. 통증이 일어나는 곳을 살펴서 병변이 있는 곳을 알아낸다는 것察其所痛 以知其應은 손락에 유착된 적은 수비手臂의 손락에서 반응하고, 양명경에 유착된 적은 양명에서 반응이 나타나며, 장위 모원에 유착된 적은 계곡의 혈회血會에서 반응이 나타나고, 잠복된 충맥에 유착된 적은 기충氣衝·대혁大赫에서 반응이 나타나며, 여근膂筋에 유착된 적은 족소음과 족태양의 근에서 반응이 나타나고, 완근緩筋에 유착된 적은 족태양과 족양명의 근에서 반응이 나타나며, 육수六輸에서 생긴 적은 내관內關·외관外關·통리通里·열결列缺·지정支正·편력徧歷에서 반응이 나타나고, 공곽空廓에 생긴 적은 양명의 오리五里 팔의 척부尺膚에서 반응이 나타나며, 오장에 생긴 적은 좌우상하를 살펴보면 오장의 경수經臉에서 반응이 나타난다.

유여부족을 살펴서 보해야 할 곳은 보하고, 사해야 할 곳은 사하며, 사시의 질서를 따라 기가 머문 곳과 병이 있는 곳과 장부의 합당한 역할에 맞추며, 천시天時를 어기지 않으면 지극한 치료라 할 수 있겠다.

예중옥이 말했다. "외인의 적은 형체에서 반응이 나타나고, 내인의 적은 맥에서 반응이 나타난다."

아토피 질환은 비염·천식·피부염을 통칭해 말한다. 아토피의 어원은 잘 모른다는 것이다. 피부홍반·소양·진물 등의 증상이 심하게 나타나는데 혈청 면역글로블린E$^{(IgE)}$치가 증가되기는 하지만 확실한 병인이나 기전은 잘 알려져 있지 않았다. 요즘은 아토피 질환을 자가면역 질환autoimmune disease이라고 한다. 자가면역 질환은 일반적인 면역 반응이 외부의 항원을 방어하고자 만들어진 체계인데, 자가면역은 면역세포가 자신의 기관이나 조직을 외부의 항원으로 인식해 면역 반응을 일으키는 증상을 말한다. 이로 인해 여러 가지 질병들이 생긴다. 하지만 자가면역 질환도 아토피와 마찬가지로 대부분 아직 발병원인이 명확하게 밝혀지지 않았고 일반적인 치료는 약물을 통해 염증과 염증으로 인한 통증을 완화하는 정도다.

〈영추·결기〉에서 "상초에서 나와 오곡에서 생긴 정미精味를 퍼뜨려 피부를 따뜻하게 하고 몸을 충실하게 하며 터럭을 윤택하게 하는 것을 기氣라고 한다 上焦開發 宣五穀味 熏膚 充身 澤毛 是謂氣"라고 했다. 피부는 외부 물질이나 세균 등에 대한 방어기능을 한다. 이러한 방어작용은 피부 자체로 하는 것이 아니라 표피를 행하는 위기衛氣가 담당한다.

아토피 증상은 비염·천식·피부염인데 코·폐·피부는 모두 우리 인체가 외부와 접촉하는 부분이다. 외부 자극에 대한 방어능력이 저하되어 코나 기관지, 피부의 점막이 손상을 입어 일어나는 현상이다. 아토피는 위기의 방어작용이 제대로 이루어지지 못하고 피부로 영양이 충분히 공급되지 못해 피부가 손상되는 것이다.

위기는 "상초上焦에서 나온다出于上焦"고 했으니 음식을 섭취하면 위胃의 상초에서 먼저 흡수되어 매우 빠르게 움직이는 한기悍氣가 얼굴과 머리로 올라가고上衝頭面 전신의 피부로 퍼져 피부를 덥히고 몸을 채우며 터럭을 윤택하게 한다熏膚充身澤毛. 또 중초에서 만들어진 영혈은 경수로 가서 십이경맥을 돌면서 대락으로 갈라지고 대락에서 낙맥으로, 낙맥에서 손락으로 퍼져 맥외로 나간다.

맥외 표피를 행하는 위기는 삼음삼양지기다. 태양太陽은 개開가 되고 양명陽明은 합闔이 되며 소양少陽은 추樞가 된다. 개開·합闔·추樞는 문을 여닫는 행위가 아니라 문을 여닫을 때 기의 움직임을 말한다. 문을 열면 기가 나가는 것이고 문을 닫으면 기가 들어오는 것이다. 즉 태양의 개開는 기가 퍼지는 것을 말하고, 양명의 합闔은 기가 모이는 것을 말하며, 소양의 추樞는 반쯤 열린 문으로 기가 들락날락하는 상태를 표현한 것이다.

〈영추·근결〉에서 "개開의 기능이 안 되면 살과 마디가 헐고 갑작스럽게 병이 생긴다. 헌다潰는 것은 피부가 짓무르면서 약해지는 것이다開折則肉節潰而暴疾起矣 潰者 皮膚宛焦而弱也"라고 했다. 위기가 피부로 충분히 퍼지지 못하면 피부가 망가진다.

위기와 영기는 모두 위부胃腑에서 만들어진다. 위부에서 만들어진 양명은 기를 삼양으로 보내는데陽明爲之行氣於三陽 소화가 제대로 안 되면 기혈이 제대로 생성이 안 되고 또 표피로 퍼지지 못한다. 위기를 다스리려면 우선 위胃의 소화작용을 치료해야 한다.

위장은 단순히 소화기관일 뿐만 아니라 인체의 가장 중요한 면역작용을 한다. 면역 시스템의 약 7할을 위장이 담당하고 있고, 2차 면역기관인 비장·림프절보다 더 많은 림프구가 있다. 이러한 위장의 이상은 면역계의 차질을 일으키며, 면역계의 이상은 위장을 치료함으로써 다스린다.

치료과정에서 보면 손상된 피부에 홍반이 일어나고 그것이 각질화되어 비듬처럼 떨어져 나가며 그 부위가 다시 홍반이 되고 각질화되어 떨어지면서 손상된 피부가 엷어진다. 이런 과정을 반복해 손상된 세포가 떨어지고 새로운 세포가 생성되어야 낫는다.

아토피 환자는 피부의 이상이지만 대부분 심한 위장장애를 갖고 있어 피부로 기혈이 제대로 소통되지 않아 면역력이 떨어지고 피부로 에너지와 영양이 공급되지 못해 일어난다. 그러므로 위장장애를 다스려 기혈의 생시출입을 원활하게 하는 것이 급선무다. 또 피부는 폐가 피모를 주관하므로 폐기를 강화하는 것이 필요하다.

행침行鍼

黃帝問於岐伯曰: 余聞九鍼於夫子, 而行之於百姓, 百姓之血氣,
各不同形, 或神動而氣先鍼行, 或氣與鍼相逢, 或鍼已出氣獨行,
或數刺乃知, 或發鍼而氣逆, 或數刺病益劇. 凡此六者, 各不同形,
願聞其方.

황제가 기백에게 물었다. "내가 선생님에게 구침九鍼에 대해 배워 백성에게 시
행하려고 하나 백성의 기혈 성쇠가 각각 달라 침자鍼刺의 반응도 틀린다. 신기
神氣가 쉽게 동하여 침에 대한 기의 반응이 빨리 오는 자가 있고, 침을 찌르자
마자 바로 반응이 오는 자도 있으며, 침을 빼고 나서야 비로소 반응이 오는
자도 있고, 수차례 침놓아야 비로소 반응이 오는 자도 있으며, 침을 뺀 후에
기역氣逆 현상이 나타나는 자도 있고, 수차례 침놓았는데 오히려 병이 더 심해
지는 자가 있기도 한다. 이 여섯 경우는 병형病形이 각기 다르니 그 까닭을 알
고 싶다."

🌐 이것은 앞 장을 이어서 음양지인陰陽之人에게 자침하면서도 침의 시행이 같
지 않음을 말한다.

오음지인五音之人은 음이 많고, 좌우태소지인左右太少之人은 양이 많다. 백성
百姓은 천하의 대중을 말한다. 천지지간 육합지내天地之間 六合之內에서 다섯 가
지를 벗어나지 않으니 사람도 이에 상응한다. 백성의 기혈이 각기 같지 않다
는 것百姓之血氣 各不同形은 몸 안의 기혈에 성성盛한 경우도 있고, 소소한 경우도
있다는 것이다.

육자六者는 중양지인重陽之人, 양중유음지인陽中有陰之人, 음양화평지인陰陽和
平之人, 다음지인多陰之人, 음중유양지인陰中有陽之人, 추공이 망가뜨린 사람으로

여섯 가지다.

예중옥이 말했다. "이 편은 형신形身에 자침하는 것을 말하고 있어 두 가지 형을 제시했으나 마지막에 하나의 형形으로 결론 맺었다."

> 岐伯曰: 重陽之人, 其神易動, 其氣易往也.
> 黃帝曰: 何謂重陽之人?
> 岐伯曰: 重陽之人, 熇熇高高*, 言語善疾, 擧足善高, 心肺之臟氣有餘, 陽氣滑盛而揚, 故神動而氣先行.
>
> 기백이 답했다. "중양지인重陽之人은 신기神氣가 쉽게 동하여 침자에 대한 기의 반응도 아주 빠르다."
>
> 황제가 물었다. "무엇을 중양지인이라고 하는가?"
>
> 기백이 답했다. "중양지인은 양기가 왕성하여 말을 빨리 하고, 발을 높이 들고 걸으며, 심폐의 기가 유여하고, 양기가 활발하고 성하여 위로 올라가므로 신기가 쉽게 동하여 침자에 대한 기의 반응이 아주 빠르다."

◉ 이것은 중양지인重陽之人은 신기神氣가 쉽게 움직인다는 것을 말한다. 오장은 내부에서 오행五行과 합하고, 외부에서 오음五音과 합하니 삼음三陰이 주관하는 바다.

심폐心肺는 위에 위치하여 양이고, 간신비肝腎脾는 아래에 위치하여 음이니 음중陰中에도 양陽이 있다. 중양지인은 수족 좌우에 태소太少의 삼양三陽이 있고, 심폐의 장기臟氣가 유여有餘하다.

양기가 활발하고 성하여 위로 올라가는 것熇熇高高은 삼양이 상부에 있는 것이다. 말이 빠른 것言語善疾은 음중지양陰中之陽이 중앙에 있는 것이다. 발을 높이 들고 걷는 것擧足善高은 삼양이 하부에 있는 것이다. 심은 신神을 저장하고心臟神 폐는 기를 주관하니肺主氣 심폐의 장기가 유여하여 양기가 활발하고 성하며 위로 올라가므로 신기가 쉽게 동하고 침자에 대한 기의 반응이 빠르다.

---

* 혹혹熇熇은 양기가 왕성한 모양이고, 고고高高는 호호로 김이 올라가는 모습이다.

> 黃帝曰: 重陽之人, 而神不先行者何也?
> 岐伯曰: 此人頗有陰者也.
> 黃帝曰: 何以知其頗有陰也?
> 岐伯曰: 多陽者多喜, 多陰者多怒, 數怒者易解. 故曰頗有陰, 其陰陽之離合難, 故其神不能先行也.
>
> 황제가 물었다. "중양지인인데 신기가 쉽게 동하고 기의 반응이 빠르지 않은 것은 왜 그런가?"
>
> 기백이 답했다. "이것은 그래도 음이 조금 있기 때문이다."
>
> 황제가 물었다. "어떻게 음이 있는 것을 아는가?"
>
> 기백이 답했다. "양이 많으면 잘 웃고, 음이 많으면 화를 잘 낸다. 화를 자주 내는데 쉽게 풀어지기 때문에 음이 조금 있다는 것이다. 음양의 이합離合이 어려우므로 신기가 쉽게 동하여 침자에 빠르게 반응하지 않는다."

⊛ 심心은 양중지태양陽中之太陽이고, 간肝은 음중지소양陰中之少陽이다. 심주희心主喜·간주노肝主怒·심장신心臟神·간장혼肝臟魂이다. 혼魂은 신기神氣를 따라 움직인다. 신神이 동해서 기氣가 먼저 움직이는 것神動而氣先行은 신神과 혼魂이 서로 분리된 것이다.

중양重陽이면서 그래도 음이 있는 것重陽而頗有陰은 음양이 상합한 것이다. 음양이 분리되고 합쳐지는 것은 어려운 일이므로 신神과 혼魂이 합쳐지면 신이 먼저 움직일 수 없다.

앞 문장에 "기가 먼저 움직인다氣先行"라고 말한 것은 신神이 먼저 움직일 수 없다는 것이다. 기가 움직이면 신이 움직이고, 신이 움직이면 기가 움직이니 신과 기는 서로 같이 움직인다.

침놓는 자는 득신취기得神取氣를 소중히 여겨야 한다. 신이 쉽게 움직이고 기가 쉽게 가는 것이니 여러 번 자침해 병이 더 심해지는 것은 반대로 신기神氣를 손상시킨 것이다.

구여림이 말했다. "희喜는 심지心志고, 노怒는 간지肝志다. 화를 잘 내지만 쉽게 풀어지는 것은 중양지인에게도 음이 있기 때문이다. 음이 많으면 화를 잘 내지만 이것은 양중지음陽中之陰이므로 쉽게 화를 내고 쉽게 풀어진다."

黄帝曰: 其氣與鍼相逢奈何?
岐伯曰: 陰陽和調而血氣淖澤滑利, 故鍼入而氣出疾而相逢也.
황제가 물었다. "침을 찌르면 바로 반응이 오는 것은 어떤 이유인가?"
　기백이 답했다. "음양이 조화된 사람은 혈기 운행이 윤택하고 활발하여 침을 찌르면 바로 반응이 나타난다."

◉ 서진공이 말했다. "이것은 음양화평지인陰陽和平之人이 혈기가 매끄럽고 잘 돌아 기가 빨리 움직여 침에 반응한다."
　예중옥이 말했다. "음양지기陰陽之氣가 모두 침에 반응하는 것을 말한다."

黄帝曰: 鍼已出而氣獨行者, 何氣使然?
岐伯曰: 其陰氣多而陽氣小, 陰氣沈而陽氣浮. 沈者內藏, 故鍼已出, 氣乃隨其後, 故獨行也.
황제가 물었다. "침을 빼면 그때야 비로소 침의 반응이 오는 것은 어째서인가?"
　기백이 답했다. "음기가 많고 양기가 적으며, 음기는 가라앉고 양기는 떠 있어 내부에 감춰져 있으므로 침을 뺀 후에야 비로소 침에 대한 기의 반응이 나타난다."

◉ 서진공이 말했다. "이것은 다음지인多陰之人이 침을 뺀 후에야 음기가 움직이는 것을 말한다. 음기가 많고 양기가 적으면 음기는 가라앉고 양기는 떠서 음양이 서로 분리된다. 그러므로 침을 빼고 나서도 미미한 양기가 침을 따라서 밖으로 새어나가고 음기만 내부에서 움직인다. 이는 음양이 균형이 안 맞아 서로 지키지 못하고 미미한 양기가 쉽게 빠져나간다."

다소多少가 있다는 것은 상합相合하지 못하는 것이다.

> 黃帝曰: 數刺乃知, 何氣使然?
> 岐伯曰: 此人之多陰而少陽, 其氣沈而氣往難, 故數刺乃知也.
>
> 황제가 물었다. "수차례 침놓아야 기의 반응이 오는 것은 어째서인가?"
>
> 기백이 답했다. "이것은 음이 많고 양이 적어 기가 가라앉아 있고 기가 움직이기 어려워 수차례 침을 찔러야 기의 반응이 온다."

◉ 서진공이 말했다. "이것은 음중유양지인陰中有陽之人이 여러 번 자침해야 비로소 효과가 있다는 것을 말한다. 음중유양자陰中有陽者는 음이 많고 양이 적어 기가 가라앉아 있어 잘 움직이지 않으므로 여러 번 자침해야 효과가 있다. 이는 음양이 내부에서 서로 잘 유지하고 있는 것이다. 두 구절은 다음소양지인多陰少陽之人에게 음양이 서로 분리되는 경우와 서로 잘 지킬 수 있는 경우가 있으니 음양이 분리되고 합쳐지는 이치를 침놓는 자는 알지 않으면 안 된다."

구여림이 말했다. "다음소양多陰少陽이므로 음양이 화합하지 못한 것이다. 음중陰中에 양이 있는 경우는 음양이 서로 조화를 이루니 양은 음에서 생기기 때문이다."

> 黃帝曰: 鍼入而氣逆者, 何氣使然?
> 岐伯曰: 其氣逆與其數刺病益甚者, 非陰陽之氣, 浮沈之勢也. 此皆麤之所敗, 工之所失, 其形氣無過焉.
>
> 황제가 물었다. "침을 찔렀는데 기가 궐역하는 것은 어째서인가?"
>
> 기백이 답했다. "기가 궐역하는 경우와 침을 수차례 찌르고서 병이 더 심해지는 경우는 음양지기의 부침浮沈으로 일어나는 것이 아니다. 이는 추공이 잘못한 것이거나 의사의 실수로 일어나는 것이니 형기의 체질과는 상관없다."

◉ 서진공이 말했다. "중양지인重陽之人은 신神이 쉽게 동하고 기氣도 쉽게 움직여 신기神氣가 쉽게 흩어진다. 다음지인多陰之人은 기가 침을 따라 나가서 미미

한 양이 쉽게 빠져나간다. 음양에는 분리되는 경우와 화합되는 경우가 있고, 기에는 뜨는 경우와 가라앉는 경우가 있는데 추공은 부침이합浮沈離合의 이치를 몰라서 잘못하여 여러 번 침을 찔러도 병은 더 심해진다. 오음지형五音之形은 음기가 많고 양기가 적다. 좌우태소지형左右太少之形은 양기가 많고 음기가 적다. 그러므로 침을 잘 놓는 자는 음양을 조절하여 형기가 잘못되지 않게 한다."

구여림이 말했다. "신기는 오장의 신기다. 중양지인은 신기가 밖으로 뻗어 나가게 하면 음을 더 많이 잃는다. 다음소양지인多陰少陽之人은 양기가 침을 따라 빠져나가게 하면 양을 더 잃는다. 이것은 모두 추공의 잘못이고 의사의 실수다."

상격上膈

黃帝曰: 氣爲上膈者, 食飲入而還出, 余已知之矣. 蟲爲下膈, 下膈者, 食晬時乃出, 余未得其意, 願卒聞之.

岐伯曰: 喜怒不適, 食飲不節, 寒溫不時, 則寒汁流於腸中, 流於腸中則蟲寒, 蟲寒則積聚, 守於下管, 則腸胃充郭, 衛氣*不營, 邪氣居之. 人食則蟲上食, 蟲上食則下管虛, 下管虛則邪氣勝之, 積聚已留, 留則癰成, 癰成則下管約, 其癰在管內者, 卽而痛深, 其癰在外者, 則癰外而痛浮, 癰上皮熱.

황제가 물었다. "기가 울체되어 상격병上膈病이 되면 음식을 먹고 바로 토하는 것은 이미 알고 있으나 충적蟲積으로 생긴 하격병下膈病은 음식을 먹고 하루가 지나서 토하는데 그 이유를 모르겠다. 다 알고 싶다."

기백이 답했다. "희로의 감정이 조절되지 못하고, 식생활이 불규칙하며, 한온이 적절하지 못하면 한즙寒汁이 장중腸中으로 흐르고, 장중에 흐르면 기생충이 찬기를 느낀다. 기생충이 찬기를 느끼면 모여 쌓여서 하완下脘을 막는다. 하완이 막히면 장위가 가득 차서 팽대되어 양기가 돌지 못해 사기가 머물게 된다. 음식을 먹으면 충蟲도 올라와서 먹고, 충이 올라가 먹으면 하완이 비게 된다. 하완이 비면 사기가 그 틈을 타고 침입하여 뭉쳐져서 적취積聚가 형성된다. 적취가 계속 머물러 있으면 옹癰이 형성되고 옹이 되면 하완이 막힌다. 옹이 하완 내에 있어 깊이 있으면 깊은 곳에 통증이 있고, 옹이 외부에 있으면 동통도 겉에 있으며 옹이 있는 피부에서 열이 난다."

⊕ 이것은 즙말汁沫이 장위腸胃에 쌓여 옹癰을 형성함을 말한다.

---

* 비위脾胃의 양기다. 위기衛氣는 비기脾氣다. 비기가 돌지 않아 사邪가 모여 살 수 있다—장경악.

격膈은 내부의 격육膈肉으로 앞은 흉부의 구미鳩尾에 연결되고, 뒤는 척추의 11추椎에 연결되며, 옆은 옆구리脇에 연결된다. 격膈 위가 전중膻中으로 기해氣海라고 한다. 상초 종기宗氣가 있는 곳이다. 상초가 열리고 오곡미五穀味가 퍼져나가 피부를 따뜻하게 하고 모발을 윤택하게 한다. 격膈 아래는 위부胃腑가 위치하니 수곡지해水穀之海다. 중초의 기를 받아서 조박을 분비하고 진액을 훈증하여 정미로 변화시켜 삼초에서 나온 기를 따라서 기육을 따뜻하게 하고 피부를 충실히 한다.

희로가 적절하지 못하고 음식이 불규칙하며 한온寒溫이 때와 맞지 않아서 격상膈上에 병들면 음식이 들어갔다가 다시 나오고, 격하膈下에 병이 있으면 음식이 들어간 지 하루가 지나서 나온다. 수시晬時는 하루를 말한다.

위胃는 수곡혈기지해水穀血氣之海다. 즙말은 위부에서 만들어진 진액이 장위腸胃 밖으로 나온 것이다. 모원에 있는 손맥과 낙맥에서 붉게 변해 혈이 되어 위지대락胃之大絡에 주입되고, 장부의 경수經隧를 따라서 피부로 나간다.

외사로 인하여 즙말이 장외腸外로 삼출되어 유체되어 흩어지지 못하면 적積이 형성된다. 내상으로 인하여 즙말이 장내腸內에 유체되어 쌓이게 되면 옹癰이 형성된다. 이는 모두 중초와 상초의 두 기가 손상되어 퍼뜨려 전달되지 않는 것이므로 황제는 "기는 상격上膈이 되고, 충蟲은 하격下膈이 된다氣爲上膈 蟲爲下膈"라고 했다. 상격上膈은 상초의 기고, 하격下膈은 중초의 기다. 충蟲은 음류陰類인데 양열陽熱을 만나면 소멸된다. 중초의 기가 허한하면 음류가 살아나 모여서 올라와서 먹는다.

한즙이 양중腸中으로 흐르면 장위가 차서 위기衛氣가 밖으로 돌 수 없어 유체되어 적이 되거나 옹이 된다. 뱃속에 옹이 생기면 깊은 곳에서 통증이 있고, 옹이 외부에 있으면 살짝 밖으로 드러나고 겉이 아프며 옹의 복피腹皮가 뜨겁다.

서진공이 말했다. "이 구절은 앞의 여러 편을 이어서 말한 것이니 형중形中의 기육과 혈기는 위부 수곡에서 생성되는 것에 의하여 영양된다. 음식이 들어갔다가 다시 나오거나 조식모토朝食暮吐 모식조토暮食朝吐하면 형기形氣가 소삭消索된다. 이는 모두 희로가 조절되지 못해서다. 오장의 형形이 상하면 오장의 적積이 형성된다. 장위腸胃가 손상되면 장위의 옹이 된다. 본경에서 '오장이 불화하면 칠규七竅가 불통하고, 육부가 불화하면 유체되어 옹이 된다五臟不和 則七竅不通 六腑不和 則留而爲癰'라고 했다."

批 한즙寒汁이 기를 얻지 못하면 퍼지지 못한다.

黃帝曰: 刺之奈何?
岐伯曰: 微按其癰, 視氣所行, 先淺刺其傍, 稍內益深, 還而刺之,
毋過三行, 察其沈浮, 以爲深淺, 已刺必熨, 令熱入中, 日使熱內,
邪氣益衰, 大癰乃潰. 伍以參禁, 以除其內, 恬憺無爲, 乃能行氣,
後以鹹苦化穀, 乃下矣.

황제가 물었다. "어떻게 자침하여 치료하는가?"

기백이 답했다. "옹을 살살 문질러 기가 가는 방향을 살펴서 우선 옹 주위에 얕게 찌르고, 천천히 좀더 깊이 찌른다. 다시 반복하여 찌르는데 세 번을 넘지 않아야 한다. 옹의 깊이를 살펴서 침의 깊이를 결정한다. 침을 빼고 나서는 반드시 찜질을 하여 열이 속으로 들어가게 한다. 매일 열이 들어가면 사기가 줄어들고 대옹大癰이 이에 궤멸된다. 또 치료는 희로·음식·한열을 잘 조절하고, 금기를 범하지 않으며, 마음을 편안하게 하고 안정해야 기가 잘 돌 수 있다. 그러고 나서 함미와 고미 음식을 먹어 소화가 되어야 내려간다."

⊕ 도는 방향을 살피는 것視氣所行은 위기衛氣가 수족 양명이 도는 것을 보고 취하는 것이다. 세 번 이상 하지 않는 것毋過三行은 처음에는 얕게 찔러 표에 있는 양사陽邪를 내보내 혈기가 오게 하는 것이고, 다시 깊게 찔러 속에 있는 음사陰邪를 내보내며, 마지막으로 더 깊이 찔러 곡기가 오게 하는 것이다. 곡기는 수곡에서 생기는 정기正氣다. 과도하게 치료하면 곡기가 빠져나가므로 "세 번 더 찌르지 말라毋過三行"고 한 것이다.

옹의 깊이를 살피는 것察其沈浮은 옹이 뱃속과 배 밖에 생기는 것을 살펴서 천심에 맞추어 자침하는 것이다. 침을 빼고 찜질을 하는 것已刺必熨은 한즙말寒汁沫을 온산溫散시키는 것이다. 세 가지 금기사항을 배오하는 것伍以參禁은 치료가 희로·음식·한열을 잘 맞추고 금기를 범하지 않아야 내부의 적積을 제거할 수 있다.

〈소문·상고천진론上古天眞論〉에서 "마음을 편안하게 하고 가만히 있으면 진기眞氣가 온다恬憺無爲 眞氣從之"라고 했다. 마음을 편안하게 하고 가만히 있으면 기가 돈다.

함미와 고미로 소화시키는 것鹹苦化穀은 짜고 쓴 음식을 복용하는 것이다. 함미는 연견軟堅 작용이 있고, 고미는 설하泄下 작용이 있으며, 곡기는 정기正氣를 기른다.

서진공이 말했다. "이것은 희로가 부적절하고 음식이 불규칙하며 한온이 적절하지 않아서 온 것이다. 그러므로 세 가지 금기사항을 배오하는 것은 기피할 음식을 금하는 것이다. 염담무위恬憺無爲는 마음을 평화롭게 하며, 한온을 적절히 하는 것이다."

예중옥이 말했다. "기피해야 할 것은 피하고 기피하지 않을 것은 피하지 않는 것이 삼오參伍다."

우에무언憂恚無言

黃帝問於少師曰: 人之卒然憂恚而言無音者, 何道之塞? 何氣出行?
使音不彰, 願聞其方.

황제가 소사에게 물었다. "사람이 갑자기 우울하거나 화가 나 말이 안 나오는
것은 어디가 막히고, 어떤 기가 통하지 않아 소리가 나오지 않는지 이유를 알
고 싶다."

⊕ 음성은 오음五音의 소리로 맑고 깨끗하면서 고저가 있다. 언어는 청탁을 분
별하여 말로 발설하니 어구가 있다. 폐肺는 소리를 주관하고肺主聲, 심心은 말
을 주관하며心主言, 간肝은 말소리를 주관하지만肝主語 족소음신기足少陰腎氣
가 발현된 것이다. 또 "오五는 음音이고, 음은 장하기에 상응한다五者音也 音主
長夏"라고 했다. 오장의 기가 완전히 갖추어져야 소리가 맑고 깨끗하며 어구
가 분명하다.

그러므로 음성은 나오는데 말소리가 분명하지 않으면 심간心肝에 문제가 있
고, 말은 할 수 있지만 음성이 나오지 않으면 비폐脾肺에 문제가 있으며, 말도
못하고 음성도 나오지 않으면 신기腎氣가 궐역한 것이다. 우울憂하면 폐가 손
상되고, 폐가 상하면 소리가 안 나온다. 화恚怒를 내면 간이 손상되고, 간이 상
하면 말이 분명치 않다.

서진공이 말했다. "토수土數는 오五고, 궁음宮音을 주관하니 궁宮은 군주지음
君主之音이고, 오음五音의 주가 된다."

구여림이 말했다. "이 편도 앞의 여러 장을 이어서 말하고 있다. 우공분노憂
恐忿怒가 오장의 형체를 손상시키면 오장이 병들면서 적積이 생긴다. 오장의

기가 손상되면 소리가 나오지 않는다."

예중옥이 말했다. "우공분노는 기를 손상시키고, 기는 장臟을 손상시켜 장이 병든다. 이는 기로 인하여 오장의 형形이 병들거나 오장의 기가 병든다."

批 폐는 금金에 속하므로 소리가 난다.

少師答曰: 咽喉者, 水穀之道也. 喉嚨者, 氣之所以上下者也. 會厭*者, 音聲之戶也. 口脣者, 音聲之扇也. 舌者, 音聲之機也. 懸雍垂**者, 音聲之關也. 頑顙者, 分氣之所泄也. 橫骨***者, 神氣所使, 主發舌者也. 故人之鼻洞涕出不收者, 頑顙不開, 分氣失也. 是故厭小而疾薄, 則發氣疾, 其開闔利, 其出氣易. 其厭大而厚, 則開闔難, 其氣出遲, 故重言也. 人卒然無音者, 寒氣客於厭, 則厭不能發, 發不能下, 至其開闔不致, 故無音.

소사가 답했다. "인후咽喉는 음식물이 통과하는 길이다. 후롱喉嚨은 기가 통하는 곳이다. 회염會厭은 음성의 문호다. 구순口脣은 음성의 문짝門扇이다. 설舌은 소리가 나오는 틀이다. 현옹수懸雍垂(목젖)는 소리가 나오는 좁은 관문이다. 항상頑顙은 구口와 비鼻의 기가 분리되어 분비되는 곳이다. 횡골橫骨은 신기神氣의 지배를 받아 설舌의 운동을 통제하는 곳이다.

그러므로 콧물이 흘러내리는 것은 항상頑顙이 통하지 않아 구비口鼻의 기가 분리되지 못하는 것이다. 그래서 회염이 작고 얇으면 호기呼氣가 빨라 개합이 민첩하여 기를 내보내기 용이하므로 언어가 유창하다. 회염이 크고 두꺼우면 개합이 힘들어 기를 내보내는 것이 느려 말을 더듬는다. 갑자기 소리가 안 나는 것은 회염에 한기寒氣가 침입하여 회염이 여닫히지 않아 개합이 안 되므로 소리가 나오지 않는다."

---

* 해부학에서는 회염會厭을 후두개喉頭蓋라고 한다. 음식물이 후두로 들어가는 것을 방지하고 있지만, 회염 자체가 움직이는 것은 아니다. 즉 음식물을 삼킬 때 후두가 위쪽으로 끌려 올라가므로 회염과 접하여 후두 입구를 닫는 것과 같은 형태가 된다—doopedia.

** 현옹수懸雍垂는 목젖 목구멍의 안쪽 뒤 끝에 위에서부터 아래로 내민 둥그스름한 살이다.

*** 횡골橫骨은 설근舌根에 붙어 있는 연골이다—〈통해〉. 설근 또는 혀뿌리란 후설 뒷부분에 인두를 마주하여 후두개까지 뻗어 있는 혀의 가장 안쪽 부분을 가리킨다.

◉ 위위胃의 상완上脘이 인후咽喉, 즉 식도食道다. 수곡이 들어가는 곳이며 후롱喉嚨, 즉 기관氣管의 뒤에 있다. 폐의 상관上管이 후롱이다. 기의 호흡출입을 주관하며 인후 앞에 있다. 회염會厭은 후롱 위에 있으니 인후와 후롱이 만나는 곳으로 사람이 음식을 먹으면 회염이 후롱을 막아야 음식이 인후로 들어갈 수 있다. 이는 후롱의 상관이므로 음성의 문호가 되니 소리가 여기서 밖으로 나온다.

비脾는 구순口脣에 개규하니 입이 여닫혀야 어구가 청명해지므로 구순은 음성의 외문扇이다.

심心은 설舌에 개규하고, 족소음맥이 올라가 설본舌本으로 가서 혀가 움직여야 말이 나오니 음성의 틀音聲之機이 된다.

현옹懸雍은 인후와 후롱 사이의 상악上顎에 매달려 늘어진 목젖이 있는데 소리가 여기서 나오므로 음성의 관문音聲之關이다.

간맥肝脈은 후롱을 지나서 항상으로 들어간다. 항상은 구강口腔의 윗부분이다. 구비지기口鼻之氣와 콧물과 가래가 이곳에서 상통한다. 분비된 기가 나가는 곳으로 입과 코로 분출된다.

횡골橫骨은 설본舌本 안에 있다. 심心은 신神을 저장하고 설舌에 개규하며 골절骨節이 교차하는 곳은 신기神氣가 유행출입하는 곳이므로 신기에 따라 움직이고, 혀가 움직이는 것을 주관한다神氣所使主發舌者也. 횡골이 노궁 같다는 것은 혀가 움직이는 것이 신기의 명령으로 움직이기 때문이다.

사람의 콧물이 나오는 것은 항상이 열지지 않아 기가 분리되지 않아서다. 항상은 구강의 상악上顎으로 입·코의 기와 콧물·가래 등이 여기서 서로 통한다는 것을 거듭 밝혔다. 회염은 열리고 닫혀서 소리가 출입하는 것을 주관한다. 그러므로 얇고 작으면 발성이 빠르고, 두텁고 크면 여닫히는 것이 힘들어 기가 천천히 나가니 더듬으며 말한다.

중언重言은 말을 더듬는 것이다.

한기寒氣는 족소음 한수지기寒水之氣다.

소음맥은 올라가 설舌과 연계되고, 횡골橫骨에 연락되며 회염에서 끝난다. 정기正氣가 올라가야 소리가 나온다. 한기가 회염에 침범하면 회염이 작동하지 못해 열리지 않는 것이다.

발불능하發不能下는 닫히지 않는 것이다. 그러므로 열리지 않고 닫히지 않아 소리가 나지 않는다.

黃帝曰: 刺之奈何?

岐伯曰: 足之少陰, 上繫於舌, 絡於橫骨, 終於會厭. 兩瀉其血脈, 濁氣乃辟. 會厭之脈, 上絡任脈, 取之天突, 其厭乃發也.

황제가 물었다. "실음失音에 어떻게 침놓는가?"

기백이 답했다. "족소음은 설舌에 연계되고, 횡골橫骨에 연락되며, 회염會厭에서 끝난다. 족소음과 임맥의 양경兩經의 혈락血絡을 사하여 탁기濁氣를 제거하면 된다. 회염을 통과하는 족소음맥은 올라가 임맥과 연락되니 천돌天突을 취하면 회염의 개합이 원활해진다."

● 족소음은 선천의 생기生氣를 주관하고, 전중膻中에 머물렀다가 올라가서 폐로 나가니 호흡을 관장하는 것은 후천 수곡에서 생긴 종기宗氣다. 숨을 내쉬면 심과 폐로 가고, 숨을 들이쉬면 간신肝腎으로 내려간다. 호흡이 제대로 되면 상하가 서로 통한다. 그러므로 한기寒氣가 침범하면 정기正氣가 불통하여 회염이 여닫히는 기능은 안 된다.

탁기濁氣는 한수寒水의 탁기다.

벽辟은 제거하는 것이다.

양쪽 혈맥을 사하라는 것兩瀉其血脈은 맥도가 두 갈래 있어 하나는 설본舌本으로 기가 통하고, 다른 하나는 염천廉泉과 옥영玉英으로 정액精液이 통한다.

족소음은 선천의 정기精氣를 저장하며, 올라가서 공규로 통한다.

한열寒熱

> 黃帝問於岐伯曰: 寒熱瘰癧, 在於頸腋者, 皆何氣使生?
>
> 岐伯曰: 此皆鼠瘻寒熱之毒氣也, 留於脈而不去者也.
>
> 황제가 기백에게 물었다. "때때로 한열寒熱이 나는 나력瘰癧이 목과 겨드랑이에 생기는데 이것은 어떤 사기로 발생하는가?"
>
> 기백이 답했다. "이것은 모두 서루병鼠瘻病으로 한열의 독기가 경맥에 유체되어 제거되지 못하기 때문이다."

⬛ 이것은 앞 문장의 뜻을 이어서 족소음의 수화水火를 논한다. 한열寒熱은 선천의 수화지기水火之氣다. 수화水火는 정기精氣다.

앞의 여러 장에서는 후천에서 이루어진 신형身形과 수곡에서 생긴 혈기의 허虛와 실實, 옹癰과 적적을 말했다. 앞의 문장에서는 소음에서 생긴 기가 올라가서 회염會厭으로 나가서 음성으로 발현된다는 것을 말했다.

저장된 정精이 올라가 임맥으로 통하면서 공규를 적신다. 그러나 정기正氣가 있으면 사기邪氣의 침입도 있다. 한열의 독기가 내려가서 장臟에 저장되었다가 올라가서 경액지간頸腋之間을 통과하여 맥에 유체되고 제거되지 않으면 나력瘰癧이 된다. 이것은 신장 선천의 수독水毒이다.

천天은 자시子時에 열리고天開于子, 천일天一은 수水를 생하니天一生水 그 독이 외부에 있으므로 서鼠라고 이름 붙인 것이다.

경액지간頸腋之間은 소양맥이다. 소양은 초양지기初陽之氣로 선천의 수중水中에서 생긴다. 소양과 신장의 경기는 서로 통하므로 본경에서는 소양속신少陽屬腎이라고 했다.

우안 | 본경은 침자와 질병에 대해 논하는 가운데 암암리에 천지음양지도天地陰陽之道와 혈기의 생시출입을 합치시킨다. 이는 학자들이 질병이 생기는 이유를 알아서 정기正氣의 출입出入을 알 수 있게 한 것이다. 촉류방통觸類旁通할 수 있다면 성인의 심오한 의미를 터득할 수 있다.

黃帝曰: 去之奈何?
岐伯曰: 鼠瘻之本, 皆在於臟, 其末上出於頸腋之間, 其浮於脈中, 而未內著於肌肉, 而外爲膿血者, 易去也.
黃帝曰: 去之奈何?
岐伯曰: 請從其本引其末, 可使衰去而絶其寒熱. 審按其道以予之, 徐往徐來以去之, 其小如麥者, 一刺知, 三刺而已.

황제가 물었다. "어떻게 제거하는가?"

기백이 답했다. "서루鼠瘻의 병근은 모두 장臟에 있고, 증상이 목과 겨드랑이 사이에 나타난다. 만약 맥이 부浮하여 독기가 경맥의 천부淺部에 있어 아직 깊이 들어가 기육까지 들러붙지 않았으면 외부에 화농이 되어도 비교적 쉽게 제거된다."

황제가 물었다. "어떻게 제거하는가?"

기백이 답했다. "장臟에 있는 병근을 좇아서 겉으로 드러난 증상을 없애야 옹농癰膿을 제거하고 한열寒熱을 멈출 수 있다. 치료는 서루가 생기는 곳을 잘 살피고 만져서 침자를 한다. 천천히 찌르고 천천히 빼서 제거시킨다. 보리만큼 작은 것은 한 번 자침해도 반응이 있고, 세 번 자침하면 낫는다."

⊕ 이것은 음장陰臟의 독기가 부양腑陽으로 전해져서 사말로 나오는 것이니 침 놓아 쉽게 나을 수 있다는 것을 말한다. 장臟은 본本이고, 맥脈은 말末이다. 장臟에 독이 있어서 올라가서 경액지간頸腋之間으로 나오는 것이다.

맥이 부浮하고 외부에 농혈이 있는 것其浮於脈中而外爲膿血은 독기가 말단으로 나가서 맥에서 궤멸되는 것이므로 쉽게 낫는다.

기육에 들러붙지 않은 것未內著於肌肉은 양명까지 전해지지 않은 것이다. 그러므로 본本에서 말末을 끌어야 한열寒熱의 독을 줄이고 또 없앨 수 있다. 나가는 곳을 잘 살펴서 미리 제거하는 것이니 서서히 침을 찌르고 서서히 빼서 인 도하여 제거한다.

보리만큼 작은 것其小如麥者은 독이 경미한 것이니 한 번만 자침해도 효과가 있고, 세 번 자침하면 낫는다.

이 장은 〈소문·골공론骨空論〉과 함께 보면 대의가 분명해진다.

서진공이 말했다. "수궐음소양은 모두 신腎과 합쳐진다. 음장陰臟의 독이 부 양腑陽으로 나가므로 쉽게 낫는다. 만약 궐음지장厥陰之臟으로 전해지면 불치 의 사증死症이 된다."

黃帝曰: 決其生死奈何?

岐伯曰: 反其目視之, 其中有赤脈, 上下貫瞳子, 見一脈, 一歲死, 見一脈半, 一歲半死, 見二脈, 二歲死, 見二脈半, 二歲半死, 見三 脈, 三歲而死, 見赤脈不下貫瞳子, 可治也.

황제가 물었다. "생사의 예후는 어떻게 아는가?"

기백이 답했다. "환자의 눈을 까보아 적맥赤脈이 눈동자를 관통하는지를 살 핀다. 한 줄이 보이면 1년 안에 죽고, 한 줄 반이 보이면 1년 반 안에 죽으며, 두 줄이 보이면 2년 안에 죽고, 두 줄 반이 보이면 2년 반 안에 죽으며, 세 줄이 보이면 3년 안에 죽는다. 적맥이 동자를 관통하지 않으면 치료할 수 있다."

◉ 신腎은 천일지수天一之水와 지이지화地二之火를 저장한다. 이는 선천이 처음 에 양의兩儀로 나뉘는 것이다. 소양과 궐음지기厥陰之氣는 모두 신腎에서 나간 다. 궐음지기가 올라가서 심하心下의 포락包絡에 머물러 유형의 일장一臟이 되 고, 포락은 맥을 주관하며 군君을 대신하여 혈을 움직이게 한다.

소양지기少陽之氣는 상중하로 유행하여 기육과 주리에 출입하고 중초의 부 서로 귀속된다. 유형의 일부一腑가 심주포락心主包絡과 서로 합한다. 이는 궐음 과 소양의 장기가 심하 중초의 부근에 있고 두 기氣가 모두 신장腎臟에 바탕을 두고 있다.

동자瞳子는 수장水臟의 골정骨睛이다. 적맥赤脈이 위에서 내려와 동자를 관통 하는 것은 수장의 독기가 올라와 화장火臟인 포락에서 만나는 것이다. 화장의 독기가 다시 내려가서 수장의 골정과 만나는 것은 음양이 교차하는 것이니 사불치死不治다. 독기가 음양지장陰陽之臟 내부에서 왕래하고 말단으로 나갈 수 없어 맥에서 궤멸하므로 불치의 악질이 된다.

천일天一 지이地二인데 합하면 삼三이 된다. 한 줄이 있으면 1년 안에 죽는 것은 수장의 독기가 심한 것이다. 두 줄이 있으면 2년 안에 죽는 것은 수장의 독기가 화장으로 전이된 것이다. 세 줄이 있어 3년 안에 죽는 것은 독기가 2년 사이에 분산된 것이다. 독기가 아주 중하면 빨리 죽고 분산되면 서서히 죽게 된다. 일맥반一脈半은 한두 줄이 있는 것이다. 이맥반二脈半은 두세 줄이 있는 것이다.

사람은 선천의 수화水火를 지니고 형체를 형성하는데 정기正氣의 감촉이 있으면 반드시 사기의 접촉도 있게 된다. 두독痘毒은 신腎에서 발원하니 선천의 화독火毒이다. 나력瘰癧은 선천의 수독水毒이다. 화火에도 독이 있고, 수水에도 독이 있으나 다만 화독이 많고 수독이 적을 뿐이다.

구여림이 말했다. "심포락은 양장陽臟인데 음에서 양으로 전해지고 다시 음으로 내려가 만나지 않으면 더욱 치료할 수 있다. 그래서 적맥이 내려가서 동자를 관통하지 않으면 치료할 수 있다고 다시 말했다. 성인이 백성을 구원하고자 하는 마음이 아주 간절하니 의자醫者가 가볍게 여기거나 소홀히 하여 죽음을 기다리면 안 된다."

批 『난경難經』에서는 명문命門을 포락包絡이라고 했지만 후세사람들은 포락을 명문이라고 여기지 않았다. 모두 형기가 생기는 이유를 모르는 것이다.

批 천지天地에는 정기精氣도 있고 음기淫氣도 있다.

批 〈소문·골공론骨空論〉에 치료법이 있다.

사객邪客

黃帝問於伯高曰: 夫邪氣之客人也, 或令人目不瞑, 不臥出者, 何氣使然?

황제가 백고에게 물었다. "사기邪氣가 인체에 침입하여 눈이 감기지 않아 잠을 못 자는 것은 무슨 이유인가?"

🌐 여기서는 위기衛氣가 형신의 내외를 행하고, 종기宗氣가 경맥의 내외를 행함을 말한다. 맥내를 행하는 것은 영기營氣와 함께 행하는 것이고, 맥외를 행하는 것은 위기를 따라서 도는 것이니 내외가 저절로 서로 역순이 되어서 돈다.

　서진공이 말했다. "이 장은 사기가 사람에게 들어오는 것客人을 예로 들어 위기·종기의 행行을 밝히고 있다. 그러므로 편명이 〈사객邪客〉으로 이름 붙이고 경문은 모두 정기正氣를 말하고 있다."

伯高曰: 五穀入於胃也, 其糟粕津液宗氣分爲三隧, 故宗氣積於胸中, 出於喉嚨, 以貫心脈而行呼吸焉. 營氣者, 泌其津液, 注之於脈, 化以爲血, 以營四末, 內注五臟六腑, 以應刻數焉. 衛氣者, 出其悍氣之慓疾, 而先行於四末分肉皮膚之間而不休者也, 晝日行於陽, 夜行於陰, 常從足少陰之分間, 行於五臟六腑. 今厥氣客於五臟六腑, 則衛氣獨衛其外, 行於陽不得入於陰, 行於陽則陽氣盛, 陽氣盛則陽蹻陷, 不得入於陰, 陰虛故目不瞑.

백고가 답했다. "오곡이 위胃에 들어가면 조박, 진액, 종기 셋으로 분리되어 순환한다. 종기는 흉중에 쌓여 후롱으로 나가서 심맥心脈을 관통하여 호흡을 행

한다. 영기는 진액을 분비하고 맥으로 주입되고 변화하여 혈이 되어 사말을
영위하고, 오장육부로 주입되며, 각수刻數에 상응하여 움직인다. 위기는 표한
활질慓悍滑疾하여 먼저 사말의 분육과 피부 사이를 쉬지 않고 행한다. 낮에는
양분陽分을 행하고, 밤에는 음분陰分을 행하며, 항상 족소음의 부위에서 시작
하여 오장육부를 돈다.

　이제 궐기가 오장육부에 침입하면 위기衛氣가 홀로 외부를 호위하여 양분
을 행하고 음분으로 들어가지 못한다. 양분을 돌면 양기가 성해지고, 양기가
성해지면 양교맥이 성해진다. 양교맥이 성해지면 음교맥으로 들어가지 못하
여 음허陰虛해지므로 잠을 못 잔다.”

◉ 여기서는 종기가 영기와 함께 맥중을 행하며 호흡누하呼吸漏下에 응함을 말
한다. 위기衛氣는 맥외를 행하는데 낮에는 양분을, 밤에는 음분을 행한다. 피부
와 경맥의 혈기가 교차하면서 서로 역순으로 행한다.

　〈영추·오미五味〉에서 “수곡 정미精微에서 화생된 종기가 뭉쳐서 돌지 않고
흉중에 쌓여 있는 것을 기해氣海라고 한다. 종기는 폐에서 나가 인후를 순환하
면서 숨을 내쉬면 나가고 숨을 들이쉬면 들어온다其大氣之搏而不行者 積於胸中 命
曰氣海 出於肺 循喉咽 故呼則出 吸則入”라고 했다. 종기가 폐기를 따라서 피부를 도
는데 숨을 내쉬면 기가 나가면서 8만 4천 모규毛竅가 다 닫히고, 숨을 들이쉬
면 기가 들어오면서 8만 4천 모규가 다 열린다.

　이 장은 종기가 심맥을 관통하면서 호흡을 행하는 것을 말한다. 심맥은 수심
주포락맥手心主包絡脈이다. 심포락心包絡은 맥을 주관한다. 이것은 심맥心脈에
서 십육경맥十六經脈으로 행한다.

　호흡 한 번 쉬는데 맥이 6촌을 가고, 하루에 1만 3500번 숨을 쉬니 맥이 810
장丈을 가서 오십영五十營의 1주周가 끝난다. 이 종기와 영기는 모두 반은 맥중
을 행하고, 반은 맥외를 돈다.

　위기는 표한활질하여 맥외만 행한다. 낮에는 양분을, 밤에는 음분을 행
하여 주야의 개합을 담당하니 양분을 행할 때는 눈이 떠져 일어나고, 음분
을 행할 때는 눈이 감겨 눕게 된다. 만약 궐역지기가 오장육부에서 일어나
면 위기는 외부만 호위하여 양분을 행하고 음분으로 들어가지 못하므로

눈을 감기 힘들다.

우안 | 위기가 음분에 들어가지 못하여 눈이 감기지 않는다는 말은 여러 의견이 있으니 분명하게 체득해야 한다.

서진공이 말했다. "〈영추·대혹론大惑論〉에서 '위기가 음분에 들어가지 못하면 양분에 기가 가득 차고 양기가 가득 차면 양교맥이 성해진다衛氣不得入於陰則陽氣滿 陽氣滿則陽蹻盛'라고 했는데 이 장에서는 '함陷'이라고 했으니 잘못이 아닌가 한다."

批 위기가 사말로 먼저 간다는 것은 피부로 먼저 가서 낙맥을 먼저 채우는 것이다. 경맥을 따라 행함은 호흡누하에 호응하는 것이다. 낮에는 양분을, 밤에는 음분을 행하는 것晝行于陽 夜行于陰은 피부의 영기와 함께 형신의 내외를 행하는 것이다.

批 인후로 나가 심맥을 관통하는 것於喉咽 以貫心脈은 수태음에서 맥중을 관통하는 것이니 〈영추·동수動輸〉를 함께 참조하라.

批 궐기는 장부의 궐기다.

> 黃帝曰: 善. 治之奈何?
> 伯高曰: 補其不足, 瀉其有餘, 調其虛實, 以通其道而去其邪, 飲以半夏湯一劑, 陰陽已通, 其臥立至.
> 黃帝曰: 善. 此所謂決瀆壅塞, 經絡大通, 陰陽和得者也. 願聞其方.
> 伯伯高曰: 其湯方以流水千里以外者八升, 揚之萬遍, 取其清五升煮之, 炊以葦薪火, 沸置秫米一升, 治半夏五合, 徐炊, 令竭爲一升半, 去其滓, 飲汁一小杯, 日三稍益, 以知爲度. 故其病新發者, 覆杯則臥, 汗出則已矣. 久者, 三飲而已也.

황제가 물었다. "알겠다. 어떻게 치료하는가?"

백고가 답했다. "부족한 것을 보하고, 유여한 것을 사하여 허실을 조절하여 길이 통하게 되면 사기가 제거된다. 반하탕半夏湯 한 제를 마시면 음양이 통해져서 바로 잠이 온다."

황제가 말했다. "알겠다. 이것이 이른바 막힌 것을 뚫으면 경락이 크게 통하고 음양이 화평해지는 것이구나. 그 방법을 알고 싶다."

백고가 답했다. "반하탕방半夏湯方은 천리를 흐르는 물 8되를 튕겨서 거품을 내서 가라앉힌 후 그 물 5되로 달인다. 갈대를 섶으로 불을 붙인다. 출미秫米 1되, 제반하製半夏 5홉을 서서히 달여 1되 반으로 졸이고, 찌꺼기를 제거한 즙을 한 잔으로 마신다. 하루 3회 복용하며 병증에 따라 조절한다. 처음 발생한 병이라면 약을 복용하자마자 잠이 오고, 땀이 나면 낫는다. 오래되었으면 세 제를 복용해야 낫는다."

● 여기서는 족소양과 족양명의 기를 조절하여 위기衛氣가 내부로 통하게 하는 것을 말한다. 위기가 음분에서 행하는 것은 수족양명에서 족으로 하행하여 족소음에서 교차하는 것이다. 족소음에서 오장육부로 주입되므로 두 경經의 기를 조절해야 한다.

부족한 것을 보하는 것補不足은 부족한 위기를 보하는 것이다.

유여한 것을 사하는 것瀉有餘은 유여한 궐기厥氣를 사하는 것이다.

허실을 조절하는 것調虛實은 내외의 허실을 조절하여 길이 통하면 궐역된 사기가 제거된다.

반하半夏는 백색으로 동그랗게 생겼으며, 단맛과 매운맛을 겸하고, 양명에 속한다. 〈예기·월령月令〉에서 "반하는 5월에 나는데 일음지기一陰之氣를 감촉하고 생긴다五月半夏生 感一陰之氣而生者也"라고 했다. 위胃는 무토戊土에 속하고, 신腎은 천계天癸를 저장하고 있다. 반하탕 한 제를 마시면 일음지기를 끌어와 위에서 위胃와 교차한다. 무계합화戊癸合火하니 화토火土가 상생하면 내외의 음양이 통하게 되어 잠이 온다. 이것이 이른바 "막힌 게 뚫려서 경락이 완전히 통하여 음양이 화평해지는 것이다決瀆壅塞 經絡大通 陰陽得和者也"라는 것이다.

신腎은 수장水臟이면서 생기지원生氣之原이고, 기가 돌면 수분은 흩어진다. 위는 조열지부燥熱之腑이고, 중토中土를 주관하니 음기를 얻어서 합화合化하길 바라지 한수寒水가 상승하는 것을 바라지 않는다. 그래서 천리를 흐른 물을 쓰니 노수勞水라고 한다. 다시 물을 튀겨서 거품이 많이 일어나면 수성水性은 무력해져 한수寒水가 상승하는 것을 도울 수 없다.

팔八은 금金의 성수成數이고, 오五는 토土의 생수生數다. 양명은 추금秋金을 주관하고, 위胃는 중토中土에 위치하므로 8되, 5되를 쓰는 것은 양명의 위기胃氣

를 돕는 것이다.

갈대葦는 수초다. 갈대로 불을 때는 것은 수중의 생기水中之生氣를 돕는다. 쌀米은 토의 곡식이고 가을에 익는다. 출미秫米 1되를 넣는 것은 위기를 돕고자 하는 것이다. 상고시대에도 뱃속이 편하고 소변이 잘 나와야 된다는 것을 알았다.

약을 마시자마자 잠이 오고 땀이 나면 낫는다는 것覆杯則臥 汗出則已은 정기가 화평해지고, 궐기가 흩어져 위기는 제 길을 따라 출입하는 것이다.

서진공이 말했다. "궐기는 장부의 역기逆氣다. 기氣는 족소음신足少陰腎에 근본을 두고 족양명위足陽明胃에서 생긴다. 그러므로 이 두 경經의 기를 조절해야 역기가 저절로 풀린다. 음양이통陰陽已通, 음양화득陰陽和得이라고 말하는 것은 하나는 내외를 도는 위기의 음양이고, 다른 하나는 소음과 양명의 음양이니 서로 맞아야 화평해지는 것이다."

批 양명은 추금秋金을 주관하고 중토中土에 위치한다.

批 신腎은 계수癸水에 속한다.

批 중경仲景이 감란수甘瀾水라고 이름 붙였으며 주로 분돈奔豚을 치료한다.

黃帝問於伯高曰: 願聞人之肢節, 以應天地奈何?

伯高答曰: 天圓地方, 人頭圓足方, 以應之. 天有日月, 人有兩目, 地有九州, 人有九竅. 天有風雨, 人有喜怒. 天有雷電, 人有音聲. 天有四時, 人有四肢. 天有五音, 人有五臟. 天有六律, 人有六腑. 天有冬夏, 人有寒熱. 天有十日, 人有手十指. 辰有十二, 人有足十指. 莖垂以應之, 女子不足二節, 以抱人形. 天有陰陽, 人有夫妻. 歲有三百六十五日, 人有三百六十節. 地有高山, 人有肩膝. 地有深谷, 人有腋膕. 地有十二經水, 人有十二經脈. 地有泉脈, 人有衛氣. 地有草蒐, 人有毫毛. 天有晝夜, 人有臥起. 天有列星, 人有牙齒. 地有小山, 人有小節. 地有山石, 人有高骨. 地有林木, 人有募筋. 地有聚邑, 人有䐃肉. 歲有十二月, 人有十二節. 地有四時不生草, 人有無子. 此人與天地相應者也.

황제가 백고에게 물었다. "사람의 지절肢節은 천지天地와 어떻게 상응하는지 알고 싶다."

백고가 답했다. "천天은 둥글고 지地는 평평하며, 사람의 머리는 둥글고 발은 평평한 것으로 상응한다. 천에는 일월日月이 있고, 사람에게는 양목兩目이 있다. 지에는 구주九州가 있고, 사람에게는 구규九竅가 있다. 천에는 풍우風雨가 있고, 사람에게는 희로喜怒가 있다. 천에는 뇌전雷電이 있고, 사람에게는 음성이 있다. 천에는 사시가 있고, 사람에게는 사지四肢가 있다. 천에는 오음五音이 있고, 사람에게는 오장五臟이 있다. 천에는 육률六律이 있고, 사람에게는 육부六腑가 있다. 천에는 동하冬夏가 있고, 사람에게는 한열寒熱이 있다. 천에는 십간十干이 있고, 사람에게는 수십지手十指가 있다. 천에는 십이진十二辰이 있고, 사람에게는 족십지足十指와 음경陰莖, 고환睾丸이 상응된다. 여자는 음경과 고환이 없지만 임신을 할 수 있어 부족한 수를 메운다. 천에는 음양이 있고, 사람에게는 부부가 있다. 1년은 365일이 있고, 사람에게는 360혈穴이 있다.

지에는 높은 산이 있고, 사람에게는 어깨肩와 무릎膝이 있다. 지에는 심곡深谷이 있고, 사람에게는 액액과 괵膕이 있다. 지에는 십이경수經水가 있고, 사람에게는 십이경맥이 있다. 지에는 천맥泉脈이 있고, 사람에게는 위기衛氣가 있다. 지에는 초명草蓂이 있고, 사람에게는 호모毫毛가 있다.

천에는 주야晝夜가 있고, 사람에게는 와기臥起가 있다. 천에는 별자리列星가 있고, 사람에게는 치아齒牙가 있다. 지에는 소산小山이 있고, 사람에게는 소절小節이 있다. 지에는 산과 바위가 있고, 사람에게는 고골高骨이 있다. 지에는 숲이 있고, 사람에게는 모근募筋이 있다. 지에는 마을이 있고, 사람에게는 군육䐃肉이 있다. 1년에 십이월이 있고, 사람에게는 십이절이 있다. 지에는 사시 풀이 안 나는 경우가 있고, 사람에게는 무자식이 있다. 이것이 사람과 천지가 상응하는 것이다."

⊕ 여기서는 사람의 형신·사체·장부음양이 천지天地의 일월성신日月星辰 산천초목山川草木에 대응되어 사람과 천지가 서로 관계있음을 말한다.

위기衛氣는 낮에는 양분을 행하고, 밤에는 음분을 행하는데 천도天道가 지구를 한 바퀴 돌고 1년에 365도 도는 것에 상응한다.

일월오성日月五星은 천도를 따라 환전한다. 풍우뇌전風雨雷電은 천기天氣로 발생한다. 산천천곡山川泉谷으로 하늘이 다 덮여 있다. 모든 식물들林木草蓂은 천기天氣에 감응하여 생장한다.

위기는 낮에 양분을 행하니 두목구치頭目口齒로 올라가고, 족경슬괵足脛膝膕으로 내려가며, 사방으로 사지四肢 지절肢節과 군육피모䐃肉皮毛로 간다. 밤에는 음분을 행하니 내부에서 오장육부를 순환하여 모원의 근육을 따뜻하게 하며 흉복을 충만케 한다.

사람의 신형·장부는 육기六氣의 승강升降과 오운출입五運出入에 상응한다. 위기의 움직임은 천天이 지구를 돌며 다시 지중地中으로 관통하는 것에 상응하므로 "땅에는 천수泉水가 있고, 사람에게는 위기가 있다"고 했다. 위기는 형신의 내외만 도는 것이 아니라 다시 경맥의 내외를 관통한다.

서진공이 말했다. "땅에는 풀들이 있고 사람에게는 터럭이 있다. 여자가 매월 행하는 월경月經은 피모의 혈이 스며든 것이다. 남자는 충맥과 임맥이 왕성하지 않아 종근宗筋이 발달하지 못하면 수염이 나지 않는다. 그러므로 사시四時에 풀이 나지 않는 경우는 사람에게도 자식이 없는 경우에 대응된다."

구여림이 말했다. "옛날에는 명초蓂草라고 있었는데 한 줄기에 잎이 30개 달려 있다. 하루에 한 잎씩 떨어지는데 작은 달에는 29잎이 떨어지니 여자의 월경에 대응된다."

批 편 전체에서 형을 논하면서 위기 두 자만 제시했으니 위기가 유형有形에 출입함을 말한다.

黃帝問於岐伯曰: 余願聞持鍼之數, 內鍼之理, 縱舍之意, 扦皮開腠理, 奈何? 脈之屈折出入之處, 焉至而出, 焉至而止, 焉至而徐, 焉至而疾, 焉至而入? 六腑之輸於身者, 余願盡聞, 少序別離之處, 離而入陰, 別而入陽, 此何道而從行? 願盡聞其方.
岐伯曰: 帝之所問, 鍼道畢矣.
黃帝曰: 願卒聞之.

황제가 기백에게 물었다. "나는 침놓는 기술과 침을 찌르는 이치를 알고 싶다. 침놓아야 할 경우와 놓아서는 안 될 경우의 의미를 알고 싶으며, 피부를 펼치고 주리를 여는 자법에 대해 알고 싶다. 맥이 굴절되고 출입하는 곳은 어디로 가서 나가고, 어디에서 멈추며, 어디에선 천천히 가고, 어디에선 빨리 가며, 어디로 들어가는가? 또 육부六腑의 경기經氣가 전신에 퍼지는 경로에 대해 알고 싶다. 또 경맥이 갈라져서 음으로 들어가고 양으로 들어가는데 어느 경로로 가는지 알고 싶다."

기백이 답했다. "침도를 전부 포괄하는 질문이다."

황제가 말했다. "다 듣고 싶다."

● 여기서는 용침用鍼의 이치를 묻고, 겸해서 혈기가 피부와 경맥의 내외를 행하여 출입하면서 멈추는 곳과 갈라지는 곳을 물었다.

피부는 맥외의 기분氣分이다. 굴절하면서 흐르는 경맥이 출입하는 곳은 어디서 나가고 어디서 멈추는가脈之屈折出入之處 焉至而出 焉至而止는 혈기가 경맥 내외를 행하는데 이르고 멈추고 출입하는 곳이 있으니 침을 찌르는 이치는 어떻게 이르고 멈추며 빠르게 하고 서서히 하는지를 말하는 것이다.

육부가 신형에 전수되는 것六腑之輸於身者은 수족삼양의 표본이다. 갈라지는 곳別離之處은 경맥에서 갈라져 기가氣街로 가는 것이다. 피부는 양이고 경맥은 음이다. 떨어져서 음으로 가는 것離而入陰은 맥외의 기혈이 피부에서 떠나 경맥으로 들어가는 것이다. 갈라져서 양으로 가는 것別而入陽은 맥내의 기혈이 경맥에서 갈라져 피부로 나가는 것이다. 기혈이 어디로 흘러가는지 다 알고 싶은 것이다.

기백이 황제의 물음에 답한 것은 음양혈기의 흐름이다. 혈기가 나가고 들어가는 것을 알면 용침의 이유를 알 수 있다.

구여림이 말했다. "이것은 침도로 혈기운행출입을 밝힌 것인데 침도와 혈기의 흐름이 모두 천지天地의 대도大道와 합치한다."

岐伯曰: 手太陰之脈, 出於大指之端, 內屈循白肉際. 至本節之後太淵, 留以澹, 外屈上於本節之下, 內屈與陰諸絡會於魚際, 數脈幷注, 其氣滑利, 伏行壅骨之下, 外屈出於寸口而行, 上至於肘內廉, 入於大筋之下, 內屈上行臑陰, 入腋下, 內屈走肺. 此順行逆數之屈折也.

기백이 답했다. "수태음맥手太陰脈은 엄지손가락 끝에서 출발한다. 내측으로
굴절하여 적백육제를 순환하고, 본절의 뒤 태연太淵에 도달하여 머물렀다가
흘러 동맥이 박동한다. 여기서 바깥쪽으로 휘어 본절의 아래로 올라가 안쪽으
로 돌아 여러 음락陰絡과 어제魚際에서 만난다. 수태음·수소음·수심주의 여러
경맥이 함께 병합하여 유주하니 그 맥기의 흐름이 아주 빠르다. 제일장골第一
掌骨 아래를 잠행하여 다시 굴절하여 촌구寸口로 나가 행한다. 올라가서 팔꿈
치肘 내측에 도달하여 대근大筋의 아래로 들어간다. 안으로 굴절되어 올라가
상박上膊의 내측을 지나서 겨드랑이 아래로 들어간다. 여기서 내측으로 굴절
하여 폐로 간다. 이것이 수태음폐경手太陰肺經이 수手를 경유하여 흉부로 굴절
되면서 역행하는 경로다."

🌐 여기서는 맥외의 종기가 수태음폐경을 순환하면서 순행하고, 손에서 흉부
로 역행하고 있음을 나누어 말한다.

종기가 맥외로 가는 것은 폐기에서 나오므로 그 기가 아주 빨리 움직여 제일
장골 밑을 흐르고 밖으로 휘어 촌구寸口로 나가서 행한다. 밖으로 휘어서 본절
本節의 아래로 올라가 머물면서 피모를 적신다.

수태음맥手太陰脈은 엄지손가락 끝에서 출발하여 안으로 굴절되어 백육제白
肉際를 순환하고 본절의 뒤쪽 태연太淵에 도달한다. 안으로 굴절하여 여러 음
락陰絡과 어제魚際에서 만나 여러 맥이 함께 주입되어 위로 주肘 안쪽에 도달한
다. 대근大筋 아래로 들어가서 내측으로 굴절하여 상박 안쪽으로 올라가 액하
腋下로 들어가고 내부로 굴절하여 폐로 간다. 이 맥은 지정指井에서 폐로 가고,
맥외의 종기는 노액臑腋에서 어제魚際로 올라간다. 이것이 순행順行과 역수逆數
의 굴절이다.

心主之脈, 出於中指之端, 內屈, 循中指內廉, 以上留於掌中, 伏行
兩骨之間, 外屈出兩筋之間, 骨肉之際, 其氣滑利, 上二寸, 外屈,
出行兩筋之間, 上至肘內廉, 入於小筋之下, 留兩骨之會, 上入於
胸中, 內絡於心肺.

수심주맥手心主脈은 중지中指의 끝에서 출발한다. 안으로 굽어서 중지 내측을 순환하면서 올라가 손바닥에 머물렀다가 양골兩骨 사이를 잠복하여 행한다. 외부로 굴절하여 양근兩筋 사이와 골육지제骨肉之際로 나가니 그 기는 움직임 이 빠르다. 2촌을 올라가서 외부로 굴절하여 양근 사이로 나갔다가 올라가서 팔꿈치 내측에 도달한다. 소근小筋의 아래로 들어가 양골이 만나는 곳에 머물 다가 내부로 들어간다. 내부에서 심폐心肺에 연락된다.

● 여기서는 맥중을 행하는 종기는 심주지맥心主之脈에서 십이경맥의 중中을 호흡누하呼吸漏下에 응하면서 행함을 나누어 말한다.

맥외의 종기도 본경을 따라서 피부 사이를 굴절하면서 행한다. 종기가 폐에 서 나가 피부를 도는 것은 십이경맥 외에서 흩어져 각기 본경을 따라가니 역 행과 순행을 한다. 그러므로 심주心主의 맥외를 행하는 것은 외부로 굴절되어 양근兩筋 사이 골육骨肉 경계선으로 나가니 그 기는 빨리 움직인다. 주비肘臂 2촌으로 올라가고 밖으로 굴절되어 피모를 적신다.

심주의 맥은 가운뎃손가락 끝에서 출발하여 내부로 굴절하여 가운뎃손가락 안쪽을 순환하고 올라가고 장중掌中에 머문다. 거기서 양골兩骨 사이를 잠복하 여 흐르다가 양근 사이로 나가 올라가 팔꿈치 바깥쪽에 도달하여 소근小筋의 아래로 들어가서 양골이 만나는 곳에서 머문다. 거기서 올라가 흉중으로 들어 가 심폐로 연락된다. 이것도 순행順行과 역수逆數다.

맥외의 기혈은 각기 본경을 따라서 경계가 나뉜다. 그러므로 맥중을 행하는 것은 맥을 따라서 맥내로 굴절되고, 맥외를 행하는 것도 본경을 따라서 맥외 로 굴절된다.

이상 두 구절은 종기가 흉중에 머물면서 위로 폐로 나가고 십이경맥의 피부 를 돌면서 호흡개합呼吸開闔을 관장하고 올라가 심맥을 관통하여 호흡누하에 따라서 십이경맥을 도니 내외가 상응한다.

批 〈영추·본수本輸〉에서 "심기는 중충에서 나가고, 노궁으로 흐르며, 대릉으로 주입되 고, 간사를 지나며, 곡택으로 들어간다. 수소음과 상합한다心出于中衝 溜于勞宮 注于大陵 行 于間使 入于曲澤 爲合手少陰也"라고 했다.

黃帝曰: 手少陰之脈, 獨無腧何也?

岐伯曰: 少陰, 心脈也. 心者, 五臟六腑之大主也, 精神之所舍也, 其臟堅固, 邪弗能容也. 容之則心傷, 心傷則神去, 神去則死矣. 故諸邪之在於心者, 皆在於心之包絡. 包絡者, 心主之脈也, 故獨無腧焉

황제가 물었다. "수소음맥手少陰脈에 혈자리가 없는 것은 무슨 까닭인가?"

기백이 답했다. "소음少陰은 심맥心脈이다. 심心은 오장육부의 대주大主이며 정신이 내장되어 있으니 장臟이 견고하여 사기가 침입하지 못한다. 만약 사기가 허용되면 심장이 손상된다. 심장이 손상되면 정신이 빠져나가고 정신이 빠지면 죽는다. 사기가 심에 있다고 하는 것은 모두 심포락心包絡에 사기가 있는 것이다. 포락은 심주맥이다. 그러므로 소음맥少陰脈에는 혈자리가 없다."

◉ 이것은 종기宗氣가 심맥을 관통하여 호흡을 행하는 이유를 거듭 밝혔다.

혈맥은 심이 주관한다. 포락包絡이 혈기를 대행하는 것은 군주 스스로 행동하지 않지만 신명神明이 내장되어 있고, 포락지상包絡之相은 군주를 대신하여 명령을 행한다. 정신精神이 내장되어 있고, 장기가 견고하므로 사기가 상하게 할 수 없고, 심장이 상한다면 죽는다. 소음少陰은 심맥心脈이다. 포락은 심주지맥心主之脈이다. 혈자리가 없는 것은 포락이 대신 혈기를 운반하기 때문이다.

黃帝曰: 少陰獨無腧者不病乎

岐伯曰: 其外經病而臟不病, 故獨取其經於掌後銳骨之端, 其餘脈出入屈折, 其行之疾徐, 皆如手少陰心主之脈行也, 故本腧者, 皆因其氣之虛實疾徐以取之, 是謂因衝而瀉, 因衰而補, 如是者, 邪氣得去, 眞氣堅固, 是謂因天之序.

황제가 물었다. "소음경少陰經에는 수혈이 없는데 병도 들지 않는 것인가?"

기백이 답했다. "외부의 경맥은 병들 수 있지만 심장은 병들지 않는다. 그러므로 신문혈神門穴만 취할 수 있다. 나머지 맥의 굴절과 기의 움직임은 모두 수소음手少陰과 함께 심주맥心主脈이 움직인다. 따라서 본수本輸는 모두 기의 허실虛實과 서질徐疾로써 취하니 성하면 사하고 쇠하면 보한다. 이렇게 하면 사기가 물러나고 진기가 견고해진다. 이는 천天의 질서를 따르는 것이다."

● 여기서는 위 문장을 이어 소음경少陰經에 혈자리가 없음을 다시 거듭 밝힌 것은 정신이 내장되어 있고 각 경經에 혈기를 전수하지 않지만 소음경맥도 외부에서 내부로 순환되는 것을 말한다. 그러므로 사기에 외감되면 장후掌後 예골의 신문혈神門穴만 취하니 외경外經에 병이 있고 장臟은 병들지 않기 때문이다. 나머지 수족 십이경맥의 출입出入의 굴절과 맥기 운행의 서질徐疾은 모두 수소음심주手少陰心主의 맥이 행하는 것과 같다.

대체로 십이경맥을 다 같다고 말했으니 소음경이 수혈이 없는 것은 아니다. 따라서 소음의 본수本輸를 취하는 것은 모두 정기의 허실이 원인이기 때문에 취하는 것이지 사기로 인한 것이 아니다. 심기心氣가 성하여 상충하는 경우는 사하고, 심기가 쇠했으면 보한다. 정신은 내장되어 있고 오장의 진기眞氣가 견고하여 사기는 외경外經에만 있지 내부를 손상시키지 못한다. 그래서 단지 정기正氣의 성허盛虛로 인한 것이기 때문에 수혈을 보사한다.

〈소문·팔정신명론八正神明論〉에서 "하늘의 질서를 따라서 성하고 허할 때가 있으니 빛의 이동으로 위치를 정하고 바르게 위치하여 기다린다因天之序 盛虛之時 移光定位 正立而待"라고 했다. 심心은 양중陽中의 태양太陽으로 해에 대응된다. 쇠하면 보하는 것은 해가 정중앙에 올 때를 기다리는 것이고, 충이사지衝而瀉之는 해가 기울 때를 기다리는 것이다.

批 앞 문장에서 수태음은 기를 주관하고 수심주는 맥을 주관한다고 했다. 여기서는 십이경맥에도 각기 피부皮部가 나뉘어 있고, 각자 기혈이 있으며 각 경맥을 따라 내외로 굴절하여 행함을 거듭 밝혔다. 그러므로 나머지 맥의 출입굴절은 모두 수소음심주의 맥행과 같다고 말한 것이다. 만약 사기로 인한 것이라면 외경의 신문神門만 취하는 것이고, 정기의 성허盛虛로 인한 것이라야 그 수혈을 보사한다.

黃帝曰: 持鍼縱舍奈何?
岐伯曰: 必先明知十二經脈之本末, 皮膚之寒熱, 脈之盛衰滑澁, 其脈滑而盛者, 病日進, 虛而細者, 久以持, 大以澁者, 爲痛痺, 陰陽如一者, 病難治, 其本末尙熱者, 病尙在, 其熱已衰者, 其病亦去矣. 持其尺, 察其肉之堅脆大小滑澁寒溫燥濕, 因視目之五色, 以

知五臟而決死生, 視其血脈, 察其色, 以知其寒熱痛痺.

황제가 물었다. "어떤 때 침놓고 어떤 때에 침놓아서는 안 되는가?"

기백이 답했다. "먼저 십이경맥의 본말本末과 피부의 한열寒熱과 맥의 성쇠盛衰와 활삽滑澁을 명확하게 알아야 한다. 맥이 활滑하고 성盛하면 병은 더 심해지고, 맥이 허虛하고 세약細弱하면 병이 오래 지속되며, 맥이 대大하고 삽澁하면 통증痛症과 비증痺症이 있다. 음맥과 양맥이 일치하여 분간이 어려우면 치료하기 어렵다. 본말에 아직 열이 있으면 병이 아직 남아 있는 것이고, 열이 다 쇠퇴했으면 병도 다 물러나간 것이다. 척부尺膚를 진찰하고, 기육의 견취堅脆, 맥의 대소활삽大小滑澁과 한온조습寒溫燥濕을 살핀다. 눈의 오색을 보아서 오장의 상태를 알아내고 사생死生을 결정한다. 혈맥을 살피고 그 색을 관찰하여 한열寒熱과 통비痛痺를 알아낸다."

● 여기서는 피부 경맥의 내외에 있는 병기病氣를 자세히 구별하고, 출입에도 성쇠의 구별이 있음을 말한다.

본말本末은 십이경맥의 본표로 혈기가 유행출입하는 곳이다.

피부가 차가워지고 더워지는 것皮膚之寒熱은 병기病氣가 피부에 있는 것이다.

맥의 성쇠와 활삽脈之盛衰滑澁은 병기가 경맥에 있는 것이다. 활滑하고 성盛한 맥은 병이 경맥에서 더 진전되는 것이고, 허虛하고 세약細弱한 맥은 병이 맥외脈外에서 지속되는 것이다. 외外라는 것은 피부가 양이고 근골이 음이다.

대大하고 삽澁한 맥大以澁者은 한열寒熱이 나고 아프며 저린 증상이 나타난다.

좌우의 음양맥이 일치하면 병은 치료하기 어렵다는 것陰陽如一者 病難治은 피부와 근골의 천심淺深이 모두 병든 것을 말한다.

본말에 아직 열이 있는 것其本末尙熱者은 병이 아직 혈맥 중에 있다.

열이 이미 쇠퇴한 것其熱已衰者은 병기가 경맥의 혈기를 따라서 기가氣街로 나가 없어진 것이다.

〈영추·사기장부병형邪氣藏府病形〉에서 "활맥이 뛰면 척지피부도 매끈하고, 삽맥이 뛰면 척지피부도 거칠다脈滑者 尺之皮膚亦滑 脈澁者 尺之皮膚亦澁"라고 했다. 그러므로 척부尺膚을 잡고서 척지피부尺之皮膚의 견취대소활삽堅脆大小滑澁

874

을 살펴서 피부 분육의 한열조습寒熱燥濕을 알아낸다.

오장의 혈색은 눈에 나타나니 눈의 오색을 살펴서 오장병을 알아내고 사생死生을 결정한다. 병이 오장에 있으면 반생반사半生半死다. 혈락이 있는지 살피고 피모를 관찰하여 통비痛痺와 한열寒熱을 알아낸다.

〈소문·피부론皮部論〉에서 "십이경맥은 피부에 해당된다凡十二絡脈者 皮之部也"라고 했고, "낙맥의 색이 푸른색을 띠면 통증이 있는 것이고, 검은색을 띠면 비증이 있는 것이며, 황적색을 띠면 열이 있는 것이고, 백색을 띠면 찬 것이며, 오색이 모두 나타나면 한열이 있는 것이다其色多靑則痛 多黑則痺 黃赤則熱 多白則寒 五色皆見 則寒熱也"라고 했다.

이 편은 영위종기營衛宗氣가 경맥의 내외를 출입하며 행함을 말한다. 그러므로 침놓을 때는 병기病氣가 피부에 있는지 경맥에 있는지 또는 내부의 오장에 있는지를 살펴야 한다.

黃帝曰: 持鍼縱舍, 余未得其意也.

岐伯曰: 持鍼之道, 欲端以正, 安以靜, 先知虛實, 而行疾徐, 左手執骨, 右手循之, 無與肉果, 瀉欲端以正, 補必閉膚, 輔鍼導氣, 邪得淫泆, 眞氣得居.

황제가 물었다. "침놓는 기술과 침놓아서는 안 되는 경우를 잘 모르겠다."

기백이 답했다. "침은 단정하고 안정되게 잡아야 한다. 먼저 허실을 파악하고 서질徐疾로 보사를 선택하여 행한다. 왼손으로는 골격을 잡고 오른손으로 침을 찌른다. 침을 찌를 때는 기육을 손상시켜서는 안 된다. 사할 때도 단단하게 잡아야 한다. 보할 때는 피부를 막고 침이 기를 끌어오도록 돕는다. 사기가 깊이 들어가지 못하게 하면 진기眞氣가 자리 잡는다."

◉ 여기서는 혈맥에 자침하면서 진기眞氣를 잘 자양해야 함을 말한다.

진기는 하늘에서 받은 기로 곡기와 함께 몸을 채운다.

종사縱舍는 영수迎隨다.

무여육과無與肉果는 혈맥을 자침할 때 살을 손상시키지 말라는 것이다.

진기眞氣는 신기神氣다. 신기가 피부와 낙맥 사이를 출입하는 것이니『상한론傷寒論』을 함께 참조해야 한다.

> 黃帝曰: 扞皮開腠理奈何?
> 岐伯曰: 因其分肉, 左別其膚, 微內而徐端之, 適神不散, 邪氣得去.
>
> 황제가 물었다. "피부와 주리에 자침은 어떻게 하는가?"
>
> 기백이 답했다. "분육의 문리文理를 따라 혈穴이 있는 피부에 살짝 찌르고 나서 서서히 집어넣고 신기神氣가 오면 사기는 물러간다."

⊕ 여기서는 피부를 자침하면서 신기神氣를 자양해야 함을 말한다.

신기는 양정상박兩精相搏으로 생긴다. 양정兩精은 천일지정天一之精과 후천後天 수곡지정水穀之精이다.

> 黃帝問於岐伯曰: 人有八虛, 各何以候?
> 岐伯答曰: 以候五臟.
> 黃帝曰: 候之奈何?
> 岐伯曰: 肺心有邪, 其氣留於兩肘. 肝有邪, 其氣流於兩腋. 脾有邪, 其氣留於兩髀. 腎有邪, 其氣留於兩膕. 凡此八虛者, 皆機關之室, 眞氣之所過, 血絡之所遊. 邪氣惡血, 固不得住留. 住留則傷經絡, 骨節機關不得屈伸, 故㽱攣也.
>
> 황제가 기백에게 물었다. "사람에게는 팔허八虛가 있는데 이것을 살펴서 무엇을 알 수 있는가?"
>
> 기백이 답했다. "오장을 알 수 있다."
>
> 황제가 물었다. "무엇을 살피는가?"
>
> 기백이 답했다. "폐肺와 심心에 사기가 있으면 양주兩肘에 사기가 유체되고, 간肝에 사기가 있으면 양액兩腋으로 기가 몰리며, 비脾에 사기가 있으면 양비兩髀에 사기가 유체되고, 신腎에 사기가 있으면 사기가 양괵兩膕에 유체된다. 무릇 이 팔허는 모두 기관지실機關之室로 진기眞氣가 통과하는 곳이고, 혈락이 흐르는 곳이다. 사기나 악혈이 유체되어서는 안 되는 곳이다. 사기와 악혈이

> 유체되면 근筋과 혈락과 골절骨節이 손상되고 기관機關이 굴신되지 않으므로 경련이 일어난다.”

● 여기서는 오장의 혈기가 관절의 팔허八虛에서 부표로 나가 영위營衛·종기宗氣와 서로 합함을 말한다.

〈영추·구침론九鍼論〉에서 “관절은 신기가 유행출입하는 곳이다節之交 神氣之所遊行出入”라고 했다. 양주兩肘·양액兩腋·양비兩髀·양괵兩膕은 관절이 만나 합쳐지는 곳으로 심장의 신기神氣가 여기서 나온다. 오장에 사기가 있으면 기가 이곳에 유체되어 퍼지지 못한다.

진기가 지나가는 곳眞氣之所過은 오장의 경맥이 각기 이곳을 지나간다는 것이다. 사기가 머물러 유체되면 경락이 상한다는 것邪氣住留則傷經絡은 사기가 피부에 머물러 물러나지 않으면 경락이 손상되는 것이다.

이것은 기관지실機關之室이 골절이 만나는 곳에 있어 오장의 혈기가 이곳에서 혈맥에 간섭받지 않고 분육과 피부로 나간다는 것을 말한다. 그러므로 오장에 사기가 있으면 기가 이곳에 유체된다. 만약 사기에 외감되어 골절·관절이 굴신되지 않고 악혈惡血이 이곳에 유체되면 경련이 일어난다.

안 | 본편은 영기가 맥중을 행하고, 위기가 맥외를 행하며, 종기는 심맥을 관통하여 맥중을 행하고, 수태음에서 맥외로 행함을 말한다. 위기衛氣는 낮에는 피부 분육을 행하고, 밤에는 오장의 음분을 행하며, 오장지기는 또 기관機關의 팔허八虛에서 부표로 나간다. 이것이 형신 장부지기가 내외를 유행하여 교차하면서 서로 출입하는 것이다. 피부와 경맥의 혈기는 내외로 굴절하는 사이에 표본으로 출입한다. 모두 사객邪客을 예로 들어 정기正氣의 유행을 증명했으니 수신치민의 근원이다.

批 관절이 365회가 있으며, 낙맥이 관절을 적신다節之交 三百六十五會 絡脈之滲灌于諸節者也는 신기神氣가 혈맥에서 기관지실機關之室로 유행함을 말한다.

批 오장의 혈기는 각기 본경에서 나간다.

九卷 2

통천通天

黃帝問於少師曰: 余嘗聞人有陰陽, 何謂陰人? 何謂陽人?

少師曰: 天地之間, 六合之內, 不離於五, 人亦應之, 非徒一陰一陽
而已也, 而略言耳, 口弗能遍明也.

黃帝曰: 願略聞其意, 有賢人聖人, 心能備而行之乎?

少師曰: 蓋有太陰之人, 少陰之人, 太陽之人, 少陽之人, 陰陽和平
之人. 凡五人者, 其態不同, 其筋骨氣血各不等.

황제가 소사에게 물었다. "사람의 체질이 음인陰人과 양인陽人이 있다고 들었
다. 무엇을 음인이라고 하고, 무엇을 양인이라고 하는가?"

소사가 답했다. "천지지간 육합지내天地之間 六合之內에 어떠한 물건도 다섯
에서 벗어나지 않으니 사람도 마찬가지다. 음인과 양인만 있는 것이 아니다.
대략적으로 말할 뿐이니 전부 다 밝힐 수는 없다."

황제가 물었다. "그렇다면 대략이라도 듣고 싶다. 현인과 성인은 심성心性이
이미 갖추어져 그렇게 행동하는 것인가?"

소사가 답했다. "태음인太陰人·소음인少陰人·태양인太陽人·소양인少陽人·음
양화평인陰陽和平人이 있다. 이 오인은 드러나는 행태行態가 다르고, 근골筋骨
과 기혈氣血이 같지 않다."

⊕ 일음일양一陰一陽은 처음 생긴 양의兩儀로 음양화평지인에 대응된다. 태음·
소음·태양·소양은 사상四象에 대응된다. 사람은 천지지기天地之氣를 지니고
있으면서 이 형기形氣를 생성한다. 그러므로 〈영추·음양이십오인陰陽二五十人〉
에서 지지오행地之五行으로 이 형形을 생성했다고 하면서 오음지형五音之形을
말했다. 여기서는 사람이 천지天地·음양陰陽·사상四象과 합하므로 〈통천通天〉

이라고 편명을 붙였으며 사람의 태態를 논한다.

> 黃帝曰: 其不等者, 可得聞乎?
> 少師曰: 太陰之人, 貪而不仁, 下齊湛湛, 好內而惡出, 心和而不
> 發, 不務於時, 動而後之, 此太陰之人也.
> 황제가 물었다. "무엇이 같지 않은지 알 수 있는가?"
>   소사가 답했다. "태음인은 욕심이 많고 음흉하지만 겉으로는 공손하고 겸
> 손하다. 남에게 주는 것을 싫어하고 받는 것만 좋아한다. 큰일을 당해도 얼굴
> 이 항상 평화로워 속마음이 겉으로 드러나지 않는다. 유행을 좇지 않으며 행
> 동이 남보다 느리다. 이것이 태음인의 행태다.

◉ 조정하趙庭霞가 말했다. "태음인은 음에 아주 치우쳐 있다. 사람됨이 음험하
므로 탐욕스러우며 인자하지 않다. 음이 들어가는 것이고, 양이 나가는 것이
므로 받는 것을 좋아하지만 주는 것은 싫어한다. 담담湛湛은 청결한 모양이다.
하제下齊는 겸손하고 가지런한 것이니 공손한 태도다. 속마음이 드러나지 않
고 겉으로 온화하니 음유陰柔한 성품이다. 시류에 휩쓸리지 않는다不務於時는
유행에 따르지 않는 것이다. 행동이 남보다 느리다動而後之는 다른 사람의 행
동을 보고 나서 움직이니 유순한 태도다."

> 少陰之人, 小貪而賊心, 見人有亡, 常若有得, 好傷好害, 見人有
> 榮, 乃反慍怒, 心疾而無恩, 此少陰之人也.
> 소음인은 작은 이익에 욕심을 내고, 남을 해코지하길 좋아한다. 남이 망하는
> 것을 보면 항상 자기에게 득이 있는 것처럼 여긴다. 남을 해치길 좋아하고, 다
> 른 사람이 승진을 하면 오히려 화를 낸다. 남을 시기하며, 베풀 줄 모른다. 이
> 것이 소음인의 행태다.

◉ 조정하가 말했다. "소음인은 음에 조금 치우쳐 작은 이익에 욕심을 부린다.
음험陰險한 성품이고, 속이 좁아 항상 남에게 해를 끼치는 걸 좋아한다. 남의
실수를 자기에게 이롭게 여기고, 남이 잘 되는 걸 싫어한다."

> 太陽之人, 居處于于, 好言大事, 無能而虛說, 志發於四野, 擧措不
> 顧是非, 爲事如常自用, 事雖敗而常無悔, 此太陽之人也.
>
> 태양인은 만사가 태평하고 큰일을 즐겨 말한다. 능력도 없으면서 큰소리만 치
> 고 천하지사天下之事에만 뜻이 있다. 행동은 옳고 그른지 따지지 않고 매사를
> 자기 멋대로 한다. 일을 실패해도 후회하지 않는다. 이것이 태양인의 행태다.

◉ 조정하가 말했다. "우우于于는 스스로 만족스런 모습이다. 대사大事를 즐
겨 말하지만 무능하고 허세가 심하며 큰소리치고도 부끄러워할 줄 모르고
꼭 하겠다는 의지도 없다. 천하에 뜻이 있다志發於四野는 천하에 뜻을 펼치려
는 것이다. 시비를 생각지 않고 행동하는 것擧措不顧是非은 마음대로 행동하
여 복종과 위배를 반대로 한다. 자용自用은 정상적인 말과 행동을 따르지 않
는 것이다. 비록 실패해도 후회함이 없다는 것事雖敗而常無悔은 양이 강하고
교만한 것이다. 양은 외적이므로 편양지인偏陽之人은 겉으로만 과장하고 내
적인 실행은 없다."

> 少陽之人, 諟諦好自貴, 有小小官則高自宜, 好爲外交而不內附,
> 此少陽之人也.
>
> 소양인은 자기가 남보다 높은지 잘 따진다. 아주 작은 벼슬이라도 할 것 같으
> 면 고관이라도 된 듯 으스댄다. 밖에서 교제하는 것을 좋아하고, 안에 틀어박
> 히려고 하지 않는다. 이것이 소양인의 행태다.

◉ 조정하가 말했다. "자기가 남보다 높은지 잘 따진다諟諦好自貴는 자기가 남
보다 높은지 따지는 것을 좋아하는 것이다. 아주 작은 벼슬이어도 높다고 여
기는 것有小官則高은 멋대로 스스로를 존귀하다고 여기는 것이다. 밖으로 교제
하는 것을 좋아하고 안에서 있으려고 하지 않는 것好爲外交而不內附은 양陽은 성
질이 밖을 힘쓰기 때문이다."

> 陰陽和平之人, 居處安靜, 無爲懼懼, 無爲欣欣, 婉然從物, 或與不
> 爭, 與時變化, 尊則謙謙, 譚而不治, 是謂至治.
>
> 음양화평인은 편안하고 안정된 생활을 하며, 두려워하는 마음도 없고 탐닉하
> 는 마음도 없으며, 종용히 사물의 이치에 따라 행동한다. 혹시라도 남과 다투
> 지 않으며 때에 맞추어 변화한다. 벼슬이 높아도 겸손하며 이래라저래라 하면
> 서 다스리지 않으니 지치至治라고 한다.

⊕ 조정하가 말했다. "편안하고 안정된 생활을 한다居處安靜는 염담허무恬憺虛
無다. 두려워하는 마음도 없고 탐닉하는 마음도 없는 것無爲懼懼 無爲欣欣은 마
음이 편안하여 걱정이 없고 뜻이 한가로워 욕심이 적은 것이다. 종용히 사물
의 이치에 따라 행동하고 남과 다투지 않는 것婉然從物 或與不爭은 남과 경쟁하
지 않고 세상과 다투지 않는 것이다. 때에 맞추어 변화하는 것與時變化은 세상
에 따라 변하는 것이니 우禹, 직稷, 안회顏回와 같은 도다. 높은 자리에 있으면
서도 겸손하니 그 덕이 더욱 빛난다. 이래라저래라 하면서 다스리지 않는 것譚
而不治은 무위이치無爲而治다. 지치至治는 애써 다스리지 않아도 저절로 다스려
지는 것이다. 이것이 음양화평인의 상象이다. 현인과 성인은 마음이 갖추어져
실행할 수 있고 마음이 바르고 수양되어서 천하를 평안하게 다스릴 수 있다."

> 古之善用鍼灸者, 視人五態, 乃治之. 盛者瀉之, 虛者補之.
>
> 예전의 침구를 잘 하는 사람은 오태五態를 보고 치료했으니 성하면 사하고 허
> 하면 보하는 것이다."

⊕ 편양지인偏陽之人은 양을 사하고 음을 보한다. 편음지인偏陰之人은 음을 사하
고 양을 보한다. 이것은 침이 천지인天地人 삼재三才의 도에 합치하니 천지음양
天地陰陽의 조화를 만회할 수 있다는 것을 말한다.

주위공朱衛公이 말했다. "음양지기는 모두 아래에서 올라가는 것이다. 예전
의 뜸을 잘 시술하는 자는 음양지기를 끌어올려 상행시켰다."

黃帝曰: 治人之五態奈何?

少師曰: 太陰之人, 多陰而無陽, 其陰血濁, 其衛氣澁, 陰陽不和, 緩筋而厚皮, 不之疾瀉, 不能移之.

황제가 물었다. "오태지인五態之人을 어떻게 치료하는가?"

소사가 답했다. "태음인은 음이 많고 양이 없다. 음혈이 농탁濃濁하고 위기 衛氣가 삽체하니 음양지기가 불화하여 근근筋은 이완되고 피부는 두텁다. 음을 빨리 사하지 않으면 고치기 어렵다."

⦿ 조정하가 말했다. "태음인은 음이 많고 양이 없으므로 음혈陰血이 농탁하다. 양기는 주리를 통회하는데 양이 없으므로 위기衛氣의 흐름이 원활하지 못하다. 음혈이 많으므로 근근筋이 이완된다. 혈다기소血多氣少하므로 피부가 단단하고 두텁다. 이것은 극도의 음양불화陰陽不和이니 빨리 사하지 않으면 고칠 수 없다."

少陰之人, 多陰少陽, 小胃而大腸, 六腑不調, 其陽明脈小, 而太陽脈大, 必審調之, 其血易脫, 其氣易敗也.

소음인은 음이 많고 양이 적다. 위胃가 작고 장腸이 크니 육부가 부조不調하다. 양명맥이 작고 태양맥이 크니 반드시 잘 살펴서 조절해야 한다. 혈은 쉽게 빠져나가고 기는 소모되기 때문이다.

⦿ 조정하가 말했다. "내부에 있는 것은 오장이 음이고, 육부가 양이다. 다음소양多陰少陽이므로 육부六腑가 부조不調되어 있다. 양기는 중초에서 생기니 양명맥이 소소한 것은 양기를 만드는 근본이 부족한 것이다. 태양지기太陽之氣는 수중水中에서 생기는데 태양맥이 대大한 것은 한수지기寒水之氣가 성한 것이다. 이는 음양불화陰陽不和이므로 혈은 쉽게 빠지고 기는 쉽게 흩어지니 반드시 성허盛虛를 잘 살펴서 조절해야 한다."

민사선閔士先이 말했다. "다음무양多陰無陽은 빨리 음혈陰血을 사하지 않으면 음양을 바꿀 수 없다. 다음소양多陰少陽은 조절해야 하니 음양이 불화되면 스스로 서로 지켜줄 수 없다."

주위공이 말했다. "중하中下 이초二焦의 정기精氣는 서로 자생資生하고 자익資益한다. 양명맥이 소小하고 태양맥이 대大한 것은 선·후천의 기가 불화한 것이므로 쉽게 빠지고 쉽게 흩어진다."

예중옥이 말했다. "앞 구절은 외부의 음양을 말했고, 여기서는 내부의 음양을 말한다. 외부에도 음양이 있고, 내부에도 음양이 있다. 외부의 불화는 반드시 원인이 내부에 있고, 내부의 불화는 반드시 외부에 미친다."

太陽之人, 多陽而少陰, 必謹調之, 無脫其陰, 而瀉其陽, 陰重脫者陽狂, 陰陽皆脫者暴死不知人也.

태양인은 양이 많고 음이 적으니 잘 살펴서 조절해야 한다. 음혈은 빼지 말고 양만을 사한다. 만약 음기가 지나치게 빠지면 전광증癲狂症이 나타난다. 음양이 모두 탈진되면 폭사暴死하거나 불성인사不省人事된다.

● 조정하가 말했다. "음은 빼지 말고 양을 사하라는 것無脫其陰而瀉其陽은 양이 음을 고정시키기 때문이다. 만약 음기를 거듭 빼면 양광陽狂이 된다. 음양이 모두 빠지면 폭사暴死하게 된다. 양은 음이 고정하고固, 음은 양이 지킨다守. 양기는 음중에서 생겨나는 것이니 음이 거듭 빠지면 양도 빠져나간다."

少陽之人, 多陽少陰, 經小而絡大, 血在中而氣外, 實陰而虛陽, 獨瀉其絡脈則强, 氣脫而疾, 中氣不足, 病不起也.

소양인은 양이 많고 음이 적다. 경맥이 작고 낙맥이 크다. 음혈이 내부에서 약하고 양기가 외부에서 성하여 음혈을 실하게 하고 양을 허하게 해야 하니 낙맥에 있는 양기만을 사하면 강해진다. 하지만 양기가 지나치게 많이 빠지면 중기中氣가 부족해져 병이 낫지 않는다.

● 조정하가 말했다. "경맥은 안에 있고, 경맥에서 갈라져 횡으로 가는 것이 낙맥이다. 위胃가 작고 장腸이 크니 위가 양이고 아래가 음이기 때문이다. 경맥이

작고 낙맥이 큰 것經小而絡大은 리裏가 음이고, 표表가 양이기 때문이다. 음혈이 내부에서 약하고 양기가 외부에서 성하다血在中而氣外는 것은 음이 내부에 있고 양이 외부에 있으며, 혈이 음이고 기가 양이므로 음을 실하게 하고 양을 허하게 해야 하니 낙맥만 사하면 강해진다. 만약 기를 사하면 아주 빨리 빠져서 중기부족中氣不足에 이르게 되고 병으로 일어나지 못한다."

민사선이 말했다. "앞 구절에서는 양을 사함에 음탈陰脫을 방지해야 한다고 말했으니 음양陰陽 이기二氣를 이름이다. 이것은 혈이 음이고 기가 양이어서 훈부열육지기充膚熱肉之氣가 리裏의 경수經隧에서 낙맥과 피부로 나가므로 음을 실하게 하고 양을 허하게 하려면 낙맥만 사하면 강해지지만 삼초통회지원진三焦通會之元眞을 사해서는 안 된다. 사하면 빠르게 탈기脫氣되고, 탈기되면 중기부족을 일으켜 일어나지 못한다.

이 장에서는 음양의 이치가 서로 뒤섞여 있다. 음양은 명칭이 있지만 형체가 없어 유형의 장위·경락·표리·상하로써 모두 음양을 논할 수 있는 것이다."

주위공이 말했다. "음양혈기의 원류는 두서 분운紛紜하여 경 전체를 관통한 다음에야 의혹이 있을 수 없다."

陰陽和平之人, 其陰陽之氣和, 血脈調謹, 診其陰陽, 視其邪正, 安其容儀, 審有餘不足, 盛則瀉之, 虛則補之, 不盛不虛, 以經取之. 此所以調陰陽, 別五態之人者也.

음양화평인은 음양지기가 균형이 맞고 혈맥이 잘 도니 먼저 음양지기를 진찰하여 사정邪正을 살핀다. 용모와 위의가 편안하니 유여부족을 살펴서 성하면 사하고 허하면 보하며 불실불허하면 경맥을 다스린다. 이것이 음양을 조절하고 오태지인을 분별하는 방법이다."

◉ 조정하가 말했다. "음양지기가 조화되었다는 것陰陽之氣和은 기에 음양이 있는 것이다. 혈맥이 조절되었는지 음양을 잘 진찰하라는 것血脈調謹 診其陰陽은 혈에도 음양이 있는 것이다. 사기와 정기를 살피고 얼굴과 용모를 편안하게 하는 것視其邪正 安其容儀은 형중形中에도 음양이 있는 것이다. 유여부족을 잘 살

펴서 성하면 사하고 허하면 보하는 것審有餘不足 盛則瀉之 虛則補之은 기의 성허盛虛를 조절하는 것이다. 기가 성하지도 않고 실하지도 않으면 경맥을 다스리는 것不盛不虛 以經取之은 혈의 허실을 조절하는 것이다. 이는 음양을 조절하고 오태지인을 구별하는 방법이다."

주위공이 말했다. "처음에는 무형의 사상四象을 말했고, 점차 유형의 오행까지 언급했다."

黃帝曰: 夫五態之人者, 相與毋故, 卒然新會, 未知其行也, 何以別之?
少師答曰: 衆人之屬, 不如五態之人者, 故五五二十五人, 而五態之人不與焉. 五態之人, 尤不合於衆者也.

황제가 물었다. "이러한 오태지인을 의사들은 평소 서로 관계가 없어 처음 보았을 때는 어떻게 행동하는지 모르니 무엇으로 구별하는가?"

소사가 답했다. "중인은 오태지인과 같지 않다. 이십오인二十五人의 분류법은 오태지인의 분별하는 방법과 관련이 없다. 오태지인은 중인과도 합치되는 바가 없다."

⏺ 조정하가 말했다. "여기서는 모양을 보고 즉각 형태를 알아내는 것을 말한다. 음양오태지인陰陽五態之人은 오음이십오인五音二十五人과는 다르고 더욱이 일반사람과는 부합되지 않는다. 그러므로 형상을 보고 구별해야 한다."

민사선이 말했다. "천天에서는 상象을 드러내고, 지地에서는 형形을 이루었으니 천지가 기氣와 합쳐져 '사람'이라 명명했다. 그러므로 앞 문장에서는 오행의 형이 육기에 합쳐진다고 했고, 여기서는 음양사상이 다시 유형有形에 합쳐짐을 말했다."

黃帝曰: 別五態之人奈何?
少師曰: 太陰之人, 其狀黮黮然黑色, 念然下意, 臨臨然* 長大, 膕

---
* 임임연臨臨然은 장대한 모양이다─마현대.

然未僂[*], 此太陰之人也.

황제가 물었다. "오태지인을 어떻게 분별하는가?"

소사가 답했다. "태음인은 얼굴이 검고 침침하며, 공손하고 예의바르며, 하체가 크고 허리가 구부정하다. 이것이 태음인이다."

◉ 조정하가 말했다. "담담연黮黮然은 검고 어두워 광명이 없는 것이다. 염연하의念然下意는 겸손하고 공경스러운 태도다. 신반이하身半以下는 음이므로 하체가 장대하다."

주위공이 말했다. "하체가 장대하므로 상반신이 굽어 구부정하지만 무릎에는 구루병이 없다. 사람이 공손하고 하체가 장대한 것念然下意而膕未僂은 무양지인無陽之人을 형용하면 이런 태도가 나온다."

少陰之人, 其狀淸然竊然, 固以陰賊, 立而躁嶮, 行而似伏, 此少陰之人也.

소음인은 차갑고 내성적이며 음흉스럽다. 초조하여 가만있지 못하며 움직일 때는 숨은 듯이 행동한다. 이것이 소음인이다.

◉ 마현대가 말했다. "청연淸然은 냉정한 모습이다. 절연竊然은 드러내려 하지 않고 감추고 있는 모습이다. 음험하면서 남을 해치고자 하는 마음이 있어 이런 태도가 있다. 서 있을 때는 초조하여 가만있지 못하는 것立而躁嶮은 음이 자주 조급해하기 때문이다. 숨은 듯이 움직이는 것行而似伏은 깊이 내장된 생각이 이랬다저랬다 하기 때문이다."

太陽之人, 其狀軒軒儲儲, 反身折膕, 此太陽之人也.

태양인은 의기양양해하고 과시하며 허리를 젖히고 걷는다. 이것이 태양인이다.

---

* 괵연미루膕然未僂는 괵연이 무릎을 구부리는 것인데, 항상 무릎이 구부정하지만 실제로는 구루병이 없다―장경악.

⬤ 마현대가 말했다. "마차의 앞머리를 헌軒이라고 한다. 헌헌軒軒은 얼굴을 들고 의기양양해하는 것이다. 저저儲儲는 빼어난 모습이다. 반신절괵反身折膕은 배를 내밀어 거만한 모습이다. 이는 거처가 만족스럽고 큰일을 호언장담하므로 이런 상이 있다."

少陽之人, 其狀立則好仰, 行則好搖, 其兩臂兩手則常出於背, 此少陽之人也.

소양인은 서 있을 때 얼굴을 들고 있고, 움직일 때 몸을 흔들며, 양팔과 양손이 항상 등에서 나온다. 이것이 소양인이다.

⬤ 조정하가 말했다. "서 있을 때 머리를 젖히길 좋아하는 것立則好仰은 허리를 뒤로 젖히는 것이다. 움직일 때 몸을 흔드는 걸 좋아하는 것行則好搖은 초양初陽이 생동하는 상이다. 양팔과 양손이 항상 등에서 나오는 것兩臂兩手則常出於背은 항상 뒷짐을 지고 다니는 것을 말하니 이는 모두 경거망동하고 오만스런 상으로 손을 모으는 겸손함이 없다."

陰陽和平之人, 其狀委委然, 隨隨然, 顒顒然, 愉愉然, 瞲瞲然, 豆豆然, 衆人皆曰君子, 此陰陽和平之人也.

음양화평인은 마음이 편안하고 여유로우며, 온화하고 즐거우며, 눈이 빛나고 기품이 있다. 중인들이 군자라고 한다. 이것이 음양화평인이다."

⬤ 조정하가 말했다. "위위委委는 마음이 너그럽고 스스로가 흡족한 모습이다. 수수隨隨는 급한 것이 없는 것이다. 옹옹顒顒은 존경스러운 모습이다. 유유愉愉는 기쁜 것이다. 선선瞲瞲은 눈빛이 아름다운 것이다. 두두豆豆는 품위 있는 것이다. 사람에게서 가장 귀한 것은 눈이다. 흉중이 바르므로 눈동자도 밝고 아름답다. 이는 음양화평인이니 모든 중인들이 군자라고 일컫는다. 현인에서 성인에 이르기까지 모두 군자라고 칭한다."

관능官能

黃帝問於岐伯曰: 余聞九鍼於夫子衆多矣, 不可勝數, 余推而論之, 以爲一紀, 余司誦之, 子聽其理, 非則語余, 請正其道, 令可久傳, 後世無患, 得其人乃傳, 非其人勿言.

岐伯稽首再拜曰: 請聽聖王之道.

黃帝曰: 用鍼之理, 必知形氣之所在, 左右上下, 陰陽表裏, 血氣多少, 行之逆順, 出入之合, 謀伐有過. 知解結, 知補虛瀉實, 上下氣門, 明通於四海, 審其所在, 寒熱淋露, 以輸異處, 審於調氣, 明於經隧, 左右肢絡, 盡知其會. 寒與熱爭, 能合而調之, 虛與實鄰, 知決而通之, 左右不調, 犯而行之, 明於逆順, 乃知可治. 陰陽不奇, 故知起時, 審於本末, 察其寒熱, 得邪所在, 萬刺不殆. 知官九鍼, 刺道畢矣.

황제가 기백에게 물었다. "내가 선생님께 구침에 대하여 이루 헤아릴 수 없을 정도로 아주 많은 것을 들었다. 내가 그 이치를 연구하고 귀납하여 하나의 글로 만들었다. 내가 읊어볼 테니 한번 들어봐라. 잘못된 곳을 말해주면 바로잡겠다. 오랫동안 전해져 후세 사람들에게 우환이 없게 하노니 올바른 사람을 만나 전해주고 합당하지 않은 사람이라면 전하지 않겠다."

기백이 머리를 조아리고 재배하고서 말했다. "성왕의 말씀을 기꺼이 듣겠다."

황제가 말했다. "용침用鍼의 이치는 병이 어디에 있는지 알아야 하니 좌우상하와 음양표리를 살피고, 혈기의 다소와 영위의 역순행 그리고 경맥 내외의 기혈이 만나고 갈라지는 곳을 알아야 한다.

잘못이 있으면 풀어야 하니 맺혀서 통하지 못하는 곳은 뚫는 것을 알아야한다.

허하면 보하고 실하면 사하는 것과 상하에 기가 모이는 곳을 알아야 한다.

전중膻中·충맥衝脈·위부胃腑·뇌수腦髓의 사해四海에 대해 명확하게 통해야 한다.

음양혈기와 진액이 전달되는 곳을 살핀다.

기를 조절하려면 경기가 유행하는 통로와 좌우 지락으로 갈라지는 부위와 병합하여 보이는 곳을 알아야 한다.

한열寒熱이 상쟁하는 것은 각 요인을 종합·조절하여 치료한다.

허와 실이 겸해서 나타나면 막힌 것을 소통시켜야 한다. 좌우가 부조不調하면 좌병에 우측을 취하고 우병에 좌측을 취하는 유자법繆刺法을 사용한다.

질병이 역逆에 속하는지 순順에 속하는지 구분해야 자침이 가능한지 알 수 있다.

장부 음양이 다 조절되면 병이 나을 형기形氣의 소재인 시기를 알 수 있다. 본말本末을 살피고, 한열을 관찰하여 사기의 소재를 알고 침자를 하면 제대로 치료할 수 있다.

구침九鍼의 적절한 자법을 알면 침도는 완성된다.”

⦿ 이 장은 침을 사용하는 이치로서 음양혈기의 유행출입流行出入, 역순천심逆順淺深, 오장육부의 경수배합經輸配合, 허실에 따른 보사補瀉를 밝게 알아야 침론鍼論이 완성된다고 말한다.

좌우상하 음양표리 혈기다소形氣之所在 左右上下 陰陽表裏 血氣多少는 형중의 음양혈기다.

행지역순行之逆順은 피부와 경맥의 혈기가 교차하여 서로 역순으로 행하는 것이다.

출입지합出入之合은 경맥 내외의 기혈이 표본의 출입이 있고, 이합離合이 있다.

잘못된 곳을 주벌하는 것謀伐有過은 잘못된 맥이 나오면 쳐서 제거해야 한다.

맺힌 것을 풀 줄 아는 것知解結은 혈기가 합하고 이어지는 문호紹之門戶을 말함이니 맺혀서 통하지 못하는 곳이 있으면 풀어야 한다. 이것은 혈기가 경맥의 내외를 유행하면서 맥내에서 유체되기도 하고 기가氣街의 문호에서 막히기도 하는 것이다.

허하면 보하고 실하면 사하는 것과 상하에 기가 모이는 곳을 아는 것知補虛瀉實上下氣門은 맥내의 혈기와 맥외의 기혈이 통하는 문호를 알고 허실을 알 수 있으면 보사의 소재를 알 수 있다.

사해에 명확하게 통하는 것明通於四海은 전중膻中·충맥衝脈·위부胃腑·뇌수腦髓의 출입을 아는 것이다.

한열寒熱은 음양혈기다.

임로淋露는 중초에서 생긴 진액이다.

음양혈기와 진액이 다른 곳으로 전수되는 것審其所在 以輪異處은 전중의 종기宗氣가 경맥의 내외로 전수되어 호흡누하에 응함을 아는 것이다. 충맥의 혈기는 반은 십이경맥으로 전수되고, 반은 바깥 피부로 포산된다. 위胃에서 생긴 진액은 점액질로 골에 주입되어 뇌수를 보익한다.

기를 조절하려면 경수를 알아야 한다審於調氣 明於經隧는 것은 위부胃腑에서 나온 혈기가 경수經隧로 주입되는 것이다. 경수는 오장육부의 대락大絡이다.

좌우 지락으로 갈라지는 부위와 병합하여 모이는 곳을 안다는 것左右肢絡 盡知其會은 좌측에서 우측으로 주입되고, 우측에서 좌측으로 주입되어 좌우상하가 경맥과 상관하여 사지로 퍼지고, 낙맥으로 나가서 맥외의 기혈과 피부분육지간에서 서로 만나는 것이다.

한과 열이 상쟁하는 것寒與熱爭은 음양지기가 불화한 것이므로 각종 요인을 종합하여 조절해야 한다.

허와 실을 겸하여 있는 것虛與實鄰은 혈과 기가 불화한 것이므로 막힌 것을 소통시킨다.

좌우가 불균형한 것左右不調은 인영맥과 기구맥의 부조不調니 좌병취우 우병취좌左病取右 右病取左의 유자법을 행한다.

장부 음양이 서로 균형을 이루는 것陰陽不奇은 장부 음양이 서로 짝을 이루어 십이경맥으로 서로 관통한다. 따라서 병이 일어나는 때를 아는 것知起時은 가을에 병이 걸리면 폐에 먼저 사기가 침투하고, 봄에 병이 걸리면 간에 사기가 먼저 침투하는 것과 같은 것이다. "봄 갑을일에 풍에 상하면 간풍이고, 여름 병정일에 풍에 상하면 심풍이다春甲乙傷于風者爲肝風 以夏丙丁傷于風者心風之類"

가 이것이다. 겨울에 이것을 만나면 골비骨痺가 되고, 봄에 이것을 만나면 근비
筋痺가 된다는 것과 같은 것이다.

정월은 태양太陽 인寅이므로 요추종통腰椎腫痛이 생긴다. 양명陽明은 오午이
니 양성陽盛하면 일음一陰이 생겨서 으슬으슬 떨리는 증상이 나타난다.

수태양의 근병筋病을 중춘비仲春痺라 하고, 족소양의 근병을 맹추비孟秋痺라
고 한다.

장부의 음양을 알면 병이 일어나는 시기를 알아낼 수 있다.

본말本末은 병의 표본이다. 한열寒熱은 음양지사陰陽之邪다.

용침의 이치는 음양혈기의 유행출입을 알아 사기의 소재를 알아내는 것이다.

안| 이 편은 경 전체를 총괄한 것이다. 황제가 평상시에 기백에게 자세히 분석
하고 기백에게 자문하여 이미 종지를 얻은 것을 다시 드러내 밝혔다. 그래서
"내가 여러 선생님께 구침에 대해 셀 수 없을 정도로 많은 것을 들었다. 내가
그것을 연구하고 정리하여 하나의 기본 틀을 만들었다余聞九針于夫子衆多矣 不可
勝數 余推以論之 以爲一紀"라고 했다. 기紀는 벼리綱다.

批 본경에서는 "중초에서 나오는 기는 이슬과 같다中焦出氣如露"라고 했다.

明於五輸, 徐疾所在, 屈伸出入, 皆有條理. 言陰與陽, 合於五行,
五臟六腑, 亦有所藏, 四時八風, 盡有陰陽, 各得其位, 合於明堂,
各處色部, 五臟六腑, 察其所痛, 左右上下, 知其寒溫, 何經所在.
審皮膚之寒溫滑澁, 知其所苦, 膈有上下, 知其氣所在, 先得其道,
浠而疎之, 稍深以留, 故能徐入之. 大熱在上, 推而下之, 從下上
者, 引而去之. 視前病者, 常先取之. 大寒在外, 留而補之. 入於中
者, 從合瀉之. 鍼所不爲, 灸之所宜. 上氣不足, 推而揚之. 下氣不
足, 積而從之. 陰陽皆虛, 火自當之. 厥而寒甚, 骨廉陷下, 寒過於
膝, 下陵三里. 陰絡所過, 得之留止. 寒入於中, 推而行之. 經陷下
者, 火則當之. 結絡堅緊, 火所治之. 不知所苦, 兩蹻之下, 男陰女
陽, 良工所禁, 鍼論畢矣.

오수혈을 잘 알아야 침의 서질徐疾로써 보사한다. 수족을 굴신시키면서 취혈

하니 모두 일정한 조리條理가 있다.

　오장육부는 천지음양과 오행에 합한다. 오장육부에는 신지神志가 저장되어 있다. 사시팔풍四時八風도 다 음양으로 분류되어 오장육부가 얼굴에 배치되니 명당明堂을 중심으로 정해진다. 각 부위의 안색으로 오장육부의 통증을 관찰하니 좌우상하의 움직임을 본다.

　한온寒溫을 살펴서 어느 경經에 병이 있는지 알 수 있다. 척지피부尺之皮膚의 한온활삽寒溫滑澁을 살펴서 아픈 곳을 알아낸다. 격상膈上에는 심폐心肺가 있고, 격하膈下에는 간비신肝脾腎이 있으니 기가 있는 곳을 알면 병의 소재를 알 수 있다.

　삼자법三刺法으로 자침하니 처음에는 얕게 찌르고, 다시 조금 깊이 찌르고, 또다시 더 깊이 찔러 곡기가 이르게 한다. 상부에 열이 있으면 아래로 내려가게 하고, 아래에서 올라간 것이면 끌어내려 제거한다. 이전의 병증이 있으면 먼저 치료한다. 외부에 한기寒氣가 있으면 유침하여 보하고, 중中으로 들어갔으면 합혈合穴을 취한다. 침으로 치료하지 못하는 것은 뜸으로 치료한다. 상기上氣가 부족하면 밀어 올려 퍼지게 하고, 하기下氣가 부족하면 유침시켜 기를 모은다.

　음양이 모두 허하면 화법火法을 써야 한다. 궐역으로 한寒이 심하고 골 주위 기육이 함하되며 무릎까지 차면 삼리三里를 취한다. 한기가 낙맥에서 발생했으면 유침시켜 멈추게 한다. 한기가 중中에 들어갔으면 밀어 내보내야 한다.

　경맥이 함하되면 화법을 써야 하고, 낙맥이 결체되어 단단해도 화법으로 치료한다. 어디가 아픈지 드러나지 않으면 양교맥을 다스린다. 남자는 음교맥을 금기하고, 여자는 양교맥을 금기한다.

　이것이 용침의 방법론이다.

⊕ 오수五腧는 오장에 오수가 있어서 5＊5＝25수腧가 있으며, 육부에 육수六腧가 있어서 6＊6＝36수가 있다. 본경에서 "기의 실허實虛에 따라 질서疾徐로 취한다"고 하므로 오수의 실허를 잘 안다면 침의 질서疾徐를 알 수 있다. 장부의 십이경맥의 굴신출입에 모두 순환의 법칙이 있다.

　음과 양은 오행에 합치한다言陰與陽 合於五行는 오장육부가 천지음양과 지지 오행에 합함을 말한다. 오장육부가 간직하는 신지神志가 있다五臟六腑 亦有所藏는 오장이 오신지五神志를 간직하고, 육부가 수곡을 전도傳導하며, 담이 중정지부中精之府이고, 방광은 진액이 저장되어 있다.

사시팔풍四時八風도 다 음양으로 분류되어 오장육부가 얼굴에 배치되니 명당明堂을 중심으로 정해진다四時八風 盡有陰陽 各得其位 合於明堂는 〈영추·오색五色〉에서 말하는 "안색에 황적색을 띠면 풍병이고, 청흑색을 띠면 통증이 있으며, 백색이면 몸이 차다黃赤爲風 青黑爲痛 白爲寒"는 것이다. 오색이 각 부위에 드러나면 부침浮沈을 살펴 병의 천심淺深을 알아내고, 색이 상하를 보아 병처를 알아낸다. 오장육부에 통증이 나타나는 곳이 몸의 좌우상하 어느 부위에 있는지 살펴서 한온의 사기가 장부 어느 경에 있는지 알 수 있다.

피부의 한온과 맥의 활삽을 살피는 것審皮膚之寒溫 滑澁知其所苦은 〈영추·사기장부병형邪氣臟腑病形〉에서 "활맥이 나타나면 척지피부도 매끄럽고, 삽맥이 나타나면 척지피부도 까칠하다. 심맥이 아주 활하면 갈증이 자주 나타나고, 삽맥이 심하면 말을 못한다脈滑者尺之皮膚亦滑 脈澁者尺之皮膚亦澁 心脈滑甚則善渴 澁甚爲瘖"라고 한 것이다.

격의 상하에 오장이 있어 기가 모이는 곳을 아는 것膈有上下 知其氣所在은 격상膈上은 종기가 모이는 곳으로 상초가 발산되어 오곡미를 퍼뜨려 피부를 덥히고 몸을 채우며 피모를 윤택하게 하고, 격하膈下는 위부胃腑 중초의 부위로 삼초에서 나온 기가 기육을 덥히고 피부를 충실히 한다. 따라서 기의 소재를 알아 기가 어디로 가는지를 먼저 알아내서 뭉친 것을 풀고 소통시켜 기가 나가게 유도한다.

초심이류稍深以留는 곡기를 오게 하는 것이다. 곡기가 이미 오면 침을 천천히 찔러 다시 기가 들어가게 한다. 상반신은 양이고 하반신은 음이다. 상부에 열이 있으므로 끌어서 내려오게 하여 하부의 음과 화합하게 한다. 아래에서 올라가는 것은 열궐熱厥이다. 열궐의 열은 족足에서 시작하여 올라가므로 상부로 끌어올려 제거한다. 대열大熱이 상부에 있는 것은 중초에서 일어나는 것이다. 하부에서 열궐이 일어나는 것은 술로 인한 것으로 비중脾中에 기가 뭉쳐서 풀리지 않는다. 이전 통증이 있으면 먼저 치료한다. 병이 중초에서 온 것이면 먼저 중초를 취해야 한다.

태양太陽의 상부는 한수寒水가 주관한다太陽之上 寒氣主之. 태양지기太陽之氣는 피부를 주관한다. 대한재외大寒在外는 한수지기寒水之氣가 부표에 있다. 그러므로 유침시켜 보한다. 양기가 와서 침하針下가 따뜻해진다. 양을 보하여 한기를 이긴다. 한사寒邪가 중中으로 들어갔으면 합혈合穴을 취하여 사한다. 합혈로 내부를 다스리는 것合治內腑으로 한사를 장위腸胃로 나가게 한다. 한기가 외부도 심하고, 중中으로 들어가는 것은 양기가 아래에 있기 때문이다. 따라서 침으로 치료할 수 없고 뜸떠야 한다鍼所不能爲 灸之所宜.

상기가 부족하면 끌어올려 퍼트린다上氣不足 推而揚之, 하기가 부족하면 유침하여 기를 모은다下氣不足 積而從之는 기가 본래 하부에서 생기기 때문이다. 음양이 모두 허하면 화법을 써야 한다陰陽皆虛 火自當之는 쑥은 습기가 많아도 불을 필 수 있으니 음중陰中에서 양기를 끌어내는 것이다.

궐역으로 한寒이 심해지는 것厥而寒甚은 골렴骨廉의 아래 기육이 함하되고 무릎으로 상역한 것으로 한궐寒厥이다. 한궐이 족오지足五指 안쪽에서 시작하여 무릎 아래서 모였다가 무릎 위에서 뭉친다. 기는 중中에서 생기는 것인데 양기가 쇠하여 경락을 영양하지 못하니 양기는 줄어들고 음기만 남아서 차가워진다. 그러므로 양명의 삼리三里를 취하여 보한다. 이것은 한궐이 기에서 일어난 것이다. 한기가 낙맥이 지나가는 곳에서 발생했으면 유침시켜 멈추게 한다. 한기가 중中에 들어갔으면 밀어 내보내야 한다. 이것이 한궐의 치법이다.

경기經氣가 함하되면 뜸뜨는 화법火法으로 치료한다. 낙맥이 결체되어 단단하고 팽팽하면 안에 어혈이 있는 것이니 혈한血寒하므로 화법으로 치료한다.

〈소문·조경론調經論〉에서 "통증이 어디서 일어나는지 모르면 양교兩蹻를 취한다病不知所痛 兩蹻爲上"라고 했다. 양교맥과 음교맥은 함께 족과足踝에서 시작하여 올라가서 흉부 안을 순환한다. 통증이 교맥상에 있기 때문에 통처가 어딘지 모른다. 그래서 그 통증이 일어나는 곳을 모르면 족과 아래에 있는 양교맥을 취한다. 남자는 양교맥을 경으로 삼고, 여자는 음교맥을 경으로 삼는다. 따라서 남자병에 음교를 취하고, 여자병에 양교를 취한다. 이는 양공良工이 조심하는 바다. 장부臟腑·음양陰陽·한열寒熱·허실虛實·표리表裏·상하上下·보사補瀉·질서疾徐를 알 수 있으면 용침用鍼의 이론은 다 완성된 것이다.

用鍼之服, 必有法則, 上視天光, 下司八正, 以辟奇邪, 而觀百姓, 審於虛實, 無犯其邪, 是得天之露, 遇歲之虛, 救而不勝, 反受其殃. 故曰必知天忌.

침놓을 때는 반드시 원칙을 따라야 한다. 일월성신日月星辰의 운행을 관찰하고, 사시四時와 팔풍八風의 허사虛邪를 살펴서 적풍허사賊風虛邪를 피해야 한다. 백성을 관찰하고 허실을 살펴서 허사에 당하지 않게 해야 한다. 계절과 맞지 않은 풍우風雨가 나타나고 연월일의 삼허三虛를 만나면 구원해도 낫게 할 수 없어 재앙을 받을 것이니 천기天忌를 알아야 한다.

● 민사선이 말했다. "복服은 행위事다. 침놓는 행위는 천시天時에 맞추어야 한다. 침은 기를 살펴서 놓는 것이다. 그러므로 위로 일월성신日月星辰을 살펴서 하늘의 질서에 따른 달月의 성만盛滿과 해日의 움직임으로 기의 소재가 정해지면 남면南面하여 똑바로 서서 기가 오는 것을 기다려 자침한다上視天光 因天之序 盛虛之時 移光定位 正立而待. 이는 천지양天之陽이 오는 것을 기다려 사람의 기를 돕게 하는 것이다.

하사팔정下司八正은 팔풍八風의 허사虛邪가 오는 때를 살피는 것이다. 허실虛實은 사람의 성쇠다. 계절과 맞지 않은 풍우風雨가 나타나는 것得天之露은 청사淸邪가 상부에 적중된 것이니 양중陽中에 안개가 낀 것이다. 세시의 허함을 만나는 것遇歲之虛은 허한 해年를 만나고, 빈 달月을 당하며, 시時의 도움을 못 받은 것이다. 치료해도 사기를 이기지 못하면 반대로 재앙을 받는다. 그래서 천기天忌를 꼭 알아야 하는 것이다."

乃言鍼意, 法於往古, 驗於來今, 觀於窈冥, 通於無窮, 麤之所不見, 良工之所貴, 莫知其形, 若神髣髴.

이에 침의鍼意를 말하자면 옛사람들의 이론과 경험을 본받고 현재와 미래를 살피며 드러나지 않는 것을 볼 수 있어야 심오한 이치에 통하는 것이니 추공은 알지 못하고 상공은 소중하게 여기는 것이다. 형체로 드러나지 않으니 신통할 뿐이다.

● 민사선이 말했다. "옛것을 본받는 것法於往古은 먼저 『침경針經』을 아는 것이다. 현재와 미래를 살피는 것驗於來今은 해日의 한온寒溫과 달月의 성허盛虛를 알고, 기氣의 부침浮沈을 살펴 몸에 조절하는 것이며, 그것이 유효한지 살피는 것이다. 드러나지 않은 것을 관찰하는 것觀於窈冥은 형기영위形氣營衛에서 겉으로 드러나지 않는 것을 상공上工만 알 수 있는 것이다. 심오한 이치에 통해야通於無窮 후세에 전해질 수 있다. 상공이 추공과 다른 점이다. 하지만 겉으로 드러나지 않아 모두 볼 수 없다. 볼 수도 없고 맛도 없는 것이어서 형체로는 알수 없으니 신통하다는 것이다."

邪氣之中人也, 洒淅動形, 正邪之中人也微, 先見於色, 不知於其身, 若有若無, 若亡若存, 有形無形, 莫知其情. 是故上工之取氣, 乃救其萌芽, 下工守其已成, 因敗其形.

사기가 인체에 적중되면 으슬으슬 춥고 몸이 떨린다. 정사正邪가 적중되면 병증이 미미하여 안색에 먼저 나타나고 몸에서는 병증이 나타나지 않는다. 병의 유무有無도 명확하지 않고, 존망存亡도 알 수 없으며, 유형有形인지 무형無形인지 구별할 수 없다. 따라서 상공은 기를 취하니 맹아일 때 치료하는 것이다. 하공은 병이 다 이루어진 다음에 치료하니 몸을 망가트린다.

● 민사선이 말했다. "이것은 허사虛邪가 형形을 손상시키고, 정사正邪가 기氣를 병들게 만드는 것이다. 허사는 허향虛鄕에서 오는 비정상적인 풍風이니 봄에 부는 서풍, 여름의 북풍이다. 사람은 오행을 지니고서 형체를 이루는 것이니 오방五方 부정지기不正之氣로써 사람의 형체가 손상된다. 정사는 풍風·한寒·서暑·습濕·조燥·화火로 천天의 정기正氣다. 천에 육기六氣가 있고, 사람에게도 육기가 있다. 따라서 정사가 사람에 적중되면 동기同氣가 서로 감응한다. 기에 적중되면 먼저 안색에 변화가 나타나지만 몸에는 드러나지 않아 병들었는지 아닌지 알 수 없다.

그러므로 상공上工은 기를 취한다. 이에 맹아일 때 구원하니 먼저 삼부구후지기三部九候之氣를 살펴보고 망가지지 않은 것을 조절하여 구원한다. 하공下工

은 병이 이미 다 완성된 뒤 치료하려 하니 이미 다 망가진 것을 구하려는 것이다. 이미 망가진 것을 구하는 것은 삼부구후맥三部九候脈이 실조된 것을 알지 못하고 병을 치료하니 실패한다."

是故工之用鍼也, 知氣之所在, 而守其門戶, 明於調氣, 補瀉所在, 徐疾之意, 所取之處. 瀉必用圓, 切而轉之, 其氣乃行, 疾而徐出, 邪氣乃出, 伸而迎之, 搖大其穴, 氣出乃疾. 補必用方, 外引其皮, 令當其門, 左引其樞, 右推其膚, 微旋而徐推之, 必端以正, 安以靜, 堅心無懈, 欲微以留, 氣下而疾出之, 推其皮, 蓋其外門, 眞其乃存, 用鍼之要, 無忘其神.

그러므로 상공의 용침은 기의 소재를 알고 기가 출입하는 문호를 잘 지킨다. 기를 조절하는 것은 보사의 소재를 알아 침의 서질徐疾로써 병처에 보사를 시행한다.

사법은 침을 빠르게 돌려 기가 나가게 하는 것으로 빨리 침을 찌르고 서서히 침을 빼내 사기가 나오게 한다. 숨을 들이쉴 때 침놓고 침구멍을 크게 열면 기가 빠져나간다.

보법은 단정하고 안정되게 찌르는 것으로 침놓을 곳을 문지르고, 왼손으로 침을 잡고 오른손으로 밀어넣는다. 조금씩 돌리면서 서서히 밀어넣으니 침이 쓰러지지 않게 똑바로 찌른다. 정신을 집중하여 방심하지 말 것이며 약간 유침했다가 기가 오면 빨리 뺀다. 피부를 문질러 혈자리를 막으면 진기가 보존된다. 용침의 핵심은 득기得氣하는 데 있다.

◉ 민사선이 말했다. "기의 소재를 아는 것知氣之所在은 병기가 있는 곳을 알아내 문을 지키는 것이다. 문은 정기正氣가 출입하는 곳에 사기가 머뭇거리는 것이다. 명확하게 기를 조절하는 것明於調氣은 기의 실허를 알아 보사를 하는데 침을 서질徐疾의 속도로 조절하는 것이다. 사법은 원활하게 돌린다瀉必用圓는 침을 빠르게 움직여 기가 돌게 하는 것이다. 빨리 찌르고 서서히 빼는 것疾內而徐出은 침을 빨리 찌르고 서서히 빼면 허해진다. 사기가 나가면 실했던 것이 비게 된다. 침구멍을 크게 열면 기가 빨리 빠져나간다搖大其穴 氣出乃疾는 사기가

바로 빠져나가는 것이다.

보법은 단정하고 안정되게 찌른다補必用方는 혈자리를 찾아 피부를 문질러 왼손으로 침을 잡고 오른손으로 피부를 밀면서 침을 돌려 서서히 집어넣는다. 침은 반드시 똑바로 넣으며 편안한 상태로 있으면서 기가 오는 것을 기다린다. 정신을 집중시키고 다른 것에 정신을 뺏기지 않아야 한다. 침을 잠시 유침시키고 기가 제대로 도는지 살펴 빨리 빼내고 피부를 밀어 침구멍을 닫으면 진기가 내부에 보존된다.

용침의 요체는 득기得氣를 하는 게 중요하다. 내 기는 잘 지키고, 침으로 기가 잘 오게 기다리는 것이다."

주위공이 말했다. "〈소문·팔정신명론八正神明論〉에서 '기가 성할 때 쓰는 것이 사법이고, 기를 원활하게 돌게 하는 것이 보법이다瀉必用方*補必用圓**'라고 했다. 방方과 원圓은 침이 아니고 용침의 의미. 또 방원方圓은 천지天地의 상象이다. 천기天氣가 하강하면 기가 땅에서 흐르고, 지기地氣가 상승하면 기가 하늘로 오르니 천지지기天地之氣가 오르내리면서 서로 만난다. 그러므로 방원의 의미는 모두 원활하게 돌 수 있게끔 하는 것이다."

> 雷公問於黃帝曰: 鍼論曰 得其人乃傳, 非其人勿言, 何以知其可傳?
> 黃帝曰: 各得其人, 任之其能, 故能明其事.
> 雷公曰: 願聞官能奈何?
> 黃帝曰: 明目者, 可使視色. 聰耳者, 可使聽音. 捷疾辭語者, 可使

---

* 기백이 답했다. 사필용방瀉必用方의 방方은 기가 성하다는 의미. 월은 만이고 일은 온이며 신은 안정된 것이다. 숨을 들이쉴 때 찌르고 숨을 들이쉴 때 전침轉鍼하며 숨을 내쉬면서 침을 뺀다. 이것이 사필용방이라고 하니 기가 돈다岐伯曰 瀉必用方 方者以氣方盛也 以月方滿也 以日方溫也 以身方定也 以息方吸而內鍼 乃復候其方吸而轉鍼 乃復候其方呼而徐引鍼 故曰 瀉必用方 其氣而行焉—〈소문·팔정신명론八正神明論〉
사필용방瀉必用方은 엄지손가락을 뒤로 집게손가락을 앞으로 전진시켜 나오는 구멍이 방方과 비슷하다—고사종.

** 보필용원補必用圓이니 원圓은 움직이는 것이고 움직이면 옮겨진다. 혈맥에 자침하고 숨을 들이쉬면서 발침한다補必用員 員者行也 行者移也 刺必中其營 復以吸排鍼也—〈소문·팔정신명론八正神明論〉. 보필용원補必用圓은 엄지손가락을 앞으로 집게손가락을 뒤로 빼면 구멍이 동그랗다—고사종.

傳論. 語徐而安靜, 手巧而心審諦者, 可使行鍼艾, 理血氣而調諸逆順, 察陰陽而兼諸方. 緩節柔筋而心和調者, 可使導引行氣. 疾毒言語輕人者, 可使唾癰呪病*. 爪苦手毒爲事善傷人者, 可使按積抑痺, 各得其人, 方乃可行, 其名乃彰. 不得其人, 其功不成, 其師無名. 故曰, 得其人乃言, 非其人勿傳, 此之謂也. 手毒者, 可使試按龜, 置龜於器下而按其上, 五十日而死矣. 手甘者, 復生如故也.

뇌공이 황제에게 물었다. "〈침론鍼論〉에 '올바른 사람에게 전해야 하니 합당한 사람이 아니면 맡기지 말라'고 했는데 무엇으로 전할 수 있는지 아는가?"

황제가 답했다. "각기 합당한 능력을 갖춘 사람에게 일을 맡기기 때문에 그 일에 능통하다."

뇌공이 물었다. "어떻게 능력에 따라 맡기는 것인가?"

황제가 답했다. "눈이 밝으면 안색을 살피게 하고, 귀가 밝으면 청음聽音하게 한다. 말을 빨리하는 사람에게는 말을 전달시키게 한다. 말을 천천히 하고 안정되고 손재주가 좋고 섬세한 사람에게는 침구 치료를 맡겨 혈기를 다스리고, 역순을 조절케 하며, 음양을 살피고, 약 처방을 겸하게 한다. 관절이 유연하고 심기가 편안한 사람에게는 도인행기導引行氣를 시킨다. 입이 거칠고 말을 세게 하는 사람은 타옹주병唾癰呪病으로 병을 치료하는 축유祝由를 맡긴다. 손이 매워서 남을 잘 다치게 하는 사람은 적취를 문지르거나 비증痺症을 억제시키는 일을 맡긴다.

각기 지닌 재능에 맞추어야 제대로 시행되고 이름을 날릴 수 있다. 합당한 사람을 얻지 못하면 공은 이루어지지 못하고 이름도 없다. 그러므로 '올바른 사람을 만나면 전해주고, 합당한 사람이 아니면 전하지 말라'고 한 것이다.

손이 매운지는 거북이를 문질러서 시험한다. 거북이를 용기에 넣고 등을 문지르면 50일에 죽는다. 손이 부드러우면 다시 전처럼 살아난다."

⊕ 민사선이 말했다. "관官은 담당관을 말한다. 재능에 따라 분류하여 맡겨 그 일을 담당케 하는 것이다. 그래서 관능官能이라고 한 것이다. 눈이 밝으면 찰색察色을 맡기고, 귀가 총명하면 청음聽音을 맡긴다. 침과 뜸을 잘할 수 있는 사람

---

* 타옹주병唾癰呪病이란 저주나 기도로 병을 제거하는 방법이다—〈통해〉.

은 침놓고 뜸뜨는 일을 맡긴다. 도인행기導引行氣를 잘하는 자는 도인행기를 맡긴다. 말을 매섭게 하는 자는 타옹唾癰이나 주술呪術로 병을 치료하게 한다. 손이 매운 자는 적積積을 문질러 풀거나 비증痺症을 억제하는 일을 맡긴다. 각기 재능을 터득해야 비로소 행할 수 있고 이름도 떨칠 수 있다. 올바른 사람을 얻지 못하면 공을 이룰 수 없다.

대개 성인이 올바른 사람을 구하고자 재주를 헤아려 맡겨서 임무를 주어 다스린다. 자기는 그 사이에 간여하지 않고 모두 일이 되게 맡긴다. 거북이를 문질러 시험해 볼 수 있다는 것可使試按龜은 수독手毒이 있는 자는 침놓지 못하게 한다. 즉 영수지물靈壽之物도 수독을 만나면 죽는데 하물며 병인은 말할 것도 없다. 손이 예쁘고 부드러워야 사람을 구할 수 있다."

주위공이 말했다. "오십은 대연지수大衍之數이니 백세를 다 채울 수 없음을 말한다. 〈소문·음양별론陰陽別論〉에 보면 '오장기절五臟氣絶도 오십수에 합한다'라고 나온다. 이는 모두 자연의 이수理數에서 나온 것이다.

기린麟·봉황鳳·거북龜·용龍을 사령四靈이라고 한다. 성인이 구침지법九鍼之法을 제정한 것은 백성의 재이災異를 구하고자 함이다. 어떻게 독수毒手로 시험하여 영물靈物을 상하게 하려는 것이겠는가? 아마도 '올바른 사람이 아니면 전하지 말고, 합당한 사람이 아니면 맡기지 말라非其人勿傳 非其人勿任'는 것을 경계하고자 함이리라."

ᕐ

찬바람을 쐬거나 찬 곳에서 자다가 입이 돌아가는 경우 또는 이런 것과 전혀 상관없이 입이 돌아가거나 눈이 안 감기는 것이 구안와사다. 이 병의 증상은 입이 돌아가 말이 안 나오고 양치질할 때 물을 흘리기도 하며 눈이 안 감기고 웃으면 입이 삐뚤어진다.

한의학에서는 구안와사를 중풍 초기로 여긴다. 중풍은 뇌혈관의 이상으로 뇌출혈이나 뇌경색을 수반해 나타나는 질환이지만 구안와사는 뇌병변이 없다. 쉽게 좋아지는 경우도 많지만 어떤 경우에는 낫지 않아 평생 입이 돌아간 상태로 지내야 하는 경우도 적지 않다. 남들과 얼굴을 제일 먼저 상대하니 구안와사가 안 나으면 평생 얼굴 콤플렉스로 지내게 된다.

구안와사의 진단은 입으로 휘파람을 불게 하면 입술이 동그랗게 안 되고 소리가 새어나가 휘파람이 안 나온다. 또 '이~'라고 발음하게 하면 입이 삐뚤어지거나 대칭이 안 된다. 눈을 감게 하면 눈이 안 감긴다. 병처는 눈이 안 감기는 쪽, 찌그러지는 쪽이 아니라 힘이 없어 늘어지는 곳이다. 한쪽에 힘이 풀리면서 안면 근육이 대칭이 깨져 건측으로 몰린다.

구안와사가 안면에서 생기는 병이지만 안면은 병증이 나타나는 곳이지 얼굴 자체가 병이 아니다. 진찰해 보면 심하를 눌렀을 때 통증이 있고 관맥이 실하게 나타난다. 구안와사가 오는 경우는 대부분 체기滯氣를 겸한다. 안면은 양명경이 가장 많이 분포되어 있어 위장이 나빠지면서 얼굴에 병변이 나타난다.

그러므로 치료는 얼굴 중심이 아니라 체기 위주로 치료한다.

침구 치료는 먼저 사관四關으로 통기경맥시킨다. 관맥이 덜 풀리면 상완上脘·중완中脘·하완下脘·천추天樞에 침놓아 체기를 치료한다. 그다음에 건측의 근류주입혈根溜注入穴에 자침하여 피부에서 장부로 기혈이 잘 통하게 한다. 다시 안면 건측의 정명睛明·찬죽攢竹·사백四白·동자료瞳子髎·인중人中·승장承漿·지창地倉·협거頰車에 침놓는다.

안면마비는 체기가 풀리면서 회복되기 시작한다. 구안와사는 발병 후 1~2개월 안에 빨리 돌아오게 해야 하는데 그렇지 못하면 후유증이 남아 완전히 회복하지 못하는 경우가 있으니 초기에 정확하게 잘 치료해야 한다.『동의보감東醫寶鑑』에는 이기거풍산理氣祛風散으로 치료한다고 되어 있지만 중풍이 바람으로 인한 병이 아니라 체기로 인한 기혈응체로 일어나므로 이기거풍산은 병증과 별로 상관없다. 구안와사는 중풍의 초기 질환이니 성향정기산星香正氣散이 제일 좋다.

논질진척論疾診尺

> 黃帝問於岐伯曰: 余欲無視色持脈, 獨調其尺, 以言其病, 從外知
> 內, 爲之奈何?
> 岐伯曰: 審其尺之緩急小大滑澁, 肉之堅脆, 而病形定矣.
>
> 황제가 기백에게 물었다. "나는 찰색察色이나 진맥診脈을 하지 않고 척부尺膚만
> 살펴서 병을 알아내고 싶다. 외부에서 내부를 알고자 하는데 어떻게 해야 하
> 는가?"
>
> 기백이 답했다. "척부의 완급대소활삽緩急大小滑澁과 육肉의 견취堅脆를 살피
> 면 병형이 결정된다."

◉ 이 장은 척부尺膚로 질병을 진찰하여 외부에서 내부를 알아내는 것을 말한다.

논질論疾은 질병을 말하고 증상을 알아내는 것이다. 진診은 살펴보는 것이
다. 진척診尺은 척부를 살펴서 내부를 아는 것이다. 안색을 보지 않고 태음맥을
짚지 않고도 오직 척부만 살펴 병을 알아내는 것이다.

위胃는 수곡혈기지해水穀血氣之海다. 그러므로 맥중을 행하는 것은 태음의 양
맥구兩脈口에 도달하니 맥을 짚어서 장부의 병을 알아낸다. 맥외로 행하는 혈
기는 수양명대락에서 경맥의 오리五里를 순환하고 척부에서 흩어져 움직인다.
그래서 척부의 완급대소활삽과 육肉의 견취堅脆를 살펴서 병형을 결정한다.

태음은 음을 주관하고, 양명은 양을 주관한다. 장부는 자웅상합하니 기혈과
색맥色脈이 상응한다. 그러므로 〈영추·사기장부병형邪氣臟腑病形〉에서 "맥이
급하면 척부도 팽팽하고, 맥이 이완되면 척부도 느슨하며, 맥이 소하면 척부
도 오그라들고, 맥이 대하면 척부도 일어나며, 맥이 삽하면 척부도 거칠다脈急

者 尺之皮膚亦急 脈緩者 尺之皮膚亦緩 脈小者 尺之皮膚亦減而少 脈大者 尺之皮膚亦賁而起 脈澁者亦澁"라고 했다.

민사선이 말했다. "소아는 호구문虎口紋을 보아 진찰한다. 수양명의 색色과 수태음의 맥脈이 상응하는 곳이다."

視人之目窠上微癰, 如新臥起狀, 其頸脈動, 時欬, 按其手足上, 窅而不起者, 風水膚脹也.

위 눈꺼풀이 누에 모양으로 두툼하게 붓고, 경동맥頸動脈이 뛰며, 기침도 하고, 손발 위를 누르면 푹 들어가 올라오지 않는 것은 풍수風水와 부창膚脹이다.

⊕ 이것은 질병을 논하여 병을 알아내는 것이다.

족태양맥은 양목兩目에서 시작하여 경항頸項으로 내려간다. 태양太陽의 상부는 한수寒水가 주관한다太陽之上 寒水主之. 태양지기太陽之氣는 부표膚表로 운행된다. 이것은 수水가 기氣를 따라 피부 사이에 넘치는 것이다. 그래서 눈두덩目窠이 약간 붓고 경동맥이 뛰며 피부가 팽창한다. 기침咳은 수水가 피모에 머물러 폐기를 요동시켜 생긴다. 풍수風水는 외부에서 풍을 받아 생긴 것이다. 바람이 불면 물이 출렁거린다.

尺膚滑, 其淖澤者, 風也. 尺肉弱者, 解㑊安臥, 脫肉者, 寒熱不治. 尺膚滑而澤脂者, 風也. 尺膚濇者, 風痺也. 尺膚麤如枯魚之鱗者, 水泆飲也. 尺膚熱甚, 脈盛躁者, 病溫也. 其脈盛而滑者, 病且出也. 尺膚寒, 其脈小者, 泄少氣. 尺膚炬然, 先熱後寒者, 寒熱也. 尺膚先寒, 久大*之而熱者, 亦寒熱也.

척부가 미끄럽고 반들거리면 풍병風病이다. 척부의 기육이 약하면 해역解㑊으로 잘 눕는다. 살이 빠지고 한열이 나면 불치不治다. 척부가 미끄럽고 번질번질하면 풍병이다. 척부가 거칠면 풍비風痺다. 척부가 마른 생선 비늘처럼 오톨도톨하여 거칠면 수일음水泆飲이다. 척부에 열이 심하고 맥이 성조盛躁하면 온

---

* '大'는 '待'로 해야 한다—〈통해〉.

병溫病이다. 맥이 성하면서도 활맥滑脈이 뛰면 병이 나으려고 하는 것이다. 척부가 차고 맥이 소小하면 설사로 기운이 없다. 척부가 화끈거리면서 처음에 더웠다 차가워지는 것은 한열병寒熱病이다. 척부가 처음에 차다가 한참 지나서 열이 나는 것도 한열병이다.

⊕ 이것은 척부를 진찰하여 내외의 병을 알아내는 것을 말한다.

진액은 피부를 윤활케 하므로 척부도 미끄럽다. 피부가 번들거리는 것淖澤은 풍風이 피부에 있으면서 진액을 고동시킨 것이다.

지脂는 기육의 문리 사이에 있는 지막脂膜이다. 척부가 미끄럽고 번질번질하면 풍이 기육 사이에 있다.

외부에 있는 것은 피부가 양이고, 근골이 음이다. 병이 양에 있으면 풍이라 하고, 병이 음에 있으면 비痺라고 한다. 척부가 거칠면澀 근골 사이에 풍비風痺가 있다. 이것은 척부의 요택淖澤과 활삽滑澀으로 풍사風邪의 천심淺深을 알아내는 것이다.

기육은 오장의 원진元眞이 모이고 통하는 곳으로 비토脾土가 주관한다. 그러므로 척부의 육肉이 약한 것은 주로 비토가 허한 것이니 힘이 없어 늘어지고 누우려고 한다. 해역解㑊은 피곤해서 늘어지는 것이다.

탈육脫肉은 형체가 손상된 것이다.

한열寒熱은 음양혈기가 허한 것이다.

양허하면 한寒이 발생하고, 음허하면 열이 발생한다. 음양형기가 모두 이미 다 허탈된 것이므로 불치不治다.

말린 생선 비늘 같은 것如枯魚之鱗者은 피부에 소름이 돋은 것이다. 한寒은 수지기水之氣인데 이 수사水邪가 내부에서 넘치면 한기寒氣가 겉으로 드러난다.

온병溫病은 한독寒毒이 기부肌膚에 잠복되어 있다가 봄에 온병溫病으로 발병하는 것이다. 그러므로 척부가 열이 심하고 맥이 성조盛躁하면 온병이다.

맥이 성盛하고 활滑하면 병이 밖으로 나가려 한다.

척부가 차고 맥이 소小하면 기가 없는 것이다. 기는 부육膚肉을 덥히고 음에서 생기며, 내부에서 외부로 나가므로 내부에서 설사를 하고 외부는 허탈해진 것이다. 이것이 척부를 진찰하여 내부에서 일어나는 병을 알아내는 것이다. 척부가 열이 났다가 차갑거나 차다가 열이 나는 것은 모두 한열병寒熱病이다. 척부는 삼음삼양지기三陰三陽之氣를 주관한다.

批 분육 사이에 있는 고막膏膜이 지脂다.

> 肘所獨熱者, 腰以上熱. 手所獨熱者, 腰以下熱. 肘前獨熱者, 膺前熱. 肘後獨熱者, 肩背熱. 臂中獨熱者, 腰腹熱. 肘後麤以下三四寸熱者, 腸中有蟲. 掌中熱者, 腹中熱. 掌中寒者, 腹中寒. 魚上白肉有靑血脈者, 胃中有寒.
>
> 팔꿈치 부위만 뜨거우면 상반신에 열이 있고, 손목 부위만 뜨거우면 하반신에 열이 있다. 팔꿈치 앞쪽만 뜨거우면 가슴에 열이 나고, 팔꿈치 뒤쪽만 뜨거우면 견배肩背에 열이 있다. 팔만 뜨거우면 요복열腰腹熱이고, 팔꿈치 뒤쪽이 거칠고 3, 4촌 아래가 뜨거우면 장중腸中에 충蟲이 있다. 손바닥이 뜨거우면 복중腹中에 열이 있고, 손바닥이 차가우면 복중腹中이 차다. 어제魚際 위쪽 백육白肉에 푸른 맥이 있으면 위중胃中이 차다.

◉ 수태음맥은 지정指井의 소상少商에서 출발하여 오수혈을 지나 팔꿈치肘의 척택尺澤으로 들어간다. 맥외의 기혈은 수양명 오리五里에서 척부로 가서 어제魚際로 올라가니 서로 역순으로 행한다. 그러므로 〈소문·맥요정미론脈要精微論〉에서 "양수兩手의 척촌尺寸에서 요골橈骨 쪽 상부맥은 흉胸·후喉 등 상부를 나타내고, 척부 쪽 맥은 소복少腹·요腰·고股·슬膝·경脛·족足 등 하부를 나타낸다兩手之尺寸 上竟上者 胸喉中事, 下竟下者 少腹腰股膝脛足之事也"라고 했다.

척상尺上의 촌맥寸脈은 상반신을 보고, 촌하寸下의 척맥尺脈은 하반신을 살핀다. 신반身半 이상은 양이고, 신반身半 이하는 음이다. 그러므로 양인 촌맥으로 상부를 살피고, 음인 척맥으로 하부를 살핀다.

주소肘所는 촌맥에서 척부까지다. 수소手所는 척맥에서 촌맥까지다. 주소肘所에만 열나는 것은 요이상腰以上에 열이 있는 것이고, 수소手所에만 열나는 것은 요이하腰以下에 열이 있는 것이다. 이것은 척부를 진찰하여 형신의 상하를 살피는 것이다. 그러므로 맥으로 상하를 살피는 것과는 반대로 진찰한다.

주전肘前은 수궐음의 곡택曲澤 부위다. 주후肘後는 수소양의 천정天井 부위다. 양손을 아래로 늘어뜨린 자세에서 위쪽은 상부를 살피는 것이고, 아래쪽은 하부를 살피며, 앞쪽은 앞면을, 뒤쪽은 후면을 살핀다.

이른바 주소肘所, 수소手所는 수비手臂의 배면背面을 말한다. 비중臂中·장중掌中·어상魚上은 수비手臂의 정면이다. 배면은 양이므로 형신의 외부를 살피고, 정면은 음을 주관하므로 요복腰腹·장위腸胃의 내부를 살핀다. 즉 척외尺外로 계륵季肋을 살피고, 척리尺裏로 복중腹中을 살핀다는 것과 같은 의미다.

사람은 천지육합지내天地六合之內에서 살아간다. 혈기의 유행승강출입은 천체가 상하사방을 도는 것에 대응된다. 그래서 〈소문·맥요정미론脈要精微論〉에서는 척촌尺寸의 내외전후상하內外前後上下로써 형신의 내외전후상하를 살폈다. 이 장은 수비피부手臂皮膚의 전후내외前後內外로 형신의 상하전후내외를 살핀다.

맥내의 혈기는 지기地氣가 천天으로 올라가는 것에 상응하고, 맥외의 기혈은 천기天氣가 땅으로 내려가는 것에 상응하니 사람은 천지와 참합參合한다.

批 척택尺澤에서 상부를 척尺이라 하고, 척내尺內를 촌寸으로 나누므로 촌寸이라고 한다.

批 〈소문·맥요정미론脈要精微論〉에서는 "손을 책상에 평평하게 올려놓고 전후좌우상하를 살핀다"라고 했다.

尺炬然熱, 人迎大者, 當奪血. 尺堅大, 脈小甚, 少氣悗有加, 立死.
척부가 불처럼 뜨겁고 인영맥이 대大하면 탈혈증奪血症이 분명하다. 척부 기육이 단단하고 맥이 아주 소小하며 기운이 없고 가슴이 답답해지면 바로 죽는다.

⊕ 척부가 불처럼 뜨겁고 인영맥이 대大한 것尺炬然熱 人迎大者은 삼양지기三陽之氣가 편성偏盛한 것이므로 당연히 탈혈증奪血症이 있다. 피부는 양이고, 혈맥은 음이다. 척부 기육이 단단하고 맥이 아주 소小한 것尺堅大 脈小甚은 양성陽盛한데 내부에서 음이 외부에서 끊긴 것이다. 기운이 없고 답답증까지 있는 것少氣悗有加은 양성한데 음이 내부에서 끊긴 것이다.

> 目赤色者病在心, 白在肺, 靑在肝, 黃在脾, 黑在腎, 黃色不可名
> 者, 病在胸中.
>
> 눈동자에 적색赤色이 나타나면 심心에 병이 있고, 백색白色이 나타나면 폐肺에
> 병이 있으며, 청색靑色이 나타나면 간肝에 병이 있고, 황색黃色이 나타나면 비
> 脾에 병이 있으며, 흑색黑色이 나타나면 신腎에 병이 있다. 황색인데 다른 색이
> 섞여 있으면 흉중胸中에 병이 있다.

◉ 여기서는 목색目色으로 오장의 혈기를 살핀다. 오장의 혈기는 맥중을 돌고
변화가 촌구寸口에 나타난다. 오장의 기혈은 안색에서 변화가 나타나고 목중目
中에 잘 드러난다. 오장의 정精이 모두 목目으로 주입되어서 볼 수가 있다.

앞 절에서는 목과目窠로 피부의 부종을 알았고, 여기서는 목색目色을 보고서
오장의 음을 알아내니 모두 외부에서 내부를 알아내는 것이다.

흉중胸中은 격중膈中이다. 황색 계통은 노란색인데 다른 색이 섞여 있는 것
이다黃色不可名. 병이 흉중에 있으면 오장지기는 모두 내격內膈에서 나가는 것
이므로 보이는 색이 이와 같다.

> 診目痛, 赤脈從上下者, 太陽病, 從下上者, 陽明病, 從外走內者,
> 少陽病.
>
> 목정동통目睛疼痛을 진찰하는데 적맥赤脈이 위에서 내려오면 태양병이고, 아
> 래에서 올라가면 양명병이며, 바깥쪽에서 안쪽으로 지나가면 소양병이다.

◉ 태양은 위 눈까풀이므로 눈의 혈맥이 위에서 아래로 가는 것은 태양병이다.
양명은 아래 눈까풀이다. 그러므로 아래에서 올라가는 것은 양명병이다. 소양
맥이 목예자를 순환하므로 바깥쪽에서 안쪽으로 가는 것은 소양병이다. 앞 구
절에서는 목색目色으로 오장의 음을 알아냈고, 여기서는 목맥目脈을 진찰하여
삼양지기三陽之氣를 알아낸다. 색色은 양이고, 맥脈은 음인데 이것은 음양의 변
환이다.

診寒熱, 赤脈上下至瞳子, 見一脈, 一歲死, 見一脈半, 一歲半死, 見二脈, 二歲死, 見二脈半, 二歲半死, 見三脈, 三歲死.

나력한열瘰癧寒熱을 진찰할 때 적맥이 눈동자를 오르내리는 경우 한 줄이 보이면 1년 내에 죽고, 1줄 반이 보이면 1년 반 내에 죽으며, 2줄이 보이면 2년 내에 죽고, 2줄 반이 보이면 2년 반 내에 죽으며, 3줄이 보이면 3년 내에 죽는다.

◉ 혈맥은 수소음심주手少陰心主에서 주관하지만 족소음신장足少陰腎藏에 바탕을 두고 있다. 한열寒熱은 수화음양水火陰陽의 기다. 심주포락지기心主包絡之氣는 신腎에서 발원하여 심하心下의 부서로 귀속되어 하나의 형장形臟이 되고 맥을 주관한다. 동자瞳子는 신장의 골정骨精이다. 수장水臟의 독이 상승하여 화장火臟에서 만나고, 화장의 기는 다시 내려가 음에서 만난다. 이른바 음양이 교차하면 사불치다.

주위공이 말했다. "이것은 수장의 독기가 정기正氣를 따라 가는데 서로 만나면 죽는다는 것을 말한다. 따라서 모든 논질論疾은 정기를 알아야 한다."

批 월인越人은 명문命門을 포락이라고 했는데 표본을 모르는 말이다.

診齲齒痛, 按其陽之來, 有過者獨熱, 在左左熱, 在右右熱, 在上上熱, 在下下熱.

치통을 진찰할 때 수족양명맥手足陽明脈을 눌러본다. 이상이 있는 곳만 열이 나니 좌측에 열이 나면 좌측 치통이고, 우측에 열이 나면 우측 치통이며, 상부에 열이 나면 윗니 치통이고, 아래에 열이 나면 아랫니 치통이다.

◉ 마현대가 말했다. "치통을 우齲라고 한다. 윗니는 수양명대장경에 속하고, 아랫니는 족양명위경에 속한다. 그러므로 양맥이 뛰는 곳을 짚어서 잘못이 있는 곳에서는 반드시 열이 난다. 맥이 뛰는 좌우상하에 따라 병도 좌우상하에 분포된다."

診血脈者, 多赤多熱, 多靑多痛, 多黑爲久痺. 多赤多黑多靑皆見者寒熱.

혈맥을 진찰할 때 붉은색이 많으면 열이 많은 것이고, 푸른색이 많으면 통증이 많으며, 검은색이 많으면 구비증久痺症이다. 붉은색과 검은색, 푸른색이 모두 많으면 한열병寒熱病이다.

⊕ 이것은 피부색으로 혈맥의 한열寒熱을 아는 것이다. 〈소문·피부론皮部論〉에서 "십이경맥이 피부에 분포되어 있다. 안색이 푸른빛을 띠면 통증痛症이 있고, 검은빛을 띠면 비증痺症이며, 황적색을 띠면 열이 있고, 흰색이면 한寒하다. 오색이 다 나타나면 한열이 있다凡十二經脈者 皮之府也 其色多靑則痛 多黑則痺 黃赤則熱 多白則寒 五色皆見 則寒熱也"라고 했다.

身痛而色微黃, 齒垢黃, 爪甲上黃, 黃疸也. 安臥, 小便黃赤, 脈小而澀者, 不嗜食.

삭신이 쑤시고 안색이 약간 노래지며 노란 치구齒垢가 끼고 손톱까지 노래지면 황달黃疸이다. 잘 누우려 하고 소변이 황적색이다. 맥은 소小하고 삽하면 식욕이 없다.

⊕ 여기서는 중토中土의 병은 모두 오장의 외합에 통틀어 드러나니 토土가 사장四臟을 관개하기 때문이다.

신통身痛은 병이 육肉에 나타난 것이다.

색황色黃은 피부에 병이 드러난 것이다.

치구황齒垢黃은 병이 골에 나타난 것이다.

손톱이 노래지는 것爪甲上黃은 근筋에 병이 나타난 것이다.

황달黃疸은 비병脾病에 속한다. 비병은 몸에 힘이 없고 잘 눕는다.

소장小腸은 적장赤腸으로 심心의 부腑다. 심心은 혈맥을 주관하고心主血脈 소변이 황적색이며 맥이 약하고 삽한 것은 병이 맥에 드러난 것이다. 소변적황小便赤黃은 하초열下焦熱이다.

식욕이 없는 것不嗜食은 상초가 허한 것이다.

토土는 중앙에 위치하여 상하사방이 모두 대응한다.

人病, 其寸口之脈與人迎之脈小大等, 及其浮沈等者, 病難已也.
촌구맥과 인영맥이 크기가 같고 부침浮沈이 같으면 병은 낫기 어렵다.

◉ 여기서는 인영人迎·기구氣口와 수태음 양촌구맥兩寸口脈에 살피는 바가 각기 따로 있음을 말한다. 촌구寸口는 수태음의 양맥兩脈으로 촌관척寸關尺 삼부三部로 나누어 장부의 혈기를 살핀다. 인영人迎·기구氣口는 삼음삼양의 기를 살핀다.

병이 촌구맥과 인영맥이 크기가 같은 것人病其寸口之脈與人迎之脈小大等은 표리음양혈기表裏陰陽血氣가 모두 병든 것이므로 치료하기 어렵다.

인영·기구는 좌측을 양으로 삼고, 우측을 음으로 삼는다. 수태음의 양맥兩脈은 촌寸이 양이고, 척尺이 음이다. 그러므로 송나라 최자허崔紫虛는 『사언거요四言擧要』에서 "관맥 앞쪽 1분으로 인명人命을 주관하니 좌측이 인영이고 우측이 기구다關前一分 人命之主 左爲人迎 右爲氣口"라고 했다. 역시 타당성이 있다. 촌구寸口는 태연太淵 부위다. 관맥 앞쪽 1분은 촌과 관 사이다. 촌관척 삼부는 내부의 오장육부를 살피고, 인영·기구는 외부의 삼음삼양을 살핀다. 살피는 곳이 다르고 취하는 부위도 다르다. 그러므로 수태음의 양촌兩寸을 촌구, 인영촌구人迎寸口는 맥구脈口라고도 하고 기구氣口라고도 한다. 각기 부위의 구분이 있으므로 명칭도 차이가 있다.

〈영추·오색五色〉에서 "맥의 부침과 인영·기구맥의 대소가 같으면 병은 낫기 어렵다脈之浮沈及人迎與寸口其小大等者 病難已"라고 했다. 좌우 삼부맥은 혈맥을 살피는 것이고, 좌우의 인영·기구는 삼음삼양의 기를 살핀다. 그래서 기구라고 한다."

주위공이 말했다. "이 편은 척의 진단을 논하면서 인영을 겸해서 말하고 있다. 대체로 척부와 인영·기구가 상응한다."

女子手少陰脈動甚者, 妊子.
여자가 수소음맥手少陰脈만 유독 심하게 뛰면 임신한 것이다.

⊕ 여기서는 사람이 처음 태어나는 것은 선천의 수화水火에 바탕을 두고 있음을 말한다. 수소음은 양손의 소음신맥少陰腎脈이다. 포胞는 신腎에 연계되어 있으므로 소음맥이 심하게 뛴다.

임신이 되어 처음 형체가 이루어질 때 먼저 양신兩腎이 생기는데 마치 태극이 나뉘어 음양이 되고, 음양이 분리되어 오행이 갖춰지며, 오행이 갖춰지면 형체가 생기기 시작한다. 그러므로 여자의 수소음맥이 심하게 뛰는 것은 주로 임신한 것이다.

민사선이 말했다. "이 편에서는 척부 진찰을 말하는데 수소음심맥으로 논한다면 경지經旨를 벗어난 것이다. 또 본경은 '촌맥과 별도로 척맥만 두드러지게 뛰는 것은 임신맥이다陰搏陽別 謂之有子'라고 했다. 촌은 양이고, 척은 음이다. 음박陰搏은 척맥이 활리滑利한 것이고, 양별陽別은 촌과 관이 구별되는 것이다."

조정하가 말했다. "동심動甚은 동맥이 뛰는 것이다. 뛰는 것이 팥 모양으로 구슬처럼 활발하게 흐르는 활맥滑脈과 같으니 안에 있는 것은 밖으로 드러난다."

주위공이 말했다. "좌측에서 뛰는 것은 천일지기天一之氣를 먼저 감응한 것이므로 주로 남자이고, 우측에서 뛰는 것은 지이지기地二之氣를 먼저 감응한 것이므로 주로 여자다. 월인越人이 포胞가 명문命門에 연계되었다고 한 것은 기가 감응하는 것이지 우신右腎에 붙어 있는 것이 아니다. 남자아이의 태胎를 보면 대개 좌측으로 치우쳐 있다."

批 월인은 지地가 주로 형체를 이룬다고 여겼으므로 우신右腎이 포에 연계되었다고 말한 것이다.

嬰兒病, 其頭毛皆逆上者, 必死.
영아병에 모발이 곤두서면 반드시 죽는다.

● 사람의 혈기는 모두 선천소생先天所生에 바탕을 두고 올라가고 내려가면서 돈다. 영아嬰兒는 갓난아기다. 모발은 혈지여血之餘로 소음정혈少陰精血로 만들어진다. 모발이 아래로 내려가는 것은 혈기가 아래서 올라갔다가 다시 머리에서 내려가는 것이다. 만약 모발이 상역하면 이는 올라만 가고 내려가지 못하는 것이다. 승강이 멈추면 죽음을 면할 수 없다.

批 영아의 모발은 선천부터 생긴 것이다.

耳間靑脈起者, 掣痛.

귀 부위에 청맥이 일어나면 철통掣痛이 있다.

● 신腎은 골骨을 주관하고 귀로 통한다腎主骨而開竅于耳. 그래서 귀 사이에 청맥靑脈이 일어나면 근골에 철통掣痛이 있다. 이는 앞 문장을 이어받아 말한 것이다. 사람의 혈기는 선천 신장에서 비롯된다.

大便赤瓣, 飧泄脈小者, 手足寒難已. 飧泄脈小, 手足溫, 泄易已.

대변색이 적색과 황색이 구별되고 손설飧泄이 나오고 맥이 소한데 수족이 차면 낫기 어렵다. 손설이 나오고 맥이 소한데 수족이 따뜻하면 손설은 잘 낫는다.

● 판瓣은 구별되는 것이다. 대변적판大便赤瓣은 황색과 적색이 구별되는 것이다. 중초는 조박을 분비하고 진액을 증발시키니 그것이 변화하여 혈이 되어 경수經隧로 행하니 영기營氣라고 한다. 수곡은 항상 위胃에 있으면서 조박이 되면 모두 대장으로 내려보내고 따로 즙汁을 분비하여 방광으로 삼입된다. 대변적판大便赤瓣은 중초의 혈과 조박이 함께 내려간 것이다.

손설飧泄은 대장이 허하여 분비하지 못하는 것이다. 이는 장위腸胃가 허하여 설사하는 것이니 중초지즙中焦之汁이 맥중을 영행營行할 수 없으므로 맥이 소小하다. 수족이 따뜻한 것은 하초의 생기를 얻은 것이므로 설사가 쉽게 그친다. 이것은 중초 수곡의 정미도 하초의 생기 힘을 빌려 합合하고 화化해야 함을 말한다.

민사선이 말했다. "본경은 광범위하게 침과 질병을 논하면서 음양혈기의 생시출입을 바로잡아 정기가 오는 곳을 밝히고 사병邪病의 천심내외淺深內外를 알아내고 있다. 학자는 잘 연구하고 체득하여 소홀히 해서는 안 된다."

批 이것은 혈맥도 중초 수곡지소생水穀之所生이라고 말한 것이다.

四時之變, 寒暑之勝, 重陰必陽, 重陽必陰. 故陰主寒, 陽主熱. 故寒甚則熱, 熱甚則寒. 故曰 寒生熱, 熱生寒, 此陰陽之變也.

사시四時의 변화는 한서寒暑의 승부다. 음이 거듭되면 반드시 양으로 변하고, 양이 거듭되면 반드시 음으로 변한다. 음은 한寒을 주관하고 양은 열을 주관하지만 한寒이 심해지면 열나고, 열이 심해지면 한寒이 생긴다. 그래서 한생열 열생한寒生熱 熱生寒이라고 하는 것이다. 이것이 음양의 변화다.

◉ 이것은 사람의 음양혈기가 사시四時의 한서왕래에 대응되어 한열·음양의 변화가 있음을 말한다.

소자邵子가 말했다. "소양少陽·소음少陰은 불변하고, 노양老陽·노음老陰은 변한다."

따라서 중음重陰은 양이 되고, 중양重陽은 음이 된다. 한寒이 심하면 열나고, 열이 심해지면 차가워진다.

故曰 冬傷於寒, 春生癉熱. 春傷於風, 夏生殆泄腸澼. 夏傷於暑, 秋生痎瘧. 秋傷於濕, 冬生咳嗽. 是謂四時之序也.

따라서 겨울 한寒에 손상되면 봄에 단열병癉熱病이 생기고, 봄 풍風에 손상되면 여름에 손설장벽殆泄腸澼이 생기며, 여름 더위에 손상되면 가을에 해학痎瘧이 생기고, 가을 습濕에 손상되면 겨울에 해수병咳嗽病이 생긴다. 이것이 사시에 따른 질병 발생원리다.

◉ 이것은 앞 문장을 이어받아 거듭 음양·한열의 변화를 말하고 있다.

겨울 한寒에 손상되면 봄에 단열병癉熱病이 생기는 것冬傷於寒 春生癉熱은 한독寒毒이 기부肌膚에 잠복되어 있다가 봄이 되어 양기가 밖을 나오면 한寒도 기氣를 따라 열로 변화하므로 봄에 단열병癉熱病이 발생한다.

여름 더위에 손상되면 가을에 해학痎瘧이 생기는 것夏傷於暑 秋生痎瘧은 서기暑氣가 모원에 잠복되어 있다가 가을이 되면 음기가 외출하는데 사기가 기를 따라 나와 해학이 발생한다. 해학은 음학陰瘧이다. 이는 한서寒暑의 잠복된 사기가 사람의 기를 따라 내외출입하는 것이다. 한사寒邪는 단열癉熱로 변화하고, 서사暑邪는 음학으로 변화하니 이는 천지음양이 인기人氣를 따라 변화하는 것이다.

양은 천기天氣로 상부를 주관한다. 음은 지기地氣로 하부를 주관한다. 풍風은 천지양사天之陽邪다. 그러므로 풍에 손상되면 상부가 먼저 침해된다. 습濕은 지지음사地之陰邪다. 그러므로 습에 손상되면 하부가 먼저 침해받는다.

양병은 위로 올라가다가 최고점에 도달하면 내려온다. 그러므로 봄에는 풍에 손상되어 여름에 손설이 생기는 것이다. 음병은 아래로 내려가다 최저점에 이르면 상행한다. 그러므로 가을 습에 손상되어 겨울에 해수를 앓게 된다. 이는 천지의 음양이 사시에 따라 상하승강하는 것이다.

조정하가 말했다. "사람의 음양출입은 사시의 한서왕래에 따른다. 그러므로 사시의 변화는 한서寒暑의 승부다. 음양한열의 변화에 있어서 천기天氣가 원인인 경우가 있고, 인기人氣가 원인인 경우가 있다."

민사선이 말했다. "겨울에는 양기가 내부에 잠복되어 있으니 이기裏氣가 실하다. 그러므로 한독寒毒이 기부肌膚에 감춰져 있다. 여름에는 양기가 외부로 발월하니 이기裏氣가 허하므로 서열暑熱은 모원에 잠복되어 있다. 장하長夏에는 습토濕土가 주기主氣고, 태음지기太陰之氣가 7월·8월을 주재하므로 가을에는 습濕에 손상된다. 모원은 장부의 고막膏膜으로 장위腸胃 외부에 있다. 해학痎瘧은 사기가 성하지만 밖으로 투발透發되지 못한 것이다. 만약 공곽空郭으로 흘러가면 고창鼓脹이 된다. 근래 단학지법斷瘧之法을 많이 쓰는데 해악이 심하다."

批 단열癉熱은 열이 기육에 있는 소단消癉이다.

자절진사刺節眞邪

黃帝問於岐伯曰: 余聞刺有五節奈何?

岐伯曰: 固有五節, 一曰振埃, 二曰發矇, 三曰去爪, 四曰徹衣, 五曰解惑.

黃帝曰: 夫子言五節, 余未知其意.

岐伯曰: 振埃者, 刺外經, 去陽病也. 發矇者, 刺腑輸, 去腑病也. 去爪者, 刺關節肢絡也. 徹衣者, 盡刺諸陽之奇輸也, 解惑者, 盡知調陰陽, 補瀉有餘不足, 相傾移也.

황제가 기백에게 물었다. "자법刺法에 오절五節이 있다고 들었다. 무엇을 말하는가?"

기백이 답했다. "자법에 오절이 있으니 진애振埃·발몽發矇·거조去爪·철의徹衣·해혹解惑 다섯 가지다."

황제가 물었다. "선생님이 오절을 말했지만 그 의미를 잘 모르겠다."

기백이 답했다. "진애振埃는 외경外經에 자침하여 양사陽邪를 제거하는 것이다. 발몽發矇은 육부의 오수혈五腧穴에 자침하여 육부병을 없애는 것이다. 거조去爪는 관절과 지락肢絡에 자침하는 것이다. 철의徹衣는 양경의 별락別絡에 자침하는 것이다. 해혹解惑은 음양을 살펴서 조절하는 것이니 유여한 것을 사하고 부족한 것을 보하면 서로 이동하여 평형을 이루게 하는 것이다."

🌐 이 장은 지절·피부·경맥 사이를 유행출입하는 진기眞氣가 모두 화평하게 조절되어야 하고 잘 통하도록 유도해야 한다는 것을 말한다. 진기는 선천적으로 생긴 기受于天와 곡기가 합쳐서 몸을 채운 것이다.

수우천受于天은 선천적으로 만들어진 정기精氣다.

곡기穀氣는 수곡에서 만들어지는 영위營衛·종기宗氣·진액津液이다.

365관절은 모두 신기神氣가 흘러 출입하는 곳節之交三百六十五會 神氣之所流行出入이기 때문에 관절에 자침한다刺節고 했다.

진기가 조절이 안 되어 사기에 막혔기 때문에 〈자절진사刺節眞邪〉라고 편명을 붙였다.

조정하가 말했다. "양정兩精이 뭉친 것을 신神이라고 한다兩精相搏謂之神. 양정은 선천의 정精과 후천 수곡의 정精이다. 이 진기가 바로 신기神氣다. 분리하여 말하면 각각 명칭이 있지만 합해서 말하면 모두 중하中下 이초二焦에서 생긴 혈기血氣다."

黃帝曰: 刺節言振埃, 夫子乃言刺外經, 去陽病, 余不知其所謂也, 願卒聞之.

岐伯曰: 振埃者, 陽氣大逆, 上滿於胸中, 憤瞋肩息, 大氣逆上, 喘喝坐伏, 病惡埃煙, 飼不得息, 請言振埃, 尙疾於振埃.

黃帝曰: 善. 取之何如?

岐伯曰: 取之天容.

黃帝曰: 其欬上氣, 窮詘胸痛者, 取之奈何?

岐伯曰: 取之廉泉.

黃帝曰: 取之有數乎?

岐伯曰: 取天容者, 無過一里, 取廉泉者, 血變而止.

黃帝曰: 善哉.

황제가 물었다. "선생님이 진애振埃는 외경에 자침하여 양사를 제거하는 것이라고 했는데 무엇을 말하는지 모르겠다. 다 알고 싶다."

기백이 답했다. "진애는 양기가 크게 궐역하여 흉중이 옹체되므로 가슴이 팽창되고 땅기며, 숨쉴 때 어깨를 들썩이고, 종기가 역상하여 숨이 차서 헉헉거려 앉거나 엎드려야 하며, 연기를 싫어하고, 목이 막혀 숨쉬기 힘들다. 진애라고 말했으나 먼지를 털어내는 것보다 빠르다."

황제가 물었다. "알겠다. 어디를 취하는가?"

기백이 답했다. "천용天容을 취한다."

> 황제가 물었다. "기침을 하고 상기上氣되며 흉부가 저리고 아파서 몸이 구부러지는 자는 어디를 취하는가?"
>
> 기백이 답했다. "염천廉泉을 취한다."
>
> 황제가 물었다. "어느 정도로 자침해야 하는가?"
>
> 기백이 답했다. "천용天容을 취할 때는 1리里를 갈 만한 시간을 넘기면 안 되고, 염천을 취할 때는 혈색이 변하면 멈춘다."
>
> 황제가 말했다. "알겠다."

◉ 이것은 양기가 내부에서 궐역하여 몸에 채워져 운행하지 못함이다. 양기는 양명수곡에서 생긴 기다. 대기大氣는 종기宗氣다. 양기가 심하게 궐역하면 흉부가 팽만되고 숨쉴 때 어깨를 들썩이게肩息 된다. 대기大氣가 궐역하므로 숨이 차서 앉거나 엎드려야 한다.

〈소문·육원정기대론六元正紀大論〉에서 "양명이 오면 연기가 낀다陽明所至爲埃烟"라고 했다. 연기를 싫어하고 막혀서 숨쉬기도 힘든 것은 양명의 기병氣病이다. 양명은 토土다. 양명지기를 털어내는 것은 먼지 터는 일보다 빠르다.

천용天容은 수태양소장手太陽小腸의 경혈로 침놓아 궐역된 양기를 통하게 한다.

굴詘은 막힌 것을 말한다.

기침하고 상기되며 몸을 구부릴 정도로 흉통이 있는 것其欬上氣, 窮詘胸痛者은 천天에서 받은 기가 상역하므로 수곡지기와 합병하지 못하여 몸에 채워지지 않는다. 그러므로 임맥의 염천廉泉을 취하여 신장의 역기逆氣를 통하게 한다.

일리一里는 사람이 1리만큼 갈 정도가 되면 기가 이미 통하는 것으로 빠르다는 의미다.

혈변血變은 혈락이 통한 것이다.

민사선이 말했다. "수태양은 심心의 부腑다. 신기神氣가 통하므로 수태양의 천용天容을 취한다."

🄑 양화합병兩火合倂을 양명陽明이라고 한다. 애연埃烟은 화토火土의 여기餘氣다. 또 25가家가 1리니 5*5=25수臑가 모두 통한다.

黃帝曰: 刺節言發矇, 余不得其意. 夫發矇者, 耳無所聞, 目無所見, 夫子乃言刺腑輸, 去腑病, 何輸使然? 願聞其故.

岐伯曰: 妙乎在問也, 此刺之大約, 鍼之極也, 神明之類也, 口說書卷, 猶不能及也, 請言發矇, 耳尙疾於發矇也.

黃帝曰: 善. 願卒聞之.

岐伯曰: 刺此者, 必於日中, 刺其聽宮, 中其眸子, 聲聞於耳, 此其輸也.

黃帝曰: 善. 何謂聲聞於耳?

岐伯曰: 刺邪以手堅按其兩鼻竅, 而疾偃其聲, 必應於鍼也.

黃帝曰: 善. 此所謂弗見爲之, 而無目視, 見而取之, 神明相得者也.

황제가 물었다. "자절刺節에서 발몽發矇을 말했는데 그 뜻을 모르겠다. 발몽은 듣지 못하고 보지 못하는 경우에 사용하는 것인데 선생님이 육부의 오수혈을 자침하여 부병腑病을 제거한다고 하니 어느 수혈을 사용하는가? 그 이유를 알고 싶다."

기백이 답했다. "훌륭한 질문이다. 이것이 자법의 대강이고 침술의 극치며 신명에 통한다. 말이나 글로써는 다 표현할 수 없다. 발몽이라고 말했으나 눈 뜨는 것보다 빠르다."

황제가 물었다. "알겠다. 다 듣고 싶다."

기백이 답했다. "이것은 반드시 한낮日中에 자침해야 한다. 청궁聽宮에 자침할 때는 침감鍼感이 눈동자에 전달되고 귀가 울리면 그곳이 바로 혈자리다."

황제가 물었다. "알겠다. 귀에서 소리가 울린다는 것은 무엇인가?"

기백이 답했다. "침을 비스듬히 찌르면서 손으로 양 콧구멍을 막고 입을 닫은 채로 소리를 내면 반드시 침이 울린다."

황제가 말했다. "이것은 형체를 보지 않고도 시행하는 정확한 치법이다. 눈으로 보지 않고도 보는 것처럼 치료하는 것이니 신명이 통한다."

◉ 이것은 신기神氣가 칠규七竅에 통함을 말한다.

몽矇은 들을 수 없고 볼 수 없는 것이니 상규上竅가 통하지 못하는 것이다. 청궁聽宮은 수태양경手太陽經으로 심心의 부수腑輸다.

모자眸子는 귓속의 주珠다. 귀의 청궁聽宮에 자침하는 것은 어두운 눈이 떠지는 것보다 빠르니 귀와 눈이 서로 통하기 때문이다. 손으로 양쪽 콧구멍을 단단히 막고 입을 막으면 귀에 있는 침이 울리니 귓구멍과 콧구멍과 구강이 서로 통하기 때문이다.

위의 칠규가 불통하면 수태양을 취하여 심신지기心神之氣를 통하게 하여 칠규가 모두 원활하면 신명神明이 칠규에 통하는 것이다. 심心은 양중지태양陽中之太陽이다. 그러므로 반드시 한낮에 취해야 한다.

批 질언기성疾言倨其聲은 입을 막는 것이다.

黃帝曰: 刺節言去爪, 夫子乃言刺關節肢絡, 願卒聞之.
岐伯曰: 腰脊者, 身之大關節也. 肢脛者, 人之管以趨翔也. 莖垂者, 身中之機, 陰精之候, 津液之道也. 故飮食不節, 喜怒不時, 津液內溢, 乃下留於睾, 血道不通, 日大不休, 俯仰不便, 趨翔不能, 此病榮然有水, 不上不下, 鈹石所取, 形不可匿, 常不得蔽, 故命曰去爪.
黃帝曰: 善.

황제가 물었다. "자절에서 거조去爪를 말했다. 선생님이 거조는 관절과 지락에 자침하는 것이라고 했는데 다 알고 싶다."

기백이 답했다. "요척腰脊은 우리 몸에서 제일 큰 관절이다. 지경肢脛은 걷는 것을 주관하는 기관이다. 음경陰莖과 고환은 몸의 중요한 기관이고, 음정陰精이 나오며, 진액의 통로다. 그래서 음식이 불규칙하고 감정의 기복이 심하여 진액이 내부에서 넘치면 이에 고환이 유체되고 혈도가 불통하므로 날마다 커져서 구부리거나 펴지 못하며 걷지 못한다. 이 병은 물이 모여 출렁거리고 오르내리지 못한다. 피침鈹鍼이나 폄석砭石으로 치료하니 고환이 부어서 감춰지지도 않고 감출 수도 없어 거조라고 이름 붙였다."

황제가 말했다. "알겠다."

◉ 이것은 진액이 신기神氣를 따라 모든 관절에 삼입되고 관개되는 것을 말한다. 진액은 중초 양명에서 생겨서 골骨을 윤활시키니 근골이 적셔지고 관절이 원활하게 움직인다.

요척腰脊은 대추大椎에서 미저골尾骶骨까지로 몸의 대관절이다. 팔다리의 골절은 빠르게 걷는 것을 주관하니 진액이 다리를 윤활하게 하여 근골이 부드러워져 발로 걸을 수 있다. 지지肢는 새의 날개와 같다.

경수莖垂는 신신腎의 전음前陰으로 종근지회宗筋之會다. 신신腎은 위위胃의 기관機關으로 주로 진액을 받아 저장한다. 신장에 저장된 진액은 종맥宗脈에서 올라가 공규를 적셔주므로 "전음은 몸의 중요한 기관으로 음정陰精을 살필 수 있으며 진액의 통로다莖垂者 身中之機 陰精之候 津液之道"라고 하는 것이다. 이것은 위부胃腑에서 만들어진 진액이 신기를 따라 골절에 주입되어 윤활시키고, 신장에 저장된 진액은 종맥을 따라 올라가 공규를 적신다.

만약 식사가 불규칙하고 감정 기복이 심하면 진액이 내부에서 흘러넘치니 고환과 음낭으로 흘러가서 혈도血道가 불통하고 날마다 계속 커져서 부앙俯仰이 불편하고 걷기가 힘들어진다. 이 병은 물이 많이 차 있어 올라가지도 내려가지도 못하는 것이니 폄석砭石으로 취해야 한다.

형形은 전음前陰이다.

조爪는 근지여筋之餘로 형체를 감출 수 없고 항상 드러나는 것이다. 종근宗筋의 부기를 빼내는 것이 마치 손톱 자르는 것과 같아 거조去爪라고 한 것이다.

黃帝曰: 刺節言徹衣, 夫子乃言盡刺諸陽之奇輸, 未有常處也, 願卒聞之.

岐伯曰: 是陽氣有餘而陰氣不足, 陰氣不足則內熱, 陽氣有餘則外熱, 內熱相搏, 熱於懷炭, 外畏綿帛近, 不可近身, 又不可近席, 腠理閉塞, 則汗不出, 舌焦脣槁, 腊乾嗌燥, 飮食不讓美惡.

黃帝曰: 善. 取之奈何?

岐伯曰: 或之於其天府大杼三痏, 又刺中膂以去其熱, 補足手太陰以出其汗, 熱去汗稀, 疾於徹衣.

黃帝曰: 善.

황제가 물었다. "자절에서 철의徹衣를 말했는데 선생님은 양경陽經의 별락別絡에 자침하지만 정해진 곳은 없다고 말했다. 다 듣고 싶다."

기백이 답했다. "양기가 유여하고 음기가 부족한 것이다. 음기가 부족하면 내열이 나고, 양기가 유여하면 외열이 난다. 내열이 뭉치면 탄炭보다 더 뜨거워 외부에서는 옷에 닿지도 못하고 앉지도 못한다. 주리가 폐색되면 땀도 나지 않고 혀가 타며 입술이 마르고 피부가 갈라지며 목안이 건조해지고 음식 맛을 분간하지 못한다."

황제가 물었다. "알겠다. 어디를 취해야 하는가?"

기백이 답했다. "천부天府와 대저大杼를 세 차례 자침한다. 그리고 나서 중려혈中膂穴에 자침하여 열을 제거한다. 수족태음경手足太陰經을 보하여 땀이 나면 열이 떨어지고 땀도 줄어든다. 옷을 벗어 더위가 가시는 것보다 빠르다."

황제가 말했다. "알겠다."

⊕ 이것은 진액이 밖으로 피모를 적시지 못하여 양열陽熱이 성해져서 자리에 앉지 못하고, 심장을 상제上濟할 수 없으니 탄炭을 품고 있는 것처럼 내열이 치성한 것이다.

양기陽氣는 화열지기火熱之氣다. 음기陰氣는 수음지기水陰之氣다. 그래서 "여러 양경의 기수奇輸에 다 자침하라盡刺諸陽之奇輸"라고 한 것이다. 기수奇輸는 육부의 별락別絡이다.

진액은 위부수곡지정胃腑水穀之精에서 생긴다. 대장이 진津을 주관하고, 소장이 액液을 주관하며, 담은 중정지부中精之府이고, 방광은 주도지관州都之官으로 진액을 저장한다. 이는 육부의 진액이 대락大絡에서 밖으로 피부와 분육을 적시는 것이다.

심心은 양중지태양陽中之太陽이다. 태양방광太陽膀胱은 수부水腑이고 수화水火가 오르내리면서 상제相濟된다. 수액水液이 심장을 자익資益하지 못하면 심화心火가 치성하여 탄炭보다도 더 열이 나서 혀가 타고, 입술이 마르며, 피부가 갈라지고, 목구멍이 건조해지며, 심장이 편하지 않아 음식 맛을 모르게 된다.

혹지어기或之於其는 수곡의 진액이 모두 방광에 저장되니 수액이 태양지기太陽之氣를 따라 부표로 운행되는 것을 말한다.

또 양경의 모든 기수에 자침할 필요는 없고, 그중 천부天府·대저大杼를 세 차례 자침하여 방광에 저장된 진액이 밖으로 피모를 적실 수 있게 한다. 또 태양경의 중려中膂에 자침하여 진액을 통하게 하고, 심장을 자익하여 열을 제거한다.

　수태음은 금수金水의 생원生源으로 피모를 주관하고, 족태음은 비脾를 주관하고 밖으로는 기육을 주관한다. 비는 위胃가 진액을 행하게 함을 주관한다. 수족태음을 보하여 땀을 내야 한다. 열이 제거되면 땀도 줄어드니 옷을 벗어 더위가 가시는 것보다 빠르다.

批 '奈何' 다음에 '岐伯曰'이 빠졌다.

批 진액은 삼초출기三焦出氣를 따라 피부를 채운다.

批 위 문장에서는 신이 정을 저장하는 것腎主藏精을 말했고, 여기서는 방광이 진액을 저장하는 것膀胱主藏津液을 말하고 있다.

批 내경에서 "겁이 나고 힘이 없는 것怯然少氣者은 수도水道가 불행하여 형기形氣가 소삭消索되는 것이다"라고 했다.

黃帝曰: 刺節言解惑, 夫子乃言盡知調陰陽, 補瀉有餘不足相傾移也, 惑何以解之?
岐伯曰: 大風在身, 血脈偏虛, 虛者不足, 實者有餘, 輕重不得, 傾側宛伏, 不知東西, 不知南北, 乍上乍下, 乍反乍復, 顚倒無常, 甚於迷惑.
黃帝曰: 善. 取之奈何?
岐伯曰: 瀉其有餘, 補其不足, 陰陽平復, 用鍼若此, 疾於解惑.
黃帝曰: 善. 請藏之靈蘭之室, 不敢妄出也.

황제가 물었다. "자절에서 해혹解惑을 말했는데 선생님은 음양을 살펴서 유여부족을 보사하여 평형을 이루라고 했다. 의혹은 무엇으로 풀리는가?"

　기백이 답했다. "대풍大風이 인체에 침입하면 혈맥 한쪽이 허해진다. 허한 쪽은 부족한 것이고 실한 쪽은 유여한 것이다. 거동이 원활하지 못하고 자세도 한쪽으로 기운다. 어떤 이는 동서도 모르고, 남북도 구별하지 못하며, 갑자기 일어섰다 갑자기 앉았다 하고, 몸을 젖혔다가 구부렸다 하며, 심신이 착란되고, 안정되지 못하며, 심하면 인사불성이다."

　황제가 물었다. "알겠다. 어디를 취하는가?"

◉ 이것은 음양부조로 신지神志가 미혹됨을 말한다. 화火는 양이고, 수水는 음이다. 수화水火는 음양의 징조다. 화지정火之精이 신神이고, 수지정水之精이 지志다.

대풍大風을 맞으면 혈맥 한쪽이 허해지니 허한 것은 부족이고, 실한 것은 유여다. 혈맥 한쪽이 허해지면 경중이 기울게 된다. 음양의 균형이 깨지면 신지가 미혹된다. 신지가 미혹되므로 동서남북도 모르고 자꾸 넘어진다. 그러므로 유여한 것을 사하고 부족한 것을 보하면 음양의 평형을 회복하게 하는 것이 해혹解惑보다 빠르다.

혈은 신기神氣다. 심장이 주관하고 신장에서 발원된다. 따라서 풍이 혈맥을 손상시키면 음양의 균형이 깨지고 음양이 부조해지면 신지가 어지러워져 심하면 미혹된다.

이 다섯 구절은 신기부족神氣不足을 말하므로 자절刺節이라고 한 것이다. 절節은 신기가 유행출입하는 곳으로 신기의 흐름은 아주 빨라 철의徹衣보다 빠르며, 해혹보다 빠르다고 한 것이다.

민사선이 말했다. "위 다섯 구절은 비록 기氣·신神·진액津液의 구분이 있지만 모두 하초의 신장 방광, 중초의 양명위부陽明胃腑를 벗어나지 못한다. 하초는 타고난 정精이고, 중초는 후천의 곡기이니 두 가지가 뭉쳐서 신기神氣가 된다."

批 중초의 즙은 신장으로 흘러가 정精이 되고, 심장으로 가서 붉게 변해 혈血이 된다.

黃帝曰: 余聞刺有五邪.
岐伯曰: 病有持癰者, 有容大者, 有狹小者, 有熱者, 有寒者, 是謂五邪.
黃帝曰: 刺五邪奈何?

岐伯曰: 凡刺五邪之方, 不過五章, 癉熱消滅, 腫聚散亡, 寒痺益溫. 小者益陽, 大者必去, 請道其方.

황제가 물었다. "자법 중에 오사五邪가 있다고 들었다."

기백이 답했다. "각종 병 중에서 계속 지속되는 옹사癰邪, 사기와 정기가 모두 강한 실사實邪, 사기와 정기가 모두 약한 허사虛邪, 열사熱邪, 한사寒邪를 오사라고 한다."

황제가 물었다. "오사로 인한 질병에 자침은 어떻게 하는가?"

기백이 답했다. "자침으로 오사를 치료하는 방법은 다섯 조항에 불과하다. 양성한 단열癉熱은 소멸시키고, 기혈이 응체된 종양腫瘍은 산망散亡시키며, 한 비寒痺는 따뜻하게 하고, 정기가 소小하면 양기를 북돋우며, 사기가 실하면 사기를 제거해야 한다."

● 이 구절은 진기가 피부와 기주 사이를 통회하면서 옹체壅滯·대소大小·한열寒熱 등의 병이 생김을 말한다.

사邪는 중정中正의 화조和調를 이루지 못한 것이다.

장章은 법法이다.

외부에서 양이 성盛하여 나는 소단열消癉熱은 소멸시켜야 하고, 기열氣熱로 생긴 옹종癰腫은 제거해야 하며, 한寒하면 신기神氣를 오게 해서 조화시켜야 하고, 진기가 소小하면 양기를 돋아야 하며, 사기가 실하면 제거하니 각기 균형을 맞추어 조절하는 법이다.

민사선이 말했다. "처음에는 자절刺節을 논했고, 중간에는 진기眞氣를 논했으며, 마지막에는 외사外邪를 논하고 있다. 그래서 〈자절진사刺節眞邪〉라고 한 것이다. 이른바 사병邪病은 중화지도中和之道를 얻지 못해 병이 된 것인데 외사로 생긴 병으로 논한다면 경의 뜻과는 한참 멀다."

凡刺癰邪無迎隴, 易俗移性不得膿, 脆道更行去其鄉, 不安處所乃散亡, 諸陰陽過癰者, 取之其輸瀉之.

옹사癰邪에 자침하는 경우 한창 왕성할 때는 건드려 사하면 안 된다. 습관과 마음을 바꾸면 종양이 안 생긴다. 종기가 생기는 곳은 제거하고 성한 곳으로 가지 못하게 하면 종양은 소멸된다. 음양경에 옹종癰腫이 생기면 수혈腧穴을 취하여 사한다.

☉ 이것은 기가 피부와 기주 사이에 응체되어 종취腫聚가 된 것이다. 옹癰은 막힌 것이다. 이것은 기가 막혀 부종이 되는 것이지 옹농癰膿이 아니다.

〈소문·이합진사론離合眞邪論〉에서 "날이 덥고 땅이 뜨거우면 강물도 수포가 생기고 팽창된다. 이때 사람의 동맥도 때때로 부풀어 오른다天暑地熱 則經水波湧而隴起 經之動脈 其至也 亦時隴起"라고 했다. 이것은 기가 피부와 분육에서 막혀서 부종이 되는 것이니 한창 왕성해진 경맥에 자침하여 사하는 것이 아님을 말한다.

속俗은 습속習俗이다. 성性은 마음이 생기는 곳이다. 심心에서 생긴 신기神氣는 습관적으로 이곳에 모이는 것이니 그 흐름을 바꿔야 한다.

옹농癰膿이 아니므로 곪은 것이 아니다.

취도脆道는 기육의 살결이다. 취기聚氣는 취도를 따라 다시 도니 기가 모이는 곳을 제거하여 그곳으로 모이지 못하게 하면 취기는 흩어진다.

막힌 곳을 지나가는 음양맥은 수혈輸穴을 취하여 사한다. 피부와 분육의 기는 경수經腧와 낙맥絡脈에서 나가는 것인데 취기가 맥락으로 흘러갈까 염려되어서다. 이것은 몸을 가득 채운 진기와 합병하여 역시 환전무단하게 행하는 것을 말한다.

凡刺大邪日以小, 泄奪其有餘乃益虛, 剽其通, 鍼其邪, 肌肉親, 視之母有反其眞. 刺諸陽分肉間.

사기가 왕성하고 정기도 왕성한 병변에 자침할 때는 사기가 날마다 줄어들게 하는 것이 관건이니 유여한 사기를 제거하고 나서 사기에 손상된 정기를 보충할 수 있다. 사기가 왕래하는 통로에서 침법을 사용하여 왕성한 사기를 공격하여 흩뜨리면 기육이 친화되고 치밀해진다. 사기가 소멸된 것을 살피고 나서 다시 손상된 정기를 조절하고 보강하니 양경의 분육 사이에 자침한다.

⊛ 대大는 진기가 기주肌腠 사이에 크게 차지하고 있으므로 날마다 작게 해야 한다. 외부가 유여하면 내부는 부족해진다. 유여한 것을 빼낸다면 내부는 더욱 허해진다.

일이소日以小는 다시 내부로 돌리는 것이지 외부로 빼내는 것이 아니다. 그러므로 진기가 통회하는 곳을 빨리 통하게 하고 유여지기有餘之氣에 자침하여 내부로 통하게 한다.

친親은 가깝다는 것이다. 기육이 치밀하고 작아지면 내외가 화평한 것이다.

진기가 아직 돌아오지 못한 것毋有反其眞은 여러 양경의 분육 사이에 다시 자침한다. 진기는 신기神氣인데 관절에서 기주 밖으로 나가므로 관절을 빠르게 통과하니 미처 낫지 않았으면 다시 기육을 취한다.

민사선이 말했다. "수곡에서 생긴 기는 대락에서 분육으로 나가고, 신기는 관절 사이를 출입하니 모두 중초의 곡기에 속하며 제 길로 분리되어 돈다."

조정하가 말했다. "곡기와 하초의 정기가 상박한 후에 신神이라 불린다."

주위공이 말했다. "사기가 소멸된 후에 양경의 분육에 자침하는 것毋有反其眞 刺諸陽分肉間은 진기가 관절에서 나왔다가 다시 분육으로 들어가니 역시 환전출입이다."

> 凡刺小邪日以大, 補其不足乃無害, 視其所在迎之界, 遠近盡至, 其不得外, 侵而行之乃自費. 刺分肉間.
>
> 사기와 정기가 모두 약한 병변에서는 정기를 매일 늘리는 것이 관건이므로 부족한 정기를 보해야 해가 안 된다. 사기의 소재와 부위를 살펴서 주위에 있는 정기를 모으고 외부로 나가지 못하게 하면 점차 정기가 돌면서 저절로 사기가 소산된다. 이때 분육에 자침하여 곡기가 이르게 한다.

⊛ 소小는 기육과 주리를 통회하는 기가 허하고 소하므로 매일 점차 늘어나게 해야 한다. 즉 쫓아가서 보해야迫而補之 해가 되지 않는다.

기氣가 와 있는 곳을 살펴서 경계에서 맞이하니 경계는 관절이 만나는 곳이다.

상초의 신기神氣, 중초의 곡기, 하초의 천진天眞이 원근에서 모두 오면 날마다 증대된다.

침侵은 점차 나가는 것이다.

비費는 쓰는 것이다.

외부로 나가지 못하게 하면 점차 정기가 돈다는 것其不得外 侵而行之은 스스로 중초의 곡기를 사용하는 것이지 하초의 천진과 합병하여 몸을 채우는 것이 아니다. 그러므로 분육分肉에 자침하여 곡기를 통하게 한다.

민사선이 말했다. "쫓아가서 도와주는 것이 보법이다追而濟之曰補는 정기正氣가 내부로 귀속되게 추구하는 것이다. 소소는 맞닥트려서 나가게 하여 들어가지 못하게 하는 것이다. 부족한 것을 보해도 해가 되지 않는다는 것補其不足乃無害은 한쪽을 보하면 다른 쪽에서는 넘쳐서 저절로 나간다. 진기가 환전출입하기 때문이다."

주위공이 말했다. "이 구절은 앞 구절과 교차 환전한다. 본편은 기혈의 이합출입離合出入을 말했다. 성인께서 반복하여 변론한 것은 간절하게 걱정함이다. 학자는 잘 연구하고 체득하지 않으면 안 된다."

凡刺熱邪越而蒼, 出遊不歸乃無病. 爲開辟門戶, 使邪得出, 病乃已.

열사熱邪가 치성하는 병변의 자침은 열사를 발월發越시켜 차지게 하는 것이 관건이니 열사가 외부로 발산되어 진기가 돌아오지 못해도 탈은 없다. 침구멍을 열어 사기가 나가게 하면 병이 낫는다.

⊕ 열사熱邪는 양기가 성하고 기육과 주리 사이에서 유체되어 열이 된 것이다.

창창蒼蒼은 천天의 본래 색이다.

월이창越而蒼은 사열邪熱이 발월發越하여 본래의 기색이 드러나는 것이다.

출유불귀出遊不歸는 신기神氣가 외부로 유행하여 진기가 돌아오지 못하는 것이다. 이는 문호를 열고 사기가 나가게 한 후에야 병이 낫는 것이어서 출유불귀라도 탈이 없다. 이는 진기의 내외출입이 쉬지 않고 환전함을 말한다.

凡刺寒邪日以除, 徐往徐來致其神. 門戶已閉氣不分, 虛實得調其氣存也.

한사寒邪로 인한 비증痺症의 자침은 매일 한기를 제거하는 것이 관건이니 천천히 찌르고 천천히 빼는 서왕서래徐往徐來의 침법으로 양기를 이르게 하고, 침구멍을 닫아서 양기가 외부로 빠지지 못하게 하면 허실이 조절되어 정기가 보존된다.

⊕ 한기寒氣는 대기의 기온이 찬 것이다.

신神은 화지정火之精이다. 수화水火가 상감相感하고 신지神志가 합정合精해야 화평하게 된다. 따라서 한사寒邪에 자침하는 것刺寒邪은 날마다 한기를 제거하는 것으로, 서서히 침을 찌르고 서서히 빼서 신기神氣가 오게 한 후 즉시 문호를 닫고 사기가 분산되지 않게 한다. 한열의 허실이 조절되면 진기가 보존된다.

앞 구절은 문호를 열고 사기를 나가게 하고, 여기서는 문호를 닫고 정기를 보존한다.

黃帝曰: 官鍼奈何?
岐伯曰: 刺癰者用鈹鍼. 刺大者用鋒鍼. 刺小者用員利鍼. 刺熱者用鑱鍼. 刺寒者用毫鍼也.

황제가 물었다. "오사五邪의 병에 대하여 어떤 침구를 사용해야 하는가?"

기백이 답했다. "옹사癰邪를 제거하는 경우에는 피침鈹鍼을 사용하고, 대사大邪에 자침하는 경우에는 봉침鋒鍼을 사용하며, 소사小邪에 자침하는 경우에는 원리침員利鍼을 사용하고, 열사熱邪에 자침하는 경우에는 참침鑱鍼을 사용하며, 한사寒邪에 자침하는 경우에는 호침毫鍼을 사용한다."

⊕ 이것은 다섯 가지의 병이 모두 피부와 기육 사이에 있으므로 쓰이는 침이 모두 기육에서 비痺를 취한다.

請言解論, 與天地相應, 與四時相副, 人參天地, 故可爲解, 下有漸洳, 上生葦蒲, 此所以知形氣之多少也. 陰陽者, 寒暑也, 熱則滋雨而在上, 根荄少汁, 人氣在外, 皮膚緩, 腠理開, 血氣減, 汗大泄, 皮淖澤. 寒則地凍水冰, 人氣在中, 皮膚緻, 腠理閉, 汗不出, 血氣强, 肉堅濇. 當是之時, 善行水者, 不能往冰, 善穿地者, 不能鑿凍. 善用鍼者, 亦不能取四厥. 血脈凝結, 堅搏不往來者, 亦未可卽柔. 故行水者, 必待天溫, 冰釋凍解, 而水可行, 地可穿也. 人脈猶是也. 治厥者, 必先熨, 調和其經, 掌與腋, 肘與脚, 項與脊而調之, 火氣已通, 血脈乃行. 然後視其病脈, 淖澤者刺而平之, 堅緊者破而散之, 氣下乃止, 此所謂以解結者也.

뭉친 것을 푸는 방법解結을 말하겠다.

사람은 천지와 서로 상응하면서 사시에 부응한다. 사람과 천지가 참합參合하므로 천지 자연을 가지고 인체를 설명할 수 있다.

아래에 땅이 습윤하면 위에서는 부들이 왕성하게 자란다. 이것이 형기形氣의 다소多少를 알 수 있는 이유다.

음양은 한서寒暑다. 날이 더우면 수분이 증발하여 위로 몰리고 뿌리에는 즙이 마른다. 사람도 기가 외부에 있으면 피부가 이완되고, 주리가 열리며, 혈기가 감소하고, 땀이 많이 나며, 피부가 윤택해진다. 날이 추워지면 땅이 얼고 물도 언다. 사람의 기는 내부에 있으니 피부가 치밀해지고, 주리가 닫히며, 땀은 나지 않고, 혈기가 강해지며, 살이 단단하고 거칠어진다.

이때 물에서 잘 다니는 사람도 얼음이 있는 곳은 가지 않으며, 땅을 잘 파는 사람도 언 땅은 파지 않는다. 침을 잘 놓는 사람은 사지궐랭四肢厥冷한 경우 침 놓지 않으니 혈맥이 응결되어 단단히 뭉쳐 제대로 흐르지 못하여 침놓아도 즉시 풀리지 않기 때문이다. 그러므로 물에서 잘 다니는 사람은 반드시 날이 따뜻해지길 기다려 얼음이 녹고 땅이 풀리면 물에서 다닐 수 있고 땅을 팔 수 있다.

사람의 맥도 마찬가지다. 궐랭厥冷을 치료하려면 먼저 찜질을 하여 경맥을 조화시키니 손바닥掌·겨드랑이腋·팔꿈치肘·다리脚·목項·척추脊에 찜질을 하여 화기火氣가 통하면 혈맥이 돈다. 그후에 병맥을 살펴서 지나치게 활맥이 뛰면 침놓아 가라앉히고, 단단하고 긴한 맥이 뛰면 막힌 것을 뚫고 해산시켜야 하니 기가 돌면 멈춘다.

이것이 뭉친 것을 푸는 방법이다.

◉ 여기서는 자연의 대기가 음에서 생기고, 아래에서 올라가 천지의 한서왕래에 상응하며, 사시四時의 생장수장에 따름을 말한다.

점여漸洳는 습지다. 부들葦蒲은 수중에서 자라고 질이 아주 유약하며 가운데서 센 줄기가 나와 포퇴蒲槌, 즉 부들이라고 한다. 안은 강하고 밖은 부드러워 중앙이 양인 감수괘坎水卦가 되어 원양元陽이 정수지중精水之中에서 생기는 것에 비유된다. 그래서 "이것으로 형기의 다소를 알 수 있다此所以知形氣之多少也"라고 말한다. 몸에 채워진 기는 천일天一 수중水中에서 생기니 타고난 형形의 후박을 알면 기의 다소를 알 수 있다는 말이다.

사람의 음양출입陰陽出入은 천지의 한서왕래에 반응한다. 더우면 수분이 증발하여 상부에서 자우滋雨가 나오고 만물의 뿌리는 즙이 마른다. 이는 정수精水도 기를 따라서 위로 나가는 것을 말한다. 더우면 인기人氣는 밖으로 가서 주리가 열리고 땀이 많이 나 진기津氣가 밖으로 빠져나가므로 내부의 혈기는 감소한다. 이것은 혈기가 하초의 정기精氣에 근본을 두고 있음을 말한다. 땅이 얼고 물이 얼면 천기天氣는 수장되고, 인기人氣는 안에 있게 되어 피부가 치밀해지고 땀이 나지 않는다. 정기精氣가 내장되므로 혈기는 저절로 강해진다.

물에서 잘 다니는 자는 얼음을 뚫고 다니려 하지 않고, 침을 잘 놓는 자는 사지궐랭에 침놓지 않는다善行水者 不能鑿凍. 善用鍼者 亦不能取四厥. 이것은 기가 천지의 한서왕래에 따르는 것이지 인력으로 억지로 할 수 있는 것이 아님을 말한다. 궐厥의 치료는 먼저 따뜻하게 덥혀서 기가 통하게 해야 한다. 경經이 조화되면 경맥이 통하니 천天으로부터 받은 정기가 경맥의 내외를 행함을 말한다.

손바닥과 겨드랑이, 팔꿈치와 다리, 목과 척추를 조화하는 것은 혈기가 상하 사방 안 도는 데가 없음을 말한다.

요택淖澤한 맥은 기혈이 지나치게 행하는 것이니 자침하여 가라앉혀야 한다. 긴삽緊澁한 맥이 뛰면 막혀서 불통한 것이니 뚫어서 해산시켜야 한다.

이것이 이른바 침으로써 해결解結하는 방법이다.

用鍼之類, 在於調氣, 氣積於胃, 以通營衛, 各行其道. 宗氣留於海, 其下者注於氣街, 其上者走於息道. 故厥在於足, 宗氣不下, 脈中之血, 凝而留止, 弗之火調, 弗能取之.

침놓아 병을 치료하는 것은 기를 조절하는 것에 달려 있다. 기가 위胃에 쌓여 영위營衛가 통하여 각각 제 길로 행한다. 종기宗氣는 기해氣海에 머물러 있으며 내려가는 것은 기가氣街로 주입되고, 올라가는 것은 식도息道로 간다. 따라서 족에 궐역이 생기는 것은 종기가 내려가지 못하여 맥중의 혈이 응체되어 머문 것이니 화법火法으로 조절하지 않으면 치료할 수 없다.

⊛ 이것은 후천 음식의 곡기가 곧 영기營氣·위기衛氣·종기宗氣로 각기 제 길로 가서 형신의 상하를 채운다는 것을 말한다.

족足이 궐랭한 것厥在於足은 소음지기가 궐역한 것이다. 한기寒氣가 아래로 궐역하면 종기는 아래로 내려갈 수 없기 때문에 맥중의 혈기가 응체되어 멈춰버린다. 화법火法으로 조치하지 않으면 통하게 할 수 없다. 하초의 정기精氣가 곧 음양수화陰陽水火로 화열火熱을 얻은 후 차가운 것을 따뜻하게 할 수 있다.

선천적인 것所受於天은 소음신장少陰腎臟의 정기精氣다. 충맥과 소음의 대락大絡은 신腎에서 기시하여 기가氣街로 나가 음고陰股 내측을 순환하고 비스듬히 괵중膕中으로 간다. 족에서 궐역이 있고 종기가 내려가지 못하는 것厥在於足 宗氣不下은 종기가 하행하면서 소음지기와 상합함을 말한다.

이른바 합병하여 몸을 채우는 것合幷而充身은 하초 선천지기가 올라가 양명의 곡기와 상합하여 관절과 기주 사이를 출입하며, 후천으로 생긴 종기도 하행하여 소음의 정기와 상합하여 기가로 주입되고, 괵중으로 들어가 경맥과 피부의 내외를 함께 행한다.

用鍼者, 必先察其經絡之實虛, 切而循之, 按而彈之, 視其應動者, 乃後取之而下之.

침놓는 자는 먼저 경락의 허실을 잘 살피고, 맥을 짚으며, 병처를 눌러보아 반응을 살핀 후에 치료하여 병기病氣를 소산시킨다.

⊛ 이것은 맥중으로 흐르는 혈기를 거듭 밝힌 것이다.

내경에서 "낙맥이 차면 경맥이 비니 양을 사하고 음을 보한다. 경맥이 차면 낙맥이 비니 음을 사하고 양을 보한다絡滿經虛 瀉陽補陰 經滿絡虛 瀉陰補陽"라고 했다. 속의 경맥이 음이고, 겉의 낙맥이 양이다. 혈기가 맥중을 행하는 것은 경經에서 대락大絡으로, 대락에서 낙맥絡脈으로, 낙맥에서 손락孫絡으로 가니 먼저 경맥의 허실을 살핀 후 처치한다.

> 六經調者, 謂之不病, 雖病, 謂之自已也. 一經上實下虛而不通者, 此必有橫絡盛加於大經, 令之不通, 視而瀉之, 此所謂解結也.
> 육경六經이 조절되면 병에 걸리지 않는다. 병에 걸려도 저절로 낫는다. 한 경經에서 상부가 실하고 하부가 허하여 불통하면 이는 반드시 대경大經에 횡락橫絡이 성하여 불통하는 것이니 잘 찾아서 사한다. 이것이 뭉친 것을 풀어내는 것이다.

⊕ 이것은 맥외로 흐르는 혈기를 거듭 밝힌 것이다.

육경六經은 수족의 십이경별經別이다.

대경大經은 경수經隧다. 경수는 오장육부의 대락이다. 위부胃腑에서 나온 기혈이 피부와 분육 사이를 채운다는 것은 장부의 대경에서 외부의 피부로 나오는 것이다.

횡락橫絡은 경맥에서 갈라진 것이다.

한 경經이 상부는 실하고 하부가 허하여 불통한 것一經上實下虛而不通은 필시 경맥의 횡락이 대경보다 성하여 불통하게 된 것이다. 따라서 살펴서 사하면 이것이 이른바 해결解結이다.

이 두 구절은 수곡에서 생긴 혈기가 맥중을 영행營行하여 피부와 기주를 채우니 각기 제 길이 있음을 말한다.

민사선이 말했다. "이 두 구절을 편중에 배열한 것은 몸에 채워진 진기도 분리되는 경우가 있고 합쳐지는 경우가 있어 각기 구별되니 자비自費의 의미를 참고해야 한다."

> 上寒下熱, 先刺其項太陽, 久留之. 已刺則熨項與肩胛, 令熱下合
> 乃止, 此所謂推而上之者也.
>
> 상부가 차고 하부가 뜨거우면 먼저 항태양項太陽에 자침하여 유침시킨다. 침
> 을 빼고 나서 목과 견갑 부위에 찜질을 하여 온열이 내려가 아래의 양기와 합
> 하면 멈춘다. 이것이 끌어올리는 방법推而上之이다.

◉ 이것은 하초에서 생긴 기가 아래서 올라가는 것을 말한다.

태양은 제양지기諸陽之氣를 주관하고, 태양지기太陽之氣는 방광수중膀胱水中
에서 생긴다. 상한하열上寒下熱은 태양지기가 아래에서 유체되어 올라가지 못
하는 것이다. 그러므로 먼저 항부項部의 태양에 자침하여 오랫동안 유침시켜
기가 오는 것을 살핀다. 침놓은 후에는 목과 견갑 부위를 찜질하여 화열火熱과
아래의 양기와 교합되면 끝난다. 이것이 이른바 추이상지推而上之다.

민사선이 말했다. "본경은 범용으로 항태양項太陽이라고 말했으나 모두 기
분氣分에 있는 것으로 보아야 한다. 표기를 취하는 것이므로 경혈은 말하지
않았다."

조정하가 말했다. "소음과 태양은 수화水火의 표본이다. 그러므로 화火를 써
서 기氣를 덥힌다."

> 上熱下寒, 視其虛脈而陷之於經絡者, 取之, 氣下乃止, 此所謂引
> 而下之者也.
>
> 상부가 뜨겁고 아래가 차면 허맥虛脈과 경락에서 함하된 부위를 찾아 치료한
> 다. 기가 가라앉으면 낫는다. 이것이 끌어내리는 방법引而下之이다.

◉ 이것은 상초에서 생긴 기가 위에서 내려가는 것을 말한다.

"상초가 열려 오곡미를 퍼트려서 피부를 덥히고 몸을 충실히 하며 터럭을
윤택하게 하는 것이 기다上焦開發 宣五穀味 熏膚充身澤毛 是謂氣"라고 했으니 상초
의 기는 위에서 내려간다.

만약 상열하한上熱下寒이면 허한 맥을 살피고 경락에서 함하된 부위를 취해

야 한다. 이것은 맥이 허하기 때문에 기가 맥내에서 함하된 것이니 부육을 덥힐 수 없어서 아래가 차가워진다. 따라서 경經을 취하여 기가 내려가야 가라앉는다. 이것이 이른바 인이하지引而下之다.

大熱遍身, 狂而妄見妄聞妄言, 視足陽明及大絡取之, 虛者補之, 血而實者瀉之, 因其偃臥, 居其頭前, 以兩手四指挾按頸動脈, 久持之, 卷而切之, 下至缺盆中而復止如前, 熱去乃止, 此所謂推而散之者也.

온몸에 열이 치성하여 미친 것처럼 헛것이 보이고 헛것이 들리며 말을 함부로 하면 족양명足陽明과 대락大絡을 취한다. 허하면 보하고, 어혈이 있으면서 실하면 사한다. 환자를 눕혀서 머리를 앞에 두고 두 손 네 손가락으로 목에 있는 동맥을 한참 누른다. 손가락을 구부려 안마를 하고 결분까지 내려오면 멈추고 처음부터 다시 시행한다. 열이 제거되면 멈춘다. 이것이 끌어와서 퍼트리는 방법推而散之이다."

◉ 이것은 중초에서 생긴 기가 중中에서 나가 상하로 흩어져 행함을 말한다. 중초지기中焦之氣는 양명수곡의 한기悍氣다.

온몸이 뜨겁고 미쳐서 헛것이 보이고 헛것이 들리며 말을 함부로 하는 것大熱遍身 狂而妄見妄聞妄言은 양명지기陽明之氣가 궐역하여 열광熱狂이 된 것이다. 그러므로 족양명의 피부皮部와 대락大絡을 살펴서 취해야 한다. 허하면 보하고 혈맥에서 궐역하여 혈실血實하면 사한다. 중초의 기는 대락에서 피부로 나가기 때문이다.

머리로 상충하는 한기悍氣는 식도를 순환하고 올라가 공규로 갔다가 함顀으로 나가서 객주인客主人으로 내려가고 아거牙車를 순환한 다음 다시 양명맥과 병합하여 인영人迎으로 내려가 가슴과 흉부에서 족부足跗로 내려간다.

따라서 환자를 눕혀서 머리를 앞에 두고 두 손 네 손가락으로 항중頸中의 인영 동맥을 오래 누른다. 한열지기悍熱之氣가 맥외로 흩어지게 하여 맥중에서 합쳐지지 않게 하는 것이다. 이것이 이른바 추이산지推而散之다.

이상 세 구절은 부표의 기가 또 상중하의 세 길로 나가고, 선천의 기와 곡기가 합쳐져서 몸을 채우는 것도 두 가지 기임을 거듭 밝혔다. 학자는 음양혈기의 이합출입離合出入하는 길을 잘 알 수 있다면 전경全經의 대의는 반 이상을 파악했다 할 수 있다.

黃帝曰: 有一脈生數十病者, 或痛或癰, 或熱或寒, 或癢或痺, 或不仁, 變化無窮, 其故何也?
岐伯曰: 此皆邪氣之所生也.

황제가 물었다. "한 맥에도 수십 가지의 병이 생기니 아프기도 하고, 곪기도 하며, 열이 나기도 하고, 차가워지기도 하며, 가렵기도 하고, 저리기도 하며, 마비되기도 하여 변화가 무궁하니 그 까닭은 무엇인가?"

기백이 답했다. "이는 모두 사기로 인하여 생기는 것이다."

⦿ 이후로는 사기가 영위종기營衛宗氣를 손상시켜 진기가 없어지고 사기만 남아 넘쳐서 무궁한 변화가 일어나므로 하나의 맥에서도 수십 가지의 병이 생김을 말한다.

黃帝曰: 余聞氣者, 有眞氣, 有正氣, 有邪氣. 何謂眞氣?
岐伯曰: 眞氣者, 所受於天, 與穀氣幷而充身者也. 正氣者, 正風也, 從一方來, 非實風, 又非虛風也. 邪氣者, 虛風之賊傷人也, 其中人也深, 不能自去. 正風者, 其中人也淺, 合而自去, 其氣來柔弱, 不能勝眞氣, 故自去.

황제가 물었다. "기에는 진기眞氣가 있고, 정기正氣가 있으며, 사기邪氣가 있다고 들었는데 무엇이 진기인가?"

기백이 답했다. "진기는 선천적으로 타고난 기와 후천적으로 생긴 곡기가 병합하여 몸에 채워지는 것이다. 정기는 제때에 맞추어 부는 정풍正風이다. 한쪽 방향에서 불어오니 실풍實風도 아니고 허풍虛風도 아니다. 사기는 때에 맞지 않은 허풍으로 사람을 손상시키고 적중되면 깊이 손상되어 저절로 없어지지 않는다. 정풍이 사람에게 적중되면 얕은 곳으로 침범하여 진기와 만나면 저절로 제거된다. 기가 유약하여 진기를 이기지 못하므로 저절로 소멸된다."

● 타고난 기所受于天는 선천의 정기精氣고, 곡기는 후천수곡의 정기로 합병하여 몸에 채워진다. 정기正氣는 커다란 덩어리가 내뿜는 기로 바람이라 한다. 한쪽 방향에서 불어오니 실풍實風도 아니고 허풍虛風도 아니며 천지의 올바른 기다. 허풍은 허한 곳에서 부는 적풍賊風으로 정기를 손상시키고 사람의 깊은 곳에 적중되어 저절로 나가지 않는다. 정풍正風은 얕은 곳에 적중되어 진기眞氣와 합쳐지면 저절로 나간다. 기가 유약하여 진기를 이길 수 없어서 저절로 사라진다.

민사선이 말했다. "사람은 천지의 정기를 지니고 태어난다. 그러므로 천天의 정기正氣와 사람의 정기가 서로 합쳐진다. 진기를 이기지 못하는 것不能勝眞氣은 합병된 기가 성하기 때문이다."

주위공이 말했다. "바람은 땅구멍에서 나오므로 기가 유약하다. 실풍은 천지노기天之怒氣다."

批 땅구멍에서 나오므로 커다란 덩어리大块가 된다.

虛邪之中人也, 洒淅動形, 起毫毛而發腠理. 其入深, 內搏於骨, 則爲骨痺. 搏於筋, 則爲筋攣. 搏於脈中, 則爲血閉不通則爲癰. 搏於肉, 與衛氣相搏, 陽勝者則爲熱, 陰勝者則爲寒, 寒則眞氣去, 去則虛, 虛則寒. 搏於皮膚之間, 其氣外發, 腠理開, 毫毛, 淫氣往來行則爲癢, 留而不去爲痺. 衛氣不行, 則爲不仁.

허사虛邪가 사람에 적중되면 몸이 오슬오슬 떨리고, 털이 서며, 주리가 열린다. 더 깊이 들어가면 속으로 골骨까지 미쳐서 골비骨痺가 된다. 근筋에서 뭉치면 근이 경련을 일으킨다. 맥중에서 뭉치면 혈맥이 폐색되어 불통하여 옹종癰腫이 된다. 육肉에서 뭉치면 위기衛氣와 뭉쳐 위기가 승하여 양기가 이기면 열이 나고, 음기가 이기면 차가워진다. 차가워지는 것은 진기眞氣가 줄어든 것이니 진기가 줄어들면 허해지고 허해지면 차가워진다. 피부에서 뭉치면 기가 외부로 발산되고 주리가 열리며 호모가 흔들리고 기가 왔다갔다 하여 피부가 가려워진다. 기가 유체되어 나가지 못하면 비증痺症이 된다. 위기가 돌지 못하면 마비不仁가 된다.

● 여기서는 허사虛邪가 형체를 손상시킴을 말한다. 으슬으슬 춥고 떨리는 것洒

淅動形은 피맥육근골에 충격을 주는 것이니 저리거나痺 쥐가 나며攣 염증이 생기거나㿈 가렵다痒. 음陰이 많아지면 한寒이 되고, 한寒하면 진기眞氣가 사라지며, 위기衛氣가 손상되면 마비가 오니 이것은 모두 사기가 일으키는 것이다.

> 虛邪偏客於身半, 其入深, 內居營衛, 營衛稍衰, 則眞氣去, 邪氣獨留, 發爲偏枯. 其邪氣淺者, 脈偏痛.
>
> 허사虛邪가 몸 한쪽으로 침입해서 깊숙이 들어가 내부 영위營衛에 자리 잡으면 영위가 점점 줄어 진기眞氣가 사라지고 사기邪氣만 남아 편고偏枯가 된다. 사기가 얕으면 맥기가 불통하여 한쪽 반신에 통증이 생긴다.

⊕ 여기서는 사기가 형체 한쪽만 침입하여 영위營衛를 손상시켜 진기眞氣가 없어지면서 편고偏枯가 됨을 말한다. 사기가 얕으면 경맥 한쪽에만 통증이 있다. 편고는 사기가 직접 근골을 손상시킨 것이다.

민사선이 말했다. "영위營衛가 쇠하면 진기가 사라지니 영위진기營衛眞氣가 같은 곳에서 생기지만 제각기 제 길로 나뉘어 도는 것이니 분리되기도 하고 합쳐지기도 한다는 것을 알아야 한다."

批 합해서 모두 진기眞氣라고 한다.

> 虛邪之入於身也深, 寒與熱相搏, 久留而內著, 寒勝其熱, 則骨疼肉枯, 熱勝其寒. 則爛肉腐肌, 爲膿內傷骨, 內傷骨爲骨蝕. 有所疾前筋, 筋屈不能伸, 邪氣居其間而不反, 發爲筋溜[*]. 有所結, 氣歸之, 衛氣留之, 不得反, 津液久留, 合而爲腸溜, 久者數歲乃成, 以手按之柔. 已有所結, 氣歸之, 津液留之, 邪氣中之, 凝結日以易甚, 連以聚居爲昔瘤, 以手按之堅. 有所結, 深中骨, 氣因於骨, 骨與氣幷, 日以益大, 則爲骨疽. 有所結, 中於肉, 宗氣歸之, 邪留而不去, 有熱則化而爲膿, 無熱則爲肉疽. 凡此數氣者, 其發無常處

---

[*] 근류筋溜는 근막에 생기는 혹이다. 『갑을경』에 '溜'는 '瘤'로 해야 한다―〈통해〉.

而有常名也.

허사虛邪가 몸 깊숙이 침입하면 한寒과 열熱이 뭉쳐서 오랫동안 유체되었다가 내부에 고착된다. 한이 열을 이기면 뼛속이 아프고 살이 마른다. 열이 한을 이기면 살이 헐고 썩어 농膿이 되고 내부에서 골骨을 손상시켜 골식骨蝕이 된다.

허사가 근筋을 손상시키면 근이 경련을 일으키며 펴지지 않는다. 사기가 근에 머물면서 퍼지지 못하면 근에 혹筋瘤이 생긴다. 허사가 체내에 유체되면 진기도 내부로 몰려가고, 위기衛氣도 유체되어 기가 퍼지지 못하며, 진액도 오랫동안 머물러 정체되어 사기와 합쳐져서 장腸에 혹贅瘤이 생긴다.

오래된 것은 수년에 걸쳐서 생성되니 손으로 만지면 말랑하다. 이미 체내에 응체되면 진기도 내부로 몰려가고 진액도 유체되는데 이때 다시 사기에 적중되면 응결凝結이 날마다 더 심해지고 여러 개의 췌류贅瘤가 연결되면서 몰려 석류昔瘤가 된다. 석류는 손으로 만지면 딱딱하다.

허사가 체내의 깊은 골에서 응체되면 사기가 골중骨中에 머물게 되어 골의 진기와 사기가 병합하여 날마다 커져서 골저骨疽가 된다.

허사가 체내의 기육에서 응체되면 종기宗氣가 따라와서 기육에 몰리고 사기는 흩어지지 못하는데 열이 있으면 화농이 되고, 열이 없으면 육저肉疽가 된다. 이런 발병은 고정된 부위가 있지 않지만 각 부위의 병에 일정한 병명이 붙어 있다.

⊛ 여기서는 허사虛邪가 기氣를 손상시켜 형체가 병듦을 말한다.

한여열박寒與熱搏은 형중形中의 음양陰陽 이기二氣다. 형形에는 기가 머물고形舍氣, 기는 형에 귀속되니氣歸形 형과 기가 서로 합쳐져 있는 것이다. 그러므로 형이 손상되면 기가 병드는 것이고, 기가 손상되면 형도 병드는 것이다. 결기귀지結氣歸之는 한열상박지기寒熱相搏之氣가 사기가 머물러 있는 형체에 귀속되는 것이다. 이런 여러 가지 기가 발생하는 곳이 일정하지 않아도 육고肉枯·골식骨蝕·근류筋瘤·석류昔瘤의 정해진 명칭이 있다.

마지막 문장에서는 사기가 형을 병들게 하면 진기가 사라지고 영위가 손상됨을 말한다. 진기가 관절을 출입하여 피부와 기주 사이를 흘러 다니기 때문이다.

위기행衛氣行

黃帝問於岐伯曰: 願聞衛氣之行, 出入之合何如?

伯高曰: 歲有十二月, 日有十二辰, 子午爲經, 卯酉爲緯, 天周[*]
二十八宿, 而一面七星, 四七二十八星, 房昴爲緯, 虛張爲經. 是故
房至畢爲陽, 昴至心爲陰, 陽主晝, 陰主夜. 故衛氣之行, 一日一夜
五十周於身, 晝日行於陽二十五周, 夜行於陰二十五周, 周於五臟.
是故平旦陰盡, 陽氣出於目, 目張則氣上行於頭, 循項下足太陽,
循背下至小指之端. 其散者, 別於目銳眥, 下手太陽, 下至手小指
之間外側. 其散者, 別於目銳眥, 下足少陽, 注小指次指之間, 以上
循手少陽之分側, 下至小指之間. 別者以上至耳前, 合於頷脈, 注
足陽明, 以下行, 至跗上, 入五指之間. 其散者, 從耳下下手陽明,
入大指之間, 入掌中. 其至於足也, 入足心, 出內踝, 下行陰分, 復
合於目, 故爲一周.

황제가 기백에게 물었다. "위기衛氣가 어디를 출입하면서 도는지 알고 싶다."

백고가 답했다. "1년이 십이월이고, 하루가 십이진이며, 자오子午가 경經이
되고, 묘유卯酉가 위緯가 된다. 천구天球는 28수宿를 도니 1면面에 7별자리星가
있어서 4면에 28수가 있다. 방묘房昴가 위緯가 되고, 허장虛張이 경이 된다. 따
라서 방房에서 필畢까지가 양이고, 묘묘昴에서 심心까지가 음이다. 양은 낮에 작

---

* 하늘이 돈다周天: 하늘의 해·달·별은 모두 우리의 눈으로 보기에 천구상을 매일 약 1회 회전하
고 있는데 이런 현상을 일주운동이라고 한다. 천구상에서 해와 달은 날마다 그 위치를 조금씩
바꾸면서 회전하지만 별들은 언제나 제각각 제자리를 지키면서 회전한다. 따라서 옛날 사람들
은 대개 이러한 별들의 일주운동에 착안하여 "하늘이 돈다"고 생각했다. 동쪽에서 서쪽으로 도
는 별들은 북극성을 향해 서서 보면 오른쪽에서 왼쪽으로 도는 것으로 여겨진다. 그러므로 하
늘이 땅을 둘러싼 채 왼쪽으로 돈다左旋고 했다.

용하고, 음은 밤에 작용한다. 그러므로 위기의 주행은 하루 낮밤에 온몸을 50주周하니 낮에 양분陽分을 25주하고, 밤에 오장의 음분陰分을 25주하면서 오장을 돈다.

평단平旦에는 음기가 다 고갈되고 양기가 눈에서 나와 눈이 떠지면 기가 머리로 올라가고 목을 따라 족태양足太陽으로 내려가며 배부背部를 순환하면서 새끼발가락 끝으로 내려간다. 산행散行은 목예자目銳眥에서 갈라져 수태양手太陽으로 내려가서 새끼손가락 바깥쪽으로 간다. 또 다른 산행은 목예자에서 갈라져 족소양足少陽으로 내려가 넷째 발가락과 새끼발가락 사이로 주입된다. 수소양手少陽으로 올라가서 측면으로 내려가 넷째 손가락으로 간다. 별행別行은 귀 앞쪽으로 올라가서 함맥頷脈과 합쳐져 양명陽明으로 주입되어 하행하고 발등까지 가서 오지五指 사이로 들어간다.

또 산행하는 것은 귀 아래에서 수양명手陽明으로 내려가 엄지손가락으로 들어가고 손바닥으로 들어간다. 발로 간 것은 족심足心으로 들어갔다가 내과內踝로 나와서 음분을 행하고 다시 눈에서 합쳐진다. 그래서 1주가 된다.

⏺ 1년에 십이월이 있는 것歲有十二月은 천도天道가 365도와 1/4을 돌기 때문이다. 1일 1야에 태양이 천도를 따라 도는데 지구를 한 바퀴 돌면서 1도를 조금 더 가니 1년 365일 유기有奇에 천도를 한 바퀴 돈다.

하루에 십이진이 있는 것日有十二辰은 야반夜半이 자시子時고, 일중日中이 오시午時다. 묘시卯時에 해가 뜨고 유시酉時에 해가 진다. 자子는 북쪽이고, 오午는 남쪽이며, 묘卯는 동쪽이고, 유酉는 서쪽이다. 자오子午는 경經이 되고, 묘유卯酉는 위緯가 된다.

천도天道는 28수宿를 도는데 1면面에 7별자리가 있다. 4면에 7개씩 28별자리가 있어서 이 28수는 천도가 도는 365도다.

방房이 묘卯에 있고, 묘昴는 유酉에 있으며, 허虛는 자子에 위치하고, 장張은 오午에 위치한다. 방묘房昴가 위緯가 되고, 허장虛張이 경經이 된다. 방도房度가 묘卯에 있고, 필도畢度가 유酉에 있다.

방房에서 필畢까지가 양이 되는 것房至畢爲陽은 태양이 천도를 따라 동에서 서까지 누하漏下 25각 동안 일정중日正中 장도張度까지 가고, 또 25각이 지나면 필도에 이른다. 이것이 낮에 양분을 행하는 것이다.

묘도昴度는 유酉에 있고, 심도心度는 묘卯에 있다. 묘昴에서 심心까지 음이 되는 것昴至心爲陰은 해가 천도를 따라 서에서 동까지 지구를 도는데 누하 25각 동안 야정중夜正中 허도虛度까지 가고, 또 25각을 지나면 심도心度에 이른다. 이것이 밤에 음분을 행하는 것이다.

위기衛氣가 하루에 50회 돈다는 것衛氣之行 一日一夜五十周於身은 영기가 맥중을 돌고 위기가 맥외를 도는 것으로 장부의 수족 십이경맥과 독맥·임맥·양교맥·음교맥을 순환하며 도는 것이다. 1호 1흡에 6촌의 맥도를 가니 수하水下 2각은 270식息이고, 맥이 16장 2척을 도는 것이 1주周다. 낮에 25주하고 밤에 25주하니 모두 이 16장 2척의 맥도를 돌며 음경과 양경의 구분은 없다.

낮에는 양분을 25주, 밤에는 오장의 음분을 25주 도는 것晝日行於陽二十五周, 夜行於陰二十五周, 周於五臟은 낮에는 삼양三陽의 부위를, 밤에는 오장의 음 부위를 순행하고 경經을 따라 제 길로 가는 것이다.

위기가 경을 순환하며 도는 것衛氣之循經而行者은 맥내의 영기營氣와 교차하여 서로 순환하며 도는 것이다.

낮에는 양분을 돌고, 밤에는 음분을 돈다는 것晝日行於陽 夜行於陰은 맥외의 영기營氣와 서로 함께 도는 것이니 낮에는 피부와 기주 사이를 행하고, 밤에는 오장의 모원募原을 행하니 주야晝夜 16장 2척의 경맥을 50주하는 것과는 다르다. 그러므로 평단에는 기가 양으로 나가 눈이 떠지고, 저녁이 되면 기가 음으로 들어가 눈이 감긴다. 그래서 다음 문장에서 "낮에 1수宿를 가는 동안 위기는 1주와 8/10만큼 돈다日行一舍 人氣行一周與十分身之八"라고 하니 낮에 1수를 행하는 동안日行一舍 위기의 순환은 16장 2척을 환전하는 것도 1주고 삼양지분三陽之分을 되는 것도 1주다.

위기가 낮에 양분을 행하고 밤에 음분을 행하는 것은 해가 천도를 따라 지구를 도는 것에 대응된다. 위기가 경맥을 따라 행하는 것은 달과 해수海水의 만조와 간조에 대응된다. 그래서 사람과 천지가 상참相參하고 일월에 상응한다고 말한다.

안|〈소문·궐론厥論〉에서 "양기는 발등에서 일어나고 음기는 발바닥에서 일어

난다陽氣起于足五指之表 陰氣起于足五指之裏"라고 했다. 양명陽明은 표表이고 기氣를 삼양三陽으로 보낸다. 위기는 양명수곡의 한기悍氣가 양명의 함맥頷脈에서 합쳐져서 하행하여 발등足跗으로 간다. 그러므로 위기가 오지지간五指之間에 올라가는 것은 양명과 합쳐져서 함맥頷脈의 인영人迎으로 들어갔다가 다시 내려가서 발등에 가서 오지五指의 끝으로 들어갔다가 지정指井에서 다시 피부의 기분氣分으로 나간다."

장옥사가 말했다. "경經에서 '위기는 먼저 피부로 가서 낙맥을 우선 채운다衛氣先行皮膚 先充絡脈'라고 했다. 이는 위기와 낙맥이 상통한다는 것을 말한다. '위기가 풍부風府에서 크게 만나고 매일 척추관절 한 마디씩 내려가서 21일에 미저골尾骶骨에 도달하고, 내부에서 잠복된 충맥으로 간다衛氣大會于風府 日下一節 二十一日 下至尾骶 內行于伏衝之脈'라고 했다. 이는 위기가 외부에서 피부를 행하고, 내부에서는 경맥을 행한다. 이것은 위기가 양명의 함맥으로 들어가는 것을 말하는 것이다. 영위營衛가 경맥의 내외를 행하는 것은 하나로 고집하여 말할 수 없다."

批 1호 1흡이 1식息이다.

是故日行一舍[*], 人氣行一周與十分身之八^{**}. 日行二舍, 人氣行二周^{***}於身與十分身之六. 日行三舍, 人氣行於身五周與十分身之四. 日行四舍, 人氣行於身七周與十分身之二^{****}. 日行五舍, 人氣行於身九周. 日行六舍, 人氣行於身十周與十分身之八. 日行七舍, 人氣行於身十二周在身與十分身之六. 日行十四舍, 人氣二十五周於身

---

* 태양이 별자리를 하루에 28수를 도는 것은 실제는 지구의 자전으로 태양이 천도를 1주하는 것으로 나타난 것이다. '舍'는 '宿'다.

** 태양은 하루에 28수를 돌고, 위기는 하루에 50회 주신한다. 태양이 별자리 하나를 지나는데 위기는 1785바퀴를 돈다. 사사오입하여 일주여십분신지팔一周與十分身之八이라고 했다.

*** '二周'는 '三周'가 맞다―〈통해〉.

**** 태양이 14사舍를 도는 시간이 위기衛氣가 25주하는 시간과 같다. 나머지가 없지만 이것은 사사오입한 것이다. 실은 소수 부분이 0.785인데 0.8로 계산한 것이다. 이처럼 태양은 1사를 행하는데 위기는 0.015만큼 덜 돈다. 태양이 14사를 가면 위기는 0.2주만큼 덜 간다. 이래서 십분신지이十分身之二의 기분奇分이 나온 것이다.

有奇分與十分身之四, 陽盡於陰, 陰受氣矣. 其始入於陰, 常從足少陰注於腎, 腎注於心, 心注於肺, 肺注於肝, 肝注於脾, 脾復注於腎爲周. 是故夜行一舍, 人氣行於陰藏一周與十分藏之八, 亦如陽行之二十五周, 而復合於目. 陰陽一日一夜, 合有奇分十分身之四, 與十分藏之二. 是故人之所以臥起之時有早晏者, 奇分不盡故也.

그러므로 태양이 1수宿를 가는 동안 인기人氣는 주신周身을 약 1.8주周 돈다. 2수를 가는 동안 인기는 3.6주 돈다. 3수를 가는 동안 인기는 5.4주 돈다. 4수를 가는 동안 인기는 7.2주 돈다. 5수를 가는 동안 인기는 9주 돈다. 6수를 가는 동안 인기는 10.8주 돈다. 7수를 가는 동안 인기는 12.6주 돈다. 14수를 가는 동안 인기는 25주쯤 돈다. 양이 끝나면 음분으로 기가 간다.

처음 음분에 들어갈 때는 항상 족소음足少陰에서 신腎으로 주입되고, 신에서 심心으로, 심에서 폐肺로, 폐에서 간肝으로, 간에서 비脾로 주입되며 비脾에서 다시 신으로 주입되는 것이 1주다. 그러므로 밤에 1수를 가는 동안 인기는 오장의 음분陰分을 1.8주한다. 25주하면 양분陽分을 25주하는 것처럼 다시 눈目에서 합한다.

1일 1야一日一夜에 각각 주신 0.2주와 오장의 음분 0.2만큼 덜 돈다. 그래서 일어나고 잠자는 시간이 빠르기도 하고 늦기도 하는 것은 딱 떨어지지 못하고 덜 도는 부분이 있기 때문이다."

⊕ 일행일사日行一舍는 태양이 한 별자리를 가는 시간이다. 인기행일주人氣行一周는 위기衛氣가 경經을 따라 16장 2척의 1주를 도는 것이고, 여십분신지팔與十分身之八은 낮에 양분을 도는 위기도 1주 돈다.

해가 1사舍를 가고 인기人氣는 1주한다. 2수를 가는 동안 인기는 3.6주 돈다. 3수를 가는 동안 인기는 5.4주 돈다. 4수를 가는 동안 인기는 7.2주 돈다. 5수를 가는 동안 인기는 9주 돈다. 6수를 가는 동안 인기는 10.8주 돈다. 7수를 가는 동안 인기는 12.6주 돈다. 14수를 가는 동안 인기는 25주쯤 돈다.

묘卯에서 유酉까지 14수를 가고 인기는 맥도를 25번 돈다. 별자리가 위치하는 곳에 약간 차이가 있어 도는 횟수도 약간 차이가 있다. 하지만 합계는 14수에 인기가 25주한다.

여십분신지팔與十分身之八은 위기가 양분陽分을 행하고 남은 자투리다. 팔八은 1리厘 2호毫 5사絲만큼 더 친 것이고, 육六은 1리 6호 6사만큼 더 친 것이며, 사四는 2리 5호만큼 더 친 것이고, 이二는 5리만큼 더 친 것이다. 이것은 한 번에서 열 번까지 돌면서 더 계산된 것이다.

일행육사日行六舍면 인기는 10주와 8/10만큼 도는 것은 1분 2리 5호를 더 친 것이다. 육六은 1분 6리 6호를 더 친 것이고, 사四는 2분 5리를 더 친 것이다. 이것은 10주에서 25주까지의 대수大數다. 하지만 합계는 25주 2분 5리가 기준이다.

인기는 25주하고 나머지가 있는 것은 위기가 맥도를 순환하는데 25주에서 2분 5리를 더 계산한 것이다.

여십분신지사與十分身之四는 위기가 낮에 25주 돈다고 하지만 2분 5리의 기분奇分을 더 계산한 것이니 위기가 하루에 기분氣分을 행하는 것이 모두 합해서 5분을 더 계산한 것이다.

양이 음분에 들어가면 음이 기를 받고 위기도 맥도를 따라 16장 2척을 25주한다.

항상 족소음足少陰에서 신腎으로 주입되는 것常從足少陰注於腎은 밤에 오장의 음분을 역시 25번 돈다. 그러므로 밤의 일행일사日行一舍는 인기人氣가 음분을 1주 여십분장지팔與十分藏之八만큼 돈다. 역시 양과 마찬가지로 25주에서 약간 모자란다. 십분장지이十分藏之二는 밤에도 5분이 더 계산된 것이니 합해서 계산하면 밤에 16장 2척에서 조금 모자라고, 밤의 오장에도 모자라는 부분이 있으니 합하면 10분이다. 주행십분지사晝行十分之四와 야행십분장지이분夜行十分藏之二分을 합하면 15분이 모자란다. 그러므로 사람이 자고 일어나는 시간이 빠르기도 하고 늦기도 하는 것人之所以臥起之時有早晏者은 모자라는 부분을 다 채우지 못하기 때문이다.

대개 낮에 5분이 모자라고 밤에 10분이 모자라기도 하고, 낮에 10분이 모자라고 밤에 5분이 모자라기도 하는 것은 낮의 사四와 밤의 이二를 딱 채우지 못하기 때문이다. 낮에 5분 모자라면 일찍 자고 낮에 10분 더 돌면 늦게 잔다. 밤에 5분이 모자라면 일찍 일어나고 밤에 10분 모자라면 늦게 일어난다. 이것은 자고 일어나는 시간을 빌려 변화불측의 주야음양晝夜陰陽을 밝힌 것이다.

유기분지십오분有奇分之十五分은 주천周天 365도의 나머지다. 28수를 주천하는데 1면이 7별자리고 4면이 7자리니 28수다. 28수가 주천에 분포되어 있다. 낮에 14수 가고 위기는 25주 돌며, 밤에 14수 가고 위기는 25주 돈다. 나누어 계산하면 5*7＝350도 해도 15도가 부족하다. 그래서 15분이 모자라는 것이다. 이는 모두 이수理數의 자연에서 나온 것이지 사람의 지력으로 넣고 뺀 것이 아니다.

黃帝曰: 衛氣之在於身也, 上下往來不以期, 候氣而刺之奈何?
伯高曰: 分有多少, 日有長短, 春秋冬夏, 各有分理, 然後常以平旦爲紀, 以夜盡爲始. 是故一日一夜, 水下百刻, 二十五刻者, 半日之度也, 常如是無已. 日入而止, 隨日之長短, 各以爲紀而刺之, 謹候其時, 病可與期. 失時反候者, 百病不治. 故曰, 刺實者, 刺其來也, 刺虛者, 刺其去也. 此言氣存亡之時, 以候虛實而刺之. 是故謹候氣之所在而刺之, 是謂逢時. 在於三陽, 必候其氣在於陽而刺之. 病在於三陰, 必候其氣在陰分而刺之.

황제가 물었다. "위기가 몸에서 돌 때 상하왕래가 일정치 않은데 기를 살펴서 침놓는 것은 어떻게 하는가?"

백고가 답했다. "양분陽分 음분陰分이 차이가 나고, 밤낮도 장단이 있으며, 사시四時도 각각 차이가 난다. 그래서 평단平旦을 기준으로 삼아 밤이 끝나는 시간이 시작된다. 그러므로 하루를 수하水下 100각百刻으로 정했으니 25각刻은 한나절의 시간이다. 항상 이와 같이 멈추지 않고 물이 떨어진다.

해가 지면 낮이 끝나니 해의 장단에 맞추어 해가 지는 것을 기준으로 삼아 자침한다. 위기가 도는 시간을 살펴서 치료하면 질병이 때에 맞추어 잘 나을 수 있다. 위기가 도는 시간을 모르고서 치료하면 어떤 병이라도 낫게 할 수 없다. 그러므로 실한 것을 자침하는 것은 기가 오는 것을 맞아 자침하여 빼는 것이다. 허한 것을 자침하는 것은 기가 가는 것을 자침하여 기를 보충하는 것이다. 이것은 위기가 가고 오는 것에 근거하여 허실을 살펴 자침하는 것이다.

그러므로 기의 소재所在를 잘 살펴서 자침하는 것을 봉시逢時라고 한다. 병이 삼양三陽에 있을 때는 기가 삼양에 있는지를 살핀 후에 자침하고, 병이 삼음三陰에 있을 때는 기가 삼음에 있는지를 살펴서 자침한다."

948

● 이것은 사시四時와 주야에 장단의 차이가 있지만 각기 구분하는 이치가 있어 기가 양분에 있는지 음분에 있는지 결정됨을 말한다.

봄가을 주야가 같을 때는 항상 평단平旦을 기준으로 삼는다. 밤이 끝나면 시작되어 일출 묘시卯時가 첫 1각刻이 된다. 1각에는 인기人氣가 태양에 있고, 2각에는 소양에 있으며, 3각에는 양명에 있고, 4각에는 음분에 있다.

1일 1야一日一夜에 수하 백각이 되면 한 바퀴가 된다. 25각은 한나절이다. 해가 져서 들어갈 때까지 낮晝이다. 해의 장단에 따라 모두 묘가 초일각初一刻이 되고 인기가 태양에 있는 것으로 기준 삼아 자침한다.

잘 살펴서 인기가 양분에 있을 때 양병을 자침하고, 인기가 음분에 있을 때 음병을 자침해야 하니 병은 때에 맞추어야 낫게 할 수 있다. 때를 놓치고 반대로 살피면 어떠한 병도 고칠 수 없다.

실實은 사기실邪氣實이다. 내來는 기가 오기 시작하는 것이다. 사기가 양분에 있어 수하 1각·5각·9각에 기가 양분에 오니 즉시 자침한다. 이것이 영이탈지迎而奪之다. 허虛는 정기허正氣虛다. 거去는 기가 이미 없어진 것이다. 양기가 허하면 수하 3각·7각·11각에 인기가 양이 없어지고 음으로 가려 할 때 자침한다. 이것이 추이제지追而濟之다.

음의 허실로 온 병도 마찬가지다. 이를 봉시逢時라고 한다. 병이 삼양三陽에 있을 때는 기가 삼양에 있는지를 살펴서 자침하고, 병이 삼음에 있을 때는 기가 삼음에 있는지 살펴서 자침한다.

예중옥이 말했다. "반드시 기가 양에 있는지 살피는 것은 삼양지분三陽之分이고, 음에 있는 것은 삼음지분三陰之分이다. 삼음삼양三陰三陽으로 병이 된 것도 기氣가 삼음삼양지분三陰三陽之分에 있는지를 살펴서 치료한다."

水下一刻*, 人氣在太陽. 水下二刻, 人氣在少陽. 水下三刻, 人氣

---

* 수하 1각水下一刻은 누호漏壺라는 새는 항아리에서 물이 떨어지는 각도다. 옛날에는 누호를 사용하여 시간을 계산했다. 누호는 고대의 시간을 재는 도구다. 일반적으로 동으로 만들었다. 안에 각도가 표시되어 있는데 매 주야를 100각으로 나누었다. 매각이 지금의 14분 24초에 상당한다─〈통해〉.

在陽明. 水下四刻, 人氣在陰分. 水下五刻, 人氣在太陽. 水下六刻, 人氣在少陽. 水下七刻, 人氣在陽明. 水下八刻, 人氣在陰分. 水下九刻, 人氣在太陽. 水下十刻, 人氣在少陽. 水下十一刻, 人氣在陽明. 水下十二刻, 人氣在陰分. 水下十三刻, 人氣在太陽. 水下十四刻, 人氣在少陽. 水下十五刻, 人氣在陽明. 水下十六刻, 人氣在陰分. 水下十七刻, 人氣在太陽. 水下十八刻, 人氣在少陽. 水下十九刻, 人氣在陽明. 水下二十刻, 人氣在陰分. 水下二十一刻, 人氣在太陽. 水下二十二刻, 人氣在少陽. 水下二十三刻, 人氣在陽明. 水下二十四刻, 人氣在陰分. 水下二十五刻, 人氣在太陽. 此半日之度也. 從房至畢一十四舍, 水下五十刻, 日行半度. 回行一舍, 水下三刻與七分刻之四. 大要曰 常以日之加於宿上也, 人氣在太陽, 是故日行一舍, 人氣行三陽 與陰分. 常如是無已, 與天地同紀, 紛紛盼盼, 終而復始, 一日一夜, 水下百刻而盡矣.

수하 1각水下一刻에 인기人氣는 태양太陽에 있고, 수하 2각에 위기는 소양少陽에 있으며, 수하 3각에 위기는 양명陽明에 있고, 수하 4각에 위기는 음분陰分에 있다. 수하 5각에 위기는 태양에 있고, 수하 6각에 위기는 소양에 있으며, 수하 7각에 위기는 양명에 있고, 수하 8각에 위기는 음분에 있다. 수하 9각에 위기는 태양에 있고, 수하 10각에 위기는 소양에 있으며, 수하 11각에 위기는 양명에 있고, 수하 12각에 위기는 음분에 있다. 수하 13각에 위기는 태양에 있고, 수하 14각에 위기는 소양에 있으며, 수하 15각에 위기는 양명에 있고, 수하 16각에 위기는 음분에 있다. 수하 17각에 위기는 태양에 있고, 수하 18각에 위기는 소양에 있으며, 수하 19각에 위기는 양명에 있고, 수하 20각에 위기는 음분에 있다. 수하 21각에 위기는 태양에 있고, 수하 22각에 위기는 소양에 있으며, 수하 23각에 위기는 양명에 있고, 수하 24각에 위기는 음분에 있다. 수하 25각에 위기는 태양에 있다. 이것이 한나절 동안 위기가 순행하는 규칙이다.

　방房에서 필畢까지 14사 수하 50각 동안 해는 천도의 반을 돈다. 1사를 가는 시간은 수하 3각과 4/7다. 『대요大要』에서 "통상 태양이 별자리로 갈 때는 위기는 태양에 있다"라고 했다. 그러므로 이와 같이 끊임없이 해가 1사를 갈 때 위기는 삼양三陽과 음분陰分을 돈다. 천지天地의 움직임이 무질서하게 도는 것

> 같지만 그 안에는 일정한 법칙이 있다. 끝나면 다시 시작하여 1일 1야一日一夜
> 수하 100각에 위기가 50주를 끝낸다.

◉ 여기서는 위기가 천도가 지구를 도는 것에 상응하여 양에 있을 때와 음에 있을 때 취하는 자법을 말한다.

양陽은 천기天氣고 외부를 주관한다. 음陰은 지기地氣고 내부를 주관한다. 소음의 상부는 군화가 주관하니少陰之上 君火主之 군화는 태양이다. 해는 천도를 따라 도는데 낮에는 밝고 밤에는 어둡다. 천체가 도니 태양으로 밝은 것이다.

그러므로 수하 1각에 인기人氣는 태양에 있고, 수하 2각에 위기는 소양에 있으며, 수하 3각에 위기는 양명에 있고, 수하 4각에 위기는 음분에 있다. 음분은 소음의 부위다. 수하 25각은 한나절의 도수다. 방房에서 필畢까지 14사 수하 50각이니 해가 천도의 반을 간다. 회행일사回行一舍는 지구 주위를 회전하는데 묘昴에서 심心으로 다시 1사를 가는 것이다. 수하 3각은 53각에 다시 태양에 칠분각지사七分刻之四가 가해지는 것은 1분 2리 5호의 모자람이 있는 것이다. 이는 위기가 천도를 따라 지구를 돌며 주야로 삼양지분三陽之分을 돈다. 따라서 53각에는 다시 태양에서 돈다. 그러므로 『대요大要』에서 말하는 "항시 해가 별자리에 있을 때 위기가 태양에 있다는 것常以日之加於宿上也 人氣在太陽"은 주야로 해가 별자리에 있을 때는 모두 태양에서 시작한다는 것이다.

따라서 일행일일日行一日은 위기가 삼양을 행하고 음분을 행하는 것이 끊임없이 일어나 천지와 똑같아서 지구는 천체 안에 있고 천도는 지구 밖을 돈다고 한 것이다.

분분분분紛紛昐昐은 복잡다단하지만 그래도 명백한 조리條理가 있는 것이다. 위기가 낮에는 양분을 돌고, 밤에는 오장의 음분을 행하는 것은 천기가 지중으로 들어가고 한서왕래寒暑往來가 있는 것에 상응한다.

위기가 1주 도는데 삼양지분三陽之分을 행하고 25주에는 천도가 지구의 아래를 도는 것이다. 그러므로 병이 삼양에 있으면 기가 양분에 있을 때를 기다려 자침해야 한다. 삼음에 병이 있을 때는 반드시 기가 음분에 있을 때를 기다려 자침한다. 음분은 소음지분少陰之分이니 소음은 삼음의 대표다.

위기가 낮에는 삼양을 행하고 밤에는 오장을 행하는데 합해서 50주를 행한다. 이는 천체가 지구 밖을 도는 것에 대응되고 주야로 25주씩 돌지만 약간 모자람이 있다.

만약 풍부風府에서 대회大會하여 하루에 1마디씩 내려가 22일에는 안으로 충맥으로 숨어들고 9일에는 올라가 결분으로 나오니 훨씬 느리게 행한다. 경經에서 말하는 "위기가 표한활질慓悍滑疾하다는 것"이나 "빨리 돌고 천천히 돈다"는 것과는 다르다. 이는 모두 자연의 이수理數에서 나오는 것으로 사람의 지력으로 알아낼 수 있는 것이 아니다.

왕자율이 말했다. "주야로 삼양三陽을 행하는 것은 기육과 부표의 기분이다. 주야로 경을 따라 도는 것과 같다. 경맥은 경수經水에 대응되니 물살이 빠른데 기가 느리게 가겠는가?"

批 낮에는 양분을 행하고 밤에는 음분을 행하여 하루에 50주 돈다. 3각에 양분에 있고 4각에는 음분에 있다. 밤낮으로 25주씩 돈다.

批 1분 2리 5호는 1리 2호라고 해야 한다. 일日 1각에는 위기가 태양을 돌고, 야夜 53각에는 위기가 태양을 돈다. 일日 4각에는 위기가 음분을 돌고, 야夜 56각에는 위기가 음분을 돈다.

구궁팔풍九宮八風*

합팔풍허실사정合八風虛實邪正

巽 立夏 四	離 夏至 九	坤 立秋 二
음락陰洛	상천上天	현위玄委
동남방	남방	서남방
震 春分 三		兌 秋分 七
창문倉門	초요招搖 五	창과倉果
동방	중앙	서방
艮 立春 八	坎 冬至 一	乾 立冬 六
천류天留	협칩叶蟄	신락新洛
동북방	북방	서북방

太一常以冬至之日, 居叶**蟄之宮四十六日, 明日居天留四十六日, 明日居倉門四十六日, 明日居陰洛四十五日, 明日居天宮四十六日, 明日居玄委四十六日, 明日居倉果四十六日, 明日居新洛四十五日, 明日復居叶蟄之宮, 曰冬至矣.

태일太一은 항시 동지에 협칩궁叶蟄宮에 46일 동안 머물다가 그다음날 천류궁

---

* 북두칠성은 1년 열두 달 동안 가리키는 방향이 계속 달라진다. 대체적으로 봄에는 북두칠성의 자루 끝이 동쪽으로 향하고, 여름에는 남쪽, 가을에는 서쪽, 겨울에는 북쪽을 향한다. 좀더 정확히 말하면 열두 달이 가리키는 십이지지에 해당하는 방위에 북두칠성의 자루 끝부분이 가 있게 된다—『대괘풍수』.

** 협叶은 '화합하다'라는 뜻으로 협協의 고자古字다.

天留宮으로 가서 46일 동안 머문다. 그다음날에 창문궁倉門宮으로 가서 46일 동안 머문다. 그다음날 음락궁陰洛宮으로 가서 45일 동안 머문다. 그다음날 천궁天宮으로 가서 46일 동안 머문다. 그다음날 현위궁玄委宮으로 가서 46일 동안 머문다. 그다음날 창과궁倉果宮으로 가서 46일 동안 머문다. 그다음날 신락궁新洛宮으로 가서 45일 동안 머문다. 그다음날 다시 협칩궁叶蟄宮으로 가니 그날이 다음해 동지다.

⊛ 노량후盧良侯가 말했다. "이 장은 태일太一이 거처하는 궁이 옮겨 머무는 동안 군민장상君民將相의 안부를 살피는 것을 말한다. 태을太乙은 북극北極이다. 두표斗杓가 지시하는 별을 월건月建이라고 하니, 즉 기령氣令이 주관하는 방위다. 월령月令 5일을 후候라고 하고, 3후를 기氣라고 하며, 3기를 절節이라고 한다. 동지에 일양一陽이 처음 동하니 세시歲時의 머리다. 그러므로 태일은 항상 동지일에 협칩궁叶蟄宮에 위치한다. 협칩叶蟄은 감궁坎宮이다.

본궁에서 46일 동안 있다가 다음날 47일째에 천류궁天留宮으로 옮겨 머문다. 천류天留는 간궁艮宮이다. 46일 동안 있다가 다음날 창문궁倉門宮으로 옮겨 머문다. 창문倉門은 진궁震宮이다. 46일 동안 있다가 다음날 음락궁陰洛宮으로 옮겨 머문다. 음락陰洛은 손궁巽宮이다. 45일 동안 있다가 다음날 천궁天宮으로 옮겨 머문다. 천궁天宮은 이궁離宮이다. 46일 동안 있다가 다음날 현위궁玄委宮으로 옮겨 머문다. 현위玄委는 곤궁坤宮이다. 46일 동안 있다가 다음날 창과궁倉果宮에 옮겨 머문다. 창과倉果는 태궁兌宮이다. 46일 동안 있다가 다음날 신락궁新洛宮으로 옮겨 머문다. 신락新洛은 건궁乾宮이다. 45일 동안 있다가 다음날 다시 협칩궁叶蟄宮에 머무니 다음해의 동지다. 항상 이처럼 끝나면 다시 시작한다. 이것은 태을이 1년 동안 머무는 궁이다."

예중옥이 말했다. "감궁坎宮을 협칩叶蟄이라고 부르는 것은 겨울에 주로 칩거蟄居하고 봉장封藏하는데 일양一陽이 처음 움직일 때가 오면 칩충蟄蟲이 처음 꿈틀거리므로 협칩叶蟄이라고 부른다. 간궁艮宮을 천류天留라고 부르는 것은 간艮이 산으로 똑바로 있으면서 움직이지 않기 때문에 그렇게 부르는 것이다. 진궁震宮을 창문倉門이라고 부르는 것은 창倉이 저장하는 곳인데 천지만물지

기가 수장되어 동방춘령東方春令에 이르면 비로소 진동하여 개벽한다. 그래서 창문倉門이라고 한다. 손궁巽宮을 음락陰洛이라고 부르는 것은 〈낙서洛書〉에서 이二와 사四가 견肩에 위치하니 손궁巽宮은 동남방에 위치하여 4월을 주관하기 때문에 이렇게 부른다. 이궁離宮을 천궁天宮이라고 부르는 것은 일日과 월月이 천天에 붙어 있어 상부에 있는 이명離明을 주관하는 상이기 때문에 그렇게 부른다. 곤궁坤宮을 현위玄委라고 부르는 것은 곤坤인 지地이고 현玄이 유원幽遠한 것이며, 위委가 수순隨順한 것이다. 지도地道는 유원幽遠하고 유순柔順하므로 그렇게 부른다. 태궁兌宮을 창과倉果라고 부르는 것은 과果는 열매다. 만물이 가을이 되면 열매를 맺으므로 이렇게 부른다. 건궁乾宮을 신락新洛이라고 부르는 것은 신新은 시작인데 〈낙서〉에 구九는 이고 있고, 일一은 밟고 있는데 일一은 바로 건乾이 시작하는 것이다. 이 구궁九宮의 위치는 팔방八方에 조응하고, 사시四時는 각 계절에 따라서 명명한 것이다."

批 '二'와 '四'는 음이다.

太一日游, 以冬至之日, 居叶蟄之宮, 數所在日, 從一處至九日*, 復反於一, 常如是無已, 終而復始. 太一移日, 天必應之以風雨, 以其日風雨則吉, 歲美民安少病矣. 先之則多雨, 後之則多旱. 太一在冬至之日有變, 占在君. 太一在春分之日有變, 占在相. 太一在中宮之日有變, 占在吏. 太一在秋分之日有變, 占在將. 太一在夏至之日有變, 占在百姓. 所謂有變者, 太一居五宮之日, 疾風折樹木, 揚沙石, 各以其所主占貴賤. 因視風所來而占之, 風從其所居之鄕來爲實風, 主生長, 養萬物. 從其衝後來爲虛風, 傷人者也, 主殺主害者, 謹候虛風而避之, 故聖人曰 避虛邪之道, 如避矢石然, 邪弗能害, 此之謂也.

태일太一의 출유出遊는 동짓날에 협칩궁에 머무는 것이 첫날이다. 궁에 머무는 날을 헤아려 한 곳에서 아홉 번째 되는 날 다시 본궁으로 돌아온다. 언제나 끊

---

* 태일이 팔궁을 두루 다 도는데 매궁에 머무는 것을 1일一日이라고 한다. 9일은 태일이 팔궁을 다 유람하고 난 다음날이다.

임없이 돌고 끝나면 다시 시작한다. 태일이 이궁移宮하는 첫날에 천天은 반드시 풍우風雨로써 반응하니 그날 비바람이 불면 길하여 그해 풍년이 들고 백성이 편안하며 질병이 적다. 이궁 첫날 전에 비바람이 불면 비가 많이 오고, 뒤에 비바람이 불면 가뭄이 온다.

태일이 동지로 가는 날 변變이 있으면 임금에 관한 일을 예측한다. 태일이 춘분으로 가는 날 변이 있으면 재상에 관한 일을 예측한다. 태일이 중궁中宮으로 가는 날 변이 있으면 관리에 관한 일을 예측한다. 태일이 추분으로 가는 날 변이 있으면 장수에 관한 일을 예측한다. 태일이 하지에 가는 날 변이 있으면 백성에 관한 일을 예측한다.

변이 있다는 것은 태일이 오궁五宮에 머무는 날 모진 바람이 불고 나무가 꺾이며 모래가 날리는 것이니 각기 주관하는 바로써 좋고 나쁨을 예측한다. 바람이 불어오는 곳을 살펴서 점친다.

태일이 머무는 곳에서 부는 바람은 실풍實風으로 생장을 주관하고 만물을 양생한다. 태일이 머무는 곳과 상충되는 곳에서 부는 바람은 허풍虛風이 되고 사람을 손상시킨다. 살생하고 해를 끼치니 허풍을 잘 살펴서 피해야 한다. 그러므로 성인은 "허사虛邪를 피하는 것을 시석矢石을 피하듯이 하면 사풍邪風도 해를 끼치지 못한다"고 했다.

⏺ 노량후가 말했다. "이것은 태일太一이 날마다 구궁九宮을 유행游行하는 것이다. 각궁에 머물렀던 일수를 헤아리는 것數所在日은 머물렀던 궁에서 팔궁八宮을 다 돌고 다시 구일째 본궁으로 돌아오는 것이다. 협칩궁叶蟄宮에 머무는 것이니 즉시 협칩叶蟄 한 곳에서 1일에 천류天留로 가고, 2일에 창문倉門으로 가며, 3일에 음락陰洛으로 가고, 4일에 천궁天宮으로 가며, 5일에 중궁中宮으로 가고, 6일에 현위玄委로 가며, 7일에 창과倉果로 가고, 8일에 신락新洛으로 가며, 9일에 다시 협칩궁叶蟄宮으로 돌아온다. 만약 천류궁天留宮에 거처했으면 천류天留에서 9일까지 세고 다시 천류로 돌아온다. 항상 이와 같이 끊임없이 돌고 끝나면 다시 시작한다.

풍우風雨는 천지음양의 화기和氣다. 그러므로 태일이 궁을 옮기는 날에 천天은 반드시 풍우風雨로써 반응한다. 당일 비바람이 불면 길하니 그해 백성이 편안하고 병이 적다. 예정일보다 먼저 비바람이 불면 주로 우수雨水가 많고, 예정

일보다 뒤에 비바람이 불면 가뭄으로 건조하다. 이것은 태일이 유행遊行하는 첫날, 즉 이궁移宮하는 47일이다.

동지·하지·춘분·추분 즉 이지이분二至二分은 바로 음양이 이합하는 절후로 중궁中宮이 바로 팔풍을 점치는 시기다. 그러므로 교체하여 본궁에 거하는 첫날에 나타나는 변變을 가지고 군민장상을 점친다. 바람이 몹시 불어 나무가 꺾이고 모래가 날리는 것疾風折木揚沙은 아주 사나운 변기變氣다.

실풍實風은 봄의 동풍, 여름의 남풍, 가을의 서풍, 겨울의 북풍, 춘하가 교대할 때 부는 동남풍, 추동이 교대할 때 부는 서북풍이다. 이것은 천지사시의 정기正氣이므로 생장을 주관하고 만물을 양생한다.

상충되는 곳에서 부는 것從其衝後來은 동지에 남쪽과 서쪽 두 방향에서 부는 바람, 춘분에 북쪽과 서쪽 두 방향에서 부는 바람이다. 이것은 허한 곳에서 부는 부정不正한 바람虛鄕不正之風으로 사람을 손상시키고 만물을 살해한다. 그러므로 성인은 허사虛邪를 피하는 것을 시석矢石 피하듯해야 한다'고 말씀하셨다. 피하라는 것은 태일이 출유出遊하는 첫날이다."

是故太一入徙立於中宮, 乃朝八風, 以占吉凶也. 風從南方來, 名曰大弱風, 其傷人也, 內舍於心, 外在於脈, 氣主熱. 風從西南方來, 名曰謀風, 其傷人也, 內舍於脾, 外在於肌, 其氣主爲弱. 風從西方來, 名曰剛風, 其傷人也, 內舍於肺, 外在於皮膚, 其氣主爲燥. 風從西北方來, 名曰折風, 其傷人也, 內舍於小腸, 外在於手太陽脈, 脈絶則溢, 脈閉則結不通, 善暴死. 風從北方來, 名曰大剛風, 其傷人也, 內舍於腎, 外在於骨與肩背之膂筋, 其氣主爲寒也. 風從東北方來, 名曰凶風, 其傷人也, 內舍於大腸, 外在於兩脇腋骨下及肢節. 風從東方來, 名曰嬰兒風, 其傷人也, 內舍於肝, 外在於筋紐, 其氣主爲身濕. 風從東南方來, 名曰弱風, 其傷人也, 內舍於胃, 外在肌肉, 其氣主體重. 此八風皆從其虛之鄕來, 乃能病人, 三虛相搏, 則爲暴病卒死, 兩實一虛, 病則爲淋露寒熱. 犯其雨濕之地則爲痿. 故聖人避風, 如避矢石焉. 其有三虛而偏中於邪風,

則爲擊仆偏枯矣.

그러므로 태일太一이 있는 곳은 중궁中宮에 위치한다. 팔풍八風이 모두 태일을 조향朝向하니 이것에 의거하여 방위를 판정하여 길흉을 점친다.

남쪽에서 부는 바람을 대약풍大弱風이라고 한다. 대약풍은 내부로는 심장으로 침입하고, 외부로는 경맥에 해를 끼쳐 열병熱病을 일으킨다.

서남쪽에서 부는 바람은 모풍謀風이라고 한다. 모풍은 내부로는 비脾로 침입하고, 외부로는 기육을 손상시켜 허증虛症이 일어난다.

서쪽에서 부는 바람을 강풍剛風이라고 한다. 강풍은 내부로는 폐로 침입하고, 외부로는 피부를 손상시키며 조증燥症이 일어난다.

서북쪽에서 부는 바람을 절풍折風이라고 한다. 절풍은 내부로는 소장으로 침입하고, 외부로는 수태양맥을 손상시키니 맥기가 고갈되면 사기가 넘쳐 단번에 퍼지고 맥이 울결되어 막히면 갑자기 죽을 수도 있다.

북쪽에서 부는 바람을 대강풍大剛風이라고 한다. 대강풍에 손상되면 내부로는 신腎으로 침입하고, 외부로는 골격 및 어깨와 등의 여근膂筋을 손상시키며 한증寒症이 일어난다.

동북쪽에서 부는 바람을 흉풍凶風이라고 한다. 흉풍은 내부로는 대장으로 침입하고, 외부로는 양협과 양액골兩腋骨의 골밑과 사지관절을 손상시킨다.

동쪽에서 부는 바람을 영아풍嬰兒風이라고 한다. 영아풍은 내부로는 간으로 침입하고, 외부로는 인대를 손상시키며 습증濕症을 일으킨다.

동남쪽에서 부는 바람을 약풍弱風이라고 한다. 약풍은 내부로는 위胃에 침입하고, 외부로는 기육을 손상시키며 신체침중身體沈重의 증상을 일으킨다.

이것은 팔풍이 모두 허한 곳에서 부는 바람이어서 사람을 손상시킨다. 연월시年月時의 삼허三虛가 뭉치면 폭병을 일으키고 갑자기 죽기도 한다. 둘은 괜찮고 하나만 허하여 병이 되면 땀이 나면서 한열寒熱이 난다. 거기다 비를 맞으면 위증痿症이 된다. 그러므로 성인은 바람을 피하는 것을 시석을 피하듯이 했다. 삼허三虛에다가 한쪽이 사풍邪風에 적중되면 격부擊仆 편고偏枯가 된다.

🔅 노량후가 말했다. "태일太一이 출유하는 5일째 중궁中宮에 서서 팔풍을 조회朝會하여 길흉을 점친다. 팔풍은 사정四正과 사유四維의 풍風이다. 사람의 오장은 오방五方·오행五行에서 생겨 내부에서는 육부와 합하고 외부에서는 피맥육근골과 합한다. 그러므로 팔방부정지풍八方不正之風은 내부에서는 장부를 손상

958

시키고, 외부에서는 형신을 손상시킨다. 이는 모두 허한 곳에서 부는 것으로 사람을 병들게 할 수 있다. 협칩궁叶蟄宮에 거하고 출유한 지 5일째에 바람이 남쪽과 서쪽 두 방향에서 부는 것이고, 창문궁倉門宮에 머물면서 출유 5일째에 서쪽과 북쪽 두 방향에서 부는 것으로 소재일所在日을 세어서 그때 부정지풍不正之風이 부는 것이니 모두 허풍虛風이다.

삼허三虛는 승년지허乘年之虛, 봉월지공逢月之空, 실시지화失時之和다. 삼허가 서로 뭉치면 폭병이 생기고 졸사卒死한다. 둘은 실하고 하나가 허하면 다만 허풍虛風에 손상된다. 임로한열淋露寒熱은 땀이 나면서 추웠다 더웠다 하는 것이다. 비를 맞거나 습한 곳에 있는 것犯其雨濕之地은 풍습이 뭉쳐서 위증痿症이 된다. 삼허가 있으면서 사풍邪風에 적중되면 격부擊仆 편고偏枯가 된다. 그러므로 성인은 '시석矢石 피하듯 풍을 피하라'고 했다."

예중옥이 말했다. "'시석 피하듯 풍을 피하라'라고 거듭 말한 것은 앞 구절에서는 태일 출유出遊 첫날을 피하라는 것이고, 여기서는 태일이 중궁에 입立하여 조회하는 팔풍을 피하라는 것이다."

批 재일在日은 모궁某宮에 있는 날이다.

批 내경에서 "땀이 나는 것은 마치 안개나 이슬로 적시는 것이다"라고 하였다.

구침론九鍼論

黃帝曰: 余聞九鍼於夫子, 衆多博大矣, 余猶不能寤, 敢問九鍼焉
生? 何因而有名?

岐伯曰: 九鍼者, 天地之大數也, 始於一而終於九, 故曰一以法天,
二以法地, 三以法人, 四以法時, 五以法音, 六以法律, 七以法星,
八以法風, 九以法野.

黃帝曰: 以鍼應九之數奈何?

岐伯曰: 夫聖人之起天地之數也, 一而九之, 故以立九野. 九而九
之, 九九八十一, 以起黃鍾*數焉, 以鍼應數也. 一者, 天也. 天者,
陽也. 五臟之應天者肺. 肺者, 五臟六腑之蓋也. 皮者, 肺之合也,
人之陽也. 故爲之治鍼, 必以大其頭而銳其末, 令無得深入而陽氣
出. 二者, 地也. 人之所以應土者肉也. 故爲之治鍼, 必筩其身而員
其末, 令無得傷肉分, 傷則氣得竭. 三者, 人也. 人之所以成生者血
脈也. 故爲之治鍼, 必大其身而圓其末, 令可以按脈勿陷, 以致其
氣, 令邪氣獨出. 四者, 時也. 時者, 四時八風之客於經絡之中, 爲
瘤病者也. 故爲之治鍼, 必筩其身而鋒其末, 令可以瀉熱出血, 而
瘤病竭. 五者, 音也. 音者, 冬夏之分,** 分於子午, 陰與陽別, 寒與

---

* 황종黃鍾은 고대 악기명으로 대나무로 만들고 음률을 교정한다. 황종은 길이가 9촌이다. 매촌
마다 길이가 9개의 흑서黑黍를 종종縱으로 배열한 것과 같다. 9촌은 81종서 길이니, 구가 아홉 번
이다. 따라서 구침의 수는 황종의 수에 상응한다.

** 음자동하지분音者冬夏之分의 음音은 궁상각치우의 오음이다. 오음의 오五는 〈하도河圖〉중앙에
위치한다. 동하冬夏는 동지와 하지다. 〈하도〉에서 동지는 수가 일一로 정북에 있고 하지는 수가
구九로 정남에 있다. 오五는 감궁坎宮 정북과 이궁離宮 정남 사이에 있어서 음자동하지분이다.
정북이 자子고 정남이 오午다. 그래서 분어자오分於子午다.

熱爭, 兩氣相搏, 合爲癰膿者也. 故爲之治鍼, 必令其末如劍鋒, 可以取大膿. 六者, 律也. 律者, 調陰陽四時, 而合十二經脈, 虛邪客於經絡而爲暴痺者也. 故爲之治鍼, 必令尖如氂, 且圓且銳, 中身微大, 以取暴氣. 七者, 星也. 星者, 人之七竅. 邪之所客於經而爲痛痺, 舍於經絡者也. 故爲之治鍼, 令尖如蚊虻喙, 靜以徐往, 微以久留, 正氣因之, 眞邪俱往, 出鍼而養者也. 八者, 風也. 風者, 人之股肱八節也, 八正之虛風, 八風傷人, 內舍於骨解腰脊節腠理之間爲深痺也. 故爲之治鍼, 必長其身, 鋒其末, 可以取深邪遠痺. 九者, 野也. 野者, 人之節解皮膚之間也. 淫邪流溢於身, 如風水之狀, 而溜不能過於機關大節者也. 故爲之治鍼, 令尖如挺, 其鋒微圓, 以取大氣之不能過於關節者也.

황제가 물었다. "내가 선생님께 구침에 대해 아주 많이 배웠지만 아직도 이해되지 않는 점이 있다. 구침의 자법이 어떻게 생기고, 무슨 이유로 구침이라고 명명했는지 알고 싶다."

기백이 답했다. "구침의 구九는 자연수 중 제일 큰 수다. 수는 일一에서 시작하여 구九에서 끝난다. 일一은 천天의 이치를 취한 것이고, 이二는 지地의 이치를 취한 것이며, 삼三은 인人의 이치를 취한 것이고, 사四는 사시四時의 이치를 취한 것이며, 오五는 오음五音의 이치를 취한 것이고, 육六은 육률六律의 이치를 취한 것이며, 칠七은 칠성七星의 이치를 취한 것이고, 팔八은 팔풍八風의 이치를 취한 것이며, 구九는 구야九野의 이치를 취한 것이다.

황제가 물었다. "그러면 침법은 어떻게 구수九數에 상응하는가?"

기백이 답했다. "성인이 천지간의 이수數理를 창제할 때 일에서 시작하여 구에서 끝났다. 따라서 천·지·인·사시·오음·육률·칠성·팔풍·구야로 대응된다. 구가 다시 아홉 번을 행하면 팔십일八十一이 되어 황종수黃鍾數에 상응한다. 따라서 구침의 구九는 천지간의 최대수에 상응된다.

일一은 천의 이치를 본받은 것이다. 천은 양기가 가득 찬 곳이다. 오장에서 천에 대응되는 것은 폐다. 폐는 오장 중에 가장 높은 곳에 있다. 피皮는 폐의 외합이다. 사람의 양기가 모이는 곳이다. 따라서 피를 치료하는 침은 침머리가 크고 침 끝이 예리하다. 침을 깊이 찌르지 않고 양기를 배출하게 했다.

이二는 지의 이치를 본받은 것이다. 사람에게서 토土에 대응되는 것은 육肉

이다. 따라서 육肉을 치료하는 침은 침신鍼身을 대롱으로 만들고 침 끝을 둥글게 하여 육분肉分이 손상되지 않게 했다. 육분이 손상되면 기가 고갈된다.

삼三은 사람의 이치를 본받은 것이다. 사람이 살 수 있는 것은 혈맥이 있기 때문이다. 따라서 혈맥을 치료하는 침은 침신을 크게 하고 침 끝을 둥글게 하여 맥을 자극하고 깊이 들어가지 못하게 하여 정기를 모으고 사기가 빠져나가게 했다.

사四는 사시의 이치를 본받은 것이다. 사시·팔풍의 기가 경락에 침입하여 고질병痼疾病이 된다. 고질痼疾을 치료하는 침은 침신을 대롱으로 하고 침 끝을 뾰족하게 만들어 열사를 빼내고 출혈시켜 고질병을 제거한다.

오五는 오음의 이치를 본받은 것이다. 한극寒極인 동지와 열극熱極인 하지는 정북인 자위子位 감궁坎宮과 정남 오위午位 이궁離宮으로 구분된다. 오음의 오는 중궁中宮에 위치하여 감궁과 이궁 사이에 있어 음양의 경계가 된다. 만약 한열이 상쟁하고 양기가 상박하면 혈기가 옹체되어 옹농癰膿이 된다. 따라서 옹농을 치료하는 침은 침 끝을 칼날처럼 만들어 대농大膿을 제거한다.

육六은 육률의 이치를 본받은 것이다. 육률의 음양과 사시를 조절하고 인체의 십이경맥과 상합한다. 만약 허사虛邪가 십이경맥에 침입하면 폭비暴痺가 된다. 폭비를 치료하는 침은 반드시 침 끝을 긴 터럭처럼 길고 예리하게 하며 침신은 가운데를 약간 크게 만들어 폭비를 제거한다.

칠七은 칠성의 이치를 본받은 것이다. 칠성은 사람의 칠규七竅에 비유된다. 사기가 경맥에 침입하면 통비痛痺가 되어 경락에 머무른다. 통비를 치료하는 침은 끝을 모기 주둥이처럼 만들어 조용히 기가 오는 것을 기다려 정기가 모이게 한다. 진기와 사기가 모두 나가면 힘을 빼고 정기正氣를 보양한다.

팔八은 팔풍의 이치를 취하는 것이다. 사시·팔풍의 정풍正風은 인체의 상하지上下肢와 팔골절八骨節에 상응한다. 만약 허풍虛風이 인체에 침입하면 골이 만나는 요척腰脊 관절과 주리腠理 사이에 들어가니 사기가 깊이 들어간 비증痺症이 된다. 깊은 비증을 치료하는 침은 침신이 길고 침 끝이 칼처럼 예리해야 깊은 비증을 치료할 수 있다.

구九는 구야의 이치를 취하는 것이다. 구주九州는 인체의 관절 피부에 대응된다. 음사淫邪가 온몸에 흘러넘치는 것이 마치 풍수병風水病 같아서 정기가 큰 관절과 기관을 통과하지 못한다. 사기가 흘러넘친 병을 치료하는 침은 몽둥이 같고 침 끝이 약간 둥글게 만드니 대기大氣가 관절을 통과하지 못하는 것을 치료한다."

⦿ 이 편은 구침의 도가 천지의 대수大數에 상응하면서 인체에 합쳐짐을 말한다.

사람의 신형身形은 천지음양에 상응하면서 침에 부합되니 서로 연결되어 응하는 것이다. 천지인天地人은 삼재지도三才之道다. 천지의 대수는 일에서 시작하여 삼에서 완성되고, 삼이 세 번이면 구가 되며, 구가 아홉 번이면 구구팔십일九九八十一로 황종黃鍾의 수數를 일으키고, 침도 그 수에 부응한다.

폐는 금金에 속하고 제일 높은 곳에 위치하여 장부를 덮고 있다. 그러므로 천에 대응되는 것이 폐다. 비脾는 토土에 속하고 외부에서 기육을 주관한다. 그러므로 토에 대응되는 것은 육肉이다. 맥脈은 사람의 신기神氣다. 따라서 사람이 살아갈 수 있는 것은 혈맥 때문이다. 경락은 사지로 나가 1년 열두 달에 대응되어 사시·팔풍에 합한다.

오는 구수九數 중 가운데이므로 주로 겨울과 여름을 구분하고 자오子午에서 갈린다. 율律은 음양으로 나뉘므로 십이경맥이 된다. 칠규七竅는 위에 있으므로 천의 칠성에 대응된다. 사람의 팔다리는 사방에 대응되고, 골骨에 팔절八節이 있으므로 팔방지풍八方之風에 상응한다. 구야는 천에서 구야를 구분한 것이고, 지에서는 구주가 되며, 사람에서는 응膺·후喉·두頭·수首·수手·족足·요腰·협脇이 있다. 그 기는 구주九州·구규九竅 모두 천기에 통한다. 여기서는 구침의 도가 천지인에 통해서 각기 격식이 있고 용도가 있음을 말한다.

批 건乾은 천天이고 지붕이다. 개천蓋天은 덮는 것이다.

黃帝曰: 鍼之長短有數乎?
岐伯曰: 一曰鑱鍼者, 取法於巾鍼, 去末寸半卒銳之, 長一寸六分, 主熱在頭身也. 二曰員鍼, 取法於絮鍼, 筩其身而卵其鋒, 長一寸六分, 主治分肉間氣. 三曰鍉鍼, 取法於黍粟之銳, 長三寸半, 主按脈取氣令邪出. 四曰鋒鍼, 取法於絮鍼, 筩其身, 鋒其末, 長一寸六分, 主癰熱出血. 五曰鈹鍼, 取法於劍鋒, 廣二分半, 長四寸, 主大癰膿, 兩熱爭者也. 六曰員利鍼, 取法於氂鍼, 微大其末, 反小其身, 令可深內也, 長一寸六分, 主取癰痺者也. 七曰毫鍼, 取法於毫毛, 長一寸六分, 主寒熱痛痺在絡者也. 八曰長鍼, 取法於綦鍼, 長七寸, 主取深邪遠痺者也. 九曰大鍼, 取法於鋒鍼, 其鋒微圓, 長四寸, 主取大氣不出關節者也, 鍼形畢矣. 此九鍼大小長短法也.

황제가 물었다. "침마다 각기 정해진 길이가 있는가?"

기백이 답했다. "첫째, 참침鑱鍼은 비녀에서 법을 취했다. 침 끝 1촌 반이 모두 예리하고 길이가 1촌 6분이며 두신頭身에 열이 있는 것을 주로 치료한다.

둘째, 원침員鍼은 바느질 침에서 법을 취했다. 침신이 원주형이고 침 끝은 계란처럼 둥글며 길이가 1촌 6분이며 분육지간의 사기를 치료한다.

셋째, 시침鍉鍼은 끝이 뾰족한 서속黍粟에서 법을 취했다. 길이가 3촌 반이며 경맥을 문질러 기를 취하여 사기를 내보낸다.

넷째, 봉침鋒鍼은 바느질 침에서 법을 취했다. 침신이 원주형이고 침 끝이 칼처럼 예리하며 길이가 1촌 6분이며 옹종이나 발열 등에 출혈시켜 치료한다.

다섯째, 피침鈹鍼은 검봉劍鋒에서 법을 취했다. 폭이 2분 반이고 길이가 4촌이며 옹농과 양열상쟁兩熱相爭을 치료한다.

여섯째, 원리침員利鍼은 긴 털의 형상에서 법을 취했다. 침 끝이 약간 크고 오히려 침신이 작아 깊이 들어가게 한다. 길이가 1촌 6분이며 사기가 옹체된 비증痺症을 치료한다.

일곱째, 호침毫鍼은 머리카락에서 법을 취했다. 길이가 1촌 6분이며 낙맥에서 발생하는 한열寒熱과 통비痛痺를 치료한다.

여덟째, 장침長鍼은 돗바늘에서 법을 취했다. 길이가 7촌이며 깊은 비증을 치료한다.

아홉째, 대침大鍼은 봉침鋒鍼에서 법을 취했다. 끝이 칼처럼 약간 둥글고 길이가 4촌이며 관절을 통과하지 못하는 대기大氣를 치료한다.

이것이 구침의 크기와 길이다."

⬭ 여기서는 구침의 제정制定에는 대소장단에 따른 법칙이 있으니 용도에 따라 각기 다른 것을 취함을 말한다.

사람의 기혈은 천지음양에 합하고 주야로 쉬지 않고 도는데 조금이라도 유체되면 비증痺症이나 옹증癰症이 발생한다. 그러므로 구침의 용도는 모두 기를 취하거나 옹癰을 취하거나 비痺를 취한다. 침은 천지음양지기를 돌게 하는 것이기 때문이다.

黃帝曰: 願聞身形, 應九野奈何?

岐伯曰: 請言身形之應九野也, 左足應立春, 其日戊寅己丑. 左脇應春分, 其日乙卯. 左手應立夏, 其日戊辰己巳. 膺喉首頭應夏至, 其日丙午. 右手應立秋, 其日戊申己未. 右脇應秋分, 其日辛酉. 右足應立冬, 其日戊戌己亥. 腰尻下竅應冬至, 其日壬子. 六腑膈下三臟應中州, 其大禁, 大禁太一所在之日, 及諸戊己. 凡此九者, 善候八正所在之處, 所主左右上下, 身體有癰腫者, 欲治之, 無以其所直之日潰治之, 是謂天忌日也.

황제가 물었다. "신형身形이 구야九野와 어떻게 상응하는지 알고 싶다."

기백이 답했다. "구야에 상응하는 신형을 말하겠다.

인체를 구궁九宮에 대응시키면 좌족左足은 동북방 간궁艮宮이고 입춘일에 상응하며, 해당되는 날이 무인과 을축 2일이다.

좌협左脇은 동방의 진궁震宮이고 춘분일에 상응하며 해당일이 을묘일이다.

좌수左手는 동남방의 손궁巽宮이고 입하일에 상응하며 해당일이 무진과 기사 2일이다.

응膺·인후咽喉·두면頭面은 남방의 이궁離宮이고 하지일에 상응하며 해당일이 병오일이다.

우수右手는 서남방의 곤궁坤宮이고 입추일에 상응하며 해당일이 무신과 기미 2일이다.

우협右脇은 서방의 태궁兌宮이고 추분일에 상응하며 해당일이 신유일이다.

우족右足은 서북방의 건궁乾宮이고 입동일에 상응하며 해당일이 무술과 기해 2일이다.

요둔腰臀과 하규下竅는 북방의 감궁坎宮이고 동지일에 상응하며 해당일이 임자일이다.

육부와 흉격 아래의 간비신肝脾腎 삼장三臟은 중궁中宮에 위치하며 절대로 침놓아서는 안 된다. 일반적인 침자의 금기는 태일太一이 이궁출유지일일移宮出遊之一日이며 무일과 기일이 해당된다.

이런 구종의 상황은 팔풍 방위에서 오는 정풍正風과 인체의 좌우상하의 관계를 잘 살펴야 한다. 몸에 옹종이 발생하여 치료하려면 병처에 해당되는 날에는 옹농을 괴멸시킬 수 없는데 이날을 천기일天忌日이라고 한다."

⊕ 구야九野는 구주九州로 구분된 땅이다. 〈성서星書〉에 의하면 입춘은 천문의 기미箕尾 분야에 해당하니 〈서경·우공禹貢〉의 기주冀州 지역이다. 춘분은 천문의 심방心房 분야에 해당되어 〈우공〉의 서주徐州 지역이다. 입하는 천문의 익진翼軫 분야로 〈우공〉의 형주荊州 지역이다. 하지는 천문의 정귀井鬼 분야로 〈우공〉의 옹주雍州 지역이다. 입추는 천문의 참정參井 분야로 〈우공〉의 양주梁州 지역이다. 추분은 천문의 규루奎婁 분야로 〈우공〉의 곤주袞州 지역이다. 입동은 천문의 위실危室 분야로 〈우공〉의 청주靑州 지역이다. 동지는 천문의 우두牛斗 분야로 〈우공〉의 양주揚州 지역이다. 중주中州는 천문의 장류張柳 분야에 해당되어 〈우공〉의 예주豫州 지역이다.

대체로 땅에는 구야九野 구주九州가 있고, 사람에게는 구규九竅 구장九臟이 있으니 모두 위로 천기와 통한다. 그러므로 신형身形은 구야에 대응되고, 천의 사시四時·팔절八節에 합쳐진다. 수족이 무기戊己를 주관한다는 것은 토土가 팔다리에 속하기 때문이다. 상반년上半年은 천기가 주재하고, 하반년下半年은 지기가 주재한다. 응膺·후喉·수首·두頭가 하지에 해당된다는 것膺喉首頭應夏至은 상반신이 양이기 때문이다. 요고腰尻 이하는 동지에 대응된다는 것腰尻下竅應冬至은 하반신이 음이기 때문이다. 병오丙午는 화火에 속하고 여름을 주관하며, 임자壬子는 수水에 속하고 겨울을 주관한다. 협협脇은 내외출입하는 추樞를 주관하므로 춘분과 추분을 주관한다. 봄은 주로 양기가 상승하고 음기가 하강하며, 가을은 음기가 상승하고 양기가 하강한다. 을묘乙卯는 목木에 속하고 동방을 주관하므로 해당일이 을묘다. 신유辛酉는 금金에 속하고 서방을 주관하므로 해당일이 신유다. 육부와 흉격 아래의 간비신肝脾腎 삼장三臟은 형신의 중앙이면서 아래에 있어서 지地의 중주中州에 대응된다.

태일소재지일太一所在之日은 이궁移宮하여 나간 첫날로 중궁지일中宮之日과 병립한다. 팔정八正은 팔방의 정위치이니 시時가 오는 것으로써 팔풍의 허사虛邪를 살필 수 있다. 소치지일所直之日은 태일소재지일太一所在之日과 모든 무기일이다. 이 아홉 개를 천기일天忌日이라고 한다.

왕자율이 말했다. "『둔갑경遁甲經』을 보면 육무六戊가 천문天門이 되고, 육기六己가 지호地戶가 된다. 그러므로 천기天忌가 된다."

노량후가 말했다. "폐는 천에 해당되고, 심은 일日에 해당되므로 횡격막 아래에 있는 삼장三臟은 지地에 해당된다."

예중옥이 말했다. "기는 아래서 위로 올라간다. 그래서 좌족左足이 입춘에 해당된다. 우족右足이 입동에 해당되는 것은 기가 다시 아래로 하강하기 때문이다."

形樂志苦, 病生於脈, 治之以灸刺. 形苦志樂, 病生於筋, 治之以熨引. 形樂志樂, 病生於肉, 治之以鍼石. 形苦志苦, 病生於咽喝, 治之以甘藥. 形數驚恐, 筋脈不通, 病生於不仁, 治之以按摩醪藥, 是謂形.

몸이 편안하고 정신이 고달프면 병이 맥에 생기니 침구로 치료한다.

몸이 고달프고 정신이 편안하면 병이 근筋에서 생기니 위법熨法과 도인導引으로 치료한다.

몸도 편안하고 정신도 편안하면 육肉에 병이 생기니 침과 폄석砭石으로 치료한다.

몸도 고달프고 정신도 고달프면 인후咽喉에 병이 생겨 숨이 차서 헉헉대니 감약甘藥으로 치료한다.

자주 놀라거나 공포에 시달리면 근맥筋脈이 불통하여 마비증상이 나타나면 안마按摩와 요약醪藥으로 치료한다.

이것이 오형지五形志다.

◉ 여기서는 사람에게 귀천과 군자 소인의 차이가 있어 육체와 정신의 즐거움과 괴로움의 편차가 있으니 치법도 하나만 고집하여 실수하면 안 됨을 말한다.

부귀지인富貴之人은 몸이 편해도 신경을 많이 쓰고, 촌야지인村野之人은 몸이 괴로워도 마음은 편안하며, 무사태평한 사람은 몸과 정신이 모두 즐겁고, 어려운 일에 연루된 자는 몸과 마음이 모두 괴롭다. 몸이 편안하면 팔다리를 움직이지 않아 혈맥이 유체되므로 구자灸刺로써 혈맥을 통하게 해야 한다. 육신이 괴로우면 근골筋骨을 과로한 것이니 도인과 찜질로 근골을 풀어야 한다. 몸도 편하고 마음도 편하면 심광체반心廣體胖하므로 침석鍼石으로 소기疏氣시켜 치료해야 한다. 지志는 마음이 드러나는 것이기 때문이다.

식도咽는 위부胃腑의 문으로 위胃는 기육을 주관한다. 갈우膈肝는 가슴의 감추어진 골로 안에서 심장의 반응이 나타난다. 몸과 마음이 모두 괴로운 자는 식도와 갈우에서 병이 생기니 이것은 부족으로 생긴 병이므로 감약甘藥으로 조양해야 한다. 놀라면 심간心肝이 손상되고, 공포로 신장이 손상된다. 그러므로 자주 무서워하거나 놀라면 근맥筋脈이 불통하여 영기營氣가 불행하므로 마비不引가 된다. 이것은 내부에서 인한 것이므로 안마와 요약醪藥으로 치료해야 한다. 이것을 오형지五形志라고 한다.

五臟氣, 心主噫, 肺主欬, 肝主語, 脾主呑, 腎主欠.

오장의 기능이 실조되어 일어나는 병변이다. 심心의 기능이 실조되면 트림噫이 나고, 폐肺의 기능이 실조되면 기침欬을 하며, 간肝의 기능이 실조되면 언어語가 착란되고, 비脾의 기능이 실조되면 신물呑이 올라오며, 신腎의 기능이 실조되면 하품欠을 한다.

● 이다음은 구침의 도에 밝으려면 오운육기의 미묘함을 알아야 함을 말한다. 오운五運은 오행五行이 변화하여 움직이는 것으로 오장육부와 합하여 출입을 주도한다. 육기六氣는 사천재천司天在泉을 주관하여 사람의 삼음삼양에 합하며 수족의 십이경맥과 통한다. 구구九九의 대수大數로 오운육기의 변화에 합해야 무궁에 통할 수 있고 후세에 전해질 수 있다.

희噫는 중초의 역기逆氣로 심으로 올라가면 트림噫이 난다.

〈소문·음양응상대론陰陽應相大論〉에서 "폐에 변동이 있으면 기침欬을 한다"라고 했다.

어語는 논란論難이다. "간肝은 장군지관將軍之官으로 모려출언慕慮出焉한다"라고 했으니 간이 언어語를 주관한다.

비脾는 위胃를 위하여 진액을 움직이게 한다. 비기脾氣가 사장四臟에 관개하지 못하면 진액이 반대로 외규外竅에 넘쳐서 탄인呑咽의 증상이 된다.

본경에서 "양은 위에서 작용하고, 음은 아래에서 작용한다. 양이 위로 끌어올리고, 음이 아래로 끌어내려 하품을 자주 하는 것이다. 족소음을 보하고, 족태양을 사해야 한다陽者主上 陰者主下 陽引而上 陰引而下 陰陽相引 故數欠 當瀉足少陰補足太陽"라고 했다. 대체로 신기腎氣가 상역하면 끌어내리려 하품하는 것이다.

> 六腑氣, 膽爲怒, 胃爲氣逆噦, 大腸小腸爲泄, 膀胱不約爲遺溺, 下焦溢爲水.
>
> 육부의 기능이 실조되어 일어나는 병변이다. 담膽의 기능이 실조되면 화怒를 내고, 위胃의 기능이 실조되면 딸꾹질逆噦을 하며, 대장大腸과 소장小腸의 기능이 실조되면 설사泄를 하고, 방광膀胱의 기능이 실조되면 조이지 못하여 유뇨遺溺가 되고 하초가 넘치면 부종浮腫이 된다.

⊕ 왕자율이 말했다. "담膽은 중정지부中正之府로 결단決斷이 담에서 나온다. 그러므로 기가 상역하면 화를 잘 낸다. 〈영추·구문口問〉에서 '딸꾹질은 곡식이 위胃에 들어가면 위기胃氣가 폐로 주입되는데 남아 있던 한기寒氣가 있어 폐로 가지 못하고 함께 위胃로 돌아가서 예전 것과 새 것이 서로 뒤엉켜 진기와 사기가 서로 공격하니 기와 함께 역상하여 다시 위로 나가서 딸꾹질이 된다人之噦者 穀入于胃 胃氣上注于肺 今有故寒氣 與新穀氣俱還入于胃 新故相亂 眞邪相攻 氣幷相逆復出于胃 故爲噦'라고 했다.

대장·소장은 수곡을 받아서 조박으로 변화시키는데 병이 나면 물질을 소화시키지 못하여 설사를 한다.

방광은 주도지관州都之官으로 진액을 저장하고 기화氣化하여 나간다. 그러므로 꽉 조여주지 못하면 오줌을 지린다.

하초는 하수도 같아서 소변이 나가는데 병이 나면 반대로 넘쳐서 부종浮腫이 된다."

批 얼噦은 액역呃逆이다. 〈소문〉에서는 오기五氣에서 생기는 병이라고 했다.

五味, 酸入肝, 辛入肺, 苦入心, 甘入脾, 鹹入腎, 淡入胃, 是謂五味.

오미五味 중 산미酸味가 간肝으로 가고, 신미辛味가 폐肺로 가며, 고미苦味가 심心으로 가고, 감미甘味가 비脾로 가며, 함미鹹味가 신腎으로 가고, 담미淡味가 위胃로 간다. 이것을 오미라고 한다.

◉ 백고가 말했다. "위胃는 오장육부지해五臟六腑之海다. 수곡이 모두 위胃에 들어가서 오장육부가 모두 기를 받는데 오미五味는 각기 자기가 좋아하는 곳으로 간다. 곡기와 진액이 행해지고 나서 영위가 대통大通하고 그다음 아래로 전달된다."

왕자율이 말했다. "담미淡味는 감미甘味에 붙으므로 담입위淡入胃라고 했다."

五幷, 精氣幷肝則憂, 幷心則喜, 幷肺則悲, 幷腎則恐, 幷脾則畏, 是謂五精之氣幷於臟也.

정기精氣가 간肝으로 몰리면 우울하고憂, 심心으로 몰리면 잘 웃으며喜, 폐肺로 몰리면 슬퍼하고悲, 신腎으로 몰리면 무서워하며恐, 비脾로 몰리면 두려워한다畏. 이것이 정기가 오장에 몰릴 때 나타나는 현상이다.

◉ 왕자율이 말했다. "우울憂은 폐에 해당되는 신지神志다. 정기精氣가 간에 쏠리면 우울해지는 것은 이기는 기所勝之氣를 반대로 덮치는乘之 것이다.

양이 많으면 잘 웃는다. 심은 양장陽臟인데 정기가 쏠려 잘 웃는다. 경經에서 '신기神氣가 유여하면 웃음이 멈춰지지 않는다神氣有餘則笑不休'라고 했다.

정기精氣가 폐에 몰리면 폐가 올라가서 액液이 넘치고, 액이 위로 넘치면 눈물이 나오면서 슬퍼진다.

신腎의 지志는 공포恐다. 오장의 정기가 쏠리면 그 사이에 이기는 기를 덮치니 이기지 못하는 것所不勝이 깔보는侮 것이다. 그러므로 공恐이 된다.

토기土氣는 사장四臟에 관개되는데 사장의 정기가 반대로 비脾에 쏠리므로 두려움畏이 된다. 이는 장기가 허하기 때문에 나머지 장기의 정기가 몰려서 모두 병이 되는 것이다.

〈소문·음양응상대론陰陽應相大論〉에서 '심心의 지志는 희喜인데 지나치게 기뻐하면 심장이 상한다. 신腎의 지志는 공恐인데 무서움이 지나치면 신장이 상한다心在志爲喜 喜傷心 腎在志爲恐 恐傷腎'라고 했다. 유여해도 병이 되니 지나친 것과 모자라는 것은 같다."

五惡, 肝惡風, 心惡熱, 肺惡寒, 腎惡燥, 脾惡濕, 此五臟之所惡也.
간肝은 풍風을 싫어하고, 심心은 열熱을 싫어하며, 폐肺는 한寒을 싫어하고, 신腎은 조燥를 싫어하며, 비脾는 습濕을 싫어한다. 이것이 오장이 싫어하는 것이다.

● 왕자율이 말했다. "간이 풍을 싫어하고, 심이 열을 싫어하며, 비가 습을 싫어하니 본기本氣가 지나치게 많아지는 것을 싫어하기 때문이다. 폐는 청금淸金이므로 한寒을 싫어한다. 신은 수장水臟이므로 습윤濕潤한 것을 좋아하고 건조한 것을 싫어한다. 오행의 도는 이기는 것을 억제하면 변하므로制勝則化 각기 좋아하는 것도 있고 싫어하는 것도 있다."

五液, 心主汗, 肝主泣, 肺主涕, 腎主唾, 脾主涎, 此五液所出也.
심心은 땀汗을 주관하고, 간肝은 눈물泣을 주관하며, 폐肺는 콧물涕을 주관하고, 신腎은 가래唾를 주관하며, 비脾는 침涎을 주관한다. 이것이 오액五液이 나오는 곳이다.

● 왕자율이 말했다. "수곡이 입으로 들어가 오미五味에 따라 진액이 각자 제 길로 간다. 오장은 수곡의 진액을 받아들여 외규外竅를 윤활하게 적셔주는 것이 오액五液이다. 진액은 심신心神을 통과하여 붉게 변화하여 혈血이 되니 혈의 액液이 땀汗이다. 그러므로 심心은 땀汗을 주관한다. 비鼻는 폐규肺竅고, 목目은 간규肝竅며, 구口는 비규脾竅다. 삼장의 액은 각기 본래의 공규로 가서 콧물, 눈물, 침이 된다. 염천廉泉과 옥영玉英은 액이 올라가는 길이다. 신腎의 액은 임맥에서 설하舌下로 나간다. 그러므로 신腎은 타액唾液을 주관한다. 또 신腎은 수장水臟으로 오장의 정精을 받아서 저장한다. 신腎의 액이 다시 심에 들어가 혈

이 되고, 간肝에 들어가 눈물泣이 되며, 폐肺에 들어가 재채기涕가 되고, 비脾에 들어가 침涎이 되며, 신腎 자체로 들어가면 가래唾가 된다. 그러므로 액은 오장을 관개하고 공규를 적신다. 이것이 신장腎臟의 액이다."

五勞, 久視傷血, 久臥傷氣, 久坐傷肉, 久立傷骨, 久行傷筋, 此五久勞所病也.

오래 보면 혈血이 손상되고, 오래 누워 있으면 기氣가 손상되며, 오래 앉아 있으면 육肉이 손상되고, 오래 서 있으면 골骨이 손상되며, 오래 걸으면 근筋이 손상된다. 이것이 지나치게 과로하여 생기는 병이다.

◉ 왕자율이 말했다. "노勞는 지나치게 일한 것이다. 팔다리를 움직이지 않으면 혈기가 돌지 못하여 병이 된다. 그러므로 상고인上古人은 몸을 수고롭게 하지만 피곤하게 하지 않았으니 오래하여 지나치면 안 된다.

오래 보면 신神이 손상되어 혈血이 상한다. 오래 누워 있으면 기가 돌지 않아 기氣가 상한다. 비脾는 운동을 좋아하는데 오래 앉아 있으면 육肉이 손상된다. 오래 서 있으면 요腰·신腎·경脛·슬膝이 상하므로 골骨이 손상된다. 지나치게 많이 걸으면 근筋이 상한다. 이 오로五勞는 오장이 주관하는 형形을 손상시킨다."

五走, 酸走筋, 辛走氣, 苦走血, 鹹走骨, 甘走肉, 是謂五走也.

산미酸味는 근筋으로 가고, 신미辛味는 기氣로 가며, 고미苦味는 혈血로 가고, 함미鹹味는 골骨로 가며, 감미甘味는 육肉으로 간다. 이것이 오미五味가 가는 곳이다.

◉ 왕자율이 말했다. "산酸·고苦·감甘·신辛·함鹹은 오행의 미味다. 혈기육근골血氣肉筋骨은 오장에서 생기는 것이다. 그러므로 오미五味는 각기 좋아하는 곳으로 간다."

五裁, 病在筋, 無食酸, 病在氣, 無食辛, 病在骨, 無食鹹, 病在血, 無食苦, 病在肉, 無食甘, 口嗜而欲食之, 不可多者, 必自裁也, 命曰五裁.

근筋에 병이 있으면 산미酸味를 먹으면 안 되고, 기氣에 병이 있으면 신미辛味를 먹으면 안 되며, 골骨에 병이 있으면 함미鹹味를 먹으면 안 되고, 혈血에 병이 있으면 고미苦味를 먹으면 안 되며, 육肉에 병이 있으면 감미甘味를 먹으면 안 된다. 입에서 땅겨 먹고 싶어도 많이 먹으면 안 된다. 반드시 스스로 절제해야 하니 이것이 오재五裁다.

◉ 왕자율이 말했다. "재裁는 적당함을 참작하여 지나치지 않게 하는 것이다. 오미五味가 위胃에 들어가 내부에서 오장을 영양하고, 외부에서 형신을 적시는데 병들면 기호하는 음식이 생기므로 적당히 절제해야 한다."

五發, 陰病發於骨, 陽病發於血, 陰病發於肉. 陽病發於冬, 陰病發於夏.

신병腎病은 골骨에서 발생하고, 심병心病은 혈血에서 발생하며, 비병脾病은 육肉에서 발생한다. 간병肝病은 겨울에 발생하고, 폐병肺病은 여름에 발생한다.

◉ 왕자율이 말했다. "신腎은 음장陰臟이고, 체體는 골骨이다. 그러므로 음병陰病이 골骨에서 발생한다. 심心은 양장陽臟이고, 체는 맥脈이다. 그러므로 양병陽病은 혈血에서 발생한다. 비脾는 음중지지음陰中之至陰이고, 체는 육肉이다. 그러므로 음병이 육에서 발생한다. 즉 〈소문·사기조신대론四氣調神大論〉에서 말하는바, '하기夏氣를 거스르면 태양지기太陽之氣가 자라지 못하여 심기心氣가 비게 된다. 동기冬氣를 거스르면 소음지기少陰之氣가 저장되지 못하여 신기腎氣가 침하된다逆夏氣則太陽不藏 心氣內洞 逆冬氣則少陰不藏 腎氣獨沈'는 의미다. 대체로 본기本氣 자체가 역상하여 발병하는 것이다. 간肝은 모장牡臟으로 동기가 거스르면 생生해야 할 기가 적어져 봄에 위궐증痿厥症이 생기므로 간장의 양병은 겨울에 발생한다. 폐肺는 빈장牝臟으로 하기를 거스르면 수렴지기收斂之氣가 적

어져 가을에 해학병痎瘧病이 발생하므로 폐장의 음병은 여름에 발생한다. 그러므로 오장에서 발생하는 병은 소생所生의 모기母氣로 인하여 병이 되는 경우가 있고, 본기本氣 자체가 역상하여 병이 되는 경우가 있으니 오장을 착종하여 논하면 모두 병이 될 수 있다.”

五邪, 邪入於陽, 則爲狂, 邪入於陰, 則爲血痺, 邪入於陽, 轉則爲癲疾, 邪入於陰, 轉則爲瘖, 陽入之於陰, 病靜, 陰出之於陽, 病喜怒.

사기가 양분에 들어가면 광증狂症이 되고, 사기가 음분에 들어가면 혈비血痺가 되며, 사기가 양분에 들어갔다가 다시 음분으로 전입되면 전질癲疾이 되고, 사기가 음분으로 들어갔다가 다시 양분으로 전입되면 말을 못한다瘖. 양병이 음분으로 들어가면 진정되고, 음병이 양분으로 나가면 화를 잘 낸다.

🌐 왕자율이 말했다. “사기가 양분陽分에 들어가면 양성陽盛하고, 음이 양을 이겨내지 못하여 혈맥의 흐름이 아주 빨라 병합하여 광증狂症이 된다. 또 팔다리는 제양지본諸陽之本으로 양성하면 팔다리가 실해지고, 실하면 높은 곳도 오를 수 있다. 몸에 열이 성하면 옷을 벗고 뛰어다닌다. 양성하면 친소를 가리지 않고 사람들에게 욕설을 해댄다.

비痺는 막히고 아픈 것이다. 사기가 음에 들어가면 막혀서 돌지 못하여 유착되어 비증痺症이 되고 통증이 나타난다. 외부에서 피부는 양이고, 근골은 음이다. 그러므로 양분에 병이 있는 것을 풍風이라고 하고 음분陰分에 병이 있는 것을 비痺라고 한다. 전증癲症은 중음重陰으로 사기가 양에 들어갔다가 음으로 전입하면 전질癲疾이 된다. 심주언心主言하고 신간腎間의 동기動氣를 경유한 후에 말이 나온다. 사기가 신장의 음으로 들어갔다가 심장의 양으로 전입하면 말을 못하게瘖 된다. 양분의 사기이면서 음분으로 들어가면 병은 조용하지만 음분의 사기이면서 양분으로 나오면 화를 잘 낸다. 앞 구절은 오장지기 자체가 손상된 것이고, 여기서는 사기에 의해서 오장이 병든 것을 말하고 있다.”

五臟, 心藏神, 肺藏魄, 肝藏魂, 脾藏意, 腎藏精志也.

심心에는 신神이 저장되어 있고, 폐肺에는 백魄이 저장되어 있으며, 간肝에는 혼魂이 저장되어 있고, 비脾에는 의意가 저장되어 있으며, 신腎은 정精과 지志가 저장되어 있다.

◉〈영추·본신本神〉에서 "간肝은 혈血을 저장하고 혈에는 혼魂이 담겨 있다肝藏血 血舍魂. 비脾는 영營을 저장하고 영에는 의意가 담겨 있다脾藏營 營舍意. 폐肺는 기氣를 저장하고 기에는 백魄이 담겨 있다肺藏氣 氣舍魄. 심心은 맥脈을 저장하고 맥에는 신神이 담겨 있다心藏脈 脈舍神. 신腎은 정精을 저장하고 정에는 지志가 담겨 있다腎藏精 精舍志"라고 했다. 신神·지志·혼魂·백魄·의意는 오장에 소장된 신神이다.

五主, 心主脈, 肺主皮, 肝主筋, 脾主肌, 腎主骨.

심心은 맥脈을 주관하고, 폐肺는 피皮를 주관하며, 간肝은 근筋을 주관하고, 비脾는 기육肌肉을 주관하며, 신腎은 골骨을 주관한다.

◉ 왕자율이 말했다. "앞 구절에서는 오장에 내장된 신神을 말했고, 여기서는 오장과 외합外合인 형形을 논했다."

陽明多血多氣, 太陽多血少氣, 少陽多氣少血, 太陰多血少氣, 厥陰多血少氣, 少陰多氣少血. 故曰刺陽明出血氣, 刺太陽出血惡氣, 刺少陽出氣惡血, 刺太陰出血惡氣, 刺厥陰出血惡氣, 刺少陰出氣惡血也.

양명陽明은 다혈다기多血多氣하고, 태양太陽은 다혈소기多血少氣하며, 소양少陽은 다기소혈多氣少血하고, 태음太陰은 다혈소기多血少氣하며, 궐음厥陰은 다혈소기多血少氣하고, 소음少陰은 다기소혈多氣少血하다. 그러므로 양명에 자침할 때는 혈기를 모두 사하고, 태양에 자침할 때는 혈을 사하고 기는 아끼며, 소양에 자침할 때는 기를 사하고 혈은 아끼며, 태음에 자침할 때는 혈을 사하고 기를 아끼며, 궐음에 자침할 때는 혈을 사하고 기를 아끼며, 소음에 자침할 때는 기를 사하고 혈을 아낀다.

● 왕자율이 말했다. "이것은 〈영추·오음오미五音五味〉에서 논한 것과 같은데 다시 말한 것은 오운五運에서 육기六氣가 생기기 때문이다. 많으면 빼내야 하고 적으면 빼서는 안 되니 아낀다惡고 한 것이다."

足陽明太陰爲表裏, 少陽厥陰爲表裏, 太陽少陰爲表裏, 是謂足之陰陽也. 手陽明太陰爲表裏, 少陽心主爲表裏, 太陽少陰爲表裏, 是謂手之陰陽也.

족양명足陽明과 태음太陰이 표리가 되고, 소양少陽과 궐음厥陰이 표리가 되며, 태양太陽과 소음少陰이 표리가 된다. 이것이 족足의 음양이다.

수양명手陽明과 태음太陰이 표리가 되고, 소양少陽과 심주心主가 표리가 되며, 태양太陽과 소음少陰이 표리가 된다. 이것이 수手의 음양이다.

● 삼음삼양三陰三陽은 천지육기天之六氣다. 사람에게도 이 육기가 있으니 수족 십이경맥 육장육부에 합한다. 침에 구구九九가 있고, 사람에게도 구구九九가 있으며, 땅에도 구구九九가 있으니 모두 천天의 육육六六에 통한다.

왕자율이 말했다. "천지오행地之五行이 올라가 천지육기를 드러낸다. 그러므로 먼저 오행五行을 말하고 나서 육기六氣를 말한다."

黃帝問於岐伯曰: 經言夏日傷暑, 秋病瘧, 瘧之發以時, 其故何也?
岐伯對曰: 邪客於風府*, 病循膂而下, 衛氣一日一夜, 常大會於風
府, 其明日日下一節, 故其日作晏. 此其先客於脊背也, 故每至於
風府則腠理開, 腠理開則邪氣入, 邪氣入則病作, 此所以日作尙晏
也. 衛氣之行風府, 日下一節, 二十一日, 下至尾骶, 二十二日, 入
脊內, 注於伏衝之脈, 其行九日, 出於缺盆之中, 其氣上行, 故其病
稍益.**

황제가 기백에게 물었다. "경經에서 '여름에 더위에 상하면 가을에 학질이 걸
리고 학질이 시간에 맞추어 발작한다'고 하니 그 까닭이 무엇인가?"

기백이 답했다. "사기가 풍부風府에 침입하면 병이 척추의 여근膂筋을 따라
내려가 위기衛氣와 1일 1야一日一夜에 항상 풍부에서 크게 만난다. 그다음날에
는 다음 관절로 내려가서 만나므로 발작시간이 늦어진다. 이것이 먼저 척배脊
背에 침입하므로 풍부에 이를 때마다 주리가 열리고 주리가 열리면 사기가 들
어가고 사기가 들어가면 병이 발작한다. 이것이 매일 발작시간이 늦어지는 이
유다. 위기가 풍부를 지나는 것은 하루에 한 마디씩 내려가서 21일에 미저골
尾骶骨까지 이르며 척내脊內로 들어가 잠복된 충맥으로 주입된다. 9일 동안 올
라갔다가 결분으로 나오므로 병이 더 빠른 시간에 발작한다.

◉ 전체 문장의 대의는 위기가 피부와 기주를 채우고 행하여 형신을 외부에서
보호하는 것이다. 낮에는 양분陽分을, 밤에는 음분陰分을 행하는 것은 천체 운

---

* 풍부風府는 사풍지기邪風之氣가 모이는 부위로 사풍邪風이 침범하는 척추관절이다―〈통해〉.
** 〈소문·학론〉에서 "매일 더 빨라진다日益早也"라고 했다.

행의 개합開闔에 응한다.

　1일 1야에 풍부風府에서 대회大會하고, 다음날 날마다 한 마디씩 내려가며, 22일째에는 안으로 잠복된 충맥으로 들어가고, 다시 9일째에 결분으로 나오니 달이 한 달 동안 주천周天하는 것에 상응한다.

　해수海水가 서쪽이 융성해지는 만조에는 사람의 혈기도 축적되어 기육도 충실해진다. 해수가 동쪽이 융성해지는 간조 때에는 사람의 혈기도 허해지고 위기衛氣도 없어져 형체만 남는 것이니 해수의 소장消長에 상응한다. 1일 1야에 천도가 지구를 한 바퀴 돌고 수천지기水天之氣가 상하로 상통하니 월月이 수水에 상응한다.

　위기衛氣가 기육과 주리 사이를 행할 때 추우면 피부가 조여져서 주리가 닫히고, 더우면 피부가 이완되어 주리가 열리므로 여름에 더위에 손상되면 가을에 해학痎瘧이 생긴다. 이것이 위기의 운행을 증명한다. 학질瘧疾은 서사暑邪가 기부肌膚에 숨어 있다가 가을에 서늘해질 때 음과 양이 만나 한寒과 열熱이 다투어서 사기와 정기가 서로 싸우면서 발생한다.

　풍부風府는 독맥혈로 뇌후腦後 발제髮際에 있으며, 사기가 풍부에 침입하면 척려脊膂를 따라 내려가니 위기는 1일 1야에 풍부에서 한 번 만나고 다음날엔 한 마디를 내려간다. 그래서 발작이 늦어지니 이것은 사기가 먼저 척배에 침입한 것이므로 위기가 풍부에 이를 때마다 주리가 열리고 주리가 열리면 사기가 들어와서 위기와 만나 병이 발작한다.

　위기는 하루에 한 마디씩 내려가므로 발작이 날마다 늦어진다. 위기가 하루 한 마디씩 내려가면 다음 마디의 주리가 열리고 사기가 열린 틈을 타고 들어와서 위기와 서로 만나 병이 발작한다. 복충伏衝은 충맥이 등 안쪽을 잠복하여 행하는 것으로 경맥지해經脈之海가 된다. 위기가 외부를 순환하고 내려와서 안으로 들어가서 위로 올라간다. 한 바퀴 도는 것은 천도에 상응한다.

　노량후가 말했다. "위기가 양분을 행하고 음분을 행하는 것은 회명晦冥에 상응하니 척려脊膂를 순환하고 아래로 충맥으로 주입되었다가 올라간다. 천도가 외부에서 운행하고 다시 지중을 관통하는 것은 위기가 내부로 잠복된 충맥으로 주입되고 외부로는 족양명맥에 주입되는 것에 대응되니 사천재천司天

在泉이 상하로 환전하는 것과 같다. 천천은 아래에 있고 지중의 경수經水와 상통한다."

批 그러므로 땅에는 경수가 있고 사람에게는 위기가 있다고 말하는 것이다.

至其內搏於五臟, 橫連募原, 其道遠, 其氣深, 其行遲, 不能日作,
故次日乃稽積而作焉.

학사瘧邪가 오장에 침입하면 모원募原에 가로로 연결되니 거리가 멀고 깊은 곳에 있어서 움직임이 느려서 날마다 발작하지 못하고 다음날 축적되어 발작한다."

⦿ 내박오장內搏五臟은 사기가 오장의 모원募原에 머물러 있는 것이다. 모원은 장부의 지막脂膜과 가로로 연결되어 있다. 학사瘧邪가 오장의 모원에 뭉치므로 거리가 멀고 깊이 있어서 위기와 함께 내보낼 수 없다. 그래서 날마다 발작하지 않고 하루걸러 발작한다. 위기가 밤에 음분을 행하는 것은 오장의 모원 사이를 행하는 것을 말한다.

黃帝曰: 衛氣每至於風府, 腠理乃發, 發則邪入焉, 其衛氣日下一節, 則不當風府, 奈何?
岐伯曰: 風府無常, 衛氣之所應, 必開其腠理, 氣之所舍節, 則其府也.

황제가 물었다. "위기衛氣가 풍부風府에 이를 때마다 주리가 열리고 주리가 열리면 사기가 들어온다. 위기가 날마다 한 마디씩 내려가면 풍부와 만나지 못하는 것이 아닌가?"

기백이 답했다. "풍부는 일정한 곳이 아니라 위기가 척추의 관절에서 사기와 만나면 주리가 열리고 사기가 머물게 된다. 위기가 학사瘧邪와 만나는 척추의 관절이 바로 풍부다."

⦿ 이것은 앞 문장을 이어 위기가 결분으로 나와 그 기가 상행하여 1일 1야에 풍부風府에서 크게 만나고 다음날 한 마디씩 내려감을 거듭 밝혔다.

대체로 1년 360일에 기氣는 5일 940분 차 있으니 1개월에 495분 차 있는 것이 된다. 이것이 결분으로 나가는 아홉 번째 날이다. 1일 1야를 행하여 삭일朔日 평단平旦에 풍부에서 크게 만난다. 그다음날은 한 마디를 내려가서 사기와 위기가 다음 마디에서 만나고 풍부風府에서 크게 만난다.

위기의 반응은 주리가 반드시 열리고 주리가 열리면 사기가 척려脊膂를 따라 내려가서 위기와 만나 병이 발작한다. 그러므로 풍은 일정한 부서가 없으니 위기가 내려가 머무는 마디가 바로 그 부서가 된다. 그래서 항상 풍부에서 대회大會하는 것이니 언제나 1년 중에 풍부에서 12회 대회한다. 대회大會는 척려와 서로 만나는 곳이 대체로 풍부에서 시작하고 매일 내려가서 머무는 마디가 바로 그 부서다.

批 주야가 합해서 1000분이다.

批 결분에서 인후를 경유하여 정수리로 올라가고 정수리에서 뒷목을 순환하고 척려로 내려가므로 날마다 내려가면 날마다 늦어진다.

批 매월 삭일에만 풍부에서 만난다.

黃帝曰: 善. 風之如瘧也, 相與同類, 而風常在, 而瘧特以時休何也?
岐伯曰: 風氣留其處, 瘧氣隨經絡, 沈而內搏, 故衛氣應, 乃作也.
黃帝曰: 善.

황제가 물었다. "알겠다. 풍사風邪와 학사瘧邪는 서로 같은 종류인데 풍사는 증상이 지속해서 존재하고, 학사는 때맞추어 휴식과 발작을 반복하는 것은 무엇 때문인가?"

기백이 답했다. "풍사는 침입하면 한곳에 머물면서 위기와 뭉쳐서 증상이 계속 나타나고, 학사는 경락을 따라 깊이 들어가 오장에서 뭉쳐져야 위기가 반응하여 발작한다."

황제가 말했다. "알겠다."

⊕ 풍風은 양사陽邪이므로 표양表陽의 부위에 머문다. 학瘧은 풍한서습의 사기로 음양한열의 왕래를 주관하여 경락을 따라 출입한다. 깊은 곳에 머물면서 위기와 함께 상응하여 발작한다. 위기는 경락을 따라 역순으로 행한다.

黃帝問於少師曰: 余聞四時八風之中人也, 故有寒暑, 寒則皮膚急
而腠理閉, 暑則皮膚緩而腠理開. 賊風邪氣, 因得以入乎? 將必須
八正虛邪, 乃能傷人乎?

少師答曰: 不然. 賊風邪氣之中人也, 不得以時, 然必因其開也, 其
入深, 其內極病, 其病人也卒暴. 因其閉也, 其入淺以留, 其病也,
徐而遲.

황제가 소사에게 물었다. "사시四時의 팔방八方 정풍正風이 인체에 적중되
는 것은 지나친 추위나 더위가 있을 때다. 추우면 피부가 오그라들고 주
리가 닫히며, 더우면 피부가 이완되고 주리가 열린다. 적풍사기가 이때를
틈타 들어오는 것인가? 아니면 반드시 팔풍八風 허사虛邪여야 인체를 손
상시킬 수 있는가?"

소사가 답했다. "그렇지 않다. 적풍사기가 인체에 적중되는 것은 때와 상관
없다. 주리가 열려야만 풍사가 깊이 들어가고 내장의 병변이 아주 심하여 폭
병이 발생한다. 주리가 닫히면 풍사가 얕은 곳에 머무르기 때문에 병증도 천
천히 오고 얕게 발생한다."

● 여기서는 사기는 반드시 주리가 열려야 깊이 들어갈 수 있음을 말한다.

사시에 한서왕래가 있으므로 팔풍八風의 중인中人에 한풍寒風과 서풍暑風이
있다. 추우면 피부가 팽팽해지고 주리가 닫힌다. 더우면 피부가 이완되어 주
리가 열린다. 하지만 적풍사기의 중인은 인기人氣의 허실虛實로 인한 개합에
따라 천심의 차이가 있는 것이지 한서寒暑의 개폐 때문이 아니다.

黃帝曰: 有寒溫和適, 腠理不開, 然有卒病者, 其故何也?

少師答曰: 帝弗知邪入乎? 雖平居, 其腠理開閉緩急, 其故常有
時也.

黃帝曰: 可得聞乎?

少師曰: 人與天地相參也, 與日月相應也. 故月滿則海水西盛, 人
血氣積, 肌肉充, 皮膚緻, 毛髮堅, 腠理郄, 煙垢著, 當是之時, 雖
遇賊風, 其入淺不深. 至其月郭空, 則海水東盛, 人氣血虛, 其衛氣

去, 形獨居, 肌肉減, 皮膚縱, 腠理開, 毛髮殘, 腠理薄, 煙垢落, 當
是之時, 遇賊風則其入深, 其病人也卒暴.

황제가 물었다. "한온寒溫이 적당하고 주리가 열리지 않았는데도 갑자기 병이
생기는 것은 무슨 까닭인가?"

소사가 답했다. "폐하는 사기가 침입하는 이유를 모르는가? 평상시라도 주
리가 열리고 닫히며 조이고 이완되는 것이 항상 때가 있다."

황제가 물었다. "들을 수 있겠는가?"

소사가 답했다. "사람은 천지에 참예하고, 일월에 상응한다. 따라서 만월이
되면 해수가 서쪽이 융성해지고 사람의 혈기는 쌓여서 기육이 충만해지고 피
부가 치밀해지며 모발이 견고해지고 주리가 닫히며 피부색이 그을린 듯하다.
이때는 비록 적풍을 만나더라도 사기가 얕고 깊이 들어가지 못한다.

달이 비면 해수는 동쪽이 융성해지고 사람의 기혈은 허하며 위기는 사라져
형체만 남고 기육이 수척해지며 피부는 늘어지고 주리가 열리며 모발이 끊기
고 기육의 문리가 얇아지며 피부색이 초췌해진다. 이때 적풍을 만나면 사기가
깊이 들어가니 폭병이 갑자기 발생한다."

◉ 이것은 앞 문장을 이어서 사람의 허실 개합도 천시의 성쇠에 상응함을 거듭
밝히고 있다.

사람은 천지에 참예하고 일월에 상응한다. 위기가 낮에 양분을, 밤에 음분을
행하는 것은 천도의 개합에 호응하는 것이다. 태양은 하늘에서 지구를 한 바
퀴 도는데 위기는 풍부에서 내려가서 저골骶骨에 이르러 충맥으로 주입되었다
가 결분으로 나오는 것은 한 달에 월月과 천天이 만나는 것에 대응된다.

월은 음백陰魄이므로 달의 영휴盈虧는 수水의 소장消長에 상응한다. 달이 차
면 해수는 서쪽으로 융성해지고, 달이 비면 해수는 동쪽이 융성해진다. 달의
영휴는 서쪽이 비면 동쪽이 만조가 된다. 달은 서쪽에서 생기므로 서에서 동
으로 융성해진다.

위기는 기육을 따뜻하게 하고 피부를 채우며 주리를 두껍게 하고 개합을 담
당한다. 그러므로 위기가 성하면 기육이 충실해지고 피부가 치밀해지며 모발
이 견고하고 주리가 닫히며 피부는 잘 그을린다. 이때는 적풍을 만나더라도

깊지 않다.

달이 비면 해수가 동쪽으로 융성해지고 사람의 기혈이 허해지니 위기는 소실되고 형체만 남아 살은 빠지고 피부는 늘어지며 주리는 열리고 모발이 끊긴다. 이理는 기육의 문리文理로 삼초와 통회하는 곳이어서 초리焦理라고 한다. 연구煙垢는 화토지여火土之餘니 피부가 그을리는 것이다. 삼초는 화火를 주관하고, 기육은 토土를 주관하므로 초리焦理가 얇으면 피부가 초췌해진다.

살이 빠지고 피부가 초췌해지는 것臟理薄 煙垢落은 기육과 주리의 기가 소산된 것이다. 이때 적풍을 만나면 깊이 들어가고 급작스런 폭병을 앓게 된다.

위기가 없어지는 것은 형신을 떠나 잠복된 충맥으로 들어간 것이다. 22일에 내부로 들어가 잠복된 충맥에 주입되어 9일을 행하고 나서 다시 결분으로 나와 상행한다. 이는 매월 삭일 평단에 형신으로 나가 다시 풍부에서 만난다. 그러므로 〈소문·팔정신명론八正神明論〉에서 "달이 처음 생길 때 혈기가 비로소 생기고 위기가 돌기 시작한다月始生則血氣始精 衛氣始行"라고 했다. 달이 그믐에서 처음으로 생길 때를 삭朔이라고 하는데 위기는 삭일에 양분을 행하기 시작하고 풍부에서 만난다. 이는 위기가 천지와 상참하고 일월에 상응한다는 것이다.

왕자율이 말했다. "해수는 초8일에 조수潮水가 일어나 15일에 만조滿潮가 되고, 23일에 조수가 줄어들므로 위기는 보름에 상응하여 성해지고, 23일에 이르면 형체에서 떠난다."

批 〈예기·곡례曲禮〉에서 "해가 동에서 뜰 때 달은 서쪽에 있다"라고 했다.

黃帝曰: 其有卒然暴死暴病者何也?
少師答曰: 三虛者, 其死暴疾也. 得三實者, 邪不能傷人也.
黃帝曰: 願聞三虛.
少師曰: 乘年之衰, 逢月之空, 失時之和, 因爲賊風所傷, 是謂三虛, 故論不知三虛, 工反爲麤.
帝曰: 願聞三實.
少師曰: 逢年之盛, 遇月之滿, 得時之和, 雖有賊風邪氣, 不能危之也. 命曰三實.

黃帝曰: 善乎哉論, 明乎哉道. 請藏之金匱, 然此一夫之論也.

황제가 물었다. "폭병으로 갑자기 죽는 것은 어째서인가?"

소사가 답했다. "삼허三虛가 있으면 폭병으로 죽는다. 삼실三實을 만나면 사기가 사람을 해칠 수 없다."

황제가 물었다. "삼허에 대해 알고 싶다."

소사가 답했다. "세기歲氣가 부족한 해와 달이 빌 때와 부적합한 시時를 동시에 만났을 때 적풍에 손상되면 이를 삼허라고 한다. 삼허를 모르면 추공이 될 것이다."

황제가 물었다. "삼실에 대해 알고 싶다."

소사가 답했다. "세기가 유여한 해와 달이 만월일 때와 적합한 시時를 동시에 만났을 때는 적풍사기라 할지라도 위태롭게 할 수 없으니 이를 삼실이라고 한다."

황제가 말했다. "훌륭하고 명쾌한 해설이구나! 금궤金匱에 저장하겠다. 하지만 이것은 개인적인 문제다."

⬤ 승년지허乘年之虛는 육기六氣 사천재천泉司天在泉이 불급不及한 것이다. 봉월지공逢月之空은 달이 비었을 때다. 실시지화失時之和는 사시四時에 맞지 않는 기다.

위기는 천지와 상참하고 일월에 상응하는데 연지허年之虛 월지공月之空 시지위화時之違和를 당하면 위기가 실상失常한다. 위기는 외부를 호위하여 단단하게 막는 것이다. 위기가 허해지면 주리가 소홀해져 사기가 직접 안으로 들어가므로 폭병이 일어나고 졸사하게 된다.

삼허三虛·삼실三實은 백성이 모두 겪는 것인데 황제가 일부지론一夫之論이라고 말한 것은 허사적풍을 사람이 만나 적중되는 경우를 말하는 것이니 다음 문장의 충풍衝風이 천하인을 손상시킬 수 있는 것에 비할 바가 아니다. 그래서 성인은 피풍避風을 시석矢石을 피하듯 한다고 했다.

黃帝曰: 願聞歲之所以皆同病者, 何因而然?

少師曰: 此八正之候也.

黃帝曰: 候之奈何?

少師曰: 候此者, 常以冬至之日, 太一立於叶蟄之宮, 其至也, 天必應之以風雨者矣. 風雨從南方來者, 爲虛風, 賊傷人者也. 其以夜半至者, 萬民皆臥而弗犯也, 故其歲民少病. 其以晝至者, 萬民懈惰, 而皆中於虛風, 故萬民多病. 虛邪入客於骨, 而不發於外, 至其立春, 陽氣大發, 腠理開, 因立春之日, 風從西方來, 萬民又皆中於虛風, 此兩邪相搏, 經氣結代者矣. 故諸逢其風而遇其雨者, 命曰遇歲露焉. 因歲之和而少賊風者, 民少病而少死, 歲多賊風邪氣, 寒溫不和, 則民多病而死矣.

황제가 물었다. "한 해에 많은 사람에게 질병이 동시에 발생하는 것은 무슨 까닭인가?"

소사가 답했다. "이것은 팔방八方 허사虛邪로 인하여 발생하는 것이다."

황제가 물었다. "어떻게 알 수 있는가?"

소사가 답했다. "동짓날 태일太一이 협칩궁叶蟄宮에 위치하면 하늘에서 필시 비바람이 불 것이다. 풍우가 남쪽에서 불면 허풍이니 사람을 손상시킨다. 야반夜半에 풍우가 불면 만민이 모두 잘 때이므로 침입할 수 없어서 그해 백성은 병이 적다.

낮에 풍우가 불면 만민이 무방비로 있다가 모두 허풍에 적중되므로 모두 병에 걸린다. 허사가 골骨까지 들어가서 외부로 나타나지 않다가 입춘에 이르러 날이 따뜻해져 주리가 열리고 서쪽에서 바람이 불어오면 만민이 모두 허풍에 적중된다. 양사가 합쳐지면 경기經氣가 결체되고 경로를 이탈한다.

그러므로 동지·입춘·춘분·입하·하지·입추·추분·입동의 8절기八節에 시령時令과 맞지 않은 비바람이 부는 것을 세로歲露를 만난다고 한다.

만약 한 해의 기후가 좋고 적풍이 적으면 백성도 질병이 적고 죽는 이가 많지 않다. 한 해의 기후가 적풍이 많고 한온이 불화하면 백성에게 질병이 많고 죽는 사람도 많다."

⦿ 팔정八正은 동지·하지·춘분·추분·입춘·입하·입추·입동으로 팔방八方의 정위正位를 정하여 팔방의 풍우를 살피는 것이다. 동지에 바람이 남에서 불고, 입춘에 바람이 서쪽에서 부는 것은 상충하는 곳에서 오는 것이니 허풍虛風으로 손상된다. 동지 야반에 기가 처음 깨어나므로 허사虛邪는 골골骨에까지 들어가 머물지만 즉각 발병하지 않고 입춘에 양기가 크게 발생하여 주리가 열리고, 입춘일에 또 서쪽에서 오는 충풍衝風을 맞는다면 양사兩邪가 상박하여 경락이 막히거나 경로가 바뀐다. 풍風은 천지기天之氣고, 우雨는 천지로天之露다.

8절기八節에 시기에 맞지 않은 풍우를 맞는다는 것逢其風而遇其雨은 세로歲露를 만난다고 한다. 1년 중 때에 맞는 풍우가 오고 적풍이 적으면 세歲가 화평하기 때문에 풍년이 들고 백성이 편안하며 병이 적다. 때에 맞지 않은 풍우를 당하고 맹렬한 바람과 사기가 많으면 시의時宜를 잃은 것이니 백성은 많이 아프거나 죽게 된다.

黃帝曰: 虛邪之風, 其所傷貴賤何如? 候之奈何?
少師答曰: 正月朔日, 太一居天留之宮, 其日西北風不雨, 人多死矣. 正月朔日, 平旦北風, 春, 民多死. 正月朔日, 平旦北風行, 民病多者十有三也. 正月朔日, 日中北風, 夏, 民多死. 正月朔日, 夕時北風, 秋, 民多死. 終日北風, 大病, 死者十有六. 正月朔日, 風從南方來, 命曰旱鄉, 從西方來, 命曰白骨, 將國有殃, 人多死亡. 正月朔日, 風從東方來, 發屋揚沙石, 國有大災也. 正月朔日, 風從東南方行, 春有死亡. 正月朔日, 天和溫不風, 糶賤民不病, 天寒而風, 糶貴民多病. 此所謂候歲之風㵢傷人者也. 二月丑不風, 民多心腹病. 三月戌不溫, 民多寒熱, 四月巳不暑, 民多癉病. 十月申不寒, 民多暴死. 諸所謂風者, 皆發屋折樹木, 揚沙石, 起毫毛, 發腠理者也.

황제가 물었다. "허사로 인체가 손상되는 경우 경중의 차이가 있는가? 그것을 어떻게 알 수 있는가?"

소사가 답했다. "정월 초하루에 태일太一이 천류궁天留宮에 위치하는데 그날 서북풍이 불고 비가 오지 않으면 많은 사람이 죽는다.

정월 초하루 평단平旦에 북풍이 불면 봄에 백성이 많이 죽는다.

정월 초하루 평단에 북풍이 불면 백성이 병에 많으니 열에 셋은 병에 걸린다.

정월 초하루 한낮에 북풍이 불면 여름에 백성이 많이 죽는다.

정월 초하루 석시夕時에 북풍이 불면 가을에 백성이 많이 죽는다.

종일 북풍이 불면 큰병이 유행하여 열에 여섯은 죽는다.

정월 초하루에 남쪽에서 바람이 불면 한향旱鄕이라고 하고, 서쪽에서 바람이 불면 백골白骨이라고 하며 장차 나라에 재앙이 있다.

정월 초하루에 동쪽에서 바람이 불면 지붕이 날아가고 사석沙石이 날리며 나라에 큰 재난이 일어난다.

정월 초하루에 동남쪽에서 바람이 불면 봄에 죽는 사람이 있다.

정월 초하루에 날씨가 따뜻하고 바람이 불지 않으면 풍년이 들고 백성에게 질병이 안 생긴다. 날이 차고 바람이 불면 흉년이 들고 백성이 질병에 많이 걸린다. 이것은 팔방허풍八方虛風이 인간에게 미치는 영향을 말한다.

2월 축일丑日에 바람이 불지 않으면 백성의 심복心腹에 질병이 많이 생긴다.

3월 술일戌日에 따뜻하지 않으면 백성에게 한열병寒熱病이 많이 생긴다.

4월 사일巳日에 덥지 않으면 백성에게 소단병消癉病이 많이 생긴다.

10월 신일申日에 춥지 않으면 백성이 폭병으로 죽는다.

풍風이란 모두 지붕이 날아가고 나무가 부러지며 사석이 날리니 호모毫毛가 일어나며 주리가 열린다."

❀ 정월 초하루에 사시의 세기歲氣를 살피는 것은 건인지월建寅之月로써 세수歲首로 삼으니 사람이 인시寅時에 시작하기 때문이다.

2월 축일에 바람이 불지 않는 것二月丑不風은 또 동짓날 태일太一이 협칩궁叶蟄宮에 거하여 풍우를 살피므로 건자지월建子之月을 세수歲首로 삼는 것이니 천天은 자시子時에 열리기 때문이다天開于子.

3월은 진辰이 주관하는데 3월 술일戌日에 불온不溫한 것은 진辰과 술戌이 합쳐지기 때문이다. 12월에는 주재하는 십이진이 있고, 육기六氣에는 주관하는 삼음삼양이 있다. 그러므로 3월 술일戌日 불온不溫, 4월 사일巳日 불서不暑는 아마도 육기를 따랐거나 십이진을 따른 것이다.

인신寅申은 소양少陽이 주기主氣인데 10월 신일申日에 불한不寒한 것은 육기가 시時를 주관하기 때문이다. 천간天干은 갑甲에서 시작하고, 지지地支는 자子에서 시작한다.

자오년子午年에는 인신소양寅申少陽이 오기五氣인 9월과 10월을 주관하니 10월 신일申日 불한不寒한 것은 주기가 실시失時하여 백성이 폭병을 앓고 죽는다.

사시의 주객지기主客之氣는 삼음삼양이 주관한다. 하루의 사시로써 1년의 사시에 대응되는 것은 날마다 천도를 따라 1바퀴 돌아서 세歲와 천天이 만나기 때문이다.

정월삭일正月朔日에 바람이 동쪽에서 불면 정풍正風이다. 나무가 뽑히고 모래가 날리는 것은 나라의 재앙이 있는 것이다.

날이 차고 바람이 부는 2월 축풍丑風은 화풍和風이다. 여기서 말하는 바람은 모두 나무가 꺾이고 모래가 날리는 매서운 바람이고 때맞추어 알맞게 내리는 비가 아니므로 백성이 죽는 것이다.

이 장에서는 사람의 허실이 천기天氣의 성쇠와 사시의 풍로風露 그리고 화려和厲의 이기異氣에 기인한다고 말한다. 그러므로 성인의 허사를 피하는 방법이 마치 시석矢石을 피하듯해야 사기의 해를 입지 않을 수 있다.

대혹론大惑論

黃帝問於岐伯曰: 余嘗上於淸冷之臺, 中階而顧, 匍匐而前, 則惑. 余私異之, 竊內怪之, 獨瞑獨視, 安心定氣, 久而不解. 獨博獨眩, 披髮長跪, 俯而視之, 後久之不已也. 卒然自止, 何氣使然?

岐伯對曰: 五臟六腑之精氣, 皆上注於目, 而爲之精. 精之窠爲眼, 骨之精爲瞳子, 筋之精爲黑眼, 血之精爲絡, 其窠氣之精爲白眼, 肌肉之精爲約束*, 裹擷筋骨血氣之精, 而與脈幷爲系, 上屬於腦, 後出於項中, 故邪中於項, 因逢其身之虛, 其入甚, 則隨眼系以入於腦, 入於腦則腦轉, 腦轉則引目系急, 目系急則目眩以轉矣. 邪其精, 其精所中不相比也則精散, 精散則視岐, 視岐見兩物. 目者, 五臟六腑之精也, 營衛魂魄之所常營也, 神氣之所生也, 故神勞則魂魄散, 志意亂, 是故瞳子黑眼法於陰, 白眼赤脈法於陽也. 故陰陽合傳而精明也. 目者, 心使也, 心者, 神之舍也, 故神精亂而不轉**, 卒然見非常處, 精神魂魄散不相得, 故曰惑也.

황제가 기백에게 물었다. "내가 청랭대淸冷臺에 오르다가 중간 계단에서 아래를 내려다보고는 기어서 앞으로 갈 정도로 어지러워 정신이 없었다. 이상해서 내심 괴이하다고 여겼다. 눈을 감았다가 뜨고 마음을 안정시키려 했으나 오랫동안 풀리지 않았다. 빙빙 돌고 어지러워 머리를 풀어헤치고 무릎을 꿇고 구부려 땅을 쳐다보았으나 그래도 낫지 않았다. 그러다가 그냥 저절로 어지럼증이 없어졌다. 왜 그렇게 되는가?"

기백이 답했다. "오장육부의 정기精氣는 모두 목目으로 가서 눈으로 볼 수

---

* '約束'은 '眼胞'다―장경악.

** '轉'은 '搏'으로 해야 하며, '모인다'는 뜻이다―〈통해〉.

있다. 정기가 모인 곳이 안정眼睛이다. 골지정骨之精이 동자瞳子가 되고, 근지정筋之精이 흑안黑眼이 되며, 혈지정血之精이 목자目眥의 혈락血絡이 되고, 과기지정窠氣之精이 백안白眼이 되며, 기육지정肌肉之精이 안포眼胞가 되고, 근골혈기지정筋骨血氣之精을 싸고 맥이 합쳐져서 목계目系가 되어 위로 뇌에 속하고, 뒤로 항중項中으로 나간다.

그러므로 사기가 항項에 적중되는 것은 몸이 아주 허한 때를 당한 것이니 항중으로 들어가면 안계眼系를 따라가서 뇌로 들어가고 뇌로 들어가면 어지러워지고 목계가 땅기면서 조여서 눈알이 빙빙 돈다. 목정目睛에 사기가 침입하면 눈동자가 사기에 적중되어 눈이 침침해지고 정기가 소산되어 사물이 둘로 갈라져 보인다.

목目은 오장육부의 정이 모인 곳이고, 영위혼백이 항상 머무는 곳이며, 신기神氣가 반응하는 곳이다. 신경을 많이 쓰면 혼백이 흩어지고 지의志意가 혼란해진다. 그러므로 동자瞳子와 흑안黑眼은 음에서 정기를 받고 백안白眼과 적맥赤脈은 양에서 정기를 받아 음양이 함께 전달되어야 눈으로 볼 수 있다.

목目은 마음의 전령이다. 심心은 신神이 머무는 곳이다. 신정神精이 혼란스럽고 모이지 못한 상태에서 갑자기 이상한 곳을 보면 정신혼백이 흩어져 제대로 작용을 못하므로 정신이 아득해지고 어지럽다."

◉ 청랭대淸冷臺는 동원東苑의 대명臺名이다.

혹惑은 어지럽고 혼란스러운 것이다.

정精은 맑고 깨끗한 것이다.

과窠는 저장하는 것이다.

안眼은 눈동자와 흰자위를 총칭한다.

골지정骨之精이 동자瞳子니 신지정腎之精이다.

근지정筋之精이 흑안黑眼虹彩으로 간지정肝之精이다.

혈지정血之精이 낙絡으로 심지정心之精이다.

과기지정窠氣之精이 백안白眼으로 폐지정肺之精이다.

약속約束은 눈의 상하 까풀로 기육지정肌肉之精이니 비지정脾之精이다.

근골혈기의 정을 싸고 있는 것裹撷筋骨血氣之精은 심주포락지정心主包絡之精이다.

포락지정包絡之精은 맥락脈絡과 합병하여 목계目系를 이루어 위로 뇌에 속하고 항중으로 나간다. 제맥諸脈은 모두 목目에 연계되고 뇌에서 만나 항으로 나가니 맥계脈系가 아래서 올라가고 앞에서 뒤로 간다.

사기가 항에 적중되면 안계眼系를 따라 뇌로 들어가고 뇌에 들어가면 뇌가 흔들리고 목계가 땅겨서 팽팽해지고 눈이 돌면서 어지러워진다.

비比는 꽉 찬 것이다周密.

사기정邪其精은 정精이 사기에 적중되어 정精이 모이지 못하고 흩어진 것이다. 정이 흩어지면 물체가 갈라져 둘로 보인다.

심장신心臟神·신장지腎臟志·간장혼肝臟魂·폐장백肺臟魄·비장의脾臟意 이것은 오장에 간직된 신지神志다.

목目은 오장육부의 정精이다. 따라서 동자瞳子와 흑안黑眼은 음이고, 백안白眼과 적맥赤脈은 양이다. 그래서 음양이 상합하여 눈에 전달되어 정명睛明해진다. 오장은 심心에 의해서 통솔된다. 목目은 규竅다. 화색華色은 심의 영榮이다. 그러므로 목目은 마음의 사령이고, 심은 신神이 머무는 곳이다. 신정神精이 산란되어 눈에 모이지 못하면 갑자기 이상한 것이 보이고 정신혼백이 흩어져 조절이 안 되어 어지러워진다.

批 음은 간신肝腎이고, 양은 심폐心肺다.

黃帝曰: 余疑其然. 余每之東苑, 未曾不惑, 去之則復, 余唯獨爲東苑勞神乎? 何其異也!
岐伯曰: 不然也. 心有所喜, 神有所惡, 卒然相感, 則精氣亂, 視誤, 故惑, 神移乃復, 是故間者爲迷, 甚者爲惑.

황제가 물었다. "아직 의아스러운 점이 있다. 내가 동원東苑에 오를 때마다 어지럽지 않은 적이 없는데 그곳을 떠나면 회복되었다. 내가 유독 동원에 대해서 걱정을 많이 해서 그런 것인가? 어째서 그리 기이한가?"

기백이 답했다. "아니다. 겉으로는 좋아하지만 속으로 꺼리는 바가 있어 서로 갑자기 충돌하면 정기가 혼란해져 제대로 보이지 않아 어지러워지고 기분이 전환되면 회복된다. 그러므로 경미하면 어찔하고 심하면 어지럽다."

⬤ 화지정火之精이 신神이고, 수지정水之精이 정精이다. 정精은 올라가 신神으로 전해져 모두 눈에 모여 정명精明이 된다. 만약 신神이 정精에 충돌하면 정기가 혼란스러워 어지럽게 된다. 정명精明은 아래에서 위로, 앞에서 뒤로 간다. 그러므로 앞 문장에서는 뒤에서 앞으로 거슬리는 것을 말했고, 여기서는 위에서 아래로 감촉한 것이니 모두 반대로 거슬러 어지럽게 된 것이다.

즐거운 것心有所喜은 즐겁게 동원에 가서 청랭대淸泠臺에 오르는 것이다. 신神은 화지정火之精이니 청랭淸泠한 것을 싫어하므로 내심 꺼려진다. 갑자기 서로 충돌하는 것卒然相感은 신神과 지志가 서로 충돌하는 것이다. 신神이 청랭한 것에 감촉되면 신神은 반대로 아래로 내려간다. 신기神氣가 아래로 내려가면 정기가 혼란해진다. 정기가 혼란해지면 제대로 보이지 않고 어지러워진다. 신神이 위로 이동한 후에야 회복된다.

신腎은 지志를 저장하고, 이耳에 개규한다. 그러므로 지志가 올라가 신神과 만나지 못하면 미혹해지고, 심지어 신神이 반대로 지志와 아래에서 만나면 어지러워진다.

안 | 이 장은 구침지도九鍼之道를 총결했으니 득신得神을 최고로 여긴다. 정기신精氣神을 잘 보존할 수 있어야 천하에 의혹이 없다. 그러므로 황제가 이런 질문을 설정했고, 기백은 정기신으로 설명했다.

〈소문·보명전형론寶命全形論〉에서 "참된 자법은 반드시 신神부터 다스린다凡刺之眞 必先治神"라고 했고, 또 "병의 천심을 알아내고 가까운 경혈이나 먼 경혈이나 경기가 오는 것을 기다려 자침하는 이치는 같다深淺在志 遠近若一"라고 했다.

〈소문·팔정신명론八正神明論〉에서 "신神은 아무것도 들리지 않고 눈이 밝고 마음이 열려 지志가 먼저 작용하여 문득 홀로 깨닫는 것이다神乎神 耳不聞 目明心開而志先 慧然獨悟"라고 했다.

〈소문·이합진사론離合眞邪論〉에서 "잘못이 없는 것을 주벌하는 것을 대혹大惑이라고 한다. 경의 뜻을 어지럽히면 진실로 회복할 수 없다誅罰無過 命曰大惑 反亂大經 眞不可復"라고 했다.

침 치료의 요체는 잘 보고 살펴서 진찰하고, 정신을 집중하여 마음을 가라앉히고 정상과 변화에 임하는 데 중점을 두어야 한다. 매사에 만전을 기해야 후세에 전해지고 영원히 없어지지 않는다.

수신양생과 치국치민은 모두 정기신精氣神 세 가지를 조양調養하는 데 있다. 그러므로 내경에서 처음에는 〈소문·상고천진론上古天眞論〉을 말했고, 〈소문·해정미론解精微論〉으로 마지막을 맺었으니 수신양생하는 방법이다. 본경은 처음에 구침지도九鍼之道를 논했고 〈대혹론大惑論〉과 〈옹저癰疽〉로써 끝을 맺었으니 치국치민하는 방법이다. 수신을 알면 치민의 방법도 알고 천하국가를 다스릴 수 있다.

批 수지정水之精이 지志다.

> 黃帝曰: 人之善忘者, 何氣使然.
> 岐伯曰: 上氣不足, 下氣有餘, 腸胃實而心肺虛, 虛則營衛留於下, 久之不以時上, 故善忘也.
>
> 황제가 물었다. "건망증健忘症은 어째서 생기는가?"
>
> 기백이 답했다. "상기부족上氣不足하고 하기유여下氣有餘하면 생긴다. 장위腸胃가 실하고 심폐心肺가 허해지면 영위가 하부에서 유체되는데 이것이 오래 지속되면 영위가 올라가지 못하므로 잘 잊어버린다."

● 본편에서 "눈은 오장육부의 정기가 모인 곳으로 영위혼백이 항시 머물고 있다目者 五臟六腑之精也 營衛魂魄之所常營也"라고 했다.

〈소문·팔정신명론八正神明論〉에서 "보이지 않는 것을 관찰하는 것은 형기영위가 겉으로 드러나지 않아 상공만이 알 수 있는 것이라는 의미다觀其冥冥者 言形氣營衛之不形於外 而工獨知之"라고 했고, 또 "신神을 기르는 것은 영위혈기의 성쇠를 알아야 한다養神者 必知營衛血氣之盛衰"라고 했다. 그러므로 이다음부터는 다시 영위지행營衛之行을 말하니 자세히 살펴보아야 한다.

영위는 중초의 양명에서 생겨서 형신의 내외를 운행한다. 기氣는 선천의 진원眞元으로 하초 정수지중精水之中에서 생겨서 올라가 심폐와 통하고 상하로 환전한다. 상기上氣가 부족하고 하기下氣가 유여하면 장위腸胃가 실하고 심폐心

肺가 허하다. 허하면 영위가 아래에서 유체되고 오래되면 때때로 올라가지 못하여 건망증이 자주 생긴다.

예중옥이 말했다. "장위腸胃는 양명이다. 선천지기先天之氣가 아래로 역행하면 후천지기後天之氣도 중中에서 역행하니 중하中下가 함께 역행하면 상기가 크게 허해지므로 건망증이 일어난다."

批 앞 구절에서는 위기衛氣의 출입을 말했고 여기서는 위기의 승강을 말했다.

> 黃帝曰: 人之善饑而不嗜食者, 何氣使然?
> 岐伯曰: 精氣幷於脾, 熱氣留於胃, 胃熱則消穀, 穀消故善饑, 胃氣逆於上, 胃脘寒, 故不嗜食也.
>
> 황제가 물었다. "자주 허기지면서도 먹으려 하지 않는 것은 무슨 이유인가?"
> 기백이 답했다. "정기精氣가 비脾에 몰려 열기熱氣가 위胃에 유체되어 위열이 생기면 빨리 소화된다. 곡식이 빨리 소화되므로 자주 배가 고프다. 위기胃氣가 역상하면 위완胃脘이 차가워지므로 먹으려 하지 않는다."

◉ 비脾는 위胃에서 만들어진 진액을 운화수포運化輪布한다. 정기精氣가 비脾에 쏠리면 비가실脾家實이 되어 위胃의 진액을 전수할 수 없어 열기가 위胃에 유체되어 소화가 빨리 되고 자주 배가 고프다消穀善飢. 무릇 곡식이 위胃에 들어가면 오장육부가 모두 기를 받아 맑은 것은 영營이 되고 탁한 것은 위衛가 되어 영위營衛의 두 길로 나누어 돌고, 대기大氣가 돌지 않고 뭉쳐진 기는 상초의 흉중에 쌓인다.

위기胃氣가 역상하는 것胃氣逆上은 한기悍氣가 머리로 상충하여 공규로 가는 것을 말한다. 비脾가 위胃의 진액을 보내지 못하면 영위대기營衛大氣가 유체되어 돌지 못하고 위胃의 역기逆氣가 반대로 머리로 상충하여 양명으로 간다.

위완胃脘은 위胃의 상완上脘이다. 대기가 돌지 못하면 상초가 허해지고 위완이 차가워진다. 상초가 허한해지면 음식을 받아들이지 못하여 음식이 땅기지 않는다.

이상 두 구절은 영위생시營衛生始의 원인을 논했다.

黃帝曰: 病而不得臥者, 何氣使然?

岐伯曰: 衛氣不得入於陰, 常留於陽, 留於陽則陽氣滿, 陽氣滿則陽蹻盛, 不得入於陰則陰氣虛, 故目不瞑矣.

黃帝曰: 病目而不得視者, 何氣使然?

岐伯曰: 衛氣留於陰, 不得行於陽, 留於陰則陰氣盛, 陰氣盛則陰蹻滿, 不得入於陽則陽氣虛, 故目閉也.

황제가 물었다. "병에 걸렸는데도 잠을 못 자는 것은 어째서인가?"

기백이 답했다. "위기衛氣가 음분으로 들어가지 못하고 항상 양분에 유체되어 양기가 그득 차면 양교맥이 성해져서 음분으로 들어가지 못한다. 음기가 허해지면 눈이 감기지 않는다."

황제가 물었다. "눈에 병이 나서 볼 수 없는 것은 무슨 까닭인가?"

기백이 답했다. "위기가 음분에 유체되어 양분으로 갈 수 없어 음기가 성해져서 음교맥이 실해진다. 음교맥이 실해서 양분으로 나가지 못하면 양기가 허해지므로 눈이 감긴다."

⊕ 양교陽蹻는 족태양의 별락으로 족의 외과外踝에서 시작하여 협하脇下와 견박肩髆을 순환하고, 구문口吻에서 목내자目內眥로 가서 족태양의 정명睛明에서 음교맥陰蹻脈과 만난다. 음교맥陰蹻脈은 족소음의 별락으로 연곡然谷의 뒤편에서 시작하여 흉부 위쪽을 순환하고 결분缺盆으로 들어가고, 인후咽喉에서 목내자에 가서 족태양의 정명睛明에서 양교맥과 만난다.

위기가 양분을 25번 돌고, 음분으로 내려가서 다시 목내자에서 만난다. 오장의 음분을 행하는 것도 양분을 25번 도는 것처럼 돌고 다시 목目에서 만난다. 위기는 양분으로 나가면 눈이 떠져 깨어나고, 음분으로 들어가면 눈이 감겨 자게 된다. 그러므로 위기가 양분에 유체되면 양교맥이 성해져 음분으로 들어가지 못하여 음기가 허해진다. 그래서 눈이 감기지 않는다. 위기가 음분에 유체되면 음교맥이 실해져서 양분으로 들어가지 못하여 양기가 허해지므로 눈이 감긴다. 이것은 위기가 양분을 행하고 음분을 행하는 것이 모두 목目에서 출입하는 것이므로 "목目은 영위혼백이 항상 머무는 곳이다目者營衛魂魄之所常營也"라고 말한 것이다.

왕자율이 말했다. "이 구절은 중복해서 두 번 나오는데 문장은 같지만 각기 말하는 바가 있다."

黃帝曰: 人之多臥者, 何氣使然?
岐伯曰: 此人腸胃大而皮膚澁, 而分肉不解焉. 腸胃大則衛氣留久, 皮膚澁則分肉不解, 其行遲. 夫衛氣者, 晝日常行於陽, 夜行於陰, 故陽氣盡則臥, 陰氣盡則寤. 故腸胃大則衛氣行留久, 皮膚澁分肉不解則行遲, 留於陰也久, 其氣不精則欲瞑, 故多臥矣. 其腸胃小, 皮膚滑以緩, 分肉解利, 衛氣之留於陽也久, 故少瞑焉.

황제가 물었다. "자꾸 자려고 하는 것은 어째서인가?"

기백이 답했다. "장위腸胃가 크고 피부가 거칠며 분육이 뭉친 것이다. 장위가 크면 위기衛氣가 오랫동안 유체되어 피부가 거칠어지고 분육이 뭉쳐 굼뜨다. 위기는 낮에는 양분을 돌고 밤에는 음분으로 돌므로 양기가 다하면 눕고 음기가 다하면 깨어난다. 그러므로 장위가 크면 위기가 오랫동안 유체되어 피부가 거칠고 분육이 뭉치면 느리게 돌고, 음분에서도 오랫동안 머물면 기가 맑지 못하여 눈이 감겨 자주 눕는다. 장위가 작으면 피부가 매끈하고 이완되며 분육이 원활하게 통하여 위기가 양분에서 오랫동안 머무르므로 잠이 오지 않는다."

◉ 위기는 외부에서는 기육肌肉의 문리文理를 돌고, 내부에서는 장위腸胃의 모원을 돈다. 분육分肉은 기육의 주리다. 사람이 장위가 크면 위기가 음분을 행하는 것이 오래 걸려 피부가 거칠어지고 분육이 뭉친다. 양분으로 나가는 것이 늦어지니 음분에 머무는 것이 지체되어 기가 정명精明하지 못하여 잠이 와서 자주 눕는다. 사람이 장위가 작으면 위기가 음분을 도는 게 빨라서 피부는 이완되어 부드럽고 분육은 원활하니 위기가 양분을 오래 돌아서 잠이 적다.

위기는 낮에는 양분을 행하고 밤에는 음분을 행하는데 양기가 다 떨어지면 음분으로 들어가 눕게 된다. 음기가 다하면 양분으로 나가서 깨어난다. 만약 음분에 오래 머물러 있으면 잠이 많고, 양분에 오래 머물러 있으면 잠이 적다.

앞 구절은 위기가 양교맥과 음교맥을 관통하는 것을 말했고, 여기서는 위기가 분육과 모원의 기분氣分을 출입하는 것을 말한다. 위衛는 양기로 외부를 주관하고 밤에는 음분을 행한다. 위기衛氣는 탁기로 양분에 주입되고 다시 맥을 관통한다. 이는 천도의 운행이 빠지지 않고 고르게 도는 것에 대응된다.

批 이것은 위기가 양분을 도는데 반드시 열두 번과 나머지를 돌고 나서 음분에 들어간다. 음분도 열두 번과 나머지를 돈 후 양분으로 나간다. 그러므로 양기가 다하면 자고 음기가 다하면 깨어난다.

黃帝曰: 其非常經也, 卒然多臥者, 何氣使然?
岐伯曰: 邪氣留於上焦, 上焦閉而不通, 已食若飮湯, 衛氣留久於陰而不行, 故卒然多臥焉.

황제가 물었다. "항상 그런 것은 아니고 갑자기 자려는 것은 어째서인가?"
기백이 답했다. "사기가 상초에 유체되어 상초가 폐색되어 불통한데 음식을 먹고 또 탕湯을 마셔 위기가 음분에 오랫동안 유체되어 돌지 않으므로 갑자기 자려는 것이다."

⊕ 위기衛氣가 상부에서 유체되어 상부를 돌지 못하면 갑자기 잠이 많아지니 신반이상身半以上이 양이고 신반이하身半以下는 음이기 때문이다. 비상경非常經은 낮에 양분을 돌고 밤에 음분을 도는 정상적인 출입이 아니다. 이는 사기가 상초에 유체되어 상초가 막혀 통하지 못하는 것이다. 위胃에 음식이 있으면 중초가 가득 차서 위기가 오래 아래의 음에 유체되어 양분으로 상행하지 못해서 갑자기 잠이 많아진다.

黃帝曰: 善. 治此諸邪奈何?
岐伯曰: 先其臟腑, 誅其小過, 後調其氣, 盛者瀉之, 虛者補之, 必先明知其形志之苦樂, 定乃取之.

황제가 물었다. "알겠다. 이러한 사기를 치료하려면 어떻게 해야 하는가?"
기백이 답했다. "먼저 오장육부의 정기신지精氣神志를 살펴 잘못된 곳을 다스리고 나서 영위營衛를 조절한다. 성하면 사하고 허하면 보하니 반드시 형지形志의 고락苦樂을 잘 알아내 치료법을 정하여 다스린다."

◉ 선기장부先其臟腑는 오장육부의 정기신지精氣神志를 먼저 조절하는 것이다.

소과小過를 주벌하는 것誅其小過은 미사微邪를 제거하는 것이다.

뒤에 기를 조절하는 것後調其氣은 영위를 조절하는 것이다.

육체와 정신적인 고락苦樂을 먼저 잘 알아서 구자灸刺·위인熨引·감약甘藥·요례醪醴를 결정하여 다스린다.

지志는 정신혼백지精神魂魄志다. 형形은 영위혈기가 머무는 곳이다. 그러므로 정신이 힘들면 신神이 손상되고, 몸이 수고로우면 정기精氣가 손상된다.

批 〈소문·생기통천론生氣通天論〉에서 "과로하면 양기가 밖으로 나가서 음이 양을 고정시키지 못하여 정精이 저절로 나오고 내부에서 끊긴다 煩勞則張 精絶"라고 했다.

81

옹저癰疽

黃帝曰: 余聞腸胃受穀, 上焦出氣, 以溫分肉而養骨節, 通腠理. 中焦出氣如露, 上注谿谷而滲孫脈, 津液和調, 變化而赤爲血. 血和則孫脈先滿溢, 乃注於絡脈, 皆盈, 乃注於經脈. 陰陽已張, 因息乃行, 行有經紀, 周有道理, 與天合同, 不得休止. 切而調之, 從虛去實, 瀉則不足, 疾則氣減, 留則先後, 從實去虛, 補則有餘, 血氣已調, 形氣乃持. 余已知血氣之平與不平, 未知癰疽之所從生, 成敗之時生死之期有遠近, 何以度之, 可得聞乎?

岐伯曰: 經脈流行不止, 與天同度, 與地合紀. 故天宿失度, 日月薄蝕, 地經失紀, 水道流溢, 草蓂不成, 五穀不殖, 徑路不通, 民不往來, 巷聚邑居, 則別離異處, 血氣猶然, 請言其故. 夫血脈營衛, 周流不休, 上應星宿, 下應經數, 寒邪客於經絡之中則血泣, 血泣則不通, 不通則衛氣歸之, 不得復反, 故癰腫. 寒氣化爲熱, 熱勝則腐肉, 肉腐則爲膿, 膿不瀉則爛筋, 筋爛則傷骨, 骨傷則髓消, 不當骨空, 不得泄瀉, 血枯空虛, 則筋骨肌肉不相營, 經脈敗漏, 熏於五臟, 臟傷故死矣.

황제가 물었다. "장위腸胃가 수곡을 받아들이면 상초에서 기가 나와 분육을 따뜻하게 하고, 골절을 영양하며, 주리를 통하게 한다. 중초에서 나간 기는 이슬처럼 퍼져서 계곡谿谷에 주입되어 손맥孫脈에 삼입되고 진액과 섞여서 변화하여 붉은 혈이 된다. 혈액이 되면 먼저 손맥에 채워져 흘러넘치고 다음에 낙맥으로 주입되어 모두 채워지면 경맥으로 주입된다. 음경과 양경이 모두 채워지면 호흡에 의해 움직인다. 정해진 도수度數와 일정한 법칙에 따라 행하는 것이 천도의 이치와 같으니 잠시도 멈출 수 없다.

맥을 짚어서 허실을 살핀다. 허하게 하는 것은 사기실邪氣實을 제거하는 것이니 사법을 써서 덜어낸다. 기가 빠져서 처음에는 기가 줄지만 조금 지나면 같아진다. 실하게 하는 것은 허한 것을 없애는 것이니 보법을 써서 채운다. 혈기가 조화되어 형기가 안정하게 유지된다.

나는 이미 혈기가 고른지 아닌지 알 수 있다. 하지만 옹저癰疽가 어디서 발생하고, 언제 형상이 이루어지고 괴멸되며, 사생死生의 시기는 무엇으로 진찰하는지 알고 싶다."

기백이 답했다. "경맥은 천도天道와 같은 도수로 움직이고 지도地道의 법칙을 따르면서 멈추지 않고 흐른다. 따라서 천수天宿가 상도常度를 벗어나면 일식日蝕과 월식月蝕이 생기고, 지地의 경수經水가 상규常規를 벗어나면 물이 범람하여 풀이 자라지 않고 오곡이 익지 않으며 길이 막혀 사람들이 왕래할 수 없어 마을에 머무를 수밖에 없어 사람들이 격리되어 떨어진다.

혈기도 마찬가지다. 혈맥과 영위는 쉬지 않고 돌면서 위로는 성수星宿에 상응하고 아래로는 경수에 상응한다. 한사寒邪가 경락에 적중되면 혈이 삽해져 통하지 못하고 위기衛氣가 유체되어 제대로 다시 복귀하지 못하므로 옹종癰腫이 생긴다.

한기寒氣는 변해서 열熱이 되고 열이 지나치면 살이 썩어 농膿이 된다. 농을 빼내지 못하면 근筋이 문드러지고 골骨이 손상되며 골수가 소삭된다. 골공骨空에는 옹종이 생겨서는 안 되니 사열邪熱을 빼낼 수 없기 때문이다. 혈고血枯가 되고 경맥이 비면 근골과 기육이 서로 영양하지 못해서 경맥이 망가져 새고 오장을 훈작熏灼하며 오장이 손상되므로 죽는다."

🌐 이 편은 첫 편의 뜻을 귀결한다.

혈기의 흐름은 천지天地와 상참相參하고 일월에 상응하여 주야로 환전무단한다. 한 순간이라도 운행하지 못하면 유체되어 옹癰이 되거나 비痺가 된다. 그러므로 성인은 구침지법九鍼之法을 세워서 미병未病을 치료했다. 적積이 오래되어 옹저가 되면 대부분이 불치不治의 사증死症이 된다. 영위혈기의 운행은 모두 내부에서 외부로 나오니 한서왕래에 상응하고, 경수經水의 흐름은 모두 지地에서 나온다.

황제는 다시 상초에서 나간 기가 분육을 따뜻하게 하고, 골절에 영양을 공급하며, 주리로 통한다고 말한다. 중초에서 나온 기는 마치 이슬같이 퍼져서 계곡谿谷으로 주입되고, 손락孫絡을 적시며, 손락에서 낙맥絡脈과 경맥經脈으로 주입된다. 이것은 기분氣分에서 경맥으로 주입되는 것으로 외부에서 내부로 흘러가는 것이니 천도가 외부를 운행하다가 다시 경수를 관통하는 것에 상응한다.

사람과 천지는 서로 상관된다. 경맥이 멈추지 않고 흐르는 것은 천과 동일한 도수를 따르고 지의 규율과 같다. 천수天宿가 상도常度를 벗어나면 일식日蝕과 월식月蝕이 일어나고, 경수가 상규를 벗어나면 강물이 범람하니 사람의 혈기도 마찬가지다.

혈맥영위는 쉬지 않고 주류하는 것은 위로 천수天宿에 상응하고, 아래로 경수에 상응한다. 한사寒邪가 경락에 침범하면 혈이 응체되어 불통하고 위기衛氣가 유체된다.

귀歸는 돌아가는 것이다.

영營은 맥중을 행하고 위衛는 맥외를 행하면서 서로 역순으로 교차하여 돈다. 영혈이 응체되어 돌지 못하면 위기衛氣도 환전하면서 다시 원래 길로 가지 못한다. 그래서 옹종이 생긴다.

골공骨空은 관절이 교차하는 곳이다. 골공에는 옹종이 생기면 안 되니 골중骨中의 사열邪熱을 빼낼 수 없기 때문이다.

혈고血枯가 되어 경맥이 비면 근골과 기육도 서로 영위되지 않는다. 경맥은 외부에서는 형신에 연결되고, 내부에서는 장부에 속한다. 경맥이 망가져 새면 오장을 훈작시켜 오장이 상하여 죽는다.

批 이슬 같다는 것如露은 진액을 말한다. 계곡谿谷은 분육分肉이다.

批 혈이 응삽되면 위기도 역행하여 정상으로 운행되지 않는다.

批 경맥은 혈기를 돌게 하고 음양을 영위하며 근골을 적셔 관절이 잘 움직이게 한다.

黃帝曰: 願盡聞癰疽之形與忌日名.
岐伯曰: 癰發於嗌中, 名曰猛疽, 猛疽不治化爲膿, 膿不瀉塞咽, 半日死. 其化爲膿者, 瀉則合豕膏冷食, 三日而已.

황제가 물었다. "옹저의 형상形狀, 기일忌日, 명칭에 대해 다 듣고 싶다."

기백이 답했다. "옹이 목구멍嗌中에서 발생하는 것을 맹저猛疽라고 한다. 맹저를 치료하지 않으면 화농이 되고 농을 제거하지 않으면 인후咽喉가 막혀 한나절 만에 죽는다. 화농이 되었으면 농을 제거하고 돼지기름을 차게 하여 마시게 하면 3일에 낫는다.

◉ 피맥육근골皮脈肉筋骨은 오장의 외합이다. 그리고 장부의 혈기가 순행하는 부위가 각각 다르므로 경중輕重과 사생死生의 차이가 있다.

목구멍嗌은 호흡이 출입하는 문이다. 익중嗌中에서 발병하면 기세가 맹렬하여 맹저猛疽라고 부른다. 농이 빠지지 않으면 목구멍이 막혀서 호흡이 되지 않아 한나절 만에 죽는다. 목구멍은 폐의 상관上管이고, 폐신肺腎은 상하로 교통한다.

시豕는 수축水畜이다. 돼지기름豕膏을 차게 마시는 것은 열독熱毒이 아래로 빠져나가게 하는 것이다.

發於頸, 名曰夭疽. 其癰大以赤黑, 不急治, 則熱氣下入淵腋, 前傷任脈, 內薰肝肺, 薰肝肺, 十餘日而死矣.

경부頸部에서 발생하는 것을 요저夭疽라고 한다. 옹이 크고 검붉은색을 띤다. 급치하지 않으면 열기가 연액淵腋으로 내려가 앞쪽에 있는 임맥이 손상되고 내부에서는 간폐가 훈작되어 10여 일 만에 죽는다.

◉ 경頸은 수족소양양명手足少陽陽明의 혈기가 순행하는 부위다. 따라서 급치하지 않으면 열기熱氣가 연액淵腋으로 내려간다. 연액은 족소양담경의 경혈로 액하腋下 3촌에 있으니 외부에서 내부로 들어가는 곳이다.

임맥은 양명과 소양 4맥 가운데에 있으므로 앞에서 임맥이 상하고 내부에서는 간폐가 훈작된다. 이것은 외부에 있는 부腑와 경經의 독이 내부에서 오장을 훈작하므로 10여 일 안에 죽는다.

경經에서 "상공은 피부를 치료하고, 다음에 경맥을 치료하며, 그다음에 육부를 치료하고, 다음에 오장을 치료한다. 오장을 치료하는 것은 반생반사다上工治皮膚 其次治經脈 其次治六腑 其次治五臟 治五臟者 半生半死"라고 했다. 양의瘍醫는 이것을 알지 않으면 안 된다.

批 소양은 추樞고 양명은 합闔이다. 그러므로 급치하지 않으면 추樞에서 내부로 들어간다.

> 陽氣大發*, 消腦留項, 名曰腦爍. 其色不樂, 項痛而如刺以鍼 煩心者, 死不可治.
> 사열邪熱이 심하여 뇌수가 소삭되고 내려가 경항에서 발생하는 것을 뇌삭腦爍이라고 한다. 안색이 좋지 않고 바늘로 찌르는 듯한 항통項痛이 있으며 가슴이 답답해지니 사증死症으로 치료할 수 없다.

⊕ 양기대발陽氣大發은 삼양지기三陽之氣가 한꺼번에 발병한 것이다. 삼양三陽은 태양太陽이다. 태양경맥은 뇌로 들어가서 항項으로 나온다. 양기가 대발大發하여 목덜미에 유체되므로 뇌삭腦爍이라고 한다. 이는 순양의 기가 뇌수를 소삭시키는 것이다. 심心은 양중지태양陽中之太陽이다. 심心과 태양은 표본으로 상합하는데 심기心氣가 울체되면 안색이 편치 않다. 가슴이 답답하면烦心 부독腑毒이 오장으로 미친 것으로 사증死症이다.

批 태양은 제양諸陽의 기를 주관한다.

批 앞 구절은 소양 양명을 말했고, 여기서는 태양을 말한다.

> 發於肩及臑, 名曰疵癰, 其狀赤黑, 急治之, 此令人汗出至足, 不害五臟, 癰發四五日, 逞焫之.
> 어깨와 상박肩臑에서 발생하는 옹저를 자옹疵癰이라고 한다. 검붉은색을 띠니 급치해야 한다. 이때는 발끝까지 땀나게 해야 오장에 해가 되지 않는다. 옹이 발생한 지 4, 5일 이내에 빨리 구법灸法으로 치료한다.

---

* 양기대발陽氣大發은 사열邪熱이 심한 것이다—장경악.

⊕ 어깨와 상박肩髆은 폐장의 부위이므로 발끝까지 땀나게 한다. 이 옹은 깊지 않으므로 마치 피부에 혹이 있는 것 같다고 하여 자옹疵癰이라고 한다. 오장까지 해가 가지 않는다. 영逞은 빠르다는 의미다. 빨리 뜸으로 치료하면 독이 기를 따라 흩어진다.

　요사인이 말했다. "화기火氣는 폐금肺金의 독을 소산시킬 수 있다."

批 폐의 수腧가 견배肩背에 있고 폐맥이 상박과 겨드랑이를 순환한다.

發於腋下, 赤堅者, 名曰米疽, 治之以砭石, 欲細而長, 疎砭之, 塗已豕膏, 六日已, 勿裹之.

옹이 액하腋下에서 발생하여 붉고 딱딱한 것을 미저米疽라고 한다. 폄석砭石으로 치료한다. 폄석은 가늘면서 길어야 하고 가능한 적게 째고 그곳에 시고豕膏를 바른다. 6일이면 나으니 싸매지 말라.

⊕ 겨드랑이腋도 폐장의 부위다.

　미米는 작다는 의미다.

　폄석砭石으로 치료하는 것治之以砭石은 옹이 얕은 곳에 있기 때문이다.

　독기가 피부에 있는 경우 6일이면 기가 한 바퀴 돌고 다시 시작하는 것이므로 낫는다已고 했다.

　싸매지 말라는 것勿裹之은 독기가 밖으로 빠지게 하는 것이다.

　육부의 부위에서 발생한 옹은 오장을 훈작하여 죽게 되지만 오장 부위에서 발생한 옹은 쉽게 낫는다. 이는 모두 천심淺深과 내외內外의 차이니 양의瘍醫는 꼭 알아야 한다.

其癰堅而不潰者, 爲馬刀挾癭, 急治之.

옹이 딱딱하고 곪지 않는 것은 마도협영馬刀挾癭이 되니 급치해야 한다.

⊕ 옹이 딱딱하고 곪지 않은 것癰堅而不潰者은 앞 문장을 이어서 말한 것이다.

　가슴과 겨드랑이 사이에 옹이 있으면서 딱딱하고 곪지 않는 것은 마도협영

馬刀挾癭이다. 『금궤요략金匱要略』에서 "오륙십대에 맥이 크고 등이 저리며 장명腸鳴으로 괴로워하는 마도협영馬刀挾癭은 모두 과로로 생긴다"라고 했다. 마도협영은 족양명의 증상이다. 팔다리는 제양지본諸陽之本인데 사체四體를 많이 쓰면 양명이 손상되어 이런 증상이 생긴다. 빨리 치료하여 위기胃氣를 보호해야 한다.

> 發於胸, 名曰井疽, 其狀如大豆, 三四日起, 不早治, 下入腹, 不治, 七日死矣.
>
> 흉부에서 생기는 옹저를 정저井疽라고 한다. 모양이 대두大豆처럼 생기고 3, 4일이 지나면 옹이 크게 솟아오른다. 빨리 치료하지 않으면 내려가 배로 들어가면 치료할 수 없어 7일에 죽는다.

⦿ 흉胸은 전중膻中의 부위로 종기宗氣가 있는 곳이다. 종기는 양명으로 나가므로 일찍 치료하지 않으면 배背로 내려가 들어가서 양명 위기胃氣가 손상된다. 위기가 손상되면 7일 안에 죽는다.

> 發於膺, 名曰甘疽, 色青, 其狀如穀實瓜蔞, 常苦寒熱, 急治之, 去其寒熱, 十歲死, 死後出膿.
>
> 응부膺部에 발생하는 옹저를 감저甘疽라고 한다. 창색瘡色이 푸른색이고 모양이 과루瓜蔞 열매와 같다. 항상 한열로 고통 받으니 급치하여 오한발열 증상을 제거한다. 10년 뒤에 죽어도 창구瘡口에서 농이 나온다.

⦿ 응膺은 족궐음과 양명의 부위이므로 이곳에 저疽가 발생하면 감저甘疽라고 하며 푸른빛을 띤다.

형상이 과루 열매 같다는 것其狀如穀實瓜蔞은 모양이 과루瓜蔞의 열매 같다는 말이다.

양명陽明은 태음지화太陰之化이고 궐음厥陰은 소양지화少陽之化여서 음양이 서로 교차되어 왕래한열이 생긴다. 급히 치료하여 한열을 제거해야 한다. 이 저증疽症은 10년이 지난 후에 발생하여 죽는다.

죽은 뒤에 농이 나오는 것死後出膿은 죽으려 할 때에 농이 나오면서 죽으니 이는 유암乳癌 석옹石癰의 증상이다.

한열寒熱은 궐음厥陰과 양명지기陽明之氣의 병이다.

저실楮實이나 과루 같다는 것如穀實瓜蔞은 간肝과 위부胃腑의 울독鬱毒이 맥락 사이에 유체되어 서루한열鼠瘻寒熱의 독과 같으니 본本은 장臟에 있고 말末은 맥脈에 있으므로 소멸되지도 않고 즉시 발병하지도 않는다. 10년 지속되다가 장부의 기가 쇠할 즈음 독기가 발생하여 궤란潰爛되어 죽는다.

發於脇, 名曰敗疵, 敗疵者, 女子之病也, 灸之, 其病大癰膿, 治之, 其中乃有生肉, 大如赤小豆, 剉䔖翹草根各一升, 以水一斗六升煮之, 竭爲取三升, 則强飮厚衣, 坐於釜上, 令汗出至足已.

협협脇脇에서 발생하는 옹저를 패자敗疵라고 하며 패자는 여자가 잘 걸리는 병이다. 구법灸法으로 미리 치료해야 한다. 만약 창구瘡口가 커지고 농이 많아지면 그 가운데서 팥알만한 살이 생긴다. 마름䔖과 교초근翹草根 각 1되를 잘라 물 1말 6되를 넣고 달여 3되를 취하여 억지로라도 먹이고 옷을 두껍게 입히며 난로 옆에 앉아 발끝까지 땀나게 한다.

◉ 협협脇脇는 겨드랑이腋 아래다. 이것도 피부에서 발생하므로 패자敗疵라고 한다.

폐는 기를 주관하고 간은 혈을 주관하니 여자는 기가 유여하고 혈이 부족하다. 이는 기혈이 부조하여 생기는 것이므로 여자의 병이라고 했다.

대옹농을 치료하는 것其病大癰膿治之은 구법으로 대옹大癰을 치료한다는 말이다.

가운데에 팥알만한 살이 생기는 것其中乃有生肉大如赤小豆은 병명이 패자敗疵 지만 살이 썩고 근이 문드러지고 뼈가 상하는 것은 아니다.

마름䔖은 수초水草다. 교초翹는 연교連翹다. 두 약초를 잘라 1되를 달여 강제로 먹이고 두꺼운 옷을 입고 난로 옆에 앉아 발끝까지 땀나게 하면 낫는다. 수초 는 청열발한清熱發汗시키고, 연교는 해독작용이 있다.

피부와 기육의 혈은 간에서 생긴다.

> 發於股脛, 名曰股脛疽, 其狀不甚變, 而癰膿搏骨, 不急治之, 三十
> 日死矣.
> 다리股脛에서 발생하는 옹저를 고경저股脛疽라고 한다. 겉으로는 변화가 심하
> 게 나타나지 않지만 옹농이 골까지 미친 것이다. 급히 치료하지 않으면 30일
> 안에 죽는다.

● 다리股脛에 발생하는 것은 족소음의 독이다.

증상이 심하게 변하지 않는 것其狀不甚變은 독이 뼈에 붙어서 외부로 드러나
지 않는 것이다. 따라서 피부가 변하지 않은 것이 이 옹독癰毒의 특징이다. 급
히 치료하지 않으면 30일 안에 죽는다.

신腎은 수장水臟이고, 달月은 음이면서 수水에 응하므로 달이 한 달에 한 번
도는 것에 상응하여 죽는다.

> 發於尻, 名曰銳疽, 其狀赤堅大, 急治之, 不治, 三十日死矣.
> 엉덩이尻에서 발생한 옹저를 예저銳疽라고 한다. 옹저가 붉고 딱딱하며 크다.
> 급치해야 한다. 치료하지 않으면 30일 안에 죽는다.

● 엉덩이尻는 족태양足太陽의 부위다. 태양太陽의 상부는 한수寒水가 주관하므
로太陽之上 寒水主之 마찬가지로 달月에 응하여 죽는다. 신과 방광은 수장水藏이
고 수부水腑다. 신腎은 음이고 골骨을 주관한다. 그러므로 옹농이 골에 침투하
면 겉으로 드러나지 않는다. 부腑는 양陽이고 태양지기太陽之氣는 피부를 주관
하므로 발적發赤하고 딱딱하며 큰 모양이다. 양독陽毒이 외부에서 발생해도 죽
게 되는 것은 태양이 제양諸陽의 기를 주관하기 때문이다. 아! 장부음양과 영위
혈기, 표리표본을 알 수 있으면 죽을 것도 살릴 수 있으니 양의瘍醫가 내경을
모르면 되겠는가?

> 發於股陰, 名曰赤施. 不急治, 六十日死. 在兩股之內, 不治, 十日
> 而當死.
>
> 사타구니陰股에 생긴 옹저를 적시赤施라고 한다. 급치하지 않으면 60일 만에
> 죽는다. 대퇴부 안쪽에 생긴 옹저는 제때 치료하지 않으면 10일 안에 죽는다.

⊕ 음고陰股는 족삼음의 부위다. 화독火毒이 음부陰部까지 전해진 것을 적시赤施
라고 한다. 60은 수水의 성수成數다. 10일은 음수陰數의 끝이다.

민사선이 말했다. "음고陰股는 족소음 부위다. 양고兩股의 내측은 족태음궐
음의 부위다."

> 發於膝, 名曰疵癰. 其狀大癰, 色不變, 寒熱, 如堅石, 勿石, 石之
> 者死, 須其柔, 乃石之者生.
>
> 무릎膝에 생긴 옹저를 자옹疵癰이라고 한다. 옹이 크고 색은 변화가 없으며 한
> 열이 나고 돌처럼 딱딱하다. 폄석으로 치료해서는 안 되니 폄석으로 치료하면
> 죽는다. 딱딱한 것은 말랑거릴 때까지 기다려 폄석으로 째야 살 수 있다.

⊕ 무릎膝의 양릉천陽陵泉은 근회筋會로 족소양의 부위다.

색이 변하지 않는 것色不變은 색과 피부가 서로 같아서 붉은 것이 드러나지
않는 것이다. 옹이 크면서도 색의 변화가 없는 것其狀大癰 色不變은 독이 안과
밖의 사이에 있는 것이다.

소양은 추구의 작용少陽主樞을 하므로 색과 모양이 이와 같고 더웠다가 추웠
다가 한다. 딱딱한 경우에는 폄석을 사용하면 안 된다. 폄석을 쓰면 독기가 안
으로 들어가서 죽는다. 말랑거릴 때까지 기다린 후 폄석으로 치료하면 독기가
밖으로 배출되어 살 수도 있다. 소양이 추구를 주관하니 내부로 갈 수도 있고
외부로 갈 수도 있다.

여백영이 말했다. "딱딱한 것은 독기가 미처 투발透發되지 못한 것이고, 말
랑거리면 외부로 투발된 것이다. 그러므로 내외사생內外死生의 구분이 있다."

> 諸癰疽之發於節而相應者, 不可治也. 發於陽者, 百日死, 發於陰
> 者, 三十日死.
>
> 모든 옹저가 척관절脊關節에서 발생하여 오장에 반응한 것은 치료할 수 없다.
> 상부의 척관절에서 발생하면 100일에 죽고 하부의 척관절에서 발생하면 30
> 일에 죽는다.

◉ 이것은 옹저가 등背에 발생한 것이다. 절節은 척추의 21추椎로 추마다 관절이 있으니 신기神氣가 유행출입한다. 상응相應은 내부에서 오장에 반응한 것이다.

양에서 발생했다는 것發於陽者은 3추에서 발생하면 폐肺에서 반응하고, 4추에서 발생하면 심주포락心主包絡에서 반응하며, 5추에서 발생하면 심心에서 반응한다. 음에서 발생하는 것發於陰者은 7추에서 발생하면 간肝에서 반응하고, 11추에서 발생하면 비脾에서 반응하며, 14추에서 발생하면 신腎에서 반응한다.

100일 안에 죽는다는 것百日死은 일日의 끝수고, 30일은 월月의 끝이다.

여백영이 말했다. "옹저가 등에서 발생하여 등 한쪽으로 있거나 손상이 장부의 배수혈背腧穴까지 간 것은 그래도 살 가망이 있다. 등 한가운데에 발생한 것은 손상이 독맥까지 미친 것이다. 하물며 오장에서 반응이 나온 것이랴?"

민사선이 말했다. "옹癰은 막힌 것이고, 저疽는 떨어져 통하지 못하는 것이다. 독毒은 옹저의 총칭이다. 상고 시대에는 옹저가 발생하는 곳을 음양으로 나누어 명명했는데 후세에는 등에 발생하는 것을 그냥 발배發背라고 하고, 팔에 발생하는 것을 발비發臂라고 한다. 고금의 명칭이 각기 다르다."

요사인이 말했다. "절지교節之交는 골공骨空이다. 몸 전체가 365절節이 있고 팔다리에는 십이대절十二大節이 모두 수공髓孔으로 골수가 교체되는 곳이다. 앞 문장에서 '골공에는 옹저가 생기면 안 되니 열사를 빼낼 수 없다不當骨空 不得泄瀉'라고 했으니 골공에 옹癰이 생겨서는 안 되는 것은 골수를 손상시키고 소삭消索시키는 열사熱邪가 빠져나갈 곳이 없음을 말한다. 만약 관절에 발생한 옹저가 사열邪熱을 배출할 수 있는 곳이 있다면 사증死症이 아니다."

마현대가 말했다. "관절의 바깥쪽이 양이고 안쪽이 음이다. 이것은 팔다리의 내외렴內外廉에서 발생한 것인데 모두 불치不治의 사증死症이란 말인가? 아! 경의 뜻은 깊고 정교하여 쉽게 드러나 밝혀지지 않으니 어떻게 엉성한 학문지식으로 후세 사람들에게 잘못을 끼칠 수 있겠는가?"

批 예충지가 말했다. "근래 양의瘍醫들은 팔에 발생한 옹을 수발배手發背라고 하니 가소로운 일이도다!"

> 發於脛, 名曰兎齧, 其狀赤至骨, 急治之, 不治, 害人也.
> 정강이脛에 발생한 옹저를 토설兎齧이라고 한다. 창색瘡色이 붉고 뼈까지 침입한 것이니 급치해야 한다. 제때 치료하지 않으면 사망할 수 있다.

⊕ 토兎는 음류陰類다. 정강이脛에 발생한 옹을 토저兎疽라고 하니 정강이 안쪽에서 발생한 것이다. 토설兎齧의 창색瘡色이 붉고 골骨까지 침투한 것其狀赤至骨은 밖에서 안으로 들어간 것이다. 그래서 급히 치료하라고 했고, 치료하지 않으면 사람을 해친다고 했으니 마치 외적이 침입하여 사람이 다치는 것과 같다.

충맥은 십이경지해十二經之海이며 소음의 대락과 함께 신腎에서 시작한다. 하행하는 것은 기가氣街로 나가고 음고陰股 안쪽을 순환하고 비스듬히 내려가 괵중膕中으로 들어가며 경골脛骨 내측을 순환하고 내려가서 내과內踝의 뒤편으로 간다. 이것은 사기가 충맥에 침입한 것으로 혈삽血澁하여 불통하니 토끼가 갉아서 살짝 부풀어 오른 것과 같다.

批 설齧은 갉아먹는 것噬이다.
批 경골내렴脛骨內廉은 정강이 안쪽이다.

> 發於內踝, 名曰走緩, 其狀癰也, 色不變, 數石其輸, 而止其寒熱, 不死.
> 내과內踝에서 발생한 옹저를 주완走緩이라고 한다. 옹이 생기지만 피부색은 별로 변하지 않는다. 여러 차례 폄석으로 치료하여 한열이 멈추면 죽지 않는다.

⦿ 이것은 사기가 족소음맥에 침입하여 부은 것이다. 옹저의 변화는 병인이 내부에 있으면서 독기가 외부로 나간 경우가 있고, 외부가 부어 있지만 독기가 내부로 가는 경우가 있다. 이것은 사기가 맥에 머물러 불행하므로 주완走緩이라고 하며 형상이 옹이지만 색이 붉지 않다.

족소음맥은 새끼발가락 아래서 시작하여 비스듬히 족심足心으로 넘어가 연곡然谷 아래로 나가서 내과內踝를 돈 후에 장딴지로 올라간다. 따라서 몇 차례 폄석으로 수혈을 사하여 사기를 제거하고 한열을 멈추게 한다. 족소음은 선천지수화先天之水火를 지니고 있으므로 한寒도 되고 열熱도 될 수 있다.

여백영이 말했다. "서루鼠瘻는 한열병이다. 소음에서 발생한다."

發於足上下, 名曰四淫. 其狀大癰, 急治之, 百日死.

발 위아래에 옹저가 생기면 사음四淫이라고 한다. 옹이 크니 급치하지 않으면 100일에 죽는다.

⦿ 사음四淫은 사기가 좌우의 태양과 소양으로 간 것이다. 소양은 초양初陽의 생기生氣를 주관하고 신장에서 발생한다. 태양은 신지부腎之腑이고 제양諸陽의 기를 주관한다. 그러므로 급히 치료해야 하며 그렇지 않으면 양기가 상하여 백일 안에 죽는다.

批 정월은 좌족소양이 주관하고, 유월은 우족소양이 주관하며, 이월은 좌족태양이 주관하고, 오월은 우족태양이 주관한다. 양명陽明은 양양兩陽이 합병되어 양명이 된 것이므로 다음 문장에서는 양명의 여옹厲癰을 말하고 있다. 앞 구절에서는 태양·소양을 말했고, 여기서는 양명을 말하고 있으니 앞 문장이 먼저 소양·양명을 논하고 나서 태양을 논한 것과 같다. 피부 경맥은 삼음삼양에서 생긴 것이고, 옹이 발생하는 곳은 피부와 혈맥 사이이다. 위기衛氣는 양명지기陽明之氣다.

發於足傍, 名曰厲癰. 其狀不大, 初如小指發, 急治之, 去其黑者,
不消輒益, 不治, 百日死.

발 옆쪽足傍에서 발생한 옹저를 여옹厲癰이라고 한다. 옹이 그다지 크지 않고 처음에는 새끼손가락만하다. 급치하여 창구瘡口 표피의 검은 것을 제거한다. 검은 것이 없어지지 않으면 더 심해진다. 제때 치료하지 않으면 100일에 죽는다.

⊕ 이것은 한사寒邪가 족양명맥에 침입하여 옹이 된 것이다. 족양명맥은 둘째 발가락의 여태厲兌에서 시작하므로 발 주위에서 시작된 것을 여옹厲癰이라고 한다. 지地에서는 수水고, 천天에서는 한寒이다. 흑黑은 수水의 기색氣色이다. 급히 치료하여 검은 것을 제거하지 않으면 한기寒氣가 침범하여 토土가 망가진다.

요사영姚士英이 말했다. "소양少陽과 태양지기太陽之氣는 하초에서 생기므로 사기가 아래에 침입하여 대옹大癰이 생긴다. 양명지기陽明之氣는 중초에서 생기므로 사기가 아래에 침입하면 크지 않은 옹이 생기니 경락은 상했지만 기는 아직 상하지 않았다."

민사선이 말했다. "처음에 새끼손가락만하게 생기는 것初如小指發은 처음에 새끼손가락 만하게 발생하여 붓고 자라는 것이니 사기가 경락에 있다. 위기衛氣가 국소에 유체되면 동그랗게 부풀어 오른다."

發於足指, 名脫癰. 其狀赤黑, 死不治, 不赤黑, 不死, 不衰, 急斬之, 不則死矣.
발가락足指에서 생긴 옹저를 탈옹脫癰이라고 한다. 창색瘡色이 검붉으며 사증死症으로 불치不治다. 창색이 검붉지 않으면 죽지 않는다. 줄어들지 않으면 급히 발가락을 잘라야 한다. 그렇지 않으면 죽는다."

⊕ 이것은 족소음의 독이 안에서 밖으로 드러난 것이므로 탈옹脫癰이라고 한다. 내부에서 외부로 탈출한 것이다. 발에서 발생한 것은 엄지발가락에서 발생한 것이다.

〈영추·동수動輸〉에서 "족소음경은 내과內踝의 뒤에서 발바닥으로 내려가고 갈라진 것은 비스듬히 내과로 가서 발등에 속하고 엄지발가락으로 들어가서 제락諸絡에 주입된다足少陰之經 下入內踝之後 入足下 其別者 邪入踝 出屬跗上 入大指之間 注諸絡"라고 했다. 족소음은 선천의 수화水火를 지니고 있어 검붉은빛을 띠는 것은 수화의 음독淫毒이 아주 심하므로 불치의 사증死症이다. 검붉지 않으면 독기가 적고 쇠한 것이므로 죽지 않는다. 옹종이 줄어들지 않으면 속히 발가락을 절단해야 한다. 그렇지 않으면 독기가 제경諸經의 낙맥에 주입되어 죽는다.

黄帝曰: 夫子言癰疽, 何以別之?

岐伯曰: 營衛稽留於經脈之中, 則血泣而不行, 不行則衛氣從之而不通, 壅遏而不得行故熱. 大熱不止, 熱勝則肉腐, 肉腐則爲膿, 然不能陷骨髓, 不爲焦枯, 五臟不爲傷, 故命曰癰.

黄帝曰: 何謂疽?

岐伯曰: 熱氣淳盛, 下陷肌膚, 筋髓枯, 內連五臟, 血氣竭, 當其癰下, 筋骨良肉皆無餘, 故命曰疽. 疽者, 上之皮夭以堅, 上如牛領之皮, 癰者, 其皮上薄以澤. 此其候也.

황제가 물었다. "옹癰과 저疽는 무엇으로 구별하는가?"

기백이 답했다. "영위가 경맥중에 계류되면 혈이 삽해져 돌지 못하고 위기衛氣도 통하지 못하여 막혀서 열이 난다. 대열大熱이 멈추지 않아 열이 심해지면 살이 썩어 농膿이 된다. 하지만 사열邪熱이 골수까지 미치지 않으면 골수가 소삭되고 혈고血枯가 되지 않으며 오장이 손상되지 않아 옹癰이라고 이름 붙였다."

황제가 물었다. "저疽는 무엇인가?"

기백이 답했다. "열기熱氣가 아주 성하여 기부肌膚까지 들어가 근육과 골수가 마르고, 오장으로 연결되어 혈기가 고갈되어 옹이 내려가서 근골에 멀쩡한 살이 없어지므로 저疽라고 한다. 저疽는 겉의 피부는 검고 단단하며 소 목덜미의 두꺼운 피부와 같다. 옹癰은 얇고 번들거린다. 이것이 옹癰과 저疽의 차이점이다."

● 앞 문장은 부위에 따른 음양과 사생을 분별했고, 여기서는 옹저의 천심과 경중을 통틀어 말한다.

혈기의 유행은 일정하게 환전출입하지만 사기가 침범하여 일어나는 변화는 일정함이 없다. 또 기氣에는 후박厚薄이 있고, 사기邪氣에도 미심微甚이 있으므로 사생과 성패가 각기 다르다.

내경에서 "옹저의 발생은 희로불측, 음식부절, 장부불화가 원인이 되어 유체되고 쌓여서 옹이 되는 경우가 있고, 장부의 한열寒熱 이동이 원인이 되어 옹이 되는 경우가 있다'고 말한다. 본편은 외인의 사기만 말했다. 사람의 혈기유행이 천지와 같은 법칙으로 도는 것이니 호흡에 의하여 움직이고 멈추어서는 안 된다. 잠시라도 유체되면 옹癰이 되거나 비痺가 된다. 그러므로 성인은 구침지법九鍼之法을 세우고 삼재지도三才之道에 배합하여 조화를 이루고 수십만 글을 죽백에 써서 전하여 후세사람들이 재생지환災眚之患을 입지 않고 잘 살 수 있게 했다. 성인의 가르침은 참으로 위대하도다!"

오

우리가 다루어야 할 대상은 인간이고 인간에게 일어나는 질병을 치료하고자 하는 것이다. 그러면 생명이란 무엇인가에서부터 출발해야 한다.

프리드리히 엥겔스는 "생명이란 단백질의 존재양식이다"라고 정의했는데 이 정의는 물질대사를 생명현상의 기본으로 간주하는 것이다. 생물체 내에서 일어나는 모든 물질대사는 효소라는 단백질이 주체가 되는 사실을 암시하는 것이다. 물질대사에 대해 주목한 것은 생물체가 끊임없이 물질의 출입과 변화, 그리고 이에 수반되는 에너지의 전환 및 출입을 경험하면서 일정한 평형을 유지하고 있다는 점에 주목한 것이다.(《사이버두산세계대백과사전》)

윤길영은 『東醫學의 方法論 研究』에서 다음과 같이 말했다.

"우주 한열寒熱의 소장消長과 사시四時의 변화와 만물의 생화극변生化極變은 우주의 음양승강출입이고, 사람의 섭취배설과 체내의 생화극변과 한열의 변화는 사람의 음양승강출입으로 우주도 출납대사와 열대사를 하고 사람도 출납대사와 열대사를 한다.

중中에 근근根한 것이 신기神機라 한 것은 자발적으로 출납대사와 열대사를 하는 기氣가 체내에 있으므로 생물이다. 외外에 근근根한 것을 기립氣立이라고 한 것은 자발적으로 출납대사와 열대사를 하지 못하고 외기外氣에 의하여 변화하는 것으로 무생물이다中于根者 命曰神機 神去則機息 根于外者 命曰氣立 氣止則化絶(《소문·오상정대론五常政大論》). 생물과 무생물의 구별은 자체 내에 신기神機가 있어 자발적으로 대사를 하는 것이 생물이고 이것이 없이 다만 외기의 작용에 의하여 변화하는 것을 무생물이다."

생명이란 그 자체적으로 대사활동을 할 수 있는 기능이 있는 것이다. 한의학에서는 장부臟腑가 인체 생명활동의 중심이 되며 기氣·혈血·진액津液은 장부활동의 기초물질이며 또 장부활동의 산물이기도 하다. 이것은 장부가 부단히 활동하여 기·혈·진액을 생성하며 기·혈·진액은 장부활동을 유지시키고 추동시킨다는 것을 말한다. 기·혈·진액은 생명활동 중에 부단하게 소모되며 계속 보충되어서 인체의 신진대사가 진행되게 한다. 기·혈·진액은 인체의 생명활동을 유지시키는 중요물질이며 그것은 모두 수곡水穀의 정기正氣에서 나온다.

즉 한의학에서의 대사물질은 기·혈·진액이다. 음식이 위에 들어가 소화 흡수작용을 거쳐 기·혈·진액이 생성된다. 혈과 진액은 모두 영양물질이다. 혈은 비위脾胃에서 소화 흡수된 음식물의 정미와 진액이 섞여 붉게 변화되어 만들어진 것이다.

진액은 인체 내의 수액水液을 총칭하는 것으로 전신에 퍼져 있는 것인데 맑고 묽은 것은 진津이라 하여 피부 사이에 침투하여 기육肌肉을 영양하고 피부를 윤택하게 하여 기육과 피부의 정상활동을 보호하고 유지시켜주며, 조탁한 것은 액液이라 하며 관절이나 골수에 들어 있어 공규를 수윤케 한다. 진津과 액液은 사실 한가지로 수곡정미의 액체 부분이며 전신을 돌면서 서로 영향을 끼치고 상호 전화되기도 하여 통상 진액을 함께 칭한다.

기는 음식을 먹고 만들어지는 힘이다. 즉 인체의 생명활동을 일으키는 에너지이며 또 인체를 구성하고 생명활동을 유지시키는 기초물질이다. 기에는 자체적으로 움직일 수 있는 추동력이 있다. 혈과 진액은 영양물질로서 스스로 움직일 수 있는 힘이 없다. 반드시 기와 함께 합쳐져야 움직일 수 있는 것이다. 그래서 기행즉혈행氣行則血行이라고 한다.

기는 대사의 주체가 되어 온몸에 혈과 진액을 운반하여 각 장기와 조직에 영양을 공급하며 노폐물도 수거되고 배출된다. 기에 의해서 생명이 유지된다. 팔다리가 움직이는 것, 눈으로 보는 것, 입으로 말하는 것, 맛보는 것, 듣는 것,

생각하는 것, 느끼는 것 등 모든 생명활동과 장기나 각 기관의 모든 작용이 다 기에 의해서 이루어진다. 생장·발육·노쇠·죽음이 모두 이 기에 의해서 발생한다. 따라서 "기자 인지본야氣者 人之本也"라고 하는 것이니 기가 있으면 살고 기가 없으면 대사가 일어나지 않으니 죽는다有氣則生 無氣則死.

우리가 다루어야 할 대상은 질병이다. 그러면 질병이란 무엇인가?

"급성·만성의 형태의 변화가 없는 기능적 이상과 형태의 변화를 수반하는 기질적 이상이다."(《백과사전》)

"심신의 전체 또는 일부가 일차적 또는 계속적으로 장애를 일으켜서 정상적인 기능을 할 수 없는 상태다."

"생물체의 온몸 또는 일부분에 생리적으로 이상이 생겨 정상적인 활동을 못하거나 아픔을 느끼게 되는 현상이다."(《국어대사전》)

아프고 저리고 안 움직이고 가렵고 감각이 없고 힘이 없고 안 보이고 안 들리고 코 막히고 숨차고 불안하고 잠 못 자고 춥고 열나고 붓고 헐고 가래가 끓고 피가 나오고 대소변이 잘 안 나오고 혹은 참지 못하는 등의 증상들은 기능적 이상으로 대사활동이 제대로 이루어지지 않아 생긴다. 기·혈·진액의 대사로써 생명이 유지되고 기·혈·진액이 제대로 대사가 안 되어 평형이 깨지면서 질병이 발생한다. 이러한 대사에 장애를 일으키는 원인은 대단히 많다.

한의학에서는 병을 일으키는 원인을 육음·칠정·음식·성생활·거처 등으로 보고, 서양의학은 세균·환경·유전·정신적인 이상·면역 이상·유전자 이상 등이 추가되었다. 서양의학은 세균에 의한 질병에 항생제를 발명하여 대단한 성과를 거두었다. 항생제는 인체를 대상으로 하는 것이 아니라 세균을 대상으로 하는 것이다. 인간은 별 잘못이 없는데 세균이 인체에 침입하여 독소를 배출하면서 질병을 일으키므로 세균이 체내에서 작용하지 못하도록 박멸함으로써 질병을 치료하는 것이다. 양의학은 과학기술의 발달로 X-Ray·CT·MRI·초음파 등의 의료기기가 개발되면서 인체 내부를 관찰할 수 있어 기질적인 변화를 주로 병의 원인으로 보고 있다.

한의학에서는 각 기관이나 조직에 기가 가고 혈과 진액 등의 영양물질도 기에 의해 공급되므로 모든 기능은 다 기의 작용으로 이루어진다. 따라서 기능상의 이상이란 즉 기의 이상이다. 기의 이상이 생기면 혈과 진액도 공급되지 않아 기능의 이상이 생기고 그것이 오래 지속되면 기질적 이상이 초래된다. 물론 사고 등으로 기질적 이상이 생겨 기능적 이상을 초래할 수도 있다. 기능적 이상이 계속되면 물론 기질적 이상을 초래하고 기질적 이상은 기능적 이상을 초래한다. 하지만 한의학에서는 기능적 이상이 우선이다.

한방에서 병이 되는 기전은 외적인 자극客氣과 몸 안의 기운主氣이 서로 싸워 주기主氣가 지면 병이 되고 주기가 이기면 병이 되지 않는다고 생각한다. 병이란 세균이나 정신적인 자극 그 자체가 병이 되는 것이 아니라 외적인 자극에 의해서 기의 변화가 나타났을 때 병이라고 하고 기의 변화가 없으면 병이 아니다. 이때 변화된 기를 사기邪氣라 하고 이때 "사기邪氣가 침입했다"라고 한다.

찬바람을 쐬었다고 감기가 드는 것은 아니다. 신경을 썼다고 병드는 것은 아니다. 찬바람이나 신경에 의해서 몸 안의 기가 변화되어 오한발열이 나거나 소화가 안 되거나 했을 때 병이라고 하는 것이다. 외부의 자극이 강해도 그것을 견뎌낼 만한 기운이 있으면 병이 안 생기고 외부의 자극이 약해도 약한 자극을 견뎌낼 기운이 없으면 병이 된다. 외적인 자극이 강하면 건강한 사람도 병 걸리지만 외적인 자극이 약해도 노약자는 병 걸리기기 쉽다.

병이란 단순히 외적인 자극이 아니라 자극에 의해 몸 안의 기혈 변화를 일으켰을 때를 말하는 것이고 기혈의 변화가 생기지 않았으면 병이 아니다. 즉 병은 몸 안의 저항력과 외부 자극의 승부로써 생기고 그것에 의해 기혈 변화가 생겼을 때가 병이다. 자극 요인이 풍·한·서·습·조·화의 육음이든, 희·노·우·사·비·경·공의 칠정七情이든, 음식이 되었든, 세균이 되었든, 과로로 인한 것이든 간에 기혈 변화가 일어나야 병이다. 기혈의 이상이 일어나지 않으면 결코 병이 아니다. 우리가 치료하고자 하는 대상은 바로 기혈의 이상이다. 이상을 일으킨 기혈 변화를 정상으로 되돌리는 것이 한의학의 치료목표이다.

한의학은 원인이 틀려도 기혈이 똑같이 변했으면 똑같이 치료한다. 음식을 잘못 먹고 체한 경우나 신경을 써서 소화가 안 되는 경우나 똑같이 관맥關脈이 실하게 뛰는데 이때 침으로 사관四關을 놓으면 맥이 풀리면서 낫는다. 그래서 동병이치同病異治니 이병동치異病同治니 하는 것은 병명이 같다고 똑같이 치료하는 것이 아니라 병명이 무엇이든 간에 기혈 변화가 일치하면 똑같은 치법을 쓰고 기혈 변화가 틀리면 다른 치법을 쓰는 것이다.

기의 이상은 어떻게 나타날까? 기에 의해 모든 생명활동이 이루어지므로 기의 이상은 모든 생명활동에 영향을 미친다. 즉 기가 없으면 팔다리에 힘이 없어 움직이기도 힘들고 더 빠지면 팔다리를 움직이지도 못할 것이다. 기가 없으면 들리지도 않고 보이지도 않는다. 기가 많으면 잠시도 가만있지를 못하고, 심하면 담장을 뛰어넘기도 하며, 소리를 지르고 답답해하면서 옷을 다 벗기도 하고, 화를 내기도 한다. 즉 팔다리·오관·정신 등 모든 인체활동에 이상을 초래한다.

〈영추〉에 기상즉통氣傷則痛이라 했으니 기에 이상이 있으면 통증이 생긴다. 이상이라는 것은 꼭 실증만 의미하는 것이 아니라 허증도 많은 통증을 일으킨다. 급체로 일어나는 복통도 많이 아프지만 오랫동안 안 먹고서 일어나는 위경련성 복통도 통증이 극심하다. 저리는 것, 마비 등은 모두 기가 불통하거나 모자라는 것이다.

"모든 병은 기에서 시작한다百病始生于氣", "십병구담十病九痰", "십병구기十病九氣"라고 한다. 대부분의 병이 담으로써 생긴다는 것은 담痰은 진액의 이상을 말하며 기가 부족하거나 기가 제대로 돌지 않으면 진액도 제대로 돌지 못하여 담음이 된다. 진액의 이상은 진액 자체보다는 기의 이상으로 진액의 이상이 생겨 담이 생긴다. 담이 생겨 병증이 나타나는 것 같지만 실은 기에 이상이 생기면서 병증이 오는 것이다. 타박이나 어혈瘀血로 인한 병도 혈의 손상이지만 어혈을 치료하는 약제를 보면 대부분 행기行氣시키는 약이고 혈을 다스리는 약제는 약간만 들어간다. 또는 기를 순환만 시켜주어도 경미한 타박은 풀린다. 어혈이란 혈액이 응체된 것뿐만 아니라 느리게 돌거나 제 궤도를 이탈한 것을 모두 말한다. 과다한 출혈로 인한 빈혈에 한방에서는 조혈제를 주는 것이 아니라 독삼탕獨蔘湯이나 당귀보혈탕當歸補血湯을 주는데 당귀보혈탕은 황기黃芪가 20그램이고 당귀當歸가 8그램으로 황기가 군약君藥이고 보혈제인 당귀가 신약臣藥으로 들어간다.

흔히들 스트레스가 병의 원인이라 말하지만 한방에서는 희로애락의 감정에 따라 각기 기의 변화가 달리 나타난다. "기쁘면 기가 이완되고 화를 내면 기가 올라가며 생각을 하면 기가 맺히고 슬퍼하면 기가 소모되며 무서워하면 기가 내려가고 놀라면 기가 혼란된다喜則氣緩 怒則氣上 思則氣結 悲則氣消 恐則氣下 驚則氣亂."라고 하니 스트레스 자체가 병이 아니라 감정이 지나치면 기의 변화를 초래하면서 병을 일으키고 감정도 기쁨·슬픔·노여움·공포·놀람 등에 따라 각기 기의 변화가 틀리게 나타나면서 병증도 다르다.

임상에서 가장 많은 질환 중 손목이나 발목 등 "관절을 삐었다"는 것이다. 흔히 "인대가 늘어났다"고 하지만 한의학적으로는 관절에 갑작스런 충격이나 불량한 자세로 말미암아 관절 한 부분에 기가 몰려서 오는 것이다. 기가 몰려 소통이 안 되면 이것을 사기邪氣라 하고 기상즉통氣傷則痛이라 했으니 붓고 통증이 생기는 것이다. 기를 다스리면 되는 것이다. 기가 돌지 않으면 혈도 돌지 않게 되어 사혈瀉血을 하고 기를 조절해 주면 통증도 없어지고 부기도 가라앉는다. 기의 이상이 바로 병이며, 기의 이상으로 말미암아 육체나 정신적인 모든 면에서 변화가 나타나는 것이 병증이다.

기의 변화는 기의 허실虛實로써 표현된다. 즉 병이란 기가 허해지거나 실해져 균형을 잃은 것이다. 기의 허실로써 기능적 이상이 나타난다. 기는 대사의 주체가 되므로 가장 중요한 것은 끊임없이 순환되어야 한다. 기가 순환되지 못하면 기능이 억제되면서 이상이 초래된다. 기가 실하면 기능이 항진되어 나타나고, 기가 약하면 기능이 약하게 나타난다. 즉 기의 변화는 무궁하지만 대별하면 기체氣滯, 기실氣實, 기허氣虛로 나눌 수 있다. 이상을 정상으로 돌리려면 먼저 이상 여부를 판단하는 것이 우선이다. 이 이상 여부를 판단하는 것이 진단이다.

기는 모든 생명활동을 주재하므로 인체의 모든 면에서 나타난다. 하지만 모든 면에서 기의 이상 유무를 살피려면 한도 끝도 없다. 기의 변화가 가장 민감하게 변화하는 곳을 살펴야 하니 이것이 한의학의 망문문절望聞問切이다.

즉 기의 변화는 행동이나 안색에서 잘 나타나고 음성이나 냄새로써 기의 변화를 살필 수도 있으며 직접 환자나 보호자에게 여러 증후를 물어 확인할 수도 있으며 또는 복진을 하거나 맥진을 하여 기의 상태를 알아낸다. 이러한 망문문절의 모든 현상을 종합하여 기의 이상 여부를 파악하는 것이 진찰이다. 병이 기의 이상이고, 기의 이상을 살피는 것이 진찰이니 망문문절의 모든 변화를 기로써 변환시켜 종합해야 한다.

음악가는 음계로써 모든 것을 표현하고, 경제학자는 모든 것을 돈으로 표현하고, 수학자는 모든 현상을 수식으로 표현하듯이 한의사는 인체에서 나타나는 모든 현상을 기로써 표현한다.

이러한 망문문절의 진찰 중 기의 변화를 가장 생생하게 느낄 수 있는 것이 맥脈이다. 맥은 기가 움직이는 상태 그대로를 느낄 수 있다. 따라서 병을 진찰할 때에 망진·문진·복진도 하지만 망진이나 문진이나 복진 등이 서로 상충되기도 하고 애매하기도 할 때에는 맥으로써 최종 판단을 하게 된다.

맥은 이십팔맥이니 이십사맥이니 하여 대부분의 한의사가 어렵게 여기는 바이다. 하지만 맥으로써 무엇을 알아낼 것인가에 따라 단순화하면 마냥 어려운 것은 아니다. 즉 병을 기체氣滯, 기허氣虛, 기실氣實로써 구별했으면 진단이란 이 세 가지를 구별하는 것에 지나지 않는다.

진맥은 병명을 알아내는 것이 아니다. 기의 상태를 파악하는 것이니 기체, 기실, 기허를 구별하는 것이다. 즉 첫째 홍대활삭洪大滑數한 맥인가 아닌가, 둘째 촌관척寸關尺 3맥 중 관맥關脈만 유별나게 뛰는가, 셋째 홍대활삭하지도 않고 관맥만 실하지도 않고 촌관척寸關尺 3맥이 고르기는 한데 약한 것이 아닌가. 이런 3단계로써 맥을 보아 기실氣實인지 기체氣滯인지 기허氣虛인지를 구별한다.

임상에서 가장 많이 실수하는 것이 겉으로 드러나는 증상에 의해서만 판단하는 것이다. 예를 들어 머리가 아픈 환자가 왔다고 하자. 두통은 체했을 때 가장 많이 오고, 감기 들어 열이 나고 머리가 몹시 아프며, 과로로 기운이 없어도 머리가 몹시 아픈 경우가 많다. 임상이란 환자의 기의 상태를 파악하여 허하면 보하고 실하면 사하는 것이고, 보사를 하여 기가 조절되면 병이 나은 것이며, 병증도 없어진다. 허실이 조절되지 않았으면 치료를 계속해야 한다. 만약 기의 허실 여부를 파악하지 않고 환자의 말에만 이끌려 약을 쓰면 증상의 변화가 있어도 계속 같은 약을 써야 할지 다른 약으로 바꾸어야 할지 끝내야 할지 판단을 못하게 된다.

병은 기체, 기실, 기허로 말미암고, 진단은 기체, 기실, 기허를 구별하는 것이며, 치료는 막힌 것은 뚫어주고 넘치는 것은 덜어내고 부족한 것은 보충해주는 것이다. 따라서 병은 증상을 하나하나 없애는 것이 아니라 통기경맥 조기혈기通其經脈 調其血氣하는 것이 바로 치병治病의 요점이다.

참고문헌

淸 張志聰 集注 黃帝內經集注 浙江古籍出版社

白話通解 黃帝內經 張登本編著 世界图书出版公司

靈樞眞意集成 朱燕中 辽宁科学技术

黃帝內經 名家評注選刊 黃帝內經靈樞集注 學苑出版社

靈樞經白話解 陳璧琉 鄭卓人 人民衛生出版社

黃帝內經 靈樞譯解 楊維傑 台聯國風出版社

黃帝素問直解 高士宗 河南科學技術出版社

醫學全書 張志聰 中國中醫學出版社

難經 泗川科學技術出版社

甲乙經

類經 類經圖翼 장경악 경희의대한의학과

中醫各家學說 上海科學技術出版社

黃帝內經靈樞講義 선우기 미래M&B

醫學全書 李東垣 中國中醫學出版社

醫學全書 張景岳 中國中醫學出版社

侶山堂類辯 張志聰 江蘇科學技術出版社

東醫學의 方法論 硏究 윤길영 성보사

古典 天文曆法 正解 김동석 한국학술정보주

新編傷寒論 박태민역 미래M&B

宇宙 變化의 原理 한동석 대원출판

가이아 제임스 러브록 갈라파고스

대괘풍수 안래광 2015 좋은땅

소아 아토피 피부염에서의 한의학적 체기 치료 효과, 박태민